国际电气工程先进技术译丛

大功率变换器及工业传动模型预测控制

Model Predictive Control of High Power Converters and Industrial Drives

[瑞士] 托拜厄斯·盖尔(Tobias Geyer) 著
张永昌 宋文祥 徐伟 译

机 械 工 业 出 版 社

本书首先介绍了工业电力电子系统市场和相关技术的发展趋势，坐标变换、空间矢量、功率半导体器件等基础知识，以及矢量控制、直接转矩控制、载波调制和优化脉冲调制等经典控制和调制方法，为后续内容提供了合适的基础。本书的核心部分则介绍了适用于低开关频率大功率变换器和电机驱动领域的几种控制算法，解释了长预测范围预测控制的概念，介绍了基于滞环的模型预测转矩控制和基于脉冲调制的模型预测控制的控制方法，以及各种方法的优化。采用本书介绍的方法可以使大功率变换器系统在低开关频率下仍然具有优异的动态和稳态性能，从而能够提高大功率变换器的功率输出、降低电流畸变、减小滤波器体积、获得极快的动态响应并保证在安全工作区域限制内的可靠运行。本书适合电力电子与电力传动领域的研究生、教师、工程师和实践者阅读，尤其是对大功率变换器和工业传动的从业人员具有较大的参考价值。

图书在版编目（CIP）数据

大功率变换器及工业传动模型预测控制/（瑞士）托拜厄斯·盖尔（Tobias Geyer）著；张永昌，宋文祥，徐伟译．—北京：机械工业出版社，2018.12

（国际电气工程先进技术译丛）

书名原文：Model Predictive Control of High Power Converters and Industrial Drives

ISBN 978-7-111-61558-3

Ⅰ.①大… Ⅱ.①托…②张…③宋…④徐… Ⅲ.①大功率-变换器-预测控制 Ⅳ.①TN624

中国版本图书馆 CIP 数据核字（2018）第 279378 号

机械工业出版社（北京市百万庄大街 22 号 邮政编码 100037）

策划编辑：张俊红 责任编辑：闾洪庆

责任校对：王 延 封面设计：马精明

责任印制：郜 敏

北京圣夫亚美印刷有限公司印刷

2019 年 3 月第 1 版第 1 次印刷

184mm×260mm · 25 印张 · 791 千字

标准书号：ISBN 978-7-111-61558-3

定价：149.00 元

凡购本书，如有缺页、倒页、脱页，由本社发行部调换

电话服务	网络服务
服务咨询热线：010-88361066	机 工 官 网：www.cmpbook.com
读者购书热线：010-68326294	机 工 官 博：weibo.com/cmp1952
010-88379203	金 书 网：www.golden-book.com
封面无防伪标均为盗版	教育服务网：www.cmpedu.com

译者序

自 1983 年德国学者 Holtz 教授首次将模型预测控制（MPC）应用于异步电机控制以来，受制于微处理器硬件的发展，很长一段时间 MPC 在电力电子与电力传动领域并未引起广泛关注。直到 2000 年以后，MPC 在电力电子领域的研究才重新兴起并迅速成为学术界和工业界的研究热点。由于 MPC 具有原理简单、动态响应快、易于处理非线性约束和多变量控制等优点，目前 MPC 被广泛认为是继矢量控制和直接转矩控制之后最有可能在电力电子和电机控制领域得到广泛应用的第三种高性能控制策略，在各种功率等级场合都得到了广泛研究。

由 ABB 高级科学家 Tobias Geyer 博士完成的本书系统介绍了 MPC 在大功率电力电子与电力传动领域的研究成果和最新进展，涵盖了电机驱动控制、功率变换器控制、优化脉冲调制等多个领域。书中所展现的多步长模型预测控制、模型预测脉冲模式控制等方法有效解决了低开关频率下电力电子系统动态性能较差和电流谐波较大的问题。本书是基于原作者近十年来从事科研和工程应用的经历与所取得的成果整理编撰而成，其中包括了模型预测控制方法的各个主要分支，从理论分析到仿真验证，再经过实验验证，最后成功地应用于 ABB 公司的相关产品中，实现了从科学研究到实际应用的转化，对于从事大功率电力电子与电力传动研究的各个层次的研发人员都有非常重要的指导意义。

本书由张永昌翻译第 1~4、8、10、11、15 章，宋文祥翻译第 9、12~14 章，徐伟翻译第5~7 章，全书由张永昌负责统筹和定稿。在本书的翻译过程中，译者的研究生做了大量编辑和校对工作，他们是北方工业大学的白宇宁、徐东林、刘杰、蔡倩、张博越、焦健、黄兰兰、金家林、黄朋、李冰玉、刘家利，上海大学的冯九一、林宏民、赵凌云、杨坤，华中科技大学的邹剑桥、余开亮、胡冬、董定昊、佃仁俊、赵启，译者的同事张晓光和他的研究生张亮、王克勤也参与了部分章节的校对工作，在此一并表示感谢。

目前，MPC 的研究方兴未艾，而中国已经成为电力电子最大的应用市场。本书三位译者均从事 MPC 在电机控制领域的研究，希望借本书的出版为推广 MPC 在国内电力电子与电力传动领域的应用起到推动作用。本书的翻译和出版得到了国家自然科学基金（51207003、51577003）的资助，在此深表谢意。由于译者水平有限，书中难免出现不当甚至错误之处，敬请广大读者批评指正。

张永昌
2019 年春

原书前言 »

本书主要讲述了模型预测控制（MPC）方法在工业电力电子方面的应用，尤其是三相交流—直流、直流—交流变换系统在1MVA及以上大功率场合的应用。这些系统主要是基于开关频率在1kHz以下的多电平电压源变换器。书中主要考虑中压（MV）、变速驱动系统，以及少量的中压并网逆变器。书中所提出的控制方法也可以应用于工作在低脉冲数（即开关频率与基波频率的比值小）的低压功率变换器。

对于大功率变换器，脉冲数通常在5~15之间。由此带来的后果是，电力电子系统中用于掩盖开关特性对控制问题影响的"平均值"概念会导致低脉冲下的性能恶化。一般来说，为了实现大功率变换器的最优性能必须避免"平均"，传统方法中的电流控制环和调制应该由一个单独控制部分来代替。

本书提出并回顾了开发大功率变换器性能潜力的各种控制方法，确保在非常低的开关频率和低谐波畸变下实现快速控制。为了实现这一点，控制和调制问题需要在一个计算周期得到解决。为了达到良好的稳态性能，MPC控制器需要较长的预测步长。由此产生的优化问题在计算上是非常具有挑战性的，但这可以采用分支定界算法实时求解。或者，用于稳态运行的最优开关切换序列，即所谓的优化脉冲模式（OPP），可以预先离线计算并在线优化以实现快速闭环控制。

为此，研究目标是将无差拍控制（如直接转矩控制）的优点与OPP的最优稳态性能相结合，并解决两者之间的矛盾。本书详细介绍了针对此问题的三种MPC方法。

目　录

缩略语中英文对照表

英文缩写	英文全称	中文释义
AC	alternating current	交流电
A/D	analog - to - digital	模-数转换
AFE	active front end	有源前端
ANPC	active neutral - point - clamped	有源中点钳位
CB - PWM	carrier - based pulse width modulation	载波脉宽调制
CPU	central processing unit	中央处理器
DB	deadbeat dc direct current	无差拍直流电
DC	direct current	直流电
DFE	diode front end	二极管前端
DFT	discrete Fourier transform	离散傅里叶变换
DPC	direct power control	直接功率控制
DSC	direct self - control	直接自控制
DSP	digital signal processor	数字信号处理器
DTC	direct torque control	直接转矩控制
EMF	electromotive force	电动势
FACTS	flexible ac transmission system	柔性交流传输系统
FC	flying capacitor	飞跨电容
FCS	finite control set	有限控制集
FOC	field - oriented control	磁场定向控制
FPGA	field - programmable gate array	现场可编程门阵列
GCT	gate - commutated thyristor	门极换流晶闸管
IGBT	insulated - gate bipolar transistor	绝缘栅双极型晶体管
IGCT	integrated - gate - commutated thyristor	集成门极换流晶闸管
IM	induction machine	感应电机
LQR	linear quadratic regulator	线性二次型调节器
MIMO	multiple - input multiple - output	多输入多输出
MLD	mixed logical dynamical	混合逻辑动态
MMC	modular multilevel converter	模块化多电平变换器
MPC	model predictive control	模型预测控制
MPDBC	model predictive direct balancing control	模型预测直接平衡控制
MPDCC	model predictive direct current control	模型预测直接电流控制

（续）

英文缩写	英文全称	中文释义
MPDPC	model predictive direct power control	模型预测直接功率控制
MPDTC	model predictive direct torque control	模型预测直接转矩控制
{MP^3C}	model predictive pulse pattern control	模型预测脉冲模式控制
MV	medium – voltage	中压
NPC	neutral – point – clamped	中点钳位
OPP	optimized pulse pattern	优化脉冲模式
PCC	point of common coupling	共同耦合点
PI	proportional – integral	比例 – 积分
PMSM	permanent magnet synchronous machine	永磁同步电机
pu	per unit	标幺化
PWM	pulse width modulation	脉冲宽度调制
QP	quadratic program	二次规划
rms	root – mean – square	二次方均根
SHE	selective harmonic elimination	特定谐波消除
SISO	single – input single – output	单输入单输出
SVM	space vector modulation	空间矢量调制
TDD	total demand distortion	总需量畸变
THD	total harmonic distortion	总谐波畸变
VC	vector control	矢量控制
V/f	volts per frequency	压频比
VOC	voltage – oriented control	电压定向控制
VSD	variable – speed drive	变速驱动
VSI	voltage source inverter	电压源型逆变器

书中变量及符号等释义

变量

i，v	变量关于时间函数的瞬时值
$\vec{i}$，$\vec{v}$	空间矢量
I，V	方均根值
$\boldsymbol{x}$	列向量
$\boldsymbol{x}^T$	行向量
$\boldsymbol{X}$	矩阵
S	数集

符号

$\boldsymbol{O}_{n\times m}$	$n\times m$ 阶零矩阵
$\boldsymbol{A}$	系统矩阵（离散时间）
$\boldsymbol{B}$	输入矩阵（离散时间）
c	系数
C	电容（F）
$\boldsymbol{C}$	输入矩阵（连续或离散时间）
d	脉冲数
D	行列式
e，E	能量（J 或 pu）
f	频率（Hz 或 pu）
$\boldsymbol{F}$	系统矩阵（连续或离散时间）
$\boldsymbol{G}$	输入矩阵（连续或离散时间）
$\boldsymbol{H}$	Hessian 矩阵
i，$\boldsymbol{i}$，I	电流（A 或 pu）
$\boldsymbol{I}_n$	$n\times n$ 阶单位矩阵，$\boldsymbol{I}_n = \mathrm{diag}(1, 1, \cdots, 1)$
j	虚数单位，$\sqrt{-1}$
J	代价函数

k	离散时间步长
$\boldsymbol{K}$	变换矩阵
ℓ	离散时间步长（相对于 k）
L	电感（H）
m	调制系数
M	转动惯量（kgm^2 或 pu）
n	谐波次数，模块数
N	开关序列长度
p	极对数
pf	功率因数
P	（瞬时）有功功率（W 或 pu）
Q	（瞬时）无功功率（var 或 pu）
$\boldsymbol{q}$，$\boldsymbol{Q}$	惩罚矢量或矩阵
R	电阻（Ω 或 pu）
sl	转差
S	视在功率（VA 或 pu）
t	时间（s 或 pu）
T	转矩（Nm 或 pu）
u，$\boldsymbol{u}$	开关位置，输入（或控制）变量
Δu，$\boldsymbol{\Delta u}$	开关位置的变化
U，$\boldsymbol{U}$	开关位置（开关序列）
v，$\boldsymbol{v}$，V	电压（V 或 pu）
$\boldsymbol{V}$	生成矩阵
x，$\boldsymbol{x}$	状态变量
X	电抗（pu）
y，$\boldsymbol{y}$	输出变量
Z	阻抗（Ω 或 pu）
α	脉冲模式中的开关角（rad）
γ	负载角，即定子和转子磁通矢量之间的夹角（rad）
δ	（半个）边界宽度
ε，$\boldsymbol{\varepsilon}$	越界程度（在一个时间步长内）
ϵ，$\boldsymbol{\epsilon}$	越界方均根（超过预测范围）
λ	标量惩罚权重
$\boldsymbol{\lambda}$	磁链矢量（Wb）
ϕ	相位角（rad）

ρ	球体半径
σ	总泄漏因子
θ	脉冲模式中的角度（幅角）（rad）
ν，$\boldsymbol{\nu}$	插入索引
φ	参考坐标系中的角位置（rad）
ψ，$\boldsymbol{\psi}$	磁通（磁链）（pu）
Ψ	磁通（磁链）幅值（pu）
τ	时间常数（s 或 pu）
ω	旋转速度或角频率（rad/s 或 pu）
ξ，$\boldsymbol{\xi}$，ζ，$\boldsymbol{\zeta}$	松弛变量或辅助变量

下标

c_{on}，c_{off}，c_{rr}	开通、关断和反向恢复能量损失系数（J/(VA)）
C_m	模块电容（F）
f_c	载波频率
f_{DL}	死锁频率
f_{sw}	开关频率
i_1	基波电流
i_a，i_b，i_c a，b，c	三相电流
i_α，i_β	电流的实部和虚部（在静止参考系中）
i_B	基极电流
$\boldsymbol{i}_c$	变换器电流矢量
$\boldsymbol{i}_{\text{circ}}$	循环电流矢量
i_d，i_q	电流的实部和虚部（在旋转参考系中）
$\boldsymbol{i}_{\text{err}}$	电流误差矢量
$\boldsymbol{i}_g$	电网电流矢量
i_n	中性点电流
$\boldsymbol{i}_r$	转子电流矢量
i_R	额定电流
$\boldsymbol{i}_{\text{rip}}$	纹波电流矢量
$\boldsymbol{i}_s$	定子电流矢量
i_T	阳极电流
I_{TDD}	电流总畸变率（TDD）
L_{br}	分支器
L_{ls}	定子漏感

L_{lr}	转子漏感
L_m	主（或磁化）电感
L_σ	总漏电感
N_p	预测范围（时间步长数）
N_s	开关数（开关切换次数）
T_e	机电转矩
$T_{e,\min}$	电磁转矩的下限
$T_{e,\max}$	电磁转矩的上限
T_l	负载转矩
T_p	预测步长（时间长度）
θ_p	预测步长（角度间隔）
T_s	采样时间
u_{opt}	最优控制输入（或控制变量）
v_{dc}	瞬时直流母线电压
V_{dc}	标称直流母线电压
$v_{\mathrm{dc,lo}}$，$v_{\mathrm{dc,up}}$	瞬时直流母线下半段电压，瞬时直流母线上半段电压
v_n	中性点电位
v_{ph}	相电压
ω_1	基波频率
ω_{fr}	参考系角速度
ω_g	电网频率
ω_m	机械转速
ω_r	转子电角速度
ω_s	定子频率
ω_{sl}	转差频率

上标

i^*	参考电流
$\vec{i}$	电流空间矢量
$\hat{i}_n$	n 次谐波电流幅值
i'	电流 i 的缩放值，例如，当变成标幺值系统时
$\bar{\boldsymbol{u}}$	开关位置与生成矩阵 $\boldsymbol{V}$ 之积

运算

$\mathrm{d}x/\mathrm{d}t$	变量 x 对时间的导数

$\exp(x)$；e^x	变量 x 的指数
$\Re\{x\}$	复变量 x 的实部
$\Im\{x\}$	复变量 x 的虚部
$\mathrm{conj}\{x\}$	复变量 x 的复共轭
$\boldsymbol{x}\times\boldsymbol{y}$	向量 $\boldsymbol{x}$ 和 $\boldsymbol{y}$ 的积
$x\in S$	变量 x 属于集合 S
$\boldsymbol{x}^T$	向量 $\boldsymbol{x}$ 的转置
$\boldsymbol{X}^{-1}$	矩阵 $\boldsymbol{X}$ 的逆
$\lvert x\rvert$	标量 x 的绝对值
$\lVert\boldsymbol{x}\rVert_1$	向量 $\boldsymbol{x}$ 的 1 范数（绝对值的和）
$\lVert\boldsymbol{x}\rVert_2$	向量 $\boldsymbol{x}$ 的 2 范数（平方和的平方根，欧几里得范数）。为简化符号，常简写为 $\lVert\boldsymbol{x}\rVert$
$\lVert\boldsymbol{x}\rVert_\infty$	向量 $\boldsymbol{x}$ 的无穷范数（最大绝对值）

第1篇　引　　言

第 1 章 »

概　述

本章中将会对功率超过 1MVA 的电力电子应用（如中压传动）的市场潮流和技术趋势进行介绍，总结常用的控制和调制策略。本章集中对模型预测控制的控制原理和优点及挑战做出了介绍。这一章包含了本书的大纲，同时也对本书的主要成果进行了总结。

1.1　工业电力电子

1.1.1　中压变速传动 ★★★

工业电力电子领域典型的代表是变速传动（VSD）。如图 1.1 所示的控制框图，它由一个可选的降压变压器连接到电网，同时由一个（有源）整流器、直流母线、一个逆变器和一个驱动机械负载的电机组成。控制器、冷却电路部分、保护电路以及开关柜等变速传动系统的组成部分并没有在图中显示。

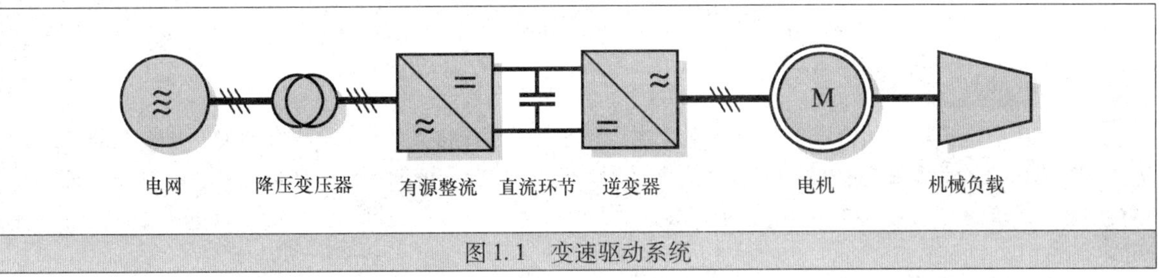

图 1.1　变速驱动系统

变速传动系统允许电机在可调节速度、可调节电磁转矩状态下运行。这是通过电机和电网之间的电气解耦实现的，电网电压为固定频率为 50Hz 或者 60Hz 的交流量，利用二极管整流或者有源前端整流，将其变成直流量。利用变换器将这个直流分量变换成频率正比于机械负载旋转速度的交流量。直流母线在这个过程中扮演着一个能量存储元件以及从逆变到整流解耦器的角色。

可以通过对整流输出端电压相位和幅值的调节，来控制电网和直流母线之间的功率流动。相似地，在电机侧也可以通过对逆变器输出电压的相位和幅值的调节，实现对电机电流、电磁转矩和电机励磁的控制。

中压变速传动系统（MV VSD）的线电压有效值通常在 690V ~ 20kV 之间，典型的电压一般为 2.4 ~ 6.9kV。这样的一个 VSD 系统的额定功率一般超过 1MVA。由于大电流和高电压，整流器和逆变器一般采用大功率半导体器件来转换和控制电流。通过对这些半导体开关操作，得到近似正弦的稳态电流。

如图 1.2 所示，以熟悉的一个 MV VSD 系统为例，它描绘了 ACS6000 和一个典型的中压感应电机系统，ACS6000 以三电平中点钳位（NPC）拓扑以及水冷式集成式绝缘栅双极型晶体管构成。该系统额定输出电压在 2.3 ~ 3.3kV 之间。如图 1.2a 所示的单驱动模式中，ACS6000 可提供 5 ~ 12MVA 的能量，利用可变的多驱动模式可将其提高到 36MVA。

a) ACS6000具有有源前端、终端和控制单元、逆变器单元、直流环节电容组、电压限制器和水冷机组

b) 中压感应电机

图 1.2　中压变速驱动系统

来源：ABB 图片库，经 ABB 有限公司许可转载

1.1.2　市场趋势 ★★★

工业大功率电子产品的销售率每年都在提高，例如中压传动装置，每年销售的增长率都保持在 10% 以上，在 2014 年全世界范围内的销售收入为 37 亿美元[1]。如此高的增长率主要得益于以下四个方面。

1. 电气化

为了提高工业效率，内燃机被逐步地改造或是被电力驱动装置所代替，这样减少了排放，减少了油耗，并且去除了机械装置中部分的离合器和齿轮箱，从而简化了传动装置结构，如列车的柴油－电力推进装置、大型采矿卡车、拖船和大型船只等。在石油和天然气工业领域，燃气轮机中的压缩机装置通常需要一个起动电机，这个电机也可以设计成相应的辅助电机，这样来增强该汽轮机装置的性能[2]。此外，这些电力驱动装置几乎已经完全取代了液化天然气压缩机装置。在低电压领域，电动（混合动力）汽车也是一个快速增长的行业。

2. 可再生能源发电和储能

风力发电机（双馈电机）传统上都是低电压型的，近海的风力发电机容量往往超过 3MW，并且多采用背靠背式能量转换形式。大功率场合多采用中压发电机[3]，抽水储能系统传统上也多采用中压双馈电机[4]。实用光伏电站和大型电池储能系统也是基于中压功率变换器的。

3. 工业传动应用

在工业传动应用领域，通用和专用的驱动器的制造是有区别的[5]，后者对于可变速和可变转矩等应用有更高的要求，就像轧钢厂里面对于背靠背功率转换系统的硬性要求一样。对于通用负载，例如大型泵、风扇、鼓风机和压缩机主要是直接连接到电网，而不是采用逆变器－电机结构。为了提高系统在带载运行下的效率，将许多并网电机升级改造成了 VSD。许多与电网电气耦合的电机系统被进行 VSD 的升级改造[6]。

4. 面向电网的公用事业规模电力电子

通过加入柔性交流输电来调节电力系统，实现电网的智能化和增强潮流[7,8]。高压直流输电用于大功率能量传输系统以及将近海风电场与电网的连接场合[9,10]。其他显著的具有实用规模的应用，如并网发电电力电子应用中包含的有源电压调节器（AVC）和不间断电源装置（UPS）。

1.1.3 技术趋势 ★★★

中压领域的工业电力电子系统主要被以下四大技术趋势所影响。

1. 多电平变换器

在过去的50年，出现了许多不同输出电压水平的各种变换器[11]。从两电平逆变器开始，到20世纪80年代出现的三电平 NPC 变换器[12]，紧接着在2000年提出的五电平变换器拓扑，近些年更多的输出电压等级的变换器拓扑被提出来[13]，它们基于级联级 H 桥或者模块化多电平（MMC），这些拓扑的提出主要是为了提高输出功率的等级。保持电流不变提高输出功率等级，就意味着需要提高电压等级。另一个目的就是避免电网侧降压变压器的使用。

2. 产品业务

中压变换器产业正从一个项目业务转化到产品业务，在存在大量竞争产业对手，类似产品和技术的竞争中，现在的中压变换器可购买现成产品并且可快速安装投入使用。

3. 效率

接近100%的效率和低开关损耗在一些应用中显得尤为重要，例如在交流柔性输电和光伏发电系统中。

4. 计算能力

硬件的计算能力是呈指数增长的，依据摩尔定律，集成电路中晶体管数量每两年增加一倍，仍然成立[14]。在工业电力电子中，通常通过扩展一个大现场可编程门阵列（FPGA），实现从相对较小的数字信号处理器（DSP）过渡到高性能 DSP 处理器。在某些情况下，采用多核处理器进行计算也可以作为硬件控制的一种方法。

1.2 控制和调制策略

1.2.1 要求 ★★★

对于工业电力电子系统的控制和调制，三个关键的技术要求如下。

1. 单位开关损耗（频率）下的低谐波畸变

众所周知的是，谐波畸变和开关频率或是开关损耗之间的权衡是工业电力电子的基础。如图1.3所示，控制目标是将它们之间的权衡关系曲线移向原点，而不是沿着这个曲线优化。低的谐波畸变允许减少或去掉滤波器，或使用标准的直接与电网连接的电机，而不降额使用它们。较低的开关损耗可以提高变换器的效率或提高变换器的额定功率，在电网方面，低的网侧电流畸变和符合电网准则是必需的。

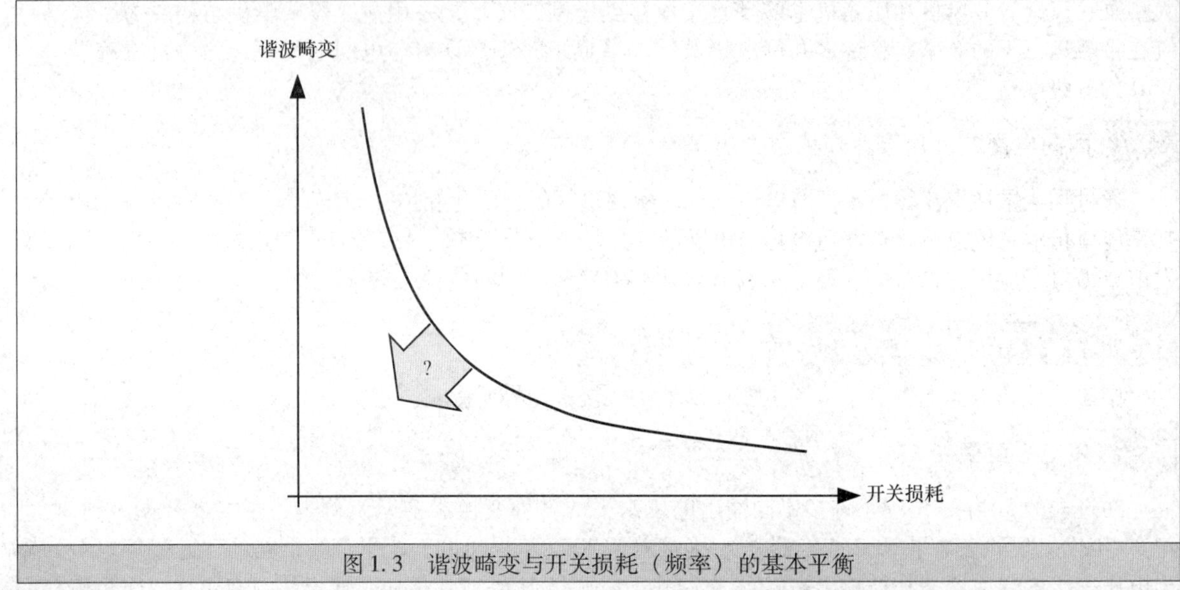

图 1.3　谐波畸变与开关损耗（频率）的基本平衡

2. 高控制器带宽

在电机控制中，对于负载快速变化和速度阶跃的应用场合，快速闭环控制是必需的，即要求系统对转矩的变化响应仅需几毫秒。并网电力变换器通常需要类似的快速电流响应，特别是在功率参考值阶跃变化时。

3. 精确负载功率控制

负载功率必须是可控的，在机侧，这意味着可以控制交流电机的速度或电磁转矩；在网侧，有功功率和无功功率也必须可控。典型的，在有功功率可被控制情况下，当无功功率设定为零时，母线电压可维持在一个正常水平。

其他要求还包括对参数变化的鲁棒性，对测量和观测噪声的不敏感性，以及高度的容错性。而且这些控制和调制策略的计算量必须足够的低，以保证能够在控制硬件上成功实现。

1.2.2　最新策略 ★★★

工业电力电子系统的控制器分为负载侧和网侧控制器，每个控制器被细分为两个级联控制环。在网侧外环用于控制母线电压和控制实际功率它是内环的一个工作点。另一个环通过控制三相变换器的电压来控制变换器输出的有功和无功功率。

在 VSD 控制系统的负载侧，外环通过控制转矩的参考值来控制电机的速度。内环通过控制施加到电机的定子绕组的电压来控制电机的电磁转矩和励磁程度。对于并网电力电子系统，负载侧控制器需要根据所连接的负载进行设计。

通常将内环的电压命令使用基于载波的脉冲宽度调制器（CB - PWM）[15] 或空间矢量调制器（SVM）[16] 转换为用于半导体开关的选通信号。在这两种情况下，通常在旋转正交参考系中使用快速内部控制回路。在电机侧，根据所谓的磁场定向准则（FOC），控制参考坐标系对齐磁链矢量[17,18]。在电网侧，通过电压定向控制（VOC）或通过以虚拟通量矢量来导向控制[19]。

可以通过使用 OPP，实现单位开关频率的低谐波畸变。由于相关控制问题难以用高带宽控制器来解决，所以通常使用的方法是将内环的控制速度减慢，例如采用标量或电压/频率（V/f）控制。

第三种方案是用滞环控制器代替内部控制回路。使用查表法，代替调制器，从而确定逆变器开关状态。显著的示例包括在电机侧用直接转矩控制（DTC）来控制电机的电磁转矩和电机的励磁[20]；在电网侧用直接功率控制（DPC）控制有功和无功功率分量[21]。DTC 和 DPC 可以对受控变量的变化做出快速的响应，但这样容易引起明显的谐波畸变。

在图 1.4 中，根据上一节中讲述的两种控制要求定性地描述这三种标准控制方法，在第 3 章中提供了对控制和调制方案以及现有技术对控制方法的要求的更全面的介绍。

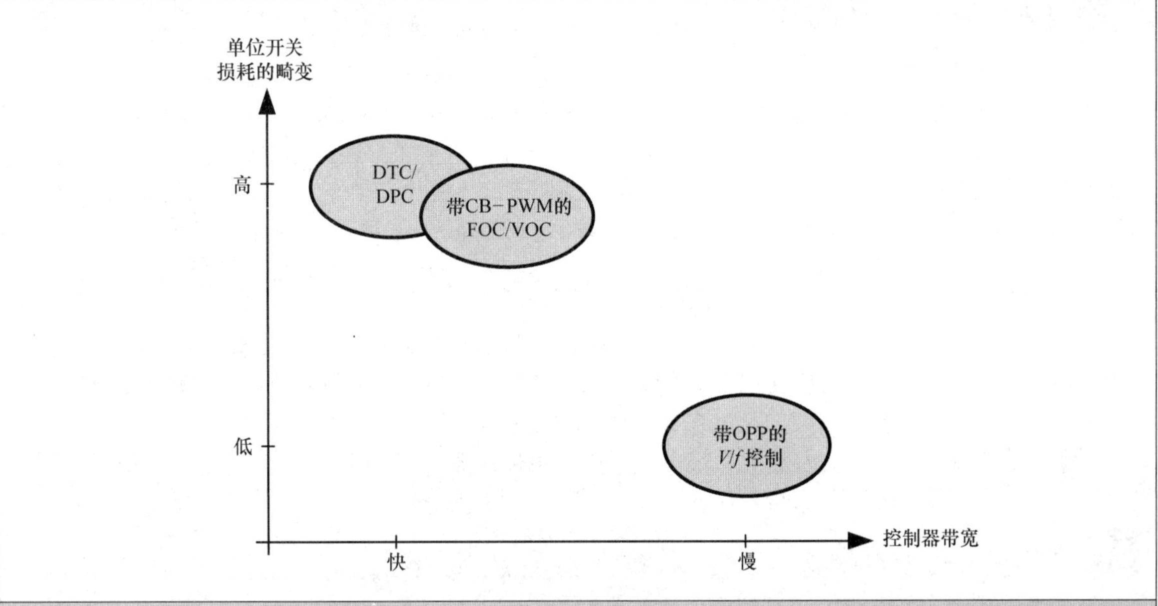

图 1.4 工业传动和大功率变换器中最先进的控制和调制策略

注：这些包括基于滞环的控制方案的直接转矩控制（DTC）、直接功率控制（DPC）、基于载波调制（CB - PWM）或者空间矢量调制的磁场定向控制（FOC）、电压定向控制（VOC）；以及基于优化脉冲调制（OPP）的电压/频率（V/f）控制。

总的来说，大多数现代工业应用中控制和调制方法都遵循以下三个方面的原则：第一，整体的多输入多输出（MIMO）控制回路被分为具有单输入单输出（SISO）控制器的多个控制回路，这些控制回路根据其环路的主时间常数以级联方式分布。第二，通常通过运用平均值概念来忽略功率变换器的开通关断。系统中可以运用一些线性控制器，如比例积分（PI）控制器，这些控制器通常通过附加的抗饱和机制和速率限制器来增强性能。第三，用脉冲宽度调制将平均参考量转化为开关信号。

1.2.3 挑战 ★★★

高性能控制和调制方案的设计和实时计算有以下三个主要的挑战。

1. 挑战 1：非线性切换系统

电力电子系统的主要构件是线性电路元件，如电感、电容和电阻，同时还有有源（或受控）开关或（无源）二极管开关半导体器件等。每种组合相应的开关位置和系统响应，可以由各种组合各自关于时间的线性函数来描绘。假设电力电子系统磁性材料的饱和效应、延迟和安全约束可以被忽略，当控制它的电流、磁链、电压和开关位置时，可以认为此时的系统为线性切换系统[22,23]。

然而，一般来说，电力电子系统多以非线性切换系统为主。例如，当直接控制诸如电磁转矩或定子磁链幅值等电机变量时，系统非线性增加，因为这两个量都是电流或者磁链的非线性函数。对于并网变换器，有功功率和无功功率对于电流和电压都是非线性的。同时电感中的饱和效应和电流约束增加了另外的非线性。

在脉冲数很高的条件下，取平均是对消开关切换行为的可行方式[24,25]。CB - PWM 的最重要的特性是纹波电流在规则采样时刻为零，这便于平均思想的使用。对于大于 15 的脉冲数，CB - PWM 仅会产生低电流畸变。然而，对于低脉冲数，应当避免采用平均值方法，并且应该通过控制和调制方案来解决系统的开关特性，实现低脉冲数下的低电流畸变。对于这些，优化脉冲调制（OPP）是一个很好的选择，由于在所有三个相位中纹波电流为零的采样时刻对于 OPP 通常不存在，所以平均的概念不适合于 OPP。

2. 挑战 2：多输入多输出系统

将多输入多输出系统控制问题分解成多个单输入单输出系统和使用级联控制回路大大简化了控制器设计。当级联控制回路的时间常数相差至少一个数量级并且在（准）稳态工作条件下工作时，该方法工作良好。然而，在暂态和故障期间，不同的回路经常以不利的方式进行彼此交互，限制了在控制器带宽和鲁棒性方面可实现的性能，并且使控制环的调节优化更加复杂。对于具有 *LC* 滤波变换器中的电流控制器，为了抑制由 *LC* 滤波器引入而导致的系统谐振，通常通过有源阻尼电路来增强其性能[26,27]。为了避免暂态期间的大过冲，必须减慢电流响应，例如通过对电流参考值的变化速率进行限制。

对于模块化多电平转换器（MMC），大多数控制量必须沿着它们的参考方向调节或保持在其标称值上下。由于这些量在物理上的相互耦合，通常仅在稳态运行期间，使用多个 SISO 环来控制 MMC 的方法才会有令人满意的性能。有趣的是，在文献中几乎没有关于 MMC 的快速动态操作的成果描述。因此，对于要求苛刻的应用，电力电子系统中的 MIMO 特性需要由 MIMO 控制器来解决。这样做的好处就是，在具有较少过冲的暂态期间会有更快的动态响应，以及更简单的调试和优化过程。

3. 挑战 3：短计算时间

第三个挑战来自于电力电子系统中使用的典型的 1ms 及更小的短采样间隔，这些短采样间隔限制了用于计算控制开关动作的可用的时间。通常部署廉价的计算机硬件作为控制平台，以降低大批量销售的电力电子变换器的成本。在短的采样间隔期间，用新的和计算要求更高的方法来替换现有硬件上对计算要求不高的方法也是很大的挑战，特别是对于避免使用调制器的直接控制方法。这些方法受益于非常短的采样时间，如 25μs。

1.3 模型预测控制

在 20 世纪 60 年代，伴随着卡尔曼滤波器和线性二次调节器的使用，时域中的现代控制理论被提了出来[28,29]。线性二次调节器主要根据线性系统模型的动态演化，使其在无限时域上的二次代价函数最小化，从而得到它的状态反馈控制律。工业进程中最早的模型预测控制（MPC）出现在 20 世纪 70 年代，当时主要针对存在物理约束和有限时域中的非线性系统。

传统上，自从 40 年前出现以来，MPC 并没有受到电力电子领域的重视和充分利用。而在 20 世纪 80 年代，在过程工业领域，已经采用了这个概念，并在实际应用中取得了巨大的成功[30]。Qin 和 Badgwell 在 20 世纪 90 年代末报告了 MPC 在各行业的 4500 多个线性应用，这些应用主要集中在炼油、石油化工和化学领域。还有一些在其他如食品加工、航空航天和国防、采矿和冶金以及汽车工业领域，MPC 也有相关应用[30]。

MPC 在电力电子领域应用较晚的原因主要是在 20 世纪用于解决实时控制问题的能力有限，以及电力电子系统的非常短的时间常数，其必须采用短的采样间隔。功率电力电子系统的开关（非）线性特性使其控制器的设计、分析和验证复杂化。然而，在 20 世纪 80 年代已经完成 MPC 相关概念在功率变换器中的一些初步研究。更重要的是，这些理论已经在实验中成功地实施验证[31,32]。

在过去的 10 年，MPC 在电力电子领域取得快速发展，不仅是控制器硬件上计算能力的巨大提升促进了这些发展，同样还有底层控制器解决算法的快速提高也促进了这些发展。同时，复杂的、新的、多层拓扑的出现，对应了复杂的算法的产生，也对电力电子系统的要求变得更加严格。同时在全球化的世界中，公司在与其他竞争对手的较量中面临相当大的压力。

1.3.1　控制问题 ★★★

如图 1.5 所示，假设一个普通的（电力电子）系统中的输入向量 $\boldsymbol{u}\in\mathbb{R}^{n_u}$ 和输出向量为 $\boldsymbol{y}\in\mathbb{R}^{n_y}$，两个向量都包含实值和整数分量。在输入上通常存在执行机制上的物理约束，在这个系统中，定义 $\boldsymbol{u}$ 为控制变量，$\boldsymbol{y}$ 为受控变量。

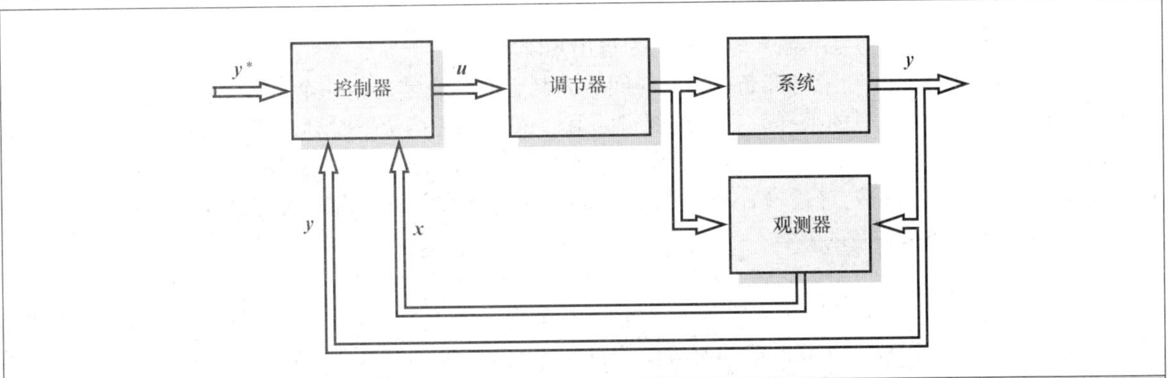

图 1.5　系统通过控制控制器输入 $\boldsymbol{u}$，从而沿着参考 $\boldsymbol{y}^*$ 方向调节系统输出 $\boldsymbol{y}$。可选的调制器将 $\boldsymbol{u}$ 转换为变换器开关位置，观测器可重建系统状态 $\boldsymbol{x}$

区分两类控制问题，当在系统中加入调制时，控制变量通常是像参考电压这样的实值，我们称之为间接控制问题。采用平均的方法去消除开关切换的影响，同时也可以避免整变量在系统中的使用。另外，当系统中没有调制器时，就会有直接控制问题出现，其中控制变量对应于变换器开关位置。结果就是系统中只能使用整变量，不能采用平均的方法。

MPC 系统中状态矢量 $\boldsymbol{x}\in\mathbb{R}^{n_x}$，这个状态矢量 $\boldsymbol{x}$ 不能够完全被测量出来，就像电机转子磁链，需要利用观测器计算重构得到。使用系统输入的模型，可以估计系统的状态和输出。通过反馈所测量的系统输出和估计的系统输出之间的差，设计观测器，假设系统是可观察并且观测器是渐近稳定的，使得所估计的状态收敛到实际状态。

一般控制问题是设计一个控制器，实现以下控制目标：系统的输出 $\boldsymbol{y}$ 必须可以根据其参考量 $\boldsymbol{y}^*$ 来调节。这些可以通过控制相应地输入 $\boldsymbol{u}$，测量反馈输出 $\boldsymbol{y}$，并将其与参考值 $\boldsymbol{y}^*$ 做比较来实现。系统中，输出到输入的反馈闭合回路可以提供反馈。控制器还必须保证稳定性，并确保始终满足约束。尽管有扰动和模型不确定性，并且需要一定程度的控制器鲁棒性，但是这三个目标是必须实现的。

1.3.2　控制原理 ★★★

在过去的几十年中，MPC 已经从控制方法的集合演变成一致的控制范例，甚至可能是控制上的哲学。在已经发表了数千篇关于 MPC 的文章中，尽管有不同的 MPC 的方法和变化，但是可以确定 MPC 框架共有的五个关键属性，这些属性总结如下。

1.　内部动态模型

MPC 包含要控制的系统的动态模型，通常用 $\boldsymbol{x}\in\mathbb{R}^{n_x}$ 来表示系统的状态变量，这些通常包括实际值和整数分量部分。从当前状态开始，内部动态模型根据给定的控制变量序列，使 MPC 能够预测未来系统状态和输出的序列。系统的动态演化可以在连续时域中通过状态空间表示来描述：

$$\frac{\mathrm{d}\boldsymbol{x}(t)}{\mathrm{d}(t)}=\boldsymbol{f}(\boldsymbol{x}(t),\boldsymbol{u}(t)) \tag{1.1a}$$

$$\boldsymbol{y}(t)=\boldsymbol{h}(\boldsymbol{x}(t),\boldsymbol{u}(t)) \tag{1.1b}$$

式（1.1a）中非线性一阶微分方程用来捕获状态矢量随时间 $t\in\mathbb{R}$ 的变化。输出 $\boldsymbol{y}$ 是一个关于状态变量和输入变量的一个非线性方程 $\boldsymbol{h}$（.，.）。

在电力电子系统中，当选择电压、电流或者磁链作为输出变量时，在式（1.1）中的状态空间方程通常是线性的，可以写以下的大家熟悉的矩阵形式

$$\frac{\mathrm{d}\boldsymbol{x}(t)}{\mathrm{d}t}=\boldsymbol{F}\boldsymbol{x}(t)+\boldsymbol{G}\boldsymbol{u}(t) \tag{1.2a}$$

$$\boldsymbol{y}(t)=\boldsymbol{C}\boldsymbol{x}(t) \tag{1.2b}$$

式中，$\boldsymbol{F}$ 为系统矩阵；$\boldsymbol{G}$ 为系统输入矩阵；$\boldsymbol{C}$ 为输出矩阵。

大多数线性的 MPC 控制策略都是在离散时间域内制定的，通常采用一个常数 T_s 作为采样间隔。控制变量被限制，仅仅在离散的采样时刻才改变它的值，也就是在 $t=kT_s$ 时刻，其中 $k\in\mathbb{N}=\{0,1,2,\cdots\}$ 表示时间步长。对于式（1.2）中的连续时间状态空间模型，它的离散表达式可以很容易地计算出来。可以由 $t=kT_s$ 到 $t=(k+1)T_s$ 对式（1.2a）积分，同时在这个采样间隔内输入变量 $\boldsymbol{u}(t)$ 为常数且等于 $\boldsymbol{u}(k)$，获得离散时间状态空间方程

$$\boldsymbol{x}(k+1)=\boldsymbol{A}\boldsymbol{x}(k)+\boldsymbol{B}\boldsymbol{u}(k) \tag{1.3a}$$

$$\boldsymbol{y}(k)=\boldsymbol{C}\boldsymbol{x}(k) \tag{1.3b}$$

式中，矩阵 $\boldsymbol{A}$ 和 $\boldsymbol{B}$ 可以根据连续的时间对应值计算

$$\boldsymbol{A}=\boldsymbol{e}^{\boldsymbol{F}T_s},\ \boldsymbol{F}\boldsymbol{B}=-(\boldsymbol{I}-\boldsymbol{A})\boldsymbol{G} \tag{1.4}$$

式中，$\boldsymbol{e}$ 表示矩阵指数；$\boldsymbol{I}$ 是一个合适的单位矩阵，我们将此称为精准的离散化。

如果矩阵指数会造成计算困难，则对于短达几十微秒的短采样间隔和短预测步长，前向欧拉近似已经是足够精确的了。在这种情况下，离散时间系统的矩阵可表示为

$$\boldsymbol{A}=\boldsymbol{I}+\boldsymbol{F}T_s,\ \boldsymbol{B}=\boldsymbol{G}T_s \tag{1.5}$$

式中，当导出离散时间系统表示时，输出矩阵 $\boldsymbol{C}$ 保持不变。

2. 约束

即使在状态空间方程是线性的，如在式（1.3）的情况下，系统对于输入，系统的状态和输出的约束可表示为

$$\boldsymbol{u}(k)\in\boldsymbol{u}\subseteq\mathbb{R}^{n_u} \tag{1.6a}$$

$$\boldsymbol{x}(k)\in\boldsymbol{x}\subseteq\mathbb{R}^{n_x} \tag{1.6b}$$

$$\boldsymbol{y}(k)\in\boldsymbol{y}\subseteq\mathbb{R}^{n_y} \tag{1.6c}$$

这些约束的存在，常导致系统的非线性。

对于间接控制问题，当在系统中加入调制器时，控制变量的实际值常常作为 PWM 的参考电压值。在这种情况下，输入被限制在一个有限连续集内，如

$$\boldsymbol{u}=[-1,1]^{n_u} \tag{1.7}$$

与此相反，对于直接控制问题，变换器开关的位置构成控制变量，其被约束在一组有限的整数集内。在三电平变换器中，它能够合成每相的三个电压电平，这个特性可以由输入约束来表达

$$\boldsymbol{u}=\{-1,0,1\}^{n_u} \tag{1.8}$$

对于一个五电平变换器，这个约束为 $\boldsymbol{u}=\{-2,-1,0,1,2\}^{n_u}$。在三相系统中，输入向量的维数 n_u 通常等于 3。对 $\boldsymbol{u}$ 的约束是物理性质的，所以这种约束是一直存在的。

添加状态的约束，可以防止系统在其安全限制之外运行。例如，在变换器电流上，可以将电流绝对值的上限约束在跳闸电平略低的水平上，以避免跳闸和由于过电流而引起的损坏。这些约束通常可以以软约束的形式添加，虽然成本很高，但是这种约束在一定程度上可以违反。优选对状态变量施加软而不是硬的约束，可以避免一些如使控制变得不可行的计算问题。

不是沿着它们的参考值来调节受控变量，而是通过对它们施加软约束，可将受控变量保持在上限和下限之间。例如在交流电机传动中，可以在电磁转矩或者定子磁链加上上限或者下限，类似于 DTC

中的滞环边界。

3. 代价函数

控制目标被转换成代价函数，其将未来状态、输出变量和控制变量的序列映射到标量代价函数中。代价函数便于评估和比较不同序列的控制变量（或方案）对系统的预测的影响，这使得 MPC 能够选择最适合的方法，使其代价函数的值最小。

通常的代价函数定义为

$$J(\boldsymbol{x}(k),\boldsymbol{U}(k)) = \sum_{\ell=k}^{k+N_p-1} \Lambda(\boldsymbol{x}(\ell),\boldsymbol{u}(\ell)) \tag{1.9}$$

式中，$\Lambda(.\,,\,.)$ 为阶段成本（加权函数），在 N_p 有限步长内的总和。阶段代价函数预测系统的行为，例如通过控制变量的实际值与参考值的偏差，控制开关频率等控制方式。代价函数使用当前电流的状态矢量 $x(k)$ 及其序列，来作为控制变量的参数。

$$\boldsymbol{U}(k) = [\boldsymbol{u}^T(k)\boldsymbol{u}^T(k+1)\cdots\boldsymbol{u}^T(k+N_p-1)]^T \tag{1.10}$$

基于这两个论点，并且通过使用内部动态系统模型、未来状态和受控变量，在预测步长内，对预测变量进行控制、限制。

4. 优化阶段

最小化代价函数，受离散时间内部系统模型在预测水平之外的改变的影响，同时也受到有限时间内最优控制问题约束的影响。控制问题就是控制变量最佳操作序列 $\boldsymbol{U}_{\text{opt}}(k)$ 的选择，本书主要的控制问题是基于线性的状态更新方程、非线性输出方程和对控制变量的约束，总的可以表示为

$$\boldsymbol{U}_{\text{opt}}(k) = \arg \underset{\boldsymbol{U}(k)}{\text{minimize}} J(\boldsymbol{x}(k),\boldsymbol{U}(k)) \tag{1.11a}$$

$$\text{服从于 } \boldsymbol{x}(\ell+1) = \boldsymbol{A}\boldsymbol{x}(\ell) + \boldsymbol{B}\boldsymbol{u}(\ell) \tag{1.11b}$$

$$y(\ell+1) = \boldsymbol{h}(\boldsymbol{x}(\ell+1)) \tag{1.11c}$$

$$\boldsymbol{u}(\ell) \in \boldsymbol{u} \quad \forall \ell = k,\cdots,k+N_p-1 \tag{1.11d}$$

在其一般形式中，系统的模型是非线性的，同时系统变量还包括整数部分，在此情况下的 MPC 优化问题是一个整数非线性规划问题（MINLP）。通常来说，需要实时提供解决方案，故优化问题一般在线解决。

这不是在当前时间步长内，求解给定状态矢量的数学优化问题，而是离线求解所有可能的状态的优化问题。具体地，可以针对所有状态 $\boldsymbol{x}(k) \in \boldsymbol{x}$，根据所谓的状态反馈控制律来进行优化计算[33-35]，类似于灵敏度分析的泛化，通过采用多参数编程将状态矢量作为参数变量。时变参考量 $\boldsymbol{y}^*$ 以及增加的时变参数可以类似处理，显式控制规则可以存储在查找表中，并且可以以高效的计算方式从查找表中读取最优控制变量。与标准 MPC 相反，我们将这种方法称为显式 MPC。

对于像电力电子这类采样间隔很短的系统，显式 MPC 可能是一个很有吸引力的选择。虽然它在计算上是可行的，但是这仅仅主要是针对状态矢量维数较少的时变参考参数变量系统，正是这样，让显式 MPC 在维度较高的系统中，使用起来并不是那么灵活。使用整数控制变量使解决方案进一步复杂化，因此，这种方法在本书中是不推崇的。关于用于电力电子系统的显式 MPC 的文献的概述，读者可见参考文献［36］。对于显式 MPC 的深入解析回顾，见参考文献［37］。

5. 滚动时域准测

在 k 时刻根据控制变量 $\boldsymbol{U}_{\text{opt}}(k)$ 从时刻 k 到 $k+N_p-1$ 时刻的开环优化序列，来解决式（1.11）中的优化问题。为了提供反馈，仅将该序列的第一元素，即 $\boldsymbol{U}_{\text{opt}}(k)$，应用于系统中。那么可以估计下一时刻获得新的状态，并且在从 k 到 $k+N_p-1$ 的时间的移动水平上再次求解优化问题。如图 1.6 所示，该方案被称为滚动时域准则。

总之，MPC 的原理是调节在每个采样时刻的控制变量，通过在有限预测步长内求解约束最优控制

问题。使用系统的当前状态作为初始状态，利用系统的内部动态模型，来预测系统的未来状态和受控变量。通过内部动态模型和系统约束来最小化代价函数，通过代价函数来实现控制目标。对底层优化问题的解决方案就是产生一个最优的控制变量序列。采用时域滚动准则，该操作序列的第一个元素被应用，带入计算再获得下一个时刻的新的最优操作序列。因此，MPC（开环）结合约束优化控制和时域滚动准则，来提供反馈，实现系统的闭环控制。

本节介绍了一些 MPC 控制的基本原则，对于 MPC 详细的分析以及它的数学基础，读者可以参考在控制领域里面关于 MPC 的大量文献。突出的调查论文见参考文献［30，38－41］，经典 MPC 教科书有参考文献［37，42－45］。

1.3.3 优点及挑战 ★★★

在本书的 1.2.3 节，已经说明了在工业电力电子领域，设计和实现高性能的控制和调制策略的三个主要的挑战。根据上一节中概述的 MPC 原则，在本节讨论上述挑战，以及 MPC 解决这些挑战的能力。在三个挑战中，电力电子系统的开关非线性，以及多输入多输出的特性可以容易地被 MPC 解决，而第三个挑战电力电子系统中用的短计算时间，仍然是 MPC 所面对的挑战。

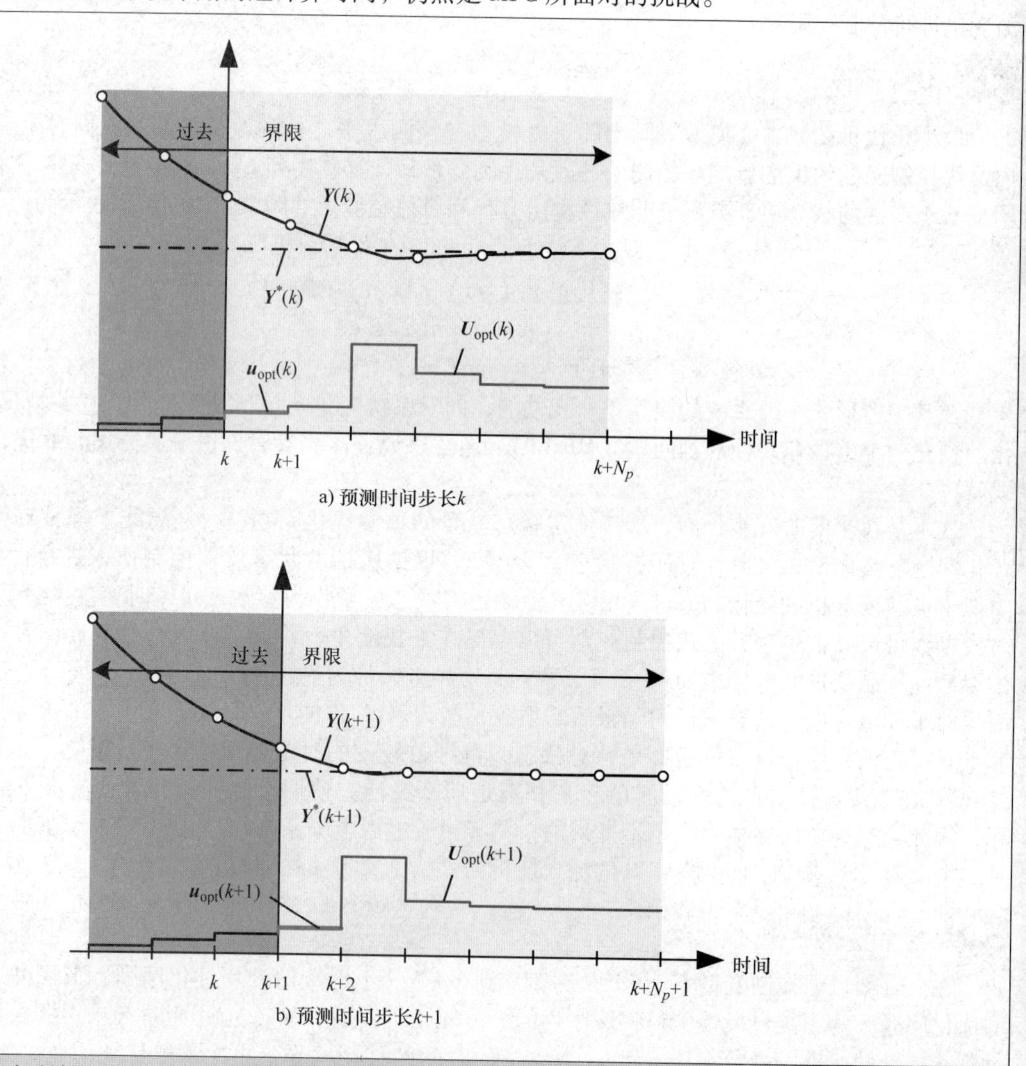

图 1.6 滚动时域准则举例说明了当预测的步长 $N_p=6$ 时，预测的输出序列 $\boldsymbol{Y}$ 对其输出参考值 $\boldsymbol{Y}^*$ 的跟踪，从而选出控制变量 $\boldsymbol{U}_{\mathrm{opt}}$ 的最优操作序列，将这个序列 $\boldsymbol{U}_{\mathrm{opt}}$ 中的第一个元素 $\boldsymbol{u}_{\mathrm{opt}}$ 应用于系统

1. MPC 的优点

首先，MPC 在时域而不是频域中建模。这使得 MPC 能够系统地解决非线性系统问题，特别是针对非线性切换系统。通过将非线性系统的行为动作与系统内部动态模型的 MPC 公式结合来实现。不再需要取平均的方法，调制阶段也可以直接在控制器中实现。而且，MPC 在系统地处理控制变量、状态矢量和受控变量的硬约束方面的能力是独特的。

对于 MPC，已经出现了大量关于交换系统的文献，其有时被称为混合系统[46]，通过各种建模框架来描述这样的系统。包括分段线性系统（PWA）[47]和混合逻辑动态系统（MLD）[48]，这些和其他框架的讨论和比较见参考文献［49］。在线性混合系统中，MPC 可以容易地建模和解决控制问题，例如参考文献［34，37］所示，而许多非线性（混合）系统也可以由线性混合系统近似。

代价函数的使用允许人们处理各种和可能冲突的控制目标，这些目标可以被优先化，因此赋予 MPC 在一个控制器中实际合并多个控制模式的能力。此外，软约束以及速率约束可以被添加到控制问题方案中。

其次，不像一般的 PI 控制器，MPC 是一种多变量控制算法，对于多输入多输出系统是十分完美的，尤其是针对像 MMC 拓扑的各种复杂系统或具有诸如 *LC* 滤波器的附加无源元件的变换器系统。与传统的频域控制方法相反，在 MPC 中不再需要附加的主动阻尼环或抗饱和机构。这就简化了控制中设计、分析以及调制的过程，这个优点往往被忽视。将控制问题分解为多个理想的去耦合单输入单输出回路的控制问题，为其中的每一个回路都设计单独的 PI 控制器，看起来是比较直接，也是可以通过努力来实现的。然而，在实践中，这些回路往往倾向于以复杂相反的方式彼此交互，特别是在暂态和故障期间，这些问题使控制回路的设计和调试复杂化。同时，这些限制了闭环系统的性能。

2. MPC 的挑战

对于 MPC 的优化问题，还是需要非常大的努力，在给定时间内（通常在采样间隔的一部分内）解决优化问题成为主要挑战。将 MPC 从使用长采样间隔传统应用领域（例如，在过程工业中），扩展到具有短采样间隔的系统（例如，在汽车工业或电力电子中），这促进了以下三个方面的研究：

1）对所有可能的状态、参考和参数的状态反馈控制律，显式解的计算。在许多情况下，参数空间的维数太高，导致计算上困难棘手的问题[50]。

2）优化程序的初值和具有快速收敛速度和低计算负担的解算器。对于二次程序，在嵌入式系统中采用解算器是十分合适的，例如，当在 FPGA 上执行时，快速梯度法似乎是很好的，见参考文献［51－53］。

3）针对由电力电子系统中特定控制问题，建立新的 MPC 问题的公式和解算方法，这也是本书主要的研究方向。

我们可以知道，建立新的 MPC 问题的公式是很容易的，关键的是 MPC 基础的优化问题。不幸的是，解决基于 MPC 的优化问题相关的计算负担随着预测步长的增加而以指数方式增加。一般来说，多步长比单步长具有更好的闭环性能，特别地，只要存在具有有限代价函数的解决方案[42,43]，那么在无限步长的情况下，通常可以确保系统的闭环稳定性，但是多步长通常会使计算负担的问题更加突出。

1.4 研究前景和动机

本书的主要研究规划就是设计控制算法，最大程度地利用电力电子系统的效率，以及充分利用电力电子功率器件硬件的能力。以三相三电平逆变器为例，设计的策略与现有的控制策略相比，可以将半导体开关器件的损耗减少高达 50%。在中压应用场合，开关损耗的大小一般与导通损耗一个数量级，在一些场合，前者更是远远大于后者。当热冷却能力作为一个限制因素时，低的开关损耗能够增加通流能力。那么硬件的额定功率可以相应的增加，例如 5MVA 的逆变器的容量可以增加到 6MVA 甚至更高，那么售价也可以相应提高，从而提高销售利润。

同时，这样的控制算法可以降低对硬件的要求，例如，可以减少或者去掉谐波滤波器，减少直流母线上的滤波电容，同时可以允许用与电网直接相连的电机设备来代替价格昂贵的专门针对逆变器特制的电机设备。此外，电力电子系统的安全操作限制可以转化为安全约束，这些约束可以直接在 MPC 方程中体现。这些约束包括很多，例如相电流绝对值的上限约束。MPC 可以保证这些约束一直保持作用，这些操作真正保证了功率变换器的安全。

更重要的是，对于 MPC，控制工作的主要部分从设计阶段转移到计算阶段。一方面，设计上的付出、系统的调试时间以及产品上市的时间将会大大地减少；另一方面，功能更为强大的硬件不仅仅只由 DSP 组成，可以增加用于密集计算的 FPGA 模块，与在中压功率电力电子系统中采用 MPC 时节省的成本相比，附加 FPGA 的成本在大多数情况下可以忽略不计。

1.5 主要成果

本书的研究目标是将 DTC 或 DPC 在动态过程中的优点与离线计算的 OPP 在稳态时的优势结合起来。如图 1.7 所示，这样做的目的就是设计出一个开关损耗低、波形畸变小的快速电流控制器。为了实现类似于 OPP 的稳态运行时的性能，多步长预测是必要的。尽管在搜索空间中可行方案的组合数量是十分多的，但是仍然需要采用智能算法来解决潜在的实时优化问题。

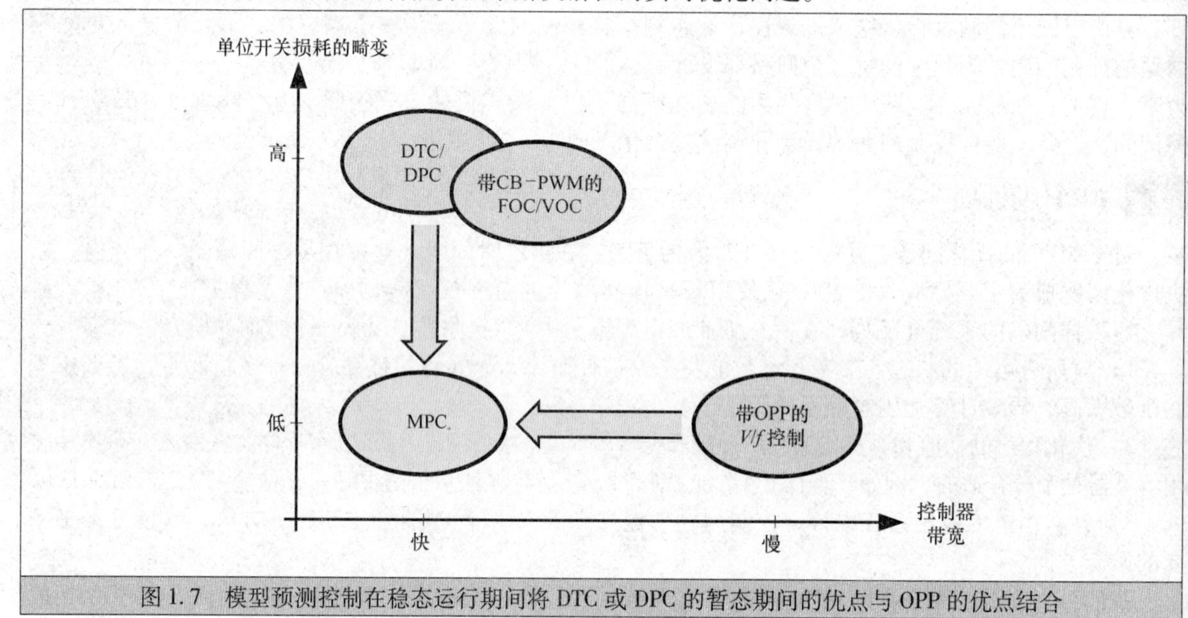

图 1.7　模型预测控制在稳态运行期间将 DTC 或 DPC 的暂态期间的优点与 OPP 的优点结合

在过去几年中，已经开发了三个类似的将调制器和电流内环在一个计算阶段结合起来的方法。这些控制方法都是基于 MPC 的重要的概念，即利用功率电力电子系统的内部模型预测系统在预测步长内的响应，评估预测的代价函数，计算最佳控制开关动作，利用时域滚动优化来提供反馈和鲁棒性[43]。尽管这三种控制方案有这些共同的特征，但它们构成了互补的控制策略。

在功率电力电子领域，MPC 运用最多的方法就是直接操作半导体开关的位置，将控制问题直接制定为参考值的跟踪问题[54]，这种方法经常被称为基于有限集的 MPC。对于大多数的功率电力电子系统，如电流、电磁转矩、角速度、磁链、中点电压、有功和无功等控制量都可以沿着给定的参考值来控制，这一点将会在第 4 章详细介绍。跟踪精度和开关切换之间的权衡可以通过调整参数来实现。当使用多步预测时，可以实现单位开关损耗的较小的畸变。通过采用通信理论中的球形解码理论，即分定界的方法可以有效地解决底层优化问题，详见第 5 章。

模型预测直接转矩控制（MPDTC）是直接转矩控制（DTC）的提升，其中查找表由在线 MPC 优化阶段替代。MPDTC 最早在 2004 年参考文献［55，56］中被提出，2007 年在一个 2MVA 的传动系统平台上被验证[57]，在2009年推广使用多步预测进一步提升其性能，详见第7章。分支定界法可以将计算负担减少一个数量级，详见第10章。模型预测直接电流控制（MPDCC）是MPDTC的拓展衍生，详见11.1节，还有其他的如模型预测直接平衡控制（MPDBC），可用于多电平拓扑中平衡内部逆变器的电压[58]。

模型预测脉冲模式控制（MP^3C）是以优化脉冲调制为基础的一种MPC方法。特别地，离线计算的OPP被在线修改以解决暂态和模型不确定性带来的问题[59]，以及提供反馈和鲁棒性。MP^3C最初是为电气传动中的机侧逆变器而设计[60]。MP^3C有非常快的控制响应，同时相对于基于CB-PWM的方案它可以显著降低变换器中的开关损耗和电流畸变，详见第12章。

虽然这些调制策略都是基于互补的方法，但是它们在单位开关损耗的谐波畸变和控制器带宽方面产生非常类似的闭环性能。特别地，针对三电平的中压变换器，单位开关损耗的谐波畸变与基于CBPWM的DTC或者SVM相比，可以减少高达50%，针对五电平拓扑时，甚至可以减少60%甚至更多[61-63]。此时的电流或者转矩响应时间为1~2ms。因此在稳态运行期间，单位开关损耗的谐波畸变与OPP调制的结果差不多。在暂态运行期间，可以获得类似于无差拍控制的快速电流和转矩响应时间。

在所有三种情况下，成功的关键是利用MPC的理论基础，设计出在计算上高度适合于特定控制问题的控制算法。标准的最优控制方法对系统的性能只有较小的提升，并且都对硬件的计算能力的要求很高，这些在早期出版物中的一些文献中已经证明过了，见参考文献［50，64，65］。对于单位开关损耗的谐波畸变的减少，多步长的预测是必要的。需要在通常可获得的传动控制硬件上付出特别的努力，来实现这些对硬件计算能力要求较高的MPC问题的在线求解。

1.6 本书概要

本书的15章分为五个部分。

第1部分：引言

本书的第1章作为概述部分，回顾包括如电机、半导体、拓扑、控制和调制等基本的电力电子术语、概念和方法。

具体地，在第1章这个概述章节之后，将在第2章中详细描述工业电力电子系统。第2章首先回顾一些将在整本书中使用的基本概念，如标幺值系统、正交参考系和空间矢量，推导出感应电机在稳态或者动态下的空间矢量模型；本章将会对功率电力电子器件，如IGCT或者功率二极管等的损耗模型进行介绍；本章对三电平、五电平电压源型逆变器进行描述和建模，并描述了四个工业电力电子研究的案例，这些案例主要涉及中压VSD和并网变换器系统。

在第3章总结了电机、电网和变换器对控制和调制策略的要求之后，回顾了在大功率工业控制应用中使用的主要调制方案。介绍了基于载波的PWM，分析其谐波频谱，并回顾分析了它与SVM的等效性。第3章对OPP进行了详细描述，包括优化问题的推导和它在多电平变换器中的求解技术。分析了谐波畸变和开关器件通断之间的平衡关系，在最后评估了当前机侧变换器的各种控制策略，如标量控制、FOC和DTC等。附录提供了一些数学优化的介绍。

第2部分：基于参考值跟踪的直接模型预测控制

本书第2部分为基于输出变量参考值跟踪的直接模型预测控制。

第4章在单步预测的电流参考值跟踪的预测电流控制器的基础之上，介绍了直接模型预测控制的原理，这种方法也就是通常所说的基于有限集的模型预测控制。以一个带阻感负载的单相逆变器开始，介绍了预测模型、代价函数、优化问题和枚举等概念，随后将MPC算法推广到三相逆变器系统中的电流控制问题。这种方法推广到VSD系统，可以解决转矩和磁链的控制问题。通过分析代价函数来找到电流控制器和转矩控制器之间的相似性。此外，突出了跟踪误差范数对稳定性的影响，并讨论了一种对系统延时补偿的方法。

第5章重新讨论了在多步长情况下，沿着参考值调节的三相电流的控制问题。对于具有整数输入的线性系统，可以得到一个整数二次规划的结果。这表明最优整数位于一个以无约束解为中心的球面上，后者是通过将整变量放宽为实值变量而得到的。采用被称为球形解码的分支定界算法，它可以在相对较长的预测步长内（如10步）快速解决潜在的优化问题。球形解码的原理将在下面两个示例中说明。

第6章将对多步预测、参考值跟踪的直接MPC方法进行评估。对于感应电机中点钳位（NPC）变换器系统，相比于单步长预测，采用步长为10的多步预测可以减少20%的电流波形畸变。同时，多步直接MPC算法在稳态运行期间，优于SVM和CB－PWM。当在电机侧和变换器之间加上*LC*滤波器之后，多步预测的优势更加显著，把步长从1升到20，定子电流的畸变可以减少高达7倍。

第3部分：有边界的直接模型预测控制

在本书的第3部分中描述了将输出变量保持在上限和下限内的直接MPC方法。

第7章将专门介绍MPDTC，与DTC类似，MPDTC通过控制三相开关的位置，将受控量（如电磁转矩、定子磁链和中性点电位）保持在上限和下限内，通过开关频率或者开关损耗来最小化代价函数。在多步长预测步长内呈现这些潜在优化问题，此时认为切换状态接近边界值。在开关切换之间，开关位置保持不变，受控变量的轨迹以一种近似的方式扩展，例如通过线性或二次外推等方法。本章将会对MPDTC基于穷举法的代价函数、相应的搜索树及各种外推算法进行描述和分析。

第8章将会对MPDTC闭环系统进行分析调查，将会在一个中压中点钳位逆变器传动系统中第一次展现多步预测的优点。与DTC相比，在同样的谐波畸变情况下，开关损耗将会减少高达60%。在本章的第2部分，MPDTC主要应用在一个五电平逆变器中，主要是为了减少谐波畸变。将这些与DTC相比，在同样的情况下电流谐波或者转矩波动都可以减半，或开关损耗会稍微减少。在转矩突变期间，DTC和MPDTC在两个案例中都展现出了良好的性能。

第9章主要介绍MPDTC。转矩和定子磁链的边界构成了一个目标集，DTC和MPDTC保持定子磁链矢量在这个目标集内。控制算法的离线计算有助于分析和说明MPDTC的决策过程，以及不同代价函数对系统的影响。分析了不可行状态或死锁的现象，提出了一种有效的死锁解决方案，为了抑制MPDTC进入死锁，提出了几种解决方法，并在本章的最后部分分析其可行性。

第10章的重点是将MPDTC的计算负担减少一个数量级，以便其在多步预测中的实时实现。为此，提出了一种分支定界的方法，在仅探索搜索树的一小部分的前提下，扩展MPDTC算法并计算最优切换序列。代价函数的上下限的设置，使算法在不明确搜索树的情况下，可以识别和修剪搜索树的次优部分。为了限制计算的最大数量，如果计算步骤的数量超过特定阈值，则可以停止优化过程，尽管有可能是次优解，但是如果仔细选择阈值，则其对性能的影响可以是很小的。

第11章概括了MPDTC概念并提出了两个拓展的概念，MPDCC是控制电流而不是控制转矩和磁链，它适用于机侧和网侧变换器。由于它是对电流进行限制，相对于MPDTC它可以实现较低的单位开关损耗的电流谐波畸变。模型预测直接功率控制（MPDPC）直接控制并网变换器中的有功和无功部分。将会在本章对MPDCC和MPDPC进行详细的介绍和性能评估，本章总结比较了MPDTC、MPDCC和MP-DPC的边界形状。

第4部分：基于脉冲宽度调制的模型预测控制

本书的第4部分主要介绍基于脉冲宽度调制的模型预测控制，这些方法与在前面两部分讨论的直接MPC技术的方法中是互补的。

第12章提出了MP^3C的概念，在给定的开关频率下，离线计算的OPP可以使电流的谐波畸变最小，将OPP的三相电压随时间积分可以得到最佳定子磁链轨迹。通过控制OPP的开关切换时刻，可以沿着最佳磁链轨迹调节电机的定子磁链矢量，实现对电机的快速闭环控制。利用MPC的概念，采用时域滚动优化原则，提出了两种计算上变化的MP^3C。第一个变化主要是基于二次规划算法的多步预测，第二个是无差拍控制器，其计算简单，并且可以实现几乎与DTC一样快的转矩响应。当定子磁链误差超过一定阈值时，为了提高系统在暂态期间的性能，可以插入额外的开关切换。

第13章将会在中压系统的仿真和实验的基础之上，对MP^3C的性能进行评估，同时为稳态和暂态运行期间的NPC逆变器驱动系统提供了仿真结果。在相同开关频率下，与SVM相比，MP^3C可以减少高达50% 的电流谐波畸变，展现了在暂态瞬变期间插入脉冲的优势。本章第 2 部分分析了五电平有源 NPC 逆变器驱动系统的实验结果，中压感应电机运行的容量高达 1 MVA ，本章末尾对 MP^3C 的主要优点和特性进行了讨论和总结。

第 14 章主要介绍基于 CB－PWM 的间接 MPC 策略的 MMC 控制。基于线性 MPC，导出了非线性的 MMC 模型及其线性化方法。通过控制调制器的参考电压，控制器沿着参考值来调节相电流，控制分支功率以及对支路电流、直流链路电流和电容电压施加软约束。随后的平衡控制器保持模块周围的电容电压保持在其正常值附近。这种双层控制器的主要优点是在变换器安全运行的界限内，在其暂态运行期间提供非常快速的响应。

第 5 部分：总结

本书的最后一部分提供了各种策略的性能比较，总结了结果，并展望了 MPC 在大功率变换器和工业变频器方面的应用前景。

第 15 章对本书中以 SVM 为基准的直接 MPC 策略提供了各方面的性能比较。这些直接控制策略包括单步预测电流控制、MPDCC 和 MP^3C。当代价函数定义为最小化开关损耗并且采用多步预测时，MPDCC只是在单位开关损耗的谐波电流畸变方面比 MP^3C 有轻微的优势。相应地，多步长的 MPDTC 可以实现比 MP^3C 更低的转矩谐波畸变。本书将对所提出的控制和调制进行深入分析评估，讨论它们的优点和挑战，同时展示每种方法有可能的应用领域、应用前景，并提出一些未来的可能研究方向。

1.7 预备知识

本书主要面向对目前可用在工业电力电子系统的 MPC 方法介绍和总结感兴趣的学术界和工业界的研究人员，他们包括本科生及以上的硕博士生、学者以及专注于研究和开发的工业工程师。如图 1.8 所示，电力电子学领域的 MPC 处于电力电子学、约束最优控制理论和数学优化学科的交叉点。具体来说，需要扎实的电力电子领域的知识来了解系统和解决当前控制问题，MPC 需要对一些相关的控制问题建模，并采用数学优化来解决这些问题。

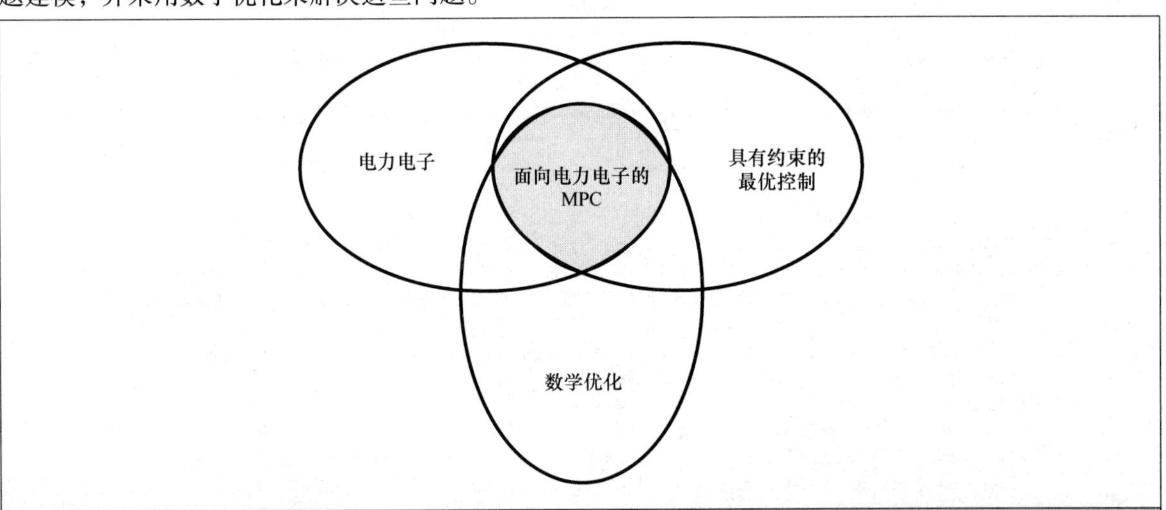

图 1.8 应用在功率变换器和工业驱动器的 MPC 是本书的重点，它是电力电子，约束最优控制理论和数学优化的交点

读者应该熟悉电力电子、现代控制方法和数学优化的基本概念，这些基本概念包括三相电机、多电平电压源型逆变器、PWM、线性系统、线性代数、状态空间表示、离散系统、优化控制、MPC 以及二次规划等。

这些预备知识在以下教科书中讲述，关于大功率电子和交流传动的介绍，读者可见参考文献

[66]。在参考文献[15]中深入介绍了PWM，关于三相电机详细的动态模型可见参考文献[67]，对于多电平变换器可见参考文献[5，11]。

在参考文献[68]中详细地描述了线性系统和状态空间矢量，离散系统可见参考文献[69]，参考文献[70]主要介绍了线性代数，在参考文献[43，37]中介绍了MPC。在参考文献[71]中提供了凸优化的介绍。关于优化的深入分析，读者可见参考文献[72]。

参考文献

[1] A. Chausovsky, "Industrial motors and drives global market update," tech. rep., IHS Technology, 2012.

[2] H. Kuemmlee, P. Wearon, and F. Kleiner, "Large electric drives—setting trends for oil & gas applications," in *Proceedings of IEEE Petroleum and Chemical Industry Technical Conference*, Sep. 2008.

[3] J. M. Carrasco, L. G. Franquelo, J. T. Bialasiewicz, E. Galván, R. C. P. Guisado, A. M. Prats, J. I. León, and N. Moreno-Alfonso, "Power-electronic systems for the grid integration of renewable energy sources: A survey," *IEEE Trans. Ind. Electron.*, vol. 53, pp. 1002–1016, Aug. 2006.

[4] A. Bocquel and J. Janming, "Analysis of a 300 MW variable speed drive for pump-storage plant applications," in *Proceedings of the European on Power Electronics Conference* (Dresden, Germany), Sep. 2005.

[5] J. Rodríguez, S. Bernet, B. Wu, J. Pontt, and S. Kouro, "Multilevel voltage-source-converter topologies for industrial medium-voltage drives," *IEEE Trans. Ind. Electron.*, vol. 54, pp. 2930–2945, Dec. 2007.

[6] B. P. Schmitt and R. Sommer, "Retrofit of fixed speed induction motors with medium voltage drive converters using NPC three-level inverter high-voltage IGBT based topology," in *Proceedings of the IEEE International Symposium on Industry Electronics* (Pusan, Korea), 2001.

[7] Y. H. Song and A. T. Johns, eds., *Flexible ac transmission systems (FACTS)*. London, UK: Institution of Engineering and Technology, 1999.

[8] X.-P. Zhang, C. Rehtanz, and B. Pal, *Flexible AC transmission systems: Modelling and control*. Springer, 2006.

[9] J. Arrillaga, Y. H. Liu, and N. R. Watson, *Flexible power transmission: The HVDC options*. John Wiley & Sons, Inc., 2007.

[10] N. Flourentzou, V. G. Agelidis, and G. D. Demetriades, "VSC-based HVDC power transmission systems: An overview," *IEEE Trans. Power Electron.*, vol. 24, pp. 592–602, Mar. 2009.

[11] J. Rodríguez, J.-S. Lai, and F. Peng, "Multilevel inverters: A survey of topologies, controls, and applications," *IEEE Trans. Ind. Electron.*, vol. 49, pp. 727–738, Aug. 2002.

[12] A. Nabae, I. Takahashi, and H. Akagi, "A new neutral-point-clamped PWM inverter," *IEEE Trans. Ind. Appl.*, vol. IA-17, pp. 518–523, Sep./Oct. 1981.

[13] A. Lesnicar and R. Marquardt, "An innovative modular multilevel converter topology suitable for a wide power range," in *Proceedings of IEEE Power Tech Conference* (Bologna, Italy), Jun. 2003.

[14] G. E. Moore, "Moore's law at 40," *Understanding Moore's law: Four decades of innovation*, pp. 67–84. Chemical Heritage Press, 2006.

[15] D. G. Holmes and T. A. Lipo, *Pulse width modulation for power converters: Principles and practice*. IEEE Press, 2003.

[16] N. Celanovic and D. Boroyevich, "A fast space-vector modulation algorithm for multilevel three-phase converters," *IEEE Trans. Ind. Appl.*, vol. 37, pp. 637–641, Mar./Apr. 2001.

[17] W. Leonhard, *Control of electrical drives*. Springer, 3rd ed., 2001.

[18] D. W. Novotny and T. A. Lipo, *Vector control and dynamics of AC drives*. Oxford Univ. Press, 1996.

[19] M. Malinowski, M. P. Kazmierkowski, and A. M. Trzynadlowski, "A comparative study of control techniques for PWM rectifiers in AC adjustable speed drives," *IEEE Trans. Power Electron.*, vol. 18, pp. 1390–1396, Nov. 2003.

[20] I. Takahashi and T. Noguchi, "A new quick response and high efficiency control strategy for the induction motor," *IEEE Trans. Ind. Appl.*, vol. 22, pp. 820–827, Sep./Oct. 1986.

[21] T. Noguchi, H. Tomiki, S. Kondo, and I. Takahashi, "Direct power control of PWM converter without power-source voltage sensors," *IEEE Trans. Ind. Appl.*, vol. 34, pp. 473–479, May/Jun. 1998.

[22] M. Senesky, G. Eirea, and T. J. Koo, "Hybrid modelling and control of power electronics," in *Hybrid systems: Computation and control* (A. Pnueli and O. Maler, eds.), vol. 2623 of LNCS, pp. 450–465, Springer, 2003.

[23] T. Geyer, G. Papafotiou, and M. Morari, "Model predictive control in power electronics: A hybrid systems approach," in *Proceedings of the IEEE Conference on Decision and Control* (Sevilla, Spain), Dec. 2005.

[24] R. D. Middlebrook and S. Čuk, "A general unified approach to modeling switching power converter stages," in *Proceedings of IEEE Power Electronics Specialists Conference*, pp. 18–34, 1976.

[25] R. W. Erickson, S. Čuk, and R. D. Middlebrook, "Large signal modeling and analysis of switching regulators," in *Proceedings of IEEE Power Electronics Specialists Conference*, pp. 240–250, 1982.

[26] P. A. Dahono, "A control method to damp oscillation in the input *LC* filter of AC-DC PWM converters," in *Proceedings of IEEE Power Electronics Specialists Conference*, pp. 1630–1635, Jun. 2002.

[27] J. Dannehl, F. Fuchs, S. Hansen, and P. Thøgersen, "Investigation of active damping approaches for PI-based current control of grid-connected pulse width modulation converters with LCL filters," *IEEE Trans. Ind. Appl.*, vol. 46, pp. 1509–1517, Jul./Aug. 2010.

[28] R. E. Kalman, "Contributions to the theory of optimal control," *Bulletin da la Societe Mathematique de Mexicana*, vol. 5, pp. 102–119, 1960.

[29] R. E. Kalman, "A new approach to linear filtering and prediction problems," *Trans. ASME (J. Basic Engineering)*, vol. 87, pp. 35–45, 1960.

[30] S. J. Qin and T. A. Badgwell, "A survey of industrial model predictive control technology," *Control Eng. Pract.*, vol. 11, pp. 733–764, Jul. 2003.

[31] J. Holtz and S. Stadtfeld, "A predictive controller for the stator current vector of AC machines fed from a switched voltage source," in *Proceedings of IEEE International Power Electronics Conference* (Tokyo, Japan), pp. 1665–1675, Apr. 1983.

[32] J. Holtz and S. Stadtfeld, "Field-oriented control by forced motor currents in a voltage fed inverter drive," in *Proceedings of IFAC Symposium* (Lausanne, Switzerland), pp. 103–110, Sep. 1983.

[33] A. Bemporad, M. Morari, V. Dua, and E. N. Pistikopoulos, "The explicit linear quadratic regulator for constrained systems," *Automatica*, vol. 38, pp. 3–20, Jan. 2002.

[34] F. Borrelli, *Constrained optimal control of linear and hybrid systems*, vol. 290 of LNCIS. Springer, 2003.

[35] F. Borrelli, M. Baotić, A. Bemporad, and M. Morari, "Dynamic programming for constrained optimal control of discrete-time linear hybrid systems," *Automatica*, vol. 41, pp. 1709–1721, Oct. 2005.

[36] D. E. Quevedo, R. P. Aguilera, and T. Geyer, "Predictive control in power electronics and drives: Basic concepts, theory and methods," *Advanced and intelligent control in power electronics and drives*, vol. Studies in Computational Intelligence, pp. 181–226. Springer, 2014.

[37] F. Borrelli, A. Bemporad, and M. Morari, *Predictive control for linear and hybrid systems*. Springer, www .mpc.berkeley.edu/mpc-course-material.

[38] C. E. Garcia, D. M. Prett, and M. Morari, "Model predictive control: Theory and practice—A survey," *Automatica*, vol. 25, pp. 335–348, Mar. 1989.

[39] M. Morari and J. H. Lee, "Model predictive control: Past, present and future," *Comput. and Chemical Eng.*, vol. 23, pp. 667–682, 1999.

[40] D. Q. Mayne, J. B. Rawlings, C. V. Rao, and P. O. M. Scokaert, "Constrained model predictive control: Stability and optimality," *Automatica*, vol. 36, pp. 789–814, Jun. 2000.

[41] A. Alessio and A. Bemporad, "A survey on explicit model predictive control," in *Nonlinear model predictive control*, vol. 384 of LNCIS, pp. 345–369. Springer, 2009.

[42] J. M. Maciejowski, *Predictive control with constraints*. Prentice Hall, 2002.

[43] J. B. Rawlings and D. Q. Mayne, *Model predictive control: Theory and design*. Madison, WI, USA: Nob Hill Publ., 2009.

[44] L. Grüne and J. Pannek, *Nonlinear model predictive control: Theory and algorithms*. Springer, 2011.

[45] E. F. Camacho and C. Bordons, *Model predictive control*. Springer, 2nd ed., 2013.

[46] A. J. van der Schaft and J. M. Schumacher, *An introduction to hybrid dynamical systems*, vol. 251 of LNCIS. Springer, 2000.

[47] E. D. Sontag, "Nonlinear regulation: The piecewise linear approach," *IEEE Trans. Automat. Contr*, vol. 26, pp. 346–358, Apr. 1981.

[48] A. Bemporad and M. Morari, "Control of systems integrating logic, dynamics and constraints," *Automatica*, vol. 35, pp. 407–427, March 1999.

[49] W. P. M. H. Heemels, B. De Schutter, and A. Bemporad, "Equivalence of hybrid dynamical models," *Automatica*, vol. 37, pp. 1085–1091, Jul. 2001.

[50] G. Papafotiou, T. Geyer, and M. Morari, "A hybrid model predictive control approach to the direct torque control problem of induction motors," *Int. J. of Robust Nonlinear Control*, vol. 17, pp. 1572–1589, Nov. 2007.

[51] S. Richter, C. Jones, and M. Morari, "Real-time input-constrained MPC using fast gradient methods," in *Proceedings of the IEEE Conference on Decision and Control* (Shanghai, China), pp. 7387–7393, Dec. 2009.

[52] S. Richter, S. Mariéthoz, and M. Morari, "High-speed online MPC based on fast gradient method applied to power converter control," in *Proceedings of the American Control Conference* (Baltimore, MD, USA), 2010.

[53] H. Peyrl, J. Liu, and T. Geyer, "An FPGA implementation of the fast gradient method for solving the model predictive pulse pattern control problem," in *Workshop on Predictive Control of Electrical Drives and Power Electronics* (Munich, Germany), Oct. 2013.

[54] P. Cortés, M. P. Kazmierkowski, R. M. Kennel, D. E. Quevedo, and J. Rodríguez, "Predictive control in power electronics and drives," *IEEE Trans. Ind. Electron.*, vol. 55, pp. 4312–4324, Dec. 2008.

[55] T. Geyer, Low complexity model predictive control in power electronics and power systems. PhD thesis, Autom. Control Lab. ETH Zurich, 2005.

[56] T. Geyer, G. Papafotiou, and M. Morari, "Model predictive direct torque control—Part I: Concept, algorithm and analysis," *IEEE Trans. Ind. Electron.*, vol. 56, pp. 1894–1905, Jun. 2009.

[57] G. Papafotiou, J. Kley, K. G. Papadopoulos, P. Bohren, and M. Morari, "Model predictive direct torque control—Part II: Implementation and experimental evaluation," *IEEE Trans. Ind. Electron.*, vol. 56, pp. 1906–1915, Jun. 2009.

[58] F. Kieferndorf, P. Karamanakos, P. Bader, N. Oikonomou, and T. Geyer, "Model predictive control of the internal voltages of a five-level active neutral point clamped converter," in *Proceedings of IEEE Energy Conversion Congress and Exposition* (Raleigh, NC, USA), Sep. 2012.

[59] G. S. Buja, "Optimum output waveforms in PWM inverters," *IEEE Trans. Ind. Appl.*, vol. 16, pp. 830–836, Nov./Dec. 1980.

[60] T. Geyer, N. Oikonomou, G. Papafotiou, and F. Kieferndorf, "Model predictive pulse pattern control," *IEEE Trans. Ind. Appl.*, vol. 48, pp. 663–676, Mar./Apr. 2012.

[61] T. Geyer, "Generalized model predictive direct torque control: Long prediction horizons and minimization of switching losses," in *Proceedings of the IEEE Conference on Decision and Control* (Shanghai, China), pp. 6799–6804, Dec. 2009.

[62] T. Geyer, "A comparison of control and modulation schemes for medium-voltage drives: Emerging predictive control concepts versus field oriented control," in *Proceedings of the IEEE Energy Conversion Congress and Exposition* (Atlanta, GA, USA), pp. 2836–2843, Sep. 2010.

[63] T. Geyer and G. Papafotiou, "Model predictive direct torque control of a variable speed drive with a five-level inverter," in *Proceedings of the IEEE Industrial Electronics Society Annual Conference* (Porto, Portugal), pp. 1203–1208, Nov. 2009.

[64] G. Papafotiou, T. Geyer, and M. Morari, "Optimal direct torque control of three-phase symmetric induction motors," in *Proceedings of the IEEE Conference on Decision and Control* (Atlantis, Bahamas), Dec. 2004.

[65] T. Geyer and G. Papafotiou, "Direct torque control for induction motor drives: A model predictive control approach based on feasibility," in *Hybrid systems: Computation and control* (M. Morari and L. Thiele, eds.), vol. 3414 of LNCS, pp. 274–290, Springer, Mar. 2005.

[66] B. Wu, *High-power converters and AC drives*. Hoboken, NJ: John Wiley & Sons, Inc., 2006.

[67] P. C. Krause, O. Wasynczuk, and S. D. Sudhoff, *Analysis of electric machinery and drive systems*. Hoboken, NJ: John Wiley & Sons, Inc., 2nd ed., 2002.

[68] P. Antsaklis and A. Michel, *A linear systems primer*. Birkhäuser Verlag, 2007.

[69] G. F. Franklin, J. D. Powell, and M. L. Workman, *Digital control of dynamic systems*. Addison-Wesley, 3rd ed., 1998.

[70] G. Strang, *Introduction to linear algebra*. Wellesley-Cambridge Press, 4th ed., 2009.

[71] S. Boyd and L. Vandenberghe, *Convex optimization*. Cambridge Univ. Press, 2004.

[72] C. A. Floudas and P. M. Pardalos, *Encyclopedia of optimization*. Springer, 2nd ed., 2009.

第2章 工业电力电子

本章将会对大功率场合工业电力电子进行详细介绍，从回顾一些本书将会用到的基本概念开始，推导了电机暂态和稳态的空间状态模型。介绍了功率半导体器件以及建立了它们的损耗模型，描述了四个工业电力电子研究案例，这些案例涉及中压（MV）变速驱动器（VSD）和并网变换器系统。

2.1 预备知识

本节回顾了电力电子四个基础的概念：三相系统、标幺值系统、正交坐标系和空间矢量。为了帮助不熟悉这些概念的读者，为他们提供一个直观简明的介绍和总结，书中用较多的内容来介绍和总结这些概念以及举例说明是很有必要的。

2.1.1 三相系统 ★★★

从三相交流电系统开始介绍，假设三相电源平衡。每一相的电压为峰值等于$\sqrt{2}V_{ph}$的正弦波，V_{ph}表示相电压的方均根（rms）值。在a、b和c三相中的电压波形为同频率f，但是它们的相位相差$\frac{2\pi}{3}$，将t时刻的三相电压瞬时给定为

$$V_a(t)=\sqrt{2}V_{ph}\sin(\omega t) \tag{2.1a}$$

$$V_b(t)=\sqrt{2}V_{ph}\sin\left(\omega t-\frac{2\pi}{3}\right) \tag{2.1b}$$

$$V_c(t)=\sqrt{2}V_{ph}\sin\left(\omega t-\frac{4\pi}{3}\right) \tag{2.1c}$$

式中，$\omega=2\pi f$表示角频率。

如图2.1所示，相电压是电压源的相端子A、B和C与其星点N之间的电压。与此相比，线电压是指相端子之间的电压差，其方均根值为$V=\sqrt{3}V_{ph}$。在本书中，将使用大写字母表示方均根量，小写字母表示瞬时量。通常会从瞬时量中去掉时间t以简化符号。

$$V_{ab}(t)=V_a(t)-V_b(t)=\sqrt{2}V\sin\left(\omega t+\frac{1}{6}\pi\right) \tag{2.2a}$$

$$V_{bc}(t)=V_b(t)-V_c(t)=\sqrt{2}V\sin\left(\omega t-\frac{1}{2}\pi\right) \tag{2.2b}$$

$$V_{ca}(t)=V_c(t)-V_a(t)=\sqrt{2}V\sin\left(\omega t-\frac{7}{6}\pi\right) \tag{2.2c}$$

如图2.1所示的三相星形连接阻感性负载，由相端子连接到三相电压源，负载的星形点S通常不连接到N，负载的相电阻R和电感L在每相中具有相同的值，这就是我们所说的平衡负载，系统的三相正弦电流也是等幅值的，即三相电流也是平衡的。

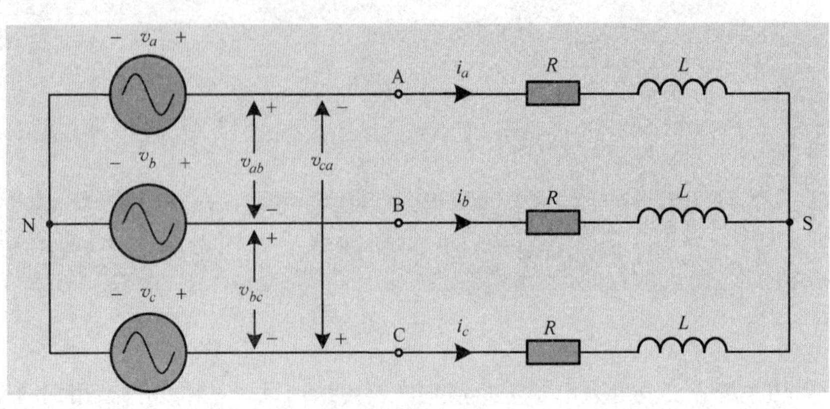

图 2.1　三相阻感负载电压源系统

例 2.1　假设电压源线电压有效值 $V = 3.3\text{kV}$，频率 $f = 50\text{Hz}$，负载阻抗为 $Z = R + \mathrm{j}\omega L$（$R = 2\Omega$ 以及 $L = 2\text{mH}$），可以得到相电流有效值为 $I_{\text{ph}} = \dfrac{V}{\sqrt{3}Z} = 0.91\text{kA}$，相电流相对于相电压偏移角度 $\angle Z = 17.4°$，三相电压和电流波形如图 2.2 所示。

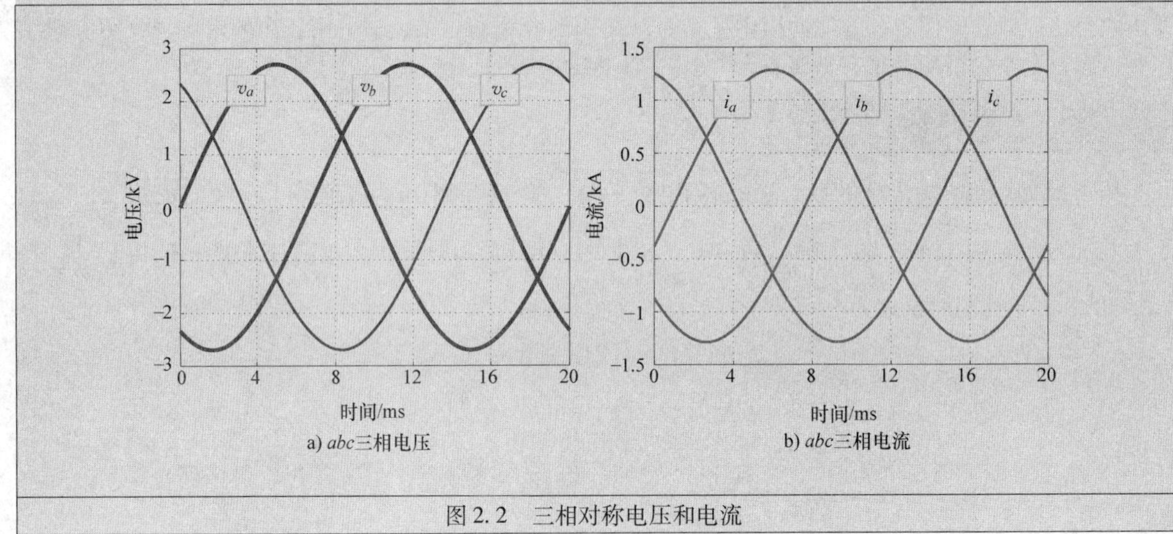

图 2.2　三相对称电压和电流

对于一个三相平衡的系统，有功功率 P、无功功率 Q 以及视在功率 S 可表示为

$$P = 3V_{\text{ph}}I_{\text{ph}}\cos(\phi) \tag{2.3a}$$

$$Q = 3V_{\text{ph}}I_{\text{ph}}\sin(\phi) \tag{2.3b}$$

$$S = 3V_{\text{ph}}I_{\text{ph}} \tag{2.3c}$$

式中，ϕ 表示相电压与相电流之间的夹角；有功功率 P 的单位为瓦特（W）；无功功率 Q 的单位为乏（var）；视在功率 S 单位为伏安（VA），满足 $S^2 = P^2 + Q^2$。

功率因数定义为

$$\text{pf} = |\cos(\phi)| = \frac{P}{S} \tag{2.4}$$

例 2.2　在例 2.1 中，视在功率 $S = \dfrac{V^2}{Z} = 5.19\text{MVA}$，电压和电流之间的相位差 $\phi = \angle Z = 17.4°$，此时的功率因数为 0.954。

2.1.2 标幺值系统 ★★★

在电力电子和电力系统的领域中，通常的做法是将使用的所有变量和参数做归一化处理。做归一化处理，是使得被归一化的变量在额定电压、额度功率和额定频率运行下的系统中的值等于1，为此，建立具有三个基本量的标幺值系统。

首先考虑具有单个电机的驱动系统，假设电机为星形连接，V_R表示其额定的线电压。基值电压定义为

$$V_B = \sqrt{\frac{2}{3}} V_R \tag{2.5}$$

相应地，额定电流的峰值 I_R可以用基值电流表示为

$$I_B = \sqrt{2} I_R \tag{2.6}$$

第三个基本变量就是额定频率 ω_B，它的值等于额定定子角频率 ω_{sR}，则有

$$\omega_B = \omega_{sR} \tag{2.7}$$

从这里定义的三个基本的变量就可以很容易地导出其他的变量，表 2.1 中为总结的常用变量。电机转矩方程可以从 2.2 节中得到，注意 pf 表示功率因数，而 p 则表示电机的极对数。

表 2.1 定义标幺值系统的基值额定线电压 V_R、额定电流 I_R和额定定子角速度 ω_{sR}或电网频率 ω_{gR}的项

基本量	基本值
电压	$V_B = \sqrt{2/3}V_R$
电流	$I_B = \sqrt{2}I_R$
角频率	$\omega_B = \omega_{sR}$或 $\omega_B = \omega_{gR}$
电阻、电抗、阻抗	$Z_B = V_B/I_B$
电感	$L_B = Z_B/\omega_B$
电容	$C_B = 1/(\omega_B Z_B)$
视在功率	$S_B = (3/2)V_B I_B$
磁链	$\lambda_B = V_B/\omega_B$
转矩	$T_B = \mathrm{pf}pS_B/\omega_B$

当驱动系统运行在额定速度和额定转矩工况下时，基于这些基本量来对系统进行标幺化处理时，标幺化后的定子电流幅值为1，而且定子磁链幅值、定子角频率、电机功率和电磁转矩的幅值也都是1。

例 2.3 从例 2.1 中可得一个单位标幺值系统，可以假设 $V_R = V$，$I_R = I_{ph}$和 $\omega_R = \omega$，在这里基本变量定义为 $V_B = 2694\mathrm{V}$，$I_B = 1285\mathrm{A}$ 以及 $\omega_R = \omega = 2\pi 50\mathrm{rad/s}$，那么三相电压和电流的幅值和它们的峰值与1 一致，见图 2.3。

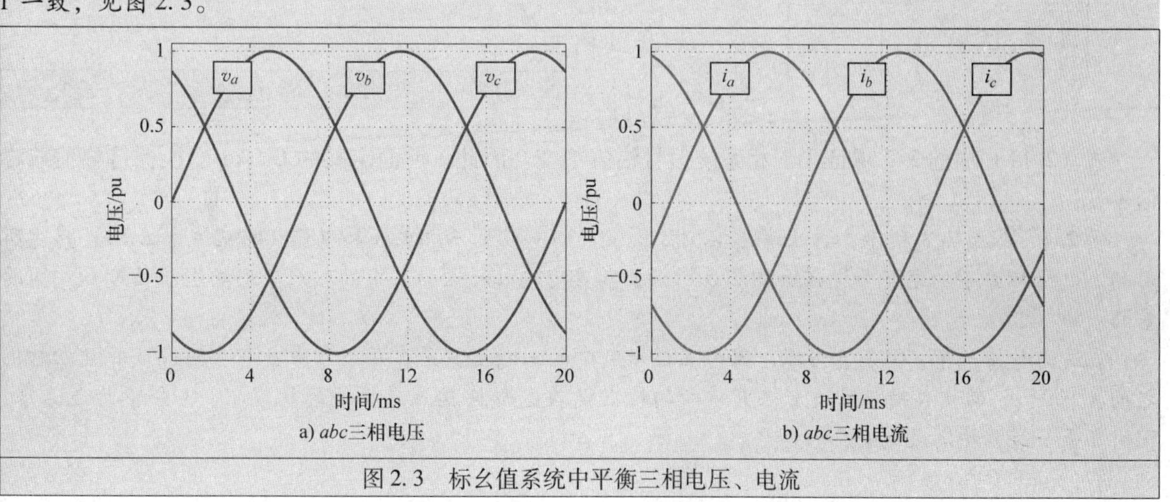

a) abc三相电压　b) abc三相电流

图 2.3 标幺值系统中平衡三相电压、电流

对于并网电力变换器，通常使用变压器二次侧的量来建立标幺值系统。选择变压器额定相电压的峰值为基准电压。基准电压的定义保持与式（2.5）中相同，但是V_R现在指的是变压器二次绕组处的线电压。

额定视在功率S_R作为第二个基础的变量。定义为

$$S_B = S_R \tag{2.8}$$

基准角频率作为第三个基础变量，它等于额定电网角频率ω_{gR}，表示为

$$\omega_B = \omega_{gR} \tag{2.9}$$

这主要是通过电压和电流的峰值来定义的标幺值系统，还有一种方法就是根据有效值来定义。在这种情况下，式（2.5）和式（2.6）应该定义为$V_B = V_R/\sqrt{3}$以及$I_B = I_R$，如表2.1的视在功率应该为$S_B = 3V_BI_B$。除此之外，时间轴也将通过时间乘以ω_B来归一化。标幺值系统的概念将会在2.2.3节、2.4节以及2.5.4节中详细介绍。

2.1.3 静止坐标系 ★★★

为了简化和分析三相平衡电路，最常用的方法就是将三相abc坐标系转化到静止或者旋转坐标系中，我们使用的术语参考坐标系和坐标系系统是可相互替换的。

静止坐标系由三个轴α、β和0（γ）轴组成，它们之间互相垂直，如图2.4所示。所谓的Clarke变换[1]将矢量$\xi_{abc} = [\xi_a\ \xi_b\ \xi_c]^T$从三相坐标系转化到两相静止坐标系，表示为$\xi_{\alpha\beta0} = [\xi_\alpha\ \xi_\beta\ \xi_0]^T$，反之亦然，通过以下计算：

$$\boldsymbol{\xi}_{\alpha\beta0} = \boldsymbol{K}\boldsymbol{\xi}_{abc},\ \boldsymbol{\xi}_{abc} = \boldsymbol{K}^{-1}\boldsymbol{\xi}_{\alpha\beta0} \tag{2.10}$$

变换矩阵为

$$\boldsymbol{K} = \frac{2}{3}\begin{bmatrix} 1 & -\frac{1}{2} & -\frac{1}{2} \\ 0 & \frac{\sqrt{3}}{2} & -\frac{\sqrt{3}}{2} \\ \frac{1}{2} & \frac{1}{2} & \frac{1}{2} \end{bmatrix},\ \boldsymbol{K}^{-1} = \begin{bmatrix} 1 & 0 & 1 \\ -\frac{1}{2} & \frac{\sqrt{3}}{2} & 1 \\ -\frac{1}{2} & -\frac{\sqrt{3}}{2} & 1 \end{bmatrix} \tag{2.11}$$

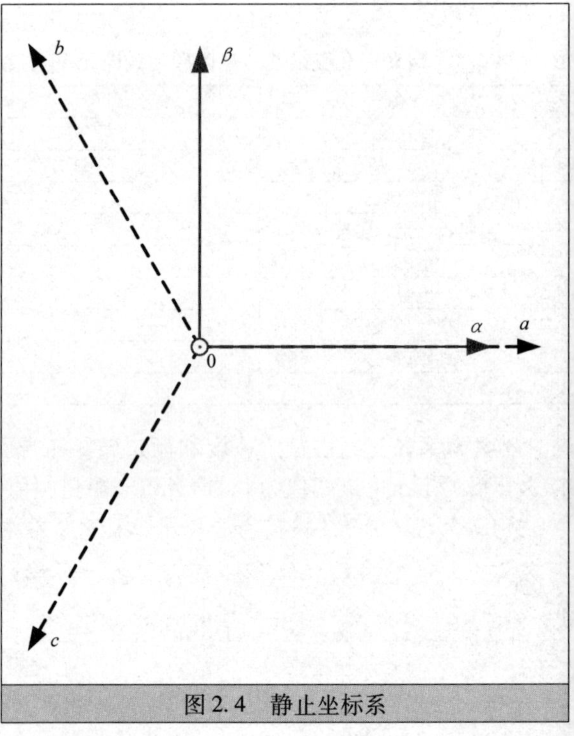

图2.4 静止坐标系

式（2.11）中的2/3保证了三相系统信号幅值不变。因此，前面定义的Clarke变换保持幅值或峰值不变。

例2.4 如图2.3所示，再次考虑实例2.3及其归一化的三相电压和电流。根据式（2.10）产生所示的$\alpha\beta0$坐标系下的电压和电流如图2.5所示，其具有与abc坐标系中的相应波形相同的幅度和相同的基频。

在这两种情况下，0分量为零，因为在该示例中的三相变量是在每个相中具有相同幅度并且在它们之间具有$2\pi/3$的相移的正弦波形。更一般的情况是在星形连接点不接地的情况下，0分量总是为零，同时在每一时刻均满足$i_a + i_b + i_c = 0$。

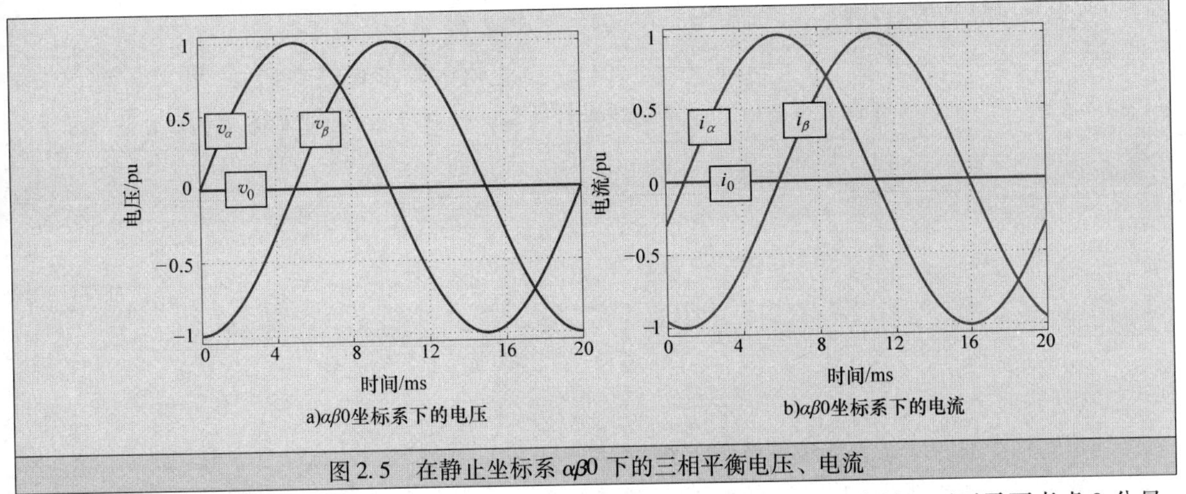

图 2.5 在静止坐标系 αβ0 下的三相平衡电压、电流

当三相静止坐标系转换到两相静止坐标系时，通常需要考虑和 α 和 β 分量，而不需要考虑 0 分量，在这种情况下引入 $\boldsymbol{\xi}_{\alpha\beta}=[\xi_\alpha\ \xi_\beta]^T$ 来简化 Clarke 变换矩阵。

$$\boldsymbol{\xi}_{\alpha\beta}=\widetilde{\boldsymbol{K}}\boldsymbol{\xi}_{abc},\boldsymbol{\xi}_{abc}=\widetilde{\boldsymbol{K}}^{-1}\boldsymbol{\xi}_{\alpha\beta} \tag{2.12}$$

其相应的矩阵定义为

$$\widetilde{\boldsymbol{K}}=\frac{2}{3}\begin{bmatrix}1 & -\frac{1}{2} & -\frac{1}{2}\\ 0 & \frac{\sqrt{3}}{2} & -\frac{\sqrt{3}}{2}\end{bmatrix},\ \widetilde{\boldsymbol{K}}^{-1}=\begin{bmatrix}1 & 0\\ -\frac{1}{2} & \frac{\sqrt{3}}{2}\\ -\frac{1}{2} & -\frac{\sqrt{3}}{2}\end{bmatrix} \tag{2.13}$$

注意，保持$\widetilde{\boldsymbol{K}}$的前两行与 $\boldsymbol{K}$ 的前两行保持一致，$\widetilde{\boldsymbol{K}}^{-1}$的前两列与 $\boldsymbol{K}^{-1}$的前两列保持一致。$\widetilde{\boldsymbol{K}}^{-1}$为 $\widetilde{\boldsymbol{K}}$ 的逆矩阵，并且 0 分量假定为零。

备注：

三相 abc 坐标系可以被解释为其三个轴的相位相差 $2\pi/3$，三相 abc 坐标系可以用单位向量表示在静止坐标系中。

$$e_a=\begin{bmatrix}1\\0\end{bmatrix},\ e_b=\frac{1}{2}\begin{bmatrix}-1\\ \sqrt{3}\end{bmatrix},\ e_c=\frac{1}{2}\begin{bmatrix}-1\\ -\sqrt{3}\end{bmatrix} \tag{2.14}$$

根据定义，单位向量的大小为 1，注意 α 轴与 a 轴对准，如图 2.4 所示。

Clarke 变换可以被几何地解释为三相值从三相轴到两相静止轴的投影，具体地，将式（2.14）中的三个单位向量与待变换的 abc 量相乘并根据下式投影到 $\alpha\beta$ 轴上。

$$\boldsymbol{\xi}_{\alpha\beta}=\frac{2}{3}(\xi_a\boldsymbol{e}_a+\xi_b\boldsymbol{e}_b+\xi_c\boldsymbol{e}_c) \tag{2.15}$$

很明显，变换式（2.15）与式（2.12）中简化 Clarke 变换是相同的，在两个变换中都需要乘以因子 2/3 以确保其是幅度不变的。

第三轴为 0 轴，它垂直于 $\alpha\beta$ 面并从这个面指出，如图 2.4 所示，一般选取 0 轴分量为

$$\boldsymbol{\xi}_0=\frac{1}{3}(\xi_a+\xi_b+\xi_c) \tag{2.16}$$

结合式（2.15）和式（2.16）可以直接得到式（2.10）的 Clarke 变换。

例 2.5 为了将 Clarke 变换的投影可视化，再次关注于示例 2.3。如图 2.3b 所示，可以读出在 $t_0=0$ 时刻的三相电流，此时 $i_{abc}(t_0)=[-0.30\ \ -0.68\ \ 0.98]$，对于 a 相，定义每相矢量 $\boldsymbol{i}_a(t_0)=i_a(t_0)\boldsymbol{e}_a$，相应的可以定义出 b、c 相的电流矢量。将这 3 个向量求和并将它们的向量除以 2/3，使其在静止正交坐

标系中的等效表示形式为 $\boldsymbol{i}_{\alpha\beta}(t_0)=[-0.30\ \ -0.96]^T$，如图2.6a所示为其过程。

相应地，如图2.6b所示为在 $t_1=2\text{ms}$ 时的电流 $i_{abc}(t_1)=[0.32\ \ -0.98\ \ 0.66]^T$，等效的 $\boldsymbol{i}_{\alpha\beta}(t_1)=[0.32\ \ -0.95]^T$。还观察到电流矢量以角速度 ω 逆时针旋转，如前所述，此时的电流的0分量为零。

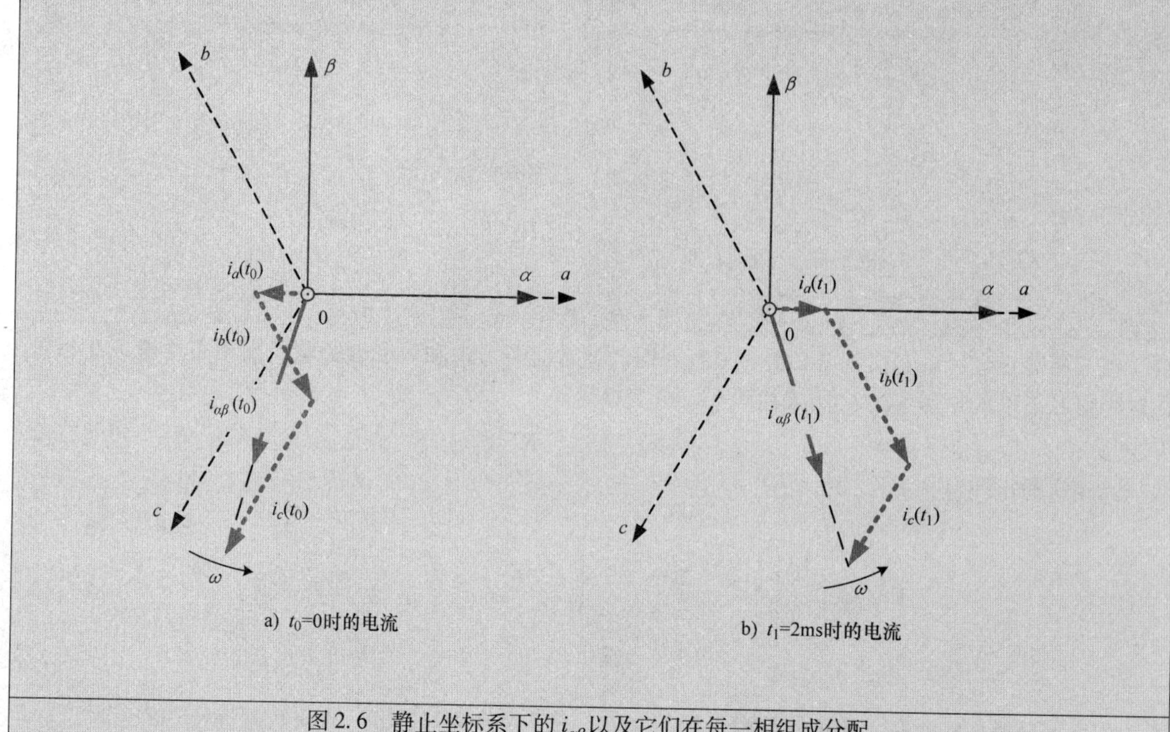

图2.6　静止坐标系下的 $i_{\alpha\beta}$ 以及它们在每一相组成分配

2.1.4　旋转坐标系 ★★★

静止坐标系可以推广到具有直轴 d、交轴 q 和零轴的旋转坐标系，如图2.7所示，此时 q 轴超前 d 轴90°，即 q 轴垂直于 d 轴。

一般地，0轴垂直于 dq 轴平面并从这个面指出，$dq0$ 坐标系的角位置由 φ 定义，其是旋转坐标系的 d 轴与三相坐标系的 a 轴之间的角度决定的。即有

$$\varphi(t)=\int_0^t \omega_{\text{fr}}(\tau)\,\text{d}\tau+\varphi(0) \tag{2.17}$$

式中，ω_{fr} 表示参考坐标系旋转的角速度。

所谓的Park变换[2]就是将向量 $\boldsymbol{\xi}_{abc}$ 从三相坐标系转化到 dq 轴坐标系，$\boldsymbol{\xi}_{dq0}=[\xi_d\ \xi_q\ \xi_0]^T$，反之亦然

$$\boldsymbol{\xi}_{dq0}=\boldsymbol{K}(\varphi)\boldsymbol{\xi}_{abc},\ \boldsymbol{\xi}_{abc}=\boldsymbol{K}^{-1}(\varphi)\boldsymbol{\xi}_{dq0} \tag{2.18}$$

式中，变换矩阵为

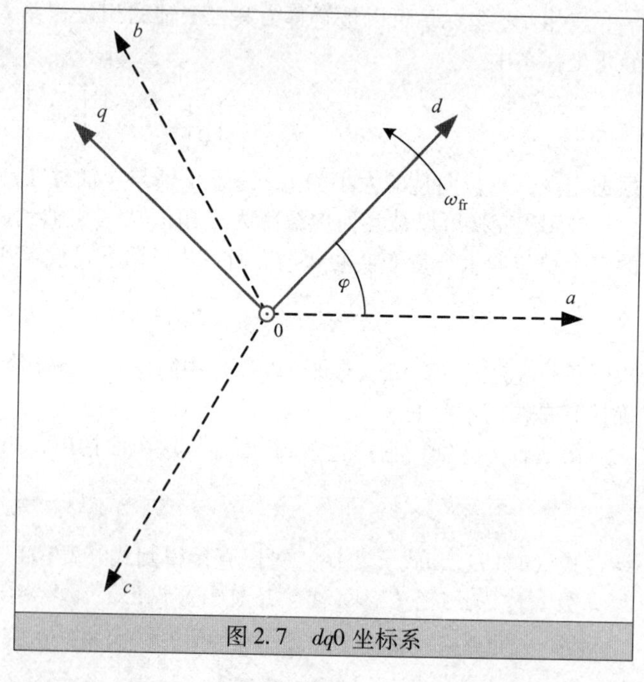

图2.7　$dq0$ 坐标系

$$
\boldsymbol{K}(\varphi)=\frac{2}{3}\begin{bmatrix}\cos\varphi & \cos\left(\varphi-\frac{2}{3}\pi\right) & \cos\left(\varphi+\frac{2}{3}\pi\right)\\ -\sin\varphi & -\sin\left(\varphi-\frac{2}{3}\pi\right) & -\sin\left(\varphi+\frac{2}{3}\pi\right)\\ \frac{1}{2} & \frac{1}{2} & \frac{1}{2}\end{bmatrix} \tag{2.19}
$$

反变换矩阵为

$$
\boldsymbol{K}^{-1}(\varphi)=\begin{bmatrix}\cos\varphi & -\sin\varphi & 1\\ \cos\left(\varphi-\frac{2}{3}\pi\right) & -\sin\left(\varphi-\frac{2}{3}\pi\right) & 1\\ \cos\left(\varphi+\frac{2}{3}\pi\right) & -\sin\left(\varphi+\frac{2}{3}\pi\right) & 1\end{bmatrix} \tag{2.20}
$$

通过是否需要 φ 来区分 Clarke 和 Park 变换，特别的 $\boldsymbol{K}$ 和 $\boldsymbol{K}^{-1}$ 为 Clarke 变换的矩阵和逆矩阵，$\boldsymbol{K}(\varphi)$ 和 $\boldsymbol{K}^{-1}(\varphi)$ 为 Park 变换的矩阵和逆矩阵。

式（2.17）~式（2.20）总结性地概括了正交坐标系的概念。坐标系的旋转速度 ω_r 可以是任意的。对于电力传动系统，两种特殊情况是常用的。一方面同步（或同步旋转）坐标系通过将 d 轴与电机的定子或转子磁链对准获得，并将 ω_{fr} 设置为磁链的角速度 ω_s。那么，在稳态运行期间，电机相互耦合的交流量就被转化为独立的直流量，将会在 3.6.2 节详细描述。

另外，静止 $\alpha\beta0$ 坐标系是将 φ 和 ω_{fr} 设置为零的。因此，d 轴和 q 轴分别被称为 α 轴和 β 轴，其中 0 轴保持不变。因此可以将 Clarke 变换看作 Park 变换的特殊情况。

对于并网逆变器，旋转 $dq0$ 坐标系的 d 轴通常与电网电压对准，或者更精确地与公共连接点（PCC）处的电压对准。利用锁相环确保参考电压与 PCC 处电压同步旋转。同时，也可以在网侧使用 $\alpha\beta0$ 坐标系。

例 2.6　为了突出同步坐标系的概念，将三相电压和电流构成如图 2.3 所示的模型，这些量已经在实例 2.3 中定义。定义 $\omega_{fr}=\omega=2\pi50\text{rad/s}$，同时设置 $\varphi(0)=3\pi/2$ 将 d 轴与电压矢量对齐。在 $t=2\text{ms}$ 的暂态电压和电流的波形如图 2.8 所示。

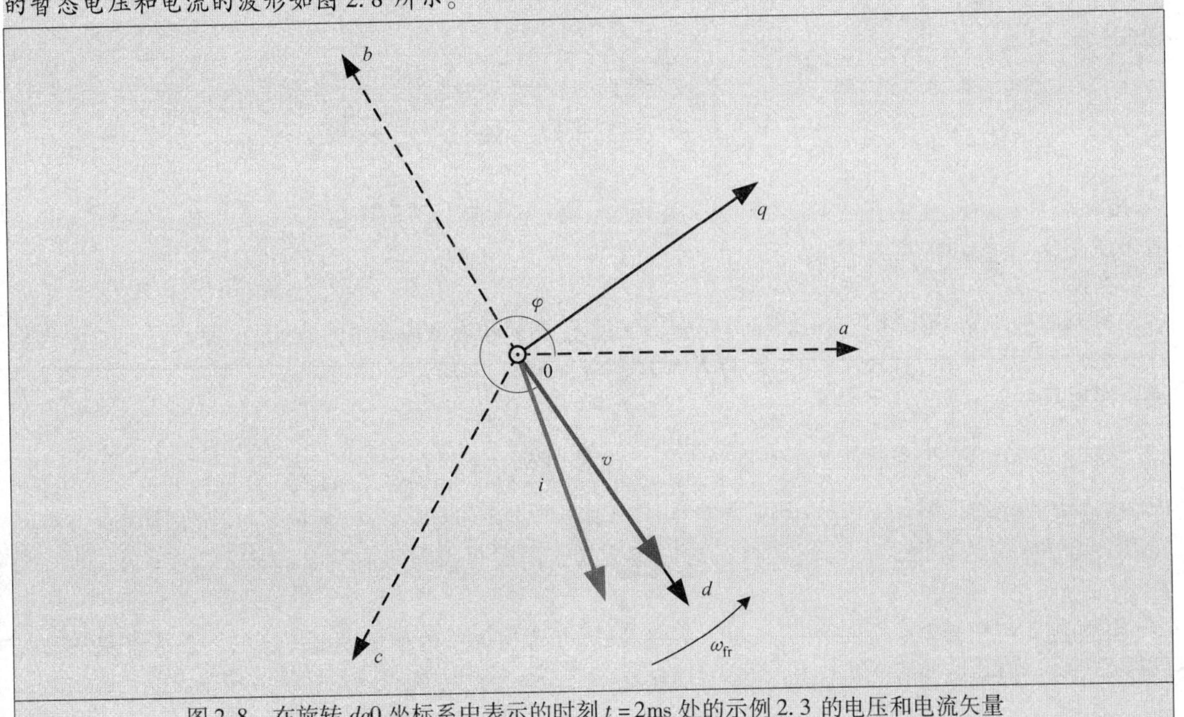

图 2.8　在旋转 $dq0$ 坐标系中表示的时刻 $t=2\text{ms}$ 处的示例 2.3 的电压和电流矢量

在 $dq0$ 参考坐标系中电压和电流矢量同步旋转，当在 $dq0$ 坐标系中表示时，它们的交流量变成直流量，而它们的矢量表示保持静止。这可以通过在 Park 变换中插入如表 2.1 中定义的三相电压矢量来进行数学证明。得到的 $dq0$ 分量如图 2.9 所示。

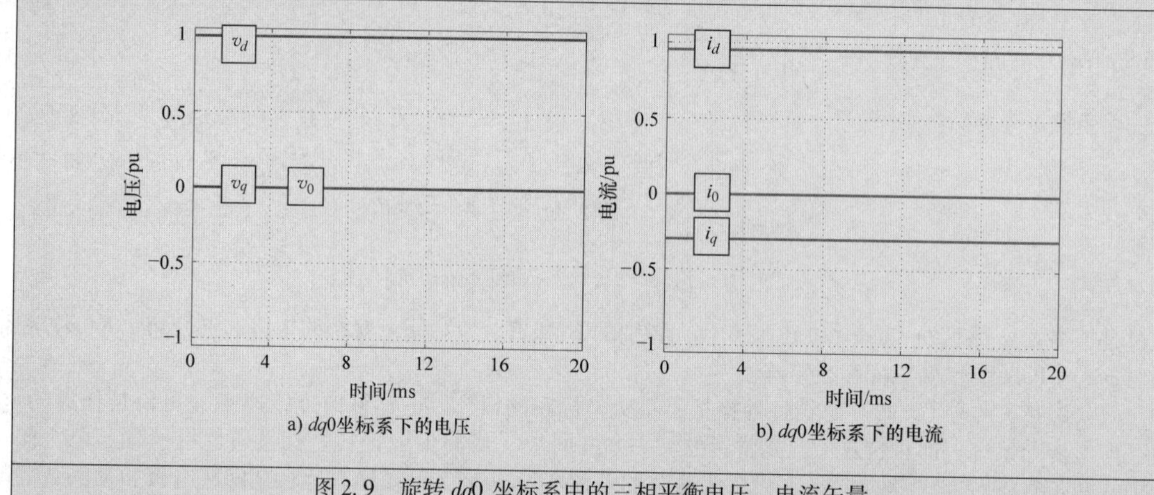

图 2.9　旋转 $dq0$ 坐标系中的三相平衡电压、电流矢量

电压矢量和电流矢量的幅值为 $\sqrt{v_d^2+v_q^2+v_0^2}$ 和 $\sqrt{i_d^2+i_q^2+i_0^2}$，分别等于 1。所以在变换下是不变的，三相电压和电流的零分量为 0。

类似于式 (2.12)，0 分量可以被忽略，这样简化的 Park 变换为

$$\boldsymbol{\xi}_{dq}=\widetilde{\boldsymbol{K}}(\varphi)\boldsymbol{\xi}_{abc},\ \boldsymbol{\xi}_{abc}=\widetilde{\boldsymbol{K}}^{-1}(\varphi)\boldsymbol{\xi}_{dq} \tag{2.21}$$

此时的变换矩阵为

$$\widetilde{\boldsymbol{K}}(\varphi)=\frac{2}{3}\begin{bmatrix}\cos\varphi & \cos\left(\varphi-\frac{2}{3}\pi\right) & \cos\left(\varphi+\frac{2}{3}\pi\right)\\ -\sin\varphi & -\sin\left(\varphi-\frac{2}{3}\pi\right) & -\sin\left(\varphi+\frac{2}{3}\pi\right)\end{bmatrix} \tag{2.22}$$

逆变换矩阵为

$$\widetilde{\boldsymbol{K}}^{-1}(\varphi)=\begin{bmatrix}\cos\varphi & -\sin\varphi\\ \cos\left(\varphi-\frac{2}{3}\pi\right) & -\sin\left(\varphi-\frac{2}{3}\pi\right)\\ \cos\left(\varphi+\frac{2}{3}\pi\right) & -\sin\left(\varphi+\frac{2}{3}\pi\right)\end{bmatrix} \tag{2.23}$$

对于逆变换，0 分量假定为零。

备注：

将矢量 $\boldsymbol{\xi}_{\alpha\beta}$ 从静止坐标系向旋转坐标系中的矢量 $\boldsymbol{\xi}_{dq}$ 变换和逆变换表示为

$$\boldsymbol{\xi}_{dq}=\boldsymbol{R}(\varphi)\boldsymbol{\xi}_{\alpha\beta},\ \boldsymbol{\xi}_{\alpha\beta}=\boldsymbol{R}^{-1}(\varphi)\boldsymbol{\xi}_{dq} \tag{2.24}$$

逆变换矩阵为

$$\boldsymbol{R}(\varphi)=\begin{bmatrix}\cos(\varphi) & \sin(\varphi)\\ -\sin(\varphi) & \cos(\varphi)\end{bmatrix},\ \boldsymbol{R}^{-1}(\varphi)=\begin{bmatrix}\cos(\varphi) & -\sin(\varphi)\\ \sin(\varphi) & \cos(\varphi)\end{bmatrix} \tag{2.25}$$

由于正交坐标系沿逆时针方向从 $\alpha\beta$ 旋转到 dq 时（比较图 2.4 和图 2.7），矢量 $\boldsymbol{\xi}_{\alpha\beta}$ 必须沿顺时针方向旋转以将其转换成 $\boldsymbol{\xi}_{dq}$，因此，矩阵 $\boldsymbol{R}$ 执行顺时针旋转，同时也可以很容易地得到 $\widetilde{\boldsymbol{K}}(\varphi)=\boldsymbol{R}(\varphi)\widetilde{K}$ 和 $\widetilde{\boldsymbol{K}}(\varphi)=\widetilde{\boldsymbol{K}}^{-1}\boldsymbol{R}^{-1}(\varphi)$。

正如例 2.4 和例 2.6 所证明的，Clarke 变换和 Park 变换的峰值或幅度是不变的，意味着基波的幅度保持不变，但是这样的变换并不是等功率的。具体来说，用 abc 变量表示的瞬时功率由下式给出：

$$S_{abc}=v_a i_a+v_b i_b+v_c i_c \tag{2.26}$$

将式（2.18）代入式（2.26）并使 $dq0$ 坐标下的瞬时功率等于用 abc 变量表示的功率，可以得到

$$S_{dq0}=S_{abc}=\frac{2}{3}(v_d i_d+v_q i_q+2v_0 i_0) \tag{2.27}$$

这同样适用于 abc 至 $\alpha\beta0$ 转化，在这两种情况下，将功率从正交坐标系转换到三相 abc 坐标系时，系数 1.5 是一定要有的。

更深入的关于参考坐标系理论，可以参考 Krause 的著作[3,第3章]。

2.1.5 空间矢量 ★★★

与正交坐标系的概念直接相关的是空间矢量的概念，空间矢量是表示三相变量的广泛使用和比较方便的方法。具体地，空间矢量是将三相瞬时量在复平面中表示为具有实分量和虚分量的量。定义复数 $\vec{\alpha}=\exp(j2\pi/3)=-\frac{1}{2}+j\sqrt{3}/2$，其中 j 表示虚部。将仅在空间矢量的相关章节中使用复数，并且使用箭头来表明它们。

将 a 轴与实轴对准，b 轴在复平面中的位置可以用$\vec{\alpha}$来描述，$\vec{\alpha}^2$ 表示 c 轴的位置，那么空间矢量 $\boldsymbol{\xi}_{abc}$ 可定义为

$$\vec{\xi}=\frac{2}{3}(\xi_a+\xi_b\vec{\alpha}+\xi_b\vec{\alpha}^2) \tag{2.28}$$

式（2.28）中，系数 2/3 以确保空间矢量具有与其表示的三相变量相同的幅值，即空间矢量表示的峰值或幅值不变。

例 2.7 再一次考虑例 2.3，图 2.3b 中的三相电流波形，测量在 $t_0=0$ 时刻的电流值运用到式（2.28），可以得到空间矢量$\vec{i}(t_0)$。如图 2.10 所示为该空间矢量以及它的三相分量组成，为了完整性，每一相的矢量给定为$\vec{i}_a(t_0)=i_a(t_0)$，$\vec{i}_b(t_0)=i_b(t_0)\vec{a}$以及$\vec{i}_c(t_0)=i_c(t_0)\vec{\alpha}^2$，特别地将在 $t_1=2\text{ms}$ 以及 $t_2=4\text{ms}$ 时的空间矢量分别用点划线和虚线表示。注意空间矢量的绝对值与 abc 电流波形的幅度相同。此外，空间矢量以角速度 ω 旋转。

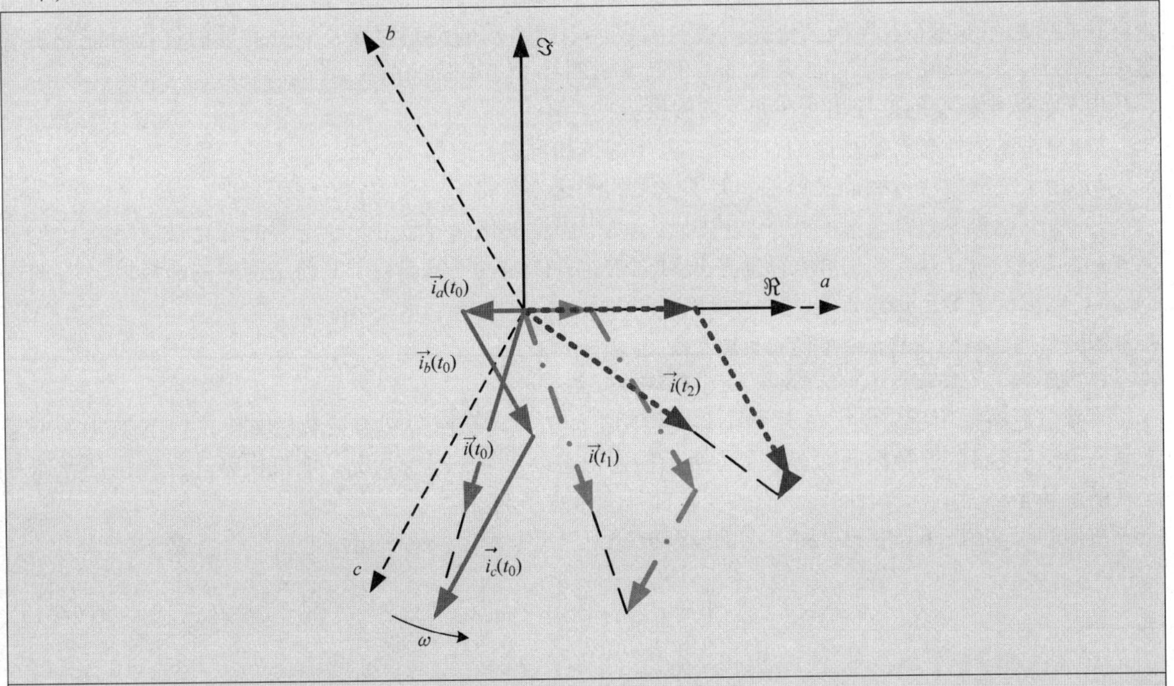

图 2.10 电流空间矢量$\vec{i}$，它的相分量，以及随时间的变化。直线为参考时刻 $t_0=0$，点划线为 $t_1=2\text{ms}$，虚线为 $t_2=4\text{ms}$

在式（2.28）中的空间矢量等价于在式（2.15）中 α 轴和 β 轴上的投影，特别地，复数$\vec{a}=1$，$\vec{a}$和 $\vec{\alpha}^2$ 可以解释为三个单位矢量，它们三相相互关联并且相位上互差 $2\pi/3$。因此，空间矢量表示的 ξ 相当于 $\alpha\beta$ 平面中的二维矢量，空间矢量的实部和虚部分别对应于 α 和 β 分量，根据下式：

$$\xi_\alpha=\Re\{\vec{\xi}\}, \ \xi_b=\Im\{\vec{\xi}\} \tag{2.29}$$

空间矢量的 α 分量和 β 分量可以被相应的 a、b 和 c 分量明确地导出。将式（2.28）代入式（2.29）得

$$\boldsymbol{\xi}_{\alpha\beta}=\frac{2}{3}\begin{bmatrix}1 & -\frac{1}{2} & -\frac{1}{2}\\ 0 & \frac{\sqrt{3}}{2} & -\frac{\sqrt{3}}{2}\end{bmatrix}\boldsymbol{\xi}_{abc} \tag{2.30}$$

该变换与式（2.12）中的 abc 到 $\alpha\beta$ 变换类似，这就是 Clarke 变换的简化。

除此之外，式（2.28）中的空间矢量乘以 exp（$-\mathrm{j}\varphi$）将其从静止复平面变换到旋转复平面上，旋转复平面就等价于 dq 坐标系。在矩阵形式中，这个顺时针旋转由式（2.25）定义的 $\boldsymbol{R}(\varphi)$ 给出。

基于此，人们可能会得出结论：正交坐标系和空间矢量是相同的表示，但是严格来说，尽管它们有很多的相似之处，但这两个概念是不一样的。最初提出空间矢量是用来描述空间中的正弦分布，电机分布绕组的结构导致了在电机电压、电流、磁链中出现这种分布（参见参考文献［4］及其中的参考文献）。相反，正交坐标系采用集总参数，关于空间矢量概念的详细描述，读者可见参考文献［5，第4章］。

2.2 感应电机

关于感应电机的建模通常分为三步，从三相 abc 坐标系开始，以法拉第或洛伦兹力等相关的基本物理定理为基础，可以推导出电机的微分方程及其转矩方程。第二步，为了简化这个表示，将这个模型转化到2.1.4节所介绍的正交坐标系。矩阵表示法是这种模型很自然的表示方法。或者，电机可以从数学上用空间矢量描述，如在2.1.5节所介绍的，空间矢量可以提供一个紧凑的模型描述。最后一步，电机模型通常使用标幺值将SI量转换为归一化量（见2.1.2节）。

在本节总结了电机在空间矢量和一般的实数上矩阵表示的动态模型，微分推导的过程可能超出了本书的范围，感兴趣的读者可参考 Krause 的优秀教科书关于电机的前三章[3]。

电机的数学模型的推导建立在如下的假设上：

1）电机的磁性材料是线性的，因此主电感的饱和可以被忽略。

2）由于趋肤效应导致的磁损耗和转子电阻的变化被忽略。

3）所有电机参数都是时不变的，特别地，由于温度变化而导致的定子电阻的变化被忽略。

4）假定电机在其三相中和在转子中是对称的，具体地，不考虑转子几何结构中的凸极性。

5）电机绕组是正弦分布的。

2.2.1 电机模型的空间矢量表示 ★★★

本章过后将采用感应电机在SI单位系统中的空间矢量动态模型（参见参考文献［4］及其中的参考文献），感应电机的这种标准动态模型可用于描述稳态以及暂态运行状况。电机模型建立在以任意速度旋转的旋转坐标系中，所有的转子有关变量都是参考定子侧。

按照参考文献［6］中的思路，电机模型被分为三组方程组。第一组由电压方程组成

$$\vec{V}_s=R_s\vec{i}_s+\frac{\mathrm{d}\vec{\lambda}_s}{\mathrm{d}t}+\mathrm{j}\omega_{\mathrm{fr}}\vec{\lambda}_s \tag{2.31a}$$

$$\vec{V}_r=R_r\vec{i}_r+\frac{\mathrm{d}\vec{\lambda}_r}{\mathrm{d}t}+\mathrm{j}(\omega_{\mathrm{fr}}-\omega_r)\vec{\lambda}_r \tag{2.31b}$$

式中，$\vec{V}_s$ 和$\vec{V}_r$ 表示电机定子和转子的电压空间矢量；$\vec{i}_s$ 和$\vec{i}_r$ 表示定子和转子的电流空间矢量；$\vec{\lambda}_s$ 和$\vec{\lambda}_r$ 表示定转子磁链的空间矢量；定转子绕组的电阻给定为 R_s和 R_r；坐标系的旋转速度给定为 ω_{fr}，此时转子的旋转速度为 ω_r。

这里 $R_s\vec{i}_s$ 和 $R_r\vec{i}_r$ 分别表示定转子绕组上的电压降，特别地，$\omega_{fr}\vec{\lambda}_s$ 和$(\omega_{fr}-\omega_r)\vec{\lambda}_r$ 通常被称为速度电压。在本书中，如果没有另外说明，假定的都是笼型转子的感应电机。对于这样的电机，式（2.31b）的左半部分设置为 0，即$\vec{V}_r=0$。笼型感应电机模型的等效电路表示如图 2.11 所示。

磁链的公式为

$$\vec{\lambda}_s=L_s\vec{i}_s+L_m\vec{i}_r \tag{2.32a}$$

$$\vec{\lambda}_r=L_r\vec{i}_r+L_m\vec{i}_s \tag{2.32b}$$

在如下的第二组方程中

$$L_s=L_{ls}+L_m \tag{2.33a}$$

$$L_r=L_{lr}+L_m \tag{2.33b}$$

L_s 和 L_r表示定子和转子的自感，此外，$L_{ls}(L_{lr})$ 是定子（转子）漏电感，L_m是主电感，后者通常被称为磁化电感。

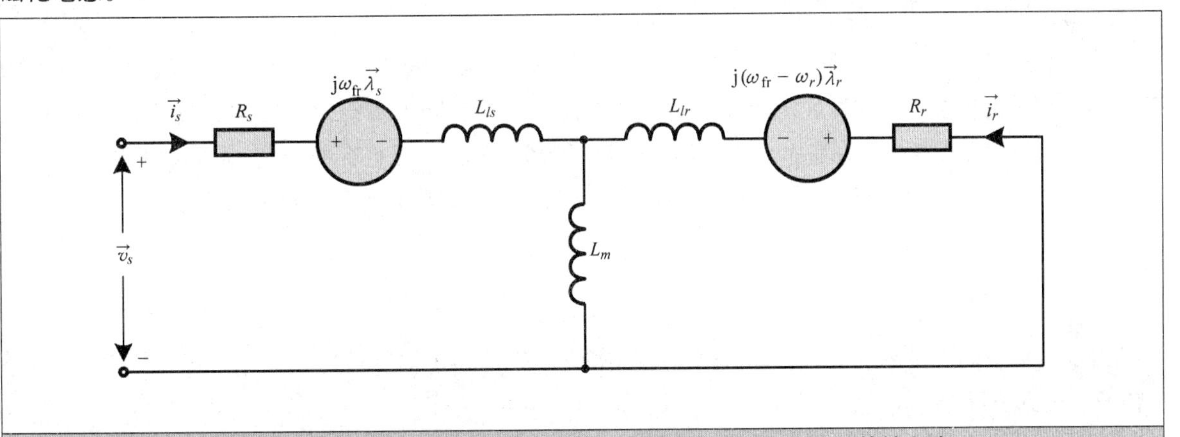

图 2.11 基于空间矢量的笼型感应电机在任意正交坐标系中的等效电路

第三组方程包括由下式给出的转矩和旋转运动方程：

$$T_e=\frac{3}{2}p\Re\{j\vec{\lambda}_s\text{conj}\{\vec{i}_s\}\} \tag{2.34a}$$

$$M\frac{d\omega_m}{dt}=T_e-T_\ell \tag{2.34b}$$

式中，$T_e(T_\ell)$ 为电磁（和负载）转矩；p 为极对数；conj $\{\vec{i}_s\}$ 表示$\vec{i}_s$ 的复共轭；M 表示包括电机转子的机械负载的转动惯量；ω_m 为机械角速度。式（2.34b）中的单位如下：转动惯量 M 的单位为 kgm^2，角速度 ω_m的单位为 rad/s，转矩 T 的单位为 Nm，其中 $N=kgm/s^2$。

这里的电角速度为

$$\omega_r=p\omega_m \tag{2.35}$$

机械功率为

$$P_m=\omega_m T_e \tag{2.36}$$

转矩 T_e和功率 P_m在电动运行期间都为正，而在发电模式中它们都为负。

不同的角速度和频率总结如下：

1）ω_s 为定子角频率；

2）ω_r 为转子的电角速度，$\omega_r = p\omega_m$；

3）ω_m 为转子和轴的机械角速度；

4）ω_{sR}是定子的额定（或标称）角频率；

5）ω_B 是电机电压和电流的基准角频率，特别在标幺值系统中 $\omega_B = \omega_s R$；

6）ω_{fr}是任意坐标系的角速度。

转差是感应电机的基本特性，它是定子和转子的电频率之间的归一化差：

$$sl = \frac{\omega_s - \omega_r}{\omega_s} \tag{2.37}$$

在电动运行期间为了产生电磁转矩，转子必须比定子磁场稍慢地旋转，定子磁场相对于转子的这种运动在转子中感应交流电压，因此称为感应电机。这些感应电压驱动转子中的交流电流，其又与定子磁场一起产生产生电磁机械转矩的电动势。在发电模式中，与之相反，即转子的电角速度略高于定子磁场的电角速度，当产生或吸收零转矩时，转差为零。

2.2.2 电机模型的矩阵表示 ★★★

在现代控制理论中，包括模型预测控制，模型主要在状态空间表示中给出，为此感应电机模型的矩阵表示似乎更适合[3]，这种表示可以通过重写先前导出的空间矢量符号中的动态模型来直接获得。在2.1.5节中，在任意坐标系中，d 轴与空间矢量的实部相关联，而 q 轴与空间矢量的虚部相关联。具体地，使用定子电压的空间矢量作为示例，定子电压矢量 v_s的实数值 d 分量和 q 分量为

$$v_s = \begin{bmatrix} v_{sd} \\ v_{sq} \end{bmatrix} = \begin{bmatrix} \Re\{\vec{v}_s\} \\ \Im\{\vec{v}_s\} \end{bmatrix} \tag{2.38}$$

相应地，其他空间矢量被转换为具有 d 轴分量（实值）矢量和 q 轴分量，得到转子电压矢量 v_r，定子（转子）电流矢量为 $i_s(i_r)$和定子（转子）磁链 $\lambda_s(\lambda_r)$。

通过这些定义，式（2.31）中的电压方程可以写成矩阵的形式，如下：

$$\boldsymbol{v}_s = R_s \boldsymbol{i}_s + \frac{d\boldsymbol{\lambda}_s}{dt} + \omega_{fr}\begin{bmatrix} 0 & -1 \\ 1 & 0 \end{bmatrix}\boldsymbol{\lambda}_s \tag{2.39a}$$

$$\boldsymbol{v}_r = R_r \boldsymbol{i}_r + \frac{d\boldsymbol{\lambda}_r}{dt} + (\omega_{fr} - \omega_r)\begin{bmatrix} 0 & -1 \\ 1 & 0 \end{bmatrix}\boldsymbol{\lambda}_r \tag{2.39b}$$

回想一下，对于笼型感应电机 $v_r = 0$。

因此，式（2.32）的磁链方程在矩阵中可写成

$$\boldsymbol{\lambda}_s = L_s \boldsymbol{i}_s + l_m \boldsymbol{i}_r \tag{2.40a}$$

$$\boldsymbol{\lambda}_r = L_r \boldsymbol{i}_r + L_m \boldsymbol{i}_s \tag{2.40b}$$

电磁转矩方程为

$$T_e = \frac{3}{2}p(\boldsymbol{\lambda}_s \times \boldsymbol{i}_s) \tag{2.41}$$

注意，扩展形式的叉乘 $\boldsymbol{\lambda}_s \times \boldsymbol{i}_s$ 为 $\lambda_{sd} i_{sq} - \lambda_{sq} i_{sd}$。

这可以得到在 dq 坐标系中的笼型感应电机模型的等效电路表示，如图2.12所示。

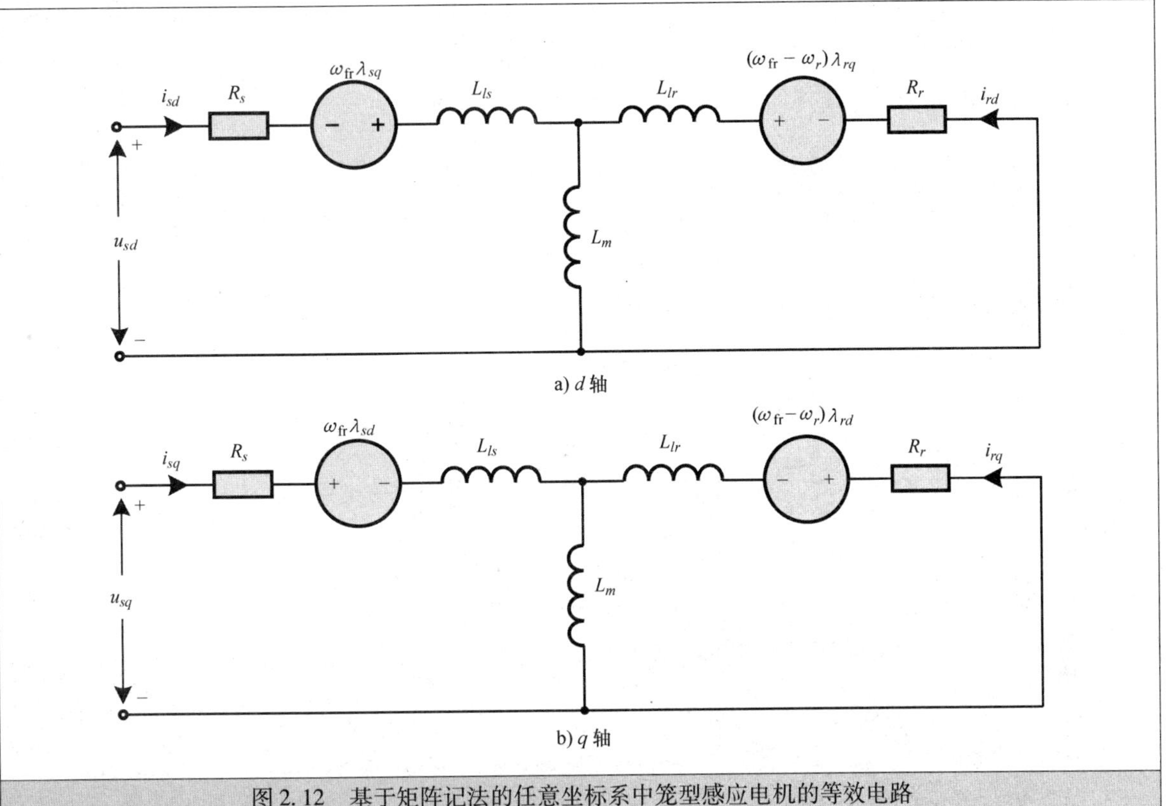

图 2.12 基于矩阵记法的任意坐标系中笼型感应电机的等效电路

2.2.3 电机模型的标幺值表示 ★★★

通常的做法是在标幺值系统中归一化变量和电机参数，由于归一化过程常常导致一定程度的困惑，将在本章做详细介绍，并为读者提供了归一化电机方程的逐步推导。

在 2.1.2 节的概述中，SI 变量和参数通过除以各自的基准值来归一化，通常选择电压和电流作为主基本量，并将它们分别设置为相电压和电流的峰值。由于额定电机电压 V_R是线电压方均根，这就可以得到如下关系：

$$V_B = \sqrt{\frac{2}{3}}V_R, \ I_B = \sqrt{2}I_R \tag{2.42}$$

第三主基本量是电机的额定频率，选择额定定子频率来计算：

$$\omega_B = \omega_s R \tag{2.43}$$

在表 2.1 中提供了这些基本变量的总结。

归一化过程由四个步骤组成，首先，磁链和电感用基本频率缩放，从而每秒的磁链 ψ（单位 V）和电抗 X（单位 Ω）为

$$\psi = \omega_B \lambda \text{ 和 } X = \omega_B L \tag{2.44}$$

通过这些定义，式（2.39）可被重写为

$$v_s = R_s i_s + \frac{1}{\omega_B}\frac{\mathrm{d}\psi_s}{\mathrm{d}t} + \frac{\omega_{fr}}{\omega_B}\begin{bmatrix} 0 & -1 \\ 1 & 0 \end{bmatrix}\psi_s \tag{2.45a}$$

$$v_r = R_r i_r + \frac{1}{\omega_B}\frac{\mathrm{d}\psi_r}{\mathrm{d}t} + \frac{\omega_{fr}-\omega_r}{\omega_B}\begin{bmatrix} 0 & -1 \\ 1 & 0 \end{bmatrix}\psi_r \tag{2.45b}$$

用 ω_B乘以式（2.40）得到

$$\boldsymbol{\psi}_s = X_s \boldsymbol{i}_s + X_m \boldsymbol{i}_r \tag{2.46a}$$

$$\boldsymbol{\psi}_r = X_r \boldsymbol{i}_r + X_m \boldsymbol{i}_s \tag{2.46b}$$

第二，式（2.45）的电压方程除以基值电压 V_B 可将式（2.45）重写为

$$\boldsymbol{v}'_s = R'_s \boldsymbol{i}'_s + \frac{1}{\omega_B}\frac{\mathrm{d}\boldsymbol{\psi}'_s}{\mathrm{d}t} + \omega'_{\mathrm{fr}}\begin{bmatrix} 0 & -1 \\ 1 & 0 \end{bmatrix}\boldsymbol{\psi}'_s \tag{2.47a}$$

$$\boldsymbol{v}'_r = R'_r \boldsymbol{i}'_r + \frac{1}{\omega_B}\frac{\mathrm{d}\boldsymbol{\psi}'_r}{\mathrm{d}t} + (\omega'_{\mathrm{fr}} - \omega'_r)\begin{bmatrix} 0 & -1 \\ 1 & 0 \end{bmatrix}\boldsymbol{\psi}'_r \tag{2.47b}$$

符号′表示标幺值，归一化定义为

$$v' = \frac{v}{V_B}, \psi' = \frac{\psi}{V_B}, i' = \frac{i}{I_B} \tag{2.48a}$$

$$R' = \frac{R}{Z_B}, X' = \frac{X}{Z_B}, \omega' = \frac{\omega}{\omega_B} \tag{2.48b}$$

式中，使用基值阻抗 $Z_B = V_B/I_B$。类似地，将式（2.46）除以基值电压则可产生

$$\psi'_s = X'_s i'_s + X'_m i'_r \tag{2.49a}$$

$$\psi'_r = X'_r i'_r + X'_m i'_s \tag{2.49b}$$

第三，将时间轴做 $t' = \omega_B t$ 的归一化处理，基于此可得

$$v'_s = R'_s i'_s + \frac{\mathrm{d}\psi'_s}{\mathrm{d}t} + \omega'_{\mathrm{fr}}\begin{bmatrix} 0 & -1 \\ 1 & 0 \end{bmatrix}\psi'_s \tag{2.50a}$$

$$v'_r = R'_r i'_r + \frac{\mathrm{d}\psi'_r}{\mathrm{d}t} + (\omega'_{\mathrm{fr}} - \omega'_r)\begin{bmatrix} 0 & -1 \\ 1 & 0 \end{bmatrix}\psi'_r \tag{2.50b}$$

式（2.49）不受此影响。

第四，电磁转矩和旋转运动方程式（2.34）被归一化，对于电磁转矩定义其基值为 $T_B = \mathrm{pf}pS_B/\omega_B$。对于转动惯量，其基值相应地定义为 $M_B = T_B/\omega_B^2$，式（2.41）和式（2.34b）归一化为

$$T'_e = \frac{T_e}{T_B} = \frac{1}{\mathrm{pf}}\psi'_s \times i'_s \tag{2.51a}$$

$$M'\frac{\mathrm{d}\omega_m}{\mathrm{d}t'} = T'_e - T'_\ell \tag{2.51b}$$

注意，式中 pf 表示功率因数，通过缩放 $\psi'_s \times i'_s$ 的叉乘和功率因数的倒数，得到电机在额定状态下的运行的转矩 $T'_e = 1$。

重要的是要指出，电机归一化方程式（2.49）、式（2.50）和式（2.51）在结构上与 SI 单位式（2.39）、式（2.40）、式（2.41）和式（2.34b）中的方程相同，唯一的区别是所有的变量和参数已被它们的归一化对应量替代。这同样适用于笼型感应电机在 dq 坐标系中的等效电路模型，如图 2.12 所示。然而不同于电压和磁链方程，转矩方程的结构在归一化操作过程中是被改变了的。

我们会去掉上标′来简化书中的符号，从文本中可以很容易地判断变量或参数是指 SI 还是 pu 量。一般来说，将采用 pu 量，并且所有变量和参数将被归一化，包括时间轴。要注意的是，pu 变量的波形与时间轴对应以 s 为单位，而不是相对于以 pu 为单位的归一化时间来简化表示的。

2.2.4 电机模型的状态空间表示 ★★★

在状态空间中建立笼型异步电机的模型是十分方便的，这将有助于制定和解决本书后面提出的模型预测控制问题。在状态空间中有如下表达：

$$\frac{\mathrm{d}\boldsymbol{x}(t)}{\mathrm{d}t} = \boldsymbol{F}\boldsymbol{x}(t) + \boldsymbol{G}\boldsymbol{u}(t) \tag{2.52a}$$

$$\boldsymbol{y}(t) = \boldsymbol{C}\boldsymbol{x}(t) \tag{2.52b}$$

式中，$\boldsymbol{x}(t)$ 表示空间矢量；$\boldsymbol{u}(t)$ 表示输入矢量；$\boldsymbol{y}(t)$ 表示输出矢量；$\boldsymbol{F}$、$\boldsymbol{G}$、$\boldsymbol{C}$ 分别为合适维度的矩阵。在非线性输出方程的情况下，将用 $\boldsymbol{y}(t)=\boldsymbol{h}(\boldsymbol{x}(t))$ 来代替式（2.52b）。为了简化表示，经常会从 $\boldsymbol{x}$、$\boldsymbol{u}$ 和 $\boldsymbol{y}$ 中省去时间表示项。

假设机械速度是恒定的，即式（2.51b）的左侧是0，这一项可以省略。ω_r可以被认为是参数而不是状态变量，这避免了微分方程中的双线性项，并确保状态空间方程是线性的。

该电机在以任意角速度 ω_{fr}旋转的 dq 坐标系中建模，为了表示本坐标系中电机的定子和转子电路的动态状态，需要四个状态变量。通常选择定子电流、定子磁链、转子电流以及转子磁链各自的 d 轴和 q 轴分量，可以采用这四个中的任意一对状态矢量来对定子和转子电路的动态进行建模。

下面导出两个状态空间表示方法，在第一种情况下，定子电路由定子磁链表示，而对于第二种形式，则将定子电流用作状态变量。转子电路在两种情况下都由转子磁链表征，注意都使用归一化处理。

1. 定转子磁链

第一步，将式（2.49）反推，定子和转子电流矢量表示为定子和转子磁通矢量的函数，如下：

$$\begin{bmatrix}\boldsymbol{i}_s\\ \boldsymbol{i}_r\end{bmatrix}=\frac{1}{D}\begin{bmatrix}\boldsymbol{I}_2X_r & -\boldsymbol{I}_2X_m\\ -\boldsymbol{I}_2X_m & \boldsymbol{I}_2X_s\end{bmatrix}\begin{bmatrix}\psi_s\\ \psi_r\end{bmatrix} \tag{2.53}$$

式中，定义

$$D=X_sX_r-X_m^2 \tag{2.54}$$

同时，$\boldsymbol{I}_2$表示的是一个 2×2 的单位矩阵。

在式（2.50）和式（2.51a）中代入式（2.53），分别得到状态空间形式的动态表示：

$$\frac{\mathrm{d}\psi_s}{\mathrm{d}t}=-R_s\frac{X_r}{D}\psi_s-\omega_{\mathrm{fr}}\begin{bmatrix}0 & -1\\ 1 & 0\end{bmatrix}\psi_s+R_s\frac{X_m}{D}\psi_r+v_s \tag{2.55a}$$

$$\frac{\mathrm{d}\psi_r}{\mathrm{d}t}=R_r\frac{X_m}{D}\psi_s-R_r\frac{X_s}{D}\psi_r-(\omega_{\mathrm{fr}}-\omega_r)\begin{bmatrix}0 & -1\\ 1 & 0\end{bmatrix}\psi_r+v_r \tag{2.55b}$$

电磁转矩可写成

$$T_e=\frac{1}{\mathrm{pf}}\frac{X_m}{D}\psi_r\times\psi_s \tag{2.56}$$

公式展开为 $T_e=\frac{1}{\mathrm{pf}}\frac{X_m}{D}(\psi_{rd}\psi_{sq}-\psi_{rq}\psi_{sd})$。

该模型在具有 d 轴和 q 轴分量的任意坐标系中建模，通过将 ω_{fr}设置为零，得到静止坐标系中相应模型的相应 α 轴和 β 轴分量。

定子和转子磁链矢量如图 2.13 所示，在稳态运行期间，两个磁链矢量以恒定角速度 ω_s旋转。在电动运行期间中，定子磁链矢量位于转子磁链矢量的前面，两个矢量之间的角度 γ 定义如下转矩：

$$T_e=\frac{1}{\mathrm{pf}}\frac{X_m}{D}\|\psi_s\|\ \|\psi_r\|\sin(\gamma) \tag{2.57}$$

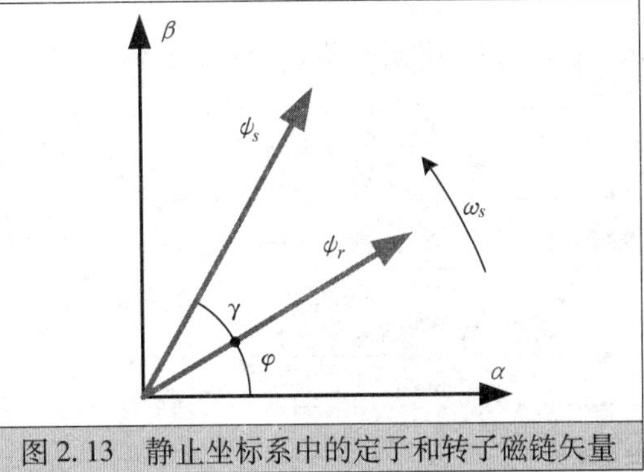

图 2.13 静止坐标系中的定子和转子磁链矢量

2. 定子电流和转子磁链

另一种可选择、更方便的方法就是在电机模型中使用定子电流和转子磁链矢量作为状态变量，这样可以将式（2.53）重新写成

$$\boldsymbol{\psi}_s = \frac{D}{X_r}\boldsymbol{i}_s + \frac{X_m}{X_r}\boldsymbol{\psi}_r \tag{2.58}$$

在这种情况下，用定子电流和转子磁链矢量代替定子磁链矢量，经过代数运算可以得到

$$\frac{\mathrm{d}\boldsymbol{i}_s}{\mathrm{d}t} = \frac{1}{\tau_s}\boldsymbol{i}_s - \omega_{\mathrm{fr}}\begin{bmatrix}0 & -1\\1 & 0\end{bmatrix}\boldsymbol{i}_s + \left(\frac{1}{\tau_r}\boldsymbol{I}_2 - \omega_r\begin{bmatrix}0 & -1\\1 & 0\end{bmatrix}\right)\frac{X_m}{D}\boldsymbol{\psi}_r + \frac{X_r}{D}\boldsymbol{v}_s - \frac{X_m}{D}\boldsymbol{v}_r \tag{2.59a}$$

$$\frac{\mathrm{d}\boldsymbol{\psi}_r}{\mathrm{d}t} = \frac{X_m}{\tau_r}\boldsymbol{i}_s - \frac{1}{\tau_r}\boldsymbol{\psi}_r - (\omega_{\mathrm{fr}} - \omega_r)\begin{bmatrix}0 & -1\\1 & 0\end{bmatrix}\boldsymbol{\psi}_r + \boldsymbol{v}_r \tag{2.59b}$$

式中，定义的暂态定子时间常数和转子时间常数为

$$\tau_s = \frac{X_r D}{R_s X_r^2 + R_r X_m^2},\ \tau_r = \frac{X_r}{R_r} \tag{2.60}$$

这样定义时间常数可以得到更紧凑的表达式。注意，$\boldsymbol{I}_2$ 表示二维单位矩阵，电磁转矩式（2.56）可以用定子电流和转子磁链矢量表示

$$T_e = \frac{1}{\mathrm{pf}}\frac{X_m}{X_r}\boldsymbol{\psi}_r \times \boldsymbol{i}_s = \frac{1}{\mathrm{pf}}\frac{X_m}{X_r}(\psi_{rd} i_{sq} - \psi_{rq} i_{sd}) \tag{2.61}$$

2.2.5 电机谐波模型 ★★★

2.2.1~2.2.4 节描述了在动态和稳态期间的电机模型，特别地，这些模型描述的通常是基波和谐波分量叠加的电压、电流和磁通量。

然而，当评估电压谐波对电机的影响时，可以推导出一个单独的模型。该紧凑模型适用于频率明显高于额定频率的谐波定子变量，在标幺值系统中，给出了这种谐波模型的电压方程为

$$v_s = R_s \boldsymbol{i}_s \times X_\sigma \frac{\mathrm{d}\boldsymbol{i}_s}{\mathrm{d}t} \tag{2.62}$$

式中还把时间归一化处理，忽略了上标′，电机谐波模型的等效电路表示如图 2.14 所示。

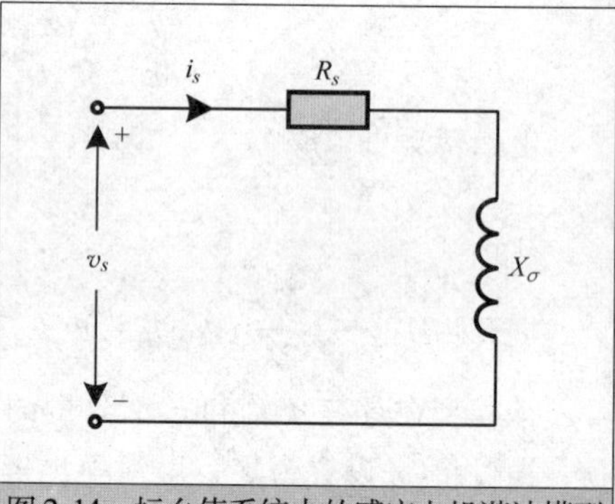

图 2.14　标幺值系统中的感应电机谐波模型

表示电机谐波特性的总漏电抗 X_σ 由下式给出

$$X_\sigma = \sigma X_s \tag{2.63}$$

$$\sigma = 1 - \frac{X_m^2}{X_s X_r} \tag{2.64}$$

σ 表示总的漏电抗因子，同时式（2.63）还可以写成 $X_\sigma = \dfrac{D}{X_r}$，综上所述，在标幺值系统中的电机参数和一些主要的推导量列于表 2.2。

表 2.2　标幺值系统中的电机参数

参数	符号
定子绕组电阻	R_s
转子绕组电阻	R_r
定子漏抗	X_{ls}
转子漏抗	X_{lr}
主（或磁化）电抗	X_m
极对数	p
定子固有电抗	$X_s = X_{ls} + X_m$
转子固有电抗	$X_r = X_{lr} + X_m$
行列式	$D = X_s X_r - X_m^2$

（续）

参数	符号
定子暂态时间常数	$\tau_s = \frac{X_r D}{R_s X_r^2 + R_r X_m^2}$
转子时间常数	$\tau_r = \frac{X_r}{R_r}$
总漏电抗	$X_\sigma = \sigma X_s = \frac{D}{X_r}$
总漏电抗系数	$\sigma = 1 - \frac{X_m^2}{X_s X_r}$

2.3 功率半导体器件

功率半导体器件是电力电子拓扑的关键组成部分，集成栅极换流晶闸管（IGCT）和绝缘栅双极型晶体管（IGBT）用作中压电压源型逆变器中的有源开关，而功率二极管构成无源开关。本节简要介绍IGCT和功率二极管，主要侧重于其开关和导通损耗。有关IGCT的更多详细信息，请见参考文献［7］。

2.3.1 集成门极换流晶闸管 ★★★

栅极换流晶闸管（GCT）的栅极驱动器与半导体开关集成在一个模块中，以提供很低的感应路径，该模块包括具有晶闸管的栅极驱动器，称为集成栅极换流晶闸管[8,9]。GCT是栅极关断（GTO）晶闸管的升级。与GTO不同，GCT不需要关闭 dv/dt 缓冲器，因此通常被称为无缓冲设备，尽管它们仍然需要开启 di/dt 缓冲器来限制上升电流的斜率。

GCT的示意图如图2.15所示。GCT适用于高电压和大电流场合，在导通状态下，GCT的阳极－阴极电压 v_T 通常低于2.5V的导通电压，阳极电流 i_T 受限于最大导通电流，其通常在几千安培的范围内。在关断状态下，当GCT阻塞时，v_T 等于阻断电压，相当于几千伏，几毫安的阳极电流实际上可以认为是零。

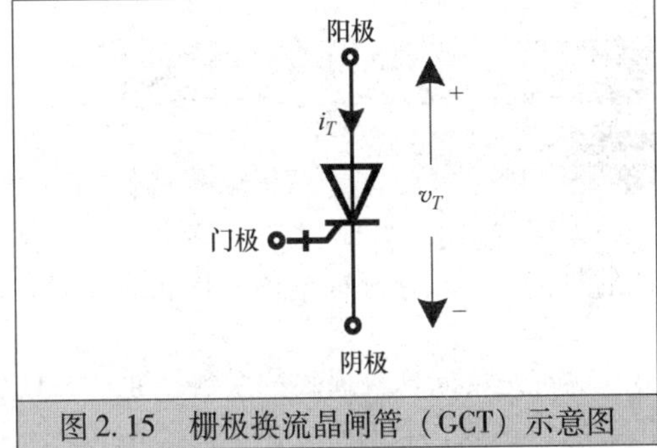

图2.15 栅极换流晶闸管（GCT）示意图

GCT损耗可分为开关损耗和导通损耗。当GCT导通或关断时，会导致损耗，导通损耗是由于导通电阻引起的。两种类型的损耗取决于阻断电压、换向电流和半导体特性。GCT的导通（或导通状态）损耗与晶闸管相似，都非常低，而开关损耗比较高。因此，对于高功率应用，GCT的开关频率通常被限制在几百赫兹以内[7]。即使在这样低的开关频率下工作，它们的损耗也主要是开关损耗。

1. 开关损耗

对于GCT，导通和关断损耗可以很好地近似为阳极－阴极电压 v_T 和流过器件的阳极电流 i_T 的线性关系，得到GCT关断（能量）损耗：

$$e_{off} = c_{off} v_T i_T \tag{2.65}$$

式中，c_{off} 为相关系数。对于GCT的导通损耗，由相应的方程

$$e_{on} = c_{on} v_T i_T \tag{2.66}$$

得系数 c_{on}，当使用标幺值时，c_{on} 和 c_{off} 的单位是J。通常，c_{on} 比 c_{off} 小一个数量级，因此经常被忽略。

2. 导通损耗

导通损耗是由导通电阻引起的，导致器件上的电压降，这是与导通电流相关的函数，可以写成

$$v_T = a_{\mathrm{GCT}} + b_{\mathrm{GCT}} i_T + c_{\mathrm{GCT}} \log(i_T + 1) + d_{\mathrm{GCT}} \sqrt{i_T} \tag{2.67}$$

式中，系数 a_{GCT}、b_{GCT}、c_{GCT}为设备的特定参数，导通损耗由下式给出

$$p_{\mathrm{GCT}} = v_T(i_T) i_T \tag{2.68}$$

以 ABB 的 35L4510 4.5kV 4kA 的 IGCT 为例，其开关损耗关于换向电流的函数关系在图 2.16 中描绘出，假设阻断电压为 2600V，标称结温为 125℃。

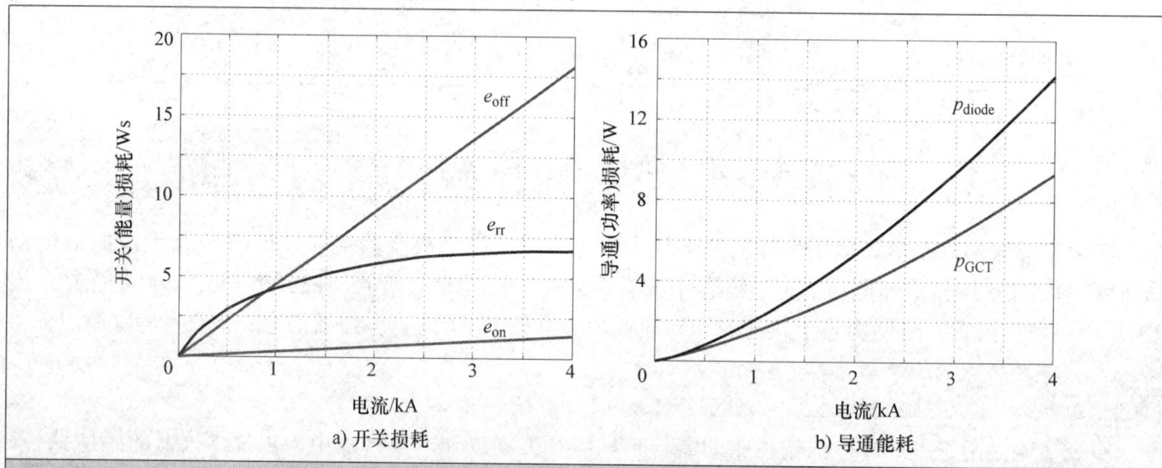

图 2.16　开关和导通损耗的 GCT 和功率二极管的电流函数
注：e_{on}和 e_{off}分别表示 GCT 开通和关断损耗，而 e_{rr}是二极管的反向恢复损耗。
分别用 p_{GCT}和 p_{diode}给出了 GCT 和二极管的导通损耗。

2.3.2　功率二极管 ★★★

1. 开关损耗

对于二极管，导通损耗实际上为零，然而，关断损耗即所谓的反向恢复损耗通常被认为是关于电压线性的，而关于换向电流 i_T是非线性的。它们表示为

$$e_{\mathrm{rr}} = c_{\mathrm{rr}} v_T f_{\mathrm{rr}}(i_T) \tag{2.69}$$

式中，c_{rr}是反向恢复损失的系数，通常 c_{rr}的取值在 c_{on}与 c_{off}之间。在式（2.69）中，$f_{\mathrm{rr}}(.)$ 为 0～1 之间的非线性函数，其通常在值 1 处凹饱和。

2. 导通损耗

二极管导通损耗的建模遵循与 GCT 相同的原理，因此，导通状态电压降由下式给出

$$v_T = a_{\mathrm{diode}} + b_{\mathrm{diode}} i_T + c_{\mathrm{diode}} \log(i_T + 1) + d_{\mathrm{diode}} \sqrt{i_T} \tag{2.70}$$

通过特定的参数 a_{diode}、b_{diode}、c_{diode}、d_{diode}，导通损耗定义为

$$p_{\mathrm{diode}} = v_T(i_T) i_T \tag{2.71}$$

ABB 的 10H4520 快速恢复功率二极管的开关和导通损耗如图 2.16 所示。对于 GCT，假设阻断电压为 2600V，额定工作温度为 125℃。

2.4　多电平电压源型逆变器

本节介绍了两种电压源型逆变器，第一种拓扑为三电平中性点钳位（NPC）逆变器，第二种拓扑

结构是一个有源 NPC 逆变器，每相中都有一个附加的浮动电容，用于将每相电压电平从 3 增加到 5。

2.4.1 中点钳位逆变器 ★★★

中点钳位逆变器拓扑最初由 Nabae 等在 1981 年提出[10]，该二极管钳位逆变器为每相提供 3 个电压电平。今天，它构成了中压驱动应用中应用最广泛的电压源型逆变器，它是所有主要驱动公司的主流商业产品（另见参考文献［6，第 1 章］）。ABB 的 ACS6000 变频器的相位支路如图 2.17 所示。这个 NPC 基于水冷 GCT，相桥臂排列成三个堆栈。

1. 拓扑

NPC 逆变器包括直流环节，它的等效如图 2.18 所示，直流环节由两个相同的直流链路电容器 C_{dc} 组成，它们之间形成中性点 N，总（直流）直流母线电压为

$$v_{dc} = v_{dc,up} + v_{dc,lo} \tag{2.72}$$

式中，$v_{dc,up}$和 $v_{dc,lo}$分别表示上下直流电容器上的电压。中点电位为

$$v_n = \frac{1}{2}(v_{dc;lo} - v_{dc,up}) \tag{2.73}$$

每相桥臂由四对有源半导体开关组成，同时都具有续流二极管。GCT 构成图 2.18 所示的有源开关，最上和最下的两对开关通过所谓的钳位二极管钳位到中性点。相端子 A、B、C 连接到各相的桥臂的中点。

图 2.17 NPC 逆变器的每相模块

来源：ABB 图片库。经 ABB 有限公司许可复制

2. 开关位置和电压矢量

令整数变量 $u_x \in \{-1,0,1\}$ 表示一个桥臂中的开关位置，其中 $x \in \{a,b,c\}$。

在每相桥臂，逆变器可以产生三个电压电平，相对于直流侧中点 N 定义的相电压由下式给出

$$v_x = \begin{cases} v_{dc,up} & \text{当 } u_x = 1 \\ 0 & \text{当 } u_x = 0 \\ -v_{dc,lo} & \text{当 } u_x = -1 \end{cases} \tag{2.74}$$

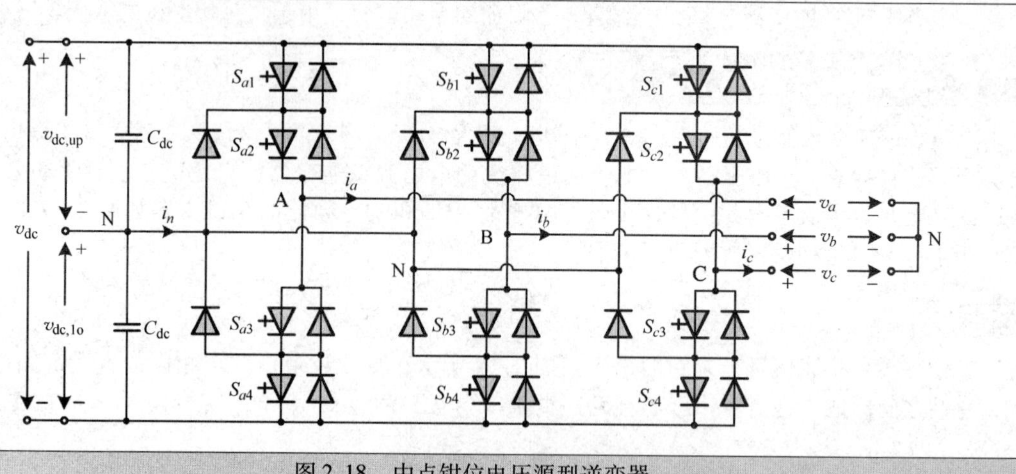

图 2.18　中点钳位电压源型逆变器

表 2.3 所示为开关位置对应电压矢量的关系表。当忽略中性点电位的波动时，式（2.74）可以近似为

$$v_x \approx \frac{v_{dc}}{2} u_x \tag{2.75}$$

此时三相电压$\boldsymbol{v}_{abc} = [v_a\ v_b\ v_c]^T$。

表 2.3　与相开关位置 u_x 和相电压 v_x 及开关状态 $S_{x1} \sim S_{x4}$ 对应的 x 相，$x \in \{a,b,c\}$

开关位置 u_x	相电压 v_x	开关状态 $S_{x1}S_{x2}S_{x3}S_{x4}$	对中性点电位的影响 v_n
1	$v_{dc,up}$	1 1 0 0	0
0	0	0 1 1 0	$-i_x$
-1	$-v_{dc,lo}$	0 0 1 1	0

考虑桥臂 x，$S_{x1} \sim S_{x4}$ 表示四个有源开关，S_{x1} 表示顶部开关，S_{x4} 表示底部开关。如表 2.3 所示，四个有源开关在每一相中双重运行。例如，开关位置 $u_x=1$ 对应于顶部开关 S_{x1} 和 S_{x2} 导通，下部开关 S_{x3} 和 S_{x4} 截止。

$\boldsymbol{u}_{abc} = [u_a\ u_b\ u_c]^T$ 存在 $3^3=27$ 种不同的电压矢量组合，通过式（2.10），这些矢量可以转化到静止坐标系中：

$$\boldsymbol{u}_{\alpha\beta0} = \boldsymbol{K}\boldsymbol{u}_{abc} \tag{2.76}$$

矢量 $\boldsymbol{u}_{\alpha\beta0} = [u_\alpha\ u_\beta\ u_0]^T$通常称为电压矢量，而 u_{abc} 表示三相开关位置，电压矢量如图 2.19 所示，它们的零分量通常被忽略。

三电平逆变器的电压矢量可以分为 4 组：6 个长矢量形成六边形，中长度的 6 个矢量位于长矢量之间，12 个短矢量跨越六边形，3 个零矢量位于 $\alpha\beta$ 平面的起点。12 个短矢量在 $\alpha\beta$ 平面上形成 6 对，每对包含具有相同 α 和 β 分量，但其 0 分量具有相反符号，同时零矢量将变频器相连的负载短路连接。

逆变器端子的实际电压可由下式直接算出：

$$\boldsymbol{v}_{\alpha\beta0} = \boldsymbol{K}\boldsymbol{v}_{abc} \approx \frac{v_{dc}}{2}\boldsymbol{K}\boldsymbol{u}_{abc} \tag{2.77}$$

式中，忽略了方程的第二部分中性点电位的波动。

3. 电流通路

考虑使用单相开关状态 u_x 中的一相，假设相电流 i_x 为正，即 i_x 从逆变器流出进入负载。

1）对于 $u_x=1$，两个上开关打开，而两个下开关关闭。正相电流从上直流侧通过两个上有源开关切换到相位端子，如图 2.20a 所示。

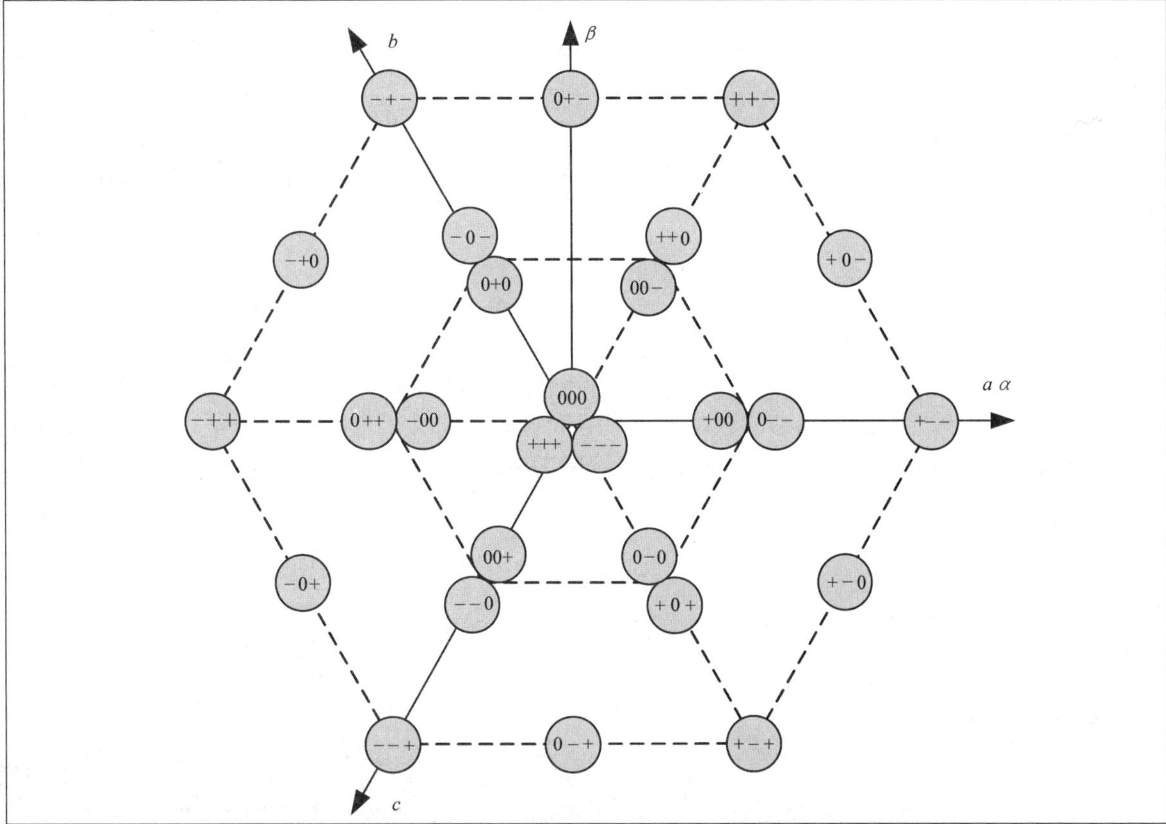

图 2.19 三电平逆变器的电压矢量

注：$\alpha\beta$ 坐标系下的开关位置 $\boldsymbol{u}_{abc}$ 对应的电压矢量（“+”指的是“1”，“-”指的是“-1”）。

2）对于 $u_x=0$，两个中间开关打开，顶部和底部开关关闭。正电流从中性点流过上钳位二极管和中心顶部切换到相位端子，如图 2.20b 所示。

3）对于 $u_x=-1$，两个下部开关打开，而上部开关处于关闭状态。正电流从较低的直流链路通过下续流二极管流向相位端子［见图 2.20c］，也可以容易地得出负相电流的电流路径。

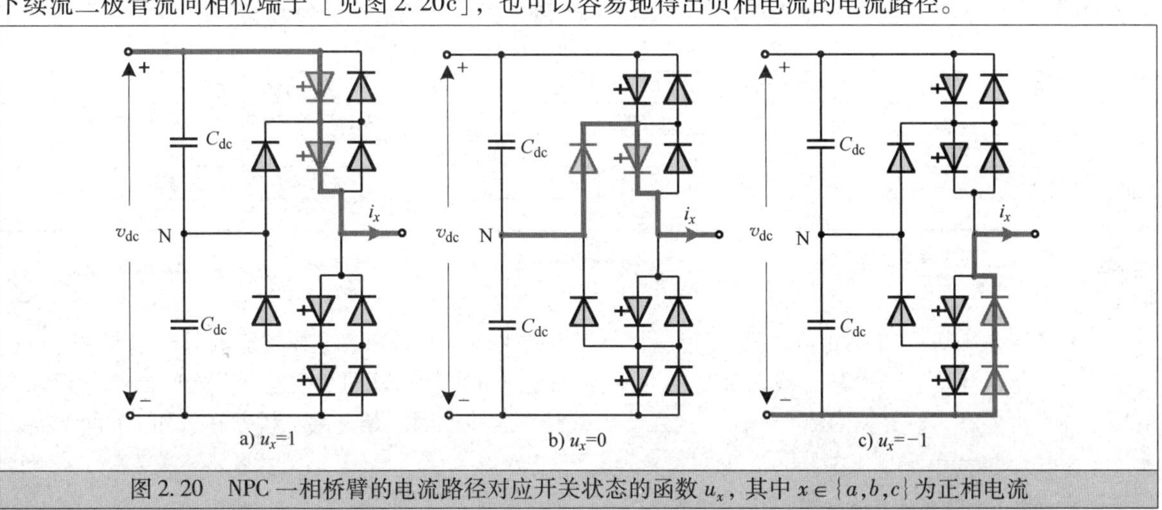

图 2.20 NPC 一相桥臂的电流路径对应开关状态的函数 u_x，其中 $x \in \{a,b,c\}$ 为正相电流

4. 中点电位

中性点式（2.73）的电位随着中性点电流的变化而发生变化，表达式为

$$\frac{\mathrm{d}v_n}{\mathrm{d}t} = -\frac{1}{2C_{\mathrm{dc}}}i_n \tag{2.78}$$

特别地，i_n是相应的开关位置为零的相的电流 i_a、i_b 和 i_c的加权和：

$$i_n = (1-|u_a|)i_a + (1-|u_b|)i_b + (1-|u_c|)i_c \tag{2.79}$$

结果是，中点电流是被开关位置为零的相决定的。对于没有连接星点的三相负载，$i_a + i_b + i_c = 0$ 成立，同时有

$$\frac{\mathrm{d}v_n}{\mathrm{d}t} = \frac{1}{2C_{\mathrm{dc}}}|u_{abc}|^T \boldsymbol{i}_{abc} \tag{2.80}$$

接着，$\boldsymbol{i}_{abc} = [i_a i_b i_c]^T$是三相电流，$|\boldsymbol{u}_{abc}| = [|u_a||u_b||u_c|]^T$ 是变频器开关位置的绝对值分量。有关中性点的性质和平衡应对方法的更多细节相关的问题，读者可见参考文献［11］和［12］。

接下来，将微分方程式（2.78）转换到标幺值系统中，为此，使用式（2.42）和式（2.43）中定义的基准电压 V_B、基准电流 I_B和基准频率 ω_B。如前所述，还定义了基准阻抗 $Z_B = V_B/I_B$和基准电容 $C_B = 1/(\omega_B Z_B)$（也参见表 2.1）。将式（2.78）左边除以 $\omega_B V_B$和右边除以 $\omega_B Z_B I_B$得到

$$\frac{\mathrm{d}v'}{\mathrm{d}t'} = \frac{1}{2X'_{\mathrm{dc}}}i'_n \tag{2.81}$$

式中，上标′表示 pu 量。如2.2.3 节所述。在式（2.81）中，用$t' = \omega_B t$ 来标幺化时间轴，并引入电容的 pu 量[㊀]。

$$X'_{\mathrm{dc}} = \frac{C_{\mathrm{dc}}}{C_B} \tag{2.82}$$

根据式（2.80）推导出

$$\frac{\mathrm{d}v'_n}{\mathrm{d}t'} = \frac{1}{2X'_{\mathrm{dc}}}|\boldsymbol{u}_{abc}|^T \boldsymbol{i}'_{abc} \tag{2.83}$$

对于2.2.3 节中感应电机，将在本书的其余部分删除上标′以简化符号。

5. 开关切换

一个有源开关关断而另一个有源开关开通的开关变换是 NPC 拓扑的特征之一。为了避免直流母线电容可能出现的潜在的短路现象，在关断和导通之间引入时间延迟。该时间延迟通常被称为死区时间。

通过表2.3 可以直接识别开关的开通和关断。表2.4 总结了一相桥臂的开关切换。被开通的有源开关和被断开的有源开关被表示为从开关时刻 $u_x(k-1)$到 $u_x(k)$的单相开关转换的函数。

表 2.4　NPC x 相开关切换状态 $x \in \{a,b,c\}$

开关变换	开通状态的开关	关断状态的开关
0→1	S_{x1}	S_{x3}
1→0	S_{x3}	S_{x1}
0→－1	S_{x4}	S_{x2}
－1→0	S_{x2}	S_{x4}

6. 开关约束

一相桥臂从 1 切换到 －1 的时间尽管很短，但其中的 4 个开关仍有被全部接通的风险（见表2.3）。这将导致上下直流母线的短路（或者直通）。更重要的是这并不能保证两个阻断开关之间能够分担动态电压，并且可能在有源开关内产生一个过电压。因此针对这些原因，禁止某相桥臂在 1 和 －1 间变换。

㊀ 注意，X'_{dc}可能有些误导，因为 X'_{dc}并不是一个电抗，而是其倒数。具体来说，$\frac{1}{X'_{\mathrm{dc}}} = \frac{X_{\mathrm{dc}}}{Z_B}$，其中电抗有名值 $X_{\mathrm{dc}} = \frac{1}{\omega_B C_{\mathrm{dc}}}$。——原书注

这一约束可以由式（2.84）表示

$$\max_{x} | u_x(t) - u_x(t - \mathrm{d}t) | \leqslant 1 \tag{2.84}$$

式中，t 是开关时刻；$\mathrm{d}t$ 是无穷小的时间步长。

因此，仅允许开关向上一步或向下一步的切换。而一相桥臂在 1 和 -1 之间的切换只能通过中间零开关位置，反之亦然。当这样做时，需要遵守逆变器特定的最小导通时间。对于中压逆变器，这些最小导通时间在几十微秒的范围内。

通常，在 NPC 逆变器中使用 6 个 $\mathrm{d}i/\mathrm{d}t$ 缓冲器，每个相桥臂的每个上半部和下半部都有一个缓冲器。然而，一些制造商对于这种逆变器仅使用两个这样的缓冲器，一个在逆变器的上半部中，另一个在逆变器的下半部中。这进一步减少了开关切换状态。具体地说就是最多允许两相桥臂同时切换，并且只有在相反的变换器半部分中发生切换时才能同时切换。

从图 2.21 列出的允许的开关切换模式中可以看出，例如从 $[1\ 1\ 1]^T$ 仅可能切换到 $[0\ 1\ 1]^T$ $[1\ 0\ 1]^T$ 或者 $[1\ 1\ 0]^T$，而不会切换到其他 23 个开关位置中的任意一个。

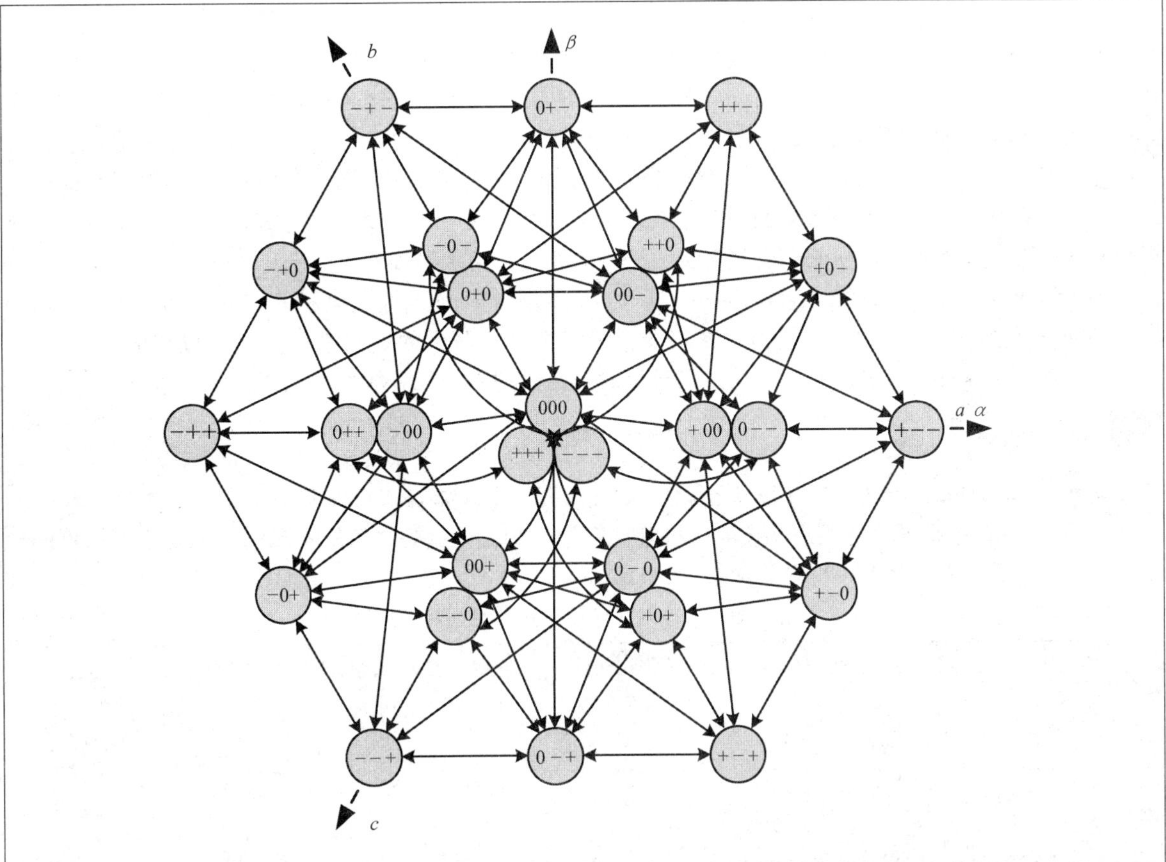

图 2.21 三电平逆变器产生的电压矢量

注：电压矢量 $\boldsymbol{u}_{abc}$ 与相应的开关位置（其中，“+”是指“1”，“−”是指“−1”）一同显示在 $\alpha\beta$ 平面中。双向箭头指的是使用两个 $\frac{\mathrm{d}i}{\mathrm{d}t}$ 缓冲器时允许的开关切换情况。

7. 开关损耗

对于具有相电流 i_x 和单相开关位置 $u_x \in \{-1,0,1\}$ 的一相桥臂，其开关是在转换期间通过开通和关断半导体器件来使电流换向的。如 2.3 节所述，这会导致开关损耗。而每个开关转换的开关损耗可以通过根据图 2.20 中的电流路径来得到。由于换流取决于相电流的极性，因此需要分别处理具有正和负的相电流情况。

表 2.5 总结了开关能耗情况。其中序号 1 ~4 指的是有源半导体开关和续流二极管（从上到下），序号 5 和 6 指的是钳位二极管（从上到下）。再一次指出：e_{on}（e_{off}）是指有源半导体开关导通（关断）的能量损耗。若假设为 GCT，开关损耗分别在式（2.65）和式（2.66）中给出，相应地，e_{rr}表示二极管反向恢复损耗，见式（2.69）。

表 2.5 NPC 中的开关能耗

相电流 i_x 极性	开关变换	开关能耗
>0	0→1	$e_{1,on}+e_{5,rr}$
	1→0	$e_{1,off}$
	0→−1	$e_{2,off}$
	−1→0	$e_{2,on}+e_{4,rr}$
<0	0→1	$e_{3,off}$
	1→0	$e_{1,rr}+e_{3,on}$
	0→−1	$e_{4,on}+e_{6,rr}$
	−1→0	$e_{4,off}$

值得注意的是，当将正向电流由 $u_x=0$ 变换到 1 时，上钳位二极管上的电压保持为零。所以，该钳位二极管不产生反向恢复损耗。同理，当正序电流由 $u_x=-1$ 变换到 0 时，第三个续流二极管不会有反向恢复损耗。这同样适用于当从 0 到 1 切换时的下钳位二极管和第二个续流二极管，而对于负向电流反之亦然。因此，这存在两种类型的开关转换。在电流从二极管换向到 GCT 的情况下，产生反向恢复损耗和导通损耗，而当电流从晶闸管换向到二极管时，仅产生关断损耗。

为了简化开关损耗的计算，通常假设直流母线电压恒定，且中性点电压的波动很小。通常这两个假设都是合理的。因此，对于中点钳位逆变器，其每个开关器件的关断电压是直流母线电压的一半，且开关损耗取决于换向电流。最后，通过对计算时间段内的平均开关能耗得到开关的功率损耗。

8. 导通损耗

与开关损耗类似，导通损耗还取决于相电流和开关位置，如表 2.6 中对一个桥臂的总结。和前面一样，序号 1 ~4 指半导体开关及其续流二极管，序号 5 和 6 是钳位二极管。晶闸管和功率二极管的导通损耗 p_{GCT}与 p_{diode}分别由式（2.68）和式（2.71）表示。

表 2.6 NPC 中的导通功率损耗

相电流 i_x 极性	开关状态	导通功率损耗
>0	1	$p_{1,GCT}+p_{2,GCT}$
	0	$p_{2,GCT}+p_{5,diode}$
	−1	$p_{3,diode}+p_{4,diode}$
<0	1	$p_{1,diode}+p_{2,diode}$
	0	$p_{3,GCT}+p_{6,diode}$
	−1	$p_{3,GCT}+p_{4,GCT}$

由于直流母线电压通常是恒定不变的，所以导通损耗仅取决于相电流，其中相电流是纹波电流和其基波分量之和。由于纹波电流与相电流的基波分量（通常在三电平逆变器的 10% 的范围内）相比较小，所以可以认为导通损耗与开关模式无关。因此，在模型预测控制问题的描述中导通损耗通常不包含在代价函数中。

2.4.2 五电平有源中点钳位逆变器 ★★★

有源中点钳位拓扑（ANPC）是 2005 年提出的一种五电平逆变器[13]，并在 2010 年作为商业产品引入[14]。该逆变器额定功率为 1MVA 和 2MVA，可满足低功率中压变频器市场，若使用高压 IGBT 可以实现高达6.9kV的输出电压。同时，其定子电流的谐波畸变很低，具有可接受的dv/dt和共模电压。这使得ANPC逆变器特别适合用于将与电网直接相连的电机升级为VSD。通过使用有源前端（AFE）实现四象限运行，使得该有源前端能够通过可调变压器连接到电网中。

五电平ANPC拓扑以两种方式扩展了传统的三电平NPC逆变器[10]。NPC二极管被替换为有源开关，如参考文献［15］所示。并类似于快速电容（FC）逆变器[16]，浮动相电容被添加到逆变器的每一相中。这种创新的拓扑结构结合了NPC逆变器可靠且概念上简单的优点和悬浮电容逆变器的通用性。但是，它的控制和调制比NPC逆变器要更复杂。如何平衡四个内部逆变器开关电压（尤其是中点电位和三相电容器），同时保持相电容较小时低的开关频率都是很有挑战性的[13]。

下面总结了五电平ANPC拓扑的开关限制条件、换向路径和内部电压的数学模型。

1. 拓扑和相电平

图2.22所示是五电平有源中点钳位逆变器。在相桥臂$x(x\in\{a,b,c\})$中，开关$S_{x1}\sim S_{x4}$由两个串联的IGBT组成，而$S_{x5}\sim S_{x8}$是由单个IGBT组成。所以，每一相由12个IGBT组成。在这里将$S_{x1}\sim S_{x4}$视为中点钳位开关，$S_{x5}\sim S_{x8}$视为悬浮电容开关。

直流母线被两个直流母线电容C_{dc}分为上下两部分，中性点N的电势上下浮动，即

$$v_n=\frac{1}{2}(v_{dc,lo}-v_{dc,up}) \tag{2.85}$$

式中，$v_{dc,lo}$和$v_{dc,up}$分别为低于和高于直流母线电压的一半的值。逆变器总（瞬时）直流母线电压为$v_{dc}=v_{dc,lo}+v_{dc,up}$。若忽略相电容，该逆变器非常类似于具有串联IGBT的三电平ANPC逆变器，并在每相产生三个电平$\left\{-\frac{v_{dc}}{2},\ 0,\ \frac{v_{dc}}{2}\right\}$。

通过向每相添加一个悬浮电容C_{ph}，可用的相电平数量会增加到5个，其中悬浮电容C_{ph}位于现有串联连接的开关$S_{x5}\sim S_{x8}$的外部之间。相电容两端的电压由$v_{ph,x}$表示，$x\in\{a,b,c\}$。各相电容电压保持在各个直流母线电压的一半值，即$v_{ph,x}=0.25v_{dc}$。这增加了额外的两个电平$\left\{-\frac{v_{dc}}{4},\ \frac{v_{dc}}{4}\right\}$，并确保每个IGBT具有相同的电压关断性能。因此，在每一相，逆变器可以产生5个电平$\left\{-\frac{v_{dc}}{2},-\frac{v_{dc}}{4},0,\frac{v_{dc}}{4},\frac{v_{dc}}{2}\right\}$。这些电平可以由整数变量$u_a,u_b,u_c\in\{-2,-1,0,1,2\}$表示，我们称之为相电平。

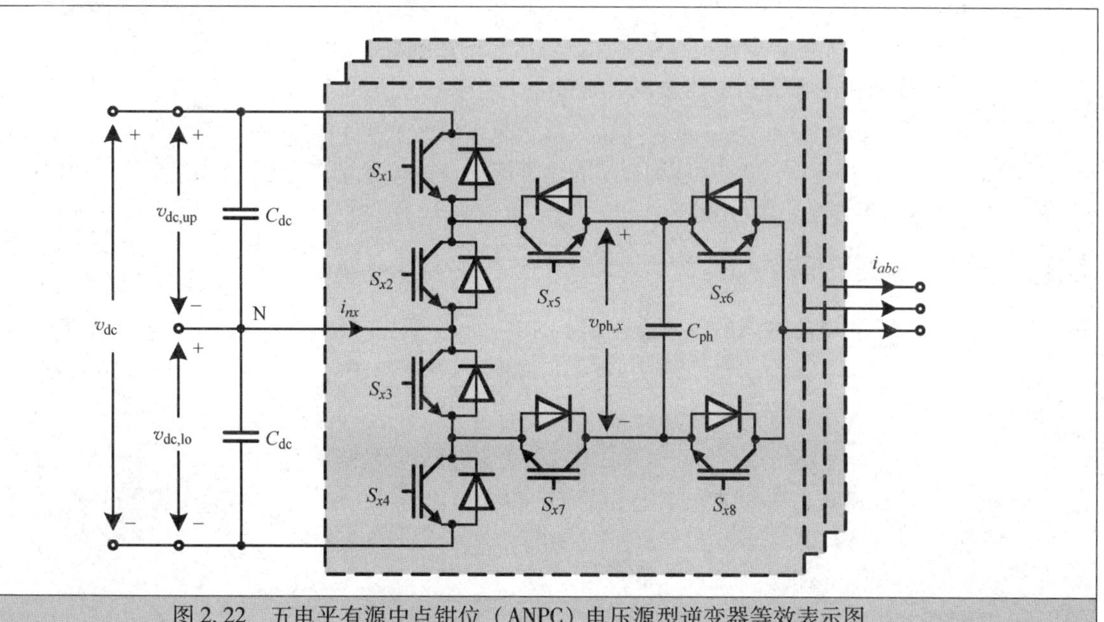

图2.22　五电平有源中点钳位（ANPC）电压源型逆变器等效表示图

2. 开关位置与电压矢量

每相电平 -1、0 和 1 可以各自由两个不同的开关位置合成，由变量 $s_a, s_b, s_c \in \{0,1,\cdots,7\}$ 表示。例如，相电平 $u_x=1, x\in\{a,b,c\}$，可由快速电容的开关状态产生 $S_{x5}=1; S_{x6}=0, S_{x7}=0, S_{x8}=1$ 或者 $S_{x5}=0, S_{x6}=1, S_{x7}=1; S_{x8}=0$。在这两种情况下，ANPC 开关都设置为 $S_{x1}=1$，$S_{x2}=0$，$S_{x3}=1$，$S_{x4}=0$。类似地，两个开关位置可以合成相电平 $u_x=-1$，如表 2.7 所示。由于每对开关位置在相端产生相同的电压，这种冗余的电压可用于调节电平为 $u_x=\pm 1$ 的相电容电压。但是，这些开关位置会影响中点电位，使得系统的控制方式变得更为复杂。

表 2.7　x 相的开关位置 s_x、相电平 u_x、相电压 v_x 和开关状态 $S_{x1}\sim S_{x8}$ 之间的对应关系

开关位置 s_x	电平 u_x	电压 v_x	开关状态								作用	
			S_{x1}	S_{x2}	S_{x3}	S_{x4}	S_{x5}	S_{x6}	S_{x7}	S_{x8}	$v_{ph,x}$	v_n
7	+2	$u_{dc,up}$	1	0	1	0	1	1	0	0	0	0
6	+1	$v_{dc,up}-v_{ph,x}$	1	0	1	0	1	0	0	1	i_x	0
5	+1	$v_{ph,x}$	1	0	1	0	0	1	1	0	$-i_x$	$-i_x$
4	0	0	1	0	1	0	0	0	1	1	0	$-i_x$
3	0	0	0	1	0	1	1	1	0	0	0	$-i_x$
2	-1	$-v_{ph,x}$	0	1	0	1	1	0	0	1	i_x	$-i_x$
1	-1	$-v_{dc,lo}+v_{ph,x}$	0	1	0	1	0	1	1	0	$-i_x$	0
0	-2	$-v_{dc,lo}$	0	1	0	1	0	0	1	1	0	0

相电压是由相对于直流母线中点 N 定义的，如果中点电位和相电容电压波动很小，则其可近似为

$$v_x \approx \frac{v_{dc}}{4}u_x \tag{2.86}$$

式中，$x\in\{a,b,c\}$。精确的相电压取决于开关位置 s_x，如表 2.7 所示。逆变器端的三相电压由下式给出：

$$\boldsymbol{v}_{\alpha\beta0}=\boldsymbol{K}\boldsymbol{v}_{abc} \tag{2.87}$$

式中，$\boldsymbol{v}_{\alpha\beta0}=[v_\alpha \quad v_\beta \quad v_0]^T$。

相电流 i_x 的函数对相电容电压 $v_{ph,x}$ 和中性点电压 v_n 的影响在右侧表示出。

忽略直流母线和相电容中的电压波动，逆变器产生 61 个不同的电压矢量。这些电压矢量可以由 $5^3=125$ 个不同的相电平 $\boldsymbol{u}_{abc}=[u_a \quad u_b \quad u_c]^T$ 合成，也是由 $8^3=512$ 个不同的开关位置 $\boldsymbol{s}_{abc}=[s_a \quad s_b \quad s_c]^T$ 合成。例如，零矢量 $\boldsymbol{v}_{\alpha\beta}=[0 \quad 0]^T$ 可以通过 26 个不同的开关位置 s 来合成。电压矢量及其相应的相电平如图 2.23 所示，图仅显示第一象限。

3. 逆变器内部动态电压

由包含相电容和相电流乘积的方程描述相 x 的电容电压变化，即

$$\frac{\mathrm{d}v_{ph,x}}{\mathrm{d}t}=\frac{1}{C_{ph}}\begin{cases} i_x, & 若 \quad s_x\in\{2,6\} \\ -i_x, & 若 \quad s_x\in\{1,5\} \\ 0, & 若 \quad s_x\in\{0,3,4,7\} \end{cases} \tag{2.88}$$

式中，$x\in\{a,b,c\}$。中点电压的动态变化由式（2.89）给出。

$$\frac{\mathrm{d}v_n}{\mathrm{d}t}=-\frac{1}{C_{ph}}(i_{na}+i_{nb}+i_{nc}) \tag{2.89}$$

式中，i_{nx} 表示流经中性点的电流：

$$i_{nx}=\begin{cases}i_x & 若 \quad s_x\in\{2,3,4,5\}\\0 & 若 \quad s_x\in\{0,1,6,7\}\end{cases} \tag{2.90}$$

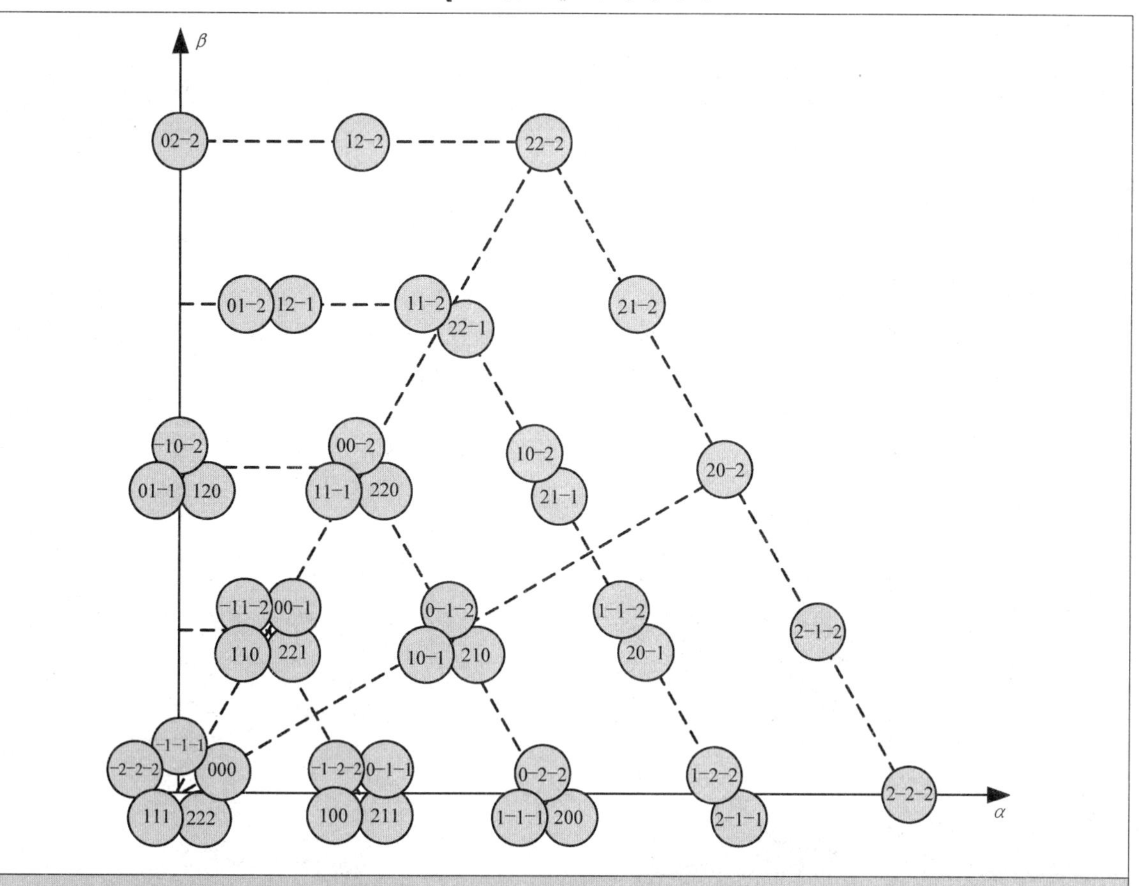

图 2.23 五电平逆变器产生的电压矢量

注：电压矢量与相应的相电压 $\boldsymbol{u}_{abc}$ 在 $\alpha\beta$ 平面中表示。

值得注意的是，a 相的电容电压仅取决于 a 相的开关位置和相电流，而中性点电压取决于所有的 3 个开关位置和所有 3 个相电流。

如先前对 NPC 逆变器所做的，将逆变器下一步的微分方程转换为 pu 系统。为此，分别使用式（2.42）和式（2.43）中定义的基准电压 V_B、基准电流 I_B、基准频率 ω_B。与此同时，定义基准阻抗 $Z_B=V_B/I_B$，基准电容 $C_B=1/\omega_B Z_B$（另见表 2.1）。根据 2.4.1 节 pu 系统中电容电压式（2.88）微分方程由下式给出：

$$\frac{\mathrm{d}v'_{\mathrm{ph},x}}{\mathrm{d}t}=\frac{1}{X'_{\mathrm{pu}}}\begin{cases}i'_x, & 若 \quad s_x\in\{2,6\}\\-i'_x, & 若 \quad s_x\in\{1,5\}\\0, & 若 \quad s_x\in\{0,3,4,7\}\end{cases} \tag{2.91}$$

式中，上标′表示 pu 量。在该式中，通过 $t'=\omega_B t$ 使时间标幺化，并引入了相电容的 pu 量[⊖]。

$$X'_{\mathrm{ph}}=\frac{C_{\mathrm{ph}}}{C_B} \tag{2.92}$$

⊖ 注意，和以前一样，对于 NPC 逆变器，X'_{ph} 的表示法有点误导，因为 X'_{ph} 不是电抗，而是电抗的倒数。具体地，有 $\frac{1}{X'_{\mathrm{ph}}}=\frac{X_{\mathrm{ph}}}{Z_B}$，SI 电抗 $X_{\mathrm{ph}}=\frac{1}{\omega_B C_{\mathrm{ph}}}$。——原书注

由式（2.89）可得

$$\frac{\mathrm{d}v'_n}{\mathrm{d}t} = -\frac{1}{X_{\mathrm{dc}}}(i'_{na} + i'_{nb} + i'_{nc}) \tag{2.93}$$

$$X'_{\mathrm{dc}} = \frac{C_{\mathrm{dc}}}{C_B} \tag{2.94}$$

如前所述，本书其余部分由于简化符号删掉了上标′。

4. 开关约束条件

与单电平和三电平相同，五电平 NPC 拓扑存在多个开关约束条件。可行的开关切换如图 2.24 所示，开关只能在一个电平向上或向下切换。为了排除电压故障的可能性，不允许开关从 $s_x=2$ 到 $s_x=4$ 和从 $s_x=5$ 到 $s_x=3$ 的切换。IGBT 的最小导通时间为 30μs，通常采用的采样间隔为 $T_s=25\mu s$。在本书讨论的一些控制和调制方案中，开关受限于采样间隔，最短导通时间为 50μs。

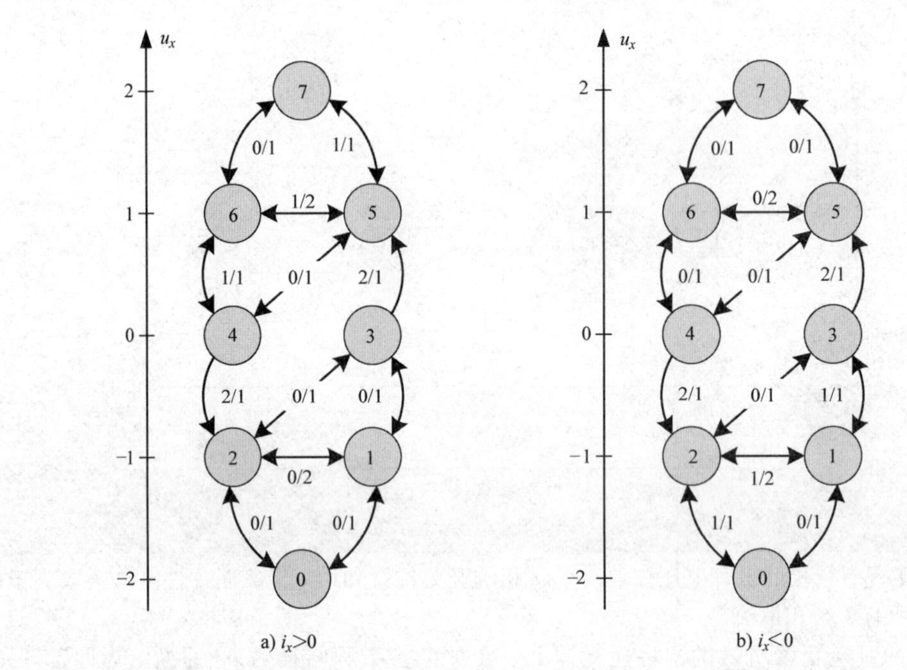

图 2.24　单相开关位置 $s_x \in \{0,1,\cdots,7\}$，$x \in \{a,b,c\}$ 之间允许的每相开关转换，以及 ANPC 和 FC 部分中 IGBT 的导通转换次数。允许的开关切换取决于相电流 i_x 的符号。相应的相电压显示在 u_x 左侧

由于逆变器仅使用两个 di/dt 钳位（或缓冲器）——一个在直流母线上半部分，另一个在下半部分，因此对三相开关切换有约束。这导致钳位二极管中开关变换的瞬间变化可以分为两类：使钳位二极管导通的瞬变（称为导通变换）和使钳位关断的瞬变（称为关断变换），而这导致钳位二极管出现反向恢复效应。表 2.8 总结了导通和关断钳位的开关切换。

表 2.8　相开关位置 s_x 之间的转换，根据相电流 i_x 的符号来开通或者关断 di/dt 的钳位

	相电流	$s_x \to s_x$ 转变到夹合	$s_x \to s_x$ 转变到分开
上钳位	$i_x>0$	6→4，6→5，7→5	4→6，5→6，5→7
上钳位	$i_x<0$	4→6，5→6，5→7	6→4，6→5，7→5
下钳位	$i_x>0$	2→0，2→1，3→1	0→2，1→2，1→3
下钳位	$i_x<0$	0→2，1→2，1→3	2→0，2→1，3→1

注：表上半部（下半部）的转换会影响上部（下部）的钳位。

由于在导通上（下）钳位后，关断上（下）钳位之前，必须经过至少50μs。依据这个要求，可以得出：允许同时导通，但不允许同时导通和关断。在导通或关断转换后的几微秒后允许再一次导通转换。

5. 换流路径

此拓扑的换流路径比较复杂。图2.24总结了在区分ANPC和FC中IGBT的导通变换情况下，每个开关切换的导通次数。例如，开关在$s_x=6$和$s_x=7$之间切换时，在ANPC中不发生变换，而在FC中发生一次变换。

显然，导通变换的次数与关断变换的次数相同。从表2.7可以看出，当开关从$s_x=4$到$s_x=2$以及从$s_x=3$到$s_x=5$变换时，在ANPC中同时有两次导通变换和关断变换。此外，当开关切换发生在$s_x\in\{0,1,2,3\}$或$s_x\in\{4,5,6,7\}$内时，可以预计在ANPC部分中没有发生IGBT的导通或关断。但为了平衡开关负载和将一些开关损耗从FC转移到ANPC部分，在ANPC中依赖于相电流的开关切换也出现在这些示例中。这些附加的ANPC切换会将电流流通从FC切换到ANPC部分。

从表2.7可清楚地看出，当两器件同时导通和关断时，在FC部分的每一次变换中，除了在$s_x=1$到$s_x=2$以及$s_x=5$到$s_x=6$的变换外，会有一个IGBT导通（另一个IGBT关断）。

2.5 案例分析

本书参考了工业电力电子系统中的四个案例进行研究分析。本节介绍并总结了这些案例的研究，包括NPC逆变器、五电平有源NPC逆变器。在这三种情况下使用了MV－VSD系统的感应电机，第四个案例与并网NPC变换器有关。

2.5.1 中点钳位逆变器驱动系统 ★★★

如图2.25所示，对三电平NPC电压源型逆变器驱动感应电机作为一个案例进行研究。在这个案例中，使用额定值分别为2MVA、3.3kV、50Hz的笼型感应电机作为常用的兆瓦级感应电机。电机的额定值参见表2.9。

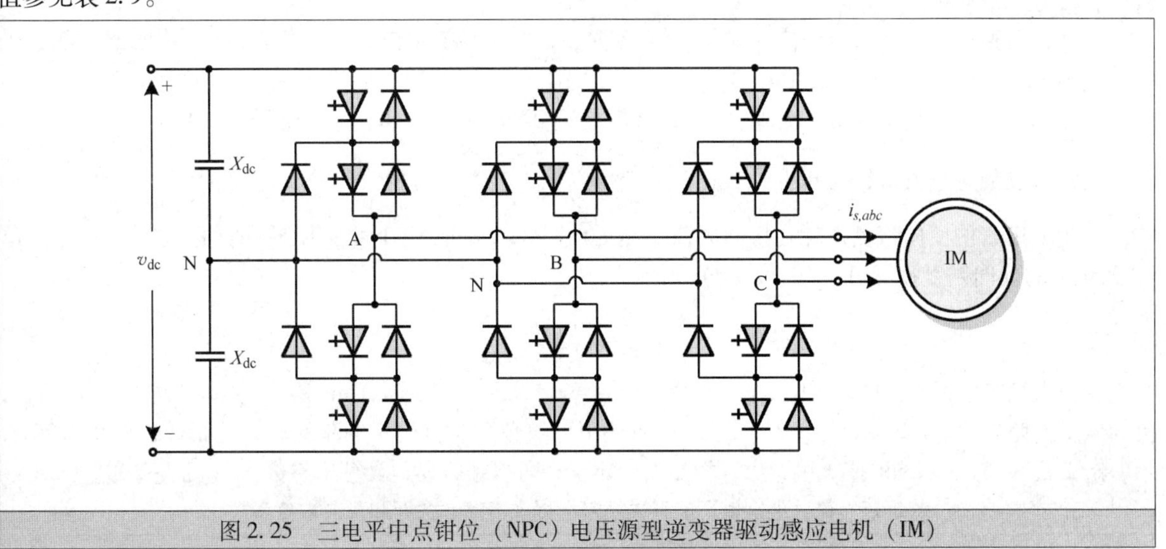

图2.25　三电平中点钳位（NPC）电压源型逆变器驱动感应电机（IM）

使用$V_B=\sqrt{\frac{2}{3}}V_R=2694\text{V}$，$I_B=\sqrt{2}I_R=503.5\text{A}$，$\omega_B=\omega_s R=2\pi 50\text{rad/s}$为基准量建立pu系统。电机和变频器参数在表2.10中可查，其中包括了SI值和pu值，以及它们各自的符号。V_{dc}表示的额定直流

母线电压与 v_{dc} 表示的瞬时波动的直流母线电压对应。值得注意的是，直流母线电容的值是直流母线值的一半（分上半部分和下半部分）。感应电机数学模型的推导总结详见 2.2 节，NPC 逆变器的详细描述参见 2.4.1 节，使用的半导体器件是由 ABB 制造的 35L4510 4.5kV 4kA 的 IGCT 和 10H4520 快速恢复二极管。

表 2.9　感应电机的额定值

参数	符号	SI 值
电压	V_R	3300V
电流	I_R	356A
功率	P_R	1.587MW
视在功率	S_R	2.035MVA
旋转频率	ω_{sR}	2π50rad/s
转速	ω_{mR}	596r/min
气隙转矩	T_R	26.2kNm

表 2.10　三电平 NPC 逆变器驱动系统的有名值（左）和标幺值（右）的参数

参数	SI 符号	SI 值	pu 符号	pu 值
定子电阻	R_s	57.61mΩ	R_s	0.0108
转子电阻	R_r	48.89mΩ	R_r	0.0091
定子漏电感	L_{ls}	2.544mH	X_{ls}	0.1493
转子漏电感	L_{lr}	1.881mH	X_{lr}	0.1104
主电感	L_m	40.01mH	X_m	2.349
极对数	p	5		
直流母线电压	V_{dc}	5.2kV	V_{dc}	1.930
直流环节电容	C_{de}	7mF	X_{dc}	11.77

在此注意，GCT 的关断和导通损耗与阳极 - 阴极电压 v_T 和阳极电流 i_T 的乘积成比例（见 2.3.1 节）。在 NPC 变换器中，v_T 几乎是恒定的，其值等于总直流母线电压的一半。例如，对于开关损耗，使用式（2.65）得到

$$e_{off} = c_{off}\frac{v_{dc}}{2}i_x \tag{2.95}$$

式中，i_x 为换相电流，$x \in \{a,b,c\}$。

注意，当换向时，i_x 总为负值。根据 GCT 数据表，在最大额定值 $v_T = 2.8\text{kV}$ 和 $i_T = 4\text{kA}$ 时，额定工作温度为 125℃下的关断和开通损耗分别为 $e_{off} = 19.5\text{J}$ 和 $e_{on} = 1.5\text{J}$。假设在 pu 系统中给出式（2.95）中的电压和电流，并且损耗以 J 为单位，则可以容易地导出系数 c_{off} 和 c_{on}，如表 2.11 所示。为了简化计算，通常假设额定直流母线电压 V_{dc}，之后 $c_{off}\frac{V_{dc}}{2}$ 可以被一个常数代替。

由于二极管的反向恢复损耗在换向电流中是非线性的，按照 GCT 开关损耗计算并重写式（2.69），pu 系统中的反向恢复损耗可由式（2.69）表示为

$$e_{rr} = c_{rr}\frac{v_{dc}}{2}f_{rr}(i_x) \tag{2.96}$$

快速恢复二极管的数据表表明，假设 di/dt 为 $-400\text{A}/\mu\text{s}$，在 $v_T = 2.8\text{kV}$ 和 $i_T = 4\text{kA}$ 的最大额定值下，反向恢复损耗为 $e_{rr} = 7.2\text{J}$。由于 $f_{rr}(.)$ 是在 pu 系统中可被数据表重构相电流的非线性函数，如图 2.26 所示，定义 f_{rr}（.）在基准电流 I_B 下为 1。根据这个定义，可以很容易地计算出系数 c_{rr}（见表 2.11）。

表 2.11　最大额定值下的开关损耗，以及开通、关断和反向恢复系数

	最大额定值下的开关损耗	损失系数
GCT 关断	$e_{off} = 19.5\text{J}$，当 $v_T = 2.8\text{kV}$ 且 $i_T = 4\text{kA}$	$c_{off} = 2.362\text{s}$
GCT 开通	$e_{off} = 1.5\text{J}$，当 $v_T = 2.8\text{kV}$ 且 $i_T = 4\text{kA}$	$c_{on} = 0.182\text{s}$
二极管反向恢复	$e_{rr} = 7.2\text{J}$，当 $v_T = 2.8\text{kV}$ 且 $i_T = 4\text{kA}$	$c_{rr} = 3.058\text{s}$

与开关损耗类似，导通损耗也取决于直流母线电压和相电流。尽管中性点会有波动，但直流母线电压仍为恒定值。相电流为纹波电流和基波分量的总和，这个值仅取决于由转矩和速度给出的工作点，而不是取决于开关状态。由于与基波电流（通常在 NPC 逆变器的 10% 的范围内）相比，纹波电流相对较小，所以在使用相同的控制和调制方式下，导通损耗可以被认为是不变的。因此，在本书所提出的模型预测控制并不解决这一问题，并且在这里不做进一步考虑。

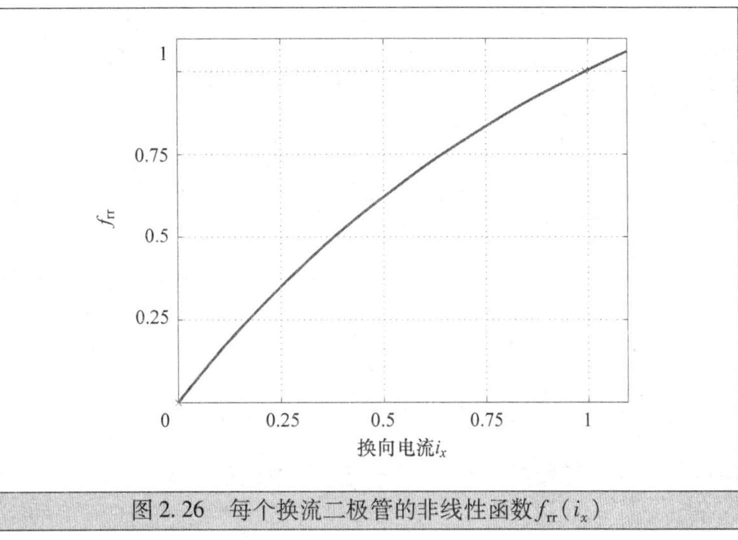

图 2.26 每个换流二极管的非线性函数$f_{rr}(i_x)$

2.5.2 有缓冲约束的中点钳位逆变器驱动系统 ★★★

除了在第二个案例中，逆变器仅使用两个 di/dt 缓冲器（每半个变换器一个），第一个案例与第二个案例基本相同。其中开关切换如图 2.21 所示，变换器由 12 脉冲二极管前端或 AFE 供电。在二极管前端供电情况下，额定直流母线电压为 $V_{dc}=4294\text{V}$，而对于 AFE 而言，$V_{dc}=4840\text{V}$。本节所有驱动器参数与上节相同，详见表 2.9 ~表 2.11。

2.5.3 五电平有源中点钳位逆变器驱动系统 ★★★

在第三个案例中，研究了五电平兆瓦级驱动系统，如图 2.27 所示。其中，驱动器包括一个 6kV、50Hz 的笼型感应电机，它的额定功率为 1MVA，总漏抗 $X_\sigma=0.18\text{pu}$。在表 2.12 中总结了电机的有名值。

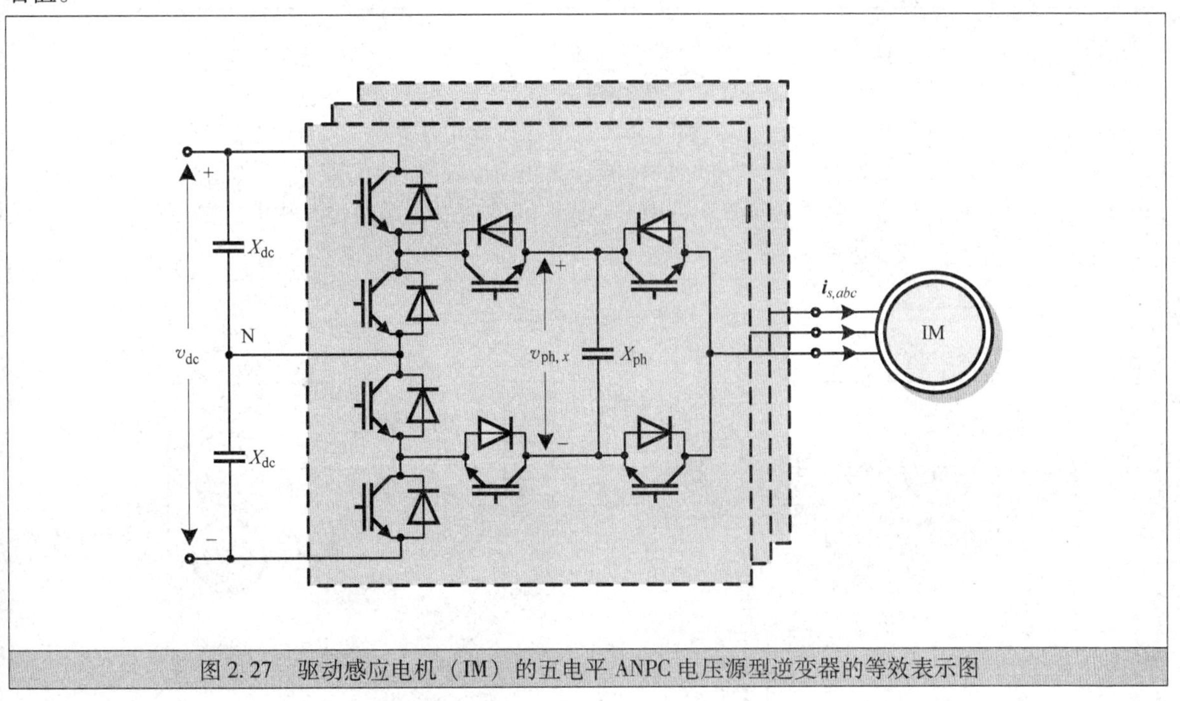

图 2.27 驱动感应电机（IM）的五电平 ANPC 电压源型逆变器的等效表示图

表 2.12 感应电机的额定值

参数	符号	SI 值
电压	V_R	6000V
电流	I_R	98.9A
功率	P_R	850kW
视在功率	S_R	1.028MVA
定子角频率	ω_{sR}	2π50rad/s
转速	ω_{mR}	1494r/min
气隙转矩	T_R	5.568kNm

本案例使用 $V_B = \sqrt{\frac{2}{3}}V_R = 4899\text{V}$，$I_B = \sqrt{2}I_R = 139.9\text{A}$，$\omega_B = \omega_{sR} = 2\pi 50\text{rad/s}$ 为基准量建立 pu 系统。电机和逆变器参数在表 2.13 中可查，其中包括了 SI 值和 pu 值，以及它们各自的符号。值得注意的是，V_{dc}表示额定直流母线电压，直流母线电容的值是直流母线值的一半（分上半部分和下半部分）。感应电机数学模型的推导总结详见 2.2 节，五电平有源 NPC 逆变器的详细描述参见 2.4.2 节。

表 2.13 五电平 ANPC 逆变器驱动系统的有名值（左侧）和标幺值（右侧）的参数

参数	SI 符号	SI 值	pu 符号	pu 值
定子电阻	R_s	203mΩ	R_s	0.0057
转子电阻	R_r	158mΩ	R_r	0.0045
定子漏电感	L_{ls}	9.968mH	X_{ls}	0.0894
转子漏电感	L_{lr}	10.37mH	X_{lr}	0.0930
主电感	L_m	277.8mH	X_m	2.492
极对数	p	2		
母线电压	V_{dc}	9.8kV	V_{dc}	2.000
直流侧电容	C_{dc}	200μF	X_{dc}	2.201
相电容	C_{ph}	140μF	X_{ph}	1.541

2.5.4 并网中点钳位变换器系统 ★★★

如图 2.28 所示的并网变换器系统，变换器由三相变换器电压$\boldsymbol{v}_c$表示，该电压通过变压器连接到 PCC 中。而 PCC 充当了变换器系统到电网的连接点。通常，附加的工业负载会连接到公共连接点（PCC）总线上，而电网的精确值通常并不可用。对此，通常的做法是通过三相电网电压$\boldsymbol{v}_g$、电网电阻 R_g 和电网电感 L_g 近似表示电网。

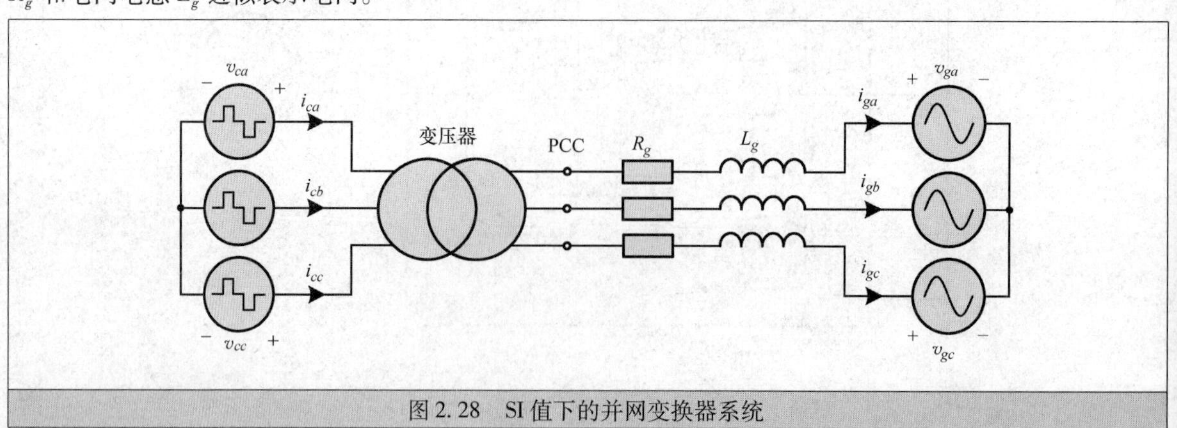

图 2.28 SI 值下的并网变换器系统

短路功率

$$S_{SC}=3\left(\frac{V_g}{\sqrt{3}}\right)^2|Z_g|=V_g^2/|Z_g| \tag{2.97}$$

定义为 PCC 处于三相故障情况下供应给 PCC 的功率，其中 V_g 表示电网（线间）电压方均根值，$Z_g=\mathrm{j}\omega_g L_g+R_g$ 是电网阻抗。后者绝对值由 $|Z_g|=\sqrt{(\omega_g L_g)^2+R_g^2}$ 给出，而电网阻抗通常由将 PCC 连接到传输电网的配电变压器决定。因此，短路功率可以被理解为电网可以提供给 PCC 的最大功率。

短路比

$$k_{sc}=S_{sc}/S_c \tag{2.98}$$

定义为电网短路功率与功率变换器的额定功率 S_c 的比值。当短路比大于 20 时，则表示为强电网。与从电网可获得的最大功率相比，变换器的功率较小。短路比小于 8 则为弱电网，其中电网阻抗相对于变换器系统的阻抗占主要部分。通常，这降低了变换器系统稳定性裕度，并且需要对变换器可能注入到 PCC 中的谐波需要有更严格的限制。

电网的另一个特征量是电网电抗 $X_g=\omega_g L_g$ 和电网电阻 R_g 之间的电网阻抗比，通常假设此值为 10。

$$k_{XR}=X_g/R_g \tag{2.99}$$

基于电网电压、变换器功率、短路比和电网阻抗比，可以容易地计算电网电感和电阻，如以下示例所示。

例 2.8 电网方均根电压 $V_g=3.3\text{kV}$，变换器功率 $S_c=9\text{MVA}$，短路比 $k_{sc}=20$。从式（2.97）和式（2.98）得出电网阻抗的绝对值为 $|Z_g|=60.5\text{m}\Omega$。假设电网阻抗比 $k_{XR}=10$，电网电感和电阻如下：

$$L_g=\frac{|Z_g|}{\omega_g\sqrt{1+1/k_{XR}^2}}=0.192\text{mH},\ R_g=\frac{|Z_g|}{\sqrt{1+k_{XR}^2}}=6.019\text{m}\Omega \tag{2.100}$$

注意：这些参数指的是变压器二次侧的值。

利用变压器在二次侧绕组的额定功率和电压作为 pu 系统的基准值。以表 2.14 中提供的变压器额定值和基准值 $V_B=\sqrt{2/3}V_R=2694V$，$S_B=S_R=9\text{MVA}$，$\omega_B=\omega_{gR}=2\pi 50\text{rad/s}$ 建立 pu 系统。在表 2.15 中总结了电网、变压器和变换器参数的 SI 值和 pu 值以及它们各自的符号，其中所有量皆为变压器二次侧的量。变压器可由串联漏电抗 X_t 和串联电阻 R_t 表示，电网由电网电抗 X_g 和电网电阻 R_g 表示。

将变压器与电网的电抗和电阻求和：

$$X=X_g+X_t,\ R=R_g+R_t \tag{2.101}$$

表 2.14 并网变换器系统的降压变压器的额定值

参数	符号	SI 值
电压（二次侧）	V_R	3300V
电流（二次侧）	I_R	1575A
视在功率角	S_R	9MVA
电网频率	ω_{gR}	2π50rad/s

表 2.15 NPC 并网变换器系统的有名值（左）和标幺值（右）的系统参数

参数	SI 符号	SI 值	pu 参数	pu 值
短路比	k_{sc}	20		
电网阻抗比	k_{XR}	10		

（续）

参数	SI 符号	SI 值	pu 参数	pu 值
电网电感	L_g	0.192mH	X_g	0.050
电网电阻	R_g	6.019mΩ	R_g	0.005
变压器漏电感	L_t	0.385mH	X_t	0.100
变压器电阻	R_t	12.10mΩ	R_t	0.010
直流母线电压	V_{dc}	5.2kV	V_{dc}	1.930
直流侧电容	C_{dc}	15mF	X_{dc}	5.702

如图2.29所示，电网与变换器系统的连接非常紧凑。具有浮动的中性点电位的NPC变换器在图左侧。如前所述，直流母线电容的数值指的是整个直流母线电容的一半，即上半部分与下半部分，并假设从变换器到电网的电流为正。

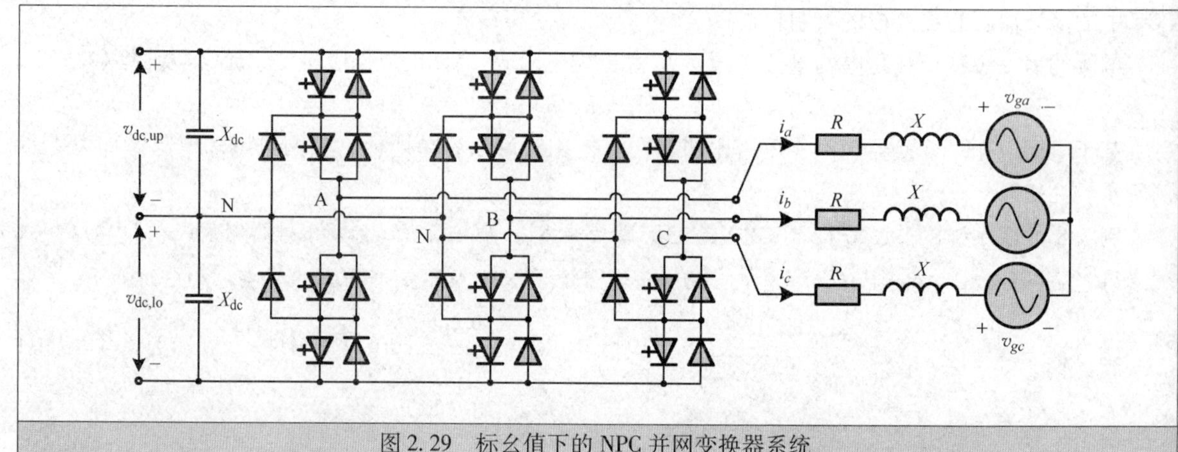

图2.29 标幺值下的NPC并网变换器系统

参 考 文 献

[1] W. Duesterhoeft, M. Schulz, and E. Clarke, "Determination of instantaneous currents and voltages by means of alpha, beta, and zero components," *AIEE Trans.*, vol. 70, pp. 1248–1255, Jul. 1951.

[2] R. Park, "Two-reaction theory of synchronous machines—generalized method of analysis—part I," *AIEE Trans.*, vol. 48, pp. 716–727, Jul. 1929.

[3] P. C. Krause, O. Wasynczuk, and S. D. Sudhoff, *Analysis of electric machinery and drive systems*. Hoboken, NJ: John Wiley & Sons, Inc., 2nd ed., 2002.

[4] J. Holtz, "The representation of AC machine dynamics by complex signal graphs," *IEEE Trans. Ind. Electron.*, vol. 42, pp. 263–271, Jun. 1995.

[5] A. Veltman, D. W. J. Pulle, and R. W. De Doncker, *Fundamentals of electrical drives*. Heidelberg: Springer, 2007.

[6] B. Wu, *High-power converters and AC drives*. New York Hoboken, NJ: John Wiley & Sons, Inc., 2006.

[7] ABB Asea Brown Boveri Ltd, "Applying IGCTs, application note 5SYA 2032-03." Online document. www.abb.com/semiconductors.

[8] P. Steimer, H. Grüning, J. Werninger, E. Carroll, S. Klaka, and S. Linder, "IGCT—a new emerging technology for high power, low cost inverters," in *Proceedings of IEEE Industry Applications Society Annual Meeting*, pp. 1592–1599, Oct. 1997.

[9] P. Steimer, O. Apeldoorn, E. Carroll, and A. Nagel, "IGCT technology baseline and future opportunities," in *Proceedings of IEEE Transmission and Distribution Conference and Exposition* (Atlanta, GA, USA), Oct./Nov. 2001.

[10] A. Nabae, I. Takahashi, and H. Akagi, "A new neutral-point-clamped PWM inverter," *IEEE Trans. Ind. Appl.*, vol. IA-17, pp. 518–523, Sep./Oct. 1981.

[11] N. Celanovic and D. Boroyevich, "A comprehensive study of neutral-point voltage balancing problem in three-level neutral-point-clamped voltage source PWM inverters," *IEEE Trans. Power Electron.*, vol. 15, pp. 242–249, Mar. 2000.

[12] H. du Toit Mouton, "Natural balancing of three-level neutral-point-clamped PWM inverters," *IEEE Trans. Ind. Electron.*, vol. 49, pp. 1017–1025, Oct. 2002.
[13] P. Barbosa, P. Steimer, J. Steinke, L. Meysenc, M. Winkelnkemper, and N. Celanovic, "Active neutral-point-clamped multilevel converters," in *Proceedings of IEEE Power Electronics Specialists Conference* (Recife, Brasil), pp. 2296–2301, Jun. 2005.
[14] F. Kieferndorf, M. Basler, L. Serpa, J.-H. Fabian, A. Coccia, and G. Scheuer, "A new medium voltage drive system based on ANPC-5L technology," in *Proceedings of IEEE International Conference on Industrial Technology* (Viña del Mar, Chile), pp. 605–611, Mar. 2010.
[15] T. Brückner, S. Bernet, and H. Guldner, "The active NPC converter and its loss-balancing control," *IEEE Trans. Ind. Electron.*, vol. 52, pp. 855–868, Jun. 2005.
[16] T. Meynard and H. Foch, "Multilevel conversion: High voltage choppers and voltage source inverters," in *Proceedings of IEEE Power Electronics Specialists Conference*, pp. 397–403, Jun. 1992.

第3章 经典控制与调制策略

本章介绍了工业电力电子系统中最为先进的控制和调制策略。具体来说，描述了控制与调制策略的要求以及通用的级联控制结构；引入脉宽调制（PWM）的概念，详细介绍了两个著名的调制策略——基于载波的脉冲宽度调制（CB-PWM）和优化脉冲模式（OPP），强调了空间矢量调制（SVM）与注入适当共模电压的CB-PWM之间的等效性；分析了电流畸变和开关损耗之间的性能权衡；详细叙述了大功率逆变器驱动电机的三种通用控制策略，分别是标量控制、磁场定向控制（FOC）和直接转矩控制（DTC）。在本章最后的附录中对数学优化进行了介绍。

3.1 控制与调制策略的要求

中压（MV）电力电子系统的控制问题由于有多个冲突的目标而呈现出高度的复杂性。对于控制和调制策略的要求，可以分为与变换器有关的要求和与连接到变换器的三相元件（即电机或电网）有关的要求。在这里要注意，术语“变换器”指的是电网侧的有源前端或电机侧的逆变器。

3.1.1 与电机相关的要求 ★★★

1. 转矩和磁链

对于电机，电磁转矩必须保持在其参考值附近。在转矩动态过程中系统应该具有高动态响应，即转矩能够在几毫秒之间的瞬态响应时间内快速调节。这种暂态过程包括负载转矩的变化；如果电机的转速要保持恒定，则电机转矩必须与变化的负载转矩匹配以避免速度出现波动。另外，为了实现快速的速度变化，必须能够快速调整电机转矩。在电网出现故障时，快速的转矩变化同样至关重要，可以使驱动系统完成低电压穿越。作为示例，在持续几百毫秒的电网故障中，为避免驱动系统由于直流母线电压过高而出现跳闸，电机转矩必须在差不多瞬时减小到零。

电机负载通常需要平滑的转矩。低谐波转矩畸变对应较小的转矩波动，其可限制轴、轴承和负载的机械应力与磨损。此外，这有助于最小化传动系统中产生扭振的风险（参见参考文献［1］以及其中的参考文献）。对于具有特殊刚性轴的大功率应用场合，如在石油和天然气工业中使用的大型压缩机传动系统，应当避免某些低频转矩的谐波。对波形谐波畸变的合适测量称为总需求畸变（TDD）。对于电磁转矩 T_e，TDD 定义为

$$T_{\mathrm{TDD}} = \frac{1}{T_{e,\mathrm{nom}}}\sqrt{\sum_{n\neq 0}(\hat{T}_{e,n})^2} \tag{3.1}$$

式中，$T_{e,\mathrm{nom}}$ 为额定转矩。[⊖] $\hat{T}_{e,n}(n>0)$ 是指在频率 nf_1 处的转矩谐波分量，其中 f_1 为基波频率。注意，在这里只考虑任何 n 的整数倍的谐波，而不仅仅是 f_1 的整数倍的谐波。

⊖ 使用实在值时，转矩额定值等于电机额定转矩 T_R（参见2.1.2节）。采用标幺值时，额定转矩为1。——原书注

总谐波畸变（THD）的定义类似于式（3.1），但它与实际转矩的直流分量有关而不是其标称值。因此，当转矩接近于零，THD 值趋于无穷大。而 TDD 保持一定的恒定。除此之外，转矩谐波的实际影响在很大程度上与真实转矩无关。出于这些原因，采用 TDD 而非 THD 评估谐波畸变。关于 TDD 与 THD 的更多细节内容详见参考文献［2］。

此外，为了确保电机能被适当地磁化，应当控制电机的气隙磁通，从而得到期望的转子磁通矢量的幅值。特别地，要避免电机转子出现磁通饱和或者去磁现象。在电机运行于额定转速之下时，转子磁通通常要保持在额定值处，而超过额定转速时，需要弱磁以避免出现磁通饱和。

2. 定子电流

逆变器的开关电压波形导致的谐波畸变会产生铁耗和铜耗，从而导致热耗。而由于转子的冷却能力有限，要尤为关注在低速运行时转子中的热耗，谐波对电机的影响参见参考文献［2］的6.2节。由谐波引起的笼型感应电机的损耗和温升在参考文献［3］中做出评估。对于有关谐波引起机械损耗的文献和理论的全面综述，感兴趣的读者可以阅读参考文献［4］第2章。

为了避免热损问题，定子电流的谐波畸变必须保持较小。而对于定子电流，TDD 被定义为

$$I_{\mathrm{TDD}} = \frac{1}{\sqrt{2} I_{s,\mathrm{nom}}} \sqrt{\sum_{n \neq 1} (\hat{i}_{s,n})^2} \tag{3.2}$$

式中，$I_{s,\mathrm{nom}}$指的是额定定子电流方均根值㊀。谐波分量$\hat{i}_{s,n}(n \geqslant 0)$是频率为 nf_1 的电流谐波的幅值，基波分量$\hat{i}_{s,1}$不在总和之内。注意，如同在式（3.1）中，n 是实数，而非自然数。谐波的幅值$\hat{i}_{s,n}$是峰值（而非方均根值），需要乘一个系数$\sqrt{2}$将标称有效值电流 $I_{s,\mathrm{nom}}$转换为其幅值，从而确保幅值与式（3.2）中的彼此相关。此外，该定义也适用于单相电流。在计算三相电流的 TDD 值时，要分别求出 a、b 和 c 相电流的 TDD 值，然后通过取三相的平均值来确定总的 TDD 值。

电流畸变的另一种测量方法是 THD。与之前讨论的转矩原因相同，优先采用 TDD 而非 THD。关于当前 TDD 和 THD 的更多细节，读者可以参见参考文献［2］和［5］，其中第二个参考文献解释为什么 TDD 是首选的原因。

对于专为逆变器使用而设计和制造的电机，高达10%的电流 TDD 通常被认为是可接受的。然而近些年来，之前直接并网的直连电机逐渐被背对背式变换器系统所取代。这种改装使得电机能够实现变速运行，从而能够在轻载运行时得到显著的效率提升。由于直连电机并没有设计为能够承受定子电流中的大量谐波，针对这种电机而改造的逆变器必须满足对电流 TDD 的严格要求。通常，电流 TDD 的上限一般为5%，而客户需求一般是希望电流 TDD 能够低于3%。

3. 共模电压与 d*v*/d*t*

根据定义，施加到具有浮动中性点的电机的共模电压既不影响（差模）定子电流也不影响电机产生的电磁转矩，但共模电压建立了经由电机定子绕组轴承对地寄生电容的共模电流路径。为了避免损坏轴承，通常会限制方均根共模电压。关于轴电流来源及其建模的更多细节参见参考文献［6，7］。

此外，定子绕组的绝缘必须根据 d*v*/d*t* 来判定，后者主要取决于每个半导体的电压及其开关特性（也即变化率）。根据电机设计，d*v*/d*t* 限制为直连电机的 500V/μs 和变频额定电机的 3kV/μs 之间的值。

3.1.2　与电网相关的要求 ★★★

对并网变换器的要求可以大致分为在标准电网工作条件下的要求和在电网干扰条件下的要求。更

㊀ 使用 SI 值时，定子电流的额定有效值等于电机的额定电流 I_R（参见2.1.2节）。当采用标幺值时，由于 pu 系统通常是基于电机的，峰值电流标幺值为1。由于电机在变速传动（VSD）中通常留有余量，因此逆变器满功率运行时可以获得 $I_{s,\mathrm{nom}}$以下的定子电流。——原书注

具体地说，在标准电网的条件下要严格限制发出电压和电流谐波，而在电网干扰和故障的情况下，必须要确保变换器能连续运行，从而抵抗大范围的电网干扰。

1. 注入的谐波

电力电子变换器注入电网的谐波必须满足谐波标准，而这些标准施用于谐波可被测量和评估的公共连接点（PCC）处。根据 IEEE 519 工作小组的报告，“具有消费者/公用接口的 PCC 是与客户服务公用侧的最接近点，其也可以提供给另一公用客户”（参见参考文献［5，8］）。谐波标准并不适用于客户的子系统，而是为了防止一个电网用户损害另一个电网客户的利益。

目前，对于工业电力电子器件有几种谐波标准，这些标准规定了电流和电压畸变范围。在这里采用两种广泛使用的标准，分别是 IEEE 519[2] 和 IEC 61000－2－4 标准[9]。

1）电流畸变范围。在 IEEE 519 标准的表 10.3 中，对电压高达 69kV 的通用配电系统[2] 的 PCC 处定义了电流畸变的范围。最大谐波电流畸变程度以额定基频分量的百分比形式给出。㊀这些范围取决于谐波次数和短路比，后者在 2.5.4 节中的式（2.98）中定义为 $k_{sc}=S_{sc}/S_c$，也就是短路电网功率 S_{sc} 除以变换器的额定功率 S_c。例如，对于 $k_{sc}=20$ 谐波电流畸变的范围如图 3.1 所示。而对于具有较高或偶数阶的电流谐波会有更严格的限制，不允许出现直流偏置。较大的负载和（或）较弱的电网对应于较小的 k_{sc}，因此对谐波电流畸变的限制更为严格（参见参考文献［2］中的表 10.3）。

2）电压畸变范围。在 IEEE 519 标准的表 11.1 中规定了低于 69kV 的 PCC 母线电压的电压畸变范围。单个电压畸变的限制为基波频率分量的 3%，电压 TDD 限制为 5%。IEC 61000－2－4 标准[9] 侧重于电压畸变。在 IEC 标准的表 2.4 中规定了 50 次谐波的限值。若假设用于一般 PCC 的二类电磁环境，这些限值参见图 3.2。对于非三倍的奇次谐波（差模谐波）的限制则相对宽松些，对偶次谐波的限制则十分严格，而对高次谐波的三倍奇次谐波（共模谐波）的限制最为严格。在参考文献［9］的附录 C.3 中提供了 50 次谐波和 9kHz 之间的限制范围。

对于第二类电磁环境，PCC 的电压 TDD 限制为 8%㊁。

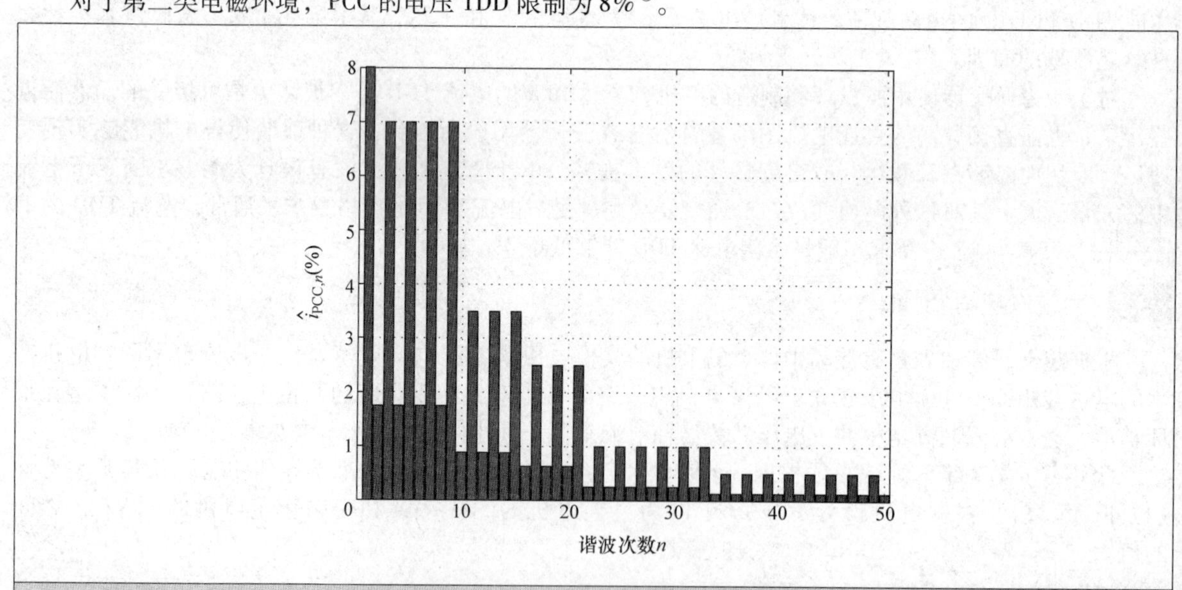

图 3.1　根据 IEEE 519 标准在 PCC 上的电流谐波的限制，假设短路比 $k_{sc}=20$

㊀ 注意，基频电流的额定值与功率变换器的最大需求负载电流有关。pu 系统的额定电流通常由变压器决定，大于最大需求负载电流。在对 pu 系统中给出的电流谐波施加限制时要考虑这种差异。——原书注

㊁ 注意，参考文献［9］指出了电压 THD 的限制，而不是 TDD。尽管如此，由于在标准运行期间 PCC 上的电压实际上是恒定的，所以电压 THD 和电压 TDD 之间的区别可以被忽略。——原书注

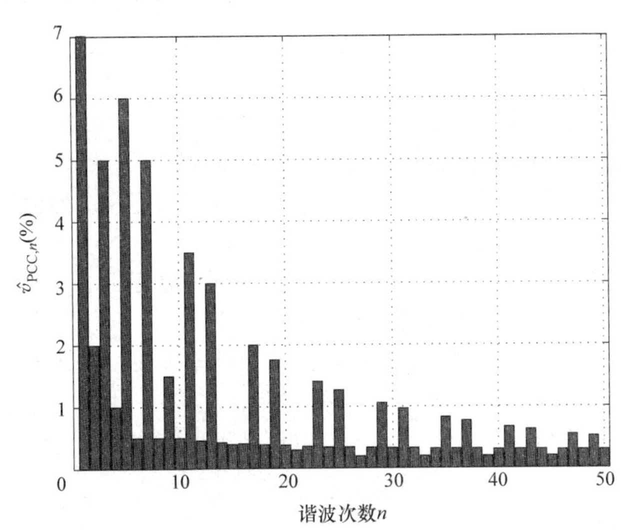

图 3.2　根据 IEC 61000 - 2 - 4 标准对 PCC 的电压谐波的限制，假定为 2 类电磁环境

当解释变换器作为一个谐波电压源时，在 PCC 的电压谐波取决于比率 $Z_g/(Z_g+Z_c)$，其中 Z_g 表示电网阻抗，Z_c 为变换器和 PCC 之间的阻抗，后者涉及降压变压器和可选的 *LC* 滤波器，这两个阻抗被用作分压器。对于强电网而言，当 Z_g 比 Z_c 小时，由功率变换器注入电网的电压谐波在 PCC 处会被显著减弱。因此，可以通过变换器注入相对较大的电压谐波而不违背在 PCC 处的谐波限制。另外，当电网较弱时，Z_g 优于 Z_c 并且谐波的衰减比较小，这限制了变换器可能产生的谐波畸变。

值得注意的是，谐波干扰的电网标准及其对电压和电流畸变情况的限制仅适用于标准电网条件。而在出现严重的电压不平衡、电网欠电压或者过电压、电网频率偏差或者故障等情况下时，这些电网标准并不适用。

2. 对电网干扰与故障的抗干扰性

在几个 IEC 标准中规定了能确保变换器能连续运行的电网情况。这些情况可分为电压幅值、电压不平衡和频率变化的变化。连续和瞬态现象需要区分，其中后者的范围是从几个基本周期到 10min。在连续扰动期间，变换器必须能够提供全功率。而在瞬态过程中，功率可能会减少但变换器必须通过对变换器电压进行调制来持续控制变换器电流。要求的典型值总结如下。

1）电压幅值变化。大多数标准要求连续电压幅值能在 ±10% 的变化范围内运行，瞬态电压幅值能在 ±20% 的变化范围内运行。对于电压降幅高达 100% 则需要能实现故障穿越。

2）电压不平衡。在 ±2% ~ ±5% 的连续电压不平衡条件下工作，要求变换器必须能够承受高达 8% 的瞬态电压不平衡而不跳闸。在这里电压不平衡的概念被定义为负序电压分量与正序电压分量之比（例如参见参考文献［10］和其中的参考文献）。

3）频率变化。对连续频率变化的要求为从 ±2% 到 ±5% 变化，瞬态变化则可以达到 ±10%。

规定抗干扰性要求的相关电网标准包括 IEC 标准 60146 - 1 - 1、61000 - 2 - 4、61800 - 3、61800 - 4 和 61892 - 1。

3.1.3　与变换器相关的要求 ★★★

由于在兆伏级变换器中通常遇到高电压和高电流，半导体中的开关和导通损耗相当大。而变换器中有限的冷却能力限制了半导体的可允许损耗。尽管半导体通常是水冷式，但目前已有的半导体器件仍限制在几百赫兹的开关频率。

较大的损耗降低了变换器的效率，但对于需要可再生能源变换器和电能质量产品（如柔性交流传输系统（FACTS））的客户而言很高的变换器效率是十分重要的。在变换器寿命期间，将损耗降低几千瓦将为客户节省大量的金钱。

假设半导体上的阻断电压是恒定的，则由额定电流决定了导通损耗的上限。在兆伏级的应用中，开关损耗通常超过导通损耗。限制开关损耗的间接方式是通过施加最大器件开关频率来限制开关频率。尽管开关频率便于度量，但开关损耗的测量更为直接并因此很有意义。然而在实践中，在开关动作期间测量开关损耗通常来说太过于复杂，且不可靠和昂贵。因此，可以使用换向电流、电压和半导体特性通过建模来重建开关损耗。此外，开关损耗为控制和调制策略提供了一些自由度，可以利用通过将开关变换转移到具有低电流幅度的开关时刻来减少开关损耗。

除了开关频率和损耗之外，对于多电平逆变器经常出现附加要求，例如中性点电位在零附近的平衡。此外，在有源中点钳位（NPC）五电平变换器（见 2.5.3 节）中，三相电容的电压必须保持在其参考值附近。对于模块化的多电平变换器，相电容电压必须保持在其额定值附近，并且必须限制其环流。这将在第 14 章讨论。

3.1.4 总结 ★★★

由以上分析可知，变换器与负载（电机或电网）相关的要求在很大程度上是冲突的。一方面开关频率或开关损耗要求尽可能小，另一方面又要求谐波畸变尽可能小，而这恰恰是相反的两个目标。对于这两个目标之间的权衡，在 3.5 节用基于载波的 PWM 作为示例进行说明。

在接下来的章节中，将会把控制和调制策略的要求转换为控制目标，从而得到正式的模型预测控制问题。通常，控制目标中若包含了完全不同时间尺度的现象，那么这会使得控制问题变得更为复杂。具体来说，与电机相关的控制目标取决于快速变化的动态定子电流，其由施加定子电压驱动并可在几十微秒内操作。这需要非常短的采样间隔，通常为 $T_s = 25\mu s$。这同样适用于控制并网变换器中的电网电流。

另外，当开关频率或损耗最小时，需要在超过采样间隔几个数量级的时间间隔上对这些量进行估计。在大功率应用中，其器件开关频率约在 200 ~ 400Hz 的范围内，每个半导体开关大约在每 2.5 ~ 5ms 开通一次。这意味着，至少要在 10ms 的时间间隔内对开关频率进行评估。

3.2 控制与调制策略框图

如图 1.1 所示的变速驱动（VSD）系统，其被复制在图 3.3 的右侧。我们区分了网侧变换器和机侧逆变器，直流母线电容作为去耦元件。因此，VSD 系统的总控制任务被分解为网侧控制器与机侧控制器。

网侧控制器用级联控制回路将直流母线电压 v_{dc} 维持在其参考值 v_{dc}^* 附近。外环（电压控制器）通过调整有功功率的参考值 P^* 来调节直流母线电压，无功功率的参考值 Q^* 通常设置为零。有功和无功功率参考值被转换为电网电流参考值 $\boldsymbol{i}_g^*$，表示为静止或旋转正交坐标系统中的二维向量。电流控制器作为内环通过操作由变换器施加到电网的电压来调节电网电流。在大多数情况下，电流控制器是由旋转正交参考系中的两个比例积分（PI）控制器组成。PI 控制器调节实际电压参考值 $\boldsymbol{v}_c^*$，其 PWM 信号转换为开关信号 $\boldsymbol{u}$。

类似地，在机侧使用同样的级联控制结构。速度外环通过调节转子角速度 ω_r 在其参考值 ω_r^* 附近，从而改变电磁转矩的参考值 T_e^*。另一个外环（在图 3.3 中省略）控制转子磁通的幅值，这个外环的输出被转换成定子电流参考值 $\boldsymbol{i}_s^*$。内环通过控制逆变器，调节定子电压 $\boldsymbol{v}_s$ 使定子电流跟随其参考值。如在电网侧，（内环）电流调节器通常是附加 PWM 环节的两个 PI 控制环。

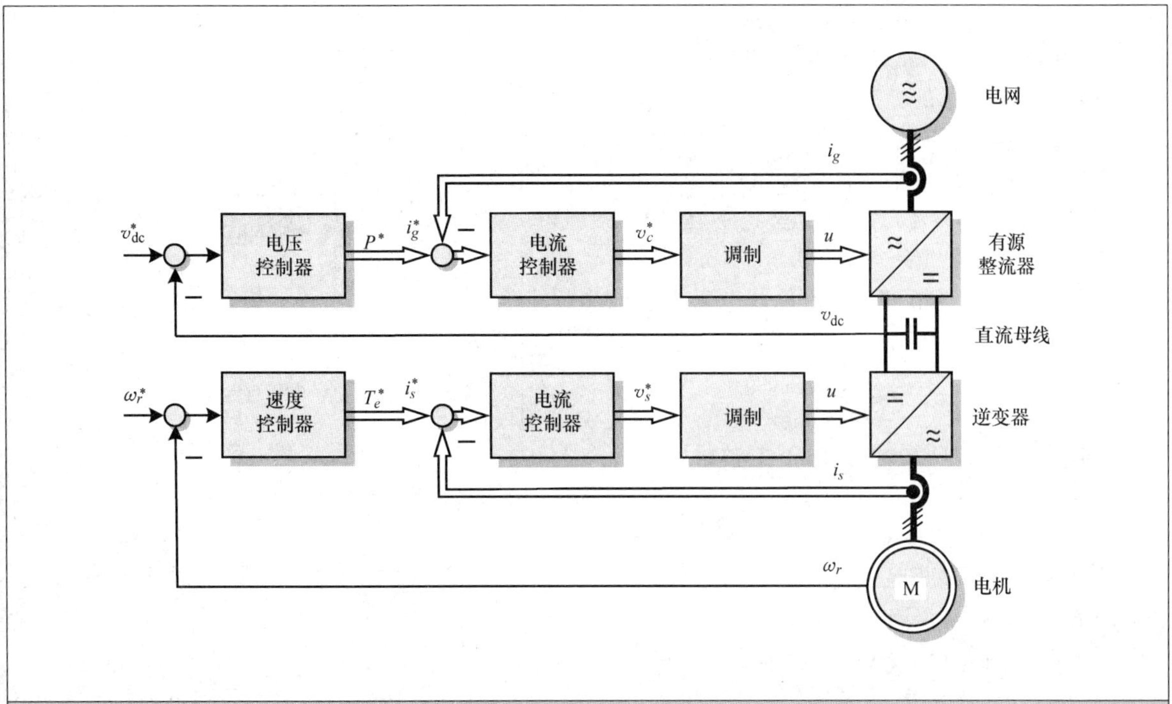

图 3.3 电网和电机侧采用级联控制回路的 VSD 系统

总体上说，网侧和机侧的情况可以分别处理。两者之间的耦合情况可以通过前馈项来考虑。例如从逆变器到电网侧变换器的功率前馈项使用一个或两个外环，它们是单输入单输出（SISO）回路。而内环电流环是多输入多输出（MIMO）控制问题，它通常被分为两个正交的 SISO 环路。为了回避功率变换器的开关特性，通常将 PWM 添加到内环中，PWM 在 3.3 节中有详细说明。而主要用于电机侧电流环的两种控制方案（FOC 和 DTC）在 3.6 节中进行了总结。

3.3 基于载波的脉冲宽度调制

PWM 如今广泛地应用于电力电子领域。关于 PWM 的早期文献参见参考文献［11］。在图 3.4 中，PWM 使用幅值固定但脉宽可变的脉冲将实际输入信号 $\boldsymbol{u}^*$ 转换为离散输出信号 $\boldsymbol{u}$。输出波形 $\boldsymbol{u}$ 关于其基波分量的幅值和相位近似为 $\boldsymbol{u}^*$。但是，PWM 的开关特性意味着并不被期望的谐波分量被增加到 $\boldsymbol{u}$ 中。

使用具有直流母线电压 v_{dc} 的变换器作为驱动器将开关信号 $\boldsymbol{u}$ 转换成变换器输出端的开关电压波形 $\boldsymbol{v}$。通过适当地改变参考电压 $\boldsymbol{v}^*$ 使变换器电压 $\boldsymbol{v}$ 逼近参考值 $\boldsymbol{v}^*$（见图 3.4）。由于该原理适用于（电机侧）逆变器和（电网侧）有源整流器，我们使用变换器这个术语并从变换器电压 $\boldsymbol{v}$ 中删除了子索引。

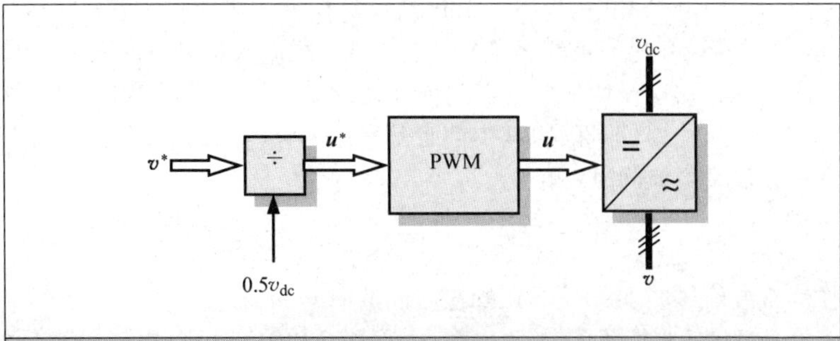

图 3.4 参考电压 $\boldsymbol{v}^*$ 被缩放到调制信号 $\boldsymbol{u}^*$，并通过 PWM 转换成开关信号 $\boldsymbol{u}$，该开关信号 $\boldsymbol{u}$ 驱动变换器在变换器终端合成电压 $\boldsymbol{v}$

常用的 PWM 策略包括 CB－PWM、SVM 和 OPP 等。CB－PWM 和 OPP 以及 CB－PWM 与 SVM 之间的联系在本节其余部分介绍。

3.3.1 单相脉宽调制 ★★★

调制中最为简单的类型是 CB－PWM。在这里简单地介绍单相变换器的 CB－PWM，并在随后的部分介绍其在三相中的应用。为此，请考虑图 3.5 中的单相三电平 NPC 变换器，其直流母线电压为 v_{dc}。在其相端，这种变换器产生离散的电压等级 $-0.5v_{dc}$、0 和 $0.5v_{dc}$。假设中性点电位为零，相对于直流母线中点 N 的相电压由下式给出

$$v_a = \frac{v_{dc}}{2}u_a \tag{3.3}$$

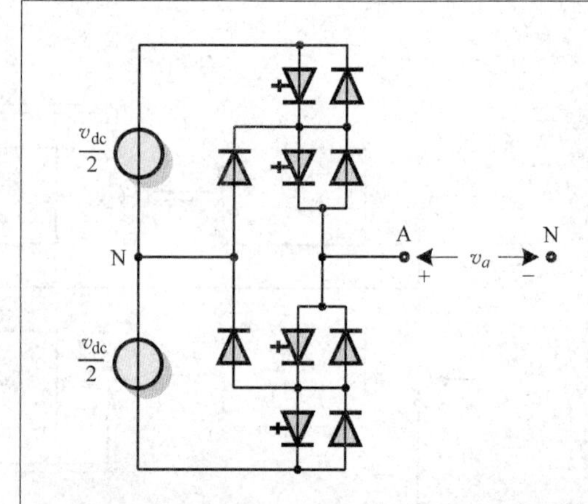

图 3.5　在相支路端子 A 和直流母线中点 N 之间的输出电压为 v_a 的单相三电平变换器

相电压是一个关于桥臂上开关位置的函数 $u_a \in \{-1, 0, 1\}$（也可见式（2.75））。

现在，PWM 问题是将参考电压值 v_a^* 转换为适当的开关信号 u_a，从而使相电压 v_a 接近其参考值 v_a^*。假设在稳态情况下，定义正弦电压参考值为

$$v_a^*(t) = \hat{v}_1 \sin(\omega_1 t + \phi_1) \tag{3.4}$$

式中，振幅为 $\hat{v}_1$，角频率 $\omega_1 = 2\pi f_1$，相位为 ϕ_1。经常将 f_1 称为基波频率。从式（3.3）可以看出，相电压被限制在 $|v_a| \leqslant 0.5v_{dc}$。因此，在此刻可以将参考电压的幅值限制在 $\hat{v}_1 \leqslant 0.5v_{dc}$。但在讨论共模注入和过调制时，这些限制将会被解除。

1. 调制

如图 3.4 所示，第一步中，电压参考值缩放为直流母线电压的一半

$$u_a^*(t) = \frac{2}{v_{dc}} v_a^*(t) = \hat{u}_1 \sin(\omega_1 t + \phi_1) \tag{3.5}$$

经常将 u_a^* 称为调制信号。调制信号的幅值即是调制比

$$m = \frac{2}{v_{dc}} \hat{v}_1 = \hat{u}_1 \tag{3.6}$$

在单相情况下和在线性调制范围内运行时，调制指数被限制为 $m \in [0,1]$。在下一节中，当将 CBPWM 扩展到三相系统中时，将看到 m 增加到 1 以上。

对于三电平 CB－PWM，用载波频率 f_c 定义两个三角形载波信号，载波频率明显大于基波频率，即 $f_c \gg f_1$，两个载波频率信号的峰间值为 1。载波被排列在 −1 到 1 的范围内而不重叠，其中两个载波信号之间的相移是设计参数。当选择同相层叠时，两个载波信号是同相的。而在反相层叠中，它们的相位相对于彼此移位 180°，其中前者是常用的，因为由它产生的谐波畸变（参见参考文献［12］）较低。最后，定义载波间隔

$$T_c = \frac{1}{f_c} \tag{3.7}$$

作为载波信号的上（或下）峰值之间的时间间隔。

通过将调制信号 u_a^* 与两个载波信号进行比较来实现 CB－PWM。开关位置 u_a 基于以下三个规则来选择：

1）当 u_a^* 小于两个载波信号时，选择 $u_a = -1$。

2）当 u_a^* 小于上载波信号，但超过下载波信号时，选择 $u_a = 0$。

3）当 u_a^* 大于两个载波信号时，选择 $u_a = 1$。

在模拟实现的情况下，调制信号的瞬时值 u_a^* 与载波信号进行比较，我们将之称为自然采样法。模

拟 CB－PWM 可以使用两个比较器从而轻松实现。

例 3.1　图 3.6 对单相三电平变换器的 CB－PWM 进行了举例说明。上下三角载波信号如图 3.6a 所示。其中，频率 $f_c=450\text{Hz}$ 的载波信号是同相的（相位配置），正弦调制信号的幅值（调制比）$m=0.8$，基频 $f_1=50\text{Hz}$。因此，载波频率 f_c 和基频 f_1 之比为 9。由于使用了自然采样法，开关切换时刻由调制信号与载波信号的交叉点定义（垂直虚线所示），得到的开关切换序列如图 3.6b 所示。

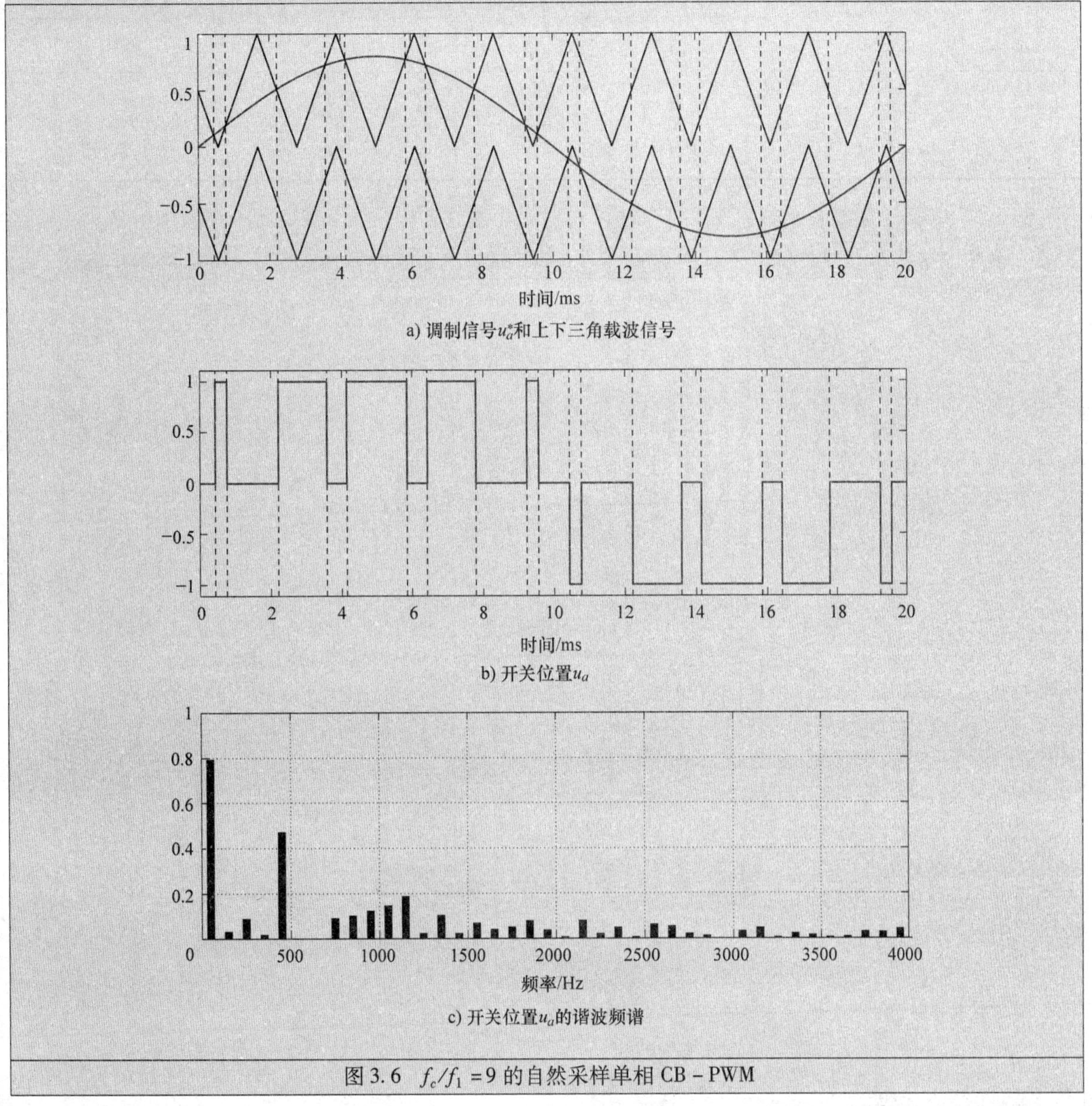

a) 调制信号 u_a^* 和上下三角载波信号

b) 开关位置 u_a

c) 开关位置 u_a 的谐波频谱

图 3.6　$f_c/f_1=9$ 的自然采样单相 CB－PWM

在数字化实现中，u_a^* 是采样信号，因此被称为具有规则采样的 PWM。通常使用两种常规采样技术：

1）对称采样。电压参考值在每个载波周期 T_c 内被采样一次，例如在上三角波峰处。而在载波周期的其余部分中，电压参考值保持恒定。

2）不对称采样。电压参考值在每个载波周期内采样两次，即在载波的上峰值和下峰值处。电压参考值在载波周期的一半内保持恒定。

对于规则采样的 CB－PWM 而言，可以重新设定切换规则并可以容易地获取开关切换时刻。为此，再次考虑载波层叠法和非对称采样。当采样的调制信号与载波斜率相交时执行开关切换，我们将该时刻（相对于采样时刻）称为切换时刻 Δt。根据定义，开关时刻 Δt 由 0 和 $0.5T_c$ 所界定。而开关时刻与新的开关位置可以由调制信号的极性与载波斜率的函数导出，如表 3.1 所示。

表 3.1　非对称常规采样 CB－PWM 的切换时刻和切换变化

调制信号的极性 u_a^*	载波斜坡	切换时刻 Δt	切换转换为 u_a
≥0	下降	$(1-u_a^*)\ \frac{T_c}{2}$	0→1
	上升	$u_a^*\ \frac{T_c}{2}$	1→0
<0	下降	$-u_a^*\ \frac{T_c}{2}$	－1→0
	上升	$(1+u_a^*)\ \frac{T_c}{2}$	0→－1

例 3.2　在此重复之前的示例。在这里使用规则采样而非自然采样。调制信号（如点划线正弦曲线所示）在每个载波周期内采样两次（见图 3.7a）。采样的调制信号与载波信号的交点定义开关时刻。

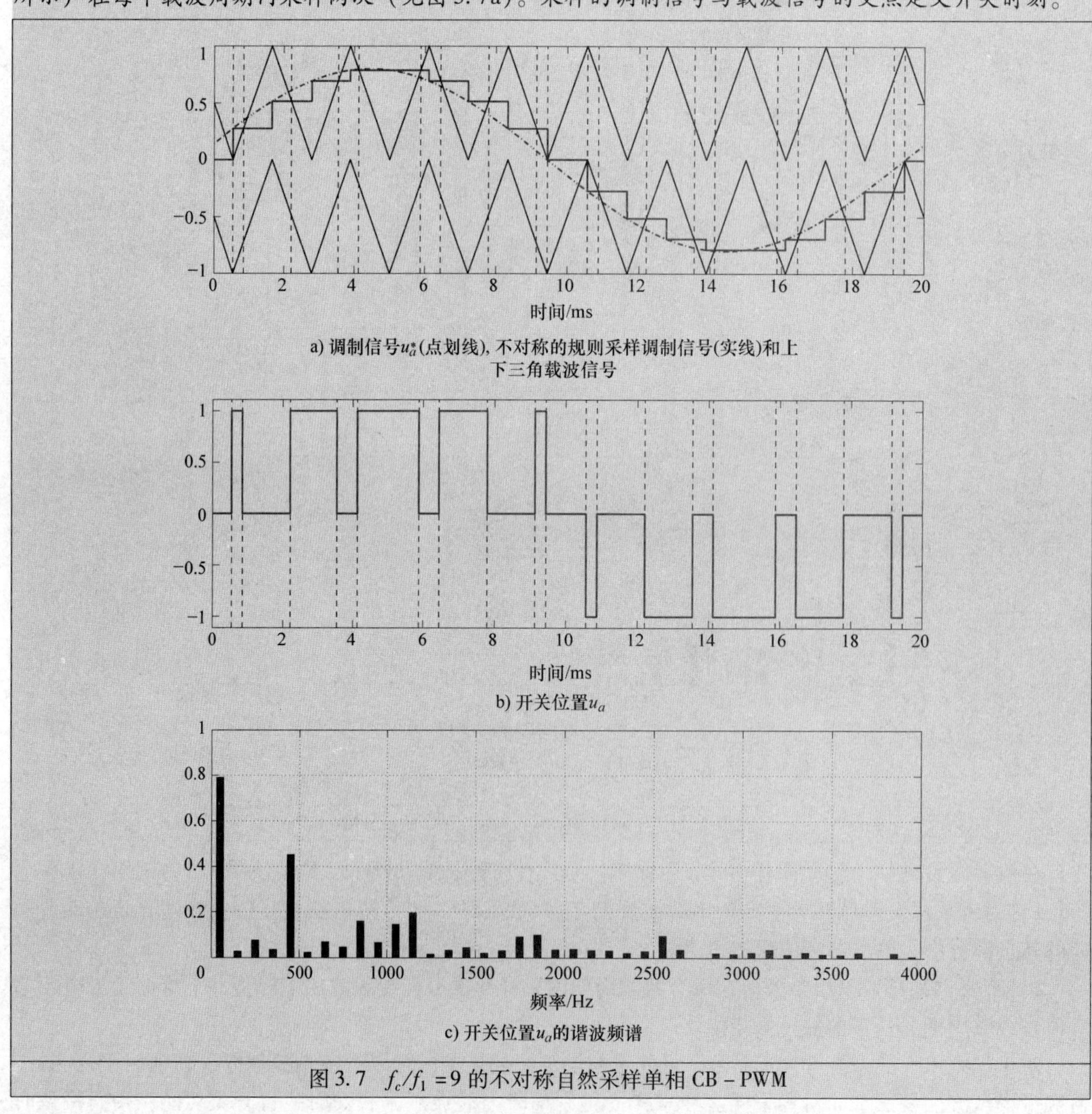

a) 调制信号u_a^*(点划线)，不对称的规则采样调制信号(实线)和上下三角载波信号

b) 开关位置u_a

c) 开关位置u_a的谐波频谱

图 3.7　$f_c/f_1=9$ 的不对称自然采样单相 CB－PWM

从这两个例子中得到了四个结论。首先，一般来说不管使用哪一种采样方法，每个半个载波周期内发生一次开关变换。这些都遵循之前所述的切换规则。在过调制和稍后讨论的衰退情况下，则可以跳过开关转换。

第二，CB-PWM 可以在所得到的具有周期 $T_1=1/f_1$ 的所有开关模式中实现高的对称性。在前两个示例中，当将开关模式移位至其周期的一半时，其值变为原开关模式的负值。这被称为半波对称，并可表示为 $u_a(t-0.5T_1)=-u_a(t)$。这样的开关模式在四分之一周期处也表现出了对称性。我们称之为四分之一波长对称。值得注意的是，四分之一波对称信号也是半波对称的，其对称性是载波与基频之间的非偶数整数比。此外，还要仔细选择调制信号相对于载波信号的相移。

在第一个示例中采用了自然采样法，调制信号与负的调制波半波（相移 $\phi_1=\pi f_1/f_c$）相对应，这导致在四分之一个周期内发生 5 次开关变换。注意，当调制信号与正的调制波半波（相移 $\phi_1=0$）相对应时，开关模式中对称性保持不变，但开关切换次数减少到 4 次。在调制信号过零点附近的载波半波周期中，调制信号与载波信号不相交从而避免了开关切换。

在一般情况下，调制信号与载波信号之间相位差的影响有时是可被忽略的。然而，在 f_c/f_1 低于 10 时，这样的相位差对开关模式、谐波性能和变换器功率的影响可能会很大，如参考文献［13］所示。

第三，对调制信号的采样引入时间延迟，其表现为在电压参考值与合成的变换器电压之间的相移。对于不对称、规则采样的 CB-PWM，该时间延迟等于载波周期的四分之一，等于相移 $\phi_1=1.5\pi f_1/f_c$。在例 3.2 中，为了补偿这个延迟，调制信号的相位相应移动 $\phi_1=1.5\pi f_1/f_c$（见图 3.7a）。对于对称的、规则采样 CB-PWM，其时间延迟与相移是不对称的情况的两倍之多。可见，对于低载波比而言这个问题会变得更加突出。

最后，尽管在采样过程中引入了一段小相移，不对称规则采样的 PWM 开关模式与自然采样的 PWM 开关模式依然非常类似。当将图 3.6b 与图 3.7b 相互比较时，可以看出这种明显的相似性。

2. 谐波分析

任何周期信号都可以表示为无限个加权正弦信号之和，这被称为傅里叶级数。而对傅里叶级数的计算与分析通常称为谐波分析。

在具有载波频率为 f_c 的 CB-PWM 中，调制信号的基频为 f_1。PWM 发生切换取决于调制信号与载波信号的共同作用，这两个信号具有不同的基波频率和周期。为解释这一点，傅里叶级数被认为是两者的函数，并且傅里叶级数采用的是两组积分而不是一组。在电力电子变换器中引入双向傅里叶级数积分的概念[14]，从而能够对 PWM 的谐波频谱进行分析。

最近，通过阐述和计算双边傅里叶级数积分的方法已经由参考文献［15］普及开来。其中，两电平变换器的案例在参考文献［15］中进行了详细的阐述㊀。对于多电平变换器，由于其表达式非常复杂，所以在谐波分量幅值的解析表达式中仅使用了自然采样法[17]。而对于规则采样法，在傅里叶级数的外积分中需要对数值进行估计[17]。

由于谐波分析的数学细节超出了本书的范围，感兴趣的读者可以参考文献［15］，其中特别是附录 1 对这种类型的分析进行了详尽介绍。下面对一些主要成果进行简要概述。

由于 PWM 的开关特性导致其输出波形中包含谐波。

$$f_{\mu v}=\mu f_c+v f_1,\mu\in\mathbb{N},v\in\mathbb{Z} \tag{3.8}$$

㊀ 最近，另外一种颇有前景的谐波分析方法已在参考文献［16］中提出，它避免了双边傅里叶级数的概念，而是依赖于叠加和卷积。这种方法在数值上更加趋于稳定，并且使人们全面地解决了在调制信号中加入共模电压谐波时的情况。——原书注

易知，这些谐波位于载波频率f_c和基波频率f_1的整数倍处，其中μ是载波频率的整数倍，v是指边频带。载波频率整数倍处的谐波是由三角载波信号产生的。而当调制信号是直流信号（$f_1=0$）时，谐波频谱仅限于发生在载波频谱的整数倍处。在基频$f_1>0$的正弦调制信号的情况下，在载波的多重谐波周围又增加了边频带谐波，这些边频带谐波是载波多重谐波与基波分量卷积的结果。

更具体地说，对于自然采样和规则采样，谐波仅存在于为$\mu+v$基数倍的频率$f_{\mu v}$中。在这一基础上，以下总结了这些谐波的频率，并介绍了通常用于描述这些谐波的术语。

1）基波分量：$f_{01}=f_1$

2）基频谐波：$f_{0v}=vf_1$，其中$v\in\{3,5,7,\cdots\}$

3）载波多重谐波：$f_{\mu 0}=\mu f_c$，其中$\mu\in\{1,3,5,\cdots\}$

4）边频带谐波：$f_{\mu v}=\mu f_c+vf_1$，其中：

$$\begin{cases}\mu\in\{1,3,5,\cdots\} & v\in\{\pm2,\pm4,\pm6,\cdots\}\\ \mu\in\{2,4,6,\cdots\} & v\in\{\pm1,\pm3,\pm5,\cdots\}\end{cases}$$

注意，对于奇数倍的载波频率，边频带位于载波周围基频的偶数倍处，反之亦然。

对于三电平变换器和载波层叠的自然采样 CB－PWM，在载波周围的对称边频带谐波具有相同的幅值，但在线性调制范围内时，则不存在基频谐波。在过调制中，除增加了阶数为$v=3$，5，7 次谐波外，谐波频率保持不变。对于这部分的更多细节，读者可见参考文献［11］的第 11 章。

在参考文献［17］中指出，在考虑规则采样时会产生微小的差异。在采样这一过程结束后，基频谐波确实会出现，但它们的幅值都比较小。此外，边频带谐波的幅值不再相同，但这些差异往往很小。

例 3.3 单相 CB－PWM 的谐波频谱如图 3.8c 所示。如前所述，调制比为$m=0.8$，并使用不规则采样和载波层叠法，选择载波比$f_c/f_1=21$，使用离散傅里叶变换计算u_a的谐波频谱的幅值。如式(3.3）和图 3.5 所示，为获得相电压v_a的谐波频谱，开关位置的频谱需要乘以$0.5v_{dc}$。注意，谐波频谱的幅值是峰值而非方均根值。

在图 3.8c 中，基波分量幅值为 0.8，其对应的调制比$m=0.8$。由于载波比f_c/f_1是奇数，谐波仅存在于基波频率的基数倍处。这在载波频率为 1050Hz 处清晰可见，由于其幅值为 0.461，因此它是频谱中主要的非基波分量。载波的偶数次的上下边频带谐波位于 950Hz 和 1150Hz、850Hz 和 1250Hz 处等。注意，上边频带的幅值要稍微大于下边频带谐波的幅值，这是规则采样的特点之一。而对于自然采样，相应的上下边频带谐波具有相同幅值。

两倍于载波频率（$2f_c=2100$Hz）的谐波分量是不存在的。其奇数次边频带要比载波周围偶数次边频带具有更高的幅值。载波的三倍频及其边频带的谐波具有较低的幅值并且分布广泛。

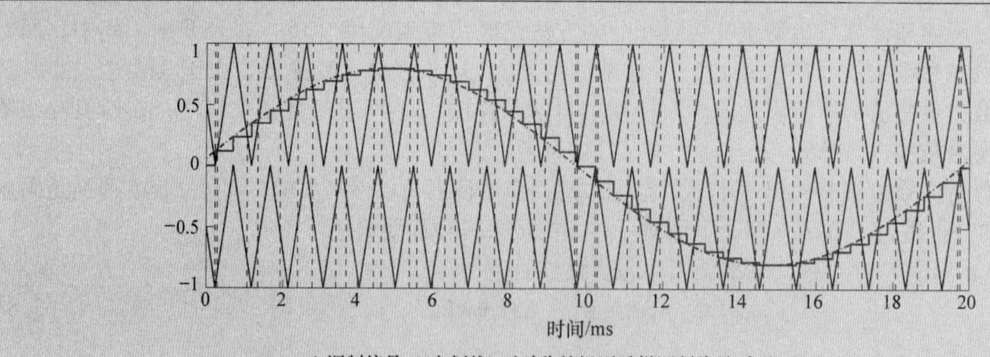

a) 调制信号u_a^*(点划线),不对称的规则采样调制信号(实线)和上下三角载波信号

图 3.8　$f_c/f_1=21$的对称自然采样单相 CB－PWM

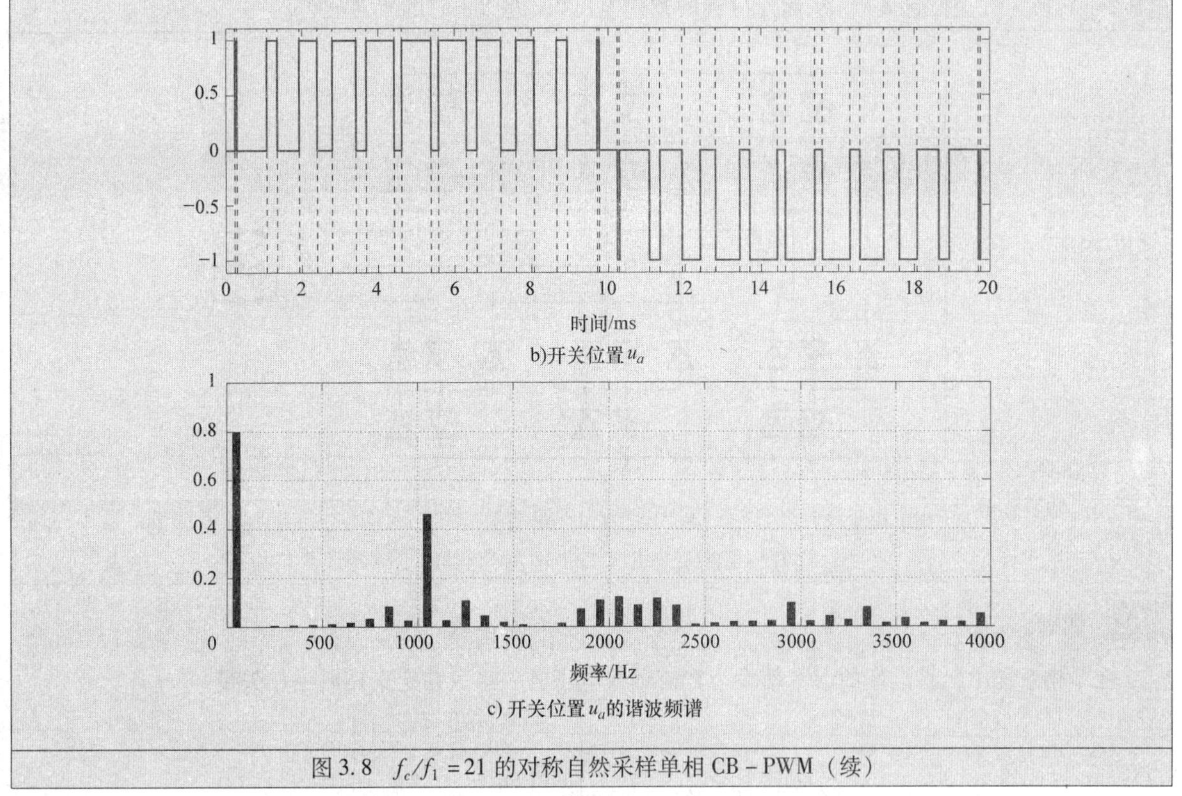

b)开关位置 u_a

c) 开关位置 u_a 的谐波频谱

图 3.8 $f_c/f_1=21$ 的对称自然采样单相 CB－PWM（续）

如参考文献［15］所示，频率 $f_{\mu\upsilon}$ 处的谐波分量的相位由下式给出

$$\phi_{\mu\upsilon}=\mu\phi_c+\upsilon\phi_1+\text{常数},\mu\in\mathbb{N},\upsilon\in\mathbb{Z} \tag{3.9}$$

式中，ϕ_c 为三角载波信号的相位，而 ϕ_1 是调制信号的相位（可见式（3.5））。式中常数反映 180°的相位偏移，这是具有负号的傅里叶级数。谐波相位的表达式（3.9）对应于其频率的表达式（3.8）。

当 f_c/f_1 较小时，不同载波倍数的边频带谐波倾向于重叠。这可以在图 3.7c 中看出，其中 $f_c/f_1=9$。由于重叠谐波的相位之间的关系，这种重叠增加或减小了它们的幅值。特别地，载波的第 8 低边频带谐波位于 $f_c-8f_1=f_1$ 处，与基波分量重叠，其幅值从理想值 0.8 略微降低至 0.791。

3.3.2 三相载波脉宽调制 ★★★

在本节中，将单相 CB－PWM 延伸到三相中。由于在三相中相之间的谐波被消除，与单相相比三相输出电压的谐波含量明显减少。共模电压表示为三相系统中附加自由度，这将允许线性调制范围从 1 延伸到 1.155。

如图 3.9 所示，在具有固定中性点电位的三电平 NPC 逆变器中，式（3.3）定义了相对于直流母线中点的 a 相电压。类似的，相对于直流母线中点的三相电压 $\boldsymbol{v}_{abc}=[v_a \quad v_b \quad v_c]^T$ 定义为

$$\boldsymbol{v}_{abc}=\frac{v_{dc}}{2}\boldsymbol{u}_{abc} \tag{3.10}$$

式中，$\boldsymbol{u}_{abc}=[u_a \quad u_b \quad u_c]^T$ 表示具有 $\boldsymbol{u}_{abc}\in\{-1,0,1\}^3$ 的开关位置。借助 Clarke 变换式（2.11），根据 $\boldsymbol{v}_{\alpha\beta0}=\boldsymbol{K}\boldsymbol{v}_{abc}$，电压 $\boldsymbol{v}_{abc}$ 转换到两相静止正交坐标系。

在具有浮动（不接地）星接三相系统中，矢量 $\boldsymbol{v}_{\alpha\beta0}$ 的第三分量被称为共模电压

$$v_0=\frac{1}{3}(v_a+v_b+v_c) \tag{3.11}$$

v_0 其实并不驱动一相电流。该电压表示可以通过增加 PWM 调制范围从而增加实际输出电压的范围。前两个正交电压分量 v_α 和 v_β 形成差模电压，使其能驱动相电流。对于三相系统，PWM 的目标是将参考

电压$\boldsymbol{v}_{\alpha\beta0}^{*}$转换为开关位置$\boldsymbol{u}_{abc}$，从而使得到的差模电压$\boldsymbol{v}_{\alpha\beta0}$近似于它的参考值$\boldsymbol{v}_{\alpha\beta0}^{*}$。

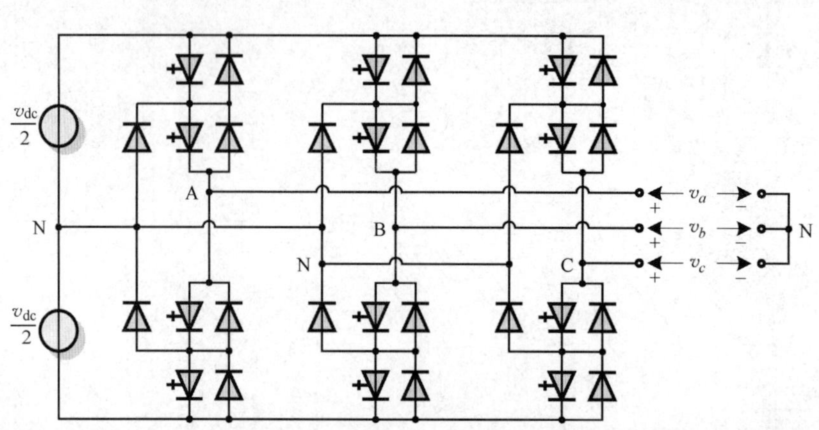

图3.9　三相三电平变换器，输出电压v_a为相支路端子A和直流母线中性点N之间的值，同理相支路端子B和C的输出电压为v_b、v_c

1. 调制

在单相系统中，将电压的参考值设为直流母线电压的一半，并定义调制三相矢量

$$\boldsymbol{u}_{abc}^{*}(t)=\frac{2}{v_{dc}}\boldsymbol{v}_{abc}^{*}(t)=m\begin{bmatrix}\sin(\omega_1 t+\phi_1)\\ \sin\left(\omega_1 t-\frac{2\pi}{3}+\phi_1\right)\\ \sin\left(\omega_1 t-\frac{4\pi}{3}+\phi_1\right)\end{bmatrix} \tag{3.12}$$

注意，相位b和c分别相对于相位a相移了120°和240°。

将单相系统中的两个载波信号复制到相位b和c，这样的话会出现三个较高和三个较低的载波信号。在这种载波层叠法中，所有的六个载波信号都是同相位的。对于反向载波层叠，三个较低载波信号相对于较高载波信号相移180°。三相调制是通过三个单相PWM的并行运行并根据上一节中所述的切换规则进行调制。例如，对于不对称规则采样的CB－PWM，表3.1中总结的切换规则适用于所有三相中。

例3.4　用于三电平三相变换器的CB－PWM如图3.10所示。本例中使用与例3.2相同的参数，即载波频率为$f_c=450\text{Hz}$，其中载波同相不对称并使用规则采样法。调制比$m=0.8$，基频$f_1=50\text{Hz}$，调制信号和载波之间的相移为$\phi_1=1.5\pi f_1/f_c$。采用补偿采样延迟并将采样的载波信号与调制信号的负半波对准（参见示例3.2后的讨论），从而得到开关序列如图3.10b所示。

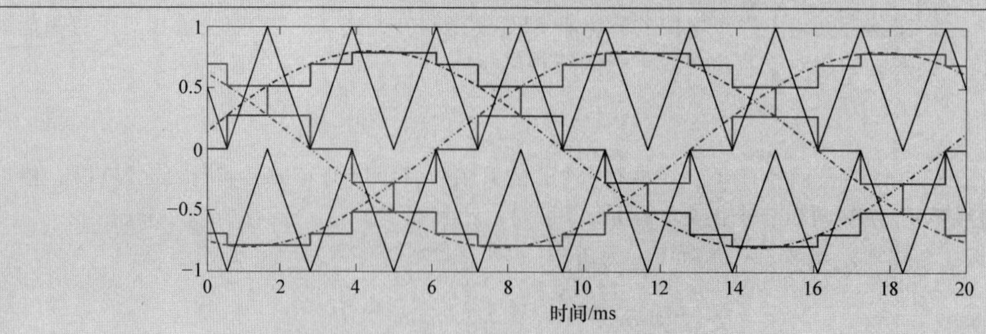

a) 调制信号u_a^*、u_b^*、u_c^*(点划线)，不对称的规则采样调制信号(实线)和上下三角载波信号

图3.10　$f_c/f_1=9$的对称自然采样单相CB－PWM

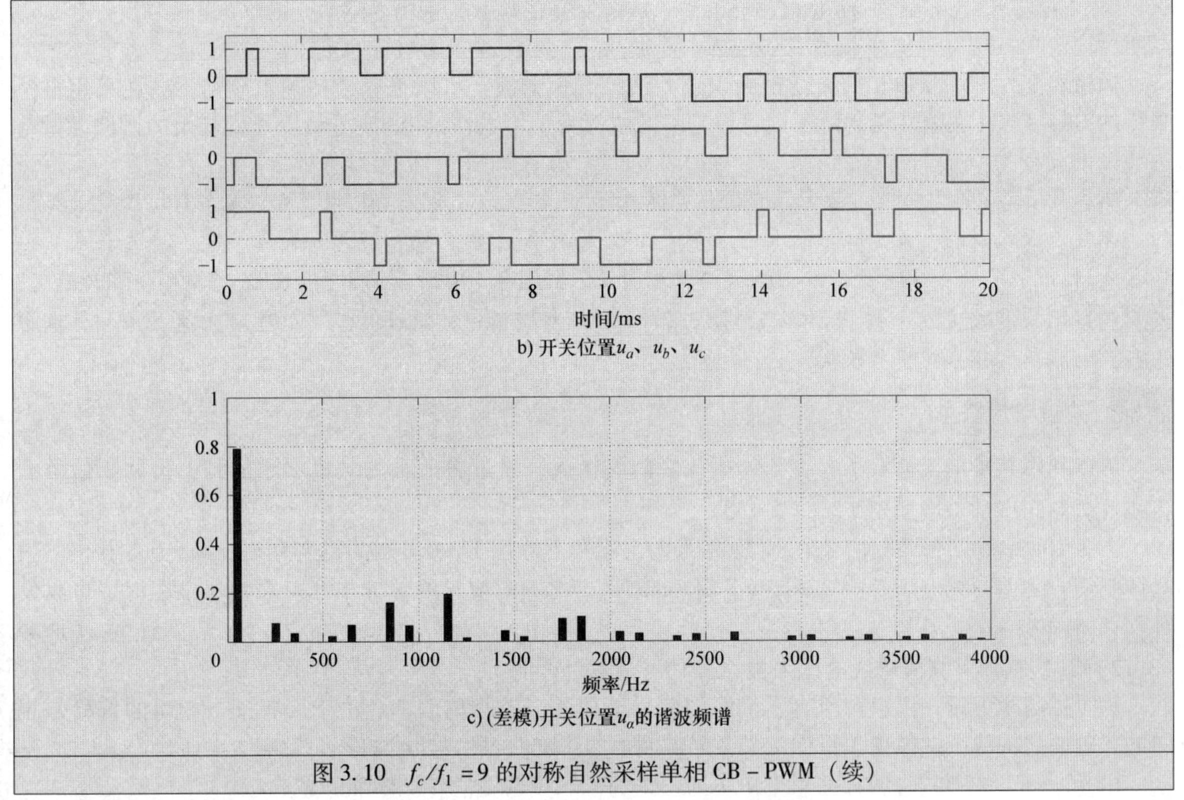

图 3.10 $f_c/f_1=9$ 的对称自然采样单相 CB－PWM（续）

对于图 3.6～图 3.8 所示的单相 CB－PWM，我们可以发现 a 相的四分之一波具有对称性，b 相的调制信号相对于 a 相被延迟了基波周期的三分之一。为保持调制信号与 b/c 两相中的载波信号之间的相位关系，载波周期的整数倍必须为基波周期 $T_1=1/f_1$ 的三分之一，即 $T_1/3=nT_c$，其中 $n\in\mathbb{N}$，这等价于 $f_c/f_1=3n$。在前面的例子中，选择了非偶数的三倍比例 $f_c/f_1=9$，这个选择允许所有三个相位的四分之一波对称。

2. 谐波分析

在式（3.11）中，定义了（基本）共模电压的概念。因此，共模电压谐波被定义为三相电压谐波频谱的平均值。具体而言，共模电压谐波在涉及的所有三个相中具有相同幅值、频率和相位的相电压谐波。

考虑来自相同载波倍数 μ 和基波频率倍数 v 的 a、b、c 相电压谐波。显然，这三个谐波具有相同的幅值和相同的频率。根据相位关系式（3.9）和调制矢量式（3.12）的定义，三相中的谐波的相位为

$$\phi_{a,\mu v}=\mu\phi_c+v\phi_1+\text{常数} \tag{3.13a}$$

$$\phi_{b,\mu v}=\mu\phi_c+v\left(\phi_1-\frac{2\pi}{3}\right)+\text{常数} \tag{3.13b}$$

$$\phi_{c,\mu v}=\mu\phi_c+v\left(\phi_1-\frac{4\pi}{3}\right)+\text{常数} \tag{3.13c}$$

对于 3 的倍数 v，即 $v\in\{0,3,6,\cdots\}$，三个谐波是同相位的。因此可以得出结论，电压谐波在频率 $f_{\mu v}(v\in\{0,3,6,\cdots\})$ 处是共模谐波，且与 μ 无关。特别地，所有载波多次谐波，三倍边频带谐波和三倍基频带谐波都是共模谐波。

只要中性点不接地，共模谐波可在线电压中抵消，并且不会引起谐波电流。因此可以得出结论，三相 CB－PWM 仅具有以下（差模）电压谐波：

1）基波：$f_{01}=f_1$

2）基频带谐波：$f_{0v}=vf_1$，其中 $v\in\{5,7,11,13,\cdots\}$

3）边频带谐波：$f_{\mu v}=\mu f_c+vf_1$，其中

$$\begin{cases} \mu \in \{1,3,5,\cdots\}, \ v \in \{\pm 2, \pm 4, \pm 8, \pm 10, \cdots\} \\ \mu \in \{2,4,6,\cdots\}, \ v \in \{\pm 1, \pm 5, \pm 7, \pm 11, \cdots\} \end{cases}$$

通过在上一节中从单相谐波结论中识别并消除共模谐波，可以很容易地列出该结论。在采用自然采样的 CB - PWM 在线性调制范围内时，基带谐波都为 0。因此，除谐波分量以外，剩余的谐波含量与边频带谐波有关。

例 3.5 在示例 3.4 中三电平三相变换器采用不对称的规则采样 CB - PWM。图 3.10b 显示了相应的三相开关模式 $\boldsymbol{u}_{abc} = [u_a \quad u_b \quad u_c]^T$。借助 Clarke 变换 $\boldsymbol{K}$ 将 $\boldsymbol{u}$ 变换在静止正交坐标中，产生差模切换模式 u_α 和 u_β，这两个分量的谐波振幅频谱是相同的。如图 3.10c 所示，由于 Clarke 变换幅值保持不变，因此调制比 m 保持不变。当三相频谱与图 3.7c 中的单相频谱进行比较时，可以理解出现在单相系统中的共模电压在三相系统中被抵消。

3. 共模电压注入

可以利用共模电压谐波不存在于线电压之间的情况，通过将适当的共模项添加到三个调制信号而将线性调制区域从 1 增加到 $2/\sqrt{3} = 1.155$。

图 3.10a 中的三相调制信号 $\boldsymbol{u}_{abc}^*$，其信号的上峰和下峰位于 ±0.8 处，这与调制比 $m = 0.8$ 相同。一对调制信号之差与线电压有关。$\max(\boldsymbol{u}_{abc}^*)$ 和 $\min(\boldsymbol{u}_{abc}^*)$ 之差对应于峰值线电压。在观察该图时，可以发现在任意时刻 t，该差总是小于$\sqrt{3}m$。但在基波周期内时，$\max(\boldsymbol{u}_{abc}^*)$ 和 $\min(\boldsymbol{u}_{abc}^*)$ 之差为 $2m$（见式(3.12)），这意味着直流母线电压未被充分利用。

为了提高线电压，可以对所有三个调制信号施加适当的相位偏移。由于所有三个相位的偏移是相同的，因此它构成了共模项。根据定义，向调制信号添加共模信号 $\boldsymbol{u}_{abc}^*$ 将不会影响线电压。

以 $\boldsymbol{u}_{abc}^* + u_0^*$ 的形式将两种共模电压中的一个加入三相调制信号是标准的做法。

$$u_0^* = \frac{m}{6}\sin(3\omega_1 t + \phi_1) \tag{3.14}$$

$$u_0^* = -\frac{1}{2}(\min(\boldsymbol{u}_{abc}^*) + \max(\boldsymbol{u}_{abc}^*)) \tag{3.15}$$

式（3.14）第一项是具有三倍基频并与调制信号同相位的正弦信号，可以看出调制信号幅值的六分之一处可以得到最大的电压提升。图 3.11a 所示的例子中，假设调制比 $m = 0.8$，注入三次谐波可使调制信号峰值加强。

式（3.15）增加的第二项将三相调制信号置于零附近。因此，在任意时刻 $-\min(\boldsymbol{u}_{abc}^* + u_0^*) = \max(\boldsymbol{u}_{abc}^* + u_0^*)$（参见图 3.11b）。两种共模电压将线性调制范围从 $m = 1$ 增加到 $m = 2/\sqrt{3}$，从而可以实现充分利用直流母线电压。

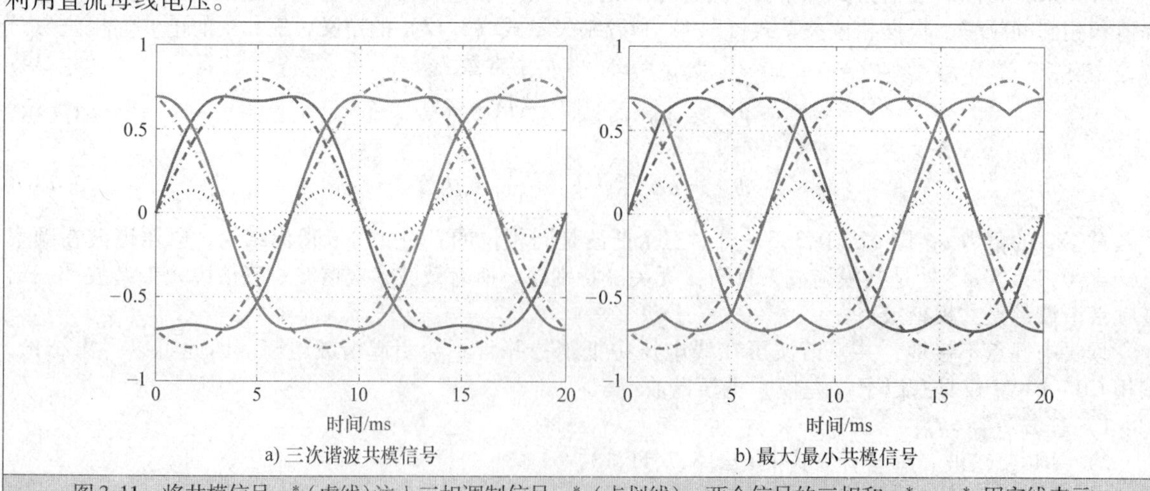

图 3.11 将共模信号 u_0^*（虚线）注入三相调制信号 $\boldsymbol{u}_{abc}^*$（点划线）。两个信号的三相和 $\boldsymbol{u}_{abc}^* + u_0^*$ 用实线表示

4. 与 SVM 的等效性

一种流行且可以替代 CB－PWM 调制的方法是 SVM[18]。如参考文献［19］所示，采用载波层叠法的 CB－PWM 可以经过改进成为与之等价的 SVM。这意味着，在提供相同的调制信号时两种方法产生的开关模式相同。这个等价性可以通过向调制信号 $\boldsymbol{u}_{abc}^{*}$ 添加适当的共模电压 u_0^{*} 得以验证。

如参考文献［19］所述，所需要的共模电压为

$$u_0^{*}=\bar{u}_0^{*}+\frac{1}{2}-\frac{1}{2}(\min(\bar{\boldsymbol{u}}_{abc}^{*})+\max(\bar{\boldsymbol{u}}_{abc}^{*})) \tag{3.16}$$

其中的标量及三相电压为

$$\bar{u}_0^{*}=-\frac{1}{2}(\min(\boldsymbol{u}_{abc}^{*})+\max(\boldsymbol{u}_{abc}^{*})) \tag{3.17}$$

$$\bar{\boldsymbol{u}}_{abc}^{*}=(\bar{\boldsymbol{u}}_{abc}^{*}+\bar{u}_0^{*}+1)\bmod 1 \tag{3.18}$$

注意，式（3.17）与式（3.15）中的共模电压是相同的。还要注意，对于两电平变换器只需要这个最大/最小共模电压即可实现 CB－PWM 与 SVM 之间的等效性（参见参考文献［20］）。式（3.18）中 $\xi \bmod 1$ 定义为 ξ 对 1 的欧几里得余数。这个结果在 0～1 之间。

如图 3.12 所示，将 CB－PWM 转换为 SVM 的共模电压为 u_0^{*}。对于线性调制范围（即低于 1.155）的调制比，该共模电压明显不同于通常用于升高线电压的共模电压（即式（3.14）和式（3.15））。然而，在 $m=1.155$ 时，SVM 共模电压等于式（3.15）的最小/最大电压。

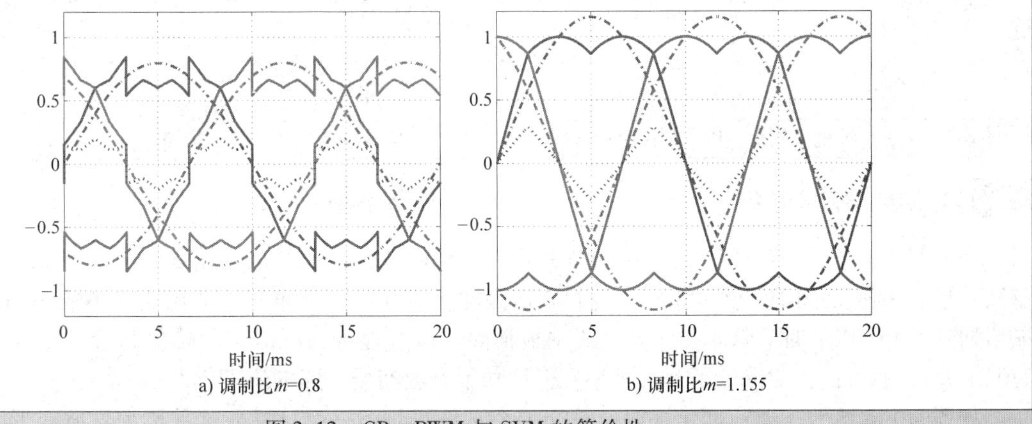

图 3.12　CB－PWM 与 SVM 的等价性
注：将共模信号 u_0^{*}（虚线）加到三相调制信号 $\boldsymbol{u}_{abc}^{*}$（点划线）上。当应用 CB－PWM 时，新的调制信号 $\boldsymbol{u}_{abc}^{*}+u_0^{*}$（实线）会实现 SVM 切换模式。

例 3.6　图 3.13 显示了 CB－PWM 与 SVM 的等价性。其中，共模电压加在三相正弦调制信号上，采用不对称规则采样，通过与上三角载波和下三角载波的交点确定开关切换时刻。调制比 $m=1.155$ 为线性调制范围上限，这在图 3.13a 中得以验证，可以看到点划线的最大值为 1。当调制信号接近于 1 时，在图 3.13b 中形成非常窄的脉冲。另外，差模分量的振幅频谱如图 3.13c 所示。

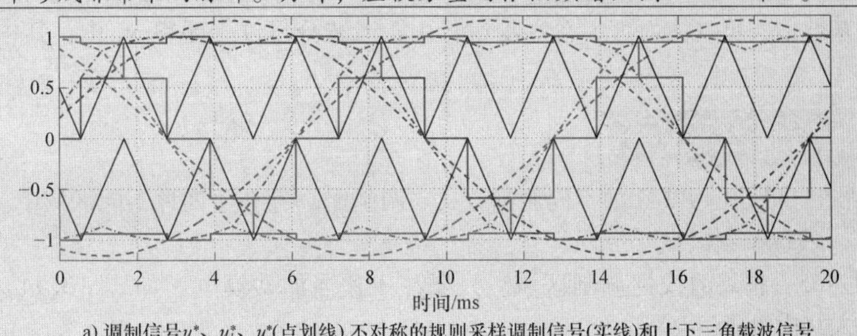

图 3.13　$f_c/f_1=9$ 的不对称规则采样 CB－PWM 和与 SVM 开关模式相同的零序注入电压（调制比 $m=1.155$）

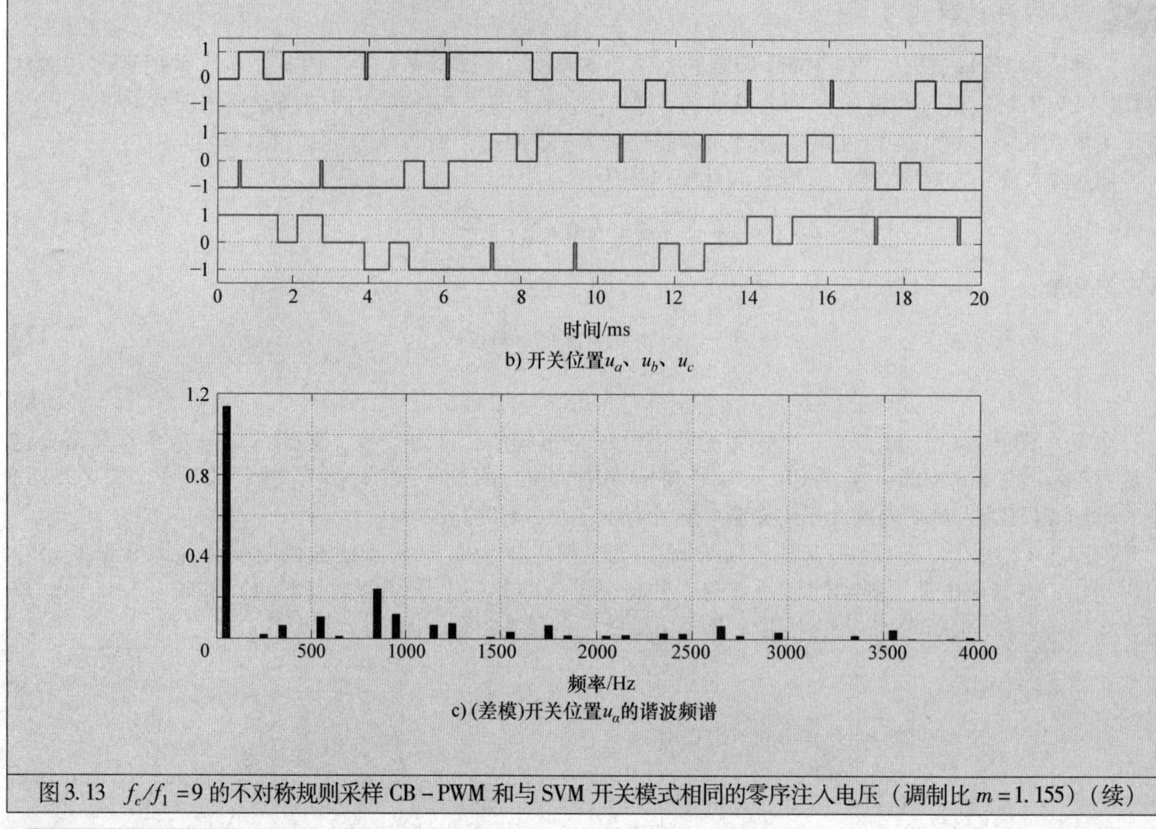

b) 开关位置u_a、u_b、u_c

c) (差模)开关位置u_a的谐波频谱

图 3.13 $f_c/f_1=9$ 的不对称规则采样 CB－PWM 和与 SVM 开关模式相同的零序注入电压（调制比 $m=1.155$）（续）

5. 过调制与六步运行

当调制比大于 $m=1.155$ 时，CB－PWM 进入所谓的非线性调制范围或过调制。所需的调制比 m 与基波分量 u_1 幅值之间的线性关系将不复存在。因此，为进一步增加 u_1，调制比将不成比例地增加。当 m 增加到 1.155 以上时，脉冲在开关模式中被消除。该过程从调制信号的峰值附近开始（即在 90° 和 270°附近）。脉冲的消除降低了开关频率，但增加了谐波畸变，即电流 TDD。

如图 3.14a 所示，当 m 非常大时，每个半个基波只剩下一个脉冲。这种称为方波或者六步运行的开关模式充分利用了变换器的可用直流母线电压，并使线电压最大化，基波幅值为$\hat{u}=4/\pi=1.273$。在 3.4.1 节中对 OPP 进行傅里叶分析时，这种说法将很容易被证明。在本节中，还将推导六步运行的谐波频谱和谐波幅值。

六步运行中的谐波频谱如图 3.14b 所示。由于载波信号不影响开关切换，载波多重谐波周围的边频带将不存在。恰恰相反，频谱中只有基带谐波。根据本节较早进行的谐波分析，基带谐波被限制为基频的非三倍的基数倍。更具体而言，在六步运行中，谐波分量位于频率 vf_1 中，其中 $v\in\{5, 7, 11, 13, \cdots\}$。

3.3.3 总结与特性 ★★★

图 3.15 总结了三相 CB－PWM 的不同调制方式。调制比 m 存在于四种不同区域中。

1）$0\leqslant m\leqslant 1$：线性调制区域。

2）$1<m\leqslant 1.155$：扩展的线性调制区域。只要注入适当的共模电压如式（3.14）或式（3.15）；过调制不需要注入共模电压。

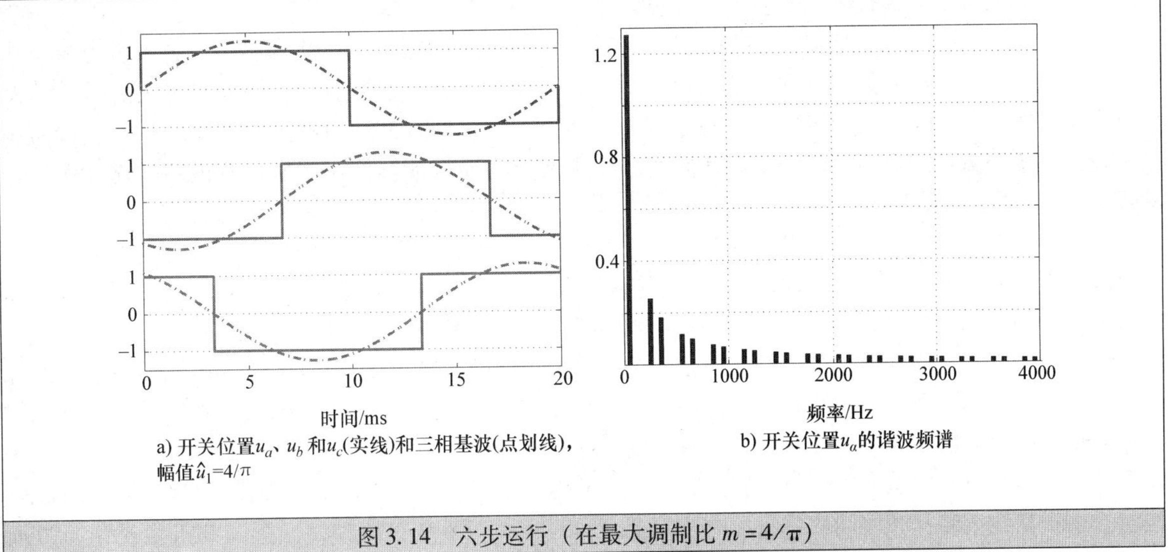

图 3.14 六步运行（在最大调制比 $m=4/\pi$）

3）$1.155 < m < 1.273$：过调制。

4）$m = 1.273$：六步运行。

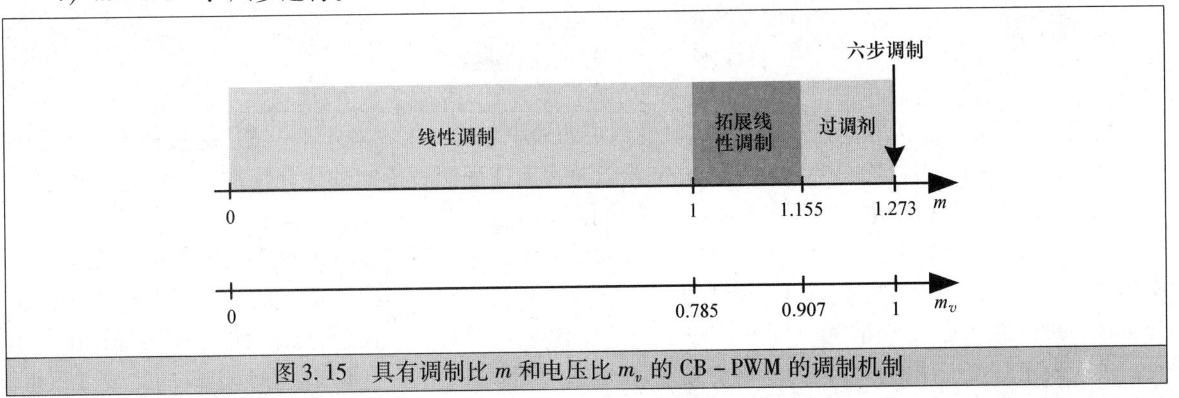

图 3.15 具有调制比 m 和电压比 m_v 的 CB－PWM 的调制机制

注意，$2\sqrt{3}=1.155$ 和 $4/\pi=1.273$。调制比的另一种定义即是所谓的电压比：

$$m_v = \frac{\pi}{4}m \tag{3.19}$$

这是标准化的调制比。根据定义，电压比在 0～1 之间，即 $m_v \in [0, 1]$（见图 3.15）。

到目前为止，只考虑了载波频率和基波频率之间的比值 f_c/f_1 为整数的 PWM 调制方式，即所谓的同步 PWM 调制。由于这种同步性，边频带谐波位于基频的整数倍处。因此，不存在所谓的次谐波频谱分量，即低于基频的谐波。而对于异步 PWM 调制方式，载波频率的边频带可能低于基波频率从而导致产生次谐波。当 f_c/f_1 的比例比较小的时候，这个问题在大功率场合尤为明显。

对于同步 PWM 调制，可以在开关模式中获得高度对称性。在奇数比 f_c/f_1 中，单相开关模式可实现四分之一波对称性。而为了实现三相之间的对称性，f_c/f_1 需要为 3 的倍数。与调制信号相位相对的载波信号对开关模式、对称性、脉冲数量和开关频率具有显著影响。而当 f_c/f_1 较小时，相位对谐波性能也具有相当大的影响。

调制周期被定义为由三相开关位置的序列近似的调制信号的时间间隔。例如，对于不规则采样的 CB－PWM，该时间间隔为 $T_c/2$。CB－PWM 和 SVM 的一个重要特性是它们的调制周期是对称的，而且是周期固定，这将开关切换限制在固定的时间间隔中。因此，无论采用何种采样方式，（最多）每一相在每个载波半周期内只发生一次开关切换。并且，在调制信号的过调制范围或某些相移中，脉冲可能会下降。调制周期是对称且固定的事实具有两个优点和一个缺点。

首先，值得注意的是由 PWM 引起的电压谐波转换成为对应纹波电流的电流谐波，该纹波电流叠加在基波电流分量上。在载波信号的峰值处使用对称的调制周期，可使所有三相中纹波电流为零。这有助于在固定和均匀周期的时刻对电流进行采样。具体来说，当对载波峰值的电流进行采样时，仅需测量电流的基波分量即可。CB - PWM 和 SVM 的这个重要特性使得能够使用线性控制策略，通过平均化的概念忽略 PWM 的开关特性。

第二，不对称或对称采样的 CB - PWM 中的采样过程会导致 PWM 输入的参考信号与输出的开关波形之间出现时间延迟（因此出现了相移）。由于调制周期是固定的，因此该相移不变，可以在控制周期内对其进行补偿，这使得研究者能够使用整定较为激进的具有高带宽的线性控制器。

第三，由于对每相和在每半个载波周期内只允许一次开关切换的限制，这也使得可实现的谐波性能受到限制，尤其是在载波和基频比率比较低的时候。当消除这个限制时，像 OPP 一样，将会出现可被用来形成频谱或减少谐波畸变的额外的自由度，如下节所示。

综上得出结论，CB - PWM 易于理解和实现，并且它在实践中运行良好，并提供足够的谐波性能。当然，前提是载波和基频之间的比率不会明显低于 20。CB - PWM 在线控制方案（如矢量控制）方面也很好。然而，在低 f_c/f_1 比下，CB - PWM 的性能相当差。谐波畸变高，边频带谐波扩展到低频范围，谐波谱不能成形，相位延迟显著。对于这种低 f_c/f_1 比，需要更复杂的控制和调制方法。

3.4 优化脉冲调制

优化 PWM 模式可以在离线过程中通过对受约束的最小化代价函数来计算。该优化过程将会在一个基本周期内计算出一组最优切换角度和开关位置。通常上使用两种不同的优化标准：低次谐波的选择谐波消除（SHE）和最小电流畸变，将后者称为优化脉冲模式（OPP）。

从 20 世纪 70 年代[21,22]开始，关于 SHE 的文献很广泛，这表明它在学术界中的普及以及在工业界中的广泛应用。在 SHE 中，消除了一定数量的低次电压谐波。在四分之一以上的基波周期给定的 d 个开关角，可以消除 $d-1$ 次谐波，例如第 5、7、11 次谐波等。根据所需的调制比，谐波需要通过第 d 个自由度来设定基波电压的幅值。为了得出最佳开关角，需要解决由 d 个非线性方程组成的代数方程组。代价函数不是 SHE 问题提法的一部分。SHE 的主要优点是作为调制比函数的开关角是连续的。对于电流调节器，这一重要性质可以在慢速闭环控制中使用矢量控制（参见 3.6.2 节）。对于 SHE 的重要成果包括了两电平[23-25]、三电平[26]、五电平[27,28]和一般多电平变换器［29］等。

在第二种最优 PWM - OPP 中，在计算脉冲模式时要受最小化代价函数的约束，因此产生了多个（局部）最小值的非线性优化问题。代价函数通常与当前的电流畸变情况相关。但一般来说，除了在下面讨论的几个值得注意的例子外，很少考虑使用基于最小化代价函数的最优 PWM。这主要的原因是在闭环控制的设定中很难计算和使用这些 OPP，且开关角的不连续性对这种基于平均线性控制方法构成巨大的挑战，需要用专门的控制方法，如基于轨迹跟踪的闭环控制。

在参考文献［30，31］中给出了两电平变换器的早期 OPP 计算结果。假设电感负载，按照各自频率对电压谐波进行放大时，会发现电流 TDD 与电压 TDD 是成比例的。对于给定数量的开关角，在参考文献［31］中使用梯度法将当前的 TDD 最小化。在参考文献［32］和［33］中解释了一种用于计算多电平变换器 OPP 的算法。

在 20 世纪 90 年代初，轨迹跟踪概念的发展使得 OPP 能够应用于工业驱动中。定子电流轨迹跟踪的早期成果[34-36]在十年后可以适应于定子磁链轨迹的跟踪[37,38]。这一修正使得轨迹控制器与总漏感的变化无关。有趣的是，相关的想法在这之前已经被提出[39]。参考文献［40，41］也研究了具有四电平和五电平变换器驱动系统的 OPP。

本节重点介绍了最小电流 TDD 的 OPP，导出了描述 OPP 的电压和电流谐波作为开关角和切换时刻的函数的数学方程式，为三电平和五电平变换器制定并解决了优化问题。OPP 的性质以及在闭环控制中使用 OPP 出现的固有问题将在本节结尾进行讨论。由于关于 OPP 的文献有限，因此本节比上一节 CB-PWM 叙述更为详细。

3.4.1　脉冲模式与谐波分析 ★★★

在三电平单相切换波形 $u(\theta)$ 中，角度 θ 为自变量，$u(\theta)\subset U$，其中 $U=\{-1,0,1\}$。不失一般性地，假设 $u(\theta)$ 中对于所有 θ 周期为 2π，即 $u(\theta)=u(2\pi+\theta)$。通常的做法是让 $u(\theta)$ 四分之一波对称，即要求

$$u(\theta)=-u(\pi+\theta) \tag{3.20a}$$

$$u(\theta)=u(\pi-\theta) \tag{3.20b}$$

第一个约束条件是，当开关波形相移一半的周期时，其值等于原始波形的负值，这称为半波对称。第二个约束条件是正负半波中点对称。满足两个约束条件（3.20）的波形是四分之一波对称。这些约束也意味着 u 是个奇函数，即 $u(\theta)=-u(-\theta)$ 成立。

将脉冲数 d 定义为单相开关波形 $u(\theta)$ 在 0 到 $\frac{\pi}{2}$ 的切换次数，即在基本周期的第一个四分周一波内。开关切换的特征在于开关角 α_i，$i\in\{1,2,\cdots,d\}$，我们称之为初始开关角，对初始开关角进行排序

$$0\leqslant\alpha_1\leqslant\alpha_2\leqslant\cdots\leqslant\alpha_d\leqslant\frac{\pi}{2} \tag{3.21}$$

在开关角 α_i，波形从 u_{i-1} 切换到 u_i。开关位置 u_i，$i\in\{0,1,\cdots,d\}$，限制在集合 U 中。而半波对称（3.20a）意味着四分之一波开始处的开关位置为 0，即 $u_0=0$。

由于对称性（3.20），由 d 处开关角 α_i 和 $d+1$ 处的开关位置 u_i 可以完全描述出切换波形 $u(\theta)$。经常将 $u(\theta)$ 称为单相脉冲模式。对于 $d=3$ 的初始开关角和调制比为 $m=0.95$ 的情况，后者的示例将在图 3.16 中给出。

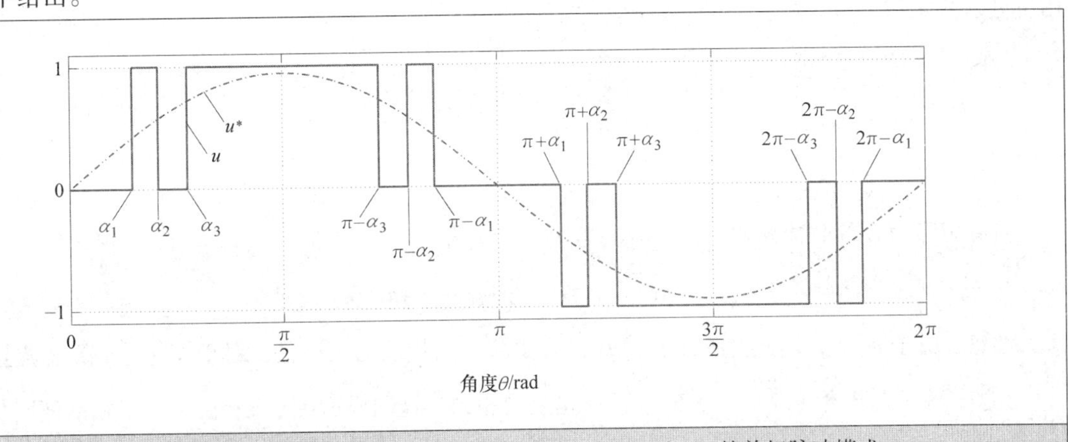

图 3.16　具有四分之一波对称性和 $d=3$ 主切换角 α_1、α_2 和 α_3 的单相脉冲模式 u。切换的波形 u 近似于调制信号 u^*，其显示为点划线的正弦曲线

由于单相脉冲模式 $u(\theta)$ 是周期信号，所以可以用傅里叶级数来描述

$$u(\theta)=\frac{a_0}{2}+\sum_{n=1}^{\infty}(a_n\cos(n\theta)+b_n\sin(n\theta)) \tag{3.22}$$

傅里叶级数是 n 阶谐波的正弦和余弦项的无穷大之和。傅里叶系数 a_n 和 b_n 与第 n 次谐波分量的峰值有关。这些系数由下式给出

$$a_n = \frac{1}{\pi}\int_{-\pi}^{\pi} u(\theta)\cos(n\theta)\,\mathrm{d}\theta,\ n \geqslant 0 \tag{3.23a}$$

$$b_n = \frac{1}{\pi}\int_{-\pi}^{\pi} u(\theta)\sin(n\theta)\,\mathrm{d}\theta,\ n \geqslant 1 \tag{3.23b}$$

由于脉冲模式是具有四分之一波对称性的奇函数，所以傅里叶系数 a_n 都为0，对于奇数 n 而言，b_n 仅为非零。这一情况可简洁地表示为（如附录3. A所示）

$$u(\theta) = \sum_{n=1}^{\infty} \hat{u}_n \sin(n\theta) \tag{3.24a}$$

$$\hat{u}_n = \begin{cases} \dfrac{4}{n\pi}\displaystyle\sum_{i=1}^{d} \Delta u_i \cos(n\alpha_i), & 若\ n = 1,3,5,\cdots \\ 0 & 若\ n = 2,4,6,\cdots \end{cases} \tag{3.24b}$$

在这里用 $\hat{u}_n$ 取代了 b_n 来表示傅里叶系数与第 n 个谐波信号的峰值的关系。傅里叶系数是开关位置（即开关切换）的变化的函数，其被定义为

$$\Delta u_i = u_i - u_{i-1},\quad i = 1,2,\cdots,d \tag{3.25}$$

式（3.24）的详细推导详见附录3. A。

从式（3.24）可以看出，单相脉冲模式的谐波仅位于基频的奇数倍处，特别是在偶数阶的谐波其并不存在。现在可以容易地确定基波的最大幅值。从图3.14可以看出，这是在六步运行中实现的。设定 $d=1$，$\Delta u_1 = 1$，式（3.24b）中的 $\alpha_1 = 0$ 会使六步运行中谐波分量的振幅为

$$\hat{u}_n = \begin{cases} \dfrac{4}{n\pi}, & 若\ n = 1,3,5,\cdots \\ 0, & 若\ n = 2,4,6,\cdots \end{cases} \tag{3.26}$$

基波分量由 $\hat{u}_1 = \dfrac{4}{\pi}$ 给出。

到目前为止，所关注的都是单相情况下的示例。在三相系统中，相位脉冲也同样适用于 b 和 c 相。相位分别偏移120°和240°。

$$\boldsymbol{u}_{abc}(\theta) = \begin{bmatrix} u(\theta) \\ u(\theta - \frac{2\pi}{3}) \\ u(\theta - \frac{4\pi}{3}) \end{bmatrix} \tag{3.27}$$

具有相移为 ϕ 的脉冲模式的傅里叶表达式由下式给出

$$u(\theta - \phi) = \sum_{n=1}^{\infty} \hat{u}_n \sin(n\theta - n\phi) \tag{3.28}$$

注意，由于 $\phi = 0$，因此对于 a 相，所有谐波都是同相位的。但是，对于 b 相，n 次谐波具有相移 $\dfrac{n2\pi}{3}$，这表明三次谐波（即 $n=3$，6，9…）也是同相的。这同样适用于 c 相。由于三相谐波同相，它们共同构成共模电压谐波。假设星接负载的中性点是不接地的，因此共模电压谐波不产生谐波电流。因此，三相脉冲模式（与基波分量的频率 f_1 不同）的电流谐波为基频的奇数倍和非三倍的倍数，也就是 nf_1，$n=5$，7，11，13，…。将这些谐波称为差分谐波。

对于三电平变换器，第 n 个电压谐波幅值由下式给出：

$$\hat{v}_n = \frac{V_{dc}}{2}\hat{u}_n \tag{3.29}$$

当忽略中性点电位的波动，并给出直流母线电压时，这些电压谐波产生谐波电流。在感应电机中，

电压谐波产生的阻抗由定子电阻 R_s 和总漏电抗 X_σ 组成。感应电机的这两个量和其相应的谐波详见 2.2.5 节。当前的幅值由三相脉冲模式产生的谐波给出：

$$\hat{i}_n = \frac{\hat{v}_n}{n\omega_1 X_\sigma} \tag{3.30}$$

在这里忽略了定子电阻，并假设所有的量都在 pu 系统中给出。回想一下，ω_1 表示的是角基波频率。

将电流谐波加入到（定子）电流 TDD［见式（3.2）］的定义中

$$I_{\mathrm{TDD}} = \frac{1}{\sqrt{2}I_{s,\mathrm{nom}}\omega_1 X_\sigma}\frac{V_{\mathrm{dc}}}{2}\sqrt{\sum_{n\neq 1}\left(\frac{\hat{u}_n}{n}\right)^2} \tag{3.31}$$

根据式（3.29），将电压谐波$\hat{v}_n$ 的幅值代替为脉冲模式相应的谐波$\hat{u}_n$。

类似地，对于并网变换器的阻抗，可以从变换器侧得到的电网电阻 R_g 和电网电抗 X_g 组成。如 2.5.4 节所述，后者是主要的阻抗，X_g/R_g 的比例通常在 10 左右。因此，网侧变换器的电流谐波由

$$\hat{i}_n = \frac{\hat{v}_n}{nX_g} \tag{3.32}$$

给出，假设电网频率与基波频率相等。

由于在机侧和网侧负载主要是感性负载，所以电压谐波幅值按照它们的阶数 n 与其对应的电流谐波进行比较。

3.4.2 三电平变换器的优化问题 ★★★

通过将傅里叶级数式（3.24b）代入到式（3.31）中。电流 TDD

$$I_{\mathrm{TDD}} = \frac{\sqrt{2}}{\pi}\frac{V_{\mathrm{dc}}}{I_{s,\mathrm{nom}}\omega_1 X_\sigma}\sqrt{\sum_{n=5,7,\cdots}\left(\frac{1}{n^2}\sum_{i=1}^{d}\Delta u_i\cos(n\alpha_i)\right)^2} \tag{3.33}$$

可以表示为变换器参数、负载以及脉冲模式的函数。更具体地说，TDD 表达式可由两项组成。第一个项是一个恒定的比例因子，包括直流母线电压、额定电流、（角）基波频率和总漏电抗。该项取决于变换器和负载，但不依赖于脉冲模式。第二项是按其谐波次数缩放的平方差模电压谐波之和的平方根。在这里选择与脉冲模式相关的部分作为代价函数

$$J(\alpha_i) = \sum_{n=5,7,\cdots}\left(\frac{1}{n^2}\sum_{i=1}^{d}\Delta u_i\cos(n\alpha_i)\right)^2 \tag{3.34}$$

其表示差模电压谐波平方的加权和。对于感性负载，代价函数 J 与当前的 TDD 成比例。因此，通过最小化的 J 可以获得最小的电流 TDD。注意，对于给定脉冲数 d 和开关转换 Δu_i 的集合，代价函数是主开关角 α_i 的函数，其中 $i=1, 2, \cdots, d$。

对于三电平变换器，在第一个四分之一的基波周期中开关在 0 ~ 1 之间切换。开关切换由 $\Delta u_i = (-1)^{i+1}$给出，其中 $i=1, 2, \cdots, d$。由于开关变换不是优化问题的自由度，后者仅基于实数变量，这同样适用于两电平变换器。然而，如稍后将看到的那样，对于诸如五电平变换器之类的更为复杂的拓扑结构而言，开关切换问题成为优化问题的一部分，并将其转化为混合整数问题（即一个涉及实值变量和整数变量的优化问题）。而这些使解决优化问题的过程复杂化。

优化问题中存在两组约束条件。首先，脉冲模式的基波电压分量的最终幅值必须与期望值相等，即调制比 m。注意，前者由式（3.24b）中的$\hat{u}_1$ 给出。第二，式（3.21）递升次序施加主开关角。这使得有以下等式和 $d+1$ 不等式约束：

$$\frac{4}{\pi}\sum_{i=1}^{d}\Delta u_i\cos(\alpha_i) = m \tag{3.35a}$$

$$0 \leqslant \alpha_1 \leqslant \alpha_2 \leqslant \cdots \leqslant \alpha_d \leqslant \frac{\pi}{2} \tag{3.35b}$$

由于最小化 J 的约束条件的存在，导致优化问题

$$J_{\text{opt}} = \underset{\alpha_i}{\text{minimize}} J(\alpha_i) \tag{3.36a}$$

$$\text{服从于式(3.35)} \tag{3.36b}$$

约束集（3.35）定义了一个欧几里得空间$\mathbb{R}^d$的一个子集，该子集通常被称为可行域或者搜索空间。代价函数 $J(\alpha_i):\mathbb{R}^d \to \mathbb{R}$ 是优化变量 α_i 的函数。将最小化 J 的优化变量称为最优解。代价函数的最小值为最优解 J_{opt}。

由于优化问题（3.36）包含三角项，所以不是凸函数。一般来说，式（3.36）具有多个局部最小值，这使得其难度增加且耗时，特别是对于通过高脉冲数查找全局最小值。关于一般的数学优化和凸度、局部和全局最小值，特别是其解决方法的更多细节，可以参考经典教科书，如参考文献[42]和[43]。关于优化问题使用的标准术语详见附录 3. B。

例 3.7 为了明晰优化问题的特征，采用脉冲数 $d=2$ 的三电平脉冲模式。开关位置顺序由 $u_0=0$，$u_1=1$ 和 $u_2=0$ 组成。它所遵循的开关变换由 $\Delta u_1=1$ 和 $\Delta u_2=-1$ 给出。

在第一步中，忽略了调制比的约束（3.35a），相应的代价函数 J 如图 3.17 所示，其中两个主开关角 α_1 和 α_2 作为参数。代价函数是平滑的，并且展现出三个局部最小值。第一个最小值为 $\alpha_1=\alpha_2$，第二个和第三个最小值用十字标记。约束 $\alpha_1 \leqslant \alpha_2$ 不可在可行域的右下方。

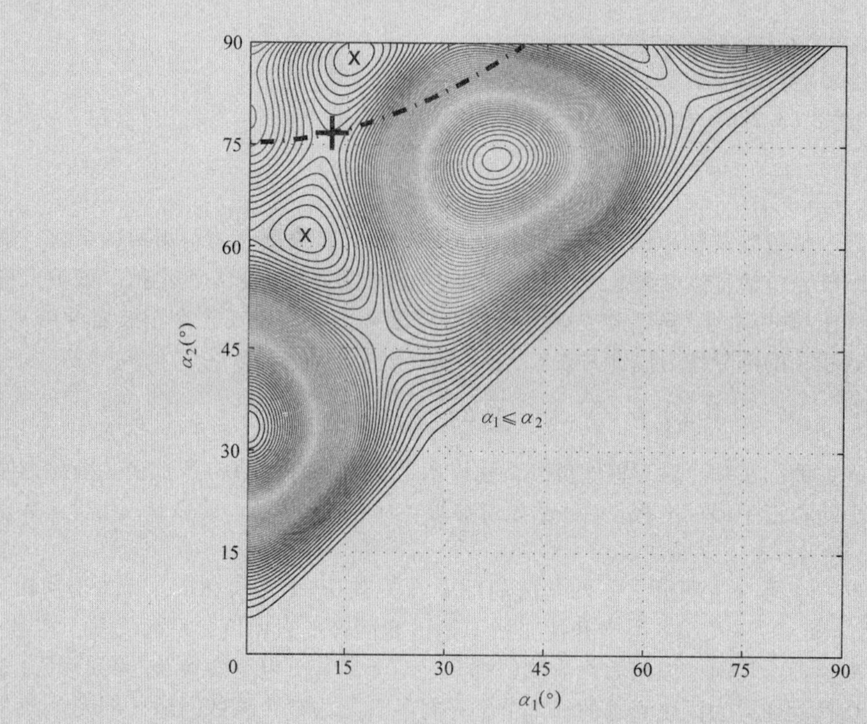

图 3.17　代价函数 $J(\alpha_1, \alpha_2)$ 为 $d=2$ 时切换角的脉冲模式的优化问题。点划线表示期望的调制比 $m=0.95$。最佳解决方案由加号表示

当加上约束（3.35a）时，产生脉冲模式的基波分量与所需的调制比 m 相配，这将优化问题降为一维问题，将可接受的开关角集合限制为曲线。后者如图 3.17 虚线所示。通过计算沿该曲线的代价函数

的最小值来找到最佳主开关角集合，其中最小值由加号表示，对应于角度 $\alpha_1=12.6°$ 和 $\alpha_2=76.7°$ 的最优解位于不考虑约束（3.35a）的两个最小值的鞍点。

从这个例子和优化问题（3.36）可以看出，等价约束（3.35a）从解空间中移除了一个维度。在 d 个初始开关角的情况下，优化问题有 $d-1$ 个自由度。

例 3.8　在第二个例子中，将脉冲数增加到 $d=3$。在图 3.18 中，代价函数 J 被表示为前两个主开关角 α_1 和 α_2 的函数。第三个开关角 α_3 由 α_1 和 α_2 以及调制比决定，这为其提供了一种解决方案。开关角受到三种约束。如前所述，约束 $\alpha_1 \leqslant \alpha_2$ 不可在可行域的右下方。右侧可行域受 $\alpha_2 \leqslant \alpha_3$ 约束，顶侧可行域受 $\alpha_3 \leqslant 90°$ 约束。

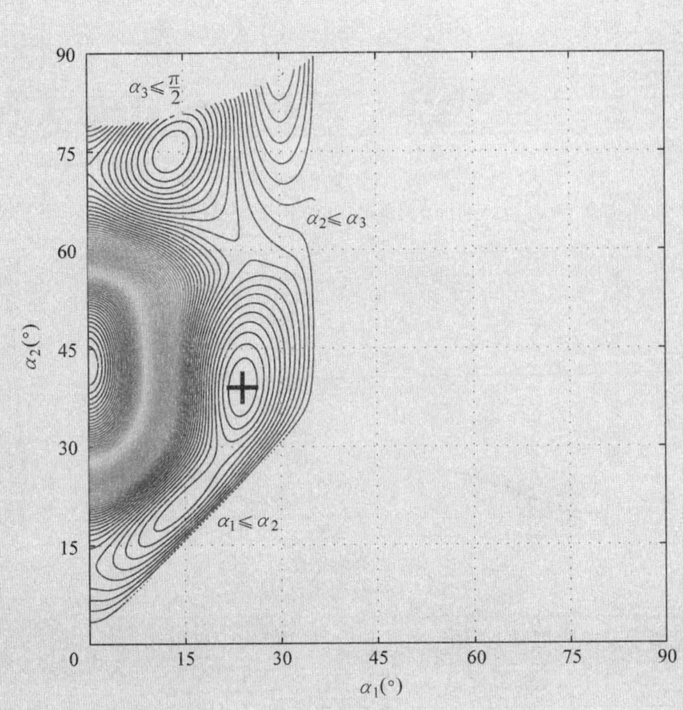

图 3.18　代价函数 J（α_1，α_2，α_3）为 $d=3$ 时切换角的脉冲模式的优化问题。点划线表示期望的调制比 $m=0.95$。最佳解决方案由加号表示

代价函数在 $m=0.95$ 时表现出两个局部最小值。全局最小值由加号表示，对应于开关角 $\alpha_1=26.5°$，$\alpha_2=37.5°$，$\alpha_3=49.9°$。这组角度对应于图 3.16 所示的脉冲模式。

调制比的变化改变了最小值的位置和数值。通常，开关角作为调制比的函数能平滑地变化。但是当 $m=1.04$ 时，局部最小值变为全局最小值。这将导致开关角的阶梯式的变化（见图 3.19a）。同样的在 $m=0.51$，$m=0.71$，$m=1.18$ 时，可以观察到类似的不连续性。在这样的调制比下，代价函数 J 的最优值 J_{opt} 并不平滑。如图 3.19b 所示。注意，开关角的不连续性是由于脉冲模式优化问题的非凸性质所导致的。

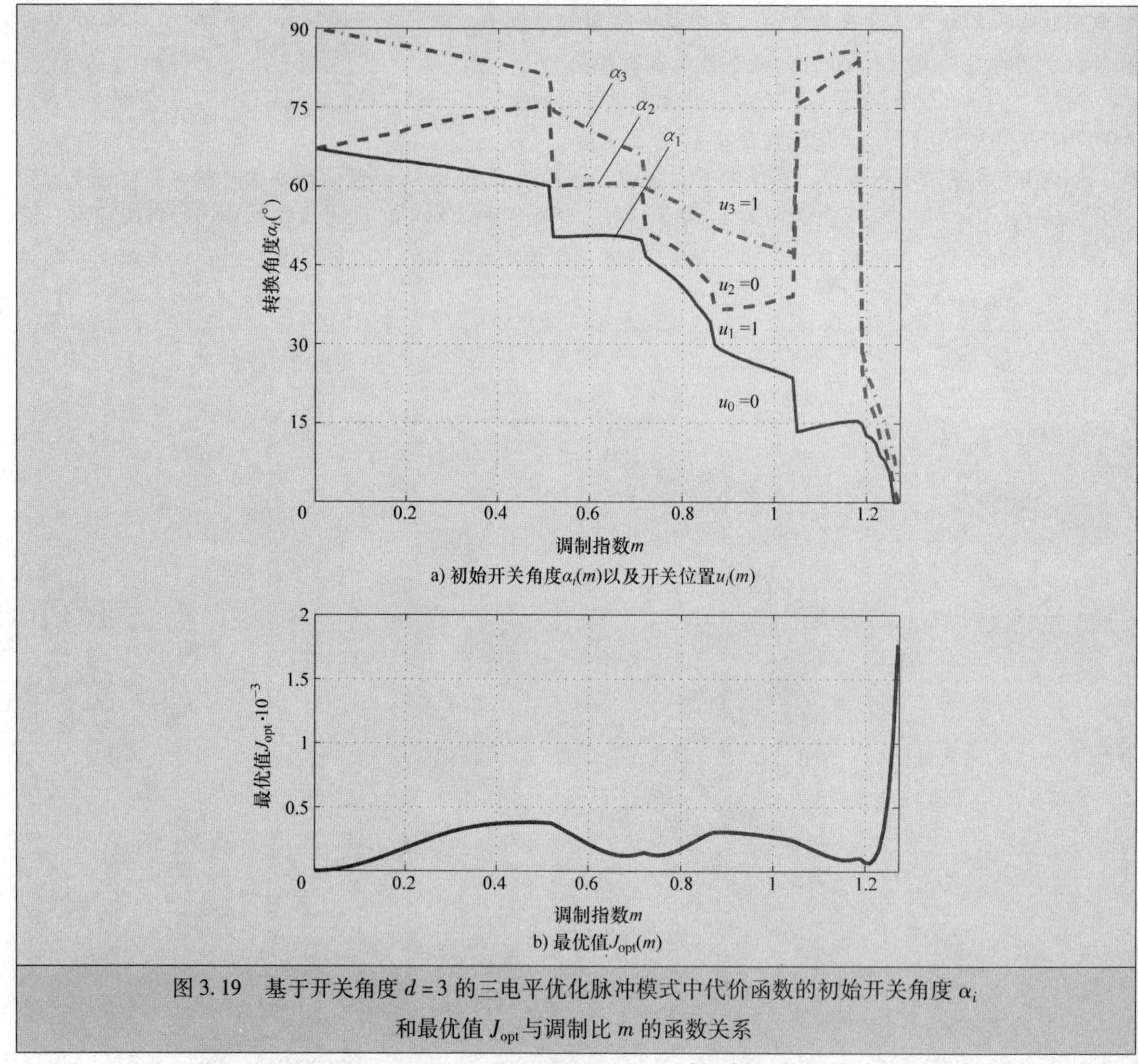

图 3.19　基于开关角度 $d=3$ 的三电平优化脉冲模式中代价函数的初始开关角度 α_i 和最优值 J_{opt} 与调制比 m 的函数关系

三电平变换器的优化脉冲模式计算一般包括以下四个步骤[32,33]：

1）通过在一定分辨率下采样 $\left[0, \frac{4}{\pi}\right]$ 范围内的 m 可以得到所需调制比的等距网格。通常 256 个离散调制比可以满足要求。

2）对于每一个调制指数，计算出相应的单相脉冲模式。加入四分之一波长对称并考虑初始开关角度 d。通过在式（3.35）中定义的允许开关角度集合中的开关角度最小化 J 可以解算出最优化问题(3.36)。参考文献［32］中详细介绍了用一种迭代方法解算最优化问题的解算过程。这种方法通过梯度求解法找出一个局部最小值。为了确保多数情况下可以找到全局最小值，优化阶段利用随机初始角度集合重复进行几次。这样可以一直选出最小值。实际中，这种方法对于较少的脉冲数量效果很好，如脉冲数量在 10 或者 10 以下效果很好。

3）（可选）。有时会加入后处理过程以减少开关角度不连续的个数，通常电流 TDD 会稍微增长。正如第 12 章中提出的控制器可以很好地解决角度不连续性问题，只有当角度不连续性造成的电流 TDD 变差的程度很小时这种不连续性可以消除。

这三个计算步骤导出初始开关角度集合与完全表征 OPP 的调制比存在一个函数关系。图 3.19a 中表示出了脉冲数 $d=3$ 的三电平逆变器的一个初始开关角度集合的例子。

4）对于每一个调制比，构造了大于360°单相脉冲模式。通过应用四分之一波长对称，四分之一波长脉冲模式的初始开关角度扩展到完整基波。图3.16举出例子说明了这个过程。由改变单相脉冲模式120°获取 b 相和改变另外一个120°获得 c 相建立三相最优脉冲模式。

3.4.3　五电平变换器的优化问题 ★★★

当计算基于超过三个电平的变换器的OPP时，开关切换序列不再是预先决定的，而是在优化问题中产生一个额外的自由度。本节提出了这种情况，为了说明这种情况产生了优化问题（3.36）。

正如2.4.2节中解释的那样，五电平变换器单相开关位置限制在整数集合 $u=\{-2,-1,0,1,2\}$ 中。因为基波周期的第一个四分之一部分对应于正向基频半波的第一半，这个四分之一波长部分的单相开关位置被限制在 $u^+=\{0,1,2\}$ 集合中。像之前一样，初始开关位置是0，也就是，$u_0=0$。这表示第一个开关切换从0到1，也就是，$u_1=1$ 和 $\Delta u_1=1$。但是第二个变换存在两种选择：开关位置变到 $u_2=2$ 或者变到 $u_2=0$。在第三个开关切换中，不管之前的选择如何，开关位置一直是 $u_3=1$。因此，对于脉冲数 d，有

$$2^{\mathrm{floor}(\frac{d}{2})} \tag{3.37}$$

开关位置的不同序列存在，称为开关序列。将它们通过 $U=[u_1,u_2,\cdots,u_d]^T$ 表示出来，这里从 U 中省略 u_0。

对于 $d=4$ 的情况，四个开关序列可以确定，正如图3.20所示，即 $U=[1,0,1,0]^T$，$U=[1,0,1,2]^T$，$U=[1,2,1,0]^T$，$U=[1,2,1,2]^T$。对于调制比 $m=0.55$，可将相应的单相脉冲模式表示在基波周期的第一个四分之一部分中。注意到在开关切换中迫使约束 $|\Delta u_i|=1$。这表明不允许超过一个电平的开关量的上下切换。

产生三电平变换器至五电平变换器的OPP优化问题需要两个修正过程。第一，加上开关序列 U。

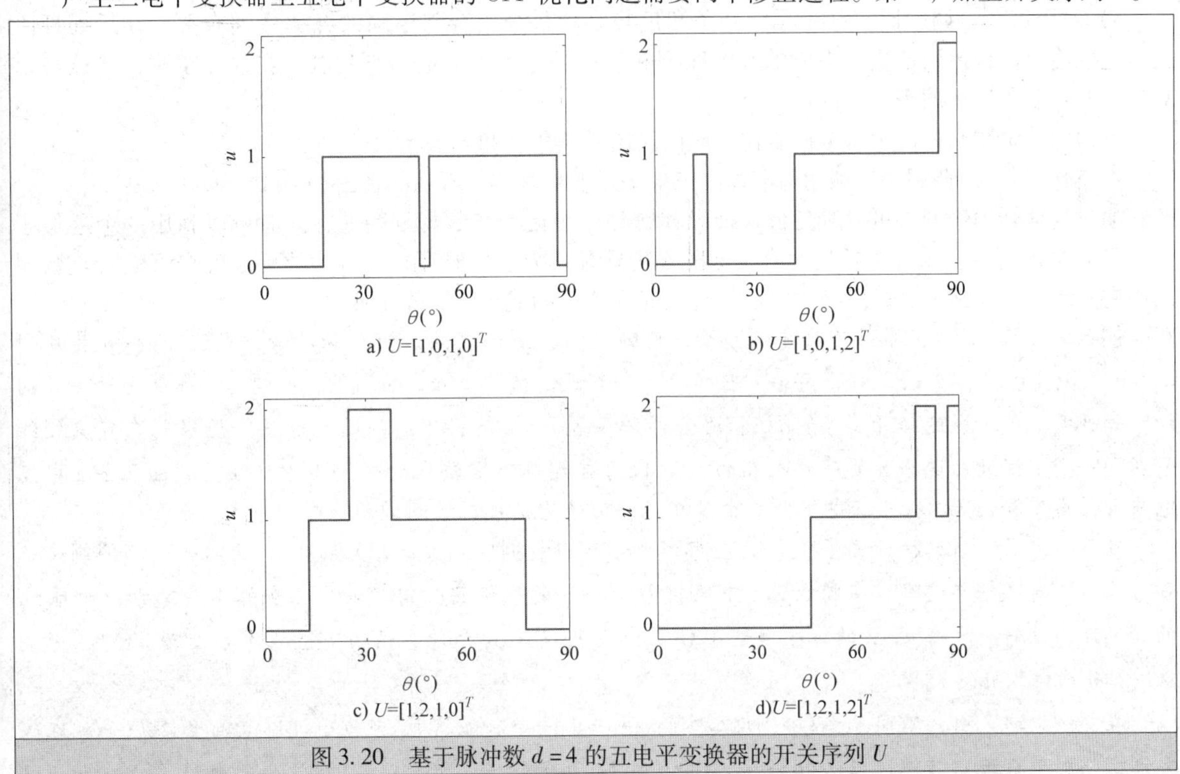

图3.20　基于脉冲数 $d=4$ 的五电平变换器的开关序列 U

第二，在代价函数（3.34）和调制比限制条件（3.35a）中的开关切换需要除以2。对比式（2.87）和式（2.75），这个缩放比例说明在五电平变换器中，相端电压阶跃由直流母线电压值的四分

之一给出，而不是像三电平变换器中由直流母线电压值的一半给出。这可以导出修正后的代价函数

$$J(\alpha_i,\ \Delta u_i) = \sum_{n=5,\ 7,\ \cdots}\left(\frac{1}{n^2}\sum_{i=1}^{d}\frac{\Delta u_i}{2}\cos(n\alpha_i)\right)^2 \tag{3.38}$$

修正后优化问题

$$J_{\mathrm{opt}} = \underset{\alpha_i,\ \Delta u_i}{\mathrm{minimize}} J(\alpha_i,\ \Delta u_i) \tag{3.39a}$$

限制条件：

$$\text{服从于}\frac{4}{\pi}\sum_{i=1}^{d}\frac{\Delta u_i}{2}\cos(\alpha_i) = m \tag{3.39b}$$

$$0 \leqslant \alpha_1 \leqslant \alpha_2 \leqslant \cdots \leqslant \alpha_d \leqslant \frac{\pi}{2} \tag{3.39c}$$

$$\Delta u_i \in \{-1,\ 1\},\forall i = 1,2,\cdots,d \tag{3.39d}$$

$$u_i = \Delta u_i + u_{i-1}, u_i \in \{0,\ 1,\ 2\} \tag{3.39e}$$

开关切换 Δu_i 现在是优化问题的一部分，开关切换 Δu_i 可以产生一个混合整数规划。这使得求解过程复杂，特别对于大的 d，因为需要研究的开关序列数随 d 呈指数倍增长（参考式（3.37））。

为了计算五电平变换器的 OPP，前面部分陈述的流程被修正，总结成以下四步[32,33]。

1）枚举出不同开关序列 U，式（3.37）中给出了序列数目。以给定分辨率对 $\left[0,\ \frac{4}{\pi}\right]$ 范围内的调制比 m 进行采样，得到所需调制比的等距网格。

2）对于每个开关序列 U 和调制比 m，相应的单相脉冲模式通过解算优化问题（3.39）计算出来。通过设置预设整数变量，优化问题简化到一个非线性实际值规划问题。这使得我们继续采用三电平中的优化方法。由于加入四分之一波长对称，电压阶跃结果是产生 d 个初始开关角度。

3）对于每一个调制比，存在几个开关角度集合，每个集合与不同的开关序列有关。在后处理阶段，选取使得代价函数产生最小值的开关序列和该开关序列对应的角度集合。在这一步中，可能可以减少这些开关角度中的不连续数目。

前面的三个步骤将产生每个调制比对应的初始开关角度和开关序列。

4）对于每一个调制比，利用与前述的三电平逆变器一样的方法构造三相 OPP。

通过枚举开关序列，可以避免公式推导和解算一个混合整数规划问题，同时可以利用一个近似于三电平 OPP 的算法。就计算负担而言，这种方法只有 d 为小值时可行，因为枚举法混合了混合整数规划固有的组合数量猛增，所以必须提出一种针对大值 d 的混合整数优化方法。

例 3.9 为了计算五电平变换器的 OPP，用到之前提到的算法。对于脉冲数 $d=3$，两种开关序列 $U_1=[1,\ 0,\ 1]^T, U_2=[1,\ 2,\ 1]^T$ 存在。图 3.21a 和 b 表示出了步骤 2 的结果，也就是，每两个开关序列的初始开关角度。当选择开关序列 U_1 和避开开关位置 $u=2$ 时，可达到的线电压峰值限制在直流侧线电压的一半。因此，这个开关序列存在的 OPP 仅存在调制范围较低的那一半中。注意到图 3.21a 中五电平开关角度和图 3.19a 中三电平开关角度相同，但是它们被压缩到调制范围的一半。

在另一方面，当选择开关序列 U_2，全部线电压可以被调制，但是开关位置 $u=2$ 对于小的调制比是一个次最优的选择。这可以在图 3.21c 中比较 U_1 和 U_2 的代价函数值时看出。实际上，对于小于 0.35 的调制比，最好将含有 $u=2$ 的脉冲通过在 OPP 中设置 $\alpha_3=\alpha_2$ 消除，这时有效脉冲数变为 $d=1$，开关从 $u_0=0$ 切换到 $u_1=1$。

在算法步骤 3 中，不同开关序列的脉冲模式统一成一个。显然 U_1 在较小调制范围里最优，U_2 在较大调制范围里最优。其中，当 $0.465 \leqslant m \leqslant 0.56$ 时 U_2 最优，当 $0.56 < m \leqslant 0.612$ 时，由 U_1 得到的代价函

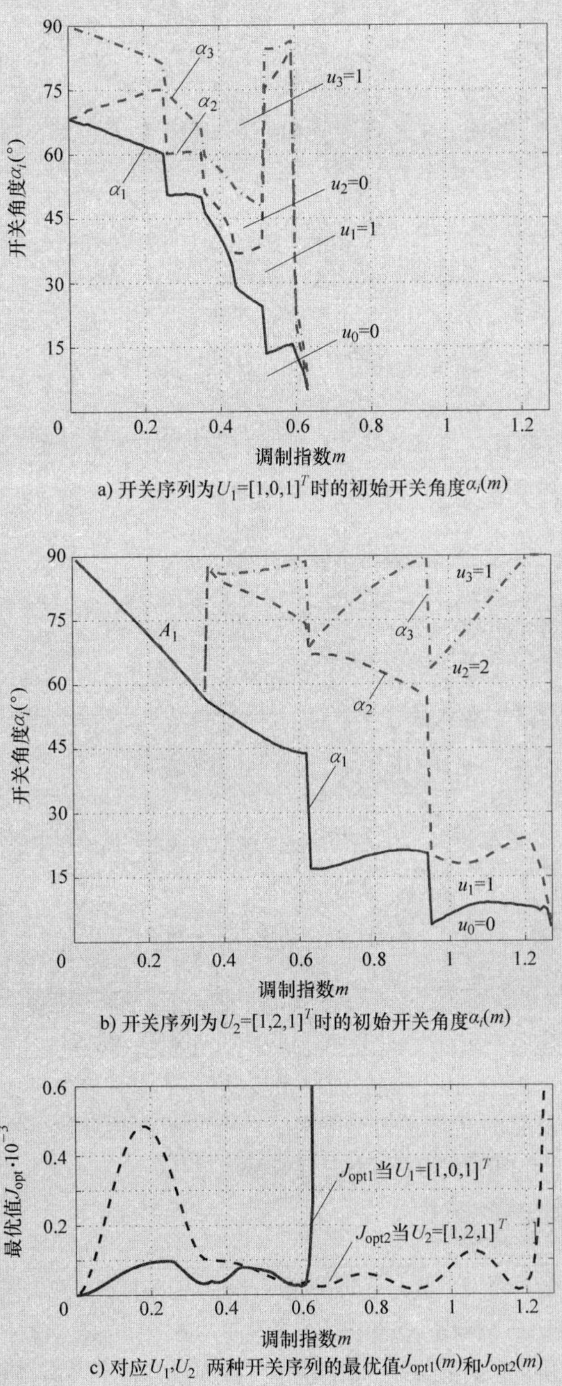
90
75
60
45
30
15
0
0.2
0.4
0.6
0.8
1
1.2
开关角度α_i(°)
调制指数m
α_3
α_2
α_1
u_3=1
u_2=0
u_1=1
u_0=0
a) 开关序列为U_1=[1,0,1]^{T}时的初始开关角度$\alpha_i(m)$
A_1
α_3
α_2
α_1
u_3=1
u_2=2
u_1=1
u_0=0
b) 开关序列为U_2=[1,2,1]^{T}时的初始开关角度$\alpha_i(m)$
最优值$J_{opt}\cdot10^{-3}$
0.6
0.4
0.2
J_{opt1}当U_1=[1,0,1]^T
J_{opt2}当U_2=[1,2,1]^T
c) 对应U_1,U_2 两种开关序列的最优值$J_{opt1}(m)$和$J_{opt2}(m)$

图 3.21 初始开关角度和最优代价函数值与调制比的函数关系以及基于三个开关角度的五电平 OPP 开关序列

数值略小于由 U_2 得到的代价函数值，但因为这个差别较小，还有为了避开开关角中的其他不连续性，在这个调制范围里面也可以用 U_2。图 3.22 给出了最终得到的 OPP 连同开关序列。如图中垂直线所表示的，$m=0.465$ 时五电平拓扑中不同开关序列将导致一个额外的角度不连续。

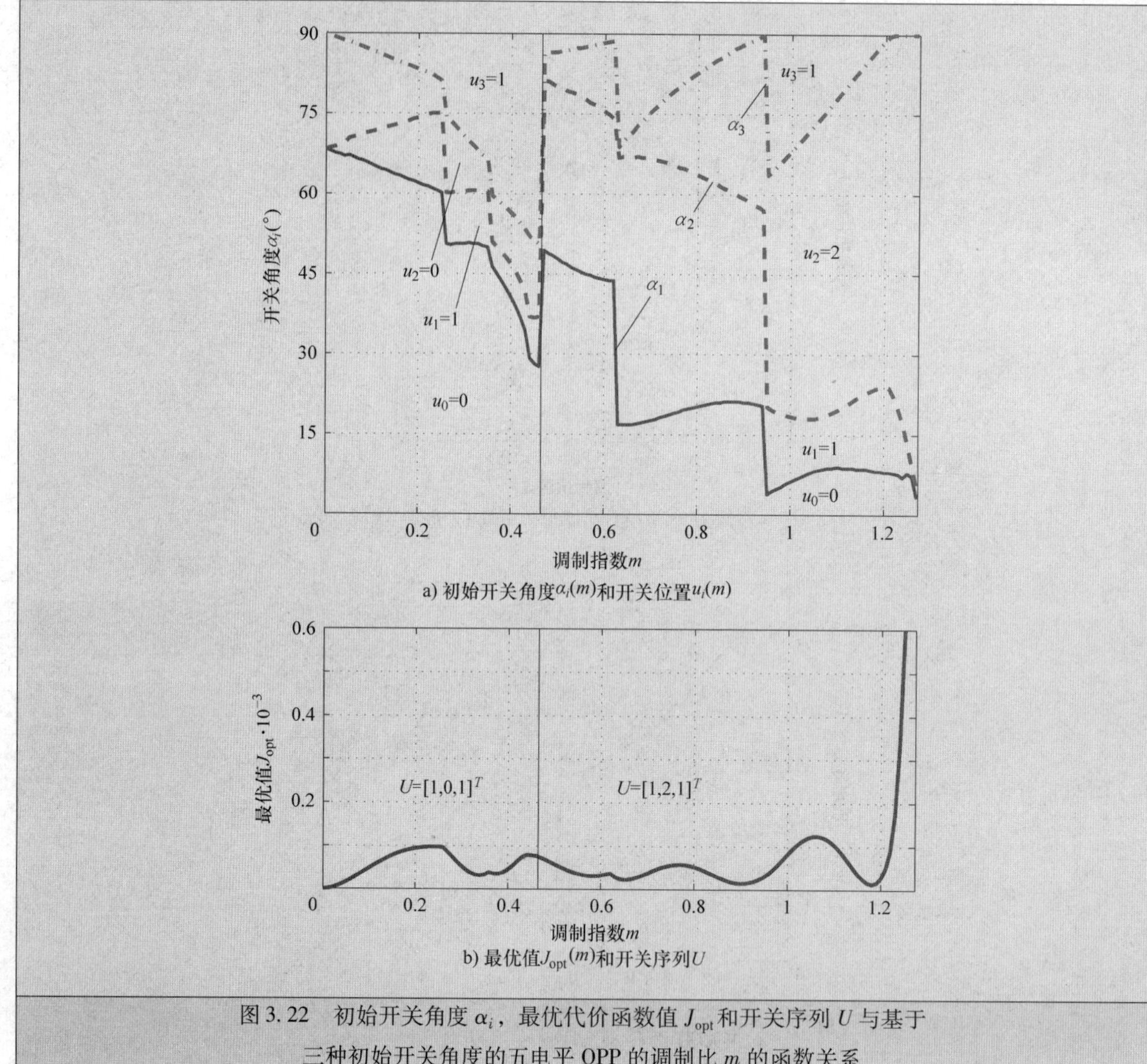

图 3.22　初始开关角度 α_i，最优代价函数值 J_{opt} 和开关序列 U 与基于三种初始开关角度的五电平 OPP 的调制比 m 的函数关系

大体上，因为存在不同可能的开关序列，五电平变换器的 OPP 趋向于比三电平变换器表现出更多角度不连续性。但是，并非所有的开关序列都适用于所有的调制指数比。举个例子，调制比超过 $m=0.637$ 时一个缺少开关位置 $u=2$ 的开关序列不能合成基波电压。

3.4.4　总结与特性 ★★★

OPP 的特点是有整数个脉冲数 d，其与在四分之一基波周期中的单相开关切换数目对应。脉冲数和基波频率 f_1 决定了开关频率。举个例子，对于一个三电平 NPC 变换器，这种器件的开关频率由 $f_{sw}=df_1$ 给出。因为 d 是一个整数，所以脉冲模式在所有运行点和负载条件下与基频电压波形保持同步。因此，OPP 调制方式属于同步 PWM 方法的范畴。

离线 OPP 计算法产生了含有开关（激励）角度和各自的开关位置（或者相位电势值）的查找表。这个查找表的内容是关于脉冲数和调制比的一个函数，是一个与线性运行范围的参考电压幅值成正比的标幺值。

因为脉冲模式与基波波形的同步性，次谐波的频谱分量，也就是频率小于 f_1 的分量不存在。因为单相脉冲模式是一个基于四分之一波形对称的奇函数，所有偶数阶的整数次谐波分量都是 0。另外，得

益于相间120°的夹角，所有三次谐波分量为0。因此，三相OPP只包含1、5、7、11、13等次数的整数阶离散幅值频谱。

OPP不具有固定步长对称调制周期的特点。电流纹波为0的均匀分布时间点不存在，这使得直接对基波电流采样不可行，并且使得建立基于OPP运行的系统的快速电流控制的复杂度大大增加。特别地，当向一个没有充分后处理的线性控制器提供电流采样时，控制器将OPP产生的纹波电流视为电流误差。电流控制器试图将纹波电流调整到0，因此使OPP的谐波性能变差。为了消除这些问题，通常在低带宽的控制方法中利用OPP如V/f控制或者以慢响应速度为目标整定参数的矢量控制。

为了实现基于OPP的快速闭环控制，需要在一个计算过程中构建和解算电流控制器和调制器。为此，第12章提出了一种模型预测脉冲模式控制器，在这种控制器中考虑OPP的纹波电流，通过修正OPP的开关切换实现闭环电流控制。通过在暂态过程中插入其他开关切换，可以实现近似于DTC的动态性能。

3.5 脉宽调制的性能权衡

定子电流的TDD和逆变器的开关损耗构成了一种对电力电子至关重要的折中。特别地，众所周知的是对于一种给定的调制方法，定性地来看，减小电流TDD将导致更高的开关损耗，反之亦然。在定量方法中也可以建立这种折中。特别地，将要在本节中给出，这两个量的乘积等于一个常数c。这表明以一定比例减小电流TDD会以相同的程度增加开关损耗。

这个常数c表征了所考虑调制方法的稳态性能。这一点在参考文献［44］中也有介绍，它是频谱幅值和开关频率的乘积。本节通过考虑开关损耗而不是开关频率扩展了这些内容，因为对于逆变器运行来说开关损耗比开关频率显得更重要。

回想采用载波频率f_c和基波频率f_1的CB－PWM，电压谐波固定在$f_{\mu\nu}$这个频率：

$$f_{\mu\nu}=\mu f_c+\nu f_1,\ \mu\in\mathbb{N},\nu\in\mathbb{Z} \tag{3.40}$$

电压谐波$\hat{v}_{\mu\nu}$的幅值取决于所使用的CB－PWM方法的类型和逆变器的电平数，这些在参考文献［15］中有详细分析。

电流谐波分量幅值等于电压幅值$\hat{v}_{\mu\nu}$除以电机总漏阻抗。在标幺值系统中，电流谐波分量幅值由下式给出：

$$\hat{i}_{\mu\nu}=\hat{v}_{\mu\nu}\frac{f_B}{f_{\mu\nu}X_\sigma}=\hat{v}_{\mu\nu}\frac{f_B}{f_c\left(\mu+\nu\dfrac{f_1}{f_c}\right)X_\sigma} \tag{3.41}$$

式中，$f_B=\omega_B/(2\pi)$表示标幺值系统中标幺值系统的基准频率；X_σ是电机的总漏电抗，在2.2.5节定义。

3.5.1 电流总谐波畸变与开关损耗 ★★★

回想对电流TDD的定义（3.2），重新写成根据谐波电流分量$\hat{i}_{\mu\nu}$表示的形式

$$I_{\mathrm{TDD}}=\frac{1}{\sqrt{2}I_{s,\mathrm{nom}}}\sqrt{\sum_{\mu\in\mathbf{N},\nu\in\mathbf{Z}}(\hat{i}_{\mu\nu})^2} \tag{3.42}$$

基频分量排除在平方和之外是显然的。这包括$\mu=0$和$\nu=1$以及任何与基频分量一致的$\mu=1$的边带。

将式（3.41）代入到式（3.42）电流TDD可以表示成关于载波频率和电压谐波幅值的一个函数：

$$I_{\mathrm{TDD}}=\frac{1}{\sqrt{2}I_{s,\mathrm{nom}}X_\sigma}\frac{f_B}{f_c}\sqrt{\sum_{\mu\in\mathbf{N},\nu\in\mathbf{Z}}\left(\frac{\hat{v}_{\mu\nu}}{\mu+\nu\dfrac{f_1}{f_c}}\right)^2} \tag{3.43}$$

注意到$\hat{v}_{\mu\nu}$独立于载波和基波频率。已经在3.3节知道当载波频率与基波频率的比值不太小的时候电压谐波会高度聚集在载波倍频周围。对于νf_1处的边带，因为$|\nu|$在增长，电压谐波幅值很快衰减到0。特别地，对于$|\nu|>6$，电压谐波通常可以忽略。因为这样，假设有个非常高的载波频率和基波频率比值，如$f_c/f_1\geqslant 9$，式（3.43）中的项$\nu f_1/f_c$的影响很小。

这使得我们可以得到电流TDD与载波频率（近似地）成反比例，也就是

$$I_{\mathrm{TDD}}\propto\frac{1}{f_c} \tag{3.44}$$

CB-PWM造成的平均开关损耗可以用解析方法导出。第i个半导体在一个基波周期$T_1=1/f_1$内的关闭开关损耗可以由下式给出：

$$P_{i,\mathrm{off}}=\frac{1}{T_1}\sum_{\ell=1}^{\ell_{i,\mathrm{off}}}e_{i,\mathrm{off}}(\ell) \tag{3.45}$$

式中，$e_{i,\mathrm{off}}(\ell)$表示第ℓ次开关切换的能量损耗，该切换使得半导体关断；整数变量$\ell_{i,\mathrm{off}}$是指这种半导体在一个基波周期中的关闭次数。

根据式（2.65），关断能量损耗由下式得到

$$e_{i,\mathrm{off}}(\ell)=c_{\mathrm{off}}v_T i_{\mathrm{ph}}(\ell) \tag{3.46}$$

式中，c_{off}是个系数；v_T是通过半导体的电压；i_{ph}是换相电流。后者等于半导体器件换相过程［见式(2.65)］中的阳极电流。当运行在线性调制区时，由CB-PWM产生的开关切换均匀地分布在一个基波周期中。忽略纹波电流，这可以表示成

$$i_{\mathrm{ph}}(\ell)\approx\hat{i}_{\mathrm{ph}}\sin\left(2\pi\frac{\ell}{\ell_{i,\mathrm{off}}}\right),\ \ell=1,2,3,\cdots,\ell_{i,\mathrm{off}} \tag{3.47}$$

式中，$\hat{i}_{\mathrm{ph}}$表示基波电流峰值。

这可以导出（近似地）平均关闭开关损耗：

$$P_{i,\mathrm{off}}\approx c_{\mathrm{off}}v_T\frac{\hat{i}_{\mathrm{ph}}}{T_1}\sum_{\ell=1}^{\ell_{i,\mathrm{off}}}\sin\left(2\pi\frac{\ell}{\ell_{i,\mathrm{off}}}\right) \tag{3.48}$$

从3.3节可以清楚地知道开关切换次数由载波频率和基波频率的比值决定，因此开关切换次数与载波频率成正比。

可以直接得到$P_{i,\mathrm{off}}$与载波频率成正比。这同样可以用到开启半导体的开关损耗和反向恢复损耗的计算中去，可以导出与式（3.48）相似的一个等式。最终，一个逆变器中所有半导体总的开关损耗P_{sw}也和载波频率成正比。也就是

$$P_{\mathrm{sw}}\propto f_c \tag{3.49}$$

将式（3.44）乘以式（3.49）可以得到

$$I_{\mathrm{TDD}}\cdot P_{\mathrm{sw}}=\text{常数} \tag{3.50}$$

标幺化式（3.50）很方便。开关损耗可以用额定视在功率S_R进行标幺化（见2.1.2节）。电流TDD已经表示成一个标幺值。式（3.50）可以重新写成

$$I_{\mathrm{TDD}}\cdot\frac{P_{\mathrm{sw}}}{S_R}=c_I \tag{3.51}$$

式中，常数c_I构成了研究中的调制方法特征的性能量度。当使用某个因数减小载波频率时，为了相应地减少开关损耗，电流TDD使用相同的因数增加，反之亦然。注意到，当把电流TDD表示成开关损耗的一个函数时，会得到一个双曲函数。

3.5.2 转矩总谐波畸变与开关损耗 ★★★

可以得到一个与式（3.51）相似表达的关于电磁转矩的式子。从式（3.41）和之前的推导可以清

楚得到电流谐波幅值与载波频率成反比，也就是

$$\hat{i}_{\mu\nu} \propto \frac{1}{f_c} \tag{3.52}$$

由转矩表达式（2.61）可知转矩谐波幅值也和载波频率成反比，也就是，$\hat{T}_{\mu\nu} \propto 1/f_c$。用式（3.1）可以得出

$$T_{\mathrm{TDD}} \propto \frac{1}{f_c} \tag{3.53}$$

这使我们也可写出 $T_{\mathrm{TDD}} \cdot P_{\mathrm{sw}}$ = 常数。电磁转矩的标幺化折中由下式给出：

$$T_{\mathrm{TDD}} \cdot \frac{P_{\mathrm{sw}}}{S_R} = c_T \tag{3.54}$$

式中，c_T 是表征转矩 TDD 和开关损耗之间折中的性能量度。

由于在 3.3.2 节表示出的 CB - PWM 和 SVM 之间的等价性，式（3.51）和式（3.54）的关系同样适用于 SVM。但是对于 OPP 尤其对于低脉冲个数时，式（3.51）和式（3.54）应该慎重使用，因为 OPP 的开关切换通常不是均匀分布在基波周期上。

例 3.10　为了突出电流和转矩的 TDD 和开关损耗之间的权衡关系，考虑用三电平 NPC 逆变器驱动一个 MV 感应电机，如图 2.25 所示。详细设置和驱动参数在 2.5.1 节提供。仿真中在额定转矩和 60% 转速的条件下，载波频率在 150Hz 和 1.2kHz 中间变化。利用同步 CB - PWM，载波频率是基波频率的整数倍。在达到稳态运行条件之后，定子电流、定子电压和电磁转矩被记录下来。

基于这些量，开关损耗 P_{sw} 通过 2.4.1 节计算出来。电流和转矩 TDD 用长度是基波周期整数倍的时间段内的傅里叶级数算出。

图 3.23 表现出了定子电流和电磁转矩产生的谐波畸变，分别表示成与逆变器标幺化开关损耗的函数关系。两个轴都由百分数形式给出。单个仿真用圆圈表示。如式（3.51）和式（3.54）预期的那样，数据点可以近似地看作双曲函数。利用数据拟合工具可以得到常数 $c_I = 1.3$ 和 $c_T = 0.55$。[⊖]

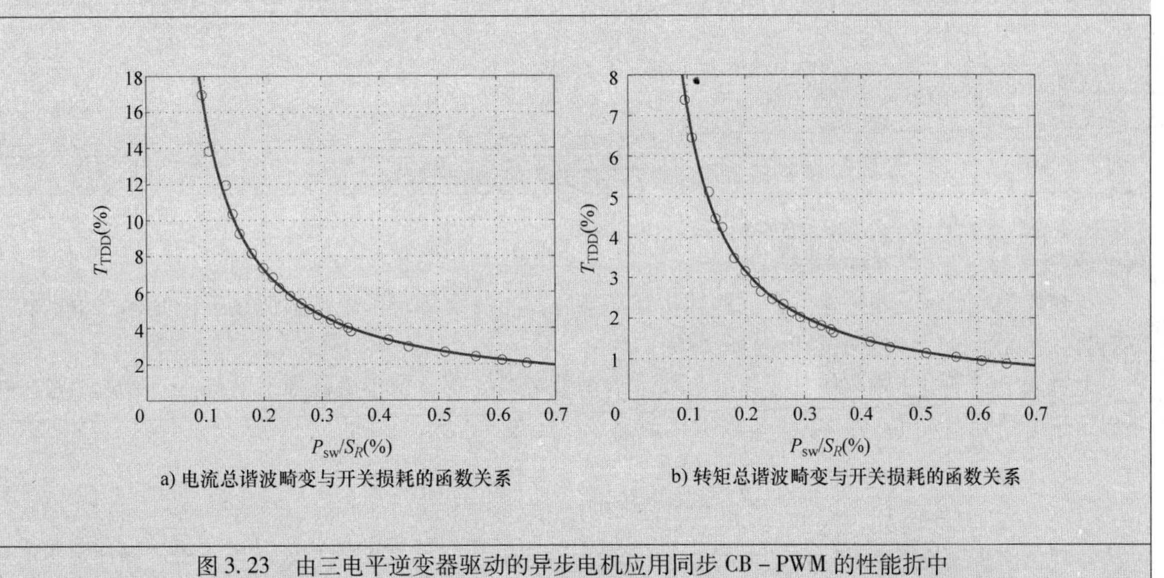

a) 电流总谐波畸变与开关损耗的函数关系　　b) 转矩总谐波畸变与开关损耗的函数关系

图 3.23　由三电平逆变器驱动的异步电机应用同步 CB - PWM 的性能折中

⊖ 这里忽略了开关损耗 0.02% 的小偏置。这个偏置表明开关损耗无法减小到 0，因为每个基频半波的开关切换都需要综合基频分量，也可以参考图 3.14a 中表示出的六步运行的内容。——原书注

3.6 感应电机驱动控制方法

感应电机驱动的控制方法可以广义地区分为标量和矢量控制方法。标量控制方法基于电机稳态模型，调节定子侧电压的频率和幅值。

而矢量控制方法基于感应电机的动态模型。因此，不仅可以控制定子侧电压的幅值和频率，也可以控制其瞬时角位置。这使得矢量控制方法可以控制电流和磁链矢量的瞬时位置，因此可以实现在负载变化和参考值变化的条件下对电磁转矩和磁链幅值的快速控制。

参考文献［45］介绍了一种感应电机驱动的控制方法分类，稍做改变后表示在图3.24中。两种应用最广泛的矢量控制方法是磁场定向控制和直接转矩控制。在概述标量控制之后，这两种矢量控制方法将在本节详细说明。

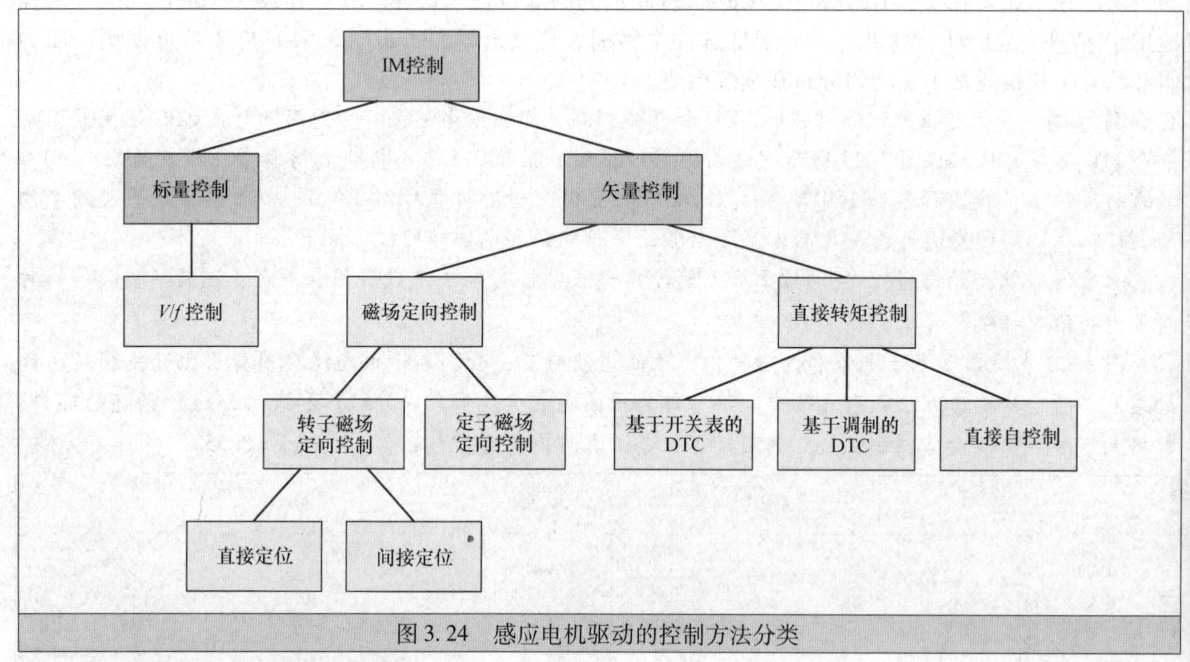

图3.24 感应电机驱动的控制方法分类

3.6.1 标量控制 ★★★

标量控制的目标是不论速度和电磁转矩如何变化，始终维持定子磁链幅值接近于其标幺值。转矩不是直接控制而是间接地通过转差频率控制。

通过调节定子电压幅值使其成为电角频率的函数可以实现对定子磁链幅值的控制。考虑参考坐标系以定子电角频率 ω_s 旋转，将 $\omega_{\mathrm{fr}}=\omega_s$ 代入到定子电压式（2.50a）中得到

$$\boldsymbol{v}_s = R_s\boldsymbol{i}_s + \frac{\mathrm{d}\boldsymbol{\psi}_s}{\mathrm{d}t} + \omega_s\begin{bmatrix}0 & -1\\ 1 & 0\end{bmatrix}\boldsymbol{\psi}_s \tag{3.55}$$

式中去掉了表示标幺值的上标′。回想式（3.55）中的变量是在 dq 坐标系中旋转的矢量。例如定子电压由 $\boldsymbol{v}_s=[v_{sd}\quad v_{sq}]^T$ 给出。定子电流 $\boldsymbol{i}_s$ 和定子磁链 $\boldsymbol{\psi}_s$ 相应给出。

通过忽略定子电阻 R_s 和假设稳态运行，式（3.55）简化成

$$\boldsymbol{v}_s = \omega_s\begin{bmatrix}0 & -1\\ 1 & 0\end{bmatrix}\boldsymbol{\psi}_s \tag{3.56}$$

定义定子电压幅值为 $v_s=\|\boldsymbol{v}_s\|$，定子磁链幅值为 $\Psi_s=\|\boldsymbol{\psi}_s\|$，通过这两个量可以得到

$$\frac{v_s}{\omega_s}=\Psi_s \tag{3.57}$$

因为定子电压幅值与定子侧频率的比值是一个常数，所以标量控制方法通常被称为“压频比”控制或者叫 V/f 控制。注意到电机定子电阻在低速运行时不能被忽略。为了补偿相应的电压降，通常在这个压频关系（3.57）中加上电压补偿。

为了控制转差进而控制转矩，压频比项（3.57）通常由一个可以控制转差频率 $\omega_{sl}=\omega_s-\omega_r$ 的速度控制器实现。转子电角速度 ω_r 可由测得的转子机械角速度 ω_m 通过 $\omega_r=p\omega_m$ 获得（也可见式（2.35）），p 是极对数。ω_r 加上转差角频率就可以直接得到所需要的定子角频率 ω_s。

对于一个缺少电流控制环的标量控制方法，其具有开环特性，因此调节速度缓慢。这使得它们的应用范围限制在稳态运行（或者准稳态）和不需要快速转矩和速度控制的传动中。很多所谓的多用途电机驱动如泵和风扇都归于此类。由于它们在概念上比较简单，标量控制手段也是控制这些电机的一种很好的选择。这种控制方法并不需要很多电机参数，其中定子电阻是其中最需要的一个。这简化了调试和控制器整定工作。

对于标量控制的更多细节和它们的各种拓展应用，可以见参考文献［46，第5章］、［47，12.1节］、［48，2.17节］、［49］和这些文献中的参考文献。

3.6.2　磁场定向控制 ★★★

磁场定向控制（FOC）的概念大约在20世纪70年代由Hasse[50,51]和Blaschke[52-54]提出。现在，FOC成为了应用最广的矢量控制方法。正因如此，FOC通常和矢量控制同义。

FOC中建立一个旋转参考坐标系，转速与定子磁链、气隙磁链或者转子磁链矢量转速一致。在旋转参考坐标系中，定子电流矢量可以被分解成 d 轴分量和 q 轴分量。这两个电流分量由定义看是正交的。我们将会表示出定子电流 d 轴分量可以用来控制磁链幅值和电机磁化程度，而定子电流的 q 轴分量直接与电磁转矩有关。在稳态运行条件下，电机量在旋转参考坐标系中是直流量，两个定子电流分量已经被有效解耦。这大大简化了控制器的设计。

1　转子磁场定向原理

图3.25表示出了转子磁场定向控制中磁场定向的原理。旋转坐标系的 d 轴与转子磁链矢量 ψ_r 保持一致。参考坐标系转速与角速度为 $\omega_{fr}=\omega_s$ 的转子磁链保持一致。参考坐标系相对于 $\alpha\beta$ 静止坐标系转过了 φ 角。

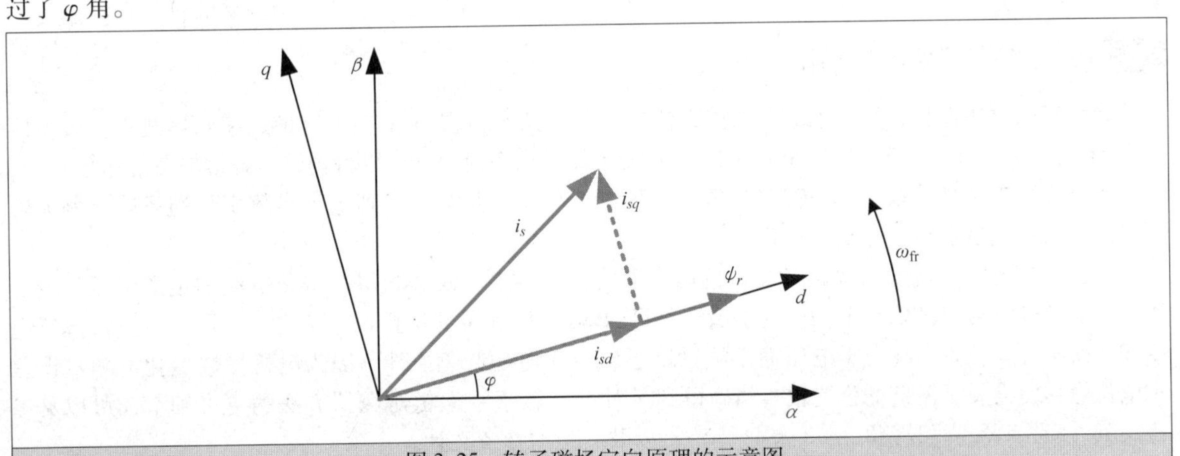

图3.25　转子磁场定向原理的示意图

注：dq 参考坐标系 d 轴与转子磁链矢量 ψ_r 保持一致并以角速度 $\omega_{fr}=\omega_s$ 旋转

在2.2.4节，推导了电机的动态模型（2.59），动态模型中用到了定子电流和转子磁链矢量作为状态变量。为了方便推导笼型异步电机的例子，这里再次给出定子和转子公式。转子电压因此被置为0。

$$\frac{\mathrm{d}\boldsymbol{i}_s}{\mathrm{d}t}=-\frac{1}{\tau_s}\boldsymbol{i}_s-\omega_{\mathrm{fr}}\begin{bmatrix}0&-1\\1&0\end{bmatrix}\boldsymbol{i}_s+\cdots+\left(\frac{1}{\tau_r}\boldsymbol{I}_2-\omega_r\begin{bmatrix}0&-1\\1&0\end{bmatrix}\right)\frac{X_m}{D}\boldsymbol{\psi}_r+\frac{X_r}{D}\boldsymbol{v}_s \tag{3.58a}$$

$$\frac{\mathrm{d}\boldsymbol{\psi}_r}{\mathrm{d}t}=\frac{X_m}{\tau_r}\boldsymbol{i}_s-\frac{1}{\tau_r}\boldsymbol{\psi}_r-(\omega_{\mathrm{fr}}-\omega_r)\begin{bmatrix}0&-1\\1&0\end{bmatrix}\boldsymbol{\psi}_r \tag{3.58b}$$

定子转子的暂态时间常数 τ_s 和 τ_r 在式（2.60）中定义。假设使用高带宽电流控制器可以通过改变定子电压相应地保持所期望的定子电流。在这种情况下，这种电流控制器掩盖了定子绕组的动态特性。这使我们可以暂时忽略定子电压式（3.58a）。在式（3.58b）中令 $\omega_{\mathrm{fr}}=\omega_s$ 得到修正后的转子公式为

$$\frac{\mathrm{d}}{\mathrm{d}t}\begin{bmatrix}\psi_{rd}\\\psi_{rq}\end{bmatrix}=\frac{X_m}{\tau_r}\begin{bmatrix}i_{sd}\\i_{sq}\end{bmatrix}-\frac{1}{\tau_r}\begin{bmatrix}\psi_{rd}\\\psi_{rq}\end{bmatrix}-(\omega_s-\omega_r)\begin{bmatrix}0&-1\\1&0\end{bmatrix}\begin{bmatrix}\psi_{rd}\\\psi_{rq}\end{bmatrix} \tag{3.59}$$

式中将定子电流和转子磁链矢量用其 dq 坐标系上的分量代替。因为处于转子磁链定向的参考坐标系中，转子磁链矢量的 q 轴分量按定义为0，也就是 $\psi_{rq}=0$。这也说明转子磁链矢量幅值等于转子磁链矢量的 d 轴分量，可以写成

$$\boldsymbol{\Psi}_r=\|\psi_r\|=\psi_{rd} \tag{3.60}$$

为了保持磁场定向，ψ_{rq}的导数必须是0。可以把式（3.59）写成两个标量等式的形式：

$$\frac{\mathrm{d}\boldsymbol{\Psi}_r}{\mathrm{d}t}=\frac{X_m}{\tau_r}i_{sd}-\frac{1}{\tau_r}\boldsymbol{\Psi}_r \tag{3.61a}$$

$$0=\frac{X_m}{\tau_r}i_{sq}-(\omega_s-\omega_r)\boldsymbol{\Psi}_r \tag{3.61b}$$

第三个等式也就是电磁转矩等式是我们需要的。令式（2.61）中 $\psi_{rq}=0$，得到

$$T_e=\frac{1}{\mathrm{pf}}\frac{X_m}{X_r}\boldsymbol{\Psi}_r i_{sq} \tag{3.62}$$

以下三个结论可以从式（3.61）和式（3.62）中得到。第一，转子磁链幅值的微分方程（3.61a）只包含 i_{sd}。通过控制 i_{sd}，可以控制电机励磁。在稳态运行条件下，式（3.61a）简化为

$$\boldsymbol{\Psi}_r=X_m i_{sd} \tag{3.63}$$

这强调了定子电流的 d 轴分量和转子磁链幅值之间的线性稳态关系。第二，假设转子磁链幅值是个常数，式（3.62）表明 i_{sq}和电磁转矩之间存在一个线性关系，使控制转矩更加方便。第三，给定 i_{sq}、$\boldsymbol{\Psi}_r$、ω_r，式（3.61b）决定了（唯一的）定子角频率 ω_s，该角频率能维持磁场定向。这个式子通常被称为转子磁场定向的条件。注意到 $\omega_{\mathrm{sl}}=\omega_s-\omega_r$ 是转差频率，这与式（2.37）中定义的转差直接相关。

2′ 间接和直接磁场定向控制

磁场定向可由两种方法实现。在间接方法中，转子角度位置 φ_r由一个增量式编码器测得。转差频率 $\omega_{\mathrm{sl}}=\omega_s-\omega_r$ 利用式（3.61b）重新构造。φ_r 加上转差频率的积分可以得到转子磁链矢量的角度位置，因而得到旋转参考坐标系。因为转差频率由开环方式决定，其容易受到电机参数变化的影响，例如转子时间常数中随着运行点改变的变化。

直接 FOC 中，参考坐标系的角度位置由一个估计器决定。根据测得的定子电流和定子电压，定子转子的磁链矢量可以被估计出来。转子磁链矢量的幅值 $\boldsymbol{\Psi}_r$ 和角度位置 φ 直接得到。用上下直流母线电压和逆变器开关位置重构定子电压而不测量定子电压。但是低速条件下因为电机参数变化，测量误差和电位漂移使得转子磁链的位置很难精确得到。对于（转子）磁链观测器方法的更多细节，可以见参考文献［55，4.5 节］、［48，5.3 节］、［56］以及其中的参考文献。

直接转子 FOC 的框图在图 3.26 中表出。利用式（3.63）或者式（3.61a）转子磁链幅值指令值 $\boldsymbol{\Psi}_r^*$ 转换成了定子电流 d 轴分量指令值 i_{sd}^*。通常加入一个 PI 磁链控制器实现对转子磁链幅值的快速控

制和电机参数变化的补偿。给定转子转速 ω_r 和其指令值的误差，速度控制器可以改变电磁转矩 T_e^* 的设定值。利用式（3.62）的关系，电磁转矩 T_e^* 可以转换成定子电流 q 轴分量指令值 i_{sq}^*。注意到这种关系取决于转子磁链矢量的实际幅值。

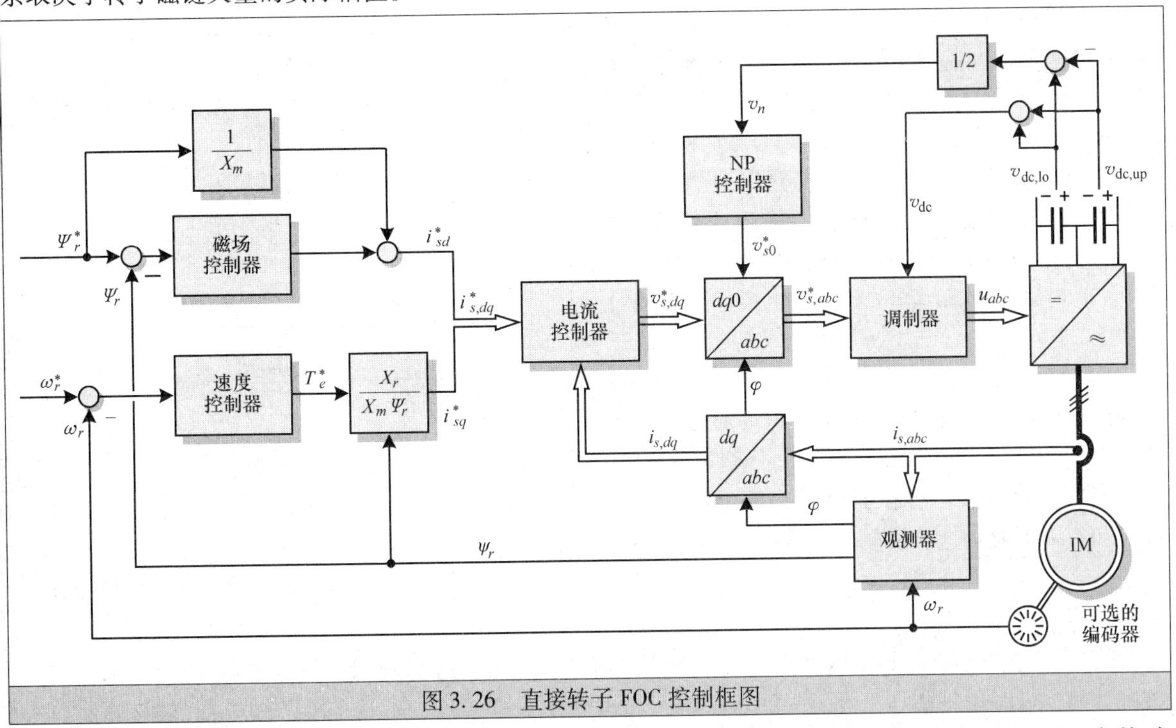

图 3.26 直接转子 FOC 控制框图

定子电流指令值 $\boldsymbol{i}_{s,dq}^*$ 的两个分量和测得的定子电流送入电流控制器。定子电流利用 Park 变换式（2.19）将三相 abc 坐标系中的值转换到角度位置为 φ 的 dq 旋转坐标系中。下面将会提到的电流控制器调节（差模）定子电压指令值 $\boldsymbol{v}_{s,dq}^*$。共模电压指令值 v_{s0}^* 由另一个可以维持 NPC 逆变器中性点电位 v_n 接近于 0 的控制器设置。很多方法都可以控制中性点电位，最重要的一种方法将在本节末尾进行介绍。

可以用逆 Park 变换式（2.20）将 $dq0$ 电压参考坐标系转换到三相 abc 坐标系中。得到的三相参考电压可以送入 PWM 环节，通常是 CB－PWM 或者 SVM 中，用于产生三相开关指令 $\boldsymbol{u}_{abc}$，这在 3.3 节有详细说明。为了减少直流母线电压变化对综合逆变器电压的影响，PWM 的输入电压由瞬时直流母线电压测得。这在图 3.4 中说明。

3. 电流控制

假设在转子磁场定向中推导电机方程用到了快速电流控制器。这使我们忽略了定子绕组的动态特性而仅关注转子方程。在本节通过设计一种合适的电流控制器可以证实这种假设的正确性。但在这么做之前，可以方便地指出 FOC 和 CB－PWM 或者 SVM 结合的两个主要优点。

第一，如 3.3.3 节所讨论的，使用 CB－PWM 可以确保定子纹波电流在三角形载波的峰值处为 0。相似的说法同样适用于 SVM。在载波峰值处对定子电流进行采样，仅有交流电流基频分量可以采集到。这与 CB－PWM 和 SVM 采用定步长调制周期直接相关。这使得等距时间间隔采样很方便。最后，就不对称来说，等间隔采样 CB－PWM 的采样周期设置成载波周期的一半，也就是 $T_s=0.5T_c$。

第二，abc 坐标系中的定子电流转换到与（定子或者转子）磁链矢量同步旋转的 dq 参考坐标系中，定子电流交流量转变成直流量。类似地可以将磁链矢量变成两个正交分量。因为该电流控制器的带宽远大于外部磁链和速度控制器的带宽，所以定子电流参考值实际上也是直流量。电流控制环控制（近似）直流量的情况使得利用 PI 控制器非常方便。如图 3.27 所示，通常使用两个 PI 控制环：一个用于

定子电流 d 轴分量，另一个用于其 q 轴分量。

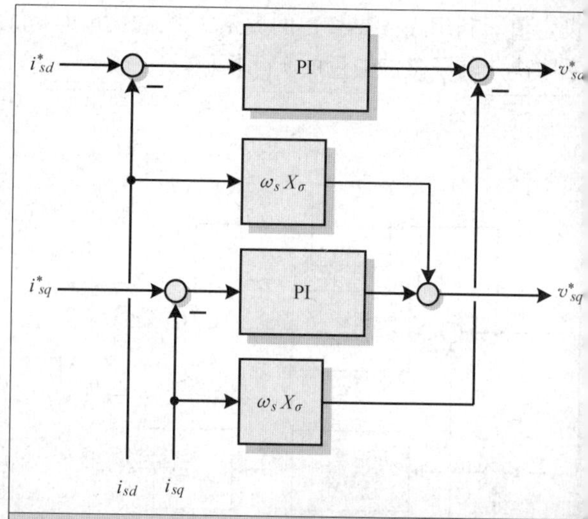

图 3.27 转子 FOC 方法的电流控制器，在带有前馈项的稳态运行点实现 dq 轴解耦

但是这两个 PI 环节的性能受到三个重要问题的限制。第一，电流控制器的数字实现使得在一个采样周期中有计算延迟。对于不对称等间隔采样 CB－PWM，调制器将导致一个额外的半个采样周期的延时（见 3.3.1 节）。电流控制环中总的延时达到 $1.5T_s$。当运行在带有长载波周期和相应长采样周期的低开关频率状态时，延时会大大减小电流控制环的带宽。为了补偿稳态运行条件下的延时，当用到逆 Park 变换（电流控制器和调制器之间）时可将参考坐标系角度位置加上角 $1.5\omega_s T_s$。

第二，正如在 3.3.2 节讨论的，可由调制器综合的最大电压值有限。这对控制变量形成一个物理约束。如果没有合适的对策，过分整定的 PI 电流控制器的积分器运行在其电压极限时可能会导致饱和。为了避免这种情况，经常加上一种抗饱和方法。这种方法通常测定调制电压指令值和综合调制器电压值之差。如果其差非零，PI 控制器的积分器会关闭。

第三，定子电流 dq 轴上的动态过程没有完全解耦。这表明这两个 PI 环在某种程度上仍耦合，甚至忽略某些延迟时也是这样。为了强调这一事实，考虑该受控系统，也就是定子侧方程（3.58a）。根据参考文献［48，4.2 节］的推导，通过将定子电压表示成关于定子电流及其导数，和转子磁链矢量的一个函数重新整理了旋转坐标系下的方程。

$$\boldsymbol{v}_s = R_\sigma \boldsymbol{i}_s + X_\sigma \frac{\mathrm{d}\boldsymbol{i}_s}{\mathrm{d}t} + \omega_{\mathrm{fr}} X_\sigma \begin{bmatrix} 0 & -1 \\ 1 & 0 \end{bmatrix} \boldsymbol{i}_s - R_r \frac{X_m}{X_r^2}\psi_r + \omega_r \begin{bmatrix} 0 & -1 \\ 1 & 0 \end{bmatrix} \frac{X_m}{X_r}\psi_r \tag{3.64}$$

式中，已经知道等效电阻

$$R_\sigma = R_s + R_r \frac{X_m^2}{X_r^2} \tag{3.65}$$

所用到的总漏抗在式（2.63）中已经定义。转子磁链定向表明 $\psi_r = [\Psi_r \quad 0]^T$。因此，定子电压的 dq 轴分量可以重新写作

$$v_{sd} = R_\sigma i_{sd} + X_\sigma \frac{\mathrm{d}i_{sd}}{\mathrm{d}t} - \omega_{\mathrm{fr}} X_\sigma i_{sq} - R_r \frac{X_m}{X_r^2}\Psi_r \tag{3.66a}$$

$$v_{sq} = R_\sigma i_{sq} + X_\sigma \frac{\mathrm{d}i_{sq}}{\mathrm{d}t} + \omega_{\mathrm{fr}} X_\sigma i_{sd} + \omega_r \frac{X_m}{X_r}\Psi_r \tag{3.66b}$$

等式右边可以找出四个独立变量。第一和第二个变量仅包含了各自轴上的电流分量。通过控制定子电压，这两个变量的动态性能可以通过闭环控制改善，其相应的极点可以改变。最重要的是，仅考虑最开始的两个量时这两个轴是解耦的。这个现象促进了两个独立运行的 PI 控制环的使用。

但是第三个量表现了其他轴上电流分量的特点。这些所谓的运动感应电压增加了两轴之间的耦合性。第四个量增加了转子磁链幅值的独立性，尤其是转子感应电压 $\omega_r \frac{X_m}{X_r}\Psi_r$。因为后者是 i_{sd} 的函数（见式（3.61a）），这增加了 dq 轴之间的耦合性。

消除交叉耦合项的通常设想是增加带前馈项的控制环。特别地，式（3.66）中第三项一般通过设

置 $\omega_s=\omega_{fr}$ 和将

$$v_{sd,ff}=-\omega_s X_\sigma i_{sq} \tag{3.67a}$$

$$v_{sq,ff}=\omega_s X_\sigma i_{sd} \tag{3.67b}$$

加到 PI 控制器的输出中补偿，如图 3.27 所示。有时，转子感应电压 $\omega_r\dfrac{X_m}{X_r}\Psi_r$ 会加到式（3.67b）中。式（3.67a）中相应的转子磁链项通常忽略，因为在大功率电机中转子电阻 R_r 很小。

需要弄清楚的是，仅有当稳态运行时这些前馈补偿项才能实现解耦，而在暂态运行条件下交叉耦合项仍然存在。这将导致两个控制环之间有害的干扰同时制约了控制性能。为了在暂态条件下也实现解耦，需要更多可以动态采集交叉耦合项的复杂控制方法。状态反馈控制器[57,58]和复数特征值控制器[59]就是上述方法的例子，这些控制其可以实现高度解耦，因此在暂态条件下也有较好的性能。

带有电流控制和 PWM 的 FOC 的广泛使用使得相关文章非常多，很多其他形式的 FOC 概念被提出。尤其是，除了转子磁场定向，dq 参考坐标系也被用来对准定子磁链或者气隙磁链。这些著名的参考文献［47，55，60］是学习更多 FOC 及其变化形式相关知识的一个很好的起点。

4. 对中性点电位的控制

除了控制电机定子电流的必要性以外，对于 NPC 逆变器的应用产生了其他控制问题——平衡逆变器中性点电位。尽管 NPC 逆变器有自然平衡的特性[61]，但是普遍采用动态平衡方法是为了避免中点电位的持续直流漂移。中性点电位的交流（或者纹波）分量通常不是闭环控制的目标。

大多数关于中性点电位的控制方法都是基于对逆变器共模电压的操作的。例如一个正向共模电压，将上部分逆变器的相电压变成一半。根据相电流的符号，这个变换使中性点产生的平均电流增加了一个正向或者负向的偏置[62,63]，这个偏置反过来又改变中性点的电位。

基于这个原理，可以设计一种专用的中性点控制器，其可以操作输入到调制器中共模参考电压。这种控制方法在参考文献［64］中引出，在参考文献［62，63］中扩展。改变死区时间也可以产生共模电压漂移，所以半导体开关状态在开启和关闭之间变化时要加上此时产生的电压漂移[65]。

另外，利用多余的电压矢量[66]也可实现对共模电压进而对中性点电位的瞬时控制。内部电压矢量成对会产生相同的差模电压而产生相反的共模电压。结果是两个电压矢量的其中一个会一直增加中性点电位而另一个的中性点电位会一直减小。

相应地在 SVM 中，通过改变开关序列的占空比，成对出现的多余电压矢量会得到利用[67]。这实际上还是通过共模电压控制中性点电位。另一种方法，通过完全改变逆变器上半部分或者下半部分的脉冲波形可以实现在低输出电压条件下快速控制中性点电位[68]。

但是通过调节共模电压控制中性点电位在高调制比、低功率因数或者低相电流时不是很有效[63]。为了在空载时实现中点电位平衡，在参考文献［69］中提出了一个例子，注入三次谐波无功电流分量即可。

3.6.3 直接转矩控制 ★★★

如前几节介绍的，FOC 中电磁转矩和电机励磁都可以通过定子电流间接控制。而 20 世纪 80 年代中期 Takahashi 和 Noguchi 提出转矩和励磁也可以直接控制。这种特性创造了“直接转矩控制”（DTC）或者“直接转矩和磁链控制”这个词。现在，DTC 已经被广泛接受，其是电机传动的高效控制方法，也是 FOC 一种可行的替代方式[45,70-72]。

DTC 的基本原理是对电磁转矩和定子磁链幅值施加上下界，并利用滞环控制器强制产生这些边界。滞环比较器的输出进入到查找表中，这个表可以设置逆变器的开关位置。与 FOC 类似，磁链和转矩各自独立地进行控制。将对电压矢量的直接操作运用到定子绕组中是利用了电机定子磁链的快速动态响应。这产生了一种概念上简单的控制方法，这种控制方法几乎独立于电机参数，但是其实现了非常快的闭环转矩和磁链相应。

通过专注于定子磁链矢量，不再需要磁场定向、旋转参考坐标系和坐标变换的概念。而且 DTC 方法建立在静止垂直的 $\alpha\beta$ 坐标系中。将 DTC 从其他控制方法中区分出来的主要特性是其采用闭环转矩和磁链幅值控制器而不是电流控制环[45]。通常 DTC 缺乏与转子变量有关的控制环和估计环[73]。

1. 直接磁链控制原理

为了实现转矩和磁链控制，DTC 用定子磁链矢量而不是 FOC 中定子电流矢量建立内部控制环。如式（2.53）中所论述的，定子电流可以表示成定子和转子磁链矢量的一个线性组合。特别地，可以在转子磁场定向中写出 d 轴分量

$$i_{sd}=\frac{X_r}{D}\psi_{sd}-\frac{X_m}{D}\Psi_r \tag{3.68}$$

式中用到了 $\Psi_r=\psi_{rd}$。这使我们写出标量转子磁链幅值方程（3.61a）

$$\frac{\mathrm{d}\Psi_r}{\mathrm{d}t}=\frac{R_r}{D}(X_m\psi_{sd}-X_s\Psi_r) \tag{3.69}$$

这个等式表明电机励磁可以通过定子磁链矢量的 d 轴分量进行控制。

回想用 γ 表示（负载的）定子磁链矢量和转子磁链矢量之间的角度，例如图 3.28 中描述的例子。使 $\Psi_s=\|\psi_s\|$ 表示定子磁链矢量幅值。可以在转子磁链定向的参考坐标系中写出 $\psi_{sd}=\cos(\gamma)\Psi_s$。在稳态运行条件下，式（3.69）简化成

$$\Psi_r=\frac{X_m}{X_s}\cos(\gamma)\Psi_s \tag{3.70}$$

为了在标准 DTC 中简化磁链控制环，控制定子磁链幅值而不是转子磁链幅值。因为负载角通常被限制在 ±15°，通过省略 cos（γ）项，式（3.70）中提出的误差小于 3%，因此在实际应用中可以忽略。通过保持定子磁链幅值接近于其指定的大小，通常为 1，除非考虑弱磁，电机合理的励磁是可以实现的。如图 3.28 所示，通过按其径向调节定子磁链矢量可以实现对定子磁链幅值的控制。

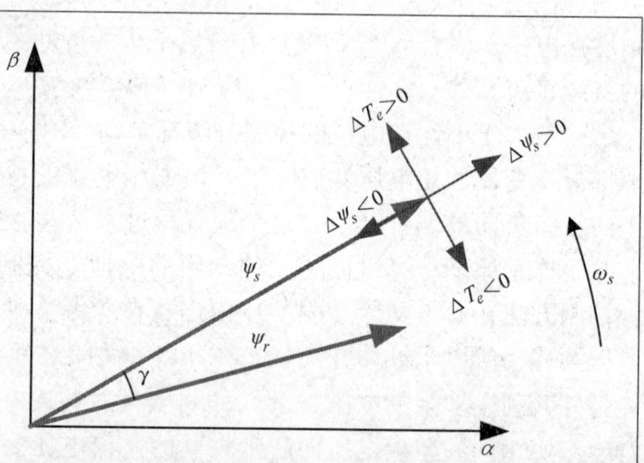

图 3.28 直接转矩控制和直接磁链控制原理示例

注：定子磁链矢量 ψ_s 通过合适的电压矢量在静止垂直 $\alpha\beta$ 坐标系中进行调节，这会增加或减少定子磁链幅值 Ψ_s 和电磁转矩 T_e。变化率取决于电压矢量的幅值和方向。

2. 直接转矩控制原理

转子磁链定向的 FOC 基于转矩式（3.62）。运用式（2.53），可以通过定子磁链的 q 轴分量表示出定子电流的 q 轴分量：

$$i_{sq}=\frac{X_r}{D}\psi_{sq} \tag{3.71}$$

注意到按定义来说转子磁链矢量的 q 轴分量是 0。运用表达式 $\psi_{sq}=\sin(\gamma)\Psi_s$，可以将转矩式（3.62）重新写作

$$T_e=\frac{1}{\mathrm{pf}}\frac{X_m}{D}\Psi_s\Psi_r\sin(\gamma) \tag{3.72}$$

这表明电磁转矩是负载角正弦值与定子磁链和转子磁链的乘积。注意到这种表达形式独立于所采用的参考坐标系。尤其是，式（3.72）在静止坐标系中并且可以直接从式（2.56）推出。

通过式（3.72）中调节负载角可以实现快速转矩控制。为此，通过向前或者向后旋转定子磁链矢量可以调节定子磁链矢量的切向分量，原理在图3.28中表示出来。

为了确保转矩控制器从磁链控制环中解耦出来，定子磁链和转子磁链的幅值必须是常数。为了实现上述条件，DTC中的定子磁链幅值要紧紧控制在标幺值附近。因为式（3.69）中转子电阻 R_r 很小，这就使得转子时间常数很大，转子磁链矢量的幅值在几毫秒内可以看作是常数。

3. 快速定子磁链控制

正如前面所述，DTC依赖于快速定子磁链控制。为了说明这个原理，将定子式（2.50a）在静止坐标系中考虑。为此，设定了参考坐标系的角速度为0并去掉了上标′，这表示标幺值。可以得到

$$\frac{\mathrm{d}\boldsymbol{\psi}_s}{\mathrm{d}t}=\boldsymbol{v}_s-R_s\boldsymbol{i}_s \tag{3.73}$$

式中，定子磁链矢量由 $\boldsymbol{\psi}_s=[\psi_{s\alpha}\quad\psi_{s\beta}]^T$ 得到。定子电压 $\boldsymbol{v}_s$ 和定子电流 $\boldsymbol{i}_s$ 对应地定义出来。

因为定子电阻 R_s 在很多情况下都可以忽略，所以从式（3.73）也可以清楚地知道通过选择合适的电压矢量可以直接调节定子磁链矢量，这可以运用到定子绕组中去。尤其是，在一个采样周期 T_s 中，定子磁链矢量可以改成

$$\Delta\psi_s=\boldsymbol{v}_sT_s \tag{3.74}$$

式中已经假设在一个采样周期中电压矢量 $\boldsymbol{v}_s$ 保持常数。定子磁链矢量向着电压矢量的方向驱动。变化率取决于电压矢量长度。可用的直流母线电压为 $\|\Delta\psi_s\|$ 确定了一个上界。

4. 直接转矩和磁链控制

图3.29表示出了标准DTC的框图。一个速度控制器调节转矩指令值 T_e^*。转子磁链幅值一般通过

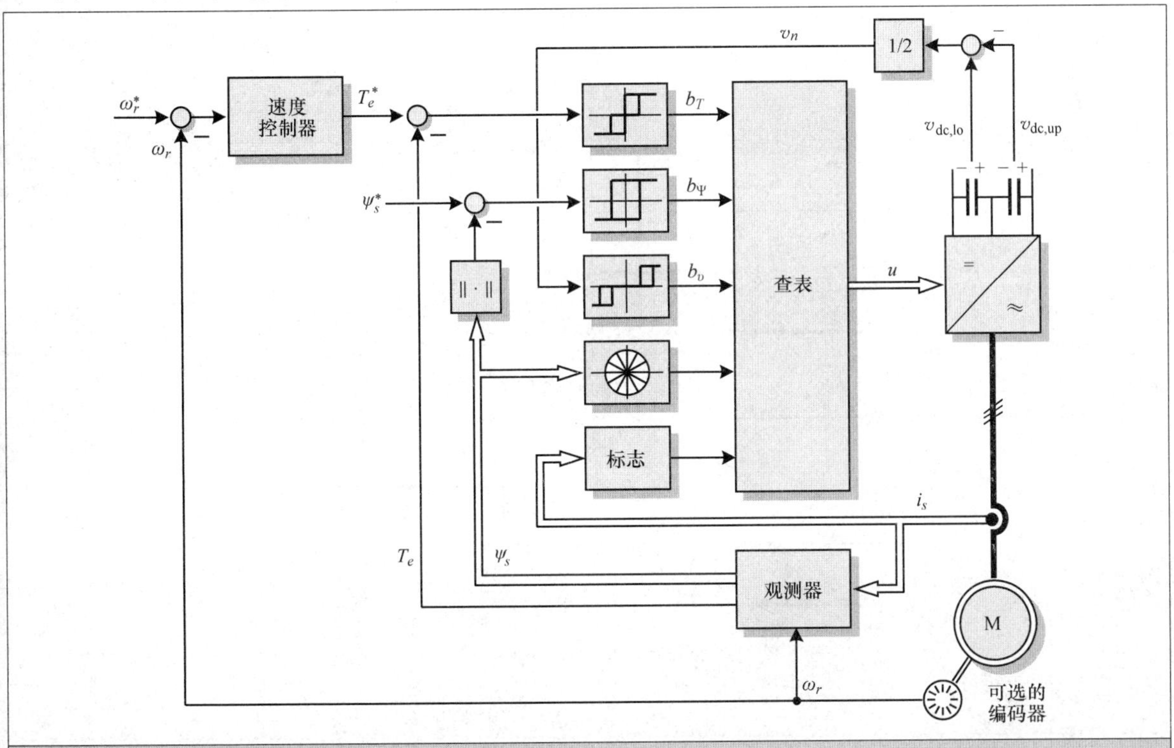

图3.29　带开关表的直接转矩控制框图

定子磁链指令值 $\boldsymbol{\Psi}_s^*$ 进行间接控制。DTC 仅需要测量定子电流 $\boldsymbol{i}_s$ 和上下母线的直流母线电压。基于后者和开关位置 $\boldsymbol{u}$，定子电压 $\boldsymbol{v}_s$ 被重构。观测器利用 $\boldsymbol{i}_s$、$\boldsymbol{v}_s$ 和电机模型构建出定子磁链矢量 ψ_s 和电磁转矩 T_e。转矩误差是转矩估计值和参考值之间的差。定子磁链幅值之间的误差通过在已经构建的定子磁链矢量中利用欧式范数相应计算。

DTC 方法的核心是滞环控制单元和查找表，表中包含了开关表。如果转矩或者磁链的误差超过了滞环边界，一个新的电压矢量会被选出，这个电压矢量的目的是使定子磁链矢量到达一个位置，处于这个位置时定子转矩和磁链的误差都会相应地处于其滞环边界内部。在 NPC 逆变器中，加入了一个第三滞环控制单元，这个单元将中性点电位 u_n 保持在 0 附近。

图 3.30a 中表示出一个三电平逆变器的转矩滞环控制器。其使用的滞环宽度包括 0、$\pm h_{T1}$、$\pm h_{T2}$。依据转矩误差和滞环状态，可以确定输出信号 b_T。b_T 是一个包含五种可能数值 0、±1、±2 的整数变量。图 3.30b 中表示出的磁链滞环控制器与转矩控制器类似，但仅用了四种滞环宽度 $\pm h_{\Psi1}$、$\pm h_{\Psi2}$。因此，输出 b_Ψ 是四个值 ±1、±2 中的一个。

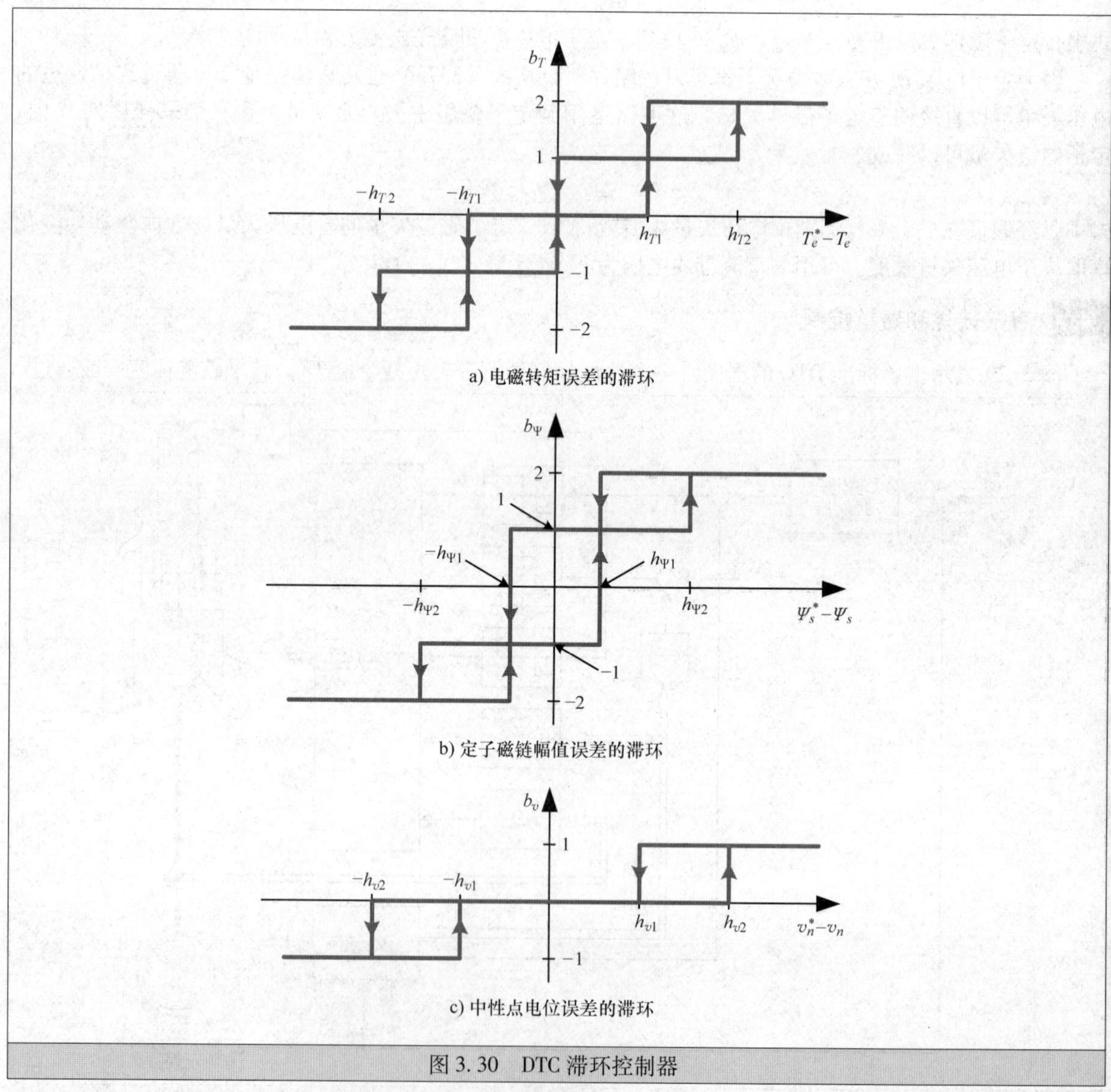

a) 电磁转矩误差的滞环

b) 定子磁链幅值误差的滞环

c) 中性点电位误差的滞环

图 3.30　DTC 滞环控制器

中性点电位的滞环控制器有所不同，因为其采用了一个 0 周围一个比较大的滞环宽度，处于其中时控制器不动作，中性点电位允许变动。一旦外部超出外部阈值，控制器开启，其输出值设置在 $b_v=\pm1$ 直到内部阈值 $\pm h_{v1}$ 被触发。原理表示在图 3.30c 中。

大体上，滞环控制器的滞环宽度在 0 附近对称。转矩控制器用五种滞环宽度和省略磁链控制器的 0 宽度将在解释开关表时展开论述。

滞环控制器的输出输入到开关表中。对于输入的每种组合，查找表都给出一个合适的电压矢量和相应的三相开关位置。基于带有包含定子磁链矢量扇区数的转矩和磁链误差的符号和幅值选出电压矢量。为了平衡中性点电位，也需要相电流的符号。

5. 开关表

有两电平或者三电平逆变器产生的电压矢量（的差模分量）当旋转 60° 的整数倍时相同。为了利用这种对称性，$\alpha\beta$ 坐标系被分成六个饼形扇区，分别为 0 ~ 5 扇区。每个扇区包括 60°。当角度在 -30° 和 30° 之间时，查找表限制在 0 扇区的范围内。将 0 扇区中的电压矢量旋转 60°的倍数可以很方便地得到查找表的其他五个扇区。

对于三电平逆变器，0 扇区又被分为两个子扇区，一个角度较小的位于 -30°和 0°之间的子扇区还有一个角度较大位于 0°和 30°之间的子扇区。所以，360°被分成 12 个子扇区，每个子扇区包括 30°角。图 3.31 中的白色区域表示角度较低的子扇区，灰色区域表示角度较大的子扇区。

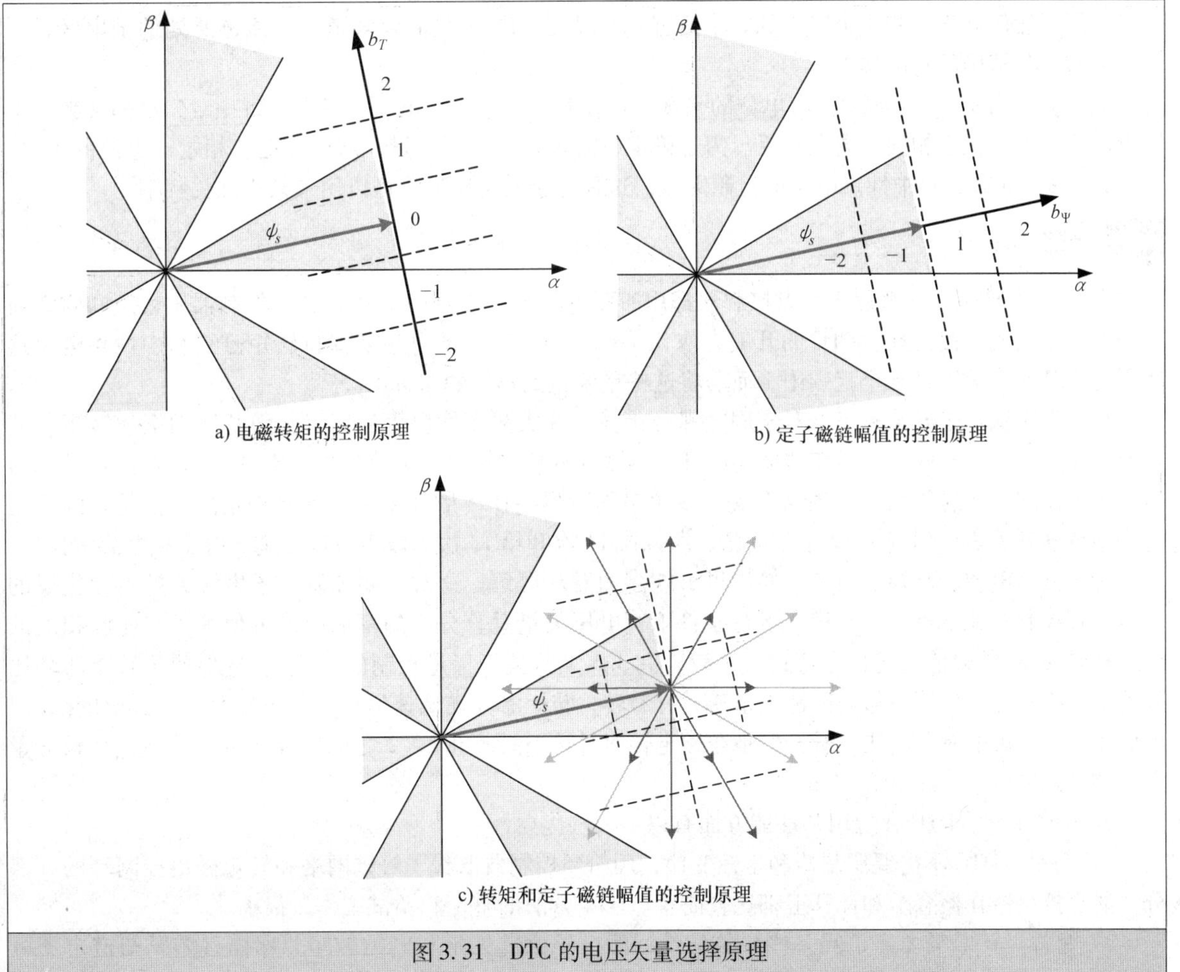

图 3.31 DTC 的电压矢量选择原理

注：带有电压矢量的 ab 平面被分成与滞环控制器输出的整数对应地垂直部分。可以相应地选出电压矢量，从而选出三相开关的位置。

如图2.19所示，一个三电平变换器可以产生约三种不同幅值的电压矢量：0（3个0矢量）、短（内部六边形的12个矢量）、中等和长（外部六边形的12个矢量）。中等和长的电压矢量的幅值近似所以归到一类。因此可以将电压矢量幅值和整数0、±1、±2联系到一起。

电压矢量在定子磁链矢量增加或者电磁转矩减少垂直的方向上运动。因此为了实现转矩控制，要调节电压矢量的垂直分量。为此，将转矩控制器的五个输出电平与垂直轴联系在一起，这在图3.31a中表示出来。注意到这里假设磁链矢量逆时针旋转。可以推导出开关切换规律：$b_T=0$ 时表示用0矢量，$b_T=1$ 时需要一个旋转方向上的短矢量，$b_T=2$ 时需要一个中等或者长的矢量。另外，对于负的 b_T，会朝相反方向触发一个电压矢量。

增加或者减少定子磁链幅值时定子电压矢量的变化与定子磁链的变化相同。因此，如图3.31b所示，磁链控制器的输出决定了电压矢量在该轴上分量的幅值和符号。通常仅有两种电平用到磁链控制器中，也就是±1。0电平没有用到，因为0矢量对于定子磁链幅值的影响很小。但是，当转矩滞环控制器的输出 $b_T=0$ 时，暂时失去了对定子磁链幅值的控制。为了避免这种情况，磁链滞环控制器的输出电平提高到±2。这使得当需要保持磁链控制时DTC转换到短的电压矢量。

将转矩和磁链滞环控制器的推导组合在一起可以产生开关表。电压矢量的 $\alpha\beta$ 平面被分成与两个滞环控制器输出整数有关的垂直部分。控制器输出的每一种组合对应于一个（差模）电压矢量。对于零扇区的上半部分图3.31c给出了这些电压矢量，可以看出所有可用的短矢量都用上了。选出的电压矢量可以应用到任何处于这些子扇区中的定子磁链，所以在DTC中只需要知道定子磁链所处的子扇区，而不需要知道其精确的角度位置。

为了实现当 $b_v=\pm1$ 时中性点电位的平衡，可以利用冗余的短电压矢量对。每一对矢量都会影响中性点电位，影响大小相同，方向相反。为了确定所需多余的电压矢量，需要知道三相定子电流的符号。另外，当 $b_v=0$ 时，对中性点电位的控制无效，这种冗余的电压矢量可以用来减小开关频率。

6. 特征和讨论

在DTC中转矩、磁链、中性点控制器都用滞环控制器。与FOC相比，这些控制器用转矩和磁链前馈项取代了电流控制内环。DTC的开关表取代了调制器。DTC的目标是保持转矩磁链和中性点电位这些量处于其参考值附近某个范围中，而非将这些量调整到具体的参考值。

滞环带宽决定了开关频率。对于固定滞环带宽，开关频率取决于运行点，随基波频率和转矩设置点而变化。有关对于两电平逆变器驱动的开关频率的分析和预测，可以见参考文献［74］。滞环控制器与定子电流和电磁转矩的谐波频谱有关，该频率既不限制在离散频率中也不是确定的。但是，因为三电平逆变器开关表中用到了12个子扇区，所以第11次和第13次谐波也可以在定子电压和电流中找出。

为了减小电流和转矩的纹波，要用尽可能多的滞环等级。这对于要控制定子磁链矢量角度位置的转矩滞环控制器尤为重要。在稳态运行条件下，电压矢量垂直分量的幅值应该近似等于与速度相关的反电动势 $\omega_s\Psi_s$ 的幅值（可以参考式（3.57）和3.6.1节关于标量控制的讨论）。这促使了转矩滞环比较器中五级滞环的使用。假设磁链矢量逆时针旋转，转矩滞环在低速运行条件下在0～1之间变化，因此应用了0和短的有源电压矢量。但是在额定转速时转矩滞环在1～2之间转换，也就是在短和长矢量之间切换。

与FOC相比，DTC在应用和性能方面有以下一些优点：

1）简单。DTC不需要调制器和坐标变换，用滞环控制器取代了解耦网络和转矩磁链控制环的一部分。滞环控制器在概念上和计算上都比较简单。DTC方法的整定和调试工作量很小。

2）鲁棒。DTC需要定子侧一些量的估计，即定子磁链矢量和电磁转矩。那样只需要知道定子电阻。因此DTC受转子参数变化的影响比较小。不需要知道磁链矢量角速度、转子磁链矢量的角度位置或者幅值。滞环控制器的使用显著增加了DTC的鲁棒性。

3）转矩响应。DTC 的转矩动态响应很快而且只受可用直流母线电压的限制。与 FOC 的对比表明 DTC 在这方面比 FOC 好（见参考文献［75］）。

另外，DTC 通常也有以下这些缺点：

1）谐波畸变。DTC 会在定子电流和电磁转矩中产生明显纹波。标准 DTC 会比 FOC 产生更高的定子电流和转矩 TDD，至少在两电平逆变器中是这样[75]。但是对于多电平逆变器，先进的 DTC 方法比带有 PWM 的 FOC 会产生更小的转矩纹波[76]。

2）开关频率。用滞环控制环使开关频率与运行点有关。但是为了实现一个足够的常数开关频率，需要调整滞环宽度。例如，这可以用通过测定开关频率和通过一个合适的闭环开关频率控制环实现。

3）采样频率。为了限制超出滞环范围，DTC 需要很高的采样频率。通常 DTC 中会用到的采样周期为 $T_s=25\mu s$，这相当于采样频率为 40kHz。这种采样频率就比 FOC 的采样频率至少高了一个数量级。

4）转矩误差。用多电平输出的滞环控制器会不可避免地产生很大的稳态误差，尤其在转矩控制环中。但是为了实现 0 转矩误差，在转矩控制环经常会加上一个带有积分器的补偿控制器。

7. DTC 概念的拓展和相关控制方法

关于基础 DTC 概念的总结和提高 DTC 性能的不同拓展，可以见参考文献［45］、［46，第 8 章］和［55］。接下来简要概括了几条两电平逆变器基本 DTC 概念的重要拓展：

1）为了减小转矩和磁链纹波，额外的（离散）电压矢量在参考文献［77］中提到，用到了 SVM 的概念。保留了滞环控制器。

2）在用 SVM 的方向上更进一步，在参考文献［78］中用无差拍控制器取代了滞环控制环。计算出能预测下一采样时刻转矩和磁链误差最小的定子电压。这个电压可以运用 SVM 变成开关信号。这保证了确定的谐波频谱和相对小的电流畸变。

3）或者不需要调制器就可以实现常数开关频率。像在参考文献［79］中提出的，对于两电平逆变器，滞环控制环和查找表决定了有源电压矢量，这个电压矢量可以利用 0 矢量补充。使用固定长度转换时间时，有源电压矢量的占空比被调整到使得转矩纹波最小。

最初的 DTC 是为带有三级滞环的转矩控制环和带有两级滞环的磁链环而发展起来的。直至今日，大部分 DTC 相关的研究都集中于两电平逆变器。另外，DTC 在三电平或多电平中应用的文章比较少。其中对三电平逆变器研究的文章[80,81]和对多电平逆变器研究的文章[76,82]值得注意。

直接自控制（DSC）是一种与 DTC 有紧密联系的方法，由 Depenbrock[83,84]与 DTC 同时提出。对于两电平逆变器，通过利用三个滞环控制器按六边形调节定子磁链矢量可以实现对定子磁链幅值的控制——每个滞环控制器控制磁链在 *abc* 轴上的分量。第四个滞环控制器通过在六边形磁链轨迹上加上 0 矢量实现转矩控制。

因此，标准的 DSC 会固有地基于六步运行，从而允许直流母线电压的完全利用。之后引入的磁链轨迹折叠用来减小转矩纹波[85]。DSC 在三电平逆变器的拓展也是可能的[86]。DSC 非常适合运行在很低的开关频率和弱磁领域中，这使得 DSC 成为牵引驱动应用中一种很常用的方法[87]。

附录 3.A 单相 OPP 的谐波分析

单相脉冲模式 $u(\theta)$ 的傅里叶级数（3.24）在附录中进行了推导。回想 $u(\theta)$ 是一个周期为 2π 的周期信号。所以，$u(\theta)$ 可以表示成傅里叶级数：

$$u(\theta)=\frac{a_0}{2}+\sum_{n=1}^{\infty}\left(a_n\cos(n\theta)+b_n\sin(n\theta)\right) \tag{3.A.1}$$

式中的傅里叶系数：

$$a_n = \frac{1}{\pi}\int_{-\pi}^{\pi} u(\theta)\cos(n\theta)\,\mathrm{d}\theta,\ n \geqslant 0 \tag{3. A. 2a}$$

$$b_n = \frac{1}{\pi}\int_{-\pi}^{\pi} u(\theta)\sin(n\theta)\,\mathrm{d}\theta,\ n \geqslant 1 \tag{3. A. 2b}$$

由于式（3.20）中的对称性，脉冲模式是个奇函数，也就是 $u(\theta) = -u(-\theta)$。a_n 中 $\cos(n\theta)$ 这一项是个偶函数。因为奇函数和偶函数相乘还是一个奇函数，奇函数在区间 $[-\pi, \pi]$ 上积分为 0。所以我们得出 a_n 为 0。

因为 $\sin(n\theta)$ 这一项是奇函数，所以 b_n 是个偶函数。在区间 $[-\pi, 0]$ 上积分和在区间 $[0, \pi]$ 上积分结果相同，所以可以把式（3. A. 2b）化简为

$$b_n = \frac{2}{\pi}\int_{0}^{\pi} u(\theta)\sin(n\theta)\,\mathrm{d}\theta \tag{3. A. 3}$$

把积分区间 $[0, \pi]$ 分成两个部分：

$$b_n = \frac{2}{\pi}\int_{0}^{\frac{\pi}{2}} u(\theta)\sin(n\theta)\,\mathrm{d}\theta + \frac{2}{\pi}\int_{\frac{\pi}{2}}^{\pi} u(\pi-\theta)\sin(n\theta)\,\mathrm{d}\theta \tag{3. A. 4}$$

对第二个积分，利用单相脉冲模式的四分之一波长对称（3.20）。将变量 $\theta' = \pi - \theta$ 替换到第二部分积分，得到

$$b_n = \frac{2}{\pi}\int_{0}^{\frac{\pi}{2}} u(\theta)\sin(n\theta)\,\mathrm{d}\theta - \frac{2}{\pi}\int_{\frac{\pi}{2}}^{0} u(\theta')\sin(n\pi - n\theta')\,\mathrm{d}\theta' \tag{3. A. 5}$$

通过恒等式

$$\sin(n\pi - n\theta') = -(-1)^n \sin(n\theta')$$

式（3. A. 5）可以写成

$$b_n = \frac{2}{\pi}\int_{0}^{\frac{\pi}{2}} u(\theta)\sin(n\theta)\,\mathrm{d}\theta - \frac{2}{\pi}(-1)^n\int_{0}^{\frac{\pi}{2}} u(\theta)\sin(n\theta)\,\mathrm{d}\theta \tag{3. A. 6}$$

这里为了简化标记，把 θ' 换成了 θ。傅里叶级数的系数能被化简成

$$b_n = \begin{cases} \dfrac{4}{\pi}\displaystyle\int_{0}^{\frac{\pi}{2}} u(\theta)\sin(n\theta)\,\mathrm{d}\theta,\ n = 1,3,5,\cdots \\ 0,\ n = 2,4,6,\cdots \end{cases} \tag{3. A. 7}$$

回想脉冲模式的特点主要由主开关角度 α_i 和开关位置 u_i 确定的，其中 $i \in \{1, 2, 3, \cdots, d\}$。脉冲模式是一个分段常数信号。在区间 $0 \leqslant \theta \leqslant \frac{\pi}{2}$ 中，可以写作

$$u(\theta) = \begin{cases} 0 & 0 < \theta < \alpha_1 \\ u_1 & \alpha_1 < \theta < \alpha_2 \\ u_2 & \alpha_2 < \theta < \alpha_3 \\ \cdots & \cdots \\ u_{d-1} & \alpha_{d-1} < \theta < \alpha_d \\ u_d & \alpha_d < \theta < \dfrac{\pi}{2} \end{cases} \tag{3. A. 8}$$

可以参考图 3.16 中一个 $d=3$ 主开关角度的例子。

定义开关状态的变化（或者是开关切换）为

$$\Delta u_i = u_i - u_{i-1} \tag{3. A. 9}$$

因为 $u_0 = 0$，可以得到第 i 个开关的位置可以表示成 i 次开关切换的和：

$$u_i = \sum_{j=1}^{i} \Delta u_j \tag{3. A. 10}$$

将式（3. A. 10）和式（3. A. 8）代入到式（3. A. 7），n 为奇数时得到 d 个积分项的和：

$$b_n = \frac{4}{\pi}\Delta u_1\int_{\alpha_1}^{\alpha_2}\sin(n\theta)\mathrm{d}\theta + \frac{4}{\pi}(\Delta u_1 + \Delta u_2)\int_{\alpha_2}^{\alpha_3}\sin(n\theta)\mathrm{d}\theta + \cdots + \frac{4}{\pi}\sum_{j=1}^{d-1}\Delta u_j\int_{\alpha_{d-1}}^{\alpha_d}\sin(n\theta)\mathrm{d}\theta + \frac{4}{\pi}\sum_{j=1}^{d}\Delta u_j\int_{\alpha_d}^{\frac{\pi}{2}}\sin(n\theta)\mathrm{d}\theta \tag{3. A. 11}$$

对每一个 Δu_i 对应的积分项进行重新排列组合，可以将结果简化成

$$b_n = \frac{4}{\pi}\Delta u_1\int_{\alpha_1}^{\frac{\pi}{2}}\sin(n\theta)\mathrm{d}\theta + \frac{4}{\pi}\Delta u_2\int_{\alpha_2}^{\frac{\pi}{2}}\sin(n\theta)\mathrm{d}\theta + \cdots + \frac{4}{\pi}\Delta u_{d-1}\int_{\alpha_{d-1}}^{\frac{\pi}{2}}\sin(n\theta)\mathrm{d}\theta + \frac{4}{\pi}\Delta u_d\int_{\alpha_d}^{\frac{\pi}{2}}\sin(n\theta)\mathrm{d}\theta \tag{3. A. 12}$$

积分项可以很容易地解出

$$\int_{\alpha_i}^{\frac{\pi}{2}}\sin(n\theta)\mathrm{d}\theta = -\frac{1}{n}\left(\cos\left(n\frac{\pi}{2}\right) - \cos(n\alpha_i)\right) = \frac{1}{n}\cos(n\alpha_i) \tag{3. A. 13}$$

式中已经确定 n 是一个奇数，可以得到

$$b_n = \frac{4}{n\pi}\sum_{i=1}^{d}\Delta u_i\cos(n\alpha_i) \tag{3. A. 14}$$

因为所有 a_n 都为0，可以将式（3. A. 1）中的傅里叶级数代入系数（3. A. 2）写成紧凑表达的形式：

$$u(\theta) = \sum_{n=1}^{\infty}\hat{u}_n\sin(n\theta) \tag{3. A. 15}$$

$$\hat{u}_n = \begin{cases}\frac{4}{n\pi}\sum_{i=1}^{d}\Delta u_i\cos(n\alpha_i) & n = 1,3,5,\cdots \\ 0 & n = 2,4,6,\cdots\end{cases} \tag{3. A. 16}$$

式中用$\hat{u}_n$ 替代了 b_n 为了表明傅里叶系数与第 n 次谐波信号的峰值有关。

附录 3. B　数学优化

在本附录中，回顾数学规划中的基本术语，引入混合整数规划（MIP）和二次规划（QP）。接下来给出了关于数学优化和论述证明更多细节，读者可以参考一些著名教科书，如参考文献［42，43，88－90］。

3. B. 1　一般优化问题 ★★★

从介绍基本术语[43]开始。考虑优化问题的一般形式：

$$\underset{x}{\text{minimize}} \quad J(\boldsymbol{x}) \tag{3. B. 1a}$$

$$服从于\ g_i(\boldsymbol{x}) \leqslant 0 \quad i = 1,\ \cdots,\ n_g \tag{3. B. 1b}$$

$$h_i(\boldsymbol{x}) = 0 \quad i = 1,\ \cdots,\ n_h \tag{3. B. 1c}$$

式中，优化变量或者叫决策变量 $\boldsymbol{x} = [\boldsymbol{x}_r^T \quad \boldsymbol{x}_b^T]^T$，这个变量中一般包含一个全为实数值的部分 $\boldsymbol{x}_r \in \mathbb{R}^{n_r}$ 和一个二进制数部分 $\boldsymbol{x}_b \in \{0,\ 1\}^{n_b}$。目标函数或者叫代价函数 $J(\boldsymbol{x}): \mathbb{R}^{n_r} \times \{0,\ 1\}^{n_b} \to \mathbb{R}$ 是一个从矢量 $\boldsymbol{x}$ 到标量 J 的映射。

代价函数在不等式约束（3. B. 1b）和（3. B. 1c）的条件下最小化。这些约束条件定义了空间 $\mathbb{R}^{n_r} \times \{0,\ 1\}^{n_b}$ 上的一个子集 $\boldsymbol{\chi}$。这个子集通常被称为可行集、可行区域，或者叫查找空间。把函数 $g_i(\boldsymbol{x})$ 和 $h_i(\boldsymbol{x})$ 称为不等式约束函数和等式约束函数。如果点 $\boldsymbol{x}$ 属于可行集合 $\boldsymbol{\chi}$，则点 $\boldsymbol{x}$ 称为可行，并满足所有约束条件。如果至少一个可行点存在，则问题（3. B. 1）可行，否则称之为不可行。

优化问题（3. B. 1）也就是在可行集合$\boldsymbol{\chi}$找向量$\boldsymbol{x} \in \boldsymbol{\chi}$最小化代价函数$J(\boldsymbol{x})$的值。优化问题（3. B. 1）的最优值$J_{opt}$定义为

$$J_{opt} = \inf\{J(\boldsymbol{x}) \mid \boldsymbol{x} \in \boldsymbol{\chi}\} \tag{3. B. 2}$$

（可行）最小化问题（3. B. 1）的解$\boldsymbol{x}_{opt}$也叫最优解或者叫最优项。可以写出$J(\boldsymbol{x}_{opt}) = J_{opt}$。如果该问题不可行，定义$J_{opt} = \infty$，如果该问题下方无界，则得到$J_{opt} = -\infty$的结果。如果点$\boldsymbol{x}$在可行集合的一个子集中可以使$J$最小化，则称该$\boldsymbol{x}$为局部最优，反之，如果该$\boldsymbol{x}$使得$J$在全部可行集合中最小，则称$\boldsymbol{x}$为全局最优。

3. B. 2 混合整数优化问题 ★★★

当优化变量包含整数变量（$n_b \geqslant 1$），可行集$\boldsymbol{\chi}$（一个子集）是离散的，优化问题（3. B. 1）产生了一个混合整数规划（MIP）。在最坏的情况下，求解 MIP 时所有可能的整数解都需要找到。这表明求解时间会随着整数优化变量的个数呈指数增加[91]。实际上，MIP 通常是不确定多项式困难问题（NP - hard）。

但是，已经提出的优化方法通常使我们更有效地求解 MIP。其中一种是所谓的分支定界法，这将在之后作详细说明。求解 MIP 的其他方法包括切割平面、分解和基于逻辑的算法等。对于这些方法的更多细节，可以见参考文献［88］和［92］。

分支定界法的概念发展于 20 世纪 60 年代。其已经成为了求解（混合）整数优化问题最重要的一种方法。这种方法需要减少研究备选项的数量，而不是列举所有可能的备选解。通过应用边界，未被选取的备选解会在进一步考虑中去除，因为可以证明这些解不是最优的。因此，通常只有备选解的少部分子集进而是检索树的少部分子集需要被列举，从而找出最优解。

尤其是分支定界法顾名思义会有以下两个步骤。

1）分支。通过将可行集合$\boldsymbol{\chi}$分成两个或者更多不相交的子集可以将优化问题分成几个子问题。例如将$\boldsymbol{\chi}$分成$\boldsymbol{\chi}_1$和$\boldsymbol{\chi}_2$，有$\boldsymbol{\chi}_1 \cup \boldsymbol{\chi}_2 = \boldsymbol{\chi}$，$\boldsymbol{\chi}_1 \cap \boldsymbol{\chi}_2 = \varnothing$。用启发式算法可以确定哪个子集先被研究。

2）定界。对于所有研究的备选解中求出的代价函数最小值作为上界。通过定义，这个值就等于目前为止找出的最优解的代价函数值。子集最优解的低一级边界通常通过确保能快速计算出结果的松弛法给出。如果低一级的边界超过了上界，则最优解肯定不在这个子集中，相应的子问题可以在下一步运算中去除。

图 3. 32 强调了分支定界法的普遍概念，分支定界法在参考文献［93］中采用。在参考文献［93］和［94，第 12 章和第 13 章］提供了关于分支定界法的介绍和总结。参考文献［95］和［96，第 8 章］中提出了更多的数学说明，而参考文献［97］中提供了分支定界法的一个调查。

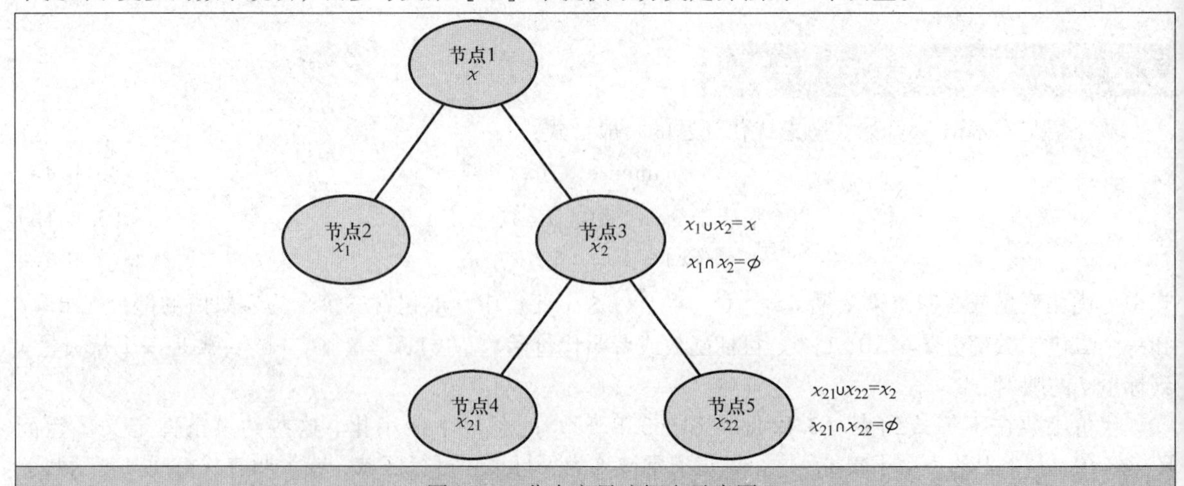

图 3. 32　分支定界法概念示意图

注：可行域$\boldsymbol{\chi}$分成不相交的子集。用代价函数中的上下界辨别和移除只包含次最优备选解的子问题。

3.B.3 凸优化问题 ★★★

式（3.B.1）的一个重要的子类是凸优化问题。如果集合$\boldsymbol{\chi}=\mathbb{R}^{n_r}$中任意两点$\boldsymbol{x}_1$和$\boldsymbol{x}_2$且$\ell\in[0,1]$中间的线段也属于这个集合$\boldsymbol{\chi}$，也就是

$$\ell\boldsymbol{x}_1+(1-\ell)\boldsymbol{x}_2\in\boldsymbol{\chi} \tag{3.B.3}$$

则称集合$\boldsymbol{\chi}=\mathbb{R}^{n_r}$为凸。考虑函数$J$：$\boldsymbol{\chi}\to\mathbb{R}$，$\boldsymbol{\chi}\in\mathbb{R}^{n_r}$是一个非空凸集。如果对于所有的$\boldsymbol{x}_1$，$\boldsymbol{x}_2\in\boldsymbol{\chi}$且$\ell\in[0,1]$满足

$$J(\ell\boldsymbol{x}_1+(1-\ell)\boldsymbol{x}_2)\leqslant\ell J(\boldsymbol{x}_1)+(1-\ell)J(\boldsymbol{x}_2) \tag{3.B.4}$$

则称函数J在集合$\boldsymbol{\chi}$上为凸。

对于凸优化问题，约束函数是凸的，优化变量是实数值，也就是说，$n_b=0$。这表明可行集合$\boldsymbol{\chi}$是凸的。因为代价函数也需要是凸的，局部最小值也是全局最优解。图优化问题之所以重要是因为其可以在多项式时间上求解，也就是，计算时间随问题的维数的伸缩性很好。

二次规划（QP）是与凸优化问题相关的一个优化问题类型

$$\underset{x}{\text{minimize}}\frac{1}{2}\boldsymbol{x}^T\boldsymbol{H}\boldsymbol{x}+c^T\boldsymbol{x} \tag{3.B.5a}$$

$$\text{服从于}\quad \boldsymbol{G}\boldsymbol{x}\leqslant g \tag{3.B.5b}$$

代价函数$J(\boldsymbol{x}):\mathbb{R}^{n_r}\to\mathbb{R}$是二次的，优化变量$\boldsymbol{x}\in\mathbb{R}^{n_r}$是实数值，约束条件是线性的。$\boldsymbol{H}$矩阵称为Hessian矩阵，是一个$n_r\times n_r$矩阵，约束矩阵$\boldsymbol{G}$是一个$n_g\times n_r$矩阵，$n_g$表示不等式约束的个数。线性约束（3.B.5b）确定了可行集合$\boldsymbol{\chi}$。

二次规划通常用内点法[98,99]求解。其他求解方法包括有效集[100]和梯度法[101]。二次规划求解器包括SeDuMi[102]、CPLEX[103]和IpOpt[104]。最近在嵌入式系统中求解二次规划做出的初步工作可以在文献中找到，尤其是运行现场可编程门阵列（FPGA）中（见参考文献[105-108]）。

现在需要正定矩阵的概念。一个对称$n_r\times n_r$矩阵$\boldsymbol{H}$如果对于所有$\boldsymbol{x}\in\mathbb{R}^{n_r}$满足

$$\boldsymbol{x}^T\boldsymbol{H}\boldsymbol{x}\geqslant 0 \tag{3.B.6}$$

则称该矩阵为半正定。类似地，如果对于所有非0 $\boldsymbol{x}\in\mathbb{R}^{n_r}$，满足

$$\boldsymbol{x}^T\boldsymbol{H}\boldsymbol{x}>0 \tag{3.B.7}$$

称$\boldsymbol{H}$为正定矩阵。

式（3.B.5a）中可以看出当且仅当$\boldsymbol{H}$是半正定矩阵，二次代价函数是凸的。当且仅当表示这是一个充要条件。考虑没有约束条件（3.B.5b）的优化问题（3.B.5），也就是假设$\boldsymbol{\chi}=\mathbb{R}^{n_r}$。称这类问题是无约束的二次规划。假设$J$在$\boldsymbol{x}_{\text{opt}}$处可微。如果$J$是凸的，当且仅当

$$\nabla J(\boldsymbol{x}_{\text{opt}})=0 \tag{3.B.8}$$

时$\boldsymbol{x}_{\text{opt}}$是一个全局最优解。

梯度

$$\nabla J(\boldsymbol{x})=\begin{bmatrix}\dfrac{\mathrm{d}J(\boldsymbol{x})}{\mathrm{d}x_1}\\ \dfrac{\mathrm{d}J(\boldsymbol{x})}{\mathrm{d}x_2}\\ \cdots\\ \dfrac{\mathrm{d}J(\boldsymbol{x})}{\mathrm{d}x_{n_r}}\end{bmatrix} \tag{3.B.9}$$

是属于$\mathbb{R}^{n_r}$的一个向量，包含了$J(\boldsymbol{x})$的偏导数，式中$\boldsymbol{x}=[x_1,x_2,\cdots,x_{n_r}]^T$。对于二次规划的代价函数（3.B.5a），梯度可以很容易地计算出来，最优条件（3.B.8）可以表示成

$$\nabla J(\boldsymbol{x}_{\mathrm{opt}}) = \boldsymbol{H}\boldsymbol{x}_{\mathrm{opt}} + c = 0 \tag{3.B.10}$$

回想找一个带有标量参数函数的最小值可以将该函数的一阶导数设为0，二阶导数为正。对于一个带有矢量参数的函数求其最小值的方法之前已经归纳过。要找到使 J 最小的点需要梯度 ∇J 为 0 且 Hessian 矩阵为（半）正定矩阵。

这里提供了推导最优条件（3. B. 10）的另一种方法。仅需要 Hessian 矩阵可逆并对称，而不需要求导。从式（3. B. 5a）中的代价函数 $J(\boldsymbol{x}_{\mathrm{opt}})$ 开始，采用配方法将代价函数重新写成

$$J(\boldsymbol{x}) = \frac{1}{2}(\boldsymbol{x} + \boldsymbol{H}^{-1}c)^T\boldsymbol{H}(\boldsymbol{x} + \boldsymbol{H}^{-1}c) - \frac{1}{2}c^T\boldsymbol{H}^{-1}c \tag{3.B.11}$$

通过代数化简和利用 Hessian 矩阵对称，$\boldsymbol{H}^T = \boldsymbol{H}$，可以看出式（3. B. 11）与式（3. B. 5a）相等。通过定义一个 $\boldsymbol{y} = \boldsymbol{x} + \boldsymbol{H}^{-1}c$，式（3. B. 11）可对代价函数作进一步简化

$$J(\boldsymbol{y}) = \frac{1}{2}\boldsymbol{y}^T\boldsymbol{H}\boldsymbol{y} - \frac{1}{2}c^T\boldsymbol{H}^{-1}c \tag{3.B.12}$$

第二项是一个标量补偿，其对最优解没有影响。因为 $\boldsymbol{H}$ 半正定，$J(\boldsymbol{y})$ 的无约束最小值在 $\boldsymbol{y}_{\mathrm{opt}} = 0$ 处获得。等价地，$J(\boldsymbol{x})$ 的最优值在

$$\boldsymbol{x}_{\mathrm{opt}} = -\boldsymbol{H}^{-1}c \tag{3.B.13}$$

处获得。请对照式（3. B. 10）。

参考文献

[1] J. Song-Manguelle, S. Schröder, T. Geyer, G. Ekemb, and J.-M. Nyobe-Yome, "Prediction of mechanical shaft failures due to pulsating torques of variable-frequency drives," *IEEE Trans. Ind. Appl.*, vol. 46, pp. 1979–1988, Sep./Oct. 2010.

[2] IEEE Std 519-1992, "IEEE recommended practices and requirements for harmonic control in electrical power systems," Apr. 1993.

[3] P. G. Cummings, "Estimating effect of system harmonics on losses and temperature rise of squirrel-cage motors," *IEEE Trans. Ind. Appl.*, vol. IA-22, pp. 1121–1126, Nov./Dec. 1986.

[4] M. Schweizer, *System-oriented efficiency optimization of variable speed drives*. PhD thesis, ETH Zurich, 2012.

[5] T. M. Blooming and D. J. Carnovale, "Application of IEEE Std 519-1992 harmonic limits," in *Annual Pulp and Paper Industry Technical Conference*, Jun. 2006.

[6] S. Chen, T. A. Lipo, and D. Fitzgerald, "Source of induction motor bearing currents caused by PWM inverters," *IEEE Trans. Energy Convers.*, vol. 11, pp. 25–32, Mar. 1996.

[7] S. Chen, T. A. Lipo, and D. Fitzgerald, "Modeling of motor bearing currents in PWM inverter drives," *IEEE Trans. Ind. Appl.*, vol. 32, pp. 1365–1370, Nov./Dec. 1996.

[8] T. Hoevenaars, K. LeDoux, and M. Colosino, "Interpreting IEEE std 519 and meeting its harmonic limits in VFD applications," in *Annual Petroleum and Chemical Industry Conference*, pp. 145–150, Sep. 2003.

[9] IEC 61000-2-4, "Electromagnetic compatibility (EMC)—part 2-4: Environment—compatibility levels in industrial plants for low-frequency conducted disturbances," Sep. 2002.

[10] P. Pillay and M. Manyage, "Definitions of voltage unbalance," *Power Eng. Rev.*, vol. 21, pp. 50–51, May 2001.

[11] H. S. Black, *Modulation theory*. D van Nostrand Co, NY & Toronto, 1953.

[12] G. Carrara, S. Gardella, M. Marchesoni, R. Salutari, and G. Sciutto, "A new multilevel PWM method: a theoretical analysis," *IEEE Trans. Power Electron.*, vol. 7, pp. 497–505, July 1992.

[13] J. Shen, S. Schröder, H. Stagge, and R. W. De Doncker, "Impact of modulation schemes on the power capability of high-power converters with low pulse ratios," *IEEE Trans. Power Electron.*, vol. 29, pp. 5696–5705, Nov. 2014.

[14] S. Bowes and B. Bird, "Novel approach to the analysis and synthesis of modulation processes in power converters," *IEE Proc.*, vol. 122, pp. 507–513, May 1975.

[15] D. G. Holmes and T. A. Lipo, *Pulse width modulation for power converters: Principles and practice*. IEEE Press, 2003.

[16] H. du Toit Mouton, B. McGrath, D. G. Holmes, and R. H. Wilkinson, "One-dimensional spectral analysis of complex PWM waveforms using superposition," *IEEE Trans. Power Electron.*, vol. 29, pp. 6762–6778, Dec. 2014.

[17] B. P. McGrath and D. G. Holmes, "An analytical technique for the determination of spectral components of multilevel carrier-based PWM methods," *IEEE Trans. Ind. Electron.*, vol. 49, pp. 847–857, Aug. 2002.

[18] N. Celanovic and D. Boroyevich, "A fast space-vector modulation algorithm for multilevel three-phase converters," *IEEE Trans. Ind. Appl.*, vol. 37, pp. 637–641, Mar./Apr. 2001.

[19] B. P. McGrath, D. G. Holmes, and T. Lipo, "Optimized space vector switching sequences for multilevel inverters," *IEEE Trans. Power Electron.*, vol. 18, pp. 1293–1301, Nov. 2003.

[20] D. G. Holmes, "The general relationship between regular-sampled pulse-width-modulation and space vector modulation for hard switched converters," in *Proceedings of the IEEE Industry Applications Society Annual Meeting*, pp. 1002–1009, 1992.

[21] H. S. Patel and R. G. Hoft, "Generalized techniques of harmonic elimination and voltage control in thyristor inverters: Part I–Harmonic elimination," *IEEE Trans. Ind. Appl.*, vol. IA-9, pp. 310–317, May/Jun. 1973.

[22] H. S. Patel and R. G. Hoft, "Generalized techniques of harmonic elimination and voltage control in thyristor inverters: Part II–Voltage control techniques," *IEEE Trans. Ind. Appl.*, vol. IA-10, pp. 666–673, Sep./Oct. 1974.

[23] P. N. Enjeti, P. D. Ziogas, and J. F. Lindsay, "Programmed PWM techniques to eliminate harmonics: A critical evaluation," *IEEE Trans. Ind. Appl.*, vol. 26, pp. 302–316, Mar./Apr. 1990.

[24] J. R. Espinoza, G. Joós, J. I. Guzmán, L. A. Morán, and R. P. Burgos, "Selective harmonic elimination and current/voltage control in current/voltage-source topologies: A unified approach," *IEEE Trans. Ind. Electron.*, vol. 48, pp. 71–81, Feb. 2001.

[25] J. N. Chiasson, L. M. Tolbert, K. J. McKenzie, and Z. Du, "A complete solution to the harmonic elimination problem," *IEEE Trans. Power Electron.*, vol. 19, pp. 491–499, Mar. 2004.

[26] V. G. Agelidis, A. I. Balouktsis, and C. Cossar, "On attaining the multiple solutions of selective harmonic elimination PWM three-level waveforms through function minimization," *IEEE Trans. Ind. Electron.*, vol. 55, pp. 996–1004, Mar. 2008.

[27] M. S. A. Dahidah, V. G. Agelidis, and M. V. Rao, "On abolishing symmetry requirements in the formulation of a five-level selective harmonic elimination pulse-width modulation technique," *IEEE Trans. Power Electron.*, vol. 21, pp. 1833–1837, Nov. 2006.

[28] V. G. Agelidis, A. I. Balouktsis, and M. S. A. Dahidah, "A five-level symmetrically defined selective harmonic elimination PWM strategy: Analysis and experimental validation," *IEEE Trans. Power Electron.*, vol. 23, pp. 19–26, Jan. 2008.

[29] J. N. Chiasson, L. M. Tolbert, K. J. McKenzie, and Z. Du, "Elimination of harmonics in a multilevel converter using the theory of symmetric polynomials and resultants," *IEEE Trans. Control. Syst. Technol.*, vol. 13, pp. 216–223, Mar. 2005.

[30] G. S. Buja and G. B. Indri, "Optimal pulse width modulation for feeding AC motors," *IEEE Trans. Ind. Appl.*, vol. IA-13, pp. 38–44, Jan./Feb. 1977.

[31] G. S. Buja, "Optimum output waveforms in PWM inverters," *IEEE Trans. Ind. Appl.*, vol. 16, pp. 830–836, Nov./Dec. 1980.

[32] A. K. Rathore, J. Holtz, and T. Boller, "Synchronous optimal pulse width modulation for low-switching-frequency control of medium-voltage multilevel inverters," *IEEE Trans. Ind. Electron.*, vol. 57, pp. 2374–2381, Jul. 2010.

[33] A. K. Rathore, J. Holtz, and T. Boller, "Generalized optimal pulse width modulation of multilevel inverters for low-switching-frequency control of medium-voltage high-power industrial AC drives," *IEEE Trans. Ind. Electron.*, vol. 60, pp. 4215–4224, Oct. 2013.

[34] J. Holtz and B. Beyer, "Off-line optimized synchronous pulse width modulation with on-line control during transients," *EPE Journal*, vol. 1, pp. 193–200, Dec. 1991.

[35] J. Holtz and B. Beyer, "The trajectory tracking approach—A new method for minimum distortion PWM in dynamic high-power drives," *IEEE Trans. Ind. Appl.*, vol. 30, pp. 1048–1057, Jul./Aug. 1994.

[36] J. Holtz and B. Beyer, "Fast current trajectory tracking control based on synchronous optimal pulse width modulation," *IEEE Trans. Ind. Appl.*, vol. 31, pp. 1110–1120, Sep./Oct. 1995.

[37] J. Holtz and N. Oikonomou, "Synchronous optimal pulse width modulation and stator flux trajectory control for medium-voltage drives," *IEEE Trans. Ind. Appl.*, vol. 43, pp. 600–608, Mar./Apr. 2007.

[38] J. Holtz and N. Oikonomou, "Fast dynamic control of medium voltage drives operating at very low switching frequency—An overview," *IEEE Trans. Ind. Electron.*, vol. 55, pp. 1005–1013, Mar. 2008.

[39] D. Kulka, W. Gens, and G. Berger, "Direct torque controlling technique with synchronous optimized pulse pattern," in *Proceedings of IEEE Power Electronics Specialists Conference*, pp. 245–250, Jun. 1993.

[40] J. Meili, S. Ponnaluri, L. Serpa, P. K. Steimer, and J. W. Kolar, "Optimized pulse patterns for the 5-level ANPC converter for high speed high power applications," in *Proceedings of IEEE Industrial Electronics Society, Annual Conference*, pp. 2587–2592, 2006.

[41] H. Weng, K. Chen, J. Zhang, R. Datta, X. Huang, L. J. Garces, R. Wagoner, A. M. Ritter, and P. Rotondo, "A four-level converter with optimized switching patterns for high-speed electric drives," in *Proceedings of IEEE Power Electronics Specialists Conference*, pp. 1585–1591, 2007.

[42] D. P. Bertsekas, *Nonlinear programming*. Athena Science, 2nd ed., 1999.

[43] S. Boyd and L. Vandenberghe, *Convex optimization*. Cambridge Univ. Press, 2004.

[44] J. Holtz, "Pulse width modulation—A survey," *IEEE Trans. Ind. Electron.*, vol. 32, pp. 410–420, Dec. 1992.
[45] G. S. Buja and M. P. Kazmierkowski, "Direct torque control of PWM inverter-fed AC motors—A survey," *IEEE Trans. Ind. Electron.*, vol. 51, pp. 744–757, Aug. 2004.
[46] A. Trzynadlowski, *Control of induction motors*. Academic Press, 2001.
[47] W. Leonhard, *Control of electrical drives*. Springer, 3rd ed., 2001.
[48] S.-K. Sul, *Control of electric machine drive systems*. IEEE Press, 2011.
[49] M. K. Kazmierkowski, "Control of PWM inverter-fed induction motors," in *Control in power electronics*, pp. 161–207. Academic Press, 2002.
[50] K. Hasse, "Zum dynamischen Verhalten der Asynchronmaschine bei Betrieb mit variabler Ständerfrequenz und Ständerspannung," *ETZ-A*, vol. 89, pp. 387–391, 1968.
[51] K. Hasse, *Zur Dynamik drehzahlgeregelter Antriebe mit stromrichtergespeisten Asynchron-Kurzschlußläufermaschinen*. PhD thesis, TH Darmstadt, 1969.
[52] F. Blaschke, "Das Prinzip der Feldorientierung, die Grundlage für die Transvector-Regelung von Drehfeldmaschinen," *Siemens Z.*, vol. 45, pp. 757–760, 1971.
[53] F. Blaschke, "Das Verfahren der Feldorientierung zur Regelung der Asynchronmaschine," *Siemens Forsch.- und Entw.-Ber.*, pp. 184–193, 1972.
[54] F. Blaschke, "The principle of field orientation applied to the new transvector closed-loop control system for rotating field machines," *Siemens Rev.*, vol. 39, pp. 217–220, 1972.
[55] P. Vas, *Sensorless vector and direct torque control*. Oxford Univ. Press, 1998.
[56] J. Holtz and J. Quan, "Drift- and parameter-compensated flux estimator for persistent zero-stator-frequency operation of sensorless-controlled induction motors," *IEEE Trans. Ind. Appl.*, vol. 39, pp. 1052–1060, Jul./Aug. 2003.
[57] T. Murata, T. Tsuchiya, and I. Takeda, "Vector control for induction machine on the application of optimal control theory," *IEEE Trans. Ind. Electron.*, vol. 37, pp. 283–290, Aug. 1990.
[58] P. Marion, M. Milano, and F. Vasca, "Linear quadratic state feedback and robust neural network estimator for field-oriented-controlled induction motors," *IEEE Trans. Ind. Electron.*, vol. 46, pp. 150–161, Feb. 1999.
[59] J. Holtz, J. Quan, J. Pontt, J. Rodríguez, P. Newman, and H. Miranda, "Design of fast and robust current regulators for high-power drives based on complex state variables," *IEEE Trans. Ind. Appl.*, vol. 40, pp. 1388–1397, Sep./Oct. 2004.
[60] D. W. Novotny and T. A. Lipo, *Vector control and dynamics of AC drives*. Oxford Univ. Press, 1996.
[61] H. du Toit Mouton, "Natural balancing of three-level neutral-point-clamped PWM inverters," *IEEE Trans. Ind. Electron.*, vol. 49, pp. 1017–1025, Oct. 2002.
[62] S. Ogasawara and H. Akagi, "Analysis of variation of neutral point potential in neutral-point-clamped voltage source PWM inverters," in *Proceedings of IEEE Industry Applications Society Annual Meeting*, Oct. 1993.
[63] C. Newton and M. Sumner, "Neutral point control for multi-level inverters: Theory, design and operational limitations," in *Proceedings of IEEE Industry Applications Society Annual Meeting*, Oct. 1997.
[64] J. K. Steinke, "Switching frequency optimal PWM control of a three-level inverter," *IEEE Trans. Power Electron.*, vol. 7, pp. 487–496, Jul. 1992.
[65] M. Sprenger, R. Alvarez, and S. Bernet, "Direct dead-time control—A novel DC-link neutral-point balancing method for the three-level neutral-point-clamped voltage source inverter," in *Proceedings of IEEE Energy Conversion Congress and Exposition* (Raleigh, NC, USA), pp. 1157–1163, Sep. 2012.
[66] J. Pou, R. Pinando, D. Borojevich, and P. Rodríguez, "Evaluation of the low-frequency neutral-point voltage oscillations in the three-level inverter," *IEEE Trans. Ind. Electron.*, vol. 52, pp. 1582–1588, Dec. 2005.
[67] T. Brückner and D. G. Holmes, "Optimal pulse-width modulation for three-level inverters," *IEEE Trans. Power Electron.*, vol. 20, pp. 82–89, Jan. 2005.
[68] J. Holtz and N. Oikonomou, "Neutral point potential balancing algorithm at low modulation index for three-level inverter medium-voltage drives," *IEEE Trans. Ind. Appl.*, vol. 43, pp. 761–768, May/Jun. 2007.
[69] M. Marchesoni, S. Segarich, and E. Sorressi, "A new control strategy for neutral-point-clamped active rectifiers," *IEEE Trans. Ind. Electron.*, vol. 52, pp. 462–470, Apr. 2005.
[70] I. Takahashi and T. Noguchi, "A new quick response and high efficiency control strategy for the induction motor," *IEEE Trans. Ind. Appl.*, vol. 22, pp. 820–827, Sep./Oct. 1986.
[71] I. Takahashi and Y. Ohmori, "High-performance direct torque control of an induction motor," *IEEE Trans. Ind. Appl.*, vol. 25, pp. 257–264, Mar./Apr. 1989.
[72] P. Pohjalainen, P. Tiitinen, and J. Lulu, "The next generation motor control method—Direct torque control, DTC," in *Proceedings of European on Power Electronics Chapter Symposium*, vol. 1 (Lausanne, Switzerland), pp. 115–120, 1994.
[73] Y.-S. Lai and J.-H. Chen, "A new approach to direct torque control of induction motor drives for constant inverter switching frequency and torque ripple reduction," *IEEE Trans. Energy Convers.*, vol. 16, pp. 220–227, Sep. 2001.
[74] J.-K. Kang and S.-K. Sul, "Analysis and prediction of inverter switching frequency in direct torque control of induction machine based on hysteresis bands and machine parameters," *IEEE Trans. Ind. Electron.*, vol. 48, pp. 545–553, Jun. 2001.

[75] D. Casadei, F. Profumo, G. Serra, and A. Tanni, "FOC and DTC: Two viable schemes for induction motors torque control," *IEEE Trans. Power Electron.*, vol. 17, pp. 779–787, Sep. 2002.

[76] C. A. Martins, X. Roboam, T. Meynard, and A. Carvalho, "Switching frequency imposition and ripple reduction in DTC drives by using a multilevel converter," *IEEE Trans. Power Electron.*, vol. 17, pp. 286–297, Mar. 2002.

[77] D. Casadei, G. Serra, and A. Tanni, "Implementation of a direct torque control algorithm for induction motors based on discrete space vector modulation," *IEEE Trans. Power Electron.*, vol. 15, pp. 769–777, Jul. 2000.

[78] T. G. Habetler, F. Profumo, M. Pastorelli, and L. M. Tolbert, "Direct torque control of induction machines using space vector modulation," *IEEE Trans. Ind. Appl.*, vol. 28, pp. 1045–1053, Sep./Oct. 1992.

[79] J.-K. Kang and S.-K. Sul, "New direct torque control of induction motor for minimum torque ripple and constant switching frequency," *IEEE Trans. Ind. Appl.*, vol. 35, pp. 1076–1082, Sep./Oct. 1999.

[80] K.-B. Lee, J.-H. Song, I. Choy, and J.-Y. Yoo, "Torque ripple reduction in DTC of induction motor driven by three-level inverter with low switching frequency," *IEEE Trans. Power Electron.*, vol. 17, pp. 255–264, Mar. 2002.

[81] A. Sapin, P. Steimer, and J.-J. Simond, "Modeling, simulation, and test of a three-level voltage-source inverter with output *LC* filter and direct torque control," in *Proceedings of the IEEE Industry Applications Society Annual Meeting*, vol. 43, pp. 469–475, Mar./Apr. 2007.

[82] J. Rodríguez, J. Pontt, S. Kouro, and P. Correa, "Direct torque control with imposed switching frequency in an 11-level cascaded inverter," *IEEE Trans. Ind. Electron.*, vol. 51, pp. 827–833, Aug. 2004.

[83] M. Depenbrock, "Direkte Selbstregelung (DSR) für hochdynamische Drehfeldantriebe mit Stromrichterschaltung," *ETZ-A*, vol. 7, pp. 211–218, 1985.

[84] M. Depenbrock, "Direct self control (DSC) of inverter fed induction machine," *IEEE Trans. Power Electron.*, vol. 3, pp. 420–429, Oct. 1988.

[85] A. Steimel and J. Wiesemann, "Further development of direct self control for application in electric traction," in *Proceedings of the IEEE International Symposium on Industrial Electronics* (Warsaw, Poland), 1996.

[86] M. Janßen and A. Steimel, "Direct self control with minimum torque ripple and high dynamics for a double three-level GTO inverter drive," *IEEE Trans. Ind. Electron.*, vol. 49, pp. 1065–1071, Oct. 2002.

[87] A. Steimel, "Direct self-control and synchronous pulse techniques for high-power traction inverters in comparison," *IEEE Trans. Ind. Electron.*, vol. 51, pp. 810–820, Aug. 2004.

[88] C. A. Floudas, *Nonlinear and mixed-integer optimization*. Oxford Univ. Press, 1995.

[89] D. P. Bertsekas, A. Nedic, and A. E. Ozdaglar, *Convex analysis and optimization*. Athena Science, 2003.

[90] M. S. Bazaraa, H. D. Sherali, and C. M. Shetty, *Nonlinear programming: Theory and algorithms*. John Wiley & Sons, Inc., 3rd ed., 2006.

[91] M. R. Garey and D. S. Johnson, *Computers and intractability: A guide to the theory of NP-completeness*. W. H. Freeman and Company, 1979.

[92] C. A. Floudas and P. M. Pardalos, *Encyclopedia of optimization*. Springer, 2nd ed., 2009.

[93] N. Agin, "Optimum seeking with branch and bound," *Manage. Sci.*, vol. 13, pp. 176–185, Dec. 1966.

[94] J. W. Chinneck, *Practical optimization: A gentle introduction*. Available online at www.sce.carleton.ca/faculty/chinneck/po.html, Draft, 2004.

[95] L. G. Mitten, "Branch-and-bound methods: General formulation and properties," *Oper. Res.*, vol. 18, pp. 24–34, Jan./Feb. 1970.

[96] W. Forst and D. Hoffmann, *Optimization—Theory and practice*. Springer, 2010.

[97] E. L. Lawler and D. E. Wood, "Branch and bound methods: A survey," *Oper. Res.*, vol. 14, pp. 699–719, Jul./Aug. 1966.

[98] N. Karmarkar, "A new polynomial-time algorithm for linear programming," in *Proceedings of ACM Symposium on Theory of Computing*, pp. 302–311, 1984.

[99] Y. Nesterov and A. Nemirovskii, *Interior-point polynomial algorithms in convex programming*. SIAM, 1994.

[100] R. Fletcher, "A general quadratic programming algorithm," *IMA J. Appl. Math.*, vol. 7, no. 1, pp. 76–91, 1971.

[101] Y. Nesterov, "A method of solving a convex programming problem with convergence rate $O(1/k^2)$," *Sov. Math. Dokl.*, vol. 27, no. 2, pp. 372–386, 1983.

[102] J. Sturm, *Using SeDuMi 1.02, a MATLAB toolbox for optimization over symmetric cones*, 1998.

[103] IBM ILOG, Inc., *CPLEX 12.5 user manual*. Somers, NY: IBM, USA, 2012.

[104] A. Wächter and L. Biegler, "On the implementation of a primal-dual interior point filter line search algorithm for large-scale nonlinear programming," *Math. Program.*, vol. 106, no. 1, pp. 25–57, 2006.

[105] S. Richter, C. Jones, and M. Morari, "Real-time input-constrained MPC using fast gradient methods," in *Proceedings of IEEE Conference on Decision and Control* (Shanghai, China), pp. 7387–7393, Dec. 2009.

[106] S. Richter, S. Mariéthoz, and M. Morari, "High-speed online MPC based on fast gradient method applied to power converter control," in *Proceedings of American Control Conference* (Baltimore, MD, USA), 2010.

[107] J. Jerez, G. Constantinides, and E. Kerrigan, "An FPGA implementation of a sparse quadratic programming solver for constrained predictive control," in *Proceedings of ACM/SIGDA International Symposium FPGA*, pp. 209–218, 2011.

[108] A. Domahidi, A. Zgraggen, M. N. Zeilinger, M. Morari, and C. N. Jones, "Efficient interior point methods for multistage problems arising in receding horizon control," in *Proceedings of the IEEE Conference on Decision and Control* (Maui, HI, USA), pp. 668–674, Dec. 2012.

第 2 篇　基于参考值跟踪的直接模型预测控制

第 4 章 »

短步长预测控制

在电力电子领域，最直接有效同时容易应用的预测控制器是使用单步预测，调节单个或者多个变量跟踪其各自的参考值。本章通过一个采用相电流调节和带有阻感负载的单相逆变器对上述概念进行介绍与说明。在第二步中，将控制器扩展为一个应用于三相感应电机系统的预测电流控制器。或者，如同本章的最后一节，将电磁转矩和定子磁链考虑进去。电流和转矩控制器之间的相似性可以通过分析它们对应的代价函数得到充分的展示。此外，强调了跟踪误差范数对稳定性的影响，并回顾了一种方法以补偿系统延迟。

4.1　单相阻感负载电路的预测电流控制

首先介绍了单相系统的预测控制的概念。具体而言，如图 4.1a 所示，考虑三电平逆变器的其中一相桥臂。一个 *RL* 负载接在桥臂终端 A 和中性点 N 之间。令 u_{dc} 为瞬时直流母线电压。这个桥臂可以产生 3 个相电压 $-\frac{u_{dc}}{2}$、0 和$\frac{u_{dc}}{2}$。使用整数变量 $u\in\{-1, 0, 1\}$ 来表示桥臂的开关位置。整数 −1、0、1 分别对应相电压 $-\frac{u_{dc}}{2}$、0 和$\frac{u_{dc}}{2}$。假定中性点电位为 0，作用在 *RL* 负载上的电压由 $v=0.5v_{dc}u$ 给出。

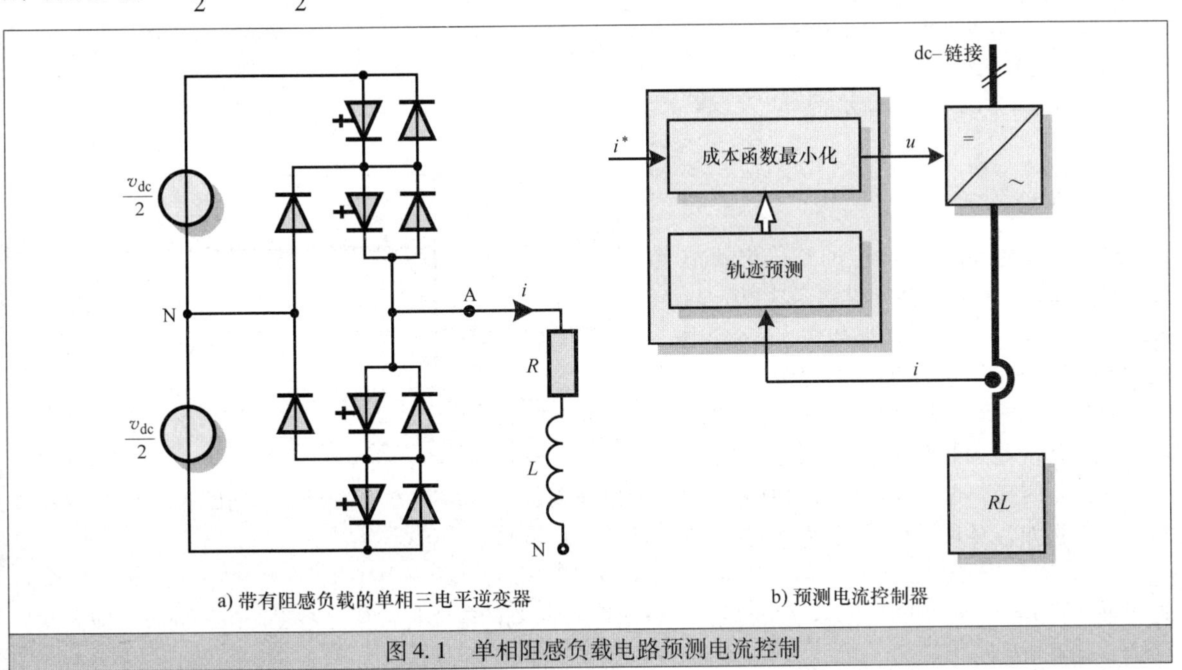

a) 带有阻感负载的单相三电平逆变器　　b) 预测电流控制器

图 4.1　单相阻感负载电路预测电流控制

4.1.1 控制问题 ★★★

令 i^* 表示流经 RL 负载的瞬时电流参考值，i 表示实际电流值。目标就是设计一个控制器来控制逆变器桥臂的开关使得负载电流 i 紧密地跟踪其参考值 i^*。另外一个要求就是尽可能地减少开关。$u=1$ 和 $u=-1$ 之间的直接切换是禁止的。

设计的控制器框图如图 4.1b 所示。控制器包含两个部分。从电流测量开始，第一部分预测不同且可能的控制输入所对应的未来的电流轨迹。第二部分是优化阶段，这一阶段使控制目标的代价函数最小化，得到了作用于逆变器的最优控制输入 u_{opt}。控制器运行在采样间隔为 T_s 的离散时间域中。后文将对每一个模块进行详细的解释。

4.1.2 电流轨迹预测 ★★★

为了预测未来的电流轨迹，预测控制方案需要一个能够采集逆变器系统及其负载动态的模型。从 $v(t)=Ri(t)+L\dfrac{\mathrm{d}i(t)}{\mathrm{d}t}$ 开始，可以在连续时间域直接得到这样的一个模型

$$\frac{\mathrm{d}i(t)}{\mathrm{d}t}=Fi(t)+Gu(t) \tag{4.1}$$

式中

$$F=-\frac{R}{L},\ G=\frac{1}{L}\frac{v_{\text{dc}}}{2} \tag{4.2}$$

电流 i 是状态空间模型（4.1）中的状态变量，u 是输入变量。

由于控制器运行在 $t=kT_s(k\in\mathbb{N})$ 时刻，该模型需要从连续时间域变换到离散时间域。这是通过将式（4.1）从 $t=kT_s$ 到 $t=(k+1)T_s$ 时刻积分实现的。由图 4.2 可知，在这个时间间隔内，$u(t)$ 是恒定的并且等于 $u(k)$，其中 k 指的是第 k 次采样间隔。通过积分可以得到

$$i(k+1)=Ai(k)+Bu(k) \tag{4.3}$$

式中

$$A=\mathrm{e}^{FT_s},\ B=\int_0^{T_s}\mathrm{e}^{F\tau}\mathrm{d}\tau G \tag{4.4}$$

这里提供了离散时刻 $t=kT_s$ 的精确电流演变。式（4.3）的详细推导见参考文献［1，4.3.3 节］。如果 F 非零，那么式（4.4）中的 B 可以进一步简化为 $B=(A-1)G/F$。

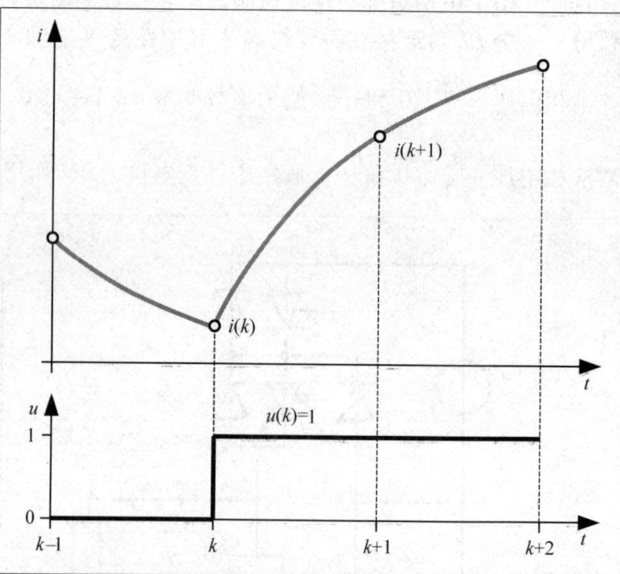

图 4.2 作为开关位置 u 函数的电流 i 的演变，在离散时刻 $t=kT_s(k\in\mathbb{N})$ 被操纵

从图 4.2 中可以明显看出，这些时刻之间的电流演变是由指数形状的线段描述的。对于短采样间隔，这些线段可以近似为线性，可以使用近似离散化方法，例如前向欧拉近似或者双线性方法。例如，对式（4.3）使用前向欧拉法可以得到

$$A=1+FT_s,\ B=GT_s \tag{4.5}$$

这里使用了 $t=kT_s$ 时刻的电流斜率来得到 $t=(k+1)T_s$ 时刻的电流近似值。对于短采样间隔，前向欧拉法通常足够精确。

4.1.3 优化问题 ★★★

k 时刻电流参考值跟踪控制问题可以映射到下面的代价函数

$$J=(i^{*}(k+1)-i(k+1))^{2}+\lambda_{u}|\Delta u(k)| \tag{4.6}$$

代价函数由两项组成。第一项在 $k+1$ 时刻对预测电流误差进行惩罚。电流误差由一相桥臂上的预测电流和电流参考值之间的差值给出。第二项惩罚开关切换，也就是 $\Delta u(k)=u(k)-u(k-1)$ 的绝对值。惩罚 $\lambda_u\geqslant 0$ 是一个整定参数，用于权衡跟踪精度（电流和参考值之间的偏差）和开关切换，也就是开关是否会执行。[㊀]注意，J 始终非负。

$k+1$ 时刻的电流取决于 $u(k)$ 的选择。可以用4.1.2节中的离散时间模型来预测所有容许的 $u(k)$ 在 $k+1$ 时刻对应的电流。容许的 $u(k)$ 是 -1、1 或 0 中的一个，并且与前一时刻的开关位置 $u(k-1)$ 相差至多一步。这个最优问题在形式上可以表达为

$$u_{\text{opt}}(k)=\arg\underset{u(k)}{\text{minimize}}J \tag{4.7a}$$

$$\text{服从于 } i(k+1)=Ai(k)+Bu(k) \tag{4.7b}$$

$$u(k)\in\{-1,0,1\},\ |\Delta u(k)|\leqslant 1 \tag{4.7c}$$

最优控制输入，也就是 k 时刻的最优开关位置 $u_{\text{opt}}(k)$，是通过最小化代价函数 J 得到的。注意，最小化 J 的表达式最小化受制于约束的代价函数 J。这样得到一个最小（或最优）值 J_{opt}。另外，arg minimize J 得到了最小化代价函数的增强。这个增强也被看作最优解或者优化器，即在这种情况下的控制输入 u_{opt}。有关数学优化概念的简短介绍，请参阅附录3.B。

优化问题和 $u_{\text{opt}}(k)$ 因此依赖于电流 $i(k)$、之前选择的开关位置 $u(k-1)$ 和电流参考值 $i^{*}(k+1)$。如果后者不可用，可以使用 $k-1$ 和 k 时刻的电流参考值进行近似。

4.1.4 控制算法 ★★★

如附录3.B所述，可以使用数学程序工具解决优化问题(4.7)。一个简单的方法就是使用枚举的概念。对于每个容许的开关位置和预测模型响应，通过评估代价函数来计算相应的成本。根据定义，对应最小成本的开关位置是最优的，并被选为控制输入。根据 $u(k-1)$，容许的开关状态集 $U(k)$ 由两个或三个元素组成，如表4.1所示。

表4.1 满足开关限制 $|\Delta u(k)|\leqslant 1$ 的容许开关位置集 $U(k)$

$u(k-1)$	$U(k)$
1	$\{0, 1\}$
0	$\{-1, 0, 1\}$
-1	$\{-1, 0\}$

在 k 时刻，预测电流控制算法根据以下过程来计算 $u_{\text{opt}}(k)$：

1）给定之前作用的开关位置 $u(k-1)$ 并考虑开关切换式（4.7c）中的限制，确定 k 时刻容许的开关位置集 $U(k)$。

2）对于每个开关位置 $u(k)\in U(k)$，使用模型（4.7b）预测 $k+1$ 时刻的电流 $i(k+1)$。

3）对于每个开关位置 $u(k)\in U(k)$，根据式（4.6）计算成本 J。

4）确定对应最小成本的开关位置 $u_{\text{opt}}(k)$ 并将其应用于逆变器。

在下一时刻，重复此过程。

例4.1

考虑如图4.3所示的情况。k 时刻的电流接近其参考值。假设 $u(k-1)$ 是0，则 k 时刻容许的开关位置集为 $U(k)=\{-1,0,1\}$。对于每个 $u(k)\in U(k)$，预测的 $i(k+1)$ 如图4.3所示。

㊀ 由于 $\Delta u(k)\in\{-1,0,1\}$，开关切换的绝对值与其平方值给出相同的结果，也就是 $|\Delta u(k)|=(\Delta u(k))^{2}$。即使使用式（4.6）中计算上更简便的 $|\Delta u(k)|$，代价函数仍然由两个平方项组成。——原书注

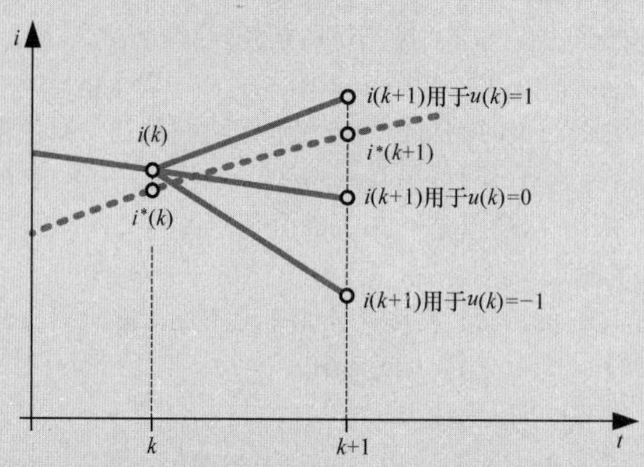

图 4.3 下一时刻电流预测 $i(k+1)$ 作为开关位置 $u(k)$ 的函数。电流参考值 i^* 用虚线表示

表 4.2 例 4.1 中对应于三个容许 $u(k)$ 的成本

$u(k)$	$(i^*(k+1)-i(k+1))^2$	$\lambda_u\|\Delta(k)\|$
1	0.030^2	λ_u
0	0.052^2	0
−1	0.132^2	λ_u

相对应的成本总结在表 4.2 中。切换到 $u(k)=1$ 使预测电流的误差最小化，但产生了由 λ_u 给出的开关惩罚。限制开关，也就是使用 $u(k)=u(k-1)=0$，导致稍大的电流误差，然而不会产生开关惩罚。第三个选择 $u(k)=-1$ 显然是次优的，因为这种方法会带来大的电流误差并且也需要开关。无论 $u(k)=0$ 还是 $u(k)=1$ 使代价函数最小均要依赖于 λ_u 的选择。对于较大的 λ_u，控制器避免频繁开关并容忍相对较大的电流误差。对于较小的 λ_u，控制器会更加频繁地开关以最小化电流与参考值之间的偏差。在这个例子中，假如 λ_u 小于 $0.052^2-0.030^2$，可以避免开关并且选择 $u_{opt}(k)=1$，否则 $u_{opt}(k)=0$ 成为最优选择。

4.1.5 性能评估 ★★★

在下文中，本书提供了一些仿真结果来说明基于参考值跟踪的预测电流控制器的性能。如图 4.1a 所示，对带 *RL* 负载的单相三电平逆变器的稳态以及暂态运行期间的性能进行了研究。忽略由于控制器计算而导致的时间延迟。更具体地说，电流 $i(k)$ 在 k 时刻采样，代价函数最小化，新的控制输出 $u(k)$ 在相同的时刻作用于逆变器。

假定以下参数。负载有 $R=2\Omega$ 的电阻和 $L=2\text{mH}$ 的电感。额定的相电压方均根值（rms）为 $V_{phR}=3.3/\sqrt{3}\text{kV}$，直流母线电压等于其标称值 $V_{dc}=5.2\text{kV}$。基于以下数值建立标幺化系统，$V_B=\sqrt{2}V_{phR}=2694\text{V}$，$\omega_B=\omega_R=2\pi 50\text{rad/s}$，$Z_B=|R+j\omega_R L|=2.096\Omega$，式中，$\omega_R=2\pi f_R$。关于标幺化系统的更多细节，请参考 2.1.2 节。采样间隔设为 $T_s=25\mu\text{s}$，与采样频率 40kHz 等效。

在稳态运行条件下，假设参考电流是幅值为 0.8pu、基频为 50Hz 的正弦波。如图 4.4 所示，对于很小的 λ_u，电流以较小的电流纹波紧密跟踪其参考值。注意，开关状态已经被（任意地）缩放成峰值电流的一半来简化说明。式（3.2）中定义的电流总需求畸变 $I_{TDD}=1.66\%$ 非常小，然而开关频率达到非常高的 $f_{SW}=2650\text{Hz}$。使用傅里叶变换计算电流的频谱。除了幅值等于参考幅值为 0.8pu 的 50Hz 的基波分量外，谐波幅值实际为零。

每个开关切换都会引发有源开关切换（见 2.4.1 节）。每相桥臂由四个有源开关组成，这些有源开关的平均开关频率上限为 $0.25/T_s=10\text{kHz}$。将 λ_u 设为零会导致变成传统无差拍控制器，$I_{TDD}=1.03\%$ 和 $f_{SW}=5475\text{Hz}$，这大约是理论上限的一半。例如，对于 $T_s=0.5\mu\text{s}$，得到 $I_{TDD}=0.21\%$ 和 $f_{SW}=27.3\text{kHz}$。

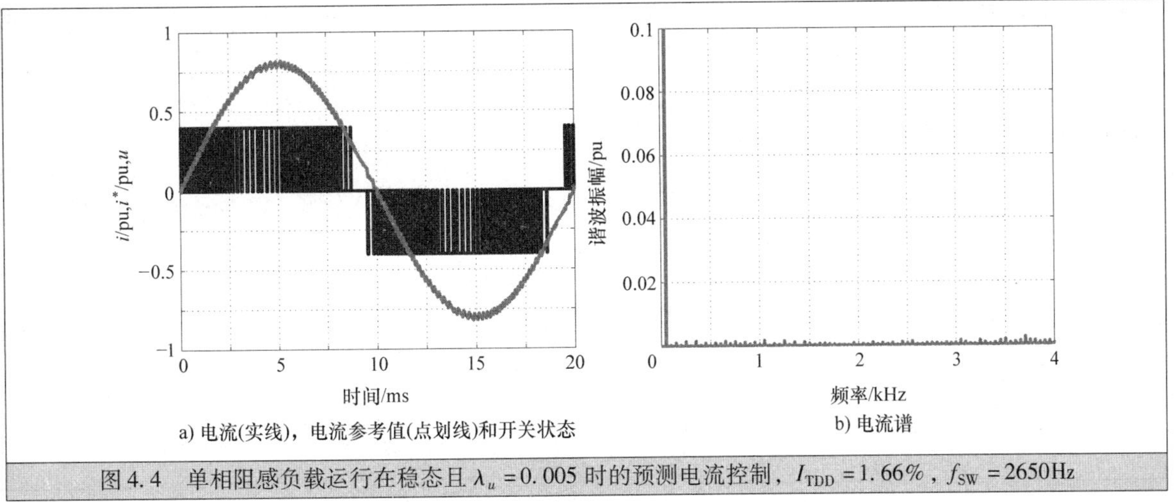

a) 电流(实线)，电流参考值(点划线)和开关状态
b) 电流谱

图 4.4 单相阻感负载运行在稳态且 $\lambda_u=0.005$ 时的预测电流控制，$I_{\mathrm{TDD}}=1.66\%$，$f_{\mathrm{SW}}=2650\mathrm{Hz}$

如图 4.5 中 $\lambda_u=0.005$ 和图 4.6 中 $\lambda_u=0.0114$ 所示，增大 λ_u 会增加电流 TDD，开关频率相应地减小。注意，电流幅值谱是离散的并且集中 $2f_{\mathrm{SW}}$ 附近。

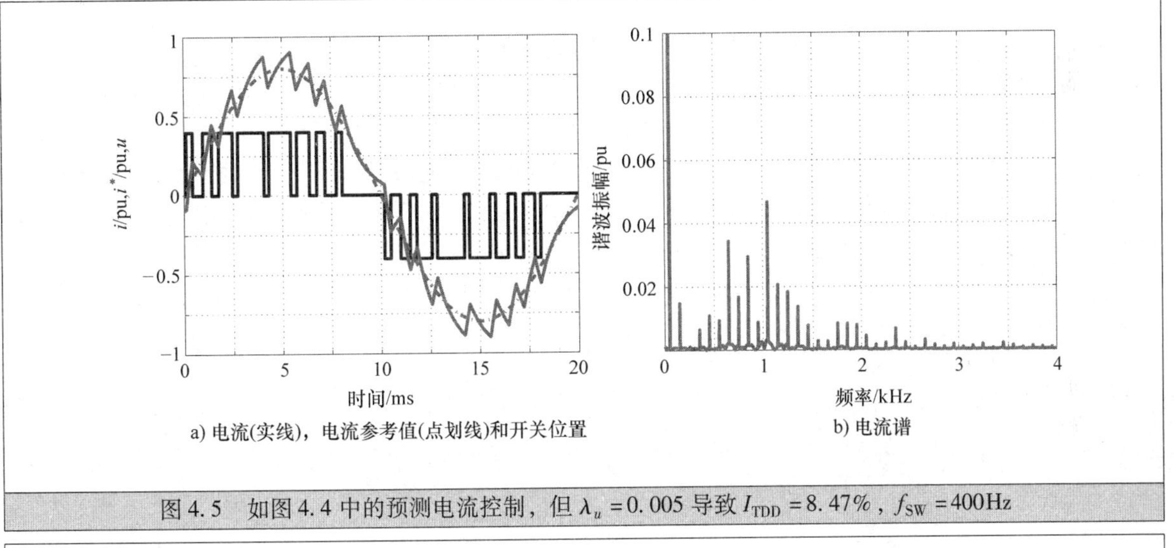

a) 电流(实线)，电流参考值(点划线)和开关位置
b) 电流谱

图 4.5 如图 4.4 中的预测电流控制，但 $\lambda_u=0.005$ 导致 $I_{\mathrm{TDD}}=8.47\%$，$f_{\mathrm{SW}}=400\mathrm{Hz}$

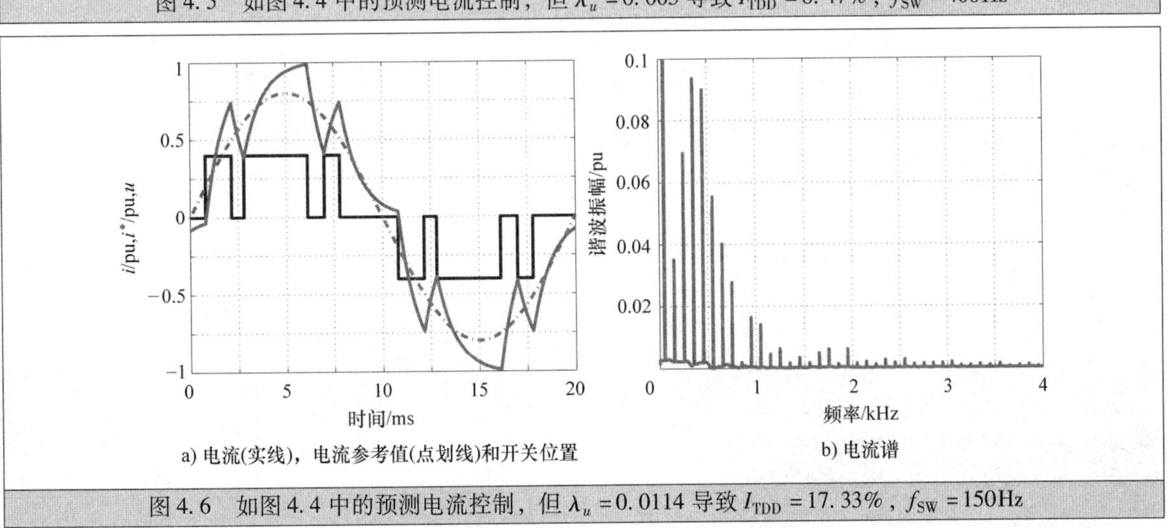

a) 电流(实线)，电流参考值(点划线)和开关位置
b) 电流谱

图 4.6 如图 4.4 中的预测电流控制，但 $\lambda_u=0.0114$ 导致 $I_{\mathrm{TDD}}=17.33\%$，$f_{\mathrm{SW}}=150\mathrm{Hz}$

如图4.7a所示，电流TDD与整定参数λ_u之间是有效的线性关系，特别是对于较小的λ_u。然而开关频率与λ_u是非线性关系（见图4.7b）。随着λ_u增大，开关频率以50Hz为单位下降，尤其是700Hz以下，表明开关模式具有一定程度的周期性，尽管这在代价函数中并没有实施。这种周期性也反映在电流频谱中，特征谐波幅值仅在离散频率处。

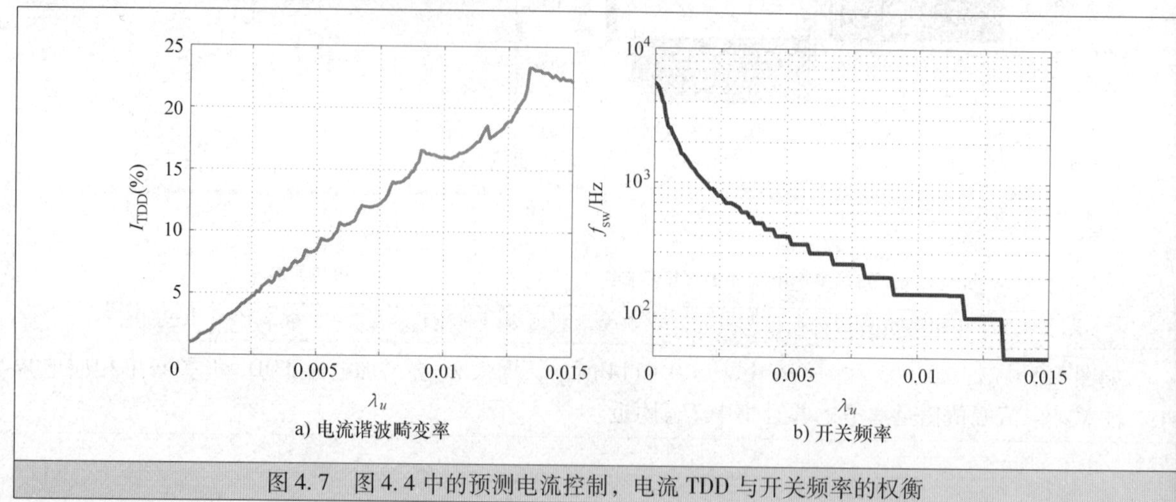

图4.7　图4.4中的预测电流控制，电流TDD与开关频率的权衡

图4.8a重点说明了预测控制器在电流参考值阶跃时的性能。开关惩罚被设置为$\lambda_u=0.005$。当$t=5$ms时，电流参考值从0.8pu降到0.2pu。当作用明显大小的阶跃时，电流误差突然增加，相应的电流误差惩罚支配着开关惩罚。因此，开关的执行将尽可能快地减小这个误差，无论选择何种λ_u。特殊地，预测控制器会插入一个负脉冲，在小于0.5ms的时间内迅速将电流驱动至新的参考值。注意，需要满足开关限制式（4.7c），也就是如图4.8b所示的开关位置从$u=1$经中间状态$u=0$切换到$u=-1$。

在$t=15$ms时，电流参考值回到0.8pu。在1.2ms时产生的电流暂态的长度比突降情况下的更长，因为RL负载上可施加的电压较小。在这两种情况下，预测控制器都可以在物理上提供最快的电流响应，从而有效地表现出一种无差拍的行为。

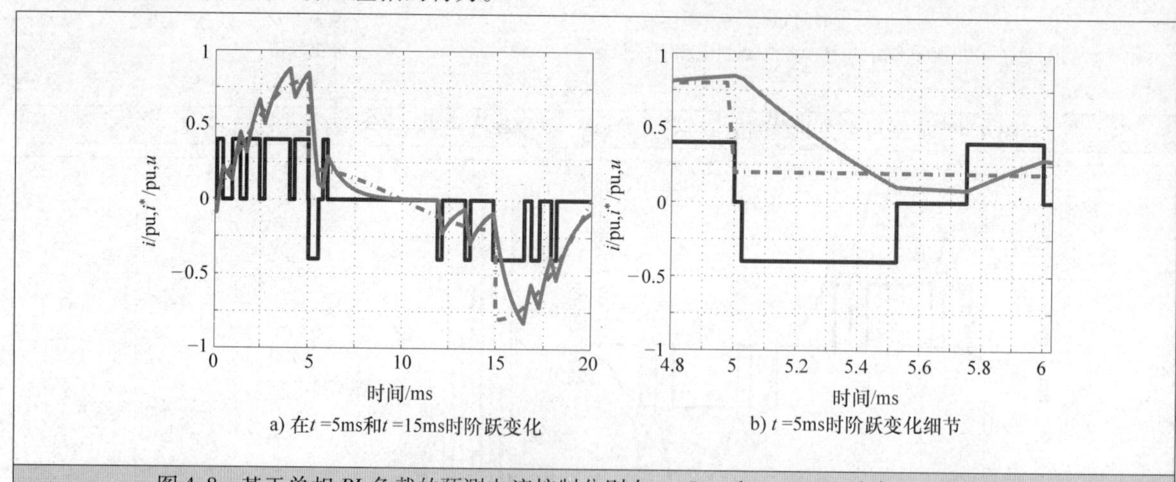

图4.8　基于单相RL负载的预测电流控制分别在$t=5$ms和$t=15$ms时将电流参考值从0.8pu变化到0.2pu再返回0.8pu

4.1.6　多步长预测 ★★★

代价函数（4.6）基于一步预测后的电流在下一个时刻最小化电流误差，这是要选择的开关位置的函数。其结果是，预测电流控制器向前预测一步，预测步长为$N_p=1$。将控制器直接推广到多步长预测

控制中可以将式（4.6）改写为

$$J = \sum_{\ell=k}^{k+N_p-1} (i^*(\ell+1) - i(\ell+1))^2 + \lambda_u |\Delta u(\ell)| \tag{4.8}$$

代价函数此时就是开关位置序列的函数，所谓的开关序列也就是 $\boldsymbol{U}(k)=[u(k) \quad u(k+1) \quad \cdots \quad u(k+N_p-1)]^T$。因此，广义的优化问题变成了

$$\boldsymbol{U}_{\text{opt}}(k) = \arg \underset{\boldsymbol{U}(k)}{\text{minimize}} J(\ell) \tag{4.9a}$$

$$\text{服从于 } i(\ell+1) = Ai(\ell) + Bu(\ell) \tag{4.9b}$$

$$u(\ell) \in \{-1, 0, 1\}, \ |\Delta u(\ell)| \leqslant 1 \tag{4.9c}$$

$$\forall \ell = k, k+1, \cdots, k+N_p-1 \tag{4.9d}$$

最优的开关序列 $\boldsymbol{U}_{\text{opt}}(k)$中，仅将第一个元素 $u_{\text{opt}}(k)$作用于逆变器。根据滚动步长策略（见1.3.2节），在 $k+1$ 时刻得到新的（电流）测量值，并且优化问题（4.9）可以在从 $k+1$ 到 $k+1+N_p$ 的位移时间间隔内得到解决。

例 4.2

假设预测步长为 $N_p=2$ 且之前作用的开关位置是 $u(k-1)=0$，表4.3列出了一组容许的开关序列。对于每个开关序列，可以预测从 k 到 $k+N_p$ 时刻的电流轨迹，如图4.9所示。表4.3定义了开关切换序列的编号。

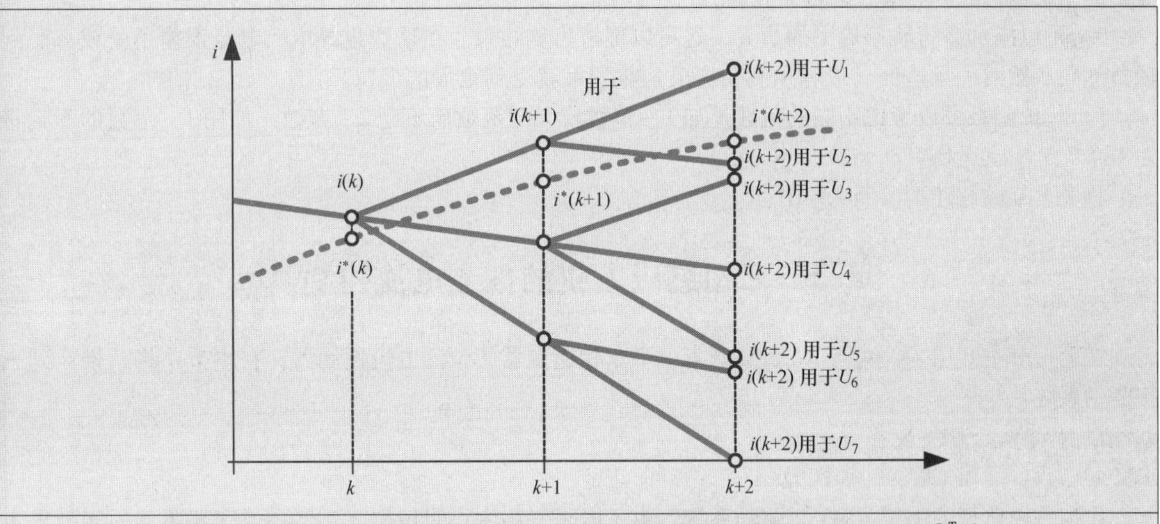

图4.9　如表4.3所示，预测步长 $N_p=2$ 的电流轨迹预测$[i(k+1) \ i(k+2)]^T$为开关序列 $\boldsymbol{U}(k)$的函数。电流参考值 i^* 用虚线表示

对于单相三电平逆变器，在预测步长 N_p 中的一个步长内有三个容许的开关位置，通常会有 3^{N_p} 个期望的不同开关序列。然而由于式（4.9c）中的第二个约束，这个数字仅仅构成一个上界，容许的开关序列的数量取决于 $u(k-1)$。例如，对于 $N_p=2$ 来说，$u(k-1)=0$ 需要7个开关序列，然而 $u(k-1)=\pm 1$ 将这个数量限制为5个。尽管如此，对于多步预测来说，容许的开关序列会大大增加。同时，采样间隔通常在几微秒的范围内，因此非常短，所以要严格限制执行优化步骤的可用时间。

表4.3　预测步长的 $N_p=2$ 的可容许的开关序列 $\boldsymbol{U}(k)=[\boldsymbol{u}(k) \quad \boldsymbol{u}(k+1)^T]$的集$\mathcal{U}(k)$，假设之前所用的开关位置是 $\boldsymbol{u}(k-1)=0$

开关序列	$u(k)$	$u(k+1)$
U_1	1	1
U_2	1	0
U_3	0	1
U_4	0	0
U_5	0	−1
U_6	−1	0
U_7	−1	−1

因此，穷举的概念不适合求解超过一定预测步长的优化问题。反而，更复杂的优化方法是必不可少的。一个选择是使用分支定界技术，将在第5章进行说明和解释。

4.1.7 总结 ★★★

本节介绍的预测控制概念非常简单和通用。它由三个主要部分组成，即代价函数、控制器模型和基于枚举的求解算法。将代价函数应用于不同的控制问题和将系统模型应用于大量的电力电子系统是非常直接的。以下提供了几个例子：

1）具有多相的系统，如三相和多相系统，是很容易控制的。用矢量替换标量开关位置和电流，其中矢量的每个分量各自指一相。因此，系统模型是以矩阵形式给出的，如下一节所示。

2）多电平变换器拓扑可以通过扩展 u 的离散集来解决。例如，对于五电平逆变器，可以得到 $u \in \{-2, -1, 0, 1, 2\}$。额外的开关约束条件可以加入式（4.9d）。

3）可以通过应用对应的控制器模型来考虑不同的负载，如异步电机或同步电机。这种对应将在下一节中以笼型异步电机为例进行说明。

4）具有内部动态的逆变器，如中点电位，可以通过将这些动态加入控制器模型中解决。

5）除了可以沿着参考电流轨迹调节电流之外，还可以调节包括电磁转矩和定子磁链在内的其他量。这个案例将在4.3节中进行研究。

6）可以添加参考轨迹周围的边界，这可以理解为软约束。在这些边界内，电流误差不受或只受到轻微惩罚，然而一旦违反（或者预测会违反）软约束就受到很大的惩罚。

7）代价函数可以考虑不同的范数，如1-范数或无穷范数而不是2-范数。使用1-范数的影响将在4.2.7节中进行研究。

相关文献的综述请参照4.4节。

4.2 三相感应电机的预测电流控制

在上一节中介绍了针对带 *RL* 负载的三电平单相逆变器的预测电流控制器，在本节中将其推广到三相驱动系统。

4.2.1 案例研究 ★★★

作为一种典型的中压（MV）驱动系统，由三电平三相中点钳位型（NPC）逆变器驱动的笼型异步电机系统如图4.10所示。为了简化本节的论述，中点电位固定为零。每相逆变器产生的电压为 $-\frac{v_{dc}}{2}$、0和$\frac{v_{dc}}{2}$，对应开关位置 u_a、u_b 和 $u_c \in \{-1, 0, 1\}$。总直流母线电压用 v_{dc} 表示并假设是恒定的。$\boldsymbol{u}_{abc} = [u_a \quad u_b \quad u_c]^T$ 表示三相开关位置。在正交坐标系中作用于电机的电压为

$$\boldsymbol{v}_s = \frac{v_{dc}}{2}\widetilde{\boldsymbol{K}}\boldsymbol{u}_{abc} \tag{4.10}$$

式中，$\boldsymbol{v}_s = [v_{s\alpha} \quad v_{s\beta}]^T$。简化的Clarke变换$\widetilde{\boldsymbol{K}}$在式（2.13）中定义。更多的关于NPC逆变器的细节见2.4.1节。

2.2.4节中推导了笼型异步电机的状态空间模型。在本节中，选择了静止正交坐标系并将参考系的角速度设为零。对于当前的电流控制问题，用定子电流 $\boldsymbol{i}_s = [i_{s\alpha} \quad i_{s\beta}]^T$ 和转子磁链矢量 $\psi_r = [\psi_{r\alpha} \quad \psi_{r\beta}]^T$ 可以方便地表示电机的动态。回顾一下，笼型异步电机的转子电压$\boldsymbol{v}_r$ 是零。可以得到以下连续时间状态空间方程组：

$$\frac{\mathrm{d}\boldsymbol{i}_s}{\mathrm{d}t} = -\frac{1}{\tau_s}\boldsymbol{i}_s + \left(\frac{1}{\tau_r}\boldsymbol{I}_2 - \omega_r\begin{bmatrix}0 & -1\\1 & 0\end{bmatrix}\right)\frac{X_m}{D}\psi_r + \frac{X_r}{D}\boldsymbol{v}_s \tag{4.11a}$$

$$\frac{\mathrm{d}\psi_r}{\mathrm{d}t} = -\frac{X_m}{\tau_r}\boldsymbol{i}_s - \frac{1}{\tau_r}\psi_r + \omega_r\begin{bmatrix}0 & -1\\1 & 0\end{bmatrix}\psi_r \tag{4.11b}$$

$$\frac{\mathrm{d}\omega_r}{\mathrm{d}t} = \frac{1}{M}(T_e - T_\ell) \tag{4.11c}$$

式中，$\boldsymbol{I}_2$ 代表二维单位矩阵。模型参数分别是定子电阻 R_s 和转子电阻 R_r，此外，定子、转子和互感电抗分别为 X_{ls}、X_{lr}和 X_m，M 为转动惯量，T_ℓ 为机械负载转矩。转子变量变换到了定子侧，并且已经在 2.2 节中定义。

$$X_s = X_{ls} + X_m,\ X_r = X_{lr} + X_m,\ D = X_sX_r - X_m^2 \tag{4.12}$$

瞬态定子时间常数和转子时间常数为

$$\tau_s = \frac{X_rD}{R_sX_r^2 + R_rX_m^2},\ \tau_r = \frac{X_r}{R_r} \tag{4.13}$$

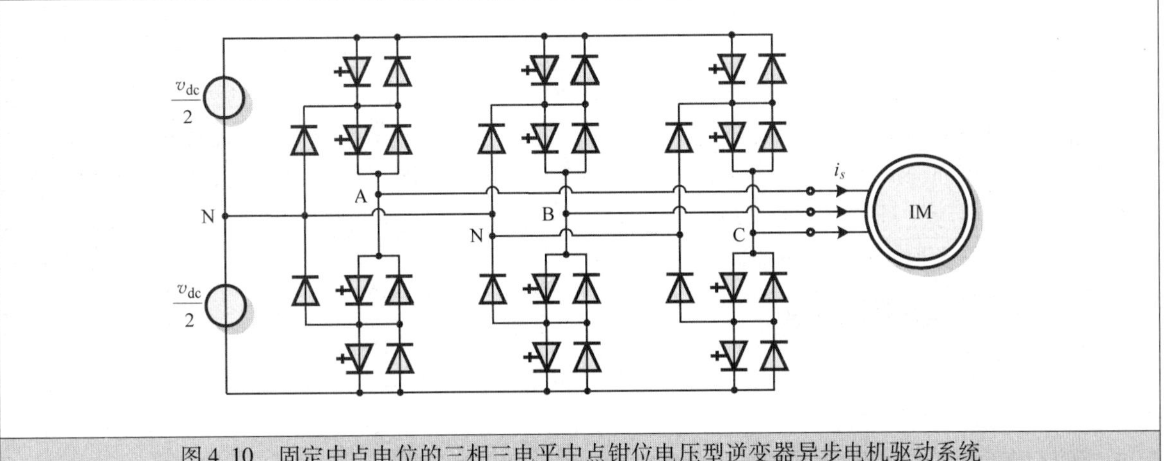

图 4.10　固定中点电位的三相三电平中点钳位电压型逆变器异步电机驱动系统

电磁转矩为

$$T_e = \frac{1}{\mathrm{pf}}\frac{X_m}{X_r}\psi_r \times \boldsymbol{i}_s = \frac{1}{\mathrm{pf}}\frac{X_m}{X_r}(\psi_{r\alpha}i_{s\beta} - \psi_{r\beta}i_{s\alpha}) \tag{4.14}$$

4.2.2　控制问题 ★★★

要在 $\alpha\beta$ 参考坐标系中构建电流内环的控制问题。令 $\boldsymbol{i}_s^*$ 表示瞬时定子电流参考值，式中 $\boldsymbol{i}_s^* = [i_{s\alpha}^* \quad i_{s\beta}^*]^T$。电流控制器的目标是控制三相开关位置 $\boldsymbol{u}_{abc}$ 以使得定子电流 $\boldsymbol{i}_s$ 紧密跟踪其参考值。同时，开关切换也就是开关频率或者开关损耗应该保持较小。如前所述，一相桥臂中不允许开关在 1 和 −1 之间切换。

预测电流控制器框图如图 4.11 所示。控制器预测下一步的所有容许的开关状态对应的定子电流。对于预测，需要测量定子电流以及转子磁链矢量。磁链观测器利用测得的定子电流和电压矢量估计转子磁链矢量。后者通常不是实测而是用直流母线电压和三相开关位置重构得到。

在驱动器设置中，控制外环以级联控制器的方式进行添加。这些外环控制 $\boldsymbol{i}_s^*$ 以保证电机合适的磁链并调整电机转速。图 3.26 中提供了一个示例，展示了（直接）转子磁场定向控制控制器的框图。预测电流控制器采用磁链和速度外环，这些控制环如图 3.26 左侧所示。

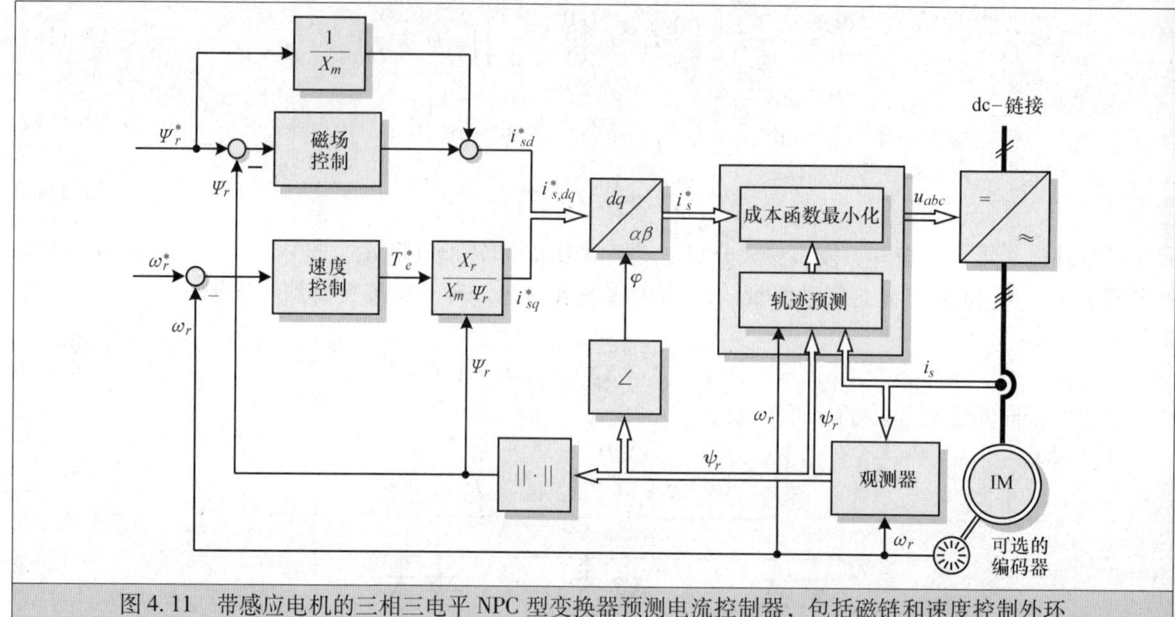

图 4.11　带感应电机的三相三电平 NPC 型变换器预测电流控制器，包括磁链和速度控制外环

将转子磁链定义为 $\Psi_r=\|\psi_r\|$。控制外环控制在 dq 旋转坐标系中进行构建，φ 表示转子磁链矢量角位置。这些控制环提供 dq 旋转坐标系中的电流参考 $\boldsymbol{i}_{s,dq}^*$，经过坐标变换后转换到 $\alpha\beta$ 坐标系中作为预测电流控制器的参考值 $\boldsymbol{i}_s^*$。由于外环动态远比内环差，通常相差一个数量级，因此在后文忽略它们以简化说明。更多关于控制外环的细节可参考 3.6.2 节。

4.2.3　控制器模型 ★★★

预测电流控制器依赖于物理驱动系统的内部模型来预测未来的作为三相开关位置 $\boldsymbol{u}=\boldsymbol{u}_{abc}=[u_a\ \ u_b\ \ u_c]^T\in\{-1,0,1\}^3$ 函数的定子电流。将式（4.10）代入式（4.11a），定子电流的连续时间状态空间模型可以用开关状态 $\boldsymbol{u}$ 表示

$$\frac{\mathrm{d}\boldsymbol{i}_s(t)}{\mathrm{d}t}=\boldsymbol{F}\boldsymbol{i}_s(t)+\boldsymbol{G}_1\psi_r(t)+\boldsymbol{G}_2\boldsymbol{u}(t) \tag{4.15}$$

式中

$$\boldsymbol{F}=-\frac{1}{\tau_s}\boldsymbol{I}_2,\ \boldsymbol{G}_1=\frac{X_m}{D}\begin{bmatrix}\frac{1}{\tau_r} & \omega_r\\ -\omega_r & -\frac{1}{\tau_r}\end{bmatrix},\ \boldsymbol{G}_2=\frac{v_{\mathrm{dc}}}{3}\frac{X_r}{D}\begin{bmatrix}1 & -\frac{1}{2} & -\frac{1}{2}\\ 0 & \frac{\sqrt{3}}{2} & -\frac{\sqrt{3}}{2}\end{bmatrix} \tag{4.16}$$

回顾一下，定子电流 $\boldsymbol{i}_s$ 和转子磁链 ψ_r 在正交坐标系中用 α 和 β 分量表示。

离散状态空间表示是通过将式（4.15）从 $t=kT_s$ 到 $t=(k+1)T_s$ 时刻积分得到的。假设 $\boldsymbol{i}_s$ 在 $t=kT_s$ 时刻的导数在积分时间间隔内保持恒定。这种方法被称为前向欧拉法，对于只有几十微秒的短采样间隔来说，精度足够。离散时间表达式为

$$\boldsymbol{i}_s(k+1)=\boldsymbol{A}\boldsymbol{i}_s(k)+\boldsymbol{B}_1\psi_r(k)+\boldsymbol{B}_2\boldsymbol{u}(k) \tag{4.17}$$

式中，系统矩阵

$$\boldsymbol{A}=\boldsymbol{I}_2+\boldsymbol{F}T_s,\ \boldsymbol{B}_1=\boldsymbol{G}_1T_s,\ \boldsymbol{B}_2=\boldsymbol{G}_2T_s \tag{4.18}$$

式（4.17）允许我们预测 $k+1$ 时刻的定子电流。前向欧拉离散法忽略了采样间隔中转子磁链矢量的变化，并假设它从 $t=kT_s$ 到 $t=(k+1)T_s$ 是恒定的。因此，当采用预测步长为 1 和前向欧拉法离散化方法时，转子磁链方程（4.11b）可以忽略不计。因此，转子磁链矢量可以认为是时变参数而不是系统

状态。类似地，假设转子转速 ω_r 在预测步长中保持恒定，则将转速转变成时变参数。

很显然，离散模型（4.17）只用来预测 $k+1$ 时刻的定子电流。向前预测 $k+\ell$（$\ell >> 1$）时刻趋向于不精确，这是因为没有将转子磁链矢量的旋转考虑在内。对于这些预测，应采用第5章中描述的包括转子磁链矢量变化在内的全阶状态空间表达。

4.2.4 优化问题 ★★★

将之前定义的代价函数（4.6）推广到矢量表达

$$J = \| \boldsymbol{i}_{e,abc}(k+1) \|_2^2 + \lambda_u \| \Delta \boldsymbol{u}(k) \|_1 \tag{4.19}$$

第一项用平方2－范数惩罚 $k+1$ 时刻的三相电流误差，abc 坐标系中的电流误差由下式给出

$$\boldsymbol{i}_{e,abc} = \boldsymbol{i}_{s,abc}^* - \boldsymbol{i}_{s,abc}$$

第二项惩罚 k 时刻的开关。后者可以定义为

$$\Delta \boldsymbol{u}(k) = \boldsymbol{u}(k) - \boldsymbol{u}(k-1)$$

指的是三相开关位置 a、b 和 c。[㊀] 如前面所述，λ_u 是一个非负的标量权重。

由于控制模型的状态矢量是在 $\alpha\beta$ 而不是 abc 坐标系中给定的，式（4.19）的第一项在 $\alpha\beta$ 坐标系中很容易表示。为此，回顾2.1.3节，定义静止正交坐标系中的电流误差为

$$\boldsymbol{i}_e = \boldsymbol{i}_s^* - \boldsymbol{i}_s$$

$$\boldsymbol{i}_{e,abc} = \widetilde{\boldsymbol{K}}^{-1} \boldsymbol{i}_e$$

注意 $\widetilde{\boldsymbol{K}}^{-T}\widetilde{\boldsymbol{K}}^{-1} = 1.5\boldsymbol{I}_2$，式（4.19）中的第一项可以重写为

$$\| \boldsymbol{i}_{e,abc} \|_2^2 = (\boldsymbol{i}_{e,abc})^T \boldsymbol{i}_{e,abc} = 1.5 \| \boldsymbol{i}_e \|_2^2 \tag{4.20}$$

忽略系数1.5来简化表达式，静止正交坐标系下带有电流误差项的等效代价函数变为

$$J = \| \boldsymbol{i}_e(k+1) \|_2^2 + \lambda_u \| \Delta \boldsymbol{u}(k) \|_1 \tag{4.21}$$

代价函数需要正交坐标系下 $k+1$ 时刻的定子电流参考值 $\boldsymbol{i}_s^*$。假设在旋转 dq 坐标系下稳态运行时电流参考值恒定，通过修改 dq 参考坐标系下的角度位置可以容易地导出 $\boldsymbol{i}_s^*(k+1)$。具体而言，如图4.11中 dq 到 $\alpha\beta$ 坐标系的变换中，使用 $\varphi + \omega_s T_s$ 作为参数而不是 φ。回想一下，ω_s 是定子角频率，$\omega_s T_s$ 是在一个采样间隔 T_s 内的角度增量（也可见12.2.3节）。

对于异步电机，基于参考值跟踪的预测电流控制优化问题可以表述为

$$\boldsymbol{u}_{\text{opt}}(k) = \arg \underset{\boldsymbol{u}(k)}{\text{minimize}}\ J \tag{4.22a}$$

$$\text{服从于}\ \boldsymbol{i}_s(k+1) = \boldsymbol{A}\boldsymbol{i}_s(k) + \boldsymbol{B}_1\psi_r(k) + \boldsymbol{B}_2\boldsymbol{u}(k) \tag{4.22b}$$

$$\boldsymbol{u}(k) \in \{-1, 0, 1\}^3,\ \| \Delta \boldsymbol{u}(k) \|_\infty \leqslant 1 \tag{4.22c}$$

注意 $\| \Delta \boldsymbol{u} \|_\infty$ 代表矢量 Δu 的无穷范数，被定义为带有最大绝对值的 Δu 的分量，也就是 $\| \Delta u \|_\infty = \max(|\Delta \boldsymbol{u}_a|, |\Delta \boldsymbol{u}_b|, |\Delta \boldsymbol{u}_c|)$。

4.2.5 控制算法 ★★★

在 k 时刻，预测电流控制算法采用与单相案例中相同的方式计算 $\boldsymbol{u}_{\text{opt}}(k)$，为了完整性，这里重复该算法。

1）给出之前作用的开关位置 $\boldsymbol{u}(k-1)$ 并考虑开关变换（4.22c）中的约束，确定 k 时刻处可容许的开关状态集 $\boldsymbol{U}(k)$。

2）对于每一个开关位置 $\boldsymbol{u}(k) \in \boldsymbol{U}(k)$，$k+1$ 时刻的定子电流 $\boldsymbol{i}_s(k+1)$ 可以用模型（4.22b）预测。

3）对于每一个开关位置 $\boldsymbol{u}(k) \in \boldsymbol{U}(k)$，根据式（4.21）计算成本 J。

4）确定对应最小成本的开关位置 $\boldsymbol{u}_{\text{opt}(k)}$，然后应用于逆变器。

㊀ 因为每相开关只允许一次上或下的跳变，开关切换的1－范数和（平方）2－范数是相同的，即 $\| \Delta \boldsymbol{u}(k) \|_1 = \| \Delta u(k) \|_2^2$。——原书注

在下一时刻，重复此处概述的过程。

这个基于枚举和预测补偿为 $N_p=1$ 的预测电流控制算法最初是针对电压型三相 *RL* 负载引入的；两电平逆变器的示例可以见参考文献［2］，而预测的概念在参考文献［3］中被扩展到三电平逆变器。在两个示例中，使用 1 - 范数代替平方 2 - 范数来惩罚代价函数中的预测电流误差。这一点的意义将在 4.2.7 节中进行分析和讨论。

例 4.3

考虑如图 4.12 描述的情况。定子电流的 α 轴分量显示在上半部分，β 轴分量显示在下半部分。在 k 时刻，两个电流分量都很接近它们各自的参考值。之前作用的开关状态是 $\boldsymbol{u}(k-1)=[1\quad -1\quad 0]^T$。容许的开关位置集 $\boldsymbol{U}(k)$ 包含 12 个元素。三个容许的开关位置 $\boldsymbol{u}(k)=\boldsymbol{U}(k)$ 对应的预测定子电流在图中予以显示。

相应的成本总结在表 4.4 中。切换到 $\boldsymbol{u}(k)=[1\quad -1\quad -1]^T$ 最小化预测电流误差，但会产生由 λ_u 带来的开关惩罚。为了抑制开关，也就是使用 $\boldsymbol{u}(k)=\boldsymbol{u}(k-1)=[1\quad -1\quad 0]^T$ 会导致更加明显的电流误差，却不会产生开关惩罚。第三个选择，$\boldsymbol{u}(k)=[1\quad 0\quad 0]^T$ 显然是次优的，因为它会带来大的电流误差并且需要两次开关切换。

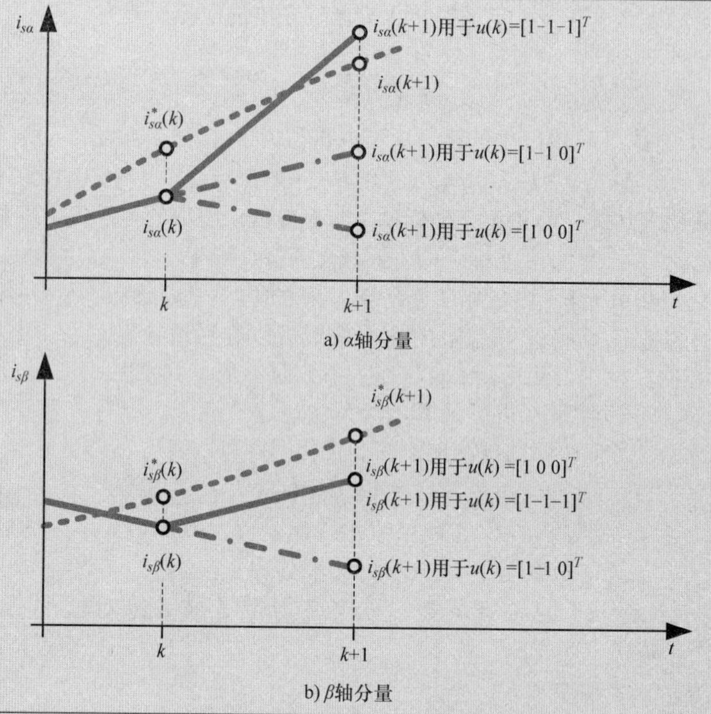

图 4.12　作为开关位置 $\boldsymbol{u}(k)$ 的函数，在 $k+1$ 时刻正交坐标系中的预测定子电流。电流参考值用虚线表示

如果权重系数 λ_u 足够小，优先跟踪电流，第一选择也就是 $\boldsymbol{u}(k)=[1\quad -1\quad -1]^T$，被选择为最优开关位置 $\boldsymbol{u}_{\text{opt}}(k)$。相应的定子电流轨迹如图 4.12 中的实线所示。另外，大的权重系数 λ_u 以牺牲跟踪精度为代价减少开关切换。结果，避免了开关并选择 $\boldsymbol{u}_{\text{opt}}(k)=\boldsymbol{u}(k-1)$。

表 4.4　图 4.12 中三个开关位置 $\boldsymbol{u}(k)$ 相应的成本

$\boldsymbol{u}(k)$	$(i_{e\alpha}(k+1))^2+(i_{e\beta}(k+1))^2$	$\lambda_u\,\Vert\Delta\boldsymbol{u}(k)\Vert_1$
$[1\quad -1\quad 0]^T$	$0.073^2+0.11^2$	0
$[1\quad -1\quad -1]^T$	$0.025^2+0.03^2$	λ_u
$[1\quad 0\quad 0]^T$	$0.135^2+0.03^2$	$2\lambda_u$

4.2.6 性能评估 ★★★

作为一个案例研究，考虑一个三电平 NPC 电压型逆变器驱动一台带恒定机械负载的异步电机的情况。使用一个额定电压 3.3kV、额定频率 50Hz、额定功率 2MVA、总漏抗为 0.25pu 的笼型异步电机。电机和逆变器的详细参数请参考 2.5.1 节。回想一下，与 2.5.1 节中不同，这里的中点是固定的。运行点为额定转速和额定转矩。采样间隔为 25μs。

图 4.13 所示为 $\lambda_u=0.003$ 时的稳态仿真结果。用实线表示的三相定子电流连同用点划线表示的参考值在一个基波周期中显示，电磁转矩和三相开关状态也在图中显示出来。电流畸变为 $I_{\mathrm{TDD}}=6.69\%$，每个半导体器件的平均开关频率为 $f_{\mathrm{sw}}=222\mathrm{Hz}$。由于缺乏周期性，谐波电流频谱分布在很大的频率范围内。大部分谐波电流在 600 ~1500Hz 之间。

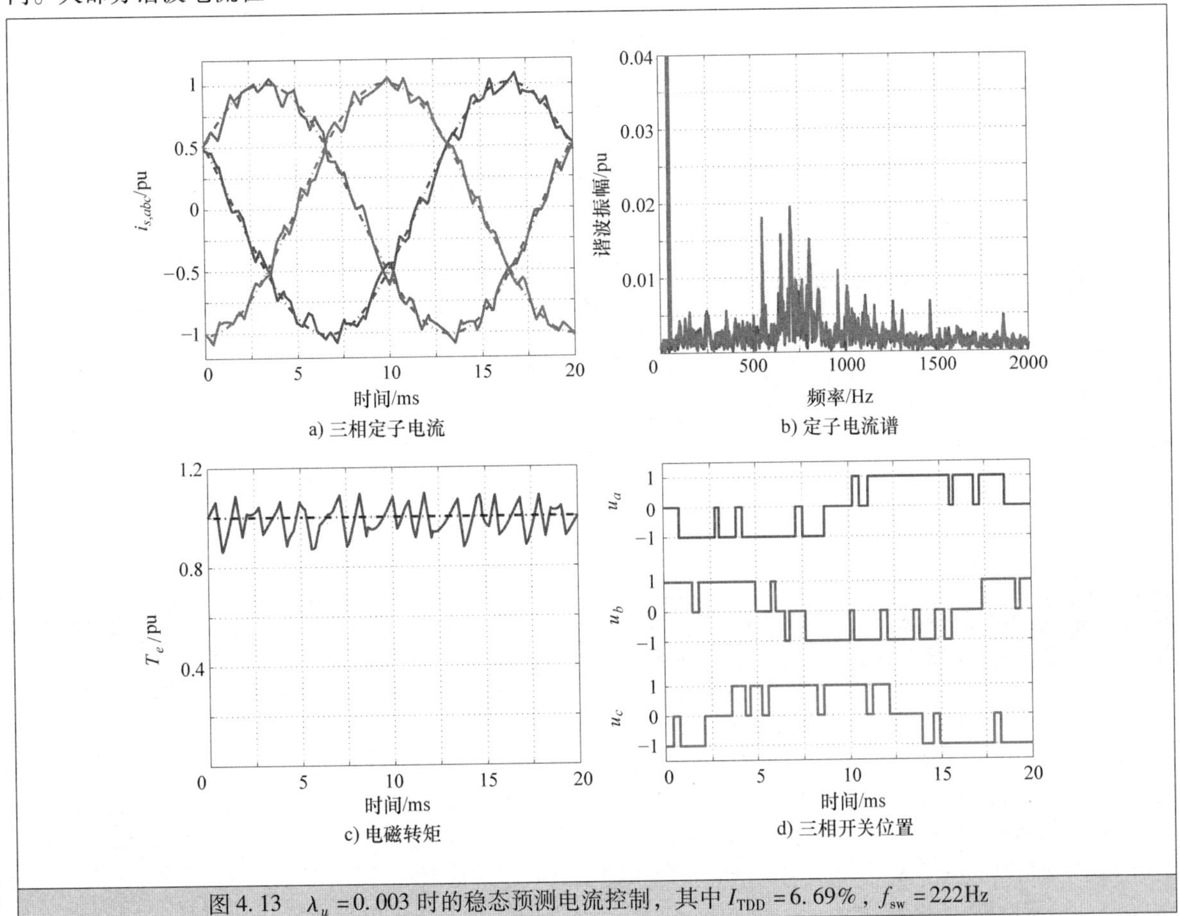

图 4.13 $\lambda_u=0.003$ 时的稳态预测电流控制，其中 $I_{\mathrm{TDD}}=6.69\%$，$f_{\mathrm{sw}}=222\mathrm{Hz}$

通过改变权重系数 λ_u 并运行稳态仿真，可以研究电流 TDD 与每个半导体器件平均开关频率之间的权衡。相应的分析如图 4.14 所示，其中 λ_u 在 0 ~ 0.02 之间变化。在 $\lambda_u=0.017$ 以下，电流 TDD 几乎与 λ_u 呈线性关系，而开关频率从 $\lambda_u=0$ 时的 3440Hz 急剧下降到 $\lambda_u=0.0175$ 时的 70Hz 左右。注意，平均开关频率是使用对数刻度绘制的。电流 TDD 的一个小的不连续性可以在 $\lambda_u=0.007$ 附近观察到，开关频率在 100Hz 处平坦。当 λ_u 增加到 0.018 以上时，实现了开关频率为 50Hz 的基频切换（或六步运行）。电流 TDD 稳定在 20% 左右。

特别有趣的是，电流畸变与器件开关频率的乘积

$$I_{\mathrm{TDD}}\cdot f_{\mathrm{sw}}=c_f$$

在 3.5 节中已经知道，无论开关频率如何，c_f 对于脉宽调制（PWM）都是一个常数。从图 4.14c

可以看出，对于正在研究的预测电流控制器，这个描述需要进一步完善。具体而言，可以在图4.14c中看到五个不同的区域。

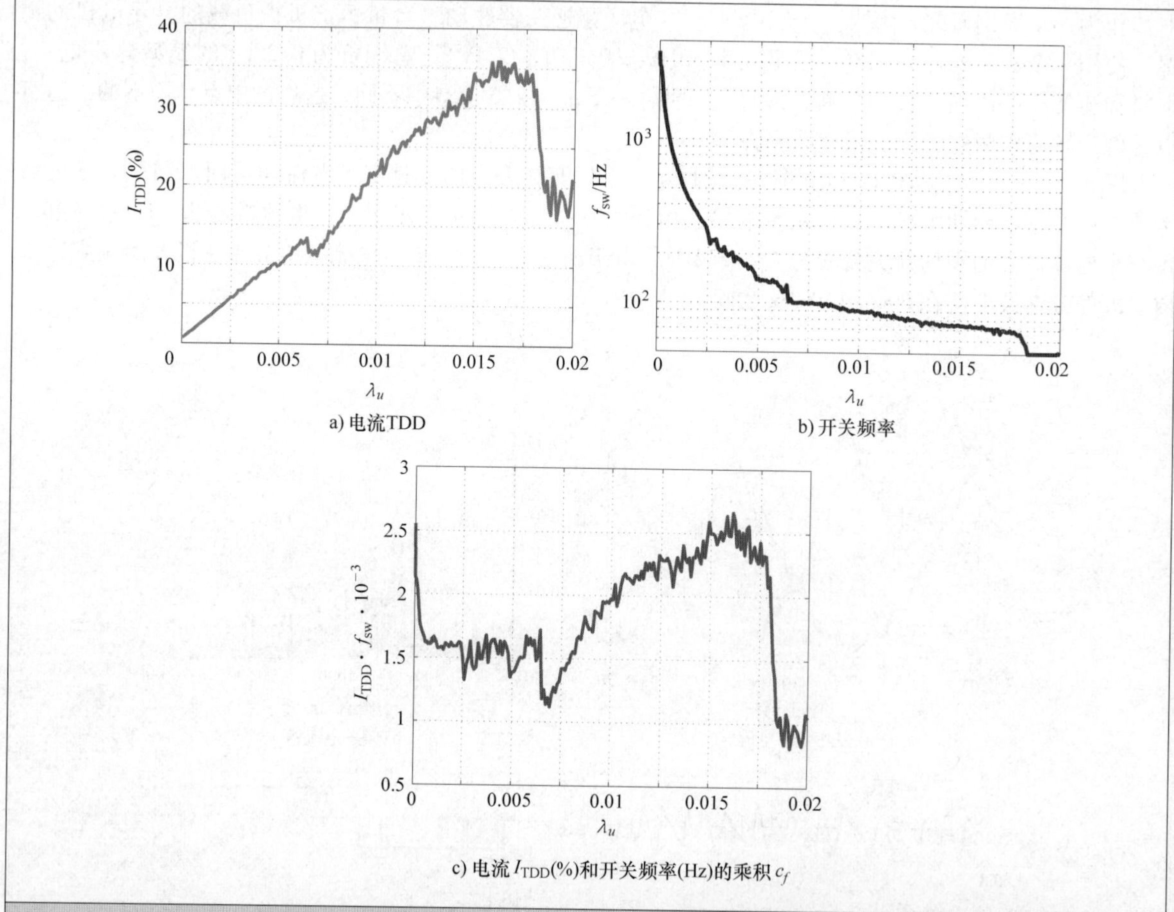

a) 电流TDD

b) 开关频率

c) 电流I_{TDD}(%)和开关频率(Hz)的乘积c_f

图4.14　NPC逆变器驱动的异步电机预测电流控制稳态运行时电流畸变率和器件平均开关频率之间的权衡。作为权重系数λ_u的函数，显示了电流TDD、开关频率以及以1000倍缩放的两者的乘积。采样间隔保持恒定$T_s = 25\mu s$

1）$\lambda_u < 0.0005$：在开关惩罚有效为零的情况下，高c_f结果导致电流畸变与开关频率之间不利的比例。相应地，当将λ_u减小到0.0005以下时，开关频率显著增加，相对而言，电流TDD仅略微降低。

2）$0.0005 \leqslant \lambda_u < 0.0065$：对于这个权重范围，$c_f$大约等于1600。开关频率在100Hz～1kHz之间。电流TDD线性地取决于λ_u，便于控制器的整定，通常运行于该区域。

3）$\lambda_u = 0.0065$：对于100Hz开关频率，电流TDD与开关频率成良好的比例，其中c_f低至1100。

4）$0.0065 < \lambda_u < 0.018$：相对较高的开关惩罚，导致了在70～100Hz之间的开关频率。c_f的值通常很高，表明电流畸变和开关频率之间的比例不合适。

5）$\lambda_u \geqslant 0.018$：对于较大的开关惩罚，基频开关（$f_{\mathrm{SW}} = 50\mathrm{Hz}$）结果，实现了非常合适的$c_f$值，大约为1000。

该分析表明，开关切换的权重（有效）为零导致较差稳态性能。如果需要非常低的电流畸变，应该减小采样间隔T_s而不是将λ_u设置为零。确保在区域2运行，这也是预测控制器推荐的运行规则。当需要很低的开关频率时，区域3和5也是有利的。有趣的是，对于较大的λ_u，开关频率锁定为基波频率的整数倍。这个现象会在第5章长预测步长中进一步研究。应该避免区域4，为此需要相应地整定权重系数λ_u。

针对采样间隔 T_s 进行了类似的分析。对于权重 $\lambda=0.003$，控制器执行的采样间隔在 5～500μs 之间变化[⊖]。画出作为采样间隔函数的电流 TDD、器件开关频率以及以 1000 倍缩放的两者的乘积，采用对数刻度，得到图 4.15。

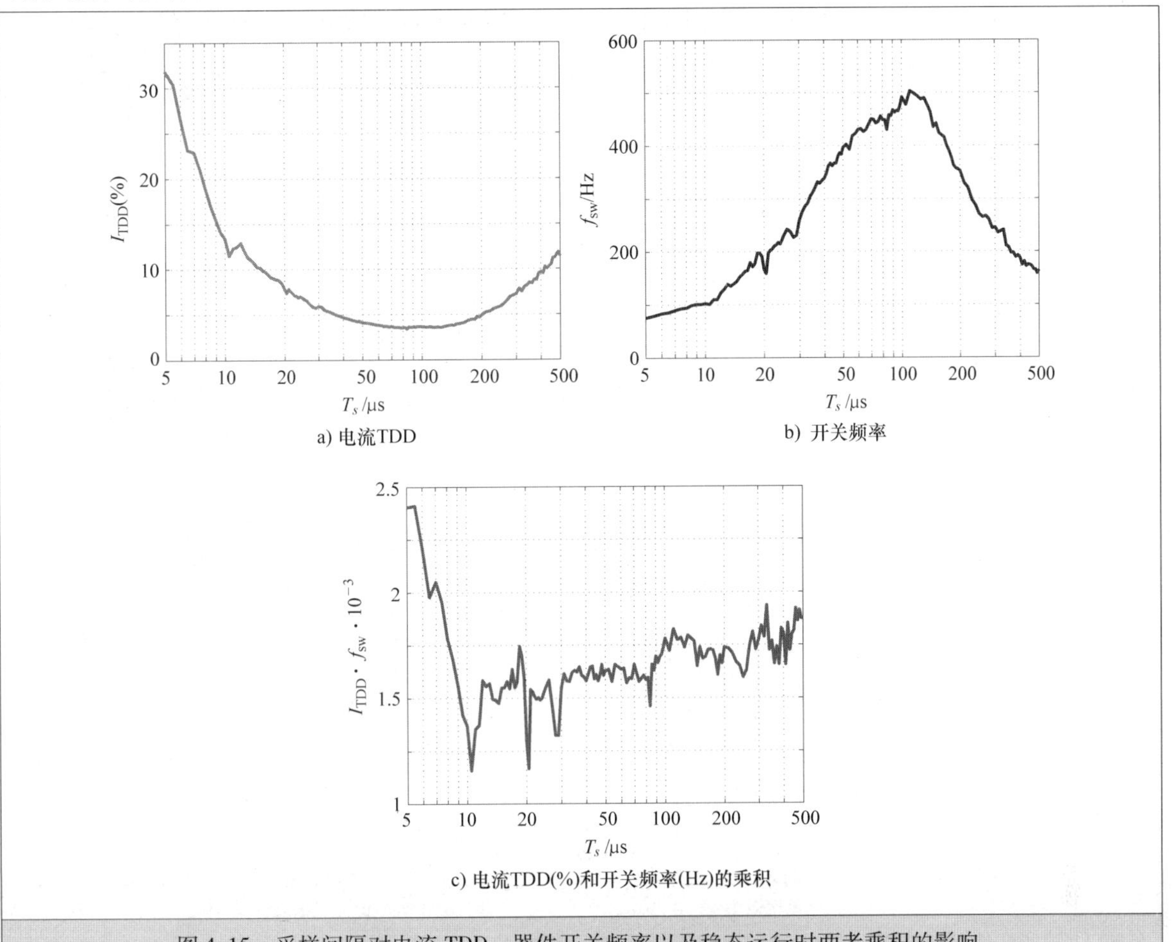

图 4.15　采样间隔对电流 TDD、器件开关频率以及稳态运行时两者乘积的影响。开关切换时权重系数 $\lambda=0.003$ 保持恒定

可以看出，对于 $\lambda=0.003$，低于 10μs 的采样间隔会导致较高的电流畸变，并会导致电流畸变与开关频率之间不合适的乘积，其中 c_f 远超 1600。预测间隔（即时间），也就是预测步长（以步数的形式给出）乘以采样间隔，对于采样间隔来说很小，会导致较差的性能。

对于 10～90μs 范围内的采样间隔，可以得到较低的电流畸变和相对较低的开关频率，其中 c_f 大多低于 1600。对于 $T_s=10$μs、20μs 和 25μs，基波周期（这里是 20ms）可以实现非常有利的 c_f。对于超过 90μs 的采样间隔，c_f 发生了恶化并超过 1600。尽管预测间隔很长，但是对于较长的采样间隔，可以执行切换的间隔尺度太大，从而影响性能。

可以得出结论，采样间隔对于稳态性能的影响几乎和权重系数 λ_u 一样。实际上，预测电流控制需要使用两个整定参数，这使得整定过程复杂化。

接下来检验预测电流控制器在转矩参考值阶跃情况下的性能。开关惩罚设为 $\lambda_u=0.003$，再次使用

⊖ 需要区分控制器和仿真的采样间隔。控制器是在控制器采样间隔定义的时刻执行的。系统采样间隔用来模拟 MATLAB 中的驱动系统的响应，它独立于控制器采样间隔并在几微秒的范围内，因此足够小以确保系系统演化被准确模拟。在此分析中，控制器采样间隔是变化的，而系统采样间隔保持不变。——原书注

采样间隔 $T_s = 25\mu s$。如图 4.16c 所示，运行在额定转速与初始额定转矩下。在 $t = 5ms$ 时，转矩参考值从额定值跌落到 0。图 4.16a 中用点划线表示的参考电流值相应地跌落。预测电流控制器插入一个持续时间相同的开关脉冲实现非常快速的电流调节，因此转矩消耗时间约为 0.3ms，这一脉冲有效地反转了作用在电机上的电压（见图 4.16b）。如图 4.16d 所示，定子磁链保持恒定，不受转矩阶跃的影响。

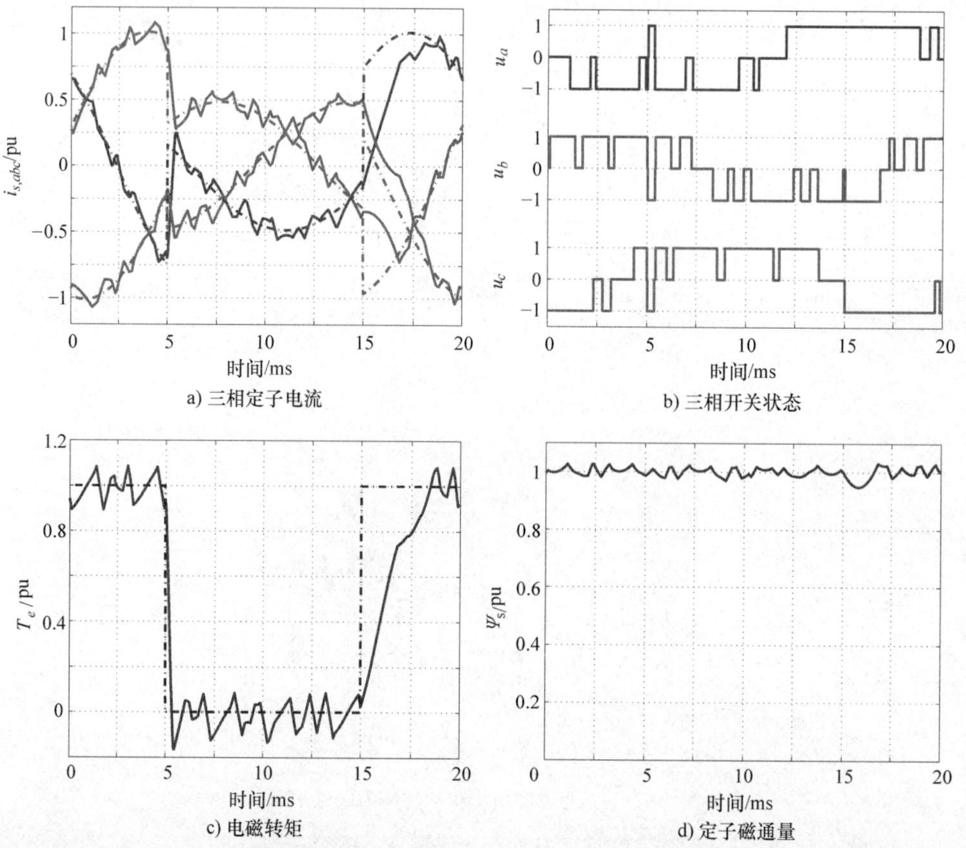

a) 三相定子电流

b) 三相开关状态

c) 电磁转矩

d) 定子磁通量

图 4.16　转矩阶跃情况下的预测电流控制，转矩参考值从 1pu 跌落到 0pu，然后再从 0pu 阶跃到 1pu

在 $t = 15ms$，转矩参考值阶跃回 1pu。在 3.5ms 所产生的转矩暂态持续时间明显长于转矩跌落时的长度。在暂态过程中，可以观察到定子磁链的略微下降。后者的出现是由于控制器跟踪定子电流参考值而不是所需的转矩和定子磁链导致的。与单相情况一样，预测控制器提供了物理上最快的转矩响应，有效地表现了无差拍控制器的动态性能。

4.2.7　关于范数的选择 ★★★

在代价函数中，到目前为止只使用了平方 2 – 范数，也就是电流 $\alpha\beta$ 轴上电流误差的平方和。然而，基于参考值跟踪的预测电流控制最开始是基于 1 – 范数提出的，换句话说就是电流误差分量的绝对值之和[2]。甚至直到今天，很多关于基于参考值跟踪的预测控制的文献都是基于 1 – 范数，因为其在计算上更简单。有人可能认为范数的选择是微妙的，但正如本节所述，这一选择确实对控制器的性能产生了深远的影响。

对于这一研究，用 1 – 范数代替平方 2 – 范数，并重复之前章节中预测电流控制器的稳态仿真。具体来说，用下式代替代价函数（4.21）

$$J = \| \boldsymbol{i}_e(k+1) \|_1 + \lambda_u \| \Delta \boldsymbol{u}(k) \|_1 \tag{4.23}$$

注意，$\| \boldsymbol{i}_e \|_1 = |i_{e\alpha}| + |i_{e\beta}|$。

驱动系统和运行点与之前4.2.6节中相同。例如，对于$\lambda_u = 0.017$和$T_s = 25\mu s$，定子电流、三相开关位置、转矩和定子磁通量如图4.17所示。电流与其参考值之间存在较大的误差，导致转矩偏差达到参考值的20%甚至更多，相同的影响也作用在定子磁链的波动中。尽管开关频率高达1180Hz。闭环系统似乎暂时不稳定。

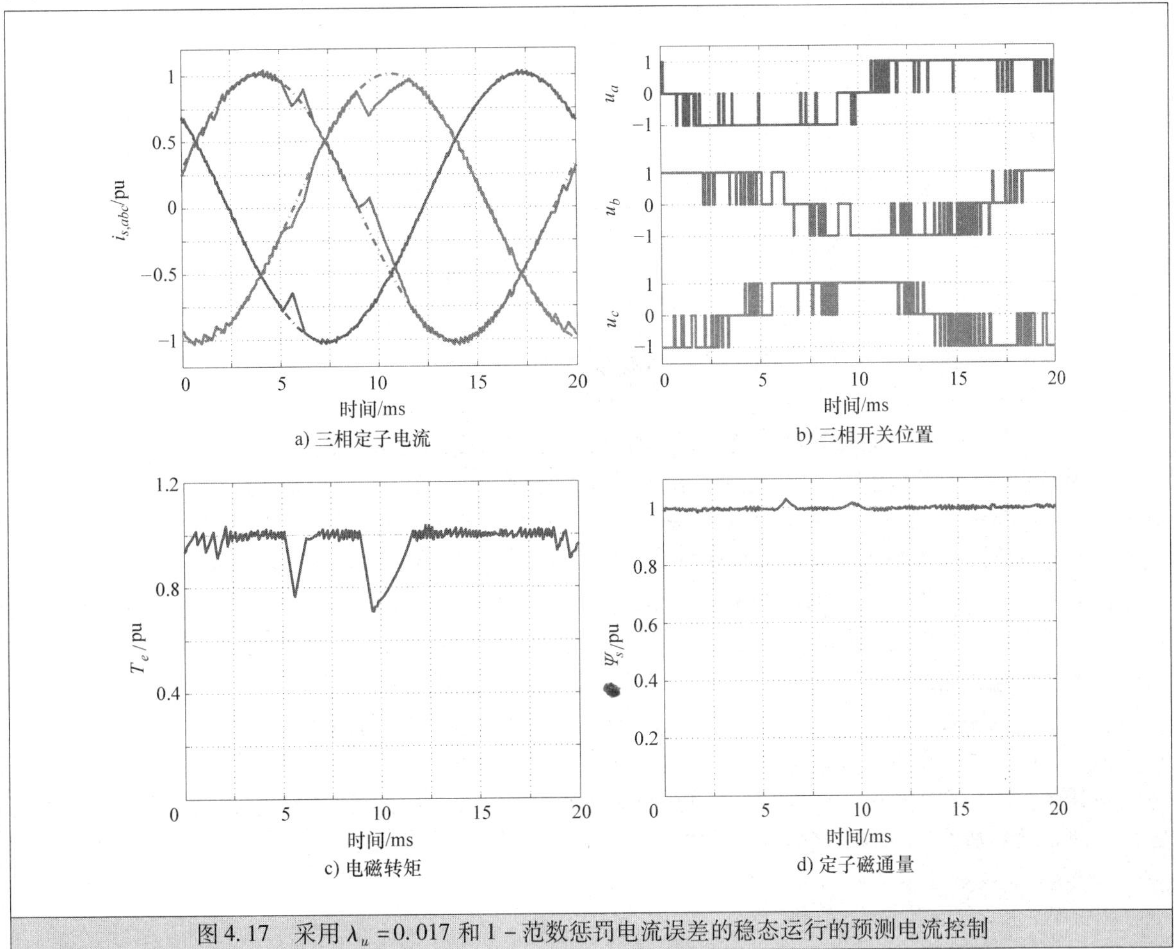

图4.17　采用$\lambda_u = 0.017$和1－范数惩罚电流误差的稳态运行的预测电流控制

类似于图4.14，但是在代价函数中使用1－范数，λ_u在0～0.02之间变化。电流TDD和器件开关频率关于λ_u的函数如图4.18所示。对于$\lambda_u > 0.0072$，电流本身偏移表现导致了电流TDD的恶化，导致图4.18a中电流TDD的小而独特的阶跃。对于$\lambda_u > 0.0198$，控制器无法完全跟踪电流参考值。开关频率跌至几乎为0，闭环稳定性丢失。对于未在图中示出的$\lambda_u > 0.027$，开关被完全避免，开关位置在初始开关状态$\boldsymbol{u} = [0 \quad 0 \quad 0]^T$处被冻结。

图4.14和图4.18分别使用相同的标度以便于直接比较平方2－范数和1－范数对预测电流误差性能的影响。很明显，1－范数不是合适的选择，它只在$\lambda_u = 0 \sim 0.0072$之间有效。在这个范围内，其调整电流畸变和开关频率之间权衡的能力受到严重限制。特别是，当开关频率为几百赫兹时，在5%～10%范围内的电流TDD进行闭环运行是不可能的。超过$\lambda_u = 0.0072$时，电流偏移会影响电流TDD，导致次优的结果。

下面分析1－范数性能差的根本原因。考虑带有电流i、参考电流i^*和电流误差$i_{err} = i^* - i$的单相系统。如图4.19a所示，假定k时刻的电流误差很小。从k时刻开始，假定$u(k-1) = 1$，左边的曲线显示了作为开关位置$u(k)$函数的预测电流$i(k+1)$。为了表示这一点，引入了符号$i(k+1)|_{u=u(k)}$。

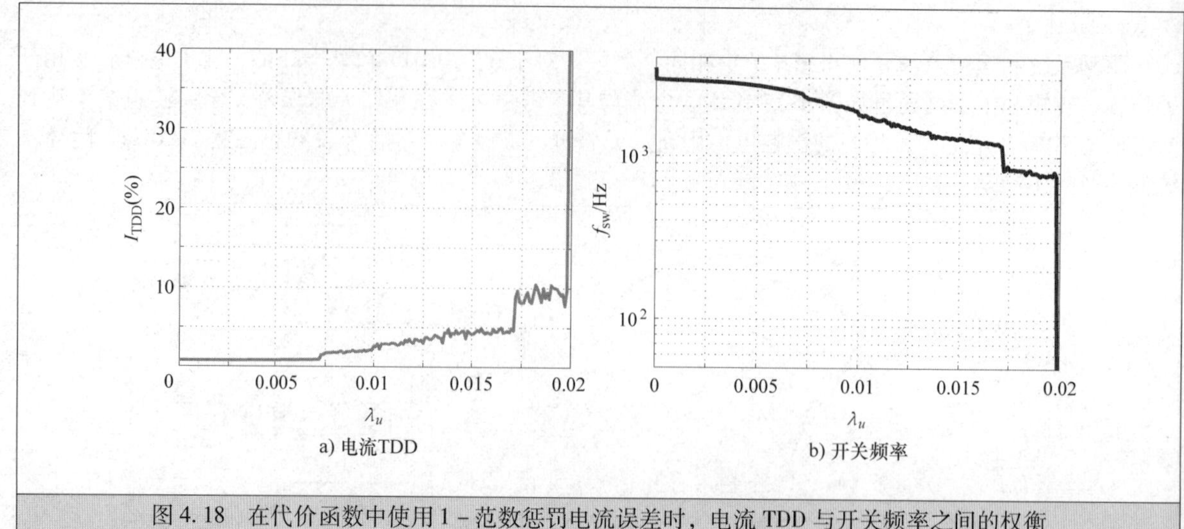

图 4.18 在代价函数中使用 1 - 范数惩罚电流误差时，电流 TDD 与开关频率之间的权衡

上面描述了使用 1 - 范数的代价函数[⊖]。跟踪误差成本与电流误差呈线性关系。这个成本以深灰色的虚线进行表示。开关成本用浅灰色条表示。对于平方 2 - 范数，电流误差的惩罚取决于电流误差的平方。对于这两种情况，限制开关得到最小的成本是很显然的，因此是最优的。

图 4.19b 描述了与之前相同的情况，除了 k 时刻大的电流误差。基于 1 - 范数的代价函数选择 $u(k)=u(k-1)=1$，因此不能触发到 $u(k)=0$ 的开关切换来减小电流误差。相反，电流误差进一步增加。其原因可以从代价函数的分量中明显看出。开关成本（浅灰色条）超过了跟踪误差的相对减少量，这是由使用 $u(k)=1$ 和 $u(k)=0$ 时预测电流误差的差异给出的。因此，无论绝对跟踪误差如何开关都可以避免。然而，当使用平方 2 - 范数时，电流误差以平方的趋势增长到一点，在这一点跟踪误差成本的降低超过了开关成本，触发了从 $u(k-1)=1$ 到 $u(k)=0$ 的开关切换。因此，当使用平方 2 - 范数时，足够大的电流误差总会触发开关动作来减小这个误差，以保证良好的跟踪性能和闭环稳定性。

为了简化说明，在本次分析中考虑了单相系统，但是这一推论可以直接扩展到三相系统。即使 1 - 范数在计算上比平方 2 - 范数简单，似乎更具吸引力，但是它无法提供足够的调整并确保闭环系统的稳定性，因此对于基于参考值跟踪的预测控制器而言，1 - 范数不是一个很好的选择。

4.2.8 延迟补偿 ★★★

到目前为止，假定了一个理想的离散时间装置，不考虑测量采样和新的开关位置应用之间的任何时间误差。这种情况如图 4.20 所示。定子电流 $\boldsymbol{i}_s$ 在 k 时刻处进行采样。相应的开关位置 $u(k)$ 在无穷小的时间内计算并从 k 到 $k+1$ 时刻应用。电流在 $k+1$ 时刻重复采样，基于此计算开关位置 $u(k+1)$，等等。

然而，在实际的逆变器装置中，物理限制会导致测量采样和新的开关位置应用之间的时间延迟。最突出和最常见的延迟来源可以归纳如下：

1）测量延迟。采样信号通常在逆变器中以固定的采样频率进行采样。模 - 数转换（A/D）会产生时间延迟，尽管是很小的时间延迟，约为 1μs。

2）上行通信延迟。数字测量信号传输到计算单元，如现场可编程门阵列（FPGA）、数字信号处理器（DSP）或者中央处理器（CPU）。在串行通信中，通信延迟通常在 10μs 或者更多。

⊖ 成本 J 是开关成本、$\lambda_u|\Delta u(k)|$ 以及预测跟踪误差成本的和。后一项 $(i_{err}(k+1))^2$ 是平方 2 - 范数，$|i_{err}(k+1)|$ 是 1 - 范数。——原书注

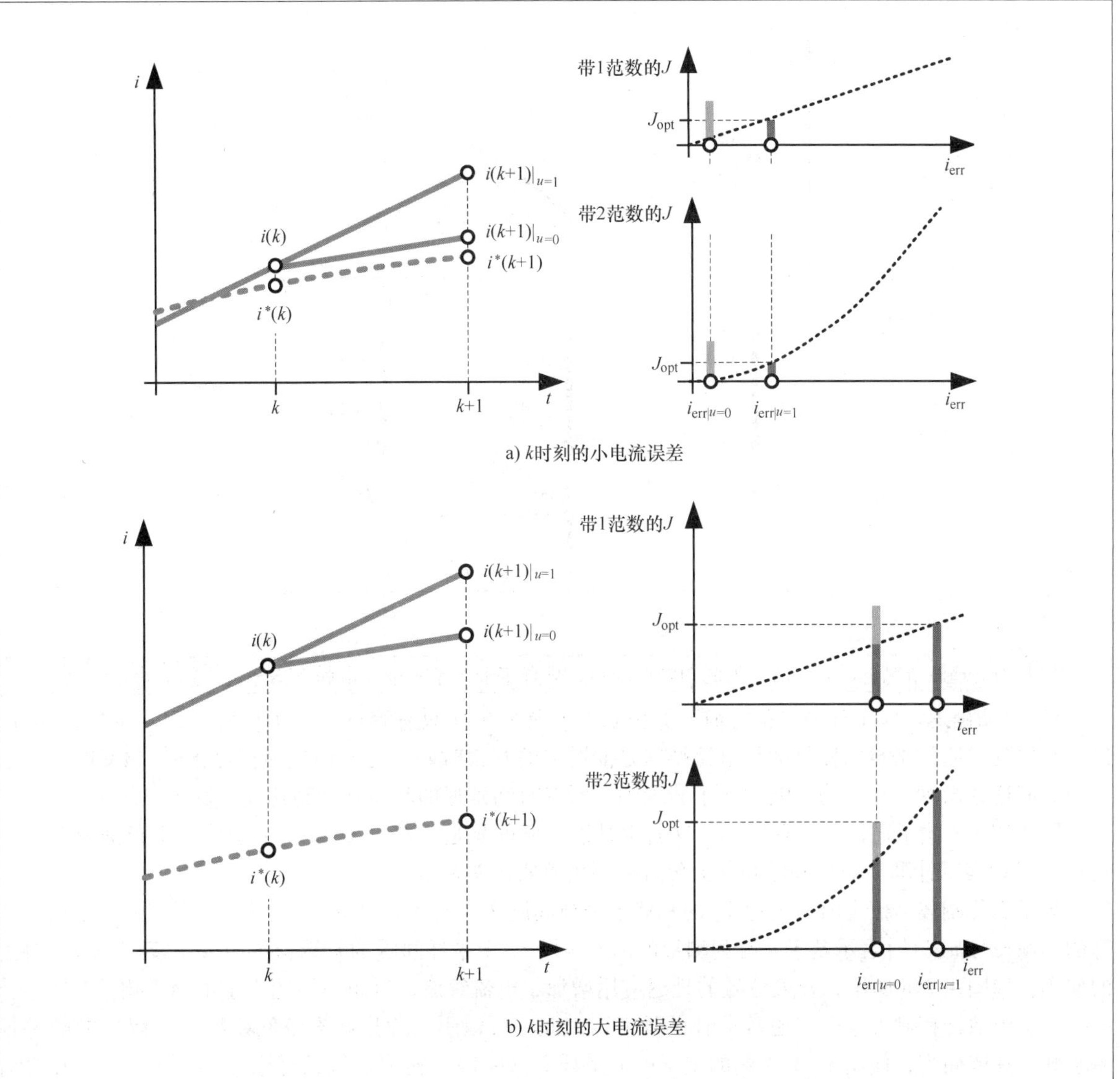

图 4.19　单相系统中范数选择对开关位置选择的影响，以小和大电流误差为例。对于 1 - 范数，当开关成本（浅灰色条）超过跟踪误差 i_{err}（暗灰色条中的差异）的部分相对减少时，不论跟踪绝对跟踪误差如何，都可以避免开关。这导致了电流的偏移和最终的不稳定。然而，当使用平方 2 - 范数时，足够大的电流误差总是支配开关成本，触发开关切换以减少电流误差。这确保了良好的跟踪性能以及闭环系统的稳定性

3）计算延迟。预测控制算法在计算单元上执行。新开关位置的计算需要控制算法特定的时钟周期，范围从几十个专用的带有简单计算算法的 FPGA 计算周期到几万个周期不等。计算资源常常要与其他进程共享，如外部控制循环和监视任务，这样会减少用于预测控制器的计算资源，增加计算延迟。如果一些状态或者控制变量无法测量，需要先运行观测器来重构它们，进一步增加了计算延迟。因此，即使是简单的预测控制器，10μs 的延迟也是很常见的。

4）下行通信延迟。新计算得到的开关位置通过下行通信送回逆变器，发生另外一个通信延迟。

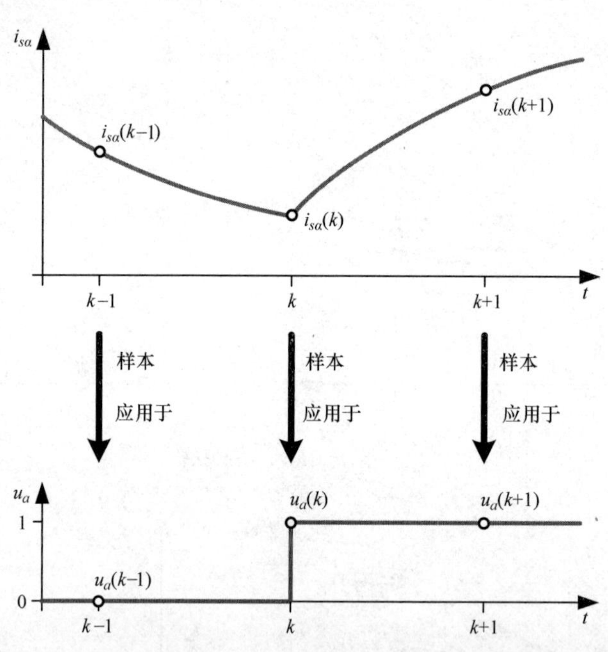

图 4.20　理想情况下没有任何延迟的预测控制器。只有定子电流 α 轴分量和三相开关位置中的 a 相给出

5）启动延迟。应用开关位置之前，保护状态通常要确保只有容许的开关位置应用于半导体器件。进一步的延迟通常来自门极驱动和电流换向之前增加的互锁时间。对于门极换流晶闸管（GCT）来说，互锁时间达数微秒。在大功率电力电子装置中，所有时间延迟的和通常会高达几十微秒。

图 4.21a 描绘了通信和计算延迟，这通常是最主要的延迟。符号 U 和 D 分别代表上行通信和下行通信，而 C 表示计算。测量采样和开关位置应用由垂直箭头表示。

为了简化阐述，假定时间延迟 T_d 的和等于采样间隔 T_s。开关位置 $u(k)$ 是基于 k 时刻的测量进行计算的。用符号 $u(k|k)$ 表示基于 k 时刻测量值的 $u(k)$。一个采样间隔的延迟会导致 $u(k|k)$ 在 $k+1$ 时刻的应用。如图 4.21a 所示，开关位置的延迟应用增加了电流纹波，对闭环性能产生不利影响。

在实施数字控制方案时，通常会补偿延迟。因此，可以引入使用状态空间模型（4.17）的额外预测步骤。具体而言，使用 $k-1$ 时刻的定子电流采样 $\boldsymbol{i}_s(k-1)$、转子磁链估计值 $\psi_r(k-1|k-2)$ 和之前应用的开关状态 $u(k-1|k-2)$，k 时刻的定子电流可以借助下式预测

$$\boldsymbol{i}_s(k|k-1) = A\boldsymbol{i}_s(k-1) + B_1\psi_r(k-1|k-2) + B_2u(k-1|k-2) \tag{4.24}$$

这个初始状态预测了 k 时刻的定子电流值，在这一步骤待计算的开关位置将应用于逆变器。初始状态预测基于 $k-1$ 时刻获得的信息。特别地，转子磁链矢量 $\psi_r(k-1|k-2)$ 和开关位置 $u(k-1|k-2)$ 的估计值是在 $k-2$ 时刻计算的。这一状况在图 4.21b 中进行了描述。

现在，准备讨论 4.2.5 节中的带有延迟补偿的预测电流控制器。为此，将步骤 1 添加到控制算法中。步骤 1 执行初始状态预测并将电流采样从 $k-1$ 时刻投影到 k 时刻。另外，定子电流参考值需要向前推进一步。遵循 4.2.4 节中的技术概述，将 ω_sT_s 添加到 dq 参考坐标系下的角度位置，其中控制外环控制定子电流参考值。在 $k-1$ 时刻，预测电流控制算法计算应用于 k 时刻的 $u_{\text{opt}}(k|k-1)$。

1）采样定子电流 $\boldsymbol{i}_s$（$k-1$），使用初始状态预测（4.24）预测 k 时刻的电流。

2）给定开关位置 $u(k-1|k-2)$ 并考虑开关切换（4.22c）中的限制，k 时刻容许的开关位置集 $U(k|k-1)$ 是确定的。

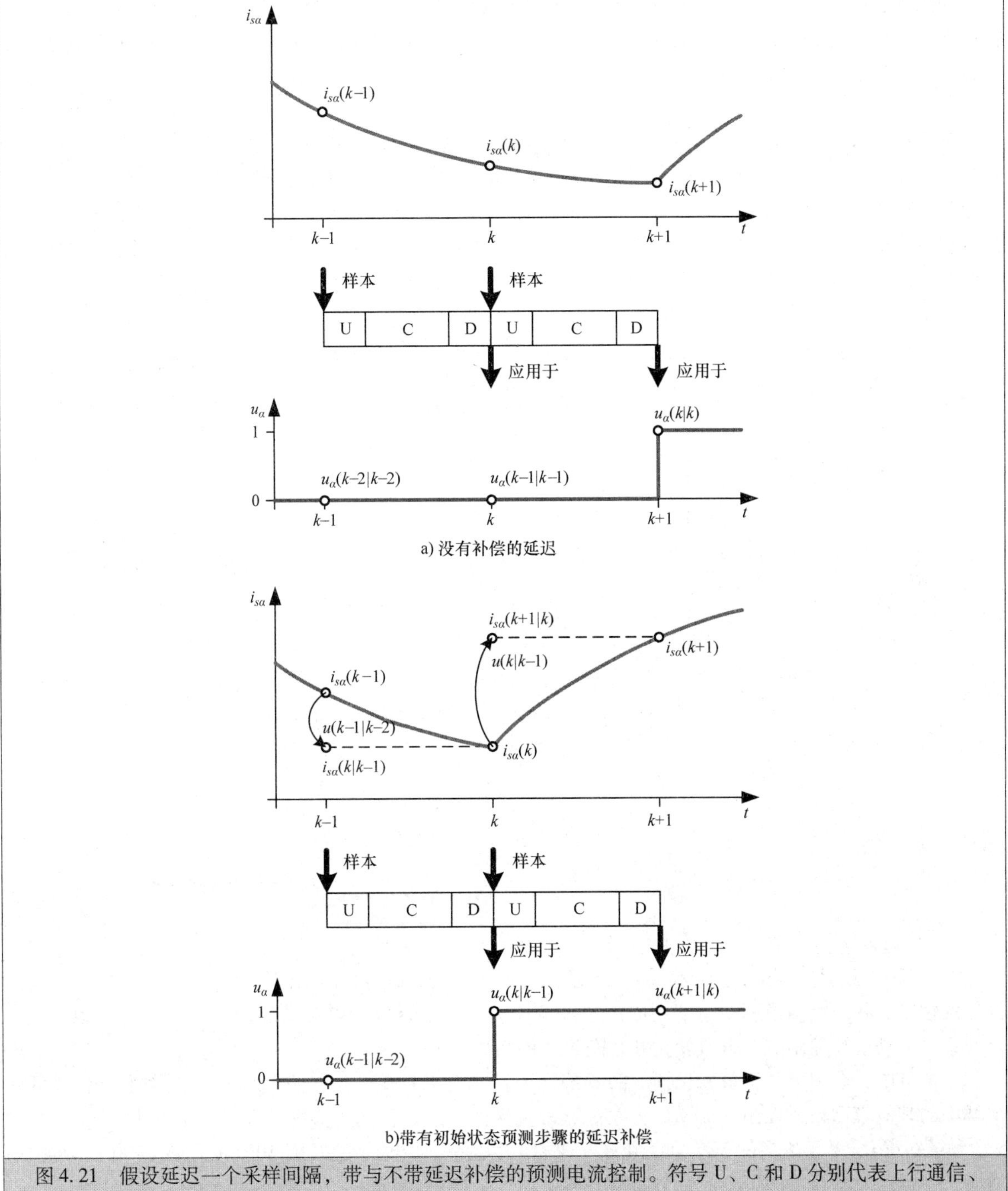

图 4.21 假设延迟一个采样间隔，带与不带延迟补偿的预测电流控制。符号 U、C 和 D 分别代表上行通信、计算和下行通信。只有定子电流 α 轴分量和三相开关位置中的 a 相给出

3）对于每一个开关位置 $u(k|k-1)\in U(k|k-1)$，使用模型（4.22b）预测 $k+1$ 时刻的定子电流 $\boldsymbol{i}_s(k+1)$。

4）对于每一个开关位置 $u(k|k-1)\in U(k|k-1)$，根据式（4.21）计算成本 J。

5）确定对应最小成本的开关位置 $u_{opt}(k|k-1)$并应用于逆变器。

此过程在下一时刻重复进行。注意，初始和修正算法都计算 k 时刻应用的最优开关位置。为此，经过修正的算法已经通过在 $k+1$ 时刻采样电流开始执行了。

如果延迟小于采样间隔，用于初始状态预测的状态空间模型（4.24）可以用时间延迟 T_d 的长度进行离散。具体而言，将式（4.15）从 $t=kT_s$ 到 $t=kT_s+T_d$ 进行积分，T_s 被式（4.18）中的 T_d 代替。然而，对于算法步骤 3 中 k 时刻的电流预测来说，不论延迟如何，状态空间模型总是用采样间隔 T_s 进行离散。

延迟补偿方案也适用于时间超过一个采样间隔的情况。图 4.22 描述了时间延迟为两个采样间隔的时序图。在 $k-2$ 时刻采样电流并将测量值送到计算单元之后，需要两个预测步骤将采样值从 $k-2$ 时刻推导到 k 时刻。因此，需要开关位置 $u(k-2|k-4)$ 和 $u(k-1|k-3)$。如图 4.22 所示，这些开关位置在执行初始状态预测时是可用的。更长的测量和上行通信的延迟也可以解决[4]。通过相应的离散状态空间模型可以补偿采样间隔的非整数倍时间延迟，从而推广针对 $T_d<T_s$ 情况的技术描述。

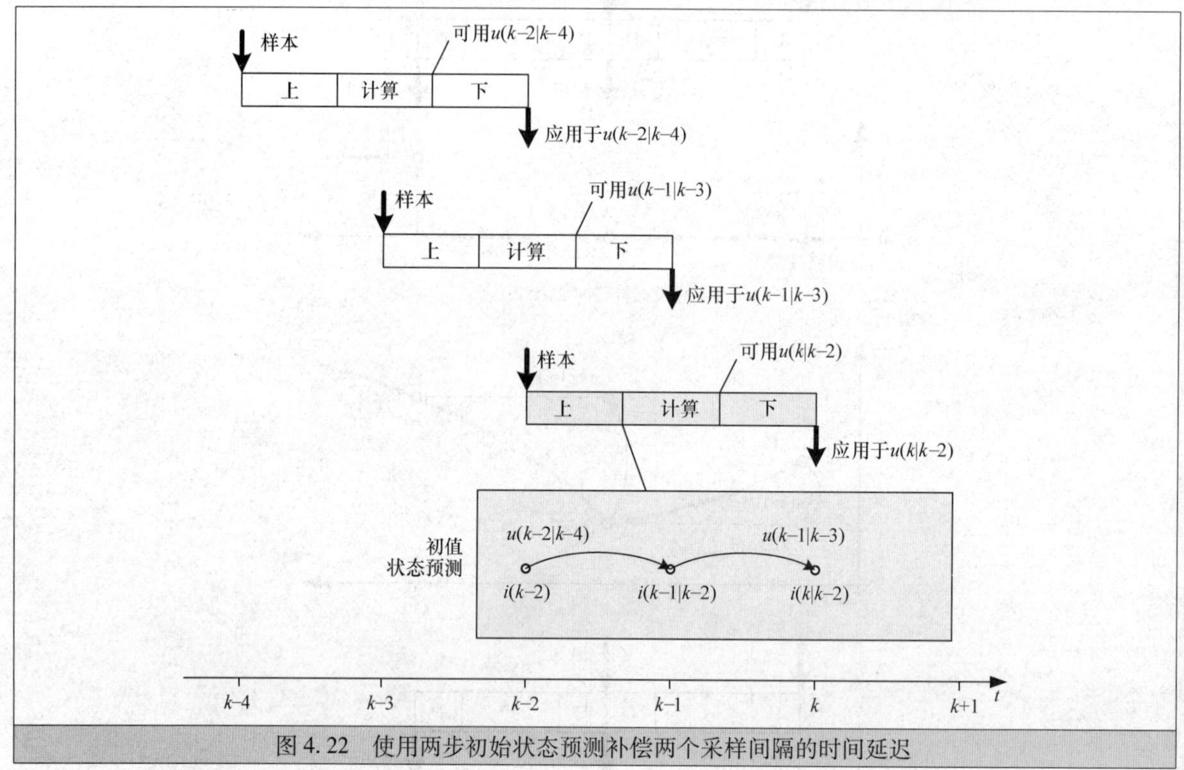

图 4.22　使用两步初始状态预测补偿两个采样间隔的时间延迟

在（长）延迟中，如参考文献［4］所述，初始状态预测显著提高了闭环系统的性能。然而，延迟补偿的性能受状态空间模型的精度所限。非确定性和时变延迟也会影响系统的性能。进一步地，延迟补偿方案无法避免控制器参考值变化和暂态过程的初始延迟。

在本节中，介绍了基于单步长预测的预测电流控制延迟补偿方案。将初始状态预测推广到离散时间域中的其他模型预测控制（MPC）方案是非常直接的。这包括基于参考值跟踪和长步长 MPC（见第 5 章和第 6 章）、基于边界的 MPC（见第 7～11 章）以及基于 PWM 的间接 MPC（见第 14 章）。有关电力电子中延迟及其补偿的更多信息请参见参考文献［5－7］。

对于模型预测脉冲模式控制（MP^{3}C）（见第 12 章和第 13 章），需要不同的延迟补偿策略。这将在 12.4 节中进行讨论。在本书中，除非另有说明，所有的仿真结果都是在无延迟仿真设置情况下得到的。对于实验结果，控制器增加了类似于本节描述的延迟补偿方案。

4.3　三相异步电机的预测转矩控制

基于参考值跟踪的预测电流控制器的概念已经在前面章节中以交流驱动系统装置为例进行了说明。

然而，当控制电气驱动系统时，类似于使用直接转矩控制（DTC），直接控制电机的电磁转矩和定子磁链通常是很方便的，而不用通过定子电流间接控制这些值。如本节所述，这可以通过稍微修改预测控制器来完成。在代价函数和内部控制器模型相适应的情况下，基于枚举的求解算法保持不变。

4.3.1　案例研究 ★★★

再次考虑与4.2节中相同的驱动系统，其中包含基于笼型异步电机的NPC逆变器。对于预测转矩控制，可以很方便地重新建立电机模型，并分别以定转子磁链矢量 $\boldsymbol{\psi}_s=[\psi_{s\alpha}\quad\psi_{s\beta}]^T$，$\boldsymbol{\psi}_r=[\psi_{r\alpha}\quad\psi_{r\beta}]^T$ 为状态变量分别进行动态描述。将式（2.55）中转子电压 v_r 和参考坐标系的角速度设为0，得到状态空间中表示的连续时间电机方程：

$$\frac{\mathrm{d}\boldsymbol{\psi}_s}{\mathrm{d}t}=-R_s\frac{X_r}{D}\boldsymbol{\psi}_s+R_s\frac{X_m}{D}\boldsymbol{\psi}_r+\boldsymbol{v}_s \tag{4.25a}$$

$$\frac{\mathrm{d}\boldsymbol{\psi}_r}{\mathrm{d}t}=-R_r\frac{X_m}{D}\boldsymbol{\psi}_s-R_r\frac{X_s}{D}\boldsymbol{\psi}_r+\omega_r\begin{bmatrix}0&-1\\1&0\end{bmatrix}\boldsymbol{\psi}_r \tag{4.25b}$$

$$\frac{\mathrm{d}\omega_r}{\mathrm{d}t}=\frac{1}{M}(T_e-T_\ell) \tag{4.25c}$$

通过扩展式（2.56）中的叉积，电磁转矩可以写成如下形式：

$$T_e=\frac{1}{\mathrm{pf}}\frac{X_m}{D}\boldsymbol{\psi}_r\times\boldsymbol{\psi}_s=\frac{1}{\mathrm{pf}}\frac{X_m}{D}(\psi_{r\alpha}\psi_{s\beta}-\psi_{r\beta}\psi_{s\alpha}) \tag{4.26}$$

定子磁链矢量的大小为

$$\boldsymbol{\Psi}_s=\|\boldsymbol{\psi}_s\|=\sqrt{(\psi_{s\alpha})^2+(\psi_{s\beta})^2} \tag{4.27}$$

4.3.2　控制问题 ★★★

预测转矩控制的问题是通过控制相应的三相开关位置来跟踪这两个量的参考值。如前所述，最小化开关频率，并且禁止在一相桥臂上直接进行1和－1之间的切换。

预测转矩控制器的框图如图4.23所示。引入 T_e^* 表示转矩参考值，Ψ_s^* 表示定子磁链的参考值。如图3.29所示，转矩参考值 T_e^* 通常由速度外环进行调节。预测转矩控制器在下一时刻针对所有容许的开关位置预测转矩和定子磁链。这些预测都是基于由磁链观测器重构的定转子磁链矢量的。

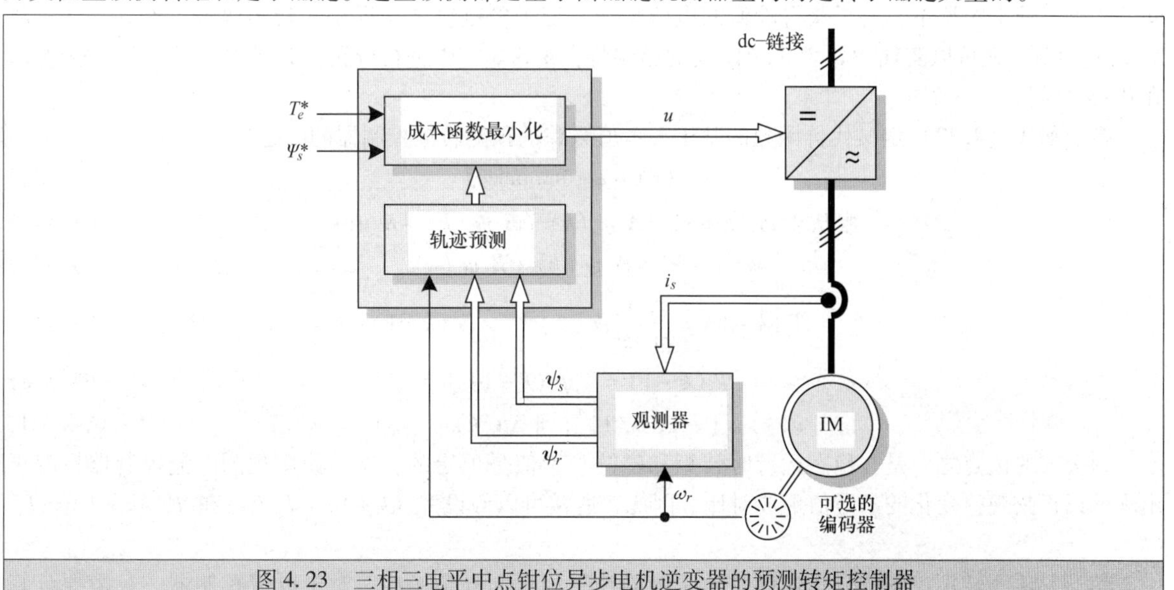

图4.23　三相三电平中点钳位异步电机逆变器的预测转矩控制器

4.3.3 控制器模型 ★★★

控制器模型作为 $u(k)$ 的函数预测 $k+1$ 时刻的电磁转矩和定子磁链矢量。以正交坐标系中的定转子磁链矢量作为状态变量，将转子转速 ω_r 作为一个参数，得到简化的连续时间状态空间模型

$$\frac{\mathrm{d}\boldsymbol{\psi}_s(t)}{\mathrm{d}t}=\boldsymbol{F}_1\boldsymbol{\psi}_s(t)+\boldsymbol{G}_1\boldsymbol{\psi}_r(t)+\boldsymbol{G}_2\boldsymbol{u}(t) \tag{4.28a}$$

$$\frac{\mathrm{d}\boldsymbol{\psi}_r(t)}{\mathrm{d}t}=\boldsymbol{F}_2\boldsymbol{\psi}_r(t)+\boldsymbol{G}_3\boldsymbol{\psi}_s(t) \tag{4.28b}$$

矩阵表示为

$$\boldsymbol{F}_1=-R_s\frac{X_r}{D}\boldsymbol{I}_2,\ \boldsymbol{F}_2=\omega_r\begin{bmatrix}0&-1\\1&0\end{bmatrix}-R_r\frac{X_s}{D}\boldsymbol{I}_2 \tag{4.29a}$$

$$\boldsymbol{G}_1=R_s\frac{X_m}{D}\boldsymbol{I}_2,\ \boldsymbol{G}_2=\frac{v_{\mathrm{dc}}}{2}\widetilde{\boldsymbol{K}},\ \boldsymbol{G}_3=R_r\frac{X_m}{D}\boldsymbol{I}_2 \tag{4.29b}$$

通过应用前向欧拉法将式（4.28）从 $t=kT_s$ 到 $t=(k+1)T_s$ 进行积分得到离散时间表达式

$$\boldsymbol{\psi}_s(k+1)=\boldsymbol{A}_1\boldsymbol{\psi}_s(k)+\boldsymbol{B}_1\boldsymbol{\psi}_r(k)+\boldsymbol{B}_2u(k) \tag{4.30a}$$

$$\boldsymbol{\psi}_r(k+1)=\boldsymbol{A}_2\boldsymbol{\psi}_r(k)+\boldsymbol{B}_3\boldsymbol{\psi}_s(k) \tag{4.30b}$$

系统矩阵为

$$\boldsymbol{A}_1=\boldsymbol{I}_2+\boldsymbol{F}_1T_s,\boldsymbol{A}_2=\boldsymbol{I}_2+\boldsymbol{F}_2T_s \tag{4.31a}$$

$$\boldsymbol{B}_1=\boldsymbol{G}_1T_s,\boldsymbol{B}_2=\boldsymbol{G}_2T_s,\ \boldsymbol{B}_3=\boldsymbol{G}_3T_s \tag{4.31b}$$

4.3.4 优化问题 ★★★

代价函数由三部分组成。

$$J=\lambda_T(T_e^*(k+1)-T_e(k+1))^2+(1-\lambda_T)(\boldsymbol{\Psi}_s^*(k+1)-\boldsymbol{\Psi}_s(k+1))^2+\lambda_u\|\Delta u(k)\|_1 \tag{4.32}$$

第一项在 $k+1$ 时刻惩罚电磁转矩与其参考值之间的预测偏差。相应地，第二项惩罚定子磁链与其参考值之间的预测偏差，对于这两项，使用重写为平方和的平方 2 - 范数。第三项被电流控制器所采用，使用非负标量权重 λ_u 惩罚 k 时刻的开关切换。

引入权重 λ_T 是为了减小转矩纹波并优先考虑磁链纹波，而不改变电机的这两个变量和开关切换之间的平衡。通常情况下，为了获得较低的电流畸变，定子磁链纹波需远小于转矩纹波，例如，通过将 λ_T 设置为 0.1 就可以实现。λ_T 对电流畸变的影响将在 4.3.8 节中进行分析。为了保证 J 非负，权重 λ_T 在 0 ~ 1 之间。

带有如式（4.32）定义代价函数的基于参考值跟踪的预测转矩控制器的问题是

$$u_{\mathrm{opt}}(k)=\arg\underset{\boldsymbol{u}(k)}{\operatorname{minimize}}J \tag{4.33a}$$

$$\text{服从于}\ \boldsymbol{\psi}_s(k+1)=\boldsymbol{A}_1\boldsymbol{\psi}_s(k)+\boldsymbol{B}_1\boldsymbol{\psi}_r(k)+\boldsymbol{B}_2\boldsymbol{u}(k) \tag{4.33b}$$

$$\boldsymbol{\psi}_r(k+1)=\boldsymbol{A}_2\boldsymbol{\psi}_r(k)+\boldsymbol{B}_3\boldsymbol{\psi}_s(k) \tag{4.33c}$$

$$T_e(k+1)=\frac{1}{\mathrm{pf}}\frac{X_m}{D}\boldsymbol{\psi}_r(k+1)\times\boldsymbol{\psi}_s(k+1) \tag{4.33d}$$

$$\boldsymbol{\Psi}_s(k+1)=\|\boldsymbol{\psi}_s(k+1)\| \tag{4.33e}$$

$$u(k)\in\{-1,0,1\}^3,\ \|\Delta\boldsymbol{u}(k)\|_\infty\leqslant 1 \tag{4.33f}$$

该公式的优点之一是在稳态运行时转矩和磁链参考值是恒定的。这与使用预测电流控制器情况下出现的以正弦规律变化的参考值形成对比。因此，通常可以假设 $T_e^*(k+1)=T_e^*(k)$ 和 $\boldsymbol{\Psi}_s^*(k+1)=\boldsymbol{\Psi}_s^*(k)$。

然而，预测转矩控制的公式在计算上比电流控制相对要复杂一些。对于电流控制器，只需要计算

带有两个分量的状态更新方程（见式（4.22b））。对于转矩控制器，相应的转矩和磁链也需要计算。注意，第二个用于$k+1$时刻的定子磁链矢量的状态更新式（4.33c）只需要在k时刻计算一次，因为它与$u(k)$无关。这是由于式（4.30）使用了前向欧拉离散方法。然而，精确的欧拉方法会导致$k+1$时刻的转子磁链矢量与开关位置$u(k)$之间的耦合，尽管是非常小的耦合。

4.3.5 控制算法 ★★★

通过使用预测电流控制算法的改进版本，解决了优化问题（4.33）并通过枚举获得了k时刻的最优开关位置$u_{opt}(k)$。

1）考虑之前应用的开关位置$u(k-1)$和式（4.33f）中的开关切换的约束，确定k时刻所有容许的开关位置集$U(k)$。

2）使用状态更新方程计算$k+1$时刻的转子磁链矢量$\boldsymbol{\psi}_r(k+1)$。

3）对于每一个开关位置$u(k)\in U(k)$，使用式（4.33b）预测得到$k+1$时刻的定子磁链矢量。基于此，分别使用式（4.33d）和式（4.33e）预测$k+1$时刻的转矩和定子磁链。

4）对于每一个开关位置$u(k)\in U(k)$，根据式（4.32）计算成本J。

5）确定对应最小成本的开关位置$u_{opt}(k)$并应用于逆变器。

在下一时刻，重复这一过程。

基于枚举和单步长预测范围的预测转矩控制器最初是针对两电平逆变器提出的[5]，其中转矩和磁链误差对应的权重是相同的，并且没有开关惩罚。还有方法提出用标称或额定转矩和磁链对转矩和磁链误差进行标幺化处理。这种标幺化在式（4.32）中通过假设所有的变量都在标幺系统中提供而完成。

4.3.6 代价函数分析 ★★★

在估算转矩控制器的闭环性能之前，对于预测步长为1的情况，分析其代价函数（4.32）是有益的。首先重新给出带有转矩和定子磁链跟踪误差的代价函数（4.32）

$$J=T_T+T_\Psi+\lambda_u\|\Delta u(k)\|_1 \tag{4.34}$$

$$J_T=\lambda_T(T_e^*-T_e)^2 \tag{4.35a}$$

$$J_\Psi=(1-\lambda_T)(\Psi_s^*-\Psi_s)^2 \tag{4.35b}$$

采用与转子磁链同步旋转的dq参考坐标系。通过调整将转子磁链与d轴对齐，转矩方程（4.26）可以简化为

$$T_e=\frac{1}{\text{pf}}\frac{X_m}{D}\psi_{sq}\psi_{rd} \tag{4.36}$$

在此情况下，回顾式（4.27），式（4.35）中的代价函数分量可以用定子磁链的dq轴分量表示

$$J_T=\lambda_T\left(\frac{1}{\text{pf}}\frac{X_m}{D}\psi_{rd}\right)^2(\psi_{sq}^*-\psi_{sq})^2 \tag{4.37a}$$

$$J_\Psi=(1-\lambda_T)(\|\boldsymbol{\psi}_s^*\|-\|\boldsymbol{\psi}_s\|)^2 \tag{4.37b}$$

定子磁链矢量参考$\boldsymbol{\psi}_s^*=[\psi_{sd}^* \quad \psi_{sq}^*]^T$，由式（4.36）和式（4.27）得到

$$\psi_{sq}^*=\text{pf}\frac{D}{X_m}\frac{T_e^*}{\psi_{rd}} \tag{4.38}$$

和

$$\psi_{sd}^*=\sqrt{(\Psi_s^*)^2-(\psi_{sq}^*)^2} \tag{4.39}$$

注意，ψ_{rd}等于转子磁链矢量的大小。

为了使代价函数分量J_T和J_Ψ形象化，再次考虑4.2.6节中描述的NPC逆变器的中压驱动系统，并运行在额定转速和转矩下。图4.24a为转矩误差项J_T的几何表示。转子磁链矢量$\boldsymbol{\psi}_r$与d轴同向。定子

磁链矢量参考值 $\boldsymbol{\psi}_s^*$ 对应于额定转矩和充分励磁的电机。$\lambda_T=0.052$ 时，转矩误差项 J_T 的廓线用实线形式表示，数值为 0.01，0.02，…，0.08。点划线表示 $J_T=0$。根据式（4.36），轮廓线是与转子磁链矢量平行的直线。

相应地，定子磁链误差的代价函数项 J_Ψ 如图 4.24b 所示。J_Ψ 的轮廓线的数值（与转矩相同）为 0.01，0.02，…，0.08。这些轮廓线形成以 dq 参考坐标系原点为圆心的同心圆。点划线代表 $J_\Psi=0$。将两个代价函数项添加到 J_T+J_Ψ 可以得到如图 4.25a 所示的轮廓线图。

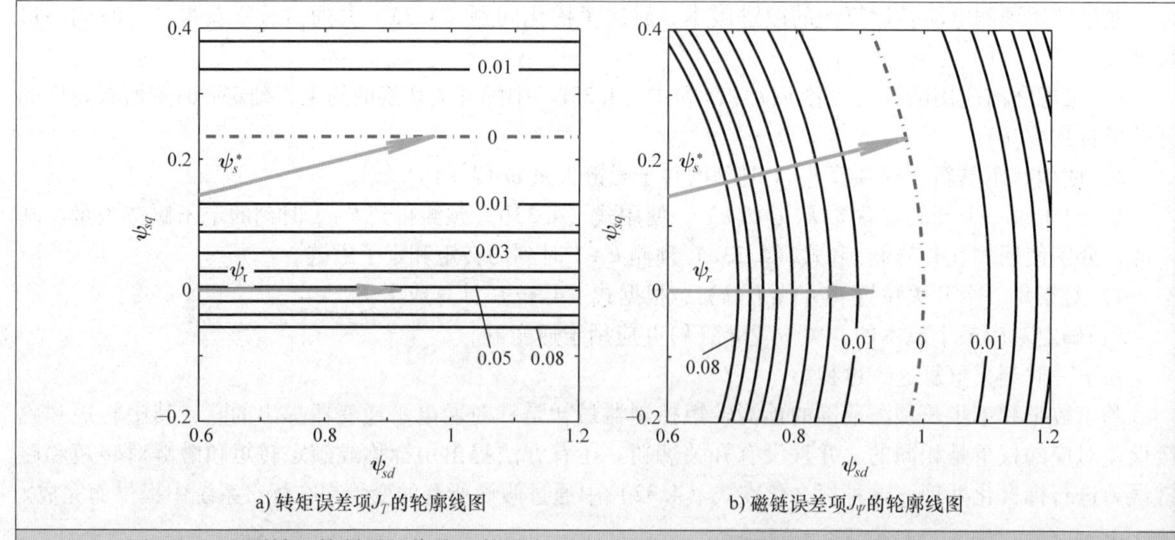

a) 转矩误差项 J_T 的轮廓线图　　b) 磁链误差项 J_Ψ 的轮廓线图

图 4.24　预测转矩控制器的代价函数项在 dq 轴定子磁链矢量分量横跨的平面上的几何表示。参考定转子磁链用箭头表示。转矩定子磁链参考值分别在图 4.24a 和 b 中用点划线表示。转矩和磁链误差项的轮廓线是实线

4.3.7　转矩与电流控制器的代价函数比较 ★★★

为了提供进一步的理解，比较了预测转矩控制器和预测步长为 1 的电流控制器的轮廓线图。电流控制器算法在 4.2.5 节中提供。

$$J_I=\|\boldsymbol{i}_s^*-\boldsymbol{i}_s\|_2^2 \tag{4.40}$$

为此，通常将定子电流表示为定转子磁链矢量 dq 轴分量的线性组合，可以将代价函数（4.21）中的电流误差项改写为定子磁链。使用式（2.43）的上部，也就是 $\boldsymbol{i}_s=\frac{1}{D}(X_r\boldsymbol{\psi}_s-X_m\boldsymbol{\psi}_r)$。得到项

$$J_I=\left(\frac{X_r}{D}\right)^2\|\boldsymbol{\psi}_s^*-\boldsymbol{\psi}_s\|_2^2 \tag{4.41}$$

注意，J_I 独立于转子磁链矢量及其位置。电流误差项的轮廓线如图 4.25b 所示。这些线是围绕着定子磁链参考值的同心圆。注意，轮廓线绘制的数值为 0.15，0.3，…，1.2，也就是说，与转矩控制器的轮廓线值相比，这些值需要乘以系数 15。

当比较转矩控制器的参考跟踪误差项（4.37）与电流控制器项（4.41）时，很明显的是两个控制器的代价函数并不等价，尽管开关成本 $\lambda_u\|\Delta u(k)\|_1$ 是相同的。这个差别由图 4.25 中对应的轮廓线的不同形状来说明。

尽管如此，通过适当调节代价函数中的参数，可以实现两个控制器之间的高度相似。具体而言，如下述，可以选择 λ_T 使转矩控制器的轮廓线近似圆形，尤其是当转矩接近 0 的时候。

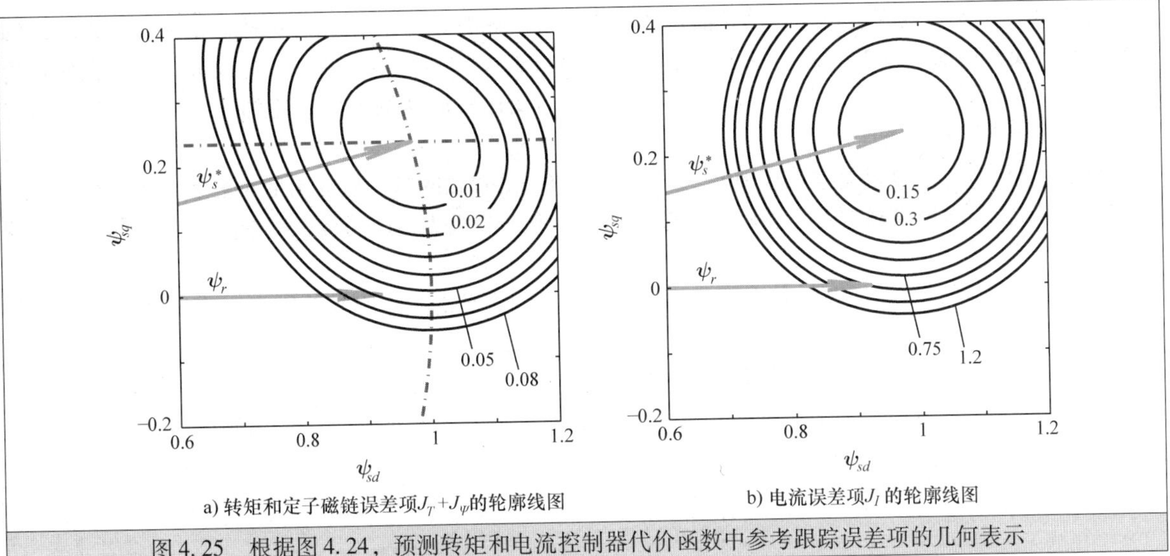

a) 转矩和定子磁链误差项J_T+J_Ψ的轮廓线图　　b) 电流误差项J_I的轮廓线图

图4.25　根据图4.24，预测转矩和电流控制器代价函数中参考跟踪误差项的几何表示

为了简化一下推导中的说明，将转矩参考设为0。考虑带有d轴磁链误差ψ_{err}的定子磁链矢量

$$\boldsymbol{\psi}_s=\boldsymbol{\psi}_s^*+\begin{bmatrix}\psi_{\text{err}}\\0\end{bmatrix} \tag{4.42}$$

根据式（4.37），成本为

$$J_T+J_\Psi=(1-\lambda_T)\psi_{\text{err}}^2 \tag{4.43}$$

相似地，对于带有q轴磁链误差ψ_{err}的定子磁链矢量，成本为

$$J_T+J_\Psi=\lambda_T\left(\frac{1}{\text{pf}}\frac{X_m}{D}\psi_{rd}\right)\psi_{\text{err}}^2 \tag{4.44}$$

这里忽略J_Ψ的微小影响。为了实现圆形的轮廓线，两个成本需要相等，可以得出

$$\lambda_T=\frac{(\text{pf}D)^2}{(\text{pf}D)^2+(X_m\psi_{rd})^2} \tag{4.45}$$

根据本节驱动系统案例研究的参数，得到$\lambda_T=0.052$。

这个选择的有效性在图4.26a中得到验证，该图描绘了带有相同成本$J_T+J_\Psi=0.025$的三个不同的J_T的轮廓线。当转矩参考接近0时，$\lambda_T=0.052$会导致有效的圆形轮廓线。

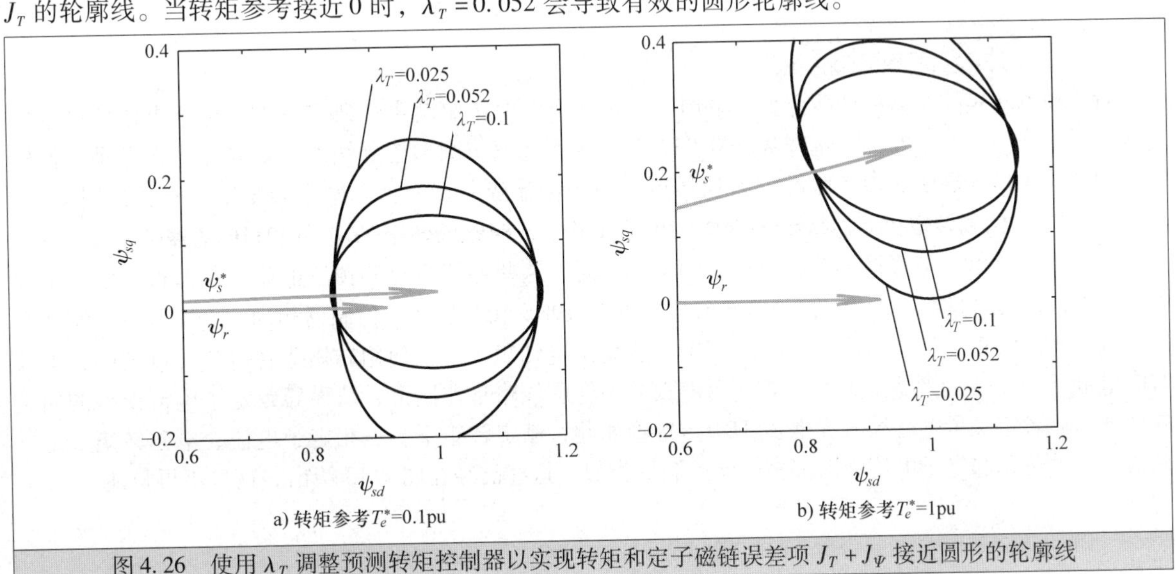

a) 转矩参考T_e^*=0.1pu　　b) 转矩参考T_e^*=1pu

图4.26　使用λ_T调整预测转矩控制器以实现转矩和定子磁链误差项J_T+J_Ψ接近圆形的轮廓线

λ_T 的变化主要影响与转矩相关的 q 轴轮廓线的形状。减小 λ_T，并因此惩罚转矩误差，沿着转矩轴拓展了轮廓线并增加了转矩纹波。相反，当增大 λ_T 并优先考虑转矩误差时，转矩纹波减小。在两种情况下，产生椭圆形的轮廓线。注意，λ_T 在 0.052 左右的变化对沿 d 轴方向的轮廓线影响很小，这与定子磁链有关并决定其纹波。

如图 4.26b 所示，将转矩参考从 0 增加到 1pu 扭曲了沿着磁链参考值的圆形轮廓线。尤其是，$\lambda_T=0.052$ 的圆形轮廓线变得稍微有些妥协。尽管如此，如下一节所述，预测转矩和电流控制方案在所有的转矩设置点提供类似的性能，前提是 λ_T 和开关惩罚 λ_u 的选择是合适的。

如图 4.25 所示，后者的调整是必须的，因为两种控制方案的参考跟踪轮廓线（近似圆形）是不同的。更确切地说，定子磁链矢量的误差比转矩控制器受到的影响更严重。这意味着需要增加电流控制器的开关惩罚来实现与转矩控制器相同的开关频率。在本章中，已经看到跟踪误差和开关项成本值的比例决定了控制器的响应。为了实现转矩和电流控制器类似的闭环性能，这个比例应该是相同的。因此设置

$$\frac{J_T+J_\Psi}{\lambda_{uT}\|\Delta u(k)\|_1}=\frac{J_I}{\lambda_{uI}\|\Delta u(k)\|_1} \tag{4.46}$$

来区分转矩控制器的开关惩罚 λ_{uT} 和电流控制器的开关惩罚 λ_{uI}。

再次考虑零转矩参考、d 轴的定子磁链误差 ψ_{err} 以及式（4.42）中的 q 轴零磁链误差。使用式（4.43）和式（4.41），式（4.46）可以简化为

$$\frac{(1-\lambda_T)\psi_{\text{err}}^2}{\lambda_{uT}}=\left(\frac{X_r}{D}\right)^2\frac{\psi_{\text{err}}^2}{\lambda_{uI}} \tag{4.47}$$

这会导致

$$\lambda_{uI}=\left(\frac{X_r}{D}\right)^2\frac{1}{1-\lambda_T}\lambda_{uT}=16.25\lambda_{uT} \tag{4.48}$$

可以得出结论，当两种控制方案根据以下规则选择惩罚时发出非常类似的开关指令：

1）对于转矩控制器，根据式（4.45）设置 λ_T。其开关惩罚 λ_{uT} 可以选择以便实现所需的开关频率。

2）对于电流控制器，根据式（4.47）规范开关惩罚 λ_{uI}。

因此，对于给定的开关频率，转矩和电流控制方案预计会产生类似的电流和转矩 TDD。这一假设将在下一节中通过闭环仿真得到验证。

4.3.8 性能评估 ★★★

对于预测转矩控制器的性能评估，采用 4.2.6 节中的中压驱动系统研究案例。运行点依然是额定转速，采样间隔为 $T_s=25\mu s$。选择 $\lambda_T=0.052$ 以便获得近似于圆形轮廓线的转矩和磁链误差项，使转矩控制器的代价函数中的参考跟踪误差项尽可能地与电流控制器类似。额定转矩下，开关惩罚 $\lambda_{uT}=0.198\times10^{-3}$，预测转矩控制器得到 7.74% 的电流 TDD、5.84% 的转矩 TDD 和 221Hz 的器件开关频率。

如表 4.5 所示，当选择开关权重 $\lambda_{uI}=3\times10^{-3}$ 时，这些性能指标和预测电流控制器得到的非常类似。后者匹配设计准则（4.48），并实现了与 $\lambda_{uT}=0.198\times10^{-3}$ 的转矩控制器相同的开关频率。零转矩时，两种方法实现了相同的转矩和电流 TDD，然而额定转矩下，当使用转矩代替电流控制器时，电流 TDD 恶化了 16%。这种恶化是由于定子磁链误差的轮廓线略呈非圆形，从而导致定子电流误差的非圆轮廓线。后者定义了电流纹波和电流 TDD。尽管如此，额定转矩下，三相定子电流、电磁转矩、定子磁链、开关位置和定子电流频谱都与电流控制器类似，这些已经在图 4.13 给出，这里不再赘述。

表 4.5 预测电流和转矩控制策略的电流 TDD I_{TDD} 和转矩 TDD T_{TDD} 的比较

参考转矩	控制方案	控制器设定	I_{TDD}(%)	T_{TDD}(%)	f_{sw}/Hz
$T_e^*=0$	电流	$\lambda_{uI}=3\times10^{-3}$	6.38	5.57	220
	转矩	$\lambda_T=0.052$，$\lambda_{uT}=0.198\times10^{-3}$	6.45	5.76	219
$T_e^*=1$	电流	$\lambda_{uI}=3\times10^{-3}$	6.69	5.51	222
	转矩	$\lambda_T=0.052$，$\lambda_{uT}=0.198\times10^{-3}$	7.74	5.84	221

注：选择开关惩罚来保证合适的开关频率 $f_{sw}=220\text{Hz}$ 结果。

两种控制策略的相似性在图 4.27 中得到了更进一步的强调，图中描绘了电流、转矩 TDD 与开关频率的关系。运行在额定转速和额定转矩并且开关频率超过 250Hz 时，对于给定的开关频率，两种方案产生非常相似的电流和转矩 TDD，电流控制器略优于转矩控制器。这个小的差异在低开关频率时变得更加明显。

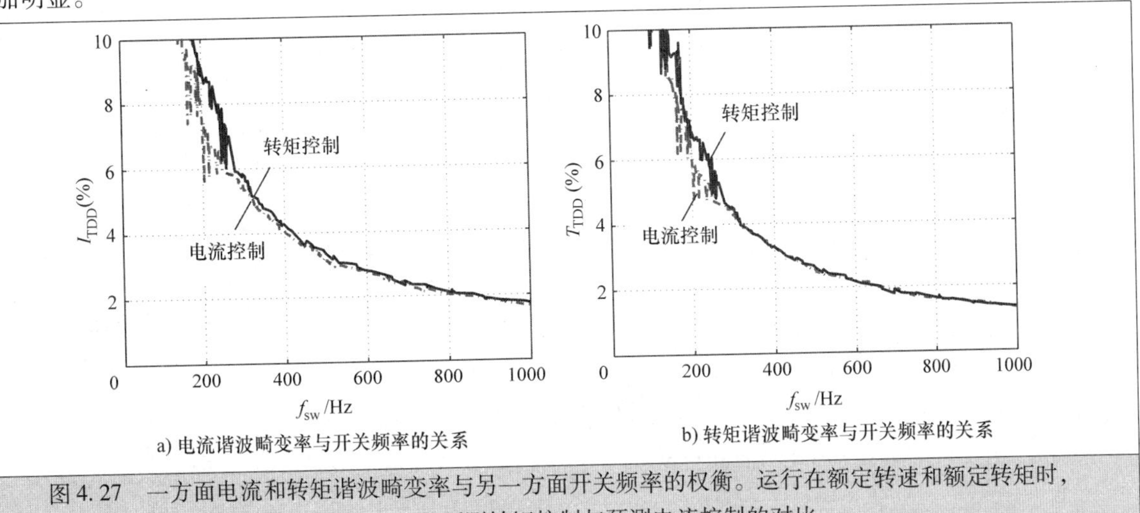

a) 电流谐波畸变率与开关频率的关系 b) 转矩谐波畸变率与开关频率的关系

图 4.27 一方面电流和转矩谐波畸变率与另一方面开关频率的权衡。运行在额定转速和额定转矩时，$\lambda_T=0.052$ 的预测转矩控制与预测电流控制的对比

图 4.28a 说明了 λ_T 对电流 TDD 的影响。$\lambda_T=0.052$ 很明显地实现了最小电流 TDD，印证了之前章节中提出的关于代价函数的分析。然而，如图 4.28b 所示，对于转矩 TDD，相对较小的 $\lambda_T=0.052$ 惩罚导致较大的转矩畸变。例如，将惩罚增加 5 倍到 0.25 将导致整个所考虑开关频率范围内的转矩 TDD 减半，范围是从 50Hz 到 1kHz。然而，这种转矩 TDD 的减小是以显著的电流畸变为代价的（见图 4.28a）。尽管如此，对于某些应用，很低的转矩 TDD 可能是有益的。参数 λ_T 赋予转矩控制器一定自由度来促进这一点。

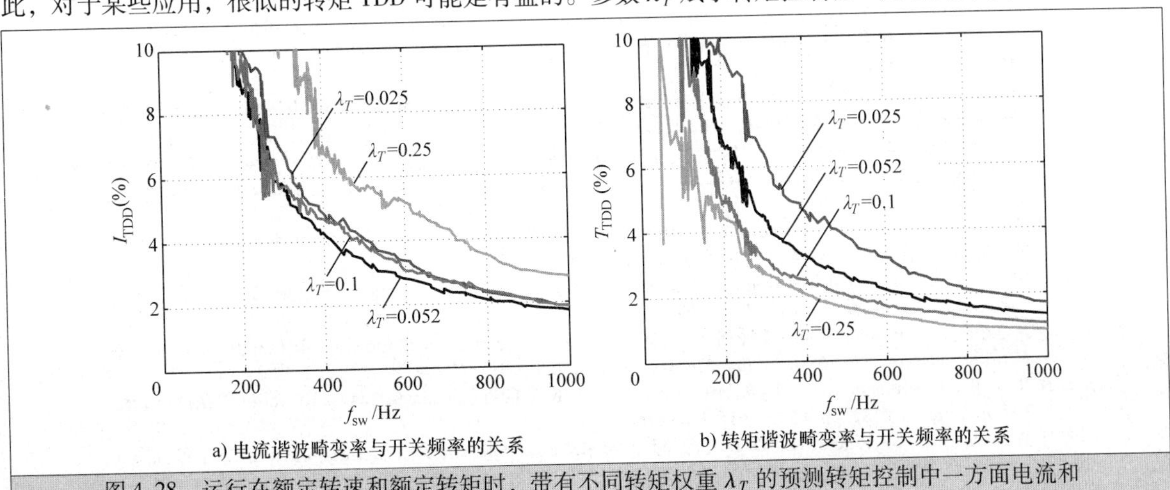

a) 电流谐波畸变率与开关频率的关系 b) 转矩谐波畸变率与开关频率的关系

图 4.28 运行在额定转速和额定转矩时，带有不同转矩权重 λ_T 的预测转矩控制中一方面电流和转矩谐波畸变率与另一方面开关频率的权衡

当预测控制算法运行在低的开关频率时，开关频率趋向于固定在基频的整数倍，如 50Hz 100Hz，…,250Hz，尽管开关惩罚会出现很大的变化。这个现象可以在图 4. 27 和图 4. 28 中看到，这导致了开关动作一定程度的周期性和稍微离散的电流频谱。如 6. 1. 4 节中的说明和分析，这一特征在多步长预测情况下更加显著。

可以得出一个结论，一般来说，稳态运行时预测转矩和电流控制器可以得到类似的性能指标，前提是适当调整权重系数 λ_T。特别地，开关惩罚和控制器采样间隔 T_s 对性能指标的影响是相似的。这同样适用于暂态运行，如将电流或转矩参考阶跃应用于变频器。

4.4 总结

本章介绍了基于步长为 1 和参考值跟踪的预测控制器的概念。从 4. 1 节的单相例子开始，*RL* 负载的电流沿着其参考值进行调节。在 4. 2 节中，电流控制器被推广到三相驱动系统，随后在 4. 3 节中进行改进来跟踪交流电机的电磁转矩和定子磁链的参考值。

由于控制概念的多功能性，其可以用于多种电力电子拓扑结构。结果已经在多种拓扑中得到报道，包括两电平逆变器[2]、三电平 NPC 逆变器[3,8]、级联式 H 桥[9-11]、矩阵变换器[12]、飞跨电容变换器[13]以及模块化多电平变换器[14]。如参考文献[3]所述，通过在代价函数中包含相应的项，NPC 逆变器的中点可以在零附近平衡。如参考文献［15］所述，在电网侧，有源整流器可以通过直接功率控制设置进行控制。

在广泛的文献中，仅给出了少数参考文献。如果要更进一步了解基于单步长和参考值跟踪的预测控制器，可以见参考文献［16］以及［17－19］，其中包含详尽的文献综述。

参考文献

[1] G. F. Franklin, J. D. Powell, and M. L. Workman, *Digital control of dynamic systems*. Addison-Wesley, 3rd ed., 1998.

[2] J. Rodríguez, J. Pontt, C. A. Silva, P. Correa, P. Lezana, P. Cortés, and U. Ammann, "Predictive current control of a voltage source inverter," *IEEE Trans. Ind. Electron.*, vol. 54, pp. 495–503, Feb. 2007.

[3] R. Vargas, P. Cortés, U. Ammann, J. Rodríguez, and J. Pontt, "Predictive control of a three-phase neutral-point-clamped inverter," *IEEE Trans. Ind. Electron.*, vol. 54, pp. 2697–2705, Oct. 2007.

[4] F. Kieferndorf, P. Karamanakos, P. Bader, N. Oikonomou, and T. Geyer, "Model predictive control of the internal voltages of a five-level active neutral point clamped converter," in *Proceedings of IEEE Energy Conversion Congress and Exposition* (Raleigh, NC, USA), Sep. 2012.

[5] H. Miranda, P. Cortés, J.-I. Yuz, and J. Rodríguez, "Predictive torque control of induction machines based on state-space models," *IEEE Trans. Ind. Electron.*, vol. 56, pp. 1916–1924, Jun. 2009.

[6] G. Papafotiou, J. Kley, K. G. Papadopoulos, P. Bohren, and M. Morari, "Model predictive direct torque control—Part II: Implementation and experimental evaluation," *IEEE Trans. Ind. Electron.*, vol. 56, pp. 1906–1915, Jun. 2009.

[7] P. Cortés, J. Rodríguez, C. Silva, and A. Flores, "Delay compensation in model predictive current control of a three-phase inverter," *IEEE Trans. Ind. Electron.*, vol. 59, pp. 1323–1325, Feb. 2012.

[8] G. Perantzakis, F. Xepapas, S. A. Papathanassiou, and S. Manias, "A predictive current control technique for three-level NPC voltage source inverters," in *Proceedings of IEEE Power Electronics Specialists Conference*, Jun. 2005.

[9] P. Correa, M. Pacas, and J. Rodríguez, "Predictive torque control for inverter-fed induction machine," *IEEE Trans. Ind. Electron.*, vol. 54, pp. 1073–1079, Apr. 2007.

[10] M. Pérez, P. Cortés, and J. Rodríguez., "Predictive control algorithm technique for multilevel asymmetric cascaded H-bridge inverters," *IEEE Trans. Ind. Electron.*, vol. 55, pp. 4354–4361, Dec. 2008.

[11] P. Cortés, A. Wilson, S. Kouro, J. Rodríguez, and H. Abu-Rub, "Model predictive control of multilevel cascaded H-bridge inverters," *IEEE Trans. Ind. Electron.*, vol. 57, pp. 2691–2699, Aug. 2010.

[12] S. Müller, U. Ammann, and S. Rees, "New time-discrete modulation scheme for matrix converters," *IEEE Trans. Ind. Electron.*, vol. 52, pp. 1607–1615, Dec. 2005.

[13] P. Lezana, R. P. Aguilera, and D. E. Quevedo, "Model predictive control of an asymmetric flying capacitor converter," *IEEE Trans. Ind. Electron.*, vol. 56, pp. 1839–1846, Jun. 2009.

[14] M. A. Pérez, J. Rodríguez, E. J. Fuentes, and F. Kammerer, "Predictive control of AC–AC modular multilevel converters," *IEEE Trans. Ind. Electron.*, vol. 59, pp. 2832–2839, Jul. 2012.

[15] P. Cortés, J. Rodríguez, P. Antoniewicz, and M. Kazmierkowski, "Direct power control of an AFE using predictive control," *IEEE Trans. Power Electron.*, vol. 23, pp. 2516–2523, Sep. 2008.
[16] J. Rodríguez and P. Cortés, *Predictive control of power converters and electrical drives*. Chichester, UK: John Wiley & Sons, Ltd, 2012.
[17] P. Cortés, M. P. Kazmierkowski, R. M. Kennel, D. E. Quevedo, and J. Rodríguez, "Predictive control in power electronics and drives," *IEEE Trans. Ind. Electron.*, vol. 55, pp. 4312–4324, Dec. 2008.
[18] S. Kouro, P. Cortés, R. Vargas, U. Ammann, and J. Rodríguez, "Model predictive control—a simple and powerful method to control power converters," *IEEE Trans. Ind. Electron.*, vol. 56, pp. 1826–1838, Jun. 2009.
[19] J. Rodríguez, M. P. Kazmierkowski, J. R. Espinoza, P. Zanchetta, H. Abu-Rub, H. A. Young, and C. A. Rojas, "State of the art of finite control set model predictive control in power electronics," *IEEE Trans. Ind. Inf.*, vol. 9, pp. 1003–1016, May 2013.

第5章 »

多步长预测控制

直接模型预测控制（MPC）参考跟踪的优化问题跟踪是基于整数决策变量的。这意味着当预测长度延长时，可能的解决方案的数量会成倍增加。一方面，整数决策变量有助于枚举所有常用方法可能的解决办法（见4.1.4节和其中的参考文献）。另一方面，穷举枚举在增加预测步长时很快变得难以计算。这一限制在4.1.6节中进行了讨论。

对于具有参考跟踪的直接MPC，优化其计算困难问题历来限制了研究预测步长到1，除了几次尝试。这些包括参考文献［1］，其中2级的步长被使用，参考文献［2］中提出了启发，以减少开关序列的数目以达到更长的步长。在参考文献［3］中已经提出了两步预测方法：第一步，计算延迟得到补偿，随后使用标准预测1步控制器。因此，参考文献［3］中的方法可以被认为是等价于一步预测控制器。

我们的结论是，以有效的方式解决直接MPC的优化问题，具有较长的预测视野，直到最近仍然是一个尚未解决的问题。因此，多步长是否会导致性能改善的问题仍然存在，并且基本上没有答案。

本章探讨了预测步长超过1的直接MPC的应用。具有切换三相输入矢量的线性系统所有相的切换步骤相等，依据底层优化问题的几何结构开发了一种有效的优化算法。该算法使用球形解码[4]提供的最佳切换序列，只需要适度的计算资源。这使得多步长MPC在电力电子中得到了应用。

5.1 预备知识

参考跟踪直接MPC可应用于一般的交流－直流、直流－直流、直流－交流、交流－交流。具有线性负载的拓扑，包括有源前端、带有RL负载的逆变器、逆变器与LC滤波器和交流电机逆变器。输出量，如电压和电流，可以随时变参考而进行调节。因此，选择保留这个问题。本章简要陈述该问题并提出尽可能通用的构思和解决方法。

5.1.1 案例研究 ★★★

然而，我们经常把注意力集中在本书中频繁使用的三电平逆变器的案例研究中。更具体地说，将考虑中压（MV）变速驱动系统电流参考的跟踪控制问题。该系统包括中性点钳位（NPC）电压源型逆变器（VSI）驱动感应电机（IM）。本案例在图5.1有所描述，并在2.5.1节中随着参数概述有详细描述。为了简化讨论，假设总直流链路电压v_{dc}是连续的，中性点电位为零。

对传动系统的数学模型在4.2.1节进行了描述。在4.2.1节，整型变量的u_a、u_b、$u_c \in U$表示三相桥臂开关的位置，对于三电平逆变器，（单相）约束条件为

$$U = \{-1 \quad 0 \quad 1\} \tag{5.1}$$

三个开关位置被聚合到三相开关位置$u = [u_a \quad u_b \quad u_c]^T$里。

该电机模型采用静止$\alpha\beta$参考坐标系模型。定子电流$i_{s\alpha}$、$i_{s\beta}$和转子磁链$\psi_{r\alpha}$、$\psi_{r\beta}$作为状态变量。转

子的角速度被视为一个（相对缓慢变化的）变量。

电流控制器的目标是通过操纵开关位置调节定子电流，使之随时间变化的参考值 $i_s^* = [i_{s\alpha}^* \quad i_{s\beta}^*]^T$ 而变化。同时最大限度地降低开关应力。1 和 -1 之间禁止切换。这个控制问题在 4.2.2 节中有详细的描述。

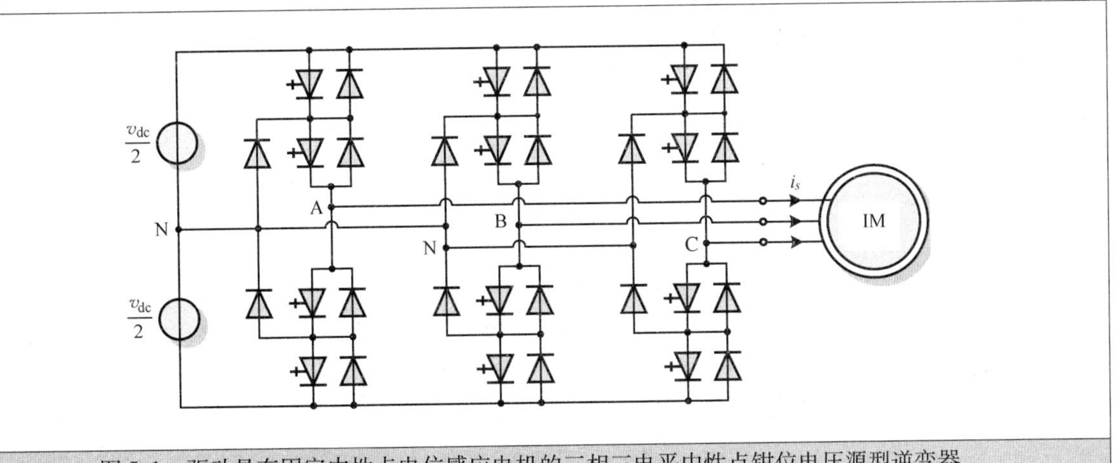

图 5.1 驱动具有固定中性点电位感应电机的三相三电平中性点钳位电压源型逆变器

5.1.2 控制器模型 ★★★

对预测模型的推导，可以很方便地引入状态矢量

$$x = [i_{s\alpha} \quad i_{s\beta} \quad \psi_{r\alpha} \quad \psi_{r\beta}]^T \tag{5.2}$$

驱动模型。定子电流作为系统输出矢量，即

$$y = i_s = [i_{s\alpha} \quad i_{s\beta}]^T$$

而三相开关位置 u 构成输入矢量，由控制器提供。使用状态矢量 x，在 4.2.1 节中描述的电机模型 (4.11) 可以改写状态空间形式的连续时间预测模型。

$$\frac{\mathrm{d}\boldsymbol{x}(t)}{\mathrm{d}t} = \boldsymbol{F}\boldsymbol{x}(t) + \boldsymbol{G}\boldsymbol{u}(t) \tag{5.3a}$$

$$\boldsymbol{y}(t) = \boldsymbol{C}\boldsymbol{x}(t) \tag{5.3b}$$

矩阵 $\boldsymbol{F}$、$\boldsymbol{G}$ 和 $\boldsymbol{C}$ 在附录 5. A 中给出[⊖]。

通过整合式 (5.3a)，从 $t = kT_s$ 到 $t = (k+1)T_s$，通过观察可知，在时间间隔内 $\boldsymbol{u}(t)$ 是常数，所以 $\boldsymbol{u}(t)$ 等于 $\boldsymbol{u}(k)$ 时，得到的离散表示

$$\boldsymbol{x}(k+1) = \boldsymbol{A}\boldsymbol{x}(k) + \boldsymbol{B}\boldsymbol{u}(k) \tag{5.4a}$$

$$\boldsymbol{y}(k) = \boldsymbol{C}\boldsymbol{x}(k) \tag{5.4b}$$

式中，$k \in \mathbb{N}$

$$\boldsymbol{A} = \mathrm{e}^{\boldsymbol{F}T_s}, \ \boldsymbol{B} = \int_0^{T_s} \mathrm{e}^{\boldsymbol{F}\tau}\mathrm{d}\tau \boldsymbol{G} \tag{5.5}$$

注意 e 指的是矩阵指数。为了在式 (5.5) 中推导离散时间矩阵，可见参考文献 [5, 4.3.3 节]。如果 $\boldsymbol{F}$ 是非奇异的，输入矩阵可以简化为 $\boldsymbol{B} = \boldsymbol{F}^{-1}(\boldsymbol{A} - \boldsymbol{I}_4)\boldsymbol{G}$，其中 $\boldsymbol{I}_4$ 是四维矩阵。

如果矩阵指数带来了计算困难，向前欧拉近似通常是足够精确到几十微秒短的采样间隔和短期预测的视野。在这种情况下，离散时间系统矩阵为

⊖ 注意，$\boldsymbol{F}$ 和 $\boldsymbol{G}$ 分别取决于转子转速 ωr 和直流链路电压 v_{dc}。因此，在一般的设置中，这两个矩阵需要被认为是时变的。——原书注

$$A = I_4 + FT_s,\ B = GT_s \tag{5.6}$$

5.1.3 代价函数 ★★★

一般通过代价函数的最小化，可以解决有限长度上的MPC控制问题。

$$J = \sum_{\ell=k}^{k+N_p-1} \| y^*(\ell+1) - y(\ell+1) \|_Q{}^2 + \lambda_u \| \Delta u(\ell) \|_2^2 \tag{5.7}$$

式（5.7）首项对预测的跟踪误差，即随时间变化的输出参考y^*和输出向量y的跟踪误差之间的区别的处罚是在未来时间步$k+1$，$k+2$，$k+N_p$。为此，使用下式

$$\| y^* - y \|_Q^2 = (y^* - y)^T Q (y^* - y) \tag{5.8}$$

式中，Q表示跟踪误差的惩罚矩阵。由于技术原因，要求Q是半正定的和对称的，这将在5.1.4节中解释。Q是维数$n_y \times n_y$，n_y是输出变量的个数，$y \in \mathbb{R}^{n_y}$。

为了适应这种一般形式的跟踪误差的具体电流控制问题，设置$y^* = x_s^*$，$y = i_s$（如上所述），$Q = I_2$。参考跟踪问题（5.7）是声明在静止的正交$\alpha\beta$坐标系。它可以很容易地显示出来（见4.2.4节），在三相abc系统的参考电流跟踪的问题是相当于一个在$\alpha\beta$坐标系统的问题。

式（5.7）中的第二项抑制开关变化

$$\Delta u(k) = u(k) - u(k-1) \tag{5.9}$$

它指的是三相a、b、c的开关位置k，$k+1$，…，$k+N_p-1$。开关可能只由一步上升或下降的每一个阶段，我们知道$\| \Delta u(k) \|_\infty \leqslant 1$，1-范数和开关切换的欧几里得范数（平方）产生相同的代价：

$$\| \Delta u(k) \|_1 = \| \Delta u(k) \|_2^2$$

式（5.7）中参数$\lambda_u > 0$是一个可调参数，用于调整跟踪精度（其参考输出的偏差）和开关切换之间的权衡。

5.1.4 优化问题 ★★★

我们介绍了开关序列：

$$U(k) = [u^T(k) u^T(k+1) \cdots u^T(k+N_p-1)]^T$$

它代表控制器必须决定的逆变器开关位置的顺序。基于参考跟踪的直接MPC的优化问题可以被描述为

$$U_{\text{opt}}(k) = \arg \underset{U(k)}{\text{minimize}} J \tag{5.10a}$$

$$\text{服从于}\quad x(\ell+1) = Ax(\ell) + Bu(\ell) \tag{5.10b}$$

$$y(\ell+1) = Cx(\ell+1) \tag{5.10c}$$

$$\Delta u(\ell) = u(\ell) - u(\ell-1) \tag{5.10d}$$

$$U(k) \in U \tag{5.10e}$$

$$\| \Delta u(\ell) \|_\infty \leqslant 1, \forall \ell = k, \cdots, k+N_p-1 \tag{5.10f}$$

代价函数J依赖于状态矢量$x(k)$、先前选择的开关位置$u(k-1)$和开关序列$U(k)$。在式（5.10e）中，$\mathbb{U} = u \times \cdots \times u$是$N_p$倍$u$集的笛卡尔积，$u$表示离散三相开关位置的集合。后者是从单相$U$获得，通过$\boldsymbol{u} = u \times \cdots \times u$，定义式（5.1）。我们指的是式（5.10f）作为交换条件。

遵循滚动时域控制的原则，只有最优的第一个元素。切换序列$U_{\text{opt}}(k)$是在k时刻应用于半导体开关。在$k+1$时刻，考虑$x(k+1)$的新信息和输出参考值并再次进行优化，从而为$k+1$时刻中提供最佳开关位置。这个优化过程在线重复，不断循环，如图5.2所示。

在图5.2中，$Y(k)$表示从时间步长到预测时间轴上的输出轨迹。$k+1$到$k+N_p$，那是

$$Y(k) = [y^T(k+1)\ y^T(k+2)\ \cdots\ y^T(k+N_p)]^T \tag{5.11}$$

相应地，$Y^*(k)$为输出参考轨迹。

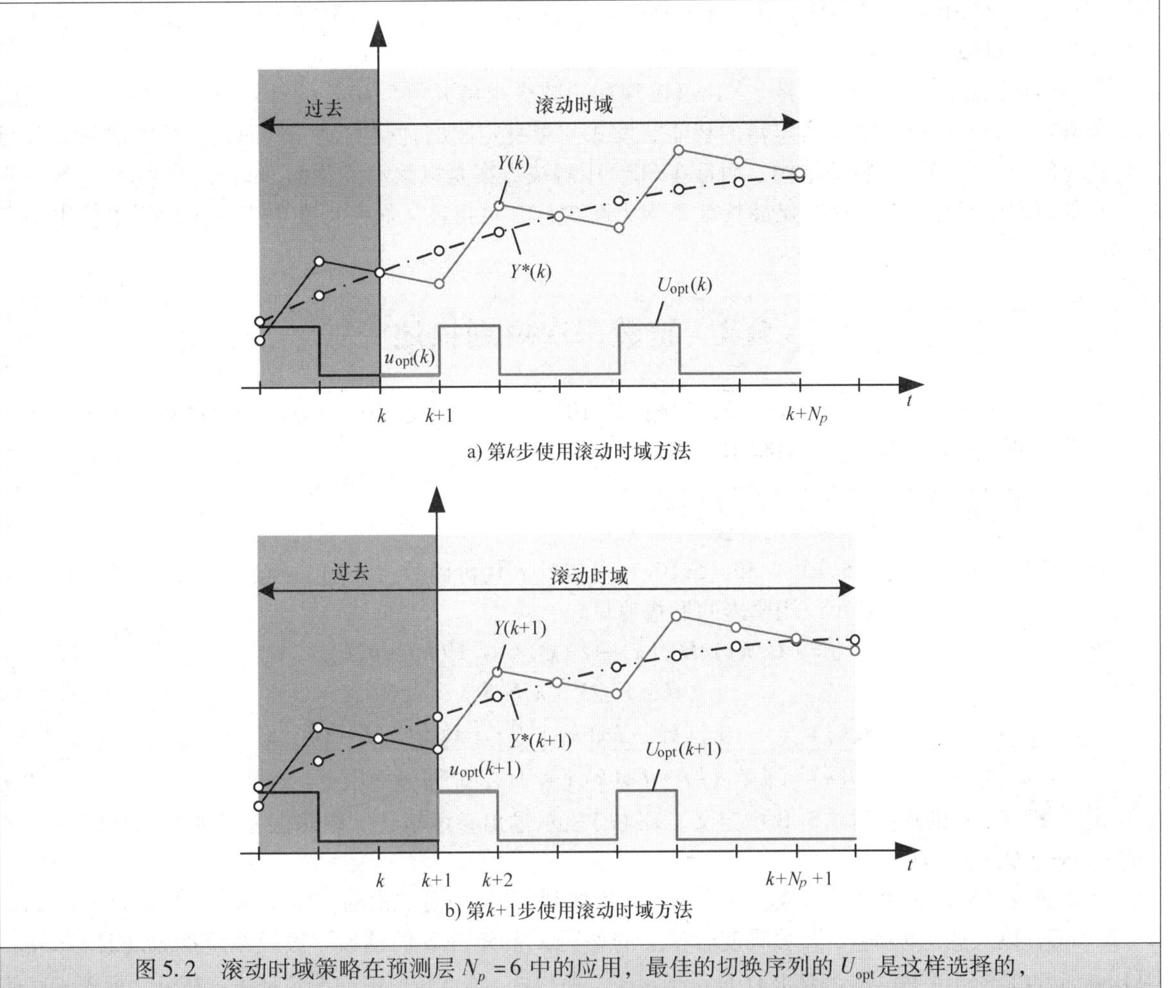

图 5.2　滚动时域策略在预测层 $N_p=6$ 中的应用，最佳的切换序列的 U_{opt} 是这样选择的，预测的输出轨迹跟踪输出 Y^* 参考轨迹。从交换序列 U_{opt}，只有第一个元素 u_{opt} 逆变

5.1.5　基于穷举搜索的控制算法 ★★★

由于决策变量 $U(k)$ 的离散性，优化问题（5.10）是很难解决的，除了很短的问题之外。事实上，作为预测步长，增加了决策变量的数目（最坏情况）计算。复杂性是指数增长的，因此不能用多项式来约束。穷举搜索时，尽量减少 J 的困难变得明显。与此方法，列举一组可容许切换序列 $U(k)$，并对每个序列的代价函数进行评估。最低成本的切换序列是（定义）最佳的一个，它的第一个元素被选择作为控制输入。

在每次步长 k 时，穷举搜索需要以下步骤：

1）鉴于以前应用的开关位置 $u(k-1)$，并考虑到约束（5.10e）和约束（5.10f），确定在预测范围的容许切换序列的集合。

2）对于每一个开关序列 $U(k)$，计算状态轨迹。式（5.10b）和输出矢量的演化（5.10c）预测。

3）对于每个切换序列，根据式（5.7）计算成本 J。

4）确定具有最小成本的切换序列 $U_{opt}(k)$ 和它的第一个元素 $u_{opt}(k)$，应用于逆变器。

在下一次步骤 $k+1$ 时，使用更新的信息重复此过程。状态矢量 $x(k+1)$ 和输出参考轨迹 $\boldsymbol{Y}^*(k+1)$。4.2.5 节描述了在时域 $N_p=1$ 中的电流参考跟踪问题的相应算法。

很容易看出穷举搜索只在很短的 N_p 范围内是可行的，如 1 或 2。对于 $N_p=5$，假设三电平变换器忽略了切换约束（5.10f），切换序列达1.4×10^7。这是显然不切实际的，即使施加约束（5.10f），从而降低了序列号数量级。

数学编程的技术，如分支定界[6-8]，可以使用。减少求解式（5.10）的计算负担。特别是，现成的解决方案，如CPLEX[9]中包含丰富的智能启发式和量身定制的优化方法。然而，一般方法都没有利用最优化问题（5.10）的特殊结构，而且在MPC中解决方案是以滚动优化的方式实现。它将在5.3节中显示如何利用现有问题的这些显性特征来大大减少计算负担，从而使得在电力电子应用中使用多步长MPC。

5.2 整数二次规划描述

在本节中，以向量形式重新构造优化问题（5.10），并将其表示为一个整数二次规划。由于逆变器电压电平数量有限，整数搜索空间减小。

5.2.1 优化问题的向量描述 ★★★

预测模型的动态演化（5.10b）和（5.10c）可以计入代价函数（5.7）。经过冗长的代数运算，在附录5.B中提供，代价函数可以用紧凑的形式编写。

$$J=(\boldsymbol{U}(k))^T\boldsymbol{H}\boldsymbol{U}(k)+2(\boldsymbol{\Theta}(k))^T\boldsymbol{U}(k)+\theta(k) \tag{5.12}$$

式中

$$\boldsymbol{H}=\boldsymbol{Y}^T\widetilde{\boldsymbol{Q}}\boldsymbol{Y}+\lambda_u\boldsymbol{S}^T\boldsymbol{S} \tag{5.13a}$$

$$(\boldsymbol{\Theta}(k))^T=-(\boldsymbol{Y}^*(k)-\boldsymbol{\Gamma}x(k))^T\widetilde{\boldsymbol{Q}}\boldsymbol{Y}-\lambda_u(\boldsymbol{E}u(k-1))^T\boldsymbol{S} \tag{5.13b}$$

$$\theta(k)=\|\boldsymbol{Y}^*(k)-\boldsymbol{\Gamma}x(k)\|_{\widetilde{Q}}^2+\lambda_u\|\boldsymbol{E}u(k-1)\|_2^2 \tag{5.13c}$$

矩阵$\boldsymbol{Y}$、$\boldsymbol{\Gamma}$、$\boldsymbol{S}$和E在附录5.B中定义。$\boldsymbol{Y}^*(k)$表示输出参考轨迹。跟踪误差的对角惩罚矩阵定义为$\widetilde{\boldsymbol{Q}}=\mathrm{diag}(Q,\cdots,Q)$。

代价函数（5.12）由三项组成。第一项在切换序列$\boldsymbol{U}(k)$中是二次的。Hessian㊀矩阵$\boldsymbol{H}$是系统矩阵$\boldsymbol{A}$、$\boldsymbol{B}$和$\boldsymbol{C}$，以及惩罚矩阵$\widetilde{\boldsymbol{Q}}$、开关跳变转换上的惩罚$\lambda_u$和矩阵$\boldsymbol{S}$的函数。假设系统参数是时不变的，则Hessian也是时不变的。因为要求$\boldsymbol{Q}$是正半定子，所以式（5.13a）中的$\boldsymbol{S}^T\boldsymbol{S}$是正定积分，而$\boldsymbol{Y}^T\widetilde{\boldsymbol{Q}}\boldsymbol{Y}$是正定半定子，所以Hessian是对称正定积分。对于$\lambda_u\geqslant0$，Hessian将是正半参数。对于正（半）定积分矩阵的定义，可以参考3.8节。

在开关序列$U(k)$中，式（5.12）中的第二项是线性的。时变向量$\boldsymbol{\Theta}(k)$是时间步k状态矢量的函数，输出参考轨迹$\boldsymbol{Y}^*(k)$和以前选择的开关位置$u(k-1)$。
式（5.12）中的第三项是时变的。标量具有相同的参数，如$\boldsymbol{\Theta}(k)$。

通过配方法，式（5.12）可以重写为

$$J=(\boldsymbol{U}(k)+\boldsymbol{H}^{-1}\boldsymbol{\Theta}(k))^T\boldsymbol{H}(\boldsymbol{U}(k)+\boldsymbol{H}^{-1}\boldsymbol{\Theta}(k))+\mathrm{const}(k) \tag{5.14}$$

式（5.14）中的常数项与$U(k)$无关，因而不影响最优解。这允许我们省略代价函数中的常数项，并将重新优化问题描述为

$$U_{\mathrm{opt}}(k)=\arg\underset{U(k)}{\mathrm{minimize}}(\boldsymbol{U}(k)+\boldsymbol{H}^{-1}\boldsymbol{\Theta}(k))^T\boldsymbol{H}(\boldsymbol{U}(k)+\boldsymbol{H}^{-1}\boldsymbol{\Theta}(k)) \tag{5.15a}$$

服从于

$$\boldsymbol{U}(k)\in\mathbb{U} \tag{5.15b}$$

$$\|\Delta\boldsymbol{u}(\ell)\|_\infty\leqslant1,\ \forall\ell=k,\cdots,k+N_p-1 \tag{5.15c}$$

5.2.2 无约束最小化求解 ★★★

无约束优化（5.15）是通过最小化，忽视约束（5.15b）和（5.15c），从而使$U(k)\in\mathbb{R}^{3N_p}$。由于

㊀ 严格地说，根据常用的定义，$2H$是Hessian矩阵（另见式（3.94））。——原书注

$\boldsymbol{H}$是正定的，所以直接从式（5.15a）可知，时间步k上的无约束解是唯一的

$$\boldsymbol{U}_{\mathrm{unc}}(k)=-\boldsymbol{H}^{-1}\boldsymbol{\Theta}(k) \tag{5.16}$$

关于二次代价函数无约束最小值的更多细节，可以参考3.8节。

作为不受约束的切换序列的第一个元素$\boldsymbol{U}_{\mathrm{unc}}(k)$不满足约束（5.15b）和（5.15c），它不能直接作为半导体开关的门控信号。然而，$\boldsymbol{U}_{\mathrm{unc}}(k)$可用于解决约束优化问题（5.15），包括约束（5.15b）和（5.15c），如下面所示。通过代入式（5.16），可得代价函数（5.15a）为

$$J=(\boldsymbol{U}(k)-\boldsymbol{U}_{\mathrm{unc}}(k))^{T}\boldsymbol{H}(\boldsymbol{U}(k)-\boldsymbol{U}_{\mathrm{unc}}(k)) \tag{5.17}$$

当$\lambda_u>0$，由于$\boldsymbol{H}$（根据定义）是对称正定的，存在唯一的可逆下三角矩阵$\boldsymbol{V}\in\mathbb{R}^{3N_p\times 3N_p}$，满足

$$\boldsymbol{V}^{T}\boldsymbol{V}=\boldsymbol{H} \tag{5.18}$$

矩阵$\boldsymbol{V}$是所谓的生成矩阵。注意到它的逆$\boldsymbol{V}^{-1}$也是下三角形并且由下面$\boldsymbol{H}^{-1}$的Cholesky分解进行计算（举例，见参考文献［10］）：

$$\boldsymbol{V}^{-1}\boldsymbol{V}^{-T}=\boldsymbol{H}^{-1} \tag{5.19}$$

$$\overline{\boldsymbol{U}}_{\mathrm{unc}}(k)=\boldsymbol{V}\boldsymbol{U}_{\mathrm{unc}}(k) \tag{5.20}$$

式（5.17）中的代价函数可以写成

$$J=(\boldsymbol{V}\boldsymbol{U}(k)-\overline{\boldsymbol{U}}_{\mathrm{unc}}(k))^{T}(\boldsymbol{V}\boldsymbol{U}(k)-\overline{\boldsymbol{U}}_{\mathrm{unc}}(k)) \tag{5.21}$$

5.2.3　整数二次规划　★★★

直接MPC与输出参考跟踪的优化问题（5.15）现在可以被描述为（截断）整数二次规划。最佳的切换序列，$U_{\mathrm{opt}}(k)$是通过最小化的代价函数（5.21）；约束于式（5.15b）和式（5.15c）获得，即

$$\boldsymbol{U}_{\mathrm{opt}}(k)=\arg\underset{U(k)}{\mathrm{minimize}}\ \|\boldsymbol{V}\boldsymbol{U}(k)-\overline{\boldsymbol{U}}_{\mathrm{unc}}(k)\|_2^2 \tag{5.22a}$$

服从于

$$\boldsymbol{U}(k)\in\mathbb{U} \tag{5.22b}$$

$$\|\Delta\boldsymbol{u}(\ell)\|_{\infty}\leqslant 1,\ \forall\,\ell=k,\cdots,k+N_p-1 \tag{5.22c}$$

同时

$$\widetilde{\boldsymbol{Q}}=\mathrm{diag}(\boldsymbol{Q},\cdots,\boldsymbol{Q}) \tag{5.23a}$$

$$\boldsymbol{H}=\Upsilon^{T}\widetilde{\boldsymbol{Q}}\Upsilon+\lambda_u\boldsymbol{S}^{T}\boldsymbol{S} \tag{5.23b}$$

$$\boldsymbol{V}^{T}\boldsymbol{V}=\boldsymbol{H} \tag{5.23c}$$

$$(\boldsymbol{\Theta}(k))^{T}=-(\boldsymbol{Y}^{*}(k)-\Gamma x(k))^{T}\widetilde{\boldsymbol{Q}}\Upsilon-\lambda_u(Eu(k-1))^{T}\boldsymbol{S} \tag{5.23d}$$

$$\overline{\boldsymbol{U}}_{\mathrm{unc}}(k)=-\boldsymbol{V}\boldsymbol{H}^{-1}\boldsymbol{\Theta}(k) \tag{5.23e}$$

为了获得式（5.23e），在式（5.20）中代入式（5.16）。

回想一下，要求$\boldsymbol{Q}$是半正定的和对称的。因此，$\widetilde{\boldsymbol{Q}}$也是半正定对称。因此，假设$\lambda_u$为正，Hessian矩阵$\boldsymbol{H}$也是正定对称的。生成矩阵$\boldsymbol{V}$是下三角。

这里总结了式（5.23）矩阵和向量的维数。让$n_x(n_y)$表示状态（输出）变量的数目，并假设使用三个开关位置的三相系统。因此，$\boldsymbol{Q}$的尺寸是$n_y\times n_y$，$\widetilde{\boldsymbol{Q}}$是$n_yN_p\times n_yN_p$维。Hessian矩阵$\boldsymbol{H}$和生成矩阵$\boldsymbol{V}$的维数为$3N_p\times 3N_p$。矢量$\boldsymbol{\Theta}(k)$的维数为$3N_p\times 1$。输出轨迹$\boldsymbol{Y}(k)$和参考$\boldsymbol{Y}^{*}(k)$的维度是$n_yN_p\times 1$。开关序列$U(k)$和变换的无约束$\overline{U}_{\mathrm{unc}}(k)$的维数是$3N_p\times 1$。

式（5.23b）和式（5.23c）中需要的矩阵$\boldsymbol{\Gamma}$、Υ、$\boldsymbol{S}$、$\boldsymbol{E}$在附录5.B中有提供。这些矩阵的尺寸分别为$n_yN_p\times n_x$、$n_yN_p\times 3N_p$、$3N_p\times 3N_p$和$3N_p\times 3$。

近年来，针对式（5.22b）但不考虑式（5.22c）的式（5.22a）的各种高效求解算法已被开发出来（见参考文献［4，11］及其中的参考文献）。在5.3节，将针对感兴趣的优化问题量身定制一个这样的算法。

5.2.4 预测步长为 1 的直接模型预测控制 ★★★

接下来，将重点放在预测步长为 1 的特殊情况。在几乎所有文献中（直接模型预测控制 MPC）与参考跟踪的预测步长被认为是 1，这种情况特别重要，值得更多的关注。当前问题的低维也允许直观地使用和可视化。

设置步长 N_p 为 1，有 $\boldsymbol{U}(k)=u(k)$，$\boldsymbol{\Gamma}=\boldsymbol{CA},\boldsymbol{\Upsilon}=\boldsymbol{CB},\boldsymbol{S}=\boldsymbol{E}=\boldsymbol{I}_3,\widetilde{\boldsymbol{Q}}=\boldsymbol{Q}$。这个简化的二次整数程序 (5.22) 到

$$\boldsymbol{u}_{\text{opt}}(k)=\arg\underset{U(k)}{\text{minimize}}\ \|\boldsymbol{Vu}(k)-\bar{u}_{\text{unc}}(k)\|_2^2 \tag{5.24a}$$

服从于

$$\boldsymbol{u}(k)\in\boldsymbol{u} \tag{5.24b}$$

$$\|\Delta\boldsymbol{u}(k)\|_\infty\leqslant 1 \tag{5.24c}$$

同时

$$\boldsymbol{H}=(\boldsymbol{CB})^T\boldsymbol{QCB}+\lambda_u\boldsymbol{I}_3 \tag{5.25a}$$

$$\boldsymbol{V}^T\boldsymbol{V}=\boldsymbol{H} \tag{5.25b}$$

$$(\boldsymbol{\Theta}(k))^T=-(\boldsymbol{y}^*(k+1)-\boldsymbol{CA}x(k))^T\boldsymbol{QCB}-\lambda_u(\boldsymbol{u}(k-1))^T \tag{5.25c}$$

$$\bar{\boldsymbol{u}}_{\text{unc}}(k)=-\boldsymbol{VH}^{-1}\boldsymbol{\Theta}(k) \tag{5.25d}$$

为了进一步说明这种情况，考虑了传动系统案例研究。5.1.1 节与参考电流跟踪集合 $\boldsymbol{Q}=\boldsymbol{I}_2$。使用前向欧拉近似式（5.6）是可以很方便地让预测模型得到

$$\boldsymbol{CB}=\frac{v_{\text{dc}}X_r}{3D}T_s\begin{bmatrix}1 & -\frac{1}{2} & -\frac{1}{2}\\ 0 & \frac{\sqrt{3}}{2} & -\frac{\sqrt{3}}{2}\end{bmatrix} \tag{5.26}$$

所以

$$\boldsymbol{H}=\left(\frac{v_{\text{dc}}X_rT_s}{3D}\right)^2\begin{bmatrix}1 & -\frac{1}{2} & -\frac{1}{2}\\ -\frac{1}{2} & 1 & -\frac{1}{2}\\ -\frac{1}{2} & -\frac{1}{2} & 1\end{bmatrix}+\lambda_u\begin{bmatrix}1&0&0\\0&1&0\\0&0&1\end{bmatrix} \tag{5.27}$$

如在 $N_p>1$ 的情况下，$\lambda_u>0$ 时 $\boldsymbol{H}$ 是对称和正定的。

如果选择 λ_u 远大于设计参数$\left(\frac{v_{\text{dc}}X_rT_s}{3D}\right)^2$，式（5.27）中 $\boldsymbol{H}$ 成为主导，即 $\boldsymbol{H}\approx\lambda_u\boldsymbol{I}_3$。这将 $\boldsymbol{V}$ 有效地转化为一个 $\boldsymbol{V}\approx\sqrt{\lambda_u}\boldsymbol{I}_3$ 对角矩阵（见式（5.18））。因此，对于足够大的值 λ_u，直接分量舍入 $\bar{\boldsymbol{u}}_{\text{unc}}(k)$ 的整数集合往往会给最佳解决方案（参见参考文献［12］）。

另外，如果 λ_u 比$\left(\frac{v_{\text{dc}}X_rT_s}{3D}\right)^2$ 小得多，那么

$$\boldsymbol{V}\approx\frac{v_{\text{dc}}X_rT_s}{3D}\begin{bmatrix}0 & 0 & 0\\ -\frac{\sqrt{3}}{2} & \frac{\sqrt{3}}{2} & 0\\ -\frac{1}{2} & -\frac{1}{2} & 1\end{bmatrix} \tag{5.28}$$

特别是，对于 $\lambda_u\approx 0$，直接分量舍入 $\bar{\boldsymbol{u}}_{\text{unc}}(k)$ 一般会提供次优的结果。这个结论与提出的结论相反[13]。在 6.2 节，将评估大于 1 的视界的直接分量舍入。

5.3 一种求解优化问题的有效方法

在本节中，将展示如何将球形解码算法[4,14]改编为寻找最佳的切换序列 $\boldsymbol{U}_{\text{opt}}(k)$。这个算法是基于分支定界技术的，正如在5.4节将要说明的那样，比5.1.5节中详细列举的方法更有效率。

5.3.1 准备知识和关键特性 ★★★

该算法的基本思想是迭代考虑候选序列，即 $\boldsymbol{U}(k)\in\mathbb{U}$，属于球面半径 $\rho(k)>0$，集中在 $\bar{\boldsymbol{U}}_{\text{unc}}(k)$

$$\|\bar{\boldsymbol{U}}_{\text{unc}}(k)-\boldsymbol{V}\boldsymbol{U}(k)\|_2\leqslant\rho(k) \tag{5.29}$$

并满足开关约束（5.22c）。

用于球形解码的一个关键特性是，由于 $\boldsymbol{V}$ 是三角形的，所以识别满足式（5.29）的候选序列非常简单。在例子中，$\boldsymbol{V}$ 是下三角，式（5.29）可以改写为

$$\rho^2(k)\geqslant(\bar{u}_{\text{unc},1}(k)-v_{(1,1)}u_1(k))^2+(\bar{u}_{\text{unc},2}(k)-v_{(2,1)}u_1(k)-v_{(2,2)}u_2(k))^2+\cdots \tag{5.30}$$

$\bar{u}_{\text{unc},i}(k)$ 是指 $\bar{\boldsymbol{U}}_{\text{unc}}(k)$ 的第 i 个元素，$u_i(k)$ 是 $\boldsymbol{U}(k)$ 的第 i 个元素，$v_{(i,j)}$ 指 $\boldsymbol{V}$ 的（i，j）项。因此，式（5.29）的解集可以通过以下方式找到。以类似于高斯消去的顺序方式进行，在某种意义上说每一步只有一个一维问题需要解决（详情见参考文献［4］）。

要确定 $\boldsymbol{U}(k)$，该算法需要在时间步长 k 中使用的半径初始值设为 $\rho(k)$。一方面，半径 $\rho(k)$ 应尽可能小，使我们能够尽可能多地消除许多候选切换序列。另一方面，$\rho(k)$ 不能太小，以确保解决方案集不是空的。建议选择初始半径为基础。关于下面的有根据的猜测：

$$\boldsymbol{U}_{\text{ini}}(k)=\begin{bmatrix}\boldsymbol{0}_{3\times3} & \boldsymbol{I}_3 & \boldsymbol{0}_{3\times3} & \cdots & \boldsymbol{0}_{3\times3}\\ \boldsymbol{0}_{3\times3} & \boldsymbol{0}_{3\times3} & \boldsymbol{I}_3 & \cdots & \vdots\\ \vdots & \vdots & \vdots & \vdots & \boldsymbol{0}_{3\times3}\\ \boldsymbol{0}_{3\times3} & \cdots & \cdots & \boldsymbol{0}_{3\times3} & \boldsymbol{I}_3\\ \boldsymbol{0}_{3\times3} & \cdots & \cdots & \boldsymbol{0}_{3\times3} & \boldsymbol{I}_3\end{bmatrix}\boldsymbol{U}_{\text{opt}}(k-1) \tag{5.31}$$

被猜测的切换序列 $\boldsymbol{U}_{\text{ini}}(k)$ 通过将先前的最优切换序列移位一个时间步并重复最后的切换位置而获得。这与MPC中使用的后退范式一致（见图5.2）。由于前一时间步的最佳切换序列同时满足约束条件（5.22b）和（5.22c），所以移位的序列也自动满足这些约束条件。这种说法在所有情况下都是如此，包括瞬变。因此，$\boldsymbol{U}_{\text{ini}}(k)$ 是优化问题的一个可行的候选解决方案（5.22）。给定式（5.31），$\rho(k)$ 给出的初始值设置为

$$\rho(k)=\|\bar{\boldsymbol{U}}_{\text{unc}}(k)-\boldsymbol{V}\boldsymbol{U}_{\text{ini}}(k)\|_2 \tag{5.32}$$

5.3.2 改进的球形解码算法 ★★★

在每一个时间步 k，控制器首先使用当前状态 $x(k)$、参考值 $\boldsymbol{Y}^*(k)$、以前的开关位置 $u(k-1)$ 和以前的 $\boldsymbol{U}_{\text{opt}}(k-1)$ 计算 $\boldsymbol{U}_{\text{ini}}(k)$、$\rho(k)$ 和 $\bar{\boldsymbol{U}}_{\text{unc}}(k)$，见式（5.31）、式（5.32）、式（5.23e）和式（5.23d）。最佳的切换序列 $\boldsymbol{U}_{\text{opt}}(k)$ 是通过调用算法1[⊖]得到

$$\boldsymbol{U}_{\text{opt}}(k)=\text{MSPHDEC}([\ ],0,1,\rho^2(k),\bar{\boldsymbol{U}}_{\text{unc}}(k)) \tag{5.33}$$

⊖ 表示法 $v_{(i,1:i)}$ 指 V 的第 i 行的第一个 i 项；类似地，$u_{1:i}$ 是向量 U 的第一个 i 元素。——原书注

式中，[ ] 表示空向量。

算法1　改进的球形解码算法

```
function U_opt(k) = MSPHDEC(U, d^2, i, ρ^2, Ū_unc)
  for each u ∈ U do
    u_i = u
    d'^2 = ‖ u_unc,i − v_(i,1:i) u_1:i ‖_2^2 + d^2
    if d'^2 < ρ^2 then
      if i < 3N_p then
        MSPHDEC(U, d^2, i+1, ρ^2, Ū_unc)
      else
      if U meets (5.22c) then
        U_opt = U
      ρ^2 = d'^2
      end if
     end if
    end if
  end for
end function
```

从算法1中可以看出，所提出的球形解码器以递归方式工作。从第一个分量开始，通过考虑集合 U 中的允许的单相开关位置，逐个分量地构建开关序列 $\boldsymbol{U}(k)$。如果关联的平方距离小于当前的 $\rho^2(k)$ 值，那么继续下一个分量。一旦到达最后一个分量，即 $u_{3N_p}(k)$，意味着 $\boldsymbol{U}(k)$ 是全维的，那么 $\boldsymbol{U}(k)$ 就是候选解。如果 $\boldsymbol{U}(k)$ 满足切换约束（5.22c），并且距离小于当前最优值，则更新现有最优解 $\boldsymbol{U}_{\text{opt}}(k)$ 和半径 $\rho(k)$。

这种算法的计算优势源于采用分支和界限的概念[6,7]。通过一组单相开关位置 u 完成分支；通过仅考虑半径为 $\rho(k)$ 的球体内的解来确定边界（参见式（5.29））。如果距离 d' 超过半径，则发现所谓的法则（或证明）：分支（及其所有相关的切换序列）仅提供次优解，即比现有最优解略差的解。因此如果不探索这个分支，可以进一步考虑修剪。在优化过程中，无论何时找到更好的现有解决方案，半径都会减小，球体也会减少从而收紧，使候选序列集合尽可能小，但非空。

计算负担的大部分涉及通过评估项 $\boldsymbol{v}_{(i,1:i)}\boldsymbol{u}_{1:i}(k)$ 来计算 d'。由于式（5.30），可以通过仅添加涉及 $\bar{\boldsymbol{U}}(k)$ 的第 i 个分量的平方项来顺序地计算。具体而言，不需要重新计算在层 1 至 $i-1$ 上累积的 d 中的平方和。

值得强调的是，所提出的算法的计算优势并不以牺牲最优性为代价：算法总是提供最佳的开关位置。回想一下最优的约束解可以很容易地验证欧几里得距离 d 到无约束的解。此外，式（5.32）中初始半径的使用保证了一个可行的切换序列（满足约束）将被返回。迭代中的 $\rho^2(k)$ 的连续值总是与可行序列相关联并且允许可行序列。当以 $\bar{\boldsymbol{U}}_{\text{unc}}(k)$ 为中心的球体仅包含单个元素时，算法停止。后者相当于最优（整数）解决方案。

5.3.3　一个预测范围为1的例子 ★★★

为了提供对算法操作的进一步了解，提供了一个问题实例的例子。考虑 $N_p=1$ 的情况，并且采样间隔 $T_s=25\mu\text{s}$，惩罚 $Q = I_2$，$\lambda_u = 1\times10^{-3}$。和以前一样，考虑一个带有三电平逆变器的驱动系统的电流调节问题，如2.5.1节和图5.1所示。单相开关位置集合为$u = \{-1, 0, 1\}$。

图5.3a中所示的允许的三相开关位置$u(k) \in u$的集合为黑圈。为了简化说明，在这个图中只显示了ab平面，忽略了c轴。假设$u(k-1) = [\,1\ 0\ 1\,]^T$，并且时间步k的问题实例产生无约束的解$u_{unc}(k) = [0.647\quad -0.533\quad -0.114]^T$，如图中三角形所示。将$u_{unc}(k)$舍入到下一个整数值导致可能的解$u_{sub}(k) = [\,1\quad -1\quad 0\,]^T$，这对应于方形。结果如下所示，最优解是$u_{opt}(k) = [\,1\quad 0\quad 0\,]^T$，如菱形表示。

改进的球形解码问题在由生成矩阵生成的变换坐标系中求解，见式（5.23c）。

$$\boldsymbol{V} = \begin{bmatrix} 36.45 & 0 & 0 \\ -6.068 & 36.95 & 0 \\ -5.265 & -5.265 & 37.32 \end{bmatrix} \times 10^{-3}$$

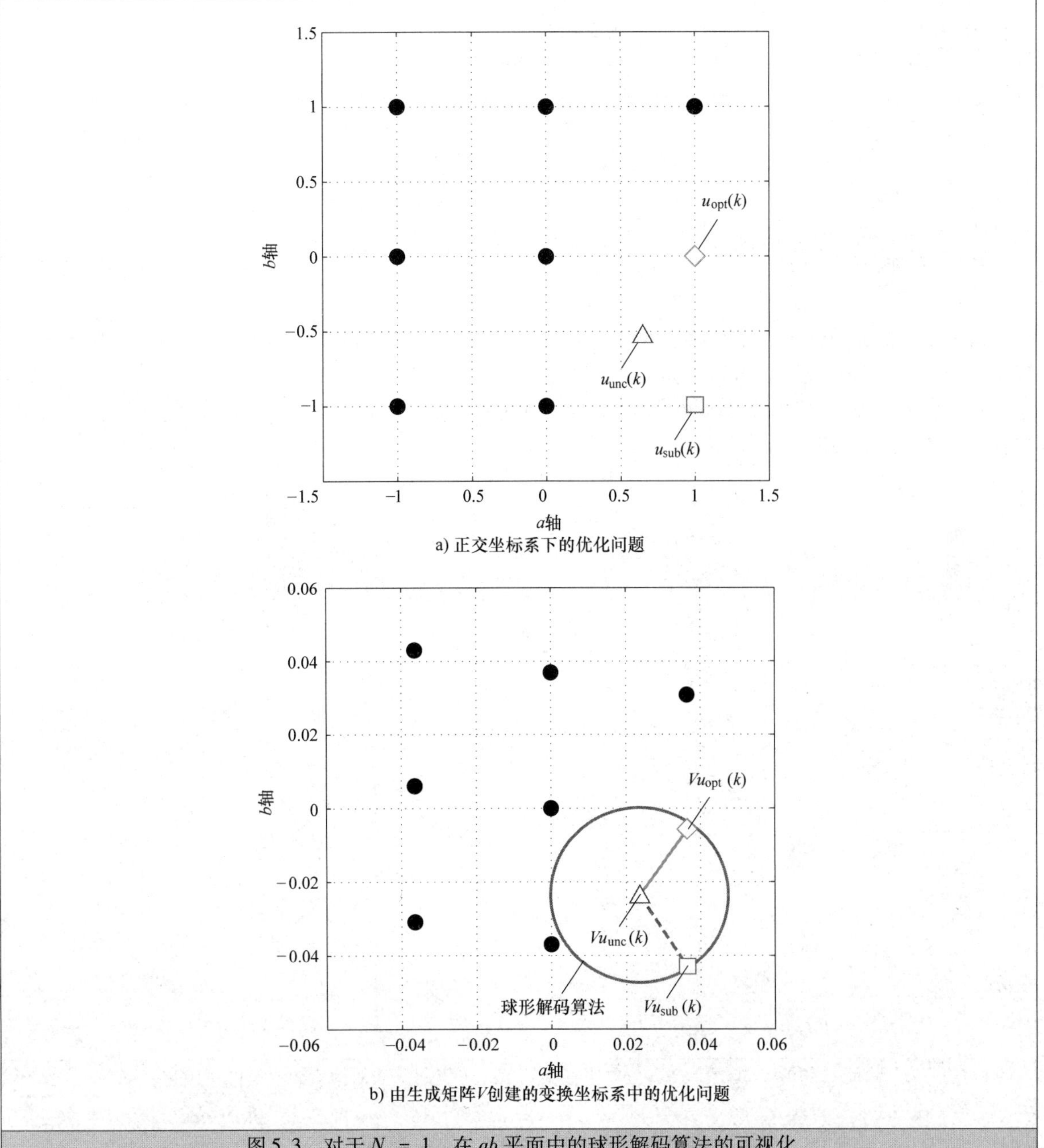

图5.3　对于$N_p = 1$，在ab平面中的球形解码算法的可视化

采用 $\boldsymbol{V}$，整数解 $u(k)\in u$ 在正交坐标系被转换成 $\boldsymbol{V}u(k)$，在图 5.3b 中显示为黑色圆。由 $\boldsymbol{V}$ 产生的坐标系略有变化，对于所选择参数来说轴之间的角度是 98.2°，但仍近似正交。如在 5.2.4 节中讨论的那样，增加 λ_u 导致角度收敛到 90°。

最优解 $u_{\mathrm{opt}}(k)$ 是通过最小化无约束方程和变换坐标系中的整数开关位置之间的距离而获得的。$\rho(k)$ 的初始值由式（5.32）得出，等于 0.638。这就定义了一个半径为 $\rho(k)$ 的圆球，它在图 5.3b 的 ab 平面中显示为 $\bar{u}_{\mathrm{unc}}(k)=\boldsymbol{V}u_{\mathrm{unc}}(k)$。这个球将一组可能的解从 27 个元素减少到 2 个，因为在球内只有两个变换的整数解 $\boldsymbol{V}\,u(k)$。这些是 $\boldsymbol{V}\,u_{\mathrm{opt}}(k)$（菱形）和 $\boldsymbol{V}\,u_{\mathrm{sub}}(k)$（方形）。该算法依次计算 $\bar{u}_{\mathrm{unc}}(k)$ 与这两点之间的距离。这些距离分别由实线和虚线表示。实线稍短于虚线。因此，最小化距离产生最优解 $u_{\mathrm{opt}}(k)=[1\quad 0\quad 0]^T$ 而不是（次优）四舍五入开关位置 $u_{\mathrm{sub}}(k)=[1\quad -1\quad 0]^T$。

5.3.4 一个预测范围为 2 的例子 ★★★

下面提供第二个例子，它介绍了搜索树的概念，并用球形解码算法说明了树的遍历。回想一下，该算法求解的优化问题是找到可能的切换序列 $\mathbb{U}=u\times\cdots\times u$ 的集合中长度为 $3N_p$ 的最优切换序列 $\boldsymbol{U}_{\mathrm{opt}}$，它是单相开关位置集合 U 的 $3N_p$ 次笛卡尔乘积。对于三电平变换器，有 $u=\{-1,0,1\}$。

集合 $\mathbb{U}$ 跨越深度为 $3N_p$ 的树，其级别为 $i\in\{1,2,\cdots,3N_p\}$。每个节点有三个后续的子节点，除了级别为 $3N_p$ 的节点，即叶节点。等级 i 上的节点对应于关于 U 中的第 i 个元素进行的切换决策。具体而言，从级别 i 的节点开始的分支与 u_i 有关。遍历从根节点到树叶之一的树对应于唯一的切换序列。$\boldsymbol{U}=[u_1\quad u_2\quad\cdots\quad u_3Np]^T$。

假设先前选择的开关位置是 $u(k-1)=[0\quad 0\quad 0]^T$，对于步长 $N_p=2$ 的情况，在图 5.4 中列示了搜索树的探索。从 $i=1$ 处的根节点开始，算法评估 $u_1\in U$。选择 $u_1=-1$ 超过球体的半径，并且修剪从 $u_1=-1$ 开始的子树。这由交叉圆圈表示。$u_1=0$ 的选择在球体内，算法进行到下一个级别 $i=2$，而不探索 $u_1=1$。算法的搜索方向由虚线表示。

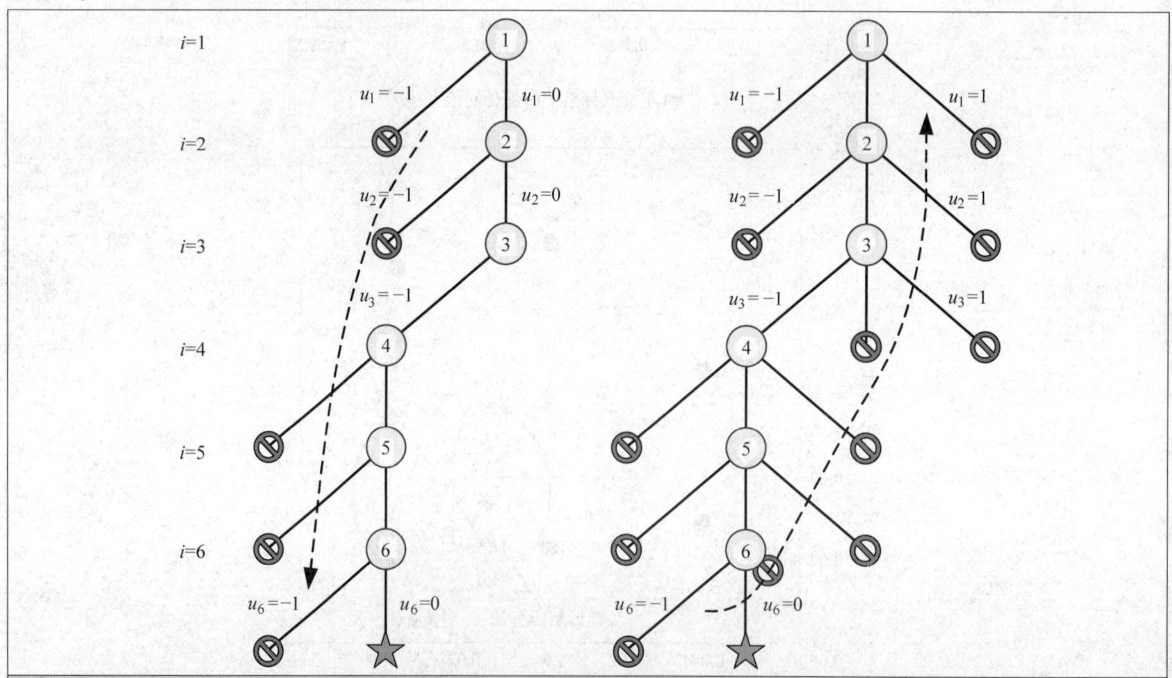

图 5.4　预测范围 $N_p=2$ 和三电平逆变器的球形解码算法对搜索树遍历的可视化。在 364 个（左侧）的 6 个节点的探索之后找到最佳的切换序列。这 6 个节点需要充分探索，以证明这是最佳的开关顺序（右侧）

在探索 6 个节点之后，找到第一候选解 $\boldsymbol{U} = [0\ \ 0\ \ -1\ \ 0\ \ 0\ \ 0]^T$，其对应于试探性的开关位置 $\boldsymbol{u}(k) = [0\ \ 0\ \ -1]^T$和 $\boldsymbol{u}(k+1) = [0\,0\,0]^T$。候选解对应的叶子节点用星号表示。如图 5.4 右侧所示，在继续探测之前，球体的半径被收紧。在到目前为止访问的节点上探索剩余的候选开关位置，同时在搜索树中朝向根节点向上移动。充分研究这些节点为算法提供了证明候选切换序列确实是最优解的证明。注意，有些分支在勘探前被丢弃。当选择 $u_3 = -1$ 时，切换到 $u_6 = 1$ 会违反切换约束 (5.22c)。

由于算法的严格球面搜索和深度搜索，在探索最小节点数之后的大部分情况下，找到了最优的切换序列，由 $3N_p$给出。然而在某些情况下，探索了额外的候选序列，如图 5.5 所示。如左侧所示，在找到第一候选切换序列 $\boldsymbol{U} = [0\ \ 0\ \ -1\ \ 0\ \ 0\ \ 0]^T$之后，节点 2 的分支 $u_2 = 1$ 被证明在球体内，触发搜索树的另一部分与节点 7 ~ 10，它们显示在图 5.5 的右侧。第二候选解决方案是 $\boldsymbol{U} = [0\ \ 1\ \ -1\ \ 0\ \ 1\ \ 0]^T$，在这个例子中是最佳的开关顺序。

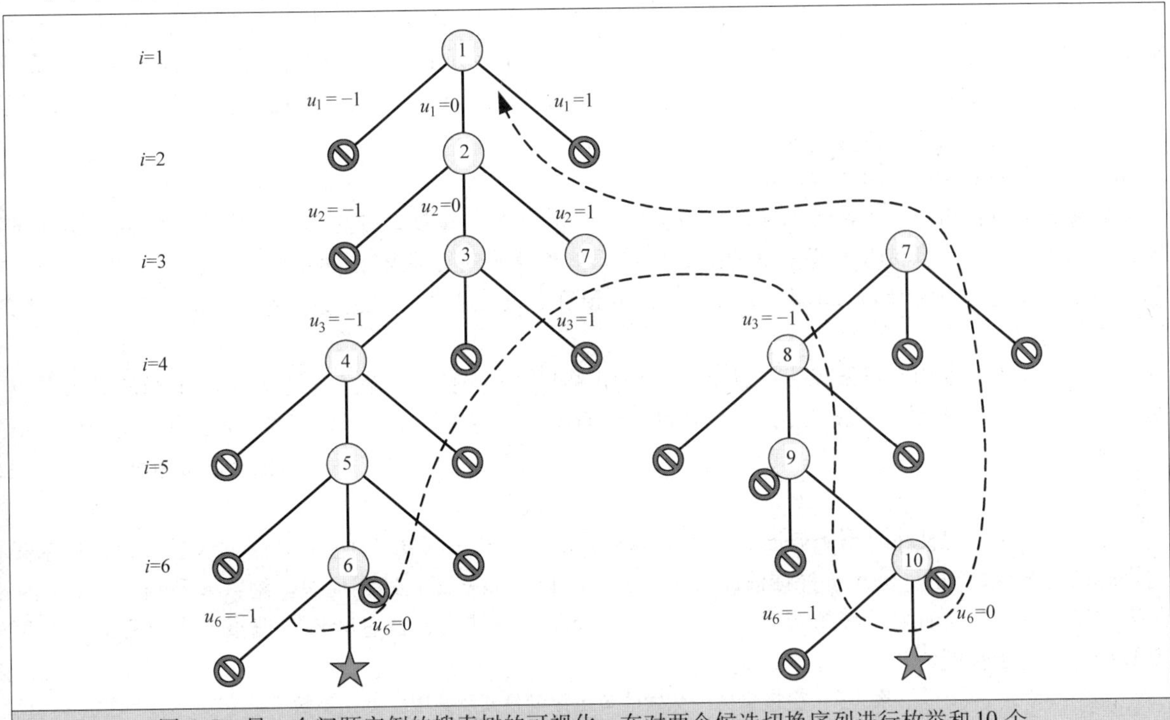

图 5.5　另一个问题实例的搜索树的可视化。在对两个候选切换序列进行枚举和 10 个节点的探索之后，找到了最佳切换序列

一个三电平变换器，当不考虑切换约束（5.22c），搜索树有

$$\sum_{i=0}^{3N_p-1} 3^i \tag{5.34}$$

个节点，其中起点与逆变器的三个电平有关。对于以前考虑的步长 $N_p = 2$，搜索树有 364 个节点。其中，球形解码算法只访问非常小的子集，如图 5.4 和图 5.5 中所示的示例强调的那样。统计数据在下一节提供。

5.4　计算负担

在本节中，对改进的球形解码算法的计算负担进行了分析，并与穷举搜索方法进行了比较。在这个分析中，区分一次可以进行的计算和实时在线执行的计算。对于后者，区分预处理和球形解码阶段。

5.4.1 离线计算 ★★★

如果转子速度 ω_r 和直流链路电压 v_{dc}是时间不变的，则可以计算生成矩阵 $\boldsymbol{V}$。如果这两个量是随时间变化的，则 $\boldsymbol{V}$ 可以针对不同的转子速度和直流母线电压的组合进行预先计算，并且结果可以存储在查找表中。计算 $\boldsymbol{V}$ 所需的步骤如下：首先，根据式（5.5）或式（5.6）计算离散时间状态空间矩阵 $\boldsymbol{A}$、$\boldsymbol{B}$ 和 $\boldsymbol{C}$。其次，计算 $\boldsymbol{Y}$ 和 $\boldsymbol{S}$（见附录 5. B），根据式（5. 23b）得出 $\boldsymbol{H}$。在最后一步，生成矩阵 $\boldsymbol{V}$ 由 Cholesky 分解产生（参见式（5. 19））。

5.4.2 在线预处理 ★★★

预处理阶段涉及 4 个计算步骤，这些步骤需要在实际中执行时间。首先，输出 $\boldsymbol{Y}^*(k)$参考轨迹需要衍生的预测水平 N_p；第二，$\boldsymbol{\Theta}(k)$在式（5. 23d）计算作为一个功能的状态矢量 $x(k)$、输出参考轨迹 $\boldsymbol{Y}^*(k)$与以前应用的开关位置 $u(k-1)$；第三，转化的无约束的解决方案（5. 23e）来源。注意这个量 $\boldsymbol{V}\boldsymbol{H}^{-1}$可以预先离线。在最后一步中，一个可行的候选切换序列 $\boldsymbol{U}_{\text{ini}}(k)$ 是从最佳的切换序列 $\boldsymbol{U}_{\text{opt}}(k-1)$ 在以前的时间步长（见式（5. 31））。基于这个候选序列，初始半径 $\rho(k)$ 的范围可根据式（5. 32）。

5.4.3 球形解码 ★★★

球形解码算法占据了大部分的实时计算。作为计算负担的量度，计算搜索树中算法访问的节点的数量。为此，再次考虑带有电流基准跟踪的驱动系统案例研究。假定在额定转速和额定转矩下运行，选择 $\boldsymbol{Q}=\boldsymbol{I}_2$，采样间隔 $T_s=25\mu s$。调查了不同的预测步长。选择权重 λ_u 以获得约 300Hz 的切换频率，而不管预测范围如何。

在多个基本周期内，记录算法在每个时间周期调查的节点数量。表 5. 1 中列出了平均和最大节点数作为预测范围的函数。根据定义，在找到最优切换序列之前，至少需要探测 $3N_p$ 个节点。这构成了下限。理论上限由式（5. 34）给出。尽管这个边界忽略了切换约束，但穷举搜索的计算负担与这个上限类似。

当对水平 1 情况使用球形解码时，表 5. 1 显示算法平均需要考虑 3. 18 个节点。这意味着，根据受过训练的猜测（5. 32），通过选择球体的初始半径，球体足够紧密。具体地说，绝大多数情况下，球体是完全紧密的，从所有可允许的切换序列中只有一个位于球体内，这意味着在搜索树中只有一个叶节点被访问。对于长度为 2 和 3 的预测也是如此。

表 5. 1　在搜索树中探索的节点数量是预测范围长度的函数

预测步数	下限	球形解码		上限
		平均	最大	
1	3	3. 18	7	12
2	6	6. 39	13	364
3	9	9. 72	22	9841
5	15	16. 54	49	7.17×10^6
10	30	37. 10	249	1.03×10^{14}

注：提供了由球形解码算法所探测的节点的平均和最大数量，以及下限和上限。

这与穷举搜索法形成了鲜明的对比。对于步长为 1 的情况，取决于在前一时间步骤获得的最佳开关位置 $u(k-1)$，并且根据切换约束，需要研究多达 13 个节点。随着预测范围的增加，与球形解码相关的计算负担开始增长缓慢，而穷举搜索变得计算难以处理 5 或更多的步长。使用球形解码，具有较长预测步长的直接 MPC 的优化问题可以相对较快地解决，最大实际调查的节点数是 249。

图 5.6 描述了在使用步长为 10 时，每个时间步需要探测的平均节点数的直方图。直方图高度集中在 30 的下界，但它表现出很长的，尽管非常平坦。可以看出，对于球面解码，在 80% 的情况下，优化问题可以通过仅探索一个候选切换序列来解决。第 95 百分位和第 98 百分位分别用点划线和虚线表示。它们指出，在 95% 的情况下，少于 85 个节点需要探索。

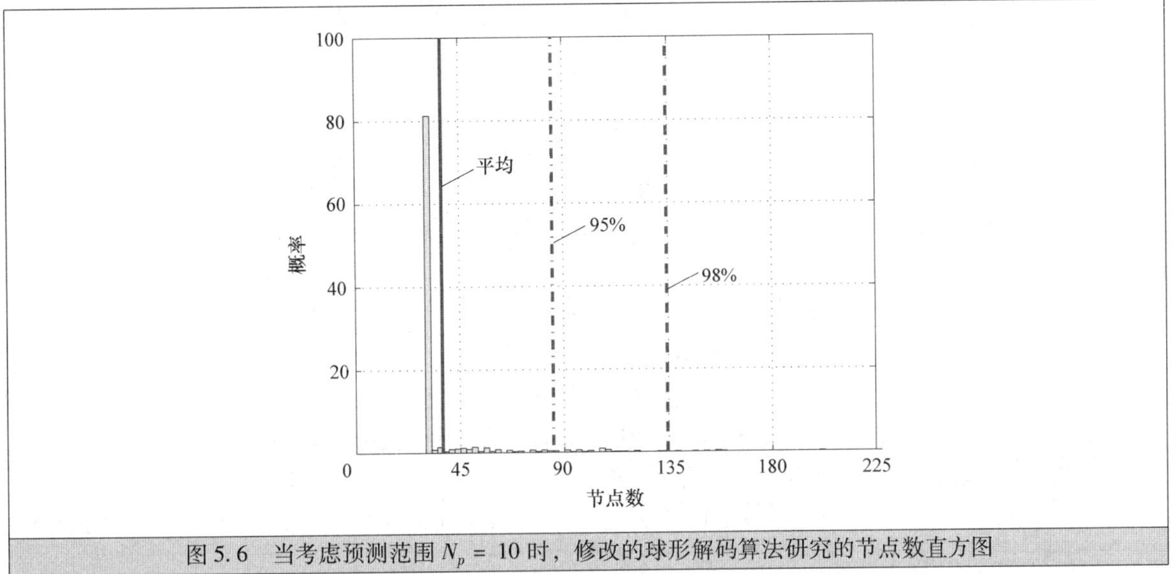

图 5.6　当考虑预测范围 $N_p = 10$ 时，修改的球形解码算法研究的节点数直方图

附录 5.A　状态空间模型

与连续时间预测模型（5.3）相对应的矩阵是

$$F = \begin{bmatrix} -\frac{1}{\tau_s} & 0 & \frac{X_m}{\tau_r D} & \omega_r \frac{X_m}{D} \\ 0 & -\frac{1}{\tau_s} & -\omega_r \frac{X_m}{D} & \frac{X_m}{\tau_r D} \\ \frac{X_m}{\tau_r} & 0 & -\frac{1}{\tau_r} & -\omega_r \\ 0 & \frac{X_m}{\tau_r} & \omega_r & -\frac{1}{\tau_r} \end{bmatrix}, \quad G = \frac{v_{dc}}{2} \frac{X_r}{D} \begin{bmatrix} 1 & 0 \\ 0 & 1 \\ 0 & 0 \\ 0 & 0 \end{bmatrix} \widetilde{K} \tag{5. A. 1a}$$

$$C = \begin{bmatrix} 1 & 0 & 0 & 0 \\ 0 & 1 & 0 & 0 \end{bmatrix} \tag{5. A. 1b}$$

定子和转子时间常数 τ_s 和 τ_r 分别在式（2.60）中定义。行列式 D 在式（2.54）中陈述。

附录 5.B　向量形式的代价函数推导

通过成功运用式（5.10b），在时刻 $\ell+1$ 的状态矢量可以表示为状态矢量在时间步长 k 的函数和包含开关位置 $u(k)$ 到 $u(\ell)$ 的开关序列的函数，如

$$\boldsymbol{x}(\ell+1) = \boldsymbol{A}^{\ell-k+1}\boldsymbol{x}(k) + \boldsymbol{A}^{\ell-k}\boldsymbol{B}\boldsymbol{\mu}(k) + \cdots + \boldsymbol{A}^{0}\boldsymbol{B}\boldsymbol{u}(\ell) \tag{5. B. 1}$$

式中，$\ell = k, \cdots, k + N_p - 1$。

回忆输出参考轨迹的定义

$$\boldsymbol{Y}(k) = [\boldsymbol{y}^T(k+1)\boldsymbol{y}^T(k+2)\cdots\boldsymbol{y}^T(k+N_p)]^T \tag{5. B. 2}$$

超过步长 N_p。将式（5. B. 1）代入式（5. 10c）得到

$$\boldsymbol{Y}(k) = \boldsymbol{\Gamma x}(k) + \boldsymbol{\Upsilon U}(k) \tag{5. B. 3}$$

矩阵 $\boldsymbol{\Gamma}$ 和 $\boldsymbol{\Upsilon}$ 被定义为

$$\boldsymbol{\Gamma} = \begin{bmatrix} \boldsymbol{CA} \\ \boldsymbol{CA}^2 \\ \cdots \\ \boldsymbol{CA}^{N_p} \end{bmatrix}, \boldsymbol{\Upsilon} = \begin{bmatrix} \boldsymbol{CB} & \boldsymbol{0}_{n_y\times 3} & \cdots & \boldsymbol{0}_{n_y\times 3} \\ \boldsymbol{CAB} & \boldsymbol{CB} & \cdots & \boldsymbol{0}_{n_y\times 3} \\ \cdots & \cdots & \cdots & \cdots \\ \boldsymbol{CA}^{N_p-1}\boldsymbol{B} & \boldsymbol{CA}^{N_p-2}\boldsymbol{B} & \cdots & \boldsymbol{CB} \end{bmatrix} \tag{5. B. 4}$$

注意到 n_y表示输出变量数，那就说明 $y\in\mathbb{R}^{n_y}$。

定义输出跟踪误差 $\xi = y^* - y$。根据这一定义，代价函数中的第一项（5. 7）可写为

$$J_1 = \sum_{\ell=k}^{k+N_p-1} \|\boldsymbol{\xi}(\ell+1)\|_Q^2 = \sum_{\ell=k}^{k+N_p-1} (\boldsymbol{\xi}(\ell+1))^T Q\boldsymbol{\xi}(\ell+1) \tag{5. B. 5a}$$

$$= [\boldsymbol{\xi}^T(k+1)\cdots\boldsymbol{\xi}^T(k+N_p)]\widetilde{\boldsymbol{Q}}[\boldsymbol{\xi}^T(k+1)\cdots\boldsymbol{\xi}^T(k+N_p)]^T \tag{5. B. 5b}$$

$$= (\boldsymbol{\Xi}(k))^T\widetilde{\boldsymbol{Q}}\boldsymbol{\Xi}(k) = \|\boldsymbol{\Xi}(k)\|_{\widetilde{Q}}^2 \tag{5. B. 5c}$$

已经介绍了块对角矩阵$\widetilde{\boldsymbol{Q}} = \mathrm{diag}(\boldsymbol{Q},\boldsymbol{Q},\cdots,\boldsymbol{Q})$和输出误差的轨迹 $\boldsymbol{\Xi}(k) = [\xi^T(k+1)\ \xi^T(k+2)\cdots\xi^T(k+N_p-1)]^T$。通过将式（5. B. 3）代入式（5. B. 5c）中的 $\boldsymbol{\Xi}(k) = \boldsymbol{Y}^*(k) - \boldsymbol{Y}(k)$，可得代价函数

$$J_1 = \|\boldsymbol{Y}^*(k) - \boldsymbol{\Gamma}x(k) - \boldsymbol{\Upsilon U}(k)\|_{\widetilde{Q}}^2 \tag{5. B. 6}$$

类似地，代价函数（5. 7）中的第二项可以重写为

$$J_2 = \sum_{l=k}^{k+N_p-1} \lambda_u \|\Delta\boldsymbol{u}(\ell)\|_2^2 \tag{5. B. 7a}$$

$$= \lambda_u \sum_{\ell=k}^{k+N_p-1} (\boldsymbol{u}(\ell) - \boldsymbol{u}(\ell-1))^T(\boldsymbol{u}(\ell) - \boldsymbol{u}(\ell-1)) \tag{5. B. 7b}$$

$$= \lambda_u(\boldsymbol{SU}(k) - \boldsymbol{Eu}(k-1))^T(\boldsymbol{SU}(k) - \boldsymbol{Eu}(k-1)) \tag{5. B. 7c}$$

$$= \lambda_u \|\boldsymbol{SU}(k) - \boldsymbol{Eu}(k-1)\|_2^2 \tag{5. B. 7d}$$

辅助矩阵

$$\begin{bmatrix} \boldsymbol{I}_3 & \boldsymbol{0}_{3\times3} & \cdots & \boldsymbol{0}_{3\times3} \\ -\boldsymbol{I}_3 & \boldsymbol{I}_3 & \cdots & \boldsymbol{0}_{3\times3} \\ \boldsymbol{0}_{3\times3} & -\boldsymbol{I}_3 & \cdots & \boldsymbol{0}_{3\times3} \\ \cdots & \cdots & \cdots & \cdots \\ \boldsymbol{0}_{3\times3} & \boldsymbol{0}_{3\times3} & \cdots & \boldsymbol{I}_3 \end{bmatrix}, \boldsymbol{E} = \begin{bmatrix} \boldsymbol{I}_3 \\ \boldsymbol{0}_{3\times3} \\ \boldsymbol{0}_{3\times3} \\ \cdots \\ \boldsymbol{0}_{3\times3} \end{bmatrix} \tag{5. B. 8}$$

结合式（5. B. 6）和式（5. B. 7d）可得向量形式的代价函数为

$$J = \|\boldsymbol{Y}^*(k) - \boldsymbol{\Gamma}x(k) - \boldsymbol{\Upsilon U}(k)\|_{\widetilde{Q}}^2 + \lambda_u\|\boldsymbol{SU}(k) - \boldsymbol{Eu}(k-1)\|_2^2 \tag{5. B. 9}$$

式（5. B. 9）中的第一项表示对预测的跟踪误差，而第二项为惩罚开关。

为了获得式（5. 12）所表示的代价函数，需要一些额外的代数运算。在最后一步中，为了提高可读性，简化了符号并且放弃了在向量和矩阵的时间依赖关系（5. B. 9）

$$J = \|\boldsymbol{Y}^* - \boldsymbol{\Gamma x} - \boldsymbol{\Upsilon U}\|_{\widetilde{Q}}^2 + \lambda_u\|\boldsymbol{SU} - \boldsymbol{Eu}\|_2^2 \tag{5. B. 10a}$$

$$\begin{aligned} &= (\boldsymbol{\Upsilon U})^T\widetilde{\boldsymbol{Q}}\boldsymbol{\Upsilon U} + \lambda_u(\boldsymbol{SU})^T\boldsymbol{SU} - (\boldsymbol{Y}^* - \boldsymbol{\Gamma}x)^T\widetilde{\boldsymbol{Q}}\boldsymbol{\Upsilon U} \\ &\quad - (\boldsymbol{\Upsilon U})^T\widetilde{\boldsymbol{Q}}(\boldsymbol{Y}^* - \boldsymbol{\Gamma}x) - \lambda_u(\boldsymbol{Eu})^T\boldsymbol{SU} - \lambda_u(\boldsymbol{SU})^T\boldsymbol{Eu} \\ &\quad + (\boldsymbol{Y}^* - \boldsymbol{\Gamma}x)^T\widetilde{\boldsymbol{Q}}(\boldsymbol{Y}^* - \boldsymbol{\Gamma}x) + \lambda_u(\boldsymbol{Eu})^T\boldsymbol{Eu} \end{aligned} \tag{5. B. 10b}$$

根据$\widetilde{\boldsymbol{Q}}$是对称的，即$\widetilde{\boldsymbol{Q}}^T = \widetilde{\boldsymbol{Q}}$，以及一个标量 ξ 声明 $\xi^T = \xi$，代价函数（5. B. 10b）可以表示成

$$J = \boldsymbol{U}^T(\boldsymbol{\Upsilon}^T \widetilde{\boldsymbol{Q}}\boldsymbol{\Upsilon} + \lambda_u \boldsymbol{S}^T\boldsymbol{S})\boldsymbol{U} - 2(\boldsymbol{Y}^* - \boldsymbol{\Gamma x})^T \widetilde{\boldsymbol{Q}}\boldsymbol{\Upsilon U} - 2\lambda_u(\boldsymbol{Eu})^T\boldsymbol{SU} + \|\boldsymbol{Y}^* - \boldsymbol{\Gamma x}\|_{\widetilde{Q}}^2 + \lambda_u \|\boldsymbol{Eu}\|_2^2 \tag{5.B.11}$$

通过定义

$$\boldsymbol{H} = \boldsymbol{\Upsilon}^T \widetilde{\boldsymbol{Q}}\boldsymbol{\Upsilon} + \lambda_u \boldsymbol{S}^T\boldsymbol{S} \tag{5.B.12a}$$

$$(\boldsymbol{\Theta}(k))^T = -(\boldsymbol{Y}^*(k) - \boldsymbol{\Gamma}x(k))^T\boldsymbol{Q\Upsilon} - \lambda_u(\boldsymbol{E}u(k-1))^T\boldsymbol{S} \tag{5.B.12b}$$

$$\theta(k) = \|\boldsymbol{Y}^*(k) - \boldsymbol{\Gamma}x(k)\|_{\widetilde{Q}}^2 + \lambda_u \|\boldsymbol{E}u(k-1)\|_2^2 \tag{5.B.12c}$$

式（5.B.11）能最终被写成

$$J = (\boldsymbol{U}(k))^T\boldsymbol{HU}(k) + 2(\boldsymbol{\Theta}(k))^T\boldsymbol{U}(k) + \theta(k) \tag{5.B.13}$$

在这里又重新引入了时间依赖性。

参考文献

[1] P. Cortés, J. Rodríguez, S. Vazquez, and L. Franquelo, "Predictive control of a three-phase UPS inverter using two steps prediction horizon," in *Proceedings of the IEEE International Conference on Industrial Technology (Viña del Mar, Chile)*, pp. 1283–1288, Mar. 2010.

[2] P. Stolze, P. Landsmann, R. Kennel, and T. Mouton, "Finite-set model predictive control of a flying capacitor converter with heuristic voltage vector preselection," in *Proceedings of IEEE International Conference on Power Electronics and ECCE Asia*, Jun. 2011.

[3] S. Kouro, P. Cortés, R. Vargas, U. Ammann, and J. Rodríguez, "Model predictive control—a simple and powerful method to control power converters," *IEEE Trans. Ind. Electron.*, vol. 56, pp. 1826–1838, Jun. 2009.

[4] B. Hassibi and H. Vikalo, "On the sphere-decoding algorithm I. Expected complexity," *IEEE Trans. Signal Process.*, vol. 53, pp. 2806–2818, Aug. 2005.

[5] G. F. Franklin, J. D. Powell, and M. L. Workman, *Digital control of dynamic systems*. Addison-Wesley, 3rd ed., 1998.

[6] E. L. Lawler and D. E. Wood, "Branch and bound methods: A survey," *Oper. Res.*, vol. 14, pp. 699–719, Jul./Aug. 1966.

[7] L. G. Mitten, "Branch–and–bound methods: General formulation and properties," *Oper. Res.*, vol. 18, pp. 24–34, Jan./Feb. 1970.

[8] T. Geyer, "Computationally efficient model predictive direct torque control," *IEEE Trans. Power Electron.*, vol. 26, pp. 2804–2816, Oct. 2011.

[9] IBM ILOG, Inc., *CPLEX 12.5 user manual*. Somers, NY, USA, 2012.

[10] R. A. Horn and C. R. Johnson, *Matrix analysis*. Cambridge, UK: Cambridge Univ. Press, 1985.

[11] E. Agrell, T. Eriksson, A. Vardy, and K. Zeger, "Closest point search in lattices," *IEEE Trans. Inf. Theory*, vol. 48, pp. 2201–2214, Aug. 2002.

[12] D. E. Quevedo, G. C. Goodwin, and J. A. D. Doná, "Finite constraint set receding horizon quadratic control," *Int. J. Robust Nonlinear Control*, vol. 14, pp. 355–377, Mar. 2004.

[13] M. Pérez, P. Cortés, and J. Rodríguez., "Predictive control algorithm technique for multilevel asymmetric cascaded H-bridge inverters," *IEEE Trans. Ind. Electron.*, vol. 55, pp. 4354–4361, Dec. 2008.

[14] U. Fincke and M. Pohst, "Improved methods for calculating vectors of short length in a lattice, including a complexity analysis," *Math. Comput.*, vol. 44, pp. 463–471, Apr. 1985.

第6章 »

多步长预测控制性能评估

在基于参考值跟踪的直接模型预测控制（MPC）控制中，预测步长通常选为1[1]。通常认为1步预测可以满足大部分需求，而多步预测并不会带来明显的性能提升。这种观念可能源于多步预测导致潜在解的组合数量巨大，而研究多步预测的潜在性能极具挑战性，且2或3步预测往往只能提供有限的性能提升，这一点将在本章进行阐释。另一个可能的原因则是多数研究者只聚焦于直接带载（如*RL*负载）的逆变器[2]。在正交坐标系下，快速（电流）动态描述为一阶方程。在各个坐标轴下，从控制量（逆变器电压）到负载电流的传递函数是一阶的，意味着这样的电力电子系统控制难度低。

采用前一章提出的球形解码算法，本章研究了逆变器驱动系统多步预测的性能提升。结果显示，多步预测可通过降低开关频率或总需求失真（TDD），或同时降低两者来提升连接异步电机的三电平变换器稳态运行性能。具体而言，与单步预测相比，预测步长为10步的直接MPC可降低20%电流TDD。同时，其性能比空间矢量调制（SVM）和基于载波的脉宽调制（CB－PWM）更加优异。在某些情况下，直接PMC的性能甚至接近优化脉冲模式（OPP），而后者被认为是目前可获得的最佳稳态性能方法。在暂态过程中，多步MPC能提供与单步MPC同样短暂的暂态响应时间，远远优于传统控制方法，如磁场定向控制。

当电力电子系统为高阶系统时，多步预测控制的优越性则更加显著。在正交坐标系下，这种系统的快速动态过程在每个轴下都呈现出不止一个状态变量。在第二部分研究中，驱动系统增加了*LC*滤波器，从而使得系统变为三阶。直接MPC可轻松实现对3个状态变量的控制，而无须添加主动阻尼回路。对于这样的系统，单步预测将引起很大的电流TDD，控制性能差。然而，采用多步预测可在同样的开关频率下降低5倍电流TDD。此外，有趣的是，多步直接MPC可用于设备开关频率远低于滤波器谐振频率的场合。

6.1 中点钳位逆变器驱动系统性能评估

本节基于前一章所述的球形解码算法，针对连接感应电机的中点钳位（NPC）逆变器，分别研究在稳态运行工况与暂态转矩工况下的多步直接MPC控制性能。为评估MPC控制性能，首先需定义一个合适的框架。

6.1.1 性能评估框架 ★★★

1. 仿真设置

如5.1.1节所述，本章以NPC电压源型逆变器的电流参考跟踪问题为研究点，该逆变器驱动一台恒定机械负载中压感应电机，如图5.1所示。运用MATLAB仿真分析并采用理想化设置，忽略死区时间、测量噪声、观测器误差、电机电磁饱和、参数波动等二阶效应；同时假设状态变量测量后，控制变量可很快计算获得，因此忽略控制实现延迟。关于更多延迟分析与步长方法，可参考 4.2.8 节。此外，惩罚矩阵 $\boldsymbol{Q}$ 设为单位矩阵 $\boldsymbol{I}_2$。

在本章中，如无特殊说明，所有仿真都在额定转速、额定负载（即额定电流）运行工况下进行，其基频为 50Hz。为确保获得稳态运行性能，驱动系统运行数个基波周期后才记录数据。

2. 基准调制方法

本章通过对比直接 MPC 与 SVM、OPP 来评估其稳态性能，其中各仿真均采用同步调制，即载波频率为基波频率的整数倍。OPP 通过离线计算脉冲数（开关频率与基波频率之比）最高为 20。开关角度通过使差模电压谐波平方与谐波次数之比最小而获得。对于像感应电机这样的感性负载，这种方法可等效最小化电流 TDD，这一点已在 3.4 节中进行了阐释。

3. 性能标准

控制性能优劣的关键标准在于设备开关频率 f_{sw} 与电流 TDD I_{TDD}。此外，本章也将研究后验闭环成本，即在所有仿真步长内衡量代价函数 J（将其除以总仿真步数，详见式（5.7））。对于电流参考跟踪问题而言，闭环代价函数为

$$J_{cl} = \frac{1}{k_{tot}} \sum_{\ell=0}^{k_{tot}-1} \| i_s^*(\ell+1) - i_s(\ell+1) \|_2^2 + \lambda_u \| \Delta u(\ell) \|_2^2 \tag{6.1}$$

上式包含了闭环仿真中电流误差方均根值、开关频率平均值与平方值（以权重系数 λ_u 表示）。

4. 电流 TDD 与开关频率权衡问题

对于电力电子变换器而言，不可避免地存在电流 TDD 与开关频率之间的权衡问题。该问题可在正交坐标系下展示，如图 6.1 所示。在图中，方块代表同步 SVM，并用一条虚线表示其近似多项拟合；而菱形则对应 V/f 运行下的 OPP 仿真结果。

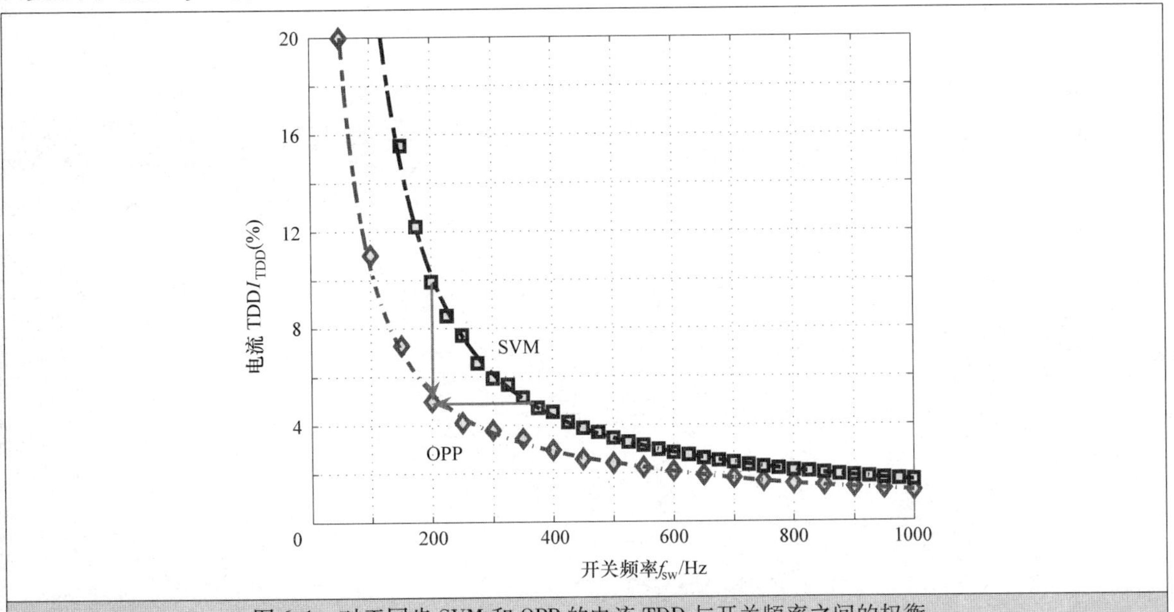

图 6.1 对于同步 SVM 和 OPP 的电流 TDD 与开关频率之间的权衡

200～350Hz 范围内的开关频率对中压电力电子变换器尤为重要。由图 6.1 可知，在这个范围内，开关频率保持不变而电流 TDD 显著下降。例如，当开关频率为 200Hz 时，将 SVM 替换为 OPP 可降低一半的电流 TDD。相反地，保持电流 TDD 不变时，开关频率可得到显著降低。例如，当电流 TDD 为 5% 时，将 SVM 替换为 OPP 可使开关频率从 350Hz 降低至 200Hz，下降了 42%。这两个例子在图 6.1 中都

以箭头表示。

然而，随着开关频率的上升，OPP 相比 SVM 的性能优势逐渐减小。当开关频率大于 600Hz 且脉冲数大于 12 时，OPP 只能降低 15% ~20% 的电流 TDD。此外，在高脉冲数下 OPP 优化过程计算量变大。因此，参考文献［3］中的 OPP 结果以牺牲电流 TDD 为代价而获取较高的脉冲数（大于 9）。

基于这个背景以及 OPP 在大范围内的稳态性能优势，定义 MPC 相对优势，其中相对电流 TDD 表示为 MPC 电流 TDD 对 OPP 电流 TDD 的归一化，即

$$I_{\mathrm{TDD}}^{\mathrm{rel}}=\frac{I_{\mathrm{TDD}}-I_{\mathrm{TDD,OPP}}}{I_{\mathrm{TDD,OPP}}} \tag{6.2}$$

式中，OPP 标准电流 TDD 取自图 6.1 中的多项拟合曲线。

6.1.2 开关频率为 250Hz 时的性能对比 ★★★

首先分析单步预测直接 MPC 性能，采样间隔设为 125μs，代价函数为式（5.7），其中权重系数设为 8.4×10^{-3}。开关频率为 250Hz（中压变频器典型值），电流 TDD 为 5.96%。

图 6.2a 展示了一个基波周期内的三相定子电流波形，黑色、浅灰、深灰分别代表 a、b、c 相电流，并以标幺值表示。定子电流仿真时间刻度为 25μs，基于此时间刻度用傅里叶变换计算定子电流频谱，结果如图 6.2b 所示，而相应的三相开关次序则展示在图 6.2c 中。不同于 PWM，直接 MPC 不存在重复的开关模式。因此，除 11 次谐波外，电流谐波特征在不同次数下都比较平坦。

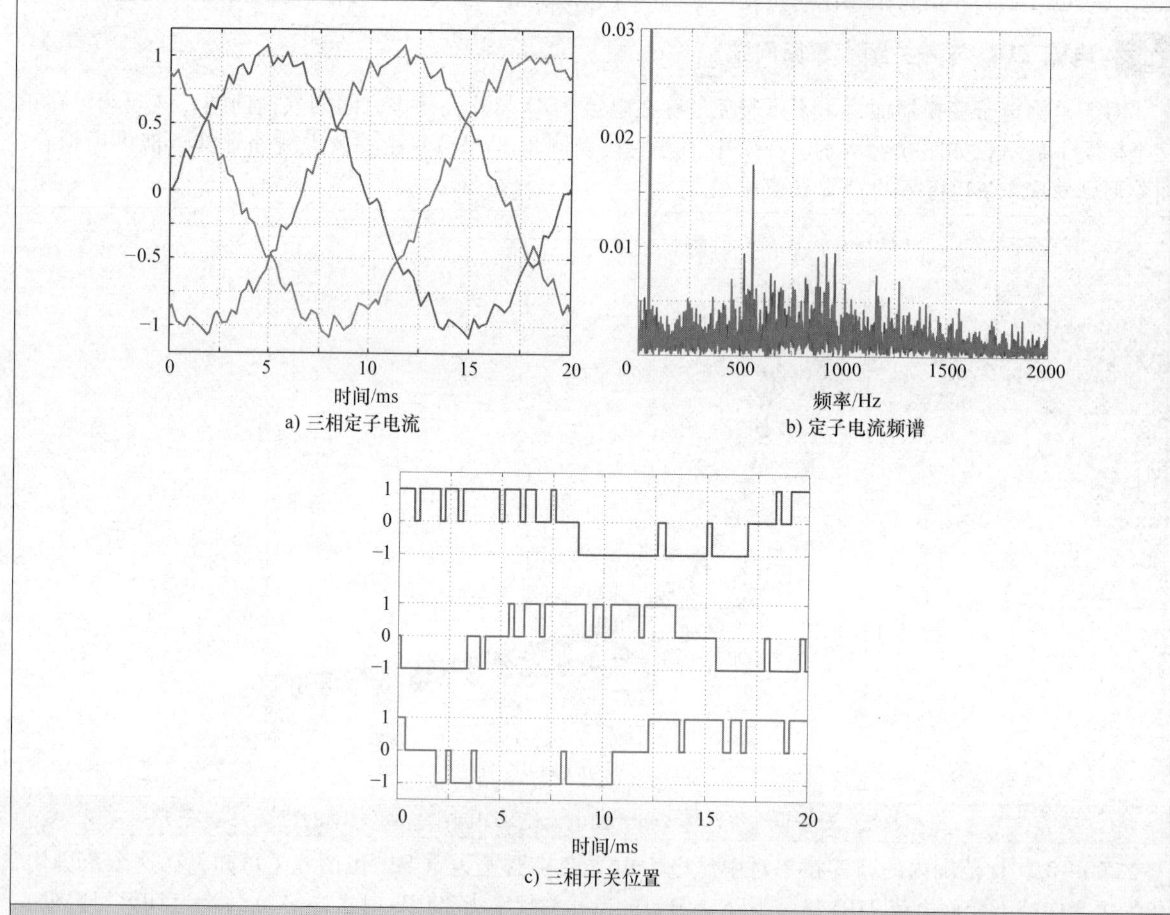

图 6.2 直接 MPC 仿真波形（步长 $N_p=1$，采样间隔 $T_s=125\mu s$，权重 $\lambda_u=8.4\times10^{-3}$，运行于全速和额定转矩，开关频率接近 250Hz）

将预测步数增至10步后，电流TDD可降低约1个百分点（相对降低约15%），如表6.1所示，这表明多步预测的确可以降低电流TDD。10步预测MPC的相应波形如图6.3所示。可以看到的是，多步预测导致一定程度的重复开关模型。相应地，非3倍频奇次谐波更为突出，如11次、13次、19次谐波等。同时可观测到，多步预测通过集中奇次谐波功率使得电流频率呈现出离散特征。进一步分析可验证同样的情况也发生在3倍频（共模）电压谐波上。部分谐波脉动功率转移至共模谐波中，是多步长直接MPC相比单步MPC能有效降低电流TDD的原因之一。此外，多步预测趋向于将部分差模电压谐波从低频范围转移至高频范围，也可降低电流TDD。

表6.1 直接MPC与SVM及OPP在电流TDD I_{TDD}方面的比较

控制器	控制器定义	I_{TDD}（%）	T_{TDD}（%）	f_{sw}/Hz
MPC	$N_p=1$，$\lambda_u=8.4\times10^{-3}$	5.96	4.65	250
MPC	$N_p=10$，$\lambda_u=8.3\times10^{-3}$	5.05	4.03	254
SVM	$f_c=450\text{Hz}$	7.71	5.35	250
OPP	$d=5$	4.12	3.40	250

注：惩罚因子λ_u、载波频率f_c、脉冲数d使得开关频率近似为250Hz。

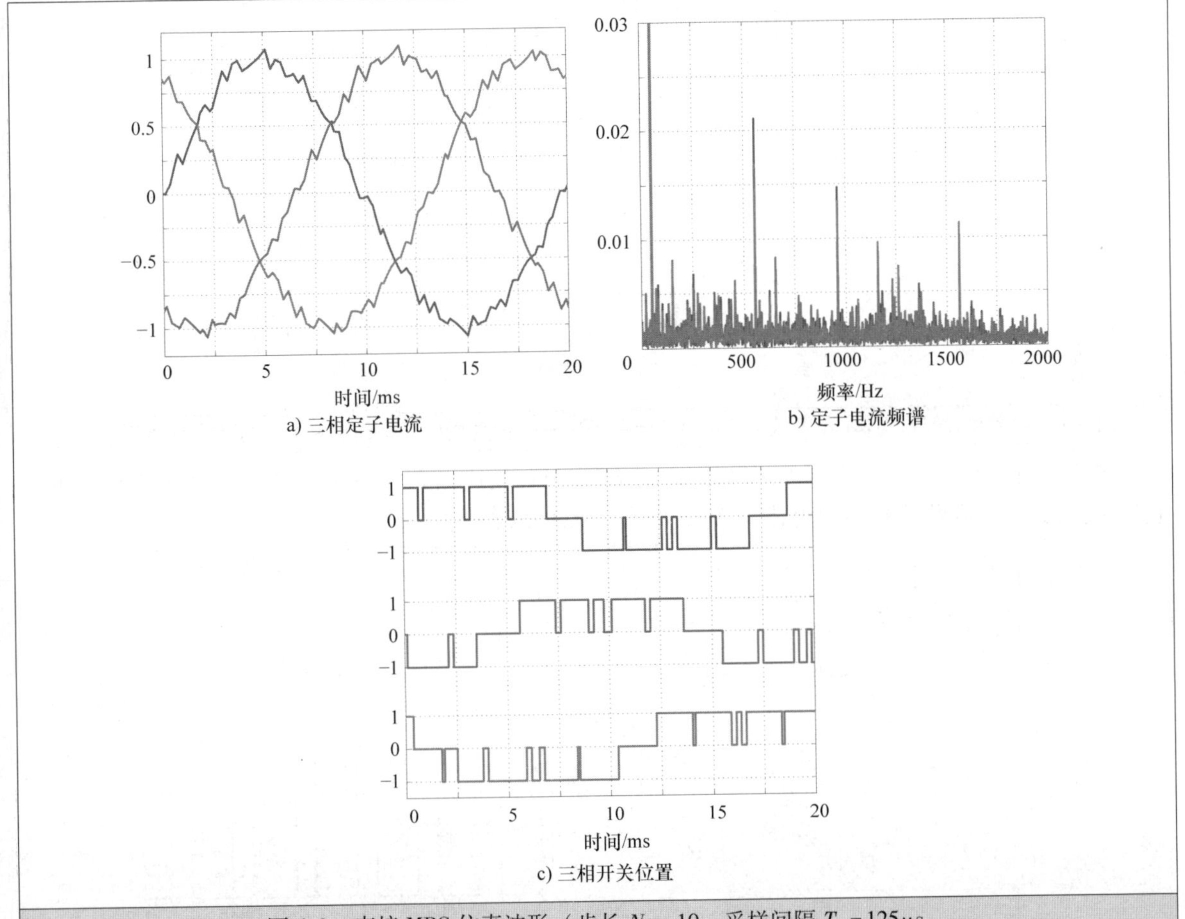

图6.3 直接MPC仿真波形（步长$N_p=10$，采样间隔$T_s=125\mu s$，权重$\lambda_u=8.3\times10^{-3}$，运行点和开关频率与图6.2相同）

为与SVM进行直观对比，图6.4展示了SVM的相关波形。其中，等效载波频率为450Hz，开关频率与直接 MPC 相同，均为250Hz。此时，电流 TDD 为7.71%，这一数值比直接 MPC 高出不少。受对称且重复的开关模式影响，SVM 不出意料地引起一种以非 3 倍频和奇数次谐波为主的离散电流频谱。特别值得注意的是，17 次电流谐波幅值高达 0.066pu。

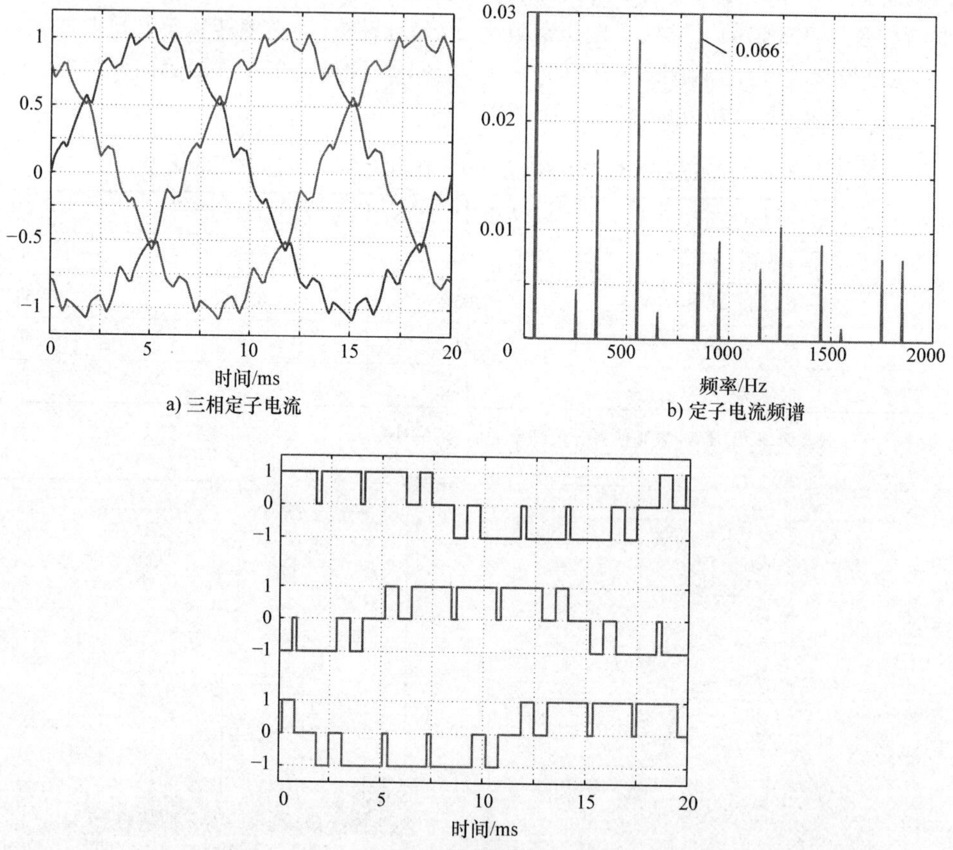

0.066
时间/ms
频率/Hz
时间/ms
a) 三相定子电流　b) 定子电流频谱　c) 三相开关位置

图 6.4　压频比控制和 SVM 在等效载波频率 $f_c = 450\text{Hz}$ 时的仿真波形（运行点和开关频率与图 6.2 相同）

另外，当脉冲数为 5 且开关频率相同时，采用 OPP 相应波形如图 6.5 所示，其中电流 TDD 为 4.12%，比 10 步预测直接 MPC 电流 TDD 下降了 1 个百分点。

时间/ms
频率/Hz
a) 三相定子电流　b) 定子电流频谱

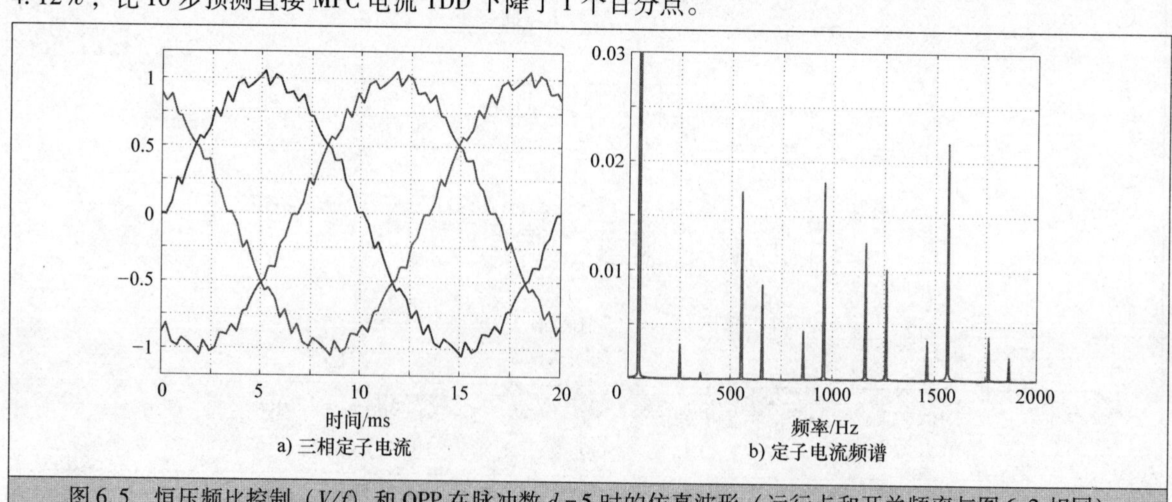

图 6.5　恒压频比控制（V/f）和 OPP 在脉冲数 $d = 5$ 时的仿真波形（运行点和开关频率与图 6.2 相同）

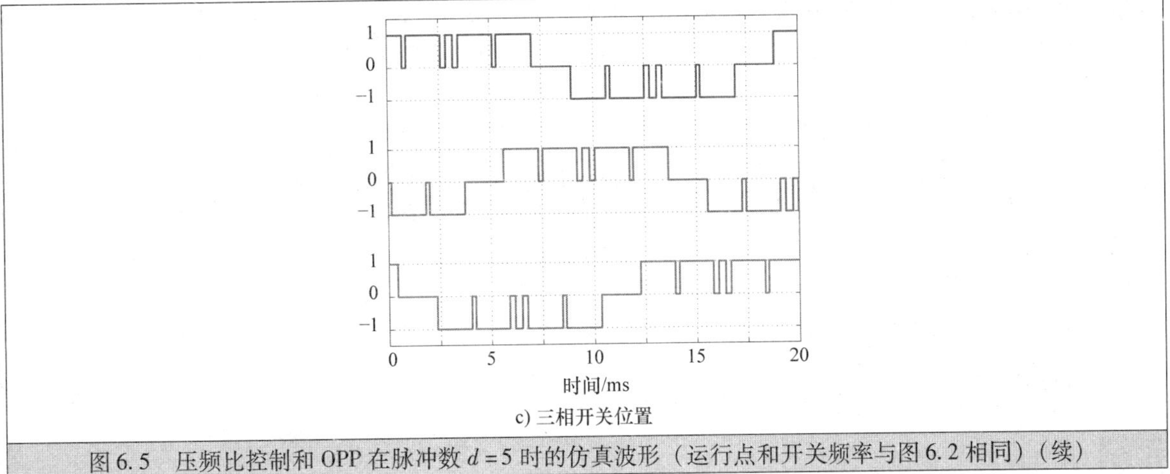

c) 三相开关位置

图 6.5　压频比控制和 OPP 在脉冲数 $d=5$ 时的仿真波形（运行点和开关频率与图 6.2 相同）（续）

6.1.3　闭环成本 ★★★

本节内容将研究 λ_u 对开关频率和电流 TDD 的影响，对预测步数分别为 1、3、5、10，以及 0 ~ 0.5 范围内的上千个不同的 λ_u 进行稳态仿真分析。针对开关频率在 100 ~1000Hz、电流 TDD 在 20% 以内的情况，其结果展示在如图 6.6 所示的双对数坐标系下。每一次仿真都对应一个单一数据点，并通过多项

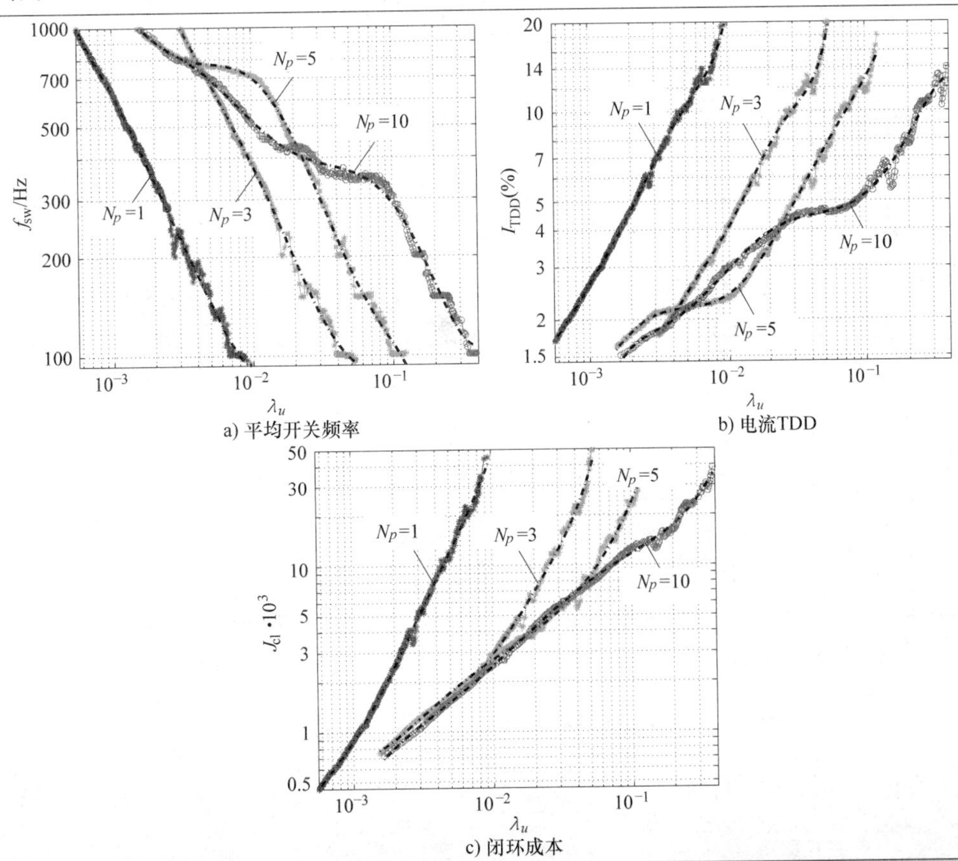

a) 平均开关频率

b) 电流TDD

c) 闭环成本

图 6.6　MPC 的关键性能指标（预测步长 $N_p=1$，3，5，10，采样间隔 $T_s=25\mu s$，开关频率、电流 TDD 和闭环成本被表达为调整参数 λ_u 的采用双对数坐标的函数，特定仿真采用点来表明，其整体趋势近似采用点划线多项式）

式拟合曲线覆盖每一个单一数据点。从图 6.6a 和图 6.6b 可看出，对于短预测步长而言，在双对数坐标下，λ_u 与性能变量呈近似线性关系；而对于多步长预测来说，两者之间的关系更为复杂，但仍旧是单调关系。

对于给定的 λ_u，增大预测步长时，开关频率上升，而电流 TDD 则显著下降。这种水床效应使得衡量多步预测对这两项关键性能指标的利弊变得困难。因此，一种更为合适的评估方式是后验闭环成本（详见式（6.1）），其结果如图 6.6c 所示。随着预测步长的增加，闭环成本显著下降，意味着多步预测的确可以带来益处。举例而言，当预测步长为 1 且 λ_u 为 0.01 时，闭环成本约为 0.05；而当预测步长为 3 时，闭环成本降低至约 0.003，足足降低了 17 倍。同时需要注意的是，当 λ_u 为 0.01 时，所获得的后验闭环成本近乎为最优的。多步预测对电流 TDD 与开关频率的积极影响将在后面进一步研究。

6.1.4 相对电流总谐波畸变率 ★★★

1. 采样间隔为 25μs

图 6.7 展示了 SVM 与 MPC 的相对电流 TDD（其定义详见式（6.2）），其中 SVM 仿真结果以方块表示，OPP 则以菱形表示。采样间隔设置为 25μs，在 0 ~ 1 范围内的不同权重系数 λ_u 下，对预测步数分别为 1、3、5、10 步的 MPC 进行了上百组仿真分析，每一组仿真对应图中的一点。图 6.7 中的实现则为通过最小二乘法拟合每一组仿真结果而得的近似多项式曲线。不同步长下的拟合曲线汇总至图 6.9a 中。

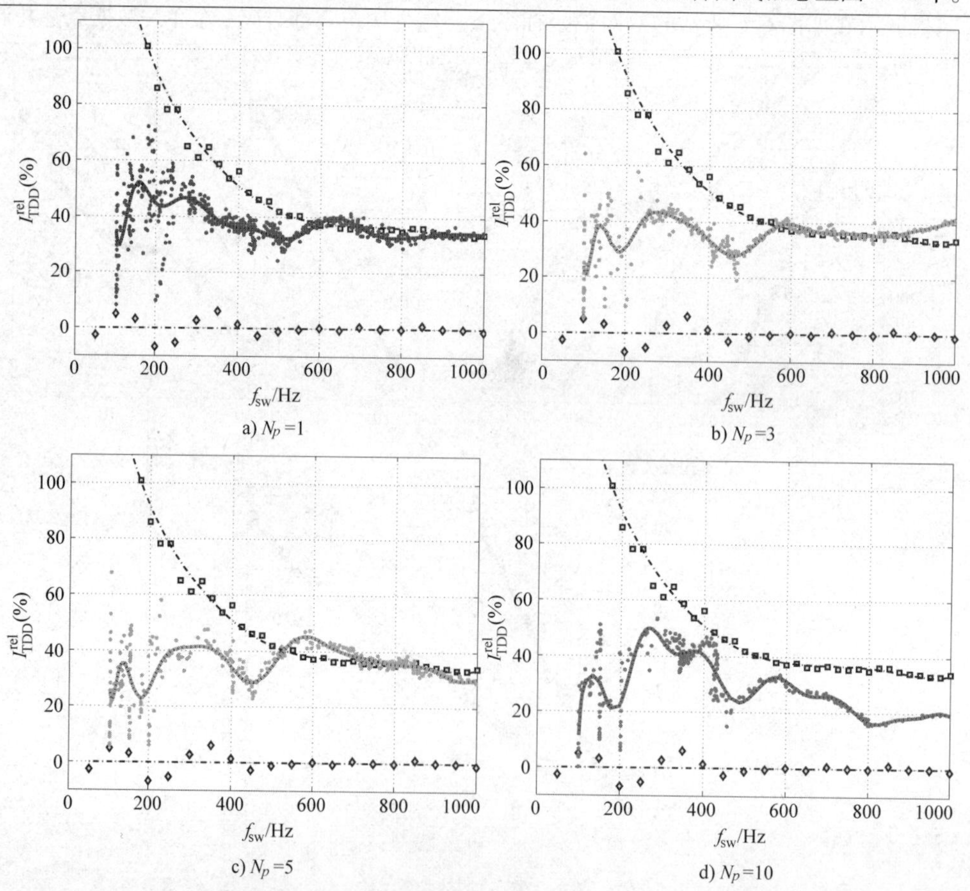

a) $N_p=1$　　b) $N_p=3$

c) $N_p=5$　　d) $N_p=10$

图 6.7　MPC 相对电流 TDD 和开关频率之间的权衡（预测步长 $N_p=1$、3、5、10，采样间隔 $T_s=25\mu s$，SVM 和 OPP 调制的相对电流 TDD 分别用正方形和菱形表示）

清晰可见的是，长预测步长可有效减小电流 TDD。事实上，当开关频率在 600Hz 以上时，单步预测性能和 SVM 几乎一样。将预测步长增加至 10 步后，电流 TDD 相比 SVM 可降低 15%。当开关频率高于 800Hz 时，电流 TDD 则只有 SVM 和 OPP 的一半。不过就电流 TDD 绝对值而言，这一区别只有 1 个百分点大小（见图 6.1）。

当开关频率在 100 ~ 250Hz 这一低频范围内，性能表现较为分散。拟合曲线显示，当开关频率在 200Hz 附近时，将预测步长从 1 步增大至 5 步，电流 TDD 可降低约 30%。更长的预测步数并不会带来额外的性能提升。有意思的是，对于长预测步长（如 10 步）和低开关频率而言，开关频率近乎固定为基频的整数倍，在 100Hz、150Hz 和 200Hz 时尤为明显。在这些开关频率下，对于特定的 λ_u 来说，MPC 可实现和 OPP 近乎一样的稳态性能，即电流 TDD 表现几乎一致。

2. 采样间隔为 125μs

同样的仿真在 125μs 采样间隔下重复进行。与图 6.7 类似，相应的权衡关系如图 6.8 所示，其拟合曲线则呈现在图 6.9b 中。在前述 25μs 采样间隔的分析中，较长的预测步数可在给定开关频率下降低电流 TDD，提升 MPC 稳态性能；当开关频率在 150 ~ 450Hz 范围内时尤为显著。在这个范围内，相比单步预测，10 步预测可降低约 20% 的电流 TDD。比较图 6.9a 与 b 可知，除权重系数 λ_u 外，采样间隔的选择亦对闭环性能影响巨大，这在某种程度上使得直接 MPC 的调试过程更为复杂。

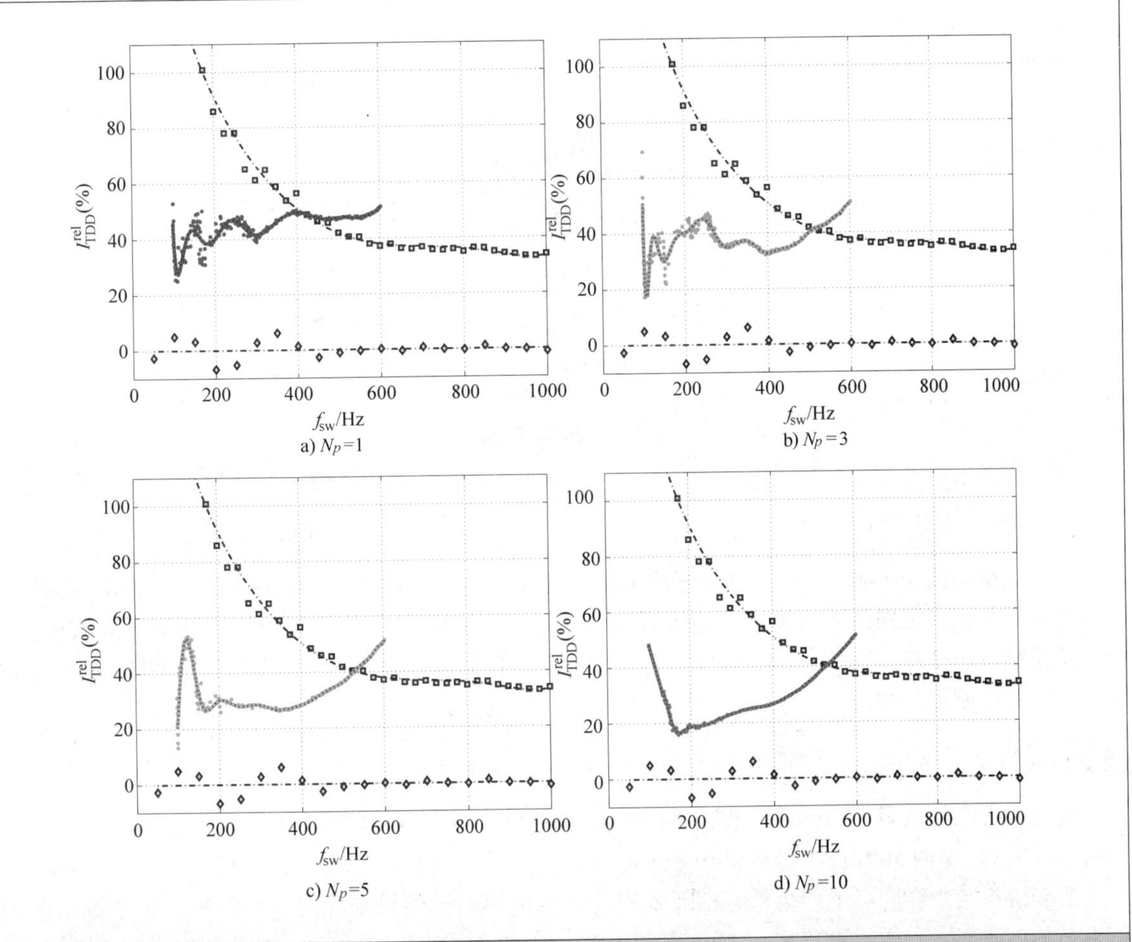

图 6.8　MPC 相对电流 TDD 和开关频率之间的权衡（预测步长 N_p = 1、3、5、10，采样间隔 T_s = 125μs，SVM 和 OPP 调制的相对电流 TDD 分别用正方形和菱形表示）

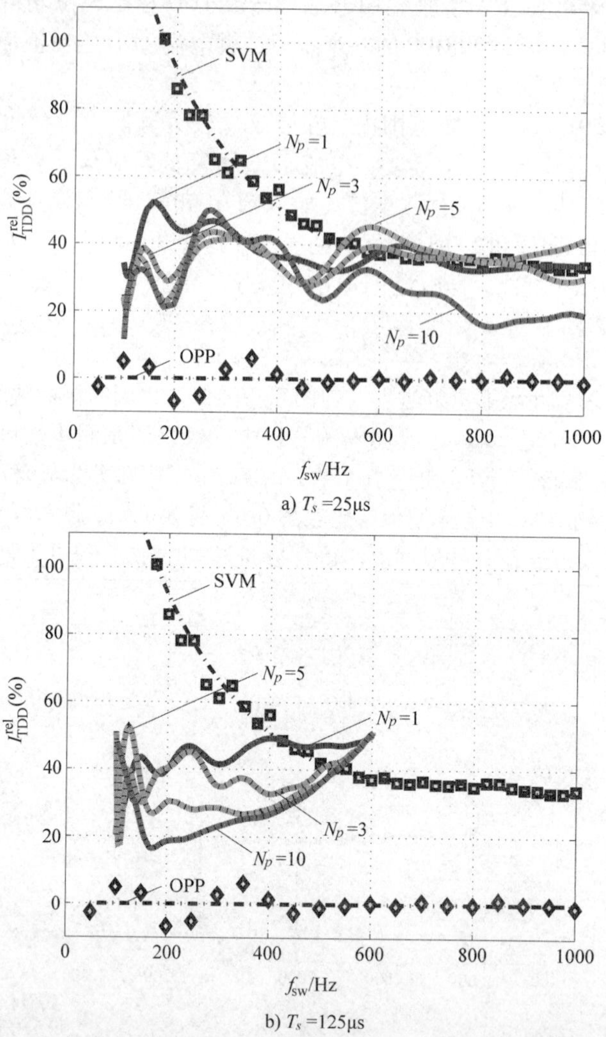

a) $T_s=25\mu s$

b) $T_s=125\mu s$

图 6.9 MPC 相对电流 TDD 和开关频率之间的权衡（预测步长 $N_p=1$、3、5、10，采样间隔分别为 $T_s=25$、$125\mu s$，SVM 和 OPP 调制的相对电流 TDD 分别用正方形和菱形表示）

所有权衡曲线交汇于开关频率等于 600Hz 这一处，对应于开关频率的零惩罚函数，即 λ_u 约等于 0。当只考虑开关切换惩罚函数而不考虑电流误差惩罚函数时，MPC 退化为无差拍控制器。电流环包含 2 个一阶系统，一个在 α 轴，一个在 β 轴。这种情况下，预测步长对 MPC 控制性能无影响，即单步预测和多步预测控制效果相同。

3. 蒙特卡洛模拟

前述分析已经表明，除权重系数 λ_u 与预测步长 N_p 外，采样间隔 T_s 对 MPC 性能也至关重要。其原因为式（5.7）中的 MPC 成本函数是在 N_pT_s 时间尺度内进行预测的。

为获得不同采样间隔下的结果，本节采用蒙特卡洛模拟对随机采样间隔与随机权重系数情况进行仿真。具体而言，采样间隔在 5～200μs 范围内随机选取，而权重系数在 0～5 范围内随机选择。此外，驱动系数初始条件也是随机的，包括随机的感应电机初始定子电流与转子磁链和随机的逆变器初始开关位置。和前述仿真一样，最初一段时间的仿真数据不予记录，以保证所获得的数据为稳态运行结果。

本节同样考虑了分别在 1、3、5、10 步下的 MPC 性能，总共进行了约 1 万次仿真。仿真结果如图

6.10 所示，其中每一个数据点对应一次闭环仿真，并采用最小二乘法绘制多项式拟合曲线。相应的拟合曲线如图 6.10 中实线所示，并汇总于图 6.11 中。

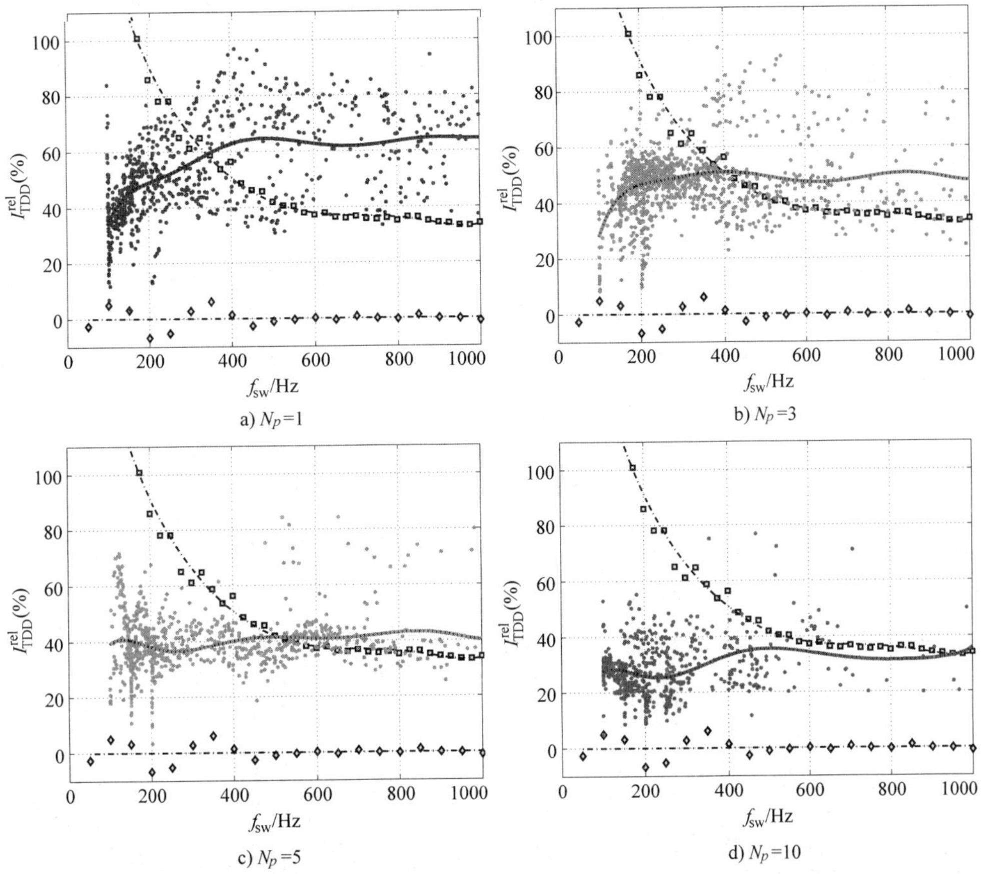

a) N_p=1

b) N_p=3

c) N_p=5

d) N_p=10

图 6.10　MPC 相对电流 TDD 和开关频率之间的权衡（预测步长 N_p =1、3、5、10，采用蒙特卡洛模拟，SVM 和 OPP 调制的相对电流 TDD 分别用正方形和菱形表示）

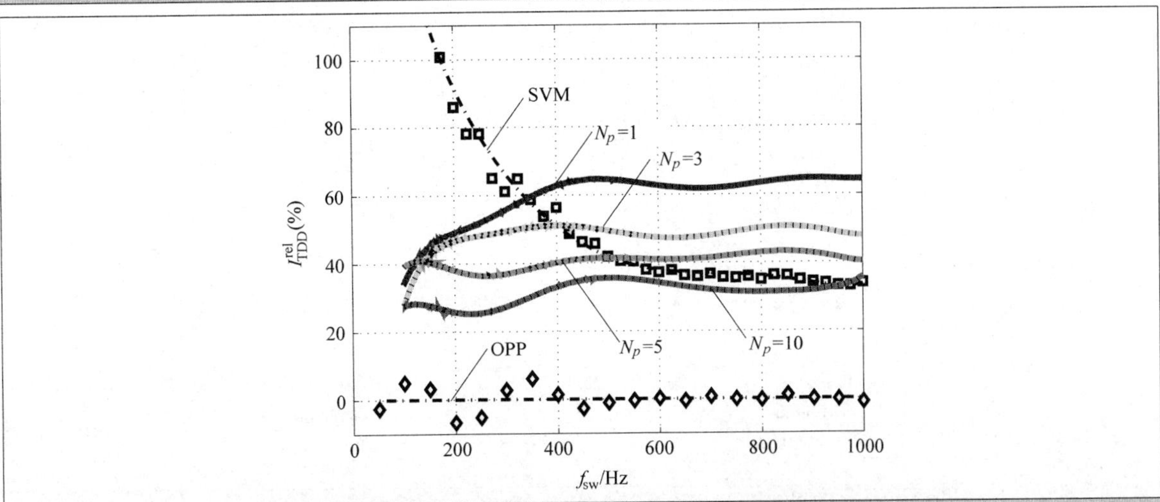

图 6.11　MPC 相对电流 TDD 和开关频率之间的权衡（预测步长 N_p =1、3、5、10，采用蒙特卡洛模拟，SVM 和 OPP 调制的相对电流 TDD 分别用正方形和菱形表示）

通过图 6.10 与图 6.11 可明显看到，随着预测步长的增大，在给定开关频率下 MPC 可有效降低电流 TDD。相比单步预测，当开关频率在 400Hz 以上且预测步长为 10 步时，相对电流 TDD 可降低约 30%，即便预测步长为 3 步，也可降低约 15%。同时可以看到，当预测步数由 1 增至 3 时，驱动系统稳态性能提升显著；而当预测步数进一步增大至 5 或 10 时，性能提升区域平缓。当开关频率特别低时，不同预测步数下的权衡曲线趋于交汇，接近于六步调制点，即基频调制。

当开关频率大于 340Hz 时，单步预测 MPC 性能逊于 SVM。而当开关频率低于 250Hz 时，就平均电流 TDD 而言，10 步预测 MPC 总优于 SVM，且稳态性能不同于 OPP。

6.1.5 暂态运行 ★★★

直接 MPC 的另一个好处是暂态过程中的快速动态响应。考虑单步预测、采样间隔 25μs、权重系数为 2.55×10^{-3}的情况，1pu 参考转矩阶跃施加于以额定速度运行的电机（见图 6.12a）。参考转矩阶跃继而引起参考电流阶，如图 6.13b 中点划线所示。相应的开关模式展示于图 6.14a，其中开关频率为 252Hz。

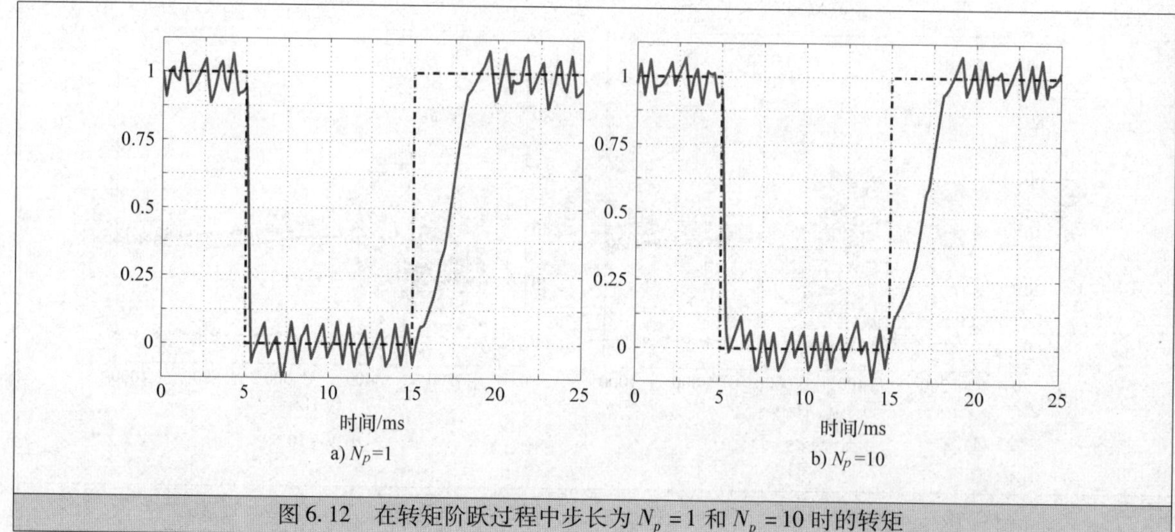

图 6.12　在转矩阶跃过程中步长为 $N_p=1$ 和 $N_p=10$ 时的转矩

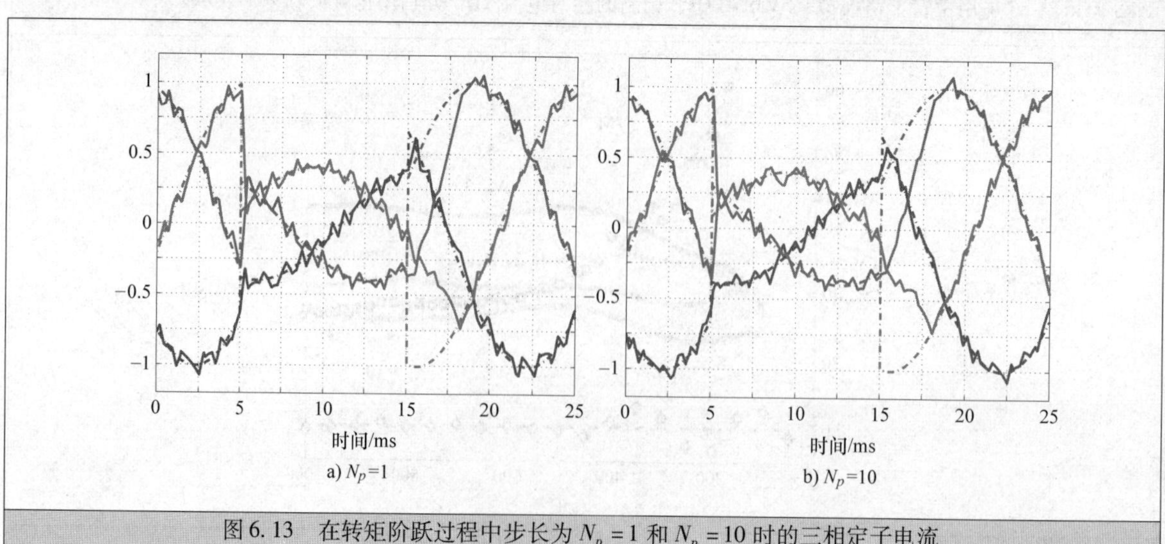

图 6.13　在转矩阶跃过程中步长为 $N_p=1$ 和 $N_p=10$ 时的三相定子电流

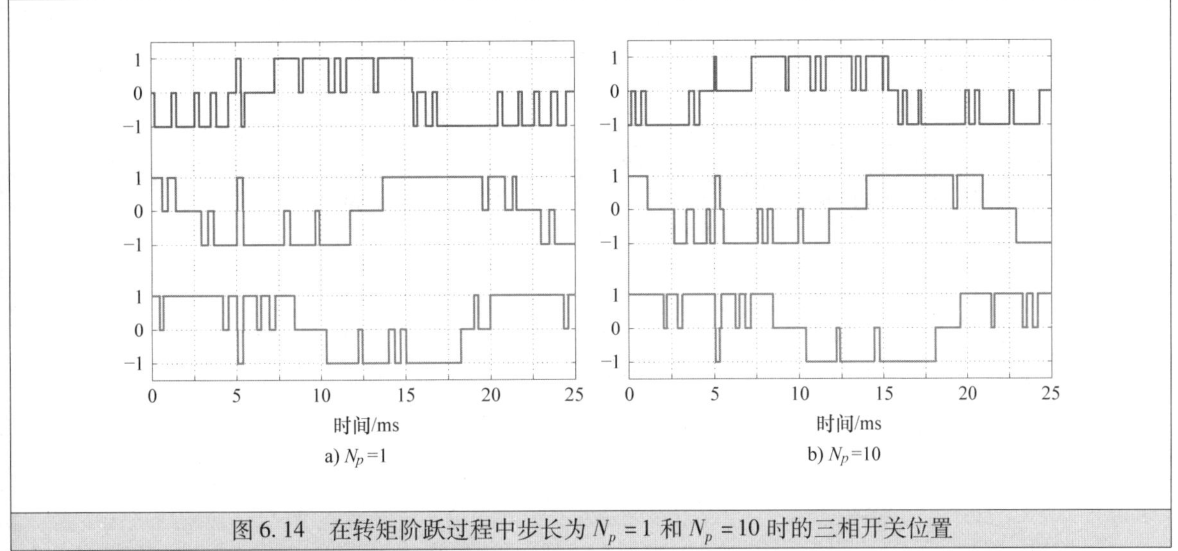

图 6.14　在转矩阶跃过程中步长为 $N_p=1$ 和 $N_p=10$ 时的三相开关位置

当负载由额定负载突变为零时，电机电压经历短暂的反向，存在非常短暂的整定时间，约 0.35ms。另外，当转矩从零阶跃至额定值时，整定时间要长许多，约为 4ms。这是由于电机运行于额定转速，电压裕度小。但是可从图 6.13a 看出，电流调节速度与其参考值一样快。同时需注意到由于式（5.22c）的限制，逆变器无法从 −1 直接切换至 1，而需要经历一个 0 位置开关，这样的动作应用于一个采样间隔。

图 6.12b、图 6.13b、图 6.14b 展示了 10 步预测 MPC 下相应的阶跃响应，其整定时间与单步预测几乎一致。权重系数为 120×10^{-3}，这使得开关频率与前述一致，皆为 250Hz。

当电机运行在 50% 额定速度下时，施加同样的负载转矩阶跃后，不论预测步数为 1 还是 10，转矩整定时间都分别为 0.5ms（负载突减）和 1.1ms（负载突加）。这意味着，暂态过程中直接 MPC 动态性能只受电压裕度影响，而与预测步数无关。特别地，较长的预测步数并不会降低 MPC 动态响应速度。这是由于在本章中假设计算时间为 0，因而对控制器而言，不论预测步数是多少，所耗费的时间都是一样的。

6.2　基于直接求整的次优化模型预测控制

在 5.2.4 节与 5.3.3 节中，本书已介绍了由无限制解的直接舍入获取次优解的通用方法。然而，在某些情况下，生成矩阵 $\boldsymbol{V}$ 近似为对角矩阵，而其基向量近似正交。基于这一思想，本节将研究基于简要量化（舍入）的近似解。这种方法虽然只能获得近似解，但只需要基本矩阵运算，而不需要球形解码和分支，因而计算速度非常快。

具体来说，将非限制解的分量形式舍入（量化）为在集合 U 里最近的整数，以获得（次优）开关位置顺序，而无须调用 5.3.2 节中的算法 1，表示为

$$U_{\text{sub}}(k)=\text{round}_u(U_{\text{unc}}(k)) \tag{6.3}$$

与之相对应的，式（5.23e）中所定义的 $U_{\text{unc}}(k)$ 为 k 时刻式（5.22）的非限制最优解。

6.1.4 节中针对最优直接 MPC 的仿真在本节重复进行：针对次优 MPC 情况，采样间隔为 25μs，预测步数分别为 1、3、5、10，相应权衡曲线如图 6.15 所示，其中拟合曲线和前述结果一样绘制并汇总于图 6.16 中。

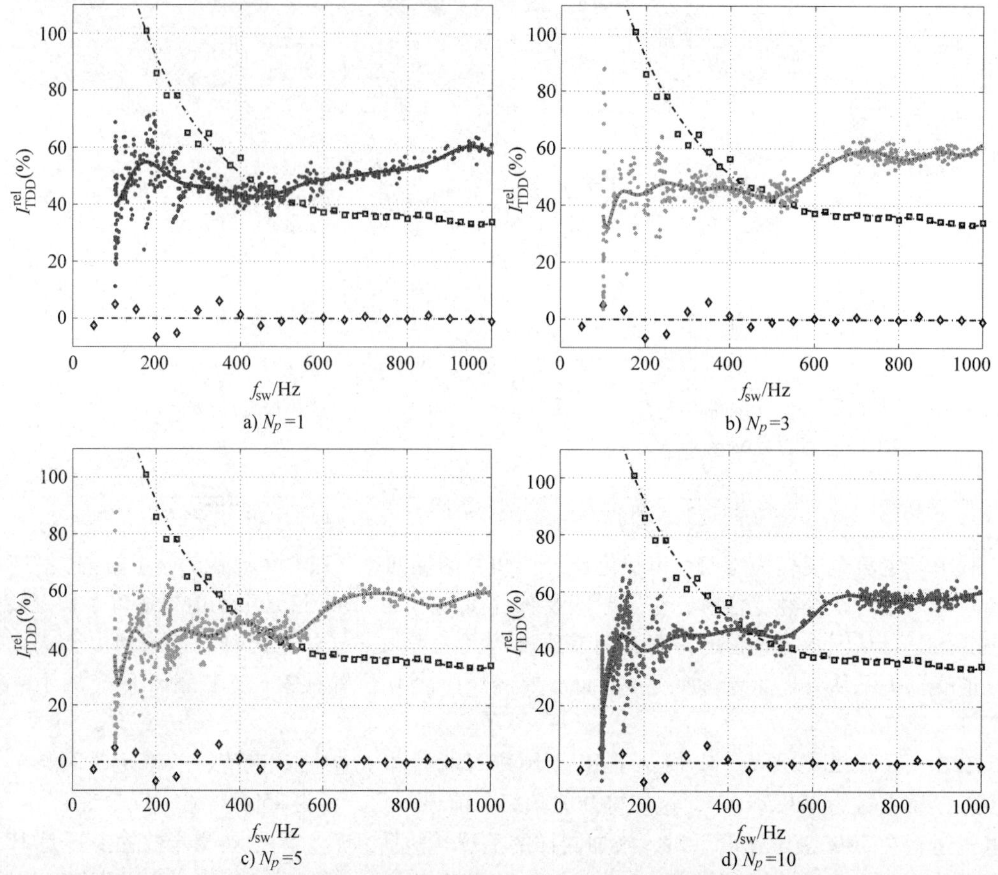

a) $N_p=1$

b) $N_p=3$

c) $N_p=5$

d) $N_p=10$

图 6.15　次最优 MPC 相对电流 TDD 和开关频率之间的权衡（预测步长 $N_p=1$、3、5、10，采样间隔 $T_s=25\mu s$，在非限制解附近区域）

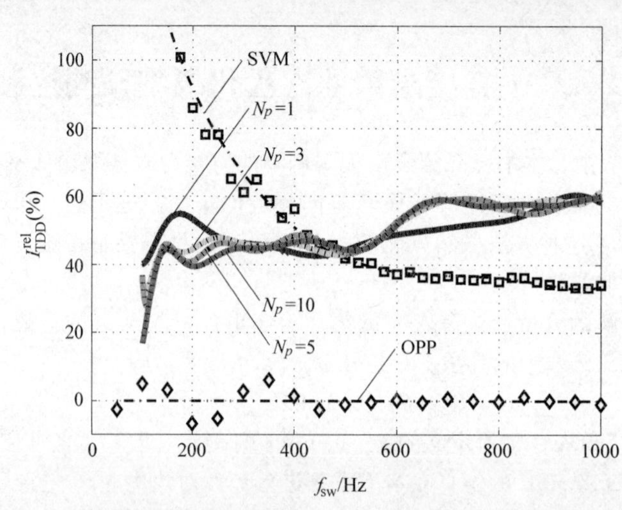

图 6.16　次最优 MPC 相对电流 TDD 和开关频率之间的权衡（预测步长 $N_p=1$、3、5、10，采样间隔 $T_s=25\mu s$，在非限制解附近区域）

当开关频率低于300Hz，权重系数较大且生成矩阵中对角项远大于非对角项时，对比图6.9a与图6.16可以看出，使式（6.3）中的分量形式量化将获得接近最优的解（次优解）。当预测步数为1时，次优MPC性能与最优MPC相似。同时，预测步数的增加可有效提升次优MPC的性能，但提升程度不如最优MPC显著。

较小的权重系数，以及生成矩阵中正交向量较少时，将导致较高的开关频率。当开关频率高于300Hz时，使用简单量化将导致次优解MPC性能恶化。如预测步数为1时，次优MPC性能比最优MPC差15%。此外，增大预测步数对性能提升十分有限（几乎没有提升）。随着权重系数的减小与开关频率的增大，次优MPC性能相对恶化更加严重。不过在给定开关频率下，电流TDD绝对值变化不大。

6.3 带*LC*滤波器的中点钳位逆变器驱动系统性能评估

随着电力电子系统复杂度的上升，多步长直接MPC策略对控制性能的提升更加显著。举例来说，对于一个含*LC*滤波器和感应电机的逆变器驱动系统，若忽略转子动态（转子动态比定子、*LC*动态慢），该系统在正交坐标系下包含两个三阶子系统。通常情况下需要设计两个单输入单输出（SISO）逆变器电流PI控制器才能实现控制。此外，为实现滤波器谐振，还需要一个额外的主动阻尼回路[4]。

一种更为简单、或许更有希望的控制方式是将高阶系统视为一个多输入多输出（MIMO）系统，并为之设计单一MIMO控制器。借助MPC同时调制逆变器电流、电容电压以及定子电流可轻松实现这种方法。但是要实现较好的控制性能，则需要用到多步长预测MPC，并消除滤波器谐振周期内的大部分振荡。为解决潜在的整数优化问题，还将用到第5章中所介绍的球形解码算法。

6.3.1 案例研究 ★★★

此部分内容将针对NPC逆变器、中压感应电机以及*LC*滤波器进行研究。如图6.17所示，三相对称*LC*滤波器置于逆变器与电机中间，以减小定子绕组谐波失真。滤波器电感与电容电抗㊀分别为X_l和X_c，其内部电阻则分别为R_l和R_c，且均以标幺值表示。

总直流母线电压v_{dc}视为恒定，中性点电势则强制为0。采用向量$u=[u_a \quad u_b \quad u_c]^T$来表示三相开关位置，静止正交坐标系下逆变器电压$v_i=[v_{i\alpha} \quad v_{i\beta}]^T$则为

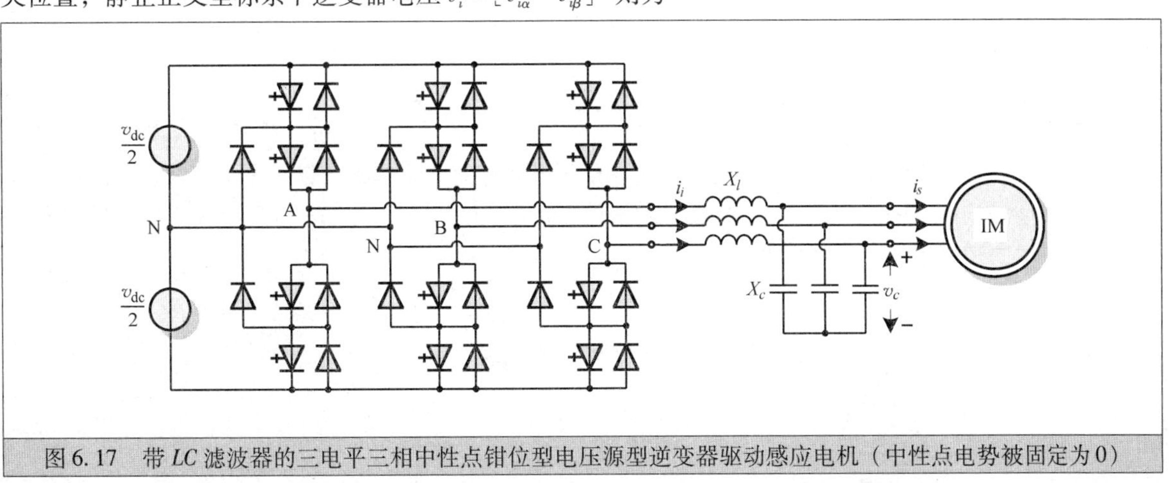

图6.17　带*LC*滤波器的三电平三相中性点钳位型电压源型逆变器驱动感应电机（中性点电势被固定为0）

㊀ 注意，X_c的表示法有点误导，因为X_c不是电抗，而是它的倒数。具体来说，我们有$\frac{1}{X_c}=\frac{1}{\omega_B C_c}\frac{1}{Z_B}$，见2.4.1节的脚注。——原书注

$$v_i = \frac{1}{2} v_{dc} \widetilde{\boldsymbol{K}} u \tag{6.4}$$

式中，$\widetilde{\boldsymbol{K}}$为简化的 Clarke 变换矩阵，详见式（2.13）。

$\alpha\beta$ 坐标系下滤波器状态空间方程为

$$\frac{\mathrm{d}i_i}{\mathrm{d}t} = \frac{1}{X_l}(v_i - v_c - R_l i_i - R_c(i_i - i_s)) \tag{6.5a}$$

$$\frac{\mathrm{d}v_c}{\mathrm{d}t} = \frac{1}{X_c}(i_i - i_s) \tag{6.5b}$$

式中，i_i 为逆变器电流；v_c 为电容电压；i_s 为定子电流。

电机定子绕组电压则为

$$v_s = v_c + R_c(i_i - i_s) \tag{6.6}$$

感应电机状态空间模型与式（4.11）~式（4.14）一致，并采用定子电流 $i_s = [i_{s\alpha} \quad i_{s\beta}]^T$、转子磁链 $\psi_r = [\psi_{r\alpha} \quad \psi_{r\beta}]^T$ 作为状态变量。

本节分析仍旧采用前述 3.3kV 笼型感应电机，额定频率 50Hz，额定电流 356A，额定容量 2MVA。电机总漏感电抗 $X_\sigma = 0.25$pu。滤波器电感和电容分别为 2mH 和 200μF。详细的电机、逆变器、滤波器参数列于表 6.2，其中标幺值系统基于表 2.9 中的电机额定参数而建立。

表 6.2　带 *LC* 滤波器的三电平 NPC 逆变器驱动系统国际单位制 SI（左）和标幺值 pu 系统（右）参数

参数	SI 符号	SI 数值	pu 符号	pu 数值
定子电阻	R_s	57.61mΩ	R_s	0.0108pu
转子电阻	R_r	48.89mΩ	R_r	0.0091pu
定子漏电感	L_{ls}	2.544mH	X_{ls}	0.1493pu
转子漏电感	L_{lr}	1.881mH	X_{lr}	0.1104pu
主电感	L_m	40.01mH	X_m	2.349pu
极对数	p	5		
直流母线电压	V_{dc}	5.2kV	V_{dc}	1.930pu
滤波电感器	L	2mH	X_l	0.1174pu
滤波电容器	C	200μF	X_c	0.3363pu
滤波电感器电阻	R_l	2mΩ	R_l	0.0004pu
滤波电容器电阻	R_c	2mΩ	R_c	0.0004pu

2.2.5 节介绍了当电源频率高于基频时，可推导获得简化的谐波模型以替代式（4.11）所示的感应电机基频模型。该谐波模型如图 6.18 所示，由定子电阻 R_s 与总漏感电抗 X_σ 串联而成，其中模型左侧的电压源表示由逆变器注入的电压谐波。

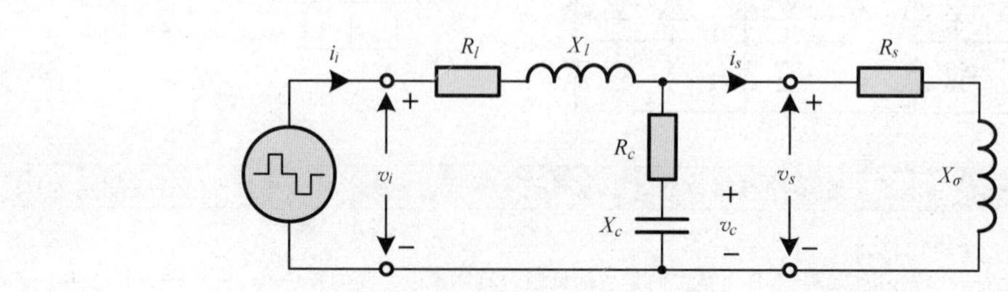

图 6.18　静止正交坐标系下的带 *LC* 滤波器的驱动系统谐波模型（该模型在基频以上频率有效）

基于该模型，可知两点：首先，该系统中的三个电阻不提供有效被动阻尼，因而可忽略不计；其次，系统谐振元件主要由滤波器电容和两个电感组成，即滤波器电感和电机总漏感。因此，谐振频率可分别用 SI 单位和标幺值表示为

$$f_{res}=\frac{1}{2\pi\sqrt{C\dfrac{LL_\sigma}{L+L_\sigma}}}=f_B\frac{1}{\sqrt{X_c\dfrac{X_lX_\sigma}{X_l+X_\sigma}}} \tag{6.7}$$

式中，基频 $f_B=\omega_B/(2\pi)=50\text{Hz}$。对于本节所述系统，$f_{res}=304\text{Hz}$。

6.3.2 控制器模型 ★★★

选取静止正交坐标系下八维向量作为预测模型的状态矢量

$$x=[\boldsymbol{i}_i^T\quad \boldsymbol{v}_c^T\quad \boldsymbol{i}_s^T\quad \boldsymbol{\psi}_r^T]^T \tag{6.8}$$

三相开关位置 u 为输入向量，逆变器电流、电容电压、定子电流则为输出变量，记为

$$y=[\boldsymbol{i}_i^T\quad \boldsymbol{v}_c^T\quad \boldsymbol{i}_s^T]^T \tag{6.9}$$

和前述内容一致，忽略转子动态，转子速度 ω_r 则视为时变量。将式（6.4）逆变器电压代入式（6.5）滤波器模型、式（6.6）滤波器输出电压代入式（4.11）电机模型，可得连续时间预测模型：

$$\frac{\mathrm{d}x(t)}{\mathrm{d}t}=\boldsymbol{F}\boldsymbol{x}(t)+\boldsymbol{G}\boldsymbol{u}(t) \tag{6.10a}$$

$$\boldsymbol{y}(t)=\boldsymbol{C}\boldsymbol{x}(t) \tag{6.10b}$$

式中，矩阵 $\boldsymbol{F}$、$\boldsymbol{G}$、$\boldsymbol{C}$ 详见附录6.A。在采样间隔 T_s 下，运用准确傅里叶变化（详见式（5.5）），可获得等效离散时间状态空间模型

$$\boldsymbol{x}(k+1)=\boldsymbol{A}\boldsymbol{x}(k)+\boldsymbol{B}\boldsymbol{u}(k) \tag{6.11a}$$

$$\boldsymbol{y}(k)=\boldsymbol{C}\boldsymbol{x}(k) \tag{6.11b}$$

6.3.3 优化问题 ★★★

对含 LC 滤波器的驱动系统来说，$\alpha\beta$ 坐标系下三相输出变量都需进行调制以跟踪其参考轨迹。具体而言，逆变器电流 $\boldsymbol{i}_i$、电容电压 $\boldsymbol{v}_c$、定子电流 $\boldsymbol{i}_s$ 需分别跟踪其参考 $\boldsymbol{i}_i^*$、$\boldsymbol{v}_c^*$、$\boldsymbol{i}_s^*$。这3个参考向量合成输出参考向量 $\boldsymbol{y}^*$。此外，开关频率需要最小化。所述参考向量为 y^* 的 MPC 策略框图如图6.19所示。

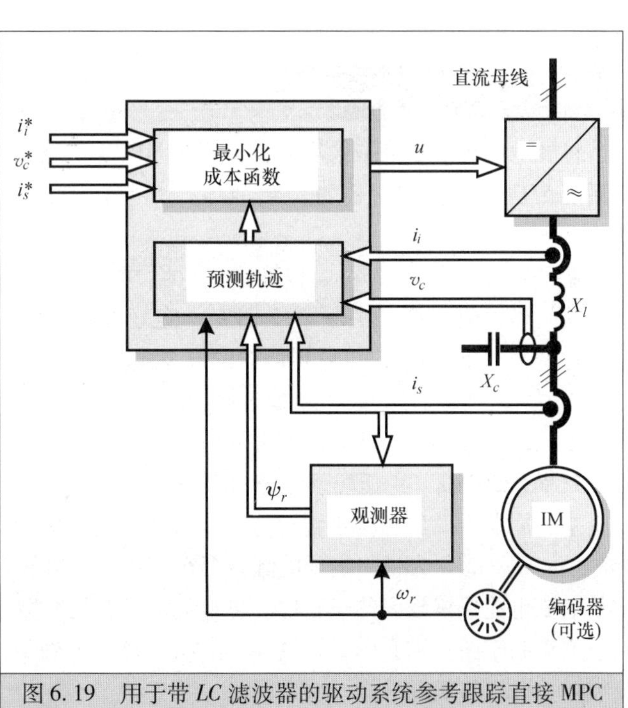

图6.19　用于带 LC 滤波器的驱动系统参考跟踪直接 MPC

5.1.3节中的通用成本函数（5.7）复述如下：

$$J=\sum_{\ell=k}^{k+N_p-1}\|\boldsymbol{y}^*(\ell+1)-\boldsymbol{y}(\ell+1)\|_Q^2+\lambda_u\|\Delta\boldsymbol{u}(\ell)\|_2^2 \tag{6.12}$$

该成本函数涵盖所有3个输出变量。与前述一致，惩罚矩阵 $\boldsymbol{Q}\in\mathbb{R}^{6\times6}$ 必须为对称半正定矩阵。为获得较小的定子电流 TDD，定子电流波动应尽可能小。这可通过设置较大的 α 与 β 轴定子

电流权重系数，优先定子电流跟踪来实现。这其中的定子电流权重系数对应惩罚矩阵 $\boldsymbol{Q}$ 中最后两项正交元素。此外，标量惩罚函数中的开关量系数 λ_u 必须为正。$\boldsymbol{Q}$ 与 λ_u 的比值则决定了全局跟踪精度与开关次数之间的权衡取舍。当优先定子电流跟踪时，这种权衡问题等价于定子电流 TDD 与开关频率之间的权衡。

注意到式（6.12）中的输出参考向量 $\boldsymbol{y}^*$ 是时变的，其在预测步长内的变化可通过将式（6.10）中的驱动系统模型从 $\alpha\beta$ 轴转换至 dq 轴计算获得。系统运行点由电机转子电角速度 ω_r、转矩参考 T_e^*、定子磁链幅值参考 ψ_s^* 决定。基于此，输出向量 $\boldsymbol{y}$ 与定转子磁链、逆变器电压之间的关系可在稳态运行条件下计算获得（参考附录 6.B）。当电机运行于额定速度、额定负载工况下，上述变量之间的关系可在旋转 dq 轴下直观展示，如图 6.20 所示。由于滤波器电容电阻 R_c 近似为零，因此电容电压与定子电压矢量几乎相等。

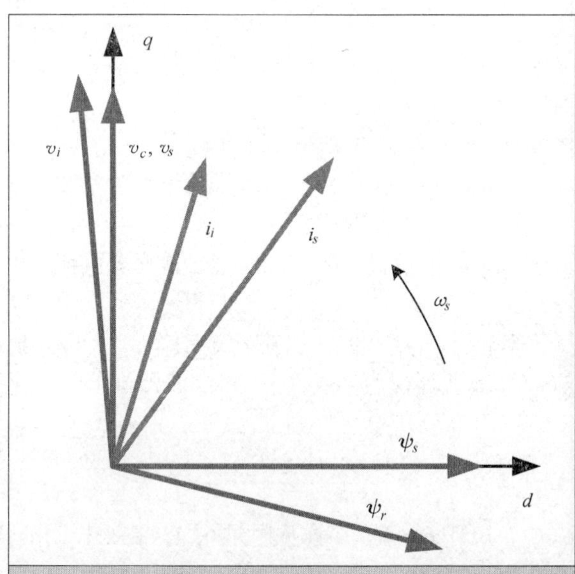

图 6.20　稳态运行下在旋转 dq 参考坐标系中的驱动系统量（参考坐标系以定子频率 ω_s 旋转）

在上一章中，式（5.22）给出了基于输出参考跟踪的直接 MPC 整数二次规划。相比不考虑 LC 滤波器的情况，尽管在含 LC 滤波器的分析中，输出参考轨迹 $\boldsymbol{Y}^*(k)$维数由 $2N_p$增至 $6N_p$，状态矢量 $\boldsymbol{x}(k)$ 维数由 4 增至 8，但由于优化函数的维度，或者说开关次序 $\boldsymbol{U}(k)$ 不变，因此 $\boldsymbol{\Theta}(k)$ 的维数以及 Hessian 矩阵 $\boldsymbol{H}$ 依旧不变，即 $\boldsymbol{\Theta}(k)\in\mathbb{R}^{3Np}$，$\boldsymbol{H}\in\mathbb{R}^{3Np\times 3Np}$。这意味着整数二次规划计算量也不变。但是由于 $\boldsymbol{Y}^*(k)$与 $\boldsymbol{x}(k)$的维数增加，致使 $\boldsymbol{\Theta}(k)$ 与非限制解 $\bar{\boldsymbol{U}}_{\text{unc}}(k)$ 的计算量增大。

6.3.4　稳态运行 ★★★

本节将展示在高阶系统中采用多步长直接 MPC 所带来的优势。以图 6.17 所示的含 LC 滤波器的中压驱动系统为例，NPC 逆变器直流母线电压恒定，中性点电势也恒定。该驱动系统相关参数列于表 6.2。

控制器采样间隔设为 125μs，以确保多步长 MPC 有足够的时间进行运算。即使这么长的采样间隔会缩短开关间隔，但在低开关频率下仍有一定好处。跟踪误差惩罚矩阵 $\boldsymbol{Q}$ = diag（1，1，5，5，150，150），通过调节权重系数 λ_u 以获得所需的开关频率。

第一步研究参考跟踪直接 MPC 稳态性能。电机仍旧运行于额定速度与负载下，为确保驱动系统运行于稳态工况，一开始数个基波周期内的仿真数据不予记录。预测步长为 15 步，权重系数 λ_u 为 0.28，平均开关频率为 303Hz（中压驱动系统典型值）。此时，定子电流 TDD 仅为 1.156%。

一个基波周期内的稳态电磁转矩与逆变器三相电流波形如图 6.21a、b 所示。图 6.21c 为滤波器电容三相电压，图 6.21d 为三相定子电流，图 6.21e 为三相开关位置。可以看到，即便在低开关频率下，三相定子电流也能保持较高的正弦度。将每相定子电流经傅里叶变换得到电流波谱，并将 15 个基波周期内的波谱绘制于图 6.21f（基波分量幅值为 1pu）。为确保高分辨率，即便控制算法所设采样间隔为 125μs，在仿真中每 25μs 采样一次数据。

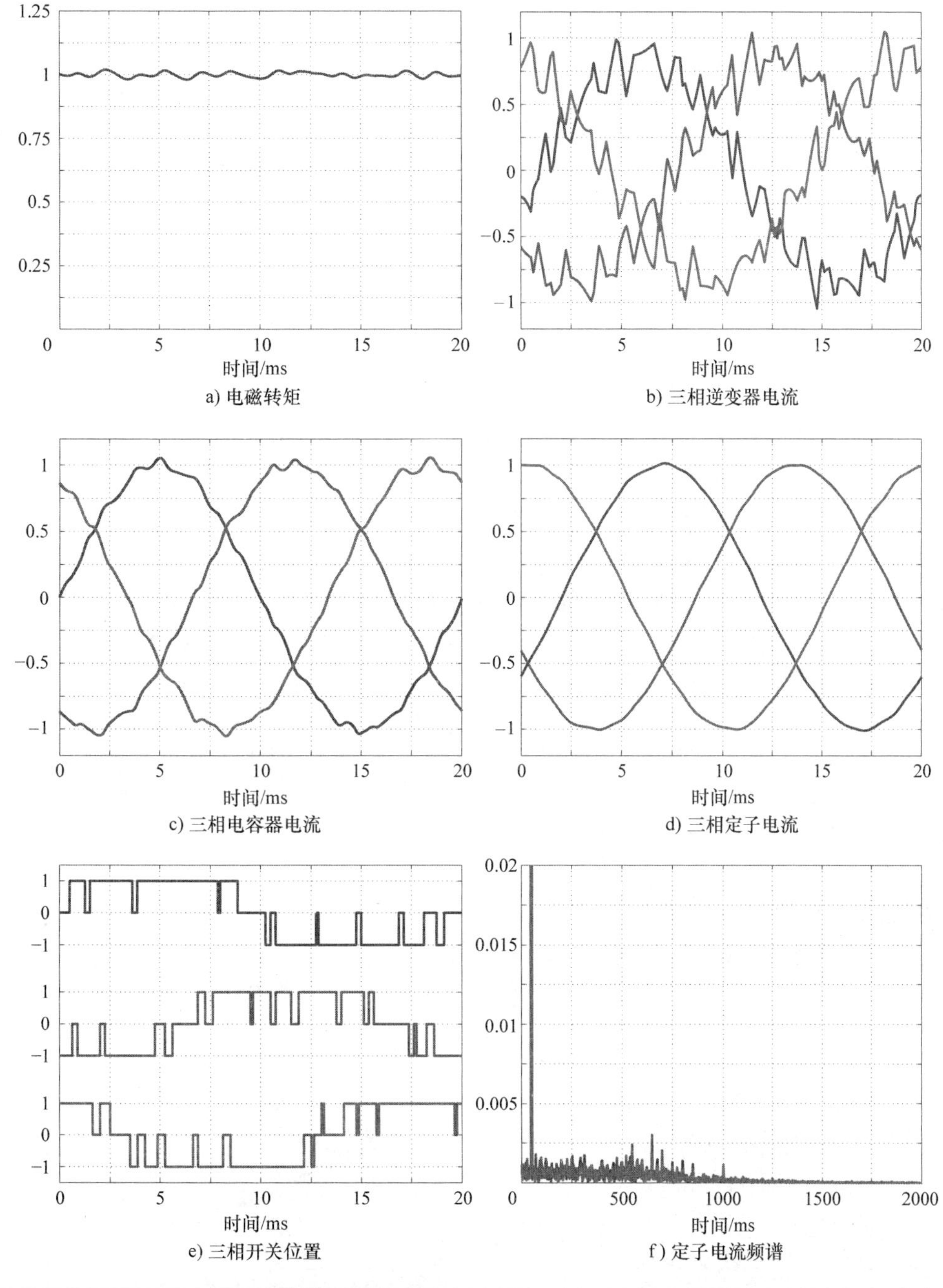

a) 电磁转矩

b) 三相逆变器电流

c) 三相电容器电流

d) 三相定子电流

e) 三相开关位置

f) 定子电流频谱

图 6.21　直接 MPC 仿真波形（预测步长 $N_p=15$，控制器采样间隔 $T_s=125\mu s$，由于设备开关频率为 303Hz，1.156% 的定子电流 TDD 被得到）

第二步研究在给定开关频率下预测步长对定子电流 TDD 的影响。特别地，在不同预测步长下，调节权重系数 λ_u 使得开关频率保持在 300Hz 附近。如图 6.22 所示，当预测步长为 1 步时，定子电流 TDD 为 7.43%，这一高数值使得单步预测直接 MPC 无法适用于工业应用。当预测步数增至 3 步后，电流 TDD 下降至 2.17%。预测步数的进一步增大将获得更小的电流 TDD。例如，当预测步数为 20 步时，在 303Hz 开关频率下定子电流 TDD 仅为 1.01%。

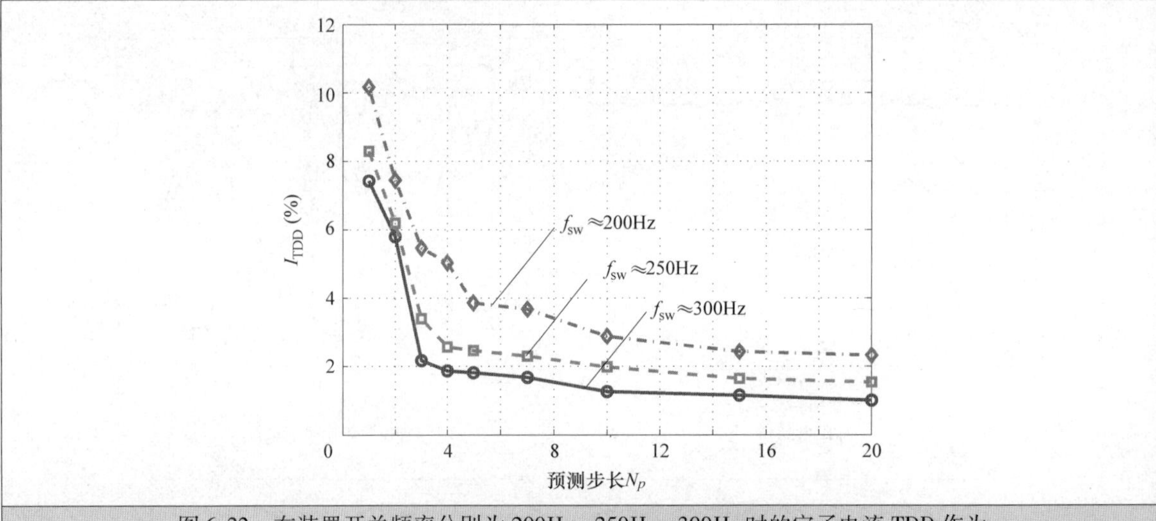

图 6.22　在装置开关频率分别为 200Hz、250Hz、300Hz 时的定子电流 TDD 作为预测步长的函数（数据点来源于特定仿真结果）

这一结果验证了直接 MPC 无须借助额外的外部阻尼回路即可实现显著的定子电流 TDD 下降。值得注意的是，由于滤波器电感和电容内部阻抗几乎为 0，而定子电流也很小，仅为 0.01pu，因此该驱动系统并不提供被动阻尼。此外还值得注意的是，多步长预测优化问题可在 125μs 内完成计算。如不借助球形解码而采用穷举法，可选开关次序组合高达 10^{N_p} 组，这对多步预测（N_p㊀）而言是不可能实现的。

当开关频率为 200Hz 时，预测步长的增加对定子电流 TDD 的影响变小。当预测步数为 1 步时，定子电流 TDD 为 10.2%；当预测步数为 4 步时，电流 TDD 减半至 5.03%；而电流 TDD 的进一步减半，则需要 15 步预测，此时 TDD 为 2.43%。从而可知，低开关频率设备更迫切需要多步长预测来降低电流 TDD，这与 6.1.4 节中的结果一致。

定子电流 TDD 与设备开关频率之间的权衡问题如图 6.23 所示。图中每一个数据点对应一次额定速度与负载下的稳态仿真。开关频率权重系数 λ_μ 选取范围如下：$N_p=1$ 时在 0.025 ~ 0.065 之间；$N_p=5$ 时在 0.15 ~ 2.5 之间；$N_p=20$ 时在 0.18 ~ 85 之间。从图 6.23 可看出，单步预测显然不适用于含 LC 滤波器的驱动系统。在同样的开关频率下，将预测步数增至 5 步可显著降低电流 TDD，反之亦然。20 步或更长预测将获得更为出众的性能。

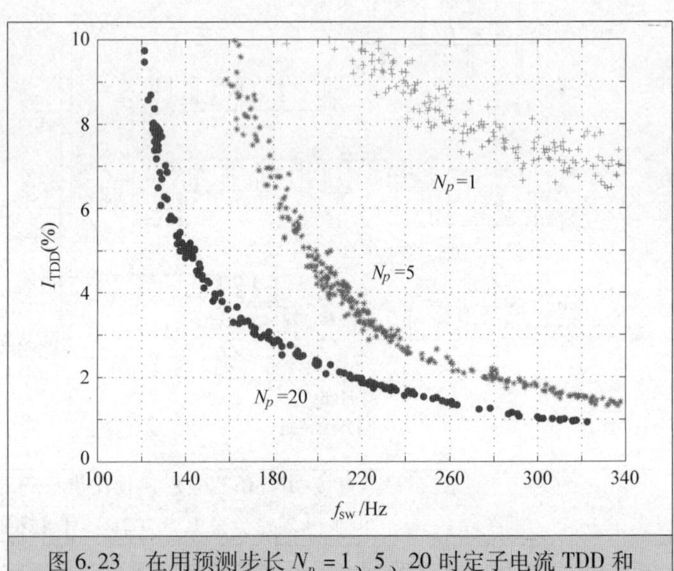

图 6.23　在用预测步长 $N_p=1$、5、20 时定子电流 TDD 和装置开关频率之间的权衡

特别地，驱动系统可成功运行于系统谐振频率以下的开关频率下。例如，当预测步数为 20 步，权重系数 λ_u 为 9.6 时，逆变器开关频率为 138Hz，远低于 LC 滤波器谐振频率（304Hz）；相应的定子电流 TDD 为 4.99%。为实现这样的运行特性，直接

㊀ 注意，由于开关约束（5.22c），开关次序的数目小于理论上界 27^{N_p}。——原书注

MPC 策略从驱动系统内部预测模型中提取出滤波器谐振和开关动作对谐振的影响等信息，并基于这些信息调整定子电流频谱。为实现低开关频率下的电流频谱调整，则需要多步长预测。

6.3.5 暂态运行 ★★★

最后，本节将测试直接 MPC 在转矩暂态过程中的表现以验证其突出的动态性能。具体测试中，电机运行于额定速度，并突加额定负载，预测步长选取为 15 步，开关频率权重系数 λ_u 为 0.28，测得暂态过程开关频率为 280Hz，这一数值略低于稳态运行工况（$\lambda_u = 0.28$）。

图 6.24 所示为驱动系统动态响应。其中分别在 10ms、30ms 突加、突减额定负载，并采用类似于图 6.21 中的分图分布（电流频谱除外，因为动态过程中电流频谱无参考意义）。转矩的阶跃变化转换为相应的稳态参考量 $\boldsymbol{y}^*$，包括逆变器电流、电容电压、定子电流，其中定子电流如图 6.24d 中点划线所示。由于控制器无法获得转矩阶跃输出，因此输出参考轨迹 $\boldsymbol{Y}^*$ 中不包含转矩。

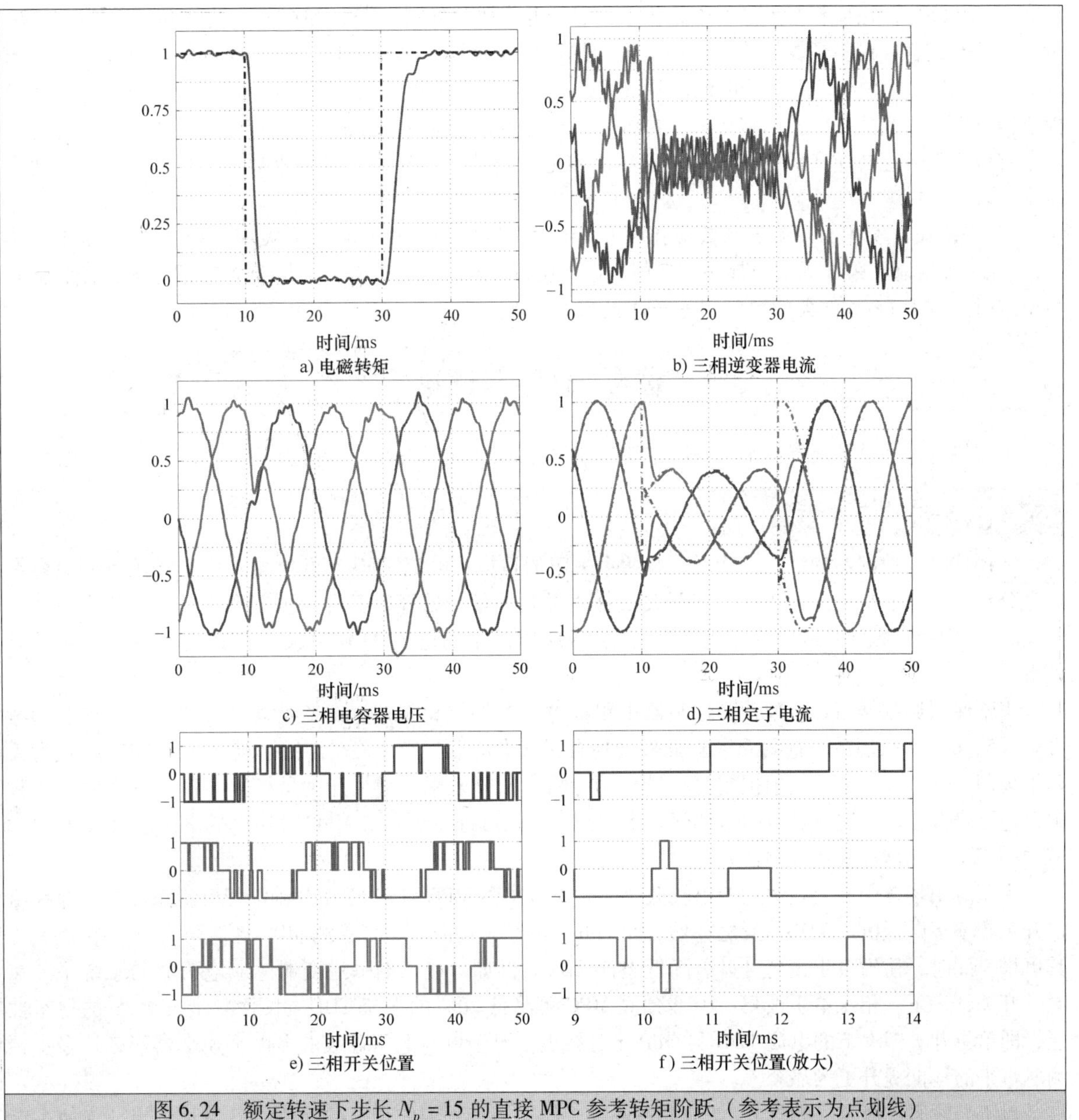

图 6.24　额定转速下步长 $N_p = 15$ 的直接 MPC 参考转矩阶跃（参考表示为点划线）

从图6.24e可看到，当负载转矩从额定值突变为零时，*LC*滤波器上的电压瞬间发生变化，如图6.24f所示。由于这一特性，转矩整定时间很短，约2.5ms。当负载转矩从零突变为额定负载时，暂态过程较负载突减时明显更长，需经历6ms的整定才进入稳态运行。这是由于电机运行于额定速度，而当负载很大时，可用电压裕度很小。尽管如此，定子电流仍可迅速调节至其参考值，如图6.24d所示。

在转矩暂态过程中，大量能量在逆变器、滤波器和电机之间流动。流经滤波电感的逆变器电流幅值与相位都发生了变化，同时电容电压相位、定子电流幅值与相位也都发生了变化。

当转矩发生较大变化时，直接MPC策略控制效果与无差拍控制类似。为使三阶系统尽快跟踪至其新参考值，开关次序将产生凹痕，这导致电容电压产生明显的凹痕。当电压裕度足够时，即负载从额定值突变为零时，这些凹痕在图6.24f中清晰可见。而当负载突加时，电压裕度很小，限制了凹痕的产生，同时也限制了转矩响应速度。

在暂态过程中，如这般过度整定的控制器容易导致控制量超调。当设置惩罚矩阵为$\boldsymbol{Q}=\text{diag}(1,1,5,5,150,150)$，在负载突减过程中，转矩与定子电流超调分别为25%和60%。为避免这么大的超调，可以在暂态过程中调整惩罚矩阵，以提供更为平等的跟踪误差权重。特别地，设置惩罚矩阵为$\boldsymbol{Q}_{\text{trans}}=\text{diag}(1,1,5,5,15,15)$，定子电流误差权重减小（定子电流跟踪精度下降），而逆变器电流参考跟踪性能得以提升。当达到所需的转矩时，再将惩罚矩阵恢复为原来的形式。从图6.24可以看到，这种方法可有效避免转矩与逆变器电流超调。虽然电容电压仍有一定超调，但幅值很小，与电流超调相比平缓许多。

式（5.22c）所述的开关限制效应在图6.24f中得以体现——无论开关从-1变为1，或从1变为-1，在一个控制器采样周期内都必须强制经过零位置。这会在一定程度上降低控制器暂态性能，但转矩整定时间和无*LC*滤波器的情况相等（详见6.1.5节）。

6.4 总结与讨论

本节将讨论并总结所提出来的MPC算法，以及其稳态和暂态性能、代价函数选择、计算复杂度等。

6.4.1 稳态性能 ★★★

在评估电流控制器的稳态性能时，有两个关键的指标：电流TDD与开关量。由于开关频率更容易定量分析，因此通常以开关频率而非开关损耗衡量开关量，尽管后者可能更有意义。通常认为在给定开关频率下OPP能产生最低的电流TDD，而SVM所产生的电流TDD更大，尤其是在低开关频率条件下。

当不使用调制器而在模型预测控制器中跟踪电流参考值和直接设定变换器开关位置时，现有参考文献［5，6］多采用单步预测MPC。此外，现有文献中通常忽略开关动作的影响，致使MPC蜕化为无差拍控制。众所周知，无差拍控制对测量与估计噪声十分敏感。增加开关量权重不仅可以降低开关频率，还可降低控制算法对噪声的敏感度。增大预测步长可进一步降低MPC对噪声的敏感度（如13.1.2节中的模型预测脉冲模式控制器）。

中压应用场合中开关频率一般都较低，此时单步预测MPC可在SVM基础上提升稳态性能，即在给定开关频率下降低电流TDD，反之亦然。而当开关频率较高时，单步预测MPC性能与SVM相仿或者比其更糟。此时，使用多步预测可显著降低电流TDD。例如，在三电平逆变器感应电机驱动系统中，在同一开关频率下，相比单步预测，10步预测MPC可降低20%的电流TDD。长预测步长MPC的稳态性能，即单位开关频率下的电流TDD与OPP十分接近。对于更高电压等级的多电平逆变器而言，多步预测所带来的性能提升更为显著。

对于高阶系统而言，如含*LC*滤波器的驱动系统，多步预测所带来的性能提升更加突出。为使系统

获得充分的主动阻尼，则必须采用多步预测。在本章所述案例研究中，采用长采样间隔（$T_s = 125\mu s$），则至少需要3步预测，更长的预测步数则能进一步提升控制性能。总体而言，在同一开关频率下，将预测步数从1增大至20，定子电流TDD可降低4 ~6倍。

权重系数λ_u与采样间隔T_s都对MPC闭环特性有十分显著的影响。尽管这种二自由度使得系统整定过程更为复杂，但在某种程度上也是优势，它使得多步预测有充分的时间完成计算。当需要较低的开关频率时，可采用较长的采样间隔，如125μs。虽然较长的采样间隔会降低开关间隔，但（采用多步长预测）仍能获得性能上的提升。而当需要较高的开关频率时，则可设置较短的采样间隔（较高的采样频率），如25μs，以保证所需的开关频率。

6.4.2　暂态性能 ★★★

在暂态过程中，MPC可获得和无差拍控制一样优异的动态性能（详见8.1.3节和参考文献［5］）。在负载转矩阶跃时，整定时间只受可用直流母线电压（电压裕度）限制。在必要情况下，MPC可临时调整负载电压（增大电压裕度），以实现尽可能短的暂态过程。对不含*LC*滤波器的驱动系统而言，整定时间与预测步数无关，即长步长与短步长整定时间相同。对含*LC*滤波器的驱动系统而言，则需要多步长预测来提供暂态过程中滤波器谐振所需的主动阻尼。

由于OPP只能在非常慢速的控制环调节器中实现（详见参考文献［7］），因此直接MPC的暂态性能比OPP优异得多。值得注意的例外之一是脉冲嵌入定子磁链轨迹控制器，具体将在第12章中介绍（或详见参考文献［8］）。

6.4.3　代价函数 ★★★

相比单步预测，多步预测可显著降低闭环成本，如式（6.1）所示。然而，在十分长步长预测基础上进一步增加步长，代价函数的下降趋于平缓，甚至在某些情况下不再下降。这正是MPC的普遍特征，并可在图6.6c（不含滤波器的驱动系统）和图6.22（含滤波器的驱动系统）中明显观察到（或详见参考文献［9，10］）。开关量权重系数越大，这种趋于平缓的特征越靠后，这表明长预测步数对低开关频率场合而言十分重要且有益。

代价函数包括两部分：输出跟踪误差方均根值（rms）和开关量。前者对应于定子电流TDD，后者则表征为开关频率。通常情况下，为优化降低高阶系统定子电流脉动，惩罚矩阵$\boldsymbol{Q}$中对应定子电流跟踪误差的权重系数较大，而相应的逆变器电流和电容电压权重系数则较小。输出跟踪误差方均根值和开关量都包含在代价函数中，两者之间的权衡则通过权重系数λ_u来调整。对于给定的λ_u，增大预测步长，闭环成本能显著降低，但电流TDD和开关频率降低不明显。特别地，多步预测使得权衡点沿权衡曲线移动，但对性能的提升十分有限。

作为另一种选择，在模型预测直流控制中，通过修正两个量中的一个来避免这种变化（见11.1节）。更具体地说，电流边界的宽度决定了电流TDD，代价函数捕获了最小化的开关效益。修正两种性能指标中的一种，同时最小化另一种——而不是将两者都最小化——值得进一步研究。此外，最后状态加权的效果值得探讨，因为它允许近似无穷大范围的问题（见参考文献［9，11］）。

6.4.4　控制目标 ★★★

可预想到的是，可以直接降低开关损耗而不降低开关频率。为实现这一目标，需将恒定标量权重系数λ_u替换为时变3×3矩阵$\boldsymbol{Q}_u$。具体而言，开关量$\lambda_u \|\Delta \boldsymbol{u}(\ell)\|_2^2$可替换为$\Delta \boldsymbol{u}^T \boldsymbol{Q}_u \Delta \boldsymbol{u}$。惩罚矩阵$\boldsymbol{Q}_u$可设置为含三相权重系数的对角矩阵，且其中的权重系数可根据相电流在线调整。具体来说，瞬时相电流较大的那一相对应较大的权重系数，而瞬时电流较小的一相则对应较小的权重系数。这其中虽然需要使用时变Hessian矩阵，计算量大，但可使开关从电流大的一相转换至电流小的一相，从而降低平

均开关损耗。

6.4.5 计算复杂度 ★★★

对于三电平及以上的多电平逆变器而言，计算复杂度以最坏的情况增长，即在很大基数上呈指数增长。但是由于球形解码算法将最优开关次序的搜索范围限制在以非限制解为中心的球体内，根据经验结果，本书所提出的 MPC 策略平均计算量与逆变器电平数无关，球体大小也与逆变器电平数无关，而同样的结论亦适用于高阶系统。

因此，本书所提出的算法特别适用于多电平逆变器拓扑。对于三电平逆变器而言，相比穷举法，球形解码算法能显著降低计算量。值得注意的是，即便单步预测控制，采用球形解码算法也可使计算量平均降低一个数量级。这意味着即便在不需要多步预测的情况下，球形解码算法也是解决直接 MPC 优化问题的有力手段。

本书所提出的球形解码算法能进一步降低实时计算复杂度，具体可见参考文献［12］。在预处理阶段，降格算法可将整数优化问题转换为一个更易解决的等效问题[13]。在优化阶段，采用巴贝估计可使球体初始半径的计算更为高效[14]。而采用次优解，计算复杂度可进一步降低[15]。此外，还可在实时优化过程中添加一个上限，以保证算法总能获得合适的解。

附录 6. A 状态空间模型

连续时域中驱动系统状态空间模型（式（6.10））系数矩阵为

$$F=\begin{bmatrix} -\frac{R_l+R_c}{X_l}\boldsymbol{I}_2 & -\frac{1}{X_l}\boldsymbol{I}_2 & \frac{R_c}{X_l}\boldsymbol{I}_2 & \boldsymbol{0}_{2\times2} \\ \frac{1}{X_c}\boldsymbol{I}_2 & \boldsymbol{0}_{2\times2} & -\frac{1}{X_c}\boldsymbol{I}_2 & \boldsymbol{0}_{2\times2} \\ \frac{X_r}{D}R_c\boldsymbol{I}_2 & \frac{X_r}{D}\boldsymbol{I}_2 & -(\frac{1}{\tau_s}+\frac{X_r}{D}R_c)\boldsymbol{I}_2 & (\frac{1}{\tau_r}\boldsymbol{I}_2-\omega_r\begin{bmatrix}0 & -1\\1 & 0\end{bmatrix})\frac{X_m}{D} \\ \boldsymbol{0}_{2\times2} & \boldsymbol{0}_{2\times2} & \frac{X_m}{\tau_r}\boldsymbol{I}_2 & -\frac{1}{\tau_r}\boldsymbol{I}_2+\omega_r\begin{bmatrix}0 & -1\\1 & 0\end{bmatrix} \end{bmatrix}$$

$$\boldsymbol{G}=\frac{1}{2}\boldsymbol{v}_{dc}\left[\frac{1}{X_l}\boldsymbol{I}_2 \quad \boldsymbol{0}_{2\times6}\right]^T\widetilde{\boldsymbol{K}},\ \boldsymbol{C}=[\boldsymbol{I}_6 \quad \boldsymbol{0}_{6\times2}]$$

式中，定、转子暂态时间常数 τ_s、τ_r 定义于式（2.60），决定因素 D 则定义于式（2.54）。

附录 6. B 输出参考向量计算

在预测步长内，每一个时间间隔都需要计算输出参考向量 $\boldsymbol{y}^*$。对于电机工作点，即转子角速度、转矩参考、定子磁链幅值参考，这些输出变量之间的稳态关系均可计算获得。出于这个目的，只考虑基波成分且忽略开关。输出参考向量的计算可分 3 步完成。

6.B.1 第一步：定子频率 ★★★

式（2.55）所述的电机模型采用同步旋转 dq 轴参考系下定转子磁链矢量作为状态变量，并将定子磁链定向于 d 轴，即

$$\psi_{s,dq}=[\psi_s^* \quad 0]^T \tag{6.B.1}$$

定子磁链幅值则设置为其参考量。

将式（6.B.1）代入式（2.56）可得转子 q 轴磁链，表述为

$$\psi_{rq} = -\mathrm{pf}\frac{T_e^*}{\psi_s^*}\frac{D}{X_m} \tag{6.B.2}$$

稳态时，dq 轴磁链导数均为0。将式（6.B.1）代入式（2.55b），并假设采用笼型感应电机，可得转子 d 轴磁链为

$$\psi_{rd} = -R_r\frac{X_s}{D}\frac{\psi_{rq}}{\omega_s-\omega_r} \tag{6.B.3}$$

将式（6.B.1）、式（6.B.3）代入式（2.55a），并经计算可求得转子 d 轴磁链解：

$$\psi_{rd} = \frac{X_m}{2X_s}\psi_s^* \pm \sqrt{\frac{X_m^2}{4X_s^2}(\psi_s^*)^2-\psi_{rq}^2} \tag{6.B.4}$$

容易判断两项之和的解为正确解。

得到转子磁链矢量后，定子频率可由转子电角速度和转差频率获得。由式（6.B.3）可知定子频率为

$$\omega_s = \omega_r - R_r\frac{X_s}{D}\frac{\psi_{rq}}{\psi_{rd}} \tag{6.B.5}$$

需要注意的是，在电动运行时，转子磁链滞后于定子磁链。由于将定子磁链定向于 d 轴，故而根据式（6.B.5）可知转子 q 轴磁链为负，即 $\omega_s>\omega_r$。

6.B.2　第二步：逆变器电压 ★★★

将式（6.10）驱动系统连续时域模型从静止正交 $\alpha\beta$ 坐标系转换为同步旋转 dq 轴坐标系（角位置 φ）。

将式（6.5）LC 滤波器状态空间模型中所有量变换至 $\alpha\beta$ 坐标系，即 $R^{-1}(\varphi)\xi_{dq}$，微分并左乘 $R(\varphi)$，其中 $R(\varphi)$、$R^{-1}(\varphi)$分别为 $\alpha\beta/dq$ 和 $dq/\alpha\beta$ 坐标变换矩阵。从而可得

$$R(\varphi)\frac{\mathrm{d}}{\mathrm{d}t}(R^{-1}(\varphi)\xi_{dq}) = \frac{\mathrm{d}\xi_{dq}}{\mathrm{d}t}+\omega_s\begin{bmatrix}0 & -1\\1 & 0\end{bmatrix}\xi_{dq} \tag{6.B.6}$$

旋转坐标系下 LC 滤波器状态空间方程为

$$\frac{\mathrm{d}i_{i,dq}}{\mathrm{d}t}+\omega_s\begin{bmatrix}0 & -1\\1 & 0\end{bmatrix}i_{i,dq} = \frac{1}{X_l}(v_{i,dq}-v_{c,dq}-R_l i_{i,dq}-R_c(i_{i,dq}-i_{s,dq})) \tag{6.B.7a}$$

$$\frac{\mathrm{d}v_{c,dq}}{\mathrm{d}t}+\omega_s\begin{bmatrix}0 & -1\\1 & 0\end{bmatrix}v_{c,dq} = \frac{1}{X_c}(i_{i,dq}-i_{s,dq}) \tag{6.B.7b}$$

滤波器方程在旋转坐标系下电机模型的基础上增加了状态空间方程。采用定子电流和转子磁链作为状态变量，并采用式（2.59）电机模型，设置 $\omega_{\mathrm{fr}}=\omega_s$，转子电压 v_r 为0。

结合式（6.B.7）与式（2.59），可得旋转 dq 坐标系下驱动系统模型为

$$\frac{\mathrm{d}x_{dq}(t)}{\mathrm{d}t} = \boldsymbol{F}_{dq}\boldsymbol{x}_{dq}(t)+\boldsymbol{G}_{dq}\boldsymbol{v}_{i,dq}(t) \tag{6.B.8a}$$

$$\boldsymbol{\psi}_{s,dq}(t) = \boldsymbol{C}_{dq}\boldsymbol{x}_{dq}(t) \tag{6.B.8b}$$

这一模型在式（6.6）中也将用到。将旋转坐标系下逆变器电压$\boldsymbol{v}_{i,dq}$而非三相开关位置 $\boldsymbol{u}$ 作为输入向量。定子磁链作为输出，并根据式（2.58）表述成定子电流与转子磁链的线性组合。继而可得输入输出矩阵为

$$\boldsymbol{G}_{dq} = \left[\frac{1}{X_l}\boldsymbol{I}_2\ \boldsymbol{0}_{2\times6}\right]^T,\ \boldsymbol{C}_{dq} = \left[\boldsymbol{0}_{2\times4}\ \frac{D}{X_r}\boldsymbol{I}_2\ \frac{X_m}{X_r}\boldsymbol{I}_2\right] \tag{6.B.9}$$

系统矩阵 $\boldsymbol{F}_{dq}$可容易获得。

稳态运行时，旋转正交坐标系下状态方程（6. B. 8a）的导数为 0，从而可将状态矢量表示为逆变器电压的函数，即

$$x_{dq} = -(\boldsymbol{F}_{dq})^{-1}\boldsymbol{G}_{dq}\boldsymbol{v}_{i,dq} \tag{6. B. 10}$$

注意到电机运行点（转子速度、转矩、定子磁链幅值）可由系统矩阵 $\boldsymbol{F}_{dq}$ 获得。

如式（6. B. 1）所示，定子磁链矢量定矢于 d 轴，将式（6. B. 10）代入式（6. B. 8a）可得逆变器电压关于定子磁链的函数

$$\boldsymbol{v}_{i,dq} = -(\boldsymbol{C}_{dq}\boldsymbol{F}_{dq}^{-1}\boldsymbol{G}_{dq})^{-1}\boldsymbol{\psi}_{s,dq} \tag{6. B. 11}$$

注意到式（6. B. 11）中的变换矩阵为 2×2 方阵。

6. B. 3 第三步：输出参考向量 ★★★

旋转坐标系下输出参考向量为

$$\boldsymbol{y}_{dq}^{*} = \boldsymbol{C}\boldsymbol{x}_{dq} = -\boldsymbol{C}(\boldsymbol{F}_{dq})^{-1}\boldsymbol{G}_{dq}\boldsymbol{v}_{i,dq} \tag{6. B. 12}$$

式中，$\boldsymbol{C}$ 定义于附录 6. A。静止坐标系下 $\boldsymbol{y}^{*}$ 可通过变换矩阵 $\boldsymbol{R}^{-1}(\varphi)$ 将每一项元素从 dq 轴变换为 $\alpha\beta$ 轴获得。在预测步长内的每一个时间间隔都需要进行此变换操作。

参考文献

[1] J. Rodríguez, M. P. Kazmierkowski, J. R. Espinoza, P. Zanchetta, H. Abu-Rub, H. A. Young, and C. A. Rojas, "State of the art of finite control set model predictive control in power electronics," *IEEE Trans. Ind. Informatics*, vol. 9, pp. 1003–1016, May 2013.

[2] J. Rodríguez, J. Pontt, C. A. Silva, P. Correa, P. Lezana, P. Cortés, and U. Ammann, "Predictive current control of a voltage source inverter," *IEEE Trans. Ind. Electron.*, vol. 54, pp. 495–503, Feb. 2007.

[3] T. Geyer and D. E. Quevedo, "Performance of multistep finite control set model predictive control for power performance," *IEEE Trans. Power Electron.*, vol. 30, pp. 1633–1644, Mar. 2015.

[4] Y. W. Li, "Control and resonance damping of voltage-source and current-source converters with *LC* filters," *IEEE Trans. Ind. Electron.*, vol. 56, pp. 1511–1521, May 2009.

[5] P. Cortés, M. P. Kazmierkowski, R. M. Kennel, D. E. Quevedo, and J. Rodríguez, "Predictive control in power electronics and drives," *IEEE Trans. Ind. Electron.*, vol. 55, pp. 4312–4324, Dec. 2008.

[6] J. Rodríguez and P. Cortés, *Predictive control of power converters and electrical drives*. Chichester, UK John Wiley & Sons, Ltd, 2012.

[7] J. Holtz and B. Beyer, "Fast current trajectory tracking control based on synchronous optimal pulsewidth modulation," *IEEE Trans. Ind. Appl.*, vol. 31, pp. 1110–1120, Sep./Oct. 1995.

[8] J. Holtz and N. Oikonomou, "Synchronous optimal pulsewidth modulation and stator flux trajectory control for medium-voltage drives," *IEEE Trans. Ind. Appl.*, vol. 43, pp. 600–608, Mar./Apr. 2007.

[9] D. E. Quevedo and G. C. Goodwin, "Multistep optimal analog-to-digital conversion," *IEEE Trans. Circuits Syst. I*, vol. 52, pp. 503–515, Mar. 2005.

[10] L. Grüne and A. Rantzer, "On the infinite horizon performance of receding horizon controllers," *IEEE Trans. Automat. Control*, vol. 53, pp. 2100–2111, Oct. 2008.

[11] D. E. Quevedo, G. C. Goodwin, and J. A. D. Doná, "Finite constraint set receding horizon quadratic control," *Int. J. Robust Nonlinear Control*, vol. 14, pp. 355–377, Mar. 2004.

[12] P. Karamanakos, T. Geyer, and R. Kennel, "Reformulation of the long-horizon direct model predictive control problem to reduce the computational effort," in *Proceedings of IEEE Energy Conversion Congress and Exposition* (Pittsburgh, PA, USA), Sep. 2014.

[13] A. K. Lenstra, H. W. Lenstra Jr., and L. Lovász, "Factoring polynomials with rational coefficients," *Math. Ann.*, vol. 261, no. 4, pp. 515–534, Dec. 1982.

[14] L. Babai, "On Lovász' lattice reduction and the nearest lattice point problem," *Combinatorica*, vol. 6, no. 1, pp. 1–13, 1986.

[15] P. Karamanakos, T. Geyer, and R. Kennel, "Suboptimal search strategies with bounded computational complexity to solve long-horizon direct model predictive control problems," in *Proceedings of IEEE Energy Conversion Congress and Exposition* (Montreal, Canada), Sep. 2015.

第 3 篇　有边界的直接模型预测控制

第 7 章 »

模型预测直接转矩控制

7.1 引言

根据之前 3.6.3 节的介绍，直接转矩控制（DTC）分别对电磁转矩以及定子磁链幅值引入迟滞比较器，从而保证电机能够平稳运行。结合迟滞比较器的输出结果与开关表，三相逆变器的开关状态可以被直接确定下来。因此，DTC 直接控制输出转矩（而不是间接通过定子电流控制），它不需要调制器。DTC 有时候可以看作一个预测控制策略，但是它仅仅只能提前预测一步，内部没有任何的控制模型、目标函数、最优化的概念以及滚动时域优化的策略。但是，根据之前 1.3 节的阐述，这些都是模型预测控制算法（MPC）最基本的几个重要元素。

DTC 的开关表可以被 MPC 的方法所替代，从而能够在减小开关损耗的同时保证和 DTC 一样快速的转矩响应能力。为了达到这一目的，三种基本的 MPC 控制方法已经被提出来了。对于需要在线解决闭环形式含有离散状态的线性优化问题[1,2]可以提前线下解决，并且将离线计算结果存储在开关表中[3]。而另外一种通过离线求解开放式的问题解决方法也大大减小了计算量[4]。

模型预测直接转矩控制（MPDTC）这一概念在 2004 年被提出[5]。接着在 2005 年，这一概念被进一步地分析和描述[6]，之后参考文献［7］也进一步补充说明。MPDTC 保证电磁转矩 T_e 和定子磁链幅值 ψ_s 在迟滞比较器的上限和下限中。三相开关状态可以直接通过 MPDTC 被确定下来，因此并不需要调制器。但是，为了达到这一目的，MPDTC 需要枚举所有可能的开关状态，采取外推法对转矩以及磁链幅值进行预测。这些量的变化与开关状态有关，最终寻找使得目标函数值最小的开关状态，从而能够让开关频率以及开关损耗降低。对于多电平逆变器，MPDTC 也可以对逆变器电压施加约束。例如，对于中性点钳位（NPC）型逆变器中点电压偏移。

如图 7.1 所示，MPDTC 构成了一个内部控制环，其外环是由速度环以及转子磁链控制器（可供选择）构成。外环可以调整施加在转矩以及磁链幅值的滞环宽度。通过改变滞环宽度，可以控制平均开关频率，并且需要磁链观测器来重建定转子磁链矢量。很显然，MPDTC 继承了 DTC 控制基本结构（DTC 控制框图如图 3.29 所示）。它能够同时适用于有位置传感器以及无位置传感器下对电机进行驱动。

通过采用外推法以及依靠开放式的最优化问题解决方法，可以使这一最简单形式的 MPDTC 拥有较小的计算量。这一简化方法促进了 MPDTC 能够运用在现有的 NPC 型中压驱动控制平台。更进一步来说，这一方法成功运用在 ABB 公司 ACS6000 系列功率等级超过 1MW[8,9]的电机驱动产品中，可以被看作是 MPC 运用在实际工业电机驱动里程碑式的发展。

MPDTC 首先在 2009 年被提出，采取了更长的预测步长，包含多重开关序列（一系列开关过程）以及外推部分[10]。这种方法预测步长可以超过 100 步，能够在较小的开关频率下获得较低的谐波畸变率。而且，通过在目标函数中加入开关损耗项，MPDTC 可以直接优化开关损耗，而不是间接通过减小开关频率来减小开关损耗，这种方法在参考文献［11］被提出。从2009年至今，大量相关文献出版进一步扩展和提高了MPDTC策略。其中一些扩展方法，例如，分析、求解和死锁避免、减少计算量的分支定界法，以及实现更加精确预测的智能外推方法，将会详细在本章以及接下来几章详细介绍。

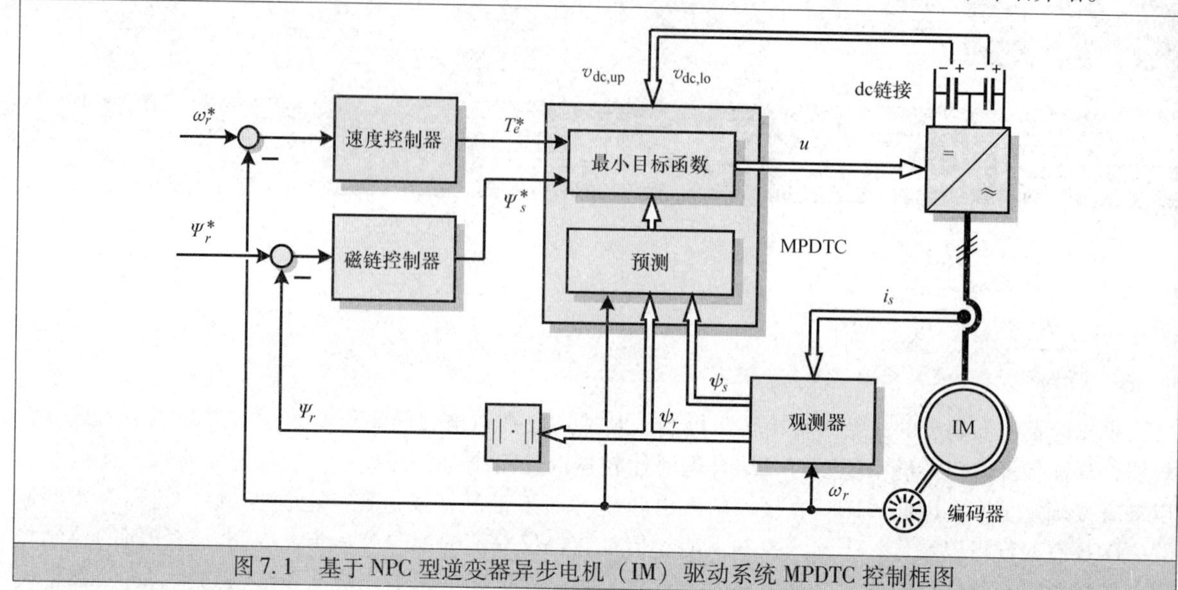

图7.1　基于NPC型逆变器异步电机（IM）驱动系统MPDTC控制框图

关于MPDTC方面的研究，在20世纪80和90年代就有相关的参考文献发表[12-14]。这些方法采取非常简单的电机模型利用两电平逆变器来控制电机电流，而不是控制转矩和定子磁链幅值，这些控制量很好地被控制在参考值一定范围内波动。这种方法需要枚举所有的开关序列，采取线性外推法来预测未来时刻的电流轨迹，最后通过优化目标函数值来优化开关频率。MPDTC重新设计了诸多这样的概念，尽管是在更加通用和正式的MPC框架中。

除此之外，MPDTC加入了滚动时域优化方法，利用多步长预测方法减小了开关损耗，并避免了死锁问题，与修剪树枝的方法相结合，采取灵活的外推法预测未来电流轨迹。同样地，MPDTC可以运用到多电平变流器中。由于不同形状的限制边界，即便采取相同的目标函数和外推方法，在相同的开关频率下相比传统的DTC控制，预测步长较短的MPDTC更能产生较小的电流以及转矩畸变。而对于多步长MPDTC来说，性能差异更加明显。想进一步对比了解最近提出几种不同MPDTC的方法，可以见参考文献［15］。

7.2　预备知识

7.2.1　案例分析　★★★

本案例考虑三电平NPC型逆变器驱动的一个MV电压等级的笼型感应电机，逆变器中性点为N，如图7.2所示。总的直流母线电压为$v_{\mathrm{dc}}=v_{\mathrm{dc,up}}+v_{\mathrm{dc,lo}}$，$v_{\mathrm{dc,up}}$和$v_{\mathrm{dc,lo}}$分别代表上桥臂和下桥臂电容电压。总的直流母线电压假定恒定等于其额定值V_{dc}。

逆变器输出三个端口A、B和C相对于中性点，通过开关作用可以输出$-\frac{v_{\mathrm{dc}}}{2}$、0、$\frac{v_{\mathrm{dc}}}{2}$三种电压。这三种电压对应的开关状态为$u_a,u_b,u_c\in\{-1,0,1\}$。采用$[u_a \quad u_b \quad u_c]^T$记号来代表三相开关状态。输送给电机端口的电压在静止两相坐标系下可以表示为

$$\boldsymbol{v}_s=\frac{1}{2}v_{\mathrm{dc}}\widetilde{\boldsymbol{K}}\boldsymbol{u}_{abc} \tag{7.1}$$

式中，$\boldsymbol{v}_s = [v_{s\alpha} \quad v_{s\beta}]^T$。$\widetilde{\boldsymbol{K}}$ 代表降阶的 Clarke 变换，具体表达形式见式（2.12）。

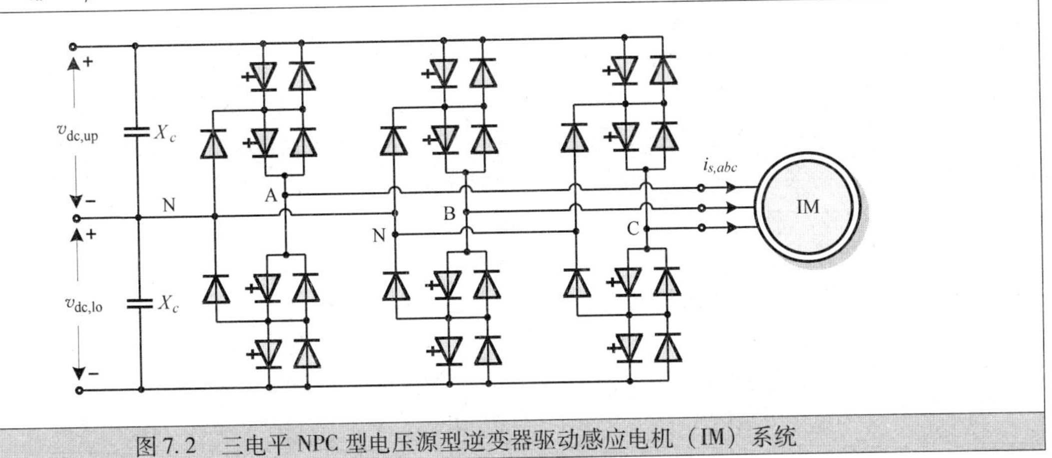

图 7.2 三电平 NPC 型电压源型逆变器驱动感应电机（IM）系统

中性点电压漂移可以定义为

$$v_n = \frac{1}{2}(v_{dc,up} - v_{dc,lo}) \tag{7.2}$$

根据式（2.83），在标幺值系统中（pu）电压动态方程可以表示为

$$\frac{dv_n}{dt} = \frac{1}{2X_c}|\boldsymbol{u}_{abc}|^T \boldsymbol{i}_{s,abc} \tag{7.3}$$

式中，X_c 代表直流电容等效阻抗标幺值。微分方程（7.3）是一个与逆变器开关状态绝对值 $|\boldsymbol{u}_{abc}| = [|u_a| \quad |u_b| \quad |u_c|]^T$ 以及三相定子电流 $|\boldsymbol{i}_{s,abc}| = [i_{sa} \quad i_{sb} \quad i_{sc}]^T$ 有关的方程函数。更多关于 NPC 型逆变器的描述，可以参考 2.4.1 节。更多关于电机驱动系统以及相关参数在 2.5.1 节已经给出。

接下来，建立了标幺化的异步电机的微分方程。参见 4.3.1 节，采取了静止 $\alpha\beta$ 坐标系，并且分别描述了电机定子磁链矢量 $\boldsymbol{\psi}_s = [\psi_{s\alpha} \quad \psi_{s\beta}]^T$ 以及转子磁链矢量 $\boldsymbol{\psi}_r = [\psi_{r\alpha} \quad \psi_{r\beta}]^T$ 动态方程。令转子电压 $\boldsymbol{v}_r$ 以及式（2.55）参考坐标系旋转速度都为零，可以推导出连续时间下的电机状态空间方程表达式为

$$\frac{d\psi_s}{dt} = -R_s\frac{X_r}{D}\psi_s + R_s\frac{X_m}{D}\psi_r + \frac{1}{2}v_{dc}\widetilde{\boldsymbol{K}}\boldsymbol{u}_{abc} \tag{7.4a}$$

$$\frac{d\psi_r}{dt} = R_r\frac{X_m}{D}\psi_s - R_r\frac{X_s}{D}\psi_r + \omega_r\begin{bmatrix}0 & -1\\ 1 & 0\end{bmatrix}\psi_r \tag{7.4b}$$

$$\frac{d\omega_r}{dt} = \frac{1}{M}\ (T_e - T_\ell) \tag{7.4c}$$

式中采用了式（7.1）。

电机参数分别为定转子电阻 R_s 和 R_r、定子漏抗 X_{ls}、转子漏抗 X_{lr}，以及互感电抗 X_m。类似于式（2.33）和式（2.54），定义

$$X_s = X_{ls} + X_m,\quad X_r = X_{lr} + X_m,\quad D = X_sX_r - X_m^2 \tag{7.5}$$

分别为定子自感、转子自感以及漏感系数。所有转子侧变量都折算到定子侧。

回顾一下，ω_r 代表转子电角速度，M 为转动惯量，T_ℓ 为负载转矩。根据式（2.56），电磁转矩表达式为

$$T_e = \frac{1}{\text{pf}}\frac{X_m}{D}\psi_r \times \psi_s = \frac{1}{\text{pf}}\frac{X_m}{D}(\psi_{r\alpha}\psi_{s\beta} - \psi_{r\beta}\psi_{s\alpha}) \tag{7.6}$$

以及定子磁链幅值为

$$\psi_s = \|\psi_s\| = \sqrt{(\psi_{s\alpha})^2 + (\psi_{s\beta})^2} \tag{7.7}$$

7.2.2 控制问题 ★★★

对于高性能变速驱动系统来说，由于有多个复杂的控制目标，因此具有较高的复杂度。对于电机来说，电磁转矩以及电机励磁水平都是需要被控制调节好的主要参数。对于 DTC 以及 MPDTC 两种控制策略来说，这两个量直接被控制。这两种控制策略并不能保证它们能够真正无静差跟踪给定值，而是容许一些偏差波动。为了达到这一目的，在给定值附近引入了容许上界和下界，转矩和定子磁链被维持在容许的界限的范围内。

在电机稳定工作条件下，定子电流总需求畸变率（TDD）需要最小化，即需要使得式（3.2）最小。这样可以有效减小电机铁耗和铜耗，从而降低热损耗。另外，较低的转矩畸变率可以避免一些电机驱动系统中的问题，例如，加速过程中轴的磨损，激发轴和机械负载发生共振。在动态过程中，高的动态响应性能，即在几毫秒范围内的转矩响应，在特殊的驱动场合是很有必要的。

对于逆变器来说，中点电压需要平衡维持在零附近，从而限制开关管的开关阻塞电压。开关管的温度需要维持在最大容许范围以内，保证开关管能够安全工作。由于逆变器的冷却能力有限，对于温度的限制可以转换为对最大所能容忍开关损耗的限制。导通损耗与流过的电流以及直流母线电压有关，因此可以通过控制以及相应的调制策略改变开关损耗。减小开关损耗可以提高逆变器的工作效率和输出功率容量，同时也可以减小开关器件开关过程中的失误率。一个间接的不是很有效的减小开关损耗的方法，就是减小开关管的开关次数，即减小开关频率。与开关损耗不同，开关频率可以很容易地被测量以及监测到。

7.2.3 控制器模型 ★★★

接下来，我们推导了一个驱动系统的离散数学模型，可以作为 MPDTC 的一个内部的预测模型。这个模型可以很准确地预测出电磁转矩、定子磁链幅值以及中点电压轨迹。时间间隔长度大概在 1~3ms 之间。

由于转子速度变化时间常数远远大于预测时间长度，因此忽略了速度的变化，并假定在预测时间段内转子的角速度 ω_r 是恒定的[⊖]。忽略电机饱和以及趋肤效应影响，这些变化可以包含在模型里面。

建立静止两相笼型异步电机模型，为了方便起见，选取定子和转子磁链作为状态变量

$$\boldsymbol{x}_m = [\psi_{s\alpha} \quad \psi_{s\beta} \quad \psi_{r\alpha} \quad \psi_{r\beta}]^T \tag{7.8}$$

三相开关管的开关状态可以描述输入电压矢量

$$\boldsymbol{u} = \boldsymbol{u}_{abc} = [u_a \quad u_b \quad u_c]^T \in \{-1,0,1\}^3 \tag{7.9}$$

1. 连续时间模型

重新将式（7.4a）和式（7.4b）书写成状态空间的形式，如下式所示

$$\frac{\mathrm{d}\boldsymbol{x}_m(t)}{\mathrm{d}t} = \boldsymbol{F}_m\boldsymbol{x}_m(t) + \boldsymbol{G}_m\boldsymbol{u}(t) \tag{7.10}$$

式中，$\boldsymbol{F}_m$ 和 $\boldsymbol{G}_m$ 在附录 7. A 中给出。

为了能够用电机状态矢量表示中点电压微分方程，正好可以利用定子电流的 $\alpha\beta$ 轴分量与定转子磁链是线性关系这一事实。特别地，重新书写式（2.53），可以写出

$$\boldsymbol{i}_s = \frac{1}{D}[X_r\boldsymbol{I}_2 \quad -X_m\boldsymbol{I}_2]\begin{bmatrix}\psi_s \\ \psi_r\end{bmatrix} \tag{7.11}$$

式中，$\boldsymbol{I}_2$ 代表 2 阶单位矩阵。采取 Clarke 逆变换 $\widetilde{\boldsymbol{K}}^{-1}$ 可以将定子电流从静止两相坐标系转换到三相坐标系中，将转换后的结果带入到式（7.3）中可得

⊖ 对于转动惯量较小或者速度响应迅速的驱动系统来说，必须要将速度作为一个附加的状态变量加在模型中。——原书注

$$\frac{\mathrm{d}v_n(t)}{\mathrm{d}t}=\frac{1}{2X_cD}|\boldsymbol{u}(t)|^T\widetilde{\boldsymbol{K}}^{-1}[X_r\boldsymbol{I}_2 \quad -X_m\boldsymbol{I}_2]\boldsymbol{x}_m(t) \tag{7.12}$$

定义中点电压作为逆变器的状态变量 $x_i=v_n$，表达式可以表示为

$$\frac{\mathrm{d}x_i(t)}{\mathrm{d}t}=\boldsymbol{f}_i(\boldsymbol{u}(t))\boldsymbol{x}_m(t) \tag{7.13}$$

式中，$\boldsymbol{f}_i$ 在附录7.A中给出。注意 $\boldsymbol{f}_i$ 是与三相开关管开关状态有关的函数。

通过联合电机以及逆变器状态空间表达式（7.10）和式（7.13），可得电机驱动系统的状态空间表达式为

$$\frac{\mathrm{d}x(t)}{\mathrm{d}t}=\boldsymbol{F}(\boldsymbol{u}(t))\boldsymbol{x}(t)+\boldsymbol{G}\boldsymbol{u}(t) \tag{7.14a}$$

$$\boldsymbol{y}(t)=\boldsymbol{h}(\boldsymbol{x}(t)) \tag{7.14b}$$

状态变量为

$$\boldsymbol{x}=[\boldsymbol{x}_m^T \quad x_i]^T \tag{7.15}$$

结合了电机和逆变器的状态变量。系统矩阵和输入矩阵分别为

$$\boldsymbol{F}(\boldsymbol{u})=\begin{bmatrix}\boldsymbol{F}_m & \boldsymbol{0}_{4\times1}\\ \boldsymbol{f}_i(\boldsymbol{u}) & 0\end{bmatrix},\boldsymbol{G}=\begin{bmatrix}\boldsymbol{G}_m\\ \boldsymbol{0}_{1\times3}\end{bmatrix} \tag{7.16}$$

输出向量为

$$\boldsymbol{y}=[T_e \quad \psi_s \quad v_n]^T \tag{7.17}$$

包含了电磁转矩、定子磁链幅值和中点电压。输出函数 $\boldsymbol{h}(\boldsymbol{x})$ 将系统状态变量转换为输出向量，具体表达式在附录7.A中给出。

有两点可以证明系统模型（7.14）是非线性。中点电压动态方程暗含输入矢量与状态矢量之间的乘积。同时，在输出方程 $\boldsymbol{h}(\boldsymbol{x})$ 中，电磁转矩和定子磁链幅值与状态矢量是非线性关系。

2. 离散时间模型

接下来，将推导出连续时间驱动模型（7.14）的离散表达形式。离散模型在 $t=kT_s$ 时刻是有效的，其中 $k\in\mathbb{N}$ 代表步长，T_s 为采样时间间隔。

离散模型可以在三步之内推导出来。首先，对微分方程（7.10）离散化。为了获得较为精确的离散模型，同时考虑定转子磁链之间的耦合，借助于精确的欧拉离散方法对式（7.10）从 $t=kT_s$ 到 $t=(k+1)T_s$ 进行积分。根据之前的定义，三相开关管的开关状态在 $t=kT_s$ 到 $t=(k+1)T_s$ 时间段内是恒定不变的，等于 $u(k)$。最终，可以得到电机离散模型数学表达式为

$$\boldsymbol{x}_m(k+1)=\boldsymbol{A}_m\boldsymbol{x}(k)+\boldsymbol{B}_m\boldsymbol{u}(k) \tag{7.18}$$

上式中的矩阵可以表示为

$$\boldsymbol{A}_m=e^{\boldsymbol{F}_mT_s},\ \boldsymbol{B}_m=-\boldsymbol{F}_m^{-1}(\boldsymbol{I}_4-\boldsymbol{A}_m)\boldsymbol{G}_m \tag{7.19}$$

注意 e 代表指数矩阵。

紧接着，对中点电压微分方程（7.13）进行离散化。为此，选择前向差分的方法，在整个积分时间段内假定变量 x_i 的导数恒等于 $t=kT_s$ 时刻值。可以得到离散模型表达式为

$$x_i(k+1)=x_i(k)+\boldsymbol{f}_i(\boldsymbol{u}(k))T_s\boldsymbol{x}_m(k) \tag{7.20}$$

最后，合并电机离散模型（7.18）和逆变器离散模型（7.20），可以得到整个驱动系统的离散数学模型为

$$\boldsymbol{x}(k+1)=\boldsymbol{A}(\boldsymbol{u}(k))\boldsymbol{x}(k)+\boldsymbol{B}\boldsymbol{u}(k) \tag{7.21a}$$

$$\boldsymbol{y}(k)=\boldsymbol{h}(\boldsymbol{x}(k)) \tag{7.21b}$$

式中的矩阵为

$$\boldsymbol{A}(\boldsymbol{u})=\begin{bmatrix}\boldsymbol{A}_m & \boldsymbol{0}_{4\times1}\\ \boldsymbol{f}_i(\boldsymbol{u})T_s & 0\end{bmatrix},\boldsymbol{B}=\begin{bmatrix}\boldsymbol{B}_m\\ \boldsymbol{0}_{1\times3}\end{bmatrix} \tag{7.22}$$

分别利用精确的欧拉离散方法对电机模型进行离散化以及利用前向差分的方法对中点电压方程进行离散化可以使得电机状态不依赖于逆变器的状态。这种离散方法有两个优点。首先，电机的离散模型考虑了定转子磁链之间的耦合，可以增加预测模型的精度，当考虑多步长预测时很有优势。其次，只有矩阵 $\boldsymbol{A}$ 中的时间变化项和含有中点电压的 $\boldsymbol{f}_i(\boldsymbol{u})$ 需要实时更新，可以大大减小在线计算时间。

7.2.4 开关动作 ★★★

通观全书，通过一个通俗的开关成本来表达逆变器的开关频率和开关损耗。每一个开关器件的开关频率可以通过判断其开通次数来计算，如表 2.4 所示。通过计算每一个开关管在一段时间内的开关次数，然后除以这段时间长度可以得到这 12 个开关管的开关频率。通过对这 12 个开关管的频率求平均可以得到开关管的平均开关频率。在 u 中的每一个开关转换对应一次开通（详见表 2.4），最后，通过下式平均开关频率可以很容易计算得到

$$f_{sw}=\lim_{N\to\infty}\frac{1}{12NT_s}\sum_{\ell=0}^{N-1}\|\boldsymbol{u}(\ell)-\boldsymbol{u}(\ell-1)\|_1 \tag{7.23}$$

式中，$\|\cdot\|_1$ 代表绝对值。经常将式（7.23）作为开关管的平均开关频率。

同样地，计算开关损耗的过程也将被介绍。当假定电容电压 $V_{dc}/2$ 恒定以及所采用的集成门集换流可关断晶闸管（IGCT）为有源半导体器件，其开通和关断损耗 e_{off} 和 e_{on} 与流过的电流成正比。另外，二极管的反向恢复损耗 e_{rr} 与流过电流之间的关系是非线性的。在标幺值系统中，开关损耗可以表示为

$$e_{off}=c_{off}\frac{V_{dc}}{2}i_x \tag{7.24a}$$

$$e_{on}=c_{on}\frac{V_{dc}}{2}i_x \tag{7.24b}$$

$$e_{rr}=c_{rr}\frac{V_{dc}}{2}f_{rr}\ (i_x) \tag{7.24c}$$

这些表达式在式（2.95）和式（2.96）中都有说明。损耗系数 c_{off}、c_{on} 以及 c_{rr} 已经在表 2.11 中给出。变量 $i_x(x\in\{a,b,c\})$ 是开关管导通时流过的电流，根据定义该值非负。此外，根据式（7.11），相电流与状态矢量 $\boldsymbol{x}$ 线性相关。更多关于半导体器件和开关损耗，可自行参考 2.3 节。关于 NPC 型逆变器的开关损耗计算在 2.4.1 节和 2.5.1 节中已经给出。

对于一个给定的开关转换过程从 $u(\ell-1)$ 到 $u(\ell)$ 以及电流的极性被确定，则该半导体器件的开通和关断状态将会被确定下来。不同的情况总结在表 2.5 中，并可以很容易地转换为一张较小的开关表。通过式（7.24）和表 2.5，其开关损耗 $e_{sw}(\boldsymbol{x}(\ell),\boldsymbol{u}(\ell),\boldsymbol{u}(\ell-1))$ 可以被计算出来。累加一段时间内瞬时开关损耗，并且除以这段时间长度，逆变器的开关损耗可以表示为

$$P_{sw}=\lim_{N\to\infty}\frac{1}{NT_s}\sum_{\ell=0}^{N-1}e_{sw}(\boldsymbol{x}(\ell),\boldsymbol{u}(\ell),\boldsymbol{u}(\ell-1)) \tag{7.25}$$

注意开关损耗 e_{sw} 是个大于零的变量。

7.3 控制问题的描述

根据 7.2.2 节描述，控制目标是为了能够让输出变量在各自的给定值界限范围内，同时使得开关成本最小。对于基于 NPC 型的电机驱动系统，输出变量分别为电磁转矩、定子磁链幅值和中点电压。如果其中任何一个量超过了允许的界限，这一现象将会很快被消除。

MPDTC 控制器与驱动系统的离散数学模型（7.21）紧密相关。这个内部的模型可让控制具备预判

其决策的能力。控制目标用目标函数来衡量，是一个标量值的形式。最小化的目标函数值必须要同时满足控制模型的动态过程和约束条件。后者包括开关状态的约束和开关管状态的整数约束。同样，对于相电流幅值的上下约束也是存在的。

在每一时刻，控制器计算一段预测时间范围内的三相开关管的开关序列。这一开关序列可以保证控制变量在一定范围内波动，同时能够使得这段时间内的开关损耗最小。在这一序列中，只有第一个开关状态能够被送至逆变器中调制。这一预测过程将会在下一时刻利用新获取的测量值和磁链估计值来重复计算并不断向前滚动，如果有必要将会对开关管的开关序列进行更正。这一过程被称作滚动优化策略，它可以为系统提供反馈同时能够使得 MPDTC 对预测模型中参数变化具有一定的鲁棒性（可以见参考文献［16］）。

7.3.1 简单优化问题 ★★★

将之前描述的控制问题用闭式优化问题来描述，如下所示

$$U_{\text{opt}}(k)=\arg\underset{U(k)}{\text{minimize}}\quad J \tag{7.26a}$$

服从于

$$x(\ell+1)=A(u(\ell))x(\ell)+Bu(\ell) \tag{7.26b}$$

$$y(\ell+1)=h(x(\ell+1)) \tag{7.26c}$$

$$\begin{cases}\varepsilon_j(\ell+1)=0, & \text{若 } \varepsilon_j(\ell)=0\\ \varepsilon_j(\ell+1)<\varepsilon_j(\ell) & \text{若 } \varepsilon_j(\ell)>0\end{cases} \tag{7.26d}$$

$$u(\ell)\in\boldsymbol{u},\ \|\Delta u(\ell)\|_\infty\leqslant 1 \tag{7.26e}$$

$$\forall\ell=k,\ \cdots,\ k+N_p-1,\quad\forall j=1,\ 2,\ 3 \tag{7.26f}$$

在预测步长为 N_p 的控制输入序列为

$$U(k)=[u^T(k)\quad u^T(k+1)\quad\cdots\quad u^T(k+N_p-1)]^T \tag{7.27}$$

上式代表控制器所决定的三相开关状态序列。通过求解目标函数的最小值可以得到输入序列 $U(k)$，求解结果满足系统的动态方程（7.26b）、输出变量（7.26c），以及约束条件（7.26d）和（7.26e）。这个使得目标函数值最小的解被称为最优开关序列 $U_{\text{opt}}(k)$。式（7.26）中的变量和相关的方程会在7.3.2节中详细介绍。

7.3.2 约束条件 ★★★

为了量化违反边界程度，在这里引入了一个非负的辅助变量

$$\varepsilon_T(\ell)=\frac{1}{T_{e,\max}-T_{e,\min}}\begin{cases}T_e(\ell)-T_{e,\max} & \text{若 } T_e(\ell)>T_{e,\max}\\ T_{e,\min}-T_e(\ell) & \text{若 } T_e(\ell)<T_{e,\min}\\ 0 & \text{其他}\end{cases} \tag{7.28}$$

对于转矩来说，$T_{e,\max}$ 和 $T_{e,\min}$ 代表输出转矩波动的上下边界。值得注意的是，在此通过除以边界的宽度来统一描述违反边界程度。这种方法也是一种有效解决死锁问题的机制，将会在9.4节详细阐述，但是如果采取式（7.26d），这种归一化的方法可以被替代。

对于定子磁链幅值和中点电压，辅助变量 ε_ψ 和 ε_v 可以同样被定义出。整合这些变量，可以通过下式来描述边界违反程度。

$$\varepsilon=[\varepsilon_T\quad\varepsilon_\psi\quad\varepsilon_v]^T \tag{7.29}$$

在式（7.26d）中，采取下标 j 来描述 ε 中第 j 个分量，其中 $j\in\{1,2,3\}$。

约束条件（7.26d）是分别施加在每个输出变量上的。如果在 ℓ_0 时刻输出变量在容许波动边界内，之后在整个预测周期以内（$\ell>\ell_0$）必须要使得它们一直处在边界范围内波动。这样，才可以称这些输出变量是有效的或者处在有效区域内。后者被定义为介于各自上下边界之内。在稳态运行状况下，输

出量通常能够保持在各自的边界之内。

但是，如果在 ℓ_0 时刻一个输出变量违反了它所定义的边界，之后在未来的预测步长之内，它必须得要一步一步地慢慢靠近这个边界。这样做的话，违反边界的程度可以慢慢减弱直到最后进入到边界以内。这种情况通常出现在动态过程中，例如转矩参考值发生改变。以转矩轨迹分析为例，有效性和减小边界违反程度的概念在图 7.3 中进行了说明。注意在右下图中的轨迹违反了式（7.26d）的约束条件，因此必须要排除掉。这一转矩轨迹对应的开关序列将会允许 MPDTC 推迟任何开关状态变化从 k 时刻到 $k+1$ 时刻。由于滚动优化的策略，MPDTC 可以在 $k+1$ 时刻再次推迟切换，以此类推。

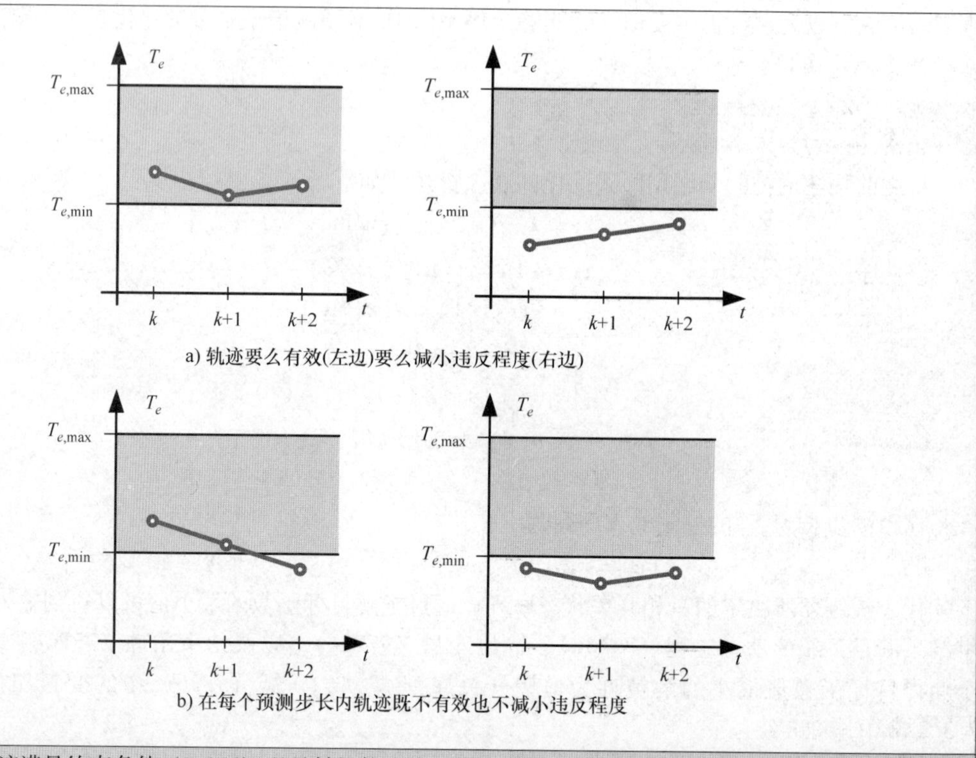

图 7.3　转矩轨迹满足约束条件（7.26d）以及转矩轨迹违反约束条件。上下边界的有效区域用阴影部分表示

式（7.26e）表述的约束条件限制了开关状态 u 只能是整数值，即 $u \in \{-1,0,1\}^3$，适用于三电平逆变器。不允许将相位切换超过一步，被式（7.26e）的第二个约束条件所约束，即 $\|\Delta u(\ell)\|_\infty \leqslant 1$，限制其中每一个元素的变化 $\Delta u(\ell)=u(\ell)-u(\ell-1)$ 最多只能为 ±1。必须在预测范围内的每个时间步长 ℓ 内满足这些约束。

7.3.3　代价函数 ★★★

在式（7.26a）中的代价函数包含三项，可以表述为

$$J = J_{\mathrm{sw}} + J_{\mathrm{bnd}} + J_t \tag{7.30}$$

第一项描述的是开关成本，具体可以表示为

$$J_f = \frac{1}{N_p} \sum_{\ell=k}^{k+N_p-1} \|\Delta u(\ell)\|_1 \tag{7.31}$$

上式表示在一个预测时间段内开关管切换次数除以预测时间长度。结果是，J_f 可以近似描述出短时间内的开关频率。严格来说，根据式（7.23）表述，式（7.31）应当要乘以 $1/(12T_s)$。但是，在这里为了简化计算省略了这一项。

同样地，开关损耗也可以通过建模得到，并且加入到代价函数中去。为了达到这一目的，简化了

式（7.25），得到在一个预测时间段内的开关损耗表达式为

$$J_p = \frac{1}{N_p}\sum_{\ell=k}^{k+N_p-1} e_{\mathrm{sw}}(\boldsymbol{x}(\ell),\boldsymbol{u}(\ell),\boldsymbol{u}(\ell-1)) \tag{7.32}$$

和开关频率描述一样，将 $1/T_s$ 这一系数从式（7.32）中省略掉。在代价函数（7.30）中，开关成本这一项要么可以使用 $J_{\mathrm{sw}} = J_f$ 要么使用 $J_{\mathrm{sw}} = J_p$。

代价函数第二项可以表述为

$$J_{\mathrm{bnd}} = q^T \varepsilon(k) \tag{7.33}$$

上式对一个预测时间段内输出向量 $\boldsymbol{y}$ 违反边界现象进行惩罚，具体表现为

$$\varepsilon(k) = [\varepsilon_T(k) \quad \varepsilon_\psi(k) \quad \varepsilon_v(k)]^T \tag{7.34}$$

以转矩违反边界为例，借助于式（7.28）中 $\varepsilon_T(\ell)$，其量化的有效值表达式为

$$\varepsilon_T(k) = \sqrt{\frac{1}{N_p}\sum_{\ell=k}^{k+N_p-1} (\varepsilon_T(\ell))^2} \tag{7.35}$$

同样地，为了减小计算量，式（7.35）的平方根求解被省略。对于磁链幅值和中点电压，边界违反程度 ε_ψ 以及 ε_v 也被相应定义出来。权重系数向量 $\boldsymbol{q}$ 内元素均为非负值。

代价函数中的第三项 J_t 是可供选择的一项，主要惩罚在预测时间段末时输出变量的值，可以表现为终端软约束或者终端权重的形式。关于这种惩罚的原理和它的优势将会在9.4节详细阐述。

7.4　模型预测直接转矩控制

为了能够评估需要多长预测时间段可以得到一个很好的稳态性能，回想一下控制器其中一个主要的目标是减小开关成本。为使模型预测控制器能够将这一目标处理好，预测时间段内应当包含一些开关转换过程。对于MV等级的电力电子设备，开关频率一般在几百赫兹范围内。

例7.1　对于NPC型逆变器，其开关频率在250Hz附近，对于每相来说每2ms开关一次，对于三相来说每0.67ms开关一次。如果在一个预测时间段内平均要经历逆变器的6次开关切换，预测时间长度差不多需要4ms。

另外，对于直接控制策略如MPDTC来说，开关切换只能允许在离散时刻点，即采样时刻。为了避免时间轴离散化限制控制器在其切换决策中，可能使电流畸变率进一步恶化，因此一个较短的采样周期是很有必要的。这样可以确保在足够细化时间轴内即可以确定可能开关情况。如果采样频率与开关频率比例很大，超过100，离散化导致开关状态切换的限制变得微不足道，因此完全可以看作是连续的。为了实现这一目标，选取采样周期为25μs。

结合较低的开关频率，需要在预测时间段内经历几次开关切换，以及采取较短采样周期的必要性，预测步长需要超过100步。例如，当采样周期时间为25μs时，例7.1需要预测步长 $N_p = 160$ 步。

式（7.26）的优化问题是非线性含有离散整数的问题。当求解式（7.26）去寻找最优解的时候，很明显在最坏的情形下，所有可能的解都必须要尝试一遍。这将会使得求解过程变得很复杂，需要大量的计算时间，即使预测步长很短。如果不采取简化或者近似的方法，求解预测步长较长的最优值是不可能实现的，下面的一个例子会解释这一问题。

例7.2　以三电平逆变器为例，从 $u(\ell)$ 状态可以过渡到 $u(\ell+1)$ 平均大概有12种可能性。由于式（7.26e）的限制，这个数量要小于理论上的27种可能性。然而，当预测步长等于 $N_p = 75$ 步时，可能开关序列的数量高达 $12^{N_p} \approx 10^{80}$ 种，相当于宇宙中观测到的原子估计数量。

7.4.1　定义　★★★

为了进一步对MPDTC算法进行探讨，首先做如下假定：

1）开关序列 $U(k)$ 代表三相开关管的开关状态 u 在一个预测时间段内的序列。类似于式（7.27），定义预测步长为 N 的开关序列表示为

$$U(k)=[u^T(k)\quad u^T(k+1)\quad\cdots\quad u^T(k+N-1)]^T \tag{7.36}$$

该序列的第一项表示在当前时刻 k 的开关状态。

2）当采取开关序列 $U(k)$，将会对应有一个状态轨迹 $X(k)=[x^T(k+1)\cdots x^T(k+N)]^T$，它表示一个状态矢量序列，可以描述系统在时刻 $k+1$ 到 $k+N$ 的变化。注意状态轨迹 $X(k)$ 并不包含初始状态 $x(k)$，因为初始状态不受 $U(k)$ 的影响。状态矢量包含描述电机磁链的四个量以及逆变器中点电压（可以参考式（7.15））。

3）类似地，驱动系统输出状态的变化可以用输出轨迹 $Y(k)=[y^T(k+1)\cdots y^T(k+N)]^T$ 描述，其中 y 包含电磁转矩、定子磁链幅值以及中点电压，在式（7.17）中有定义。

4）有效开关序列必须在任何时刻都要满足式（7.26e）约束条件。

5）候选开关序列首先必须是一个有效开关序列，同时必须要使得输出轨迹在每个时刻都满足式（7.26d）约束条件。这些输出轨迹要么有效，要么能够减小边界违反程度。有效性指输出轨迹始终处在边界范围里面，减小边界违反程度指输出轨迹不是有效的，但是能够逐步减小违反边界程度。这个条件必须保证每个输出量都要满足⊖。关于候选开关序列的概念已经在图 7.3 中采取转矩轨迹方式举例说明。

7.4.2 优化问题的简化 ★★★

有必要清楚意识到，对于式（7.26）的解对应的开关序列 U，开关状态一般会在边界附近以及违反边界时发生改变。这是因为要同时满足目标函数（7.26a）和约束条件（7.26d）两个要求。之前的对开关成本和边界违反进行了处罚，后者则需要输出变量保持在各自的边界范围内，如果违反了边界，必须要减小边界违法程度。要同时满足这些目标，只有当一个输出量接近边界或者违反了边界时以及向边界收敛的速度不够快的时候，开关需要有效地进行切换。

因此，一个可以简化式（7.26）求解过程的方法就是，只有当至少一个输出量接近于它的边界时才去考虑开关的切换，即开关切换及时可以保证输出量处在边界内。当输出量都维持在各自的边界以内时，将不再考虑开关切换，三相开关管的开关状态维持不变。

这个方法能够同时满足式（7.26d）和式（7.26e）约束条件，减小代价函数（7.26a）中的开关成本，极大地减少了所考虑的开关序列数量，因此求解问题的计算量也大大减小。但是，由于只考虑了部分的有效开关序列，因此通过这种方式得到的解相比于原来式（7.26）求解结果，通常是个次优解。

7.4.3 开关时域的概念 ★★★

为了描述在采取简化方法下的开关序列，提出了开关时域的概念。开关时域 N_s 是一串包含 S、E 以及 e 的字符串。

字符 S 代表开关意思，即从 $u(\ell)$ 到 $u(\ell+1)$ 一次开关切换。这里需要保证在时刻 ℓ 全部有效开关切换过程满足式（7.26e）约束条件。

$$u(\ell)\in u\quad 使得\ \|\Delta u(\ell)\|_\infty\leqslant 1 \tag{7.37}$$

如式（7.26b）和式（7.26c）所示，预测方程可以表示为

$$x(\ell+1)=A(u(\ell))x(\ell)+Bu(\ell) \tag{7.38a}$$

$$y(\ell+1)=h(x(\ell+1)) \tag{7.38b}$$

⊖ 举个例子，当转矩以及中点电压都处在各自的边界范围内时，定子磁链却违反了它的边界，但是违反程度在逐步减小。这种情况下，如果这个序列有效，它将是一个候选开关序列。——原书注

在 $\ell+1$ 时刻，对于每个输出变量 y_j 来说（$j\in\{1,2,3\}$），约束条件必须要全部满足。

$$\begin{cases}\varepsilon_j(\ell+1)=0, & 若\ \varepsilon_j(\ell)=0\\ \varepsilon_j(\ell+1)<\varepsilon_j(\ell) & 若\ \varepsilon_j(\ell)>0\end{cases} \tag{7.39}$$

以转矩为例，对于描述第 j 个变量边界违反程度的表达式 ε_j 在式（7.28）中已经给了定义。如果转换后的开关状态 $u(\ell+1)$ 使得式（7.39）得不到满足，则这一开关状态将会被排除掉。

字符 E 代表扩展，即对之前开关状态切换时间的延长。假定最近一次开关转换在 ℓ_0-1 时刻从之前的开关状态 $u(\ell_0-2)$ 转换到当前的开关状态 $u(\ell_0-1)$（见图 7.4）。根据定义，当输出量在 ℓ_0 时刻满足式（7.39）约束条件时，对其开始进行扩展。从 ℓ_0-1 时刻直到 ℓ_1 时刻，开关状态保持不变，即 $u(\ell_0-1)=u(\ell_0)=\cdots=u(\ell_1-1)$。时刻 ℓ_1 是输出量触碰到式（7.39）边界条件时刻。更确切来说，在 ℓ_1+1 时刻，至少会有一个输出量要么会违反它的边界，要么需要减小其边界违反程度，保证将来不会违反。

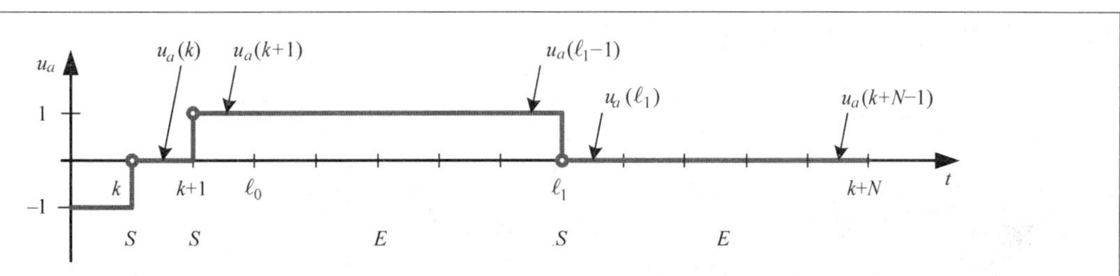

图 7.4 关于开关时域中开关以及扩展的概念

注：以单相开关序列为例，其开关时域 $N_s=SSESE$。注意 $u_a(\ell_0-1)=u_a(k+1)$，以及 $u_a(\ell_0-2)=u_a(k)$。

扩展机理可以通过下式的最大值优化问题描述

$$\ell_1=\arg\ \underset{\ell}{\text{maximize}}\ \ \ell \tag{7.40a}$$

$$服从于\ \boldsymbol{x}(\ell)=\boldsymbol{A}(\boldsymbol{u}(\ell-1))\boldsymbol{x}(\ell-1)+\boldsymbol{B}\boldsymbol{u}(\ell-1) \tag{7.40b}$$

$$\boldsymbol{y}(\ell)=\boldsymbol{h}(\boldsymbol{x}(\ell)) \tag{7.40c}$$

$$\begin{cases}\varepsilon_j(\ell)=0, & 若\ \varepsilon_j(\ell-1)=0\\ \varepsilon_j(\ell)<\varepsilon_j(\ell-1) & 若\ \varepsilon_j(\ell-1)>0\end{cases} \tag{7.40d}$$

$$\boldsymbol{u}(\ell-1)=\boldsymbol{u}(\ell_0-1) \tag{7.40e}$$

$$\forall\ell=\ell_0+1,\ \ell_0+2,\ \cdots,\ \forall j=1,\ 2,\ 3 \tag{7.40f}$$

扩展过程在 ℓ_0 时刻开始，终止在 ℓ_1 时刻（$\ell_1>\ell_0$）。它利用状态矢量 $x(\ell_0)$ 以及开关状态 $u(\ell_0-1)$ 作为初始状态。

第三个可能字符 e 代表着一个可以选择的扩展过程。例如，如果开关时域为 $N_s=eSE$，这意味着两者情况需要考虑，一种是开关时域为 $N_s=ESE$，以及另外一种是 $N_s=SE$。

例 7.3 当开关时域 $N_s=SSESE$，它表明在 k 时刻以及 $k+1$ 时刻会有两个开关状态的切换，紧接着会对当前开关状态时间进行扩展，并且将会在 $\ell_1>k+1$ 时刻进行一次开关切换，之后再对其状态进行扩展。因此，只有在 k、$k+1$，以及 ℓ_1 时刻会进行开关切换，然而开关状态在扩展过程中会保持不变。在这一过程中，式（7.36）中描述的开关状态会满足所有的约束条件

$$u(k+1)=u(k+2)=\cdots=u(\ell_1-1) \tag{7.41a}$$

$$u(\ell_1)=u(\ell_1+1)=\cdots=u(k+N-1) \tag{7.41b}$$

图 7.4 描述了单相情况下的相应的开关序列。

从例 7.2 中可以看到，对于三相逆变器来说，可能的开关序列数量近似高达12^{N_p}，其中 N_p 是预测

步长。对于采取开关时域 $N_s = SSESE$ 来说，可以获得的预测时间长度与之前差不多长，但是只需要考虑$12^3 = 1728$ 种开关序列。这一显著的数量减小促进了优化算法的简化研究，以及采取这种提出的开关时域的方法。

定义预测时长指的是开关序列的最大可预测长度。确切来说，集合 I 表示所有候选开关序列的集合，$i \in I$ 表示第 i 个开关序列，它的预测长度为 N_i。那么预测时长定义为

$$N_p = \max_{i \in I} \quad N_i \tag{7.42}$$

注意预测时长是一个时变量。开关时域和预测时长直接关系不大，可能开关时域中加入 S 或者 E 元素进去通常会增加预测时长。

例 7.4 图 7.5 描述了三电平逆变器驱动系统开关时域的概念，该图采取的开关时域 $N_s = eSSESE$。当不使用可选择的扩展时，第一种候选开关序列如图 7.5c 所示。它相应的输出轨迹如图 7.5a 和 b 所示。a 相以及 b 相开关的切换分别在 k 以及 $k+1$ 时刻完成，开关状态从 $u(k-1) = [0 \quad 1 \quad -1]^T$ 经过 $u(k) = [0 \quad 0 \quad -1]^T$ 最后转换为 $u(k+1) = [1 \quad 0 \quad -1]^T$。

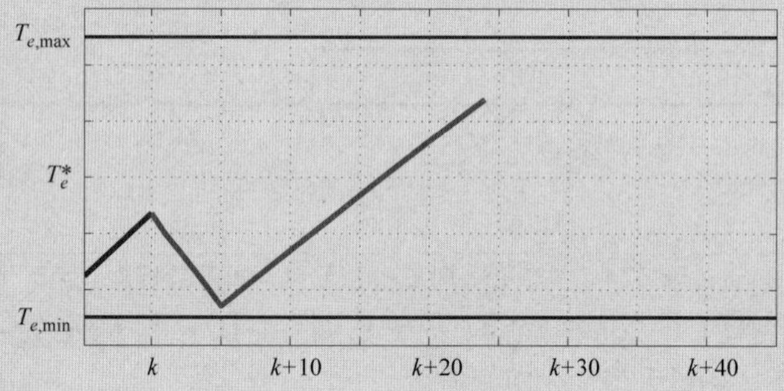

a) 预测转矩轨迹

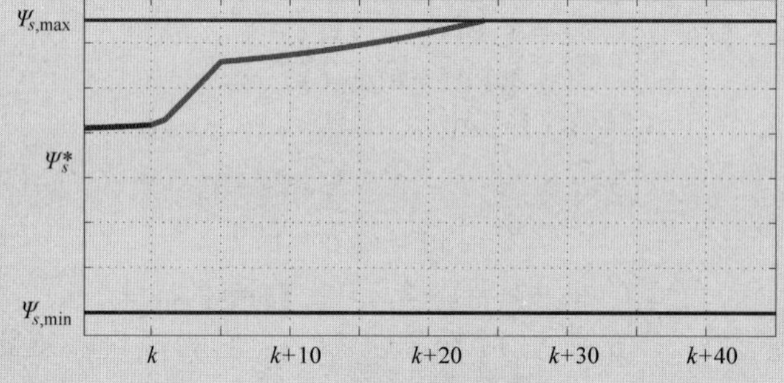

b) 预测定子磁链轨迹

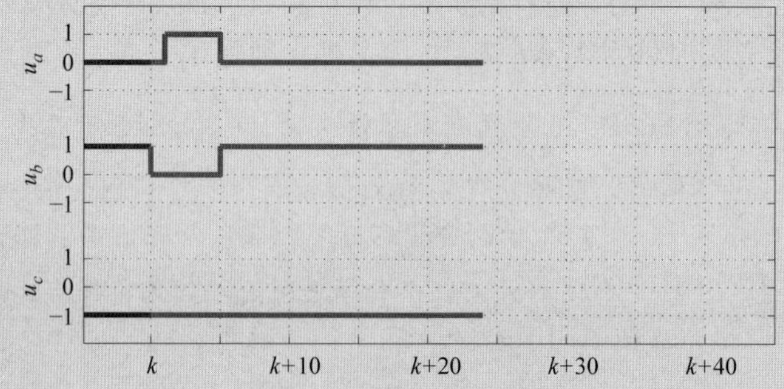

c) 候选开关序列

图 7.5 在采取开关时域为 $N_s = eSSESE$ 情况下例 7.4 第一种类型候选开关序列。对应的转矩以及磁链在图 a 和 b 中展示，并且标明了相应的上下边界。中点电压并没有给出，但是应该与转矩和定子磁链幅值一样对待

当固定住 $k+1$ 时刻的开关状态 $u(k+1)=[1\quad 0\quad -1]^T$ 后，式（7.40）所描述的扩展过程预测到转矩将会在 $k+5$ 和 $k+6$ 时刻之间触碰到它的下边界。为了保证转矩能够控制在边界范围内，这种情况触发了在 $k+5$ 时刻的 a 相以及 b 相开关管的切换，开关状态转换为 $u(k+5)=[0\quad 1\quad -1]^T$。固定这一开关状态并且对其进行扩展，在 $k+24$ 时刻不久以后，预测的定子磁链幅值将会违反它的上边界。结果，开关序列如图 7.5c 所示，开关切换了三次，它的预测时长 $N_1=24$ 步。同时，需要在$k+24$ 时刻进行一次开关状态的转换。

另外一种候选开关序列与它相应的输出轨迹在图 7.6 中用实线标明。在这里，采取了可选择的扩展过程，预测到在 $k+13$ 时刻之前开关状态其实可以不用切换，因为转矩会在该时刻接近它的上界。一种避免这种违反边界的方法是将 c 相开关从 -1 切换到 0 状态。在开关时域 $N_s=eSSESE$ 情况下，紧接下来在 $k+14$ 时刻，第二次开关切换并没有采取，开关状态保持不变。接下来，另外一个扩展过程预测到转矩将会在 $k+25$ 时刻之前触碰到它的边界，因此，在 $k+24$ 时刻触发了 c 相的一次开关切换。

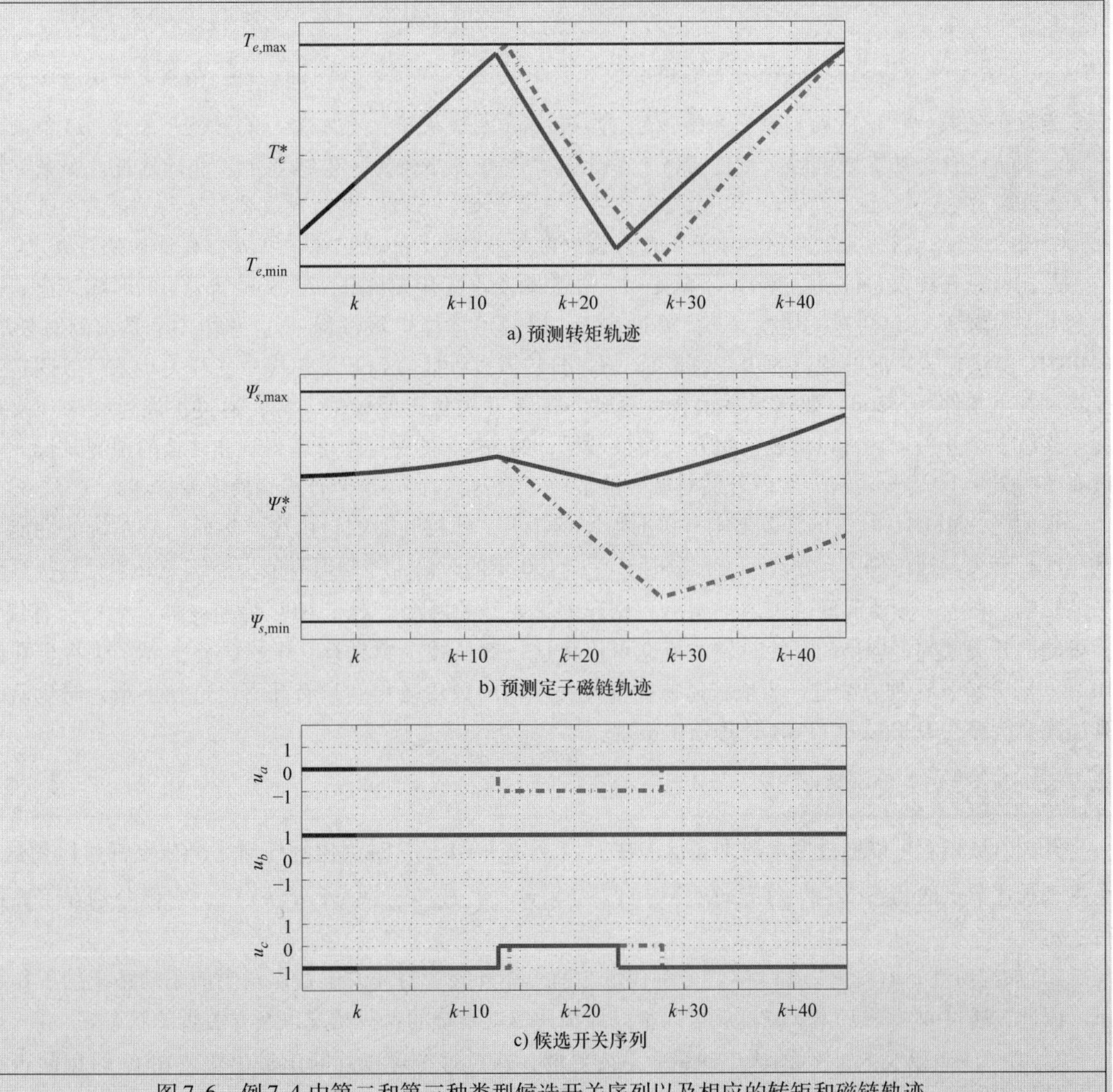

图 7.6 例 7.4 中第二和第三种类型候选开关序列以及相应的转矩和磁链轨迹。实线代表第二种类型，而虚线代表第三种类型

最后一次的扩展过程持续到输出变量违反了它的边界，通过计算这一开关序列可以作用的预测时长为 $N_2=45$ 个采样周期。

第三种类型的候选开关序列在图 7.6 中用虚线表示。预测开关转换分别出现在 $k+13$、$k+14$ 以及 $k+33$ 时刻。这一开关序列的预测时长也是 $N_3=45$ 步。

为了能够评价出哪一个候选开关序列是最优的，需要利用式（7.30）代价函数对每一个候选的开关序列进行评价。由于这个例子中的边界没有被违反，因此式（7.30）中的 J_{bnd} 项始终等于 0。当惩罚开关频率项加入到代价函数中时，该项 J_f 在式（7.31）中有定义，第二个开关序列是最优的，因为它需要最少的开关切换次数而且可以产生很长的预测时长。相应对比的值及结果在表 7.1 中展示。

表 7.1　当最小化开关频率时，例 7.4 三种候选开关序列特性比较

候选开关序列号	开关切换次数	预测时长	J_i
1	4	24	0.167
2	2	45	0.044
3	4	45	0.089

当最小化式（7.32）定义的开关损耗时，该项 J_p 在式（7.32）有定义，第一个开关序列可能是最优的，因为这种情况下导通电流的绝对值之和比第二个开关序列的一半还要小。确切地说，如果 a 相以及 b 相瞬时电流接近于零，第一个开关序列将会是最优的，因为 c 相的电流将会很高。第三个开关序列始终是次优的，因为虽然与第二个开关序列预测时长一样长，但是它需要在 a 相额外切换两次。

总之，只在约束条件（7.26d）不满足时，才会触发改变开关状态，导致两个不同的时域概念，一个是开关时域 N_s（包括开关切换 S、扩展过程 E，以及可选择扩展过程 e），另外一个是预测时长 N_p（MPDTC 算法在未来能够预测的步长数量）。通过将扩展过程插入到开关切换中，开关状态可以固定不变直到约束条件（7.26d）要违反的时候。这些不同的开关状态像铰链一样，通过扩展过程来连接彼此。连续多个开关切换可以形成一组开关切换过程，如 SSS。扩展过程可以得到非常长的预测时长（一般有 30 ~ 200 个预测步长），然而开关时域一般很短（通常只有 2 ~ 5 个开关切换或者扩展）。

很明显，MPDTC 算法的计算量与开关时域密切相关，即控制器的自由度，然而闭环系统的性能与预测时长有关。通过例 7.1 发现，当预测时长 $N_p=160$ 步的时候，控制器有能力能够充分预见其决策带来的影响，在这一预测时间范围内平均每一相开关管要开关两次。对于 NPC 型逆变器，大概会有 12^{160} 种可能的开关序列。提出的开关时域的概念可以将这一数量减少到只有几千次。分支界定法将会在第 10 章进行介绍，这种方法进一步地将需要评价开关序列的数量减小到只有几百。这样下来，简化后的算法完全能够在 DSP 以及 FPGA 处理器中实现。

7.4.4　搜索树 ★★★

开关时域概念可以通过搜索树来表示。在 $\ell_0(\ell_0=k,k+1,\cdots)$ 时刻树的任何一个节点都可以用这 9 个量来描述节点的状态 $(\boldsymbol{u}(\ell_0-1),\boldsymbol{x}(\ell_0),\boldsymbol{y}(\ell_0-1),\boldsymbol{y}(\ell_0),E_{sw},S_{sw},\ell_0,\boldsymbol{A},\boldsymbol{u}(k))$ ㊀，它们分别在下面进行了定义。

1）如前所述，$\boldsymbol{u}(\ell_0-1)$ 和 $\boldsymbol{x}(\ell_0)$ 分别代表之前三相开关管的开关位置以及当前驱动系统的工作状态。因此，通过 $\boldsymbol{u}(\ell_0-1)$ 和 $\boldsymbol{x}(\ell_0)$ 就可以很好地描述驱动系统的运行状况以及开关管的状态。

2）在 ℓ_0-1 以及 ℓ_0 时刻的输出向量 $\boldsymbol{y}$ 是需要的，通过这个可以判断出输出轨迹在 ℓ_0 时刻是否有效，是否能够减小边界违反程度，或者之前这两种情况都不是。

㊀ 注意在一个节点中只需要 E_{sw} 或 S_{sw} 两个中的一个量，因此可以将描述节点的量减少到 8 个。——原书注

3) $E_{sw} = \sum_{\ell=k}^{\ell_0} e_{sw}(\ell)$ 代表直到 ℓ_0 时刻预测的每一时刻开关损耗 $e_{sw}(\ell)$ 的总和。这个开关能量损失的单位是瓦特每秒。

4) $S_{sw} = \sum_{\ell=k}^{\ell_0} \|\Delta \boldsymbol{u}(\ell)\|_1$ 表示直到 ℓ_0 时刻预测开关切换次数的总和。

5) A 代表施加在节点上开关动作的顺序。A 是一串字符，包含一系列的元素集合 $\{S,E,e\}$。

6) 不需要存储完整的开关序列 $\boldsymbol{U}(k)$ 在节点中，只需要将这个序列中的第一个元素 $\boldsymbol{u}(k)$ 保留下来，因为只有第一个元素才会在 k 时刻作用给逆变器。

图 7.7 描述了一个开关时域为 *SSESE* 的搜索树作为一个例子。对搜索树中下面这几种类型的节点进行区分。

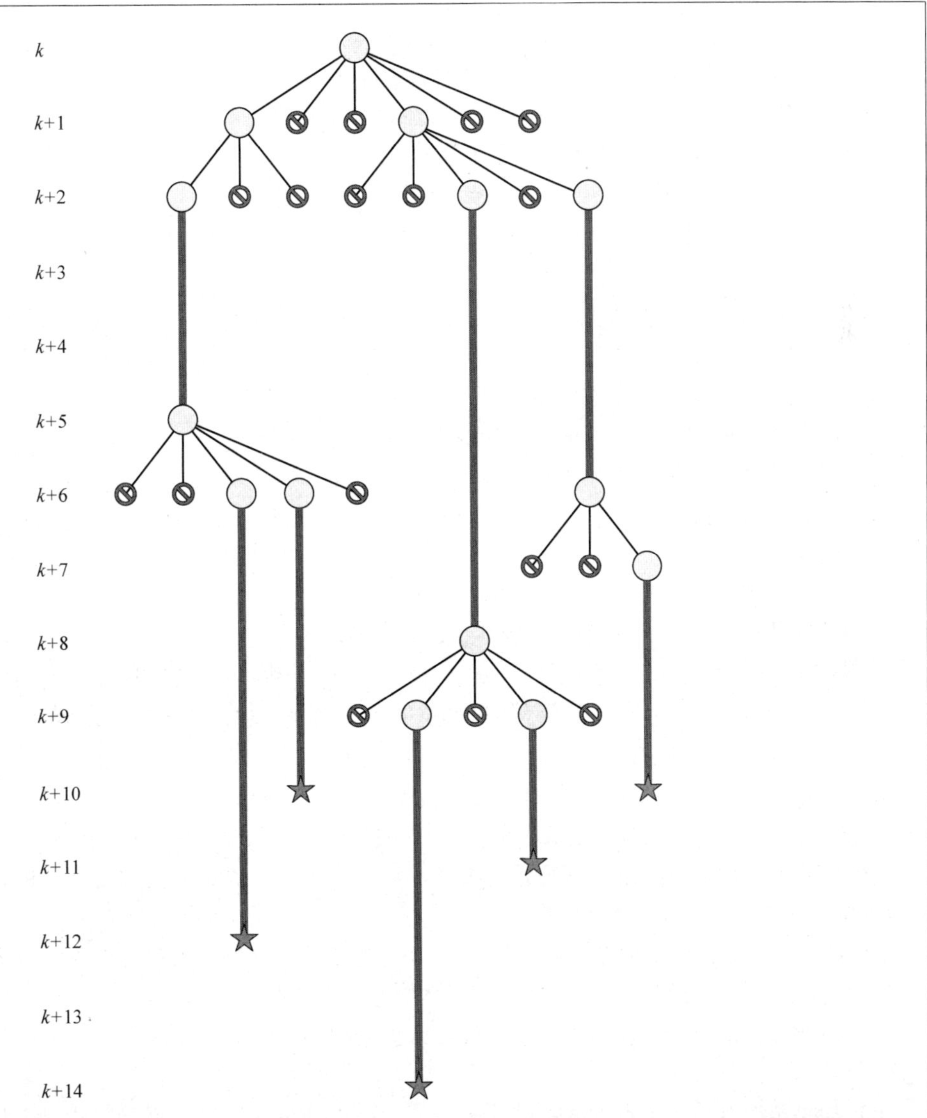

图 7.7 在开关时域为 *SSESE* 搜索树的例子。灰色的圆圈代表根节点以及芽节点，五角星代表完整候选开关序列的根节点，终止记号代表非候选开关序列被中途舍弃。开关切换 S 用细线表示，扩展过程 E 用粗直线表示。离散时间轴在左边标明，可以看出预测时长为 14 步

1) 根节点是在 k 时刻的初始节点。该节点一般可以初始化为 $(\boldsymbol{u}(k-1), \boldsymbol{x}(k), \boldsymbol{y}(k-1), \boldsymbol{y}(k), 0, 0, k, N_s, [\,])$。符号 [ ] 代表一个空的开关状态。图 7.7 顶部一个灰色的圆圈就代表了根节点。

2）芽节点代表一个不完整的候选开关序列，序列中剩下的开关动作可以形成该节点之后的一个子节点。该序列当前对应的输出轨迹能够满足成为候选序列的全部要求。芽节点在图中用灰色的圆圈表示。

3）叶节点分为两种：①整个候选开关序列中的节点都计算考虑过没有遗漏，且整个序列对应的轨迹满足要求。这种情况下的节点在图7.7中用五角星标明。②对于非候选开关序列，由于不满足相关约束要求，不再考虑，从而被舍弃，在图中用一个终止的记号标明。

从根节点到随后的一个节点的路径是唯一的，开关序列对应的每一个节点也是唯一的。因此，节点和开关序列直接的关系是直接一一对应的，所以接下来可以不做区别地使用这两个概念。值得注意的是，完整候选开关序列的根节点是最优解中的一个候选节点。

7.4.5 基于穷举的MPDTC算法 ★★★

现在，将要详细说明MPDTC算法的执行流程。这个算法采用了开关时域、枚举和扩展等概念。更确切地说，MPDTC需要枚举所有可行的开关序列，然后计算它们的输出轨迹和目标函数值。这是该算法的最基本求解形式。从当前k时刻开始，MPDTC算法不断地向前探索树中可行的开关序列。因此，对于候选开关序列来说，它的节点将会被全部搜索一遍。这个算法是基于堆栈的模型，通常运用在计算机科学领域。

在k时刻，驱动系统的状态完全可以用$\boldsymbol{x}(k)$和$\boldsymbol{u}(k-1)$来描述，即状态矢量和之前选择的逆变器开关状态。根据这些信息，MPDTC算法按照下面计算流程可以求解出最优控制输出$\boldsymbol{u}_{opt}(k)$，从而使得开关损耗最小。对于优化开关频率的情况，一些修改将会在这一节的末尾进行说明。

1）根节点被初始化，并且推入到堆栈中。

2）可选步骤：利用式（7.40）对输出轨迹进行扩展。如果输出轨迹扩展步长超过了给定的阈值，上一时刻的开关状态被固定，即$\boldsymbol{u}_{opt}(k)=\boldsymbol{u}(k-1)$，算法流程跳转到第9步。否则，这一扩展过程被舍弃，算法流程进入第3步。

3）顶部节点i从堆栈中取出，其开关动作序列非空，即$A_i\neq\varnothing$。

4）读取A_i中的第一个元素，之后将该元素移除。

① 对于元素为S来说，通过式（7.37）枚举所有可行的开关切换过程。利用式（7.38）对每个可行开关序列下的状态和输出向量进行预测。如果接近式（7.39）描述的输出限制边界，一个新的节点j将被建立。假定开关切换在ℓ时刻出现，半导体开关的开关损耗可以通过式（7.24）和表2.5进行预测。这一步产生的损耗$e_{sw}(\ell)$将会加入到总损耗$E_{sw,i}$中，得到截至当前时刻这一开关序列产生的损耗，表达式为$E_{sw,j}=E_{sw,i}+e_{sw}(\ell)$。之后，节点$i$可以被移除，但是由该节点引出的多个子节点建立起来了。

② 对于元素E来说，输出轨迹通过式（7.40）来进行扩展，并且对节点i进行更新。此过程并未产生新的节点。

③ 对于e元素来说，则需要保留节点i，并且忽略可选择的扩展过程。同时将节点i进行复制产生j节点，并且将它的轨迹用式（7.40）进行扩展。

5）新建立的节点和更新后的节点将被压入到堆栈中。根据之前的定义，这些节点其实就是候选开关序列。

6）如果至少有一个节点的开关动作集合A非空，这个算法将会不断地从第3步开始执行循环，否则算法跳转到第7步。

如果第3~6步求解出的节点是叶节点$i\in\boldsymbol{I}$，其中$\boldsymbol{I}$是一个开关序列的集合。这些节点对应的开关序列是候选开关序列$\boldsymbol{U}_i(k)$。

7）对于每个叶节点$i\in\boldsymbol{I}$，参照式（7.30）和式（7.32），需要计算出它相应的目标函数值$J_i=E_{sw,i}/N_i+J_{bnd,i}+J_{ti}$。其中$N_i$代表开关序列$\boldsymbol{U}_i(k)$的预测步长。

8）使得目标函数值最小的那个叶节点将会被选出。

$$i = \arg \min_{i \in I} J_i$$

该选出的节点在 k 时刻的开关状态将被读出，并且作为最优值输出，即 $\boldsymbol{u}_{opt}(k) = \boldsymbol{u}_i(k)$。

9）最终，开关状态 $\boldsymbol{u}_{opt}(k)$ 将会送给逆变器，并且在下一步 $k+1$ 时刻重新执行一遍上述算法计算流程。

第 2 步是一个额外的预处理步骤，可以大大减小平均计算时间。采取较长的开关时域，可以稍微提高 MPDTC 算法的闭环性能，这一点将会在 9.2.2 节末尾进行解释。输出轨迹扩展长度的阈值一般设置为 2 个预测步长。

第 3～6 步将会一直循环执行下去直到搜索树中的节点被全部访问了一遍。接下来，第 7 和 8 步将会在候选叶节点中执行，这些节点是所有可行节点的一个子集。

如果需要最小化开关频率，$E_{sw,i}$ 将会被开关次数 $S_{sw,i}$ 所替代。如果在第 3 步中有开关切换，开关切换次数增量 $\|\Delta \boldsymbol{u}(\ell)\|_1$ 将会被加入到开关次数总和 $S_{sw,j} = S_{sw,i} + \|\Delta \boldsymbol{u}(\ell)\|_1$ 中。同时，需要在第 7 步计算目标函数值 $J_i = S_{sw,i}/N_i + J_{bnd,i} + J_{ti}$，该公式可以近似描述出每个开关序列的开关频率。

总之，MPDTC 算法采取多步长预测方式，可以在减小开关成本的同时，保证输出变量能够在各自的边界范围以内。在当前 k 时刻，只有序列中第一个开关信号将会被送给逆变器调制。新的测量值将会在下一个 $k+1$ 采样时刻进行采集，最优程序将会再重新执行一遍，一个新的开关序列将会被计算出来。

在稳态运行状况下，新计算出来的开关状态通常与上一时刻开关状态一致，虽然时间向前推前了一步。但是，在某些情况下，更新后的开关状态可能会稍微有些改变，为了弥补模型不匹配、直流母线电压波动、测量误差、观测误差等带来的影响。这个策略被称作滚动时域优化方法，为 MPDTC 提供了反馈，并且加强了算法的鲁棒性。在转矩给定值变化的时候，更新后的开关状态一般与之前的开关状态不同。

7.5 扩展方法

MPDTC 算法的一个主要特性就是采取了扩展的机理。它可以提前预测出多少步长之后需要一次开关切换，从而能够有效防止输出变量违反边界，以及减小违反边界程度。如式（7.40）所述，扩展过程可以理解为一个优化问题。式（7.21）所描述的控制器是非线性的，意味着最优化问题也是一个非线性的问题，并且约束条件（7.40b）和（7.40c）也是非线性的。从自身概念和计算实施角度上来看，求解出 MPDTC 算法的最优解是最困难的一步。

本节将分析状态轨迹和输出轨迹的非线性特性，并且提出近似求解式（7.40）扩展问题的拟合方法。最直接且最常用的方法是线性拟合方法，在参考文献［6，9］中被提出。在低速范围内，电机的反电动势很小，线性拟合通常能够得到较为精确的结果。另外一种更加精确的方法是二次拟合方法，它适用于高速阶段，此时的电机反电动势非常高[6]。预测插值的方法可以使得拟合效果更加精确。这种方法将控制模型以整数倍的采样间隔进行离散，并且对状态矢量（或者输出矢量）在未来整数倍采样周期时刻进行预测。当这种操作执行两次，就可以采取二次拟合的方法。

7.5.1 对状态轨迹和输出轨迹进行分析 ★★★

再次对 NPC 型逆变器异步电机驱动系统进行介绍。定转子磁链和中点电压构成了驱动系统的状态矢量。电磁转矩、定子磁链幅值和中点电压是系统的三个输出变量。当三相开关状态 $\boldsymbol{u}$ 在 t_0 到 t 时间段内是恒定的条件下（其中 $t \geq t_0$），状态轨迹和输出变量轨迹将会在本节进行分析。

为了简化拟合的过程，假定转子角速度 ω_r 和直流母线电压为恒定的。对于 MV 级别的电机，定子电阻一般很小，而且其励磁阻抗远大于漏抗（参见式（7.5）)，因此可以表示为 $X_m \approx X_s \approx X_r$。由于异步电机定转子磁链矢量非常接近，即便在输出额定转矩时，因此式（7.4a）中的前两项不仅值会很小，而且两者几乎可以互相消除。相同的结论同样适用于转子磁链方程式（7.4b）中的前两项。因此，可以利用下面的微分方程来近似描述在 $t \geqslant t_0$ 时刻的式（7.4）电机模型

$$\frac{\mathrm{d}\psi_s(t)}{\mathrm{d}t} = \frac{1}{2} v_{\mathrm{dc}} \widetilde{\boldsymbol{K}} \boldsymbol{u}(t_0) \tag{7.43a}$$

$$\frac{\mathrm{d}\psi_r(t)}{\mathrm{d}t} = \omega_r \begin{bmatrix} 0 & -1 \\ 1 & 0 \end{bmatrix} \psi_r(t) \tag{7.43b}$$

对式（7.43a）从 t_0 到 t 时刻进行积分，可以得到静止坐标系下 t 时刻的定子磁链矢量

$$\psi_s(t) = \psi_s(t_0) + \frac{1}{2} v_{\mathrm{dc}} \widetilde{\boldsymbol{K}} \boldsymbol{u}(t_0)(t - t_0) \tag{7.44}$$

定子磁链矢量的 α 和 β 轴分量与时间成线性关系。磁链幅值的平方 $\Psi_s^2 = \|\psi_s\|^2$ 与时间是二次函数关系。由于磁链幅值 Ψ_s 接近于1，它的大小实际上也是时间的二次函数。因此，定子磁链幅值轨迹可以利用二次拟合函数精确地拟合出来。

静止坐标系下的转子磁链矢量轨迹可以通过式（7.43b）求解出来，它的幅值 $\Psi_r = \|\psi_r\|$ 恒定，且以 ω_r 的角速度进行旋转。在 t 时刻的转子磁链矢量可以表示为

$$\psi_r(t) = \begin{bmatrix} \cos(\omega_r(t - t_0) + \varphi_0) \\ \sin(\omega_r(t - t_0) + \varphi_0) \end{bmatrix} \Psi_r \tag{7.45}$$

式中，$\varphi_0 = \varphi(t_0)$ 代表转子磁链矢量在 t_0 时刻的位置。转子磁链矢量的 α 和 β 轴分量与时间成三角函数关系。

电磁转矩是定转子磁链矢量之间的叉乘积（参见式（7.6））。因此，转矩的表达式含有 $t\cos(\omega_r t)$、$t\sin(\omega_r t)$、$\cos(\omega_r t)$、$\sin(\omega_r t)$ 和 t 这些项。在低速范围内，ω_r 值很小，因此式（7.45）中的正余弦量可以精确地利用线性函数进行拟合。转矩将会与时间成二次关系。在接近于静止状态时，转子磁链差不多是静止不动的，此时转矩和时间是一个线性的关系。

式（7.3）所描述的中点电压轨迹是对定子电流 $i_{s,abc}$ 在一段时间内的积分，然后乘以逆变器开关状态的绝对值。更确切地来说，通过对式（7.3）进行积分，在 t 时刻的中点电压可以表示为

$$v_n(t) = v_n(t_0) + \frac{1}{2X_c} |u(t_0)|^T \int_{t_0}^{t} i_{s,abc}(\tau)\,\mathrm{d}\tau \tag{7.46}$$

积分过程可以看作一个低通滤波器，可以通过一次函数来近似定子电流与时间的关系。中点电压轨迹自然与时间成二次函数关系。

7.5.2 线性拟合方法 ★★★

假定扩展过程在 $\ell_0 \in \mathbb{N}$ 时刻开始。在此之前，有一次开关切换确定了该时刻的开关状态 $\boldsymbol{u}(\ell_0 - 1)$。在开关过程 S 中，可以预测出输出向量 $\boldsymbol{y}(\ell_0)$。图 7.8 说明了开关时域为 SE 时的例子，这意味着在这种情况下需要在 $\ell_0 = k + 1$ 进行扩展。另外一种情况是，扩展过程为开关时域中的第一个元素，因此在当前时刻 $\ell_0 = k$ 开始扩展。在这两种情况下，都可以获得 $\ell_0 - 1$ 和 ℓ_0 时刻的输出向量 $\boldsymbol{y}$，以及之前三相开关管的开关状态 $\boldsymbol{u}(\ell_0 - 1)$，这一开关状态在扩展过程中将会保持不变。

假定标识 $j \in \{1,2,3\}$ 代表第 j 个输出变量 y_j。接下来，分别考虑三个输出变量。根据 $\ell_0 - 1$ 和 ℓ_0 时刻的 y_j，可以拟合出未来输出轨迹。采取线性拟合的方法，未来时刻的 y_j 值可以通过下式计算出

$$y_j(\ell_0 + n_j) = y_j(\ell_0) + (y_j(\ell_0) - y_j(\ell_0 - 1))n_j \tag{7.47}$$

式中，$n_j \in \mathbb{N}$ 代表可扩展步长内的离散时刻。

当 $y_j(\ell_0) \neq y_j(\ell_0 - 1)$ 时，线性扩展的轨迹和边界有且只有一个交点。通过假定式（7.47）分别等于上边界 $y_{j,\max}$ 和下边界 $y_{j,\min}$，两个对应的交点将会被求解出。不管 $y_j(\ell_0)$ 处于边界的什么位置（是在边界内还是在边界外），通常需要第二次与边界相交的交点。因此，计算出两个交点所需的最大步长值，并且将这一最大值定义为预测步长数：

$$n_j = \left\lfloor \max\left(\frac{y_{j,\max} - y_j(\ell_0)}{(y_j(\ell_0) - y_j(\ell_0 - 1))}, \frac{y_{j,\min} - y_j(\ell_0)}{(y_j(\ell_0) - y_j(\ell_0 - 1))} \right) \right\rfloor \tag{7.48}$$

在某种特定情况下，例如当扩展轨迹与边界平行的时候，将预测步长设定为无穷大，即 $n_j = \infty$。

我们的目标是将输出变量维持在各自的边界范围以内，并且能够在它们违反边界条件之前通过开关切换来避免。为了实现这一目的，将向下取整的运算$\lfloor \bullet \rfloor$方法运用到式（7.48）中。结果证明，输出变量 y_j 预测将会在未来 n_j 步长内仍然处于边界范围以内，但是会在 $\ell_1 = \ell_0 + n_j$ 和 $\ell_1 + 1$ 时刻之间触碰到边界。

扩展步长由所有输出变量中最先触碰边界的那个决定。因此，当同时考虑三个输出变量时，扩展步长可以计算为

$$n = \min_j \quad n_j \tag{7.49}$$

例 7.5　图 7.8 举例说明了对于开关时域为 SE 时输出轨迹线性拟合的原理。当电机运行在额定速度下，选取的输出变量为电磁转矩。在 $k = \ell_0 - 1$ 时刻进行一次开关状态切换至 $u(k) = [-1 \quad 0 \quad 0]^T$ 状态之后，采取线性拟合的方式得到的输出变量扩展轨迹在图中用虚线表示，通过这个方法可以预测该变量在 $n_j = 14$ 步内依然能够保持在边界内，即直到 $\ell_1 = k + 15$ 时刻才会违反边界。为了避免在 ℓ_1 和 $\ell_1 + 1$ 时刻之间违反边界，需要在 ℓ_1 时刻进行一次开关的切换。当采取非线性控制模型时，y_j 的精确轨迹可以被预测出来，在图 7.8a 中用虚线表示。

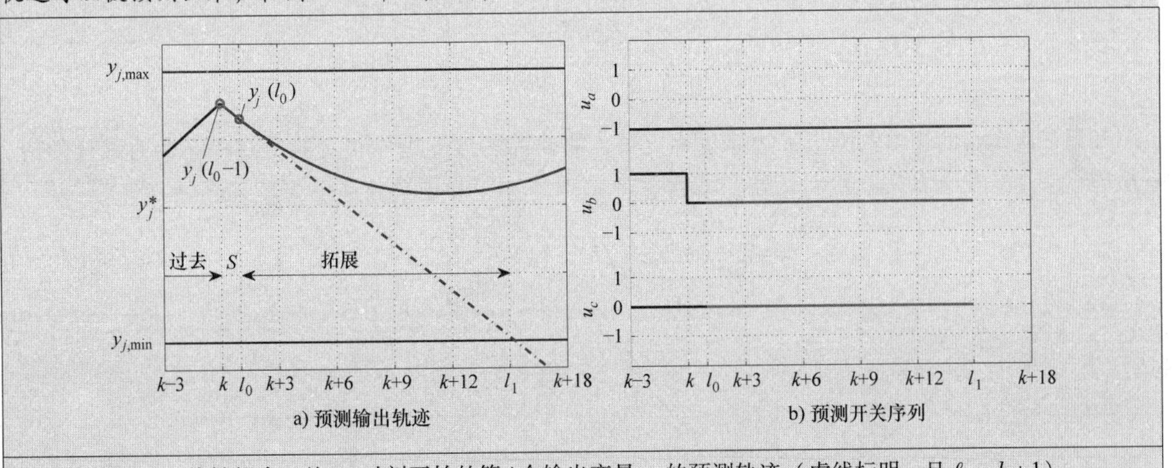

图 7.8　线性拟合：从 ℓ_0 时刻开始的第 j 个输出变量 y_j 的预测轨迹（虚线标明，且 $\ell_0 = k + 1$）。输出轨迹预计会在 $\ell_1 = \ell_0 + n_j$ 和 $\ell_1 + 1$ 时刻之间触碰到下边界（其中 $\ell_1 = k + 15$）。y_j 的非线性轨迹用实线标明

从这个例子中可以看到有较大的拟合误差，因此有必要研究更加精确的拟合手段运用在扩展过程中。尽管如此，线性拟合的方法通常还是足够准确的，结果只是导致性能的轻微下降，特别是在低速范围时。相关的实验结果已经成功验证了之前采取线性拟合方法的 MPDTC 算法的可行性（具体见参考文献 [9]）。

7.5.3　二次拟合方法 ★★★

一个更加精确拟合未来输出轨迹的方法是基于二次拟合的方法。为了达到这个目的，需要知道输

出变量在 ℓ_0-1、ℓ_0 和 ℓ_0+1 三个时刻的值。前两个时刻的值通常是可获取的，但是第三个 ℓ_0+1 时刻的值，需要采取式（7.38）来进行预测，在这种情况下设定 $\ell=\ell_0$。

采用二次拟合的方法，从初始 ℓ_0 时刻开始扩展的输出变量 y_j 的轨迹可以表示为

$$y_j(\ell_0+n_j)=a_j n_j^2+b_j n_j+c_j \tag{7.50}$$

系数 a_j、b_j 和 c_j 能够通过下面的方程组解出

$$y_j(\ell_0-1)=a_j-b_j+c_j \tag{7.51a}$$

$$y_j(\ell_0)=c_j \tag{7.51b}$$

$$y_j(\ell_0+1)=a_j+b_j+c_j \tag{7.51c}$$

最终解的表达式为

$$a_j=\frac{1}{2}(y_j(\ell_0-1)-2y_j(\ell_0)+y_j(\ell_0+1)) \tag{7.52a}$$

$$b_j=\frac{1}{2}(-y_j(\ell_0-1)+y_j(\ell_0+1)) \tag{7.52b}$$

$$c_j=y_j(\ell_0) \tag{7.52c}$$

通常情况下，扩展输出轨迹（7.50）与边界之间的交点多达4个。为了能够确定出适合的交点，制定了三个标准：① $y_j(\ell_0)$的值与边界之间的关系，要么在边界之上，要么在边界以内或者边界之下；②当 a_j 为正或者负的时候，扩展轨迹将会是一个凸曲线或者凹曲线，然而，当 $a_j=0$ 的时候，式（7.50）变成了线性方程，此时就需要采取上一节介绍的线性拟合方法；③与上边界或者下边界之间会存在交点，或者两者皆有。

根据上述标准，可以求解出预测步长数 n_j，在这预测步长内，输出轨迹能够满足控制的约束限制，直到输出变量要离开边界以及需要减小边界违反程度。以图7.9为例，$y_j(\ell_0)$在边界范围以内，它近似的扩展轨迹是个凸曲线（a_j 为正），所以该曲线只与上边界有交点。因此，与上边界相交的交点是最佳的解，可以表示为

$$n_j=\left\lfloor\frac{1}{2a_j}\left(-b_j+\sqrt{b_j^2-4a_j(c_j-y_{j,\max})}\right)\right\rfloor \tag{7.53}$$

如果二次拟合的输出轨迹与下边界也相交了，那么首先与下边界相交的交点将会成为最佳的解，表示为

$$n_j=\left\lfloor\frac{1}{2a_j}\left(-b_j-\sqrt{b_j^2-4a_j(c_j-y_{j,\min})}\right)\right\rfloor \tag{7.54}$$

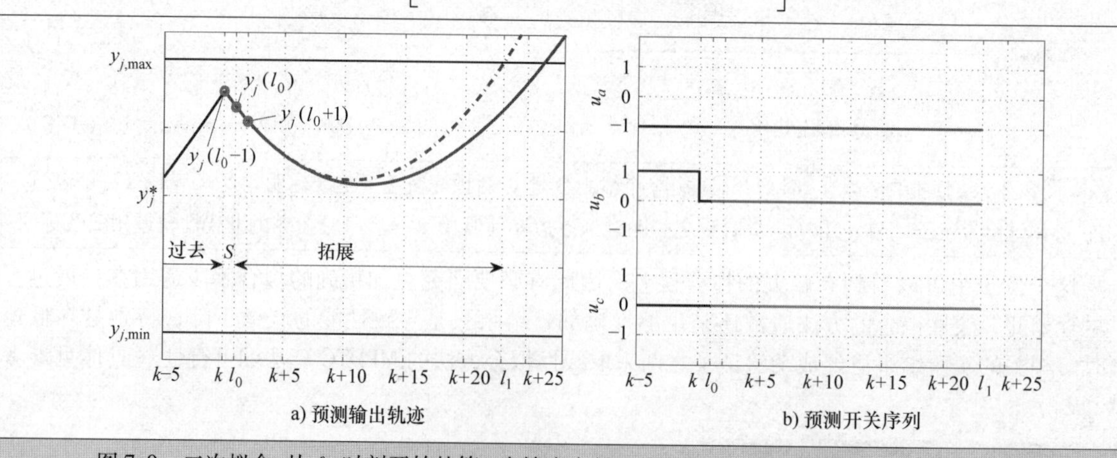

图7.9　二次拟合：从 ℓ_0 时刻开始的第 j 个输出变量 y_j 的预测轨迹（虚线标明，且 $\ell_0=k+1$）。输出轨迹预计会在 $\ell_1=\ell_0+n_j$ 和 ℓ_1+1 时刻之间触碰到上边界（其中 $\ell_1=k+23$）。y_j 的非线性轨迹用实线标明

例7.6 进一步考虑例7.5的扩展问题。利用输出变量 y_j 在 ℓ_0-1、ℓ_0 和 ℓ_0+1 三个时刻的值，输出轨迹可以采取二次拟合的方法来预测。该拟合的轨迹在图7.9a中用虚线标明，而实际输出轨迹用实线标明。利用二次拟合法拟合的输出轨迹预计在 $n_j=22$ 步内依然能够保持在边界内，即直到 $\ell_1=k+23$ 时刻才会违反边界。

最终，需要考虑三个输出轨迹的预测步长，并且采取它们中的最小值，如式（7.49）所述。二次拟合的方法在实现上比线性拟合要复杂些。尤其是判断过程要更加复杂些，因为出现交点的可能情况要多些。然而，这种方法要更加精确些，与真实曲线之间的拟合误差很小。但是，当扩展步长非常长的时候，二次拟合的方法多少会受到数值误差的影响。为了消除这一影响且进一步提高拟合的精度，一个可行的方法是采取二次插值的方法对轨迹进行扩展，这种方法在下一节会介绍。

7.5.4 二次插值拟合法 ★★★

二次插值法的思想为对输出变量进行预测，得到未来两个时刻的预测值，且两者之间时间间隔是相同的。根据预测的值和当前时刻的值，输出轨迹可以近似地利用二次拟合函数进行拟合。更具体来说，需要变量在 ℓ_0、ℓ_0+n_s 和 ℓ_0+2n_s 三个时刻下的值，其中设计参数 $n_s\in\mathbb{N}$ 决定了不同时刻之间的间隔步长。它通常在5~25步之间。与边界的交点同样可以通过二次插值的方法找到。

为了能够预测输出变量在 ℓ_0+n_s 和 ℓ_0+2n_s 时刻下的值，将连续的控制模型（7.14）以采样时间间隔为 n_sT_s 进行离散化。结果需要预测两步来计算 $y(\ell_0+n_s)$ 和 $y(\ell_0+2n_s)$。

对于二次拟合方法来说，输出变量 y_j 的轨迹可以利用下式表示

$$y_j(\ell_0+n_j)=a_jn_j^2+b_jn_j+c_j \tag{7.55}$$

系数 a_j、b_j 和 c_j 能够通过下面的方程组解出

$$y_j(\ell_0)=c_j \tag{7.56a}$$

$$y_j(\ell_0+n_s)=a_jn_s^2+b_jn_s+c_j \tag{7.56b}$$

$$y_j(\ell_0+2n_s)=4a_jn_s^2+2b_jn_s+c_j \tag{7.56c}$$

求解式（7.56）方程组可得到这些系数的表达式为

$$a_j=\frac{1}{2n_s^2}(y_j(\ell_0)-2y_j(\ell_0+n_s)+y_j(\ell_0+2n_s)) \tag{7.57a}$$

$$b_j=\frac{1}{2n_s}(-3y_j(\ell_0)+4y_j(\ell_0+n_s)-y_j(\ell_0+2n_s)) \tag{7.57b}$$

$$c_j=y_j(\ell_0) \tag{7.57c}$$

确定预测输出轨迹和边界之间的交点的机理与前面二次拟合的方法一样（详细可以参见7.5.3节）。

例7.7 为了说明二次插值拟合的方法，再次对例7.5进行分析。设定 n_s 等于12。如图7.10所示，采取以 n_sT_s 时间间隔离散的控制器模型，可以预测输出变量 y_j 在 $\ell_2=\ell_0+n_s$ 和 $\ell_3=\ell_0+2n_s$ 时刻下的值。利用二次插值得到的预测轨迹在图7.10a中用虚线标明。利用二次插值法得到的结果很好地吻合了实际的非线性输出轨迹，实际的轨迹在图中用实线标明，可以看出两者曲线几乎重合。利用二次插值法拟合的输出轨迹预计在 $n_j=25$ 步内依然能够保持在边界内，即直到 $\ell_1=k+26$ 时刻才会违反边界。

二次插值法在 $[\ell_0,\ell_0+2n_s]$ 时间段内预测精度很高，且该方法在这一时间段内进行插值。总之，它的近似误差一般不会超过采样间隔 T_s 的长度，因此该误差往往可以被忽略。不过，在扩展步长特别长的情况下，预测交点出现的时刻将会超过 ℓ_0+2n_s 时刻。这样可能会导致明显的近似误差。

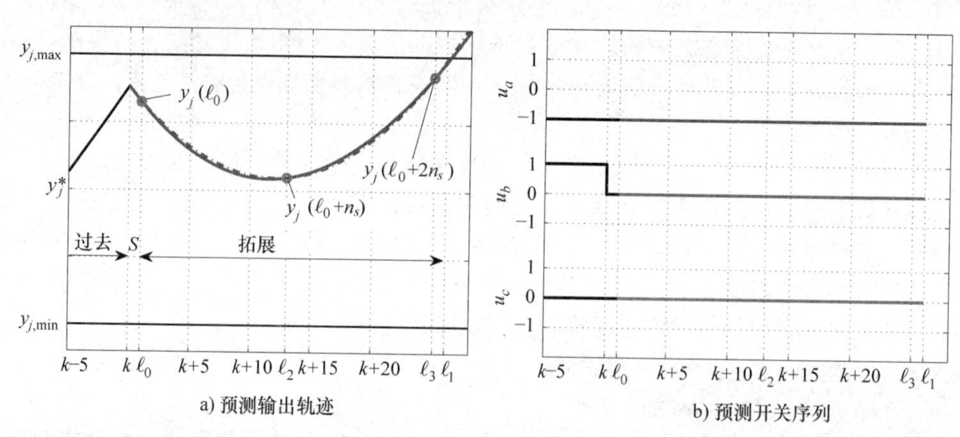

图 7.10　二次插值拟合：从 ℓ_0 时刻开始的第 j 个输出变量 y_j 的预测轨迹（虚线标明，且 $\ell_0=k+1$）。该方法需要 ℓ_0、$\ell_2=\ell_0+n_s$ 和 $\ell_3=\ell_0+2n_s$ 三个时刻下的输出变量的值（即 $\ell_0=k+1$、$\ell_2=k+13$，$\ell_3=k+25$）。轨迹预计会在 $\ell_1=\ell_0+n_j$ 和 ℓ_1+1 时刻之间触碰到上边界（其中 $\ell_1=k+26$）。y_j 的实际非线性轨迹用实线标明

为了解决上述的问题并且避免采取时变的 n_s，插值过程将会通过滚动时域来不断重复执行。更确切地说，如果交点预测出现的时刻 $\ell_1>>\ell_0+2n_s$，则需要预测输出变量在 ℓ_0+3n_s 时刻的值。接着，二次插值法将会采用 ℓ_0+n_s、ℓ_0+2n_s 和 ℓ_0+3n_s 三个时刻下输出变量的值对轨迹进行拟合，从而能够得到对交点时刻更加精确的预测。这个步骤可以根据需要进行重复。更多关于迭代二次插值法，可以见参考文献［17］和［18］。

如果一个扩展过程紧接着一个开关切换过程，则需要扩展过程结束时刻 ℓ_0+n 时的状态矢量 $\boldsymbol{x}$ 的值。为了确定 $\boldsymbol{x}(\ell_0+n)$的值，可以直接采用之前介绍的扩展方法来计算。

7.6　总结和讨论

本章介绍了如何设计 MPDTC 控制器使得输出变量在给定边界范围内同时能够减小开关损耗。采取离散方法，推导出了非线性驱动系统的离散数学模型。同样地，通过该离散方法，可以预判出逆变器的开关损耗。控制目标可以采取目标函数来描述，在符合驱动系统动态方程和满足输出变量以及开关状态限制条件的前提下，求解出目标函数的最小值可以满足所有的控制目标。简单的求解方式计算量繁重，不能够满足实际应用的需求。因此，为了简化计算量，提出一种有效的算法可以求解出该优化问题的次优解。

由于控制目标是为了保证输出变量在边界以内的同时减小开关成本，一个可以接受的折中简化方法就是当变量即将要违反边界的时候进行开关切换来避免脱离边界约束，之后在余下的预测步长内固定开关状态不变。这个策略可以用开关时域来描述，其中 S 和 E 元素分别代表开关切换过程和扩展过程。扩展过程可以采取一些简化的计算方法来求解。例如，利用线性拟合、二次拟合和二次插值拟合等方式预测违反边界的时刻。

对输出变量施加边界条件和采取扩展的概念可以在适度的计算负担下获得较长的预测步长。采取多步长预测的方式可以让 MPDTC 做出更好的决定。例如，当采取较短的预测步长的时候，求解出的开关序列会导致开关损耗非常高。但是，如果在一个较长时间范围内考虑，求解出对应的开关序列不会产生较高的开关损耗。为了能够让 MPDTC 选择出这一高效的开关序列，需要采取多步长预测的方式。多步长预测的特点和优点在下面的例子进行了分析。

例 7.8　假定开关时域为 SSE，三个不同的开关序列表示为 $\boldsymbol{U}_i(k)$，$i \in \boldsymbol{I}=\{1,2,3\}$。相关的开关序列和对应的输出轨迹如图 7.11 所示。在这个例子中，为了简化扩展过程，忽略了中点电压这个量，在实际应用中它和转矩以及定子磁链幅值是同等对待的。

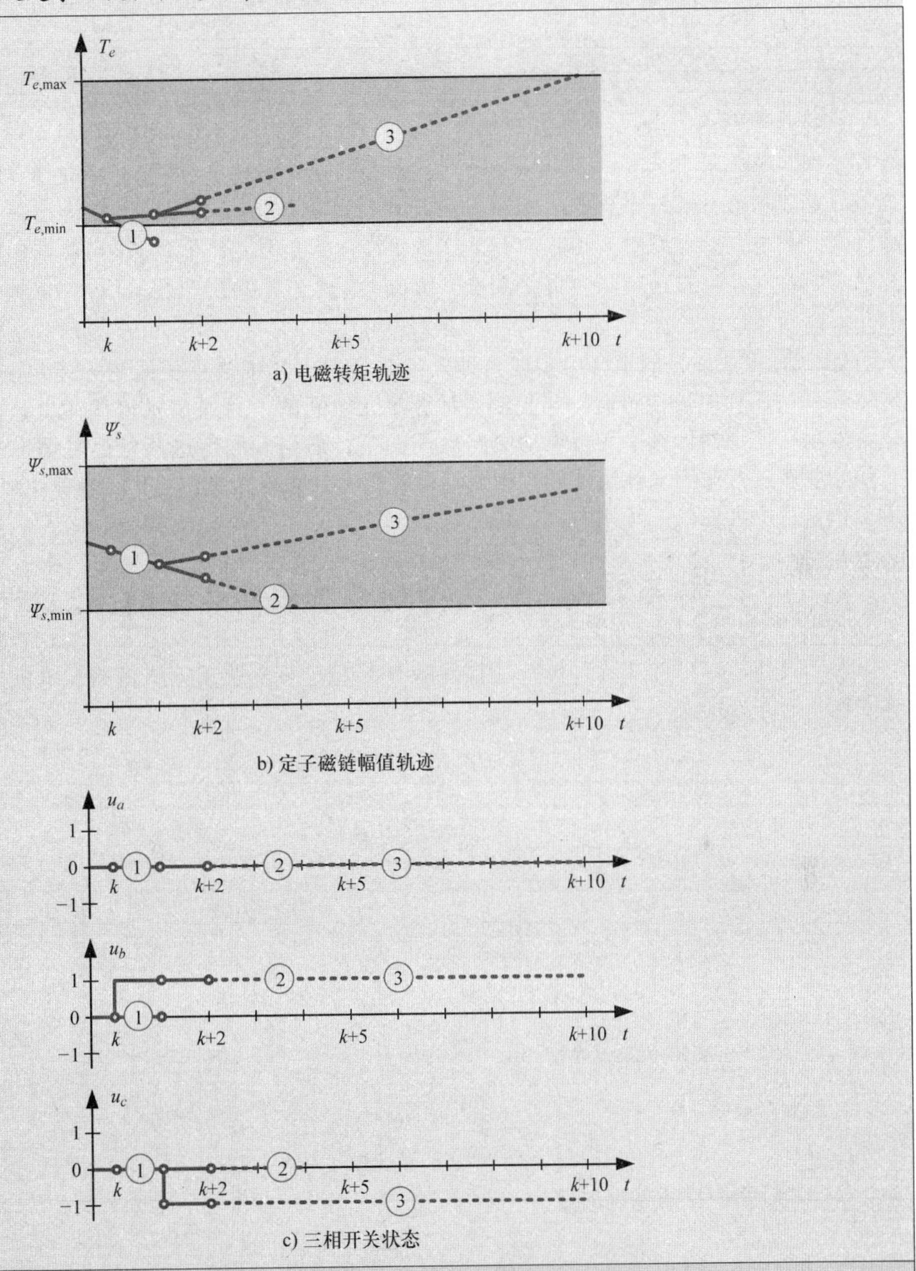

图 7.11　例 7.8 中当开关时域为 SSE 时开关序列以及对应的转矩和磁链幅值的轨迹

注：三个不同的开关序列 $\boldsymbol{U}_1(k)$、$\boldsymbol{U}_2(k)$ 和 $\boldsymbol{U}_3(k)$ 在图中用对应的下标数字标明。开关切换过程用实线表示，扩展过程用虚线表示。上下边界之间的区域用阴影部分表示。

$\boldsymbol{U}_1(k)$ 并不是一个候选开关序列，因为在第一次开关切换之后导致输出转矩违反它的下边界。相比之下，$\boldsymbol{U}_2(k)$ 和 $\boldsymbol{U}_3(k)$ 都是候选开关序列。通过采取线性拟合的方法对它们的转矩和定子磁链幅值轨迹进行扩展。从中可以看出，序列扩展的步长分别为 4 步和 10 步，但是对应的开关序列分别需要一次和两次的开关切换。这些数值结果在表 7.2 中给出。

表 7.2 例 7.8 中三个不同开关序列的特性

候选开关序列号	开关切换次数	拓展步长	J_i
1	—	—	—
2	1	4	0.25
3	2	10	0.2

选择目标函数 $J=J_f$，其中 J_f 描述了短期时间内的开关频率（参见式（7.31））。通过最小化函数 J 可以求解出最优的开关序列为 $\boldsymbol{U}_3(k)$。虽然 $\boldsymbol{U}_3(k)$ 需要两次开关切换（在 k 和 $k+1$ 时刻），但是增加的开关损耗能够均分在一个更长的预测时间段内，因为该情况下的输出轨迹预测步长更长。如果没有扩展过程，相关目标函数对 $\boldsymbol{U}_2(k)$ 和 $\boldsymbol{U}_3(k)$ 的评价结果分别为 0.5 和 1，因此控制将会选择 $\boldsymbol{U}_2(k)$ 作为最优的开关序列。从长远运行的角度来看，$\boldsymbol{U}_2(k)$ 是明显不如 $\boldsymbol{U}_3(k)$ 的。这一点促进了扩展概念和多步长预测的应用。

MPDTC 算法在控制平台中实现会导致一些延迟，其中最主要的延迟是控制器的计算时间引起的。传感器（电压和电流传感器）与控制器计算单元之间的上行通信延迟往往也是很明显的。同样的延迟也会发生在控制器计算单元与驱动电路之间的下行通信。假定这些延迟是恒定且可知的，那么就可以对初始状态进行预测来补偿延迟。相关延迟补偿方法在参考文献［9］中有详细的介绍，并且在 4.2.8 节分析了产生延迟的一些原因。

附录 7.A NPC 型逆变器驱动系统的控制器模型

对于式（7.14）和式（7.16）所描述的 NPC 型逆变器驱动系统模型，电机连续时间模型的系统矩阵和输入矩阵分别为

$$\boldsymbol{F}_m=\begin{bmatrix} -R_s\dfrac{X_r}{D} & 0 & R_s\dfrac{X_m}{D} & 0 \\ 0 & -R_s\dfrac{X_r}{D} & 0 & R_s\dfrac{X_m}{D} \\ R_r\dfrac{X_m}{D} & 0 & -R_r\dfrac{X_s}{D} & -\omega_r \\ 0 & R_r\dfrac{X_m}{D} & \omega_r & -R_r\dfrac{X_s}{D} \end{bmatrix} \tag{7.A.1a}$$

$$\boldsymbol{G}_m=\frac{v_{\mathrm{dc}}}{6}\begin{bmatrix} 2 & -1 & -1 \\ 0 & \sqrt{3} & -\sqrt{3} \\ 0 & 0 & 0 \\ 0 & 0 & 0 \end{bmatrix} \tag{7.A.1b}$$

逆变器连续时间模型的系统向量为

$$\boldsymbol{f}_i(u)=\frac{1}{2X_cD}|\boldsymbol{u}|^T\widetilde{\boldsymbol{K}}^{-1}[X_r\boldsymbol{I}_2 \quad -X_m\boldsymbol{I}_2] \tag{7.A.2a}$$

$$=\frac{1}{4X_cD}|\boldsymbol{u}|^T\begin{bmatrix} 2X_r & 0 & -2X_m & 0 \\ -X_r & \sqrt{3}X_r & X_m & -\sqrt{3}X_m \\ -X_r & -\sqrt{3}X_r & X_m & \sqrt{3}X_m \end{bmatrix} \tag{7.A.2b}$$

$$=\frac{1}{4X_cD}[X_r(2|u_a|-|u_b|-|u_c|) \quad \sqrt{3}X_r(|u_b|-|u_c|) \quad \cdots] \tag{7.A.2c}$$

注意：$\|\boldsymbol{u}\|$ 表示逆变器开关状态的绝对值，即 $|\boldsymbol{u}| = [\,|u_a| \quad |u_b| \quad |u_c|\,]^T$。驱动系统模型的矢量输出函数表示为

$$\boldsymbol{h}(x) = \begin{bmatrix} \dfrac{1}{\mathrm{pf}} \dfrac{X_m}{D}(x_2x_3 - x_1x_4) \\ \sqrt{x_1^2 + x_2^2} \\ x_5 \end{bmatrix} \tag{7.A.3}$$

式中，x_j 代表向量 $\boldsymbol{x}$ 的第 j 个分量。

参考文献

[1] G. Papafotiou, T. Geyer, and M. Morari, "Optimal direct torque control of three-phase symmetric induction motors," Tech. Rep. AUT03-07, Automatic Control Laboratory, ETH Zurich, http://control.ee.ethz.ch, 2003.

[2] G. Papafotiou, T. Geyer, and M. Morari, "Optimal direct torque control of three-phase symmetric induction motors," in *Proceedings of IEEE Conference on Decision and Control* (Atlantis, Bahamas), Dec. 2004.

[3] G. Papafotiou, T. Geyer, and M. Morari, "A hybrid model predictive control approach to the direct torque control problem of induction motors," *Int. J. Robust Nonlinear Control*, vol. 17, pp. 1572–1589, Nov. 2007.

[4] T. Geyer and G. Papafotiou, "Direct torque control for induction motor drives: A model predictive control approach based on feasibility," in *Hybrid systems: Computation and control* (M. Morari and L. Thiele, eds.), vol. 3414 of *LNCS*, pp. 274–290, Heidelberg: Springer, Mar. 2005.

[5] T. Geyer, G. Papafotiou, and M. Morari, "Method for operating a rotating electrical machine." EP patent 1 670 135, US patent 7 256 561 and JP patent 4 732 883, 2004.

[6] T. Geyer, *Low complexity model predictive control in power electronics and power systems*. PhD thesis, Automatic Control Laboratory, ETH Zurich, 2005.

[7] T. Geyer, G. Papafotiou, and M. Morari, "Model predictive direct torque control—Part I: Concept, algorithm and analysis," *IEEE Trans. Ind. Electron.*, vol. 56, pp. 1894–1905, Jun. 2009.

[8] J. Kley, G. Papafotiou, K. Papadopoulos, P. Bohren, and M. Morari, "Performance evaluation of model predictive direct torque control," in *Proceedings of Power Electronics Specialists Conference* (Rhodes, Greece), pp. 4737–4744, Jun. 2008.

[9] G. Papafotiou, J. Kley, K. G. Papadopoulos, P. Bohren, and M. Morari, "Model predictive direct torque control—Part II: Implementation and experimental evaluation," *IEEE Trans. Ind. Electron.*, vol. 56, pp. 1906–1915, Jun. 2009.

[10] T. Geyer, "Generalized model predictive direct torque control: Long prediction horizons and minimization of switching losses," in *Proceedings of the IEEE Conference on Decision Control* (Shanghai, China), pp. 6799–6804, Dec. 2009.

[11] S. Mastellone, G. Papafotiou, and E. Liakos, "Model predictive direct torque control for MV drives with *LC* filters," in *Proceedings of European Power Electronic Conference* (Barcelona, Spain), pp. 1–10, Sep. 2009.

[12] J. Holtz and S. Stadtfeld, "A predictive controller for the stator current vector of AC machines fed from a switched voltage source," in *Proceedings of IEEE International Power Electronics Conference* (Tokyo, Japan), pp. 1665–1675, Apr. 1983.

[13] J. Holtz and S. Stadtfeld, "Field-oriented control by forced motor currents in a voltage fed inverter drive," in *Proceedings of IFAC Symposium* (Lausanne, Switzerland), pp. 103–110, Sep. 1983.

[14] A. Khambadkone and J. Holtz, "Low switching frequency and high dynamic pulse width modulation based on field-orientation for high-power inverter drive," *IEEE Trans. Power Electron.*, vol. 7, pp. 627–632, Oct. 1992.

[15] J. Scoltock, T. Geyer, and U. K. Madawala, "A comparison of model predictive control schemes for MV induction motor drives," *IEEE Trans. Ind. Inf.*, vol. 9, pp. 909–919, May 2013.

[16] T. Geyer, R. P. Aguilera, and D. E. Quevedo, "On the stability and robustness of model predictive direct current control," in *Proceedings of IEEE International Conference Industrial Technology* (Cape Town, South Africa), Feb. 2013.

[17] Y. Zeinaly, T. Geyer, and B. Egardt, "Trajectory extension methods for model predictive direct torque control," in *Proceedings of Applied Power Electronics Conference and Exposition* (Fort Worth, TX, USA), pp. 1667–1674, Mar. 2011.

[18] T. Geyer, "Computationally efficient MPDTC." EP patent 2 348 631, EP patent 2 528 225 and US patent 13 010 809.

第8章 »
模型预测直接转矩控制的性能评估

本章以三电平和五电平逆变器驱动的中压异步电机系统为例，研究了模型预测直接转矩控制的性能表现，测试了两种不同的代价函数。第一种的目标是令开关频率最小，而第二种则关注开关损耗。通过运用 MPDTC 而非 DTC，稳态性能包括电流谐波和开关损耗都可以得到明显改善，尤其是使用长预测步长的时候。而当转矩阶跃的时候，两者的性能表现是相当相似的。

8.1 中点钳位逆变器驱动系统的性能评估

以一个直流母线电压为 $V_{dc}=4840\text{V}$，中点电位浮动的三电平中点钳位逆变器作为研究对象，对比了 MPDTC 和 DTC 的稳态性能和转矩响应。该逆变器只使用了两个 $\mathrm{d}i/\mathrm{d}t$ 缓冲电路，分别在上半和下半桥臂，这对逆变器的开关状态附加了额外的限制。为了减小门极换流晶闸管（GCT）的开关损耗，开关频率被限制在几百赫兹。

该逆变器驱动一个额定值为 3.3kV、50Hz、2MVA 的中压笼型异步电机。这个研究案例在 2.5.2 节中有描述，2.5.1 节提供了逆变器、电机、开关器件和它们的损耗的标幺值信息，7.2.1 节总结了相关的连续时间模型，7.2.3 和 7.2.4 节给出了离散时间模型和开关切换模型。

DTC 的控制目标是保证 3 个输出变量，也就是电磁转矩、定子磁链幅值和中点电位波动，在给定的滞环范围内。这一点 MPDTC 与 DTC 相同。转矩和磁链的滞环间接决定了定子电流的纹波和谐波。另外，我们的目标是令变换器损耗尽可能小。一个直接的方法是令平均开关频率最小。将会看到，相对于尽可能降低开关频率，通过直接在 MPDTC 的代价函数中加入开关损耗约束，损耗可以被更加有效地降低。

8.1.1 仿真设置 ★★★

此节利用一个详细的驱动系统的 MATLAB/Simulink 模型来进行性能分析。DTC 的控制框图如图 3.29 所示，DTC 的滞环控制器和开关表按照 3.6.3 节中的方法设计。对于 MPDTC，DTC 的开关表被一个在每个采样周期都运行的 MPDTC 算法所替代。MPDTC 算法已经在前面的章节中阐述过了。如图 7.1 所示，与 DTC 相似，外环控制采用了转矩、磁链幅值和滞环宽度作为参考信号。

MPDTC 基于一个由 3 项组成的代价函数 $J=J_{sw}+J_{bnd}+J_t$，其中第一项令开关频率或者开关损耗最小，两种方案都将在本章中讨论；第二项 $J_{bnd}=q^T\epsilon$ 用来约束在滞环限制下的控制变量 y 的方均根值，在稳态时，q 被设置为 0，在动态时 $q=[1000\quad 0\quad 0]^T$，也就是限制在滞环约束下的转矩；第三部分 J_t 可以被用来降低死锁的可能性，在这里未被使用。关于死锁的深层次原因和解决方法，可以参考 9.3 节和 9.5 节。

接下来比较了 DTC 和 MPDTC 之间的开关频率和开关损耗，该对比是在相似的转矩和磁链纹波的条件下进行的。为了实现相似的纹波效果，考虑到 DTC 会超出转矩和定子磁链幅值的滞环范围，MPDTC

的边界被适当放宽。确切地说，转矩的滞环是 ±0.03pu，定子磁链幅值的滞环是 ±0.004pu，中点波动的滞环是 ±0.05pu。

8.1.2 稳态运行 ★★★

1. 70%额定速运行

先来研究系统运行在70%额定速带满载时的稳态性能。对于开关序列 *eSESESE* 和令开关损耗最小的代价函数，对比了 DTC 和 MPDTC。图8.1～图8.7展示了一个基波周期的波形，图8.1和图8.2展示了转矩和磁链幅值以及它们的上下边界。从图中可以发现，只有转矩或磁链超出滞环范围时 DTC 才会进行开关动作，而 MPDTC 会预测是否超出滞环并在超出滞环之前提前进行开关动作。因此，对于MPDTC可以放宽滞环的范围。尽管放宽了滞环，MPDTC 的脉动依然稍小，与 DTC 相比实现了更小的电流和转矩畸变，这将在表8.1中给出。

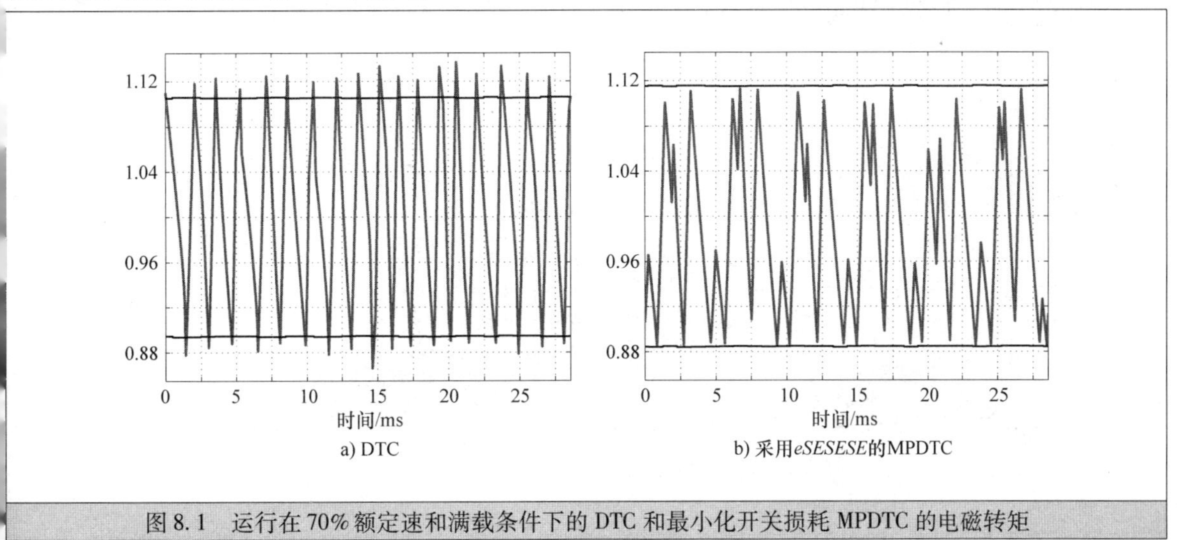

图8.1　运行在70%额定速和满载条件下的 DTC 和最小化开关损耗 MPDTC 的电磁转矩

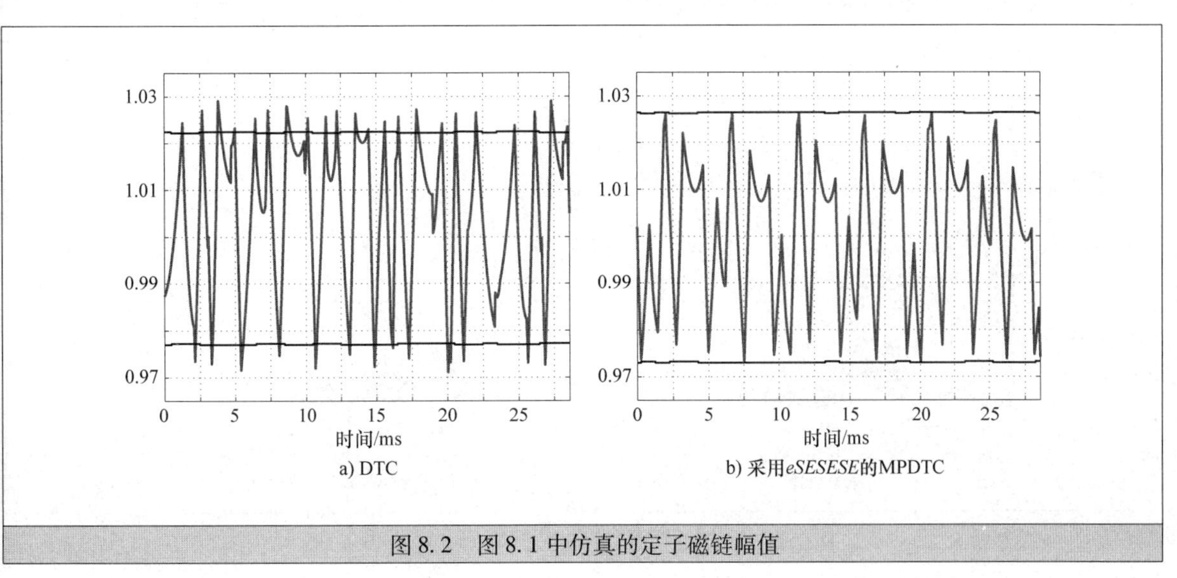

图8.2　图8.1中仿真的定子磁链幅值

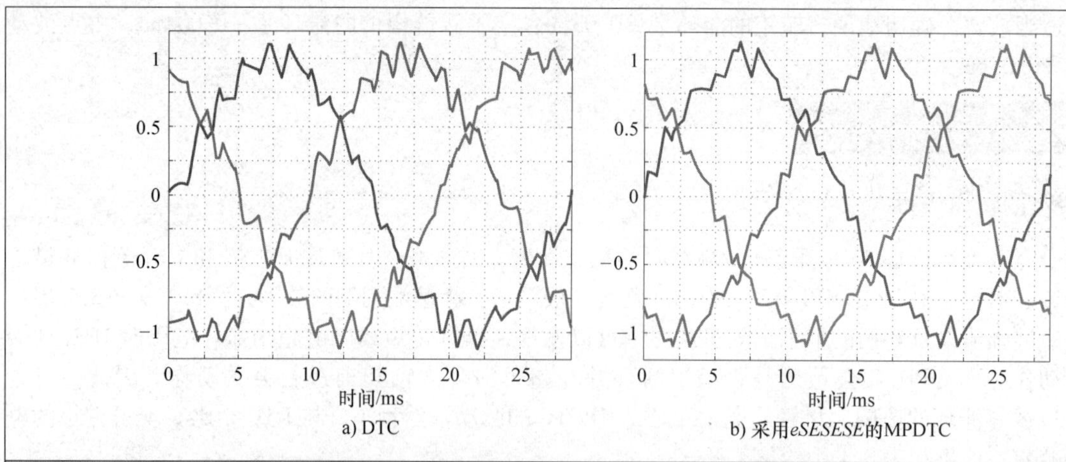

图 8.3　图 8.1 中仿真的三相定子电流

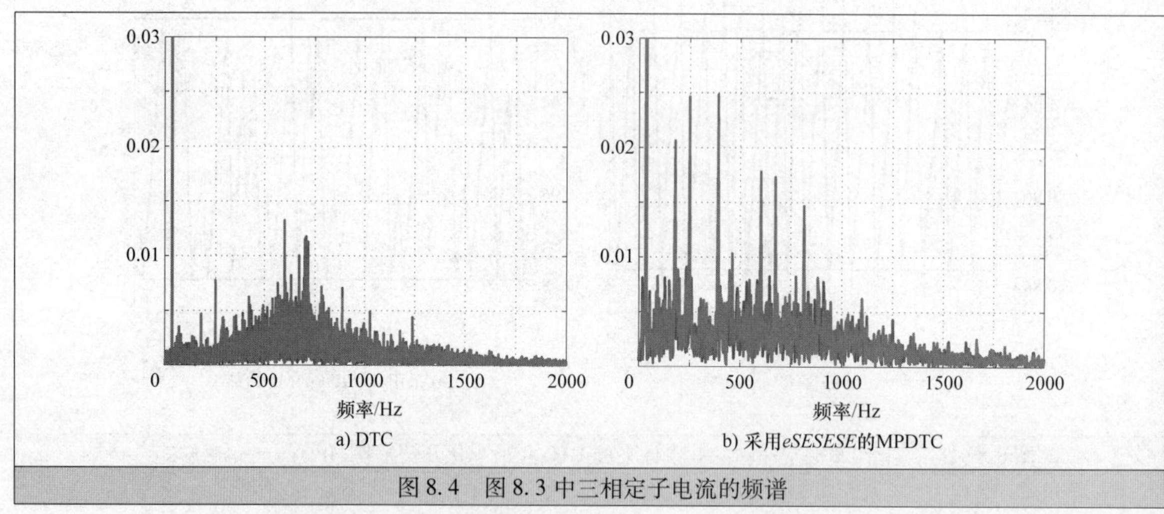

图 8.4　图 8.3 中三相定子电流的频谱

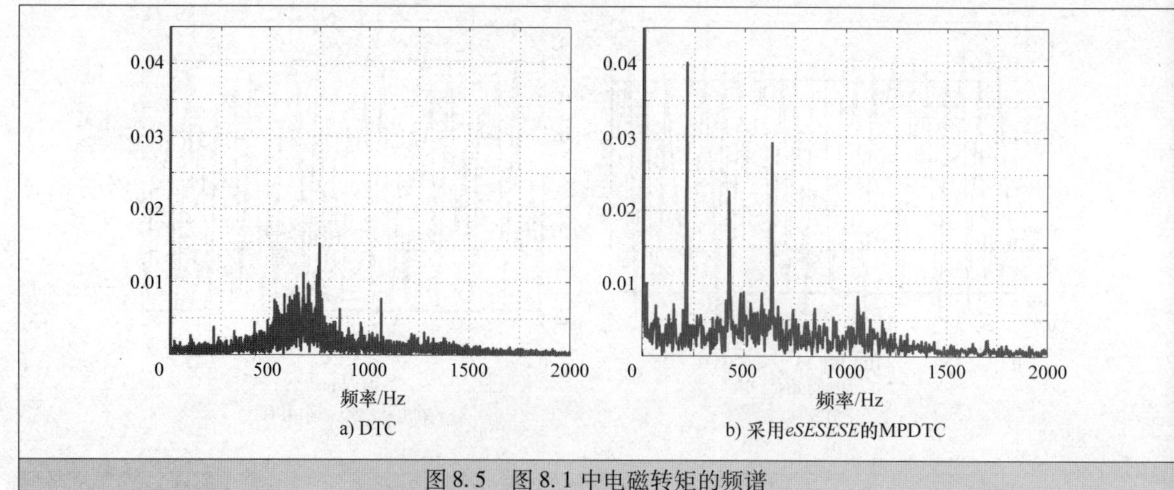

图 8.5　图 8.1 中电磁转矩的频谱

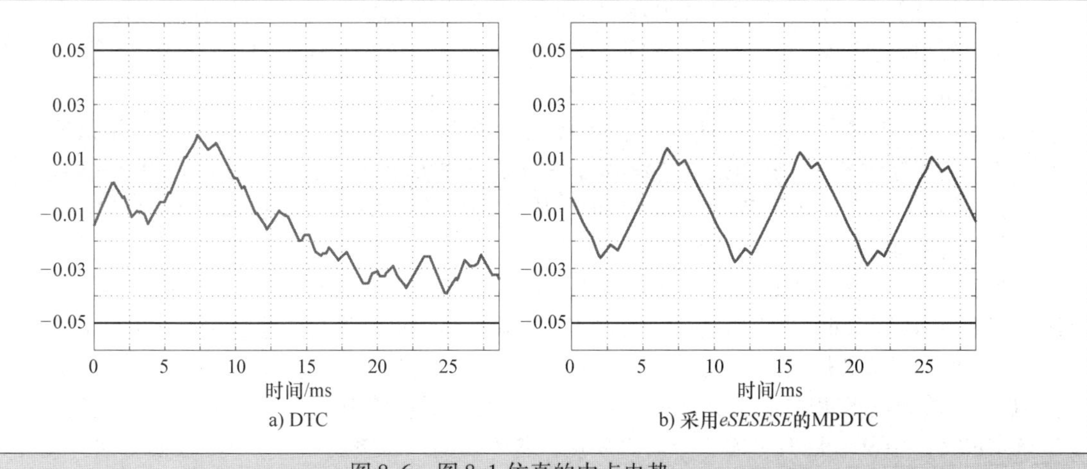

图 8.6　图 8.1 仿真的中点电势

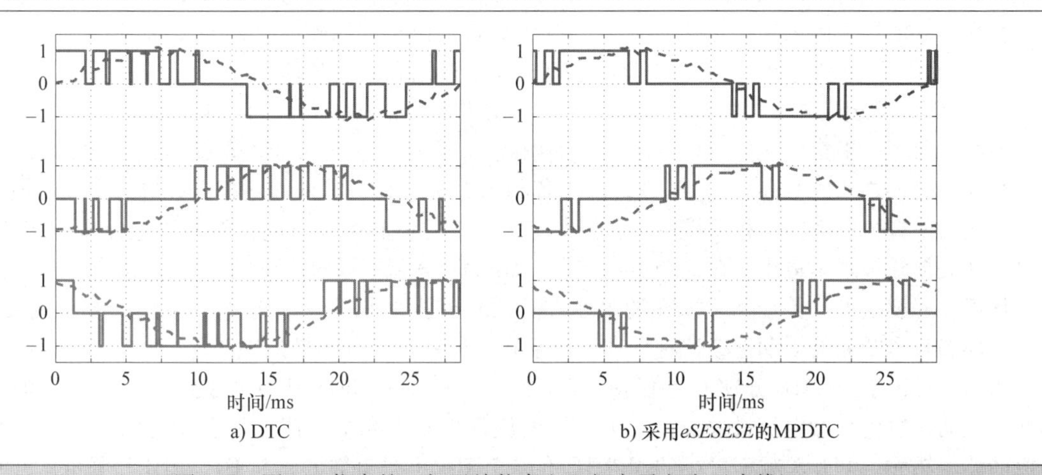

图 8.7　图 8.1 仿真的三相开关状态和三相定子电流（虚线）

表 8.1　DTC 与不同预测步长和控制目标的 MPDTC 之间的对比

控制策略	开关模式	控制目标	预测步长		性能（%）			
			平均	最大	P_{sw}	f_{sw}	I_{TDD}	T_{TDD}
DTC	—	—	—	—	100	100	100	100
MPDTC	*eSSE*	f_{sw}	25.1	95	64.6	65.0	95.2	86.5
MPDTC	*eSSESE*	f_{sw}	53.4	114	49.7	54.9	95.3	87.1
MPDTC	*eSESESE*	f_{sw}	73.6	112	47.9	52.9	93.9	87.3
MPDTC	*eSSE*	P_{sw}	23.5	87	58.8	77.8	95.9	93.3
MPDTC	*eSSESE*	P_{sw}	50.8	108	49.0	63.6	95.5	87.4
MPDTC	*eSESESE*	P_{sw}	72.2	123	41.9	56.9	92.6	88.9

注：第 4 列和第 5 列表示平均和最大的预测步长，最后 4 列是以 DTC 为基准的相对值。

三相定子电流如图 8.3 所示，基波电流分量是 1pu，与运行在额定转矩时相同。各相的谐波频谱是基于电流波形的傅里叶变换实现的，各相的谐波频谱如图 8.4 所示。

由于 DTC 的开关信号缺乏周期性，因此它的电流频谱比较平坦。最大的电流谐波幅值在开关频率的 2 倍附近，特别地，奇数和非三倍基波频率的谐波电流在达到 35Hz 时仍然存在，如 5 次、7 次、17 次、19 次。尽管如此，电流谐波的幅值低于基波电流分量幅值的 1.5%（以 1pu 为基准）。

当采用长开关序列和最小化开关损耗时，MPDTC 将谐波能量转化为离散的电流谐波。从图 8.4b 可以很容易地看出，直到 23 次的奇数次和非三倍频谐波都十分显著，这表明在稳态运行时，MPDTC 的开关切换表现出一定的周期性。

相似地，从图 8.5 可以看出 DTC 的转矩频谱十分平滑，而 MPDTC 表现出大的转矩谐波。5 次和 7 次电流谐波共同导致了 6 次转矩谐波，12 次、18 次转矩谐波也同样如此。MPDTC 中这些明显的谐波都是 $6f_1$ 的整数倍，其中 f_1 表示基频。总的来说，从 MPDTC 的转矩总需求失真（TDD）比 DTC 低中可以看出，MPDTC 的转矩谐波能量比 DTC 要低（见表 8.1）。

周期性也可以从中点电位的波动中看出。如图 8.6 所示，MPDTC 在中点电势中产生一个独特的三次谐波，这与 DTC 不同。尽管如此，两种方法都很好地将中点电势波动控制在上下边界范围内。

图 8.7 比较了两种控制方式的三相开关状态，该状态与其各自的参考电流画在一起。如图 8.7a 所示，DTC 倾向于不考虑相电流而长时间持续导通，转矩、磁链和中性点电位被认为是相互独立的。

与此相反，MPDTC 同时考虑三个输出变量，基于多输入多输出（MIMO）控制方法并优化开关策略令开关损耗最小。如图 8.1 和图 8.2 所示，这令 MPDTC 能让转矩和磁链在到达边界而产生开关切换之前在它们的滞环范围内保持更长的时间，MPDTC 特别擅长利用磁链轨迹的凸曲率。因此，如图 8.7b 所示，MPDTC 只需要很少的开关切换就能实现同样的转矩和磁链脉动。

当 MPDTC 最小化开关损耗时，大约一半的开关动作集中在相电流的过零处，在这里几乎不会产生开关损耗，而另一半集中在电流峰值附近，如图 8.7b 所示。这两组开关切换每组占据大约 30°基波周期。在开关切换之间的其余 60°范围内，由于各相的 120°相移，另外的两相也会进行开关切换。其结果是，开关切换规律发生在三相系统中，转矩、定子磁链幅值和中性点电位被始终地保持在闭环控制中。同时，开关损耗被降至最小，在这个运行点上，MPDTC 降低了超过一半的开关损耗。

从某种程度上说，关于开关损耗的限制在开关动作上施加了一个与电流基波同步的时变的约束。这种特性加强了开关的周期性，这种周期性体现在电流和转矩的离散的频谱上。

图 8.8 对比了 MPDTC 分别采用最小化开关损耗和开关频率时的开关模式。当采用后者时，一定比例的开关动作发生在相电流最大处，开关模式的周期性不太明显，使电流和转矩的频谱中没有明显的离散谐波。然而，使开关频率最小的 MPDTC 在这个工况下是有效的，与 DTC 相比它降低了几乎一半的开关频率和开关损耗。

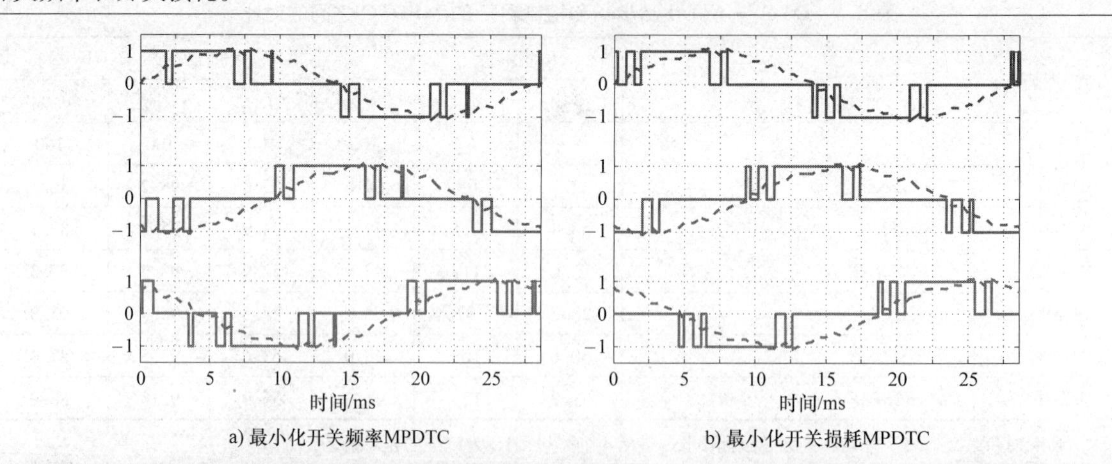

图 8.8　最小化开关频率或开关损耗的条件下，开关序列为 eSESESE 的 MPDTC 的三相开关状态和三相定子电流（用虚线表示）

注：图 8.8b 与图 8.7b 一样，目的是方便对比。

表 8.1 总结了两种策略（最小化开关频率和开关损耗）不同开关模式的 MPDTC 的性能。对 MPDTC 与 DTC 的开关损耗、开关频率、电流和转矩谐波进行了比较。DTC 被当作一个参考标准，MPDTC

以这个标准进行了标幺化。仿真是在 70% 额定速度和额定负载的情况下进行的。

当采用短开关模式 *eSSE* 并且最小化开关频率时，MPDTC 能够降低约 1/3 的开关频率和开关损耗。扩展开关模式为 *eSSESE* 可以进一步降低 20%，平均预测步长从 25 步增加一倍至超过 50 步。进一步扩展开关模式为 *eSESESE* 可以再次提高 50% 的平均预测步长，但对开关频率和开关损耗的优化提高十分有限。总的来说，这样长的开关序列在性能提升方面只能得到很小的回报。

约束开关损耗（而不是开关频率）可以更有效地降低开关损耗。例如，对于开关模式 *eSESESE*，开关损耗可以更进一步降低 13%，尽管开关频率有轻微的上升。所有的测试用例的电流和转矩 TDD 都比 DTC 小，特别是采用长预测步长的时候。

2. 在一定转速范围内的运行

为了更加详细地分析 MPDTC 的性能优势，在一定范围内的多个工况将其与 DTC 进行对比。在带额定负载的情况下，速度以 0.01pu 为步长，从 0.55pu 到 1pu 逐渐变化。MPDTC 的转矩和定子磁链滞环再次被分别设置为 ±0.03pu 和 ±0.0004pu。

为了便于比较，这里介绍两个性能指标

$$c_f = I_{\mathrm{TDD}} f_{\mathrm{sw}} \tag{8.1a}$$

$$c_P = I_{\mathrm{TDD}} P_{\mathrm{sw}} \tag{8.1b}$$

一方面评价电流 TDD，另一方面评价开关频率或开关损耗。相似的对于 PWM 的性能标准曾在 3.5 节介绍过。

考虑 MPDTC 的三种策略：短步长、中步长、长步长。定义 *eSE* 是短步长，开关模式 *eSSE* 和 *eSESE* 是中步长。对于不同的运行工况，选择不同的开关序列，从而使性能指标尽可能地小。更具体地说，当使用最小化开关频率的 MPDTC 时，使用 c_f 作为指标。相反，当最小化开关损耗时，使用 c_P。开关模式 *eSSESE*、*eSESESE* 和 *eSSESESE* 表示长步长。对于中步长，选择最小化各自指标的那一个。

图 8.9 展示了最小化开关频率 MPDTC 与 DTC 间的比较。评价指标以 DTC 为指标进行了标幺化。通过最小化开关频率，开关损耗同样也降低了。总的来说，通过比较图 8.9a 和图 8.9b，可以看出开关频率和开关损耗的降低程度相同。即使采用短预测步长 *eSE*，MPDTC 也能够比 DTC 降低 1/3 左右的开关频率和开关损耗。然而，由于短预测步长中常见的死锁等负面影响，开关模式 *eSE* 的性能受到了限制。很明显，死锁现象在 0.65～0.7pu 之间，以及 0.8pu 左右比比皆是。死锁现象和解决方法将在 9.3 节进行介绍。

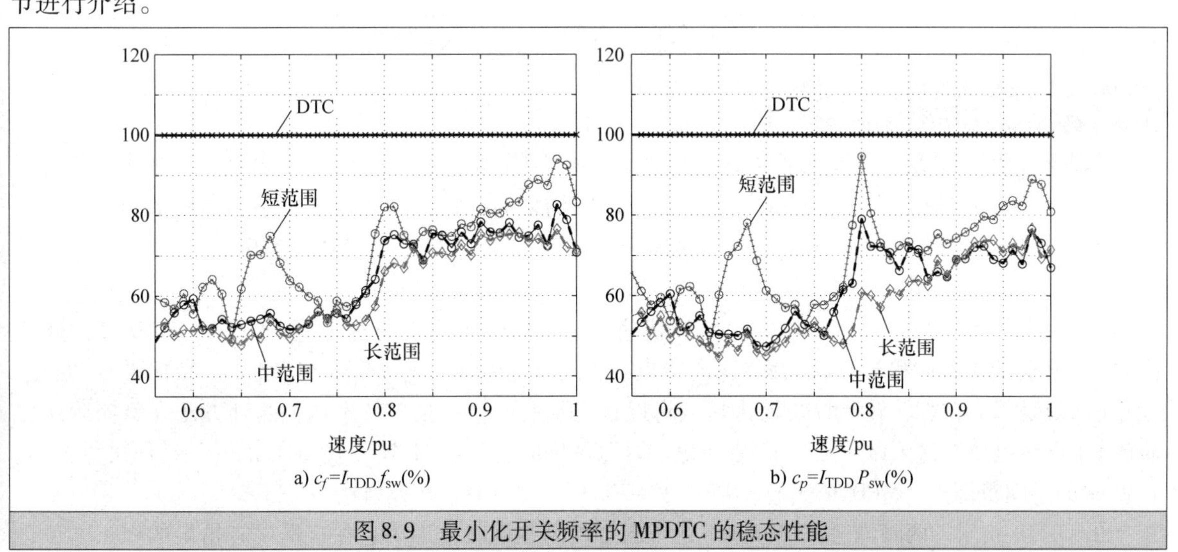

图 8.9 最小化开关频率的 MPDTC 的稳态性能

除了 0.8pu 附近的工况，中步长很大程度上避免了死锁，这提高了 MPDTC 的性能。长步长几乎完全避免了死锁，这避免了80%额定转速附近的性能下降。如果不考虑死锁，可以看出当最小化开关频率时，特别长的开关序列不一定能产生更加出色的性能，中步长，如 *eSSE* 和 *eSESE* 在许多场合就已经足够。这一现象也会在8.2.4节的五电平逆变器的研究中发现。

同时可以观察到，在0.55～0.8pu 的速度范围内，MPDTC 的性能指标可以减少一半，这表明，在保证相同电流谐波水平的条件下，开关频率和开关损耗可以降低一半。反之同样，在保证开关频率不变的条件下可以大幅降低电流谐波。但在高速状态的性能提升并不明显，性能指标优化了1/4～1/3。

在 MPDTC 的代价函数中约束开关损耗会大幅改变控制性能，如图8.10所示，中步长完全解决了死锁的问题，提供了与速度相关的平滑的性能指标。长步长在中步长的基础上进一步降低了开关损耗，参见图8.10b。尽管在许多情况下，MPDTC 需要稍微提高开关频率来实现开关损耗的降低，这一特性参见图8.10a。但不论怎样，开关损耗（而不是开关频率）与逆变器的效率和散热容量有关，而这正是需要被降低的主要目标。

与 DTC 相比，当运行在0.6～0.75pu 的中速范围内时损耗指标 c_P 可以降低至大约60%。在0.8pu 以上的高速时，至少降低了1/3。我们可以得出结论，当最小化开关损耗时，非常长的步长比中步长带来了性能提升。成功的最小化开关损耗要求开关的切换瞬间发生在相电流最小处，同时还要求三个输出变量在各自的滞环内，这是一个可从长步长中获益的复杂优化问题。

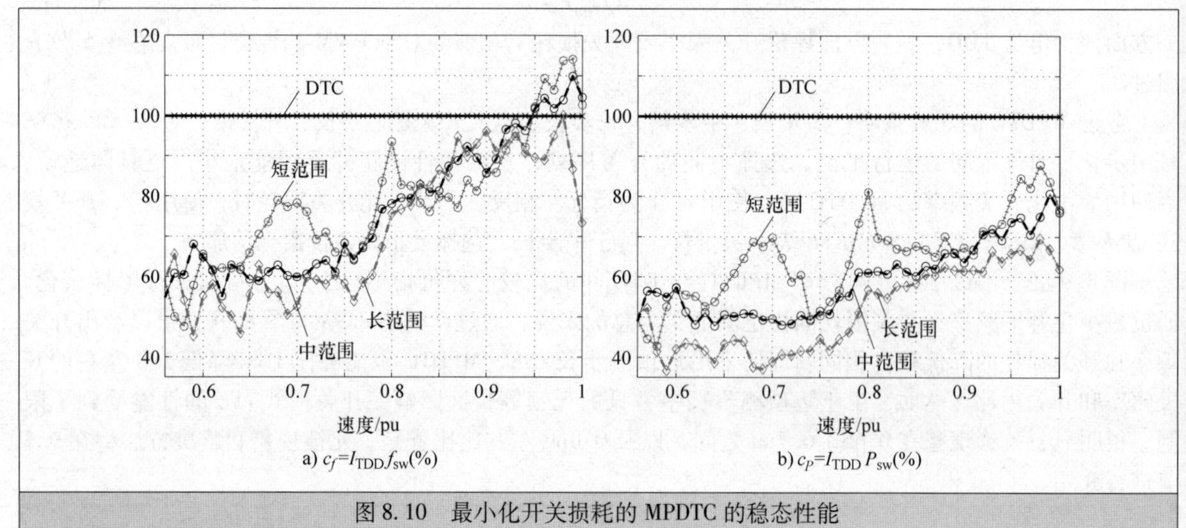

图8.10 最小化开关损耗的 MPDTC 的稳态性能

8.1.3 暂态运行 ★★★

对转矩阶跃时 MPDTC 的动态性能进行研究，并与 DTC 做出了比较。对于 MPDTC，选择了预测模式 *eSESE*，平方边界惩罚度 $q=[1000\quad 0\quad 0]^T$，同时同之前一样，稍微放宽转矩和滞环的边界。当运行在70%转速时，施加从1pu 至 −1pu 的转矩阶跃。两种控制方法使用同样的电机和中点电位初始条件。

转矩响应如图8.11所示，两种方法同样快速，在负向转矩阶跃的过程中，DTC 和 MPDTC 的转矩下降时间分别是0.8ms 和1.1ms，而在正向转矩阶跃的过程中分别是4.2ms 和3.6ms。负向转矩动态过程比正向短是因为在翻转转矩时在转速基值附近有充足的电压裕量。特别地，两种方法在负向阶跃时都抬升了母线电压，这可以从图8.12中看出。这张图同时也指出 MPDTC 比 DTC 的开关动作次数更少。在30ms 的时间范围内，MPDTC 比 DTC 降低了40%的开关频率和开关损耗。

如图8.13所示，两种方法都很好地将定子磁链控制在滞环范围内，在这里没有给出的中点电位也同样，从图8.14所示的定子电流中也能看出快速的转矩响应。两种方法都避免了瞬态过电流。

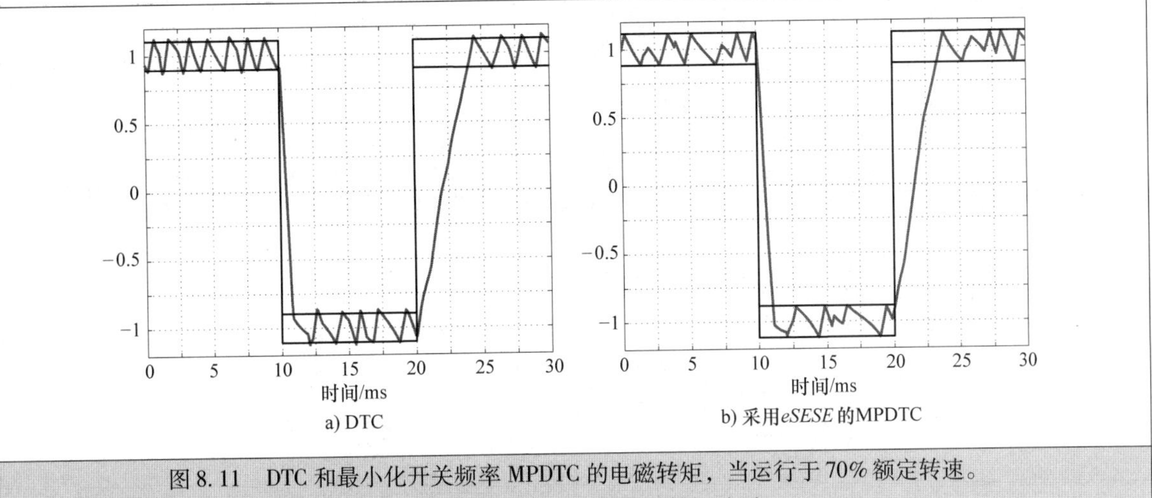

图 8.11　DTC 和最小化开关频率 MPDTC 的电磁转矩，当运行于 70% 额定转速。在 10ms 和 20ms 作用 2pu 的转矩阶跃

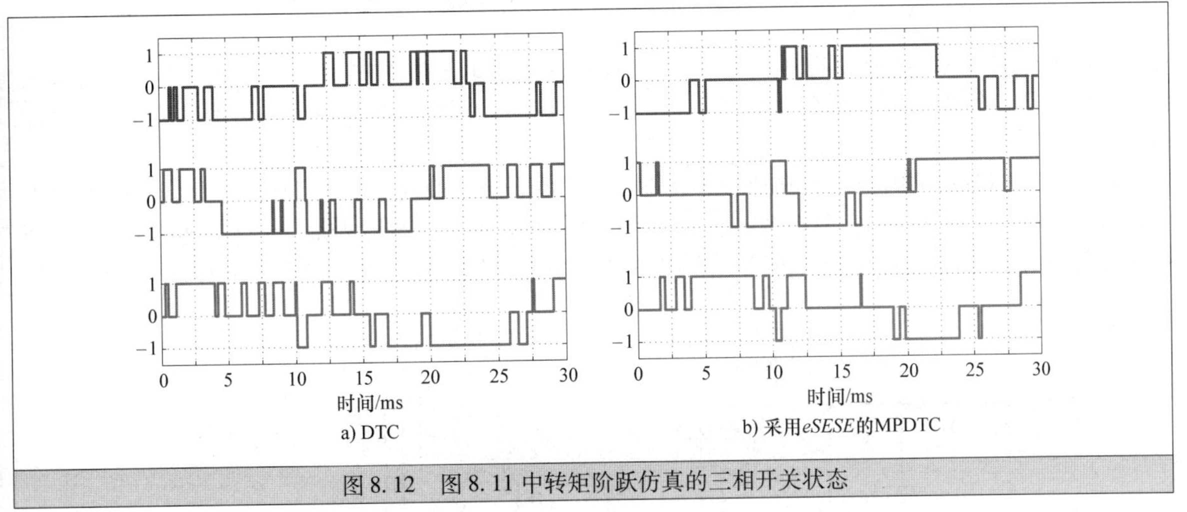

图 8.12　图 8.11 中转矩阶跃仿真的三相开关状态

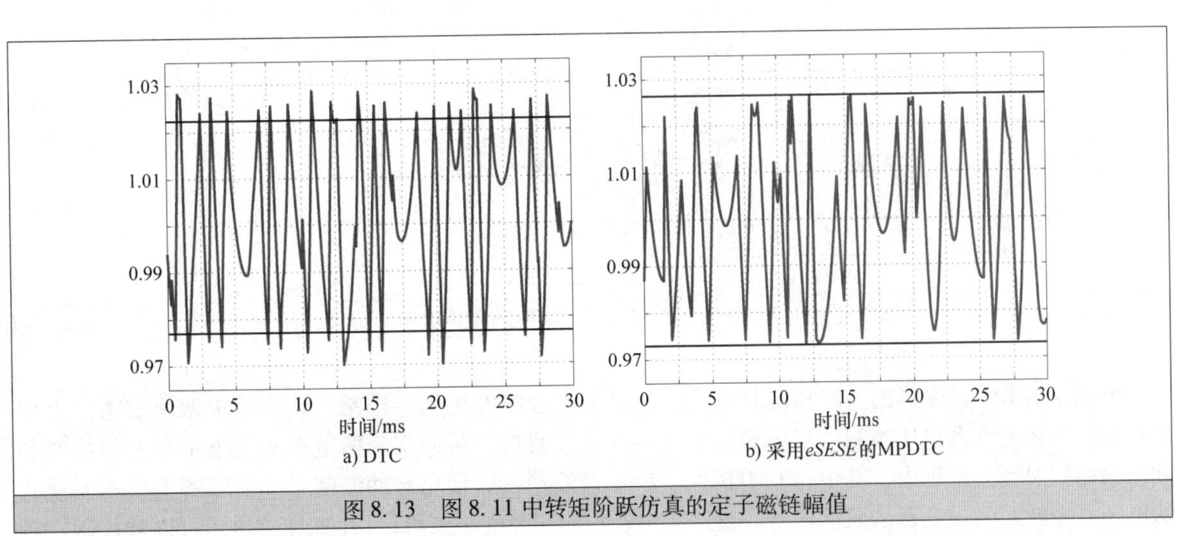

图 8.13　图 8.11 中转矩阶跃仿真的定子磁链幅值

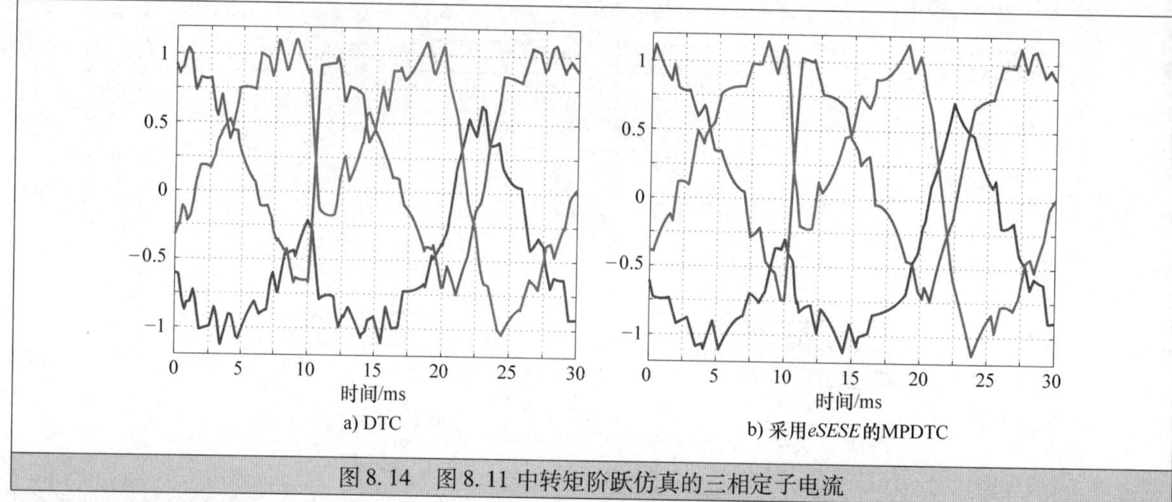

图 8.14　图 8.11 中转矩阶跃仿真的三相定子电流

8.2　ANPC 逆变器驱动系统的性能评估

五电平有源中点钳位逆变器（ANPC）[1,2] 是最近由经典的三电平中点钳位逆变器推广而来的拓扑[3]。NPC 的二极管被有源开关所取代[4]，浮动电容被加入到每一相中，这与飞跨电容型逆变器相似[5]，五电平 ANPC 逆变器的拓扑已经在 2.4.2 节中详细介绍。

一个 6kV、1MVA 的中压异步电机被连接在这个逆变器上，构成一个变速驱动系统（VSD），如图 8.15 所示。这个五电平 ANPC 驱动系统从 7.2.2 节的三电平 NPC 逆变器中推广而来。电磁转矩、定子磁链幅值、中点波动、各相的三个电容电压需要被控制在参考值附近。因此控制问题涉及 2 个设备和 4 个逆变器电压。

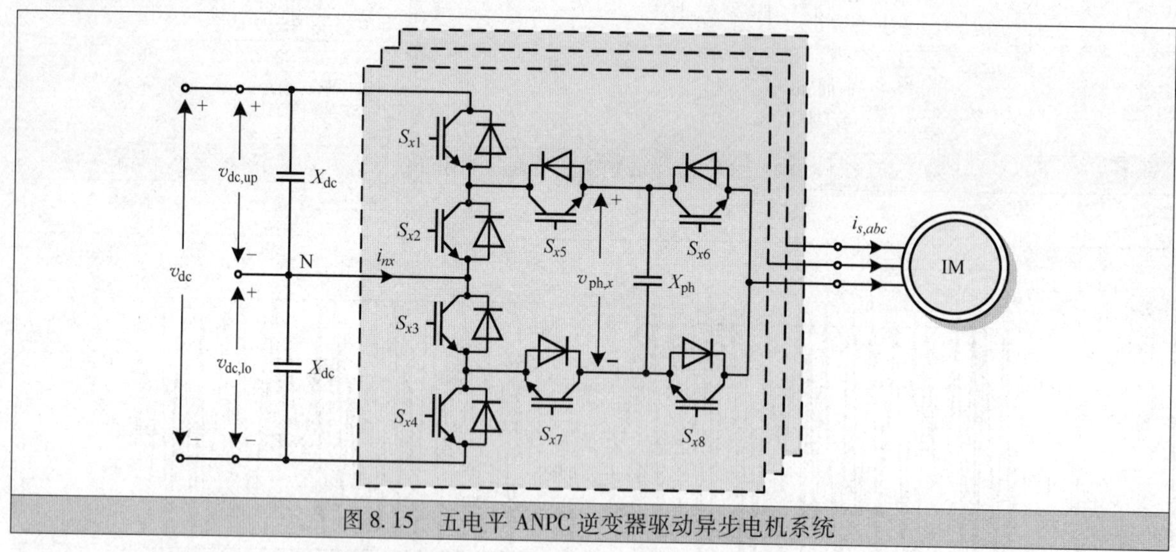

图 8.15　五电平 ANPC 逆变器驱动异步电机系统

五电平 ANPC 逆变器的控制和调制策略已经提出。这些方法都将控制和调制分成两个层次。上层通过控制三相逆变器电压控制电机电流，为了实现这一目的，将原本为两电平和三电平开发的控制和调制策略扩展到五电平中。其中包括 DTC[1]、特定谐波消去、优化脉冲调制[6]、下层将上层不同模式的电压指令转换为逆变器的驱动信号。通过使用各相的冗余电压矢量，4 个逆变器电压可以被控制在各自的参考值附近，例如在参考文献［1］中展现的那样。基于 DTC 的分层控制如图 8.16 所示。

得益于其能够处理复杂多目标驱动控制问题，它的快速转矩响应能实现低开关频率和损耗，MPDTC 有望成为解决五电平 ANPC 逆变器控制、调制问题的理想方法。特别地，MPDTC 允许在一个计算框架下解决控制和调制的问题，从而在解决磁通和转矩控制问题的同时，实现了逆变器内部电压平衡。因此，由于现有方法将控制与调制分为两层结构而产生的内在限制可以得到解决，这产生了性能优势。

本节总结了控制器的模型，并将 MPDTC 推广到五电平拓扑。以 1MVA 的逆变器和异步电机驱动系统为例，比较了 MPDTC 和 DTC 的稳态性能和动态性能。对比显示，在同样开关频率下，MPDTC 在与 DTC 表现出同样快速转矩响应的同时，实现了电流 TDD 超过 50% 的降低。

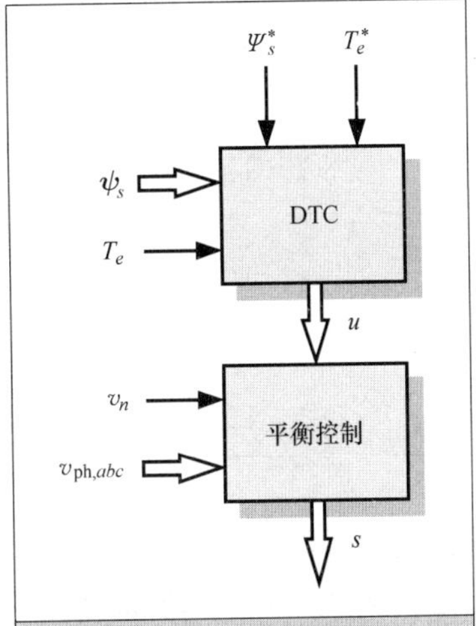

图 8.16　五电平 ANPC 逆变器驱动系统的分级控制结构
注：DTC 作为上层的控制和调制方法。

8.2.1　控制器模型 ★★★

MPC 用来预测未来工作状态所依赖的内部控制模型由三部分构成——电机模型、逆变器模型、逆变器的开关限制。使用与 7.2.1 节和 7.2.3 节同样的电机模型。特别地，在正交坐标系下定义电机定转子磁链构成的状态变量

$$\boldsymbol{x}_m = [\psi_{s\alpha} \quad \psi_{s\beta} \quad \psi_{r\alpha} \quad \psi_{r\beta}]^T \tag{8.2}$$

对于逆变器来说，定义由 a、b、c 相电容电压和中点波动组成的状态变量

$$\boldsymbol{x}_i = [v_{\mathrm{ph},a} \quad v_{\mathrm{ph},b} \quad v_{\mathrm{ph},c} \quad v_n]^T \tag{8.3}$$

对于输入矢量，选择三相开关状态

$$\boldsymbol{s} = \boldsymbol{s}_{abc} = [s_a \quad s_b \quad s_c]^T \quad \in \{0,1\cdots,7\}^3 \tag{8.4}$$

而不是相电压电平 $\boldsymbol{u} = \boldsymbol{u}_{abc} \in \{-2,-1,0,1,2\}^3$。前者包含了五电平拓扑固有的单相冗余，而后者掩盖了这类冗余，仅表现出三相冗余。选择 s 作为输入矢量可以使 MPDTC 利用这两类冗余。对于三相矢量 s 和 u 的定义，可以参考 2.4.2 节。

相电容和直流母线电压的波动在五电平 ANPC 逆变器中是十分重要的事情。为了保证控制器模型提供的预测足够精确，需要在预测定子电压（7.1）中考虑这些波动。特别的，在表 2.7 中，推导了三相定子电压作为三相开关状态 $\boldsymbol{s}$、逆变器状态 $\boldsymbol{x}_i$ 和总直流母线电压 v_{dc} 的一个函数。为了简洁，通常从列表中去掉 v_{dc}，将三相定子电压简写为 $\boldsymbol{v}_{s,abc}(\boldsymbol{s},\boldsymbol{x}_i)$。

因此可以将电机的微分方程（7.4a）和（7.4b）写成状态空间的形式

$$\frac{\mathrm{d}\boldsymbol{x}_m(t)}{\mathrm{d}t} = \boldsymbol{F}_m \boldsymbol{x}_m(t) + \boldsymbol{G}_m \boldsymbol{v}_{s,abc}(\boldsymbol{s}(t),\boldsymbol{x}_i(t)) \tag{8.5}$$

系统与输入矩阵 $\boldsymbol{F}_m$ 和 $\boldsymbol{G}_m$ 在附录 8.A 中被证明。

逆变器的动态模型展示了三相电容电压和中性点电位的变化，这 4 个逆变器电压取决于开关状态和定子电流。然后可以被表示为电机矢量［见式（2.53）］的一组线性组合，可以得出逆变器电压矢量的微分

$$\frac{\mathrm{d}\boldsymbol{x}_i(t)}{\mathrm{d}t} = \boldsymbol{F}_i(\boldsymbol{s}(t))\boldsymbol{x}_m(t) \tag{8.6}$$

作为电机状态矢量和开关位置的一个函数。系统矩阵 $\boldsymbol{F}_i(\boldsymbol{s})$ 在附录 8.A 中做了推导。它是三相开关状态 $\boldsymbol{s}$ 的一个函数。

为了推导出 ANPC 驱动系统在连续时间下的状态空间表达式，建立电机的状态空间模型（8.5）和逆变器的状态空间模型（8.6）：

$$\frac{\mathrm{d}\boldsymbol{x}(t)}{\mathrm{d}t}=\boldsymbol{F}(\boldsymbol{s}(t))\boldsymbol{x}(t)+\boldsymbol{G}\boldsymbol{v}_{s,abc}(\boldsymbol{s}(t),\boldsymbol{x}(t)) \tag{8.7a}$$

$$\boldsymbol{y}(t)=\boldsymbol{h}(\boldsymbol{x}(t)) \tag{8.7b}$$

传动系统的状态变量

$$\boldsymbol{x}=[\boldsymbol{x}_m^T \quad \boldsymbol{x}_i^T]^T \tag{8.8}$$

被定义为电机和逆变器状态变量的串联。系统和输入矩阵是

$$\boldsymbol{F}(\boldsymbol{s})=\begin{bmatrix}\boldsymbol{F}_m & \boldsymbol{0}_{4\times4}\\ \boldsymbol{F}_i(\boldsymbol{s}) & \boldsymbol{0}_{4\times4}\end{bmatrix},\ \boldsymbol{G}=\begin{bmatrix}\boldsymbol{G}_m\\ \boldsymbol{0}_{4\times3}\end{bmatrix} \tag{8.9}$$

输出矢量

$$\boldsymbol{y}=[T_e \quad \boldsymbol{\Psi}_s \quad v_{\mathrm{ph},a} \quad v_{\mathrm{ph},b} \quad v_{\mathrm{ph},c} \quad v_n]^T \tag{8.10}$$

包括电磁转矩、定子磁链幅值、三相电容电压、中点波动。输出方程 $\boldsymbol{h}(\boldsymbol{x})$ 的证明见附录 8. A。

输入矩阵 $\boldsymbol{G}$ 中的零点掩盖了这 4 个逆变器状态变量的演化在很大程度上依赖于开关位置 $\boldsymbol{s}$ 的事实。事实上，这种依赖通过逆变器系统矩阵 $\boldsymbol{F}_i(\boldsymbol{s})$ 是 $\boldsymbol{s}$ 的函数被表现出来。

最后一步推导了驱动模型的离散形式，利用前向欧拉离散法实现 $t=kT_s$ 到 $t=(k+1)T_s$ 的积分。由此得到

$$\boldsymbol{x}(k+1)=\boldsymbol{A}(\boldsymbol{s}(k))\boldsymbol{x}(k)+\boldsymbol{B}\boldsymbol{v}_{s,abc}(\boldsymbol{s}(k),\boldsymbol{x}(k)) \tag{8.11a}$$

$$\boldsymbol{y}(k)=\boldsymbol{h}(\boldsymbol{x}(k)) \tag{8.11b}$$

伴随着离散时间矩阵

$$\boldsymbol{A}(\boldsymbol{s}(k))=\boldsymbol{I}_8+\boldsymbol{F}(\boldsymbol{s}(k))T_s,\ \boldsymbol{B}=\boldsymbol{G}T_s \tag{8.12}$$

2. 4. 2 节阐述了开关约束。特别的，单相开关限制是强制的（见图 2. 24），同时限制的还有三相开关状态（见表 2. 8）。两种限制都取决于上一个 50μs 作用的开关状态和定子电流的符号。假设采样间隔为 25μs，在时刻 k 的开关约束可以表示为

$$\boldsymbol{s}(k)\in\boldsymbol{S}(\boldsymbol{i}_{s,abc}(k),\boldsymbol{s}(k-1),\boldsymbol{s}(k-2)) \tag{8.13}$$

式中，$\boldsymbol{S}$ 代表逆变器从 $\boldsymbol{s}(k-1)$ 时刻可能切换的三相开关状态切换的集合。

总的来说，控制器模型包含了由 4 个状态变量组成的异步电机标准动态模型、逆变器动态方程和开关切换限制。如果需要，模型可以进一步扩展以包含速度方程（7. 4c）。

8. 2. 2 改进的 MPDTC 算法 ★★★

将两组 x 相的开关状态加以区分，其中 $x\in\{a,b,c\}$。令直流母线和开关状态 $S_{x1}\sim S_{x4}$ 构成 ANPC 部分而相电容和开关状态 $S_{x5}\sim S_{x8}$ 构成飞跨电容（FC）部分。每一组 $S_{x1}\sim S_{x4}$ 开关由两组串联的 IGBT 构成，而 $S_{x5}\sim S_{x8}$ 则与单个 IGBT 相关。稍微复杂的，引入变量

$$\Delta s_{\mathrm{ANPC},x}(k)=f_{\mathrm{ANPC}}(i_{sx}(k),s_x(k),s_x(k-1)) \tag{8.14a}$$

$$\Delta s_{\mathrm{FC},x}(k)=f_{\mathrm{FC}}(i_{sx}(k),s_x(k),s_x(k-1)) \tag{8.14b}$$

式中分别包含了 ANPC 部分和 FC 部分在离散时刻 k 的每相开启（或关断）切换。函数 f_{ANPC} 和 f_{FC} 在图 2. 24 中隐式定义。它们的输出是 0、1 或 2。定义向量

$$\Delta s_{\mathrm{ANPC}}=\begin{bmatrix}\Delta s_{\mathrm{ANPC},a}\\ \Delta s_{\mathrm{ANPC},b}\\ \Delta s_{\mathrm{ANPC},c}\end{bmatrix},\ \Delta s_{\mathrm{FC}}=\begin{bmatrix}\Delta s_{\mathrm{FC},a}\\ \Delta s_{\mathrm{FC},b}\\ \Delta s_{\mathrm{FC},c}\end{bmatrix} \tag{8.15}$$

IGBT 部分和 FC 部分承担了主要的开关负担，因此降低这部分的开关频率尤为重要，基于此构建代价函数

$$J=J_{\mathrm{sw}}+J_{\mathrm{bnd}}+\lambda_n(v_n(k+N_i))^2 \tag{8.16}$$

式中

$$J_{sw} = \frac{1}{N_i}\sum_{\ell=k}^{k+N_i-1} \lambda_s \parallel \Delta s_{ANPC}(\ell) \parallel_1 + \parallel \Delta s_{FC}(\ell) \parallel_1 \tag{8.17}$$

式（8.16）中的第一项代表长度为 N_i 的第 i 个候选开关序列的（短步长）开关频率。利用调整参数 $0 \leqslant \lambda_s < 1$ 来降低 ANPC 部分的开关动作。第二项 $J_{bnd} = \boldsymbol{q}^T\boldsymbol{\epsilon}$ 为约束输出变量。与式（7.33）相似，定义归一化方均根边界约束为

$$\boldsymbol{\epsilon}(k) = [\epsilon_T(k) \quad \epsilon_\Psi(k) \quad \epsilon_a(k) \quad \epsilon_b(k) \quad \epsilon_c(k) \quad \epsilon_v(k)]^T \tag{8.18}$$

代价函数中的第三项以惩罚在开关序列结束时相对零点的偏移的方式添加了中点波动的权重，这个限制用权重 λ_n 来调节，它是一个远小于 1 的非负数。

第三项的目的是减少无解或死锁的可能性，也即候选序列可能是空集的情况。当两个或更多输出变量接近它们的边界时这种情况较易发生。大多数情况下，中点电位波动和一相的电容电压是互斥的。通过在代价函数的中点电位项添加一个最终的权重，发生这种状况的可能性可以大幅降低。不论预测增加的开关频率多小，这一约束的提供使得 MPDTC 令中点电位接近 0。关于死锁及其处理方法的更多细节，可以参考 9.3 节和 9.5 节。为了解决死锁问题，9.4 节对死锁辨识策略进行了探讨。

7.4.5 节中描述的 MPDTC 算法被用在了五电平 ANPC 逆变器驱动系统，并进行了如下 3 点改进。首先，控制器操作三相开关状态 $\boldsymbol{s}$，其中 $\boldsymbol{s} \in \{0,1,\cdots,7\}^3$。这表明开关序列是

$$\boldsymbol{S}(k) = [\boldsymbol{s}^T(k) \quad \boldsymbol{s}^T(k+1) \quad \cdots \quad \boldsymbol{s}^T(k+N-1)]^T \tag{8.19}$$

它取代了式（7.36）。第二，在开关时刻 ℓ，只有 $\boldsymbol{S}(\boldsymbol{i}_{s,abc}(\ell), \boldsymbol{s}(\ell-1), \boldsymbol{s}(\ell-2))$ 中允许的开关状态 $\boldsymbol{s}(\ell)$ 会被考虑，拓展了式（7.37）的限制。第三，式（7.38）和式（7.40b）、式（7.40c）的控制模型被式（8.11）取代。

8.2.3 仿真设置 ★★★

本章剩余的部分对 MPDTC 的性能进行了评估，并基于中压五电平 ANPC 逆变器驱动系统以 DTC 为标准进行了对比。更具体地说，使用了一个 6kV，50Hz，额定功率 1MVA 的笼型异步电机。逆变器直流母线电压的基值是 9.8kV。驱动系统的案例在 2.5.3 节进行了总结。电机和逆变器的参数如表 2.12 和表 2.13 所示。

本节使用了一个非常精确和细致的 MATLAB/Simulink 模型用于对比，以保证仿真平台尽可能的真实。模型包含一个电机磁链观测器和模型控制器用来调整转矩和磁链幅值（时变）的边界。没有使用最优的速度编码器。感应电机模型包括电机的磁饱和及由趋肤效应产生的转子电阻变化，对测量延迟和控制器的计算延迟也进行了建模。仿真模型包括一个与变压器和电网相连的有源前端（AFE），AFE 调节总的直流母线电压和注入电网的无功功率。AFE 不控制中点电位，但它仍然有着显著的影响。

作为比较基准，3.6.3 节中描述的 DTC 策略被推广到了五电平。转矩和磁链滞环控制器增加了额外的滞环等级，并且 DTC 的查找表也相应地做了优化。采用图 8.16 所示的分层控制结构，DTC 通过控制相电压电平 $\boldsymbol{u}$ 来控制电机的转矩和磁场强度。一个基本的平衡控制器保持三相电容电压和中性点电位在其范围内，该控制器利用单相和三相内在的拓扑冗余产生三相开关状态 $\boldsymbol{s}$。这个两层控制方案在参考文献［1］中有相关表述。

在 MPDTC 算法的测试中，每一个采样时刻 Simulink 模块中的 DTC 算法和平衡策略被一个运行 MPDTC 的函数所取代。代价函数（8.16）中的权重系数被设置为 $\lambda_s = 0.1$，$\lambda_n = 0.1$，边界惩罚被设置为稳态 $\boldsymbol{q} = \boldsymbol{0}_{6\times1}$，而转矩瞬态时 $\boldsymbol{q} = [1000 \quad 0 \quad \cdots \quad 0]^T$，也就是对转矩施加很强的约束。

8.2.4 稳态运行 ★★★

MPDTC 和 DTC 之间的性能比较着重于电流、转矩的 TDD，分别是 I_{TDD} 和 T_{TDD}，以及下述的三个开关频率：所有 36 个器件的平均开关频率 $f_{sw,avg}$；IGBT 组 $S_{x1} \sim S_{x4}$ 的开关频率 $f_{sw,ANPC}$（逆变器的 ANPC 部

分)；IGBT 组 S_{x5} ~S_{x8}的开关频率$f_{sw,FC}$（逆变器的 FC 部分）。

DTC 对于相电容电压采用对称滞环边界 0.25v_{dc} ±0.055pu，这个边界位于 1/4 直流母线电压的中心。中点电位被保持在 ±0.09pu。两个边界的设置都被包含在 MPDTC 中。电磁转矩和定子磁链幅值的边界被设置在 DTC 的外环，为了降低电流和转矩的纹波，转矩和磁链的环宽分别被乘以 0.774 和 0.427。当运行在额定转矩时，这个结果大约分别为 1 ±0.04pu 和 1 ±0.005pu。

1. 运行在额定速度

考虑稳态运行在额定速度和额定转矩。表 8.2 展示了 DTC 和 MPDTC 比较的闭环仿真结果。得益于更紧凑的边界，并且 MPDTC 控制更加贴近边界，MPDTC 的电流和转矩 TDD 不到 DTC 的一半，同时开关频率也会降低。

表 8.2 DTC 与不同切换范围的 MPDTC 的比较，比较是在额定转速和额定负载的条件下进行的，比较项目分别是电流和转矩 TDD，即 I_{TDD}和 T_{TDD}，以 DTC 为基准，以百分值给出

控制策略	开关模式	平均预测步长 N_p	I_{TDD}(%)	T_{TDD}(%)	$f_{sw,avg}$/Hz	$f_{sw,ANPC}$/Hz	$f_{sw,FC}$/Hz
DTC	—	—	100	100	421	315	634
MPDTC	*eSE*	8.4	48.6	49.9	383	272	605
MPDTC	*eSSE*	13.7	47.7	50.5	350	248	555
MPDTC	*eSESE*	19.7	47.1	49.9	337	238	534
MPDTC	*eSESESE*	30.4	45.8	48.7	326	229	519

注：同时也给出了平均开关频率$f_{sw,avg}$、逆变器的 ANPC 部分的开关频率$f_{sw,ANPC}$、逆变器的 FC 部分的开关频率$f_{sw,FC}$。

随着切换范围的扩展，预测步长也相应地增长，使 MPDTC 可以预测的更远，实现了开关频率的显著降低。以采用切换范围 *eSE* 的 MPDTC 为例，与 DTC 相比，其平均开关频率也即开关损耗可以降低近 10%，与此相应，当采用长切换范围 *eSESESE*，平均开关频率进一步降低了 20%。

FC 部分的 IGBT 承担着主要的开关负担并构成限制因素。当采用 *eSE* 模式时，它们的开关频率可以降低 5%，而采用 *eSESESE* 时将近 20%。这是一个值得注意的结果，由于 FC 开关主要用于平衡相电容电压，控制器只有少数几个自由度以保持平衡。由于大约一半的开关转换是由内部逆变器电压接近其边界触发的，10% 的减少可能使转矩和定子磁通的边界再额外缩小 20%，并减少相应的失真。有趣的是，随着切换范围的延长，电流 TDD 也略有下降。这表明当使用长的开关序列时，转矩和定子磁链在它们的边界内更为紧密。

图 8.17a 和图 8.18a 展示了 DTC 在额定转速和额定转矩下运行的波形。转矩和定子磁链的越界经常

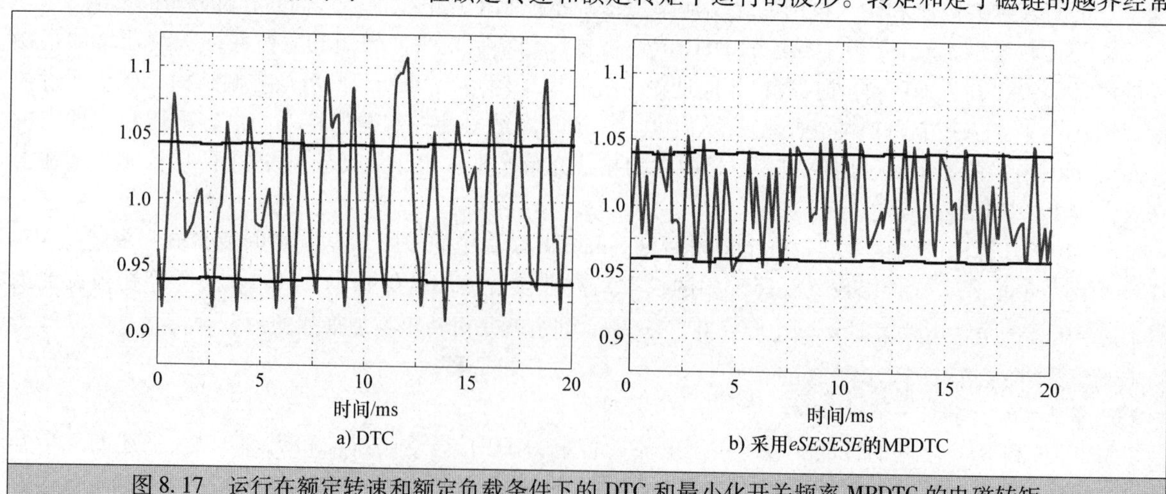

图 8.17 运行在额定转速和额定负载条件下的 DTC 和最小化开关频率 MPDTC 的电磁转矩

发生，这是因为DTC的开关动作只在一个边界已经被越过时发生。图8.19a中的相电流表现出明显的电流纹波。图8.20a和图8.21a的转矩和电流频谱是用傅里叶变换计算的。谐波的幅值很小，低于额定转矩和相电流1pu的2%。

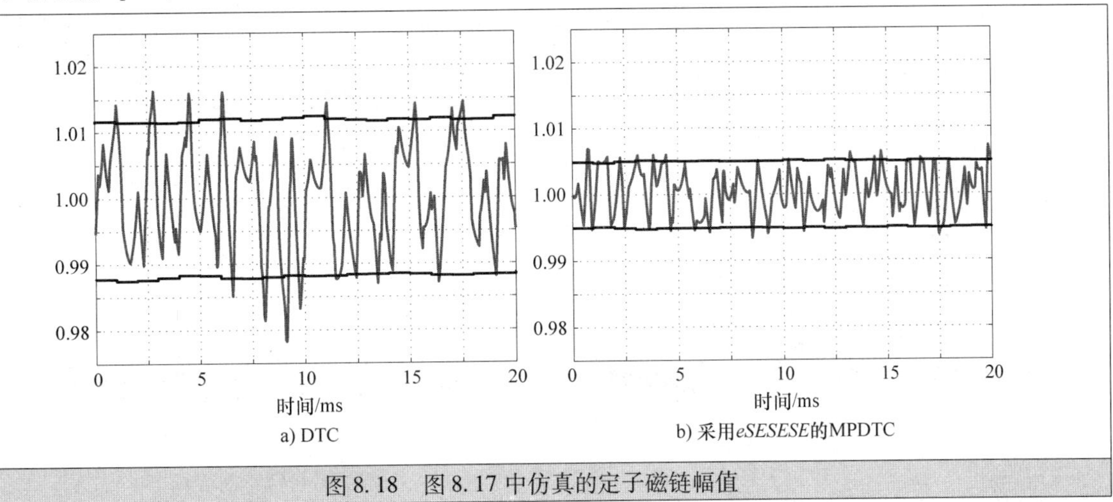

图8.18　图8.17中仿真的定子磁链幅值

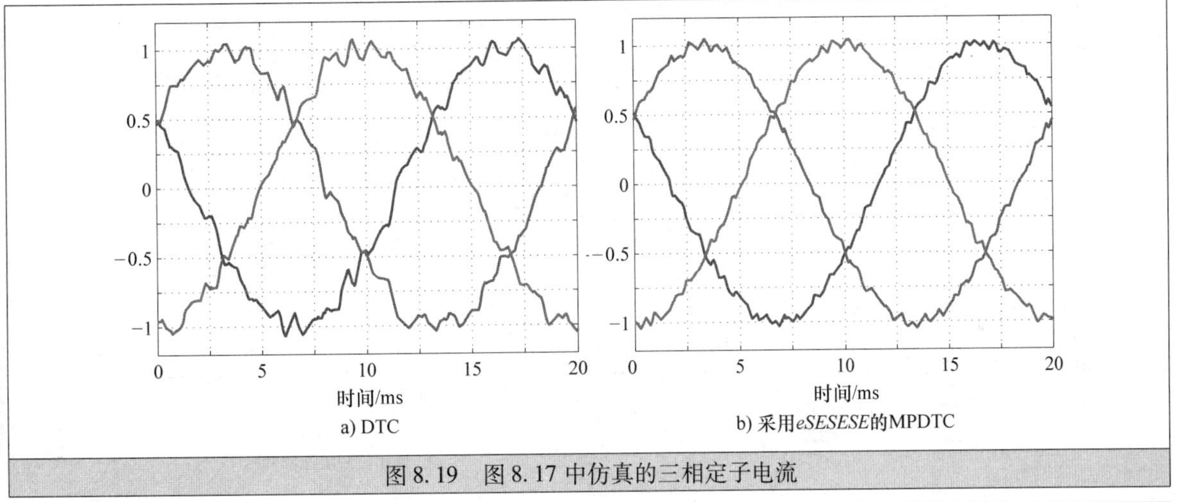

图8.19　图8.17中仿真的三相定子电流

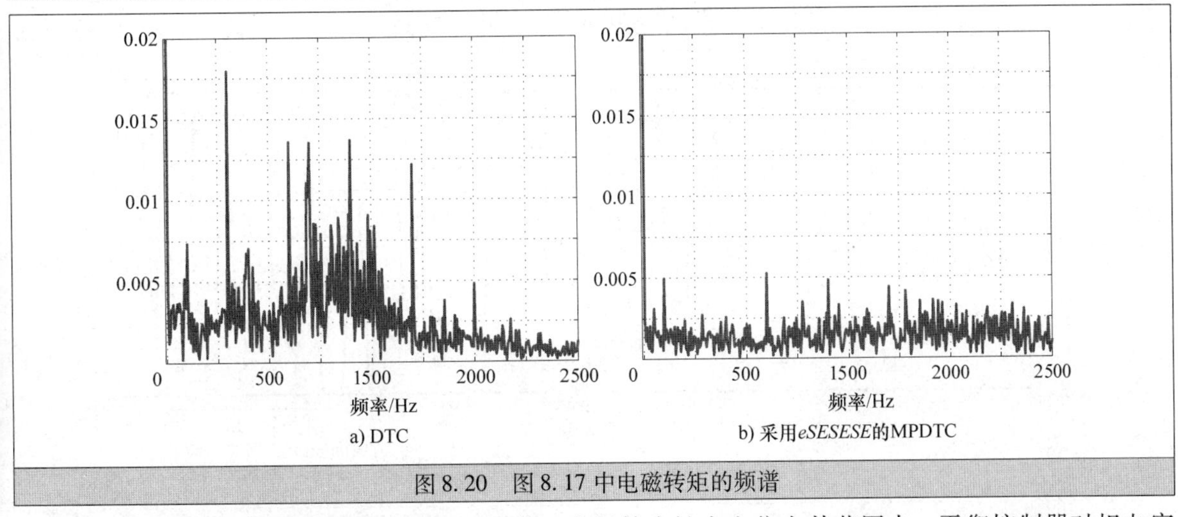

图8.20　图8.17中电磁转矩的频谱

DTC下级的平衡控制器除了少数的越界外基本保持中性点电位在其范围内。平衡控制器对相电容电压施加内部和外部的限制，以确保电压始终保持在它们的外边界内。然而，使用额外的内部界限意味着外边界并不总是被充分利用。这可以在图 8.23a 中看到，它只给出了外部边界。相电平和开关位置如图 8.24a 和图 8.25a 所示。在表 8.2 的第一行中总结了用 DTC 获得的三种不同的开关频率。

图 8.17b～图 8.25b 展示了 MPDTC 采用 *eSESESE* 模式时的波形。长预测步长和内部控制模型使

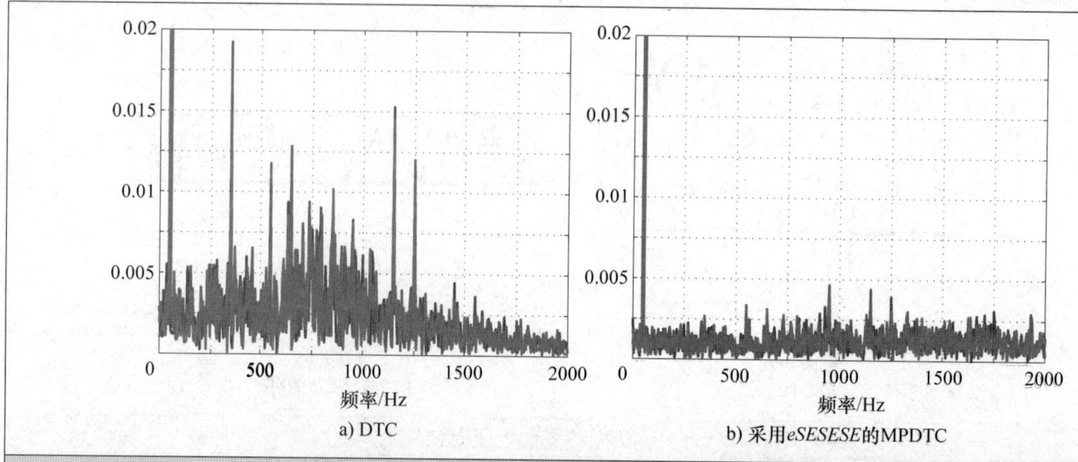

a) DTC　　b) 采用*eSESESE*的MPDTC

图 8.21　图 8.19 中三相定子电流的频谱

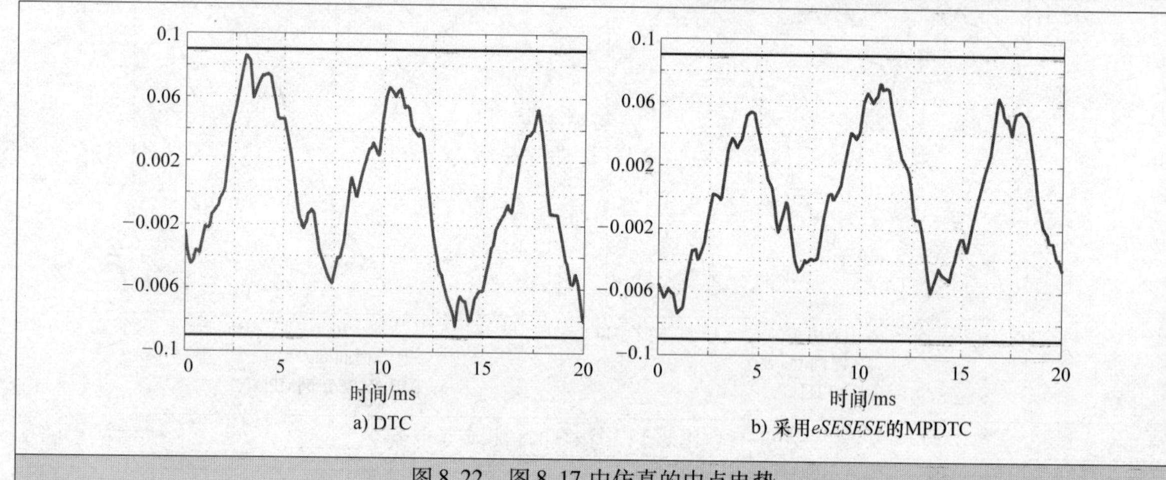

a) DTC　　b) 采用*eSESESE*的MPDTC

图 8.22　图 8.17 中仿真的中点电势

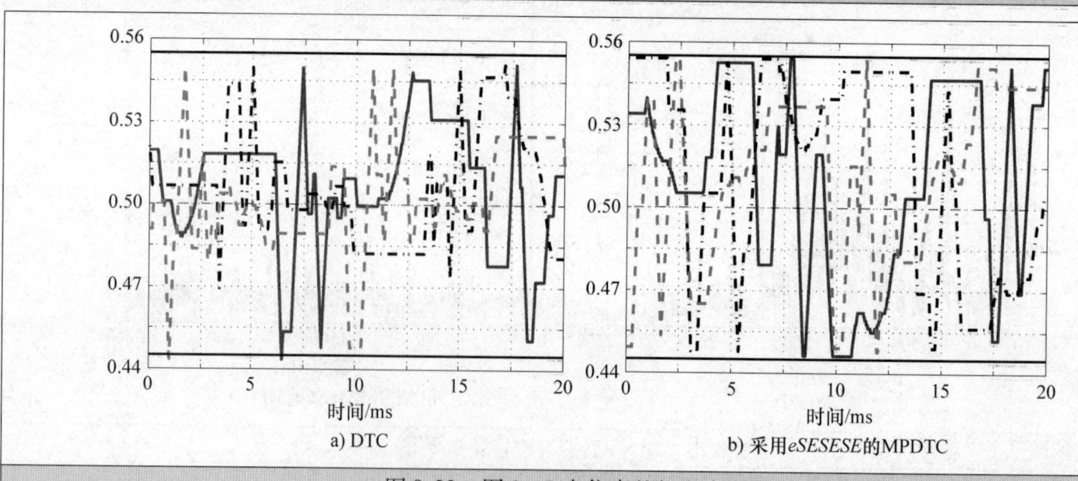

a) DTC　　b) 采用*eSESESE*的MPDTC

图 8.23　图 8.17 中仿真的相电容电压

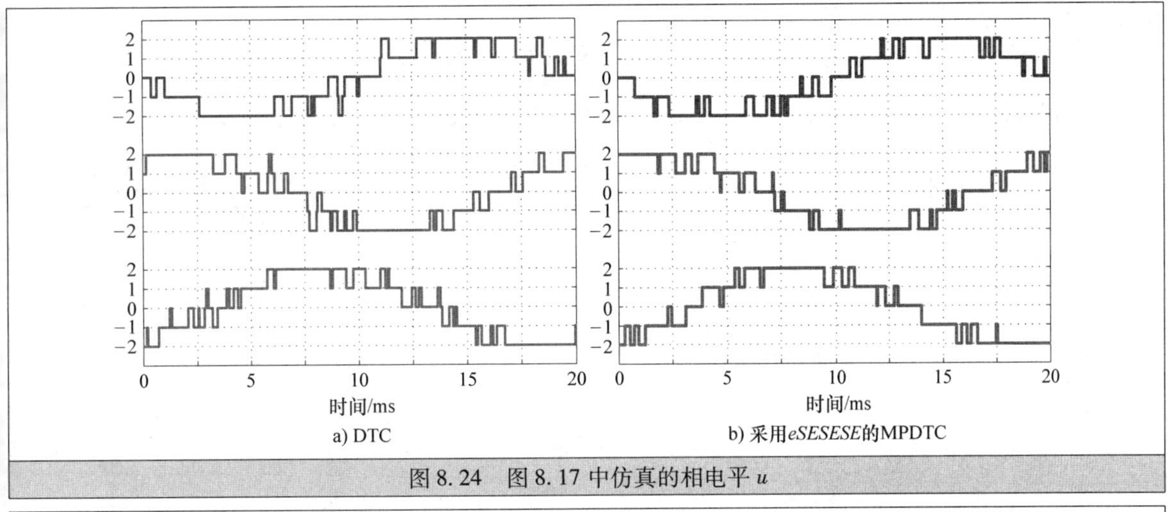

图 8.24 图 8.17 中仿真的相电平 u

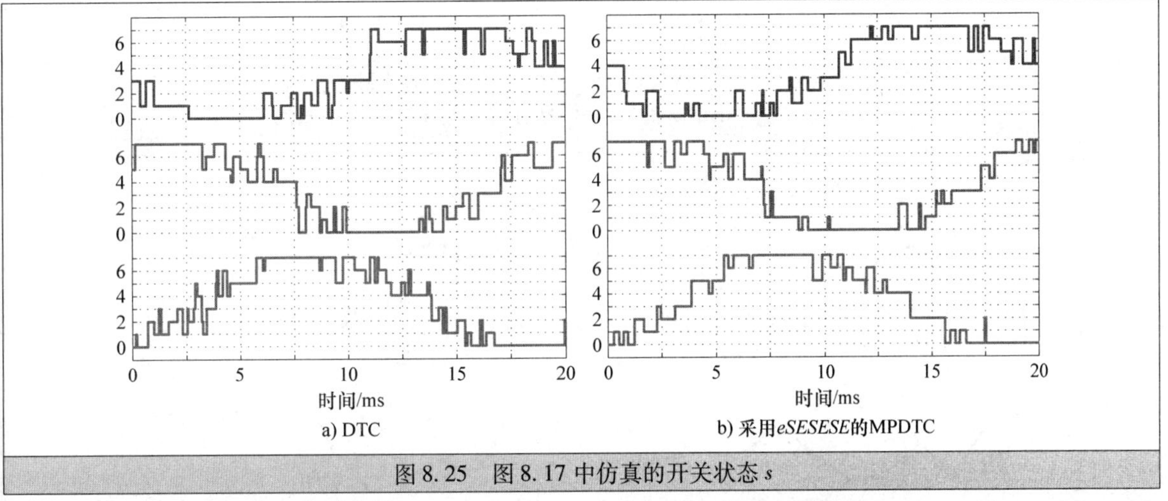

图 8.25 图 8.17 中仿真的开关状态 s

MPDTC 做出合理的切换。轻微的越界的现象是由于未补偿的测量和计算延迟造成的。与 DTC 相比，在保持（甚至略微减小）开关频率的情况下，有可能使转矩和定子磁链幅值界限收紧。边界的紧缩极大地减小了电流纹波（见图 8.19b），并且使电流和转矩的 TDD 减半，如表 8.2 所示。

从图 8.20b 和图 8.21b 可以看出，转矩和电流谱相当平坦，分别低于额定转矩和相电流的 0.5%。尽管受到来自 AFE 的未建模因素的干扰，中性点电位仍然很好地保持在它的边界内（见图 8.22b）。相电容电压的滞环宽度得到了充分的利用，但没有越界（见图 8.23b），其原因在于潜在的越界已经被预测出来并被 MPDTC 避免。相电平和开关状态如图 8.24b 和图 8.25b 所示。相比于 DTC 的波形，这些波形展现出更平滑的形状和近似正弦的波形。

2. 在一定转速范围内的运行

接下来，针对两种控制和调制方法在一系列工作点的运行情况进行了对比，在额定负载情况下转速从 0.5pu 到 1.1pu 以 0.05pu 的步长变化。对于 MPDTC，相比额定转速时转矩和定子磁链的边界被乘以了一个相同的系数（转矩乘以 0.774，磁链幅值乘以 0.427），逆变器内部的 4 个电压边界没有变化，使用了短预测模式 *eSE* 和中预测模式 *eSESE*。

图 8.26a 给出了 MPDTC 以 DTC 为基准的电流 TDD 百分值，可以看到，对于这种边界设置，电流 TDD 在整个工作范围内得以减半。相似地，如图 8.26b 所示的转矩 TDD 下降了 40% ~50%。在这个测试中电流和转矩 TDD 的改进与转速无关，这是因为在所有工况都选择了相同的系数，用来缩紧 MPDTC

相对于 DTC 的边界范围。

图 8.27 给出了三个关键的开关频率，也就是 ANPC 和 FC 部分的开关频率和所有器件的平均开关频

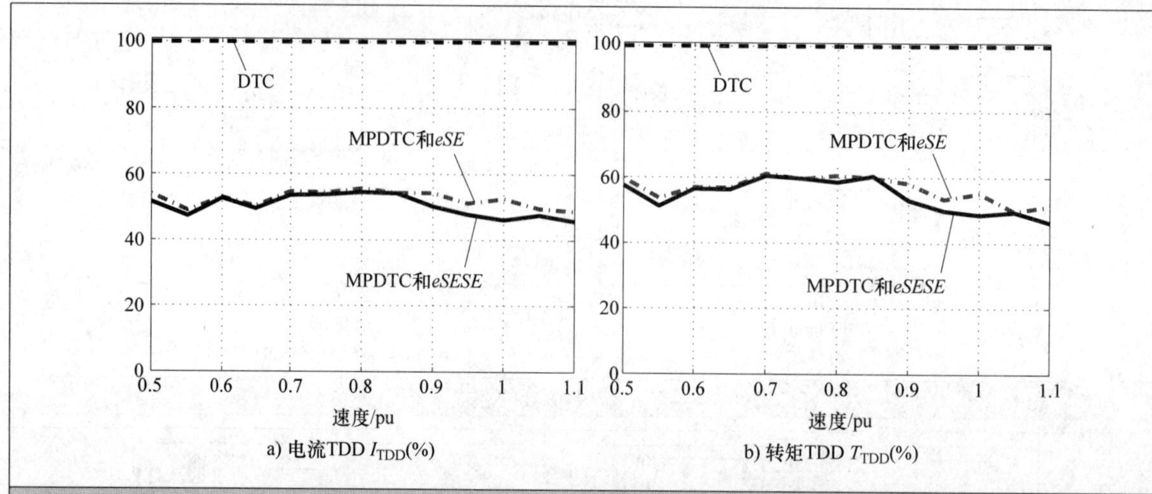

a) 电流TDD I_{TDD}(%)　　b) 转矩TDD T_{TDD}(%)

图 8.26　在额定负载情况下转速从 0.5pu 到 1.1pu 变化时 MPDTC 和 DTC 的稳态性能对比，电流和转矩 TDD 以 DTC 为标准用百分值给出

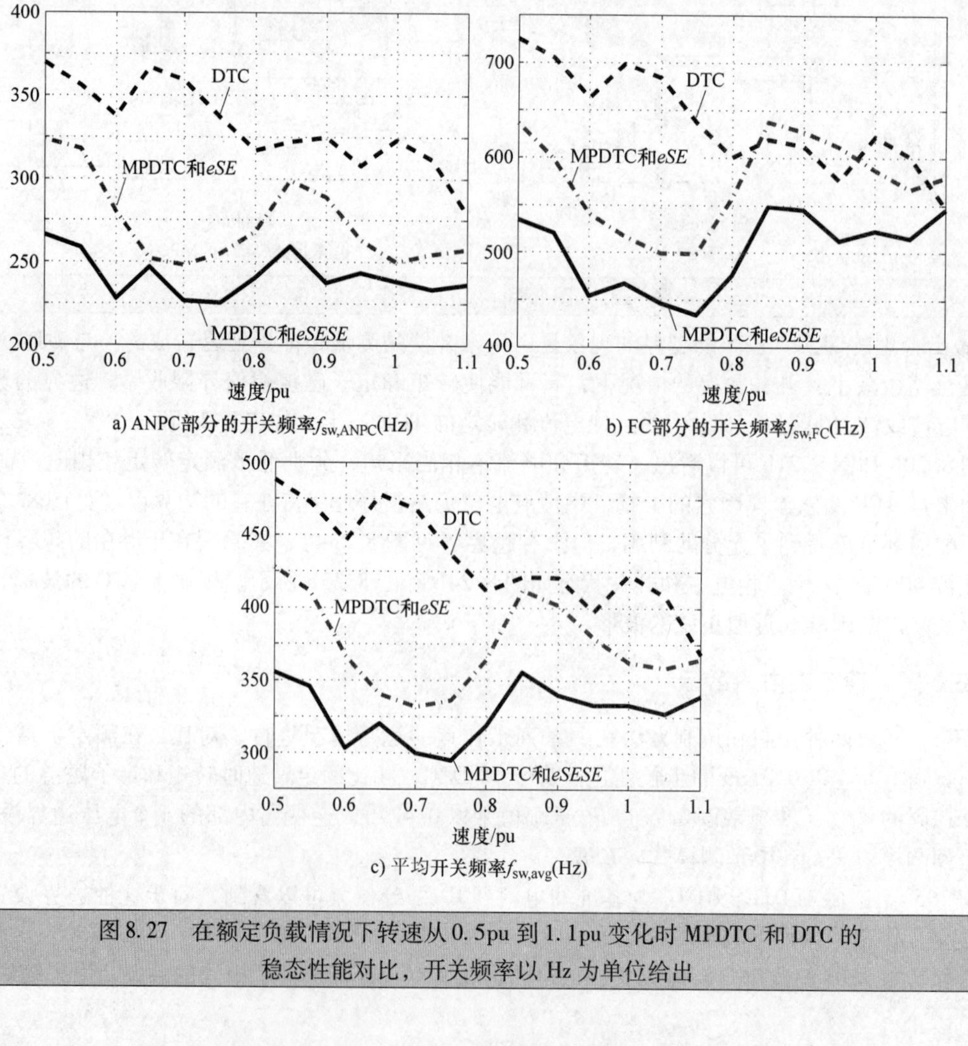

a) ANPC部分的开关频率$f_{sw,ANPC}$(Hz)　　b) FC部分的开关频率$f_{sw,FC}$(Hz)

c) 平均开关频率$f_{sw,avg}$(Hz)

图 8.27　在额定负载情况下转速从 0.5pu 到 1.1pu 变化时 MPDTC 和 DTC 的稳态性能对比，开关频率以 Hz 为单位给出

率。对于小于0.8pu的转速，采用*eSE*模式的MPDTC显著地降低了开关频率。特别的，FC部分中的IGBT的开关频率降低了最多180Hz（见图8.27b），同时平均开关频率降低了至多135Hz（见图8.27c）。即便是ANPC部分的开关频率只设置了值为0.1的权重系数，其开关频率也降低了最多110Hz，见图8.27a。

看起来MPDTC在0.7pu的转速上提供了最大幅度的性能提升，相似的现象也可以在将MPDTC应用于NPC逆变器驱动系统中观察到（见8.1节）。在转速高于0.8pu时开关频率的降低并不明显，尽管如此，就像之前讨论的那样，除了开关频率的降低，在整个速度范围内电流和转矩的TDD降低了40%～50%。

采用长开关序列时开关频率可以进一步降低。例如使用*eSESE*模式而不是*eSE*模式，可以使FC部分的开关频率额外降低70Hz，ANPC部分可以额外降低30Hz，整体平均开关频率可以额外降低45Hz。从图8.27中可以看到，这种开关频率抑制的有效性不因转速的变化而改变。

表8.3总结了相较于DTC，采用*eSE*和*eSESE*模式的MPDTC的平均稳态性能提升，其中的结果是图8.26和图8.27数据的平均值。可以看到MPDTC使用中等预测步长*eSESE*时实现了45%左右的电流和转矩TDD的降低。同时，FC部分的开关频率降低了136Hz，而所有器件的平均开关频率降低了106Hz。

表8.3　MPDTC和DTC在额定负载条件下的稳态性能对比

控制策略	开关模式	I_{TDD}(%)	T_{TDD}(%)	$f_{sw,avg}$/Hz	$f_{sw,ANPC}$/Hz	$f_{sw,FC}$/Hz
DTC	—	100	100	434	332	638
MPDTC	*eSE*	52.4	56.6	374	274	574
MPDTC	*eSESE*	50.4	54.5	328	242	502

注：性能表格是从0.5pu到1.1pu转速条件下超过13组数据的平均值。

8.2.5　暂态运行 ★★★

图8.28～图8.30比较了DTC和MPDTC在转矩动态过程中的性能。运行在额定速度时，施加幅值为1pu的转矩参考值，两种方法都通过暂时性翻转施加在电机上的电压来充分利用可用的母线电压。最终，DTC和MPDTC表现出了相似的动态响应。负转矩阶跃的转矩响应时间在0.4ms左右，而正转矩响应约为1.5ms。由于开关状态的限制和延迟的存在，两种方法都出现了转矩超调。其他的输出变量都很好地控制在各自的滞环范围内，同时没有发生不必要的开关动作。

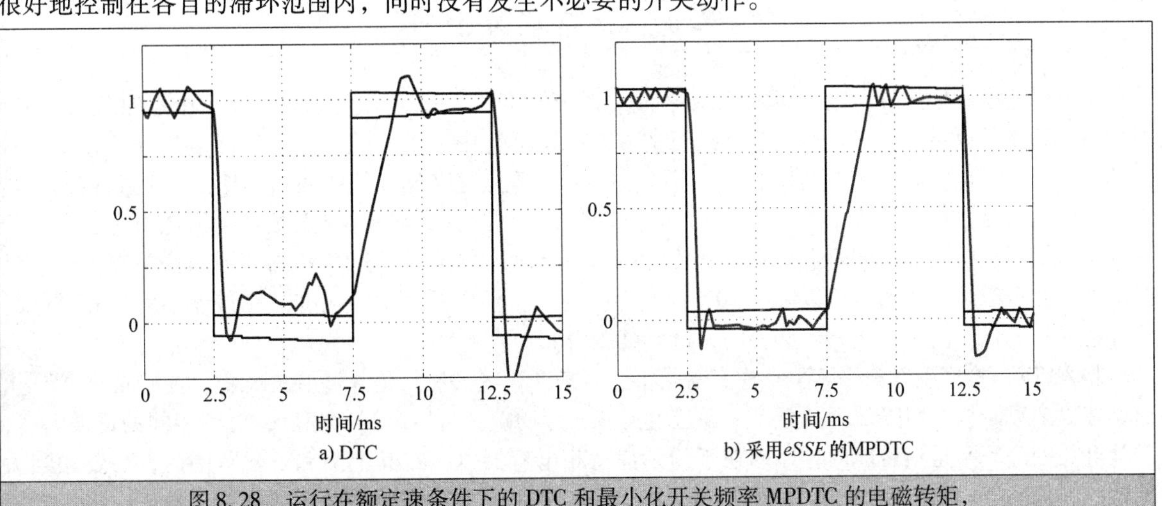

图8.28　运行在额定速条件下的DTC和最小化开关频率MPDTC的电磁转矩，幅值为1pu的转矩阶跃每5ms施加一次

MPDTC 的结果是基于开关模式 *eSSE* 的。更短的开关序列，如 *eSE*，倾向于表现出更慢的转矩响应，这是由于在有开关切换表限制时，MPDTC 可以实现的开关序列很短。

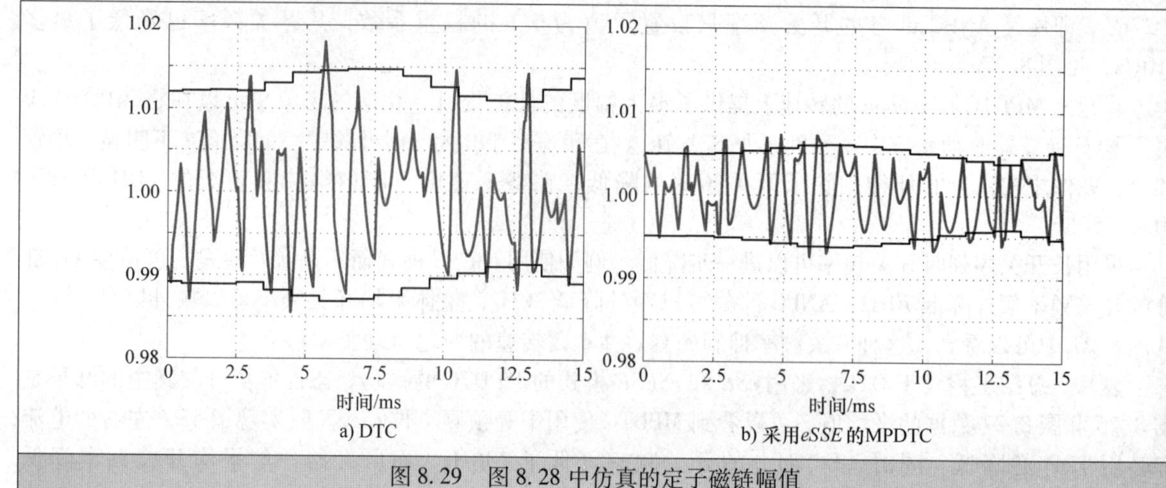

图 8.29　图 8.28 中仿真的定子磁链幅值

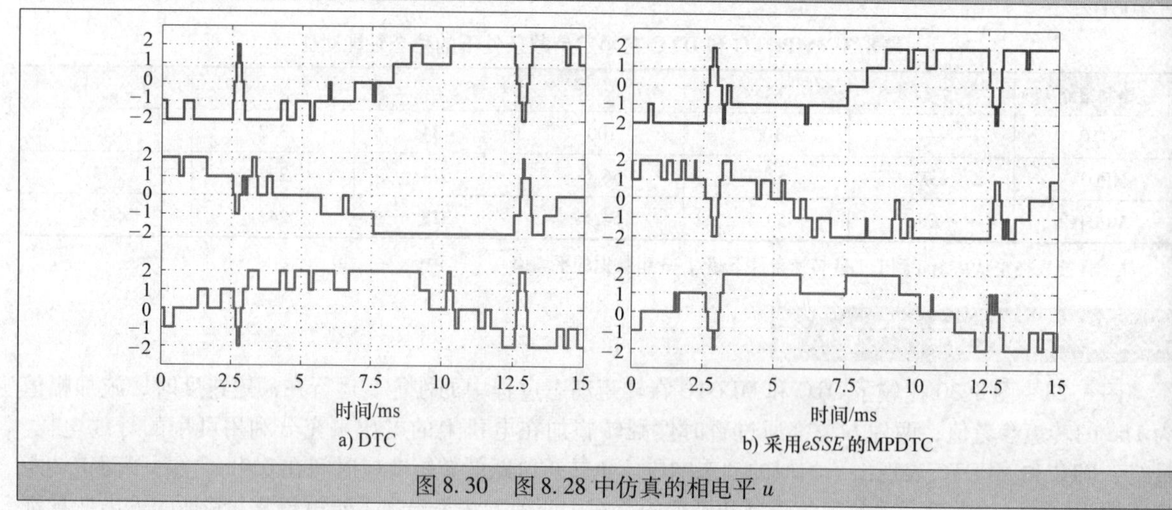

图 8.30　图 8.28 中仿真的相电平 *u*

8.3　总结和讨论

本章讨论了在中压异步电机驱动系统中 MPDTC 的性能，测试是在传统的三电平中点钳位（NPC）逆变器和新型的五电平 ANPC 逆变器上进行的。在稳态运行中，主要的性能评判标准是开关频率、器件的开关损耗、电流和转矩的畸变。对于 NPC 逆变器，重点是降低开关频率和损耗，与 DTC 相比，至少可以降低 25%。在中速范围内，降低 60% 是可能的。为了尽可能减小开关损耗，损耗项应当在代价函数中对损耗进行限制，同时需要长的开关序列。相反地，当保持与 DTC 相同水平的开关频率或损耗时谐波畸变可以减小，通常可以降低 30% 或更多。为了实现更低的谐波畸变，应该缩小转矩和磁链的滞环边界，但过小的边界也是不必要的，这有可能增加开关频率。

将 MPDTC 推广到五电平 ANPC 逆变器是十分容易的，其关注点是降低谐波畸变。与标准的 DTC 相比，在大多数时候可以降低开关频率，并且电流和转矩的畸变可以减半。相反，对于相同的谐波畸变，想让开关频率减半是不可能的，原因在于为了保持相电容器电压在其上限和下限范围内，需要相当大比例的开关动作。我们已经看到了对于 NPC 逆变器，当采用最小化开关频率的代价函数时，中等开关序列往往是足够的，同样的结果对于五电平逆变器也适用。

在诸如转矩阶跃响应等动态过程中，MPDTC 有和 DTC 一样迅速的动态响应，两种方法的转矩动态响应十分相似，三电平和五电平驱动系统也是如此。

MPDTC 的优势也在于其简单的外环控制，不需要磁场定向坐标系，同时转矩直接由速度控制器获得。外控制环几乎不需要调试，不需要系统参数。但是，需要调整的是为转矩和磁链幅值选择合适的边界。在本章中绕过了这个问题，简单地采用了一些修正的 DTC 边界。如果每开关动作（或损耗）的电流畸变是主要关注的问题，进一步优化边界通常可以达到更好的效果。一种衍生的 MPDTC 将会在 11.1 节中介绍，它直接控制电流纹波，即电流 TDD。由于只有一个调节参数，这种 MPDTC 提供了一种简单且直接的调试方法。

尽管本章只给出了仿真结果，但一个早前版本的 MPDTC 已经在一个中压 NPC 传动系统上得到了实施和测试。这个版本采用了 *SE* 的预测模式，但在 *S* 这一步中枚举了所有 27 个电压矢量。对于在一个开关转换中无法达到的开关位置，建立一个可行的开关序列，该控制序列涉及多个控制周期，并将当前开关位置与期望的开关位置衔接起来。这一早期的 MPDTC 版本在参考文献［7］和［8］中有详细的描述。

实验结果是从 3.3kV 的异步电机上获得的，其参数总结见 2.5.1 节。事实上，这组从 NPC 驱动系统而来的电机参数贯穿了整书的案例研究。在实验中，功率等级最高达到 1MVA，如参考文献［9］所描述的那样。对于五电平 ANPC 逆变器，在一个小型的现场可编程序逻辑门阵列（FPGA）上实现短开关序列 *eSE* 的 MPDTC 是可行的[10]，但还没有相关实验结果的报道。

MPDTC 可以被推广到其他电力电子拓扑。在参考文献［11］中，一个 *LC* 滤波器被放置在 NPC 逆变器和异步电机之间。MPDTC 可以通过控制逆变器虚拟转矩和虚拟磁链而不是实际量来适应这种驱动系统。参考文献［12］将 MPDTC 推广到一个五电平高频感应电机驱动系统中，逆变器的每相包含一个三电平 H 桥模块。另外，MPDTC 也可应用于永磁电机（PMSM），实现类似于 8.1 节中对 DTC 的性能改进[13]。

不论是成功使用短开关序列的 MPDTC，还是完全枚举的长开关序列 MPDTC，都需要一个计算力强大的控制系统。为了将 MPDTC 应用于当今主流计算能力控制平台上，可以使用数学规划中的一些技术，如分支定界法。例如在第 10 章，这种技术减少一个量级的计算时间，而对闭环控制性能的影响可以忽略不计。

附录 8. A　ANPC 型逆变器驱动系统的控制器模型

五电平 ANPC 驱动系统的连续时间状态矩阵式（8.7）和式（8.9）在本附录中进行了推导。电机系统矩阵 $\boldsymbol{F}_m$ 与式（7. A. 1a）相同。三相定子电压 $\boldsymbol{v}_{s,abc}(\boldsymbol{s},\boldsymbol{x}_i)$ 由相电容电压 $v_{\mathrm{ph},x}$ 和中点电位电压 v_n 重构得到，并且构成逆变器状态变量 $\boldsymbol{x}_i$ 的一部分。基于 v_n 和直流母线电压 v_{dc}，可以得到上下母线电压 $v_{\mathrm{dc,up}}=0.5v_{\mathrm{dc}}-v_n$ 和 $v_{\mathrm{dc,lo}}=0.5v_{\mathrm{dc}}+v_n$。表 2.7 提供了 $\boldsymbol{v}_{s,abc}$（$\boldsymbol{s}$，$\boldsymbol{x}_i$）。

输入矩阵将三相定子电压转换到正交坐标，并将变换后的定子电压应用于定子磁链动态，由此得出

$$\boldsymbol{G}_m=\frac{1}{3}\begin{bmatrix}2 & -1 & -1\\0 & \sqrt{3} & -\sqrt{3}\\0 & 0 & 0\\0 & 0 & 0\end{bmatrix} \tag{8. A. 1}$$

为了推导逆变器模型，这里引入相电容动态辅助逻辑变量

$$\delta_{\mathrm{ph},x}=\begin{cases}1 & s_x\in\{2,\ 6\}\\-1 & s_x\in\{1,\ 5\}\\0 & \text{其他}\end{cases} \tag{8. A. 2}$$

式中，$x \in \{a,b,c\}$。这允许我们以紧凑的形式写出相电容电压的微分方程

$$\frac{\mathrm{d}v_{\mathrm{ph},x}}{\mathrm{d}t} = \frac{1}{X_{\mathrm{ph}}}\delta_{\mathrm{ph},x} i_{sx} \tag{8. A. 3}$$

式中，X_{ph} 代表相电容的 pu 值；i_{sx} 是 x 相的电子相电流。

相似地，引入三个逻辑变量

$$\delta_{nx} = \begin{cases} 1 & s_x \in \{2,3,4,5\} \\ 0 & \text{其他} \end{cases} \tag{8. A. 4}$$

对于中点电位波动重写微分方程（2. 93）为

$$\frac{\mathrm{d}v_n}{\mathrm{d}t} = -\frac{1}{2X_{\mathrm{dc}}}(\delta_{na} i_{sa} + \delta_{nb} i_{sb} + \delta_{nc} i_{sc}) \tag{8. A. 5}$$

三相定子电流可以用正交坐标系中的定子磁链和转子磁链矢量表示，这些磁链矢量构成了电机的状态变量 $\boldsymbol{x}_m$。将式（2. 53）与逆 Clarke 变换 $\widetilde{\boldsymbol{K}}^{-1}$ 联立可得

$$\boldsymbol{i}_{s,abc} = \widetilde{\boldsymbol{K}}^{-1}\frac{1}{D}[X_r \boldsymbol{I}_2 - X_m \boldsymbol{I}_2]\boldsymbol{x}_m \tag{8. A. 6}$$

式中，$\boldsymbol{I}_2$ 代表 2×2 的单位矩阵。

逆变器的连续时间系统矩阵

$$\boldsymbol{F}_i(\boldsymbol{s}) = \begin{bmatrix} \frac{\delta_{\mathrm{ph},a}}{X_{\mathrm{ph}}} & 0 & 0 \\ 0 & \frac{\delta_{\mathrm{ph},b}}{X_{\mathrm{ph}}} & 0 \\ 0 & 0 & \frac{\delta_{\mathrm{ph},c}}{X_{\mathrm{ph}}} \\ -\frac{\delta_{na}}{2X_{\mathrm{dc}}} & -\frac{\delta_{nb}}{2X_{\mathrm{dc}}} & -\frac{\delta_{nc}}{2X_{\mathrm{dc}}} \end{bmatrix} \widetilde{\boldsymbol{K}}^{-1}\frac{1}{D}[X_r \boldsymbol{I}_2 - X_m \boldsymbol{I}_2] \tag{8. A. 7}$$

可以通过将式（8. A. 6）带入式（8. A. 3）和式（8. A. 5）得到。该矩阵依赖于辅助逻辑变量，而这些逻辑变量又取决于三相开关位置 $\boldsymbol{s}$。

驱动模型的向量由下式给出

$$\boldsymbol{h}(\boldsymbol{x}) = \begin{bmatrix} \frac{1}{\mathrm{pf}}\frac{X_m}{D}(x_2x_3 - x_1x_4) & \sqrt{x_1^2 + x_2^2} & x_5 & x_6 & x_7 & x_8 \end{bmatrix}^T \tag{8. A. 8}$$

式中，x_j 代表状态变量 $\boldsymbol{x} = [\boldsymbol{x}_m^T \quad \boldsymbol{x}_i^T]^T$ 的第 j 个分量。

参考文献

[1] F. Kieferndorf, M. Basler, L. Serpa, J.-H. Fabian, A. Coccia, and G. Scheuer, "A new medium voltage drive system based on ANPC-5L technology," in *Proceedings of IEEE International Conference on Industrial Technology* (Viña del Mar, Chile), pp. 605–611, Mar. 2010.

[2] P. Barbosa, P. Steimer, J. Steinke, L. Meysenc, M. Winkelnkemper, and N. Celanovic, "Active neutral-point-clamped multilevel converters," in *Proceedings of IEEE Power Electronics Specialists Conference* (Recife, Brasil), pp. 2296–2301, Jun. 2005.

[3] A. Nabae, I. Takahashi, and H. Akagi, "A new neutral-point-clamped PWM inverter," *IEEE Trans. Ind. Appl.*, vol. IA-17, pp. 518–523, Sep./Oct. 1981.

[4] T. Brückner, S. Bernet, and H. Guldner, "The active NPC converter and its loss-balancing control," *IEEE Trans. Ind. Electron.*, vol. 52, pp. 855–868, Jun. 2005.

[5] T. Meynard and H. Foch, "Multilevel conversion: High voltage choppers and voltage source inverters," in *Proceedings of IEEE Power Electronics Specialists Conference*, pp. 397–403, Jun. 1992.

[6] J. Meili, S. Ponnaluri, L. Serpa, P. K. Steimer, and J. W. Kolar, "Optimized pulse patterns for the 5-level ANPC converter for high speed high power applications," in *Proceedings of IEEE Industrial Electronics Society Annual Conference*, pp. 2587–2592, 2006.

[7] T. Geyer, *Low complexity model predictive control in power electronics and power systems*. PhD thesis, Automatic Control Laboratory ETH Zurich, 2005.

[8] T. Geyer, G. Papafotiou, and M. Morari, "Model predictive direct torque control—Part I: Concept, algorithm and analysis," *IEEE Trans. Ind. Electron.*, vol. 56, pp. 1894–1905, Jun. 2009.

[9] G. Papafotiou, J. Kley, K. G. Papadopoulos, P. Bohren, and M. Morari, "Model predictive direct torque control—Part II: Implementation and experimental evaluation," *IEEE Trans. Ind. Electron.*, vol. 56, pp. 1906–1915, Jun. 2009.

[10] J. Vallone, T. Geyer, and E. Rohr, "FPGA-based model predictive control," EP patent application 15 172 241 A1, 2015.

[11] S. Mastellone, G. Papafotiou, and E. Liakos, "Model predictive direct torque control for MV drives with *LC* filters," in *Proceedings of European on Power Electronics Conference* (Barcelona, Spain), pp. 1–10, Sep. 2009.

[12] T. Geyer and G. Papafotiou, "Model predictive direct torque control of a variable speed drive with a five-level inverter," in *Proceedings of IEEE Industrial Electronics Society Annual Conference* (Porto, Portugal), pp. 1203–1208, Nov. 2009.

[13] T. Geyer, G. A. Beccuti, G. Papafotiou, and M. Morari, "Model predictive direct torque control of permanent magnet synchronous motors," in *Proceedings of IEEE Energy Conversion Congress and Exposition* (Atlanta, GA, USA), pp. 199–206, Sep. 2010.

第9章 模型预测直接转矩控制的分析与可行性

直接转矩控制（DTC）和模型预测直接转矩控制（MPDTC）均对转矩和定子磁链幅值加以上下边界限制。如9.1节所述，该上下限可以转换成正交坐标系下定子磁链分量的等效界限，由此生成DTC和MPDTC定子磁链矢量的目标集。9.2节推导并可视化了MPDTC目标集的状态反馈控制律。该控制律由离线程序计算得到，其可用性允许人们对控制器进行分析、说明和更好地了解其行为与决策过程。

类似于DTC，MPDTC算法偶尔也会遇到不能解决控制问题并因此产生不可行的情况。当不存在可以让控制变量保持在界限内或者超出界限时可减小其超出等情况的开关序列，称为死锁。与DTC一样，死锁是由于控制变量存在界限及可用电压矢量数量有限的原因造成的。9.3节分析了死锁的根本原因。

当死锁发生时，一种做法是放宽界限，并使预测界限超出量最小，而非最小化开关切换次数。执行9.4节所给出的所谓死锁解决策略，直到解决死锁。但是，执行此策略往往会导致瞬时开关频率激增，称为开关剧变（switching burst）。在最坏的情况下，这样的开关剧变可能导致驱动系统跳闸。9.5节基于终端权值和终端约束的概念提出了避免死锁及相应开关剧变的方法。这些措施大大减少了死锁出现的可能性，在多数情况下可以完全避免。

贯穿本章，采用中压（MV）感应电机和三电平中性点钳位（NPC）逆变器作为分析基础。该驱动系统的MPDTC控制问题是保持电磁转矩、定子磁链幅值和中性点电位在给定界限内。

9.1 目标集

首先介绍MPDTC目标集的概念。在推导和分析状态反馈控制律以及分析和避免死锁时，目标集的概念将会发挥作用。

对于给定幅值为$\Psi_r=\|\psi_r\|$的转子磁链矢量ψ_r，由电磁转矩T_e^*和定子磁链幅值Ψ_s^*的参考值可得到定子磁链矢量Ψ_s^*的等效参考值。如图9.1所示，在d轴与转子磁链矢量对齐的dq坐标系中比较容易实现。采用式（7.6）和式（7.7）得到转矩和定子磁链幅值，可直接推导出定子磁链参考矢量的d轴和q轴分量：

$$\psi_{sd}^*=\sqrt{(\Psi_s^*)^2-\left(\text{pf}\frac{D}{X_m\Psi_r}T_e^*\right)^2} \tag{9.1a}$$

$$\psi_{sq}^*=\frac{\text{pf}\,D}{X_m\Psi_r}T_e^* \tag{9.1b}$$

在7.3.2节中，定义$T_{e,\min}$和$T_{e,\max}$为电磁转矩的下限和上限。相应地，定义$\Psi_{s,\min}$和$\Psi_{s,\max}$为定子磁链矢量幅值的下限和上限。中性点的界限为$v_{n,\min}$和$v_{n,\max}$。

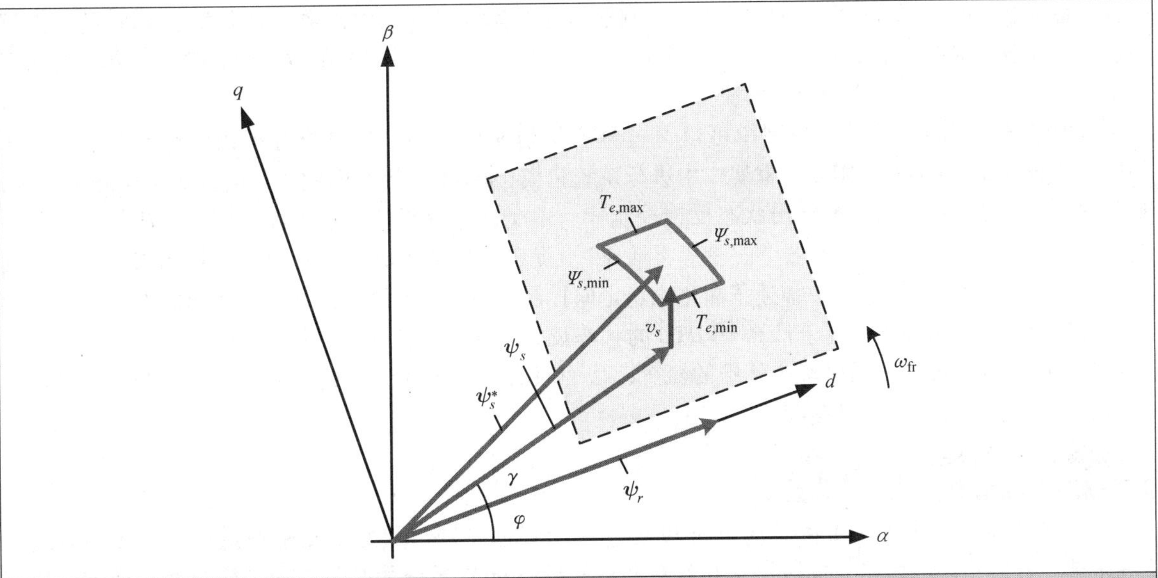

图9.1　以角速度 ω_{fr} 同步旋转的 dq 轴坐标系中定子和转子磁链矢量 ψ_s 和 ψ_r。定子磁链参考值 ψ_s^* 的目标集由实线表示，分别对应于转矩和定子磁链幅值的上限和下限。定子磁链矢量由电压矢量 v_s 拉入目标集。虚线表示导出状态反馈控制律的矩形集

对式（7.3）积分可得到 t 时刻的中性点电位，即

$$v_n(t)=v_n(t_0)+\frac{1}{2X_c}\int_{t_0}^{t}|\boldsymbol{u}(\tau)|^T\boldsymbol{i}_{s,abc}(\tau)\mathrm{d}\tau \tag{9.2}$$

由于中性点电位是三相开关位置 $\boldsymbol{u}=[u_a\quad u_b\quad u_c]^T$ 的绝对值分量与三相定子电流 $\boldsymbol{i}_{s,abc}$ 乘积的积分，所以不能简单地由定子磁链平面表示。因此，本节及下一节的讨论将限制在电磁转矩和定子磁链上。

借助式（9.1），可将转矩和磁链幅值的上下限转换到定子磁链平面上。由于转矩和定子磁链矢量 q 轴分量之间存在线性关系（参见式（9.1b）），所以转矩界限与转子磁链矢量平行。定子磁链的上限和下限以原点为圆心形成同心圆。如图9.1所示，四个边界形成了定子磁链矢量的目标集。保持定子磁链在目标集内就等同于保持电磁转矩和定子磁链幅值在各自的上下限内，就能产生期望的转矩和适当的励磁。

在稳态运行条件下，目标集与转子磁链矢量同步旋转，在 dq 坐标系内保持静止。在动态过程中，如转矩阶跃，目标集将沿 q 轴移动。而当阶跃过大时，该移动将使得定子磁链矢量超出目标集。为了使转矩尽快稳定且避免过大或过小的定子磁链幅值，定子磁链矢量需通过适当的电压矢量 v_s 尽快拉回目标集中。

9.2　状态反馈控制律

MPDTC 基于在线优化，实时计算合适的逆变器开关位置。因此，与 DTC 不同，MPDTC 不能以诸如查找表的形式直接得到控制律，所以不能直接分析和说明，这使得 MPDTC 设计和决策过程复杂化。

为了弥补这一缺点，对 MPDTC 状态反馈控制律进行计算、说明和分析。控制律将状态空间和先前作用开关位置的状态矢量映射到控制输入（开关位置）中。此外，还给出了开关范围长度变化的影响。所获得的信息和视角不仅是为了进一步加深读者对 MPDTC 的理解，而且也预见到这将有助于未来 MP-DTC 算法的修改和改进，例如可进一步减少计算负担。

对于具有分段仿射约束的分段仿射（线性加偏移）线性系统阐述模型预测控制（MPC）问题时，可以在数学上以直观的方法计算状态反馈控制律。最终的控制输入在状态矢量中是分段仿射的。具体

而言，将状态空间进行分区[⊖]，每个区域的控制输入是状态矢量的仿射函数。更多关于 MPC 的状态反馈控制律分段仿射系统的细节，可以见参考文献［1］及其参考文献。多参数 MATLAB 工具箱[2]提供了一个功能强大的工具来计算和分析解决方案。

电力电子系统的状态反馈控制律可以通过分段仿射函数近似非线性推导得出，在混合逻辑动态（Mixed Logical Dynamical，MLD）框架[3]中进行系统建模，将 MPC 控制问题作为闭式优化问题来制定，并使用改进的多参数工具箱推导出状态反馈控制律。由于其计算复杂程度太高，这种方法仅适用于两电平逆变器[4,5]和 DC - DC 变换器[6]。参考文献［7］提出一种利用驱动控制问题的结构来计算特定问题的方案。在参考文献［8］中描述了简化磁场定向控制（FOC）问题状态反馈控制律的推导。

这些标准的技术并不适用于计算 MPDTC 的状态反馈控制律，因为 MPDTC 优化问题（7.26）是以一种近似的方式解决的：采用轨迹外推的概念，认为只有当输出变量接近界限时才进行开关切换。关于 MPDTC 算法的细节，可以参考 7.4.5 节。

9.2.1 预备知识 ★★★

作为案例研究，考虑一个由感应电机和三电平 NPC 逆变器组成的中压驱动系统。本案例研究在 2.5.1 节中进行了详细描述，包括相应的参数和标幺化（pu）系统的基值。为了简化案例研究，逆变器由两个直流电压源供电，消除了主动平衡中点电位在零附近的需求。这使得我们可以从状态和输出矢量中移除中性点电位，降低了一个维度。

取代价函数

$$J = J_{\text{sw}} + J_{\text{bnd}} + J_t \tag{9.3}$$

如式（7.30）所定义。将开关损耗作为目标，设 $J_{\text{sw}} = J_P$，表示预测范围长度（见式（7.32））内的开关功率损耗。第二项 $J_{\text{bnd}} = \boldsymbol{q}^T \boldsymbol{\epsilon}(k)$ 用于惩罚输出变量超出界限的预测有效值（root mean square，rms），定义如下：

$$\boldsymbol{\epsilon}(k) = [\epsilon_T(k) \epsilon_\Psi(k)]^T \tag{9.4}$$

与式（7.33）类似。将相应的惩罚项设为 $\boldsymbol{q} = [2\ 2]^{\mathrm{T}}$。第三项 J_t 没有被使用，设为 0。

MPDTC 算法最小化代价函数式（9.3）需满足控制器模型式（7.26b）和式（7.26c）的演变和另外两组约束：开关约束式（7.26e）

$$\boldsymbol{u}(\ell) \in \mathcal{U}, \|\Delta \boldsymbol{u}(\ell)\|_\infty \leqslant 1 \tag{9.5}$$

式中，$\mathcal{U} = \{-1,0,1\}^3, \Delta \boldsymbol{u}(\ell) = \boldsymbol{u}(\ell) - \boldsymbol{u}(\ell - 1)$，输出变量的约束（7.26d）为

$$\begin{cases} \varepsilon_j(\ell+1) = 0, & \text{若 } \varepsilon_j(\ell) = 0 \\ \varepsilon_j(\ell+1) < \varepsilon_j(\ell), & \text{若 } \varepsilon_j(\ell) > 0 \end{cases} \tag{9.6}$$

式中，非负的 ε_j 表示第 j 个输出变量超出其中一个界限的程度。例如，在式（7.28）中，定义转矩界限违反程度为

$$\varepsilon_T(\ell) = \frac{1}{T_{e,\max} - T_{e,\min}} \begin{cases} T_e(\ell) - T_{e,\max} & \text{若 } T_e(\ell) > T_{e,\max} \\ T_{e,\min} - T_e(\ell) & \text{若 } T_e(\ell) < T_{e,\min} \\ 0 & \text{其他} \end{cases} \tag{9.7}$$

式中，ε_T 由界限宽度进行标幺化。相应地，可以定义定子磁链幅值的界限超出程度并表示为 ε_Ψ。输出约束式（9.6）确保在 $\ell+1$ 时刻，或者保持输出变量在界限内，或者当超出界限时，在预测范围内的每一时刻移动输出变量接近其界限。

将分析局限于稳态运行。基于以下观察，可以减小推导控制律的状态空间维数。电机运行在恒定转子磁链幅值和恒定转速中。将这两个变量作为参数，电机的状态可以完全由定子磁链矢量和转子磁

⊖ 如果在代价函数中使用 1 - 或∞ - 范数，则区域是多边形，而对于 2 - 范数，则可能出现非凸椭球区域。——原书注

链的角位置描述。这可以在转子磁链矢量定向的同步旋转的 dq 轴坐标系中方便地实现（描述电机的状态）。（重新定义的）电机状态矢量 $\boldsymbol{x}(k)$ 由定子磁链矢量在 dq 轴的两个分量 $\psi_{s,dq}(k)$ 和转子磁链角度 $\varphi(k)$ 给出。当中性点电位固定为0时，通过先前控制周期中选择的开关位置 $u(k-1)$ 来充分描述逆变器状态。

除非另有说明，运行在额定转速 $\omega_r=1\text{pu}$ 和额定转矩工况下，转子磁链角度为0，施加的开关位置为 $u(k-1)=[-1\quad 0-1]^T$。本例电机转子磁链矢量幅值为 $\Psi_r=0.92\text{pu}$，在 dq 旋转坐标系下的定子磁链参考矢量为 $\psi^*_{s,dq}=[0.972\ 0.235]^T$ pu。电磁转矩的界限分别取 $T_{e,\min}=0.85\text{pu}$ 和 $T_{e,\max}=1.15\text{pu}$，定子磁链幅值界限则取 $\Psi_{s,\min}=0.97\text{pu}$ 和 $\Psi_{s,\max}=1.03\text{pu}$。如图9.1所示，这些值定义了 $\psi^*_{s,dq}$ 的目标集。采样间隔设置为 $T_s=25\mu\text{s}$。

在第一步中，推导出给定的转子磁链角度和状态空间子集的控制律。目标集边界由图9.1中的虚线表示。该集合以定子参考矢量为中心，其边缘平行于 d 轴和 q 轴，边缘长度（任意）选择0.16pu。

9.2.2 给定转子磁链矢量的控制律 ★★★

状态反馈控制律构成了从 dq 轴定子磁链矢量、转子磁链角度和先前选择的开关位置到最优三相开关位置 u_{opt} 的函数映射。在 k 时刻，可以写成

$$\boldsymbol{u}_{\text{opt}}(k)=\boldsymbol{f}_{\text{MPC}}(\psi_{s,dq}(k),\varphi(k),\boldsymbol{u}(k-1)) \tag{9.8}$$

回想一下，我们是假设稳态运行并将转子磁链矢量幅值和转速作为参数处理。可以通过执行 MPDTC 算法来评估函数 f_{MPC}，该算法在7.4.5节中已说明。

为了离线计算控制律，认为定子磁链矢量位于由图9.1中的虚线表示的矩形集合内。采用网格化技术，并沿着 d 轴和 q 轴生成一组可用的网格点集合。这些网格点对应于矩形集合内的定子磁链分量。网格点同转子角度 φ 一起定义电机的状态。对于给定的开关位置 $u(k-1)$，可以计算每个网格点的最优控制输入 $u_{\text{opt}}(k)$，从而得到状态反馈控制律，并可将其存储在查找表中。

1. 短开关范围的状态反馈控制律

由这个过程产生的在短开关范围 *SE* 内的几个 MPDTC 控制律如图9.2和图9.3所示。最佳三相开关位置 $u_{\text{opt}}(k)$ 绘制在由定子磁链矢量的 dq 轴分量所形成的二维空间中。不同的灰度阴影对应不同的开关位置。可以看出，相邻的定子磁链矢量与相同开关位置在状态空间所形成的不同区域有关，其中状态空间有相同的控制输入。这些区域的开关位置由符号 +、0 和 - 表示。例如，00 - 表示 $u_{\text{opt}}(k)=[0\ 0\ -1]^T$。

目标集用稍微弯曲的实线平行四边形表示。箭头对应 dq 轴电压矢量。这些箭头突出了不同电压矢量在 dq 旋转坐标系下驱动定子磁链矢量的速度和方向。特别地，箭头的长度表示定子磁链矢量在100μs内变化的值。

此外，几个区域显示了所选择的预测定子磁链轨迹。轨迹上的每第二个采样时刻（即每50μs）由一个点表示。这些轨迹从选定的定子磁链矢量开始，到快要超出界限时终止，从而预测接下来在这一点上的开关切换。以图9.2a为例，从区域右下角的 $u_{\text{opt}}(k)=[-1\ 1\ -1]^T$ 开始的定子磁链轨迹为53步或1.325ms。同时要注意的是，通常在 dq 坐标系中，电压矢量使定子磁链沿着曲线而不是直线移动。

2. 分析与观察

以下详细介绍了图9.2和图9.3不同的控制律。所有控制律基于9.2.1节中的假设和设定。

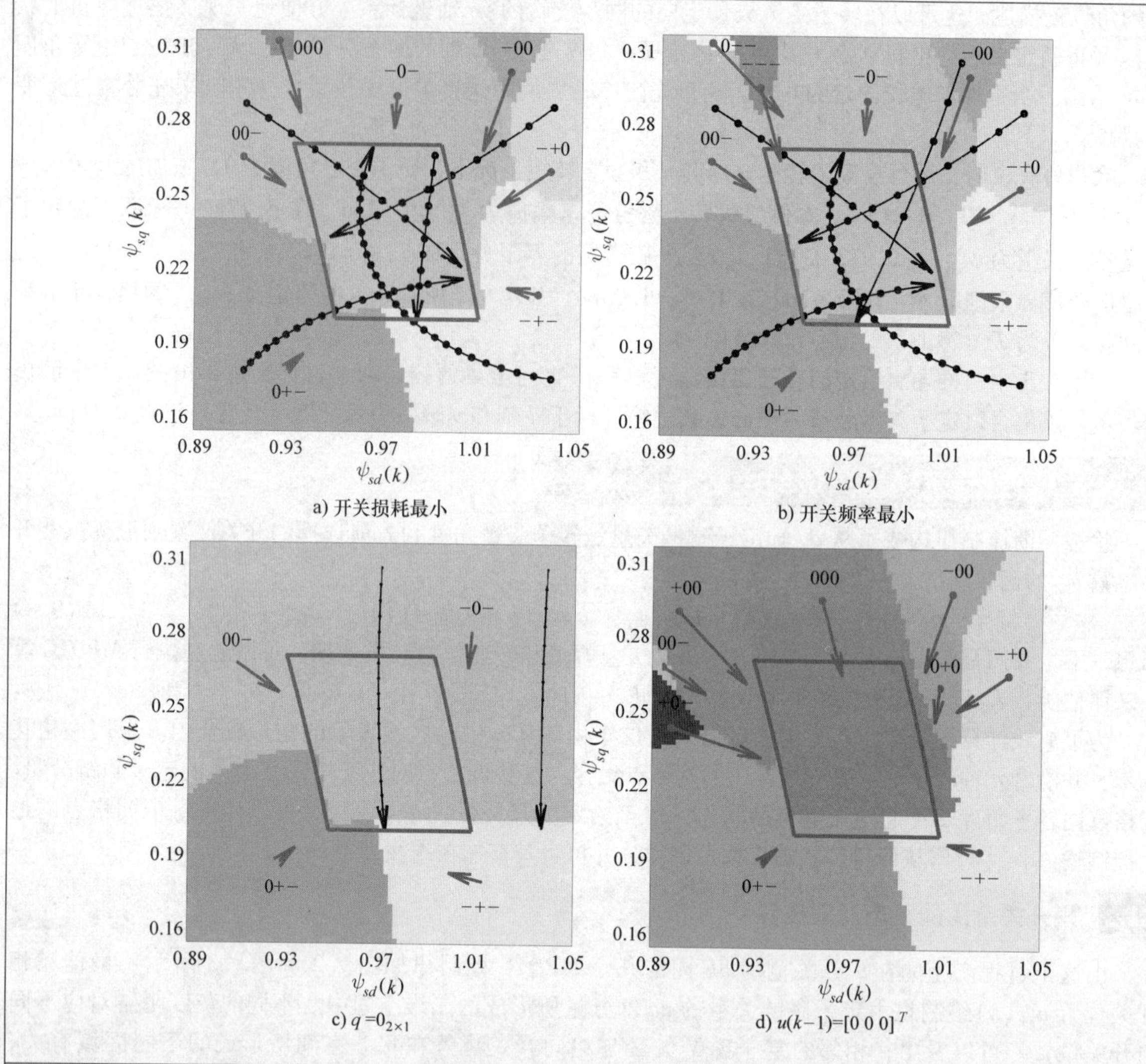

图 9.2 状态反馈控制律，即逆变器开关位置 $u_{opt}(k)$ 是定子磁链矢量 $\psi_{s,dq}(k)$、转子磁链角度 $\varphi(k)$ 和逆变器开关位置 $u(k-1)$ 的函数。除非另有说明，转子磁链角度 $\varphi(k)=0°$，转速工作点为 $\omega_r=1$pu，所用开关位置为 $u(k-1)=[-1\ 0\ -1]^T$。预测的定子磁链轨迹由带点的曲线表示，目标集由平行四边形表示。箭头表示电压矢量

每个分区都具有清晰的边界，区域中均使用相同的控制输入（开关位置）。这在状态空间中形成不同的区域。当 k 时刻的定子磁链矢量在目标集内时，则不需要进行开关切换。以图 9.2a 为例，选择 $u_{opt}(k)=[-1\ 0\ -1]^T$，就会产生几乎垂直的定子磁链轨迹。因此，在目标集内，控制律严重依赖 $u(k-1)$，因为这很大程度上决定了开关损耗，从而影响了总体价值（函数）。MPDTC 的这一特性将在本节后面更详细地解释。

控制器预测何时会超出目标集，并通过开关切换避免任何超出行为。以此为例，参考图 9.2a 中目标集中代表转矩下限的下边缘。当定子磁链在一个采样周期中偏离转矩下限时，则不在整个目标集中选用 $u_{opt}(k)=[-1\ 0\ -1]^T$，而应预先进行开关切换。根据电压矢量相对 dq 轴的速度，时间间隔可转换为状态空间中的不同距离。这可以通过比较图 9.2a 和图 9.2d 观察到。图 9.2d 中默认电压矢量 $u_{opt}(k)=[0\ 0\ 0]^T$大致与 $u_{opt}(k)=[-1\ 0\ -1]^T$同方向，但其速度（相对于参考系）显然较高。因此在图 9.2d 中，进行开关切换的转矩下限相应地具有较大的带宽。

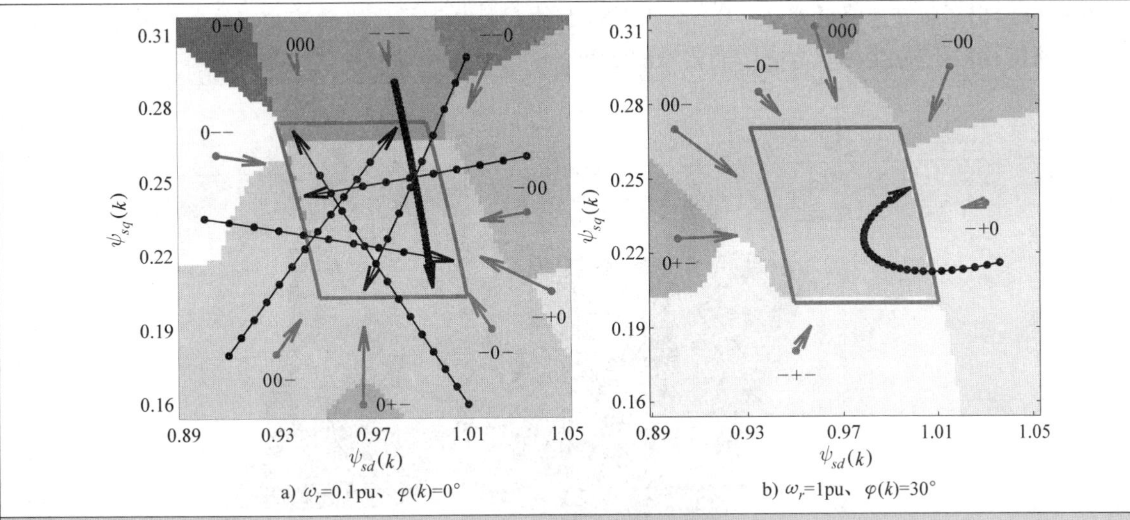

图 9.3 状态反馈控制律，即逆变器开关位置 $u_{\text{opt}}(k)$ 是定子磁链矢量 $\boldsymbol{\psi}_{s,dq}(k)$、转子磁链角度 $\varphi(k)$ 和逆变器开关位置 $u(k-1)$ 的函数。预测定子磁链轨迹由带点的曲线表示，目标集由平行四边形表示，箭头表示电压矢量

但是，当定子磁链矢量明显超过目标集时，控制律的差分模式变得相似，而与 $u(k-1)$ 无关。比较图 9.2a 和图 9.2d 可以看出，只有 $u(k-1)$ 不同。在本例中，图 9.2d 中 $u_{\text{opt}}(k)=[0\ 1\ 0]^T$ 区域对应着图 9.2a 中 $u_{\text{opt}}(k)=[-1\ 0\ \ -1]^T$ 区域。电压矢量有相同的差模电压，但共模电压不同。

导致这个特征的原因是，当定子磁链矢量超出其界限时，界限超出项 J_{bnd} 在代价函数中的开关切换中占主导地位。由于 J_{bnd} 与 $u(k-1)$ 无关，所以开关切换几乎与先前的开关位置无关。此外，定子磁链矢量由电压矢量的差模部分决定，并非共模部分。

如图 9.2b 所示，当最小化开关频率而非开关损耗时，结果控制律只有很小的变化。差别主要集中在电压矢量的共模上，如图的左上角所示。当需要从 $u(k-1)=[-1\ 0\ \ -1]^T$ 切换到零矢量时，存在两个选项，即 $u(k)=[-1\ \ -1\ \ -1]^T$ 和 $u(k)=[0\ 0\ 0]^T$。第一个选项只有一个开关切换，是最小化开关频率时的首选。第二个选项有两个开关切换，而在这个特殊情况下，相应的相电流较小。因此，当使开关损耗最小化时，两次开关切换是有利的。

这些差异也反映在图 9.4 中，图中给出了前面讨论过的两个控制律的预测开关切换。将 J_{sw} 除以 $1000T_s$ 得到预测开关损耗（以 kW 为单位）。如图 9.4a 所示，再除以 12 得到每个半导体器件[⊖]的平均开关损耗，同时也得到器件的开关频率。

可以看出，开关切换在每个区域内的表面都是平滑的。当从一个区域移到一个邻域时，如果两个控制律在交叉区域上都满足约束条件（9.6），则过渡是平滑的。例如，在控制输入为 $u_{\text{opt}}(k)=[0\ 1\ \ -1]^T$ 和 $u_{\text{opt}}(k)=[-1\ 1\ \ -1]^T$ 的区域。但是，如果其中一个控制输入不再满足约束条件（9.6），那么当从一个区域移动到另一个区域时，转换中的开关切换逐步改变。这可以从 $u_{\text{opt}}(k)=[-1\ 0\ \ -1]^T$ 和 $u_{\text{opt}}(k)=[0\ 1\ \ -1]^T$ 的区域边界观察到。当从第一区域移动到第二区域时，控制输入不再满足该约束，这将触发开关转换且开关动作逐步改变。

接下来，图 9.2c 所示控制律通过将权重 $\boldsymbol{q}$ 设置为零而获得。因此，只惩罚（penalized）了开关损耗，而没有提供激励将定子磁链矢量快速拉回到目标集中。如此就明显地扩大了维持先前控制输入的区域，即 $u_{\text{opt}}(k)=u(k-1)$。在这个区域中，如图 9.2c 所示的两个预测定子磁链轨迹在每一个时间步长中超出界限的程度越来越低。因此可以满足约束条件（9.6）中的第二个约束，但收敛到正确轨迹上的速率变小。注意该轨迹终止于转矩下限，因此约束条件（9.6）即将不满足。

⊖ NPC 逆变器使用 12 个集成门极换向晶闸管（IGCT）。——原书注

图 9.3a 给出了将转速降低到 $\omega_r = 0.1\text{pu}$ 时的控制律。此时定子磁链轨迹为直线，而零电压矢量将导致定子磁链相对于 dq 坐标系有一个非常慢的运动。

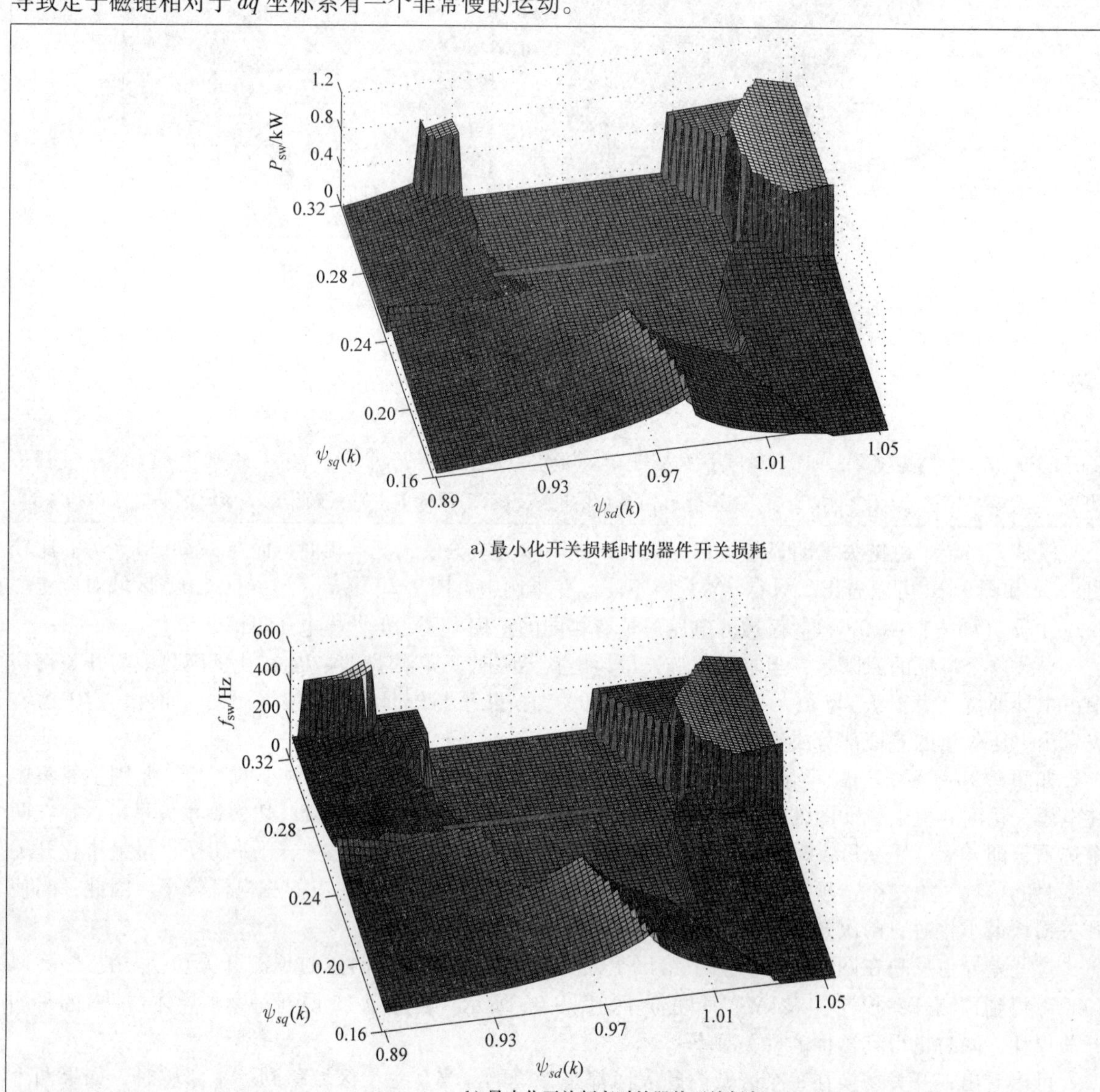

a) 最小化开关损耗时的器件开关损耗

b) 最小化开关频率时的器件开关频率

图 9.4 短预测范围的预测开关动作，作为定子磁链矢量 $\psi_{s,dq}(k)$、转子磁链角度 $\varphi(k) = 0°$和开关的位置 $u(k-1) = [-1\ 0\ -1]^T$的函数。目标集用平行四边形表示。这两个图分别对应图 9.2a 和图 9.2b

到目前为止，只研究了转子磁链角 $\varphi(k) = 0°$时的控制律。图 9.3b 给出了额定转速下 $\varphi(k) = 30°$的控制律。当与图 9.2a 中的 $\varphi(k) = 0°$的控制律相比较时，非零电压矢量发生旋转并且区域相应地变形。

3. 控制律推导例证

现在对状态反馈控制律的推导提供更多的视角。为此，图 9.2a 给出了沿着 $\psi_{sd} \in [0.89, 1.05]\text{pu}$ 和与转矩参考值相关的 $\psi_{sq} = 0.235\text{pu}$ 线（未给出）的控制律。这条线相当于通过定子磁链平面的一维曲线。如前所述，已作用的开关位置是 $u(k-1) = [-1\ 0\ -1]^T$，按照约束式（9.5）能够切换到 11 种不同的开关位置。在图 9.5 中只考虑了 4 种选择，或者保持在当前作用的开关位置，或者切换到 3 个新的开关位置中的一个，即考虑到

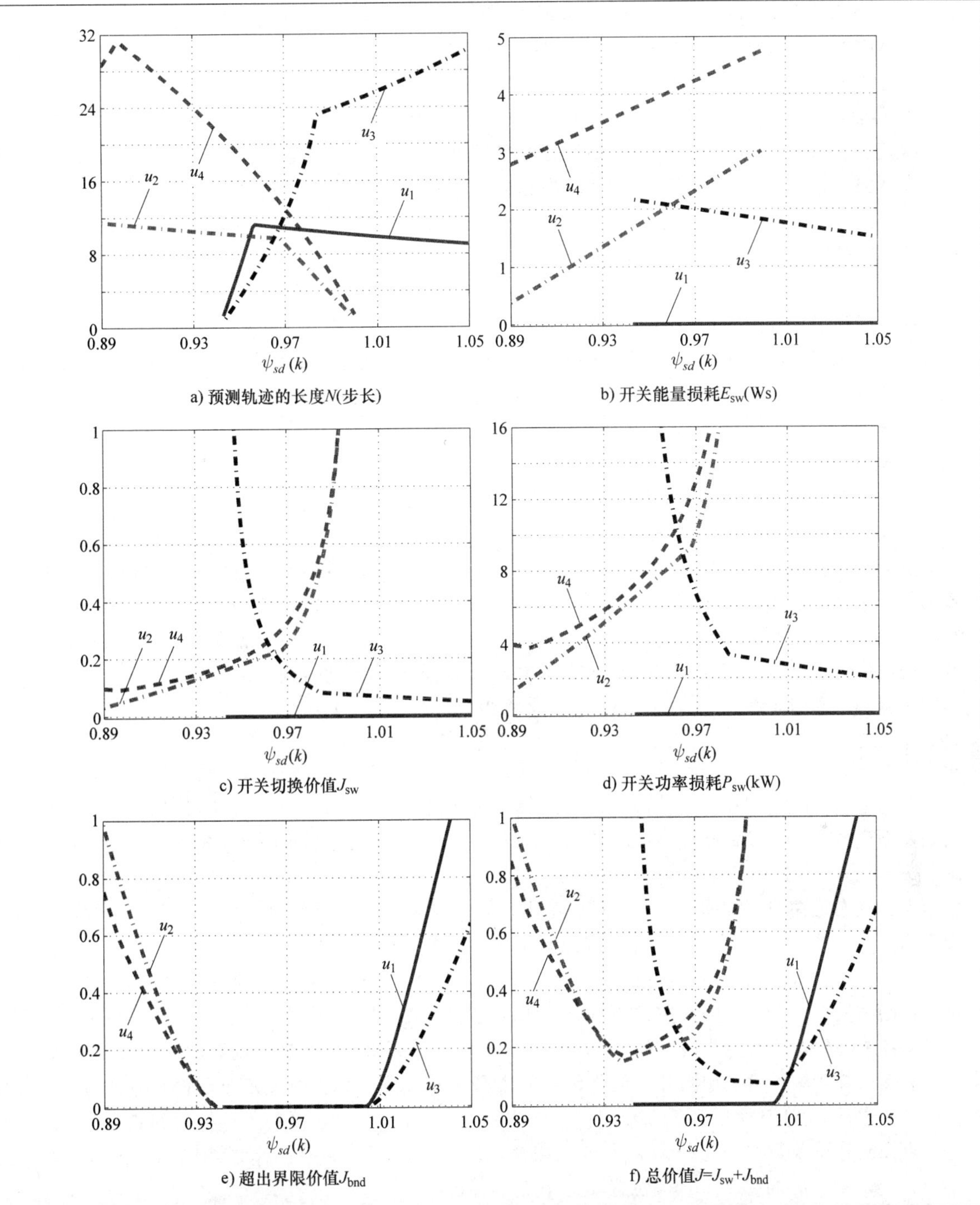

a) 预测轨迹的长度N(步长)

b) 开关能量损耗E_{sw}(Ws)

c) 开关切换价值J_{sw}

d) 开关功率损耗P_{sw}(kW)

e) 超出界限价值J_{bnd}

f) 总价值$J=J_{sw}+J_{bnd}$

图 9.5 MPTDC 开关损耗最小化且开关范围为 *SE* 时，可视化图 9.2a 中沿 $\psi_{sd}\in[0.89,1.05]$pu 和 $\psi_{sq}=0.235$pu 控制律的推导。从开关位置 $u(k-1)=[-1\ 0\ -1]^T$开始，考虑 k 时刻 12 个可能的开关位置中的 4 个：u_1（没有切换），u_2（a 相有开关切换），u_3（b 相有开关切换），u_4（ab 相都有开关切换）

$$\boldsymbol{u}(k)\in\{\boldsymbol{u}_1,\boldsymbol{u}_2,\boldsymbol{u}_3,\boldsymbol{u}_4\} \tag{9.9}$$

式中，$\boldsymbol{u}_1=[-1\ 0\ -1]^T,\boldsymbol{u}_2=[0\ 0\ -1]^T,\boldsymbol{u}_3=[-1\ 1\ -1]^T,\boldsymbol{u}_4=[0\ 1\ -1]^T$。

对于特定的定子磁链矢量，某些开关位置会违反约束条件（9.6），因此无法应用。例如，保持

$\psi_{sd}<0.94$pu的开关位置将违反约束条件（9.6）。

图9.5a给出了预测的定子磁链轨迹的长度。由于参考系的旋转，这些线略微弯曲。由于轨迹终止的界限发生变化，会引起斜率明显变化。例如，在$\psi_{sd}=0.955$pu的情况下，对应u_1的定子磁链轨迹终止于磁链的下限，而高于该阈值时终止于转矩下限（参见图9.2a）。

开关能量损耗（以W·s为单位）取决于换向定子电流，该定子电流是定转子磁链矢量的线性组合。因此，开关能量损耗与定子磁链分量线性相关。图9.5b中的直线表明了这一点。

如前所述，通过将开关能量损耗除以轨迹长度得到图9.5c中开关功耗J_{sw}的价值。因此，这些价值（与轨迹长度相似）为不连续的略微弯曲的线条。如前一节所述，通过缩放图9.5c可得图9.5d中的开关功率损耗。

只要定子磁链的轨迹保持在目标集内，则超出界限的价值J_{bnd}为0。如图9.5e所示，初始定子磁链矢量在该集合内时就是这种情况。当定子磁链轨迹从起始点远离目标集时，由于J_{bnd}中使用的是有效值方程（见式（7.33）），所以超出界限的价值将迅速增加。根据预测有效值超出界限程度，各开关位置之间的斜率不同。例如，当$\psi_{sd}>1.005$pu，开关位置$u(k)=[-1\ 1\ -1]^T$相比$u(k)=[-1\ 0\ -1]^T$，可以更快速地使得定子磁链矢量重新回到目标集中。这在图9.2a中显而易见，并且在图9.5e中表明，这是因为前者的开关位置对于超出界限需要更低的惩罚。

图9.5f中的总价值J是开关动作价值和超出界限价值的总和。通过最小化总价值，导出最优控制输入$u_{opt}(k)$。对于$\psi_{sd}<0.94$ pu，$u(k)=[0\ 0\ -1]^T$和$u(k)=[0\ 1\ -1]^T$价值相近。第一个开关位置具有较低的开关切换次数，但在将定子磁链矢量拉回目标集中时会比较慢。因此，在$0.925\text{pu}\leqslant\psi_{sd}<0.94$pu的区间内，选前者为最优控制输入$u_{opt}(k)$，而后者是$\psi_{sd}<0.925$pu的最优选择。在目标集内，当略微超出磁链上限时，即$0.94\text{pu}\leqslant\psi_{sd}\leqslant1.005$pu，最优选择为不切换开关，即$u_{opt}(k)=u(k-1)$。当明显超出磁链上限时，即$\psi_{sd}>1.005$pu，最优选择为$u_{opt}(k)=[-1\ 1\ -1]^T$。

4. 长开关范围分析

目前的分析主要集中在开关范围*SE*，以下考虑更长的开关范围，使用*SESE*作为说明性示例。使用与前面提到的相同假设，即开关损耗最小化，转子的角度位置是$\varphi(k)=0°$，同时上一时刻的开关位置是$u(k-1)=[-1\ 0\ -1]^T$。

示例的状态反馈控制律如图9.6所示。给出了几个预测定子磁链轨迹，其中每两个采样时刻由小圆圈表示。开关范围*SESE*与*SE*相比，其控制律有三个明显的特征。

第一，在预测范围内，执行两次开关切换，分别是在当前时刻k和当预测到接近界限时。因此，在预测范围内使用两个不同的开关位置，导致预测定子磁链轨迹有不同顶点。控制律是指第一个开关位置，即在k时刻处的最佳开关位置$u_{opt}(k)$。假设第二个开关切换发生在时刻$\ell>k$，但并不能从图9.6中的控制图直接观察到第二预测开关位置$u(\ell)$。尽管如此，它可以由预测定子磁链轨迹的方向和速度重构得到。通常$u(\ell)$与预测出现的第二个开关切换区域的开关位置$u_{opt}(k)$不一致。例如，考虑图9.6a中的带点预测轨迹及其在磁链下限处的开关切换。根据区域相关的控制律预测该出现的开关切换是$u(k)=[0\ 0\ -1]^T$，而第二个开关位置却是$u(\ell)=[0\ 1\ -1]^T$。

第二，如图9.6a所示，开关切换在目标集内完成。考虑直线向下的预测轨迹，推迟其开关切换，直到轨迹接近转矩下限。当朝这个界限移动时，可以使得开关切换的步数越来越小。在某一点上，预先切换变得比进一步延迟开关切换更合算，因为新轨迹相关的开关能量损耗可能很低，并且可以在整个长轨迹上降低。因此控制输入$u_{opt}(k)=[-1\ 1\ -1]^T$的区域可以很好地扩展到目标集中。其中的带点轨迹就是一个例子。因此，当优化多个开关切换时，MPDTC可以选择预先切换。这是MPDTC的一个重要特征，与强加入的界限、开关位置的离散性以及变长度预测范围有关。

第三，有些区域可能没有明确的界限，如图9.6b所示的$u_{opt}(k)=[0\ 0\ -1]^T$和$u_{opt}(k)=[0\ 1$

$-1]^T$区域。图中两个示例轨迹，它们从非常相似的定子磁链位置开始，并有非常相似的总价值（尽管其开关序列不同）。通过微扰$\psi_{s,dq}(k)$，选择一个或另一个开关序列。这种现象是由于 MPDTC 运行在离散时间域中以及轨迹长度是自然数而不是实数造成的。很明显，上轨迹的长度对$\psi_{s,dq}(k)$轻微扰动非常敏感，例如沿着d轴稍微移动$\psi_{s,dq}(k)$就能对轨迹朝下的第二部分长度造成很大的影响。减少采样周期可以缓解这个问题。

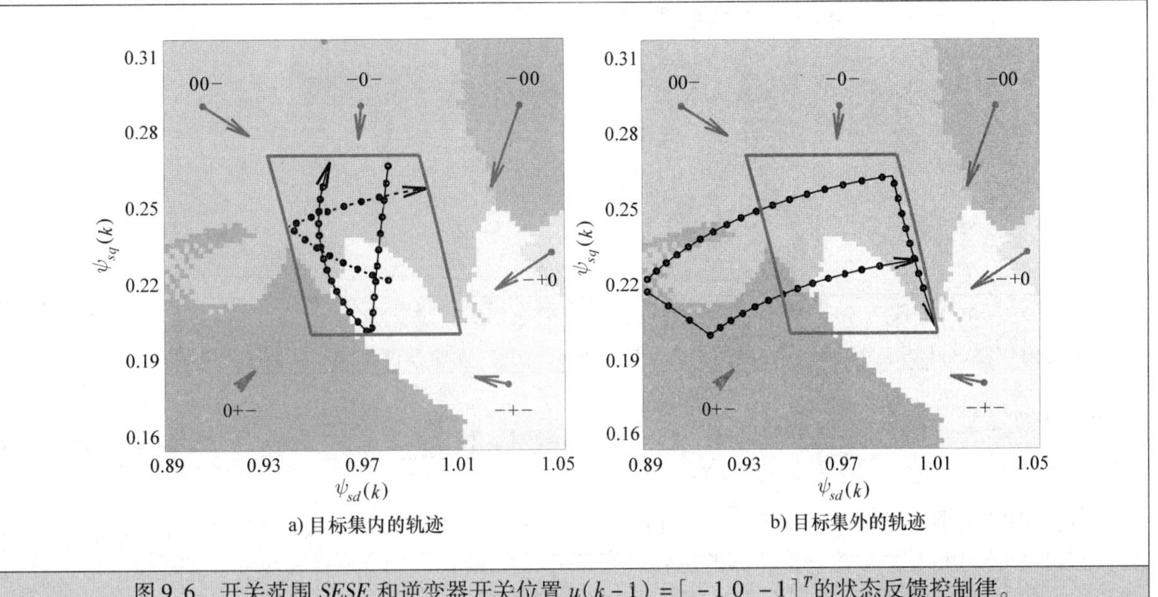

图9.6　开关范围 *SESE* 和逆变器开关位置 $u(k-1)=[-1\ 0\ -1]^T$的状态反馈控制律。这个图对应开关范围为 *SE* 的图9.2a

这两条轨迹有相同的价值，从而有相同的性能，选择哪一个都无关紧要。然而，理想的 MPDTC 一旦选择一个策略就固定了，避免在一个策略与另一个策略之间重复切换。只有当目标集的边界将被超出时，才能通过重新评估控制输入来执行该操作。可通过7.4.5节 MPDTC 算法中的优化步骤2来实现。正如前一段所述，这个策略还可以防止 MPDTC 在定子磁链矢量位于目标窗口时进行预先切换。

9.2.3　目标集边缘的控制律 ★★★

在9.2.2节中，稳态运行期间且开关范围为 *SE* 时，定子磁链矢量保持在目标集内，开关切换基本仅沿着目标集的边缘执行。

为了深入了解在不同转子磁链角时控制律的依存关系，如图9.3b所示，可以计算出转子磁链矢量$\varphi(k)$的不同角位置的控制律。另一种方法是在二维空间和沿着目标集一个边缘的位置上计算控制律，该二维空间与转子磁链角同步旋转，并且四个边缘中的每一个都是分别进行的。例如，使用幅值$\Psi_s=\Psi_{s,\min}$和负载角$\gamma(k)$，磁链下限可以转化到极坐标系中，其中负载角为预先定义的定转子磁链矢量之间的夹角。因此，对于磁链下限，控制律可以作为转子磁链角$\varphi(k)$和负载角$\gamma(k)$的函数导出。

得到的控制规律如图9.7所示。正如所期望的那样，图9.7中$\varphi(k)=0°$的控制律与图9.2a中沿着目标集的磁链下限（左边缘）的控制律相同。对$\varphi(k)=30°$和图9.3b也是如此。由于对称性的特点，在$\varphi(k)$为60°的角度范围内计算控制律完全可以描述控制器的特征。

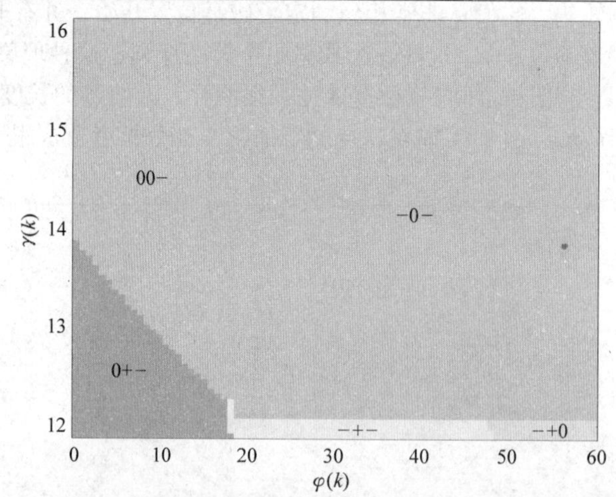

图9.7　在 $u(k-1)=[-1\ 0\ -1]^T$处，沿着目标集磁链下限的状态反馈控制律，其中，$\varphi(k)$表示转子磁链矢量的角位置，$\gamma(k)$表示定转子磁链矢量之间的（负载）角。两个角度都是以度数给出开关范围为 *SE*

9.3　死锁现象分析

尽管 MPDTC 具有性能优势，但该算法偶尔会遇到所谓的不可行状态或死锁。k 时刻的不可行状态是状态向量 $\boldsymbol{x}(k)$ 和开关位置 $u(k-1)$ 的组合，在该开关位置 $u(k-1)$ 不存在满足输出变量约束（9.6）的开关序列。意味着控制问题（7.26）不可行，不能解决问题。

9.3.1　死锁的根本原因分析 ★★★

在本节中将深入分析死锁的本质和根本原因。我们将了解到，死锁是由输出变量在上下限之间的约束以及开关位置为有限的离散集所引起的。对所允许的开关切换的约束，限制了在一个时间步长内可以获得的电压矢量集合，这进一步恶化了该问题，而长开关范围可以减轻这个问题。

重新关注 MPDTC 中的三电平逆变器，但现在考虑 2.5.2 节中的案例研究，该电路是基于每个逆变器仅包含两个 d*i*/d*t* 缓冲器的 NPC 逆变器。与 2.5.2 节不同，直流母线电压设定为 5.2kV，相当于 1.93pu。中压（MV）感应电机参数见表 2.10。在第一步中，忽略中性点电位，只关注受控电机的量，即电磁转矩和定子磁链幅值。

起先确定一组实现恒定转矩的电压矢量，为了方便实现，忽略电压矢量的离散性，即假设逆变器每相可以输出 $-0.5v_{dc}$ 和 $0.5v_{dc}$ 之间实际电压。其结果是，图 9.8 所示的离散电压矢量被放宽到由虚线六边形包围的实际矢量集合。六边形的顶点与原点的欧氏（Euclidean）距离为 $2/3v_{dc}$。考虑按转子磁链矢量 ψ_r 定向的同步旋转 dq 坐标系，转子旋转电角速度为 ω_r。在该坐标系下，放宽的电压矢量表示为 $\tilde{v}_s=[\tilde{v}_{sd}\ \tilde{v}_{sq}]^T$。

回顾式（2.56）中电磁转矩的定义

$$T_e=\frac{1}{\mathrm{pf}}\frac{X_m}{D}\psi_r\times\psi_s=\frac{1}{\mathrm{pf}}\frac{X_m}{D}(\psi_{rd}\psi_{sq}-\psi_{rq}\psi_{sd})\tag{9.10}$$

式中有转子和定子磁链矢量的叉乘 $\psi_s=[\psi_{sd}\psi_{sq}]^T$ 和 $\psi_r=[\psi_{rd}\psi_{rq}]^T$。转矩对时间的导数由下式给出

$$\frac{\mathrm{d}T_e}{\mathrm{d}t}=\frac{1}{\mathrm{pf}}\frac{X_m}{D}\left(\psi_{rd}\frac{\mathrm{d}\psi_{sq}}{\mathrm{d}t}-\psi_{rd}\frac{\mathrm{d}\psi_{sd}}{\mathrm{d}t}\right)\tag{9.11}$$

式中，在同步旋转参考系中转子磁链矢量的导数为 0。将定子磁链导数的 dq 轴分量式（2.55a）代入式（9.11）。在 MV（中压）装置中定子和转子电阻通常非常小，因此可以忽略。所以转矩导数为

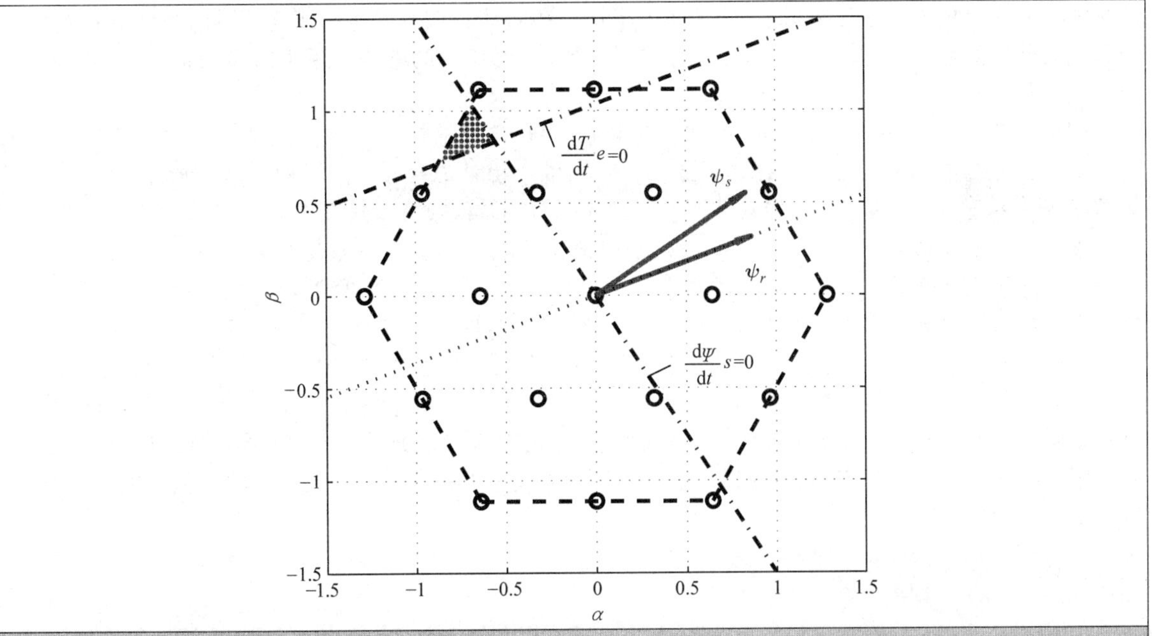

图 9.8 几何分析与转矩和定子磁链幅值相关的死锁的根本原因

注：小圆圈表示（离散的）电压矢量，放宽的电压矢量集合由虚线六边形包围起来。假定运行在额定转速和额定转矩，点划线表示恒定转矩和定子磁链幅值线。恒转矩线与转子磁链矢量平行。点区域（阴影部分）表示转矩增加、定子磁链幅值减小的放宽电压矢量集合。

$$\frac{dT_e}{dt}=\frac{1}{pf}\frac{X_m}{D}(\tilde{v}_{sq}\psi_{rd}-\tilde{v}_{sd}\psi_{rq}-\omega_r(\psi_{sd}\psi_{rd}+\psi_{sq}\psi_{rq})) \tag{9.12a}$$

$$=\frac{1}{pf}\frac{X_m}{D}\ (\psi_r\times\tilde{\boldsymbol{v}}_s-\omega_r\boldsymbol{\psi}_s^T\boldsymbol{\psi}_r) \tag{9.12b}$$

将转矩导数设置为0，可简化式（9.12）为

$$\boldsymbol{\psi}_r\times\tilde{\boldsymbol{v}}_s=\omega_r\boldsymbol{\psi}_s^T\boldsymbol{\psi}_r \tag{9.13}$$

以放宽的电压矢量的 dq 轴分量作为自由变量，式（9.13）描述了 dq 平面中与转子磁链矢量平行的直线。该线到原点的距离由 $|\omega_r\psi_s^T\psi_r|/\|\psi_r\|$ 给出，该线称为恒转矩线。位于恒转矩线之下（包括原点）的电压矢量会减小转矩，而位于恒转矩线之上的电压矢量会增加转矩。在稳态运行条件下，转矩和定子磁链幅值紧紧地保持在参考值的界限内。确保式（9.13）中两个磁链的内积为有效常数。其结果是，恒转矩线到原点的距离与速度 ω_r 成正比，因此也与调制系数成正比。速度增加使恒转矩线远离原点，从而减少可用于增加转矩的离散电压矢量的数量（如果需要的话）。因此，角速度越高，控制问题就越难以解决。

定子磁链矢量的幅值为

$$\Psi_s=\|\boldsymbol{\psi}_s\|=\sqrt{(\psi_{sd})^2+\ (\psi_{sq})^2} \tag{9.14}$$

对时间的导数计算为

$$\frac{d\Psi_s}{dt}=\frac{1}{\Psi_s}\left(\psi_{sd}\frac{d\psi_{sd}}{dt}+\psi_{sq}\frac{d\psi_{sq}}{dt}\right) \tag{9.15}$$

再次使用定子磁链矢量的导数式（2.55a），并将定子和转子电阻设为0。简化式（9.15）为

$$\frac{d\Psi_s}{dt}=\frac{\psi_{sd}\tilde{v}_{sd}+\psi_{sq}\tilde{v}_{sq}}{\Psi_s}=\frac{\boldsymbol{\psi}_s^T\tilde{\boldsymbol{v}}_s}{\Psi_s} \tag{9.16}$$

设定子磁链的导数为0，可以得到

$$\boldsymbol{\psi}_s^T\tilde{\boldsymbol{v}}_s=0 \tag{9.17}$$

满足式（9.17）的放宽电压矢量在 dq 平面中形成一条直线，该直线垂直于定子磁链矢量并穿过原点。这条线被称为恒定子磁链幅值线。与定子磁链矢量位于同一侧的电压矢量可以增加定子磁链幅值，而位于相反侧的电压矢量则会减小定子磁链幅值。

例 9.1 考虑在额定转速和额定转矩下运行的 NPC 变频器驱动系统。假设转矩已经达到其下限，并要求增加，而定子磁链幅值达到了其上限，需要减小磁链的幅值。在电机完全励磁和额定转矩时，定转子磁链矢量如图 9.8 所示。恒转矩线和恒定子磁链幅值线用点划线表示。

点区域（阴影部分）表示转矩增加、定子磁链幅值减小的放宽电压矢量集合。可以看出，在这个例子中，点区域（阴影部分）中不包含离散的电压矢量。这意味着 MPDTC 不能提供满足转矩和定子磁链要求控制问题的解决方案。不能解决给定磁链矢量的控制问题，导致不可行，产生死锁。

前面的分析集中在转矩和定子磁链幅值上。当中性点电位也考虑在内时，当中性点电位接近界限时，将对电压矢量进一步限制。根据相电流的符号，与中性点相连至少一相的开关位置对中性点电位有特定影响。即使电压矢量满足转矩和定子磁链幅值的要求，其开关位置也可能导致中性点电位超出其界限。此外，使用两个 di/dt 缓冲器的开关限制，以及上下直流母线开关转换的排除，进一步减少了可用电压矢量的集合。

9.3.2 死锁的位置 ★★★

为了确定死锁的位置，开关范围 *SSE* 最小化开关频率的 MPDTC 使 NPC 驱动系统运行在稳态条件下。设代价函数式（9.3）中的惩罚项 J_{bnd} 和 J_t 为 0。开关转换限于图 2.21 所示的一组转换。在额定转速和额定转矩下仿真了 1000 个基波周期。转矩保持在对称界限 $T_{e,\min}=0.88$pu 和 $T_{e,\max}=1.12$pu 中，定子磁链幅值保持在不对称界限 $\Psi_{s,\min}=0.97$pu 和 $\Psi_{s,\max}=1.015$pu 中。中性点电位上施加 $v_{n,\max}=-v_{n,\min}=0.04$pu 的界限。定义集合为

$$\mathcal{Y}=[T_{e,\min},T_{e,\max}]\times[\Psi_{s,\min},\Psi_{s,\max}]\times[v_{n,\min},v_{n,\max}] \tag{9.18}$$

这由转矩、定子磁链幅值及中性点电位的上、下限构成。

图 9.9 分别描绘了在转矩和定子磁链幅值范围 $[T_{e,\min},T_{e,\max}]$ 和 $[\Psi_{s,\min},\Psi_{s,\max}]$ 内产生的死锁。这个二维集合是三维集合 $\mathcal{Y}$ 在转矩和定子磁链幅值子空间上的投影。由大矩形表示。为了检索由于投影而丢失的一些信息，可根据死锁发生时的中性点电位来分类死锁。为此，将死锁分为 M 和 N 两种类型。

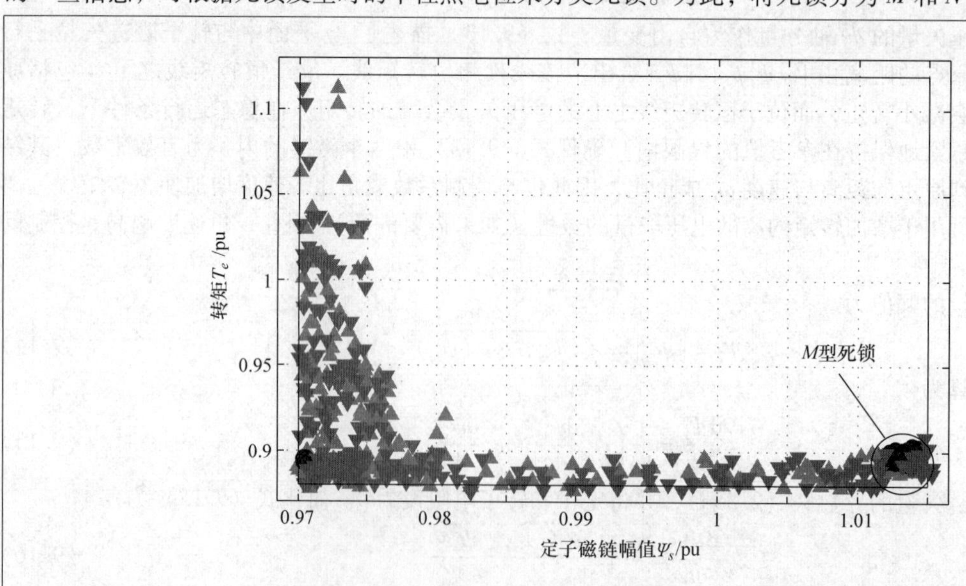

图 9.9 额定转速和额定转矩下运行时转矩和定子磁链幅值界限内的死锁

注：M 型死锁（由圆圈表示）和 N 型死锁（由向上和向下的三角形表示）形成清晰可见的簇。

$$\begin{aligned} &\text{类型 } M(\cdot) \quad \text{若 } v_n \in [v_{n,\min}+\Delta v_n, v_{n,\max}-\Delta v_n] \\ &\text{类型 } N_a(\blacktriangle) \quad \text{若 } v_n \geqslant v_{n,\max}-\Delta v_n \\ &\text{类型 } N_b(\blacktriangledown) \quad \text{若 } v_n \leqslant v_{n,\min}+\Delta v_n \end{aligned} \tag{9.19}$$

式中

$$\Delta v_n = 0.0125(v_{n,\max} - v_{n,\min}) = 0.001\text{pu} \tag{9.20}$$

是围绕中性点电位的上限和下限定义的一个窄区域。

第一类死锁的特点是中性点电位在其界限之内。因此，只有电机的两个输出变量会导致死锁。这类死锁称为 *M* 型死锁，其中 *M* 是指电机。

第二种类型的死锁对应于中性点电位接近或超出其上限或下限的情况。由于中性点电位与死锁有关，可称之为 *N* 型死锁。根据中性点电位是在上限还是下限，分别用 N_a 和 N_b 来区分两个子型。

图 9.9 显示，*M* 型死锁集中在右下角。在这个区域，电磁转矩接近其下限，需要电压矢量来增加转矩。另外，定子磁链幅值处于其上限，必须减小。这个情况在前面的例 9.1 中讨论过。

N 型死锁出现在转矩和磁链幅值下限附近，特别是在左下角，这两个电机变量都接近其下限（见图 9.9）。由于中性点电位接近其中一个界限，限制了允许的电压矢量的选择。开关转换的制约进一步限制了可用的集合。

N 型死锁比只占死锁总数约 20% 的 *M* 型死锁更为频繁。可以观察到，*M* 型死锁和 *N* 型死锁出现在 $\mathcal{Y}$ 集合中的不同位置，表明应该分开处理，这将在 9.5 节中讨论。

图 9.10 给出了死锁的另一种表示形式。该图表明了死锁作为定子磁链幅值 $\Psi_s \in [\Psi_{s,\min}, \Psi_{s,\max}]$ 和相对于正交坐标系 α 轴的转子磁链角度 $\varphi \in [-180°, 180°]$ 的函数。图中所示的集合可以解释为 $\mathcal{Y}$ 在一维定子磁链幅值空间上的投影，同时将该投影显示为转子磁链角的函数。可以看出，由于电压矢量固有的 60°对称性，*M* 型死锁每 60°出现一次。*N* 型死锁也每 60°出现一次，但它们是两个子型之间交替出现。具体而言，由于中性点电位中存在显著的三次谐波分量，所以 N_a 型死锁和 N_b 型死锁每 120°出现一次。

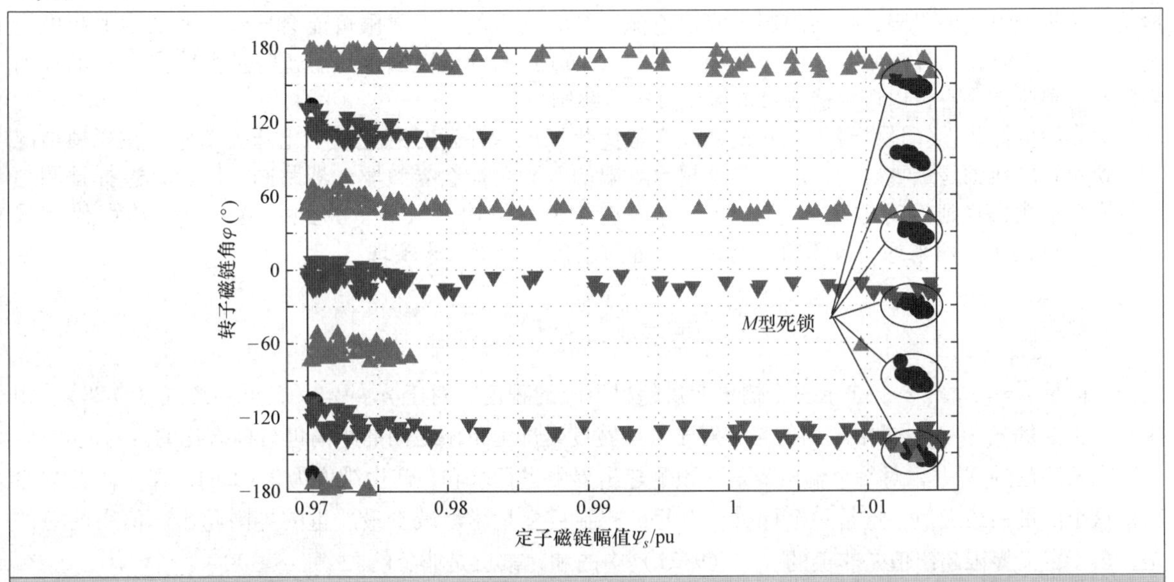

图 9.10　改变转子磁链角 φ 时，定子磁链幅值范围内的死锁。系统运行在额定转速和额定转矩条件下。*M* 型死锁（由圆圈表示）和 *N* 型死锁（由向上和向下的三角形表示）形成清晰可见的簇

到目前为止，只考虑额定转速运行。图 9.11 给出了转速变化对死锁频率 f_{DL}（每秒死锁数（平均））的影响。降低转速并不一定会降低死锁的频率，因为 *N* 型死锁占主导地位。当改变转速时，转矩和定子磁链幅值平面上的死锁分布定性地与图 9.9 和图 9.10 所示的类似。

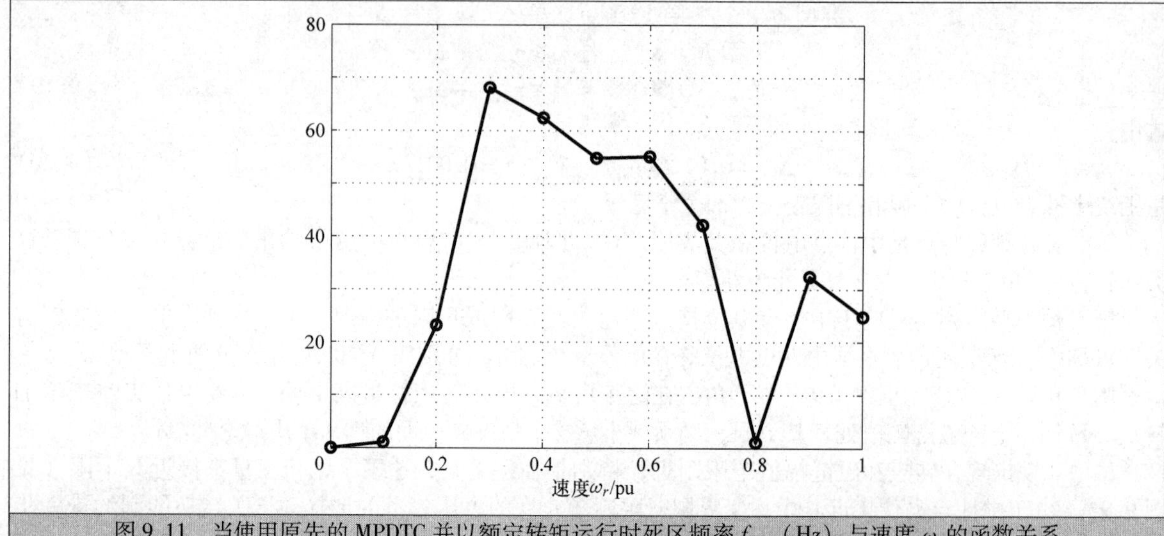

图 9.11　当使用原先的 MPDTC 并以额定转矩运行时死区频率 f_{DL}（Hz）与速度 ω_r 的函数关系

9.4　死锁的解决方法

前一节已经表明，存在这样的情况，没有可用的开关位置使得三个输出变量保持在它们的界限内，或者当输出变量中的一个或多个超出界限时，在每个时间步长内减少其超出界限。如果不存在符合开关切换和输出约束式（9.5）和式（9.6）的可用开关序列，则优化问题式（7.26）不能被解决且不可行。

有几个选择可以解决此问题。一个是扩大（一些）输出变量的界限。但是，转矩和磁链界限间接地定义了定子电流的界限，从而限制了峰值电流。扩大其中的一个界限可能会导致逆变器中的相电流过高。中性点电位的界限限制了栅极换向晶闸管（GCT）的峰值阻断电压。暂时扩大输出变量的任何界限都必须非常小心，以避免造成过电流或过电压跳闸。

另一种更好的选择是在最优化问题中改变最优化标准，并暂时避免最小化开关动作。在死锁情况下，快速解决死锁是最重要的，因为严重超出界限的行为可能会导致驱动器跳闸。因此，选择预测超出界限最小化，直到所有输出变量回到其界限内，也就解决了死锁。为此，用一个软约束代替式(9.6）的硬约束，用来惩罚最坏的预测超出。通过新的代价函数来实现

$$J_{\mathrm{DL}} = \left\| \sum_{\ell=k+1}^{k+N_p} \varepsilon(\ell) \right\|_{\infty} \tag{9.21}$$

式中，向量 $\varepsilon = [\varepsilon_T\ \varepsilon_\Psi\ \varepsilon_v]^T$ 表示三个输出变量超出界限的程度。对于 ε_T 的定义，可参考式（7.28）。相应地定义变量 ε_Ψ 和 ε_v。界限超出值是相对于界限宽度，即上下限之间的距离进行标幺化的。

在预测范围 N_p 上，对每个输出变量的预测超出界限进行求和，产生维度为 3×1 的向量。∞ 范数给出了这个向量的最大值，这是一个标量。因此，控制目标是尽量减少最严重的界限超出。值得注意的是，由于定义界限超出值是非负的，式（9.21）中的和元素也是非负的。

重新定义开关范围，并只使用开关元素 S。通常，在死锁期间将开关范围设置为 S 或 SS。例如，开关范围从 *eSSESE* 变为 SS，预测范围设为 $N_p=2$。对于 $N_p=2$，图 9.12 给出了一个超出转矩下限例子。在 $k+1$ 时刻和 $k+2$ 时刻预测的标幺化转矩超出程度，其和在代价函数 J_{DL} 中进行惩罚。定子磁链幅值和中性点电位也是一样的。导出满足开关约束式（9.5）并使代价函数式（9.21）最小化的两步开关序列。

MPDTC 死锁解决算法由 7.4.5 节的标准 MPDTC 算法衍生而来。需要注意的是，动作 A 的序列只包含 S 个元素。

1）初始化根节点并推入堆栈。

2）具有非空动作序列 $A_i \neq \phi$ 的顶层节点 i 从堆栈中取出。

3）第一个元素从 A_i 读出并移除。根据式（7.37），列举所有允许的开关切换。使用式（7.38）来预测下一时刻的每个开关切换的状态和输出向量。为每个开关转换创建新的节点 j，同时删除节点 i。

4）新创建的节点被推到堆栈上。

5）如果一个非空集合的动作 A 至少有一个节点，执行步骤 2 算法，否则执行步骤 6。

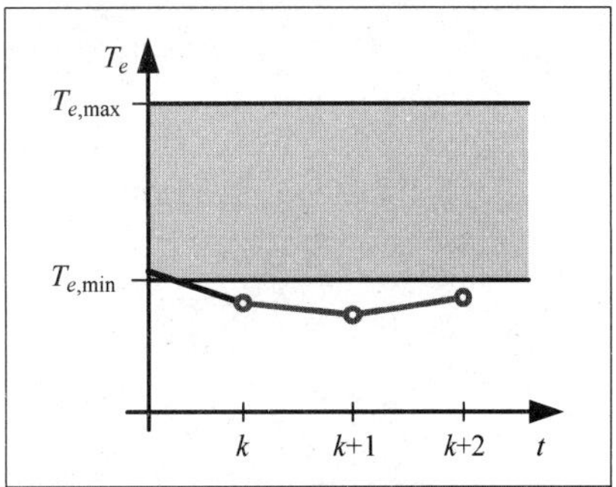

图 9.12　当开关范围为 SS 时转矩超出转矩下限以及使预测超出最小化的转矩轨迹图

步骤 2～5 的结果为叶节点 $i \in \mathcal{I}$，其中 $\mathcal{I}$ 是系数（index）集合。这些节点对应于开关序列 $\boldsymbol{U}_i(k)$。

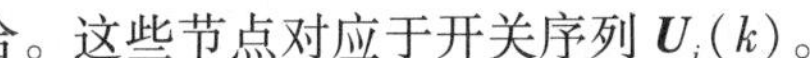

6）对于每个叶节点 $i \in \mathcal{I}$，计算相关的价值 $J_{\mathrm{DL},i}$。

7）选择具有最小的代价函数值的系数叶节点：

$$i = \arg \min_{i \in \mathcal{I}} J_{\mathrm{DL},i} \tag{9.22}$$

读出 k 时刻的相关开关位置，并设为最优值 $u_{\mathrm{opt}}(k) = u_i(k)$。

8）开关位置 $u_{\mathrm{opt}}(k)$ 作用于逆变器。在下一个 $k+1$ 时刻执行标准 MPDTC 算法。如果产生一组空的开关序列，则调用死锁解决算法。

死锁解决算法以相对一般的方式制定。在死锁期间选择开关范围 S 时，算法可以显著简化。在这种情况下，列举 k 时刻的所有开关切换，由 MPDTC 算法预测 $k+1$ 时刻的输出向量。存储这些量，在死锁的情况下，只需要应用修正的代价函数 J_{DL} 并根据式（9.22）将其最小化。不需要其他枚举和预测，因此可以保持解决死锁所需的额外计算负担最小化。死锁解决算法的特殊情况最初由参考文献［9］提出。

9.5　死锁的避免

上一节提出的死锁解决策略能够可靠地解决所有死锁，并确保驱动系统连续运行。然而，这种策略通常需要在短时间内进行几次开关切换，以解决死锁问题。这将导致瞬时开关频率激增。

定义瞬时开关频率为在 1ms 的时间窗口内（所有开关器件的）开关次数的平均值。图 9.13 给出了 MPDTC 在开关范围 SSE 最小化开关频率的瞬时开关频率。可以观察到瞬时开关频率中的特征尖峰，称为开关剧变（switching bursts）。开关剧变与由正方形表示的死锁有关。表明死锁导致开关剧变；避免死锁就可以避免这些剧变，如 9.5.2 节所述。

为了使变频器安全运行，必须避免瞬时开关频率的剧变。开关剧变可能导致半导体开关器件过热，并可能在下一次开关切换之前阻止 GCT 的门极驱动器完全充电。因此，每毫秒的切换次数需由保护机制来监视。在最坏的情况下，开关剧变触发这种保护机制并导致驱动系统跳闸。

9.5.1　死锁避免策略 ★★★

下面介绍三种避免死锁的策略。这些方法分别为基于终端软约束（方法 A）、终端权重（方法 B）和准确死锁预测（方法 C）。方法 A 和方法 C 可以应用于 M 型和 N 型死锁，而方法 B 只能用于 N 型死锁。为了简化说明，将代价函数式（9.3）中的界限超出项 J_{bnd} 设置为 0。

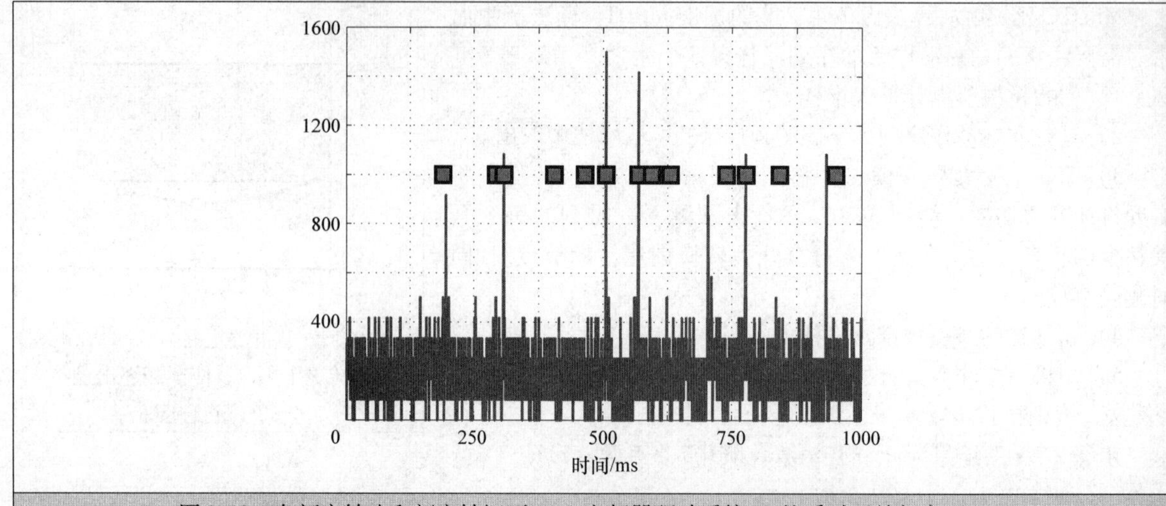

图 9.13　在额定转速和额定转矩下 NPC 变频器驱动系统 1s 的瞬时开关频率（Hz）

注：正方形表示死锁。

1. 方法 A_1：转矩和定子磁链幅值的终端软约束

将终端软约束

$$J_t = \begin{cases} \lambda_m & 若\ \boldsymbol{y}(k+N_i) \in \mathcal{Y}_c \\ 0 & 其他 \end{cases} \tag{9.23}$$

添加到代价函数式（9.3）中。如果在开关序列末尾的输出向量（回想第 i 个开关序列的长度是 N_i）在集合$\mathcal{Y}_c$内，则该软约束将大的惩罚项 $\lambda_m >> 0$ 添加到代价函数中。将这个集合称为转矩和定子磁链幅值的临界区域（critical region）

$$\mathcal{Y}_c = \{\boldsymbol{y} \mid T_e \leqslant T_{e,\min} + \Delta T_e\} \cap \{\boldsymbol{y} \mid \Psi_s \geqslant \Psi_{s,\max} - \Delta \Psi_s\} \cap \mathcal{Y} \tag{9.24}$$

集合$\mathcal{Y}_c$是$\mathcal{Y}$的子集，包含图 9.9 的右下角。选择正参数 ΔT_e和 $\Delta \Psi_s$，覆盖所有的 M 型死锁的同时，使 $\boldsymbol{y}_c$ 尽可能小。

终端软约束式（9.23）对最优开关序列的选择过程有以下影响。如果至少存在一个开关序列使得 $J_t=0$ 成立，则意味着其输出轨迹不在临界区域中终止，则仅考虑满足约束的切换序列

$$\boldsymbol{y}(k+N_i) \in \mathcal{Y} \backslash \mathcal{Y}_c \tag{9.25}$$

通常，这会减小可用开关序列的集合。在这个集合之外，选择具有最低开关动作 J_{sw} 的序列作为最优序列。所有满足 $J_t=\lambda_m$ 的开关序列在定义上都是不理想的。

如果不存在满足 $J_t=0$ 的开关序列，即所有开关序列都将输出拉入临界区域，则放宽式（9.25），并考虑所有可用开关序列。然后惩罚项 λ_m 仅对所有可用开关序列的价值加上偏移量。所提出的方法只有在能准确定义 M 型死锁的区域，且该区域相对于$\mathcal{Y}$比较小时才能表现良好，因为 MPDTC 放弃了一定的自由度，可能会影响其性能。本例情况中，满足这两个条件。

2. 方法 A_2：转矩、定子磁链幅值和中性点电位的终端软约束

由于 N 型死锁占主导作用，避免中性点电位触及其界限是有利的。这可以通过增加终端软约束（9.23）来处理中性点电位，从而解决 N 型死锁问题。修改临界区域为$\mathcal{Y}'_c = \mathcal{Y}_c \cap \mathcal{Y}_n$，其中

$$\mathcal{Y}_n = \{\boldsymbol{y} \mid v_n \leqslant v_{n,\min} + \Delta v_n\} \cup \{\boldsymbol{y} \mid v_n \geqslant v_{n,\max} - \Delta v_n\} \tag{9.26}$$

Δv_n 由式（9.20）定义。

3. 方法 B：中性点电位的终端权重

对中性点电位施加终端限制实际上可能只是收紧中性点电位上的界限，而不是避免驱动系统进入死锁状态。二次惩罚是一个温和的、更适合的手段来保持中性点电位接近其参考值而远离其界限。关注中性点电位的轨迹，添加二次终端权重（或惩罚）

$$J_t = \lambda_n(v_n(k+N_i))^2 \tag{9.27}$$

到式（9.3）的代价函数中，其中 $\lambda_n \geqslant 0$ 是一个调整参数。其结果是，终止于零附近接近参考值的中性点电位的轨迹的惩罚项比较小，而明显偏离轨迹的惩罚项比较大。

4. 方法 A_1B：结合方法 A_1和 B

通过在代价函数式（9.3）中同时加上式（9.23）和式（9.27），转矩和定子磁链轨迹的终端软约束（方法 A_1）可以与中性点电位的终端权重（方法 B）相结合。

5. 方法 C_1：$k+N_i$时刻的死锁预测

方法 C_1向 MPDTC 算法添加后处理步骤。一旦列举了可用开关序列并且初步确定了最优开关序列 $U_{opt}(k)$，则执行死锁预测程序，该程序试图确保所选择的开关序列不会导致死锁。具体而言，用下面的程序替换 7.4.5 节中的 MPDTC 算法的步骤 8：

8）选择具有最小的代价函数值的系数叶节点

$$i = \arg\min_{i \in \mathcal{I}} J_i$$

读出在 k 时刻开始的相关终端状态矢量 $x_i(k+N_i)$和开关序列 $U_i(k)$。

9）用 $x_i(k+N_i)$作为新的初始状态，该算法计算在 $k+N_i$时刻开始的开关序列 $U(k+N_i)$。可以使用一个短开关范围，如 *eSE*。该算法确定是否至少存在一个满足开关和输出约束式（9.5）和式（9.6）的可用开关序列 $U(k+N_i)$。

10）$U(k+N_i)$的存在可以证明开关序列 $U_i(k)$不会导致死锁。

① 如果是这种情况，算法继续使用 $U_i(k)$，从中读出第一个元素，将其设为最优解，$u_{opt}(k) = u_i(k)$，并继续使用 7.4.5 节中 MPDTC 算法的第 9 步。

② 如果没有找到这样的 $U(k+N_i)$，则不使用 $U_i(k)$，将相应的系数 i 从系数集合$\mathcal{I}$中移除，算法通过采用具有第二最小代价函数值的开关序列来执行步骤 8。

以这种方式，将可用开关序列按其价值从小到大的顺序进行分析，直到找到一个开关序列证明不会导致死锁为止。如果不存在这样的序列，则选择价值最低的序列，类似于方法 A_1。注意，此证明仅在稳态运行条件下有效，严格来说，仅在额定条件下有效，这意味着忽略模型失配，无测量误差或观测误差。

6. 方法 C_2：$k+1$ 时刻的死锁预测

改进方法 C_1，使用 $x_i(k+1)$作为新的初始状态，而不是 $x_i(k+N_i)$。只预测一步，可以让死锁预测策略具有很好的鲁棒性，因为可以非常准确地预测 $x_i(k+1)$。

9.5.2 性能评估 ★★★

现在使用仿真来评估所提死锁避免策略的闭环性能。具体而言，研究了死锁避免策略对死锁频率、开关剧变的出现、器件开关频率以及电流和转矩的 TDD（总需求畸变）的影响。使用每一半直流母线有一个 di/dt 缓冲器的 NPC 变频器驱动系统作为案例研究，如 9.3.1 节所述。所有仿真均以额定转矩运行，开关范围为 *SSE*，采样周期 $T_s = 25\mu s$。

1. 对死锁频率的影响

图9.14将死锁频率描述为转速ω_r的函数。实线表示原始MPDTC算法，作为基准。图9.14a给出了方法A_1、A_2和B的结果，而图9.14b则集中在方法A_1B、C_1和C_2上。方法A_1B避免了除$\omega_r=0.6$pu之外的所有死锁。分别分析方法A_1和方法B的结果，可以看出方法A_1B是两种策略的组合，其优点相辅相成。详细的分析表明，方法A_1显著减少了M型死锁，但是增加了N型死锁，因此总体结果没有明显改善。但是，如果方法A_1与可以可靠地解决所有N型死锁的方法B相结合，则这种负面影响会得到补偿，从而获得非常好的性能。方法A_2和C_1在减少死锁方面几乎和方法A_1B效果一样，而方法C_2则较差。

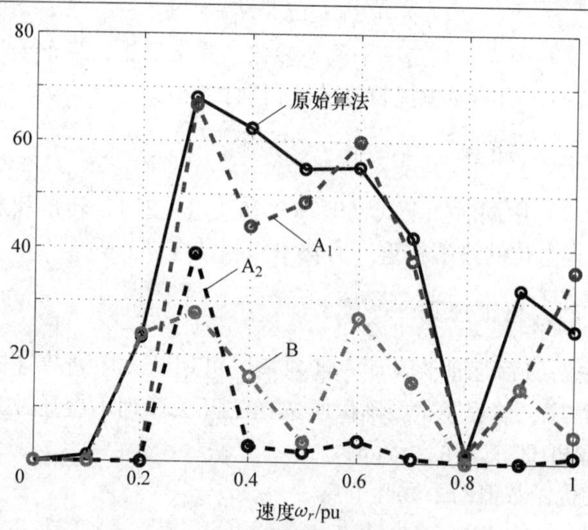

a) 方法A_1、A_2和B与原始的MPDTC算法相比较

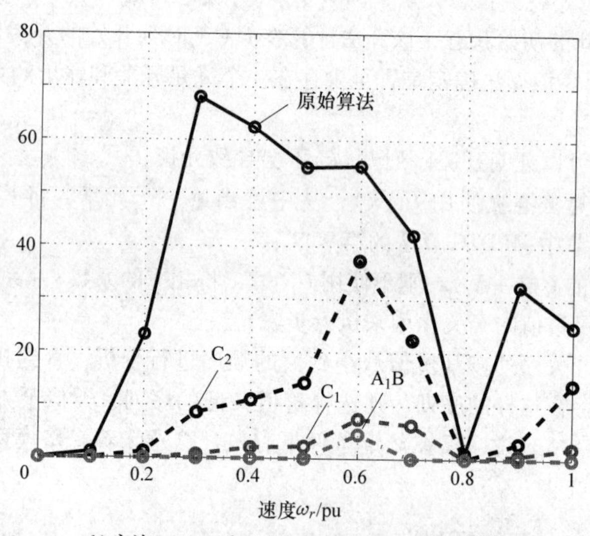

b) 方法A_1B、C_1和C_2与原始的MPDTC算法相比较

图9.14 方法A_1、A_2、B、A_1B、C_1和C_2的死锁频率f_{DL}(Hz)与转速ω_r的函数关系

注：同时给出了由原始MPDTC算法产生的死锁频率。

2. 对开关剧变的影响

重复使用图9.13进行并列比较，图9.15a给出了原始MPDTC算法的瞬时开关频率。开关剧变清晰可辨，其中死锁以方块标记。然而，如图9.15b所示，方法A_1B成功地避免了所有的死锁和所有的开关剧变。这证明了假设：通过防止MPDTC算法进入死锁，从而避免了开关剧变。

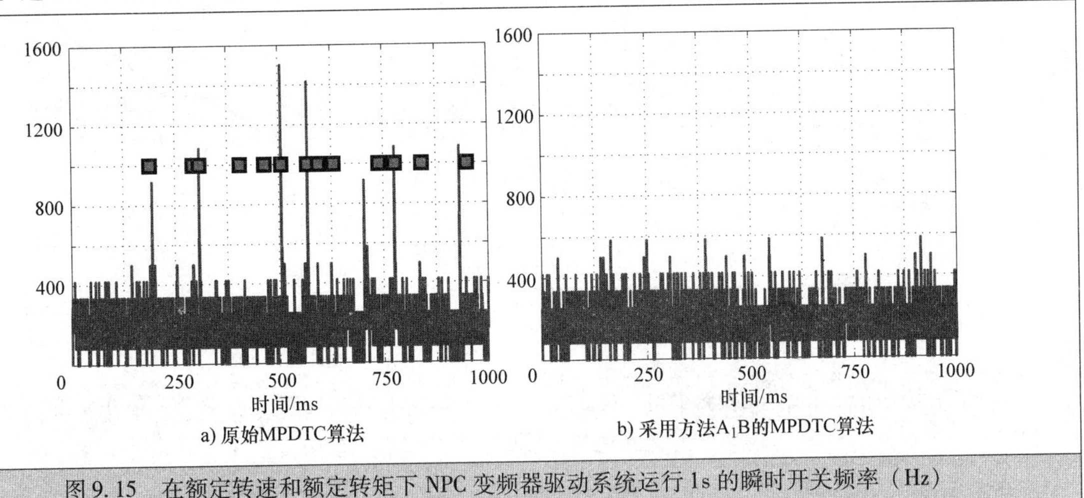

图9.15　在额定转速和额定转矩下NPC变频器驱动系统运行1s的瞬时开关频率（Hz）

注：正方形表示死锁。

但是，对于其他有希望的方法A_2、C_1和C_2，则不能完全避免开关剧变。这些方法表现出，避免死锁所需的开关动作与死锁解决策略解决死锁所需的开关动作相似。换言之，对于方法A_2、C_1和C_2而言，开关剧变只是在时间上移位，而没有被阻止。

另外研究显示，N型死锁是开关剧变的主要原因，并且这些死锁通常比由于转矩和定子磁链幅值引起的M型死锁更加难以解决。因此，有效避免N型死锁是至关重要的。只有基于中性点电位的终端权重方法B能够实现这一点。终端权重为MPDTC提供了一个激励措施使中性点电位更接近其参考值，而无论何时额外的开关动作使中性点电位接近其参考值的做法是次要的。假设权重λ_n不是太小，这种机制可以防止中性点电位触及其界限。

3.　方法A_1B对性能的影响

由于只有方法A_1B避免了死锁和开关剧变，所以后续的研究仅限于这种避免死锁方案。下面讨论方法A_1B对死锁频率f_{DL}、开关频率f_{sw}、定子电流的总需求畸变（TDD）I_{TDD}和电磁转矩的总需求畸变（TDD）T_{TDD}的影响。使用原始MPDTC算法作为基线，标幺化后面的三个性能值，并考虑它们与原始算法的百分比偏差。具体地，定义相对开关频率

$$f_{sw}^{rel}=\frac{f_{sw}^{A_1B}-f_{sw}^{org}}{f_{sw}^{org}} \tag{9.28}$$

相应地定义相对的电流和转矩TDD。

图9.16给出了与终端权重λ_n成函数关系的死锁频率和相对开关频率，终端权重λ_n在预测轨迹结束时施加在中性点电位上。研究了三种不同的转速$\omega_r\in\{0.3,0.6,1\}$pu。如图9.16a所示，随着λ_n增大，中性点电位能更紧密跟随其参考值，死锁的数量也相应减少。如图9.16b所示，如果λ_n相对较小，则减少死锁也会降低开关频率。λ_n较大时，需要更高的控制力，导致开关频率增加。

表9.1对图9.16进行了补充，列出了在额定转矩下运行时，整个速度工作点范围内的方法A_1B（相对于原始MPDTC算法）的相对性能。该表显示终端权重λ_n的有效性对于所有速度设定点都是相似的。但是，为了获得优异的结果，λ_n必须根据转速进行调整，如表9.1所示。图9.16表明λ_n的调整相对简单。随着权重λ_n的增加，死锁频率首先急剧下降，然后大体上保持平稳。另外，过高的λ_n对开关频率的影响是适度的。

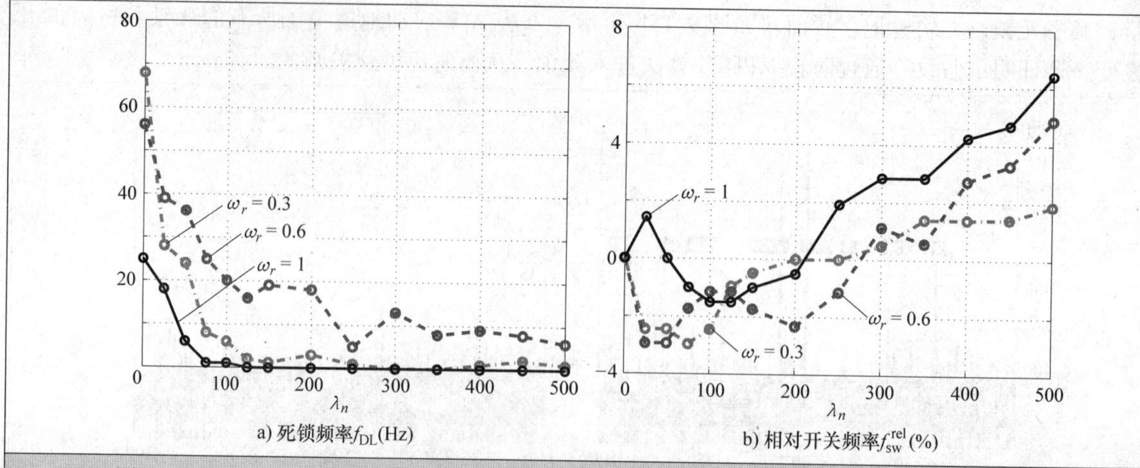

a) 死锁频率f_{DL}(Hz)　　b) 相对开关频率f_{sw}^{rel}(%)

图 9.16　方法 A_1B：死锁频率和相对开关频率与三个不同速度设定点 $\omega_r \in \{0.3, 0.6, 1\}$ pu 的中性点电位终端权重 λ_n 的函数关系

表 9.1 还表明，终端权重 λ_n对电流畸变的影响很小，因为后者主要取决于施加在定子磁链幅值上的界限宽度。尽管如此，较小中性点电位的波动倾向于减小作用的定子电压畸变，并且避免死锁，防止电位超出界限的情况。这两个方面对电流的 TDD 有积极影响。

表 9.1　方法 A_1B：使用原始 MPDTC 算法作为基线，将性能指标作为角速度 ω_r 的函数

ω_r/pu	f_{sw}^{rel}(%)	I_{TDD}^{rel}(%)	T_{TDD}^{rel}(%)	f_{DL}/Hz	λ_n
0.1	0	−0.5	0	0	25
0.2	0	−1.2	−0.3	0	75
0.3	0.5	−0.9	1.4	0	300
0.4	−0.9	−2	0.8	0	150
0.5	−2.5	−1	0.3	0	125
0.6	−1.1	−0.4	−1.6	4.5	250
0.7	0	−0.6	0.2	0	50
0.8	0	0	0	0	0
0.9	−1.3	−0.25	−0.2	0	75
1	−1.5	−0.9	−0.6	0	125

9.6　总结和讨论

本章重点讨论了 MPDTC 控制律的分析和控制问题的可行性这两大主题。以下对这两个方面进行总结和讨论。

9.6.1　状态反馈控制律的推导与分析 ★★★

与 FOC 和 DTC 不同，MPDTC 的控制律不能直接获得。9.2 节给出了一个直接的方法来计算状态反馈控制律（通过分析和解释）为 MPDTC 提供了更多的见解。

在控制器的设计阶段，控制律的推导和可视化表示是最重要的，因为它使人们能够分析和理解控制器的选择，评估不同代价函数对闭环性能的影响，理解开关约束所具有的影响，并评估诸如模型不确定性、观测器噪声和不确定的直流母线电压波动等现象造成的影响。

随着预测输出轨迹和开关序列的绘图和分析，该方法的可用性构成了 MPC 总体的主要优点之一，特别是 MPDTC，超过了经典的控制方法。对于经典控制方法，设计和调整过程通常限于运行闭环仿真，并在试错基础上迭代。此外，利用这个处理工具，可以设想在不久的将来实现如下工作：计算工作量的进一步减少，开关特性的推导，闭环性能的进一步提高，以及详细的可行性分析等。

本章提出的技术直接适用于其他预测控制方法，包括参考跟踪的预测控制（第4 ~6 章讨论）和 MPDTC 的派生算法。其中两种，模型预测直接电流控制（Model Predictive Direct Current Control，MPDCC）和模型预测直接功率控制（Model Predictive Direct Power Control，MPDPC）在第 11 章中描述。第三种，模型预测直接平衡控制（Model Predictive Direct Balancing Control，MPDBC）已经在参考文献［10］中提出。解决其他多电平逆变器的拓扑结构，并考虑中性点电位问题也比较简单。自提出以来，本章所述的状态反馈控制的推导已被证明有助于分析和改进 MPDTC。

9.6.2　死锁的分析、解决与避免 ★★★

在 NPC 变频器驱动系统中，9.3 节已经表明，执行 MPDTC 算法期间遇到的死锁可以分为两种。第一种是完全由电机转矩和定子磁链幅值之间相互作用引起的死锁。第二种死锁与中性点电位有关。当中性点电位接近其中一个界限或者甚至超出一个界限时，会表现出对转矩或定子磁链幅值的反抗作用。

9.4 节讨论了一个计算简单有效的死锁解决机制。本书中所有基于 MPDTC 系列的仿真结果都使用该机制。

即使可以解决死锁，但也经常导致瞬时开关频率激变。为了防止 MPDTC 算法陷入死锁状态，9.5.1 节提出了电磁转矩和定子磁链幅值终端约束与中性点电位终端权重相组合的方法 A_1B。这种对原始 MPDTC 算法的小幅修改成功地避免了在整个速度范围内几乎所有的死锁。结果也避免了开关剧变。而且，开关频率和电流畸变的轻微减少在多数情况下是可观察到的。

这种死锁避免方法也适用于逆变器拓扑结构比较复杂的驱动器，如五电平 ANPC 逆变器驱动系统（参见 2.5.3 节中介绍的案例研究）。与只需平衡中性点电位的 NPC 逆变器不同，在五电平拓扑情况下，必须同时控制三相电容器电压。这使控制器的任务变得非常复杂。当使用 MPDTC 驱动算法时，在中性点电位上引入终端权重可使中性点电位更接近其参考值，并有效地避免几乎所有的死锁。注意，8.2 节中描述的结果已经使用了这种终端权重。

五电平 ANPC 驱动器的控制问题可以分为上级电机控制器和 MPDBC[10] 执行的下级逆变器平衡任务。对于后者，中性点电位的终端权重大大降低了中性点电位所需的平衡工作。在低速时，加入共模电压惩罚项。结果不仅避免了死锁和开关剧变，而且也可以观察到整体性能得到了显著改善。在额定转速下，相对于基准 MPDBC 方法，平均开关频率和电流 TDD 分别降低20% 和13%，如参考文献［11］所示。

所提出的死锁避免策略也可以直接应用于 MPDTC 系列的其他算法，特别是 MPDCC（参见 11.1 节）和 MPDPC。后者（MPDPC）是 MPDTC 在并网变换器的应用（见 11.2 节）。

参 考 文 献

[1] F. Borrelli, M. Baotić, A. Bemporad, and M. Morari, “Dynamic programming for constrained optimal control of discrete-time linear hybrid systems,” *Automatica*, vol. 41, pp. 1709–1721, Oct. 2005.

[2] M. Kvasnica, P. Grieder, M. Baotić, and M. Morari, “Multi parametric toolbox (MPT),” in *Hybrid systems: Computation and control* (R. Alur and G. Pappas, eds.), vol. 2993 of LNCS, pp. 448–462, Heidelberg: Springer, 2004. http://control.ee.ethz.ch/mpt.

[3] A. Bemporad and M. Morari, “Control of systems integrating logic, dynamics and constraints,” *Automatica*, vol. 35, pp. 407–427, March 1999.

[4] T. Geyer, *Low complexity model predictive control in power electronics and power systems*. PhD thesis, Automatic Control Laboratory ETH Zurich, 2005.

[5] G. Papafotiou, T. Geyer, and M. Morari, “A hybrid model predictive control approach to the direct torque control problem of induction motors,” *Int. J. Robust Nonlinear Control*, vol. 17, pp. 1572–1589, Nov. 2007.

[6] T. Geyer, G. Papafotiou, R. Frasca, and M. Morari, "Constrained optimal control of the step-down DC-DC converter," *IEEE Trans. Power Electron.*, vol. 23, pp. 2454–2464, Sep. 2008.
[7] T. Geyer and G. Papafotiou, "Direct torque control for induction motor drives: A model predictive control approach based on feasibility," in *Hybrid systems: Computation and control* (M. Morari and L. Thiele, eds.), vol. 3414 of LNCS, pp. 274–290, Heidelberg: Springer, Mar. 2005.
[8] A. Linder and R. Kennel, "Model predictive control for electrical drives," in *Proceedings of IEEE Power Electronics Specialists Conference* (Recife, Brasil), pp. 1793–1799, 2005.
[9] G. Papafotiou, J. Kley, K. G. Papadopoulos, P. Bohren, and M. Morari, "Model predictive direct torque control—Part II: Implementation and experimental evaluation," *IEEE Trans. Ind. Electron.*, vol. 56, pp. 1906–1915, Jun. 2009.
[10] F. Kieferndorf, P. Karamanakos, P. Bader, N. Oikonomou, and T. Geyer, "Model predictive control of the internal voltages of a five-level active neutral point clamped converter," in *Proceedings of IEEE Energy Conversion Congress and Exposition* (Raleigh, NC, USA), Sep. 2012.
[11] T. Burtscher and T. Geyer, "Deadlock avoidance in model predictive direct torque control," *IEEE Trans. Ind. Appl.*, vol. 49, pp. 2126–2135, Sep./Oct. 2013.

第10章 高效模型预测直接转矩控制

模型预测的直接转矩控制（MPDTC）算法的计算复杂度与开关序列内开关器件的容许切换次数成正比。首先，每一步的开关转换的数目，是由逆变器拓扑结构中可用电压电平的数量决定的。其次，动作事件的数量，是由预测步长决定的。一方面，就像第 8 章提到的那样，长预测步长极大地提高了 MPDTC 的性能，包括开关损耗、电流畸变、转矩畸变都可以被极大地降低。另一方面，长预测步长会导致搜索出的可容许切换序列的组合数目产生爆发式增长。

到目前为止，找到最佳的切换序列需要考虑所有 MPDTC 算法容许的切换序列（见 7.4.5 节）。这种暴力穷举的方法计算负担十分巨大，常常被长预测步长所禁止。具体来说，当运行长预测步长的 MPDTC 时，矢量组合的数量暴增会明显减慢仿真速度。对于一个在控制硬件上实时执行的 MPDTC 来说，可能的开关序列只能选择较短的步长，如 *SE*、*SSE* 或者 *SESE*。

这一缺点启发了本章所述的技术，此技术可大幅减少需要搜索的开关序列的数目，从而减轻 MPDTC 的计算负担。第一种方法，分支定界法，使用代价函数的上下界来舍弃搜索树中大部分不必要的部分，一个简单的分支搜索方法可用来选择搜索树中有计算前景的部分。其结果是更加迅速地找到最优解，减少了平均计算次数。为了限制计算的最大次数，如果计算步骤的数量超过某个阈值，则可以停止优化过程。尽管存在次优的结果，假如仔细选择阈值，性能的降低是很小的。或者，如果当前的优化解足够接近最优，则可以选择停止。

性能测试表明，与完全枚举相比，这些技术减少了一个数量级的计算时间。因此，长预测步长的 MPDTC 有望在当今的控制硬件上实现，允许使用者充分发挥其性能优势。

为了减少直接模型预测控制（MPC）的计算负担，通常遵循的方法是预先限制搜索空间。例如，对于基于参考值跟踪的单步模型预测控制，参考文献 [1] 的作者建议限制电压矢量的选择范围，只考虑与当前作用的电压矢量相邻的矢量。本章提出的分支定界技术在优化阶段动态地去除电压矢量，而不是预先排除特定的电压矢量，优化原则基于代价函数的推导而不是基于特定的电压矢量。因此，所提出的方法比以前提出的方法更为简洁，限制性更小，灵活性更强。

在 10.1 节中重新讨论驱动器的控制问题和术语定义之后，10.2 节提出了一种高效率的 MPDTC，它基于具有上限计算次数的分支定界法。在 10.3 节中给出了计算结果，10.4 节讨论了修正后的 MPDTC 算法的含义并给出了结论。对于分支定界法的概念，可以参考第 3 章附录 3.B。

10.1 预备知识

MPDTC 控制主要的控制变量是电磁转矩、定子磁链矢量的长度（或幅值）、带有上下边界的中点电位波动。此外，逆变器的开关损耗应当最小化，为了实现这一点，在本章采用式（7.32）中定义的代价函数

$$J = \frac{1}{N_p} + \sum_{\ell=k}^{k+N_p-1} e_{sw}(\boldsymbol{x}(\ell), \boldsymbol{u}(\ell), \boldsymbol{u}(\ell-1)) \tag{10.1}$$

式中，式（7.30）代价函数中的边界约束和权重没有考虑。注意曾在第7章指出，代价函数 J 需要乘以采样步长 T_s 来降低计算负担。但是当绘制 J 的图形时，通常将 J 除以 T_s，这样代价函数值就可以用单位W来表示。

回想一下曾在7.4.3节和7.4.4节分别介绍的预测步长和搜索树的概念。以7.4.5节中基于完全枚举的MPDTC算法为标准，它的计算负担与搜索树中的节点总数成正比。

在开始之前，将介绍本章所需的术语。按照参考文献［2］中所述，区分不完全和完全候选开关序列，后者对整个预测步长进行完全计算。对于不完全切换序列，有些动作，如切换或扩展会被舍弃掉。完全候选序列对应叶子节点，而不完全候选序列对应芽节点。就像7.4.4节中解释的那样，每一个节点对应一个（不完全）候选序列，这允许用下标 i 定义第 i 个切换序列和第 i 个节点。定义以下术语：

1）$J_i = E_{sw,i}/N_i$ 是与（完全）候选序列相关的代价值，其中 $E_{sw,i}$ 是开关能量损耗之和，N_i 是开关序列的长度。

2）N_{max} 是预测步长的（最大）长度的上界，也就是说，对于所有的 i 有 $N_i \leqslant N_{max}$。

3）$J_{i,min} = E_{sw,i}/N_{max}$ 是第 i 个不完全开关序列的代价下边界，其中 $E_{sw.i}$ 是这个序列到目前为止所产生的开关能量损耗之和。由于 $E_{sw.i}$ 随着第 i 个开关序列的延长而单调递增，同时定义中要求 $N_i \leqslant N_{max}$，$J_{i,min} \leqslant J_i$，也就是说，$J_{i,min}$ 是代价值 J_i 的下边界。

4）J_{opt} 是所有完全候选序列的最优（最小）代价值。只有在所有候选开关序列得到充分搜索或者已经确认所有未搜索部分都是次优的时候，这个代价才是可用的。

5）J_{max} 表示现在的最小代价值，即迄今为止所有完全候选切换序列的最小代价。这个代价构成了寻找最优代价的上限值，也就是说 $J_{max} \geqslant J_{opt}$。

6）J_{min} 代表所有下界 $J_{i,min}$ 的最小值，于是有 $J_{min} \leqslant J_{opt}$。

总的来说，将会使用一个固定的上限 N_{max} 与两个动态的边界 J_{min} 和 J_{max}，它们限定了要寻找的最优代价 J_{opt}。根据定义可得后者范围为

$$J_{min} \leqslant J_{opt} \leqslant J_{max} \tag{10.2}$$

10.2 基于分支定界法的MPDTC

第3章附录3.B总结了分支定界法的一般概念，接下来，分支定界的概念将针对MPDTC的特性进行修改。修改后的概念将以直观易懂的方式介绍，并提供几个示例。

10.2.1 概念和原理 ★★★

式（10.1）中的代价值直接与开关损耗相关，不幸的是，在沿从 k 时刻开始并向未来延伸的时间轴上构造候选切换序列时，随着时间的推移，代价的变化既不平滑也不单调。下面的例子说明了这一点。

例10.1 考虑开关步长 *SESE* 和代价值随时间的改变，图10.1中的开关序列1a在 k 时刻动作，并产生开关损耗 $e_{sw,1}$。开关序列从 $k+1$ 时刻开始向前拓展，通过在较长的时间内分配开关损耗来降低代价。这个拓展在 $k+7$ 和 $k+8$ 时刻到达其中一个滞环边界时停止，并触发另一次开关动作。

假设在 $k+7$ 时刻有两种切换是容许的，并分别带来开关损耗 $e_{sw,1}$ 和 $e_{sw,3}$，以及两种继续拓展序列1的可能，也即序列1和序列2。这两种序列是完全候选序列并且没有多余的动作，它们的第一部分与序列1a一致，是一个不完全候选序列。

得出结论，当开关动作时代价值以阶跃式增加。当用外推法扩展开关序列时，代价值平滑地下降，这是因为开关损耗在较长的时间间隔内下降。这种代价值随着时间的推移的非单调特性需要引入 N_{max}，它为开关切换序列的长度提供了一个上限。重新考虑前一个例子。

例 10.2 在图 10.1 中与完全候选序列 1 相关的代价值是 $J_1=(e_{sw,1}+e_{sw,2})/N_1$，其中 $N_1=12$ 步。当前最小代价值（和上界）是 $J_{max}=J_1$。在 $k+7$ 时刻计算第二次开关动作的损耗 $e_{sw,3}$ 之后，可以在外推序列 2 之前尝试证明，即使完成外推也只会得到一个次优解，劣于当前的最优值。这个证明可以用如下方法获得：根据式 $J_{2,min}=(e_{sw,1}+e_{sw,3})/N_{max}$ 计算序列 2 代价的下界。由于 $J_{2,max}$ 大于或等于 J_{max}，这个序列的剩余部分可以从搜索树中忽略并删除。如果不是这样，就必须进一步考虑整个序列。

同样的推导也适用于点划线的序列 3a 和它的子序列 3 和 4，在计算出第一次开关动作的损耗 $e_{sw,4}$ 之后，由于 $J_{4,min}=e_{sw,4}/N_{max}$ 超过 J_{max}，始于这个节点的整个子树都可以忽略。

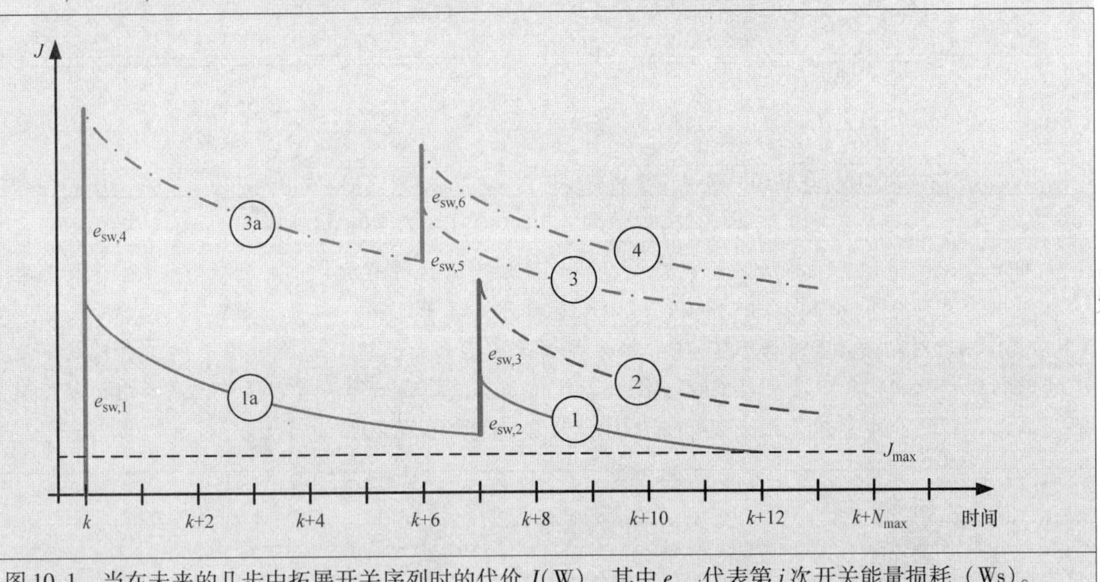

图 10.1 当在未来的几步中拓展开关序列时的代价 J(W)，其中 $e_{sw,j}$ 代表第 j 次开关能量损耗（Ws）。序列 1 具有当前的最小代价 $J_{max}=(e_{sw,1}+e_{sw,2})/12$。$N_{max}=14$ 代表开关序列长度的上界

这两个例子提供了一个指导，展示 MPDTC 中定界是如何完成的。更明确地，适用于 MPDTC 的分支定界法可以描述如下。随着搜索树从根节点到终端节点（叶子）的计算，逐步计算开关序列、相关的输出轨迹和代价。考虑芽节点 i，它对应于一个不完全的候选切换序列。如果它最终代价值的下界 $J_{i,min}$ 超过了现在找到的最小代价 J_{max}，就可以确定它是次优的，这允许我们丢弃这个芽节点，删除搜索树中未搜索的部分。如果一个候选开关序列是完全的，计算其代价 J_i 并更新当前最小代价 $J_{max}=\min(J_{max}, J_i)$（如果有必要）。7.4.5 节中总结的算法可以被轻易总结为分支定界法，就像将在 10.2.4 节中展示的那样。

10.2.2 分支定界法的特性 ★★★

分支定界法的概念在接下来的例子中得到进一步解释和描述。

例 10.3 以一个三电平逆变器和异步电机为例，这个例子曾在 2.5.2 节中描述。电机运行在 60% 额定速度和额定负载条件下，采用 *eSSESE* 开关步长的 MPDTC。对于 k 时刻一个具体的优化问题，搜索树中共有 730 个节点。使用完全枚举，所有 730 个节点都被搜索，如图 10.2a 所示，当前最小代价 J_{max} 快速下降，但是最小代价 $J_{opt}=2.25$kW 只有在计算整个搜索树之后才找到。最优开关状态 u_{opt} 是最优开关序列 U_{opt} 的第一个状态，将在搜索 221 个节点之后被找到。然而，为了确信这确实是最优开关状态 u_{opt}，整个搜索树必须被充分搜索。

与之相对，采用分支定界法时，有计算前景的节点会被优先搜索，搜索树中的次优部分会被去掉。结果是，最优的 J_{opt} 和最优开关状态 u_{opt} 可以被非常早地找到，在本例中只搜索了 61 个节点。需要探索一些额外的节点来证明这确实是最佳的，这个证据是在遍历总共 140 个节点后获得的。

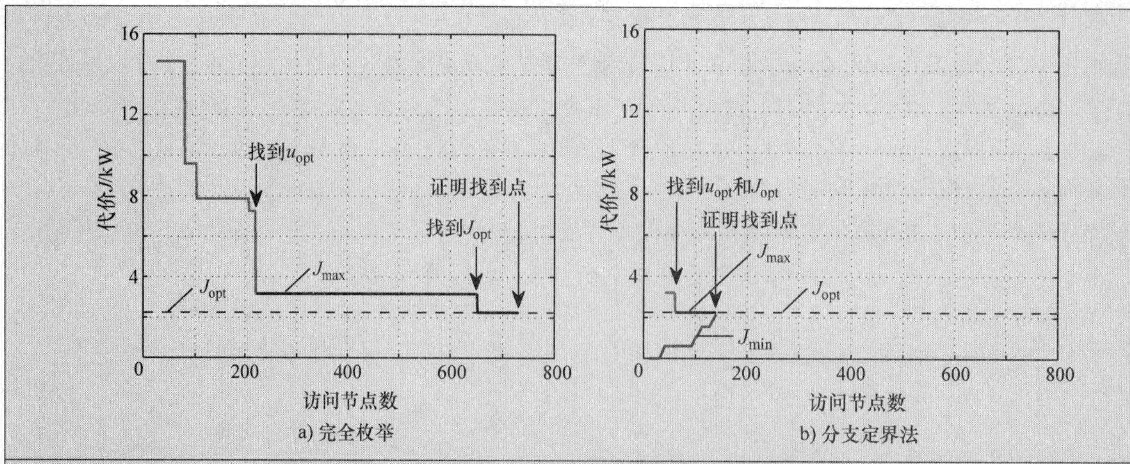

图 10.2 求解 MPDTC 优化问题时最优代价的演变（以 kW 为单位），a）使用完全枚举，b）使用分支定界法。图中展示了当前最小代价 J_{max}和访问的节点数

即使是在使用分支定界法时，开关步长第一部分给出的所有节点，即 *eS* 部分，和与第二次开关动作 *S* 对应的大部分节点都需要被搜索，因为边界对开关步长的第一部分无效，这一点可以从图 10.3 中 k 时刻到 $k+5$ 时刻的预测中看出。对于开关步长的第二部分，边界是十分有效的，也就是 *ESE*，对应 $k+6$时刻到 $k+62$ 时刻。这大大减少了搜索节点的数量，并防止算法搜索代价值高于当前最低的次优节点。因此，在这个示例中使用分支定界法时，只需要搜索不到 20% 的节点。

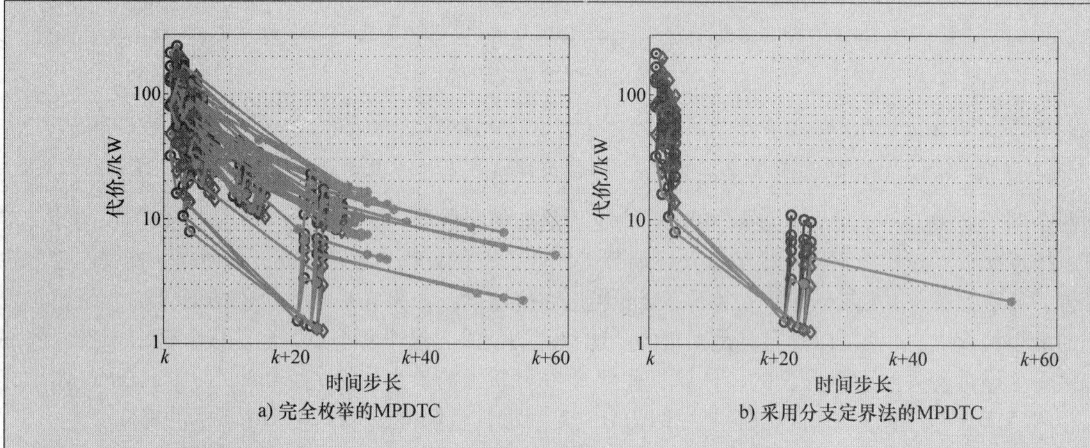

图 10.3 求解 MPDTC 优化问题时所有开关序列代价的一个实例，a）使用完全枚举，b）使用分支定界法。代价值作为预测步长中时间步长的函数展示出来。完全候选序列以实心点结束，不完全候选序列（例如被剪枝的）以圆圈为结束，无候选序列时以菱形为结束。注意代价是以对数表示的

关于分支定界的一些注释是必要的，这个算法并不影响解的最优性，也就是说，与完全枚举一样可以找到最优开关序列。一般来说，分支定界法与全枚举相比大大减少了平均计算时间。然而在最坏的情况下，尽管使用了分支定界技术，为了找到最优解或者证明最优解，搜索树的完整枚举可能是需要的。这个证明的条件是没有更多的芽节点存在 $J_{i,\min} < J_{\max}$。最佳的开关序列通常是在比较早的搜索过程中就会发现，此外，因为只需要这个序列的第一个元素，也就是最优开关状态 $\boldsymbol{u}_{opt}$，就像图 10.2 中表示的那样，这个解实际上发现得更快。将在下一节中利用这个特性。

在每一步的优化过程中，按照式（10.2）最优代价 J_{opt}在上下限范围内。随着优化的进行，这个边界会逐渐收紧，这些边界提供了如何令当前最优接近全局最优的信息。从图 10.2b 可以看到，靠上的线对应 J_{max}，靠下的线对应 J_{min}，两条线都向由虚线表示的最优代价 J_{opt} 收敛。

分支定界法在上下限较接近时的作用效果最好，在优化的早期阶段，一个较窄的上界 J_{max} 可以通过寻找一个与最优值相近的低代价叶子节点来获得。为了实现这一点，可以使用深度优先搜索技术，也可以使用前一时刻——$k-1$ 时刻的最优序列来为优化程序热身。一个更紧凑的下界 J_{min} 是一个更紧凑上界在最大预测长度 N_{max} 时的结果。在优化过程中，分支启发式算法有助于识别最有希望的节点，并首先探索它们。我们使用的一个简单的启发式方法是首先考虑芽节点 i，它的代价值 $J_{i,min}$ 是最小的。

10.2.3 限制最大计算数 ★★★

在一个实际的控制器实现中，只有有限数量的计算可以在控制输入的时间间隔内执行，因此，可能有必要限制计算步骤的最大数目或对计算时间施加上限。在获得确切的最优解的确凿证据之前终止分支定界法的优化可能会导致获得次优解，也就是说，将产生与最优序列相比更高代价的开关序列。因此，一个保守的实现方式是采用相当短的开关步长，以确保搜索树可以在可用的时间内被完全枚举，并且在任何情况下都能找到最优解。

另外，就像8.1节中描述的那样，为了保持相同的谐波畸变水平需要降低开关频率，反之亦然，长预测步长可以带来非常大的益处。因此，采用很长的预测步长可能是有利的，此时为计算次数施加一个上限，并在一些时候接受缺乏最优证明的结果。然而，如前一节所解释的那样，在大多数情况下尽管缺少证据，但最优解已经被找到了。

为此，终止条件可以被添加到MPDTC算法中，例如，可以对所探测的节点数或在所经过的计算时间设置上界。如果这个数量或者时间的界限被超过了，就停止优化算法，采用当前最小代价的开关序列。或者，也可以在尽可能长的时间内运行优化算法，直到接收到一个中断来停止它。这样可以减少处理器的空闲时间，并将其用于进一步寻找最优解。

当采用这种终止策略时，最重要的是确保在任何情况下都能找到一个序列满足：可行性（第一开关位置是可接受的，即满足所有开关约束）、稳定性（输出变量要么保持在它们的滞环内，要么当越界时它们会更接近边界）和良好的性能（预测出的代价较小）。实现这一点的一个思路是分成两步解决MPDTC问题。在第一步中采用短预测步长，保证在可用时间内求解最优化问题。可以使用完全枚举的MPDTC和一个短的预测步长，如 *eSSE*。第一步的解是一个优化的开关序列，保证了可行性、稳定性和良好的性能。

第二步采用长预测步长，如 *eSSESESE*，在剩余时间内继续计算，通过进一步降低第一步中获得的代价值来提升短预测步长得到的切换序列的性能。如果第一步的预测步长与第二步长预测步长的第一部分相同，那么第一步的计算结果就可以作为第二步计算的热启动。特别是第一步的叶子节点在第二步中转化为芽节点，使得只有开关模式的第二部分（本例中是 *SESE*）需要计算。

这种两阶段方法的计算复杂度仅略高于采用分支定界的单个长范围预测方法。这是因为第一步搜索树中的节点数量比第二步节点数少一两个数量级，而且，在长预测模式的第一部分中，边界往往不太有效。这是因为由于开关损耗之和 $E_{sw,i}$ 随着开关序列长度 N_{max} 的上限的增加逐渐减少，导致下界 $J_{i,min}$ 并不紧凑。

另一种选择是一旦获得接近最优的证据就停止优化，其中对最优性的贴近程度可以通过代价来定义。例如，一个可接受的偏差是5%，可定义为优化过程一旦满足 $J_{min} \geqslant 0.95J_{max}$ 就停止，也即未完成切换序列代价的下界在当前已完成最优代价的5%以内即可。然而，必须仔细选择这样的停止准则，以确保优化算法总是在可用时间内结束。

10.2.4 高效 MPDTC 算法 ★★★

7.4.5节已经介绍了一种基于完全枚举的MPDTC算法。在本节中提出了该方法一个高计算效率的版本，它基于改进的分支定界法，并减少平均计算负担。通过对搜索节点数目 k 设置上限 $k \leqslant k_{max}$，最大计算负担也可以被限制。

1）初始化根节点并压入堆栈。当前最小代价值和节点计数器设置为 $J_{\max}=\infty$ 和 $k=0$。

2）可选步骤：用式（7.40）拓展输出轨迹。如果外推轨迹的长度超出了一个设定的值，设定 $u_{\mathrm{opt}}=u(k+1)$，执行步骤10。否则，舍弃扩展分支，并且该算法继续执行步骤3。

3）从栈中弹出具有下界代价 $J_{i,\min}$ 和非空动作序列 $A_i\neq\varnothing$ 的节点 i。

4）从 A_i 中读出并去除第一个元素，注意 A_i 是一个包含 S、E 和 e 的字符串。

① 对于 S，所有容许的开关动作都按照式（7.37）进行枚举，按照式（7.38）预测下一时刻的状态和输出矢量。如果遇到输出限制式（7.39），则创建一个新的节点 j。假设开关动作发生在 ℓ 时刻，利用式（7.24）和表2.5预测半导体器件的开关损耗 $e_{\mathrm{sw}}(\ell)$，按照 $E_{\mathrm{sw},j}=W_{\mathrm{sw},i}+e_{\mathrm{sw}}(\ell)$ 将其加到这个开关序列的总损耗 $E_{\mathrm{sw},i}$ 中。节点 i 被移除了，但创建了许多子节点，节点计数器 k 也同时增大。

② 对于 E，按照式（7.40）扩展输出轨迹并更新节点 i，不会创建新节点。

③ 对于 e，保持节点 i 并忽略优化扩展分支。新节点 j 作为 i 的复制被创建，并用式（7.40）外推轨迹。节点计数器按照 $k=k+1$ 进行更新。

5）更新代价表达式并进行剪枝。

① 对于叶子节点：当前最小代价值按照 $J_{\max}=\min(J_{\max},J_i)$ 更新，其中 $J_i=E_{\mathrm{sw},i}/N_i$。

② 对于芽节点：计算下界 $J_{i,\min}=E_{\mathrm{sw},i}/N_{\max}$，满足 $J_{i,\min}\geqslant J_{\max}$ 的芽节点被移除（也就是剪枝）。

6）新创建和更新的节点被压到堆栈内。根据定义，这些节点与候选切换序列有关。

7）如果仍然至少存在一个节点 i 具有非空动作集合 A_i，并且如果 $k<k_{\max}$，则执行步骤3，否则执行步骤8。

第3～7步的结果是叶子节点 $i\in I$，其中 I 是一个下标集合，这些节点对应候选开关序列 $\boldsymbol{U}_i(k)$。

8）对于每一个叶子节点 $i\in I$，根据式（7.30）和式（7.32）计算其代价 $J_i=E_{\mathrm{sw},i}/N_i+J_{\mathrm{bnd},i}+J_{ti}$，注意 N_i 是开关序列 U_i 的长度。

9）选择满足 $J_i=J_{\max}$ 的叶子节点 i，读取与 k 时刻对应的开关状态设置为最优值 $\boldsymbol{u}_{\mathrm{opt}}=\boldsymbol{u}_i(k)$。

10）开关状态 $\boldsymbol{u}_{\mathrm{opt}}$ 被施加到逆变器上，这一步骤在 $k+1$ 时刻再次执行。

该算法在步骤3中使用分支启发式方法，在步骤5中执行边界算法，在步骤7中限制计算负担。对于原始的MPDTC算法，采用最小化开关频率而不是开关损耗。对于这种情况，将 $E_{\mathrm{sw},i}$ 用开关次数 $S_{\mathrm{sw},i}$ 替换，在步骤4中添加开关次数 $S_{\mathrm{sw},i}=S_{\mathrm{sw},i}+\|\Delta\boldsymbol{u}(\ell)\|_1$，在步骤8和9中使用代价函数 $J_i=S_{\mathrm{sw},i}/N_i+J_{\mathrm{bnd},i}+J_{ti}$，它近似于开关序列长度上的平均开关频率。

MPDTC基于搜索树中节点的概念。对于高计算效率MPDTC算法，这些节点与原始基于枚举的MP-DTC算法一样，只是在第 i 个节点加入了下界 $J_{i,\min}$。特别的，在 ℓ_0 时刻，$\ell_0=k$，$k+1$，…，如7.4.4节和10.1节中定义的那样，这样的节点由10个数组[㊀]组成 $(\boldsymbol{u}(\ell_0-1),\boldsymbol{x}(\ell_0),\boldsymbol{y}(\ell_0-1),\boldsymbol{y}(\ell_0),E_{\mathrm{sw}},S_{\mathrm{sw}},\ell_0,A,J_{\min},\boldsymbol{u}(k))$。需要两个全局变量：节点计数器 k 和当前最小代价 $J_{\max}$。

假设第8和9步中至少存在一个叶子节点，也就是说，集合 I 是非空的。但是，万一有过于紧凑的 $k_{\max}$ 或者发生死锁，I 可能是空集。在这种情况下，第8和9步应当用9.4节中阐述的死锁解决算法取代。

10.3 性能评估

10.3.1 案例研究 ★★★

该案例研究中，再次考虑2.5.2节中介绍的驱动系统，它包括一个具有两个 di/dt 缓冲电路的三相

㊀ 注意节点中开关损耗 E_{sw} 和开关数目 S_{sw} 只需要一个，也即节点可以降为9个元素。——原书注

电压源型逆变器、一个中压（MV）感应电机、一个恒定的机械负载，表2.10中可以找到具体的参数。系统使用了二极管整流器，单位直流母线电压 $V_{dc}=4294\text{V}$。在60%速度和100%负载的工况下，对直接转矩控制（DTC）的稳态性能与短开关序列和长开关序列的高计算效率MPDTC进行了对比。

性能评估使用了一个详尽的MATLAB/Simulink驱动系统模型，这与图3.29的DTC框图相似。外环调整转矩和定子磁通参考值及它们的滞环宽度，DTC的滞环控制器和查找表在3.6.3节中有描述。对于MPDTC，DTC的查找表被一个代价函数所取代，并在每一个周期执行高效的MPDTC算法。

MPDTC代价函数的一般形式是 $J=J_{sw}+J_{bnd}+J_t$，见式（7.30）。第一项减小开关损耗，第二和第三项在这里没有使用并被设为0。MPDTC转矩和磁链的边界分别被加宽到0.015pu和0.005pu，以符合DTC对边界的利用情况。结果是DTC和MPDTC具有相似的总需求畸变（TDD），而对于长开关序列的MPDTC，转矩TDD比DTC稍低。注意转矩和磁链的边界是不对称的，两种方法中点电位波动的边界都被设置为±0.05pu。

10.3.2 稳态运行时的性能标准 ★★★

DTC的稳态性能可以从图10.4中得到评估，该图在一个基波周期内展示了电磁转矩、定子磁链幅值、中点电位波动、三相开关状态和定子电流的波形。图中也展示了转矩、磁链幅值、中点电位波动的上下边界。从图中可以看出DTC只有当一个输出变量超出边界时才会做出反应，并且中点电位波动没有被完全限制在给定的边界内，不管相电流的幅值如何变化，由于开关频率很高，开关动作几乎是等间距的，因此开关损耗十分高。

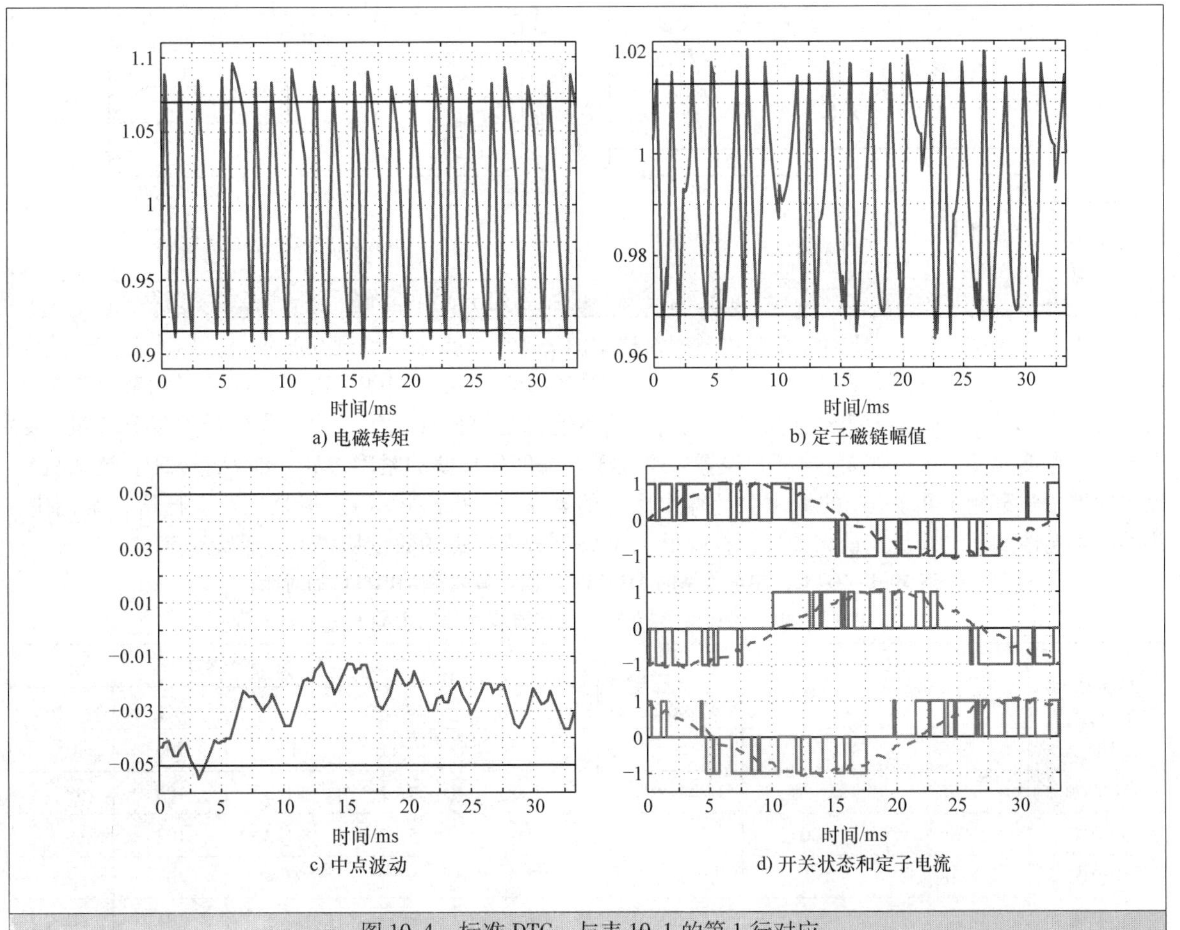

图10.4 标准DTC，与表10.1的第1行对应

图 10.5 给出了采用短开关序列 *eSSE* 的高计算效率 MPDTC 的波形。可以看到，输出变量没有超出边界，并且开关频率大幅降低。更具体地说，与 DTC 相比开关频率至少降低了 25%，开关损耗降低了 40%，就像表 10.1 中总结的那样。

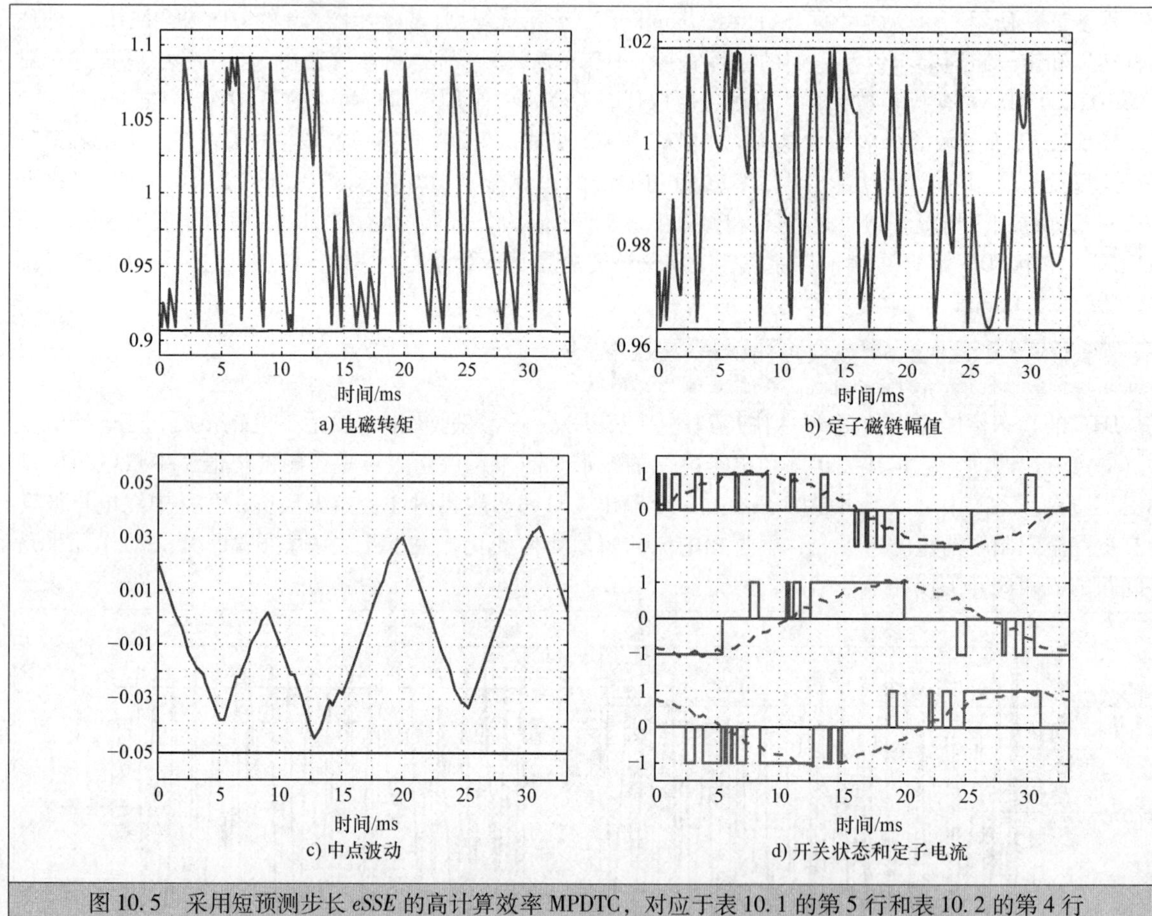

图 10.5 采用短预测步长 *eSSE* 的高计算效率 MPDTC，对应于表 10.1 的第 5 行和表 10.2 的第 4 行

基于完全枚举的标准 MPDTC 需要枚举搜索树中的 277 个节点来达到现在的效果，如表 10.2 的第 1 行所示。通过采用分支定界方法、开关启发算法和保守的约束 $N_{max}=100$，需要访问的平均节点数量降低了 1/4 的同时，尽管最大搜索数量是相同的，仍然能总是提供最优解。为了降低最大搜索数量，必须依据节点搜索的上限，如 $k_{max}=50$，设置一个关于开关序列长度的紧凑边界，如 $N_{max}=50$。这些将导致次优解——案例中几乎 8% 的概率会计算出次优的 $\boldsymbol{u}(k)$（见表 10.1）。但是，至少在这个案例中，几乎不影响性能。结果是，最大计算负担降低了 82%，搜索节点的数量从 277 个降低到 50 个。

表 10.1 DTC、完全枚举的 MPDTC、高计算效率 MPDTC 的对比，内容包括预测长度上界 N_{max} 和搜索节点数的上界 k_{max}

控制策略	开关模式	N_{max}	k_{max}	找到 $\boldsymbol{u}_{opt}$(%)	性能（%）			
					P_{sw}	f_{sw}	I_{TDD}	T_{TDD}
DTC	—	—	—	—	100	100	100	100
MPDTC	*eSSE*	—	—	100	57.3	71.2	103	98.4
MPDTC	*eSSE*	100	—	100	57.3	71.2	103	98.4
MPDTC	*eSSE*	50	—	97.4	57.7	73.4	103	102
MPDTC	*eSSE*	50	50	92.2	58.3	74.1	104	103

（续）

控制策略	开关模式	N_{max}	k_{max}	找到 $\boldsymbol{u}_{opt}$（%）	性能（%）			
					P_{sw}	f_{sw}	I_{TDD}	T_{TDD}
MPDTC	*eSSESESE*	—	—	100	37.9	48.9	97.0	92.0
MPDTC	*eSSESESE*	150	—	100	37.9	48.9	97.0	92.0
MPDTC	*eSSESESE*	110	—	96.7	40.9	50.0	99.5	92.2
MPDTC	*eSSESESE*	110	600	92.1	38.6	51.4	97.3	94.0

注：第5列代表每个控制周期内最优解 $\boldsymbol{u}(k)$ 被找到的可能性，剩下的4列分别代表开关损耗 P_{sw}、开关频率 f_{sw}、电流TDDI_{TDD}、转矩TDDT_{TDD}，均以DTC为标准。

表10.2 完全枚举MPDTC和不同高计算效率MPDTC计算负担的对比，内容包括预测长度上界 N_{max} 和搜索节点数的上界 k_{max}

控制策略	开关模式	N_{max}	k_{max}	预测步长		搜索点数	
				平均	最大	平均	最大
MPDTC	*eSSE*	—	—	26.6	96	112	277
MPDTC	*eSSE*	100	—	25.7	92	86.9	275
MPDTC	*eSSE*	50	—	25.6	96	64.3	249
MPDTC	*eSSE*	50	50	22.0	97	43.6	50
MPDTC	*eSSESESE*	—	—	98.2	150	3246	7693
MPDTC	*eSSESESE*	150	—	98.2	150	1884	6806
MPDTC	*eSSESESE*	110	—	101	157	1102	4756
MPDTC	*eSSESESE*	110	600	88.0	152	483	600

注：第5列和第6列代表了平均和最大的预测长度，最后两列代表了在搜索树中访问过的节点，这与计算负担相关。本表中的这些列与表10.1中的列相对应。

对于长预测步长 *eSSESESE*，开关损耗相比于采用eSSE的MPDTC降低了35%与DTC相比降低了60%。可以从图10.6d看出，这是通过额外降低30%开关频率和在时间轴上仔细地重新分配剩余的开关动作实现的。结果是，一半左右的开关动作发生在各自相电流很小时，因此，开关损耗较小。注意开关损耗的降低并没有以较高的电流和转矩TDD为代价。有趣的是如表10.1所示，随着开关步长增大，电流和转矩的畸变倾向于变小。同时，开关动作的重复性更强，产生具有独特谐波的电流频谱，包括明显的7次、11次、17次和19次谐波（见图10.7c）。开关动作的重复性还体现在中性点电位的变化（见图10.6c）。

如表10.2中的总结，完全枚举和长开关序列 *eSSESESE* 的MPDTC的计算负担是极高的，它们的搜索树包含8000个节点。采用预测长度上限为 $N_{max}=150$ 的分支定界法可以降低一半的平均搜索节点数和40%的计算时间，但很难影响到最大节点数。一个较窄的上界 $N_{max}=110$ 分别实现了65%平均计算负担和40%最大计算负担的降低，虽然这是以不能确保得到最优开关位置为代价的（见表10.1）。然而这对闭环系统性能，如开关损耗、开关频率、电流TDD、转矩TDD等的影响很小，如表10.1所示。

尽管使用了分支定界法，最大计算负担仍然很高，为了使其降幅超过90%，需要一个非常小的搜索点数上界 $k_{max}=600$。在 *eSSE* 模式下对性能的影响非常小，开关损耗、定子电流、转矩畸变最多2%，因此只受到轻微影响（见表10.1）。在本例中，这种向驱动系统使用次优解而造成的轻微恶化大概是8%。

10.3.3 稳态运行时的计算指标 ★★★

已经在前一节中看到，设置一个节点搜索上界 k_{max} 对于基于分支定界法的MPDTC只有很小的影响，主要表现在闭环系统的开关损耗和畸变。这种特性可以通过在探索一定数量的节点时找到最优代价的概率来理解。为了确定这一点，再次进行了开关模式为 *eSSESESE* 的 MPDTC 的仿真，记录在每个时刻第一次找到最优解时已经搜索的节点数。这些数字被分进宽度为 100 的箱子，它们的总和被标幺化为 100%，最终的密度直方图如图 10.8 所示。

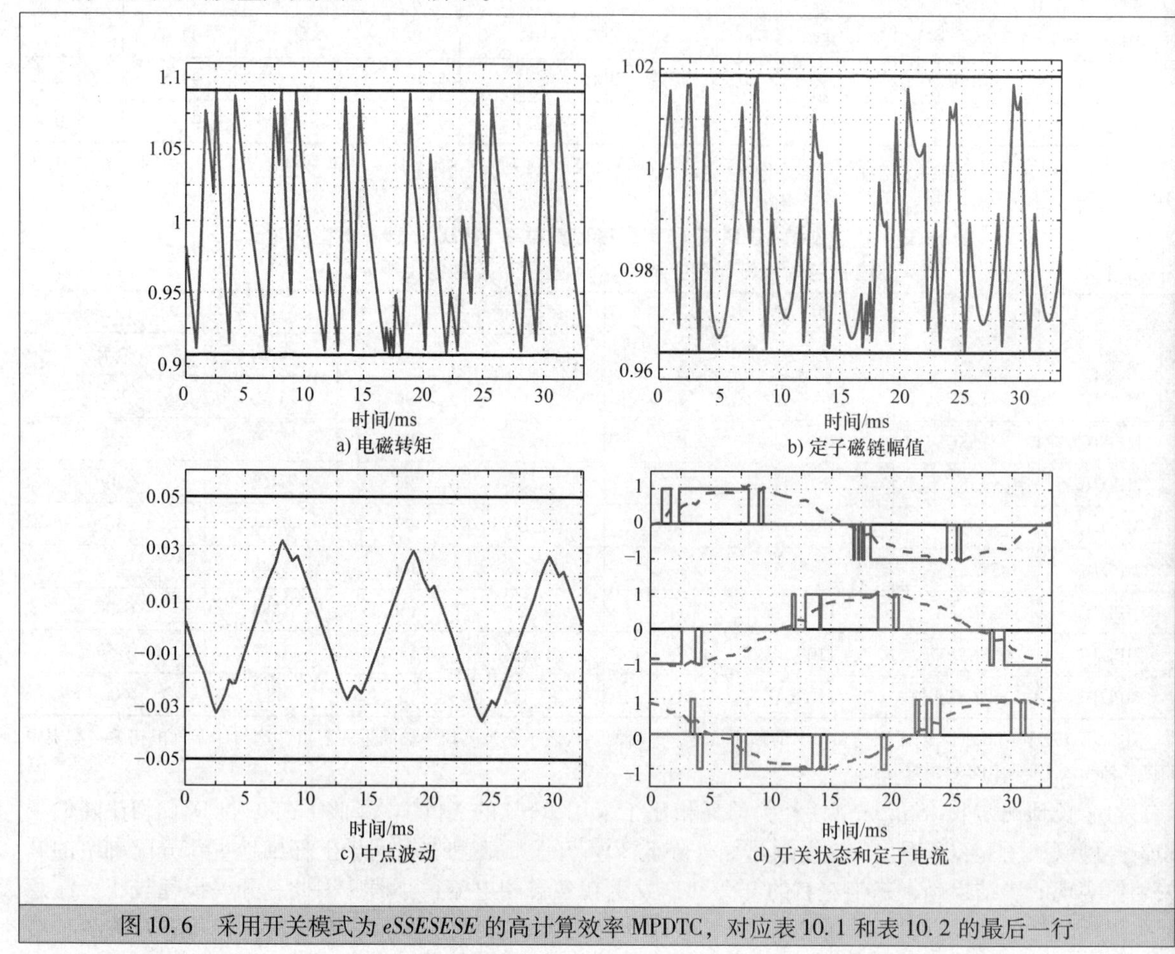

图 10.6 采用开关模式为 *eSSESESE* 的高计算效率 MPDTC，对应表 10.1 和表 10.2 的最后一行

这些直方图描述了在探索一定数量的节点时会发现最优代价 J_{opt}（也对应最优开关序列 $\boldsymbol{U}_{opt}$）的可能性，图中的垂直竖线表示第 50、第 95、第 99 的百分数。例如第 95 百分数表示，在 95% 的情况下最多需要这个节点数来获得最优代价。标准完全枚举 MPDTC 的直方图相对平坦，如图 10.8a 所示，在搜索 4150 个节点之后有 95% 的概率找到最优解。如图 10.8b 所示，添加分支启发的完全枚举 MPDTC 显著增加了在优化过程的早期阶段找到最优代价值的概率。第 95 百分数对应 885 个节点。

利用上界 $N_{max}=110$ 进一步去除搜索树中的次优部分使得第 95 百分数变为 1017 个节点（见图 10.8c）。注意并不存在第 99 百分数，因为如表 10.1 所示，在本例中只有 96.7% 的概率找到最优解。当使用 $k_{max}=600$ 来限制搜索上界时，只有 92.1% 的概率找到最优解，同时第 95 百分数也不存在了。图 10.8c 和 d 之间的比较表明与次优解相关的开关命令稍微影响了直方图的分布。在闭环控制系统中使用次优解改变了驱动系统的状态和输出轨迹。这也意味着发现了不同于本例 MPDTC 优化问题的搜索树。

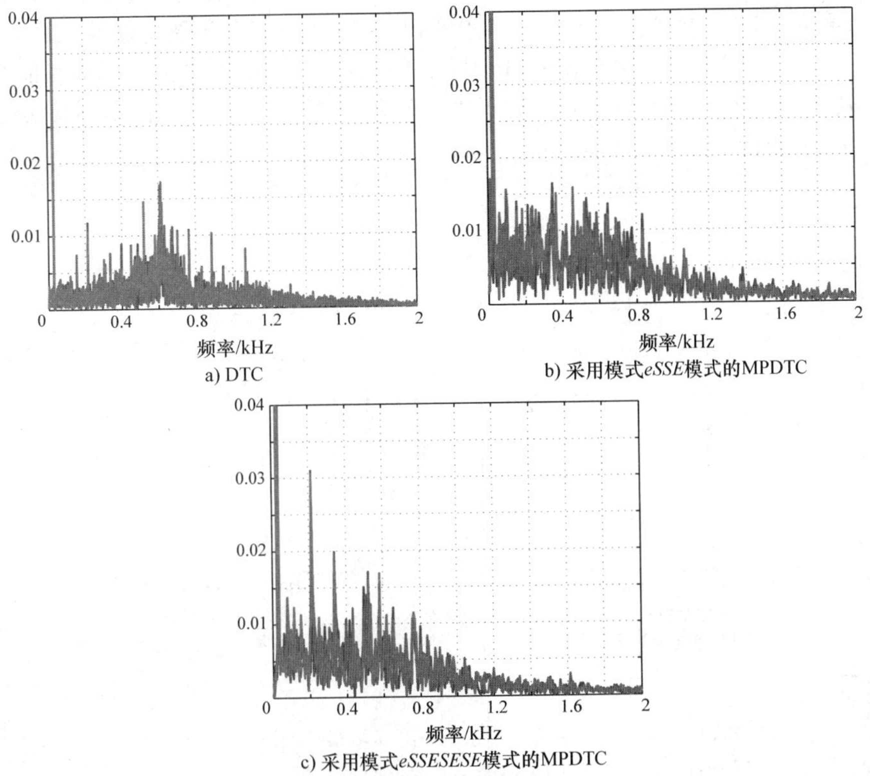

a) DTC

b) 采用模式*eSSE*模式的MPDTC

c) 采用模式*eSSESESE*模式的MPDTC

图 10.7　DTC 和采用模式 *eSSE* 和 *eSSESESE* 的高计算效率 MPDTC 的三相定子电流的频谱，注意电流 TDD 是相同的

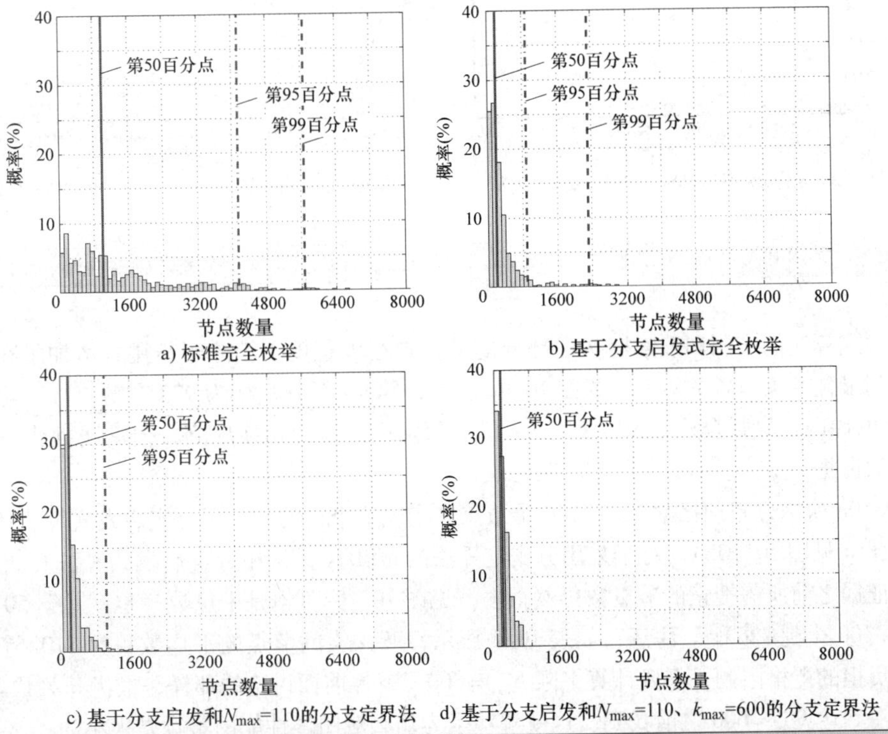

a) 标准完全枚举

b) 基于分支启发式完全枚举

c) 基于分支启发和N_{max}=110的分支定界法

d) 基于分支启发和N_{max}=110、k_{max}=600的分支定界法

图 10.8　采用开关模式 *eSSESESE* 的 MPDTC 时寻找最优代价 J_{opt} 的概率与搜索过节点的数量

到目前为止，已经研究了最优代价和最优开关序列 $\boldsymbol{U}_{opt}$ 被找到的可能性，尽管如此，最后只有开关序列的第一个元素 $\boldsymbol{u}_{opt}$ 被作用到逆变器上。图 10.9 给出了与此相关的直方图，表示了最优开关状态 $\boldsymbol{u}_{opt}$ 将在多少步之后找到。通常而言，完全枚举 MPDTC 很快就可以找到最优位置，但却有很长的尾巴，第 95 百分数在 3270 个节点处（见图 10.9a）。这表明，对所搜索的节点施加上限是不切实际的，否则将导致闭环性能的显著恶化。

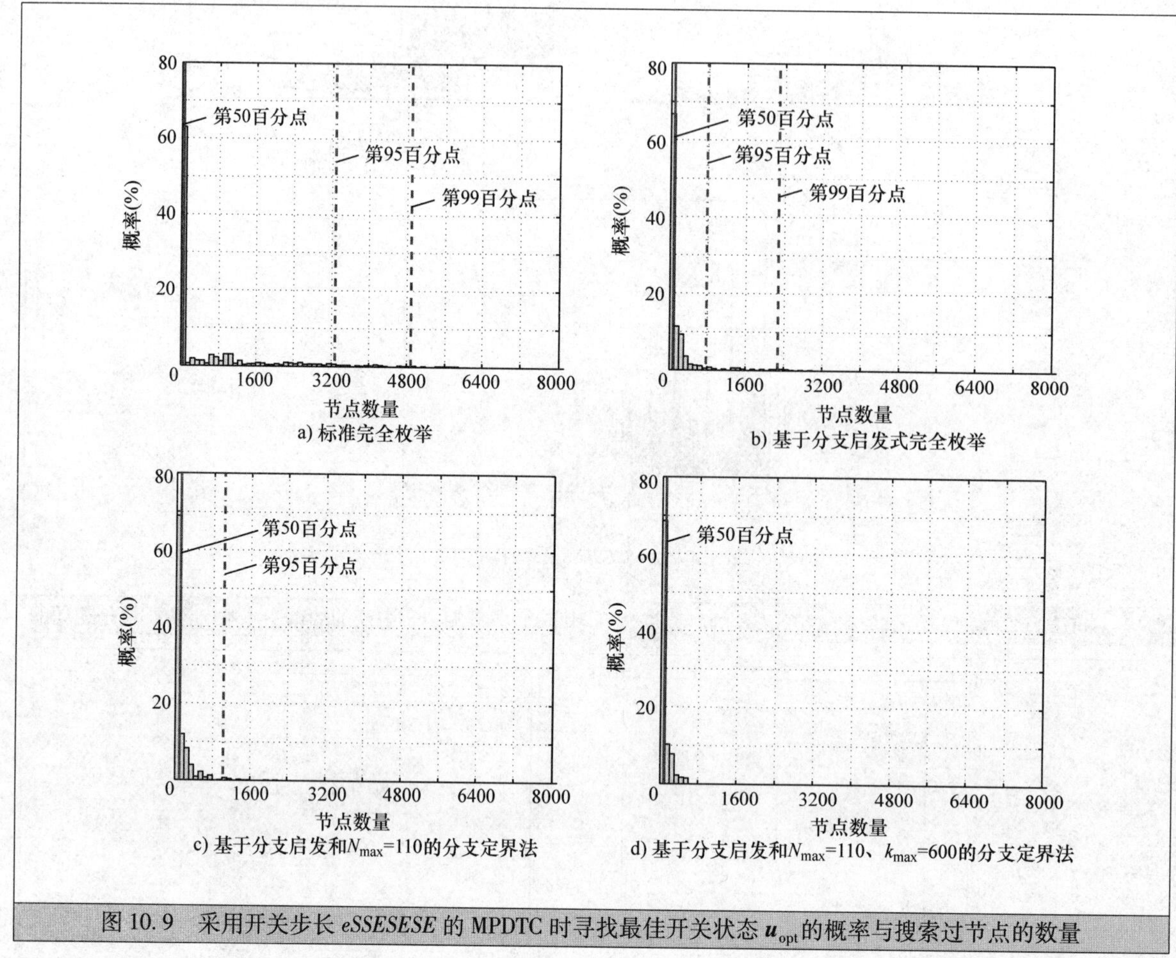

图 10.9　采用开关步长 *eSSESESE* 的 MPDTC 时寻找最佳开关状态 $\boldsymbol{u}_{opt}$ 的概率与搜索过节点的数量

分支启发式算法的应用和搜索树次优部分的剪枝在很大程度上消除了长尾，增加了在优化过程的早期阶段找到最佳开关位置的概率。如图 10.9c 所示，第 95 百分数变为 970 个节点，这也是把上界定在 $k_{max}=600$ 的原因。尽管全枚举 MPDTC 经常很早就发现最佳的切换序列，但需要搜索整个搜索树来提供最优性的证据。

如图 10.10a 所示，必须搜索至多 7700 个节点来实现这个目的。采用分支启发式算法的全枚举 MPDTC 也是如此（见图 10.10b）。对于采用分支定界法的 MPDTC，采用分支启发式算法和 $N_{max}=110$，得到明确最优证据之前所需搜索的节点数仍然很多，见图 10.10c。但是中位数（也就是第 50 百分数）降低很多，从 3200 个到 726 个。注意，如表 10.2 所示，所探索的节点的平均数目为 1102 个。因此，要实现对计算负担的严格限制，需要计算上限 $k_{max}=600$。就像前面讨论的那样，最优开关状态 $\boldsymbol{u}_{opt}$ 在大多数情况下能在到达 $k_{max}=600$ 之前找到，这就解释了为什么对闭环性能的影响是很小的。

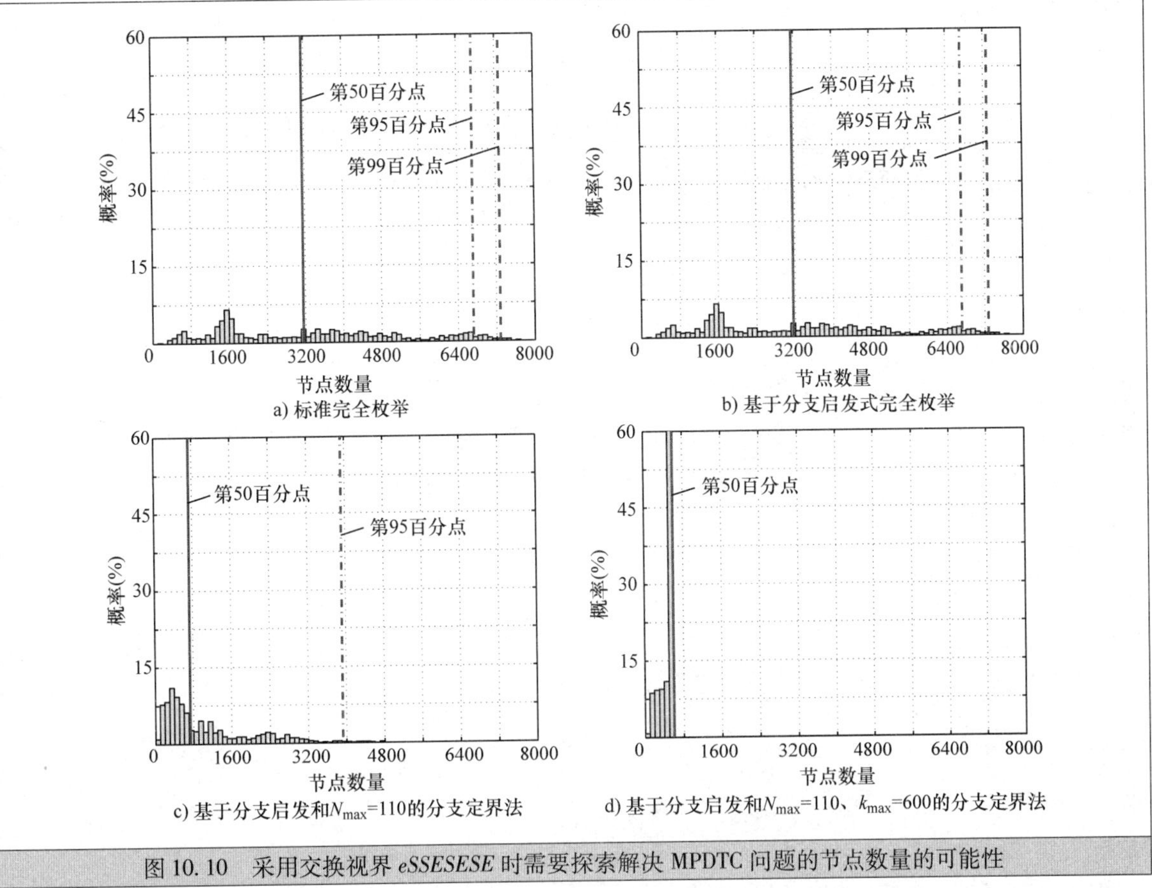

图 10.10 采用交换视界 *eSSESESE* 时需要探索解决 MPDTC 问题的节点数量的可能性

10.4 总结和讨论

本章提出了一种基于分支定界法的改进的 MPDTC，这种方法已在数学规划中广泛使用。所提出的分支定界法基于如下三种技术：

第一，对于每个（不完全）候选开关序列，计算其最终成本的下界。在（不完全）候选开关序列的集合中，选择成本最低的一个进行外推（施加开关动作或者继续外推）。

第二，对完全计算的候选开关序列的最低成本进行记录，这将作为最终最优代价的上界。如果不完全切换序列的代价下界超过最优成本的上界，则该切换序列是次优的，可以从下一步搜索中删除。此时，只要正确地选择开关序列的长度上限，最终解的最优性不会受到影响。

第三，对要搜索的节点的数目施加上限。访问节点的数量与 MPDTC 算法的复杂度直接相关，通过施加一个上限，可以限制算法实时计算时的负担，这个机制可用于确保算法始终在分配的时间内终止。

前两种技术增加了在优化过程的早期阶段发现最佳开关位置的概率。这使得第三种技术的使用，即为需要探索的节点数目设置一个上限，不会严重影响闭环性能。

仿真结果表明，所提出的分支定界技术将最坏情况下的计算量减少了一个数量级。一般来说，开关序列越长，减少计算负担的百分比越重要。一般来说，预测时间越长，计算负担的百分比减少越显著，这一现象使这些技术对具有很长的开关序列的 MPDTC 特别有吸引力。特别是从计算量的角度看，分支定界法能使长预测步长 MPDTC 具有可行性，使我们能够充分利用其性能优势。

这些适用于 MPDTC 的技术对于电流控制也同样适用，即模型预测直接电流控制（MPDCC）（见 11.1 节）。当逆变器具有更多的电平数，如五电平拓扑，这些技术在减少计算量等方面的益处预计会变得更加突出。

参考文献

[1] M. J. Duran, J. Prieto, F. Barrero, and S. Toral, "Predictive current control of dual three-phase drives using restrained search techniques," *IEEE Trans. Ind. Electron.*, vol. 58, pp. 3253–3263, Aug. 2011.

[2] I. Nowak, *Relaxation and decomposition methods for mixed integer nonlinear programming*. Cambridge, MA: Birkhäuser Verlag, 2000.

第11章 »

模型预测直接转矩控制的推演

如在第 7 章中介绍的，模型预测直接转矩控制（MPDTC）可以认为是一种改进的直接转矩控制（DTC）。MPDTC 继承了直接转矩控制的原则，保持电磁转矩、定子磁链和中点电位在给定边界内，但 MPDTC 用优化问题取代 DTC 中的滞环控制器和矢量表。优化问题由三部分组成：捕获预测的切换动作的目标函数，赋予控制器预测可能开关序列所对应的系统响应能力的驱动系统控制器模型，施加在受控输出变量和允许的开关切换上的一组约束。

通过在线求解此优化问题，可以确定开关位置而无须调制器。只有当其中一个输出变量接近滞环边界时，MPDTC 才切换矢量；否则，保持上一个矢量。这样做，保持开关跳变次数很少的同时可以实现很长的预测步长。开关跳变次数决定闭环性能，而预测步长直接关系到求解优化问题的计算负担。

MPDTC 的基本原理可以适用于其他控制问题。具体而言，电机的定子电流可以保持在上下边界内而不是控制转矩和定子磁链。并网变换器的电流可以用类似的方式控制。将这称为模型预测直接电流控制（MPDCC）。另外，在变换器的功率控制中，可以加入有功和无功上下边界。这一概念被称为模型预测直接功率控制（MPDPC），这样推广了直接功率控制（DPC）。在本章将介绍 MPDCC 和 MPDPC 以及它们详细的性能评估。本章还对 MPDTC、MPDCC 和 MPDPC 的边界形状的比较进行了总结。

11.1　模型预测直接电流控制

本节提出了一种模型预测电流控制器，该控制器采用 100 步以内的非常长的预测步长。所提出的 MPDCC 方案将静止正交参考坐标系中的定子电流保持在围绕其参考的六边形边界内。类似地，通过加入上下边界使中点电位在零附近平衡。MPDCC 选择使开关损耗或开关频率最小化的矢量。

当与诸如基于载波的脉冲宽度调制（CB－PWM）或空间矢量调制（SVM）的经典调制方案相比时，通过在一个计算阶段中解决的电流控制和调制问题，谐波电流畸变和开关损耗可以同时减少。实际上，在脉冲数少时，谐波畸变和开关损耗之间的比率类似于使用优化脉冲（OPP）获得的效果。但是，在瞬态时可以实现非常快的电流响应。

MPDCC 方案可以被认为是通过修改控制目标来使 MPDTC 适应对电流的控制问题。控制定子电流，而不是转矩和定子磁链。基于初始 MPDTC[1]最小化算法的初步 MPDCC 方案在参考文献［2］中针对一个两电平逆变器被提出来，该方案可以最小化开关频率并使用相对较短的预测步长。

然而，在 20 世纪 80 年代，参考文献［3－5］已经提出了使电机的定子电流保持在边界内，用模型来预测电流未来的轨迹和最小化目标函数的想法，尽管该想法只有短的预测步长并且仅用于两电平变换器。此外，该想法是在静止正交坐标系下的定子电流上施加圆形或矩形（而不是六边形）边界。这些类型的边界导致简单的控制问题数学描述，但是它们在谐波电流畸变方面不是最佳的。对于 MPDCC 与这些早期预测电流控制方法的深入比较，见参考文献［6］。

11.1.1 案例研究 ★★★

考虑如图 11.1 所示的中压（MV）逆变器驱动系统作为案例研究。中压异步电机连接到具有浮动中点电位的三电平中点钳位（NPC）逆变器。上下直流母线电容器上的电压分别由 $v_{\mathrm{dc,up}}$ 和 $v_{\mathrm{dc,lo}}$ 表示。它们的和是总的（瞬时）直流母线电压 $v_{\mathrm{dc}}=v_{\mathrm{dc,up}}+v_{\mathrm{dc,lo}}$。使用符号 V_{dc} 来表示额定直流母线电压。

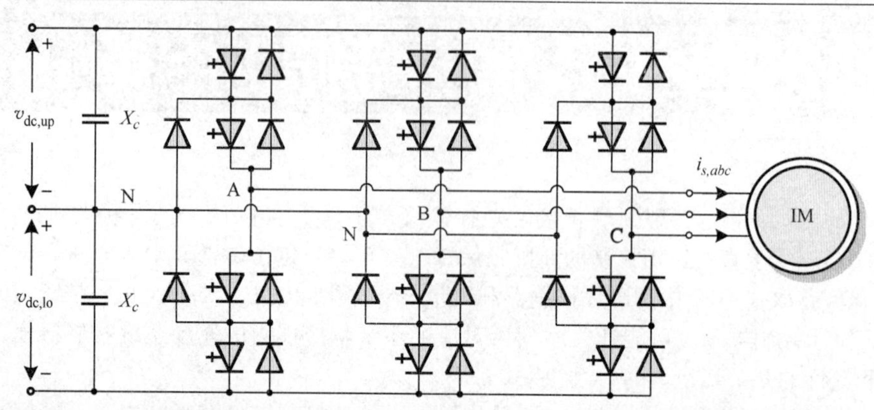

图 11.1 驱动感应电机（IM）的三电平中点钳位（NPC）电压源型逆变器

每相开关位置 u_a、u_b 和 u_c 被限制在集合 $\{-1, 0, 1\}$ 中，并且逆变器的三相开关位置用 $\boldsymbol{u}_{abc}=[u_a\quad u_b\quad u_c]^T$ 表示出。定子电压在静止正交坐标系中表示为

$$\boldsymbol{v}_s=\frac{1}{2}v_{\mathrm{dc}}\widetilde{\boldsymbol{K}}\boldsymbol{u}_{abc} \tag{11.1}$$

式中，$\boldsymbol{v}_s=[v_{s\alpha}\quad v_{s\beta}]^T$；$\widetilde{\boldsymbol{K}}$ 是降阶的 Clarke 变换（2.12）的变换矩阵（2.13）。

逆变器的中点电位

$$v_n=\frac{1}{2}(v_{\mathrm{dc,lo}}-v_{\mathrm{dc,up}}) \tag{11.2}$$

的变化受微分方程控制

$$\frac{\mathrm{d}v_n}{\mathrm{d}t}=\frac{1}{2X_c}|\boldsymbol{u}_{abc}|^T\boldsymbol{i}_{s,abc} \tag{11.3}$$

采用标幺化系统，X_c 表示直流回路两个电容之一的标幺化的等效值。逆变器开关位置分量的绝对值定义为 $|\boldsymbol{u}_{abc}|=[|u_a|\quad |u_b|\quad |u_c|]^T$，三相定子电流表示为 $\boldsymbol{i}_{s,abc}=[i_{sa}\quad i_{sb}\quad i_{sc}]^T$。有关 NPC 逆变器的更多详细信息请参见 2.4.1 节。驱动系统及其参数的详细信息请参见 2.5.1 节。

当半导体导通或关断和用非零阻断电压换向相电流时，逆变器中产生开关损耗。这些损耗取决于施加的电压、换向电流和半导体的特性。考虑到集成门极换向晶闸管（IGCT），其中门极换向晶闸管（GCT）是半导体开关，导通和关断损耗可以很好地用直流母线电压和相电流近似。在换向电流中，二极管的反向恢复损耗是非线性的。关于半导体及其开关损耗的更多详细信息可参考 2.3 节。NPC 逆变器的具体开关损耗在 2.4.1 节和 2.5.1 节中有解释。

在 2.2 节中，推导了异步电机的状态空间模型。对于电流控制问题，采用 $\alpha\beta$ 坐标系并且选择定子电流 $\boldsymbol{i}_s=[i_{s\alpha}\ i_{s\beta}]^T$，转子磁链 $\boldsymbol{\psi}_r=[\psi_{r\alpha}\quad \psi_{r\beta}]^T$ 作为状态变量非常方便。通过把转子电压 $\boldsymbol{v}_r$ 和参考坐标系的角速度 ω_{fr} 设置为 0，从式（2.59）可以得到笼型异步电机的连续时间的模型

$$\frac{\mathrm{d}\boldsymbol{i}_s}{\mathrm{d}t}=-\frac{1}{\tau_s}\boldsymbol{i}_s+\left(\frac{1}{\tau_r}\boldsymbol{I}_2-\omega_r\begin{bmatrix}0 & -1\\ 1 & 0\end{bmatrix}\right)\frac{X_m}{D}\boldsymbol{\psi}_r+\frac{X_r}{D}\boldsymbol{v}_s \tag{11.4a}$$

$$\frac{\mathrm{d}\boldsymbol{\psi}_r}{\mathrm{d}t}=\frac{X_m}{\tau_r}\boldsymbol{i}_s-\frac{1}{\tau_r}\boldsymbol{\psi}_r+\omega_r\begin{bmatrix}0 & -1\\ 1 & 0\end{bmatrix}\boldsymbol{\psi}_r \tag{11.4b}$$

$$\frac{\mathrm{d}\omega_r}{\mathrm{d}t} = \frac{1}{M}(T_e - T_\ell) \tag{11.4c}$$

所有参数和变量都标幺化，包括时间轴。电机模型的参数包括定子电阻 R_s 和转子电阻 R_r、定子漏感 X_{ls}、转子漏感 X_{lr}和互感 X_m。定子自感和转子自感分别定义为 $X_s = X_{ls} + X_m$ 和 $X_r = X_{lr} + X_m$。特征多项式 $D = X_s X_r - X_m^2$。已经在式（2.60）中介绍了瞬态的定子时间常数和转子时间常数

$$\tau_s = \frac{X_r D}{R_s X_r^2 + R_r X_m^2},\quad \tau_r = \frac{X_r}{R_r} \tag{11.5}$$

注意：所有的转子量被转到定子电路中，$\boldsymbol{I}_2$ 表示二维单位矩阵。

进一步，ω_r 表示转子电角速度，M 是转动惯量，T_ℓ 是负载转矩。根据式（2.61），电磁转矩可以用定子电流和转子磁链矢量表示。

$$T_e = \frac{1}{\mathrm{pf}}\frac{X_m}{X_r}\boldsymbol{\psi}_r \times \boldsymbol{i}_s = \frac{1}{\mathrm{pf}}\frac{X_m}{X_r}(\psi_{r\alpha} i_{s\beta} - \psi_{r\beta} i_{s\alpha}) \tag{11.6}$$

式（11.4）~式（11.6）表示笼型异步电机的标准动态模型，其中电机的磁性材料的饱和度、由于趋肤效应引起转子电阻的变化以及由于温度引起的定子电阻的变化被忽略。

11.1.2 控制问题 ★★★

本节所考虑的控制问题有三个方面。首先，电机定子电流是根据参考值 $\boldsymbol{i}_s^*$ 实时调节。在稳态运行条件下，主要的性能指标电流谐波畸变，即式（3.2）中电流总需求量畸变（TDD）。因此，通过最小化电流 TDD，可以减小电机绕组的铜损和热损。在瞬态过程中，高动态性能必须确保建立在较短的时间内，调节时间仅有几毫秒。为了实现这一目标，定子电流必须快速地跟踪到新的参考值。

其次，最小化半导体的开关损耗。实现这一目标的间接方法是降低器件的开关频率，而直接的方法是减小预测的开关损耗。第三，逆变器的中点电位必须在零附近平衡。

这个控制问题在 4.2.2 节中详细描述。特别如图 4.11 所示，内部定子电流控制回路通过与旋转 dq 坐标系的外部控制回路以级联控制器方式增强。这些外环包括转子磁链、转矩和速度控制器，这通常基于比例积分（PI）控制器与适当的前馈项。

在 3.5 节中已经看到电流 TDD 和开关频率之间存在一个基本的权衡。较低的电流 TDD 意味着更高的开关频率和损耗，反之亦然。

11.1.8 节显示电流 TDD 与纹波电流成正比，这是定子电流和它的参考值之间的差异。这让我们在 MPDCC 问题数学描述中考虑纹波电流而不是电流 TDD，为了简化调试过程，通过对定子电流加上下边界可以固定纹波电流（电流 TDD）。然后可以最小化第二权衡量——开关损耗。

11.1.3 定子电流边界的描述 ★★★

定子电流的边界可以以各种方式施加。可能的边界形状包括圆形、矩形和六边形，可以施加在静止或旋转坐标系中。最突出的边界形状将在本节中讨论。考虑对定子电流参考值使用对称边界。用

$$i_{\mathrm{rip},a} = i_{sa}^* - i_{sa} \tag{11.7}$$

来定义 a 相纹波电流。相应地，可以定义 b 相和 c 相的纹波电流。用正参数 δ_i 来描述上（或下）边界和当前参考值之间的差异。

自然选择[7]是对 abc 三相纹波电流施加上限和下限

$$|i_{\mathrm{rip},a}| \leqslant \delta_i \tag{11.8a}$$

$$|i_{\mathrm{rip},b}| \leqslant \delta_i \tag{11.8b}$$

$$|i_{\mathrm{rip},c}| \leqslant \delta_i \tag{11.8c}$$

图 11.2a 显示了 a 轴、b 轴和 c 轴，互差 $2\pi/3$。上边界和下边界垂直于这些轴线，交点与原点的距

离为δ_i。满足式（11.8）约束的纹波电流集合位于这些线之间。这些线形成了多边形的边（或小平面），如图 11.2a 所示的灰色六边形。

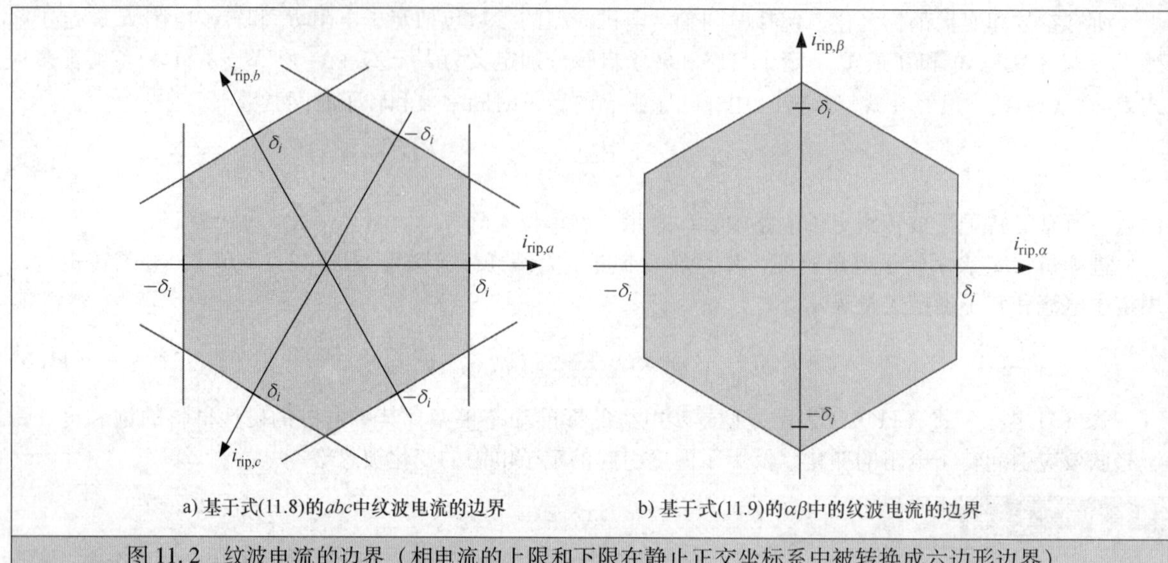

a) 基于式(11.8)的abc中纹波电流的边界　　b) 基于式(11.9)的$\alpha\beta$中的纹波电流的边界

图 11.2　纹波电流的边界（相电流的上限和下限在静止正交坐标系中被转换成六边形边界）

用降阶的 Clarke 变换（2.12），式（11.8）中的 abc 三相纹波电流可以用 $\alpha\beta$ 的纹波电流来表示。将坐标系下的边界转换到静止 $\alpha\beta$ 坐标系下，可以得到

$$|i_{rip,\alpha}| \leqslant \delta_i \tag{11.9a}$$

$$|i_{rip,\alpha} - \sqrt{3}i_{rip,\beta}| \leqslant 2\delta_i \tag{11.9b}$$

$$|i_{rip,\alpha} + \sqrt{3}i_{rip,\beta}| \leqslant 2\delta_i \tag{11.9c}$$

事实证明，式（11.9b）和式（11.9c）的边界也可以由紧凑的表达式$|i_{rip,\alpha}| + \sqrt{3}|i_{rip,\beta}| \leqslant 2\delta_i$ 表示。

在 $\alpha\beta$ 坐标下满足式（11.9）的纹波电流集合如图 11.2b 所示的灰色多边形。很明显，施加在 abc 坐标系下的三相电流的上下边界等同于 $\alpha\beta$ 坐标中的六边形边界。此外，因为电机是星形连接，三相电流的总和是在任何时刻为 0，也就是说，它是无共模电流。这个说法对纹波电流也适用。

或者，由边界（11.8）定义的集合可以在 abc 系统中表示，其中三个轴相互正交。由于纹波电流的共模分量为 0，所以该集合的维数为 2。图 11.3a 显示了该集合在由正交 a 轴和 b 轴跨越的平面上的投影，图 11.3b 显示出了在 bc 平面上的投影。ac 平面上的投影与图 11.3a 中的相同。

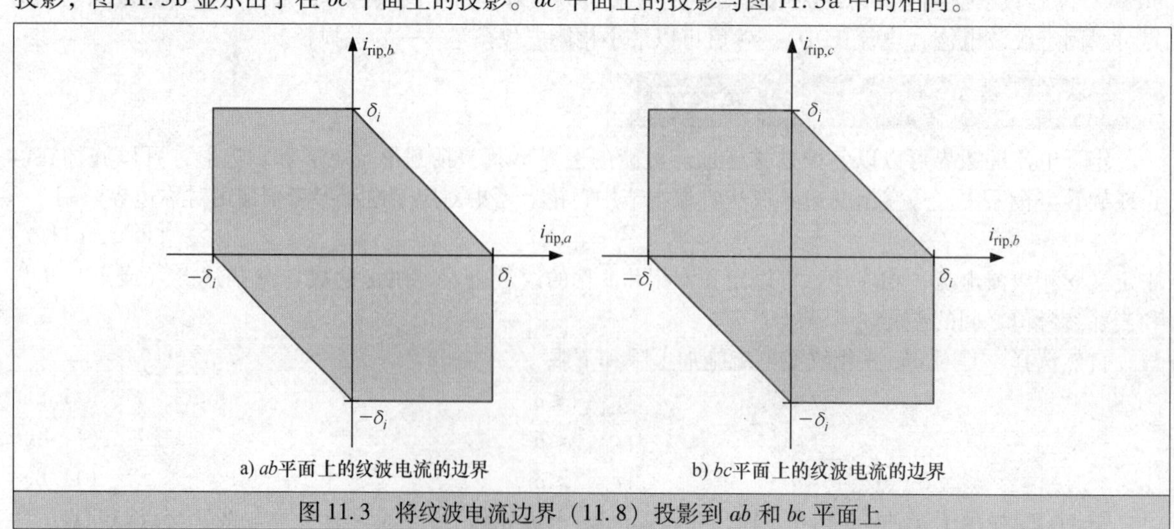

a) ab平面上的纹波电流的边界　　b) bc平面上的纹波电流的边界

图 11.3　将纹波电流边界（11.8）投影到 ab 和 bc 平面上

事实上，无共模的纹波电流增加了相与相之间的耦合约束，这导致了在 ab、bc、ac 平面的非平方集。举个例子，c 相的纹波电流可以由 $i_{\mathrm{rip},c}=-i_{\mathrm{rip},a}-i_{\mathrm{rip},b}$ 计算。在式（11.8c）中的限制 $i_{\mathrm{rip},c}\leqslant\delta_i$，等效于下面限制

$$i_{\mathrm{rip},b}\geqslant -i_{\mathrm{rip},a}-\delta_i \tag{11.10}$$

在 ab 平面中，从图 11.3a 中去除波电流集合的左下部分。类似地，式（11.8c）中的较低约束，$i_{\mathrm{rip},c}\geqslant-\delta_i$，从纹波电流集合中去除右上部分。

相反，如在参考文献［2］中提出的，可以在 $\alpha\beta$ 坐标系下对电流施加上下限

$$|i_{\mathrm{rip},\alpha}|\leqslant\delta_i \tag{11.11a}$$

$$|i_{\mathrm{rip},\beta}|\leqslant\delta_i \tag{11.11b}$$

在图 11.4a 中可清楚看出这些约束和它们所形成的正方形集合。对应于式（11.9）的六边形集由虚线表示。在 $\alpha\beta$ 坐标下平方范围与 abc 坐标下非常数边界有关。

很明显，两个约束（11.8）和（11.11）导致不同的集合。根据定义，谐波电流畸变与 abc 坐标下的纹波电流有关。因此，从 TDD 的角度来看，施加约束（11.8）是有利的，而不是式（11.11）。通过仿真结果证实差异相对较小，只有百分之几。

如果需要六边形的近似值，则圆形边界形式

$$i_{\mathrm{rip},\alpha}^2+i_{\mathrm{rip},\beta}^2\leqslant\delta_i^2 \tag{11.12}$$

提供可行的一个替代方案。它们定义的圆形集合如图 11.4b 所示。圆形边界最初在参考文献［3］提出。

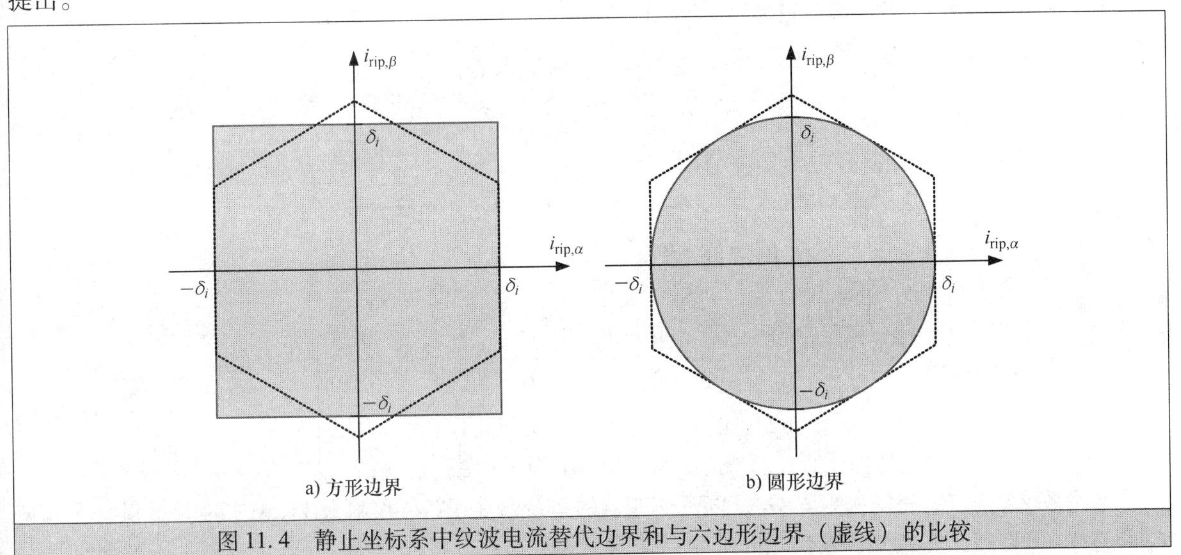

图 11.4 静止坐标系中纹波电流替代边界和与六边形边界（虚线）的比较

边界也可以施加在正交 dq 旋转坐标系下的纹波电流上。参考文献［4］提出，当用转子磁链矢量定向，可通过对定子电流 q 轴分量施加上限和下限控制转矩。同样，可以在定子电流 d 轴分量施加上限和下限控制电机磁链幅值。然而，严格地说，如在 9.1 节讨论，应采用径向边界。可以从以前讨论清楚知道，与正六边形和圆形边界相比，矩形的边界产生较小的 TDD。

由于电机的定子电流模型在三相 abc 坐标下建立，在 abc 坐标下设置定子电流约束也是方便的。因此，在 MPDCC 中采用式（11.8）的约束。为了在纹波电流施加上下限，必须在预测步长的时间间隔内预测定子电流参考轨迹。为此，假设电流参考值是正弦的，角频率为 ω_s。在正交坐标系下的定子电流参考值的变化由以下微分方程描述

$$\frac{\mathrm{d}\boldsymbol{i}_s^*(t)}{\mathrm{d}t}=\boldsymbol{F}_r\boldsymbol{i}_s^*(t),\boldsymbol{F}_r=\omega_s\begin{bmatrix}0 & -1\\1 & 0\end{bmatrix} \tag{11.13}$$

11.1.4 控制器模型 ★★★

模型预测直接电流控制依靠驱动系统的物理模型来预测定子电流和中点电位的未来轨迹。当预测步长在几毫秒的范围内时，可以假设转子速度在预测步长内是恒定。这允许我们将速度视为时变参数，并减少状态空间模型的维数。然而，对于高动态驱动器或具有很小惯性的驱动器，可能需要将速度作为附加状态包括在状态空间模型中。

选择定子电流和转子磁链作为电机的状态变量。为了简化施加在三相定子电流的上限和下限，在三相 abc 系统中建立定子电流模型。这种选择也有助于简化 MPDCC 中的扩展机制（参见 MPDTC7.5 中的相应描述）。转子磁链矢量在静止正交坐标系下建模。为此，定义电机状态变量

$$\boldsymbol{x}_m = [i_{sa} \quad i_{sb} \quad i_{sc} \quad \psi_{r\alpha} \quad \psi_{r\beta}]^T \tag{11.14}$$

选择

$$\boldsymbol{x} = [\boldsymbol{x}_m^T \quad v_n \quad (\boldsymbol{i}_s^*)^T]^T \tag{11.15}$$

作为控制器模型的整体状态变量，状态变量包括电机状态变量、中点电位和（静止）正交坐标系下的定子电流参考值。

三相开关位置被视为输入变量

$$\boldsymbol{u} = \boldsymbol{u}_{abc} = [u_a \quad u_b \quad u_c]^T \in \{-1, \ 0, \ 1\}^3 \tag{11.16}$$

三相定子纹波电流与中点电位被视为输出变量

$$\boldsymbol{y} = [i_{\text{rip},a} \quad i_{\text{rip},b} \quad i_{\text{rip},c} \quad v_n]^T \tag{11.17}$$

驱动系统的连续时间状态空间为

$$\frac{\mathrm{d}\boldsymbol{x}(t)}{\mathrm{d}t} = \boldsymbol{F}(\boldsymbol{u}(t))\boldsymbol{x}(t) + \boldsymbol{G}\boldsymbol{u}(t) \tag{11.18a}$$

$$\boldsymbol{y}(t) = \boldsymbol{C}\boldsymbol{x}(t) \tag{11.18b}$$

式中，系统矩阵、输入矩阵和输出矩阵分别为

$$\boldsymbol{F}(\boldsymbol{u}) = \begin{bmatrix} \boldsymbol{F}_m & \boldsymbol{0}_{5\times1} & \boldsymbol{0}_{5\times2} \\ \boldsymbol{f}_i(\boldsymbol{u}) & 0 & \boldsymbol{0}_{1\times2} \\ \boldsymbol{0}_{2\times5} & \boldsymbol{0}_{2\times1} & \boldsymbol{F}_r \end{bmatrix}, \boldsymbol{G} = \begin{bmatrix} \boldsymbol{G}_m \\ \boldsymbol{0}_{1\times3} \\ \boldsymbol{0}_{2\times3} \end{bmatrix} \tag{11.19a}$$

$$\boldsymbol{C} = \begin{bmatrix} -1 & 0 & 0 & 0 & 0 & 0 & 1 & 0 \\ 0 & -1 & 0 & 0 & 0 & 0 & -1/2 & \sqrt{3}/2 \\ 0 & 0 & -1 & 0 & 0 & 0 & -1/2 & -\sqrt{3}/2 \\ 0 & 0 & 0 & 0 & 0 & 1 & 0 & 0 \end{bmatrix} \tag{11.19b}$$

电机系统矩阵 $\boldsymbol{F}_m$ 和输入矩阵 $\boldsymbol{G}_m$，以及逆变器的系统矢量 $\boldsymbol{f}_i(\boldsymbol{u})$ 在附录 11. A 中推导提供。子矩阵 $\boldsymbol{F}_r$ 可在式（11.13）中找到。输出矩阵 $\boldsymbol{C}$ 直接来自三相纹波电流的定义

$$\boldsymbol{i}_{\text{rip},abc} = \widetilde{\boldsymbol{K}}^{-1}\boldsymbol{i}_s^* - \boldsymbol{i}_{s,abc} \tag{11.20}$$

参见式（11.7），降阶的 Clarke 变换逆矩阵 $\widetilde{\boldsymbol{K}}^{-1}$（见式（2.13））将定子电流参考值从正交 $\alpha\beta$ 坐标转换为三相 abc 坐标。

MPDCC 的状态空间模型（11.18）需要离散化表示，它有效的离散时间步长是 $t = kT_s$，其中 $k \in \mathbb{N}$ 表示时间步长，T_s 是采样间隔。为了离散化（11.18），遵循在 7.2.3 节提出的 MPDTC 程序。具体来说，采用精确欧拉离散法离散电机模型，前向欧拉离散中点电位和精确欧拉离散法预测定子电流参考值。这得到离散时间模型

$$\boldsymbol{x}(k+1) = \boldsymbol{A}(\boldsymbol{u}(k))\boldsymbol{x}(k) + \boldsymbol{B}\boldsymbol{u}(k) \tag{11.21a}$$

$$\boldsymbol{y}(k) = \boldsymbol{C}\boldsymbol{x}(k) \tag{11.21b}$$

式中

$$\boldsymbol{A}(\boldsymbol{u})=\begin{bmatrix}\boldsymbol{A}_m & \boldsymbol{0}_{5\times1} & \boldsymbol{0}_{5\times2}\\ \boldsymbol{f}_i(\boldsymbol{u})T_s & \boldsymbol{1} & \boldsymbol{0}_{1\times2}\\ \boldsymbol{0}_{2\times5} & \boldsymbol{0}_{2\times1} & \boldsymbol{A}_r\end{bmatrix},\boldsymbol{B}=\begin{bmatrix}B_m\\ \boldsymbol{0}_{1\times3}\\ \boldsymbol{0}_{2\times3}\end{bmatrix} \tag{11.22}$$

子矩阵为

$$\boldsymbol{A}_m=e^{\boldsymbol{F}_mT_s},\boldsymbol{A}_r=e^{\boldsymbol{F}_rT_s},\boldsymbol{B}_m=-\boldsymbol{F}_m^{-1}(\boldsymbol{I}_5-\boldsymbol{A}_m)\boldsymbol{G}_m \tag{11.23}$$

11.1.5 控制问题的描述 ★★★

如11.1.2节所说，控制目标是保持瞬时定子电流分量在各自给定的参考值范围内，并使中点电位在零附近平衡，同时最小化开关损耗。这些控制目标被映射到一个目标函数中，该目标函数产生一个标量成本（这里是短期开关损耗），这个目标函数在驱动系统的内部控制器模型动态变化和有限制的约束情况下被最小化。这产生优化问题

$$\boldsymbol{U}_{\text{opt}}(k)=\arg\underset{\boldsymbol{U}(k)}{\text{minimize}}\ J \tag{11.24a}$$

$$\text{服从于}\ \boldsymbol{x}(\ell+1)=\boldsymbol{A}(\boldsymbol{u}(\ell))\boldsymbol{x}(\ell)+\boldsymbol{B}\boldsymbol{u}(\ell) \tag{11.24b}$$

$$\boldsymbol{y}(\ell+1)=\boldsymbol{C}\boldsymbol{x}(\ell+1) \tag{11.24c}$$

$$\begin{cases}\varepsilon_j(\ell+1)=0, & \text{若}\ \varepsilon_j(\ell)=0\\ \varepsilon_j(\ell+1)<\varepsilon_j(\ell), & \text{若}\ \varepsilon_j(\ell)>0\end{cases} \tag{11.24d}$$

$$\boldsymbol{u}(\ell)\in\boldsymbol{u},\|\Delta\boldsymbol{u}(\ell)\|_\infty\leqslant1 \tag{11.24e}$$

$$\forall\ell=k,\ \cdots,\ k+N_p-1,\ \ \forall j=1,\ 2,\ 3,\ 4 \tag{11.24f}$$

目标函数J根据三组约束被最小化。等式约束（11.24b）和（11.24c）表示控制器模型，从而描述了当作用控制输入序列（或矢量序列）时，驱动系统（及其当前参考）在预测步长N_p内的动态变化，即

$$\boldsymbol{U}(k)=[\boldsymbol{u}^T(k)\quad\boldsymbol{u}^T(k+1)\quad\cdots\quad\boldsymbol{u}^T(k+N_p-1)]^T \tag{11.25}$$

第二组约束（11.24d）对输出变量施加限制。如图11.2a所示，在三相定子纹波电流上施加对称的上下限。对于a相的纹波电流（见式（11.7）），定义了非负变量

$$\varepsilon_a(\ell)=\frac{1}{2\delta_i}\begin{cases}|i_{\text{rip},a}(\ell)|-\delta_i & \text{若}\ |i_{\text{rip},a}(\ell)|>\delta_i\\ 0 & \text{其他}\end{cases} \tag{11.26}$$

它被边界宽度大小归一化。相应地定义变量ε_b和ε_c。类似地，使用参数δ_v和超出边界ε_v程度，将对称的上限和下限施加于中点电位v_n。

将这些超出滞环的变量集合到超出滞环的向量中

$$\boldsymbol{\varepsilon}=[\varepsilon_a\quad\varepsilon_b\quad\varepsilon_c\quad\varepsilon_v]^T \tag{11.27}$$

它的前三个分量与三相定子电流有关，而第4个分量则表示中点电位超出滞环的程度。使用索引j表示向量ε的第j个分量。

第三组约束（11.24e）限制输入变量$\boldsymbol{u}$为整数$\{-1,\ 0,\ 1\}^3$集合，这是用于三电平逆变器。在式（11.24e）第二个限制抑制了上下桥臂的开关跳变，其中$\Delta\boldsymbol{u}(\ell)=\boldsymbol{u}(\ell)-\boldsymbol{u}(\ell-1)$。

目标函数J与MPDTC相同。它由三项组成

$$J=J_{\text{sw}}+J_{\text{bnd}}+J_t \tag{11.28}$$

开关切换J_{sw}表示短期开关频率（7.31）或开关功率损耗（7.32），其中详细的描述在7.3.3节给出。

目标函数的第二项$J_{\text{bnd}}=\boldsymbol{q}^T\boldsymbol{\epsilon}$惩罚了超出滞环的输出向量的方均根值（rms），输出向量的定义为

$$\boldsymbol{\epsilon}=[\epsilon_a\quad\epsilon_b\quad\epsilon_c\quad\epsilon_v]^T \tag{11.29}$$

其前三个分量与三相纹波电流有关，而第4个分量则是中点电位超出有效值边界的情况。这4个按照式（7.35）进行定义。

目标函数的最后一项 J_t 是在预测范围结束时对预测输出量施加的可选惩罚。这个项可以用来减少所谓的死锁的可能性。关于目标函数的数学描述，死锁以及避免它们的方案的更多细节请参阅 7.3.3 节、9.3 节和 9.5 节。

11.1.6 MPDCC 算法 ★★★

MPDCC 的框图包括外部磁链和速度控制回路，如图 4.11 所示。MPDCC 算法与在 7.4.5 节中描述的 MPDTC 算法相似。特别地，MPDCC 算法采用切换和预测步长的概念，在搜索树中对候选矢量序列的全部枚举，预测输出轨迹的延伸直到超出滞环发生，以及目标集合。

MPDCC 和 MPDTC 算法的主要区别在于输出变量的边界的特征和处理。在 MPDTC 中，输出变量的参考值在预测步长内是恒定的，这意味着上限和下限也是恒定的。这大大简化了边界的处理。

另外，在 MPDCC 中，定子电流的边界是时变的。例如 a 相中的上限等于其电流参考值加上 δ_i。这在图 11.5a 中举例说明了。时变边界使外推步骤复杂化。为了减轻这个问题，选择定子纹波电流而不是定子电流作为输出变量。这使得上下边界时不变且在整个预测步长内不变，如图 11.5b 所示。因此，如在 7.5 节描述的 MPDTC 扩展机制也适用于 MPDCC。

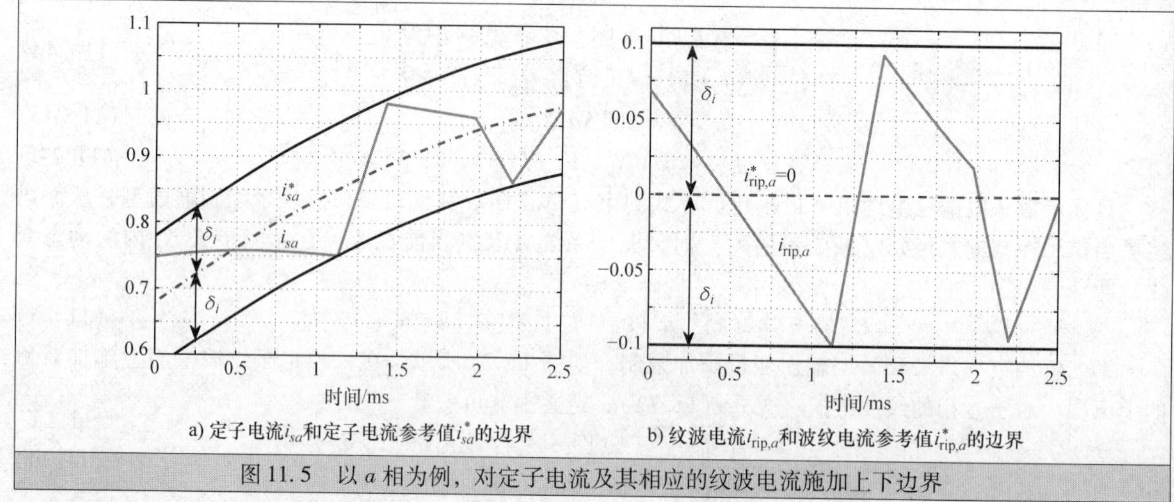

图 11.5 以 a 相为例，对定子电流及其相应的纹波电流施加上下边界

然而，MPDCC 需要预测未来的定子电流参考值。这为控制器模型增加了两个附加的状态变量，使控制问题建模（11.24）更为复杂。为了减少计算负担，控制器模型可以分为两部分。第一部分模型预测定子电流参考值和转子磁链矢量的变化。该模型可以忽略从定子到转子磁链的弱耦合，或者可以假定额定定子磁链变化，使定子磁链与定子电流参考值相关联。该模型的响应与切换序列无关，仅需要在 k 时刻计算一次。

考虑到转子磁链和定子电流参考值的预测轨迹，第二部分模型预测纹波电流和中点电位的轨迹。

该模型采用三相定子电流和中点电位作为状态变量，三相开关位置作为输入变量，正交坐标系下的转子磁链和定子电流参考值作为参数。

另外，MPDCC 可以在 dq 坐标系下建模，它与转子磁链同步旋转。电流参考值在 dq 坐标系下是恒定的，上下边界都是常数。然而，六边形的边界是旋转。它可以由圆简单地近似，如图 11.4b 所示，参考文献［3］最早展示了通过圆能近似成六边形的方法。

此外，在 dq 坐标系下建立控制器模型时，需要将三相开关位置转换到旋转坐标系。这可以通过 Park 变换实现，需要坐标系的角度。此外，在三相 abc 坐标中或在静止 $\alpha\beta$ 坐标系中，必须用定子电流来预测中点电位的变化。这就需要利用 Park 逆变换，使状态和输出向量的预测进一步复杂化。

结论是，在选择坐标系时，需要权衡预测定子电流参考轨迹的必要性和 Park（逆）变换使用的频率。在本节中选择最简单的方法，使用一个带有 8 维状态矢量的控制器模型，包括在正交坐标系下的三相定子电流、转子磁链、中点电位和定子电流参考（见式（11.15））。

11.1.7 性能评估 ★★★

如图11.1所示，考虑具有浮动中点电位三电平NPC电压型逆变器。直流母线电压标称值 v_{dc} 等于5.2kV。逆变器连接到一台带恒定的机械负载的中压感应电机。

驱动系统的案例研究总结在2.4.1节，电机和逆变器的具体参数如表2.10所示。模型预测电流控制的目标函数使预测的开关功率损耗最小化。在预测步长结束时的约束违规和输出量不受到惩罚。因此，目标函数仅由 J 等于 J_p 给出，其中 J_p 在式（7.32）中给出。

如图4.11所示，定子电流参考值由外环给定。三相定子电流参考值被限定在对称边界范围内，并且每相的纹波电流保持在 $[-\delta_i, \delta_i]$ 内。电流边界的宽度 $2\delta_i$ 决定了开关损耗和电流谐波之间的权衡。δ_i 为模型预测电流控制的主要调节参数，这将在11.1.8节中显示。第二个参数定义了中点电位的边界，设定为 $\delta_v=0.04$pu。这意味着中点电位保持在 $[-0.04, 0.04]$pu的范围内。只有在初始瞬变过程已经稳定后才能开始主程序仿真，从而确保在稳态条件下运行。采样间隔 T_s 设置为25μs。

1. 稳态性能

下面是闭环仿真在60%转速和额定转矩下所评估的模型预测电流控制的稳态性能。关键性能指标是逆变器的开关损耗、每个半导体器件的平均开关频率以及谐波电流和转矩脉动。对不同开关步长和不同电流边界进行了性能评价。模型预测电流控制与两类著名的控制和调制方法进行比较：基于SVM的磁场定向控制（FOC）和基于OPP的标量控制。

SVM开关信号由三电平不对称规则采样的载波脉冲宽度调制产生。两个三角载波同相并且载波频率都是 f_c。三相参考电压由共模电压项（3.16）产生，该项是最小/最大类型加模数运算。由此产生的门控信号与SVM相同，如3.3.2节所述。因此，将这种调制方法称为SVM。

另外，OPP可以离线计算1/4基波周期上所有可能运行点的优化开关角。这使给定的脉冲数 d（在1/4基波周期内的每相开关次数）下的电流谐波最小化。在3.4节详细总结了OPP的概念。

表11.1通过列出控制器设置以及由此产生的性能指标来总结选定的闭环仿真。后者是以绝对值形式提供。运行了三组仿真。第一组使用60Hz的开关频率，而第二组和第三组分别导致3.1kW和7.8kW左右的开关损耗。表11.2总结了与表11.1中相同的仿真结果，但表示相对于SVM的性能指标。

表11.1 用绝对值比较MPDCC、SVM和OPP的性能

控制方案	控制参数	开关序列	平均预测步长	P_{sw}/kW	f_{sw}/Hz	I_{TDD}（%）	T_{TDD}（%）
SVM	$f_c=90$Hz	—	—	1.25	60.0	17.5	5.77
MPDCC	$\delta_i=0.21$pu	eSE	63.2	1.00	61.0	10.7	5.09
OPP	$d=2$	—	—	1.42	60.0	10.4	5.14
SVM	$f_c=270$Hz	—	—	3.04	150	8.63	3.28
MPDCC	$\delta_i=0.144$pu	eSE	27.6	3.06	170	10.4	8.29
MPDCC	$\delta_i=0.099$pu	eSESE	55.4	3.08	162	6.42	4.17
MPDCC	$\delta_i=0.095$pu	eSESESE	82.4	3.04	166	6.09	4.01
OPP	$d=5$	—	—	3.11	150	5.51	2.80
SVM	$f_c=720$Hz	—	—	7.98	375	3.13	1.33
MPDCC	$\delta_i=0.054$pu	eSE	11.6	7.76	406	3.67	2.85
MPDCC	$\delta_i=0.042$pu	eSESE	21.8	7.66	420	2.68	1.74
MPDCC	$\delta_i=0.040$pu	eSESESE	31.1	7.95	470	2.54	1.67
OPP	$d=12$	—	—	7.70	360	2.37	1.48

注：这些指标包括开关损耗 P_{sw}、开关频率 f_{sw}、电流总需求量畸变系数 I_{TDD} 和转矩总需求量畸变系数 T_{TDD}。三组比较分别指的是60Hz的开关频率、3.1kW和7.8kW开关损耗，运行在60%的速度和额定转矩下。

选择超过33.3ms的基波周期的波形图展示。图11.6a～图11.11a为基于载波频率f_c为270Hz的SVM。开关模式的重复性意味着相应的谐波频谱是离散的。图11.11a显示出了开关模式和相电流。由于固定的调制周期，开关切换均匀地分布在基波周期内。

表11.2　用相对值比较MPDCC、SVM和OPP的性能

控制方案	控制参数	开关序列	平均预测步长	P_{sw}（%）	f_w（%）	I_{TDD}（%）	T_{TDD}（%）
SVM	$f_c=90$Hz	—	—	100	100	100	100
MPDCC	$\delta_i=0.21$pu	*eSE*	63.2	80.4	102	60.8	88.2
OPP	$d=2$	—	—	114	100	59.5	89.1
SVM	$f_c=270$Hz	—	—	100	100	100	100
MPDCC	$\delta_i=0.144$pu	*eSE*	27.6	101	113	120	253
MPDCC	$\delta_i=0.099$pu	*eSESE*	55.4	102	108	74.7	127
MPDCC	$\delta_i=0.095$pu	*eSESESE*	82.4	100	111	70.6	122
OPP	$d=5$	—	—	103	100	63.8	85.4
SVM	$f_c=720$Hz	—	—	100	100	100	100
MPDCC	$\delta_i=0.054$pu	*eSE*	11.6	97.2	108	117	215
MPDCC	$\delta_i=0.042$pu	*eSESE*	21.8	95.9	112	85.5	131
MPDCC	$\delta_i=0.040$pu	*eSESESE*	31.1	99.6	125	81.2	126
OPP	$d=12$	—	—	96.5	96.0	75.7	111

注：表11.1显示了相同的结果，用SVM作为参照。

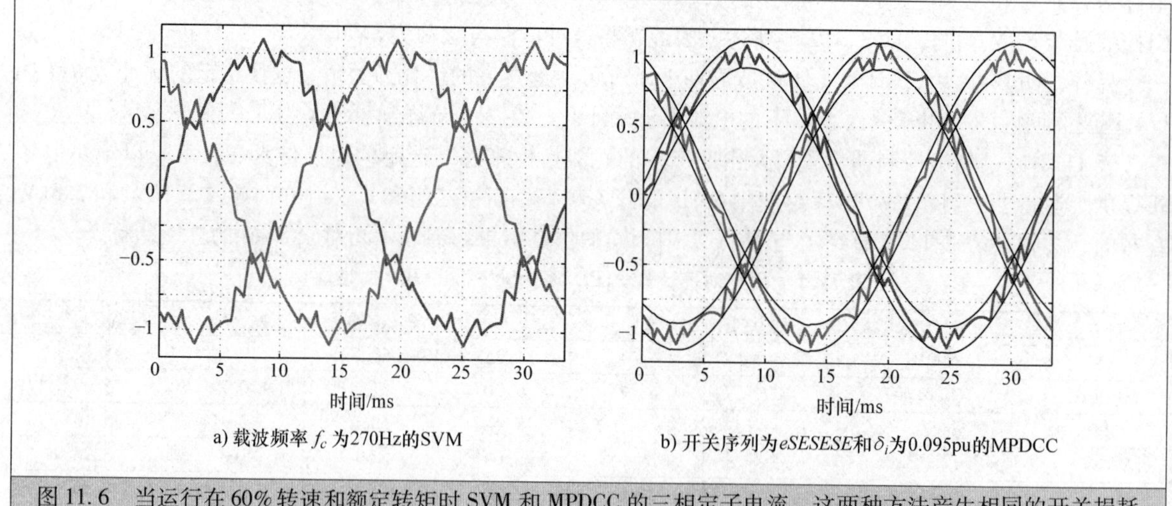

图11.6　当运行在60%转速和额定转矩时SVM和MPDCC的三相定子电流。这两种方法产生相同的开关损耗

这意味着在大的相电流下发生了若干次跳变。由此产生的开关损耗为3.04kW，电流的TDD为8.63%，如表11.1所示。

MPDCC的纹波电流可以通过调整定子电流边界来调节，以获得类似的开关损耗。随着开关序列从*eSE*上升到*eSESESE*，平均预测步长的增加，允许MPDCC通过进一步考虑未来做出更好的决策。因此，MPDCC可以缩小边界，从而减少谐波电流和转矩畸变，同时保持开关损耗恒定。图11.6b～图11.11b显示了长开关序列*eSESESE*和边界参数δ_i为0.095pu的MPDCC选择的波形。

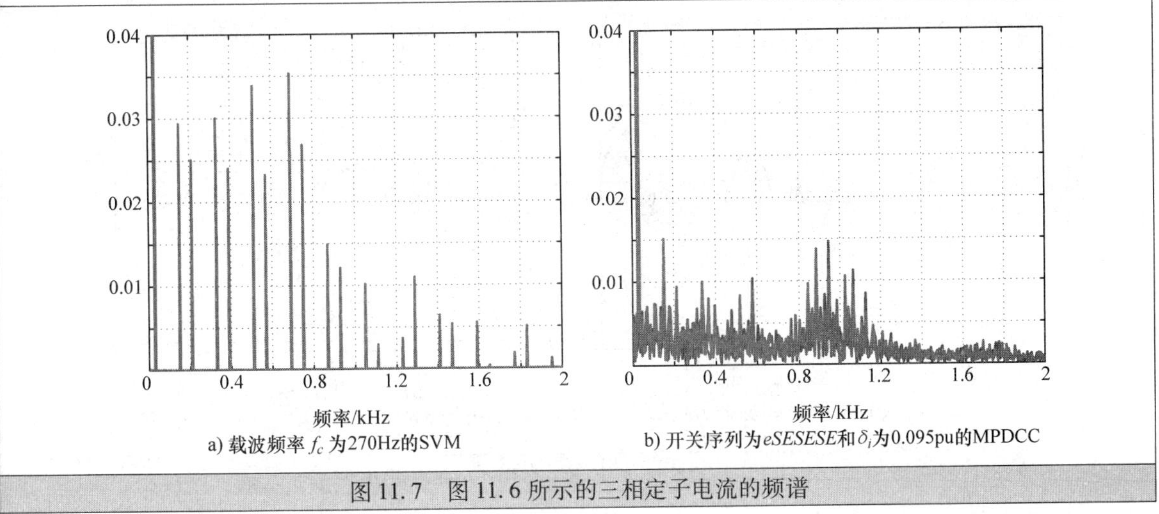

a) 载波频率 f_c 为270Hz的SVM

b) 开关序列为 $eSESESE$ 和 δ_i 为0.095pu的MPDCC

图 11.7　图 11.6 所示的三相定子电流的频谱

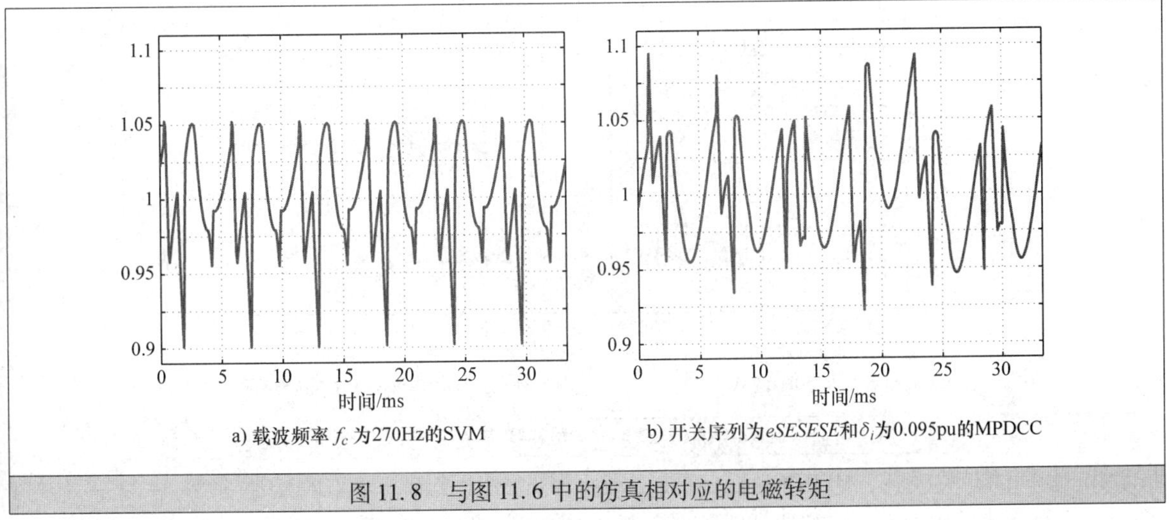

a) 载波频率 f_c 为270Hz的SVM

b) 开关序列为 $eSESESE$ 和 δ_i 为0.095pu的MPDCC

图 11.8　与图 11.6 中的仿真相对应的电磁转矩

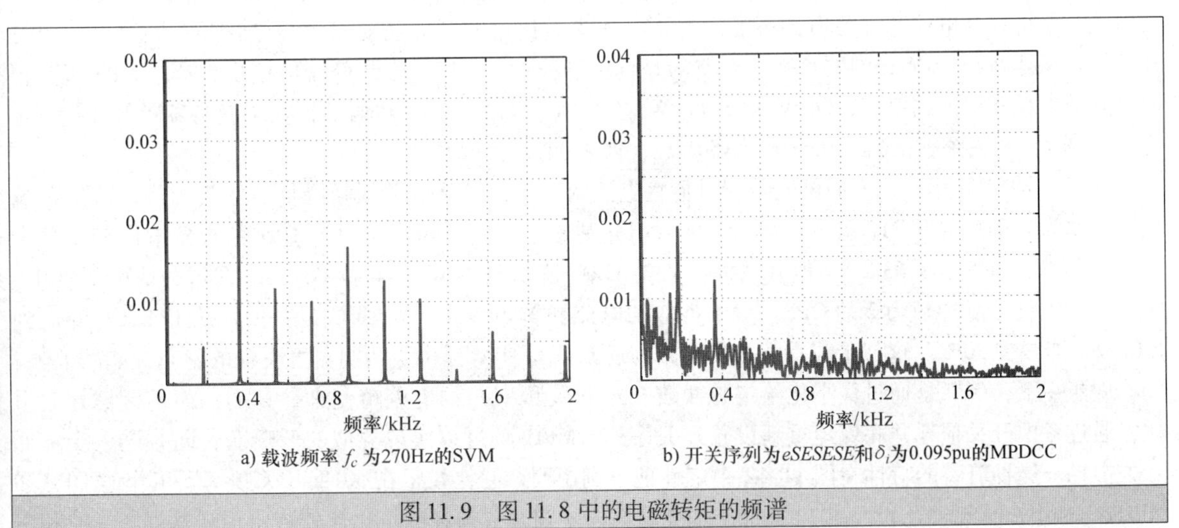

a) 载波频率 f_c 为270Hz的SVM

b) 开关序列为 $eSESESE$ 和 δ_i 为0.095pu的MPDCC

图 11.9　图 11.8 中的电磁转矩的频谱

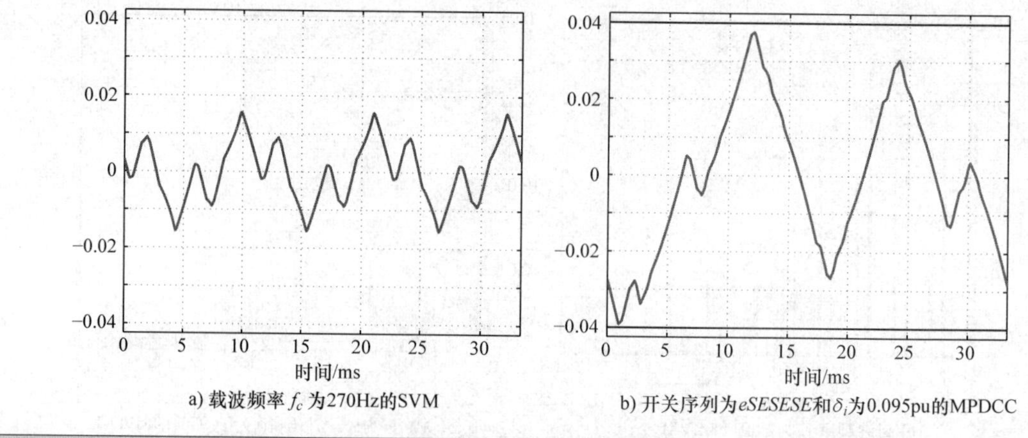

a) 载波频率 f_c 为270Hz的SVM

b) 开关序列为*eSESESE*和δ_i为0.095pu的MPDCC

图 11.10　与图 11.6 中的仿真相对应的中点电位

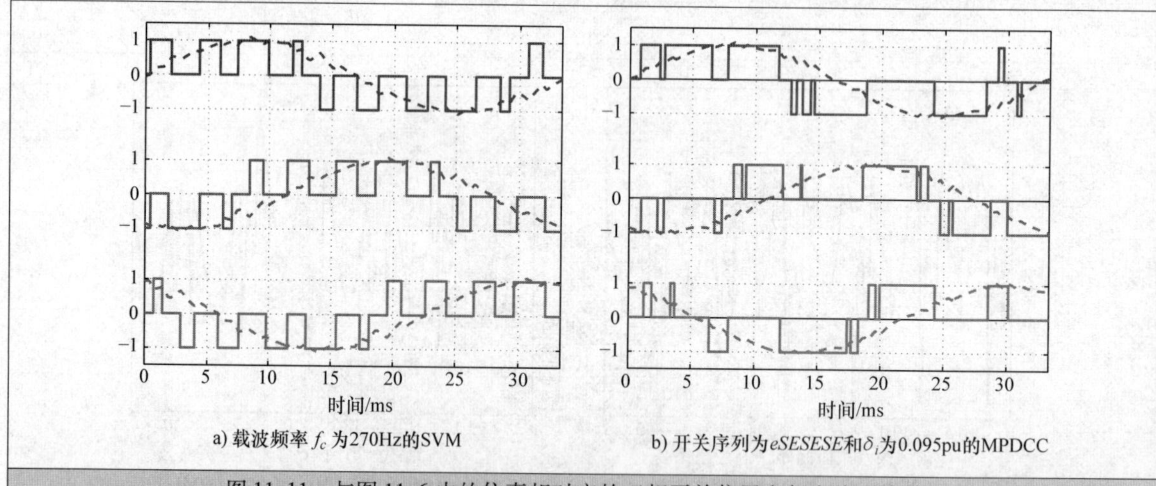

a) 载波频率 f_c 为270Hz的SVM

b) 开关序列为*eSESESE*和δ_i为0.095pu的MPDCC

图 11.11　与图 11.6 中的仿真相对应的三相开关位置和相电流（虚线）

对于相同的开关损耗，MPDCC 的电流畸变减少了 30%。然而，转矩畸变比 SVM 差 22%。因为 MPDCC 在目标函数中没有直接惩罚开关频率，所以 MPDCC 的开关频率也往往比 SVM 高。通过调整开关模式，使得在相电流和开关损耗小的情况下，相当大比例的开关跳变发生。尽管开关频率高，但是开关损耗保持在与 SVM 相同的水平。有趣的是，多步长的 MPDCC 几乎实现与脉冲数 d 为 5 的 OPP 相同的开关损耗和电流畸变（3. 04kW 比 3. 11kW，6. 09% 比 5. 51%）。然而，转矩畸变明显严重（4. 01% 比 2. 80%），开关频率稍高（166Hz 比 150Hz），如表 11. 1 所示。

或者，与 SVM 相比，人们可能希望以牺牲电流畸变为代价将开关损耗降低。作为示例，再次考虑载波频率为 270Hz 的 SVM，开关序列为 *eSE* 并且边界参数为 δ_i 为 0. 21pu 的 MPDCC 导致电流畸变高了 24%（10. 7% 而不是 8. 63%），但开关损耗从 3. 04kW 降低到 1kW，即减小 67%。在这种情况下，MPDCC 实际上优于脉冲数为 2 的 OPP。对于类似的电流和转矩畸变，MPDCC 开关损耗从 1. 42kW 降低到 1. 0kW，即减少 30%。这似乎与直觉相反，因为通常认为 OPP 提供了调制器可实现的稳态性能的上限。

回想一下，OPP 是通过最小化给定脉冲数（或开关频率）的电流畸变来计算的，而不考虑开关损耗。通过考虑开关损耗并相应地重新设置开关序列，MPDCC 可以实现类似的低畸变，同时进一步降低开关损耗。这种有益的特性在图 11. 12 中定性地举例说明，它比较了在 60Hz 开关频率下工作时 OPP 和 MPDCC 的开关模式。表 11. 3 提供了半个基波周期内 a 相开关损耗的量化比较。由于观察到的半波和三相对称性，三相系统的开关损耗之间的比率是相同的。

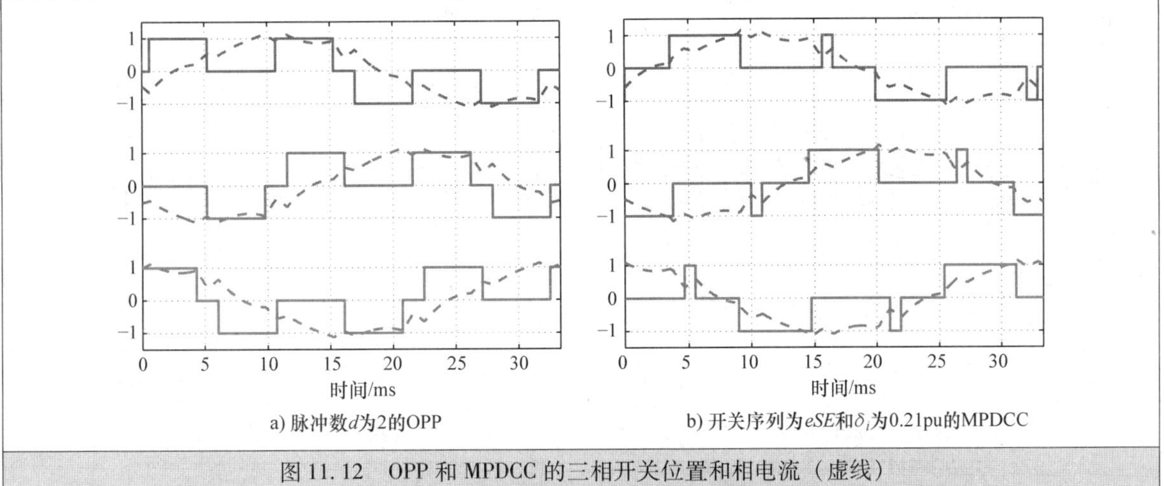

a) 脉冲数d为2的OPP　　b) 开关序列为eSE和δ_i为0.21pu的MPDCC

图 11.12　OPP 和 MPDCC 的三相开关位置和相电流（虚线）

注：两种方案都产生相同的 60Hz 开关频率和相似的畸变水平，但 MPDCC 将开关损耗降低了 30%。

表 11.3　由图 11.12 所示的 a 相开关模式的前四个开关跳变导致的开关损耗

数量	OPP 开关瞬态				MPDCC 开关瞬态			
i_{sa}(pu)	−0.65	0.55	0.93	0.93	0.14	1.15	0.33	0.60
e_{on}(J)			0.16		0.02		0.06	
e_{off}(J)	1.48	1.25		2.12		2.62		1.37
e_{rr}(J)			2.78		0.41		0.99	
$\sum e$(J)	7.79				5.47			

注：变量 e_{on}、e_{off}和 e_{rr}分别表示 GCT 导通、GCT 关断和二极管反向恢复损耗。MPDCC 的开关损耗比 OPP 的开关损耗低 30%。

当 MPDCC 在低脉冲数下运行时，它的好处尤其明显。对于 60Hz 的开关频率，与基于 90Hz 载波频率的 SVM 相比，MPDCC 将开关损耗降低 20%，电流 TDD 降低约 40%。然而，在更高的开关频率下，MPDCC 实现的性能提升不明显。在表 11.2 中可以看到，MPDCC 与基于载波频率为 720Hz 的 SVM 对比，开关序列为 *eSESESE* 的 MPDCC 可将相同开关损耗下的电流畸变减少 19%。但是，开关频率和转矩畸变都增加了大约 25%。

在高开关频率下，OPP 对 MPDCC 方法有一点小优势。在相同开关损耗下，与开关序列为 *eSESESE* 的 MPDCC 相比，OPP 将电流降低了 7%，转矩畸变降低了 11%，开关频率降低了 23%。

2. 动态性能

以下讨论了 MPDCC 对转矩参考的阶跃变化的动态响应。选择开关序列 *eSSE* 和电流边界参数 δ_i 等于 0.08pu。中点电位的边界保持在 $\delta_v=0.04$pu。在稳态运行期间，这些控制器设置导致开关损耗 P_{sw} 为 4.93kW，开关频率 f_{sw} 为 240Hz，电流的 TDDI_{TDD} 为 5.48%，这对于基于 IGCT 的中压变频器是很典型的。利用目标函数 $J_{bnd}=\boldsymbol{q}^T\in$ 中的第二项来惩罚有效值的输出违反，从而缩短转矩瞬变。通过将权重系数设置为 $\boldsymbol{q}=1000\times[1\quad 1\quad 1\quad 0]^T$，严重惩罚违反三相纹波电流的边界。

在速度为 60% 时，将施加幅值为 1pu 的转矩参考阶跃。如图 11.13 所示，实现了非常快的电流和转矩响应。在负转矩阶跃期间，有足够的电压裕量可供使用，并且 MPDCC 暂时反转施加的定子电压。因此，转矩响应小于 0.6ms。对于 $\boldsymbol{q}=\boldsymbol{0}_{4\times1}$，由于转矩响应持续时间为 1.3ms，会产生轻微的迟滞响应。在正向转矩阶跃时，电压裕度很小。瞬态响应时间为 1.4ms，因此比负转矩阶跃时间长 3 倍。将 $\boldsymbol{q}$ 设置为零对正向转矩阶跃的控制动作没有影响。

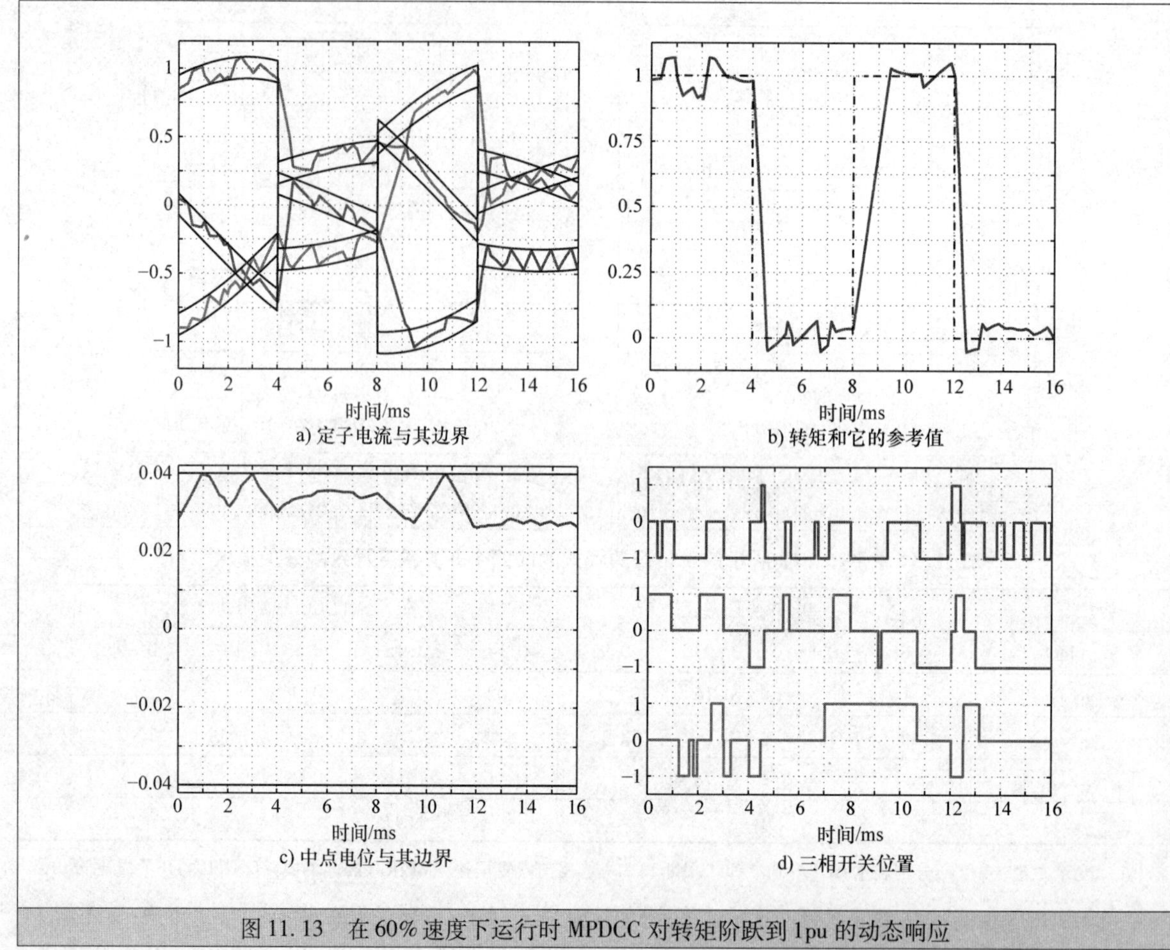

a) 定子电流与其边界

b) 转矩和它的参考值

c) 中点电位与其边界

d) 三相开关位置

图 11.13　在 60% 速度下运行时 MPDCC 对转矩阶跃到 1pu 的动态响应

这些结果表明 MPDCC 与无差拍和滞环控制方案一样快。从图 11.13d 可以看出，瞬态过程中的过度切换被避免了。注意，在本例中，中性点电位接近其上限，因此需要在 1ms、3ms 和 10.7ms 时修改共模电压的转换，以避免中点电位超出其上限。

11.1.8　整定 ★★★

现在研究边界宽度对定子纹波电流的影响。在 60% 速度和额定转矩下，运行开关序列为 *eSESE* 的 MPDCC 的闭环仿真，同时在 0.02 ~ 0.23pu 之间改变电流边界参数 δ_i。由此产生的电流和转矩 TDD 以及对应的开关频率和损耗如图 11.14 所示。这 4 个量用它们的最大值进行归一化并且以百分比表示。

边界宽度直接决定定子纹波电流的幅值。由于纹波的有效值与 TDD 之间的关系，人们会预期 δ_i 也会决定谐波电流畸变。事实确实如此，如图 11.14 所示。特别是，电流畸变在电流边界参数达到 0.2pu 时是线性变化。由于转矩是正交坐标系中定子电流与（正弦）转子磁链之间的叉积，所以转矩畸变也与 δ_i 成正比。然而，对于非常宽的边界，当接近六步运行时，边界宽度与谐波电流和转矩畸变之间的关系变为非线性。

如 3.5 节所述，在一些小假设下，CB－PWM 的电流畸变分别与开关频率和损耗的乘积 $I_{\mathrm{TDD}} \cdot f_{\mathrm{sw}}$ 和 $I_{\mathrm{TDD}} \cdot P_{\mathrm{sw}}$ 是不变的。这同样适用于转矩 TDD。事实上，人们会认为类似的陈述也适用于其他控制和调制方法，包括 MPDCC。事实确实如此，因为对图 11.14 所示数据的分析揭示了这一点。具体而言，开关损耗和开关频率是边界参数 δ_i 的双曲函数。也就是说，它们与 δ_i 成反比。

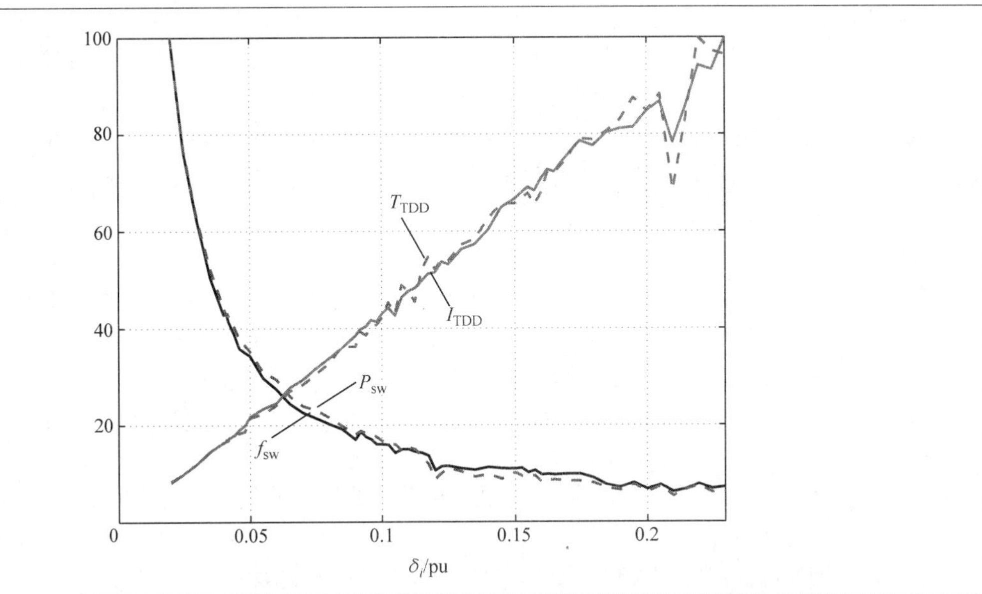

图 11.14 用边界参数 δ_i 调整 MPDCC。电流和转矩 TDD、开关损耗和开关频率以百分比给出，并且相对于它们的最大值在区间 $\delta_i \in [0.02, 0.23]$ pu 被归一化

得出结论：在 MPDCC 中，纹波电流边界的宽度是一个可调参数，它调整谐波畸变和开关切换之间的权重（开关频率或开关损耗）。这个可调参数相当于惩罚开关切换的 λ_u，它用于带有电流参考跟踪的直接 MPC 的目标函数（参见 4.1 节和 4.2 节以及第 5 章）。在 CB-PWM 中，这种权衡由载波频率和 OPP 中的脉冲数 d 来调整。

MPDCC 中使用了三个附加参数。对于给定的直流母线电压，MPDCC 选择中点电位的边界 $\pm\delta_v$ 使得 GCT 上的阻断电压的值被限制在安全运行区域内。采样间隔 T_s 应尽可能小，以消除限制开关切换到离散时刻的不利影响。对于几百赫兹的开关频率，采样间隔为 25μs 是合适的。开关序列应该尽可能长。为了限制长开关序列所带来的相当大的计算负担，MPDCC 可以用分支定界方法进行增强。这些技术在第 10 章用于 MPDTC，但它们也适用于 MPDCC。

11.2 模型预测直接功率控制

到目前为止，研究重点几乎完全在电机侧逆变器的变速驱动器（VSD）上，但是电网侧也同样重要。更具体地说是中压并网变换器在 VSD 中用作有源前端[8,9]将直流母线连入电网。图 1.1 所示是一个带有有源前端的 VSD。并网变换器的另一个重要应用是汇集电网中的可再生能源[10]。并网变换器也用于储能系统[10]和不间断电源[11]中，提高在公共连接点（PCC）的电能质量。

并网变换器的控制目标是通过控制变换器的有功功率令直流母线电压接近给定的参考值[12]。为了使功率因数为 1，通常将无功功率设为 0。应用最广泛的控制技术是电压定向控制（VOC）[13,14]，建立与 PCC 电压同步旋转的 dq 正交参考坐标系，将功率参考值转换为等效的 dq 坐标系下电流参考值。

为了控制有功功率和无功功率，在旋转坐标系中设计了两个电流控制回路。电流控制器令电压参考进入一个调节器，继而产生开关信号。VOC 可以理解为等效于 FOC 的网侧。在 FOC 中，两个控制量——电磁转矩和磁链幅值被其相对应的电流分量间接地控制。关于 FOC 的总结，可参考 3.6.2 节。

另一种可供替代的并网变换器控制方法是 DPC，它的网侧等效于 DTC。DPC 通过对分量施加滞环限制来直接控制瞬时有功功率和无功功率，利用查表来选择合适的变换器开关位置。参考文献［15］中提出了两电平变换器的 DPC 控制方法。不同于 PCC 通过测量得到电压，后者用等效电网电感重构出变换器电流的导数和开关变换器电压。

DPC 的概念可以用虚拟磁链矢量的概念来延伸[16]。由于电流导数不再需要通过估计有功和无功功率分量来得到，噪声对估计功率的影响可以被降低。基于虚拟磁链矢量的 DPC，称为 VF - DPC，它是在参考文献［17］中被提出来的。而参考文献［18］大约在十年前就提出了一种相关的控制方法，不同于直接控制有功和无功功率，这些量在参考文献［18］中是基于虚拟变换器磁链矢量和虚拟电网磁链矢量间的夹角和幅值关系间接控制的。

通过对中点电位施加滞环边界并利用与共模分量相关的电压矢量，VF - DPC 可以被拓展到三电平 NPC 变换器中[19]。类似地，对于五电平有源 NPC 变换器，相间电容电压可以通过对其施加滞环边界和拓展 VF - DPC 方法来使其接近它们的标称值[20]。为了处理通过中间级 LC 滤波器与电网相连的变换器，VF - DPC 方法需要通过主动阻尼机制来增强，如参考文献［21］所述。

与 DTC 相似，DPC 在瞬态和动态运行时性能卓越，但是 DPC 的开关频率是可变的，并且谐波频谱是不确定的。为了得到恒定的开关频率和确定的谐波频谱，需要在 DPC 中加入一个调节器。为此，参考文献［22］用 PI 控制器和空间矢量调节器（SVM）的查表替代了滞环控制器。下一步中 PI 控制器可以被无差拍控制器替代[23]。

近年来预测控制方法的提出扩展了 DPC 的概念，在参考文献［24］中，通过以有功及无功功率预测方均根纹波最小为目的来控制给定的电压矢量序列的开关瞬态，不需要使用调节器便可以得到恒定的开关频率。参考文献［25］提出一步预测控制器，将有功和无功功率分量与参考值间的预测偏差引入一个代价函数中，选择可以令代价函数最小的开关位置。

正如 DTC 的控制概念可以转换成 DPC 一样，适用于并网变换器的 MPDTC 也可转换成 MPDPC。MPDPC 可以理解为 DPC 的一种扩展，其中 DPC 中的滞环控制器和查表被 MPDPC 中的在线优化模块替代，其中有功及无功功率分量的滞环边界与 DPC 一样。与其他预测 DPC 方法不同，MPDPC 适用于长的预测步长，这得益于开关模式的概念和扩展机制（见 7.4.3 节和 7.5 节）。这既有利于降低半导体器件的谐波电流畸变也减少了开关损耗，同时保持了 DPC 卓越的动态性能。

11.2.1 案例研究 ★★★

作为案例研究，在本章第二部分研究了一个线电压为 3.3kV 的 9MVA 的 NPC 变换器，如图 2.28 所示。该并网变换器通过变压器连接到 PCC，电阻、电抗和 PCC 电压源构成了电网分配和传输系统模型。将这些数值转换到变压器的二次侧，并根据表 2.14 中的额定值对其进行标幺化。变压器、PCC 和电网可以用等效电阻 $R=0.015\text{pu}$、电抗 $X=0.15\text{pu}$ 和幅值为 1pu 的三相电网电压 $\boldsymbol{v}_{g,abc}=[v_{ga}\quad v_{gb}\quad v_{gc}]^T$ 来表示。

图 11.15 所示为变换器系统 M 这个等效表示，为了读者的方便，因此重复了图 2.29。

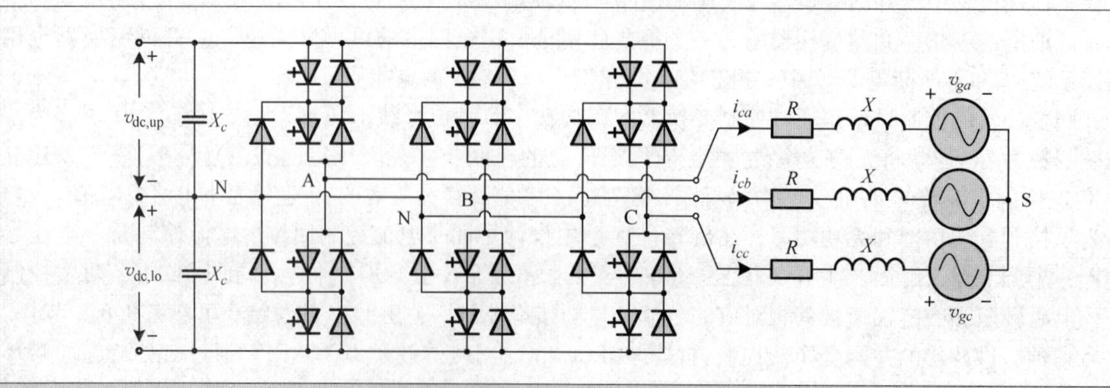

图 11.15 带简化电网的并网 NPC 变换器系统

我们定义三相变换器电流为 $i_{c,abc}=[i_{ca}\quad i_{cb}\quad i_{cc}]^T$。$v_{dc,up}$ 和 $v_{dc,lo}$ 分别表示上下直流母线电容电压。瞬时直流母线电压是由 $v_{dc}=v_{dc,up}+v_{dc,lo}$ 得到的，V_{dc} 表示额定直流母线电压。

三相开关位置 $\boldsymbol{u}_{abc}=[u_a\quad u_b\quad u_c]^T$ 被限制在 $\{-1,0,1\}^3$ 中。与式（11.1）类似，静止坐标系中的变换器电压是

$$\boldsymbol{v}_c=\frac{1}{2}v_{dc}\widetilde{\boldsymbol{K}}\boldsymbol{u}_{abc} \tag{11.30}$$

式中，$\boldsymbol{v}_c=[v_{c\alpha}\quad v_{c\beta}]^T$。$\widetilde{\boldsymbol{K}}$ 是简化的 Clarke 变换矩阵（见式（2.13））。由此可以推导出中点电位 $v_n=\frac{1}{2}(v_{dc,lo}-v_{dc,up})$ 的微分方程为

$$\frac{\mathrm{d}v_n}{\mathrm{d}t}=\frac{1}{2X_c}|\boldsymbol{u}_{abc}|^T\boldsymbol{i}_{c,abc} \tag{11.31}$$

式中，$|\boldsymbol{u}_{abc}|$ 表示三相开关位置分量的绝对值。其余的 NPC 变换器相关的变量和参数的定义可以参考 11.1.1 节和 2.4.1 节。本案例研究的参数汇总见表 2.15。

变换器 a 相电压 v_{ca} 是 A 点和中点 N 之间的电压，而 v_0 是电网电压星点 S 和 N 点之间的电压。在标幺系统中，变换器 a 相电流的连续时间微分方程是

$$v_{ca}=Ri_{ca}+X\frac{\mathrm{d}i_{ca}}{\mathrm{d}t}+v_{ga}+v_0 \tag{11.32}$$

相应地可以得到 b 相和 c 相的微分方程。通过定义 $\boldsymbol{v}_{c,abc}=[v_{ca}\quad v_{cb}\quad v_{cc}]^T$ 和 $\boldsymbol{v}_0=[v_0\quad v_0\quad v_0]^T$，可以用矩阵表示出这三个微分方程

$$\frac{\mathrm{d}\boldsymbol{i}_{c,abc}}{\mathrm{d}t}=-\frac{R}{X}\boldsymbol{i}_{c,abc}-\frac{1}{X}\boldsymbol{v}_{g,abc}+\frac{1}{X}\boldsymbol{v}_{c,abc}-\frac{1}{X}\boldsymbol{v}_0 \tag{11.33}$$

通过用简化的 Clarke 变换矩阵 $\widetilde{\boldsymbol{K}}$（见式（2.11））左乘式（11.33）可以得到静止坐标系中的微分方程为

$$\frac{\mathrm{d}\boldsymbol{i}_c}{\mathrm{d}t}=-\frac{R}{X}\boldsymbol{i}_c-\frac{1}{X}\boldsymbol{v}_g+\frac{1}{X}\boldsymbol{v}_c \tag{11.34}$$

为此，引入了 $\boldsymbol{i}_c=[i_{c\alpha}\quad i_{c\beta}]^T$ 和 $\boldsymbol{v}_g=[v_{g\alpha}\quad v_{g\beta}]^T$。因为 $\widetilde{\boldsymbol{K}}\boldsymbol{v}_0=[0\quad 0]^T$，所以 Clarke 变换可以从式（11.34）中等式右边移除星点电压 v_0。在没有故障的情况下，变换器电流始终保持 $i_{ca}+i_{cb}+i_{cc}=0$。零序电流为 0 时，式（11.34）充分表现了变换器电流的动态特性。

假设每相电网电压电压幅值是 1pu 并且每相间互差 120°。那么可以推出在静止参考坐标系中的电网电压的微分方程为

$$\frac{\mathrm{d}\boldsymbol{v}_g}{\mathrm{d}t}=\boldsymbol{F}_r\boldsymbol{v}_g,\boldsymbol{F}_r=\omega_g\begin{bmatrix}0 & -1\\ 1 & 0\end{bmatrix} \tag{11.35}$$

式中，$\omega_g=2\pi f_g$ 为电网角频率。

11.2.2 控制问题 ★★★

为了准确地表示控制问题，需要对瞬时有功和无功功率（而不是平均功率）进行定义。从三相电网电压和变换器电流入手，瞬时有功和无功功率详见附录 11.B。这些功率分量都定义在静止正交参考坐标系和标幺化系统下。

$$P=v_{g\alpha}i_{c\alpha}+v_{g\beta}i_{c\beta} \tag{11.36a}$$

$$Q=v_{g\alpha}i_{c\beta}-v_{g\beta}i_{c\alpha} \tag{11.36b}$$

由参考文献［26］可知，有功功率对应于与电压同相的电流分量。与无功功率相关的电流分量与电压正交（或相差 90°）。无功功率存在不同的符号约定。根据式（11.36b）中的定义，正无功功率与容性负载有关，该负载电流产生电压。另外，负无功功率与感性负载和滞后电流相对应。想要全面回

顾瞬时有功和无功功率的概念，详见参考文献［27，附录 B］和其引用的文献。

严格来说，有功和无功功率应该被 PCC 控制。在简化表示的图 11.15 中，变压器和电网被等效电抗 X 和电阻 R 替代了，从而省略了 PCC。因此在定义并控制电网电压源的功率。

MPDPC 的主要控制目标与 DPC 一致，就是将有功功率和无功功率维持在一个对称边界内。这些边界根据它们各自的参考量 P^* 和 Q^* 确定。有功功率参考由控制外环设定，通过控制其参考值使其直流母线电压接近其标称值。无功功率参考通常设为 0 以实现单位功率因数运行。此外，中点电位上施加了关于零对称的界限。

MPDPC 选择三相开关位置以使得有功功率、无功功率和中点电位这三个输出变量在它们各自的限制范围内。MPDPC 还同时从开关频率和开关损耗两方面最小化了开关动作。

11.2.3 控制器模型 ★★★

控制器模型捕捉电流动态、电网电压的变化和中点电位动态，由此选择状态矢量

$$\boldsymbol{x} = [i_{c\alpha} \quad i_{c\beta} \quad v_{g\alpha} \quad v_{g\beta} \quad v_n]^T \tag{11.37}$$

变换器电流、电网电压以及中点电位均表示在直角坐标系中。输入矢量是三相开关位置

$$\boldsymbol{u} = \boldsymbol{u}_{abc} = [u_a \quad u_b \quad u_c]^T \in \{-1,0,1\}^3 \tag{11.38}$$

输出矢量是

$$\boldsymbol{y} = [P \quad Q \quad v_n]^T \tag{11.39}$$

它包括（瞬时）有功功率、无功功率和中点电位。

并网变换器的连续时间状态空间可以表示为

$$\frac{\mathrm{d}\boldsymbol{x}(t)}{\mathrm{d}t} = \boldsymbol{F}(\boldsymbol{u}(t))\boldsymbol{x}(t) + \boldsymbol{G}\boldsymbol{u}(t) \tag{11.40a}$$

$$\boldsymbol{y}(t) = \boldsymbol{h}(\boldsymbol{x}(t)) \tag{11.40b}$$

系统中的输入矩阵为

$$\boldsymbol{F}(\boldsymbol{u}) = \begin{bmatrix} \boldsymbol{F}_g & \boldsymbol{0}_{4\times1} \\ \boldsymbol{f}_c(\boldsymbol{u}) & 0 \end{bmatrix}, \boldsymbol{G} = \begin{bmatrix} \boldsymbol{G}_g \\ \boldsymbol{0}_{1\times3} \end{bmatrix} \tag{11.41}$$

矩阵 $\boldsymbol{F}_g$ 和 $\boldsymbol{G}_g$ 的推导以及输入相关行向量 $\boldsymbol{f}_c(\boldsymbol{u})$ 和状态相关输出函数 $\boldsymbol{h}(\boldsymbol{x})$ 见附录 11.C。

离散时间模型的推导与 7.2.3 节中 MPDTC 以及 11.1.4 节中 MPDCC 的推导方式一样。变换器电流和电网电压采用了精确的欧拉离散法，而中点电位则用了前向欧拉法。得到的式（11.40）的离散时间表达式为

$$\boldsymbol{x}(k+1) = \boldsymbol{A}(\boldsymbol{u}(k))\boldsymbol{x}(k) + \boldsymbol{B}\boldsymbol{u}(k) \tag{11.42a}$$

$$\boldsymbol{y}(k) = \boldsymbol{h}(\boldsymbol{x}(k)) \tag{11.42b}$$

式中矩阵

$$\boldsymbol{A}(\boldsymbol{u}) = \begin{bmatrix} \boldsymbol{A}_g & \boldsymbol{0}_{4\times1} \\ \boldsymbol{f}_c(\boldsymbol{u})T_s & 1 \end{bmatrix}, \boldsymbol{B} = \begin{bmatrix} \boldsymbol{B}_g \\ \boldsymbol{0}_{1\times3} \end{bmatrix} \tag{11.43}$$

采样间隔为 T_s，子矩阵为

$$\boldsymbol{A}_g = e^{\boldsymbol{F}_g T_s}, \boldsymbol{B}_g = -\boldsymbol{F}_g^{-1}(\boldsymbol{I}_4 - \boldsymbol{A}_g)\boldsymbol{G}_g \tag{11.44}$$

11.2.4 控制问题的描述 ★★★

代价函数根据控制模型的预测和条件约束令开关动作最小化。由此产生的 MPDPC 优化问题与式（7.26）中的 MPDTC 相同。但是，为了完整性，接下来会说明 MPDPC 优化问题。

$$\boldsymbol{U}_{\mathrm{opt}}(k) = \arg \underset{\boldsymbol{U}(k)}{\operatorname{minimize}} J \tag{11.45a}$$

$$\text{服从于 } \boldsymbol{x}(\ell+1) = \boldsymbol{A}(\boldsymbol{u}(\ell))\boldsymbol{x}(\ell) + \boldsymbol{B}\boldsymbol{u}(\ell) \tag{11.45b}$$

$$\boldsymbol{y}(\ell+1)=\boldsymbol{h}(\boldsymbol{x}(\ell+1)) \tag{11.45c}$$

$$\begin{cases}\varepsilon_j(\ell+1)=0,\text{若 }\varepsilon_j(\ell)=0\\ \varepsilon_j(\ell+1)<\varepsilon_j(\ell),\text{若 }\varepsilon_j(\ell)>0\end{cases} \tag{11.45d}$$

$$\boldsymbol{u}(\ell)\in\boldsymbol{U},\ \|\Delta\boldsymbol{u}(\ell)\|_\infty\leqslant 1 \tag{11.45e}$$

$$\forall\ell=k,\cdots,k+N_p-1,\ \forall j=1,2,3 \tag{11.45f}$$

式（11.42）给出了离散时间控制器模型，式（11.45d）的约束条件限定了三个输出变量的上限和下限，这些边界是关于参考值对称的。对于 MPDPC，参考值在预测范围内可以假定为恒定的。超出约束范围的矢量定义为

$$\varepsilon=[\varepsilon_P\quad\varepsilon_Q\quad\varepsilon_v]^T \tag{11.46}$$

用$j\in\{1,\ 2,\ 3\}$来表示ε的第j个分量，这些分量是非负的，以两倍边界宽度为基准归一化。例如，用下式来定义有功功率超出约束范围的程度。

$$\varepsilon_P(\ell)=\frac{1}{2\delta_P}\begin{cases}|P^*(k)-P(\ell)|-\delta_P, & \text{若}|P^*(k)-P(\ell)|>\delta_P\\ 0, & \text{其他}\end{cases} \tag{11.47}$$

式中，$\delta_P>0$表示上限（或下限）与参考值之间的差。无功功率和中点电位的超出约束范围的程度分别用边界宽度参数$\delta_Q>0$和$\delta_v>0$来定义。

对于 MPDTC 和 MPDCC 来说，代价函数为

$$J=J_{sw}+J_{bnd}+J_t \tag{11.48}$$

MPDPC 的代价函数包括三项，J_{sw}代表开关动作，它既包括短期的开关频率，也包括开关损耗。第二项定义为$J_{bnd}=\boldsymbol{q}^T\boldsymbol{\epsilon}$。

式中

$$\boldsymbol{\epsilon}=[\boldsymbol{\epsilon}_P\quad\boldsymbol{\epsilon}_Q\quad\boldsymbol{\epsilon}_v]^T \tag{11.49}$$

它的三个分量表示有功功率、无功功率和中点电位超出边界的方均根。它们的定义类似于式（7.35）。第三项J_t是为了减少出现死锁的可能性（参见 9.4 节）。

本节通过定义变量和 MPDPC 特有的参数介绍了 MPDPC 优化问题。为了更全面地表述 MPDPC 优化问题及其基本原理，可以参考 7.3 节中的 MPDTC 的控制问题。

为了解决这个优化问题，使 MPDTC 算法可以直接应用于电网侧。MPDTC 和 MPDPC 算法建立在静止直角参考坐标系下，输出变量中的参考量和边界在预测范围内不变。与 MPDCC 相比，该算法进行了简化，前者的电流边界是随时间变化的。关于 MPDTC 算法的详细描述见 7.4 节，包括命名原则和开关模式的概念以及搜索树和完整枚举。

11.2.5 性能评估 ★★★

下面提供了一个简单的针对图 11.15 中的 NPC 型并网变换器的 MPDPC 控制方法的性能评估。这个 9MVA 的变换器具有浮动的中点电位，标称直流母线电压$V_{dc}=5.2\text{kV}$，它与一个线电压有效值为 3.3kV 的降压变压器二次侧相连。变压器和电网的电抗指的是变压器的二次侧，其总和等于$X=0.15\text{pu}$，电网频率$f_g=50\text{Hz}$，标幺系统和本研究的参数分别见表 2.14 和表 2.15。

关于 MPDPC 控制器的设置，选择可以令代价函数中开关损耗最小的值。暂态中方均根边界的惩罚设为$\boldsymbol{q}=1000\cdot[1\quad 1\quad 0]^T$。在稳定运行时，$\boldsymbol{q}$设为 0。在本章最后给有功功率和无功功率相等的带宽，即$\delta_P=\delta_Q$。中点电位带宽参数设为$\delta_v=0.03\text{pu}$，采样间隔为$T_s=25\mu\text{s}$。

1. 稳态运行

稳态运行时，比较了 MPDPC 与 SVM 的开关损耗、开关频率和电流畸变。对于 SVM，将等效载波频率给定为$f_c=750\text{Hz}$，这会导致每个半导体器件的频率为 400Hz。从表 11.4 可以看出，SVM 的变换器

开关损耗量为27kW，电流 TDD 为7.79%。MPDPC 采用短步长开关模式 *eSE*，$\delta_P=\delta_Q=0.1\text{pu}$，电流畸变率与 SVM 相似，但是开关损耗可以降到24.2kW，如表11.5所示，减少了10%。但开关频率略有提高。

表11.4 MPDPC 与使用绝对值的 SVM 的开关损耗 P_{sw}、开关频率 f_{sw} 和电流 TDDI_{TDD} 的比较

控制方案	控制参数	开关序列	平均预测步长	P_{sw}/kW	f_{sw}/Hz	I_{TDD}（%）
SVM	$f_c=750\text{Hz}$	—	—	27.0	400	7.79
MPDPC	$\delta_P=\delta_Q=0.10\text{pu}$	*eSE*	11.2	24.2	422	7.81
MPDPC	$\delta_P=\delta_Q=0.10\text{pu}$	*eSESE*	25.4	22.9	368	7.46
MPDPC	$\delta_P=\delta_Q=0.083\text{pu}$	*eSESE*	21.3	27.3	447	6.27

注：工作点处于标称有功功率和零无功功率。

表11.5 MPDPC 与使用相对值的 SVM 性能标准的比较

控制方案	控制参数	开关序列	平均预测步长	P_{sw}（%）	f_{sw}（%）	I_{TDD}（%）
SVM	$f_c=750\text{Hz}$	—	—	100	100	100
MPDPC	$\delta_P=\delta_Q=0.10\text{pu}$	*eSE*	11.2	89.6	106	100
MPDPC	$\delta_P=\delta_Q=0.10\text{pu}$	*eSESE*	25.4	84.8	92.0	95.8
MPDPC	$\delta_P=\delta_Q=0.083\text{pu}$	*eSESE*	21.3	101	112	80.5

注：用 SVM 作为基准线，得到与表11.4相同的结果。

长步长开关模式如 *eSESE*，进一步提高了 MPDPC 的稳态性能。与 SVM 相比，开关损耗和开关频率各降低了15%和8%，而电流畸变率减小了4%（见表11.5）。通过收紧边界，MPDPC 开关损耗的减少可以进一步转化为电流畸变率的减小。例如，对于边界 $\delta_P=\delta_Q=0.083\text{pu}$，开关损耗与 SVM 结果相同，但电流 TDD 减小了近20%，器件开关频率比 SVM 高12%。

图11.16~图11.20 比较了一个基波周期内的 SVM 和 MPDPC 的稳态波形。SVM 和 MPDPC 的设置见表11.4中的第一行和最后一行。两种控制和调制方法都在27kW 的相同的变换器开关损耗下运行。该瞬时有功和无功功率波形如图11.16所示。与 SVM 相比，MPDPC 降低了11%的有功功率波动和41%的无功功率波动。从图11.17可以看出，有功和无功功率纹波的减少也令电流纹波有轻微的减少。这两种方法的电流频谱有很大差异（见图11.18）。我们都知道 SVM 产生的离散谐波含量仅限于基波和载波的整数倍。相比之下，类似 MPDPC 的 MPDTC 和 MPDCC 可以产生几乎没有明显谐波的平坦的谐波频谱。由图11.19可以看出，这两种方法的中点电位都平衡在零附近。由于 MPDPC 选择的边界相对较宽，MPDPC 的波动比 SVM 更大一些。

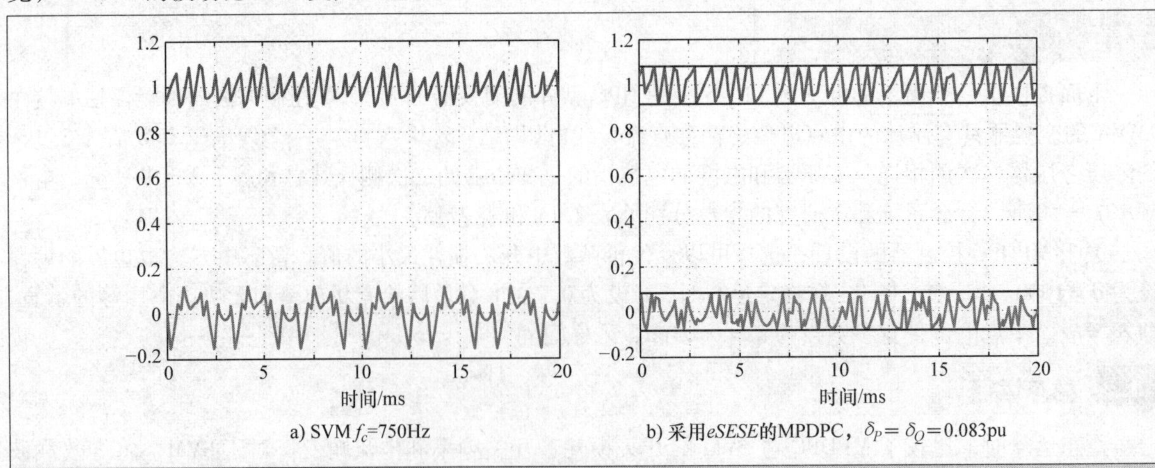

图11.16 SVM 和 MPDPC 的瞬时有功功率和无功功率，有功功率为标称，无功功率为0。两种方法开关损耗相同

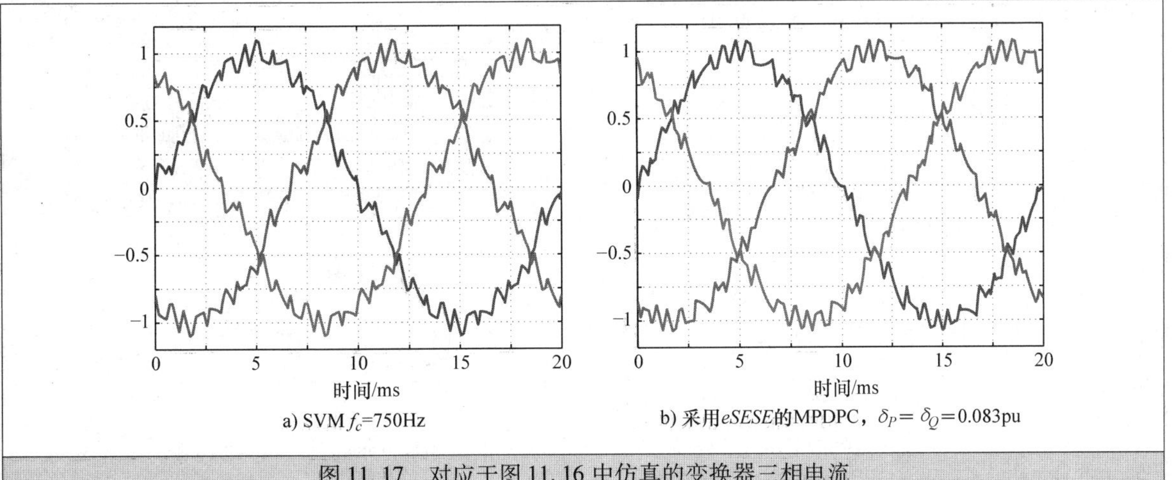

图 11.17　对应于图 11.16 中仿真的变换器三相电流

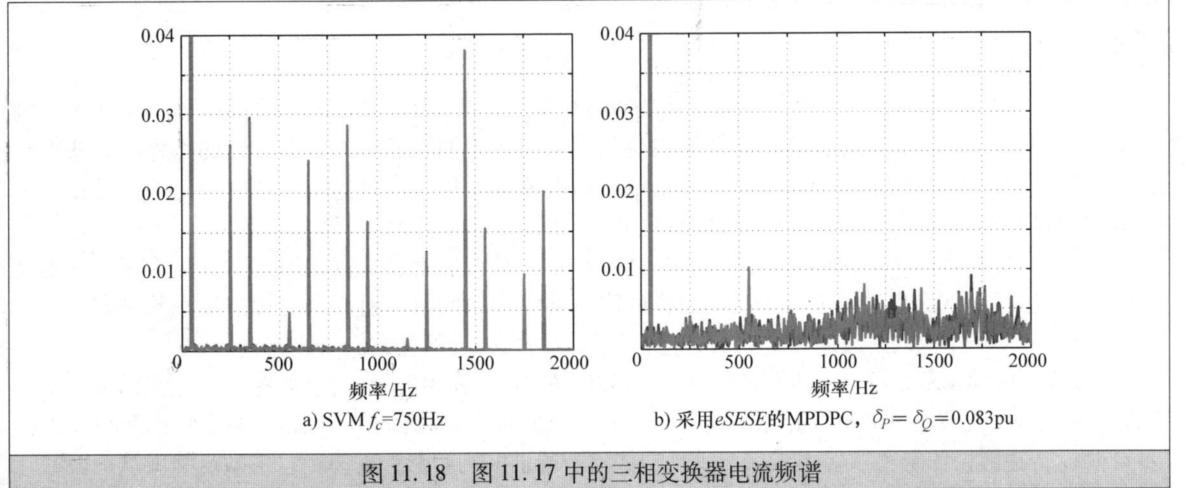

图 11.18　图 11.17 中的三相变换器电流频谱

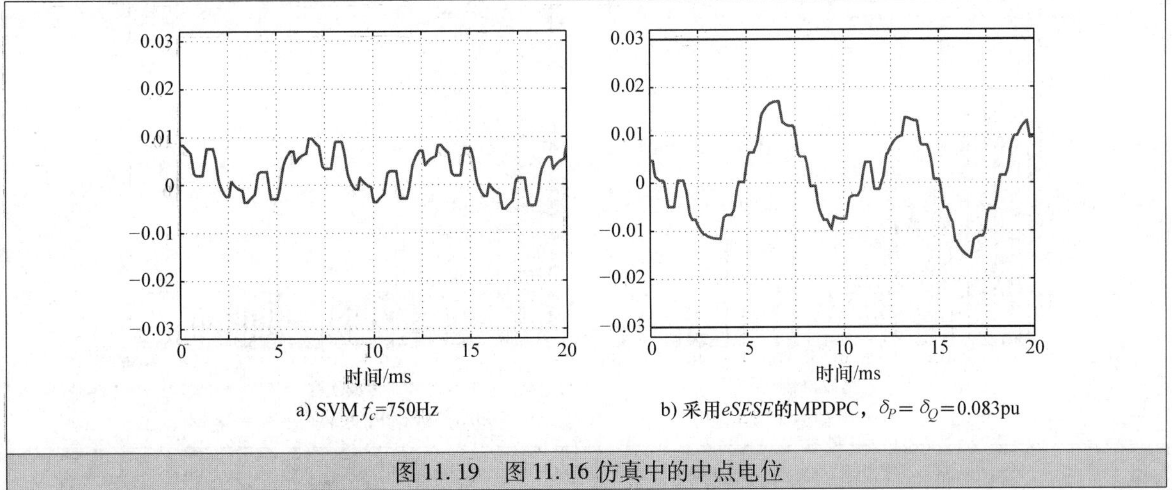

图 11.19　图 11.16 仿真中的中点电位

图 11.20 实线表示三相开关位置，虚线表示相应的电流相位。由于 SVM 的调制周期是固定长度的，其开关切换在基本周期内是均匀分布的，不考虑开关损耗。但是在 MPDPC 中，开关损耗也被考虑在内并被最小化。结果如图 11.20b 所示，MPDPC 将大部分的开关动作由大相电流时刻转移到了小相电流时刻。虽然 MPDPC 的开关频率比 SVM 高 10%，但它们的开关损耗是相同的。多出来的开关切换用于减

小有功功率和无功功率的纹波，从而减小了电流 TDD。

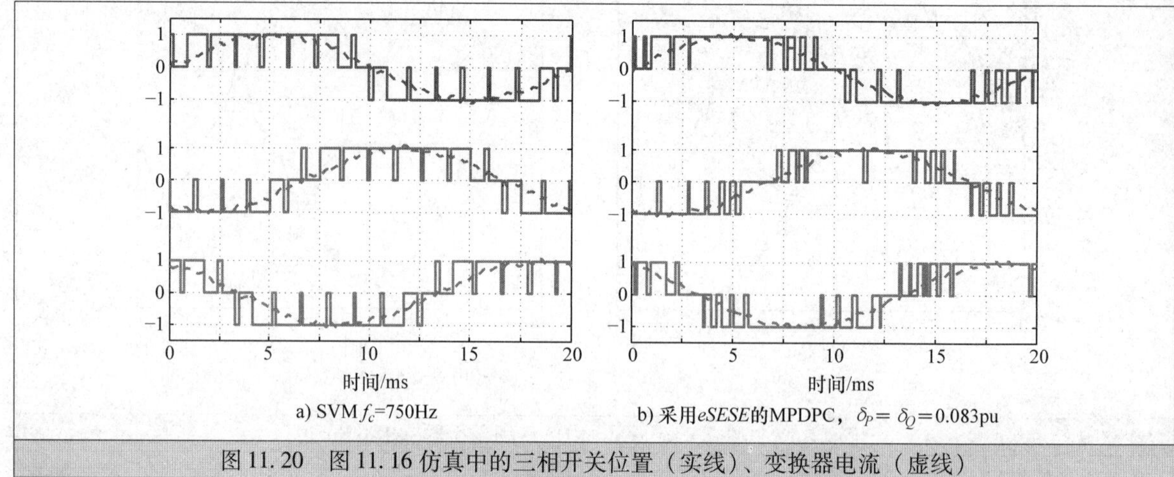

图 11.20 图 11.16 仿真中的三相开关位置（实线）、变换器电流（虚线）

2. 并网标准

表 11.4 和表 11.5 表明 MPDPC 可能比 SVM 更有优势，因为它既降低了开关损耗，也降低了电流畸变率，而后者对于并网变换器的重要性是第二位的。相反，正如在 3.1.2 节中总结的那样，这些变换器必须符合 PCC 的电网标准，这些电网标准给单独的电流和电压谐波规定了上限。通常电流谐波的电网标准是 IEEE 519 标准[28]，而电压谐波则采用 IEC 61000-2-4 标准[29]。

IEEE 519 标准规定了电流谐波的限制为短路比 k_{sc} 的函数。后者在式（2.98）中作了定义，在本案例研究中，它等于 20。整数次电流谐波相对应的限制如图 3.1 所示。前面提到过谐波次数是谐波与基波的频率比值，非整数次谐波通过等效的方均根值划归为最临近的整数次谐波。

通过应用这种技术，可以确定载波频率 $f_c = 750$Hz 的 SVM 和 MPDPC 的等效整数次电流谐波。对于后者，将开关模式改为 *eSESE*，界限改为 $\delta_P = \delta_Q = 0.083$pu 再次测试该方法。得到的电流谐波如图 11.21 所示，边界由浅灰色柱状条表示，满足这些限制的谐波用暗灰色条表示，不满足的用黑条表示。

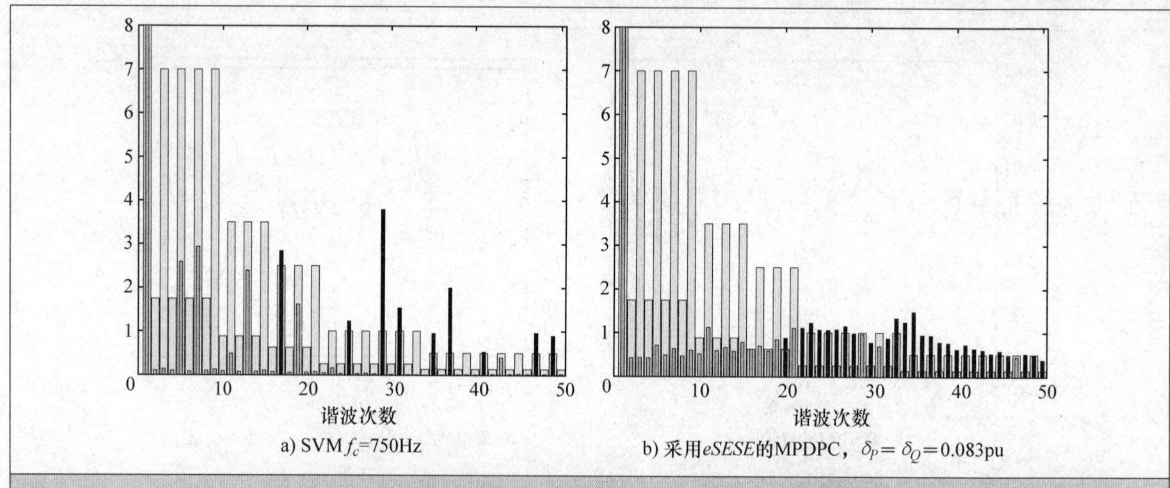

图 11.21 图 11.16 仿真对应的 PCC 电流谐波（%）电网标准限制由浅灰色条表示，满足限制标准的电流谐波由深灰色条表示，谐波超标的用黑色条表示

SVM 第一个超出标准的谐波是第 17 次谐波，这是载波频率的上边带。而 MPDPC 第一个超出标准的谐波是第 20 次谐波。尽管 SVM 在第 29 次和第 37 次谐波分别超过限制因子 3.8 和 4，但 MPDPC 超出的更多。因为平均电流谐波的限制特别严格，第 22 次和第 34 次电流谐波分别超出电流限制因子 4.4 和

10。为了满足电网标准，两种方案都需要在变换器和变压器之间加一个 *LC* 滤波器。

PCC 上的电压谐波是通过将图 11.15 所示的集总模型中的电阻和电抗根据图 2.28 分配到 PCC 的两边计算得到的。电压谐波的限制执行 IEC 61000-2-4 标准。假设在一个 2 类环境中重复图 3.2，这些限制如图 11.22 中浅灰色条所示。电压高次谐波在基波的三倍奇次频处尤其严格。事实上，MPDPC 在第 33 次谐波处超出了限制值 11 倍。与此不同的是，f_c = 750Hz 的 SVM 只产生非三倍频和奇数次的谐波。最严重的超过限制的情况发生在第 29 次谐波上，尽管 SVM 第 29 次电压谐波较大，但 MPDPC 在低频段超出的更多，这意味着 MPDPC 将需要截止频率更低的 *LC* 滤波器和比 SVM 更大的滤波组件。

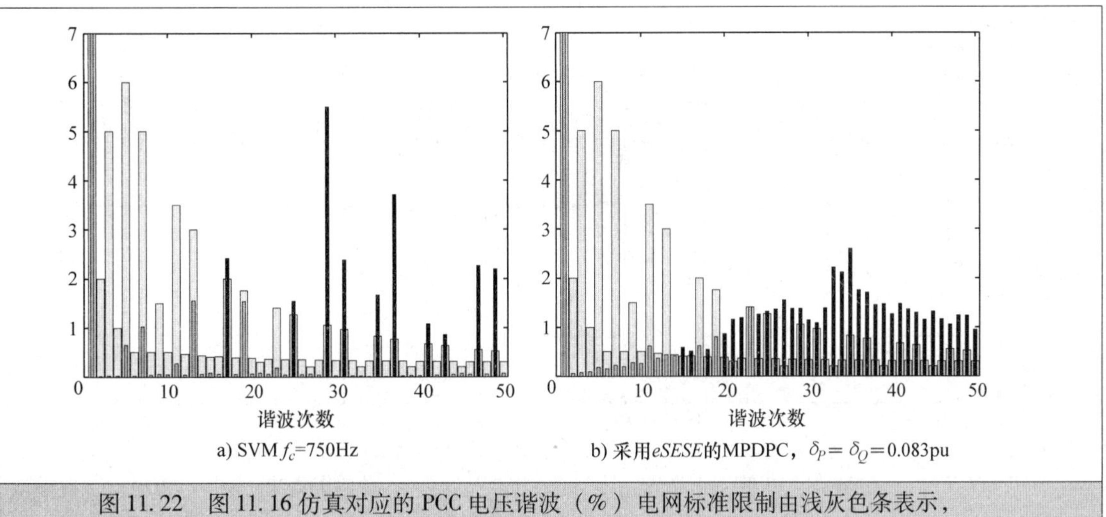

图 11.22　图 11.16 仿真对应的 PCC 电压谐波（%）电网标准限制由浅灰色条表示，满足限制标准的电压谐波由深灰色条表示，谐波超标的用黑色条表示

由以上分析可知，要满足电网谐波的标准是非常困难的。PCC 的电压谐波的幅值由注入的电压谐波幅值和变压器与电网阻抗之比决定的。的确，这两个阻抗形成了与频率无关的分压器，因此高频电压谐波不会被衰减。另外，因为变换器和电网电压之间的阻抗随频率线性增加，高频电流谐波被大大衰减。

由于它们有明显的差异，两种控制和调制方法都不能很好地利用电网标准进行谐波抑制。在 20 次谐波以下的低频区域，这两种方法均注入少量的谐波功率并且集中在高频区域。这样的控制策略更适用于当控制目标是最小化整体电流畸变，也就是电流 TDD 时。为了避免超出电流谐波限制幅值，谐波功率应该更合理地分布，也就是让一部分谐波含量向低频移动。这对于满足电网电压标准尤其重要，即电网标准以不成比例的严格方式限制高频谐波。

3. 暂态运行

假设并网变换器在一个 VSD 系统中作为一个有源整流器单元。根据图 11.15 中变换器电流的符号，电机处于发电模式时，有功功率代表从直流侧流入电网的功率。另外，在电动状态下，功率流向和有功功率符号是相反的。为了探究 MPDPC 的动态性能，每 4ms 将一个幅值为 1pu 的阶跃作用于参考瞬时有功功率。电机最初是以电动机方式运行的，第一个功率阶跃是由 -1pu 到 0。选择开关模式 *eSESE*，惩罚矩阵为 $\boldsymbol{q}=1000\cdot[1\quad 1\quad 0]^T$。

得到的有功和无功功率波形、三相变换器电流和开关位置的波形如图 11.23 所示。从 -1pu 到 0 的正向阶跃的平均稳定时间为 2.2ms。为了阻止电流流入变换器，变换器的电压需要匹配或超过电网电压。由于只有很少的电压裕度可以实现这一点，变换器的动态响应相对较慢。另外，当有功功率由 0 向下阶跃到 -1pu，有充足的电压裕度可用。事实上，通过倒置变换器的电压，可以实现非常快的瞬态响应，平均稳定时间很短，只有 0.5ms。开关频率保持在 425Hz 很低的状态下，这表示瞬态不会增加开关频率。

MPDPC 实现了对有功和无功功率的解耦控制并在有功瞬变（见图 11. 23b）的情况下仍保持了无功功率在设定的零点附近。这确保了变换器工作在单位功率因数下而不受运行条件的影响。这里没有显示的中点电位仍然在其边界内。

可以得出结论，电机侧变换器和电网侧变换器有相反的动态特性。该变换器能够快速提高直流侧有功功率，而提高功率（通过增加转矩）对变换器来说是一个非常耗时的任务，特别是在额定转速和额定电压下运行时。相反，逆变器能够快速降低功率（通过降低转矩），而这对于变换器来说是一个非常耗时的任务。

时间/ms

a) 瞬时有功功率及其边界

时间/ms

b) 瞬时无功功率及其边界

时间/ms

c) 三相变换器电流

时间/ms

d) 三相开关位置

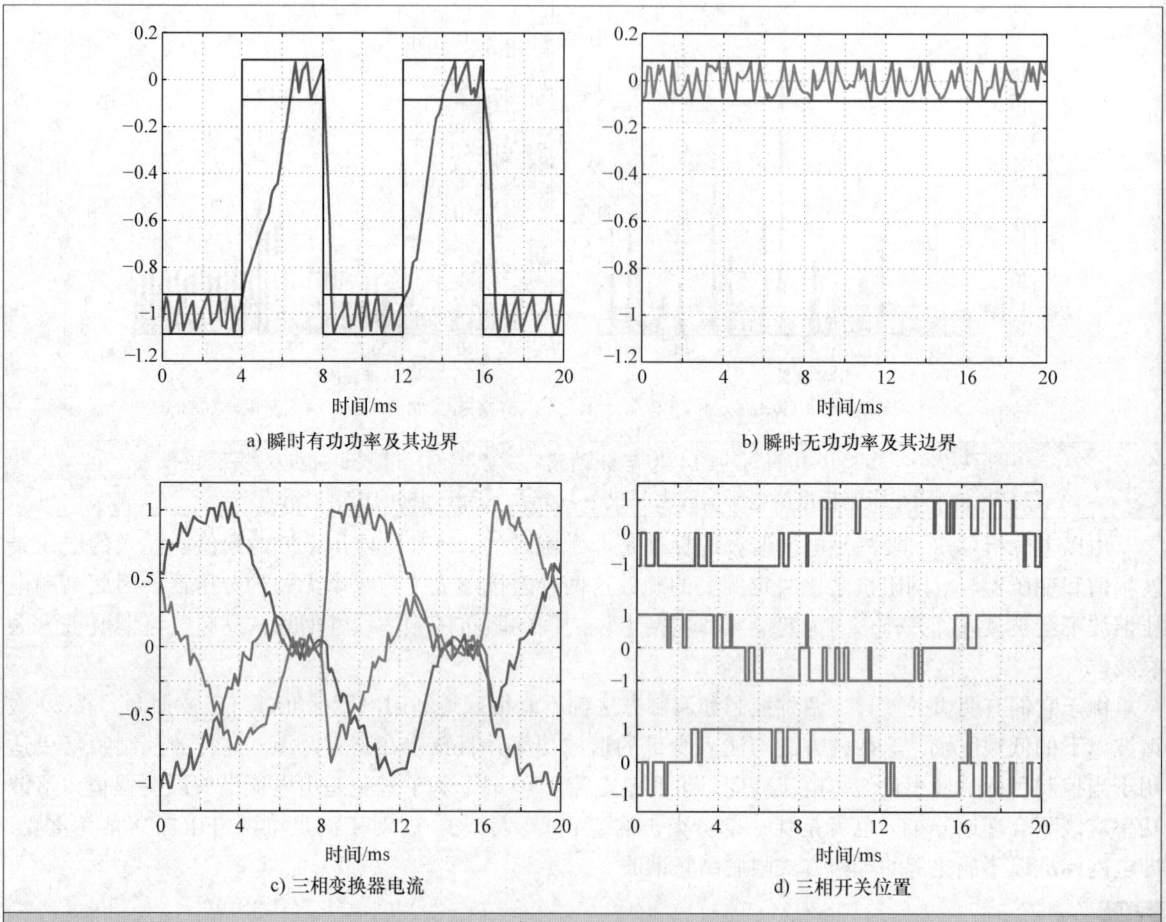

图 11. 23　MPDPC 参考阶跃下的有功功率动态响应

11. 3　总结和讨论

11. 3. 1　模型预测直接电流控制 ★★★

MPDCC 比 MPDTC 在概念上稍显复杂，因为它的电流边界是随时间变化的。MPDCC 一个主要的优点是只需要一个调谐参数——电流界限边界，而 MPDTC 是基于两个调谐参数——转矩界限宽度和定子磁链幅值。更重要的是，从谐波电流畸变角度来说，MPDCC 比 MPDTC 有一个小优势，如 11. 1. 3 节所解释的，MPDCC 的六边形电流边界非常适用于对于给定的开关动作实现最小电流畸变率的情况。

当最大限度地降低开关损耗并采用长步长预测模式时，MPDCC 在开关损耗和电流 TDD 方面的性能可以胜过 OPP，至少在非常低的开关频率工作时是可以的。但是，开关频率和 MPDCC 的转矩 TDD 会变高。当在代价函数中最小化开关频率时，MPDCC 往往会得到与 OPP 相近的性能，但不会胜过 OPP 的性能。参考文献［6］对它们的性能进行了全面比较。

本章使用了一个带感应电机的 MV 驱动系统中的三电平 NPC 变换器作为例子。对于其他拓扑和电机只需要改变内部控制器模型，因此是很简单的。值得注意的是，MPDCC 既可以应用于模块化多电平变换器[30]，也可以用于并网变换器[31]。在存在 *LC* 滤波器的情况下，需要一个有源阻尼回路来抑制滤波器谐振。为此，虚拟电阻[32,33]可以被纳入 MPDCC 算法[34]。这种电阻器可以模拟物理阻尼电阻器而不会产生功率损耗。虚拟电阻也能有效地衰减电网电压谐波产生的电流谐波，如参考文献［34］中的实验结果所示。

尚未讨论的一个重要方面是闭环稳定性。在 MPDCC 中可以看出，该算法保证了闭环稳定性；负载电流被移入强制边界内并令其保持在该边界中。参考文献［35］已给出了正式的证明，但是式(11.24e) 中的开关约束 $\|\Delta\boldsymbol{u}(\ell)\|_\infty \leq 1$ 必须被忽略，六边形边界近似为一个圆。同时可以看出通过稍加修改 MPDCC 算法，可以使其对在一定范围内的不确定的附加参数具有鲁棒性。更多有关MPDCC的稳定性和鲁棒性的详细信息可参阅参考文献［35］。

11.3.2 模型预测直接功率控制 ★★★

MPDPC 用边界宽度参数 δ_P 和 δ_Q 对瞬时有功和无功功率施加上下限的限制。如参考文献［36］所示，电网电流畸变与 $\delta_P^2+\delta_Q^2$ 成比例，这简化了调节过程。当两个边界宽度相同时可以得到每个开关频率下的最低的电流畸变。因此，MPDPC 可以和 MPDCC 一样都只有一个调节参数。此外，由于在预测范围内边界是恒定的，控制问题的数学描述就像 MPDTC 一样简单了。

与 SVM 相比，长步长开关模式的 MPDPC 能够减少每相电流畸变的开关损耗。但是，因为 MPDPC 会产生为基波的偶数倍和 3 的整数倍的谐波，MPDPC 的谐波频谱不能满足施加于 PCC 的电网谐波标准。此外，即使这样的谐波频谱是可以接受的，MPDCC 可能仍旧是并网变换器的首选，因为它也可以用于电网侧，并且由于其六边形的边界，它趋于产生更低的电流畸变。

大多数情况下都需要 *LC* 滤波器来满足相关的电网标准。为了抑制滤波器的谐振，MPDCC 可以用类似 MPDPC 的方式来增加一个虚拟电阻器[32,33]。更具体地说，如参考文献［37］中所提出的，虚拟电阻器可以与滤波电感和电容并联放置。在本节的介绍中，已经看到 DPC 可以根据虚拟变换器和电网通量制定，从而得到 VF－DPC。因此，如参考文献［38］所示，MPDPC 可以扩展到 VF－MPDPC。参考文献［36］提供了针对 NPC 变换器的实验结果，解释了 MPDPC 方法，还讨论了几个与 MPDPC 的实现相关的问题，这减少了计算负载并简化了实施过程。

11.3.3 目标集 ★★★

在本章中已经看出 MPDCC 和 MPDPC 与 MPDTC 密切相关。确实，这三种控制方法的主要区别在于它们的控制器模型和它们通过对上下限施加的限制来控制的输出变量。这些边界形成一个集合，并让控制变量保持在这个集合内。下面通过比较（定子或变换器）电流来比较 MPDTC、MPDCC 和 MPDPC 的特征目标集。

MPDTC 对转矩和定子磁通幅度在其参考值 T_e^* 和 Ψ_s^* 附近施加上限和下限。对于给定的转子磁通矢量 ψ_r，这些参考值可以通过式（9.1）转换成定子磁通矢量的等效参考值 ψ_s^*。转矩和磁通幅值的上限和下限可以相应地转换为转子磁链矢量的边界。如图 11.24a 所示，转矩边界形成与转子磁通矢量平行的线，而定子磁通幅度边界是以原点为中心的同心圆。注意图中的示例对应于 MV 感应电机，该电机运行在额定转矩下，其额定值见表 2.9。目标集随着定子角频率 ω_s 旋转。

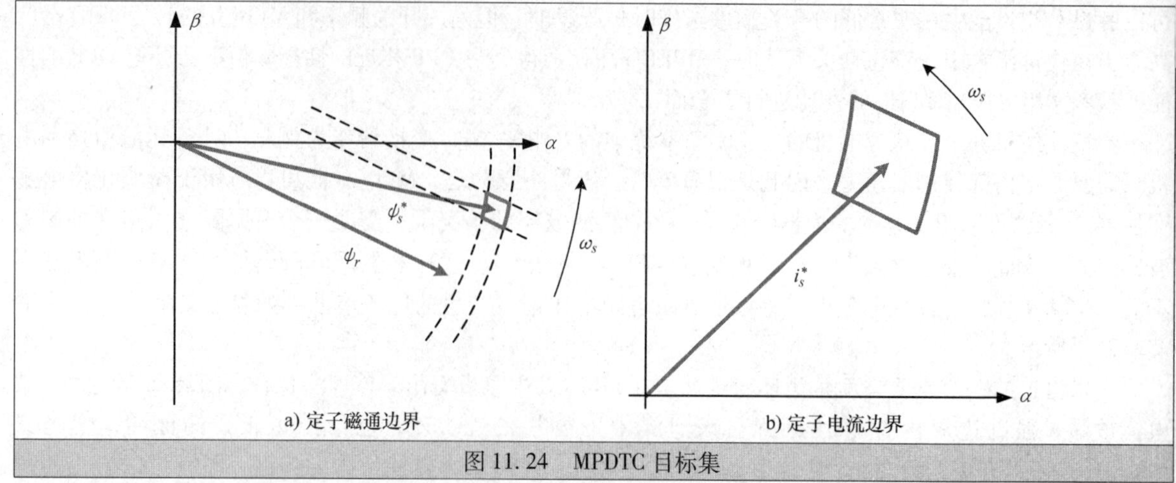

图 11.24　MPDTC 目标集

下一步，定子磁通矢量的边界可以转换成定子电流矢量的等效边界。为此，需要考虑式（2.53）的第一行，即

$$\boldsymbol{i}_s = \frac{X_r}{D}\boldsymbol{\psi}_s - \frac{X_m}{D}\boldsymbol{\psi}_r = 3.92\boldsymbol{\psi}_s - 3.75\boldsymbol{\psi}_r \tag{11.50}$$

这些对应于3.3kV 中压感应电机的数值在本书内通用（见表2.10）。电流矢量是定子和转子磁通矢量的线性变换。具体来说，电流矢量是经转子磁链转化的成比例的定子磁链。图 11.24b 中显示的电流边界等同于图 11.24a 中定子磁通矢量边界，可以看到目标集增加了 4 倍并向上移动。转矩边界的线段和圆弧段由于式（11.50）中的线性变换磁通幅度保持不变。特别地，边界的定位在静止正交参考系中保持不变。

在 MPDCC 中，对三相电流施加上限和下限。这个边界的公式如 11.1.3 节中所述，有利于实现电流畸变和开关损耗之间的最佳比例。边界在静止直角坐标系中形成一个六边形目标集。如图 11.25a 所示，该目标集以定子电流参考矢量 i_s^* 为中心。与 MPDTC 相反，MPDCC 目标集不旋转。具体来说就是对应于 a 相电流的上限和下限的边缘始终平行于静止直角坐标系的 β 轴。

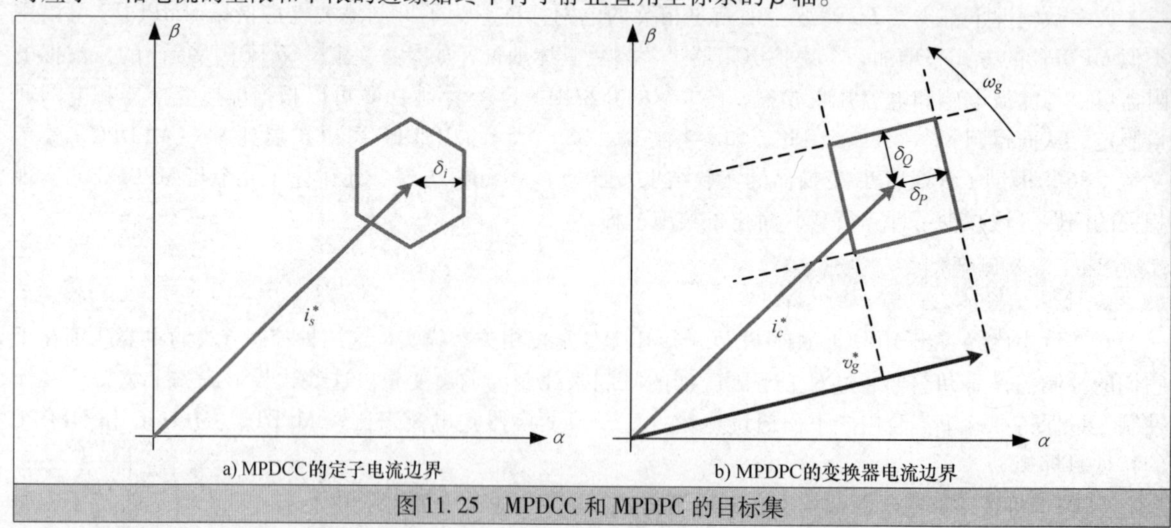

图 11.25　MPDCC 和 MPDPC 的目标集

MPDPC 借助上限和下限控制瞬时有功功率和无功功率。式（11. B. 11）代表有功功率的边界，与电网电压正交，而无功功率的边界与电网电压平行。这些边界围绕变换器电流参考 i_c^* 形成了一个矩形目标集（见图 11.25（b））。如参考文献［36］所示，当目标集为正方形时可以令每个开关切换时电流畸变最小。静止直角坐标系中的边界随电网角频率 ω_g 旋转。

很明显具有六边形边界的 MPDCC 可以在开关切换中得到最低的电流畸变，其次是 MPDPC 的正方形边界。非方形边界的 MPDTC 不太容易实现非常低的电流畸变。15.1 节中将通过大量的仿真证明，MPDCC 和 MPDTC 单位开关损耗上的电流畸变的不同是很小的。同样，两种方法单位开关频率上的电流畸变的不同也很小，具体见参考文献［6］。

附录 11. A　MPDCC 中使用的控制器模型

连续时间 MPDCC 模型（11.18）的矩阵（11.19）是在本附录推导出来的。回想一下，电机模型（11.4）是在静止 $\alpha\beta$ 参考系中描述的。为了防止混淆，将在本附录中明确指出矢量被定义的坐标系。

首先，用三相定子电流 $\boldsymbol{i}_{s,abc}$ 表示定子动态模型（11.4a）。式（11.4a）与降阶的 Clarke 变换 $\widetilde{\boldsymbol{K}}^{-1}$ 的伪逆（参见式（2.13））的左乘产生

$$\frac{\mathrm{d}}{\mathrm{d}t}(\widetilde{\boldsymbol{K}}^{-1}\boldsymbol{i}_{s,\alpha\beta}) = -\frac{1}{\tau_s}\widetilde{\boldsymbol{K}}^{-1}\boldsymbol{i}_{s,\alpha\beta} + \widetilde{\boldsymbol{K}}^{-1}\left(\frac{1}{\tau_r}\boldsymbol{I}_2 - \omega_r\begin{bmatrix}0 & -1\\1 & 0\end{bmatrix}\right)\frac{X_m}{D}\psi_{r,\alpha\beta} + \frac{X_r}{D}\widetilde{\boldsymbol{K}}^{-1}\boldsymbol{v}_{s,\alpha\beta} \tag{11. A. 1}$$

在下一步中，将定子电压表达式（11.1）代入式（11. A. 1）中，并写出三相定子电流微分方程。对转子动态模型（11.4b）做同样的处理也会得到修改后的电机模型

$$\frac{\mathrm{d}\boldsymbol{i}_{s,abc}}{\mathrm{d}t} = -\frac{1}{\tau_s}\boldsymbol{i}_{s,abc} + \widetilde{\boldsymbol{K}}^{-1}\left(\frac{1}{\tau_r}\boldsymbol{I}_2 - \omega_r\begin{bmatrix}0 & -1\\1 & 0\end{bmatrix}\right)\frac{X_m}{D}\psi_{r,\alpha\beta} + \frac{v_{\mathrm{dc}}}{2}\frac{X_r}{D}\widetilde{\boldsymbol{K}}^{-1}\widetilde{\boldsymbol{K}}\boldsymbol{u}_{abc} \tag{11. A. 2a}$$

$$\frac{\mathrm{d}\psi_{r,\alpha\beta}}{\mathrm{d}t} = \frac{X_m}{\tau_r}\widetilde{\boldsymbol{K}}\boldsymbol{i}_{s,abc} - \frac{1}{\tau_r}\psi_{r,\alpha\beta} + \omega_r\begin{bmatrix}0 & -1\\1 & 0\end{bmatrix}\psi_{r,\alpha\beta} \tag{11. A. 2b}$$

连续时间电机模型的系统矩阵 $\boldsymbol{F}_m$ 和输入矩阵 $\boldsymbol{G}_m$ 可以表示为

$$\boldsymbol{F}_m = \begin{bmatrix} -\frac{1}{\tau_s} & 0 & 0 & \frac{1}{\tau_r}\frac{X_m}{D} & \omega_r\frac{X_m}{D} \\ 0 & \frac{1}{\tau_s} & 0 & -\frac{1}{2}\left(\frac{1}{\tau_r}+\sqrt{3}\omega_r\right)\frac{X_m}{D} & \frac{1}{2}\left(\frac{\sqrt{3}}{\tau_r}-\omega_r\right)\frac{X_m}{D} \\ 0 & 0 & -\frac{1}{\tau_s} & \frac{1}{2}\left(\sqrt{3}\omega_r-\frac{1}{\tau_r}\right)\frac{X_m}{D} & -\frac{1}{2}\left(\frac{\sqrt{3}}{\tau_r}+\omega_r\right)\frac{X_m}{D} \\ \frac{2}{3}\frac{X_m}{\tau_r} & -\frac{1}{3}\frac{X_m}{\tau_r} & -\frac{1}{3}\frac{X_m}{\tau_r} & -\frac{1}{\tau_r} & -\omega_r \\ 0 & \frac{1}{\sqrt{3}}\frac{X_m}{\tau_r} & -\frac{1}{\sqrt{3}}\frac{X_m}{\tau_r} & \omega_r & -\frac{1}{\tau_r} \end{bmatrix} \tag{11. A. 3a}$$

$$\boldsymbol{G}_m = \frac{v_{\mathrm{dc}}}{6}\frac{X_r}{D}\begin{bmatrix} 2 & -1 & -1 \\ -1 & 2 & -1 \\ -1 & -1 & 2 \\ 0 & 0 & 0 \\ 0 & 0 & 0 \end{bmatrix} \tag{11. A. 3b}$$

注意，$\boldsymbol{G}_m$ 的上三行与矩阵乘积 $\widetilde{\boldsymbol{K}}^{-1}\widetilde{\boldsymbol{K}}$ 有关，可写为

$$\widetilde{\boldsymbol{K}}^{-1}\widetilde{\boldsymbol{K}} = \frac{1}{3}\begin{bmatrix} 2 & -1 & -1 \\ -1 & 2 & -1 \\ -1 & -1 & 2 \end{bmatrix} = \begin{bmatrix} 1 & 0 & 0 \\ 0 & 1 & 0 \\ 0 & 0 & 1 \end{bmatrix} - \frac{1}{3}\begin{bmatrix} 1 & 1 & 1 \\ 1 & 1 & 1 \\ 1 & 1 & 1 \end{bmatrix} \tag{11. A. 4}$$

式中的最后一个矩阵从每个相中移除三相开关位置的共模分量。这意味着仅用三相开关位置的差模分量控制定子电流，而共模分量不起作用。

中点电位的动态模型（11.3）用逆变器开关位置的分量绝对值 $|\boldsymbol{u}_{abc}| = [\,|u_a| \quad |u_b| \quad |u_c|\,]^T$ 和三相定子电流来描述。逆变器的输入相关系统矢量直接如下所示

$$\boldsymbol{f}_i(\boldsymbol{u}_{abc}) = \frac{1}{2X_c}[\ |u_a|\quad |u_b|\quad |u_c|\quad 0\quad 0] \tag{11.A.5}$$

附录 11. B　有功和无功功率

本附录推导了三相系统的瞬时功率表达式，如图 11.15 所示。从电网电压源的瞬时有功功率开始。在 a 相，瞬时有功功率是电网电压 v_{ga} 和变换器电流 i_{ca} 的乘积。通过三相功率相加，SI 系统中的瞬时三相有功功率由下式给出

$$P = v_{ga}i_{ca} + v_{gb}i_{cb} + v_{gc}i_{cc} = \boldsymbol{v}_{g,abc}^T \boldsymbol{i}_{c,abc} \tag{11.B.1}$$

使用 Clarke 逆变换（2.10），三相电网电压可以在静止正交坐标系下表示

$$\boldsymbol{v}_{g,abc} = \boldsymbol{K}^{-1}\boldsymbol{v}_{g,\alpha\beta0} \tag{11.B.2}$$

式中，$\boldsymbol{v}_{g,\alpha\beta0} = [v_{g\alpha}\quad v_{g\beta}\quad v_{g0}]$。其中，变换器电流可以用相同的处理，因此定义 $\boldsymbol{i}_{c,\alpha\beta0}$。注意，在这里包含了零序分量。然后可以将式（11.B.1）重写为

$$P = \boldsymbol{v}_{g,\alpha\beta0}^T \boldsymbol{K}^{-T}\boldsymbol{K}^{-1}\boldsymbol{i}_{c,\alpha\beta0} = \boldsymbol{v}_{g,\alpha\beta0}^T \begin{bmatrix} 1.5 & 0 & 0 \\ 0 & 1.5 & 0 \\ 0 & 0 & 3 \end{bmatrix} \boldsymbol{i}_{c,\alpha\beta0} \tag{11.B.3}$$

在没有故障的情况下，零序电流 i_{c0} 为 0，并且式（11.B.3）简化为

$$P = \frac{3}{2}(v_{g\alpha}i_{c\alpha} + v_{g\beta}i_{c\beta}) \tag{11.B.4}$$

注意，系数 1.5 是等幅值的 Clarke 变换而非等功率的结果。

当电流超前电压 90°时，在单相系统中无功功率通常定义为最大值。然后可以在 a 相中将无功功率定义为电流 i_{ca} 和电压 $\breve{v}_{ga}$ 的乘积。后者表示 a 相电网电压 v_{ga} 相移了 90°。这个定义可以扩展到三相系统。根据参考文献［39］，SI 系统中的瞬时三相无功功率被定义为

$$Q = \breve{v}_{ga}i_{ca} + \breve{v}_{gb}i_{cb} + \breve{v}_{gc}i_{cc} = \breve{\boldsymbol{v}}_{g,abc}^T \boldsymbol{i}_{c,abc} \tag{11.B.5}$$

式中，在 b 相和 c 相中的相移电网电压 $\breve{v}_{gb}$ 和 $\breve{v}_{gc}$ 被定义为与 $\breve{v}_{ga}$ 类似。相移后的三相电压定义为 $\breve{\boldsymbol{v}}_{g,abc} = [\breve{v}_{ga}\quad \breve{v}_{gb}\quad \breve{v}_{gc}]^T$。

根据式（11.B.2）定义

$$\breve{\boldsymbol{v}}_{g,abc} = \boldsymbol{K}^{-1}\breve{\boldsymbol{v}}_{g,\alpha\beta0} \tag{11.B.6}$$

在正交参考系中电网电压很容易与其相移量联系起来。对于 α 和 β 分量，这是通过 90°旋转实现的，其中零序分量保持不变。

$$\breve{\boldsymbol{v}}_{g,\alpha\beta0} = \begin{bmatrix} 0 & -1 & 0 \\ 1 & 0 & 0 \\ 0 & 0 & 1 \end{bmatrix} \boldsymbol{v}_{g,\alpha\beta0} \tag{11.B.7}$$

式（11.B.5）可以借助于式（11.B.6）和式（11.B.7）重写为

$$Q = \breve{\boldsymbol{v}}_{g,\alpha\beta0}^T \begin{bmatrix} 0 & -1 & 0 \\ 1 & 0 & 0 \\ 0 & 0 & 1 \end{bmatrix}^T \boldsymbol{K}^{-T}\boldsymbol{K}^{-1}\boldsymbol{i}_{c,\alpha\beta0} = \breve{\boldsymbol{v}}_{g,\alpha\beta0}^T \begin{bmatrix} 0 & 1.5 & 0 \\ -1.5 & 0 & 0 \\ 0 & 0 & 3 \end{bmatrix} \boldsymbol{i}_{c,\alpha\beta0} \tag{11.B.8}$$

当 i_{c0} 为 0 时，式（11.B.8）简化为

$$Q = \frac{3}{2}(v_{g\alpha}i_{c\beta} - v_{g\beta}i_{c\alpha}) \tag{11.B.9}$$

这个定义与参考文献［26］符合。如果变换器电流的总和（零序电流）为 0，则瞬时有功功率分量的定义适用于对称以及不对称的电网电压。

通过采用旋转 dq 坐标系可获得别的思路，该坐标系以电网频率 $\omega_g = 2\pi f_g$ 旋转。在这个坐标系中，定义了电网电压 $v_{g,dq} = [v_{gd}\quad v_{gq}]^T$ 和变换器电流 $i_{c,dq} = [i_{cd}\quad i_{cq}]^T$。借助于旋转矩阵 $\boldsymbol{R}$（见式（2.25）），

实现 $\alpha\beta$ 到 dq 变换（2.24），功率分量可写为

$$P=\frac{3}{2}(v_{gd}i_{cd}+v_{gq}i_{cq}) \tag{11.B.10a}$$

$$Q=\frac{3}{2}(v_{gd}i_{cq}-v_{gq}i_{cd}) \tag{11.B.10b}$$

通过将 d 轴与电网电压对齐，电网电压的正交分量变为0，并且有功和无功功率分量的表达式简化为

$$P=\frac{3}{2}v_{gd}i_{cd} \tag{11.B.11a}$$

$$Q=\frac{3}{2}v_{gd}i_{cq} \tag{11.B.11b}$$

这种简化的表达式显示了变换器电流的 d 分量产生有功功率，而电流的正交分量产生无功功率。这一事实如图11.26所示。还可以看到，正无功功率对应于电容情况，导致电流超前电压。

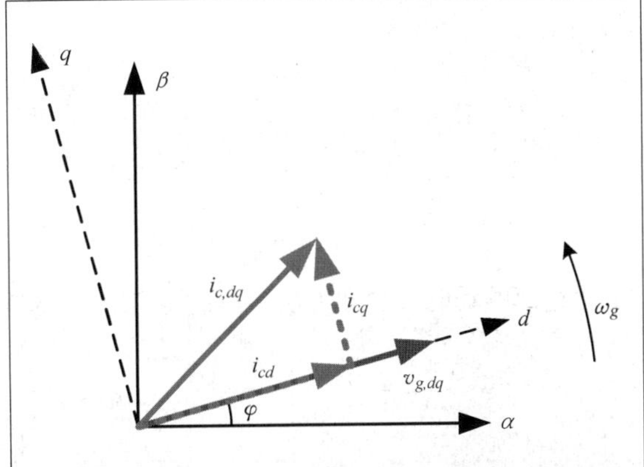

图11.26　在正交参考系中，变换器电流 $\boldsymbol{i}_{c,dq}$ 和电网电压 $\boldsymbol{v}_{g,dq}$ 与电网电压对齐并以电网频率 ω_g 旋转。电流分量 i_{cd} 与有功功率 P 有关，而正交电流分量 i_{cq} 与无功功率 Q 有关

为了在标幺化系统中表达式（11.B.4）和式（11.B.9），分别用基准电压 V_B 和基准电流 I_B 来标准化电网电压和变换器电流。功率通过基准视在功率 $S_B=1.5V_BI_B$ 进行标准化（另见表2.1和2.5.4节）。最后，介绍标幺化量

$$\boldsymbol{v}'_g=\frac{\boldsymbol{v}_g}{V_B},\boldsymbol{i}'_c=\frac{\boldsymbol{i}_c}{I_B},P'=\frac{P}{S_B},Q'=\frac{Q}{S_B} \tag{11.B.12}$$

式（11.B.4）和式（11.B.9）除以 V_B、I_B 和1.5可得

$$P'=\frac{P}{1.5V_BI_B}=v'_{g\alpha}i'_{c\alpha}+v'_{g\beta}i'_{c\beta} \tag{11.B.13a}$$

$$Q'=\frac{Q}{1.5V_BI_B}=v'_{g\alpha}i'_{c\beta}-v'_{g\beta}i'_{c\alpha} \tag{11.B.13b}$$

为了简化符号，将不再使用上标′。本书通篇采用标幺量，所有变量和参数都被标幺化。

附录11.C　MPDPC中使用的控制器模型

本附录推导了MPDPC的连续时间预测模型。该模型基于静止正交参考系下的变换器电流 $\boldsymbol{i}_c$、变换器侧电压 $\boldsymbol{v}_c$ 和电网电压 $\boldsymbol{v}_g$。开关位置 $\boldsymbol{u}$ 是一个三相矢量。

首先将变换器电压方程（11.30）带入变换器电流的微分方程（11.34）中，得到

$$\frac{\mathrm{d}\boldsymbol{i}_c}{\mathrm{d}t}=-\frac{R}{X}\boldsymbol{i}_c-\frac{1}{X}\boldsymbol{v}_g+\frac{v_{\mathrm{dc}}}{2X}\tilde{\boldsymbol{K}}\boldsymbol{u} \tag{11.C.1}$$

通过联合式（11.C.1）和电网电压的微分（11.35），可以得到

$$\frac{\mathrm{d}}{\mathrm{d}t}\begin{bmatrix}\boldsymbol{i}_c\\ \boldsymbol{v}_g\end{bmatrix}=\boldsymbol{F}_g\begin{bmatrix}\boldsymbol{i}_c\\ \boldsymbol{v}_g\end{bmatrix}+\boldsymbol{G}_g\boldsymbol{u} \tag{11.C.2}$$

式中矩阵

$$\boldsymbol{F}_g=\begin{bmatrix}-\frac{R}{X} & 0 & -\frac{1}{X} & 0\\ 0 & -\frac{R}{X} & 0 & -\frac{1}{X}\\ 0 & 0 & 0 & -\omega_g\\ 0 & 0 & \omega_g & 0\end{bmatrix},\boldsymbol{G}_g=\frac{v_{\mathrm{dc}}}{6X}\begin{bmatrix}2 & -1 & -1\\ 0 & \sqrt{3} & -\sqrt{3}\\ 0 & 0 & 0\\ 0 & 0 & 0\end{bmatrix} \tag{11.C.3}$$

中点电位的动态变化取决于开关位置的分量绝对值和三相变换器电流。后者可以用 $\alpha\beta$ 电流来表示，这时可以将式（11.31）改写为

$$\frac{\mathrm{d}\boldsymbol{v}_n}{\mathrm{d}t}=\frac{1}{2X_c}|\boldsymbol{u}|^T\widetilde{\boldsymbol{K}}^{-1}\boldsymbol{i}_c \tag{11.C.4}$$

或等同于

$$\frac{\mathrm{d}\boldsymbol{v}_n}{\mathrm{d}t}=\boldsymbol{f}_c(\boldsymbol{u})\begin{bmatrix}\boldsymbol{i}_c\\ \boldsymbol{v}_g\end{bmatrix} \tag{11.C.5}$$

式中

$$\boldsymbol{f}_c(\boldsymbol{u})=\frac{1}{4X_c}\left[2|u_a|-|u_b|-|u_c| \quad \sqrt{3}(|u_b|-|u_c|) \quad 0 \quad 0\right] \tag{11.C.6}$$

通过回顾瞬时有功和无功功率的定义（11.36），输出函数如下

$$\boldsymbol{h}(\boldsymbol{x})=\begin{bmatrix}x_1x_3+x_2x_4\\ x_2x_3-x_1x_4\\ x_5\end{bmatrix} \tag{11.C.7}$$

参考文献

[1] T. Geyer, G. Papafotiou, and M. Morari, “Model predictive direct torque control—Part I: Concept, algorithm and analysis,” *IEEE Trans. Ind. Electron.*, vol. 56, pp. 1894–1905, Jun. 2009.

[2] J. C. R. Martinez, R. M. Kennel, and T. Geyer, “Model predictive direct current control,” in *Proceedings of IEEE International Conference on Industrial Technology* (Viña del Mar, Chile), pp. 1808–1813, Mar. 2010.

[3] J. Holtz and S. Stadtfeld, “A predictive controller for the stator current vector of AC machines fed from a switched voltage source,” in *Proceedings of IEEE International Power Electronics Conference* (Tokyo, Japan), pp. 1665–1675, Apr. 1983.

[4] J. Holtz and S. Stadtfeld, “Field-oriented control by forced motor currents in a voltage fed inverter drive,” in *Proceedings of IFAC Symposium* (Lausanne, Switzerland), pp. 103–110, Sep. 1983.

[5] A. Khambadkone and J. Holtz, “Low switching frequency and high dynamic pulsewidth modulation based on field-orientation for high-power inverter drive,” *IEEE Trans. Power Electron.*, vol. 7, pp. 627–632, Oct. 1992.

[6] J. Scoltock, T. Geyer, and U. K. Madawala, “A comparison of model predictive control schemes for MV induction motor drives,” *IEEE Trans. Ind. Inf.*, vol. 9, pp. 909–919, May 2013.

[7] M. P. Kazmierkowski and L. Malesani, “Current control techniques for three-phase voltage-source PWM converters: A survey,” *IEEE Trans. Ind. Electron.*, vol. 45, pp. 691–703, Oct. 1998.

[8] J. Rodríguez, S. Bernet, B. Wu, J. Pontt, and S. Kouro, “Multilevel voltage-source-converter topologies for industrial medium-voltage drives,” *IEEE Trans. Ind. Electron.*, vol. 54, pp. 2930–2945, Dec. 2007.

[9] M. Hiller, R. Sommer, and M. Beuermann, “Medium-voltage drives,” *IEEE Ind. Appl. Mag.*, vol. 16, pp. 22–30, Mar./Apr. 2010.

[10] J. M. Carrasco, L. G. Franquelo, J. T. Bialasiewicz, E. Galván, R. C. P. Guisado, A. M. Prats, J. I. León, and N. Moreno-Alfonso, “Power-electronic systems for the grid integration of renewable energy sources: A survey,” *IEEE Trans. Ind. Electron.*, vol. 53, pp. 1002–1016, Aug. 2006.

[11] R. W. De Doncker, C. Meyer, R. U. Lenke, and F. Mura, “Power electronics for future utility applications,” in *Proceedings of IEEE International Conference on Power Electronics and Drive Systems* (Bangkok, Thailand), Nov. 2007.

[12] M. Malinowski, M. P. Kazmierkowski, and A. M. Trzynadlowski, “A comparative study of control techniques for PWM rectifiers in AC adjustable speed drives,” *IEEE Trans. Power Electron.*, vol. 18, pp. 1390–1396, Nov. 2003.

[13] H. Kohlmeier, O. Niermeyer, and D. F. Schröder, “Highly dynamic four-quadrant ac motor drive with improved power factor and on-line optimized pulse pattern with PROMC,” *IEEE Trans. Ind. Appl.*, vol. IA-23, pp.

1001–1009, Nov./Dec. 1987.
[14] V. Blasko and V. Kaura, "A new mathematical model and control of a three-phase AC–DC voltage source converter," *IEEE Trans. Power Electron.*, vol. 12, pp. 116–123, Jan. 1997.
[15] T. Noguchi, H. Tomiki, S. Kondo, and I. Takahashi, "Direct power control of PWM converter without power-source voltage sensors," *IEEE Trans. Ind. Appl.*, vol. 34, pp. 473–479, May/Jun. 1998.
[16] S. Bhattacharya, A. Veltman, D. M. Divan, and R. D. Lorenz, "Flux-based active filter controller," *IEEE Trans. Ind. Appl.*, vol. 32, pp. 491–502, May/Jun. 1996.
[17] M. Malinowski, M. P. Kazmierkowski, S. Hansen, F. Blaabjerg, and G. D. Marques, "Virtual-flux-based direct power control of three-phase PWM rectifiers," *IEEE Trans. Ind. Appl.*, vol. 37, pp. 1019–1027, Jul./Aug. 2001.
[18] M. C. Chandorkar, D. M. Divan, and R. Adapa, "Control of parallel connected inverters in standalone AC supply systems," *IEEE Trans. Ind. Appl.*, vol. 29, pp. 136–143, Jan./Feb. 1993.
[19] L. A. Serpa and J. W. Kolar, "Virtual-flux direct power control for mains connected three-level NPC inverter systems," in *Proceedings of the Power Conversion Conference* (Nagoya, Japan), pp. 130–136, Apr. 2007.
[20] L. A. Serpa, P. M. Barbosa, P. K. Steimer, and J. W. Kolar, "Five-level virtual-flux direct power control for the active neutral-point clamped multilevel converter," in *Proceedings of IEEE Power Electronics Specialists Conference*, pp. 1668–1674, 2008.
[21] L. A. Serpa, S. Ponnaluri, P. M. Barbosa, and J. W. Kolar, "A modified direct power control strategy allowing the connection of three-phase inverters to the grid through LCL filters," *IEEE Trans. Ind. Appl.*, vol. 43, pp. 1388–1400, Sep./Oct. 2007.
[22] M. Malinowski, M. Jasinski, and M. P. Kazmierkowski, "Simple direct power control of three-phase PWM rectifier using space-vector modulation (DPC–SVM)," *IEEE Trans. Ind. Electron.*, vol. 51, pp. 447–454, Apr. 2004.
[23] A. Bouafia, J.-P. Gaubert, and F. Krim, "Predictive direct power control of three-phase pulsewidth modulation (PWM) rectifier using space-vector modulation (SVM)," *IEEE Trans. Power Electron.*, vol. 25, pp. 228–236, Jan. 2010.
[24] S. Aurtenechea, M. A. Rodríguez, E. Oyarbide, and J. R. Torrealday, "Predictive control strategy for DC/AC converters based on direct power control," *IEEE Trans. Ind. Electron.*, vol. 54, pp. 1261–1271, Jun. 2007.
[25] P. Cortés, J. Rodríguez, P. Antoniewicz, and M. Kazmierkowski, "Direct power control of an AFE using predictive control," *IEEE Trans. Power Electron.*, vol. 23, pp. 2516–2523, Sep. 2008.
[26] H. Akagi, Y. Kanazawa, and A. Nabae, "Instantaneous reactive power compensators comprising switching devices without energy storage components," *IEEE Trans. Ind. Appl.*, vol. IA-20, pp. 625–630, May/Jun. 1984.
[27] R. Teodorescu, M. Liserre, and P. Rodríguez, *Grid converters for photovoltaic and wind power systems.* Chichester, UK: John Wiley & Sons, Ltd, 2011.
[28] IEEE Std 519-1992, *"IEEE recommended practices and requirements for harmonic control in electrical power systems,"* Apr. 1993.
[29] IEC 61000-2-4, *"Electromagnetic compatibility (EMC)—part 2-4: Environment—compatibility levels in industrial plants for low-frequency conducted disturbances,"* Sep. 2002.
[30] B. S. Riar, T. Geyer, and U. K. Madawala, "Model predictive direct current control of modular multilevel converters: Modelling, analysis, and experimental evaluation," *IEEE Trans. Power Electron.*, vol. 30, pp. 431–439, Jan. 2015.
[31] J. Scoltock, T. Geyer, and U. K. Madawala, "Model predictive direct current control for a grid-connected converter: LCL-filter versus L-filter," in *Proceedings of IEEE International Conference on Industrial Technology* (Cape Town, South Africa), Feb. 2013.
[32] P. A. Dahono, Y. R. Bahar, Y. Sato, and T. Kataoka, "Damping of transient oscillations on the output LC filter of PWM inverters by using a virtual resistor," in *Proceedings of IEEE International Conference on Power Electronics and Drive Systems*, pp. 403–407, Oct. 2001.
[33] P. A. Dahono, "A control method to damp oscillation in the input LC filter of AC-DC PWM converters," in *Proceedings of IEEE Power Electronics Specialists Conference*, pp. 1630–1635, Jun. 2002.
[34] J. Scoltock, T. Geyer, and U. K. Madawala, "A model predictive direct current control strategy with predictive references for MV grid-connected converters with LCL-filters," *IEEE Trans. Power Electron.*, vol. 30, pp. 5926–5937, Oct. 2015.
[35] T. Geyer, R. P. Aguilera, and D. E. Quevedo, "On the stability and robustness of model predictive direct current control," in *Proceedings of IEEE International Conference on Industrial Technology* (Cape Town, South Africa), Feb. 2013.
[36] J. Scoltock, T. Geyer, and U. K. Madawala, "Model predictive direct power control for grid-connected neutral-point-clamped converters," *IEEE Trans. Ind. Electron.*, vol. 62, pp. 5319–5328, Sep. 2015.
[37] J. Scoltock, T. Geyer, and U. K. Madawala, "Model predictive direct power control for a grid-connected converter with an LCL-filter," in *Proceedings of IEEE International Conference on Industrial Technology* (Cape Town, South Africa), Feb. 2013.
[38] T. Geyer, J. Scoltock, and U. K. Madawala, "Model predictive direct power control for grid-connected converters," in *Proceedings of IEEE Industrial Electronics Society Annual Conference* (Melbourne, Australia), Nov. 2011.
[39] Y. Komatsu and T. Kawabata, "A control method of active power filter in unsymmetrical and distorted voltage system," in *Proceedings of the Power Conversion Conference* (Nagaoka, Japan), pp. 161–168, Aug. 1997.

第 4 篇　基于脉冲宽度调制的模型预测控制

第12章 »

模型预测脉冲模式控制

离线计算优化脉冲模式（OPP）能够在给定开关频率下获得最小的电流畸变。从概念上讲，优化脉冲模式对于中压（MV）传动领域会是一个特别有吸引力的选择。然而，一般仅在控制环响应很慢的情况下才使用 OPP 作为调制器。当工作点变化或者不同脉冲模式切换时，缺少快速调节能力的控制器将会导致较差的动态性能以及较大的定子电流与参考值的偏差。

在总结了使用 OPP 的最新控制方法后，本章提出了一种新颖的控制调制策略，该策略将诸如直接转矩控制（DTC）高带宽控制器的动态性能和 OPP 良好的稳态谐波特性相结合。更具体而言，所提出的脉冲模式控制器在不同开关频率稳态运行时不仅具有几乎最佳的电流谐波畸变率，而且具有快速抑制干扰的能力。在瞬态过程中，它可以实现与 DTC 类似的非常快速的电流和转矩响应，特别是在需要插入额外脉冲时。

底层优化问题构成了一个能够实时有效求解的二次规划（QP）问题，或者将脉冲模式控制器简化为无差拍（DB）控制器。第 13 章给出了中压驱动系统的仿真和实验结果。

12.1 最新控制方法

建立闭环控制的常用方法是对机侧逆变器采用磁场定向控制（FOC），而对网侧变流器采用电压定向控制（VOC）。可以分别参考 3.6.2 节和 11.2 节的介绍来回顾 FOC 和 VOC。然而，当调制器使用 OPP 时，即便在准稳态过程中，整体控制方案的性能依然是十分有限的。电流偏移可能会导致过电流情况的发生[1]。而在光伏并网中，额定运行时调制度范围相对较小，因此，基于 OPP 的 FOC 和 VOC 控制应用通常局限于光伏并网。如果该方法应用在类似变频驱动这种调制度变化范围较大的场合时，（内部）电流环的调整足够慢，所以该操作不会影响到 OPP 的最优伏秒平衡。但是，这种调整显著地降低了驱动系统的动态性能。

此外，在这种情况下，由于需要在优化算法中加入限制以避免因改变调制度所引起开关角的不连续，OPP 本身的离线优化过程也会受到影响。当工作点变化时，通过事先消除电流偏移的可能性以确保 OPP 开关角的连续性，进而改善了系统在准稳态过程下的运行。然而，由于在优化过程中增加了额外的限制，即使在稳态运行时，由此产生的电流总需求畸变（TDD）是次优的。

作为基于 OPP 的 FOC 改进，参考文献［1－3］提出了电流轨迹跟踪。该方法从采用的脉冲模式中推导出稳态优化定子电流轨迹，迫使实际的定子电流空间矢量跟踪目标轨迹。它的缺点是定子电流轨迹受电机参数影响，特别是总漏感[4]。负载条件的变化也会影响定子电流轨迹。

进一步的改进方法是采用定子磁链轨迹跟踪[5,6]，该方法对参数变化不敏感，因此更适合轨迹跟踪控制。为了建立闭环控制，需要实时获取定子电流和定子磁链矢量的瞬时基波分量。由于采样时刻的电流脉动不为零，因此当采用 OPP 控制时，这些基波分量难以直接采样得到[4]。而且由于磁链和转矩控制的实现需要这些信号，这进一步增大了闭环控制器的设计难度。为此，现有的控制方案，如参考文献［3，7，8］，采用观测器来分别从它们各自的谐波量中得到瞬时基波电流和磁链值。

12.2 优化脉冲模式

本节总结了3.4节中OPP的概念和求解方法，计算了定子磁链矢量的参考轨迹并讨论了采用查表法存储OPP。

12.2.1 概要、性能及计算 ★★★

OPP的离线计算过程包含优化开关角和开关切换的计算，它的目的是在给定开关频率或开关数量下，得到最小的电流总需求畸变率。当负载为感性负载时，电流总需求畸变率正比于电压谐波差模平方的加权之和。

$$I_{\mathrm{TDD}} \propto \sqrt{\sum_{n=5,7,11,\cdots}\left(\frac{\hat{v}_n}{n}\right)^2} \tag{12.1}$$

式中，$\hat{v}_n$为第n次电压谐波的幅值。在感应电机中，$\hat{v}_n/n$的值正比于第n次电流谐波幅值。3.4.2节解释过采用式（12.1）作为求解优化脉冲模式的代价函数是常见的做法。需要注意的是，代价函数只对差模电压进行了惩罚。

首先，根据给定调制度m计算得到代价函数最小的单相脉冲模式。由于波形具有1/4对称性，单相脉冲模式的特征完全由第一个1/4基波周期的初始开关角及其相应的开关状态所决定。为此定义初始开关角向量为

$$A=[\alpha_1 \quad \alpha_2 \quad \cdots \quad \alpha_d]^T \tag{12.2}$$

开关状态（开关序列）向量为

$$U=[u_1 \quad u_2 \quad \cdots \quad u_d]^T \tag{12.3}$$

这两个向量长度均为d，其中d表示脉冲数量。需要注意的是，假设最初开关状态u_0为0。当开关角为α_i时，开关状态由u_{i-1}切换到u_i，其中$i\in\{1,\cdots,d\}$。图12.1a给出了开关角与开关状态的关系图。

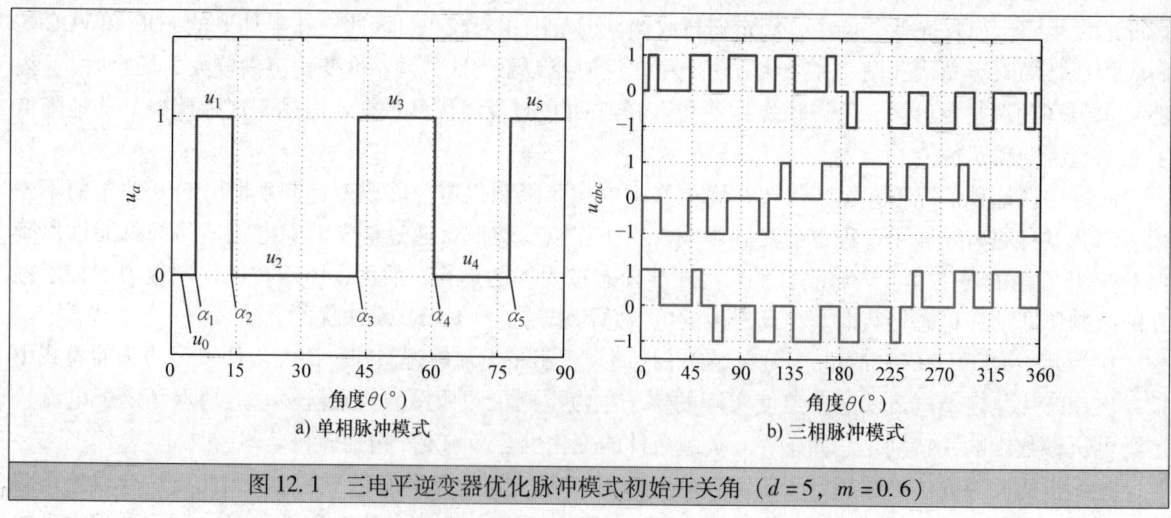

图12.1 三电平逆变器优化脉冲模式初始开关角（$d=5$，$m=0.6$）

很显然，优化脉冲模式是一种分段常值信号。当$0\leqslant\theta\leqslant\frac{\pi}{2}$时，单相脉冲模式可以描述为

$$u(\theta)=\begin{cases}0, & 若\ 0\leqslant\theta<\alpha_1\\ u_1, & 若\ \alpha_1\leqslant\theta<\alpha_2\\ u_2, & 若\ \alpha_2\leqslant\theta<\alpha_3\\ \vdots & \vdots\\ u_{d-1}, & 若\ \alpha_{d-1}\leqslant\theta<\alpha_d\\ u_d, & 若\ \alpha_d\leqslant\theta\leqslant\dfrac{\pi}{2}\end{cases} \tag{12.4}$$

式（12.1）中的电压谐波 $\hat{v}_n$ 可写成关于直流母线电压、初始开关角及其对应开关转换［见式（3.29）和式（3.24b）］的表达式。由于波形具有1/4对称性，因此仅需要计算1/4基波周期。给定调制度 m 下最小化的代价函数决定了初始开关角向量 A 和开关位置矢量 U，其对应的脉冲优化模式作用于感性负载时可以使电流TDD最小。

为了得到全调制度范围内（$[0, 4/\pi]$）的优化脉冲模式，需要对整个调制度进行离散化处理，将其转变成如 $\{0, 0.005, 0.01, \cdots, 4/\pi\}$ 的形式。对其中每个调制度进行求解得到对应的开关角和开关位置，最终整合得到全调制度范围内的初始开关角及开关位置的矩阵。

根据单相脉冲模式，通过两个步骤可轻松构建出三相优化脉冲模式。首先，根据1/4周期对称和半波对称原则补齐得到完整的单相开关角。其次，对单相脉冲模式分别位移120°和240°便可得到三相优化脉冲模式。

例12.1 三电平逆变器的开关序列始终是 $U=[1\quad 0\quad 1\cdots]^T$。图12.2给出了脉冲数目 $d=5$ 时的初始开关角。图12.1a和图12.1b分别给出了调制度 $m=0.6$ 时的单相脉冲模式和三相优化脉冲模式。

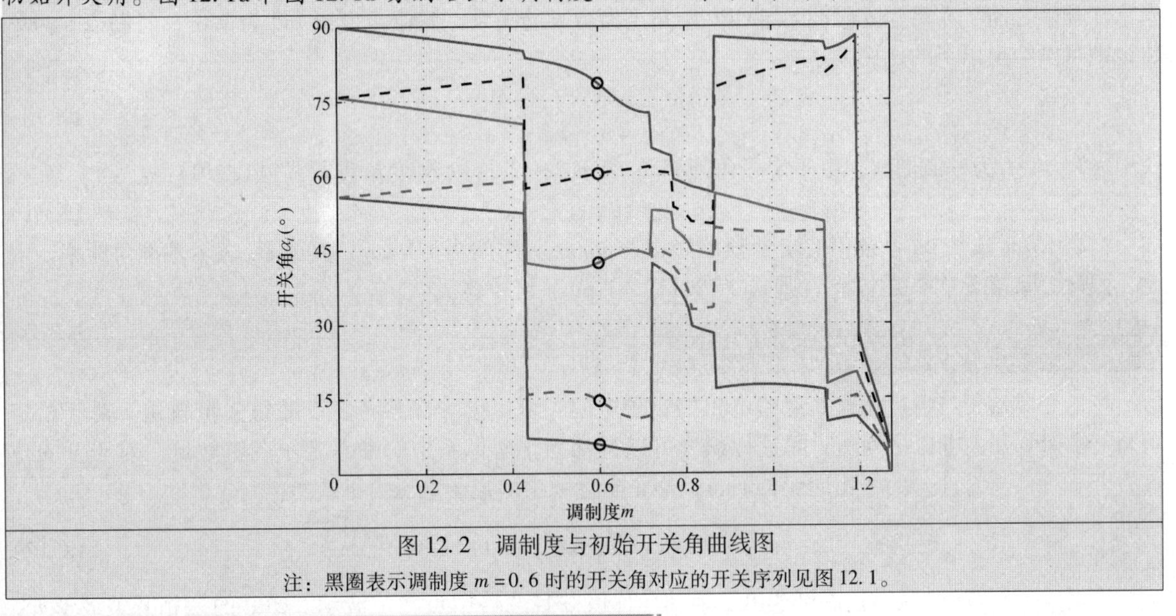

图12.2 调制度与初始开关角曲线图

注：黑圈表示调制度 $m=0.6$ 时的开关角对应的开关序列见图12.1。

12.2.2 磁链幅值与调制度的关系 ★★★

本节确立了定子磁链幅值、直流母线电压 V_{dc}、调制度及基波频率之间简单而重要的关系。由于这种关系建立在基波和直流量之间，因此忽略开关现象，并假设正弦三相电压的角频率为 ω_1。根据式（3.12）中对调制度 m 的定义，逆变器产生的（理想的）三相电压为

$$\boldsymbol{v}_{abc}(t)=m\frac{V_{dc}}{2}\begin{bmatrix}\sin(\omega_1 t)\\ \sin\left(\omega_1 t-\dfrac{2\pi}{3}\right)\\ \sin\left(\omega_1 t-\dfrac{4\pi}{3}\right)\end{bmatrix} \tag{12.5}$$

采用 Clarke 变换（2.12），可以将直角坐标系[⊖]下的正弦逆变器电压表示为

$$\boldsymbol{v}(t)=\begin{bmatrix}v_\alpha(t)\\ v_\beta(t)\end{bmatrix}=\widetilde{\boldsymbol{K}}\boldsymbol{v}_{abc}(t)=m\frac{V_{dc}}{2}\begin{bmatrix}\sin(\omega_1 t)\\ -\cos(\omega_1 t)\end{bmatrix} \tag{12.6}$$

将三相电机连接到逆变器时，定子频率等于基波频率，即 $\omega_s=\omega_1$，定子电压等于逆变器电压，即 $\boldsymbol{v}_s=\boldsymbol{v}$。忽略定子电阻，$t$ 时刻的定子磁链矢量 $\boldsymbol{\psi}_s=[\psi_{s\alpha}\quad \psi_{s\beta}]^T$ 由下式给出

$$\psi_s(t)=\psi_s(0)+\int_0^t \boldsymbol{v}_s(\tau)\mathrm{d}\tau \tag{12.7}$$

将式（12.6）代入式（12.7），理想定子磁链矢量可改写成

$$\psi_s(t)=-\frac{m}{\omega_s}\frac{V_{dc}}{2}\begin{bmatrix}\cos(\omega_s t)\\ \sin(\omega_s t)\end{bmatrix} \tag{12.8}$$

这直接决定了定子磁链矢量幅值

$$\varPsi_s=\|\psi_s\|=\frac{m}{\omega_s}\frac{V_{dc}}{2} \tag{12.9}$$

由于在式（12.9）的推导过程中忽略了开关作用的影响，因此 $\varPsi_s$ 是没有谐波分量的纯直流量。在变速驱动系统中为了维持电机期望的定子磁链幅值，调制度应当与定子频率成比例地进行调整。式（12.9）的关系同样适用于国际单位制（SI）变量和标幺化（pu）系统。

12.2.3 时间与角度的关系 ★★★

在开始之前，需要建立时间 t 与 OPP 中角度参数 θ 的关系。假设角度以 rad 为单位，时间以 s 为单位，则可以给出以下的比例关系

$$\frac{\theta}{2\pi}=\frac{t}{T_1} \tag{12.10}$$

式中，$T_1=1/f_1$为基波周期。由于定子角频率 ω_s 等于 $2\pi/T_1$，以 SI 变量重写式（12.10）为

$$\theta=\omega_s t \tag{12.11}$$

2.2.1 节定义了 pu 系统下的定子频率为 $\omega_s'=\omega_s/\omega_B$，时间为 $t'=t\omega_B$，其中 ω_B 表示基准角频率。因此，假设去除第 2 章中的上标′，则式（12.11）在 pu 系统中也成立。

12.2.4 定子磁链参考轨迹 ★★★

将逆变器端子与电机相连并忽略电机的定子电阻，可以推导出参考定子磁链矢量轨迹。对于给定 OPP，对 OPP 开关电压序列随时间进行积分可以得到静止坐标系中的参考定子磁链轨迹。对于开关位置为 $U=\{-1,0,1\}$ 的三相逆变器而言，静止坐标系中的定子电压由下式给出

$$\boldsymbol{v}_s^*(t)=\frac{V_{dc}}{2}\widetilde{\boldsymbol{K}}\boldsymbol{u}_{abc}^*(\omega_s t) \tag{12.12}$$

根据式（2.77），假设直流母线电压为其标称值并且忽略中点电位波动。OPP 的三相开关波形 u_{abc}^* 的参数是角度 θ。如同式（12.11），θ 等于 $\omega_s t$。

将式（12.12）代入式（12.7），t 时刻的参考定子磁链矢量可以表示为

$$\psi_s^*(t)=\psi_s^*(0)+\frac{V_{dc}}{2}\int_0^t \widetilde{\boldsymbol{K}}\boldsymbol{u}_{abc}^*(\omega_s\tau)\mathrm{d}\tau \tag{12.13}$$

将被积函数改为 $\theta=\omega_s\tau$，则能以角度 θ 为参数来表示参考定子磁链矢量

$$\psi_s^*\left(\frac{\theta}{\omega_s}\right)=\psi_s^*\mid(0)+\frac{V_{dc}}{2}\frac{1}{\omega_s}\int_0^{\frac{\theta}{\omega_s}}\widetilde{\boldsymbol{K}}\boldsymbol{u}_{abc}^*(\vartheta)\mathrm{d}\vartheta \tag{12.14}$$

⊖ 为了简化注释，本章将删除静止直角坐标系中的矢量的标注 $\alpha\beta$。——原书注

根据式（12.9），上式又可进一步简化为

$$\psi_s^*(\theta) = \psi_s^*(0) + \frac{\Psi_s^*}{m}\int_0^\theta \widetilde{\boldsymbol{K}}\boldsymbol{u}_{abc}^*(\vartheta)\mathrm{d}\vartheta \tag{12.15}$$

式（12.15）将参考定子磁链重新定义为关于角度 θ 的函数而不是关于时间 t 的函数。这样做的好处在于参考定子磁链矢量仅取决于期望磁链幅值和调制度，而与驱动器参数无关，尤其是直流母线电压。

例 12.2 再次考虑脉冲数 $d=5$ 和调制度 $m=0.6$ 的 OPP，如例 12.1 所述。令 $\Psi_s^*=1$，求解式（12.15）的积分，并选择 $\psi_s^*(0)$ 使得轨迹以原点为中心，由此可得相应的分段仿射参考定子磁链轨迹。图 12.3 给出了静止坐标系上 90°范围的参考定子磁链轨迹。由于三相脉冲模式是分段恒定的，所以参考定子磁链轨迹是分段仿射，即与偏移量呈分段线性关系。

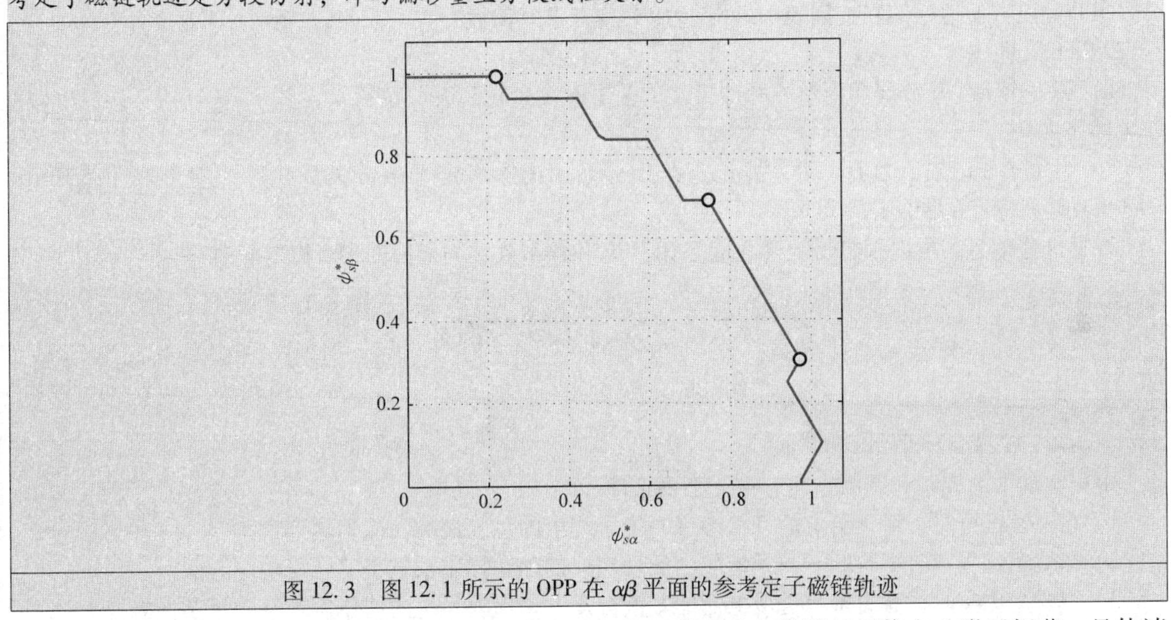

图 12.3 图 12.1 所示的 OPP 在 $\alpha\beta$ 平面的参考定子磁链轨迹

尽管定子磁链轨迹平均幅值为 1，但是从图 12.3 可以明显看出其瞬时幅值在 1 附近振荡，具体请参考图 12.4a。定子磁链矢量的瞬时角度也围绕其标称值振荡。图 12.4b 给出了角度纹波，即定子磁链矢量角度与其参考值 θ 之差。该纹波是瞬时定子磁链矢量角速度变化的结果，当采用不同离散幅值的电压矢量时，这种现象必然出现。零矢量能够使定子磁链矢量暂时停止变化。图 12.3 中的小圆圈表示零矢量。

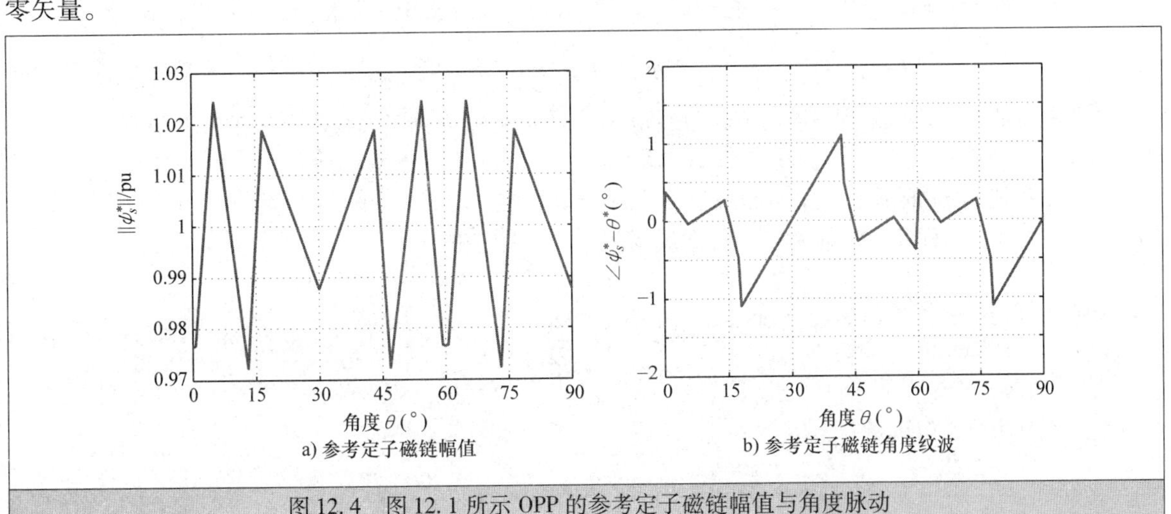

图 12.4 图 12.1 所示 OPP 的参考定子磁链幅值与角度脉动

为了避免混淆概念，采用$\|\psi_s^*\|$表示参考定子磁链矢量的瞬时幅值，其中包含了由开关所引起的纹波，而Ψ_s^*是指不包括开关纹波的平均（或直流）磁链幅值。类似地，对于参考定子磁链角度，$\angle\psi_s^*$表示瞬时角度，而θ^*是参考角度。

定子磁链轨迹具有高度对称性。具体而言，它每60°重复一次。而在每一段60°内，磁链轨迹又沿30°对称，如图12.3所示。定子磁链矢量的幅值和角度上的纹波也具有这样的特性。这种纹波是最理想的，因为它对应于最理想的纹波电流和最小的电流畸变。角度纹波导致转矩波动，而幅值纹波导致磁化波动。

12.2.5 查表法 ★★★

OPP可以方便地存储在查询表中。由于OPP具有强对称性，查询表足以为每个调制度m和脉冲数d存储以下信息：

1）第一个1/4基波周期内单相脉冲模式的基本开关角α_i和开关位置u_i，其中$i=1,2,\cdots,d$。注意u_0始终为0。

2）当定子磁链幅值为1pu时，静止直角坐标系中的参考定子磁链矢量轨迹的拐点。可以看出，$d+1$拐点超过30°就足够了。

根据这些信息，可以很容易地建立起三相OPP和整个基波周期内的参考磁链轨迹。

12.3 定子磁链控制

12.3.1 控制目标 ★★★

中压驱动中的控制和调制方案有4个必要条件。

1）在稳态运行时，对于给定的开关频率，定子绕组的总电流畸变应当达到最小。

2）在瞬态过程和转矩阶跃时，系统应当实现快速的动态控制及较小的转矩响应时间。

3）需要避免实时估算定子磁链或电流的基波分量，来保证系统的简单实现及高可靠性能。

4）控制器对参数变化和测量噪声不敏感。

12.3.2 控制原理 ★★★

调整OPP的开关时刻，使定子磁链矢量能够跟踪其参考轨迹，实现OPP的闭环控制。为了说明这一控制原理，对于a相定子磁链，将$v_{sa}=0.5v_{dc}u_a$代入式（12.7）中的a相分量，可以得到

$$\psi_{sa}(t) = \psi_{sa}(0) + \frac{v_{dc}}{2}\int_0^t u_a(\tau)\,d\tau \tag{12.16}$$

需要注意的是，这里采用了瞬时直流母线电压v_{dc}而不是标称直流母线电压来解决直流母线电压波动的问题。

假设在0到t的时间间隔内，a相发生了一次开关切换。令$\Delta u_a=u_{a1}-u_{a0}$为此次开关切换，其中Δu_a为非零整数。标称开关时刻为t_a^*，实际或调整后的开关时刻为

$$t_a = t_a^* + \Delta t_a \tag{12.17}$$

根据式（12.16），当时间$t\geq t_a$时，a相定子磁链等于

$$\psi_{sa}(t) = \psi_{sa}(0) + \frac{v_{dc}}{2}\left(\int_0^{t_a} u_{a0}\,d\tau + \int_{t_a}^t u_{a1}\,d\tau\right) \tag{12.18}$$

上式经过积分求解可重写为

$$\psi_{sa}(t) = \psi_{sa}(0) + \frac{v_{dc}}{2}\left((u_{a0}+\Delta u_a)t - \Delta u_a t_a^* - \Delta u_a \Delta t_a\right) \tag{12.19}$$

根据式（12.19）最后一项和开关时刻修正量 Δt_a 来实现对 t 时刻定子磁链的控制。可以总结出开关时刻修正量 Δt_a 对 a 相定子磁链的改变为

$$\Delta\psi_{sa}(\Delta t_a) = -\frac{v_{dc}}{2}\Delta u_a \Delta t_a \tag{12.20}$$

例 12.3 如图 12.5 所示给出了一个例子。对 $\Delta u_a = -1$ 的负开关切换推迟了 Δt_a，能够增大伏秒积，进而使该相定子磁链增大了 $0.5v_{dc}\Delta t_a$。提前进行开关切换具有相反的作用，也就是降低了 a 相磁链幅值，b、c 相也同理。

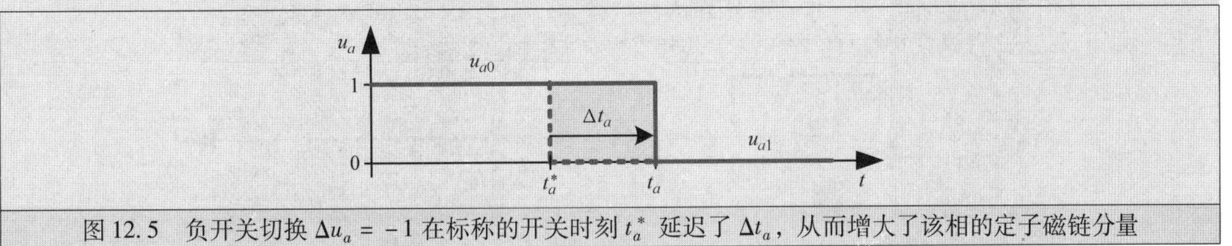

图 12.5 负开关切换 $\Delta u_a = -1$ 在标称的开关时刻 t_a^* 延迟了 Δt_a，从而增大了该相的定子磁链分量

12.3.3 控制问题 ★★★

定子磁链误差为参考定子磁链矢量与电机实际定子磁链之间的偏差。由于实际传动系统的非理想特性，即便在稳态运行时，磁链误差通常也不为 0。这些非理想因素包括直流母线电压波动、式（12.15）中所忽略的定子电阻和功率逆变器的非理想特性，如死区效应。关于逆变器驱动系统中非理想特性的总结，可以见参考文献［9］。

在动态过程中，磁链误差准确地反映了工作点的变化。例如，转矩给定点的逐步变化会导致磁链误差的逐步变化。通过修正磁链误差，将转矩调节到新的给定点。修正速度越快，转矩响应时间就越短。

定子磁链控制问题能够描述为一种边界控制问题。为此，令三相开关位置 $u_{abc} = [u_a \ u_b \ u_c]^T$。为了简化说明，通常将 u_{abc} 下标去除，简写成 u。图 12.6 阐述了边界控制问题。根据 t_0 时刻的开关位置 $u(t_0)$ 和定子磁链矢量 $\psi_s(t_0)$ 推导得到时间间隔 T_p 上的暂态脉冲模式。该脉冲模式能够得到 $t_1 = t_0 + T_p$ 时的最终定子磁链矢量 $\psi_s^*(t_1)$ 及其开关位置 $u(t_1)$。通常 $\psi_s^*(t_1)$ 在参考磁链轨迹上，且其对应的开关位置为 $u(t_1)$。在边界控制问题中，$u(t_0)$ 和 $\psi_s(t_0)$ 为初始条件，$u(t_1)$ 和 $\psi_s(t_1)$ 则对应于终端条件。

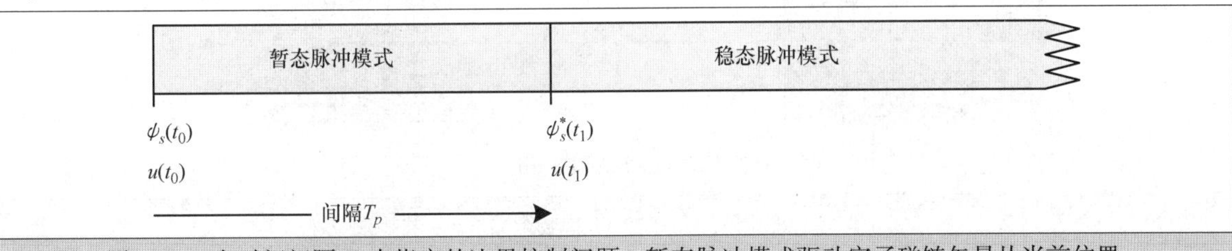

图 12.6 在时间间隔 T_p 内指定的边界控制问题。暂态脉冲模式驱动定子磁链矢量从当前位置 $\psi_s(t_0)$ 变化到期望的开关位置 $u(t_1)$ 所对应的参考轨迹位置 $\psi_s^*(t_1)$

12.3.4 控制方法 ★★★

上述的控制问题能够表述为一个具有滚动时域策略的有约束优化控制问题，或者相当于一个模型预测控制（MPC）问题。可以参考 1.3 节及其参考文献来回顾 MPC 的概念。

该控制方法的关键思路是将预测范围与时间间隔 $T_p = t_1 - t_0$ 联系起来，令定子磁链矢量在这个范围内尽可能地逼近其期望位置，从而修正定子磁链误差。该方法通过在状态矢量上增加终端等式约束来实现。假设系统从上一个预测范围结束开始都处于稳态运行中。从前一个 t_1 时刻开始，假设控制器采

用标称脉冲模式，即稳态脉冲模式。然而，正如图 12.7 所述的滚动时域策略，稳态 OPP 实际上根本用不到。相反，真正应用到驱动系统上的是每个时间步长中已修正 OPP 的第一部分，即采样间隔 $T_s < T_p$ 的脉冲模式。具体而言，如图 12.7a 所示，在 k 时间步长，实际应用的是从 kT_s 时刻到 $(k+1)T_s$ 时刻的脉冲模式，此时，开关由 $u_a=0$ 切换到 1。同样如图 12.7b 所示，在 $k+1$ 时间步长，采用的是（$k+1$）T_s 到（$k+2$）T_s 时刻的脉冲模式，此时开关位置保持 $u_a=1$。

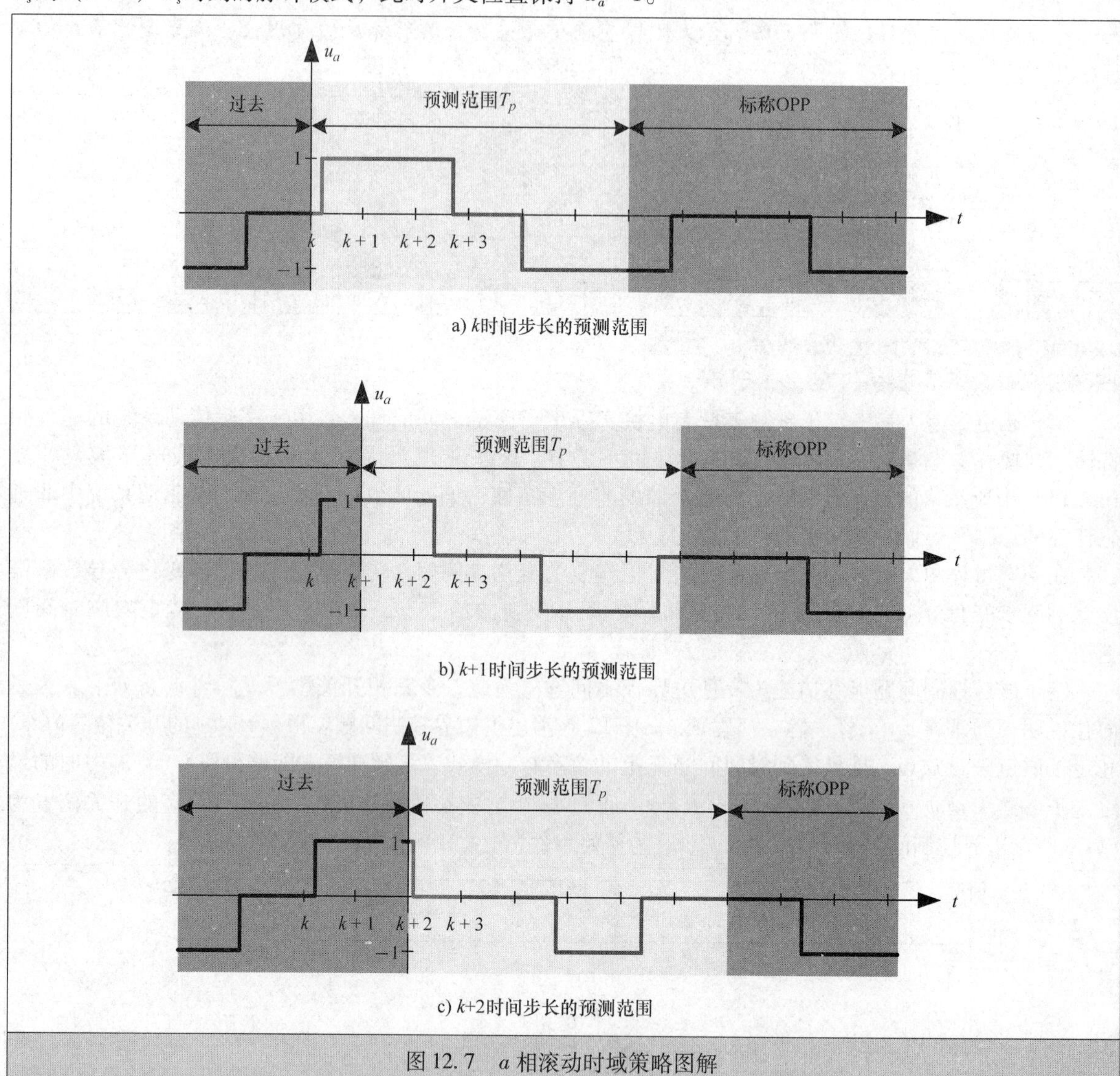

图 12.7 a 相滚动时域策略图解

注：在预测范围 T_p 内计算修正脉冲模式。此外，只有采样间隔 T_s 上的脉冲模式的第一部分被用于逆变器。

在稳态运行条件下，定子磁链误差较小，大约是额定磁链幅值的 1% 或 2%。因此开关瞬态只需进行较小的修正即可消除磁链误差。将稳态 OPP 作为一个基准模式，并对其进行重新优化，从而实现闭环控制。尽管所得到的瞬态脉冲模式在严格意义上并不是最优的，但相比重新计算一个全新的瞬态脉冲模式，它的计算推导过程要简单得多。

12.4 MP^{3}C 算法

在上一节介绍过后，本节将概括定子磁链轨迹跟踪控制的概念，提出了一种具有滚动时域策略的

模型预测控制器，即模型预测脉冲模式控制（MP^3C）。这种控制方案以统一的方式处理内部控制环和调制器的任务。

该控制器的内部模型是基于式（12.16）的两个积分器，每个积分器分别作用于静止正交坐标系的各个轴。采用有限时间长度的预测范围，随着脉冲模式瞬时的切换，定子磁链误差也在预测范围内得到了校正。假设从上一个预测范围结束开始，系统处于稳态运行状态。对潜在的优化问题进行实时求解，同时在预测范围内生成一系列的优化控制行为。根据滚动时域策略（见图12.7），仅将该序列的第一个控制动作（T_s上的脉冲模式）作用于驱动系统。在下一个采样时刻，随着预测范围的移动，控制序列会进行重新的计算，从而为模型的不准确性和测量噪声提供了反馈和鲁棒性。

针对NPC逆变器来阐述MP^3C的概念。NPC逆变器每相提供三种电平$\left\{-\frac{v_{dc}}{2}, 0, \frac{v_{dc}}{2}\right\}$。这些电压可描述为整数变量$u_x \in \{-1, 0, 1\}$，其中$x \in \{a, b, c\}$代表三相中的一相。三相开关位置定义为$\boldsymbol{u} = \boldsymbol{u}_{abc} = [u_a \; u_b \; u_c]^T$。

通过定子磁链矢量$\psi_s = [\psi_{s\alpha} \quad \psi_{s\beta}]^T$和转子磁链矢量$\psi_r = [\psi_{r\alpha} \quad \psi_{r\beta}]^T$将三相逆变器与感应电机联系到一起。令$\angle\psi$为磁链矢量的瞬时角位置，$\|\psi\|$为其瞬时幅值。采用上标*表示变量的参考值，变量$\Psi_s^*$表示参考定子磁链幅值的直流量，定子磁链角度的（平均）参考值由θ^*给出，电机的定子电角频率和转子电角频率分别为ω_s和ω_r。令$t_0 = kT_s$表示当前时刻，其中$k \in \mathbb{N}$为当前时间步长，T_s为采样间隔。

图12.8所示的框图对所提MP^3C策略进行了总结。控制器工作在离散时域，并在相等间隔时刻kT_s下被激活。控制问题在静止正交坐标系中得到了阐述和解决。下面描述了控制器的7个部分。

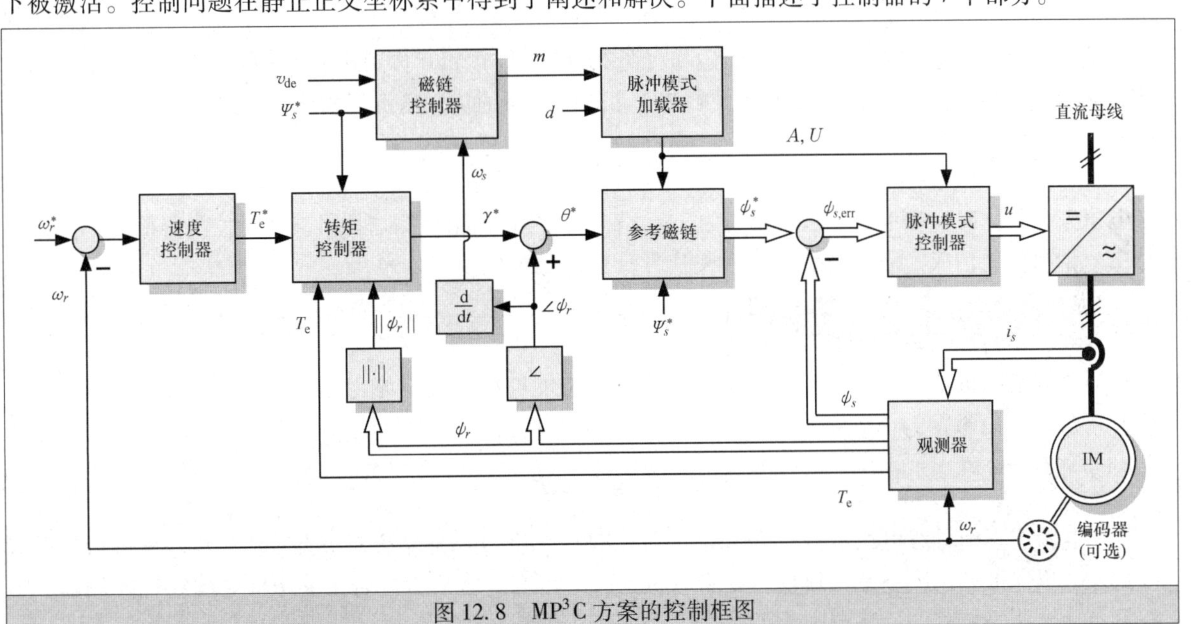

图12.8　MP^3C方案的控制框图

12.4.1　观测器 ★★★

首先，定子电流采样和定子电压重构是基于直流母线电压和采用的开关位置的。基于这些量，可以在静止参考结构中估计出定子和转子磁链矢量，分别为ψ_s和ψ_r。根据式（2.56），可以用这两个磁链矢量来构建转矩估算的表达式

$$T_e = \frac{1}{\text{pf}} \frac{X_m}{D} \psi_r \times \psi_s \tag{12.21}$$

式中，X_m表示主（或磁化）电抗；D为式（2.54）所定义的行列式。采用快速观测器能够更好地避免

限制 MP^3C 可实现的带宽。

与仿真不同，控制器的硬件实现总会在计算控制响应时产生延迟。具体而言，通常在电流采样和新的控制输出作用到逆变器门极驱动单元之间存在一个采样间隔的延迟。为了补偿该延迟，估算的定子和转子磁链矢量可以向前旋转 $\omega_s T_s$。令补偿后的定子磁链角度和转子磁链角度分别为 $\angle\psi_s = \angle\psi_s + \omega_s T_s$ 和 $\angle\psi_r = \angle\psi_r + \omega_s T_s$。在稳态运行期间，这两个磁链矢量均以恒定的角速度 ω_s 旋转。

12.4.2　速度控制器 ★★★

速度控制器通过改变电磁转矩的设定值来控制（电）角速度 ω_r 使其逼近参考值 ω_r^*。根据驱动系统的速度方程［式（2.51b）］，令极对数为 p，采用电角速度 ω_r 代替式（2.51b）中的机械速度 ω_m，并得到

$$\frac{M}{p}\frac{\mathrm{d}\omega_r}{\mathrm{d}t} = T_e - T_\ell \tag{12.22}$$

式中，M 代表电机、轴和负载的转动惯量；T_ℓ 为负载转矩。式（12.22）构成了一阶微分方程，通常比例积分（PI）控制器足以作为速度控制器。PI 控制器往往增加了一个抗饱和方案和转矩限制器。转速由编码器测得或由观测器估算得到。

12.4.3　转矩控制器 ★★★

磁链矢量的幅值及其角位移 γ 决定了电磁转矩

$$T_e = \frac{1}{\mathrm{pf}}\frac{X_m}{D}\|\psi_s\|\,\|\psi_r\|\sin(\gamma) \tag{12.23}$$

这是由定子绕组和转子绕组的气隙磁场（见式（2.57））相互作用在电机的转轴上所产生的。相反地，对于给定参考转矩 T_e^*，定子和转子磁链矢量之间期望的负载角由下式计算得到

$$\gamma^* = \arcsin\left(\mathrm{pf}\frac{D}{X_m}\frac{T_e^*}{\Psi_s^*\,\|\psi_r\|}\right) \tag{12.24}$$

当电机完全磁化时，参考定子磁链幅值为 1pu，转子磁链幅值由观测器提供。转矩控制器最简单的形式是由一个前馈项构成，该项将参考转矩映射到参考负载角中。

12.4.4　磁链控制器 ★★★

通过调整电机基波电压的幅值，使定子磁链幅值能够维持在其参考值 Ψ_s^*。根据前馈项调整调制度，重写式（12.9）为

$$m = \frac{2}{v_{\mathrm{dc}}}\omega_s \Psi_s^* \tag{12.25}$$

它与瞬态直流母线电压 v_{dc} 的倒数和定子角频率 ω_s 成正比。通常会对瞬态直流母线电压进行低通滤波处理，以保证调制度不会受到直流母线电压纹波的影响。前馈增益通常采用传统的线性控制器，该控制器能够调整调制度，从而调节定子或转子磁链幅值误差为 0。

12.4.5　脉冲模式加载器 ★★★

模式加载器根据调制度 m 和脉冲数目 d 提供当前工作点所需的 OPP。为了确定脉冲数目，例如对于三电平逆变器，器件的开关频率由 $f_{\mathrm{sw}} = df_1$ 给出，其中 f_1 表示基波频率。为了保证开关频率不超过最大值 $f_{\mathrm{sw,\,max}}$，选择脉冲数目 d 为不大于 $f_{\mathrm{sw,\,max}}/f_1$ 的最大整数，即

$$d = \mathrm{floor}\left(\frac{f_{\mathrm{sw,max}}}{f_1}\right) \tag{12.26}$$

模式加载器提供在式（12.2）和式（12.3）中定义的基本开关角 A 和对应的单相开关序列 U。三相

OPP 可以很容易地通过这两个矢量建立起来。为了减少实时运算所需的数学计算量，$\alpha\beta$ 坐标系上的每个定子磁链参考轨迹点均可通过查表得到，而不是直接对式（12.15）进行运算求解（详见 12.2.5 节）。

12.4.6 参考磁链 ★★★

下一步则需要计算得到定子磁链参考矢量 ψ_s^*。为了得到期望转矩，参考定子磁链（平均）角位置必须满足下式：

$$\theta^* = \angle\psi_r + \gamma^* \tag{12.27}$$

为了使电机达到期望的磁化强度，参考定子磁链矢量（平均）幅值必须等于其参考值 $\boldsymbol{\Psi}_s^*$。对式（12.15）中的 OPP 进行积分处理，可以得到与角度 θ^* 和幅值 $\boldsymbol{\Psi}_s^*$ 对应的参考定子磁链 $\psi_s^*(\theta^*)$。图 12.9 中的矢量图阐明了参考磁链矢量的由来。

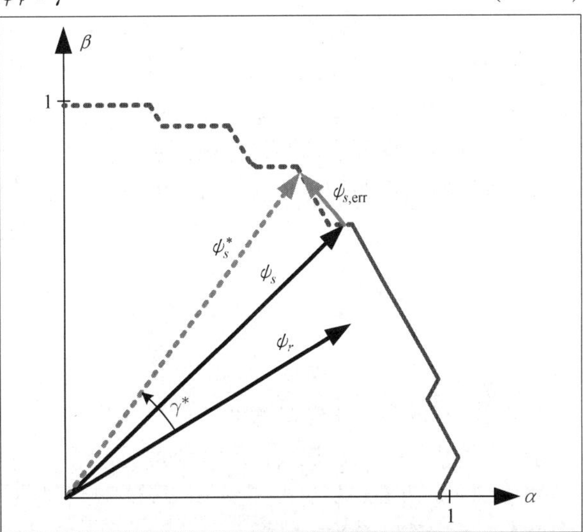

图 12.9 静止坐标系下的转子磁链矢量 ψ_r、定子磁链矢量 ψ_s、参考定子磁链矢量 ψ_s^* 以及定子磁链误差 $\psi_{s,\mathrm{err}}$

或者也可以通过计算定子磁链参考轨迹上的每个拐点来得到参考定子磁链。具体而言，通过比较基本开关角与 θ^* 以确定参考定子磁链的两个相邻拐点。根据这两个参考磁链所对应的基本开关角和 θ^*，采用线性插值法来确定参考磁链矢量 ψ_s^*。考虑到参考磁链幅值不为 1，拐点处的定子磁链矢量可以根据 $\boldsymbol{\Psi}_s^*$ 等比例地缩小。

通常，所产生的瞬时参考定子磁链 ψ_s^* 的幅值 $\|\psi_s^*\|$ 和角度 $\angle\psi_s^*$ 与其期望（平均）值 $\boldsymbol{\Psi}_s^*$ 和 θ^* 略有不同。这些差异与 OPP 的最优磁链（及电流）波动相对应（参见 12.2.4 节末尾的讨论）。

12.4.7 脉冲模式控制器 ★★★

定义瞬态定子磁链误差为其参考值与估计值之差为

$$\psi_{s,\mathrm{err}} = \psi_s^* - \psi_s \tag{12.28}$$

MP^{3}C 控制问题通过在预测范围内调整 OPP 的开关时刻进而消除定子磁链误差。该控制问题能够描述为一个带二次型代价函数及线性约束的优化问题，即所谓的二次规划问题（QP）。其中，二次型代价函数对两项进行惩罚。

$$J(\Delta t) = \|\psi_{s,\mathrm{err}} - \Delta\psi_s(\Delta t)\|_2^2 + \Delta t^T Q \Delta t \tag{12.29}$$

第一项为预测范围结束时的未修正的磁链误差。它是当前时间步长下 $\alpha\beta$ 静止坐标系中的定子磁链误差 $\psi_{s,\mathrm{err}}$ 与预测范围结束时的磁链修正量 $\Delta\psi_s(\Delta t)$ 之差。磁链修正项在 12.5 节得到了进一步的研究。未修正的磁链误差构成了被控变量。

第二项则采用对角惩罚矩阵 Q 对开关时刻的修正量 Δt 进行惩罚，这是被控变量。Q 中所使用的惩罚量很小。这保证了代价函数中第一项的优先级，并且使得磁链误差逼近于 0[⊖]。开关时刻的修正量被汇总在向量

$$\Delta t = [\Delta t_{a1}\ \Delta t_{a2} \cdots\ \Delta t_{an_a}\ \Delta t_{b1} \cdots \Delta t_{bn_b}\ \Delta t_{c1} \cdots \Delta t_{cn_c}]^T \tag{12.30}$$

⊖ 在另一种可选方案中，可以通过（终端）等式约束 $\psi_{s,\mathrm{err}} - \Delta\psi_s(\Delta t) = 0$ 来代替代价函数的第一项。然而，这可能导致数值求解困难，特别是导致优化问题无法求解。因此，最好将终端等式约束放到代价函数中并对其施加一个（同等）大的惩罚，进而放宽终端等式约束。——原书注

例如，a 相第 i 次的切换时刻的修正量为

$$\Delta t_{ai} = t_{ai} - t_{ai}^{*} \tag{12.31}$$

式中，t_{ai}和 t_{ai}^{*} 分别表示第 i 次开关状态切换 Δu_{ai}的实际开关时刻及标称开关时刻。定义开关状态切换为

$$\Delta u_{ai} = u_{a}(t_{ai}^{*}) - u_{a}(t_{ai}^{*} - \mathrm{d}t) \tag{12.32}$$

式中，$\mathrm{d}t$ 为无穷小的时间步长。此外，式（12.30）中，n_a表示 a 相预测范围内的开关切换数目。b、c 相也同理。

开关时刻需要施加几个约束。首先，开关切换不能移动到采样时刻之前。为了避免这种情况，需要在 a 相第一个开关时刻加上 $kT_s \leqslant t_{a1}$的约束。其次，必须保持各相开关切换的顺序。改变单相开关顺序可能会使生成的开关位置超出逆变器的能力，因此要严格保持各相开关切换顺序以避免这一最坏情况的发生。为此，a 相相邻的开关切换受到 $t_{a1} \leqslant t_{a2} \leqslant \cdots \leqslant t_{an_a} \leqslant t_{a(n_a+1)}^{*}$ 的约束，其中 $t_{a(n_a+1)}^{*}$ 表示超出当前预测范围的第一次开关切换的标称开关时间。b、c 相的开关时刻也受到类似的约束。

受到这些约束的代价函数（12.29）最小化求解问题可以表示成如下的 QP 问题。

$$\underset{\Delta t}{\text{minimize}}\ J(\Delta t) \tag{12.33a}$$

$$\text{服从于}\quad kT_s \leqslant t_{a1} \leqslant t_{a2} \leqslant \cdots \leqslant t_{an_a} \leqslant t_{a(n_a+1)}^{*} \tag{12.33b}$$

$$kT_s \leqslant t_{b1} \leqslant t_{b2} \leqslant \cdots \leqslant t_{bn_b} \leqslant t_{b(n_b+1)}^{*} \tag{12.33c}$$

$$kT_s \leqslant t_{c1} \leqslant t_{c2} \leqslant \cdots \leqslant t_{cn_c} \leqslant t_{c(n_c+1)}^{*} \tag{12.33d}$$

需要注意的是，OPP 以角度 θ 作为参数变量，而 MPC 控制器是在时间域上的描述。假设在预测范围内，定子角频率保持常数，那么便可通过式（12.11）将开关角转化为开关时间。

例 12.4 图 12.10 给出了一个例子来说明式（12.33b）~式(12.33d）中的开关时刻约束。预测范围内的开关切换数量为 $n_a=2$，$n_b=3$，$n_c=1$。c 相预测范围内仅存在一个开关切换 t_{c1}，它受到当前时刻 kT_s及预测范围外的第二个开关切换的标称开关时刻 t_{c2}^{*}的约束。

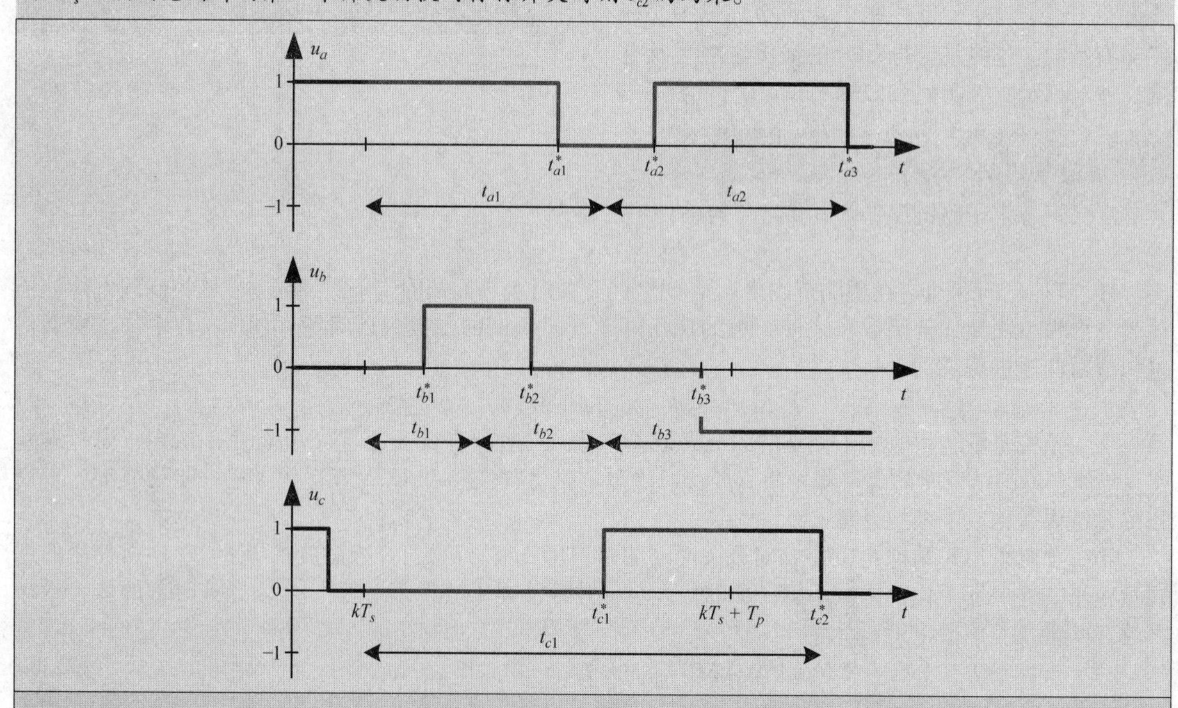

图 12.10　三相三电平优化脉冲模式的 MP³C 问题

注：在固定范围长度 T_p 内存在 6 次开关切换。开关时刻的上下界限如箭头所示。

b 相第一个开关切换 t_{b1} 受到 kT_s 和 b 相第二个（实际）开关时刻 t_{b2} 的约束。而第二个开关切换受到了第一个开关切换 t_{b1} 和第三个开关切换 t_{b3} 的约束，其他开关切换以此类推。需要注意的是，每相开关时刻的调整并不受到其他相开关切换的影响。

预测范围 T_p 的长度是一个（时不变的）设计参数。然而，如果预测范围太短导致其无法包括三相中的开关切换，则暂时增大预测范围直到它能够包括三相中的开关切换。例如，再次考虑图 12.10。当 T_p 小于 $t_{c1}^* - kT_s$ 时，T_p 增加到该值。这种调整是为了避免数字计算困难，具体描述见下一节。

最后，确定采样间隔内的实际开关时刻。将采样间隔上的开关序列，即开关时刻及其相应的开关位置，发送到逆变器的半导体开关器件的门极单元。

总而言之，首先制定一个基于定子磁链轨迹跟踪的 MPC 方案。通过修正预测范围内的优化脉冲模式开关时刻，控制定子磁链矢量追随给定参考轨迹。如此可以满足 12.3.1 节所提出的 4 个控制目标，详见下一章。具体而言，由于参考磁链轨迹是由离线计算的 OPP 电压波形积分得到，因此具有最小的电流畸变。如果能够准确跟踪参考磁链轨迹，就能保证系统在各开关频率状态下稳定运行时获得几乎最佳的电流谐波畸变率。其次，通过直接控制开关时刻并在必要时插入额外的脉冲，可以实现瞬态过程中快速动态响应，这将在 12.6 节中详细讨论。然后，由于 MPC 公式是基于瞬时磁链的脉动分量，因此不需要对其基波分量进行观测，这将大大简化控制方案。最后，通过在长时间间隔内合理分配控制工作，使用相对较长的预测范围可以降低控制器对观测量及观测噪声的敏感度。13.1.2 节研究了噪声对 MP^{3}C 闭环控制性能的影响。

12.5 MP^{3}C 求解方法

上一节中制定的 QP［式（12.33）］构成了 MP^{3}C 算法的主要计算阶段。在尝试求解之前，需要将其重新设计成更简便的形式。

将式（12.20）推广到第 i 次开关切换，并对 a 相第 i 次开关切换位移 Δt_{ai} 时间，可以得到伏秒修正量

$$\Delta\psi_{sai}(\Delta t_{ai}) = -\frac{v_{\text{dc}}}{2}\Delta u_{ai}\Delta t_{ai} \tag{12.34}$$

假设 a 相预测范围内存在 n_a 次开关切换，通过对 n_a 次开关切换的各个伏秒修正量进行求和，以此获得 a 相总磁链修正量。根据式（12.34）运算 n_a 次，可得

$$\Delta\psi_{sa}(\Delta t_a) = -\frac{v_{\text{dc}}}{2}\sum_{i=1}^{n_a}\Delta u_{ai}\Delta t_{ai} \tag{12.35}$$

式中

$$\Delta t_a = [\,\Delta t_{a1} \quad \Delta t_{a2} \cdots \Delta t_{an_a}\,]^T \tag{12.36}$$

对于 b、c 相可以得到类似的表达式。

通过 Clarke 变换［式（2.13）］，将 a、b、c 三相的磁链误差之和转化到 $\alpha\beta$ 坐标系上，便可以得到 $\alpha\beta$ 坐标系上的定子磁链修正量。

$$\Delta\psi_s(\Delta t) = \widetilde{\boldsymbol{K}}\begin{bmatrix}\Delta\psi_{sa}(\Delta t_a)\\ \Delta\psi_{sb}(\Delta t_b)\\ \Delta\psi_{sc}(\Delta t_c)\end{bmatrix} = -\frac{v_{\text{dc}}}{2}\widetilde{\boldsymbol{K}}\begin{bmatrix}\sum_i^{n_a}\Delta u_{ai}\Delta t_{ai}\\ \sum_i^{n_b}\Delta u_{bi}\Delta t_{bi}\\ \sum_i^{n_c}\Delta u_{ci}\Delta t_{ci}\end{bmatrix} \tag{12.37}$$

据此，可将 QP 重写成标准形式

$$\underset{\Delta t}{\text{minimize}}\ \Delta t^T H\Delta t + 2c^T\Delta t \tag{12.38a}$$

$$\text{服从于}\quad \boldsymbol{G}\Delta t \leqslant \boldsymbol{g} \tag{12.38b}$$

QP 的详细推导过程，矩阵 $\boldsymbol{H}$ 和 $\boldsymbol{G}$ 及矢量 $\boldsymbol{c}$ 和 $\boldsymbol{g}$ 的获取详见附录 12. A。注意，$\boldsymbol{H}$ 是关于开关切换和惩罚矩阵 $\boldsymbol{Q}$ 的函数，$\boldsymbol{c}$ 是关于开关切换及定子磁链误差 $\psi_{s,\mathrm{err}}$ 的函数，$\boldsymbol{g}$ 取决于标称开关时刻。一般的数学规划和特别的 QP 在附录 3. B 中有过评论。

本章提出了两种采用不同的惩罚矩阵 $\boldsymbol{Q}$ 的 MP³C 求解方法，其差别在于采用了不同的方法来求解潜在 QP 问题。

12. 5. 1 基于二次规划的 MP³C ★★★

式（12. 33）提出了 QP 算法，而式（12. 38）将其表示成矢量形式。对所有开关切换都采用相同的惩罚条件能够大大简化 QP 求解过程，即令

$$\boldsymbol{Q} = q\boldsymbol{I} \tag{12.39}$$

采用所谓的有效集法能够有效地解决简化 QP 问题。这是解决中小规模 QP 问题的标准方法。有效集法的详细描述可见参考文献［10］的 16.4 节。

1. 无约束的解决方案

首先从计算无约束的解决方案开始，即忽略式（12. 38b）中的时间约束对式（12. 38a）进行最小化求解。暂时假设所有的开关切换步长为 ±1，即 $|\Delta u_{xi}| = 1$，其中 $x \in \{a, b, c\}$。对于任意给定相，倘若开关时刻的修正量都相同，那么每个开关切换提供的伏秒修正量也相同。式（12. 37）也反映了这一事实。由于所有的这些修正量都是以相同的权重 q 进行惩罚的，很明显，在不受约束的情况下，每相中以相同的绝对值修改开关时刻是最佳的。因此，例如对于 a 相，可以得到

$$|\Delta t_{a1}| = |\Delta t_{a2}| = \cdots = |\Delta t_{an_a}| \tag{12.40}$$

即每相所需伏秒修正量均匀分布在给定相的所有开关切换中。对于 a 相而言，这意味着

$$\Delta\psi_{sa1} = \Delta\psi_{sa2} = \cdots = \Delta\psi_{san_a} \tag{12.41}$$

b、c 相也同理。

因此可以定义一个新的变量，这个变量对应于 a 相 n_a 次开关切换中任意一个伏秒修正，即

$$\delta_a = \Delta\psi_{sai}, i \in \{1,2,\cdots,n_a\} \tag{12.42}$$

这样，式（12. 35）可以简化为

$$\Delta\psi_{sa}(\delta_a) = n_a\delta_a \tag{12.43}$$

式中伏秒修正的形式得到了改变。相应地定义变量 δ_b 和 δ_c，这些理论对于 b、c 相也适用。

式（12. 37）中所示 $\alpha\beta$ 中的定子磁链修正量能够重写成

$$\Delta\psi_s(\boldsymbol{\delta}) = \widetilde{\boldsymbol{K}}\begin{bmatrix} n_a\delta_a \\ n_b\delta_b \\ n_c\delta_c \end{bmatrix} = \widetilde{\boldsymbol{K}}\boldsymbol{N}\boldsymbol{\delta} \tag{12.44}$$

式中，将各相变量 δ_a、δ_b、δ_c 整合成三相矢量 $\delta = [\delta_a\ \delta_b\ \delta_c]^T$，并令 $\boldsymbol{N} = \mathrm{diag}(n_a,\ n_b,\ n_c)$。

代价函数［式（12. 29）］中的第二项是用来惩罚开关时刻修正量。根据式（12. 39）和式（12. 40），可将其重写成

$$\Delta t^T Q \Delta t = q(n_a(\Delta t_{a1})^2 + n_b(\Delta t_{b1})^2 + n_c(\Delta t_{c1})^2) \tag{12.45}$$

为了将开关时刻修正量与 δ 联系到一起，将式（12. 34）代入式（12. 42）并对其进行平方。由于所有的开关切换步长为 1，对于 a 相而言，可以得到

$$\delta_a^2 = \left(\frac{v_{\mathrm{dc}}}{2}\right)^2(\Delta t_{ai})^2 \tag{12.46}$$

b、c 相也同理可得。通过定义比例权重

$$q' = q\left(\frac{2}{v_{\mathrm{dc}}}\right)^2 \tag{12.47}$$

式（12.45）能够进一步地简化成

$$\Delta t^T Q \Delta t = q'(n_a\delta_a^2 + n_b\delta_b^2 + n_c\delta_c^2) = q'\boldsymbol{\delta}^T \boldsymbol{N}\boldsymbol{\delta} \tag{12.48}$$

代价函数［式（12.29）］能够重写成关于 δ 的函数

$$J(\boldsymbol{\delta}) = \| \psi_{s,\mathrm{err}} - \widetilde{\boldsymbol{K}}\boldsymbol{N}\,\boldsymbol{\delta} \|_2^2 + q'\boldsymbol{\delta}^T\boldsymbol{N}\boldsymbol{\delta} \tag{12.49}$$

式中，采用式（12.44）代替定子磁链修正量，并令式（12.48）代替开关时刻修正量的惩罚函数。

如附录 12. B 所示，式（12.49）的无约束最小值可以由下式获得

$$\boldsymbol{\delta} = \boldsymbol{M}^{-1}\widetilde{\boldsymbol{K}}^T\psi_{s,\mathrm{err}} \tag{12.50}$$

式中

$$\boldsymbol{M} = \frac{2}{9}\begin{bmatrix} 2n_a + 4.5q' & -n_b & -n_c \\ -n_a & 2n_b + 4.5q' & -n_c \\ -n_a & -n_b & 2n_c + 4.5q' \end{bmatrix} \tag{12.51}$$

表达式 $\boldsymbol{M}^{-1}\widetilde{\boldsymbol{K}}^T$ 可以通过代数运算求得。此外，$\boldsymbol{M}$ 的逆矩阵并不需要实时求解。

2. 有效集法

为了解决 QP 问题所制定的有效集法涉及以下三个步骤的迭代运算。

（1）步骤 1

确定每相预测范围内的开关切换数目 n_a、n_b、n_c。如果需要的话，可以扩大预测范围，直到每相至少发生一次开关切换。

（2）步骤 2

忽略时间约束，并根据式（12.50）计算得到无约束的伏秒修正量 δ。考虑到开关切换的符号，将伏秒修正量转化为无约束的开关时刻。对于 a 相第 i 次切换，意味着 $t_{ai} = t_{ai}^* + \Delta t_{ai}$ 中

$$\Delta t_{ai} = -\frac{2}{v_{\mathrm{dc}}}\frac{\delta_a}{\Delta u_{ai}} \tag{12.52}$$

该表达式是根据式（12.34）和式（12.42）推导得到的，b、c 相中的无约束开关时刻的值也由此得到。

（3）步骤 3

在无约束的开关时刻中增加时间约束（12.33b）~（12.33d）。对于违反一个或多个约束条件的开关时刻即所谓的有效约束，需要进行以下操作：

1）增加约束条件以限制无约束开关时刻，这形成了这些开关时刻的最终解决方案。

2）相应地减少相关 N 的条目，将这些开关时刻及其相关的开关切换从优化问题中移除。

3）计算由这些调整后的开关时刻所产生的磁链修正量，并更新剩余的（尚未修正的）磁链误差。

重复运行步骤 2 和 3 直到求解结果保持不变。通常经过两次迭代运算即可满足条件。

有效集法求解简单，开关切换数目及预测范围长度不会影响其复杂程度。需要特别注意，矩阵 $\boldsymbol{M}^{-1}\widetilde{\boldsymbol{K}}^T$ 的维度通常是 3×2［见式（12. B. 7）］。在后面各节中，这种 $\mathrm{MP^3C}$ 的求解方式将被称为基于 QP 的 $\mathrm{MP^3C}$，或简称为 QP $\mathrm{MP^3C}$。

3. 最优化

在本节开始时，已经假设所有的开关切换步长为 ±1，即 $|\Delta u_{xi}| = 1$。在这一假设下，尽管并没有得到正式的证明，但通过一些实例的验证发现有效集法可以求得 QP［见式（12.33）］问题的最优解 Δt。当步长超过 1 时，求解过程会有一些细微的差异，如下例所示。

例 12.5　如图 12.11 所示，a 相第二个开关切换为 $\Delta u_{a2} = -2$。为了简化说明，忽略 b、c 相开关切换以及该过程中对磁链误差和 a 相的影响。在原始 QP 公式（12.33）中，不管开关切换步长如何，开

关时刻的修正量都会得到惩罚。如果没有时间约束，结果便会如图 12.11a 所示，开关时刻修正量的绝对值相同，即 $\Delta t_{a1} = -\Delta t_{a2}$。

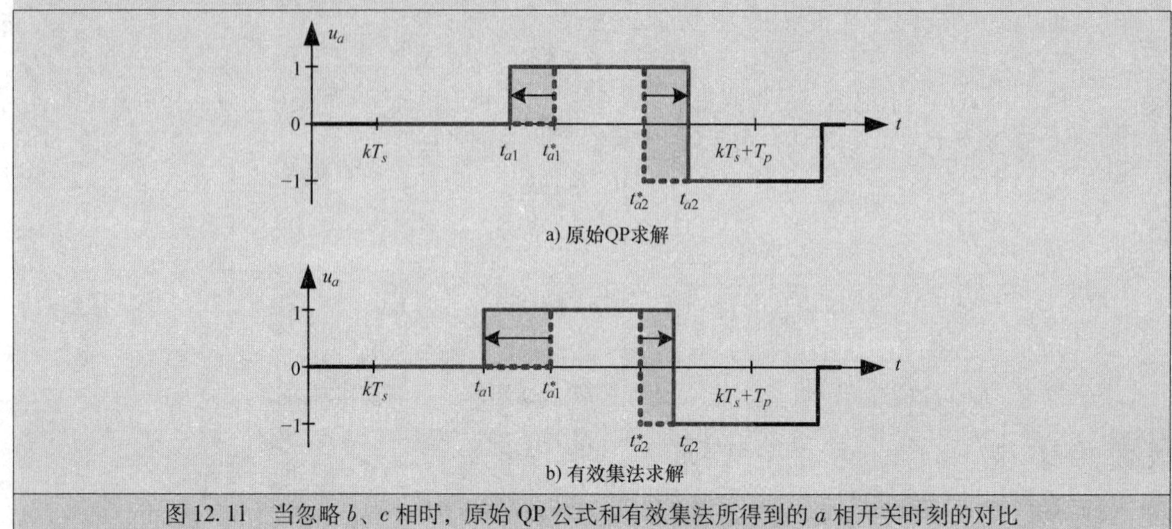

图 12.11　当忽略 b、c 相时，原始 QP 公式和有效集法所得到的 a 相开关时刻的对比

然而，当制定并求解有效集法时，伏秒修正量得到了惩罚。如图 12.11b 所示，对于任意相，开关切换均以相同的伏秒修正量为目标来进行调整。当开关切换的绝对值超过 1 时，根据式（12.52）需要减少时间调整量。在本例中，$\Delta t_{a1} = -2\Delta t_{a2}$。

这种细微的差异仅在步长超过 ±1 时存在。不同于原始 QP 问题，实际中将开关切换步长的绝对值也作为开关时刻修正的加权项，并通过有效集法求解这种 QP 问题。此外，对于本例所示的这两种方法，其每相伏秒修正量均相同。然而，当考虑所有三相时，便会产生一些额外的差异。

总结得出如下结论：若所有的开关切换都被限制在 $\Delta u_{xi} = \pm 1$，则所提出的有效集法能够求得 QP［式（12.33）］最优解。

12.5.2　基于无差拍控制的 MP³C ★★★

另一个选择是将式（12.29）中的惩罚矩阵 $\boldsymbol{Q}$ 设为 0，其结果就是开关时刻的修正量不受到惩罚。通过磁链校正 $\Delta\psi_s(\Delta t) = \psi_{s,\text{err}}$ 使得式（12.33）的无约束求解结果可以完全消除磁链误差。

预测范围需要维持尽可能短。具体而言，将预测范围重新定义为从当前时刻开始的最短时间间隔，使得至少在两相中存在开关切换。这将产生一个具有 DB 特性和时变预测范围的脉冲模式控制器。控制算法在计算和概念上都很简单，具体如下所述。

（1）步骤 1

确定具有下一次开关切换的两相，即所谓的有效相。总共有三对有效相，分别为 ab、bc 或 ac。确定预测范围内的所有开关切换。例如图 12.10 所示，a、b 相具有下一次的开关切换，因此 a、b 相为有效相。它们的标称开关时刻为 t_{b1}^*、t_{b2}^* 和 t_{a1}^*。因此预测范围横跨了从 kT_s 到 t_{a1}^* 的时间间隔。

（2）步骤 2

通过将磁链修正量映射到两个有效相，能够使所需的定子磁链修正量从 $\alpha\beta$ 坐标系转换到 abc 坐标系上。令第三相的磁链修正量为 0。在图 12.5 所示例子中，有效相 a 和 b 的映射关系由下式给出

$$\Delta\psi_{s,abc} = \widetilde{\boldsymbol{K}}_{ab}^{-1}\Delta\psi_s \tag{12.53}$$

式中

$$\widetilde{\boldsymbol{K}}_{ab}^{-1} = \frac{1}{2}\begin{bmatrix} 3 & \sqrt{3} \\ 0 & 2\sqrt{3} \\ 0 & 0 \end{bmatrix} \tag{12.54}$$

附录 12. C 给出了该矩阵及对应的另外两对有效相的映射矩阵 $\widetilde{\boldsymbol{K}}_{bc}^{-1}$ 和 $\widetilde{\boldsymbol{K}}_{ac}^{-1}$ 的推导过程。

(3) 步骤 3

根据瞬时直流母线电压的倒数对磁链修正量进行缩小，使其成为一个独立项。为此，引入 $\Delta\psi'_{s,abc}=[\Delta\psi'_{sa}\quad\Delta\psi'_{sb}\quad\Delta\psi'_{sc}]^T$ 并定义

$$\Delta\psi'_{s,abc}=\frac{2}{v_{\mathrm{dc}}}\Delta\psi_{s,abc} \tag{12.55}$$

例如，对 a 相而言，这意味着

$$\Delta\psi'_{sa}=-\sum_{i=1}^{n_a}\Delta u_{ai}\Delta t_{ai} \tag{12.56}$$

上式作为式 (12. 35) 的延伸。同理，b、c 相也适用。

(4) 步骤 4

确认第一个有效相 x，其中 $x\in\{a,\ b,\ c\}$。对于第一个开关切换，令 $i=1$。DB 控制器旨在是将所有所需的伏秒修正 $\Delta\psi'_{sx}$ 转换成 x 相中第一个开关时刻的修正。具体而言，对于具有标称开关时刻 t_{xi}^* 和开关切换 Δu_{xi} 的该相第 i 次开关切换，执行以下操作：

1）计算期望的修正量 $\Delta t_{xi}=-\Delta\psi'_{sx}/\Delta u_{xi}$。

2）开关时刻修正为 $t_{xi}=t_{xi}^*+\Delta t_{xi}$。

3）根据式 (12. 33b) ~ 式(12. 33d)，分别对 t_{xi} 施加时间约束以限制开关时刻 t_{xi}。

4）采用 $\Delta\psi'_{sx}+\Delta u_{xi}(t_{xi}-t_{xi}^*)$ 代替 $\Delta\psi'_{sx}$，来更新 x 相所期望的伏秒修正分量。

若该相期望的伏秒积修正 $\Delta\psi'_{sx}$ 非零，对于下次开关切换重复此步骤并令 $i=i+1$。

(5) 步骤 5

确定第二个有效相，并对该相重复步骤 4 的过程。

注意，只有当相关约束无效时，$t_{xi}-t_{xi}^*$ 才等于期望修正值 Δt_{xi}。对于 DB 控制器，没有关于开关切换步长的假设。基于 DB 的 MP^{3}C 尤其适用于任意（非零整数）的开关切换 $\Delta u_{xi}\in\mathbb{Z}\backslash 0$。

由于 DB 控制器的目的是尽可能快地消除定子磁链误差，且开关时刻的修正不受惩罚，所以 DB 控制器快且激进。然而，由于预测范围尽可能短而且必须满足开关时刻的约束，因此不能保证在预测范围内完全消除磁链误差。

12. 6 脉冲插入

在 OPP 中，开关切换在时间上不是均匀分布的。特别是在几百赫兹的非常低的开关频率下，两个开关切换之间可能会产生较长的时间间隔。在此时间间隔的开始处施加一个参考转矩阶跃，转矩可能会经过很长的一段时间才开始变化，这将导致较长的初始时间延迟并且经常会增加系统的过渡时间。

一旦受控变量开始变化，转矩响应可能会变慢，且明显慢于采用 DB 控制的方法，如 DTC(见 3. 6. 3 节)。响应缓慢是由于没有合适的电压矢量能够使被控磁链矢量沿着转速方向移动，从而导致磁链误差不能得到尽快的补偿。为了确保在瞬态过程中获得非常快的转矩响应，至少有一相需要切换至上或下直流母线。例如在低压穿越中，这意味着在大部分瞬态期间至少有一相电压需要反向。

电流偏移的风险与转矩响应延迟的问题直接相关。对开关切换进行及时的移位可以消除磁链误差，但当开关切换持续较长的时间间隔时，很可能会产生电流偏移。这将增大磁链矢量从当前位置不沿最短路径移动到新的期望位置的风险。相反，磁链矢量可能会暂时偏离该路径，导致磁链幅值超过其额定值。这相当于产生大电流，甚至可能会导致过流跳闸。

本节提出了一种在瞬态和(准)稳态运行期间提高 MP^{3}C 性能的方案。当磁链误差超过给定阈值时，向 OPP 中添加额外的开关切换。插入额外的开关切换能够将 OPP 和 DB 控制的优点结合起来，详见

13.1.3 节。

引入额外开关切换的概念在上面的轨迹跟踪控制中提到过,虽然参考文献[2,5,11]只是简短地介绍了这一概念。本节正式介绍了插入开关切换的概念,并采用闭环而不是(开环)前馈切换插入来对其进行概括。

12.6.1 定义 ★★★

首先,令 $\Delta u_x(t)=u_x(t)-u_x(t-\mathrm{d}t)$ 作为 x 相的单相开关切换，其中 $x\in\{a, b, c\}$，并且允许任何非零整数步长。相应地，三相开关切换被定义为 $\Delta \boldsymbol{u}(t)=\boldsymbol{u}(t)-\boldsymbol{u}(t-\mathrm{d}t)$。在同一相中，一个脉冲由两个连续的开关切换构成。这两个开关切换符号相反，幅值未必相同，详见下一节。

以五电平逆变器为例来阐述脉冲插入的概念。五电平逆变器每相具有五种电平 $\{0, \pm\frac{v_{\mathrm{dc}}}{4}, \pm\frac{v_{\mathrm{dc}}}{2}\}$，这些电压能够表述为整数变量 $u_x\in\{0, \pm1, \pm2\}$ 的形式，其中 $x\in\{a, b, c\}$ 代表三相中的其中一相。

12.6.2 算法 ★★★

必要时，可以对 12.4 节提出的标准 MP³C 算法增添一个附加单元以便在必要时插入额外的开关切换。该单元可以看成是脉冲模式控制器的预处理阶段，它由四个计算步骤组成。

(1) 步骤 1

计算完式（12.28）中的定子磁链误差 $\psi_{s,\mathrm{err}}$ 后，将 $\alpha\beta$ 正交坐标系上的磁链误差映射到三相 abc 系统。

$$\psi_{s,abc,\mathrm{err}}=\widetilde{\boldsymbol{K}}^{-1}\psi_{s,\mathrm{err}} \tag{12.57}$$

式中，$\widetilde{\boldsymbol{K}}^{-1}$ 表示简化的 Clarke 变换（2.13）的 3×2 转置矩阵。

(2) 步骤 2

图 12.12 介绍了每相定子磁链的误差范围。基于这些误差范围，从而决定是否插入一个增量开关矢量，也就是三相开关切换 Δu_{ins}。如果是这种情况，则确定每相开关切换的幅值和符号。这两种状态能以一种简洁的方式表达，即

$$\Delta \boldsymbol{u}_{\mathrm{ins}}=\mathrm{round}(c_i\psi_{s,abc,\mathrm{err}}) \tag{12.58}$$

式中，增益系数 c_i 是一个自定义的标量参数。值得注意的是，增益及舍入运算间接地定义了误差范围。由于定子磁链是逆变器开关位置的积分与半边直流母线电压的乘积［见式（12.13)］，因此增益系数 c_i 已经隐含了 $0.5v_{\mathrm{dc}}$ 这一项。

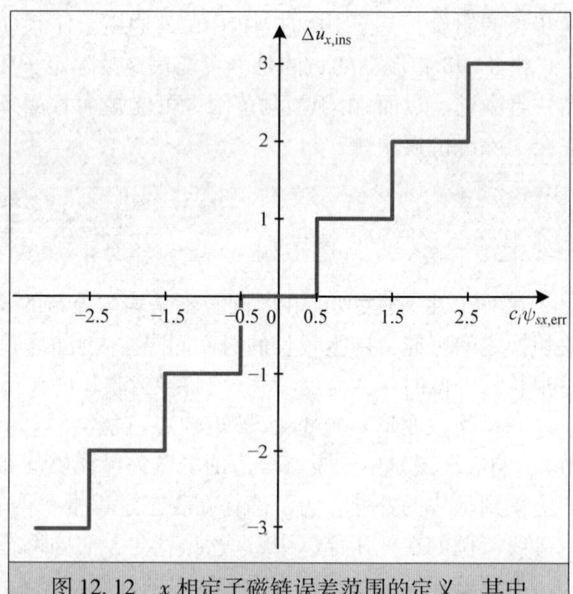

图 12.12 x 相定子磁链误差范围的定义，其中 $x\in\{a, b, c\}$。插入的开关切换由 $\Delta u_{x,\mathrm{ins}}$ 表示

如图 12.12 所示，根据 abc 三相的磁链误差幅值和符号来确定外加开关切换 Δu_{ins} 的幅值和符号。分别对每相都做上述操作。如果三相开关切换均为 0，即 $|c_i\psi_{sx,\mathrm{err}}|<0.5$，其中 $x\in\{a, b, c\}$，则不插入额外的开关切换。

如果定子磁链过小造成的磁链误差为正，则需要额外的伏秒积，这相当于增加了一个正开关切换，由此产生了一个正脉冲。具体而言，当 $0.5\leqslant c_i\psi_{sx,\mathrm{err}}<1.5$ 时，x 相需要增加一个幅值为 1 的开关切换 $\Delta u_{x,\mathrm{ins}}=1$。相应地，当 $1.5\leqslant c_i\psi_{sx,\mathrm{err}}<2.5$ 时，需要增加幅值为 2 的开关切换 $\Delta u_{x,\mathrm{ins}}=2$，以此类推。当

出现负磁链误差时，需要增添负开关切换。

（3）步骤3

重复插入短脉冲可能会产生抖动现象，并且会不必要地增大开关频率。这个问题可以通过增加约束限制来避免，即当插入开关切换时，在保持每相开关切换符号的同时，减小其幅值。具体而言，各相所需的额外开关切换根据以下三个规则进行调整：

1）如果 $\|\Delta u_{ins}(k-1)\|>0$ 且 $\Delta u_{x,ins}(k-1)=0$，则 $\Delta u_{x,ins}(k)=0$。

2）如果 $\Delta u_{x,ins}(k-1)>0$，则 $\Delta u_{x,ins}(k)=\min(\max(\Delta u_{x,ins}(k),0),\Delta u_{x,ins}(k-1))$。

3）如果 $\Delta u_{x,ins}(k-1)<0$，则 $\Delta u_{x,ins}(k)=\max(\min(\Delta u_{x,ins}(k),0),\Delta u_{x,ins}(k-1))$。

第一条规则保证了当 x 相脉冲插入动作结束而其他相仍在进行时，x 相脉冲在所有三相脉冲插入操作结束之前不会重新开始。第二和第三条规则强制使插入的开关切换的幅值的绝对值单调递减，直到为0。

（4）步骤4

额外的开关切换 Δu_{ins} 被加到标称脉冲模式（具有标称开关位置及标称开关时刻）。如图12.13a所示，该过程包含以下三个步骤：

1）标称OPP通过查表得到，并且在时刻 t_0 开始的标称开关序列需要建立在离未来足够远的地方。x 相的标称开关序列如图12.13a中虚线所示。

2）根据 $u(t_0)=u(t_0-\mathrm{d}t)+\Delta u_{ins}(t_0)$ 确定 t_0 时刻的开关位置的值。其中，当前作用到逆变器的开关位置为 $u(t_0-\mathrm{d}t)$。当 $u(t_0)$ 超过逆变器可用开关位置时，$u(t_0)$ 在可达到的最大或最小开关位置处饱和。

这意味着可能无法实现插入所有范围内的开关切换。举例说明，假设应用在 x 相的当前开关位置为 $u_x(t_0-\mathrm{d}t)=1$ 且要求的额外开关切换为 $\Delta u_x(t_0)=3$。对于五电平逆变器，只能实现开关位置 $u_x(t_0)=2$，相当于插入的开关切换为 $\Delta u_x(t_0)=1$。

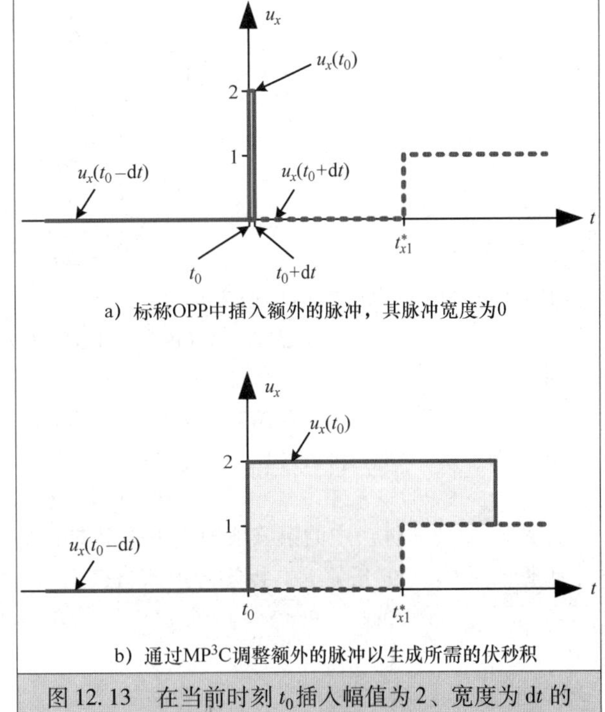

图12.13 在当前时刻 t_0 插入幅值为2、宽度为 $\mathrm{d}t$ 的脉冲并通过MP³C进行调整以实现快速闭环控制

3）通过在 t_0 时刻增加一个从 $u(t_0-\mathrm{d}t)$ 到 $u(t_0)$ 的开关切换，而在 $t_0+\mathrm{d}t$ 时刻添加另一个从 $u(t_0)$ 到 $u(t_0+\mathrm{d}t)$ 的符号相反的开关切换，便可得到一个极小宽度 $\mathrm{d}t$ 的插入脉冲。

由于第一次和第二次开关切换之和不一定为0，因此要特别注意确保第二次的开关切换（$t_0+\mathrm{d}t$ 时刻）的幅值是正确的。例如，t_0 时刻存在一个标称开关切换，当这种情况发生时，必须确保开关位置 $u(t_0+\mathrm{d}t)$ 与 $t_0+\mathrm{d}t$ 时刻的标称开关位置相匹配。

得到的开关序列由OPP的标称开关切换和 t_0 时刻宽度为 $\mathrm{d}t$ 的额外脉冲组成，插入脉冲的伏秒积为0。插入脉冲如图12.13a中实线所示。

最后，脉冲模式控制器可以通过规划求解12.4节中的QP问题来实现。或者，采用具有脉冲插入功能的基于DB控制的MP³C。从 t_0 时刻开始，模式控制器调整三相开关序列（包括插入的脉冲）的开关时刻，从而产生所需的伏秒校正，以消除磁链误差。图12.13b给出了此过程。通过插入脉冲，定子磁链矢量能够尽可能快地返回到其参考轨迹上。该特性将会在13.1.3节评估和讨论脉冲插入的闭环特性时进行说明。

附录 12. A　二次规划

本附录推导了 QP 中的矩阵 $\boldsymbol{H}$ 和 $\boldsymbol{G}$ 以及矢量 $\boldsymbol{c}$ 和 $\boldsymbol{g}$。正交坐标系中的定子磁链修正（12.37）能够简化为

$$\Delta\psi_s(\Delta\boldsymbol{t}) = -\boldsymbol{V}\Delta\boldsymbol{t} \tag{12.A.1}$$

式中，电压矩阵

$$\boldsymbol{V} = \frac{v_{\mathrm{dc}}}{6}\begin{bmatrix} 2\Delta u_{a1} & 0 \\ \vdots & \vdots \\ 2\Delta u_{an_a} & 0 \\ -\Delta u_{b1} & \sqrt{3}\Delta u_{b1} \\ \vdots & \vdots \\ -\Delta u_{bn_b} & \sqrt{3}\Delta u_{bn_b} \\ -\Delta u_{c1} & -\sqrt{3}\Delta u_{c1} \\ \vdots & \vdots \\ -\Delta u_{cn_c} & -\sqrt{3}\Delta u_{cn_c} \end{bmatrix}^T \tag{12.A.2}$$

根据式（12.A.1），重写代价函数（12.29）

$$J(\Delta\boldsymbol{t}) = (\psi_{s,\mathrm{err}} + \boldsymbol{V}\Delta\boldsymbol{t})^T(\psi_{s,\mathrm{err}} + \boldsymbol{V}\Delta\boldsymbol{t}) + \Delta\boldsymbol{t}^T\boldsymbol{Q}\Delta\boldsymbol{t} \tag{12.A.3}$$

进一步简化为

$$J(\Delta\boldsymbol{t}) = \Delta\boldsymbol{t}^T(\boldsymbol{V}^T\boldsymbol{V} + \boldsymbol{Q})\Delta\boldsymbol{t} + 2\psi_{s,\mathrm{err}}^T\boldsymbol{V}\Delta\boldsymbol{t} + \psi_{s,\mathrm{err}}^T\psi_{s,\mathrm{err}} \tag{12.A.4}$$

对比式（12.A.4）和式（12.38a），可得

$$\boldsymbol{H} = \boldsymbol{V}^T\boldsymbol{V} + \boldsymbol{Q},\ \boldsymbol{c} = \boldsymbol{V}^T\psi_{s,\mathrm{err}} \tag{12.A.5}$$

注意式（12.A.4）中的第三项构成了一个常数偏移，因此可以在式（12.38a）中将其忽略掉。

根据式（12.31）的定义，以矩阵形式直接重写 a 相开关时刻的约束（12.33b），其结果为

$$\boldsymbol{G}_a\Delta\boldsymbol{t}_a \leqslant \boldsymbol{g}_a \tag{12.A.6}$$

式中

$$\boldsymbol{G}_a = \begin{bmatrix} -1 & 0 & \cdots & & & \\ 1 & -1 & 0 & \cdots & & \\ 0 & 1 & -1 & 0 & \cdots & \\ & \ddots & \ddots & \ddots & \ddots & \\ & \cdots & 0 & 1 & -1 & 0 \\ & & \cdots & 0 & 1 & -1 \\ & & & \cdots & 0 & 1 \end{bmatrix},\quad \boldsymbol{g}_a = \begin{bmatrix} t_{a1}^* - kT_s \\ t_{a2}^* - t_{a1}^* \\ t_{a3}^* - t_{a2}^* \\ \vdots \\ t_{a(n_a-1)}^* - t_{a(n_a-2)}^* \\ t_{an_a}^* - t_{a(n_a-1)}^* \\ t_{a(n_a+1)}^* - t_{an_a}^* \end{bmatrix} \tag{12.A.7}$$

$\boldsymbol{G}_a$是维度$(n_a+1)\times n_a$的矩阵，$\boldsymbol{g}_a$为长度n_a的行向量。式（12.36）定义了 a 相开关时间修正矢量 $\Delta\boldsymbol{t}_a$。

同理，b、c 相的约束条件（12.33c）和（12.33d）也能表达为

$$\boldsymbol{G}_b\Delta\boldsymbol{t}_b \leqslant \boldsymbol{g}_b \tag{12.A.8a}$$

$$\boldsymbol{G}_c\Delta\boldsymbol{t}_c \leqslant \boldsymbol{g}_c \tag{12.A.8b}$$

根据式（12.A.7）定义矩阵 $\boldsymbol{G}_b$、$\boldsymbol{G}_c$和向量 $\boldsymbol{g}_b$、$\boldsymbol{g}_c$。

单相约束（12. A. 6）和（12. A. 9）可以合并为式（12. 38b），其中

$$\boldsymbol{G}=\begin{bmatrix}\boldsymbol{G}_a & \boldsymbol{0} & \boldsymbol{0}\\ \boldsymbol{0} & \boldsymbol{G}_b & \boldsymbol{0}\\ \boldsymbol{0} & \boldsymbol{0} & \boldsymbol{G}_c\end{bmatrix},\boldsymbol{g}=\begin{bmatrix}\boldsymbol{g}_a\\ \boldsymbol{g}_b\\ \boldsymbol{g}_c\end{bmatrix} \tag{12. A. 9}$$

式中，$\boldsymbol{0}$ 表示合适维度的零矩阵。

附录 12. B　无约束求解

本附录推导了代价函数最小化（12. 49）的无约束求解方案。将代价函数重写为

$$J(\boldsymbol{\delta})=(\psi_{s,\mathrm{err}}-\widetilde{\boldsymbol{K}}\boldsymbol{N}\boldsymbol{\delta})^T(\psi_{s,\mathrm{err}}-\widetilde{\boldsymbol{K}}\boldsymbol{N}\boldsymbol{\delta})+q'\boldsymbol{\delta}^T\boldsymbol{N}\boldsymbol{\delta} \tag{12. B. 1a}$$

$$=\boldsymbol{\delta}^T\boldsymbol{H}\boldsymbol{\delta}+2\boldsymbol{c}^T\boldsymbol{\delta}+\psi_{s,\mathrm{err}}^T\psi_{s,\mathrm{err}} \tag{12. B. 1b}$$

式中，已经介绍过

$$\boldsymbol{H}=\boldsymbol{N}^T\widetilde{\boldsymbol{K}}^T\widetilde{\boldsymbol{K}}\boldsymbol{N}+q'\boldsymbol{N} \tag{12. B. 2a}$$

$$\boldsymbol{c}=-\boldsymbol{N}^T\widetilde{\boldsymbol{K}}^T\psi_{s,\mathrm{err}} \tag{12. B. 2b}$$

由于需要足够长的预测范围以涵盖所有三相的开关切换，因此对角矩阵 $\boldsymbol{N}=\mathrm{diag}(n_a,\ n_b,\ n_c)$ 是非零的。这意味着 $\boldsymbol{N}$ 是可逆的。

回顾第 3 章附录 3. B 中对于正定矩阵的定义。如果 $\boldsymbol{\xi}^T\boldsymbol{H}\boldsymbol{\xi}>0$ 对于所有非零 $\boldsymbol{\xi}\in\mathbb{R}^3$ 成立，则 $\boldsymbol{H}$ 是正定。重写该项为

$$\boldsymbol{\xi}^T\boldsymbol{H}\boldsymbol{\xi}=\|\widetilde{\boldsymbol{K}}\boldsymbol{N}\boldsymbol{\xi}\|_2^2+q'(n_a\xi_1^2+n_b\xi_2^2+n_c\xi_3^2) \tag{12. B. 3}$$

式（12. B. 3）中的第一项为正定，第二项为半正定，因为 $q'\geqslant 0$。由此可推断 $\boldsymbol{H}$ 为正定。

如第 3 章附录 3. B 所示，式（12. B. 1）的无约束最小值由下式所得

$$\boldsymbol{H}\boldsymbol{\delta}=-\boldsymbol{c} \tag{12. B. 4}$$

由于 $\boldsymbol{N}$ 是对称可逆的，式（12. B. 4）等价于

$$(\widetilde{\boldsymbol{K}}^T\widetilde{\boldsymbol{K}}\boldsymbol{N}+q'\boldsymbol{I}_3)\boldsymbol{\delta}=\widetilde{\boldsymbol{K}}^T\psi_{s,\mathrm{err}} \tag{12. B. 5}$$

则无约束的解为

$$\boldsymbol{\delta}=\boldsymbol{M}^{-1}\widetilde{\boldsymbol{K}}^T\psi_{s,\mathrm{err}} \tag{12. B. 6}$$

式中

$$\boldsymbol{M}=\widetilde{\boldsymbol{K}}^T\widetilde{\boldsymbol{K}}\boldsymbol{N}+q'\boldsymbol{I}_3=\frac{2}{9}\begin{bmatrix}2 & -1 & -1\\ -1 & 2 & -1\\ -1 & -1 & 2\end{bmatrix}\boldsymbol{N}+q'\boldsymbol{I}_3$$

$$=\frac{2}{9}\begin{bmatrix}2n_a+4.5q' & -n_b & -n_c\\ -n_a & 2n_b+4.5q' & -n_c\\ -n_a & -n_b & 2n_c+4.5q'\end{bmatrix}$$

表达式 $\boldsymbol{M}^{-1}\widetilde{\boldsymbol{K}}^T$ 可以用代数方程计算

$$\boldsymbol{M}^{-1}\widetilde{\boldsymbol{K}}^T=\frac{2\sqrt{3}}{\det}\begin{bmatrix}\sqrt{3}(n_b+n_c+3q') & n_b-n_c\\ -\sqrt{3}(n_c+1.5q') & 2n_a+n_c+4.5q'\\ -\sqrt{3}(n_b+1.5q') & -2n_a-n_b-4.5q'\end{bmatrix} \tag{12. B. 7}$$

其行列式为

$$\det=4n_a(n_b+n_c+3q')|+4n_b(n_c+3q')+12n_cq'+27(q')^2 \tag{12. B. 8}$$

因此，不需要对矩阵 $\boldsymbol{M}$ 求逆即可求得无约束的解［式（12. B. 6）］。实时实现中只需要执行一次除法和几次乘法、加法及移位运算。

附录 12. C　无差拍 MP³C 的转换

在 DB MP³C 算法中，将所需磁链修正从正交 $\alpha\beta$ 坐标系映射到两个有效相。三对有效相为 ab、bc 和 ac。

考虑第一种情况，将 ξ_α、ξ_β 映射到 ξ_a 和 ξ_b，其中 $\xi_c=0$。根据简化 Clarke 变换（2. 12），可以得到

$$\begin{bmatrix}\xi_\alpha\\ \xi_\beta\end{bmatrix}=\frac{2}{3}\begin{bmatrix}1 & -\frac{1}{2} & -\frac{1}{2}\\ 0 & \frac{\sqrt{3}}{2} & -\frac{\sqrt{3}}{2}\end{bmatrix}\begin{bmatrix}\xi_a\\ \xi_b\\ 0\end{bmatrix}=\frac{1}{3}\begin{bmatrix}2 & -1\\ 0 & \sqrt{3}\end{bmatrix}\begin{bmatrix}\xi_a\\ \xi_b\end{bmatrix} \tag{12. C. 1}$$

其逆变换为

$$\begin{bmatrix}\xi_a\\ \xi_b\end{bmatrix}=\frac{1}{2}\begin{bmatrix}3 & \sqrt{3}\\ 0 & 2\sqrt{3}\end{bmatrix}\begin{bmatrix}\xi_\alpha\\ \xi_\beta\end{bmatrix} \tag{12. C. 2}$$

可以直接得到

$$\widetilde{\boldsymbol{K}}_{ab}^{-1}=\frac{1}{2}\begin{bmatrix}3 & \sqrt{3}\\ 0 & 2\sqrt{3}\\ 0 & 0\end{bmatrix} \tag{12. C. 3}$$

同理可以推导出从 $\alpha\beta$ 到 bc 和 ac 的转换，如下所示

$$\widetilde{\boldsymbol{K}}_{bc}^{-1}=\frac{1}{2}\begin{bmatrix}0 & 0\\ -3 & \sqrt{3}\\ -3 & -\sqrt{3}\end{bmatrix},\widetilde{\boldsymbol{K}}_{ac}^{-1}=\frac{1}{2}\begin{bmatrix}3 & -\sqrt{3}\\ 0 & 0\\ 0 & -2\sqrt{3}\end{bmatrix} \tag{12. C. 4}$$

参考文献

[1] J. Holtz and B. Beyer, "Fast current trajectory tracking control based on synchronous optimal pulsewidth modulation," *IEEE Trans. Ind. Appl.*, vol. 31, pp. 1110–1120, Sep./Oct. 1995.

[2] J. Holtz and B. Beyer, "Off-line optimized synchronous pulsewidth modulation with on-line control during transients," *EPE Journal*, vol. 1, pp. 193–200, Dec. 1991.

[3] J. Holtz and B. Beyer, "The trajectory tracking approach—A new method for minimum distortion PWM in dynamic high-power drives," *IEEE Trans. Ind. Appl.*, vol. 30, pp. 1048–1057, Jul./Aug. 1994.

[4] B. Beyer, *Schnelle Stromregelung für Hochleistungsantriebe mit Vorgabe der Stromtrajektorie durch off-line optimierte Pulsmuster*. PhD thesis, Wuppertal University, 1998.

[5] J. Holtz and N. Oikonomou, "Synchronous optimal pulsewidth modulation and stator flux trajectory control for medium-voltage drives," *IEEE Trans. Ind. Appl.*, vol. 43, pp. 600–608, Mar./Apr. 2007.

[6] J. Holtz and N. Oikonomou, "Fast dynamic control of medium voltage drives operating at very low switching frequency—An overview," *IEEE Trans. Ind. Electron.*, vol. 55, pp. 1005–1013, Mar. 2008.

[7] N. Oikonomou and J. Holtz, "Stator flux trajectory tracking control for high-performance drives," in *Proceedings of IEEE Industry Applications Society Annual Meeting* (Tampa, FL, USA), pp. 1268–1275, Oct. 2006.

[8] N. Oikonomou and J. Holtz, "Estimation of the fundamental current in low-switching-frequency high dynamic medium-voltage drives," *IEEE Trans. Ind. Appl.*, vol. 44, pp. 1597–1605, Sep./Oct. 2008.

[9] J. Holtz and J. Quan, "Drift- and parameter-compensated flux estimator for persistent zero-stator-frequency operation of sensorless-controlled induction motors," *IEEE Trans. Ind. Appl.*, vol. 39, pp. 1052–1060, Jul./Aug. 2003.

[10] J. Nocedal and S. J. Wright, *Numerical optimization*. New York: Springer, 1999.

[11] N. Oikonomou, *Control of medium-voltage drives at very low switching frequency*. PhD thesis, University of Wuppertal, 2008.

第13章 模型预测脉冲模式控制性能评估

本章通过中压（MV）驱动器的仿真和实验来评估模型预测脉冲模式控制器的性能。诸如开关频率和电流畸变等关键性能指标将与最新的控制和调制方法进行比较，包括基于载波的脉冲宽度调制（CB-PWM）、空间矢量调制（SVM）和直接转矩控制（DTC）。

具体而言，本章给出了中点钳位（NPC）逆变器在稳态运行和瞬态过程中的仿真结果。与运行在相同开关频率的 SVM 相比，MP^3C 能够降低电流畸变率达 50%。本章探究了在瞬态过程中插入脉冲的好处，并在第二部分给出了五电平有源 NPC 逆变器驱动系统的实验结果，其中 MV 感应电机运行容量高达 1MVA。最后，总结并讨论了 MP^3C 主要优势和特性。

13.1 NPC 逆变器驱动系统性能评估

本节通过 NPC 逆变器驱动系统的仿真评估了 MP^3C 的稳态性能，探究了磁链观测器噪声和电机参数变化对驱动器性能的影响，比较了无差拍（DB）和二次规划（QP）MP^3C 的性能，评估了 MP^3C 在瞬态过程中的闭环响应，并给出了插入脉冲的好处。

13.1.1 仿真设置 ★★★

将驱动带恒定机械负载感应电机的三电平 NPC 电压源型逆变器作为案例来研究，如图 13.1 所示。本节以一台 3.3kV、50Hz 的笼型感应电机作为典型 MV 感应电机为实例，电机额定容量为 2MVA，总漏抗标幺值为 0.25，直流母线电压额定值为 V_{dc} = 5.2kV。书中 2.5.1 节总结了该驱动系统案例的研究并定义了标幺化（per unit，pu）系统。表 2.10 给出了电机和逆变器的详细参数，对逆变器中性点电位波动不予控制，采样间隔为 $T_s=25\mu s$。

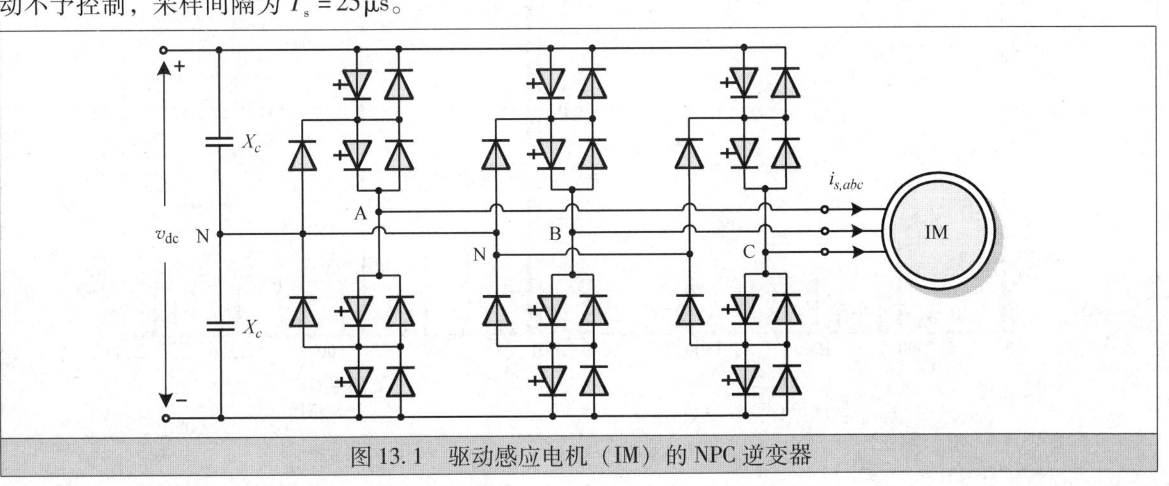

图 13.1 驱动感应电机（IM）的 NPC 逆变器

13.1.2 稳态运行 ★★★

1. 额定运行

在额定转速和额定转矩条件下进行闭环仿真来评估 MP^3C 的稳态性能。对于给定开关频率，电流和转矩的谐波畸变是关键性能指标。对额定条件做出假设，即定子磁链观测器无噪声且电机参数准确。认为 DB MP^3C 在稳态运行和额定条件下产生的结果与 QP MP^3C 相同。按照 3.4 节中描述的求解过程，离线计算了调制系数 $m=1.04$ 的优化脉冲模式（OPP）。

本节对比了 MP^3C、CB－PWM 和 SVM 的性能。具体而言，采用两个同相三角载波，即载波同相方式，来实现不对称的规格采样三电平 CB－PWM。对于多电平逆变器来说，采用载波同相 CB－PWM 可以得到最小的谐波畸变。根据式（3.14），在调制参考信号中加入一个三次谐波分量来提高差模电压。采用参考文献［1］中的方法来得到 SVM，即参考电压中加上共模电压，共模电压采用最小/最大值并结合取模运算（见式（3.16））。对 CB－PWM、三次谐波注入和 CB－PWM 与 SVM 等效性的回顾，请参考 3.3 节。

从研究 MP^3C 与 SVM 的稳态性能比较开始。在 MV 驱动器中，器件运行时的开关频率通常为 250Hz。通过为 MP^3C 选择脉冲数量 $d=5$，为 SVM 选择载波频率 $f_c=450$Hz 来实现此开关频率。仿真所得的 MP^3C 和 SVM 的定子电流波形、频谱和各相桥臂开关位置如图 13.2～图 13.4 所示。

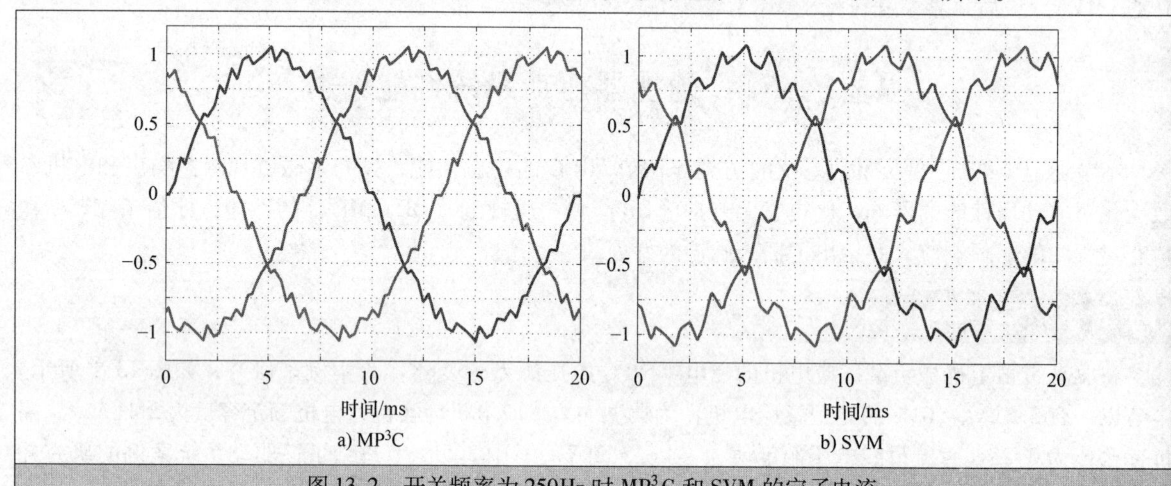

图 13.2 开关频率为 250Hz 时 MP^3C 和 SVM 的定子电流

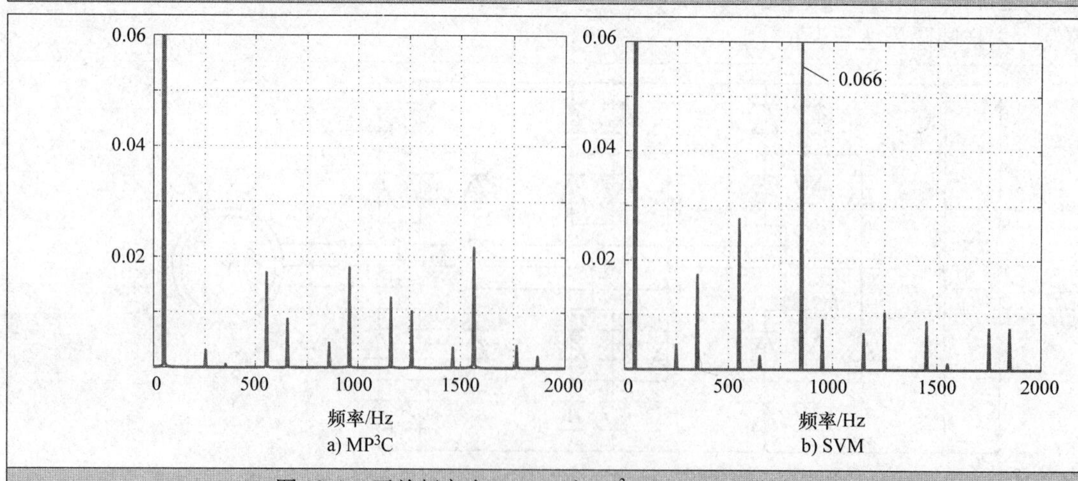

图 13.3 开关频率为 250Hz 时 MP^3C 和 SVM 的定子电流频谱

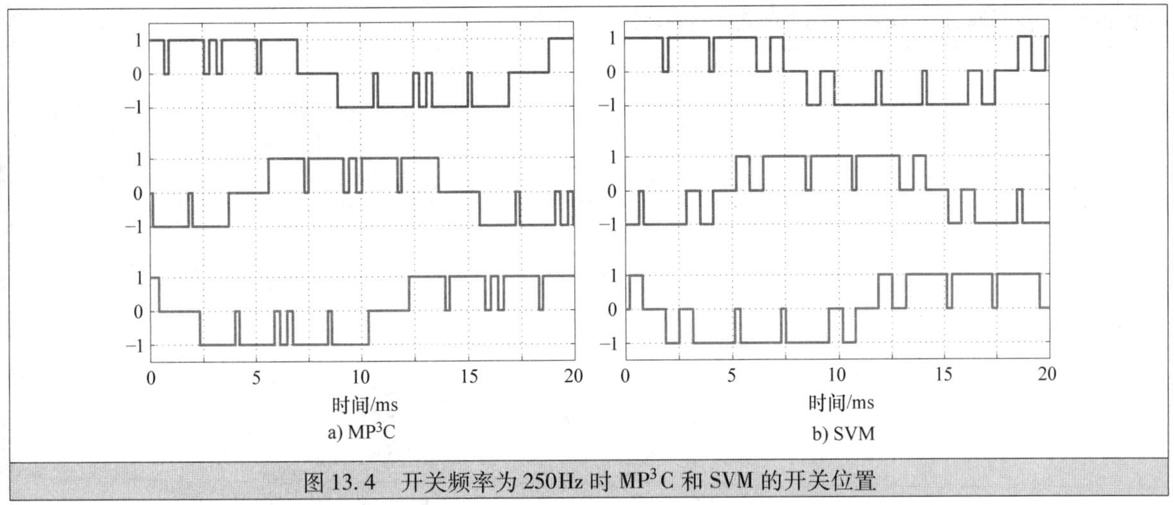

图 13.4　开关频率为 250Hz 时 MP^3C 和 SVM 的开关位置

从电流波形可以明显看出 MP^3C 产生的电流纹波更小。相应地，MP^3C 电流频谱的谐波分量大幅减小，尤其是 f_c 和 17 次谐波附近的谐波分量。这一性能提升也体现在电流总需求畸变量（TDD）上，其值从 SVM 对应的 7.71% 减小到 MP^3C 对应的 4.13%——下降了 46%。

表 13.1 对三种不同开关频率下 CB－PWM、SVM 和 MP^3C 所得的电流畸变进行了比较。数据表明，对于几百赫兹的低开关频率，CB－PWM 与 SVM 具有相似的谐波性能，相比之下，在相同的开关频率时 MP^3C 能够有效降低一半的电流畸变。当增加开关频率时，MP^3C 的性能优势将减弱。例如，在 400Hz 的开关频率时，与 SVM 相比，MP^3C 电流 TDD 相比 SVM 降低了 35%。

表 13.1　依据开关频率 f_{sw}、定子电流 TDD I_{TDD} 和转矩 TDD T_{DD} 对 MP^3C、CB－PWM 和 SVM 的比较

方法	设置	f_{sw}/Hz	I_{TDD}（%）	T_{TDD}（%）	I_{TDD}（%）	T_{TDD}（%）
CB－PWM	$f_c=250$Hz	150	16.1	11.0	100	100
SVM	$f_c=250$Hz	150	15.5	9.83	96.8	89.6
MP^3C	$d=3$	150	7.29	6.54	45.4	59.6
CB－PWM	$f_c=450$Hz	250	7.94	5.79	100	100
SVM	$f_c=450$Hz	250	7.71	5.35	97.1	92.4
MP^3C	$d=3$	250	4.13	3.41	52.0	58.9
CB－PWM	$f_c=750$Hz	400	4.68	3.41	100	100
SVM	$f_c=750$Hz	400	4.52	3.06	96.6	89.7
MP^3C	$d=8$	400	2.94	2.75	62.8	80.9

注：中间部分表示绝对值，右侧部分为相对于 CB－PWM 基准值的相对值。脉冲数量由 d 给出，载波频率由 f_c 给出。工作点位于额定转速和额定转矩。对额定条件进行了假设（无噪声的磁链估计和准确的电机参数）。

为了进一步探究 MP^3C 性能提升与开关频率的关系，针对脉冲数量从 $d=2$ 到 $d=10$ 的不同 OPP，在额定转速和额定转矩下，对稳态运行时的 DB MP^3C 进行了仿真，各个仿真结果如图 13.5 中的菱形所示。相似地，对 SVM 进行仿真，载波频率 $f_c=250$Hz，300Hz，…，950Hz，这些值为基波频率的整数倍。仿真结果用方块表示。表 13.1 中 $d=3$、5 和 8 的三组比较在图中用垂直箭头表示。

当开关频率与基波频率相比较低时，即脉冲数量较少时，MP^3C 的性能提升最大。随着脉冲数量的增加，开关频率也增加，MP^3C 的性能提升幅度将会降低。尽管如此，甚至在（假设的）1kHz 开关频率时，MP^3C 相比 SVM 能够减小 26% 的电流畸变率。具体而言，载波频率 $f_c=1950$Hz 的 SVM 和基于脉冲个数 $d=20$ 的 OPP 的 MP^3C 产生的电流 TDD 分别为 1.69% 和 1.25%。然而，这么大的 OPP 脉冲数量将带来数值计算上的挑战。这一事实在参考文献［2］所示的早期结果中已有所体现，该结果基于 OPP

的预设值，表明脉冲数量超过 15 时 OPP 与 SVM 具有相似的谐波特性。

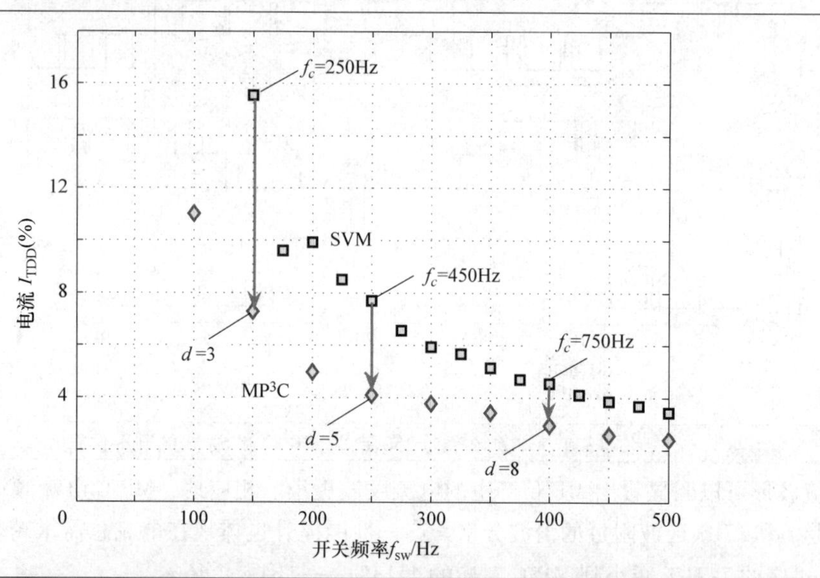

图 13.5　当 NPC 逆变器驱动系统运行在额定转速和额定转矩时，SVM 和 $\mathrm{MP^3C}$ 的定子电流 TDD 与开关频率的函数关系

2. 带有磁链观测器噪声的运行

$\mathrm{MP^3C}$ 需要磁链观测器提供准确的定子磁链估计值，如图 12.8 所示。磁链估计通常受到噪声，即真实磁链与其估计值之间误差的影响。本节将研究观测器噪声对 $\mathrm{MP^3C}$ 闭环性能的影响，尤其是对电流 TDD 性能的影响。

为此，在实验室中 1MVA 的 MV 驱动器能让 DB $\mathrm{MP^3C}$ 在额定转速和转矩下稳态运行。定子磁链矢量的变化与定子磁链参考矢量的变化要一起测量。两定子磁链矢量的误差在式（12.28）中定义为定子磁链误差。在稳态运行时，$\mathrm{MP^3C}$ 几乎完全消除了磁链误差——残留误差通常低于额定磁链幅值的 1%。残留误差是由磁链观测器噪声决定的。在接下来的分析中，将 $\psi_{s,\mathrm{err}}$ 作为磁链观测器噪声，其包括定子磁链观测器路径中的各种噪声源。这些噪声源包括电流和电压测量中的噪声、模 - 数转换引入的离散化噪声、电流测量探头中的漂移以及角速度信号中的纹波。未对功率变换器的非理想特性进行补偿也会产生残留噪声。

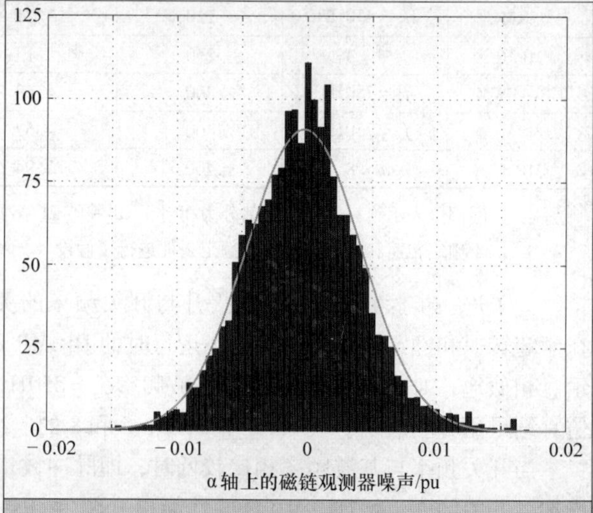

图 13.6　在 MV 实验室中测量所得观测器噪声的概率密度函数

图 13.6 所示为磁链观测器噪声在 α 轴上的概率密度函数，噪声在 β 轴上的概率密度函数与其相似。注意到概率密度函数的积分值为 1。该噪声可以很好地近似为具有零期望值且标准差 $\sigma=0.0044\mathrm{pu}$ 的高斯噪声，如图 13.6 中实线所示。然而，该噪声却表现出一定程度的自相关，这意味着时刻 k 处的噪声幅值在一定程度上依赖于前一时刻 $k-1$ 处的噪声幅值。这种自相关性不能用高斯噪声来描述。因此，需要区分高斯噪声和测量噪声。高斯噪声的特征是具有给定的标准差且表现

为零自相关。测量噪声是测量的磁链误差 $\psi_{s,\mathrm{err}}$，其概率密度函数是高斯函数，但是表现出非零自相关。

在继续之前，先定义（角度）预测步长

$$\theta_p = \frac{180}{\pi}\omega_s T_p \tag{13.1}$$

该预测步长以角度形式给出，指 MP^{3}C 未来的定子磁链角度。相反，（时间）预测步长是在标幺化系统中给出的，式（13.1）来自式（12.11）。

使用与上一节相同的设置（额定转速，额定转矩，脉冲数量 $d=5$），通过仿真来评估高斯观测器噪声对电流 TDD 的影响。仿真结果如图 13.7a 所示。没有噪声时，电流 TDD 为 4.13%，表 13.1 第 6 行对此进行了说明。当增加观测器噪声的标准差时，DB MP^{3}C 的谐波特性很快恶化。例如，对于 $\sigma=0.0044$pu，电流 TDD 增加了 10%，达到 4.57%。然而，当使用 QP MP^{3}C 时，磁链观测器产生的噪声会明显减小，尤其是采用长预测步长时，例如，对于预测步长 $\theta_p = 60°$ 且 $\sigma=0.0044$pu 的情况，噪声恶化可以有效避免——电流 TDD 为 4.19%，相对于 4.13% 的基准值，其仅等效于 1.5% 的恶化。需要注意的是，在额定转速 $\theta_p = 60°$ 等效于 $T_p = 1.047$pu 或者 3.33ms。

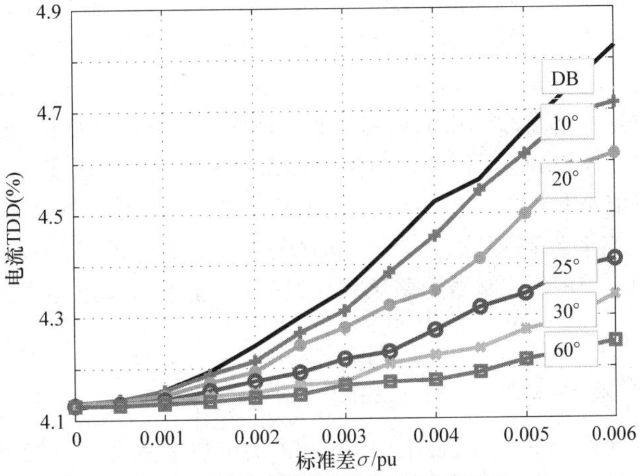

a) 存在高斯噪声时的定子电流TDD

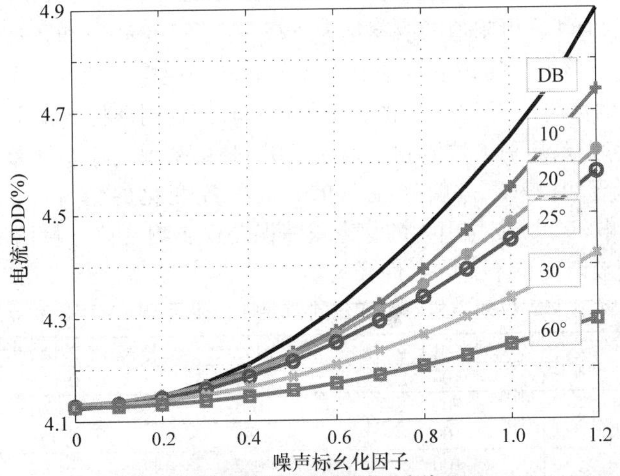

b) 存在测量噪声时的定子电流TDD

图 13.7　磁链观测器对 MP^{3}C 闭环性能的影响

注：高斯噪声通过定子电流 TDD 与标准差的函数关系来表示，测量噪声通过电流 TDD 与噪声标幺化因子的函数关系来表示。曲线指的是 DB MP^{3}C 和角度预测步长为 $\theta_p=10°$、20°、25°、30°和 60°的 QP MP^{3}C。

测量噪声对电流 TDD 的影响如图 13.7b 所示，这些在 MV 实验室中测量得到的噪声被标幺化为所谓的标幺化因子。这将允许研究不同噪声强度的影响。标幺化因子为 1 表示原始的 MV 实验室噪声被用于磁链观测器。在这种条件下，DB MP^{3}C 得到的电流 TDD 为 4.65%，比额定条件下恶化了 13%。对于 QP MP^{3}C，在 $\theta_p = 60°$ 且使用相同的标幺化因子的条件下，电流 TDD 可以降低到 4.24%，这仅对应 2.7% 的恶化。

从图 13.7 中可以看出，当（角度）预测步长从 $\theta_p = 20°$ 增加到 30° 时，QP MP^{3}C 对磁链观测器噪声的适应力明显改变。其原因是 $\theta_p = 20°$ 的预测步长需要扩展以捕获所有三相开关切换，这种情况具有 14% 的比例。这意味着在一些情况下，每相只有一个开关切换可用。因此，为了获得所需的磁链修正，开关时刻将会很大程度地改变。

然而，当考虑每相的多个开关切换时，由于只需改变少量开关切换就可以实现所需的磁链修正，所以磁链误差补偿机制不太容易受到噪声影响。可以证实更长的预测步长使得控制方法对于噪声有更强的鲁棒性这一直观假设。

总而言之，一方面，DB 方法容易受到观测器噪声的影响，这是激进控制方法的一个共同特征。另一方面，QP 方法不容易受到噪声影响，尤其是对于长预测步长，因为控制器会在消除磁链误差的目标和改变开关状态的惩罚之间进行仔细权衡。这就是优化控制方案的基本特征，例如 QP MP^{3}C 是基于良好跟踪性能和低控制力之间的权衡。在这种情况下，权衡取决于预测步长的长度。值得注意的是，修改开关时刻的惩罚无疑决定了终端软约束的惩罚，而这种惩罚对权衡只有轻微影响。

在之前所做的研究中，假设 $\sigma = 0.0044$pu，噪声标幺化因子为 1 代表实际 MV 驱动设置的观测器噪声。实际上，这一假设可能是悲观的，因为记录的噪声也包括未补偿的定子磁链误差。因此，真正的观测器噪声可能会更小。当假设高斯噪声的 $\sigma = 0.003$pu 时，DB MP^{3}C 相应的电流 TDD 恶化减小到 5%，具有长预测步长的 QP MP^{3}C 控制器的恶化减小到 1%。由此可以总结出 MP^{3}C 对于观测器噪声具有鲁棒性。

3. 在电机参数变化条件下运行

控制性能恶化的另一个潜在来源是控制器中未考虑的电机参数变化。接下来将研究定子和转子电阻——R_s 和 R_r 的变化对 MP^{3}C 稳态跟踪精度的影响。如上面所述，假设电机在额定转速和额定转矩下运行，采用脉冲数量 $d = 5$ 的 OPP，电阻值的改变量为 ±25%。将 DB MP^{3}C 的性能与角度范围 $\theta_p = 30°$ 的 QP MP^{3}C 的性能进行对比。将电磁转矩、定子磁链幅值和转子磁链幅值与其额定值的稳态偏差作为性能指标。为了强调 MP^{3}C 的性能，图 12.8 中的磁链外环和转矩控制环将被禁用。

如表 13.2 所示，稳态误差几乎无法测量。对于 DB MP^{3}C 来说，稳态误差低于 0.2%，而对于 QP MP^{3}C 来说，稳态误差低于 0.5%。一般来说，在电机参数变化的情况下，DB MP^{3}C 的性能要比 QP MP^{3}C 的性能更好。由电机参数变化引入的稳态跟踪误差仅影响基波分量而不影响纹波分量。因此，这些参数变化既不影响谐波畸变也不影响器件开关频率。

表 13.2　稳态运行条件下 MP^{3}C 对电机参数变化的鲁棒性，使用 DB MP^{3}C 和 $\theta_p = 30°$ 的 QP MP^{3}C

控制方法	R_s 的变化(%)	R_r 的变化(%)	T_e 的微分(%)	$\|\psi_s\|$ 的微分(%)	$\|\psi_r\|$ 的微分(%)
DB	75	100	0.19	0.03	0.02
DB	125	100	−0.18	−0.04	−0.02
QP	75	100	0.24	0.12	0.11
QP	125	100	−0.24	−0.12	−0.11
DB	100	75	0.13	0.00	−0.02
DB	100	125	−0.08	0.00	0.02
QP	100	75	0.42	0.06	0.03
QP	100	125	−0.36	−0.05	−0.03

注：当定子和转子电阻分别变化 ±25% 时，电磁转矩 T_e、定子磁链幅值 $\|\psi_s\|$ 和转子磁链幅值 $\|\psi_r\|$ 与其额定值的偏差分别以百分数表示。

MP^3C 使用的模型包含两个积分器，分别是 α 轴和 β 轴定子磁链矢量积分器。忽略定子电阻。从表 13.2 中可以看出，定子电阻的变化确实比较次要，因为 MV 级应用造成的电压降在任何情况下都很小。转子电阻变化的影响也比较小，因为其仅改变定子和转子之间的耦合时间常数。通过使定子磁链矢量跟踪其期望的轨迹，这两种误差都能够被很大程度地补偿。为了补偿残留的小误差，需要使用控制外环及其积分项。

13.1.3 瞬态运行 ★★★

现在来探究转矩参考值阶跃时 MP^3C 的动态性能。电机在 50% 的额定转速下运行，对转矩参考值施加 1pu 的阶跃。使用脉冲数量 $d=10$ 的 OPP，则器件开关频率为 250Hz。首先，将 DB MP^3C 的性能与不同预测步长 QP MP^3C 的性能进行对比。然后，对瞬态过程中插入脉冲的优势进行探究。

1. 无脉冲注入运行

图 13.8 所示为转矩阶跃时 DB MP^3C 的性能，在时刻 $t=0$ms 和 20ms 转矩参考值发生阶跃变化。从图 13.8a 可以看出，系统调节时间少于 2ms，类似于 DTC 等滞环控制方法（见 3.6.3 节）。转矩响应的超调和下冲都被抑制。转矩和定子磁链幅值完全解耦，图 13.8b 中定子磁链幅值没有受到转矩阶跃的影响。为了实现快速的转矩响应，定子电流将快速跟踪其新值。这可以从图 13.8c 中的三相电流波形和

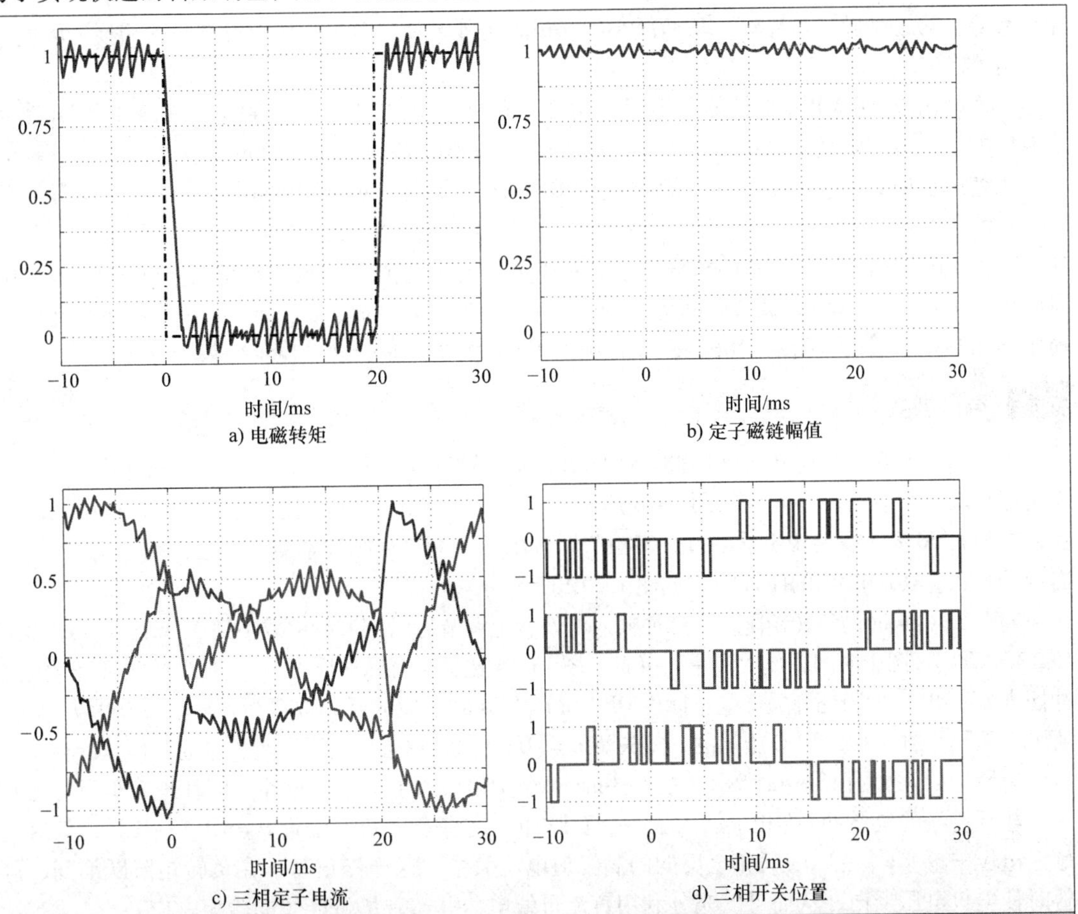

a) 电磁转矩

b) 定子磁链幅值

c) 三相定子电流

d) 三相开关位置

图 13.8 转矩阶跃时 DB MP^3C 的运行情况

注：在以 ms 为单位的时间轴上表示出转矩、定子磁链幅值、定子电流和开关位置。电机在 50% 的额定转速下运行，采用脉冲数量 $d=10$ 的 OPP，则器件开关频率为 250Hz。

图 13.9 中表示在正交坐标系中的电流看出。

在 $t=0$ms 时施加负转矩阶跃，定子磁链参考角度必须按照式（12.24）减少 13.7°。在 50% 的额定转速下，这一角度减少相当于将标称的 OPP 延迟 1.52ms。如图 13.9 所示，定子电流 α 轴分量必须增加近 0.7pu，而 β 分量大约需要增加 0.45pu。为了实现这一点，需要额外的伏秒贡献——来自 a 相很大的正向伏秒贡献和来自 c 相很大的负向伏秒贡献。b 相与所需的伏秒贡献几乎正交，因此其作用很小。通过观察图 13.8c 中的电流也可以得出相同的结论。

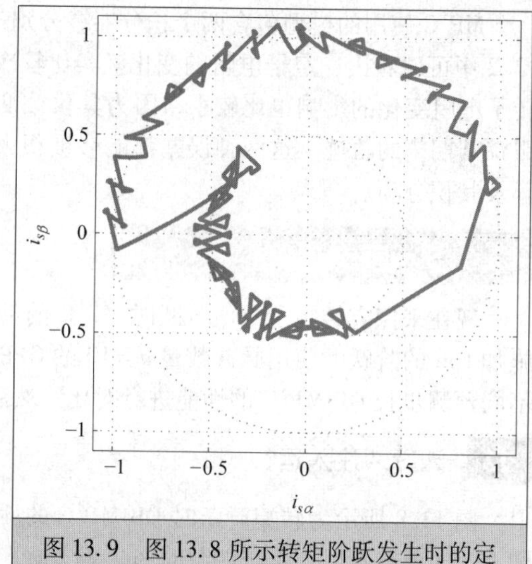

图 13.9　图 13.8 所示转矩阶跃发生时的定子电流在静止正交坐标系中的图形

图 13.10a 所示为负向转矩阶跃附近的开关位置。点划线表示标称 OPP 的开环开关位置，实线表示闭环和修正的开关位置。可以看出，DB MP³C 通过移除 a 相的第一个脉冲并显著缩短第二个脉冲来实现所需的伏秒修正。由于原始的脉冲会降低 a 相的伏秒贡献，因此移除它们可以增加正向的伏秒贡献。类似地，在 c 相中，第一个脉冲被移除且第二个脉冲被缩短，从而减小了 c 相的伏秒贡献。由于 b 相中没有开关切换，因此只有 a 相和 c 相被修正。

下面将比较 DB MP³C 的性能与不同（角度）预测步长 QP MP³C 的性能。图 13.11 所示为负转矩阶跃对应的转矩响应。其开关位置如图 13.10 所示。时间轴显示在 −4 ~ 12ms 之间。

正如所预期的，QP MP³C 的转矩响应比 DB MP³C 更慢。对于 DB MP³C，在转矩参考值阶跃后的 1.6ms 转矩变为 0，而对于 θ_p = 10°的 QP MP³C，转矩变为 0 需要花费 3.1ms。尽管如此，实际上，DB MP³C 和短预测步长 QP MP³C 的差异很小。对于更长的角度范围，调节时间也会更长，θ_p = 30°时调节时间为 8.4ms，θ_p = 60°时调节时间为 10.6ms。随着预测步长的增加，所需的伏秒修正将在多个开关变换中均匀分布。当比较图 13.10b、c 和 d 中的闭环开关位置时，这一现象变得十分明显。

2. 有脉冲注入运行

现在来研究在转矩阶跃时脉冲插入的优点，对有脉冲插入 MP³C 的转矩响应和标准 MP³C 的转矩响应进行比较。后者的闭环响应如图 13.8 所示。为了便于将其与前者进行直接比较，采用之前的仿真设置：电机在 50% 的额定转矩下运行，转矩阶跃幅值为 ±1pu 且脉冲数量 $d=10$。插入增益 c_i = 25 时开启脉冲插入。DB MP³C 的闭环响应如图 13.12 所示。

对于 $t=0$ms 时的负转矩阶跃，脉冲插入将使转矩调节时间从 1.6ms 减小到 0.6ms。这一现象可以从图 13.13 中看出，图中时间轴放大到 −2 ~ 4ms。图 13.14 比较了有脉冲插入 DB MP³C 的闭环开关位置和无脉冲插入 DB MP³C 的闭环开关位置。标称 OPP 在 $t=0$ms 时对应的开关位置为 $\boldsymbol{u}=[-1\ 0\ 0]^T$。如图 13.14b 所示，无脉冲插入 DB MP³C 施加的是零矢量 $\boldsymbol{u}=[0\ 0\ 0]^T$，这会使定子磁链矢量立刻停止旋转。

有脉冲插入如图 13.14a 所示，在 $t=0$ms 时在 a 相插入了一个正脉冲。同样地，但是在 c 相插入了一个相反符号的负脉冲，b 相也加入了一个短脉冲。这将产生开关位置 $\boldsymbol{u}=[1\ 1\ -1]^T$，其对应一个与额定电压矢量 $\boldsymbol{u}=[-1\ 0\ 0]^T$完全反向的满幅值电压矢量。这样修正时，在负转矩阶跃期间，脉冲插入暂时使电机电压反向，从而可以充分利用直流母线电压并实现尽可能快的转矩响应。

转矩响应的急剧加速是以暂时增加开关动作为代价的。在 40ms 的时间窗里，开关频率暂时从 250Hz 增加到 275Hz。开关频率的这种短暂且相对适度的增加通常是可以接受的，因为仅在幅值很大的转矩阶跃处才需要脉冲插入，所以脉冲插入很少使用。

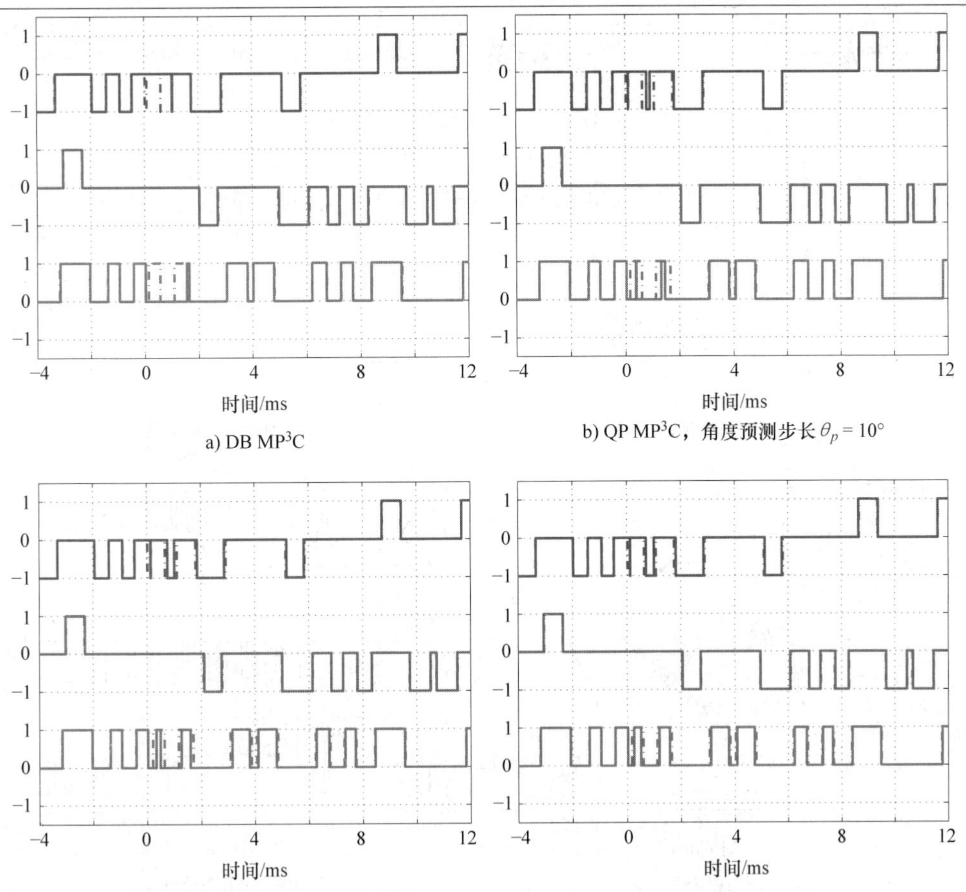

a) DB MP^{3}C

b) QP MP^{3}C，角度预测步长 $\theta_p = 10°$

c) QP MP^{3}C，角度预测步长 $\theta_p = 30°$

d) QP MP^{3}C，角度预测步长 $\theta_p = 60°$

图 13.10　与图 13.11 中转矩阶跃响应对应的 DB 和 QP MP^{3}C 的开关位置

注：点划线表示未修正原始 OPP 的开关序列，而实线表示 MP^{3}C 修正的闭环开关序列。

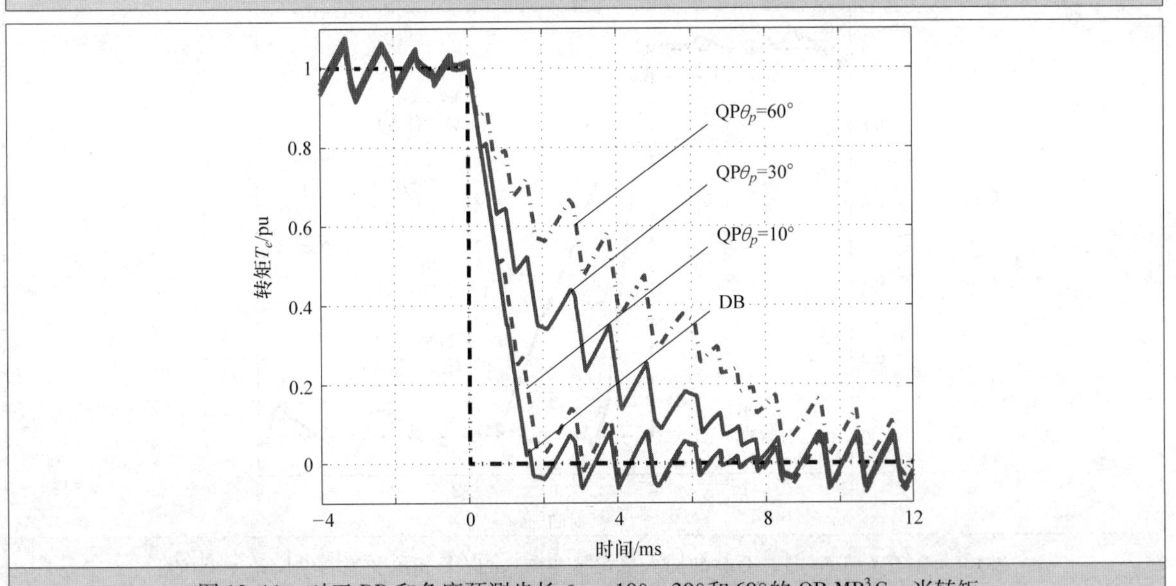

图 13.11　对于 DB 和角度预测步长 θ_p = 10°、30°和 60°的 QP MP^{3}C，当转矩阶跃发生在 t = 0ms 时的转矩响应。驱动系统在 50% 的额定转速下运行

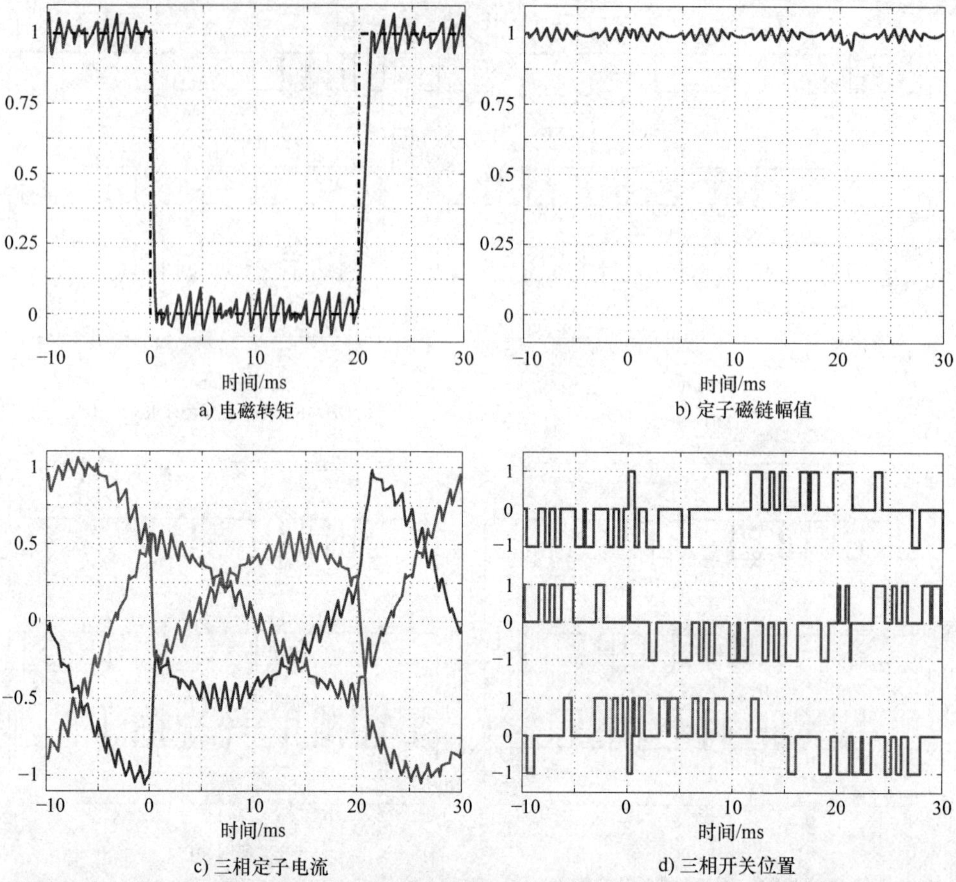

a) 电磁转矩

b) 定子磁链幅值

c) 三相定子电流

d) 三相开关位置

图 13.12 转矩参考值阶跃期间有脉冲插入 DB MP^{3}C 的运行情况

注：图中使用与图 13.8 相同的标度和仿真设置以便于直接比较有脉冲插入和无脉冲插入的 DB MP^{3}C。

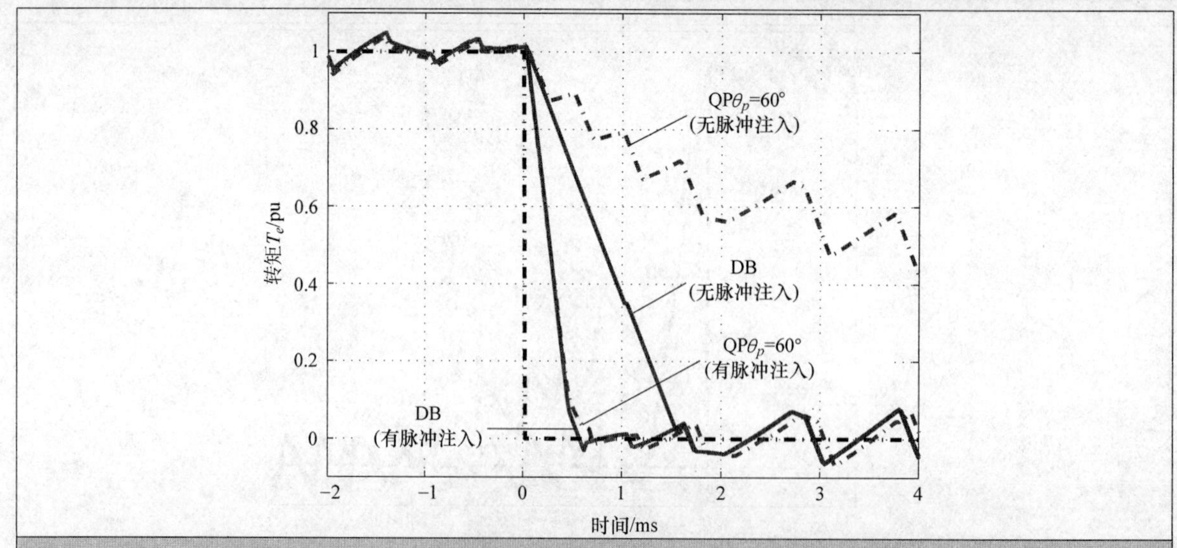

图 13.13 在 $t=0$ms 时，有脉冲插入与无脉冲插入的 DB 和角度预测步长 $\theta_p=60°$的 QP MP^{3}C 对转矩参考值阶跃的转矩响应。驱动系统在 50% 的额定转速下运行

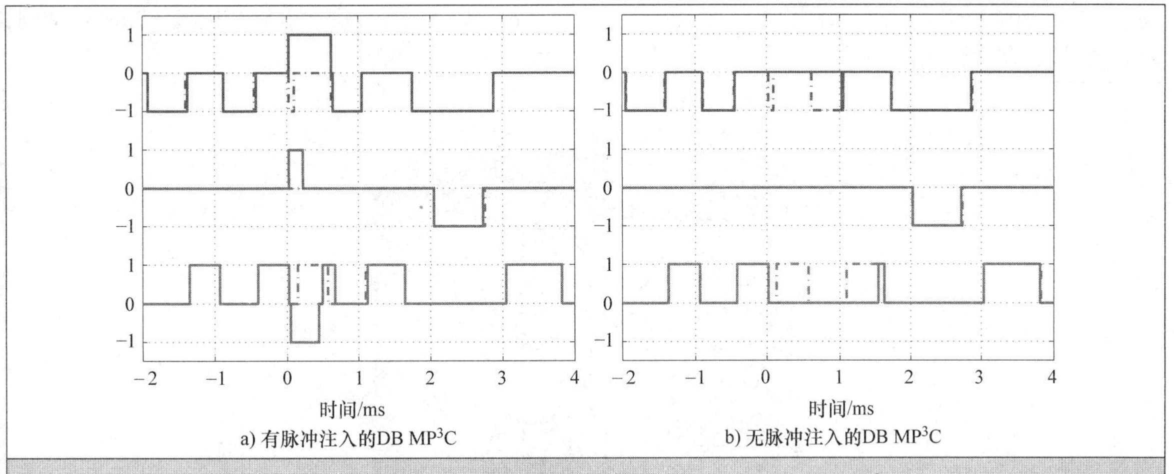

图 13.14　与图 13.13 转矩阶跃相应对应的有脉冲插入和无脉冲插入 DB MP³C 的三相开关位置

注：虚线表示未修正的标称 OPP，实线表示 MP³C 修正的 OPP。

在 $t=20$ms 发生正转矩阶跃时，定子磁链矢量需要正向旋转，这是通过维持电压矢量角度同时增大其幅值来实现的。由于电压裕量较小，额外脉冲的插入只产生很小的作用。因此，相比于无脉冲插入的 DB MP³C（见图 13.8a），1.2ms 的转矩调节时间几乎保持不变。

脉冲插入会导致较大的电压阶跃，如从 $v_{dc}/2$ 到 $-v_{dc}/2$。在实际变换器设置中，这样大的阶跃既不可取也不可行。通常要用约束条件来限制电压的变换率 dv/dt。因为大的 dv/dt 会对电机绕组的寿命产生损害。除此之外，NPC 逆变器禁止每相的开关超过 1 个阶跃上升或下降电平。

为了施加这些开关约束，MP³C 发出的开关指令在应用到逆变器前会被后处理。例如，图 13.14a 中 c 相 MP³C 需要的大幅值阶跃在后处理阶段被减少为幅值为 1 的阶跃。具体而言就是使用了开关位置 $u_c=0$，而不是 MP³C 请求的从 1 到 -1 的开关切换。在下一个采样时刻，即 $t=25\mu$s，MP³C 再次请求开关状态变化为 $u_c=-1$，这次请求会被后处理允许。由于脉冲宽度达数百微秒，超过采样间隔一个数量级，因此修正对 MP³C 和转矩响应的影响很小。更重要的是，MP³C 固有的反馈特性十分适合在开关指令中进行这些修正。

对于 QP MP³C 而言，脉冲插入带来的性能提升更为显著。如图 13.13 所示，对于 60°的角度预测步长，脉冲插入使负向转矩阶跃期间的转矩调节时间从 10.6ms 减少到 0.7ms。这是一个 15 倍的减少。因此，对于长预测步长，具有脉冲插入的 QP MP³C 在瞬态期间实现的闭环性能与 DB MP³C 的性能相似。与 DB MP³C 相同，具有脉冲插入的 QP MP³C 在 40ms 的时间窗内其开关频率暂时从 250Hz 增加到 275Hz。

13.2　ANPC 逆变器驱动系统实验结果

DB MP³C 已经成功在五电平驱动系统上实现和测试，如图 13.15 所示。本节给出了 MV 驱动系统在高达 1 MVA 的功率水平下运行获得的实验结果。

13.2.1　实验设置 ★★★

考虑图 13.16 所示的五电平有源中点钳位（ANPC）逆变器驱动系统。直流母线包括两个理想直流母线电容，其单位值为 X_{dc}。两个直流母线电容中间形成中性点 N。瞬时直流母线总电压为 $v_{dc}=v_{dc,up}+v_{dc,lo}$，式中 $v_{dc,up}$ 和 $v_{dc,lo}$ 分别表示上下直流母线电容的电压。ANPC 逆变器包括中性点电位 $v_n=\frac{1}{2}(v_{dc,lo}-$

$v_{dc,up}$）和三个电压为 $v_{ph,x}$ 的飞跨电容 X_{ph}，其中 $x \in \{a, b, c\}$ 表示三相。中性点和相电容电压是浮动的，因此要采取有源控制。

图 13.15　额定电压高达 6.6kV、额定电流为 98A 的五电平 ANPC 逆变器

注：变频器和有源终端的三相型号分别表示在右侧。来源：ABB 图像库。经 ABB 公司许可使用。

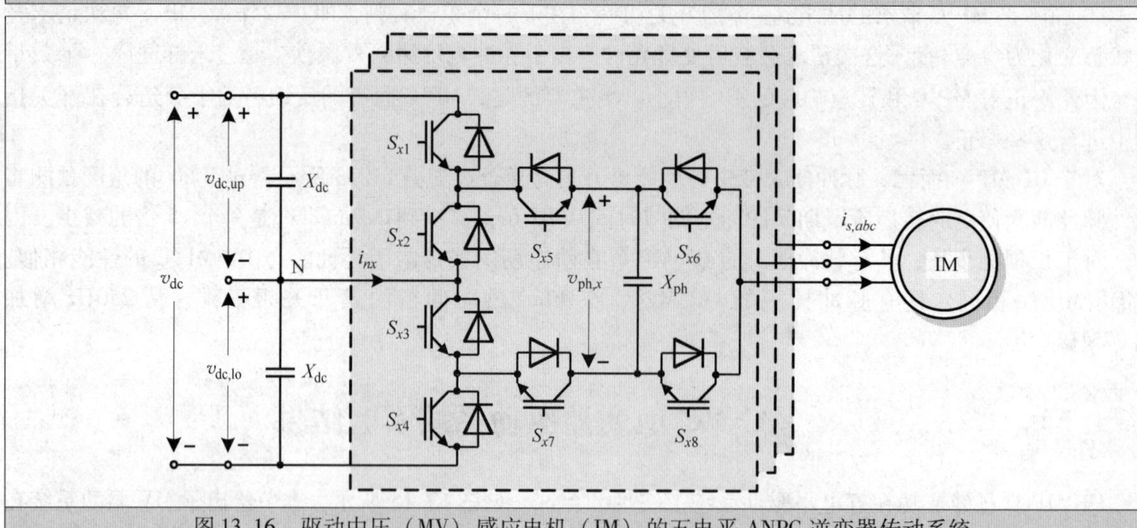

图 13.16　驱动中压（MV）感应电机（IM）的五电平 ANPC 逆变器传动系统

逆变器在其相输出端产生五个电平 $\pm v_{dc}/2$、$\pm v_{dc}/4$ 和 0。由于相电容电压的浮动和非零中性点电位，相电压在其额定电压水平附近表现出显著的电压波动。将额定电平表示为相电平 $u_x \in \{-2, -1, 0, 1, 2\}$。相电平三相矢量定义为 $\boldsymbol{u} = \boldsymbol{u}_{abc} = [u_a\ u_b\ u_c]^T$。

由于逆变器的单相冗余，每相存在 8 个（而不是 5 个）可能的开关组合。单相开关位置由 $s_x \in \{0, 1, \cdots, 7\}$ 表示，相应的三相开关位置由 $\boldsymbol{s} = \boldsymbol{s}_{abc} = [s_a\ s_b\ s_c]^T$ 给出。对 ANPC 拓扑，其产生的冗余和所需开关约束的深入回顾，请参考 2.4.2 节。

驱动系统包括一台6kV、50Hz、额定功率为1.424MVA的笼型感应电机，表13.3总结了电机额定值。建立标幺化系统的基准值为 $V_B=\sqrt{2/3}V_R=4899\text{V}$，$I_B=\sqrt{2}I_R=193.7\text{A}$，$\omega_B=\omega_{sR}=2\pi50\text{rad/s}$。表13.4总结了电机和逆变器参数的SI值和pu值以及它们对应的符号。值得注意的是，用于实验的感应电机是超过额定的，这与2.5.3节研究的五电平ANPC中的电机不同。

表13.3 感应电机的额定值

参数	符号	SI值
电压	V_R	6000V
电流	I_R	137A
有功功率	P_R	1.2MW
视在功率	S_R	1.424MVA
定子角频率	ω_{sR}	2π50rad/s
转速	ω_{mR}	1488r/min
气隙转矩	T_R	7.976kNm

表13.4 五电平ANPC逆变器在SI（左）和标幺化系统（右）中的参数

参数	SI符号	SI值	pu符号	pu值
定子电阻	R_s	203mΩ	R_s	0.008
转子电阻	R_r	203mΩ	R_r	0.008
定子漏感	L_{ls}	8.579mH	X_{ls}	0.107
转子漏感	L_{lr}	8.579mH	X_{lr}	0.107
主电感	L_m	246.8mH	X_m	3.066
极对数	p	2		
直流母线电压	V_{dc}	9.8kV	V_{dc}	2.000
直流母线电容	C_{dc}	200μF	X_{dc}	1.589
相电容	C_{ph}	140μF	X_{ph}	1.112

13.2.2 分层控制结构 ★★★

由于需要平衡中性点电位和三相电容电压在其额定值附近，ANPC逆变器的控制问题变得复杂。为了满足这一要求，MP³C将通过后续的平衡控制器增强。具体而言，就是采用图13.17所示的分层控制结构。MP³C模块指的是图12.8中系统框图所示的除转速控制器和磁链观测器之外的控制器结构。

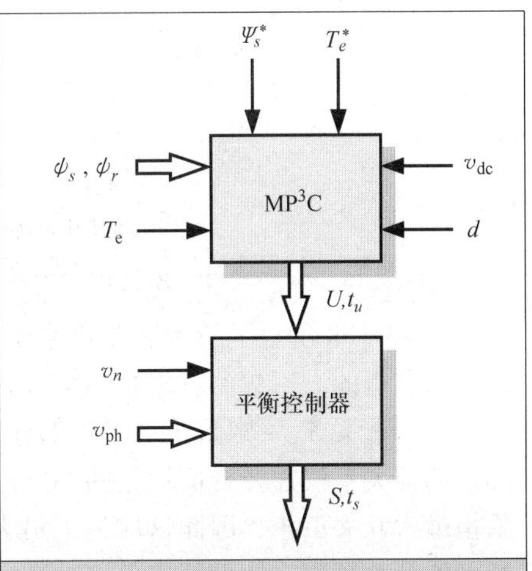

图13.17 用于五电平ANPC逆变器驱动系统的分层控制结构

在顶层，MP³C调节定子磁链矢量沿着最优轨迹变化。这样可以控制电磁转矩 T_e 和定子磁链幅值 ψ_s。MP³C发出从当前时刻 kT_s 开始并覆盖整个采样间隔 T_s 的开关序列。这个开关序列可以用相电平 $\boldsymbol{U}=[\boldsymbol{u}_1^T \quad \boldsymbol{u}_2^T \quad \cdots]^T$ 和相应开关时刻的矢量 $\boldsymbol{t}_u=[t_{u1} \quad t_{u2} \quad \cdots]^T$ 来描述。最简单的形式是在当前时刻产生一个相电平矢量，即 $\boldsymbol{U}=\boldsymbol{u}_1$ 和 $\boldsymbol{t}_u=kT_s$。

平衡控制器的底层维持中性点电平 v_n 和三相电容电压 $\boldsymbol{v}_{ph}=[v_{ph,a} \quad v_{ph,b} \quad v_{ph,c}]^T$ 在其参考值附近的上限和下限之内。中性点电平的参考值为0，电容电压的参考值通常为额定直流母线电压的1/4，即 $V_{dc}/4$。

为了实现这一目标，平衡控制器将利用 ANPC 逆变器的单相和三相冗余。具体而言，单相冗余用于控制相电容电压和中性点电位，而三相冗余可以用来控制中性点电位。平衡控制器也会施加拓扑所引起的开关约束。在这个过程中，参考相电平序列｛$\boldsymbol{U}$，$\boldsymbol{t}_u$｝被转换为开关序列｛$\boldsymbol{S}$，t_s｝，其中 $\boldsymbol{S}=[\boldsymbol{s}_1^T\ \boldsymbol{s}_2^T\cdots]^T$ 表示三相开关位置，$\boldsymbol{t}_s=[t_{s1}\ t_{s2}\cdots]^T$为开关时刻的矢量。

在大多数情况下，开关序列｛$\boldsymbol{S}$，t_s｝可用于实现所需的差模电压，其对应｛$\boldsymbol{U}$，$\boldsymbol{t}_u$｝。如果需要，可以调整共模电压来控制中性点电位。然而，并不一定能够匹配到所需差模电压，例如，当开关约束生效时。在这种情况下，MP^3C 所需的差模电压只能通过近似的方式合成。这些不匹配构成了 MP^3C 定子磁链控制环的输出干扰，它们可以被磁链观测器捕获并反馈给 MP^3C。通过反馈，差模电压干扰可以被 MP^3C 修正。

有关 ANPC 拓扑提供的冗余的更多详细信息，请参考 2.4.2 节。平衡控制器的一些细节可以在参考文献［3］中找到。或者，按照参考文献［4］所描述的，模型预测直接转矩控制（MPDTC）——模型预测直接平衡控制（MPDBC）的导数也可以用于解决平衡控制问题。

13.2.3 稳态运行 ★★★

通过五电平 ANPC 逆变器 MV 驱动系统的实验结果来比较 MP^3C 和 DTC 的稳态性能。对于 DB MP^3C，使用脉冲数量 $d=9$ 的 OPP 和图 13.17 所示的平衡控制器。对于 DTC，采用相同的分层控制，但是图 13.17 中的 MP^3C 模块被 DTC 取代。

图 13.18a 所示为基波频率在 0.6 ~1pu 之间，或相当于 30 ~50Hz 之间，DTC 和 DB MP^3C 的性能比较。使用二次转矩，在基波频率 0.8pu 时达到最大转矩。虽然电机额定电流为 137A，但是逆变器相电流限制为 98A，所以该驱动系统可以实现的最大转矩为 0.6pu。

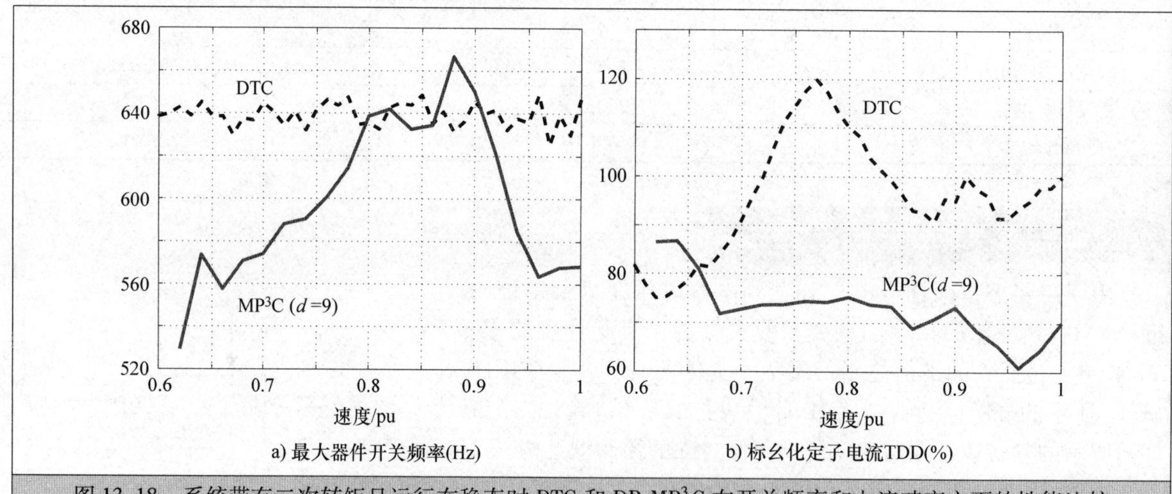

图 13.18　系统带有二次转矩且运行在稳态时 DTC 和 DB MP^3C 在开关频率和电流畸变方面的性能比较

图 13.18a 示意了最大器件开关频率$f_{sw,max}$，这是通过监测半导体器件的开关频率并记录开关频率的最大值获得的。回想到五电平 ANPC 拓扑（见图 13.16）中的绝缘栅双极型晶体管（IGBT）可以分为两部分。开关 $S_{x1}\sim S_{x4}$形成 ANPC 部分，而 IGBT $S_{x5}\sim S_{x8}$构成 x 相的飞跨电容（FC），$x\in\{a,b,c\}$。FC 部分的开关不仅需要合成期望的相电压，而且还有助于保持相电容电压接近其额定值。IGBT $S_{x5}\sim S_{x8}$将承担最大开关负担，因此这成为了最大开关频率的限制因素。它们的开关频率被定义为 FC 部分 IGBT 的平均开关频率。假设开关负担被良好地平衡，则

$$f_{sw,FC}\approx f_{sw,max} \tag{13.2}$$

一相电平 u_x的每个变化只需要 FC 部分中变化一个电平，如图 2.24 所示。鉴于 FC 部分有 4 个 IGBT，MP^3C 的开关频率贡献预计为$f_{sw,FC}=df_1$，其中f_1是以 Hz 表示的基波频率。根据式（13.2），可以

知道 $f_{sw,max} \approx df_1$。

从图 13.18a 可以看出，最大器件开关频率明显高于 df_1。实际上，在该图所示的基波频率范围内，额定转速下开关频率增加了 1.25 倍，而在 60% 的额定转速下开关频率增加了几乎 2 倍。这些额外的开关切换将用来平衡相电容电压和中性点电位，特别是在基波频率较低且相电流较大时。有关相电容电压闭环特性的更多信息，请参考 8.2 节中讨论的 MPDTC 仿真结果。

图 13.18b 对这两种控制方法得到的定子电流畸变进行了比较，并将测量到的电流 TDD 除以额定转速时 DTC 的电流 TDD，给出了标幺化的电流畸变。一个特别困难的工作点是大约 80% 的额定转速，尽管基波频率为 40Hz，却要提供额定电流。与 DTC 相比，在这个范围内 MP^3C 可以实现最大的性能提升。例如，在 77% 的额定转速时，电流畸变可以减少 38%。在额定转速时，电流畸变减少 30%。值得注意的是，使用单脉冲数 $d=9$ 的 OPP 时，MP^3C 无法充分利用可用的器件开关频率。选择具有更高脉冲数量的 OPP，电流畸变会进一步减小。

在 80% 额定转速和 60% 额定转矩的条件下给出 MP^3C 与 DTC 的进一步比较，该条件对应着逆变器最大电流 98A（rms）。两种控制方法对应的最大器件开关频率都为 640Hz。定子电流在一个基波周期内的波形如图 13.19 所示，其谐波频谱如图 13.20 所示。两种控制方法对应的基波电流（峰值）幅值均为 0.715pu，其对应逆变器额定电流 98A（rms）。与 DTC 相比，MP^3C 的电流谐波减少了 31% 且表现出更小的 5 次和 7 次谐波。

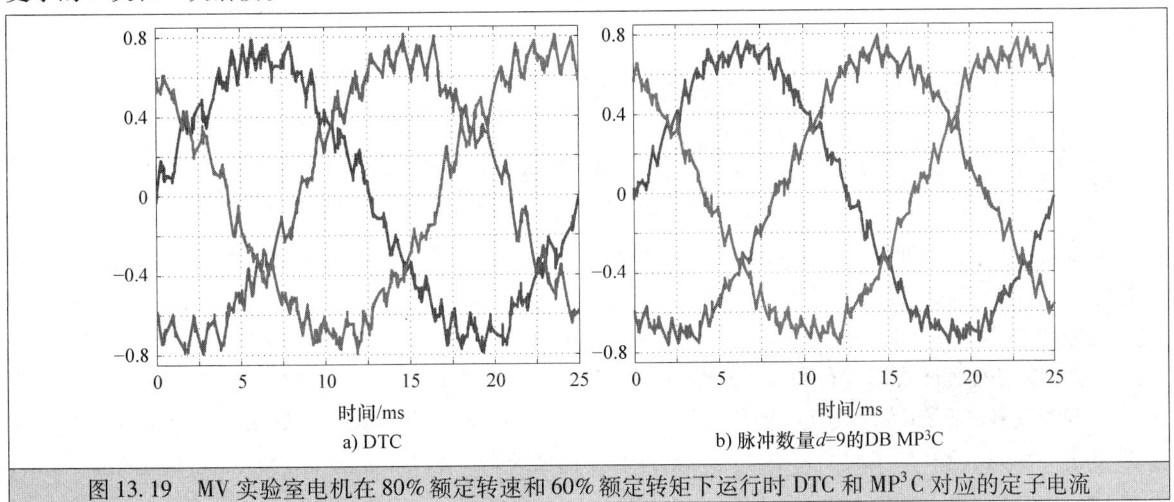

图 13.19　MV 实验室电机在 80% 额定转速和 60% 额定转矩下运行时 DTC 和 MP^3C 对应的定子电流

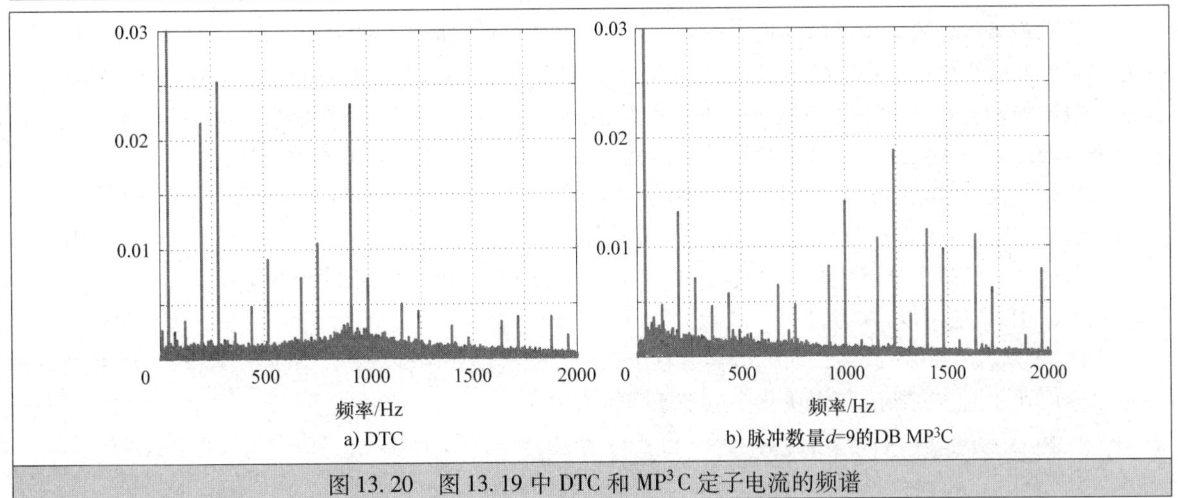

图 13.20　图 13.19 中 DTC 和 MP^3C 定子电流的频谱

尽管 OPP 特征电流谐波频率集中在基波频率的奇数且非三倍次处，谐波频谱还是表现出噪声基底，这将使电流 TDD 恶化。噪声基底的出现是由于逆变器系统存在非理想特性，例如死区效应[5]，反馈环的延迟和施加开关约束时平衡控制器带来的扰动等。产生噪声基底的另一个根源是逆变器相端存在相对于直流母线中点的脉动电压，如图 13.21 所示。正如之前所讨论的，这些电压脉动是由于相电容电压和中性点电位偏离了它们的参考值。这些非理想特性和扰动将表现为定子磁链矢量与其参考轨迹的偏差。这会导致电机定子电流中的谐波含量增加，即使使用了 OPP 和 MP^3C 的快速伏秒修正。

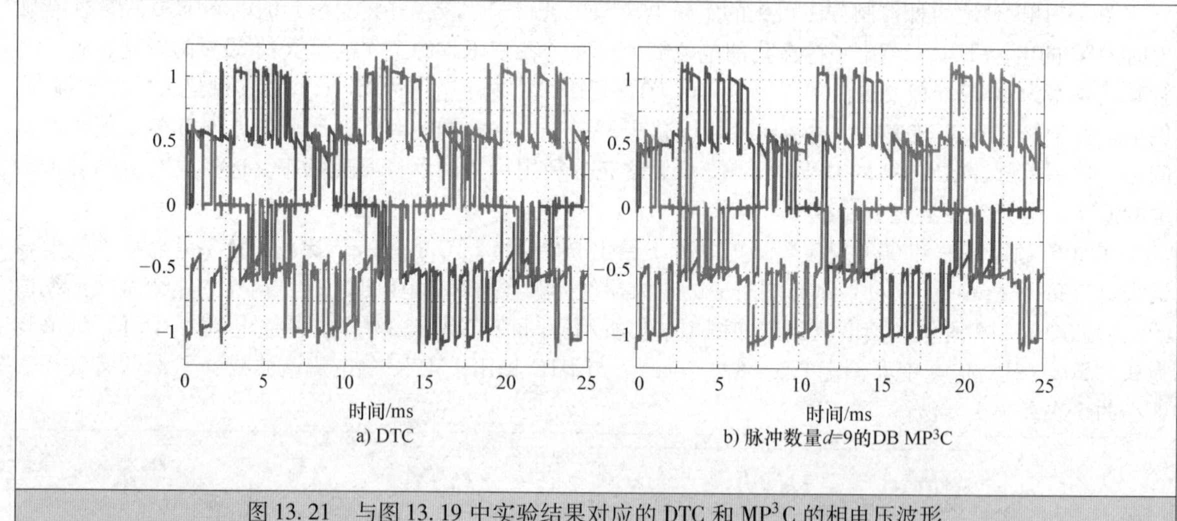

图 13.21　与图 13.19 中实验结果对应的 DTC 和 MP^3C 的相电压波形

13.3　总结和讨论

第 12 章提出了一种基于 OPP 的新型模型预测控制（MPC）方法，这种新型控制方法解决了电力电子控制中的经典问题——一个是瞬时快速控制，另一个是稳态运行时的最佳性能。也就是说，在给定的开关频率下具有最小的电流谐波。前者通常由 DB 控制方法来实现，而后者通常在 OPP 领域实现。

MP^3C 控制器通过采用具有约束的最优和滚动时域控制来实现上述两个目标。后者提供了反馈，并对干扰和逆变器非理想特性具有高度鲁棒性，从而确保在（准）稳态运行和瞬态运行期间保证最佳的伏秒平衡。因此，MP^3C 实现了在稳态运行条件时的低谐波畸变水平和在瞬态运行期间快速的电流和转矩响应。

为了实现后者，通常使用脉冲插入的概念，因为当需要快速消除磁链误差时，脉冲插入可以为控制器提供额外的自由度。可以插入开关切换和合成开关模式，其分别对应电压矢量的幅值和角度，但是这个电压矢量与预算 OPP 固有的电压矢量大不相同。具体而言就是，施加到电机定子绕组的相电压可以临时增加到最大值且符号可以翻转，这样就可以充分利用逆变器直流母线电压。

风机和泵类等常规的驱动应用对谐波性能的要求越来越严格，由于 OPP 的使用，这个目标可以很容易地通过 MP^3C 实现。轧钢厂这类专用的驱动应用需要高动态性能和非常快的转矩响应，采用脉冲插入来实现这个目标是十分有效的，这使得 MP^3C 成为常规和专用驱动应用的理想选择。

此外，MP^3C 还可以扩展到具有 LC 滤波器的逆变器，它需要一个有源阻尼环来使滤波器的谐振衰减。为此，可以添加一个线性二次调节器，它会在定子磁链误差中注入一个阻尼信号[6]。MP^3C 的原理也可以应用到并网逆变器[7]和模块化多电平逆变器[8]中。

13.3.1　与现有先进控制方法的区别 ★★★

在接下来的部分将讨论 MP^3C 与现有先进控制方法的不同点。

1. 基波磁链分量

诸如参考文献［9］中提到的现有先进控制方法是分别控制定子磁链的基波分量和纹波分量。为了满足这一点，必须估计基波磁链分量，这将使磁链观测器的任务大为复杂化。

MP^3C 避免了基波分量和纹波分量的分离控制。取而代之的是，MP^3C 将调节包含基波分量和谐波分量在内的定子磁链矢量的瞬时值沿着其最佳轨迹变化。定子磁链误差（12.28）仅仅是参考和估计（瞬时）定子磁链矢量之前的差异。因此，可以使用标准磁链观测器。相关实验结果参照 13.2 节，例如，MP^3C 使用了与 DTC 相同的观测器。

总之，MP^3C 将磁链误差（12.28）视为包含谐波磁链误差和基波磁链误差的单变量。谐波磁链误差与准稳态运行时的纹波电流误差有关。这些误差是由直流母线电压波动、OPP 的不连续性和脉冲数量改变等因素所产生的。基波磁链误差是由工作点的变化引起的，例如电机负载转矩或角速度的改变。

2. 对控制变量的惩罚

根据 DB 控制的原理，经典轨迹控制方法[9,11]只对受控变量，即定子磁链误差产生惩罚。然而，MP^3C 也对控制变量，即对开关切换标称时刻的修改产生惩罚。这样，所需的伏秒修正将分布在整个预测步长内，从而可以保证预算 OPP 的伏秒平衡。同时也可以降低 QP MP^3C 对观测器噪声的敏感度。

为了确保在预测步长末尾处的预测定子磁链误差为 0，修改开关时刻的惩罚因子将被设置为一个很小的值，从而优先保证定子磁链误差的修正。对控制和控制变量惩罚依据的原则是控制变量的变化也产生代价。实际上，在最优控制中需要对良好的跟踪性能和少量使用控制变量进行折中。这个折中通过惩罚矩阵 $\boldsymbol{Q}$ 来调整。

3. 滚动优化策略

即使在一个长预测步长内可以设置一系列开关位置，但是只有采样时刻处的开关序列被用于逆变器。下一时刻的预测值将使用新的测量量来计算，由此得到开关位置的移位序列，并在必要时进行修改。这种方法被称为滚动优化策略（见图 12.7）。滚动优化策略可以提供反馈并使 MP^3C 对磁链观测器的噪声和模型误差具有鲁棒性。长预测步长可以减小控制器对磁链观测器的敏感度，如 13.1.2 节所示。

因此，当系统工作在具有测量和观测器噪声的实验驱动装置上时，滚动优化控制器得到的稳态电流畸变会比过度激进的控制器得到的稳态电流畸变更小。后者的实例包括运行在非常短的预测步长上的控制器或不惩罚修正操作的 DB 控制器。在无噪声和中性点电位（和相电容电压）无明显纹波的理想条件下，所有 MP^3C 变体几乎产生相同的电流畸变。

4. 无差拍控制器

MP^3C 的 DB 形式似乎与现有先进控制方法有一些相似之处[9,10]。然而，这些现有先进控制方法通常每 500μs 才形成一个磁链误差，然后将 $\alpha\beta$ 磁链误差映射到三相中（使用反 Clarke 变换（2.11）），对 500μs 内开关切换的时刻进行修改，并在后续的 500μs 内将修改的开关序列发送给逆变器。因此，反馈仅 500μs 才应用一次。

与此相反的是，本书提出的 DB MP^3C 方法采用滚动优化策略。修正后的开关序列在非常短的时间间隔内就被施加给逆变器，通常是 25μs。因此，每 25μs 就应用一次反馈。对于 DB MP^3C，预测步长相当长，但是在 500μs 到 1ms 的范围内。此外，$\alpha\beta$ 磁链误差仅映射到最先进行开关切换的两相。这种映射有助于减少修正定子磁链所需的时间。

5. 脉冲注入

当在 MP^3C 中插入脉冲时，虚拟脉冲将以零伏秒贡献的形式插入。在施加脉冲时，通过调整第二次开关切换的时刻，以闭环的方式修改该脉冲产生的伏秒贡献。根据滚动优化策略，在随后的采样时刻，要综合考虑磁链观测器噪声、影响定子磁链的扰动、转矩参考值的进一步变化以及允许 dv/dt 的限制来重新调整脉冲。

因此，在脉冲插入时，反馈给标称 OPP 的第二次开关切换的阶跃步长是不确定的。这可以从图 12.13b 所示的实例中看到。当改变脉冲的第二次切换超过了下一次切换的标称开关时刻 t_{x1}^*，阶跃步长将从 2 减小到 1。

本书提出的脉冲插入方法与先前在参考文献［12－14］中提出的方法形成鲜明对比。后者是依靠开环脉冲插入，其使用前馈方法，两次开关切换都在脉冲被插入时被确定。除此之外，按照文献中所描述的，这些方法依据磁链误差和误差范围，开关切换会被插入到一相、两相或者三相中，而不是总在两相中插入。

13.3.2 讨论 ★★★

在接下来的小节，将对本书提出的 MP³C 的一些特性进行进一步的说明和讨论。

1. 最优性

需要指出的是，当参考定子磁链轨迹被准确跟踪时才可以实现最优性，即最小电流 TDD。因此，根据 OPP 的磁链轨迹来定义最优性，而不是用 OPP 的电压波形。这两个量仅在理想条件下的稳态运行情况才匹配。在准稳态条件下，可以通过确保参考磁链轨迹被紧密跟踪来实现最优性。通过操纵脉冲宽度就可以保证最优的伏秒平衡，尽管直流母线电压、中性点和相电容存在电压脉动。

然而，在瞬态期间，根据最小电流 TDD 来定义最优性是没有意义的，因为谐波畸变的概念是基于频率分析的，且需要（准）稳态运行。通常在施加大转矩阶跃、在不同 OPP 之间进行切换，或者工作点在开关角的不连续面移动时才出现大的瞬态变化。在这三种情况中，定子磁链误差都趋于增大，需要对开关时刻进行明显的修正。当这种瞬态变化发生时，控制器旨在通过快速调节定子磁链变化到其新参考值来实现快速的动态响应。严格来说，在已有 OPP 或者插入脉冲附近进行重新优化的结果可能不是最佳的，因为可能存在更适合的开关序列，其可以实现相同的转矩响应，但是需要更小的开关负担。由于这种方法需要额外的计算和复杂的实现过程，因此尚未得到进一步的研究。

2. 在低调制系数条件下运行

MP³C 方法在概念上适用于整个转速范围。在调制系数的上限，OPP 可以达到六拍运行模式。然而，在调制系数的下限，实际因素限制了 OPP 的适用性。具体而言，较低的调制系数和较低的基波频率将导致很大的脉冲数量，这会给得到这种 OPP 的计算程序带来挑战。此外，在谐波畸变方面，OPP 相比 CB－PWM 具有的优势变小。因此，通常的做法是在低调制系数下切换到磁场定向控制的 CB－PWM 模式[10]。

3. 计算要求

通常，MPC 方法的计算负担较重，需要强大的控制平台来解决采样间隔内的基础优化问题。然而，通过预先计算 OPP 可以将 MP³C 大量的计算离线进行，不过这需要以增加存储器来存储这些计算好的模式为代价。在运行期间，通过控制器修正 OPP，从而去补偿非理想特性并在瞬态期间实现快速控制。

DB MP³C 非常适合在可编程序门阵列（FPGA）上实现。加法、移位和 if－then－else 语句在 FPGA 上的计算是很廉价的，因为它们在 FPGA 上只需要很小的存储空间且只需要一个时钟周期。然而，除法和乘法在 FPGA 上的计算较为昂贵，其需要多个时钟周期和罕见的专用乘法单元。在这些昂贵的计算中，DB MP³C 只需要一次除法和一些乘法运算来计算控制器的输出。因此，DB MP³C 修正预算 OPP 所

需的计算量与建立磁场定向控制所需的计算量大致相同。

MP^3C 的 QP 形式在计算上的要求比 DB 形式更高。为了方便实现，可以采用一种针对当前优化问题修正过的有限集方法，正如 12.5.1 节所述。有限集法的计算负担仅略高于 DB MP^3C 的计算负担。正如参考文献［15］中所提出的，可以在 FPGA 上用一个快速梯度求解器来求解 QP。

参考文献

[1] B. P. McGrath, D. G. Holmes, and T. Lipo, "Optimized space vector switching sequences for multilevel inverters," *IEEE Trans. Power Electron.*, vol. 18, pp. 1293–1301, Nov. 2003.

[2] T. Geyer, N. Oikonomou, G. Papafotiou, and F. Kieferndorf, "Model predictive pulse pattern control," *IEEE Trans. Ind. Appl.*, vol. 48, pp. 663–676, Mar./Apr. 2012.

[3] F. Kieferndorf, M. Basler, L. Serpa, J.-H. Fabian, A. Coccia, and G. Scheuer, "A new medium voltage drive system based on ANPC-5L technology," in *Proceedings of IEEE International Conference on Industrial Technology* (Viña del Mar, Chile), pp. 605–611, Mar. 2010.

[4] F. Kieferndorf, P. Karamanakos, P. Bader, N. Oikonomou, and T. Geyer, "Model predictive control of the internal voltages of a five-level active neutral point clamped converter," in *Proceedings of IEEE Energy Conversion Congress and Exposition* (Raleigh, NC, USA), Sep. 2012.

[5] J. Holtz and J. Quan, "Drift- and parameter-compensated flux estimator for persistent zero-stator-frequency operation of sensorless-controlled induction motors," *IEEE Trans. Ind. Appl.*, vol. 39, pp. 1052–1060, Jul./Aug. 2003.

[6] P. Al Hokayem, T. Geyer, and N. Oikonomou, "Active damping for model predictive pulse pattern control," in *Proceedings of IEEE Energy Conversion Congress and Exposition* (Pittsburgh, PA, USA), pp. 1220–1227, Sep. 2014.

[7] E. Rohr, T. Geyer, and P. Al Hokayem, *"Control of electrical converter based on optimized pulse patterns,"* EP patent application 15 176 085 A1, 2015.

[8] V. Spudic, T. Geyer, and N. Oikonomou, *"Optimized pulse patterns for MMC control,"* EP patent application 15 184 836 A1, 2015.

[9] N. Oikonomou and J. Holtz, "Stator flux trajectory tracking control for high-performance drives," in *Proceedings of the IEEE Industry Applications Society Annual Meeting* (Tampa, FL, USA), pp. 1268–1275, Oct. 2006.

[10] N. Oikonomou and J. Holtz, "Estimation of the fundamental current in low-switching-frequency high dynamic medium-voltage drives," *IEEE Trans. Ind. Appl.*, vol. 44, pp. 1597–1605, Sep./Oct. 2008.

[11] B. Beyer, *Schnelle Stromregelung für Hochleistungsantriebe mit Vorgabe der Stromtrajektorie durch off-line optimierte Pulsmuster*. PhD thesis, Wuppertal University, 1998.

[12] J. Holtz and B. Beyer, "Off-line optimized synchronous pulsewidth modulation with on-line control during transients," *EPE Journal*, vol. 1, pp. 193–200, Dec. 1991.

[13] J. Holtz and N. Oikonomou, "Synchronous optimal pulsewidth modulation and stator flux trajectory control for medium-voltage drives," *IEEE Trans. Ind. Appl.*, vol. 43, pp. 600–608, Mar./Apr. 2007.

[14] N. Oikonomou, *Control of medium-voltage drives at very low switching frequency*. PhD thesis, University of Wuppertal, 2008.

[15] H. Peyrl, J. Liu, and T. Geyer, "An FPGA implementation of the fast gradient method for solving the model predictive pulse pattern control problem," in *Workshop on Predictive Control of Electrical Drives and Power Electronics* (Munich, Germany), Oct. 2013.

第14章 模块化多电平变换器的模型预测控制

14.1 引言

模块化多电平变换器（MMC）拓扑结构[1]最近在参考文献［2,3］中受到极大关注。该变换器有许多优点，主要特点是模块串联连接，尽管模块通常使用相对较低的电压，但是串联连接可使变换器输出电压成比例放大，从而实现高输出电压。此外，串联模块数量的增加也直接增加了变换器输出端可用电平数量，与标准两电平或三电平电压源型变换器相比，输出电压与电流中的谐波畸变大大降低[4]，所以滤波器体积可以减小。同时可以降低开关频率以减少变换器中的总损耗。这些特点使得MMC拓扑结构非常适合高功率和高电压场合，如高压直流输电系统（HVDC）[5,6]。在中压（MV）领域，应用前景包括静止无功补偿器（STATCOM）[7,8]和铁路电力系统[9]，这些应用不需要变压器。

MMC的控制和调制问题是要调整负载电流以跟随其时变参考值，平衡电容电压在其额定值，最小化变换器和开关器件的损耗满足负载谐波要求。同时，MMC必须工作在安全运行范围内，特别是支路电流和电容电压。由于变换器是多输入多输出结构（MIMO），并且有复杂多样的内部动态变化，这使得变换器的控制问题在本质上难以解决。前沿的分层控制方案可以总结为电流、平均和能量平衡控制。

正如参考文献［10］中所讨论和实现的一样，在分层电流控制器的上层，支路电压参考值由基于期望时变输出负载电流和以消除环路电流为原则而计算得到。随后基于载波的脉冲宽度调制器（CB－PWM）或空间矢量调制器（SVM）与电容电压平衡控制器相结合，将支路电流参考信号转化为变换器的门极指令。参考文献［11］提出一种组合平均和平衡控制分层方案，控制器将每个支路模块数量分开，后级的脉冲宽度调制器（PWM）用来产生开关序列，分层能量调节控制器驱动总支路能量跟随其时变参考值，从而保证电容电压在支路内部和支路之间均衡。参考信号可以被推导为期望时变负载电流和测量的直流母线电压的函数，通过利用环路电流和共模电压来实现能量平衡，在参考文献［12］和［13］中可以查找到分层能量调节控制器的例子。

具有多个比例积分（PI）控制环的分层控制方案，在需要快速控制响应的瞬态运行或开关频率非常低时，往往性能较差。这一缺点也促使了现代控制方法在时域中的研究，最显著的便是模型预测控制（MPC）[14]。针对MMC拓扑结构的MPC方案文献很少，仅限于不使用调制器的直接MPC方法。在参考文献［15］中单相交流－交流MMC拓扑和参考文献［5］中背靠背HVDC系统所采用的直接MPC方法都只有一步预测范围，这两种方法遵循的都是基于枚举法的直接MPC范例，该范例已经在第4章进行了总结。参考文献［16］在三相直流－交流MMC中实现了更长预测范围。

本章提出一种基于PWM的MMC间接模型预测电流控制器，预测步长为5 ~10步，需要求解的优化问题是二次规划（QP），但它可以使用现成求解器有效解决。控制问题以分层的方式解决，MPC方案为上层，向中层PWM提供电压参考，支路内电容电压的平衡是通过下层平衡控制器实现。

这种MPC方案能够在稳态运行与瞬态（如上电、负载变化和故障）运行期间提供最优的控制动作。由于MPC具有处理约束的能力，控制器能够在考虑支路电流与电容电压的约束条件下实现快速瞬态响应，从而确保变换器在瞬态运行期间也能够处于安全状态。这与传统具有多个PI环的分层控制器（如参考文献［11］和［17］中）形成鲜明对比，传统分层控制器为了避免超出安全运行区，动态响应慢。

14.2　预备知识

14.2.1　拓扑 ★★★

所研究的三相直流－交流MMC拓扑结构如图14.1所示。变换器每相桥臂 $x \in \{a, b, c\}$ 被分成上下两个支路，六个支路 $r \in \{1, \cdots, 6\}$ 的每一支路都由 n 个串行连接的单极性模块 M_{rj} 组成，其中 $j \in \{1, \cdots, n\}$，每个支路都有一个（小的）支路电感 L_{br}，线路电阻和支路中通态损耗可由电阻 R_{br} 表示。

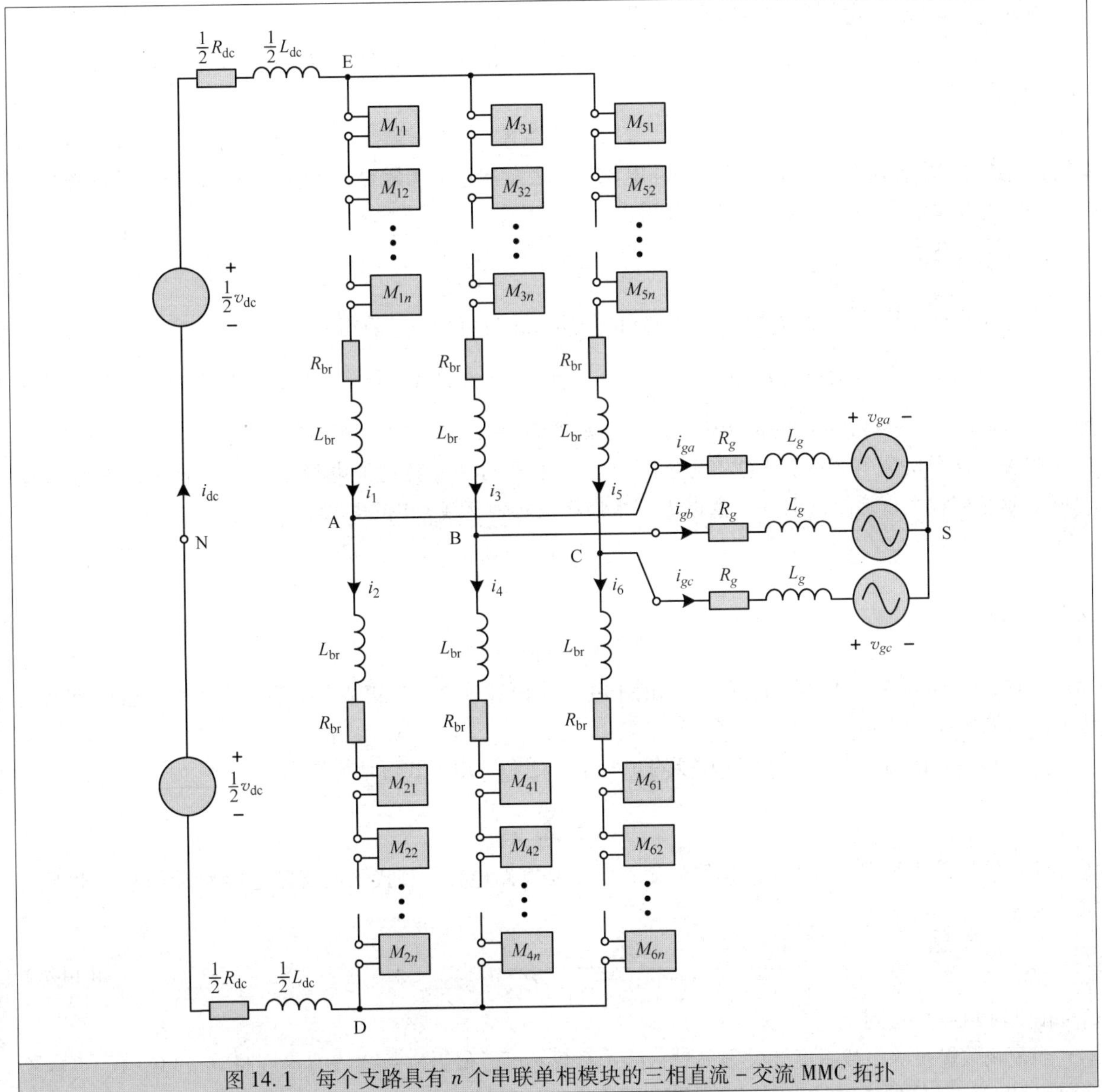

图14.1　每个支路具有 n 个串联单相模块的三相直流－交流MMC拓扑

如图 14.2 所示，每个模块 M_{rj} 均由电压为 v_{rj} 的电容 C_m 和两个绝缘栅双极型晶体管（IGBT）组成，IGBT 形成具有两种开关状态的半桥。模块处于导通状态时，IGBT 上管导通下管关断，电容 C_m 连入支路，模块端电压等于电容两端电压 v_{rj}。模块处于关断状态时，IGBT 下管导通上管关断，模块被旁路并且端电压为 0。需要注意的是，为了避免可能出现短时直通，在两个 IGBT 关断时需要加入一段短暂死区时间。

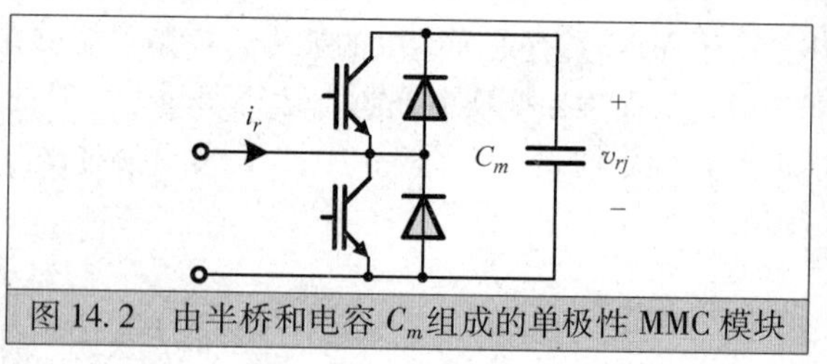

图 14.2 由半桥和电容 C_m 组成的单极性 MMC 模块

MMC 由电压为 v_{dc} 的直流电源供电，直流电源中的寄生电感和电阻分别由与直流电源串联的电感 L_{dc} 和电阻 R_{dc} 表示。MMC 三相输出端与电网相连，电网由电网电感 L_g、电网电阻 R_g 和三相电网电压 $v_g = [v_{ga} \quad v_{gb} \quad v_{gc}]^T$ 表示。或者，电网参数也可以被理解为有源阻感负载，如电机。

14.2.2 变换器非线性模型 ★★★

对于每个支路 r，定义支路电流为 i_r，电网电流是支路电流的线性组合，例如 a 相电网电流可以由下式得出

$$i_{ga} = i_1 - i_2 \tag{14.1}$$

b 相和 c 相电网电流可相应计算得到。环路电流 $i_{\text{circ},x}$ 表示流过 x 相桥臂上下支路与直流母线的电流，例如对于 a 相桥臂，环路电流可由下式计算得出

$$i_{\text{circ},a} = \frac{i_1 + i_2}{2} - \frac{i_{dc}}{3} \tag{14.2}$$

式中，i_{dc} 表示直流母线电流。b 相和 c 相桥臂的环路电流也可相应计算得到。

定义（离散）接入指数 $\nu_r \in \{0, \frac{1}{n}, \frac{2}{n}, \cdots, 1\}$，它表示接入到第 r 个支路模块的比例[10]。具体而言，$\nu_r = 0$ 时表示第 r 支路的模块未被接入（都被旁路），$\nu_r = 1$ 时表示支路中的 n 个模块都被接入。

假设所有模块电容 C_m 均相同，电容两端电压也相同，也就是说电容电压是平衡的。参考文献[18]，这个假设允许通过（时变）支路电容来描述接入到支路 r 中的串联模块

$$C_r = \frac{1}{\nu_r}\frac{C_m}{n} \tag{14.3}$$

支路电压为

$$v_r = \nu_r v_r^{\Sigma} \tag{14.4}$$

通过这样，图 14.1 中的 MMC 拓扑就可以由图 14.3 简化等效表示，第 r 支路接入模块可以由一个电压为 v_r 的可控电容 C_r 代替。

式（14.4）的后一变量是支路 r 中所有电容电压之和，由下式可计算得到

$$v_r^{\Sigma} = \sum_{j=1}^{n} v_{rj} \tag{14.5}$$

需要注意的是，v_r^{Σ} 与实际接入支路模块数无关，v_r^{Σ} 是支路电流 i_r 和接入的支路电容 C_r 的函数，由下式推导而来

$$\frac{\mathrm{d}v_r^{\Sigma}}{\mathrm{d}t} = \frac{i_r}{C_r} = \frac{n}{C_m}\nu_r i_r \tag{14.6}$$

C_r 可由式（14.3）得到。

当模块数量足够多或者高开关频率时，接入系数 ν_r 可近似为实数值或有界变量 $\nu_r \in [0, 1]$（参考文献 [19]），这样便于对具有实数变量的非线性、连续时间动态 MMC 模型进行推导。

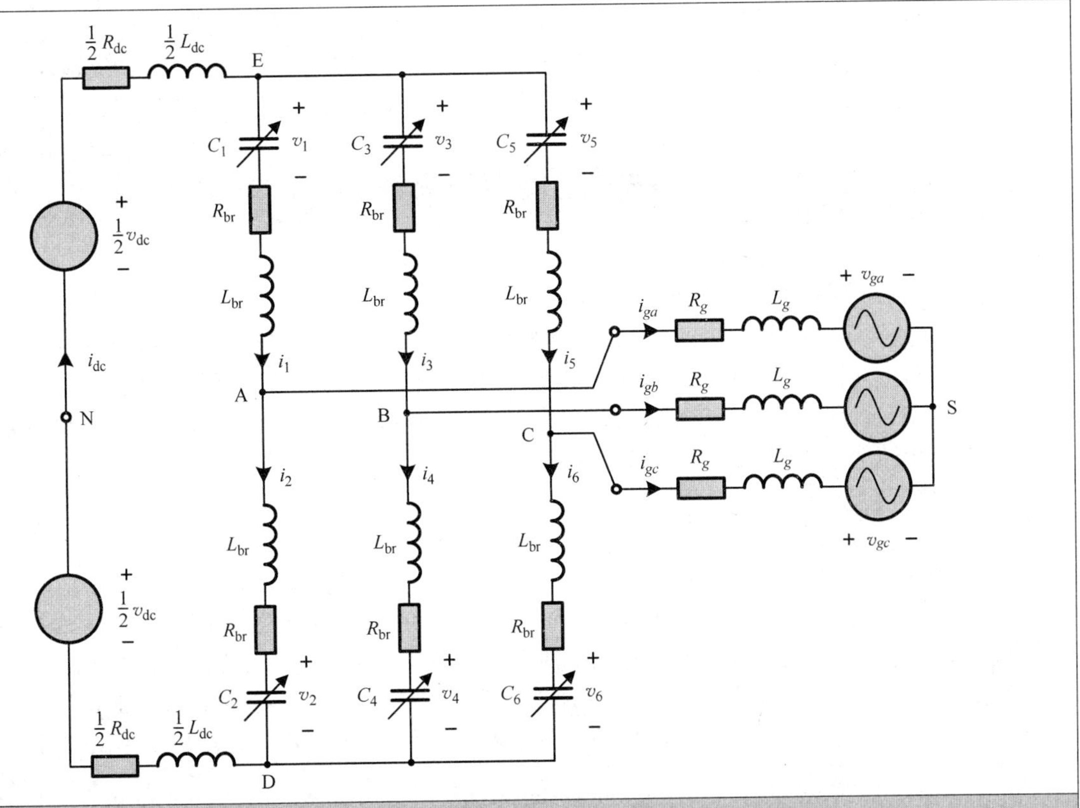

图 14.3　三相直流 - 交流 MMC 拓扑等效电路图，串联支路模块由电压为 v_r 的可控电容 C_r 代替，其中系数 $r\in\{1,\cdots,6\}$ 表示支路数

在本章的后续，使用定义好的 $\nu_r\in[0,1]$ 来表示 6 个支路的接入系数，这些接入系数构成了非线性系统模型的输入变量。由于有 5 个线性独立的电流，选择 a 相和 b 相桥臂上下支路电流（i_1，i_2，i_3 和 i_4）、直流母线电流 i_{dc}、6 个支路电容电压之和 v_r^{Σ}，以及在 $\alpha\beta$ 正交坐标系下表示的电网电压 $v_{g\alpha}$、$v_{g\beta}$ 作为状态变量。模型的输出是在 $\alpha\beta$ 正交坐标系下表示的电网电流 $i_{g\alpha}$、$i_{g\beta}$，以及 6 个支路电容电压之和 v_r^{Σ}。最后，定义状态变量和输出变量为

$$\boldsymbol{x}=[i_1\cdots i_4\ i_{dc}v_1^{\Sigma}\cdots\ v_6^{\Sigma}\ v_{g\alpha}\ v_{g\beta}]^T \tag{14.7a}$$

$$\boldsymbol{y}=[i_{g\alpha}\ i_{g\beta}\ v_1^{\Sigma}\cdots\ v_6^{\Sigma}]^T \tag{14.7b}$$

电网电流可表示为

$$\begin{bmatrix} i_{g\alpha} \\ i_{g\beta} \end{bmatrix}=\widetilde{\boldsymbol{K}}\begin{bmatrix} i_{ga} \\ i_{gb} \\ i_{gc} \end{bmatrix}=\widetilde{\boldsymbol{K}}\begin{bmatrix} i_1-i_2 \\ i_3-i_4 \\ i_5-i_6 \end{bmatrix} \tag{14.8}$$

式中，$\widetilde{\boldsymbol{K}}$ 表示在式（2.13）中定义的 Clarke 变换。

受到参考文献［16］建模过程的启发，通过对电路中 5 个网络应用基尔霍夫电压定律，可以很容易得到 5 个独立电流的微分方程。所选择的网络为 EADNE、EBDNE、ECDNE、DASBD 和 DASCD，它们由图 14.3 中对应的节点定义，这 5 个微分方程在附录 14.A 中提供。

支路电容电压之和 v_r^{Σ} 的 6 个微分方程如式（14.6）所示。在 $\alpha\beta$ 坐标系下表示的电网电压也可用下式表示

$$\frac{\mathrm{d}}{\mathrm{d}t}\begin{bmatrix} v_{g\alpha} \\ v_{g\beta} \end{bmatrix}=\omega_g\begin{bmatrix} 0 & -1 \\ 1 & 0 \end{bmatrix}\begin{bmatrix} v_{g\alpha} \\ v_{g\beta} \end{bmatrix} \tag{14.9}$$

式中，$\omega_g = 2\pi f_g$ 是电网角频率。

可以得出结论，通过接入系数 $\boldsymbol{\nu}_r$ 来表示接入到各支路中模块的数量，每个支路可以通过时变支路电容 C_r 和时变电压 v_r 来描述，这大大简化了模型和后续的控制器设计。

14.3 模型预测控制

14.3.1 控制问题 ★★★

MMC 拓扑的控制器需要能够调节电网电流跟随其正弦参考值，同时也要保持电容电压接近额定值。在稳态运行期间，需要电网电流总需求畸变（TDD）低，器件开关频率低，开关频率在几百赫兹范围内；在瞬态运行期间，需要有非常快速的电流响应。此外，支路电流、直流母线电流和电容电压必须保持在给定范围内，这是由于开关器件和无源器件的物理限制。

14.3.2 控制器结构 ★★★

为解决 MMC 的控制问题，提出一种具有三层结构的分层控制方案，如图 14.4 所示，上层的 MPC 方案用来调节电网电流和 6 个支路电容电压之和。MPC 方案基于约束最优控制原理，在给定状态矢量 $\boldsymbol{x}$ 和输出参考矢量 $\boldsymbol{y}^*$ 下，根据 MMC 线性状态空间模型的约束和演变，二次代价函数被最小化，所以最后的优化问题是一个实时制定和求解 QP，该优化阶段的结果是一系列在预测范围内的操作变量。根据滚动优化策略（见 1.3.2 节），只有序列的第一个变量被作用于 MMC，即 6 个支路的实际值接入系数 $\boldsymbol{\nu}_r$。

在中层，6 个多电平 CB－PWM 单元将接入系数转换为 6 个整数变量 n_r，n_r 表示每个支路接入的模块数。在下层，6 个独立运行的平衡控制器通过平均分配每个支路的能量来平衡各支路的电容电压。这些控制器利用支路中存在的冗余，为各个 MMC 模块选择门极指令。

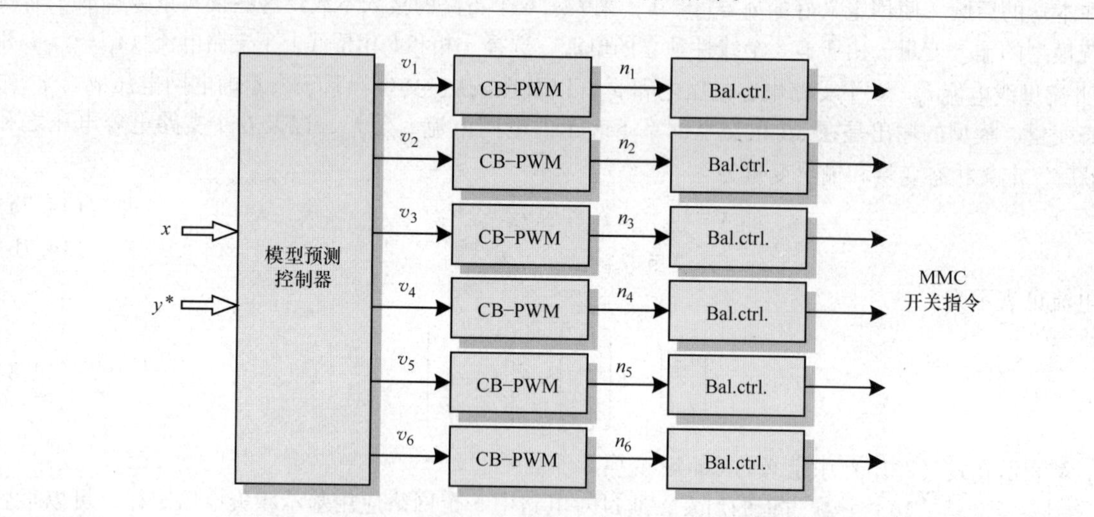

图 14.4　所提控制方案结构

注：基于状态矢量 $\boldsymbol{x}$ 和输出参考矢量 $\boldsymbol{y}^*$，模型预测控制器通过调整 6 个实数接入系数 $\nu_r \in [0, 1]$ 来调整电网电流与 6 个支路的电容电压之和。然后基于载波调制的 PWM 将这些系数转换为接入每个支路的模块的离散数量 $n_r \in \{0, 1, \cdots, n\}$。6 个平衡控制器通过决定开启或关闭某个模块，使各个支路内的电容电压保持在其额定值。

14.3.3 线性预测模型 ★★★

描述 MMC 动态特性的微分方程包含非线性项，即电流方程（14.A.1）（见附录 14.A）中的乘积项 $\nu_r v_r^\Sigma$ 和式（14.6）电容电压方程中的乘积项 $\nu_r i_r$。在 $t=t_0$时刻，可以在系统当前工作点附近对这些非线性项进行线性化，t_0时刻的值分别为 $\nu_r(t_0)$、$v_r^\Sigma(t_0)$和 $i_r(t_0)$。具体而言，一阶泰勒级数展开如下式所示

$$\begin{aligned}\nu_r(t)v_r^\Sigma(t) &= \nu_r(t_0)v_r^\Sigma(t_0)+\Delta\nu_r(t)v_r^\Sigma(t_0)+\nu_r(t_0)(v_r^\Sigma(t)-v_r^\Sigma(t_0))\\ &= \nu_r(t_0)v_r^\Sigma(t)+\Delta\nu_r(t)v_r^\Sigma(t_0)\end{aligned} \tag{14.10a}$$

$$\nu_r(t)i_r(t)=\nu_r(t_0)i_r(t)+\Delta\nu_r(t)i_r(t_0) \tag{14.10b}$$

式中，$\Delta\nu_r(t)=\nu_r(t)-\nu_r(t_0)$表示接入系数的变化量。

所得到的线性化、连续时间预测模型为

$$\frac{\mathrm{d}\boldsymbol{x}(t)}{\mathrm{d}t}=\boldsymbol{F}(t_0)\boldsymbol{x}(t)+\boldsymbol{G}(t_0)\boldsymbol{u}(t)+\boldsymbol{g}(t_0) \tag{14.11a}$$

$$\boldsymbol{y}(t)=\boldsymbol{C}\boldsymbol{x}(t) \tag{14.11b}$$

式中，状态矢量、输入矢量和输出矢量为

$$\boldsymbol{x}=[i_1\cdots\ i_4\ i_{\mathrm{dc}}\ v_1^\Sigma\cdots\ v_6^\Sigma\ v_{g\alpha}\ v_{g\beta}]^T \tag{14.12a}$$

$$\boldsymbol{u}=[\Delta\nu_1\cdots\Delta\nu_6]^T \tag{14.12b}$$

$$\boldsymbol{y}=[i_{g\alpha}\ i_{g\beta}\ v_1^\Sigma\cdots\ v_6^\Sigma]^T \tag{14.12c}$$

可以看到状态矢量和输出矢量仍然与非线性模型保持相同（见式（14.7））。然而输入矢量 $\boldsymbol{u}$ 包含的是接入系数变化量，而不是接入系数。由于 $\nu_r\in[0,\ 1]$，所以输入矢量的范围为 $\boldsymbol{u}\in[-\nu_1(t_0),1-\nu_1(t_0)]\times\cdots\times[-\nu_6(t_0),1-\nu_6(t_0)]$，其中 $\boldsymbol{x}\in\mathbb{R}^{13}$，$\boldsymbol{u}\in\mathbb{R}^6$，$\boldsymbol{y}\in\mathbb{R}^8$。时变矩阵 $\boldsymbol{F}(t_0)$、$\boldsymbol{G}(t_0)$和 $\boldsymbol{C}$ 矩阵以及矢量 $\boldsymbol{g}(t_0)$在附录 14.B 中给出。

利用采样时间间隔为 T_s的欧拉精确离散化方法（见式（5.5）），线性模型的离散时间表示为

$$\boldsymbol{x}(k+1)=\boldsymbol{A}(t_0)\boldsymbol{x}(k)+\boldsymbol{B}(t_0)\boldsymbol{u}(k)+\boldsymbol{b}(t_0) \tag{14.13a}$$

$$\boldsymbol{y}(k)=\boldsymbol{C}\boldsymbol{x}(k) \tag{14.13b}$$

14.3.4 代价函数 ★★★

代价函数将控制目标反映为标量价值。所提出的代价函数由四项组成，本节定义了前三项，第四项则在下一节介绍。

第一个代价函数项对跟踪误差预测变化进行惩罚，其中跟踪误差表示输出矢量 $\boldsymbol{y}^*$ 参考值与预测输出矢量 $\boldsymbol{y}$ 之差，输出参考可由下式定义

$$\boldsymbol{y}^*(\ell)=[i_{g\alpha}^*(\ell)\ i_{g\beta}^*(\ell)\ V_{\mathrm{dc}}\ V_{\mathrm{dc}}\ V_{\mathrm{dc}}\ V_{\mathrm{dc}}\ V_{\mathrm{dc}}\ V_{\mathrm{dc}}]^T \tag{14.14}$$

式中，$i_{g\alpha}^*$和 $i_{g\beta}^*$为 $\alpha\beta$ 坐标系下表示的期望电网电流；额定直流母线电压 V_{dc}是各个支路电容电压之和的参考值。

预测跟踪误差 $\boldsymbol{y}^*-\boldsymbol{y}$ 平方之后再与惩罚矩阵 $\boldsymbol{Q}_y$加权，从 k 时刻到可预测范围 N_p结束，将这些二次项相加求和得到代价函数，公式为

$$J_1(\boldsymbol{x}(k),\boldsymbol{U})=\sum_{\ell=k}^{k+N_p-1}(\boldsymbol{y}^*(\ell)-\boldsymbol{y}(\ell))^T\boldsymbol{Q}_y(\boldsymbol{y}^*(\ell)-\boldsymbol{y}(\ell)) \tag{14.15}$$

这里要求 $\boldsymbol{Q}_y$半正定且对称。未来输出矢量 $\boldsymbol{y}(\ell)$是状态矢量 $\boldsymbol{x}(k)$与在预测范围 N_p内的受控变量序列的函数，这个从属依赖关系在 5.6 节中有介绍（见式（5.38））。

$$\boldsymbol{U}=[\boldsymbol{u}^T(k)\ \boldsymbol{u}^T(k+1)\ \cdots\ \boldsymbol{u}^T(k+N_p-1)]^T \tag{14.16}$$

代价函数的第二项为

$$J_2(\boldsymbol{x}(k),\boldsymbol{U}) = \sum_{\ell=k}^{k+N_p-1}(\boldsymbol{i}(\ell))^T\boldsymbol{Q}_i(k)\boldsymbol{i}(\ell) \tag{14.17}$$

式中，增加了对支路电流矢量$\boldsymbol{i}=[i_1\ i_2\cdots i_6]^T$工作点依赖性的惩罚。惩罚矩阵为

$$\boldsymbol{Q}_i(k)=(1-\|\boldsymbol{i}^*_{g,\alpha\beta}(k)\|_2)\boldsymbol{Q}'_i \tag{14.18}$$

惩罚矩阵与电网电流参考值$i^*_{g,\alpha\beta}=[i^*_{g\alpha},\ i^*_{g\beta}]^T$的幅值成反比，式中$\boldsymbol{Q}'_i$是一个常值惩罚矩阵。需要注意的是，使用如14.4.1节所定义的标幺化（pu）系统，从而电网电流额定值的幅值是1。

参考依赖性惩罚有以下几点好处。由于电网电流等于相应上下支路电流之差，只控制电网电流时，支路电流就成为一个不可控的量。当运行在轻载或空载情况时，较宽范围的支路电流（包括一些大电流）可以得到较小的期望电网电流。通过对支路电流施加惩罚矩阵$\boldsymbol{Q}'_i$，这些电流被最小化，因此开关和导通损耗也减少。然而，当变换器满载运行时，变换器必须提供较高的电网电流，这时就需要更高的支路电流，在这种情况下，支路电流的最小化将会与代价函数项J_1有冲突，从而导致电网电流存在跟踪误差。

代价函数第三项用于惩罚操作变量在预测范围N_p内的变化量：

$$J_3(\boldsymbol{u}(k-1),\boldsymbol{U}) = \sum_{\ell=k}^{k+N_p-1}(\Delta u(\ell))^T\boldsymbol{R}\Delta u(\ell) \tag{14.19}$$

具体而言，接入系数中操作变量的变化量$\Delta u(\ell)=u(\ell)-u(\ell-1)$是通过矩阵$\boldsymbol{R}$惩罚的。优先考虑对操作变量的变化量进行惩罚而不是操作变量本身，是由于在稳态运行期间需要跟踪时变参考值，因此需要非零受控变量。因为对操作变量的变化量进行惩罚，所以J_3是先前施加的操作变量u（$k-1$）的函数。需要注意的是，跟踪精度和控制作用之间的权衡取决于$\boldsymbol{Q}_y$和$\boldsymbol{R}$的比值。

14.3.5 硬约束与软约束 ★★★

所提出控制框架的一个很大优点就是，在控制器综合期间有能够解决硬或软约束的能力。硬约束涉及变换器严格的物理限制，如调制的限制或安全运行区域的界限，后者直接与跳闸等级有关，如过电压或过电流跳闸等级。硬约束以不等式约束的形式添加到优化问题中，以限制允许的状态输入空间。对6个接入系数ν_r施加如下式的硬约束

$$0\leqslant\nu_r(\ell)\leqslant1 \tag{14.20}$$

由于对状态和输出变量的硬约束可能会导致可行性问题，所以对这些变量施加软而不是硬约束，以使MMC的运行限制在安全运行区域范围内。软约束可以使用所谓的松弛变量来放宽等式或者不等式约束。约束的违反程度对应于非负松弛变量的值，因此松弛变量将违反约束映射到非负实数上。为了最小化违反约束，在代价函数中松弛变量将受到严格惩罚。

如图14.5a所示，对支路电流i_r施加软约束。具体而言，使用松弛变量ξ_r和3个不等式约束，在i_{max}和$-i_{max}$引入上下限约束。

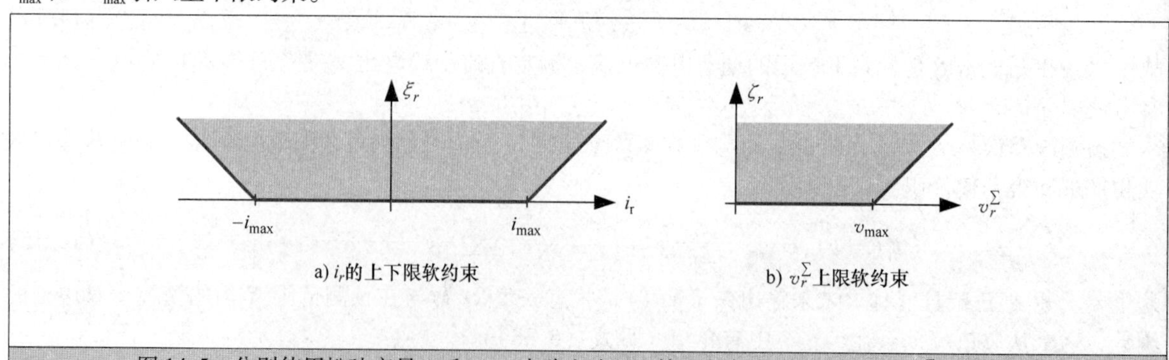

图14.5 分别使用松弛变量ξ_r和ζ_r，支路电流i_r和第r个支路的电容电压和v_r^Σ的软约束

$$\xi_r(\ell)\geqslant i_r(\ell)-i_{max} \tag{14.21a}$$

$$\xi_r(\ell) \geq -(i_r(\ell)+i_{\max}) \tag{14.21b}$$

$$\xi_r(\ell) \geq 0 \tag{14.21c}$$

3 个约束由图 14.5a 中的 3 条粗线表示，而松弛变量的可行性空间由阴影区域表示。虽然软约束的斜率只有 45°，用较大的惩罚来加权松弛变量，从而在效果上实现非常陡峭的斜坡。因此，软约束与硬约束一样可使支路电流严格在其范围内，同时也避免了潜在的计算量与可行性问题。

与式（14.21）相似，使用松弛变量 ξ_{dc}，对直流母线电流 i_{dc}施加上下限软约束，约束不等式为

$$\xi_{dc}(\ell) \geq i_{dc}(\ell) - i_{\max} \tag{14.22a}$$

$$\xi_{dc}(\ell) \geq -(i_{dc}(\ell)+i_{\max}) \tag{14.22b}$$

$$\xi_{dc}(\ell) \geq 0 \tag{14.22c}$$

同时，通过引入松弛变量 ζ_r 和两个不等式约束，每个支路电容电压之和 v_r^{Σ} 在 $v_{\max}$上施加上限软约束，约束不等式为

$$\zeta_r(\ell) \geq v_r^{\Sigma}(\ell) - v_{\max} \tag{14.23a}$$

$$\zeta_r(\ell) \geq 0 \tag{14.23b}$$

软约束如图 14.5b 所示。

将松弛变量以集合形式构成两个矢量，矢量等式为

$$\boldsymbol{\xi} = [\xi_1 \cdots \xi_6\ \xi_{dc}]^T \in \mathbb{R}_+^7 \tag{14.24a}$$

$$\boldsymbol{\zeta} = [\zeta_1 \cdots \zeta_6]^T \in \mathbb{R}_+^6 \tag{14.24b}$$

代价函数的第四项可写成如下形式

$$J_4(\boldsymbol{x}(k), \boldsymbol{U}, \boldsymbol{\Xi}) = \sum_{\ell=k}^{k+N_p-1} \lambda_\xi \|\boldsymbol{\xi}(\ell)\|_1 + \lambda_\zeta \|\boldsymbol{\zeta}(\ell)\|_1 \tag{14.25}$$

式中使用 1 范数和标量惩罚 λ_ξ和 λ_ζ来惩罚松弛变量，对于这些惩罚值选取大的正值。在预测范围内的松弛变量序列可形如矢量 $\boldsymbol{U}$ 一样用下式定义。

$$\boldsymbol{\Xi} = [\boldsymbol{\xi}^T(k)\ \boldsymbol{\zeta}^T(k)\boldsymbol{\xi}^T(k+1)\boldsymbol{\zeta}^T(k+1)\cdots\boldsymbol{\xi}^T(k+N_p-1)\boldsymbol{\zeta}^T(k+N_p-1)]^T \tag{14.26}$$

14.3.6 优化问题 ★★★

四个代价函数项之和的最小化带来的优化问题可用下式表示

$$\boldsymbol{U}_{\text{opt}}(k) = \arg \underset{\boldsymbol{U}(k),\boldsymbol{\Xi}(k)}{\text{minimize}}\ J_1 + J_2 + J_3 + J_4 \tag{14.27a}$$

$$\text{服从于式(14.13)、式(14.20)～式(14.23)} \tag{14.27b}$$

$$\forall \ell = k, \cdots, k+N_p-1 \tag{14.27c}$$

由于代价函数为二次型且最小化，受限于线性不等式约束条件下的线性状态空间模型，最终式（14.27a）所描述的优化问题成为一个二次规划（QP）问题。

将 QP 写成标准形式如式（3.94），在 5.2.1 节已有总结。具体而言，代价函数表示为一个受控变量序列 $\boldsymbol{U}(k)$和松弛变量序列 $\boldsymbol{\Xi}(k)$的函数，而这两个矢量构成优化矢量。由于每个时间步长有 6 个受控变量和 13 个松弛变量，因此优化矢量的维数为 $19N_p$，同时代价函数还取决于初始状态矢量 $\boldsymbol{x}(k)$和前一时刻所选择的受控变量 $\boldsymbol{u}(k-1)$。

例如通过使用有效集法或者内点法，可有效求解 QP。更多关于 QP 和优化的详细方法，可以参考第 3 章附录 3.13 及其参考文献。优化过程的结果是在时间步长 k 的最优控制序列 $\boldsymbol{U}$。

在时间步长 k，这个序列的第一项被实现并发送到 PWM。在下一个时间步长 $k+1$，得到新的测量值后，在预测范围内移位后再次求解优化问题。通过这种滚动优化策略提供反馈，以确保控制器对参数不确定和泰勒级数近似导致的线性化误差具有鲁棒性。

14.3.7 多电平载波脉宽调制 ★★★

图 14.4 所示为分层控制方案的中间层 CB－PWM。特别地，如 3.3 节所总结，具有相位配置的规则

采样多电平 CB－PWM 的载波频率是f_c。每个支路的不同三角载波不相交错，但是上下支路的载波之间有180°相移。

在三角载波的（上和下）峰值处，即时刻$t=kT_s$，$T_s=\frac{1}{2f_c}$，MPC 控制器执行控制，在这些时刻新的接入系数送给控制器，接入系数ν_r可以被解释为多电平 PWM 方案的调制系数。由于选择v_r^{Σ}作为状态变量（见式（14.12a）），并且在预测模型中v_r^{Σ}的变化已经获得，所以不需要通过每个支路所有电容电压的和v_r^{Σ}进行缩放。基于ν_r和v_r^{Σ}，式（14.A.1）电流方程中的支路电压v_r得到控制。

每个接入系数与n个幅值为$1/n$的三角载波相比较，在这一过程中，PWM 将实数的接入系数$\nu_r\in[0,1]$，转换为需要接入到第r支路的整数模块数$n_r\in\{0,1,\cdots,n\}$。采用6个独立的PWM，使每个支路独立于其他支路进行调制，这也使得控制方案产生6个决策变量。

可以发现，许多前沿的控制器如参考文献［12］和［20］中所提出的控制器，通过使每相桥臂接入的模块数等于n，来增加每相桥臂上下支路控制信号的依赖关系，对于a相桥臂来说，约束条件可以写成$n_1+n_2=n$，这样受控变量的数量就减少到3个。

然而对于 MPC 控制而言，强加这样的每相约束是不必要的或者是保守的，使用6个受控变量而不是3个，也使得 MPC 能够独立于电网电流来控制支路电容的能量。对支路电流和电容电压之和的软约束确保了 MMC 能够在其安全范围内运行。特别是在瞬态运行时，如14.4节中将讨论和展示的一样，采用6个独立运行的 PWM 的优点很明显。

14.3.8 平衡控制 ★★★

下层控制层在开关最小化时，利用每个支路模块的冗余来平衡支路内的电容电压。每个支路都采用自身的平衡控制器，它接收从调制阶段产生的需要接入第r支路的模块数n_r，平衡算法在调制器产生开关事件时执行。

采用的平衡方法基于参考文献［1］所提出的排序算法。对于每个支路，使用两个有序集来包含当前模块打开（即接入到支路中）和关闭（即被旁路）的数量，用$\mathcal{L}_{on}$和$\mathcal{L}_{off}$表示这两个有序集，集合的交集是空集，令n_r^{on}和n_r^{off}表示$\mathcal{L}_{on}$和$\mathcal{L}_{off}$中各自包含的模块数量。对于每个支路r都有$n_r^{on}+n_r^{off}=n$的关系。每个集合中包含的模块按电容电压进行升序排列。

根据需要的模块数n_r和支路电流的极性来进行模块的切换。如果$n_r>n_r^{on}$，那么$\mathcal{L}_{off}$中的$n_r-n_r^{on}$模块将被打开，如果支路电流是正（负），则从$\mathcal{L}_{off}$中选择电容电压最小（最大）的$n_r-n_r^{on}$模块移动到$\mathcal{L}_{on}$。

相反地，如果$n_r<n_r^{on}$，则$\mathcal{L}_{on}$中的$n_r^{on}-n_r$模块将被关闭，如果支路电流是正（负），则从$\mathcal{L}_{on}$中选择电容电压最大（最小）的$n_r^{on}-n_r$模块移动到$\mathcal{L}_{off}$。

14.4 性能评估

在稳态和瞬态运行期间，对所提出控制策略的性能进行评估。在稳态时，电网电流总需求畸变 TDD 和 MMC 模块器件开关频率作为性能指标，而在瞬态中，将变换器动态响应作为性能指标。为此，需要对阶跃响应的超调量、上升时间及调整时间这些量进行考核。

14.4.1 系统和控制参数 ★★★

考虑一个连接到电网的三相 MV MMC，变换器每个支路有8个模块，MMC 运行在直流－交流逆变模式，其额定视在功率为4.28MVA，MMC 输入端与额定电压$V_{dc}=6.8\text{kV}$的恒定直流源相连。MMC 的一些额定参数如表 14.1 所示。采用电压基值 $V_B = \sqrt{\frac{2}{3}}V_R = 3.10\text{kV}$，电流基值 $I_B = \sqrt{2}I_R = 919\text{A}$，角频率基值 $\omega_B = \omega_{gR} = 2\pi 50\text{rad/s}$ 对系统进行标幺化，MMC 的参数在表 14.2 中进行了总结。在 MATLAB/Simulink 和 PLECS 中搭建 MMC、电网、MPC 控制方案、CB - PWM 和平衡控制器。如图 14.1 所示的 MMC 所有非线性模型在 PLECS 中进行了仿真，此模型包含 48 个模块并能够获得其开关特性。

表 14.1　MMC 的额定值

参数	符号	SI 值
电压	V_R	3800V
电流	I_R	650A
视在功率	S_R	4.278MVA
电网角频率	$\omega_g R$	$2\pi 50\text{rad/s}$

表 14.2　MMC 并网系统参数表，左侧为 SI 值，右侧为 pu 值

参数	SI 符号	SI 值	pu 值
直流母线电压	V_{dc}	6800V	2.192
直流母线电阻	R_{dc}	0.1mΩ	2.963×10^{-5}
直流母线电感	L_{dc}	50μH	4.654×10^{-3}
支路电阻	R_{br}	0.25mΩ	7.407×10^{-5}
支路电感	L_{br}	1mH	0.093
模块电容	C_m	8.2mF	8.695
每个支路模块数	n	8	
电网电压	V_g	3800V	1
电网电阻	R_g	67.51mΩ	0.02
电网互感	L_g	1.61mH	0.15

除非特别说明，采用的载波频率 $f_c = 2.5\text{kHz}$。MPC 采样间隔 $T_s = 200\mu\text{s}$，同时 MPC 方案在三角载波的峰值（上和下）执行。假设状态矢量 $\boldsymbol{x}$ 和时变参考信号 $\boldsymbol{y}^*$ 对于控制器均可获得，同时测量与计算延时也均可完全补偿，在时间步长 k 和 $k+1$，所计算出来的控制动作保持恒定，然后被发送到 PWM 层。

在确定代价函数的权重时，决定控制行为的是权重之间的比值而非其绝对值。对于操作变量的惩罚矩阵 $\boldsymbol{R}$，为了不失一般性，选择单位矩阵。比起电容电压平衡，更优先于实现对电网电流的精确跟踪，通过对 $\boldsymbol{Q}_y$ 中的电流误差跟踪项施加较大的惩罚。此外，为了避免电网电流跟踪性能恶化，一个相对较小的权重与支路电流惩罚 $\boldsymbol{Q}_i'$ 是相关的，由此得到的惩罚矩阵为

$$\boldsymbol{Q}_y = \begin{bmatrix} 10\boldsymbol{I}_2 & \boldsymbol{0}_{2\times6} \\ \boldsymbol{0}_{6\times2} & \boldsymbol{I}_6 \end{bmatrix}, \boldsymbol{Q}_i' = 0.1\boldsymbol{I}_6, \boldsymbol{R} = \boldsymbol{I}_6 \tag{14.28}$$

为了确保软约束得到满足，通常使用较大的惩罚值 $\boldsymbol{\lambda}_\xi = \boldsymbol{\lambda}_\zeta = 10^5$，在 $i_{max} = 1.1\text{pu}$ 和 $v_{max} = 1.1V_{dc}$ 时软约束被触发。

选择预测范围 $N_p = 6$，正如 14.5.2 节中所讨论的，预测范围过小可能会对系统稳定性产生影响，而预测范围过大性能提升也可能逐渐减小，同时在求解 QP 问题时，较长的预测范围也会带来计算负担。选择预测范围 $N_p = 6$ 时，QP 优化的维数为 114，能够实现相对较快的处理。参考文献［21］中的

多参数工具箱3.0和参考文献［22］中的Gurobi优化器都可用来制定和求解QP问题。

14.4.2 稳态运行 ★★★

本节对MPC方案在稳态运行下性能进行了评估。系统所有量均标幺化（pu），图14.6a为两个周期内的电网电流，电网电流全部为有功，无功为0，可以看到电网电流为正弦波形。对三相电网电流取100ms时间窗口进行离散傅里叶变换（DFT），得到的电网电流频谱如图14.6b所示。可以看到谐波幅值进行了标幺化处理，以百分比形式表示，同时其幅值低于额定电流幅值的0.1%，因此可以忽略不计。

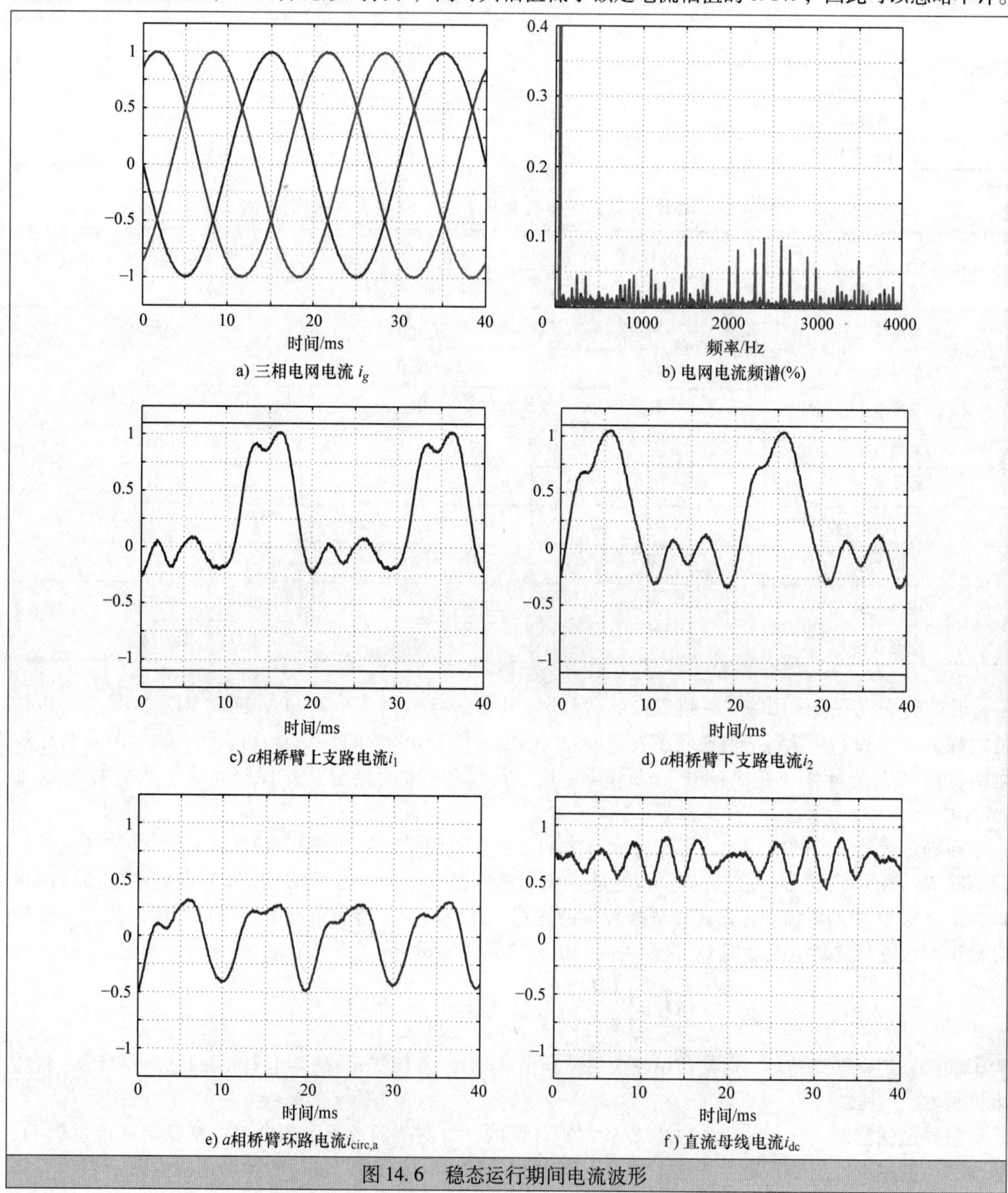

图14.6 稳态运行期间电流波形

在载波频率$f_c=2.5\text{kHz}$附近可以发现边频带，同时由于电容电压波动，存在额外的低幅值谐波。电网电流 TDD 为0.40%，IGBT 平均器件开关频率为351Hz。为了计算开关频率，可以对每个开关器件的开通切换进行计数，然后除以仿真时间间隔，这样就可以算出每个 IGBT 的开关频率。最后将所得到的开关频率进行平均，就得到每个器件的平均开关频率。

图 14.6c 和图 14.6d 为 a 相桥臂上下支路电流。在 ±1.1pu 处为上下限软约束，用直线表示。在稳态运行期间，约束通常是无效的，b 相桥臂和 c 相桥臂的支路电流与 a 相桥臂相同，只是相位分别移动了120°和240°。为了便于进行直接比较，图 14.6 所示的时域电流波形都被标幺化到 -1.25 ~ +1.25pu 之间。

a 相桥臂的环路电流如图 14.6e 所示，除了相位偏移外，b 相桥臂和 c 相桥臂的环路电流与图中所示相同。环路电流并不由 MPC 方案直接控制，它们由支路电流产生，这些支路电流由 MPC 控制以合成所需要的电网电流，并实现上、下支路电容之间的能量平衡。

直流母线电流波形如图 14.6f 所示，在 ±1.1pu 处用直线表示上、下限。与参考文献［18］不同，例如直流母线电流并不恒定，存在着明显的6 次谐波分量纹波，这个6 次谐波的存在有利于提供恒定的电网功率，从而轻微地减小电网电流 TDD，同时将存储在模块中电容的能量尽可能地保持在恒定的水平。如果不希望直流母线电流纹波存在，可以将下式

$$J_5(\boldsymbol{x}(k),\boldsymbol{x}(k-1),\boldsymbol{U}) = \sum_{\ell=k}^{k+N_p-1}(\Delta i_{\mathrm{dc}}(\ell))^T\boldsymbol{Q}_{\mathrm{dc}}\Delta i_{\mathrm{dc}}(\ell) \tag{14.29}$$

也加到代价函数中。采用半正定和对称惩罚矩阵 $\boldsymbol{Q}_{\mathrm{dc}}$惩罚电流变化 $\Delta i_{\mathrm{dc}}(\ell)=i_{\mathrm{dc}}(\ell)-i_{\mathrm{dc}}(\ell-1)$，从而减小直流母线上电流的纹波。

图 14.7a 和图 14.7b 分别描述3 个上支路和3 个下支路电容电压之和。在每一支路中，MPC 方案将电容电压之和 v_r^Σ 维持在虚线参考电压 V_{dc}附近，纹波小于 ±5%。在稳态运行期间，$1.1V_{\mathrm{dc}}=2.412\text{pu}$ 的上限软约束不起作用。

在图 14.7c 显示了 a 相桥臂上支路8 个模块的电容电压 v_{1j}，可以看出底层平衡算法有效运行，各个模块的电容电压彼此相近。电容电压之间存在微小差异，主要是由于开关频率相对较低，同时平衡控制器也仅在 PWM 级发出新的开关指令时才作用。如图 14.6c 所示，当对应的支路电流较高时，这些误差在 15ms 和 35ms 比较明显。当把模块接入支路时，这也会导致电容电压急剧变化，但是电容电压纹波相对较小，为 ±5%。其他 5 个支路的电容电压有相同结果，图 14.7d 表示 a 相桥臂下支路的电容电压。

3 个上支路的接入系数如图 14.8a 所示，下支路的接入系数如图 14.8b 所示。上下限的硬约束分别为1 和0，用直线表示。接入系数由 PWM 级转换为接入支路的模块数，图 14.8c 和图 14.8d 分别表示桥臂上下支路模块数。为了更好地观察开关信号，图 14.8 中的所有波形都如前两幅图一样，只显示 40ms 间隔的前 20ms。

如 14.3.7 节中所讨论的，每相桥臂模块数并不限于支路模块数 n，解除这一限制将为控制器提供一个附加自由度，比如可用来控制环路电流。当考虑 a 相桥臂时，将图 14.8e 所示的 n_1+n_2的和与图 14.6e 中相应的环路电流相比较，可以看出 MPC 方案使用此自由度来控制环路电流。然而如图 14.8e 和图 14.8f 所示，对于 a 相桥臂和 b 相桥臂来说，当在稳态运行时，每相桥臂接入的模块数量近似为 n。

14.4.3 瞬态运行 ★★★

为了研究闭环系统的动态特性，电网电流的参考阶跃幅值为 1pu。在 40ms，电网电流参考值从 1pu 变化到 0，在 $t=100\text{ms}$ 又变化到 1pu。这些瞬态变化相当于实际功率从 1pu 变化到 0 又变化到 1pu，在这一过程中，无功功率参考值一直保持为 0。

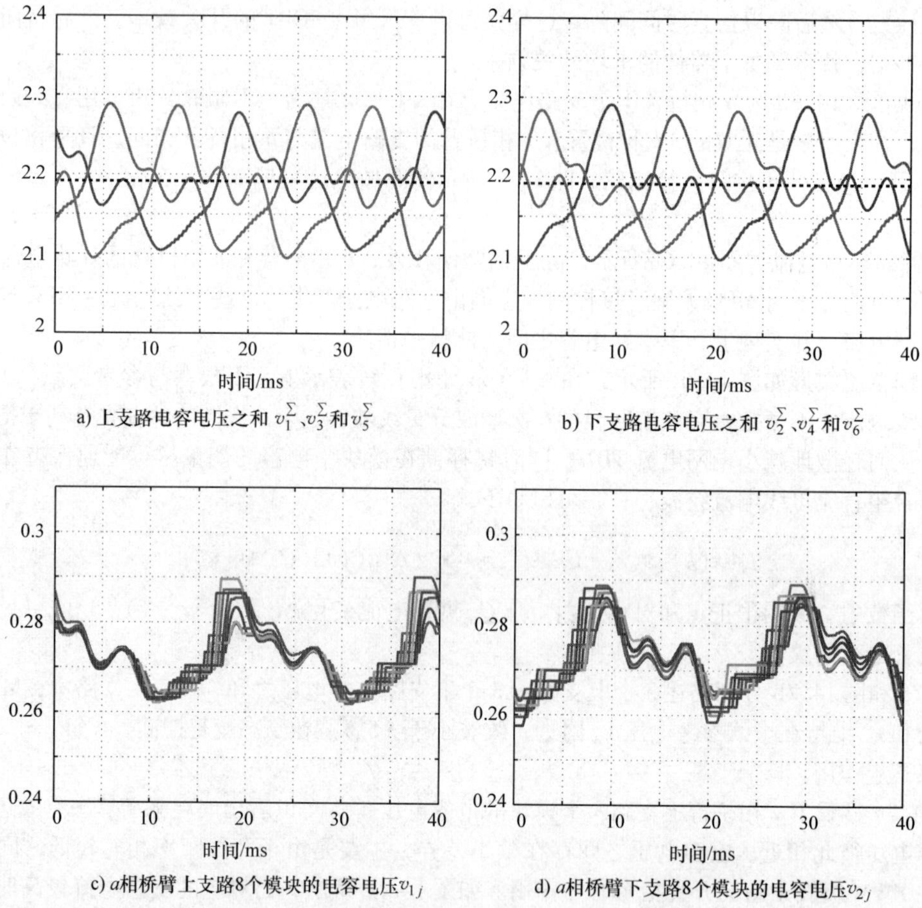

a) 上支路电容电压之和 v_1^{Σ}、v_3^{Σ} 和 v_5^{Σ}

b) 下支路电容电压之和 v_2^{Σ}、v_4^{Σ} 和 v_6^{Σ}

c) a相桥臂上支路8个模块的电容电压v_{1j}

d) a相桥臂下支路8个模块的电容电压v_{2j}

图 14.7　稳态运行期间电容电压波形

三相电网电流的动态响应如图 14.9a 所示，MPC 方案能够实现非常快的电流响应而不会出现电流超调。对于负的参考阶跃，当有足够的电压余量时，电流瞬态变化的调整时间为 0.75ms。电流从零阶跃变化到额定电流值需要 2.1ms，其结果非常好。

a 相桥臂上支路的电流如图 14.9b 所示，在 $t=100$ms 之后，正向电流阶跃变化，在 1.1pu 处的上限软约束被触发。在空载运行时，由于代价函数项 J_2，支路电流非常小，所以如图 14.9c 所示，环路电流在空载运行时实际上已经为 0。

如图 14.9d 所示，直流母线电流存在明显的超调。在电流为负的阶跃变化时，b 相桥臂的下支路和 c 相桥臂的上支路中的支路电感必须去磁，因此需要在瞬态期间有一个负的直流母线电流。类似地，在电流为正的阶跃变化时，a 相桥臂的上支路和 b 相桥臂的两个支路都需要磁化，所以需要提供显著的直流母线电流。由于直流母线电流被限制在 1.1pu，所以控制器需要从电网抽取部分无功电流用来补偿所缺失的电流作用。

图 14.10 表示在 $t=100$ms，电流为正阶跃变化时所有相关电流的详细变化。当考虑电网电压在同步旋转 dq 坐标系，并将电网电压定向在 d 轴，如图 14.10b 所示，有功部分和无功部分与电网电流的 d 轴成分和 q 轴成分相对应。

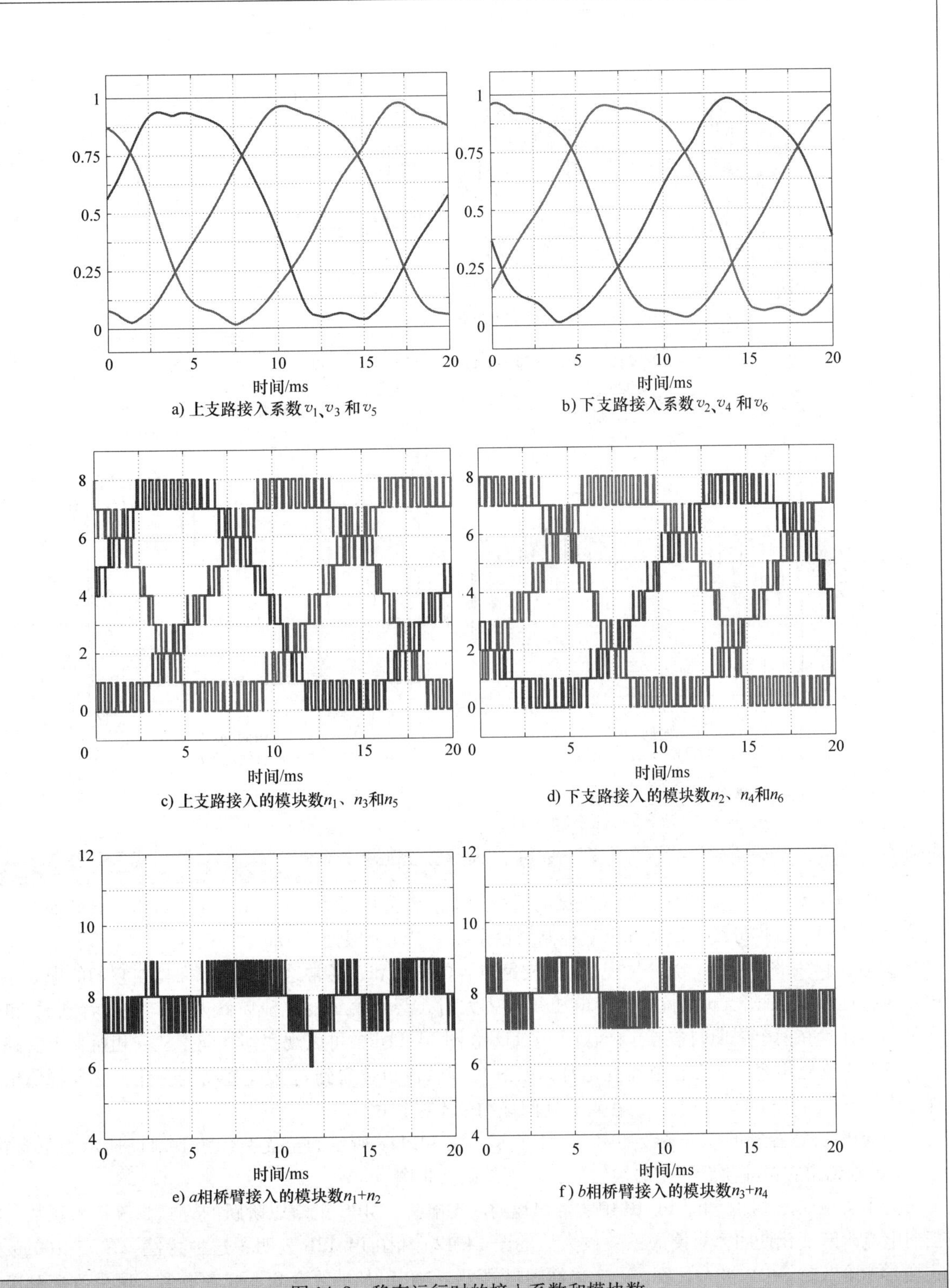

a) 上支路接入系数v_1、v_3和v_5

b) 下支路接入系数v_2、v_4和v_6

c) 上支路接入的模块数n_1、n_3和n_5

d) 下支路接入的模块数n_2、n_4和n_6

e) a相桥臂接入的模块数n_1+n_2

f) b相桥臂接入的模块数n_3+n_4

图 14. 8　稳态运行时的接入系数和模块数

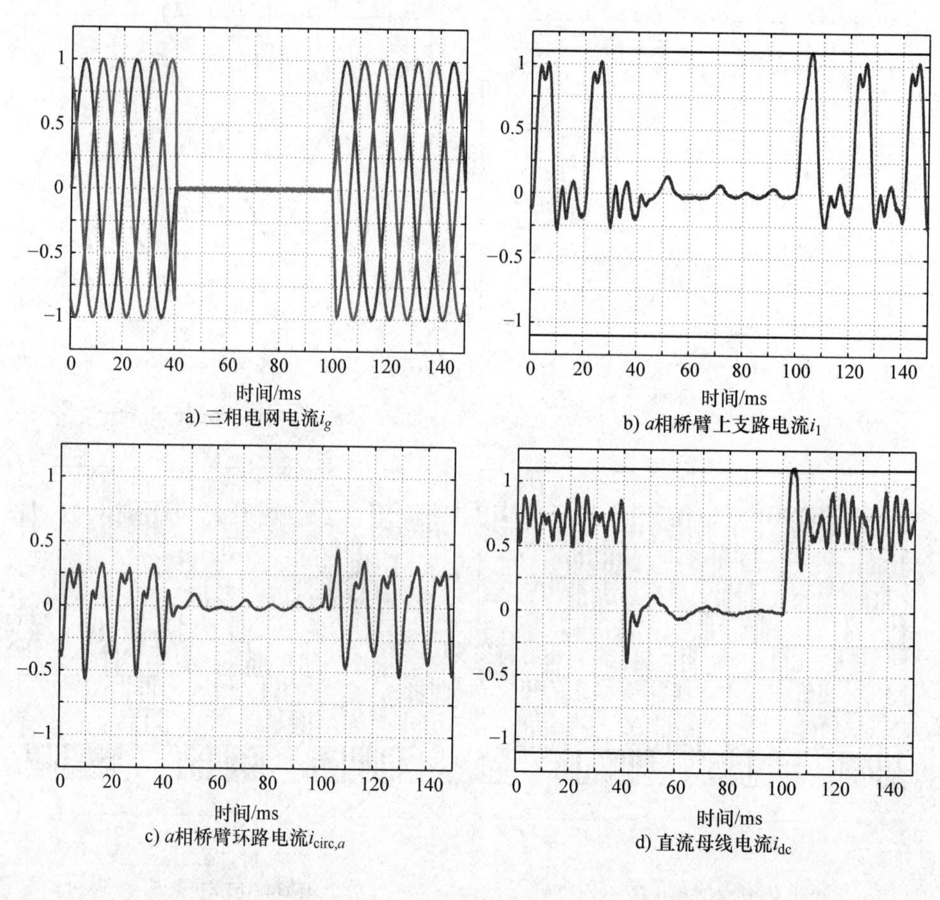

a) 三相电网电流i_g

图 14.9 瞬态电流波形

MPC 方案对支路电流和直流母线电流的运行约束能力可从图 14.10c、d 和 f 中看出，具体而言，在瞬态运行期间，直流母线电流实际上被控制器钳位在 1.1pu 上限处约 2ms。

图 14.11a 和图 14.11b 分别表示上、下支路电容电压之和，通常这些电压都保持在它们的虚线参考电压 V_{dc}附近。然而，当 a 相桥臂电容电压纹波较大时，会发生负的电流阶跃变化，也可看到 v_1^{Σ} 和 v_2^{Σ} 有偏移，并且在两个周期内被校正。在图 14.11c 和图 14.11d 中可以观察到，能量从 a 相桥臂上支路电容转移到下支路电容中。在正电流变化时，在图 14.11a 中可以看到 v_4^{Σ} 发生短暂的变化，并且峰值依然在 $1.1V_{dc}=2.412$pu 的软约束下，在瞬态期间该约束不起作用。

由 MPC 方案控制的接入系数如图 14.11 所示，图 14.11e 所示为上支路，图 14.11f 所示为下支路，0 和 1 的硬约束在电流阶跃变化时被触发，特别是第二张图。

为了实现如图 14.9 和图 14.10 中非常快速的动态响应，MPC 策略以阶跃的方式修改接入系数，在正向电流阶跃变化期间，对接入系数放大后的图 14.12a 和图 14.12b 表明了这种特性。在 $t=100$ms 处施加参考阶跃时，6 个接入系数在一个采样间隔内 $T_s=200\mu s$ 都被改变 0.1 或者更多，这个改变对接入支路的模块数量的影响如图 14.12c 和图 14.12d 所示。

从图 14.11a 和图 14.11b 中可以看到，正的电流阶跃变化导致 b 相桥臂上、下支路之间的电容电压短暂不平衡。为了说明这一点，如图 14.12f 所示，接入到 b 相桥臂中模块的总数量在瞬态过程中显著不同，这个自由度也被控制器用来驱动环路电流来补偿电容电压的不平衡。如图 14. 12e 所示，a 相桥臂电容电压保持平衡，所以不需要任何控制动作。

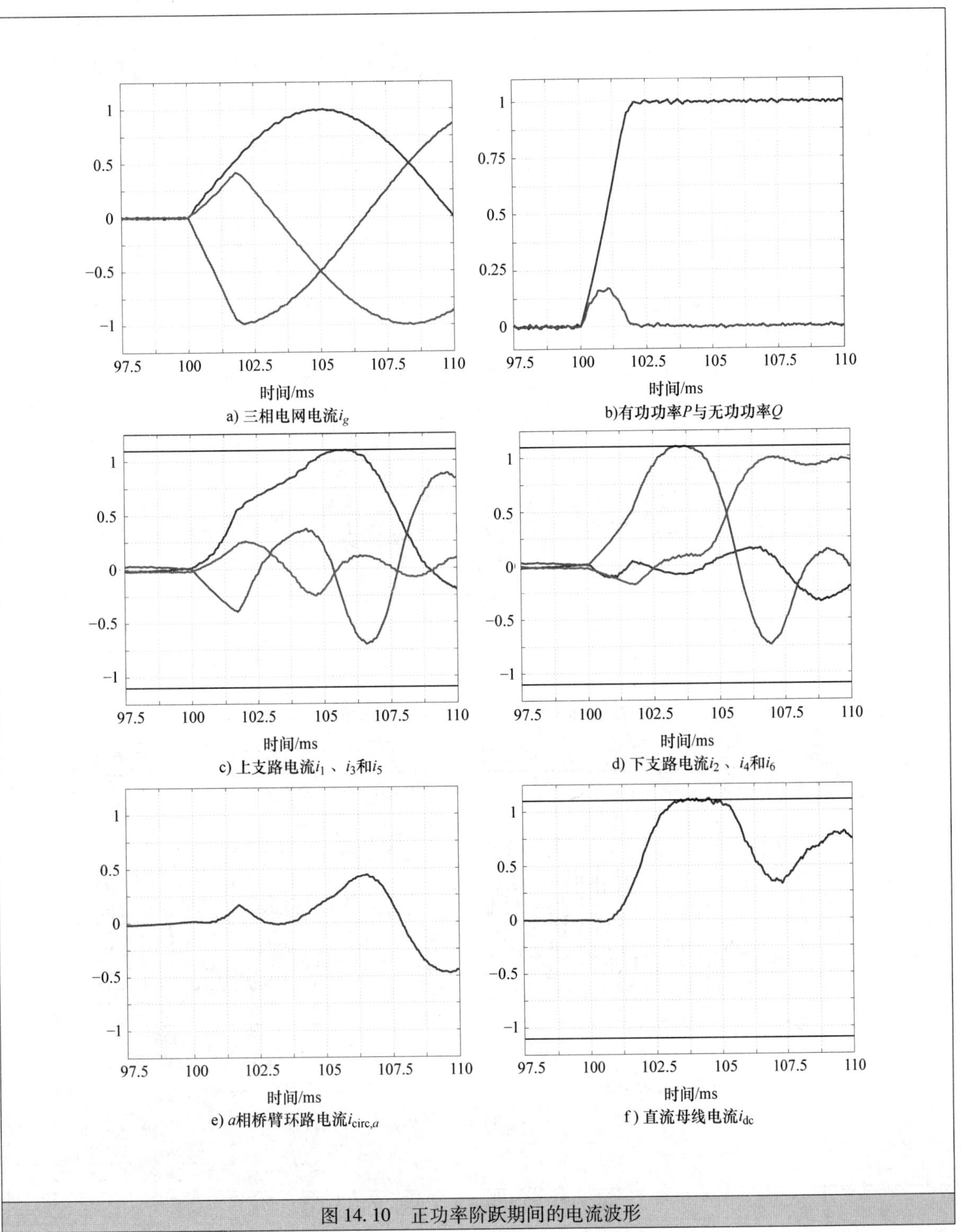

图 14. 10　正功率阶跃期间的电流波形

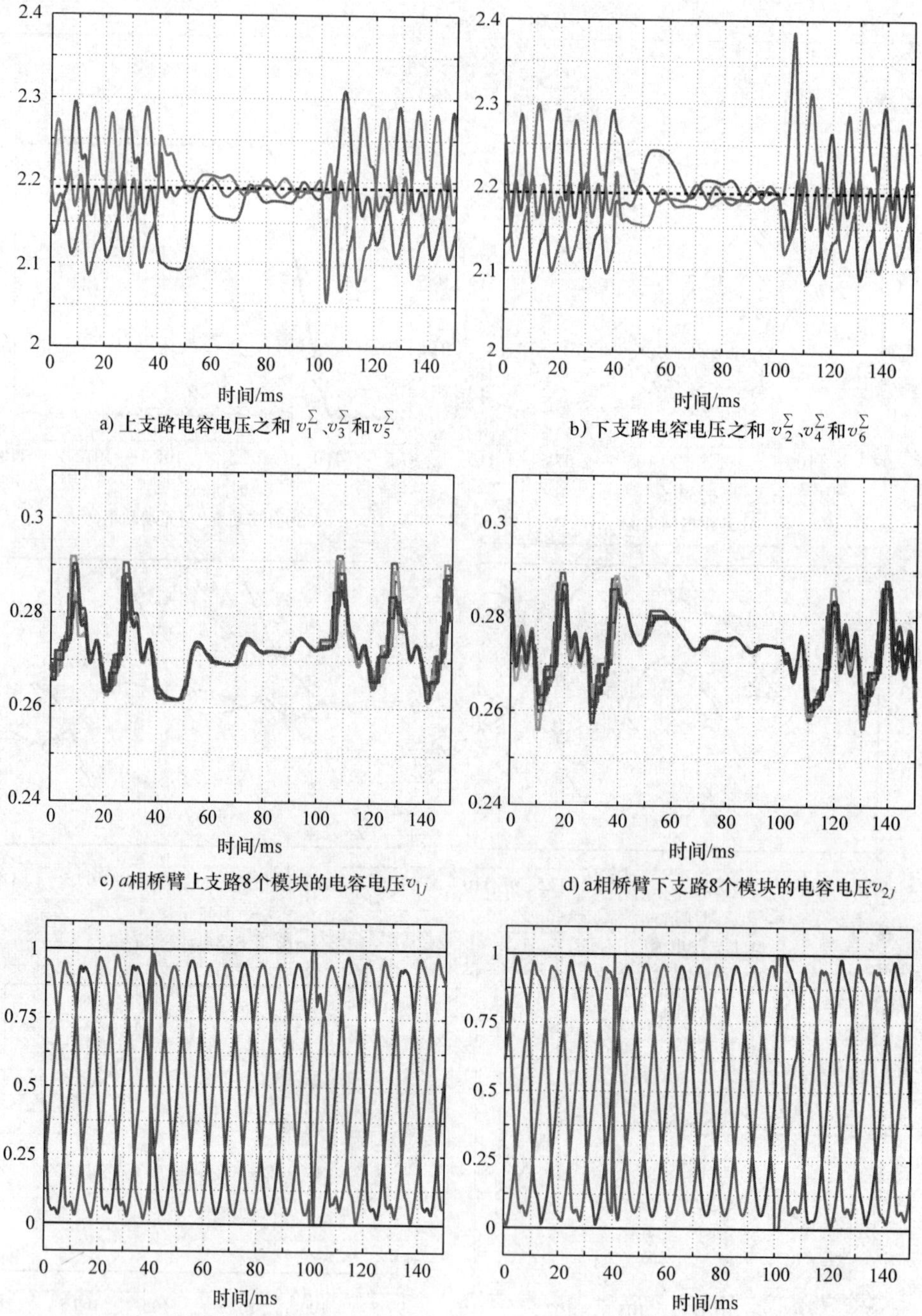

a) 上支路电容电压之和 v_1^Σ、v_3^Σ 和 v_5^Σ

b) 下支路电容电压之和 v_2^Σ、v_4^Σ 和 v_6^Σ

c) a 相桥臂上支路8个模块的电容电压 v_{1j}

d) a相桥臂下支路8个模块的电容电压 v_{2j}

e) 上支路接入系数 v_1、v_3 和 v_5

f) 下支路接入系数 v_2、v_4 和 v_6

图 14.11 瞬态期间电容电压波形和接入系数

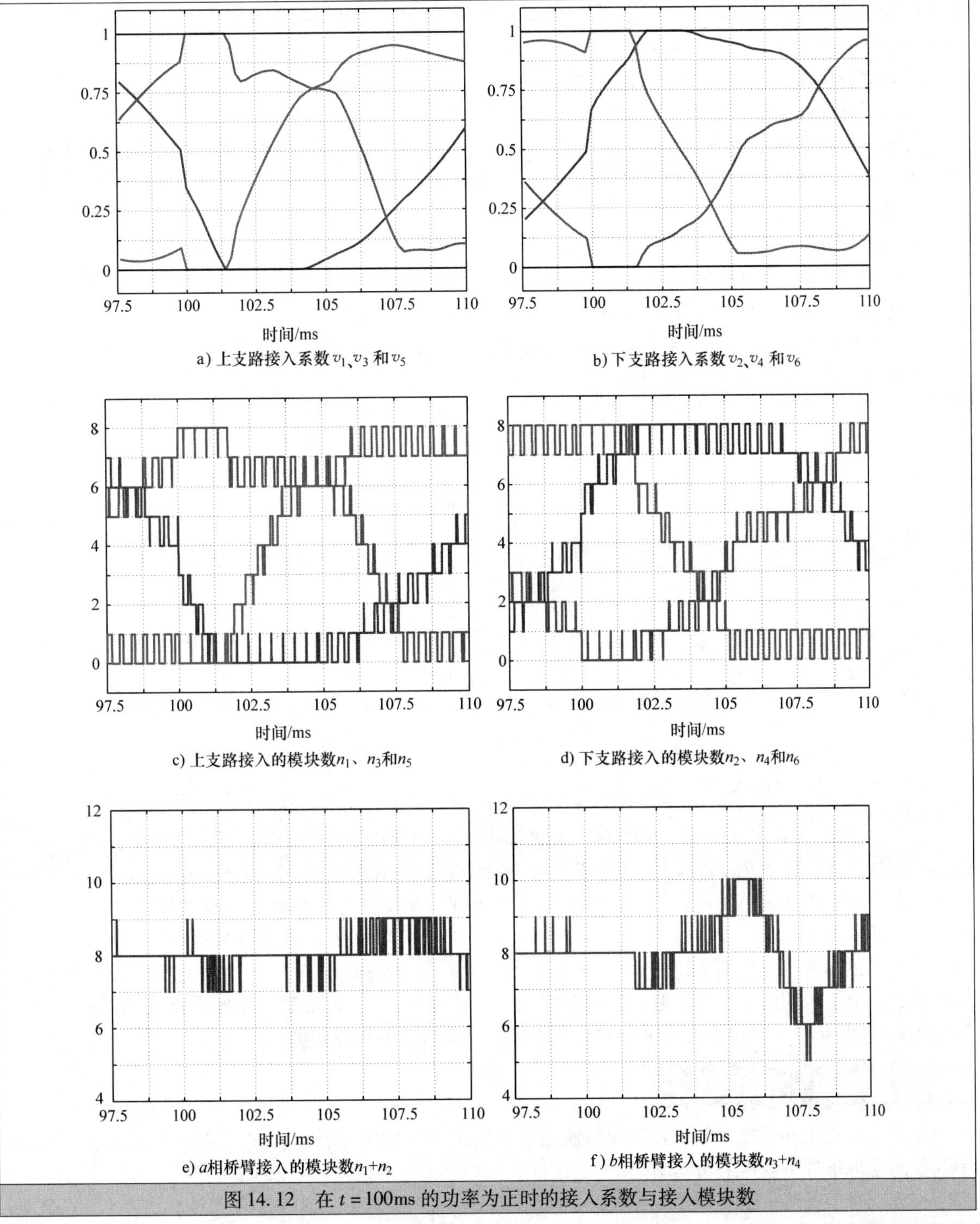

图 14.12　在 $t=100$ms 的功率为正时的接入系数与接入模块数

14.5　参数设计

本节将对预测范围对闭环性能影响进行研究和讨论。接下来将看到，由于预测模型的线性化，长预测范围将会产生显著的开环预测误差，实际状态变量与预测值偏差较大。所以，就稳态性能提升而言，很长的预测范围所产生的效果逐渐减小。然而由于一些慢速的 MMC 动态特性，如电容电压，所以需要较长的预测范围来确保良好的稳态和瞬态性能。实际上，非常短的预测范围会导致系统不稳定。

14.5.1 开环预测偏差 ★★★

为了研究线性化预测模型的准确性，将基于预测模型的开环仿真与使用非线性 MMC 模型的闭环仿真进行了比较。在额定功率运行下，6 个支路超过 1000 个接入系数在基波周期内的不同时间步长中随机产生。定义状态变量的开环预测误差为预测值与实际值的偏差。

计算出支路电流、直流母线电流和电容电压的预测误差。图 14.13 表示支路电流的偏差以及 a 相桥臂上支路电容电压之和。具体来说，从 1 到 9 的一组预测范围内，预测范围结束时的误差中值和 50% 置信区间如图所示，外轮廓的范围包含除几个异常值之外的所有偏差值，也就是 99.3% 的数据值，由于误差近似高斯分布，所以上下轮廓对应于平均值约 ±2.7 标准偏差。

6 个支路电流的误差与图 14.13a 所示相似，而直流母线电流的误差约为其两倍。对应地，6 个电容电压之和的预测误差与图 14.13b 相似。

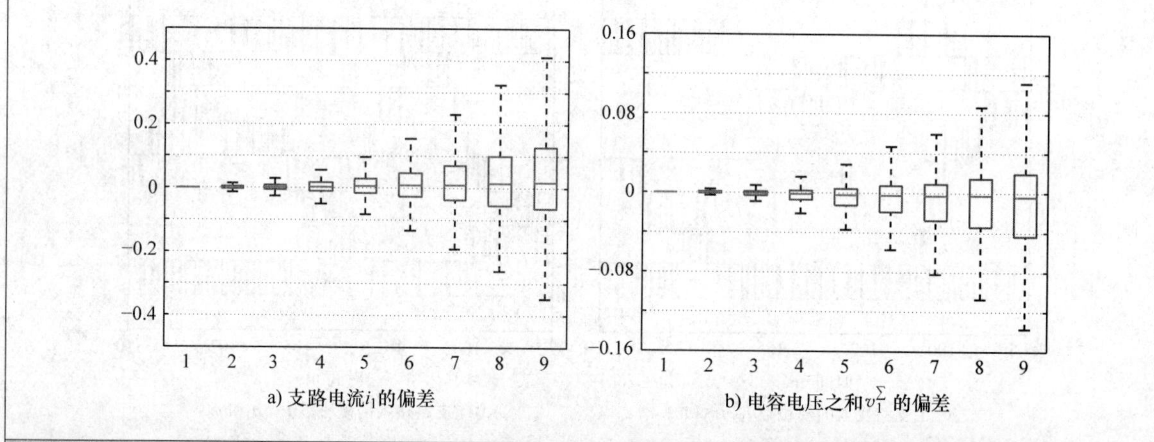

图 14.13 支路电流 i_1 和电容电压之和 v_1^{Σ} 的开环预测误差（预测值和实际值之间误差）与预测范围长度 N_p 的函数关系

注：方框的中心线是中值，方框的下（上）边缘对应第 25（第 75）百分位，轮廓内的范围包含了除一些异常值之外的所有偏差。

显然，当扩展预测范围时，从线性化预测模型得到的预测值与实际状态变量的偏差开始增大。对于直流母线电流和支路电流，这些误差较为明显，而对于电容电压来说误差则相对较小。从图 14.13 可以看出，预测范围应该避免超过 10 个步长。然而对于 $N_p=6$ 的预测范围，电容电压的误差几乎可以忽略不计。由于采用滚动优化策略，同时在时间步长 $k+1$、$k+2$ 和 $k+3$ 的支路电流误差非常小，所以 MPC 可以允许在时间步长 $k+5$ 和 $k+6$ 处有相对较大的电流误差。

14.5.2 闭环性能 ★★★

本节将研究闭环性能对载波频率和预测范围长度的变化的敏感性。为此，将分析和讨论在额定功率和稳态运行条件下获得的仿真结果。

首先，对于预测范围 $N_p=6$，多电平 PWM 的载波频率在 500～2500Hz 之间变化，步长为 500Hz。如表 14.3 所示，平均器件开关频率 f_{sw} 和电网电流 TDD 作为性能指标。该数据如图 14.14 所示，开关频率近似为线性函数，电流 TDD 近似为三次多项式曲线。

一方面，如预期一样，当降低载波频率时，电流 TDD 显著增加；另一方面，使用规则采样的 PWM 方案也意味着开关频率与载波频率成线性关系。值得注意的是，器件开关频率可降低到 167Hz，同时电流 TDD 仍保持在 1.05% 的较低值，其结果令人满意，因为它表明 MPC 方案可用于需要器件开关频率非常低的场合。

表 14.3 预测范围 $N_p=6$ 时，PWM 载波频率 f_c 对器件开关频率 f_{sw} 和电网电流 TDD I_{TDD} 的影响

f_c/Hz	f_{sw}/Hz	I_{TDD} (%)
500	106	2.55
1000	167	1.05
1500	231	0.66
2000	290	0.49
2500	350	0.40

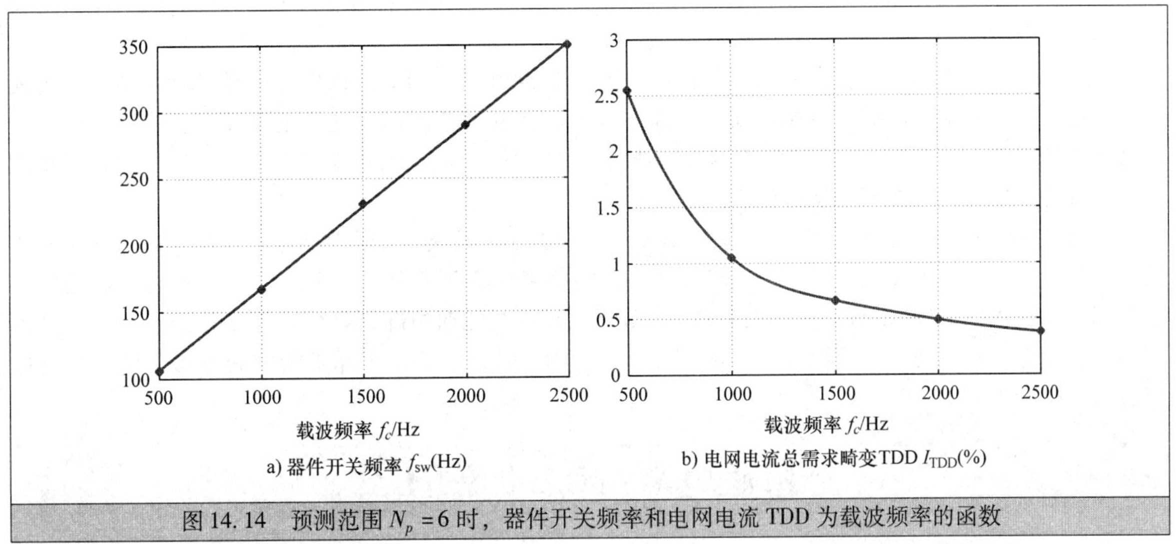

图 14.14 预测范围 $N_p=6$ 时，器件开关频率和电网电流 TDD 为载波频率的函数

其次，载波频率设定为 2.5kHz，预测范围在 3 ~ 10 之间变化，如前面所述，平均器件开关频率和电流 TDD 作为性能指标。从表 14.4 可以看出，预测范围的长度对开关频率没有影响，并且对电流 TDD 只有较小影响。同时也可以看出，MPC 方案在预测范围较短时变得不稳定，如预测范围为 4 或者更小，这是由于电容电压动态响应较慢，所以需要相对较长的预测范围。

表 14.4 载波频率 $f_c=2500$Hz 时，预测范围 N_p 对器件开关频率 f_{sw} 和电网电流 TDD I_{TDD} 的影响

N_p（时间步长）	f_{sw}/Hz	I_{TDD} (%)
3	不稳定	不稳定
4	不稳定	不稳定
5	350	0.42
6	350	0.40
7	350	0.40
8	350	0.40
9	350	0.38
10	350	0.37

14.6 总结和讨论

本章给出一种用于 MMC 拓扑的带有后级 PWM 的 MPC 方案。这种多功能的控制方法适用于任何

MMC 拓扑，无论是其电路参数、相位配置或者模块的数量如何。控制器概念上简单，采用的线性化变换器预测模型基于首要原则，对主要物理量进行约束，并且代价函数易于设计。潜在的优化问题是二次规划问题，可以使用现成的求解器有效解决。

所提 MPC 方案不依赖于每个支路的模块数，调制器的使用有效保证了固定的器件开关频率和确定的电网电流谐波频谱。同时，MPC 可以运行在几百赫兹开关频率下，从而这些特点使得开发框架适用于大功率 MMC 应用。

MPC 相对现有方案（主要是基于多个 PI 控制环）的性能优势可归结为以下三个主要特征。首先，MPC 是一种 MIMO 的控制方法，非常适合同时控制多个变量，即使它们与控制目标相冲突。其次，MPC 能够处理对状态、输入和输出变量的软和硬约束。最后，通过采用滚动优化策略，实现了对建模误差有着显著程度的鲁棒性。

这些特性意味着即使在较大的瞬态过程中，MPC 也能够同时调节电网电流跟随其参考值，平衡模块电容电压，使得支路电流、直流母线电流和电容电压在安全范围内。这些是通过独立控制接入每个支路模块的数量并采用能捕捉（相互冲突的）控制目标的标量代价函数来实现的。通过使代价函数最小化，在各个控制对象之间实现最优权衡。

因此，MPC 策略往往优于 MMC 的大多数现有控制方法，特别是在诸如上电、负载阶跃变化和故障这些瞬间过程，如参考文献［17，20，23］所述。能够实现接近 MMC 物理极限的快速响应，其稳定建立时间在 2ms 以内。同时也避免了支路电流的超调，并且在任何情况下都能确保变换器运行在安全范围内。在稳态运行期间，控制器件开关频率大约在 350Hz 时，能够实现非常低的约为 0.40% 的电网电流总需求畸变 TDD。

附录 14. A　动态电流方程

这里列出了非线性 MMC 系统模型 5 个独立电流的微分方程。这 5 个方程与图 14.3 中所示 MMC 的等效表示方法 EADNE、EBDNE、ECDNE、DASBD 和 DASCD 这些网络有关。

$$L_{br}\left(\frac{di_1(t)}{dt}+\frac{di_2(t)}{dt}\right)+L_{dc}\frac{di_{dc}(t)}{dt}$$
$$=-R_{br}(i_1(t)+i_2(t))-R_{dc}i_{dc}(t)-\nu_1(t)v_1^{\Sigma}(t)-\nu_2(t)v_2^{\Sigma}(t)+v_{dc} \tag{14.A.1a}$$

$$L_{br}\left(\frac{di_3(t)}{dt}+\frac{di_4(t)}{dt}\right)+L_{dc}\frac{di_{dc}(t)}{dt}$$
$$=-R_{br}(i_3(t)+i_4(t))-R_{dc}i_{dc}(t)-\nu_3(t)v_3^{\Sigma}(t)-\nu_4(t)v_4^{\Sigma}(t)+v_{dc} \tag{14.A.1b}$$

$$-L_{br}\left(\frac{di_1(t)}{dt}+\frac{di_2(t)}{dt}+\frac{di_3(t)}{dt}+\frac{di_4(t)}{dt}\right)+(L_{dc}+2L_{br})\frac{di_{dc}(t)}{dt}$$
$$=R_{br}(i_1(t)+i_2(t)+i_3(t)+i_4(t))-(R_{dc}+2R_{br})i_{dc}(t)$$
$$-\nu_5(t)v_5^{\Sigma}(t)-\nu_6(t)v_6^{\Sigma}(t)+v_{dc} \tag{14.A.1c}$$

$$L_g\frac{di_1(t)}{dt}-(L_{br}+L_g)\frac{di_2(t)}{dt}-L_g\frac{di_3(t)}{dt}+(L_{br}+L_g)\frac{di_4(t)}{dt}$$
$$=-R_gi_1(t)+(R_{br}+R_g)i_2(t)+R_gi_3(t)-(R_{br}+R_g)i_4(t)$$
$$+\nu_2(t)v_2^{\Sigma}(t)-\nu_4(t)v_4^{\Sigma}(t)-v_{ga}(t)+v_{gb}(t) \tag{14.A.1d}$$

$$2L_g\frac{di_1(t)}{dt}-2(L_{br}+L_g)\frac{di_2(t)}{dt}+L_g\frac{di_3(t)}{dt}-(L_{br}+L_g)\frac{di_4(t)}{dt}+L_{br}\frac{di_{dc}(t)}{dt}$$
$$=-2R_gi_1(t)+2(R_{br}+R_g)i_2(t)-R_gi_3(t)+(R_{br}+R_g)i_4(t)$$
$$-R_{br}i_{dc}(t)+\nu_2(t)v_2^{\Sigma}(t)-\nu_6(t)v_6^{\Sigma}(t)-v_{ga}(t)+v_{gc}(t) \tag{14.A.1e}$$

附录 14. B 变换器系统的控制器模型

这里概述了线性连续时间状态空间模型矩阵 $\boldsymbol{F}(t_0)$、$\boldsymbol{G}(t_0)$、$\boldsymbol{C}$ 和矢量 $\boldsymbol{g}(t_0)$ 的推导过程。使用泰勒级数（14.10a）对式（14.A.1）中 5 个电流微分方程进行线性化处理。类似地，使用式（14.10b）对式（14.6）中 6 个电容电压和 v_r^{Σ} 的微分方程进行线性化。

式（14.9）为电网电压在静止 $\alpha\beta$ 正交坐标系下的动态方程，式（14.A.1d）和（14.A.1e）中的电流微分方程使用了三相电网电压。根据式（2.13），使用降阶 Clarke 变换 $\widetilde{\boldsymbol{K}}$ 和其逆变换 $\widetilde{\boldsymbol{K}}^{-1}$，将电网电压从 $\alpha\beta$ 坐标系转换到三相坐标系 v_{ga}、v_{gb} 和 v_{gc}，反之亦可。

$$\boldsymbol{L}=\begin{bmatrix} L_{br} & L_{br} & 0 & 0 & L_{dc} \\ 0 & 0 & L_{br} & L_{br} & L_{dc} \\ -L_{br} & -L_{br} & -L_{br} & -L_{br} & L_{dc}+2L_{br} \\ L_g & -(L_{br}+L_g) & -L_g & L_{br}+L_g & 0 \\ 2L_g & -2(L_{br}+L_g) & L_g & -(L_{br}+L_g) & L_{br} \end{bmatrix} \tag{14.B.1a}$$

$$\boldsymbol{R}=\begin{bmatrix} -R_{br} & -R_{br} & 0 & 0 & -R_{dc} \\ 0 & 0 & -R_{br} & -R_{br} & -R_{dc} \\ R_{br} & R_{br} & R_{br} & R_{br} & -(R_{dc}+2R_{br}) \\ -R_g & R_{br}+R_g & R_g & -(R_{br}+R_g) & 0 \\ -2R_g & 2(R_{br}+R_g) & -R_g & R_{br}+R_g & -R_{br} \end{bmatrix} \tag{14.B.1b}$$

$$\boldsymbol{E}_1=\begin{bmatrix} 0 & 0 & 0 \\ 0 & 0 & 0 \\ 0 & 0 & 0 \\ -1 & 1 & 0 \\ -1 & 0 & 1 \end{bmatrix} \quad \boldsymbol{E}_2=\begin{bmatrix} 1 & -1 & 0 & 0 & 0 \\ 0 & 0 & 1 & -1 & 0 \\ -1 & 1 & -1 & 1 & 0 \end{bmatrix} \tag{14.B.1c}$$

定义辅助时变矩阵为

$$\boldsymbol{N}_1(t_0)=\begin{bmatrix} \nu_1(t_0) & 0 & 0 & 0 & 0 \\ 0 & \nu_2(t_0) & 0 & 0 & 0 \\ 0 & 0 & \nu_3(t_0) & 0 & 0 \\ 0 & 0 & 0 & \nu_4(t_0) & 0 \\ -\nu_5(t_0) & 0 & -\nu_5(t_0) & 0 & \nu_5(t_0) \\ 0 & -\nu_6(t_0) & 0 & -\nu_6(t_0) & \nu_6(t_0) \end{bmatrix} \tag{14.B.2a}$$

$$\boldsymbol{N}_2(t_0)=\begin{bmatrix} -\nu_1(t_0) & -\nu_2(t_0) & 0 & 0 & 0 & 0 \\ 0 & 0 & -\nu_3(t_0) & -\nu_4(t_0) & 0 & 0 \\ 0 & 0 & 0 & 0 & -\nu_5(t_0) & -\nu_6(t_0) \\ 0 & \nu_2(t_0) & 0 & -\nu_4(t_0) & 0 & 0 \\ 0 & \nu_2(t_0) & 0 & 0 & 0 & -\nu_6(t_0) \end{bmatrix} \tag{14.B.2b}$$

$$\boldsymbol{V}_1(t_0)=[v_{dc}(t_0) \quad v_{dc}(t_0) \quad v_{dc}(t_0) \quad 0 \quad 0]^T \tag{14.B.2c}$$

$$V_2(t_0)=\begin{bmatrix} -v_1^{\Sigma}(t_0) & -v_2^{\Sigma}(t_0) & 0 & 0 & 0 & 0 \\ 0 & 0 & -v_3^{\Sigma}(t_0) & -v_4^{\Sigma}(t_0) & 0 & 0 \\ 0 & 0 & 0 & 0 & -v_5^{\Sigma}(t_0) & -v_6^{\Sigma}(t_0) \\ 0 & v_2^{\Sigma}(t_0) & 0 & -v_4^{\Sigma}(t_0) & 0 & 0 \\ 0 & v_2^{\Sigma}(t_0) & 0 & 0 & 0 & -v_6^{\Sigma}(t_0) \end{bmatrix} \quad (14.\mathrm{B}.2\mathrm{d})$$

$$\boldsymbol{I}_i(t_0)=\mathrm{diag}(i_1(t_0),i_2(t_0),i_3(t_0),i_4(t_0),i_5(t_0),i_6(t_0)) \quad (14.\mathrm{B}.2\mathrm{e})$$

式中

$$i_5(t_0)=i_{\mathrm{dc}}(t_0)-i_1(t_0)-i_3(t_0) \quad (14.\mathrm{B}.3\mathrm{a})$$

$$i_6(t_0)=i_{\mathrm{dc}}(t_0)-i_2(t_0)-i_4(t_0) \quad (14.\mathrm{B}.3\mathrm{b})$$

可以将系统矩阵、输入矩阵和状态空间模型的偏移矢量写成如下形式

$$\boldsymbol{F}(t_0)=\begin{bmatrix} \boldsymbol{L}^{-1}\boldsymbol{R} & \boldsymbol{L}^{-1}\boldsymbol{N}_2(t_0) & \boldsymbol{L}^{-1}\boldsymbol{E}_1\widetilde{\boldsymbol{K}}^{-1} \\ \dfrac{n}{C_m}\boldsymbol{N}_1(t_0) & \boldsymbol{0}_{6\times6} & \boldsymbol{0}_{6\times2} \\ \boldsymbol{0}_{2\times5} & \boldsymbol{0}_{2\times6} & \omega_g\begin{bmatrix}0 & -1\\ 1 & 0\end{bmatrix} \end{bmatrix} \quad (14.\mathrm{B}.4\mathrm{a})$$

$$\boldsymbol{G}(t_0)=\begin{bmatrix} \boldsymbol{L}^{-1}\boldsymbol{V}_2(t_0) \\ \dfrac{n}{C_m}\boldsymbol{I}_i(t_0) \\ \boldsymbol{0}_{2\times6} \end{bmatrix} \quad \boldsymbol{g}(t_0)=\begin{bmatrix} \boldsymbol{L}^{-1}\boldsymbol{V}_1(t_0) \\ \boldsymbol{0}_{6\times1} \\ \boldsymbol{0}_{2\times1} \end{bmatrix} \quad (14.\mathrm{B}.4\mathrm{b})$$

输出矩阵为

$$\boldsymbol{C}=\begin{bmatrix} \widetilde{\boldsymbol{K}}\boldsymbol{E}_2 & \boldsymbol{0}_{2\times6} & \boldsymbol{0}_{2\times2} \\ \boldsymbol{0}_{6\times5} & \boldsymbol{I}_6 & \boldsymbol{0}_{6\times2} \end{bmatrix} \quad (14.\mathrm{B}.5)$$

式中，$\boldsymbol{0}_{n\times m}$表示 $n\times m$ 维的零矩阵；$\boldsymbol{I}_n$ 表示 n 维单位矩阵。

控制器的模型也需要按照 2.2.3 节和 2.4.1 节中介绍的步骤进行标幺化处理。标幺化系统使用 14.4.1 节中规定的基准值建立。

参 考 文 献

[1] A. Lesnicar and R. Marquardt, “An innovative modular multilevel converter topology suitable for a wide power range,” in *Proceedings of the IEEE Power Tech Conference* (Bologna, Italy), Jun. 2003.

[2] M. A. Pérez, S. Bernet, J. Rodríguez, S. Kouro, and R. Lizana, “Circuit topologies, modeling, control schemes, and applications of modular multilevel converters,” *IEEE Trans. Power Electron.*, vol. 30, pp. 4–17, Jan. 2015.

[3] S. Debnath, J. Qin, B. Bahrani, M. Saeedifard, and P. Barbosa, “Operation, control, and applications of the modular multilevel converter: A review,” *IEEE Trans. Power Electron.*, vol. 30, pp. 37–53, Jan. 2015.

[4] J. Rodríguez, J.-S. Lai, and F. Peng, “Multilevel inverters: A survey of topologies, controls, and applications,” *IEEE Trans. Ind. Electron.*, vol. 49, pp. 727–738, Aug. 2002.

[5] J. Qin and M. Saeedifard, “Predictive control of a modular multilevel converter for a back-to-back HVDC system,” *IEEE Trans. Power Delivery*, vol. 27, pp. 1538–1547, Jul. 2012.

[6] A. Nami, J. Liang, F. Dijkhuizen, and G. D. Demetriadis, “Modular multilevel converters for HVDC applications: Review on converter cells and functionalities,” *IEEE Trans. Power Electron.*, vol. 30, pp. 18–36, Jan. 2015.

[7] H. M. Pirouz and M. T. Bina, “A transformerless medium-voltage STATCOM topology based on extended modular multilevel converters,” *IEEE Trans. Power Electron.*, vol. 26, pp. 1534–1545, May 2011.

[8] J. I. Y. Ota, Y. Shibano, N. Niimura, and H. Akagi, “A phase-shifted-PWM D-STATCOM using a modular multilevel cascade converter (SSBC)—Part I: Modeling, analysis, and design of current control,” *IEEE Trans. Ind. Appl.*, vol. 51, pp. 279–288, Jan./Feb. 2015.

[9] M. Winkelnkemper, A. Korn, and P. Steimer, “A modular direct converter for transformerless rail interties,” in *Proceedings of the IEEE International Symposium on Industrial Electronics* (Bari, Italy), pp. 562–567, Jul. 2010.

[10] A. Antonopoulos, L. Ängquist, and H.-P. Nee, "On dynamics and voltage control of the modular multilevel converter," in *Proceedings European Power Electronics Conference* (Barcelona, Spain), Sep. 2009.

[11] M. Hagiwara and H. Akagi, "Control and experiment of pulsewidth-modulated modular multilevel converters," *IEEE Trans. Power Electron.*, vol. 24, pp. 1737–1746, Jul. 2009.

[12] L. Ängquist, A. Antonopoulos, D. Siemaszko, K. Ilves, M. Vasiladiotis, and H.-P. Nee, "Open-loop control of modular multilevel converters using estimation of stored energy," *IEEE Trans. Ind. Appl.*, vol. 47, pp. 2516–2524, Nov./Dec. 2011.

[13] A. J. Korn, M. Winkelnkemper, P. Steimer, and J. W. Kolar, "Capacitor voltage balancing in modular multilevel converters," in *Proceedings of International Conference on Power Electronics, Machine and Drives*, Mar. 2012.

[14] J. B. Rawlings and D. Q. Mayne, *Model predictive control: Theory and design*. Madison, WI: Nob Hill Pub., 2009.

[15] M. A. Pérez, J. Rodríguez, E. J. Fuentes, and F. Kammerer, "Predictive control of AC–AC modular multilevel converters," *IEEE Trans. Ind. Electron.*, vol. 59, pp. 2832–2839, Jul. 2012.

[16] B. S. Riar, T. Geyer, and U. K. Madawala, "Model predictive direct current control of modular multilevel converters: Modelling, analysis, and experimental evaluation," *IEEE Trans. Power Electron.*, vol. 30, pp. 431–439, Jan. 2015.

[17] J. Kolb, F. Kammerer, F. Gommeringer, and M. Braun, "Cascaded control system of the modular multilevel converter for feeding variable-speed drives," *IEEE Trans. Power Electron.*, vol. 30, pp. 349–357, Jan. 2015.

[18] K. Ilves, A. Antonopoulos, S. Norrga, and H.-P. Nee, "Steady-state analysis of interaction between harmonic components of arm and line quantities of modular multilevel converters," *IEEE Trans. Power Electron.*, vol. 27, pp. 57–68, Jan. 2012.

[19] L. Harnefors, A. Antonopoulos, S. Norrga, L. Ängquist, and H.-P. Nee, "Dynamic analysis of modular multilevel converters," *IEEE Trans. Ind. Electron.*, vol. 60, pp. 2526–2537, Jul. 2013.

[20] M. Saeedifard and R. Iravani, "Dynamic performance of a modular multilevel back-to-back HVDC system," *IEEE Trans. Power Delivery*, vol. 25, pp. 2903–2912, Oct. 2010.

[21] M. Herceg, M. Kvasnica, C. Jones, and M. Morari, "Multi-parametric toolbox 3.0," in *Proceedings of European Control Conference* (Zurich, Switzerland), pp. 502–510, Jul. 2013. http://control.ee.ethz.ch/ mpt.

[22] Gurobi Optimization, Inc., *"Gurobi optimizer reference manual,"* 2014. www.gurobi.com.

[23] D. Siemaszko, A. Antonopoulos, K. Ilves, M. Vasiladiotis, L. Ängquist, and H.-P. Nee, "Evaluation of control and modulation methods for modular multilevel converters," in *Proceedings of IEEE International Power Electronics Conference* (Sapporo, Japan), pp. 746–753, Jun. 2010.

第 5 篇　总　　结

第15章 »
结论和总结

在本章中，检验了所提出的模型预测控制策略（MPC）的稳态性能，并以空间矢量调制（SVM）为基准对它们进行了比较。为了便于选择给定电力电子问题的控制和调制方法，对所提出的方法的优点和缺点进行了严格评估。为了给出全面的观点，将这种评估拓展到直接转矩控制（DTC）和基于SVM的磁场定向控制（FOC）。作为本书的总结，对MPC将为电力电子产品带来的商业价值进行了概述。还讨论了MPC成功商业化的需求和障碍。本章没有进行展望，而是给出了一些认为比较相关的研究方向。

15.1 直接模型预测方法的性能比较

在本节中，对应用于电机侧逆变器的直接MPC方法之间进行了相互比较。这些MPC策略包括带有参考追踪的一步预测电流控制、模型预测直接转矩控制（MPDTC）、模型预测直接电流控制（MPDCC）和模型预测脉冲模式控制（MP^3C）。对于MPDTC和MPDCC方法，短的和长的开关步长都要考虑到。MP^3C基于给定开关频率下的最小化电流畸变的最优脉冲模式（OPP）。比较拓展到带SVM的FOC，这是一种可以说是最常用的控制方法和调制手段。比较在稳态运行条件下进行。关键性能标准是逆变器开关损耗、电机谐波电流和电机转矩纹波。选择总需求畸变（TDD）来量化谐波畸变，见式（3.1）和式（3.2）中的定义。

开关损耗和谐波失真之间的权衡很好理解。的确，如3.5节所表示出的基于载波的脉宽调制（CB-PWM）和SVM，这两个量的乘积是一个常数。这将给出一条表现给定调制方法稳态性能特点的双曲权衡曲线。对于除CB-PWM和SVM之外的调制方法，权衡曲线的概念同样适用，但是曲线的形状只能近似拟合双曲线。

其他可行的性能标准包括控制器对参数变化和磁链观测器噪声的敏感性。已经在3.1.2节对MP^3C这个方面进行了检验，在参考文献［1］中对MPDCC有一个相关的分析。相关章节已经研究了对每种控制方法的动态控制性能，这些性能包括转矩阶跃过程中的稳定时间。最值得注意的是，所有这些MPC方法都充分利用了可用的母线电压。例如在负转矩阶跃时，控制器暂时颠倒了电机定子绕组中的电压以实现了尽可能短的转矩暂态过程。

接下来，首先确定了每种调制方法的特性权衡曲线。这可以通过稳态运行条件下的仿真得到。第二步，比较不同控制方法的权衡曲线和调制手段，将提出对这些方法稳态性能的深刻理解。这将显示出通过向原点方向改变权衡曲线的性能明显提升宽预测步长的控制性能，从而降低了开关损耗和谐波失真。相反地，过短的步长经常导致比SVM差的性能。

15.1.1 案例研究 ★★★

该案例研究倾向于尽可能地突出一般性，这样才能确保得出的结论是有意义、充分概括的和有价值的。比较着重于不同控制和调制方法的核心性能特征来确定其理论基准性能。为了完成这些工作，会忽略实际驱动设置中通常会产生的非理想因素和二阶影响，如直流母线波动、中点电位波动、互锁时间、最小开关时间、电机铁磁材料的饱和、控制器延时、测量误差、磁链观测器噪声以及负载转矩变化。在工业上的控制器应用中，可以用设备补偿大部分这些影响。这些将会应用到传统控制和调制方法以及预测控制和调制方法中。

最后，选择了一个研究案例，用一个三电平中点钳位（NPC）电压源型逆变器驱动一个中压（MV）感应电机。图 15.1 说明了驱动装置。在中压感应电机应用场合中，电机结构是最常用的。总的直流母线电压是 $V_{dc}=5.2\text{kV}$。禁止在上下通道之间进行开关切换，但可以进行其他形式的开关切换。2.5.1 节提供了电机和逆变器参数的总结。

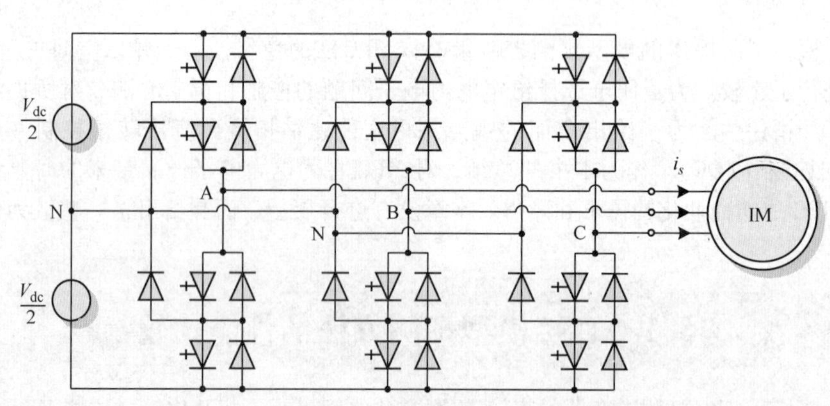

图 15.1　三电平中点钳位电压源型逆变器驱动一个带有固定中性点电位的感应电机

15.1.2　性能权衡曲线 ★★★

根据稳态运行条件下的仿真，推导出了研究控制方法和调制手段的权衡曲线。所有仿真都运行在 60% 设定速度和 100% 设定转矩。正如之前已经知道的，不同控制方法和调制手段之间的性能差异在该运行点非常明显。如无特殊说明，控制器的采样时间均设置在 $T_s=25\mu\text{s}$。

1.　基于空间矢量调制的转子磁链定向控制

在 3.6.2 节解释过的，转子 FOC 建立在随转子磁链矢量同步旋转的正交参考坐标系中。用到两个（正交）控制环——一个控制磁链，另一个控制转矩产生的电流。之后的调制器将定子电压参考值转换成逆变器的门信号指令。用到带有两个三角载波信号的三电平不对称等距采样 CB－PWM。两个载波波形同相，共模电压加到参考电压中。通过对小/大取模运算导出共模电压之后，产生了与 SVM 相同的门信号。对 CB－PWM 的更多细节和其与 SVM 的关系，可以参考 3.3 节。

在该分析中开关频率在 100～500Hz 之间变化，用到了带有频率是基波频率整数倍的载波的同步调制。在达到稳态运行条件之后，可以记录下定子电流、定子电压、电磁转矩和开关位置。通过测量，按照 2.5.1 节，逆变器开关损耗 P_{SW} 可以计算出来。电流和转矩的 TDD 可以用基波周期整数倍的傅里叶变换得到。开关损耗可以用额定视在功率 $S_R=2.035\text{MVA}$ 进行归一化。例如，对于开关损耗为 2.035kW 的归一化开关损耗为 0.1%。

图 15.2 表示了定子电流和转矩谐波畸变的结果关于开关损耗标幺值的一个函数。单个仿真结果用圆圈表示，结果可以近似地用

$$I_{TDD}\cdot\frac{P_{SW}}{S_R}=1.3,T_{TDD}\cdot\frac{P_{SW}}{S_R}=0.55 \tag{15.1}$$

形式的双曲函数表示。

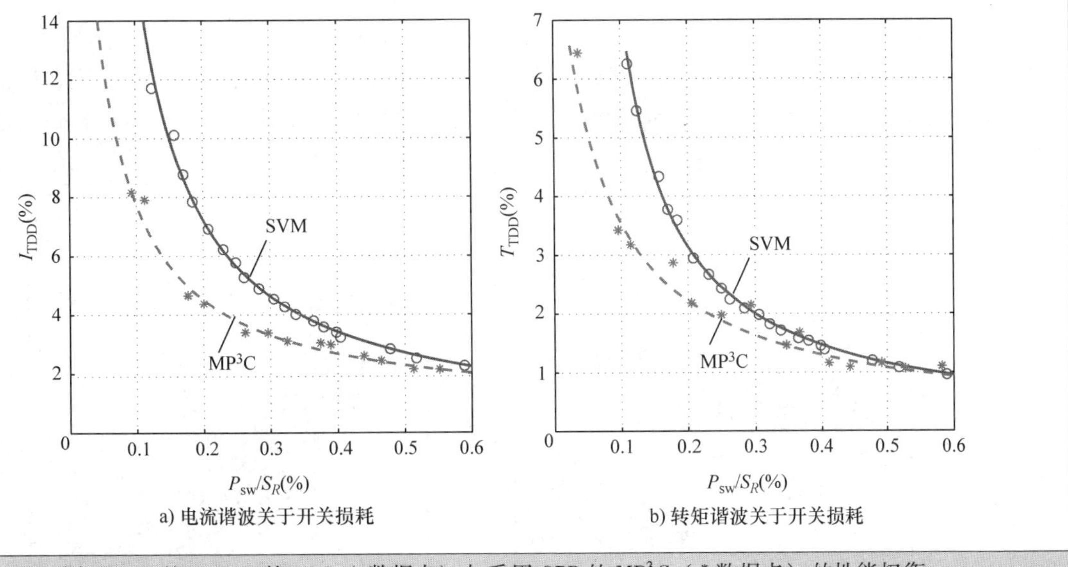

a) 电流谐波关于开关损耗　　b) 转矩谐波关于开关损耗

图 15.2 基于 SVM 的 FOC（ 数据点）与采用 OPP 的 MP^3C（* 数据点）的性能权衡

这表明为减小开关损耗而减小开关频率比如减小 50%，则电流和转矩 TDD 会增加 50%，反之亦然。式（15.1）中开关损耗标幺值一个小的偏移被忽略了。这个小的偏移说明开关损耗不可能被减小到 0。为了综合电压波形所要求的幅值和相位，需要在每相每 1/4 个基波周期中至少有一次开关切换。调制准则通常称为六步运行。其开关频率等于基波频率。

另外，FOC 控制环可以用 MPC 方法取代，这种方法有时被称为间接 MPC，因为其通过中间调制器间接改变了开关位置。这种 MPC 方法的例子包括参考文献［2］和［3］，这些例子中用 MPC 代替了内部电流环。在稳态运行条件下，当忽略二阶效应时，间接 MPC 方法的谐波性能仅由调制器决定。当用到 SVM，间接 MPC 的谐波性能与式（15.1）中陈述的和图 15.2 中表示出的相同。

2. MP^3C

另外，OPP 可以用一个用到一系列调制比和脉冲数的离线过程计算出来。回顾单相开关模式的脉冲数定义为在 1/4 个基波周期中开关切换的数目。最优化准则是使加权电压谐波最小化，该谐波与感性负载的电流谐波成正比。对于给定的脉冲数和调制比，最小化过程产生了最优开关角度（见 3.4 节）。这些开关角度的集合可以储存在查找表中。

OPP 通常用在慢速控制环中，如 V/f 控制和没有经过过分整定的 FOC 环。将轨迹控制的概念与滚动优化策略相结合，就可以设计一种具有非常好的动态响应性能的基于 OPP 的控制器。所提出的 MP^3C 控制方法在第 12 章中阐述了更多细节。图 15.2 给出了 MP^3C 稳态时谐波失真与标幺化开关损耗间的关系。其中单个仿真结果用星号表示，而产生的权衡曲线用虚线表示。

3. MPDTC

与 DTC 类似，MPDTC 通过对电磁转矩和定子磁链幅值施加上下界直接控制它们。MPDTC 用到动态模型和优化阶段，预测了可以保持转矩和定子磁链幅值在各自边界内的备选的开关序列。当考虑带有中性点电位可变的 NPC 逆变器时，这个原理可以扩展到中性点电位控制中去，为的是将中性点电位保持在 0 附近。

MPDTC 的原理是固定开关位置和扩展输出轨迹直到预测到有越界情况发生。在这个过程中不大的计算量即可实现非常长的预测步长。通过最小化与预测的开关频率和开关损耗有关的代价函数，可以选出最优开关序列。第7章中详细说明了MPDTC的算法。分支定界法可以进一步减少计算时间（见第10章）。

对于性能分析，在代价函数中引入了开关损耗。在代价函数中加上了额外的没有用到的或者设为0的项，如超出边界的额外开关损耗或者终端状态的权重。在很大的区间内任意选取了转矩和磁链幅值的边界。对于开关步长 *eSE* 和 *eSESESE* 进行了几百次仿真。图15.3中给出了每个转矩和磁链边界组合对应的数据点。

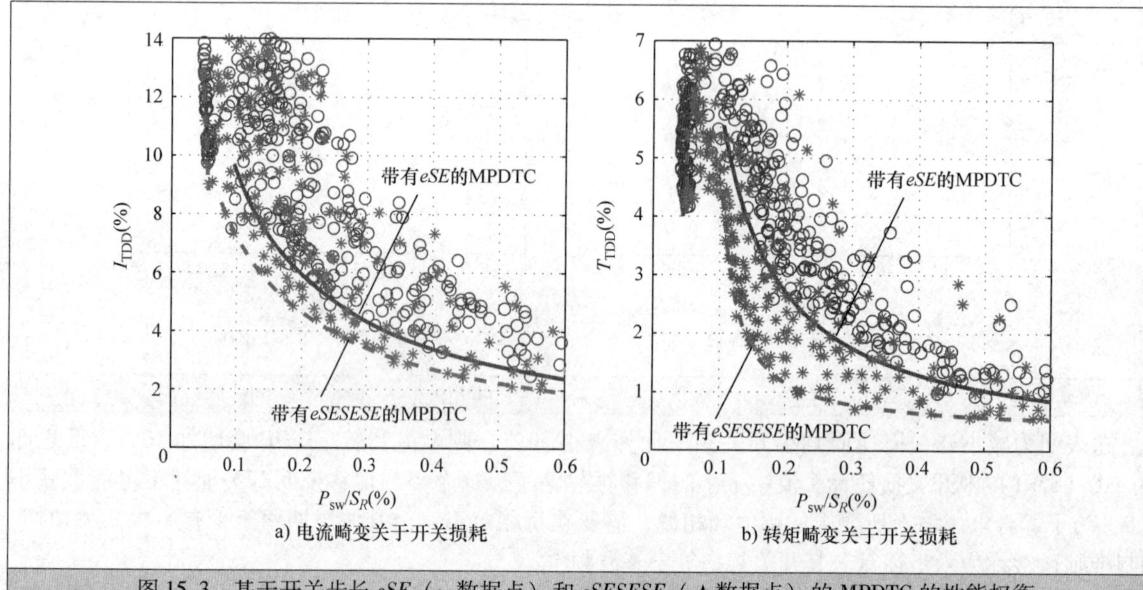

图15.3 基于开关步长 *eSE*（∘ 数据点）和 *eSESESE*（★数据点）的MPDTC的性能权衡

这些数据点的包络线可以再次用一个双曲函数图形进行描述，尽管这些点沿水平轴发生了进一步的移动。由于边界选择的任意性，很多点远离它们的包络线，因此是次优的。可以很清楚地发现转矩边界宽度和定子磁通量幅值边界宽度这两个需要整定的参数的存在使得整定过程复杂化，尤其是实现最小电流畸变时。当选择非常宽的边界时，MPDTC限制在基频开关频率中，其产生了一种类似于六步运行的开关模式。相应的数据点对应于大约0.04%的标幺化开关损耗。

边界集合实现了低转矩畸变而没有实现低电流畸变。为了突出这一点，在静止正交坐标系中定义定子纹波电流

$$\boldsymbol{i}_{\text{rip}} = \boldsymbol{i}_s^* - \boldsymbol{i}_s \tag{15.2}$$

为定子电流参考值 $\boldsymbol{i}_s^*$ 和实际定子电流值 $\boldsymbol{i}_s$ 之差。回顾式（11.6），转矩可以以转子磁链矢量和定子电流矢量的形式表示出来：

$$T_e = \frac{1}{\text{pf}}\frac{X_m}{X_r}\boldsymbol{\psi}_r \times \boldsymbol{i}_s = T_e^* - \frac{1}{\text{pf}}\frac{X_m}{X_r}\boldsymbol{\psi}_r \times \boldsymbol{i}_{\text{rip}} \tag{15.3}$$

式中用到了式（15.2）并引入了转矩参考值 $T_e^* = \frac{1}{\text{pf}}\frac{X_m}{X_r}\boldsymbol{\psi}_r \times \boldsymbol{i}_s^*$。然后转矩纹波由下式给出：

$$T_{\text{rip}} = T_e^* - T_e = \frac{1}{\text{pf}}\frac{X_m}{X_r}\boldsymbol{\psi}_r \times \boldsymbol{i}_{\text{rip}} = \frac{1}{\text{pf}}\frac{X_m}{X_r}(\psi_{r\alpha} i_{\text{rip},\beta} - \psi_{r\beta} i_{\text{rip},\alpha}) \tag{15.4}$$

当式（15.4）的右边为0时，零转矩纹波是（假设）可以实现的。当忽略任意 β 轴分量为0的特殊情况时，可以写出

$$\frac{i_{\text{rip},\alpha}}{i_{\text{rip},\beta}} = \frac{\psi_{r\alpha}}{\psi_{r\beta}} \tag{15.5}$$

当纹波电流 $\alpha\beta$ 分量的比值与转子磁链矢量 $\alpha\beta$ 分量的比值相同时，转矩纹波是0，当目标为使转矩纹波

最小时，定子电流纹波矢量必须与转子磁链矢量同步旋转。另外，为了实现最小电流畸变，纹波电流应当有相似的幅值。由于这些是相互矛盾的要求，很显然，转矩纹波不能在不影响电流畸变的情况下最小化。

这些分析表明 MPDTC 能实现很低的转矩畸变，但这是以造成明显的电流畸变为代价的。因此，对于一个特定的开关损耗，图 15.3b 中的最小化转矩 TDD 的数据点通常也不能使图 15.3a 中的电流 TDD 最小化。另外，最小电流 TDD 也通常意味着低转矩 TDD。

4. MPDCC

作为 MPDTC 的一种衍生，MPDCC 对三相定子电流设置了上下界。这些界限围绕三相电流参考对称。边界宽度直接决定了电流纹波，电流纹波与电流 TDD（见 11.1.8 节）成正比。控制目标是将瞬时电流值保持在边界范围内和最小化开关损耗。边界宽度是唯一需要整定的参数。其决定了处于电流失真和开关损耗之间权衡曲线上的点。一个边界宽度（而不是两个）的存在大大简化了整定过程。

图 15.4 分别表示开关步长 *eSE* 和 *eSESESE* 对应的仿真结果。电流边界宽度在 0.035 ~ 0.22pu 之间变化。这些数字表示上界下界和参考值之间的差，因此它们与电流纹波的一半对应。数据点可以用双曲权衡函数进行描述，尤其是运行在很高的开关损耗时。六步运行用第二个权衡曲线集表示，由图 15.4 中几乎垂直的曲线给定。

尽管边界宽度有很大不同，MPDCC 趋向于限制在某个固定的开关损耗值。这种现象在标幺化开关损耗为 0.135%、0.18% 和 0.225% 的短开关步长 *eSE* 中表现尤为明显。相应的开关频率为 90Hz、120Hz 和 150Hz，也就是3、4 和5 次基波频率。类似的现象之前已经在带有参考跟踪的预测电流控制中出现——单相案例（见图 4.7b）和三相案例（见 6.1.4 节）。

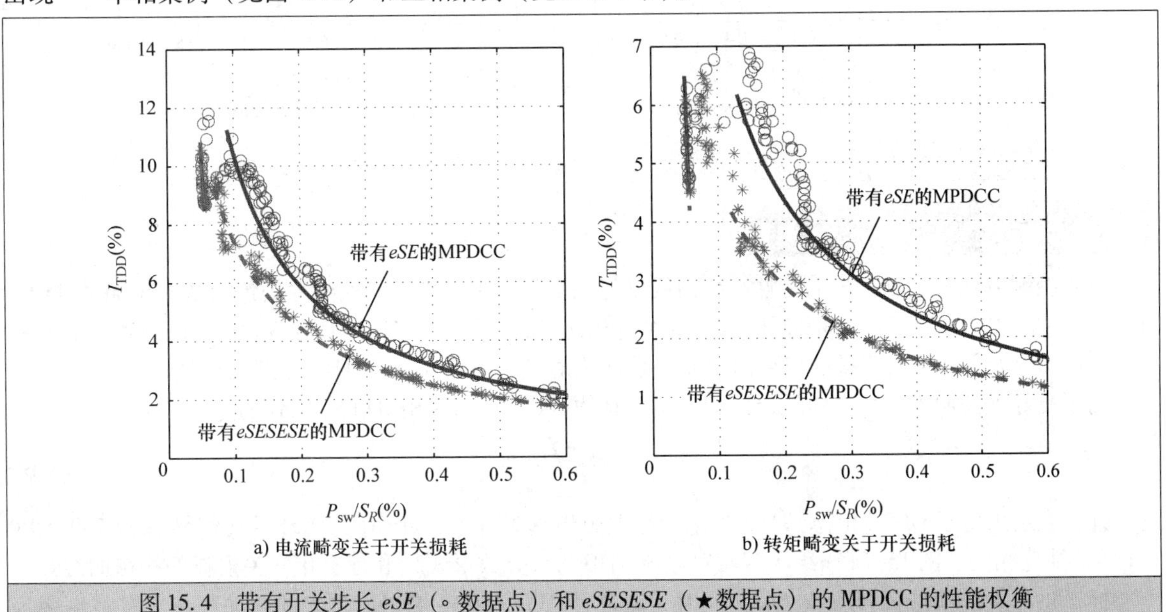

a) 电流畸变关于开关损耗

b) 转矩畸变关于开关损耗

图 15.4 带有开关步长 *eSE*（∘ 数据点）和 *eSESESE*（★数据点）的 MPDCC 的性能权衡

5. 基于参考值跟踪的预测电流控制

通过设置边界宽度为 0，用长度为 1 的预测步长和最小化开关切换次数可以大大简化 MPDCC 的优化问题。这种方法运行在静止 $\alpha\beta$ 参考坐标系中，将 α 轴分量和 β 轴分量沿着其轨迹进行调节。整定参数 λ_u 用来调整跟踪精度和开关切换次数的权衡。这种控制方法在 4.2 节中详细展开论述。

注意到如式（4.19）中陈述的，使用平方 2 - 范数而不是最初在参考文献［4］和［5］中提出的 1 - 范数得到的电流误差减小。2 - 范数避开了稳定问题，大大减小了电流和转矩畸变。例如，当标幺化开关损耗为0.3%时，2-范数大约将电流TDD从5%降至4.5%。

当整定参数λ_n在0.001~0.03之间变化，控制器采样间隔在25~100μs之间变化时，进行了几百次仿真。图15.5给出了每次仿真所得到的电流和转矩畸变与标幺化开关损耗之间的关系。像之前一样，这些数据点的包络线可以大致用双曲权衡曲线表示出来。电流控制器锁定在固定开关损耗值的现象再次出现，尤其是在标幺化开关损耗为0.135%处。这一运行点对应的开关频率约为90Hz，也就是三倍基波频率。

另外，预测电流控制器可以用长的预测步长。第5章提出了用以解决潜在的整数优化问题的基于球形解码的分支定界法。长步长通过减少每个开关损耗的电流畸变得到了更好的稳态性能。在6.1.4节给出了SVM和OPP的性能结果。

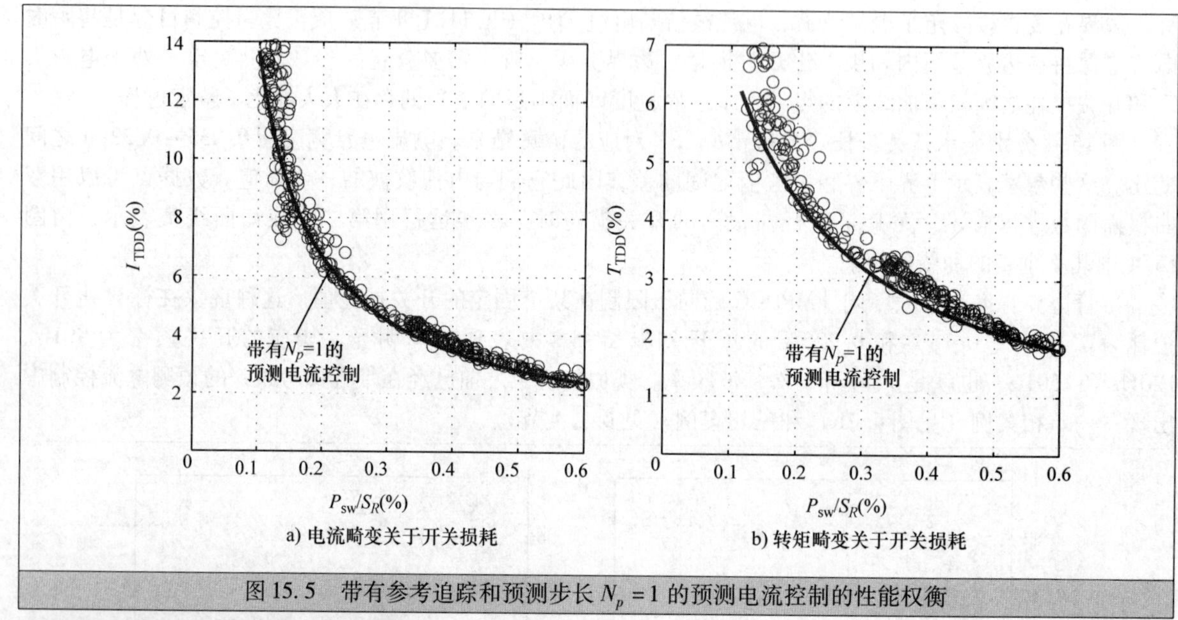

图15.5　带有参考追踪和预测步长$N_p=1$的预测电流控制的性能权衡

15.1.3　总结与讨论 ★★★

五种控制方法和调制手段的特性权衡曲线已经在上一节中推导过。这些方法包括基于SVM的FOC、基于OPP的MP³C、MPDTC、MPDCC和一步预测电流控制。研究了MPDTC和MPDCC长的和短的开关步长。图15.6a总结了所获得的权衡曲线而不是（绝对值）电流TDD和标幺化开关损耗。

为了更好地说明不同权衡曲线之间的差别，从式（6.2）回顾相对电流TDD的定义

$$I_{\mathrm{TDD}}^{\mathrm{rel}}=\frac{I_{\mathrm{TDD}}-I_{\mathrm{TDD,OPP}}}{I_{\mathrm{TDD,OPP}}} \tag{15.6}$$

这种计算表示出对于OPP的电流TDD恶化。在理想仿真条件下，MP³C的闭环谐波特性和标幺化OPP（开环）性能相同。图15.7a描绘了就相对电流TDD（百分数形式）和标幺化开关损耗的权衡曲线。

标幺化开关损耗在0.1%~0.6%之间时，SVM使用介于90~480Hz之间的开关频率。基波频率为30Hz，这些开关频率对应的脉冲数为3~15。在这个范围内，MP³C因为用到了OPP而大大减小了电流畸变。需要注意的是，当SVM的脉冲数为3时电流畸变减半。对于高脉冲数为15或者更多的情况，SVM和MP³C之间的谐波特性相差不大，但还是存在着。但是脉冲数超过15时，离线计算OPP的非凸优化问题需要的计算量明显增加，这使得产生这种OPP的最优开关角度很困难。

开关损耗较高时，采用长开关步长*eSESESE*的MPDCC产生的电流失真与MP³C类似。在这种运行准则下，MPDCC表现得稍好于MPDTC。当接近六步运行时，MPDCC和MPDTC的性能都优于MP³C。对于MPDCC，这曾在11.1.7节中证明过。这个令人有点惊讶的结果是代价函数的不同所导致的。OPP

在给定开关频率下最小化电流畸变，然而，MPDCC 在给定电流纹波下最小化开关损耗，也就是说允许一定的电流畸变。假设 MPDTC 的转矩和磁通波动范围设置到与 MPDCC 的电流波动范围类似，该表述也适用于 MPDTC。

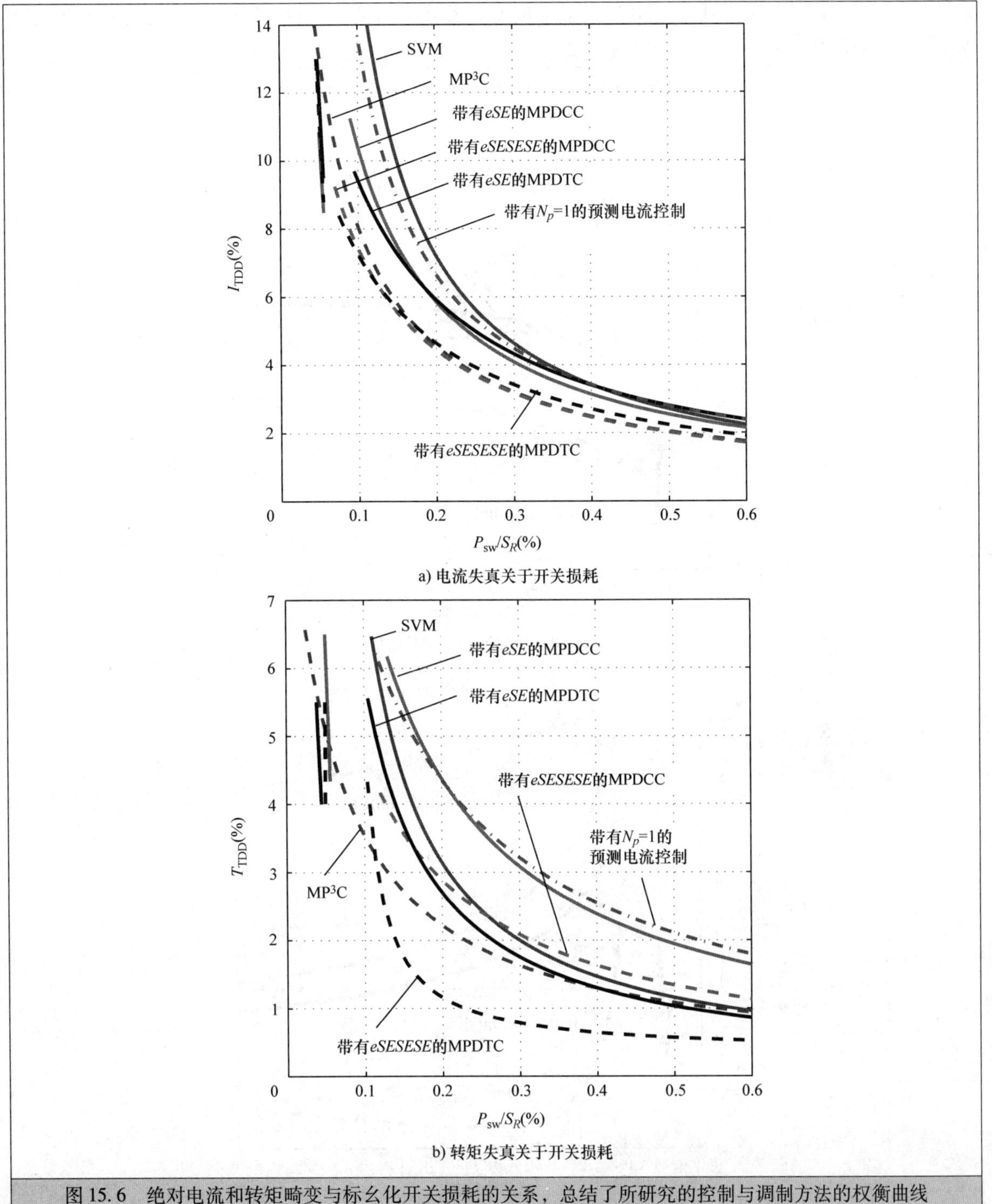

图 15.6 绝对电流和转矩畸变与标幺化开关损耗的关系，总结了所研究的控制与调制方法的权衡曲线

如图 15.7a 所示，短的开关步长对于实现低电流畸变作用不大。然而，基于 *eSE* 开关步长的 MPDCC 始终优于基于 SVM 的 MPDCC。参考跟踪预测电流控制，平方 2 - 范数和单步长表现出一个不同于 SVM 的谐波特征。当开关频率小于 280Hz，预测控制器只比 SVM 多一点优势，当开关频率高于 280Hz

时，SVM 比预测控制器多一点优势。

图 15.6b 和图 15.7b 分别描绘了幅值和相对转矩 TDD 关于标幺化开关损耗的转矩权衡曲线。相对转矩 TDD 的定义与式（15.6）类似。当运行在非常低的开关损耗时，MP^{3}C 的转矩畸变是 SVM 转矩畸变的一半。但在高的开关损耗时，MP^{3}C 在转矩畸变方面与 SVM 比较时没有谐波优势。这与 MP^{3}C 在电流畸变方面始终优于 SVM 形成鲜明的对比。

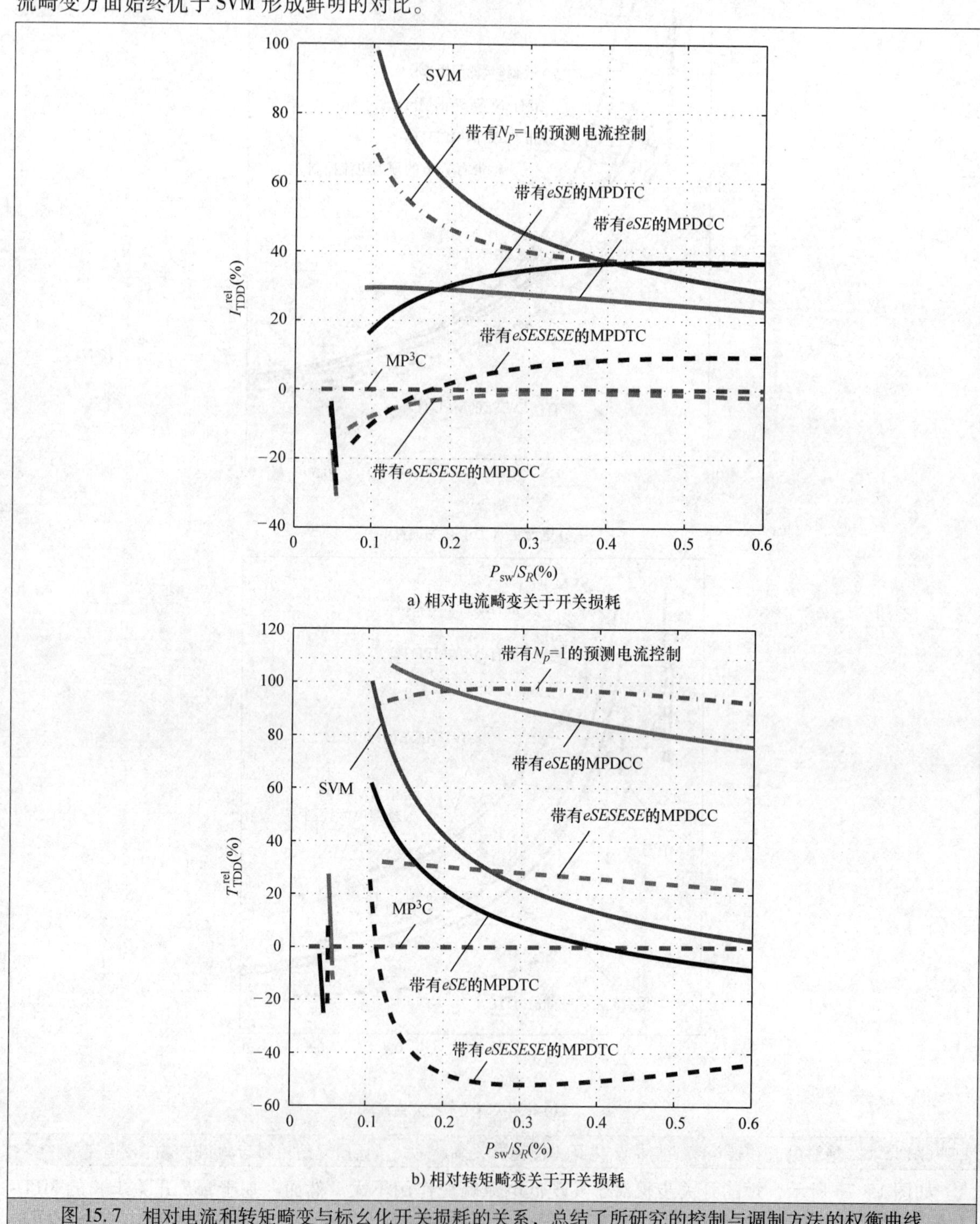

图 15.7　相对电流和转矩畸变与标幺化开关损耗的关系，总结了所研究的控制与调制方法的权衡曲线

与 MP^{3}C 相比，长开关范围 MPDTC 实现了转矩 TDD 的大幅减小，降幅达到了 50%。假设考虑在高

开关损耗条件下运行，即使包含短开关步长 *eSE* 的 MPDTC 也比 MP^3C 稍好。如上一节中讨论的，转矩畸变的改善是以增加电流 TDD 为代价的。接近六步运行时，MPDTC 能表现得和 MP^3C 一样好。

MPDCC 的转矩畸变总体上比 MPDTC 要大。在图 15.7b 中，与 MPDTC 相比，MPDCC 的权衡曲线向上移动了大约 50 个百分点。因此，短开关步长 *eSE* 的 MPDCC 的转矩畸变几乎是 MP^3C 的两倍。但是长开关步长显著减少了转矩 TDD，含 *eSESESE* 开关步长的 MPDCC 产生与 SVM 不同的转矩畸变。预测步长 $N_p=1$ 的参考跟踪预测电流控制器产生了比短开关步长的 MPDCC 更高的转矩畸变。因此，在这个分析中，转矩畸变最严重的控制和调制方法是单步预测电流控制。

综上所述，预测电流控制方法不出所料地在减小电流畸变方面做得更好。在较小程度上，它们同样也减小了转矩畸变，因为低电流畸变意味着低转矩畸变，但是相反的论述并不成立。即使以明显的电流畸变为代价，仍然可以实现非常低的转矩畸变。不同控制方法的差别主要体现在低开关频率和低开关损耗条件下。在高开关损耗条件下，电流畸变的绝对值和相对值都变得更小。但是对于转矩畸变，高开关损耗的运行条件下不同控制方法之间仍有比较大的差别。当控制目标是同时减小电流畸变和转矩畸变时，MP^3C 表现得比其他控制和调制方法都要好。SVM 在可以接受的电流畸变和转矩畸变之间提供了良好的综合平衡。

人们可能会说 MPC 方法的主要优点是，相比于传统的控制方法，如基于 SVM 的 FOC 或者 DTC，MPC 使性能得到提升。为了实现这一目标，在选择下一个开关状态时，需要很长的预测补偿才能使基于优化的控制器做出最优的决策。相反，短预测步长似乎没有现有的方法有效。鉴于其概念和计算的简单性，这种单步长预测控制方法仍然很有吸引力。

推导得出的权衡曲线不依赖于所使用的电机和逆变器参数，因为在这个比较中，只有控制和调制方法的相对性能非常重要。例如，对于一个总漏电感更小的电机，TDD 绝对值会更高，因此图 15.6 中的权衡曲线在垂直轴线上进行了展开。但是图 15.7 中不同曲线的百分数值（相对）差异保持不变。

在其他性能分析中，描述了电流和转矩关于开关频率而不是开关损耗的权衡曲线。参考文献 [6] 中也有这样的分析方法，使用了参数一致的相同的驱动系统，运行在相同的工作点（60% 的额定转速和额定转矩）。MPDTC 和 MPDCC 的代价函数相应地发生变化，因为开关频率而不是开关损耗实现了最小化。总的结果和这里画出的权衡曲线类似，但是 MPDTC 和 MPDCC 相对于 SVM 和 MP^3C 的优势减少。尤其是，就每个开关频率的谐波畸变而言，MPDTC 和 MPDCC 无法如预期的那样超越 MP^3C。

15.2 控制和调制方法的评估

在上一节中，比较了几种主要的直接 MPC 方法之间以及主要的直接 MPC 方法和经典方法之间的标幺化稳态性能。这些都是在理想装置中完成。接下来要在工业装置中评估不同方法的优点和缺点。尽管这种分类带有一定的主观性，但是其可以作为一个减少备选控制调制方法的简要指南，其对解决眼前具体的问题非常合适。为此，主要的决定特性是无论机侧逆变器还是网侧变换器的拓扑结构、连接的负载类型，以及脉冲数。回想一下，后者被定义为单相开关模式下的 1/4 基波周期内的开关转换次数。

15.2.1 基于 SVM 的 FOC 和 VOC ★★★

最常使用的控制调制方法是带电流控制器的空间脉冲调制，SVM 建立在旋转且正交 *dq* 的参考坐标系中。在电机侧，参考坐标系与磁链矢量对齐，产生了 FOC。然而，在电网侧，参考坐标系在公共连接点与电压矢量对齐，后者的概念通常被称为电压定向控制（VOC）。这种控制方法很好理解并在电流暂态中提供了较好的动态性能，前提条件是控制环在 *d* 轴和 *q* 轴上稳态和暂态运行条件下完全解耦[7]。

一般来说，SVM 产生了可以接受的电流和转矩畸变，比基于三次谐波注入的 CB－PWM 有更低的谐波畸变。已经提出了多种 CB－PWM 和 SVM 的变化形式，其中的许多种变化的目标是降低开关损耗。但是因为定步长调制周期，所以改进的范围十分有限。脉冲数较低，低于 15 时，SVM 的谐波性能比 OPP 的要差。

SVM 提供特有的离散频率谐波频谱，这使得它适合于应用到并网逆变器中。在 *LC* 滤波器中，电流控制环可以增加一个有源阻尼环来抑制滤波器谐振。为了使阻尼环有效，开关频率必须远远大于滤波器的谐振频率。

15.2.2 DTC 和 DPC ★★★

DTC 作为基于 SVM 的 FOC 的一种替代方式出现在机侧变换器中。对于电机参数变化、直流母线电压纹波、测量噪声和磁链观测器噪声，DTC 都表现出了很高的鲁棒性。DTC 在转矩暂态和故障时也表现出无与伦比的动态性能。转矩畸变通常相对较低。

但是，DTC 也有一些很明显的缺点。运行在非常高调制比的条件下很困难，开关频率不受直接控制，还有电流畸变很明显。除了一些非三次奇数次谐波外，如五次和七次谐波，DTC 的谐波频谱很平，甚至表现出非整数次谐波。DPC[8] 在电网侧与 DTC 等效，因此不能满足电网关于谐波的标准，可以参见 3.1.2 节总结的标准。DPC 因此很少在实际中应用。

但是，DTC 概念代表了 FOC 的一个有吸引力的替代品，其仍是一个活跃的研究课题。减少 DTC 缺点的一些拓展方法已经被提出。特别地，通过强制施加固定长度开关间隔，可以实现固定开关频率运行。对于 DTC 的一些主要拓展方法的简要概述，可以参考 3.6.3 节。

15.2.3 基于参考值跟踪的直接 MPC ★★★

基于参考值跟踪的直接 MPC 已经成为学术界中一种流行的控制和调制方法。当使用长度为 1 的预测步长时，可以用枚举法解决潜在的优化问题。当有需求时，这种方法很方便地使用可能适合在线运行的非线性预测模型，例如在故障或者电网故障情况下。多种多样的控制对象可以出现在代价函数中。因此 MPC 方法很容易设计、实施和使用。其在暂态条件下的动态性能卓越，这方面类似于无差拍控制和 DTC 控制。

为了实现给定开关频率下可以接受的电流畸变，必须有开关动作项。因为开关被限制在控制器执行的规则间隔的离散时间分布上，经验表明为了避免对谐波性能的破坏，采样频率必须超过开关频率两个数量级以上。这个要求在高开关频率的运行条件下时成为一个限制条件。一个解决该问题的方法是采用变切换点的方法，这在参考文献［9］中提出。

单步预测控制的电流畸变与 SVM 的电流畸变类似，然而单步预测控制的转矩畸变大体上是 SVM 的两倍（见图 15.7）。谐波频谱平坦呈现出偶次和非整数次谐波。因此，这个概念通常不适用于网侧变换器。为了减少谐波畸变，需要长的预测步长。实际上，当运行在低脉冲数条件下，基于参考值跟踪的长预测步长直接 MPC 比 SVM 表现得要好，这在 6.1 节可以看出。但是即使采用 5.3 节提出的分支定界法，如球形解码，解决优化问题仍然是个难题。

基于参考值跟踪的直接 MPC 是复杂系统的一个合适的选择，如背靠背变换器系统[10] 和中间通过 *LC* 滤波器连接的连到电机或者电网上的逆变器。这使得人们通过一个控制环去解决这种系统，这相对来说容易设计。特别地，可以避免使用级联控制环或者额外的有源阻尼环。但是为了保证稳定性和低谐波畸变，通常需要长预测步长（见 6.3 节）。

参考值跟踪直接 MPC 方法的整定很难，尤其是当代价函数包含冲突项和多种权重系数，在这种多准则优化问题中权重系数可以通过探索权衡曲面进行整定（见参考文献［11，4.7 节］）。采样间隔的选取对闭环性能有深远的影响经常会被忽视，尤其当采样频率与开关频率的比值小于 100 时。

15.2.4　带边界的直接 MPC ★★★

与调节控制变量跟踪时变的参考值不同，可以通过在控制变量上施加更高或更低的边界达到要求。边界宽度决定了控制量的纹波。在 MPDCC 方法中，允许用一个参数设定电流纹波像电流 TDD。第二个控制目标是最小化开关动作并由代价函数实现，因此代价函数可以最小化开关频率和开关损耗。因为采样间隔不是一个整定参数，采样周期与控制硬件通常选出允许的采样周期一样短。因为其只包含一个参数，整定过程比较简单。带边界的直接 MPC 类别里的其他例子包括 MPDTC 和模型预测直接功率控制（MPDPC）。

带边界的直接 MPC 类控制方法比参考跟踪直接 MPC 法有更多优点。这些优点包括使用非线性时变预测模型的可能性，也包括在负载暂态、故障、参考阶跃时表现出的极好的动态性能，这些在 8.1.3 节、8.2.5 节、11.1.7 节和 11.2.5 节有说明。还有，因为使用了边界，这些 MPC 方法对模型参数不匹配[1]、测量噪声和磁链观测器噪声的鲁棒性非常强。这种高程度的鲁棒性是从 DTC 和 DPC 中继承来的。

因为扩展开关切换之间的预测输出轨迹，带边界的直接 MPC 实现了长的预测步长。因此，谐波失真通常比较小。对于短步长，谐波失真的表现好于 SVM，但对于长步长，每个开关损耗的电流失真类似于 OPP 的电流失真。

但是因为在其他直接 MPC 方法中，谐波频谱包含偶次和非整数次谐波。有界直接 MPC 的另外一个缺点是其在概念和计算上都比参考跟踪预测控制更为复杂。尤其是在长开关步长中实时计算优化问题需要很大的计算能力。分支定界法能使得问题的计算量减小（见第 10 章），但是它们需要额外的参数。

通过对控制变量和整数操作变量施加边界会导致一个概念上的缺陷——死锁的出现。死锁指的是控制问题不可行的情况。但为在死锁情况下更方便地推导合适的操作变量，死锁解决机制增强了控制算法。正如在 9.4 节解释的，在死锁情况下，控制变量的边界松弛且被视为软约束。这种方法也可以减少产生死锁的可能性（见 9.5 节）。

15.2.5　基于 OPP 的 MP^3C ★★★

这里讨论的两个直接 MPC 方案通过在线计算获得它们的开关模式。在另一种方法中，对于所有相关的脉冲数和调制指数，可以用 OPP 的形式对最佳切换模式进行离线预先计算。为了实现快速闭环控制，开关模式可以利用 MP^3C 在线修改。特别地，MP^3C 补偿了相电压波动，保留了稳态运行条件下 OPP 的最优伏秒平衡。在暂态和负载阶跃情况下，通过暂时改变伏秒平衡可以实现类似于 DTC 的非常快速的暂态响应。

基于控制器预先计算 OPP 带来了三个主要的好处。第一，稳态运行条件下非常好的谐波性能，前提是电力电子系统满足以下要求。

1）逆变器相端的电压阶跃幅值应该相等。允许有相电压纹波，因为其只对谐波性能造成轻微的影响，但是偏差或者持续性的漂移会导致谐波显著变差。

2）电流测量、电压测量和磁链观测器中测量的噪声电平必须很低。对于高噪声电平，控制器的带宽必须减小，例如，使用基于带长步长的二次规划（QP）的 MP^3C。

3）三相负载必须平衡、对称且没有大的谐波。三相电机必须满足这些需求，除非发生故障。但是电网侧公共连接点电压通常不平衡而且通常含低次谐波。

4）闭环系统的延迟应该小或者能完全补偿。相关延迟包括测量、计算、动作延迟。

第二，因为用到了 OPP，MP^3C 的谐波频谱仅表现出奇次和基波整数倍次谐波，这个整数不包括 3 的倍数。这使得 MP^3C 很适合并网逆变器。而且，谐波频谱可预先确定和预先知道。尤其是，OPP 不仅可以最小化电流 TDD 而且可以促进谐波频谱的整形。例如对于并网逆变器，OPP 可以通过满足特定电网标准的要求计算出来。这可以通过对特定次谐波施加上界同时最小化剩余谐波的电压或者电流 TDD 来实现。类似地，*LC* 滤波器存在的情况下，可以使得接近于滤波器共振的谐波减至最小。

注意到 OPP 提供了一种比普遍采用的特定谐波消除（SHE）概念用途更广的调制框架，因为在 SHE 这种框架中低频谐波被消减至 0（也可见 3.4 节）。对于连有 *LC* 滤波器的并网逆变器，OPP 使我们在整个频率范围内最优分布谐波能量。电网标准可以得到满足，滤波器的大小和质量可以通过将大部分谐波置于截止频率之上而降至最小。

第三，OPP 的在线修改需要一些计算。精简版的 MP^3C 可以基于几个乘法器、加法器和逻辑运算。因此，MP^3C 的操作时间只在几微秒的范围内。

另外，OPP 的使用带来了一些缺点。

第一，将离线计算的 OPP 应用到控制器中限制了控制器的灵活性和适用性，尤其出现不均匀相电压、公共连接点电压不平衡和不能直接观测到的情况，如故障。在这些情况中，长步长直接 MPC 方法的性能即使没有超过也可能与 MP^3C 的性能相当。将控制决策专门用于在线优化，可以更好地适应不断变化的运行条件、参数变化、干扰，甚至故障。另外，直接 MPC 方法也在暂态中提供了最优开关模式，然而 OPP 不能这么做，因为它们是在假设稳态运行条件下计算的。但是，脉冲注入的概念可以大大消除这些问题。

第二，重要 OPP 的计算是一项困难的任务。为此，需要一个多功能的工具箱，这个工具箱应该基于最先进的非线性优化工具。即使应用了性能强劲的计算机，计算脉冲数超过 20 或者很多电平数的逆变器的 OPP 仍是一项耗时的工作。

第三，与同步 PWM 一样，OPP 的开关频率限制在基波频率的整数倍。这使得我们不能完全利用可用的开关频率，尤其运行在非常少的脉冲数时。

15.2.6 间接 MPC ★★★

在这两种直接 MPC 方法和 MP^3C 中，内部（电流或磁通转矩）控制环和开关信号调制在一个计算阶段进行处理。另外，调制器可以保留成为一个单独个体，可以设计一种 MPC 方法操控调制器的输入。输入是参考电压，是一个实数值变量。

调制阶段从控制器中隐藏了逆变器的开关特性，使得我们可以基于平均值设计一种控制环。这大大简化了控制器的设计，因为控制问题仅包含实数值变量。尽管系统动态性能通常是线性的，状态约束和操作变量通常存在。MPC 非常适合于处理那些有受约束的线性系统，而且建立的相应 MPC 方法相对简单。但是计算实时优化问题很困难，尤其是在很短的采样时间中。可以说，这就是电力电子系统的间接 MPC 仍未被大规模探索的原因。

三相系统中有一些值得注意的例外，包括参考文献［12］中用到一种快速梯度解算器在线计算优化问题的方法，参考文献［2，13－15］中通过计算相应分段仿射状态反馈控制规律离线计算 MPC 问题，也就是 MPC 的解析解。对没有约束条件的线性系统，如参考文献［16］中提出的，MPC 可以用线性二次调节器（LQR）取代。

所有这些方法可以处理机侧和网侧变换器问题。另外，背靠背变换器和其负载可以视为一个大的系统，并构建一个控制器。为此，参考文献［17］中提出了一种针对同步电机背靠背负载换流逆变器的非线性 MPC 方法。该问题使用 ACADO 工具箱建立和计算[18]。

间接 MPC 方法的谐波性能由其调制器决定。间接 MPC 方法因此最适合于脉冲数相对较高、控制系统比较复杂、暂态情况下需要优异的性能和包括含约束条件的情况。第 14 章中的模块化多电平变换器（MMC）满足这些条件，使得间接 MPC 对高模块数量的 MMC 来说是一种非常有前景的控制方法。类似地，间接 MPC 可以应用到基于 MMC 的静止 VAR 补偿器中（见参考文献［19］）。

15.3 结论

本书主要讨论大功率变换器系统的高性能 MPC 方法。这些系统的特征有低脉冲数、多电平变换器和高要求的控制问题。后者的例子包括带内部电压平衡的多电平变换器（五电平有源 NPC 逆变器）、控制内部电压电流的多电平变换器（MMC）和含有额外无源元件的逆变器系统，如 *LC* 滤波器这样的无源元件。

使用标准调制方法如 CB-PWM 和 SVM，控制和调制问题分成了两个不同的任务，在这些系统中使用线性单输入单输出（SISO）控制器限制了其可以实现的性能。稳态运行条件下，得到一个谐波畸变和开关损耗之间的次最优比率。在暂态和故障状态，动态响应要么很慢，要么解耦较差，表现出超调，并经常违反安全约束条件。

所提出的高性能 MPC 方法非常适合于处理这些系统。这些系统的商业优势总结如下。

1）每开关损耗的谐波畸变最小，反之亦然。

2）暂态、负载阶跃和故障条件下有更好的性能。因为有强制施加的限制条件，可以确保系统运行在安全工作区内。

3）无源元件的大小、质量和成本最小，如 *LC* 滤波器和直流侧电容器。

4）采用基于模型的设计，从而减轻控制器设计工作量。

这些优势合在一起就是节约成本。但是，MPC 方法有一个共同的缺点——概念复杂，计算量大。这个缺点降低了 MPC 在工业领域的采用率，主要原因如下。

1）与 MPC 方法的设计、分析和实施相关的知识、技能和深度经验必须通过培训、教育和招聘建立起来。这是一个需要长期投入的漫长过程。一个成功的团队要整合最优控制、MPC、电力电子、电机、数学编程、数值优化和嵌入式系统方面的专业知识。嵌入式系统包括精通汇编、C 语言、VHDL 语言、通信协议和硬件体系结构。

2）任何新的基于 MPC 的控制和调制手段必须对所有产品有效。如对电机驱动产品，其包括机侧/网侧变换器、并联运行的多个变换器单元、不同类型的电机，如异步电机和（永磁）同步电机，还有通常需要有源阻尼的 *LC* 滤波器。

但是最大的障碍是决策者和工业研发人员内心希望规避风险，他们喜欢已经建立完成和得到充分证明的控制和调制方法，而不是新出现的没有证明过的方法。研究人员经常过分夸大他们最喜欢的技术的好处，这一观察结果加剧了这一点。因此，任何新的方法必须提供极大的商业利益和投资回报。如果没有这样的性能保证，新的控制和调制方法在开发和生产过程中需要的投资和承担的风险不被认为是合理的。

这项观察表明计算和概念上的简化是可取的但不够充分。参考文献［20］中强调了这种观点，作者在这篇文章中评估了新的不同 MPC 方法在大功率应用中受接受的程度。他们的分析着重指出，能保证显著性能改进的 MPC 比那些更为简单的方法产生了更高的技术成熟度，因而这些 MPC 方法更接近于商业应用。

15.4 展望

MPC 在 20 世纪 70 年代产生于过程工业中。之后 MPC 已经发展成为一种广为人知的控制范例，并且其已经成为处理约束线性系统和非线性系统的首选方法。现在，模型预测控制器已经用于数以千计的工业应用[21]。很难想象 MPC 在未来的电力电子领域不会产生重大作用。因此，要解答的问题与其说是 MPC 是否会被电力电子工业界所采用，不如说是哪一种 MPC 方法会取得重大成功。

尽管最近研究活动和出版物激增，但是电力电子 MPC 领域仍然有大部分尚未探索。可能构成未来研究活动基础的挑战比比皆是。我们认为有一些挑战是尤其有意义和重要的，列举如下：

1）快速求解 MPC 下的优化问题，包括二次、非线性和混合整数规划。这些求解器必须提供实时保障，并能够运行在小型嵌入式系统中。

2）避开偶数次和非整数次谐波的带有离散谐波频谱的直接 MPC 方法。

3）具有高维状态矢量和多种约束条件的电力电子系统性能和稳定性的控制方法。

4）对状态变量与时变参数能够保证性能和稳定性的估计方法。

5）适用于广泛的控制目标并可适应不同运行条件的 OPP。

本书意在作为针对以上问题的起点，旨在鼓励读者推动电力电子领域激动人心的高性能 MPC 的发展。

参考文献

[1] T. Geyer, R. P. Aguilera, and D. E. Quevedo, "On the stability and robustness of model predictive direct current control," in *Proceedings of IEEE International Conference on Industrial Technology* (Cape Town, South Africa), Feb. 2013.

[2] A. Linder and R. Kennel, "Model predictive control for electrical drives," in *Proceedings of IEEE Power Electronics Specialists Conference* (Recife, Brasil), pp. 1793–1799, 2005.

[3] S. Mariéthoz, A. Domahidi, and M. Morari, "Sensorless explicit model predictive control of permanent synchronous motors," in *Proceedings of IEEE International Electric Machines & Drives Conference* (Miami, Florida, USA), pp. 1492–1499, May 2009.

[4] R. Vargas, P. Cortés, U. Ammann, J. Rodríguez, and J. Pontt, "Predictive control of a three-phase neutral-point-clamped inverter," *IEEE Trans. Ind. Electron.*, vol. 54, pp. 2697–2705, Oct. 2007.

[5] T. Geyer, "A comparison of control and modulation schemes for medium-voltage drives: emerging predictive control concepts versus PWM-based schemes," *IEEE Trans. Ind. Appl.*, vol. 47, pp. 1380–1389, May/Jun. 2011.

[6] J. Scoltock, T. Geyer, and U. K. Madawala, "A comparison of model predictive control schemes for MV induction motor drives," *IEEE Trans. Ind. Inf.*, vol. 9, pp. 909–919, May 2013.

[7] J. Holtz, J. Quan, J. Pontt, J. Rodríguez, P. Newman, and H. Miranda, "Design of fast and robust current regulators for high-power drives based on complex state variables," *IEEE Trans. Ind. Appl.*, vol. 40, pp. 1388–1397, Sep./Oct. 2004.

[8] T. Noguchi, H. Tomiki, S. Kondo, and I. Takahashi, "Direct power control of PWM converter without power-source voltage sensors," *IEEE Trans. Ind. Appl.*, vol. 34, pp. 473–479, May/Jun. 1998.

[9] P. Karamanakos, P. Stolze, R. M. Kennel, S. Manias, and H. du Toit Mouton, "Variable switching point predictive torque control of induction machines," *J. Emerging Sel. Top. Power Electron.*, vol. 2, pp. 285–295, Jun. 2014.

[10] Z. Zhang, F. Wang, T. Sun, J. Rodríguez, and R. Kennel, "FPGA-based experimental investigation of a quasi-centralized model predictive control for back-to-back converters," *IEEE Trans. Power Electron.*, vol. 31, pp. 662–674, Jan. 2016.

[11] S. Boyd and L. Vandenberghe, *Convex optimization*. Cambridge, UK: Cambridge Univ. Press, 2004.

[12] S. Richter, S. Mariéthoz, and M. Morari, "High-speed online MPC based on fast gradient method applied to power converter control," in *Proceedings of the American Control Conference* (Baltimore, MD, USA), 2010.

[13] M. Cychowski, K. Szabat, and T. Orlowska-Kowalska, "Constrained model predictive control of the drive system with mechanical elasticity," *IEEE Trans. Ind. Electron.*, vol. 56, pp. 1963–1973, Jun. 2009.

[14] S. Bolognani, S. Bolognani, L. Peretti, and M. Zigliotto, "Design and implementation of model predictive control for electrical motor drives," *IEEE Trans. Ind. Electron.*, vol. 56, pp. 1925–1936, Jun. 2009.

[15] S. Mariéthoz, A. Domahidi, and M. Morari, "High-bandwidth explicit model predictive control of electrical drives," *IEEE Trans. Ind. Appl.*, vol. 48, pp. 1980–1992, Nov./Dec. 2012.

[16] T. Murata, T. Tsuchiya, and I. Takeda, "Vector control for induction machine on the application of optimal control theory," *IEEE Trans. Ind. Electron.*, vol. 37, pp. 283–290, Aug. 1990.

[17] T. J. Besselmann, S. van de Moortel, S. Almér, P. Jörg, and H. J. Ferreau, "Model predictive control in the multi-megawatt range," *IEEE Trans. Ind. Electron.*, vol. 63, pp. 4641–4648, Jul. 2016.

[18] B. Houska, H. J. Ferreau, and M. Diehl, "An auto-generated real-time iteration algorithm for nonlinear MPC in the microsecond range," *Automatica*, vol. 47, pp. 2279–2285, Oct. 2011.

[19] T. Geyer, G. Darivianakis, and W. van der Merwe, "Model predictive control of a STATCOM based on a modular multilevel converter in delta configuration," in *Proceedings of European on Power Electronics Conference* (Geneva, Switzerland), Sep. 2015.

[20] G. Papafotiou, G. Demetriades, and V. Agelidis, "Integration of model-predictive control in medium and high-voltage power electronics products: An industrial perspective on gaps and progress required," in *Proceedings of IEEE Industrial Electronics Society Annual Conference* (Yokohama, Japan), Nov. 2015.

[21] S. J. Qin and T. A. Badgwell, "A survey of industrial model predictive control technology," *Control Eng. Pract.*, vol. 11, pp. 733–764, Jul. 2003.